职业教育教学改革系列教材

土木工程实训指导

（上册）

主　编　吴　畏
副主编　崔鲁科
主　审　陈晓裕

西南交通大学出版社
·成　都·

图书在版编目（CIP）数据

土木工程实训指导. 1：上册 / 吴畏主编. —成都：西南交通大学出版社，2020.6
ISBN 978-7-5643-7481-5

Ⅰ. ①土… Ⅱ. ①吴… Ⅲ. ①土木工程－高等职业教育－教材 Ⅳ. ①TU

中国版本图书馆 CIP 数据核字（2020）第 106919 号

Tumu Gongcheng Shixun Zhidao

土木工程实训指导
（上、中、下册）

主编 吴 畏 张 捷 张 睿

责任编辑 姜锡伟
助理编辑 韩洪黎 王同晓
封面设计 何东琳设计工作室

出版发行 西南交通大学出版社
（四川省成都市金牛区二环路北一段 111 号
西南交通大学创新大厦 21 楼）
邮政编码 610031
发行部电话 028-87600564 028-87600533
网址 http://www.xnjdcbs.com
印刷 四川玖艺呈现印刷有限公司

成品尺寸 185 mm × 260 mm
总印张 47.75
总字数 1 248 千
版次 2020 年 6 月第 1 版
印次 2020 年 6 月第 1 次
套价（上、中、下册） 218.00 元
书号 ISBN 978-7-5643-7481-5

课件咨询电话：028-81435775
图书如有印装质量问题 本社负责退换

职业教育教学改革系列教材编委会

·前　言·

（上册）

人才培养模式的改革和创新，是我国中等职业教育发展面临的重要课题。在中等职业院校土木专业建设中，加强实践实训教学是各个中等职院校教改的主要方向。目前，不少院校均已开设了土木实训这一教学项目，作为土木工程专业课程的实践课和加强学生动手能力的实训环节。

为培养高素质技能型人才，加强实操训练，编者根据国家颁布的一系列施工及验收标准、规范和试验规程，并参照中等职业院校土木类专业教学大纲规定，结合多年的教学体会和工程经验编写了《土木工程实训指导（上册）》。全书共分为三篇，第一篇为工程地质实训，由矿物、岩石室内识别与鉴定和地质现象野外认识两个项目组成；第二篇为建筑材料试验实训，由土工试验、细集料试验、粗集料试验、钢筋原材试验、水泥及水泥混合料试验、沥青试验六个项目组成；第三篇为土木工程检测实训，由无损检测和路基路面现场检测两个项目组成。全书内容翔实，量大面广，语言通俗易懂。实训任务明确，目标清晰，步骤清楚、简洁，易于掌握，既注重理论知识的实际应用，又注重培养严谨务实的工作作风。

本书的编写内容和教材展现形式由贵州交通技师学院吴畏总体负责，教材具体编写由贵州交通技师学院崔鲁科、王婷、谢潍誉秋、万玉花、王运成、刘玉梅、龚杰负责。本书编写过程中，参考了大量的教材、著作、论文及其他相关资料，在此对相关作者表示感谢。

由于编者水平有限，加上编写时间比较仓促，书中不当之处在所难免，敬请采用本教材的广大教师和读者批评指正，以便在修订时及时更正。

编　者

2019 年 10 月

·目　录·

第一篇　工程地质实训

第二篇　建筑材料试验实训

第三篇　土木工程检测实训

第一篇　工程地质实训

项目一　矿物、岩石室内识别与鉴定

任务一　主要造岩矿物的识别与鉴定

一、实训目的

世界上有 3 000 多种矿石，其中构成岩石的矿物有 30 余种，此类矿物称为造岩矿物。本次实训通过肉眼鉴定几种常见的造岩矿物，学会用肉眼鉴定矿物的方法，并掌握主要造岩矿物的基本特征。

二、实训要求

（1）实训前复习相关的矿物知识；

（2）观察主要矿物的物理性质；

（3）鉴定并描述几种常见的造岩矿物。

三、实训说明

造岩矿物的鉴定主要依据矿物的形态、物理性质和某些特殊化学性质来进行鉴别。地壳中的矿物是通过各种地质作用形成的，它们除少数呈液态（如水银、石油、水）和气态（如二氧化碳、硫化氢、天然气等）外，绝大多数都呈固态（如石英、长石、云母）。

一般情况下，可以根据矿物的定名大概知道它是属于哪一类矿物，如表 1-1-1 所示。

表 1-1-1　矿物定名的一般规律

矿物类型	定　名	举　例
玻璃样光泽的矿物	定名为某某石	如金刚石、方解石、萤石
具有金属光泽或能从中提炼出金属的矿物	定名为某某矿	如黄铁矿、方铅矿
玉石类矿物	定名为某某玉	如刚玉、硬玉、黄玉
硫酸盐矿物	定名为某某矾	如胆矾、铅矾
地表上松散的矿物	定名为某某华	如砷华、钨华

四、实训内容

1. 矿物的物理性质

1）颜　色

颜色是矿物吸收可见光后而产生的，根据产生的原因可分为自色、他色和假色 3 种。

（1）自色。

自色是矿物自身所固有的颜色，如图 1-1-1 所示。

（a）白云母的白色

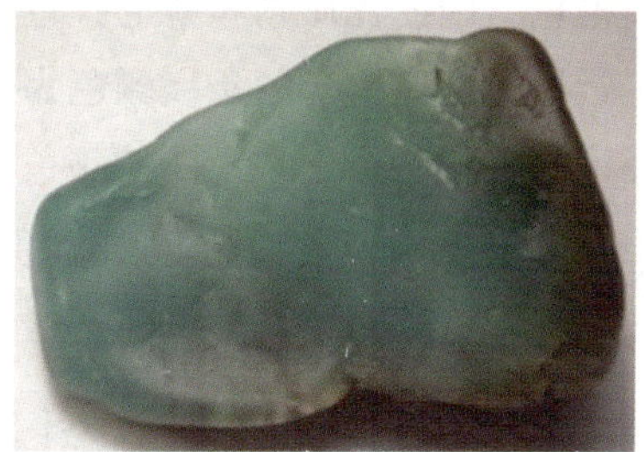
（b）绿玉髓的绿色

（c）黄铁矿的铜黄色

图 1-1-1　矿物的自色

（2）他色。

他色是矿物中混入了少量杂质所引起的。例如，石英是无色透明的，含碳时呈烟灰色、含锰时呈紫色、含铁时呈玫瑰色，如图 1-1-2 所示。

（a）紫色石英

（b）烟灰色石英

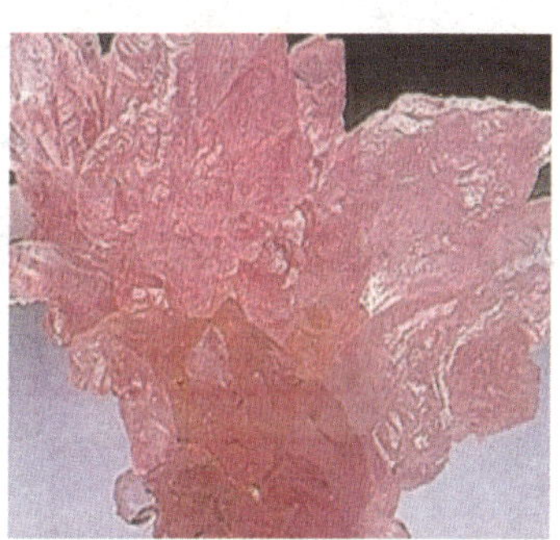
（c）玫瑰色石英

图 1-1-2　矿物的他色

（3）假色。

假色是矿物内部的裂隙或表面的氧化膜对光的折射、散射造成的。例如，黄铜矿表面因氧化薄膜所引起的错色（蓝、紫混杂的斑驳色彩），冰洲石内部裂隙所引起的错色（红、蓝、绿、黄混杂的斑驳色彩），如图 1-1-3 所示。

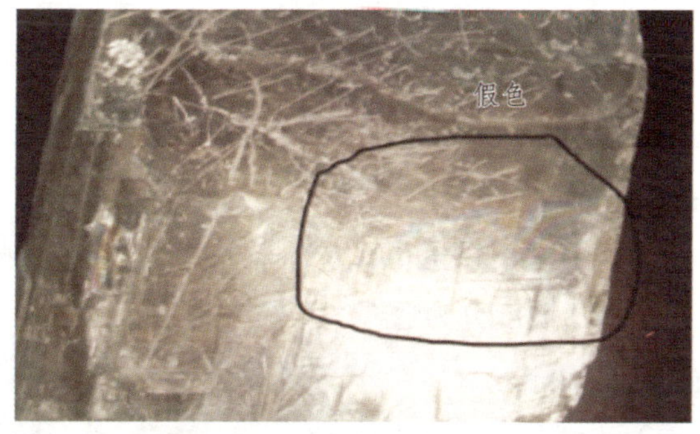

（a）冰洲石内部裂隙所引起的错色

（b）黄铜矿表面因氧化薄膜所引起的错色

图 1-1-3　矿物的假色

2）条痕（粉末）色

条痕（粉末）色是矿物在条痕板（白瓷板）上擦划后留下痕迹（实际是矿物的粉末）的颜色。由于它消除了假色，减低了他色，因而比矿物颗粒的颜色更为固定，故可用来鉴定矿物。例如黄铜矿与黄铁矿，外表颜色近似，但黄铜矿的条痕颜色为带绿的黑色，而黄铁矿的条痕为黑色，据此可以区别它们。另外，同种矿物可出现不同的颜色，如块状赤铁矿，有的为黑色，有的为红色，但它们的条痕都是蟹红色（或鲜猪肝色），如图 1-1-4（a）所示。

3）光　泽

矿物的光泽是指矿物表面对可见光的反射能力，如表 1-1-2、图 1-1-4（b）所示。

（a）条痕（粉末）色

（b）矿物光泽

图 1-1-4　条痕与光泽

表 1-1-2　矿物不同光泽

序　号	光　泽	描　　述	举　　例
1	金属光泽	犹如金属磨光面那样的光泽	如黄铁矿、方铅矿的光泽
2	半金属光泽	如同未经磨光的金属表面的那种光泽	如磁铁矿的光泽
3	金刚光泽	像金刚石所呈现的那种光泽	如金刚石、闪锌矿的光泽
4	玻璃光泽	像普通平板玻璃所呈现的那种光泽	如石英、方解石的光泽
5	油脂光泽	如同油脂面上见到的那种光泽	如石英断口为油脂光泽
6	珍珠光泽	在解理面上看到那种像贝壳凹面上呈现的柔和而多彩的光泽	如白云母、滑石等
7	丝绢光泽	具有像蚕丝或丝织品那样的光泽	如石棉、纤维石膏等

4）透明度

矿物允许可见光透过的程度，称为矿物的透明度。以 0.03 mm 厚度为标准，通常在矿物碎片边缘观察，根据所见物体的清晰程度，可将矿物的透明度分为透明、半透明和不透明 3 种，如图 1-1-5 所示。

（1）透明。

隔着矿物的薄片可以清晰地看到另一侧物体的轮廓细节，如石英、方解石等。

（2）半透明。

隔着矿物的薄片能够看到另一侧物体存在，但分辨不清轮廓，如辰砂、雄黄等。

（3）不透明。

矿物基本上不允许可见光透过，这样的矿物为不透明矿物，如磁铁矿、石墨等。

（a）无色透明石英

（b）红色半透明雄黄

（c）黑色不透明石墨

图 1-1-5　矿物的透明度

5）解理和断口

（1）解理。

矿物晶体在外力作用下，沿着一定的结晶方向破裂成一系列光滑平面的性质，叫作解理。由于同种矿物的解理方向和完好程度总是相同的，性质很固定，因此，解理是宝石矿物的重要鉴定特征，如图 1-1-6 所示。

① 极完全解理：解理非常平滑，易裂开，如云母、石墨。

② 完全解理：解理光滑，易裂成薄层状，如方解石。

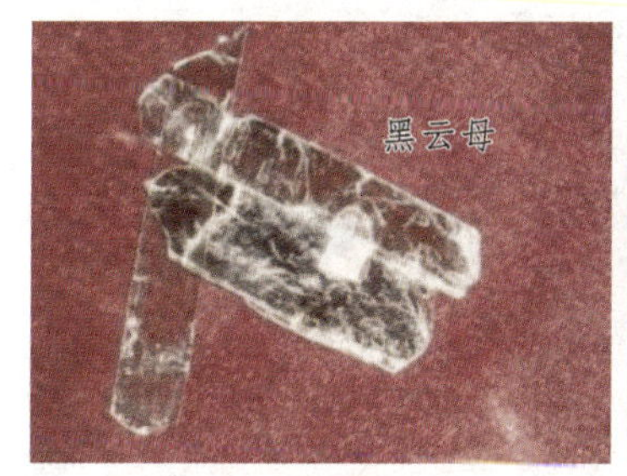

（a）极完全解理云母

（b）完全解理方解石

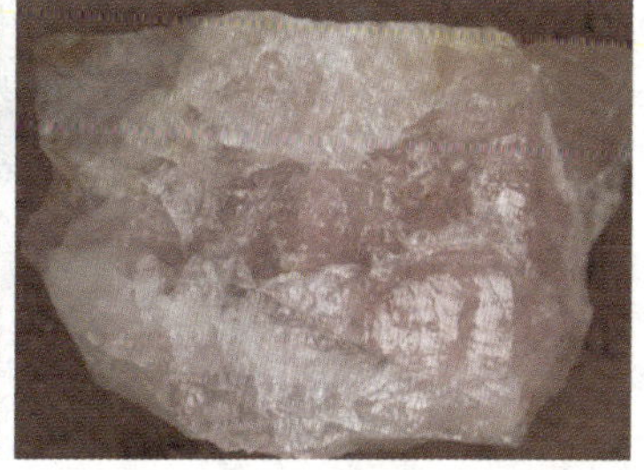

（c）石英的断口

图 1-1-6　矿物的解理、断口

（2）断口。

具极不完全解理的矿物，它们受外力打击后，都会发生无一定方向的破裂。断口的发育程度与解理的完善程度呈互为消长的关系，解理完全者往往无断口，断口发育者常常无解理或具极不完全解理，如图 1-1-6 所示。

① 贝壳状断口：呈椭圆形的光滑曲面，和贝壳相似，如石英。

② 锯齿状断口：呈尖锐锯齿状，如自然铜的断口。

③ 纤维状断口：呈纤维丝状，如石棉的断口。

④ 参差状断口：呈参差不平的形状，如磷灰石的断口。大多数矿物具有此种断口。

6）硬　度

矿物的硬度是指矿物抵抗刻划、压入或研磨能力的大小。国际莫氏硬度计用10种矿物来衡量世界上最硬的和最软的物体（见表1-1-3）。

表1-1-3　莫氏硬度计

硬　度	1度	2度	3度	4度	5度	6度	7度	8度	9度	10度
矿物名称	滑石	石膏	方解石	萤石	磷灰石	长石	石英	黄玉	刚玉	金刚石

利用莫氏硬度计测定矿物硬度的方法很简单，是将预测矿物与莫氏硬度计中的标准矿物互相刻划，相比较来确定的。如某一矿物能划动方解石，说明其硬度大于方解石，但又能被萤石所划动，说明其硬度小于萤石，则该矿物的硬度为3到4之间，可写成3～4；再如黄铁矿能轻微刻伤正长石，但不能刻伤石英，而本身却能被石英所刻伤，因此，黄铁矿的莫氏硬度为6～6.5。

2. 常见矿物的主要特征

1）石英(SiO_2)

石英种类很多，如水晶、玛瑙、燧石（古时人们用燧石打火）、碧玉等都属于石英。南京盛产的雨花石其实也是石英的一种。

石英常常为粒状、块状或簇状（叫晶簇）。纯净的石英无色透明，像玻璃一样有光泽，但很多情况下石英中夹杂了其他物质，透明度降低并且有了颜色。例如水晶，有无色的，有紫色的，有黄色的，等等（见图1-1-7）。石英无解理，断口有油脂光泽，硬度7，透明度较好，玻璃光泽，化学性质稳定，抗风化能力强。含石英越多的岩石，岩性越坚硬。

（a）无色透明晶簇

（b）白色玻璃光泽

（c）断口有油脂光泽

（d）黄色晶体

图1-1-7　各种颜色、形状的石英

石英在现代有着广泛的用途，它们不仅是重要的光学材料，也常被用于电子技术领域，比如人们熟悉的光纤、电子石英钟等。石英更是制作玻璃的重要原料，不太纯的石英则用于建筑。石英还被人们用来制作各种高级器皿、工艺美术品和宝石。

石英是在地下热液中结晶出来的，如有一种玛瑙叫水胆玛瑙，从外表看不出它有什么特别，就像一块石头，但是摇动它可听见里面有水的声音。如果把它剖开来，原来里面是空心的，除了水以外，还生长着一簇簇的石英晶体。

2）正长石($KAlSi_3O_8$)

正长石呈短柱状或厚板状，颜色为肉红色或黄褐色或近于白色，玻璃光泽，硬度 6，中等解理，易于风化，完全风化后形成高岭石、绢云母、铝土矿等次生矿物。正长石是制作陶瓷和玻璃的原料，色泽美丽的正长石还被人们当作宝石，如图 1-1-8 所示。

（a）白色玻璃光泽

（b）黄褐色

（c）灰白色

（d）绢云母（风化）

图 1-1-8　正长石

3）云　母

（1）白云母。

白云母呈片状、鳞片状，薄片无色透明，珍珠光泽，硬度 2～3，薄片有弹性，一组极完全解理，具有良好的电绝缘性，抗风化能力较强，主要分布在变质岩中。

（2）黑云母。

黑云母颜色深黑，其他性质与白云母相似。易风化，风化后可变成蛭石，薄片失去弹性，当岩石中含云母较多时，强度会降低，如图 1-1-9 所示。

（a）珍珠光泽白云母

（b）各种云母

（c）片状金云母

（d）鳞片状黑云母

图 1-1-9　云母

4）橄榄石[$(Mg, Fe)_2(SiO_4)$]

橄榄石，天然宝石，是一种镁与铁的硅酸盐。晶体呈粒状，在岩石中呈分散颗粒或粒状集合体。橄榄石颜色为橄榄绿至黄绿色，无条痕，玻璃光泽，硬度 6.5～7，无解理，断口呈贝壳状。橄榄石可蚀变形成蛇纹石或菱镁矿，普通橄榄石能耐 1 500 °C 的高温，可以用作耐火砖。完全蛇纹石化的橄榄石通常用作装饰石料，如图 1-1-10 所示。

宝石级橄榄石主要分为浓黄绿色橄榄石、金黄绿色橄榄石、黄绿色橄榄石、浓绿色橄榄石（也称黄昏祖母绿或西方祖母绿、月见草祖母绿）和天宝石（产于陨石中，十分罕见）。

（a）橄榄绿色、玻璃光泽

（b）晶体呈现粒状

（c）黄绿色、断口呈贝壳状

（d）硬度 6.5～7

图 1-1-10　橄榄石

5）方解石($CaCO_3$)

方解石呈菱面体或六方柱，色彩因其中含有的杂质不同而变化，如含铁锰时为浅黄、浅红、褐黑等，但一般多为白色或无色。方解石呈玻璃光泽，硬度 3，三组完全解理，与稀盐酸有起泡反应。方解石还是组成石灰岩的主要成分，用于制造水泥和石灰等建筑材料。

石灰岩可以形成溶洞，洞中的钟乳石、石笋、汉白玉等其实就是方解石构成的。无色透明的方解石也叫冰洲石，这样的方解石有一个奇妙的特点，就是透过它可以看到物体呈双重影像，因此，冰洲石是重要的光学材料，如图 1-1-11 所示。

（a）白色方解石，三组完全解理

（b）晶状方解石

（c）含铁锰为浅黄、浅红、褐黑

（d）无色透明冰洲石

图 1-1-11　方解石

6）辉石{$Ca(Mg, Fe, Al)[(Si, Al)_2O_6]$}

辉石都具有玻璃光泽，颜色也并不一样，从白色到灰色，从浅绿到黑绿，甚至褐色至黑色，这主要是由于含铁量的不同。含铁量越高，颜色越深，而含镁多的辉石则呈古铜色。含铁量高的辉石，其硬度也高。辉石如图 1-1-12 所示。

辉石有 20 个品种，其中最为熟悉的叫硬玉，俗称翡翠，是非常名贵的宝石。硬玉的晶体细小而且紧密地结合在一起，因此非常坚硬，硬玉也是组成玉石的主要成分，缅甸和我国西藏、云南等地是硬玉的世界著名产地。

（a）浅绿辉石

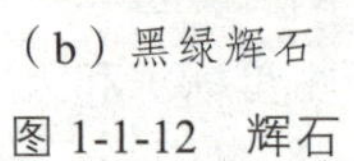
（b）黑绿辉石

（c）硬玉

图 1-1-12　辉石

7）白云石[$CaMg(CO_3)_2$]

白云石晶形为菱面体，集合体呈块状，灰白色，硬度为 3.5～4，遇稀盐酸时微弱起泡，如图 1-1-13 所示。

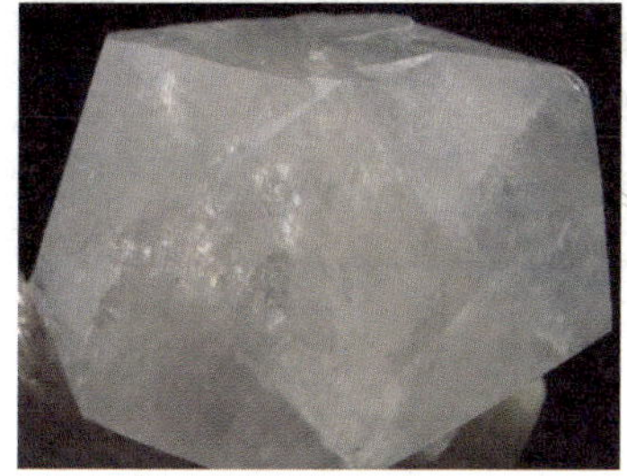
（a）菱面体

（b）遇稀盐酸时微弱起泡

（c）灰白色

图 1-1-13　白云石

8）石膏（$CaSO_4 \cdot 2H_2O$）

石膏集合体呈致密块状或纤维状，一般为白色，硬度为 2，玻璃光泽，一组完全解理，广泛用于建筑、医学等方面，如图 1-1-14 所示。

（a）纤维石膏

（b）透石膏

（c）雪花石膏

图 1-1-14　石膏

9）滑石[$Mg_3(Si_4O_{10})(OH)_2$]

滑石集合体呈致密块状，白色、淡黄色、淡绿色，珍珠光泽，硬度为 1，富有滑腻感，工业上常用原料，为富镁质超基性岩、白云岩等变质后形成的主要变质矿物，如图 1-1-15 所示。

（a）纤维石膏

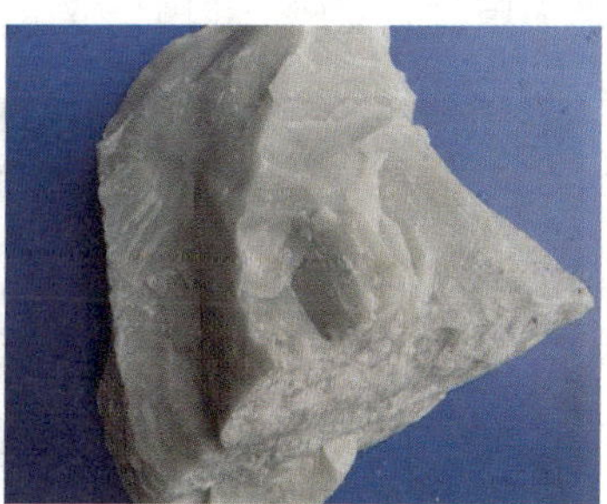
（b）透石膏

（c）雪花石膏

图 1-1-15　滑石

10）黄铁矿(FeS_2)

晶形为立方体，颜色为浅黄铜色，金属光泽，不规则断口，硬度为 6，易风化，风化后生成硫酸和褐铁矿。常见于岩浆岩和沉积岩的砂岩和石灰岩中，如图 1-1-16 所示。

（a）浅黄铜色

（b）金属光泽

（c）不规则断口

图 1-1-16　黄铁矿

11）萤石(CaF_2)

萤石的晶形为立方体，颜色主要为黄色、绿色、蓝色、紫色等，玻璃光泽，硬度为 4，四组完全解理，加热时或在紫外线照射下显荧光。萤石又称“氟石”，是制取氢氟酸的唯一矿物原料，如图 1-1-17 所示。

（a）蓝色，立方体，四组完全解理

（b）绿色，玻璃光泽

（c）紫色，紫外线照射下显荧光

图 1-1-17　萤石

12）高岭石$\{Al_2[Si_4O_5](OH)_4\}$

高岭石呈致密块状、土状，白色、土状光泽，断口平坦状，潮湿后具可塑性，但无膨胀性。干燥时粘舌，易捏成粉末，可用作陶瓷原料、耐火材料和造纸原料。优质高岭土可用于制作金属陶瓷，用于导弹、火箭工业。高岭石因首先发现于我国景德镇的高岭而得名，如图 1-1-18 所示。

（a）致密块状，断口平坦状

（b）土状光泽，干燥时粘舌

（c）白色，潮湿后具可塑性

图 1-1-18　高岭石

13）角闪石$\{NaCa_2(M, F, Al)_5[(Si, Al)_4O_{11}]_2(OH)_2\}$

角闪石呈长柱状、针状、粒状或放射状，颜色暗绿、绿色至黑色，条痕淡绿，玻璃光泽，硬度 5.5～6，中等解理，两组解理面夹角为 124°与 56°，相对密度 3.11～3.42，如图 1-1-19 所示。

（a）放射状，颜色暗绿

（b）长柱状，绿色，中等解理

（c）黑色，玻璃光泽

图 1-1-19　角闪石

任务二　常见三大类岩石的识别与鉴定

一、实训目的

本次实训通过肉眼鉴定常见的火成岩、沉积岩、变质岩等三大岩石，并掌握三大岩石的基本特征。

二、实训要求

（1）实训前复习相关的岩石知识；
（2）观察主要岩石的组成及性质；
（3）鉴定并描述常见的三大岩石。

三、实训说明

岩石是构成地壳和上地幔的物质基础。地球上三大类岩石含量并不相同，分布的位置也不同。沉积岩主要分布在陆地的表面，约占整个大陆面积的 75%，洋底几乎全部为沉积物所覆盖，如图 1-2-1 所示。沉积岩从地表面往下，越深则越少，而火成岩和变质岩则越来越多，地壳深处和上地幔主要是火成岩和变质岩。火成岩占整个地壳体积的 64.7%，变质岩占 27.4%，沉积岩占 7.9%，如图 1-2-2 所示。

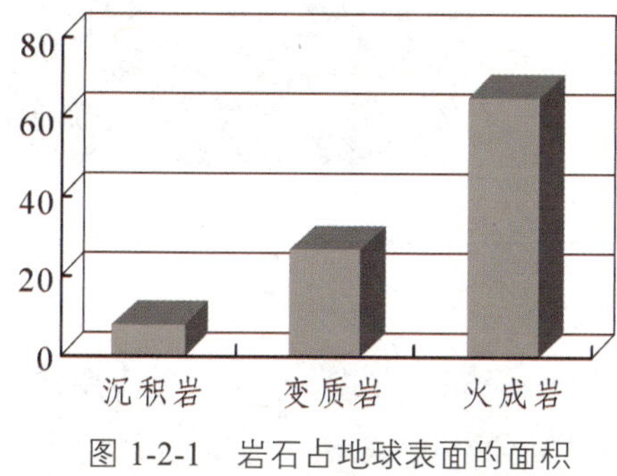

图 1-2-1　岩石占地球表面的面积

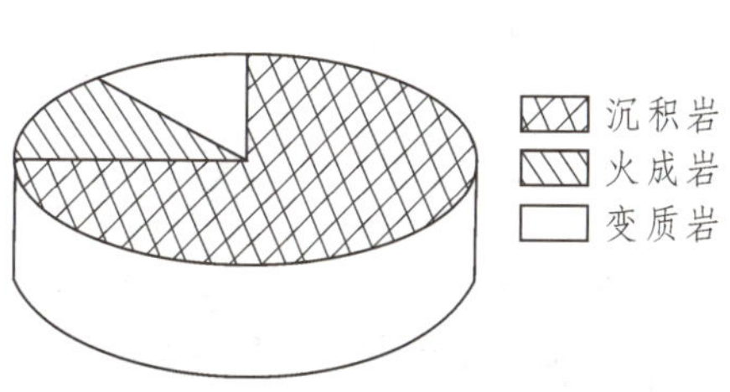

图 1-2-2　岩石占地壳体积的比例

四、实训内容

1. 岩浆岩的主要特征

1）物质成分

构成岩浆岩的元素是 O、Si、Al、Fe、Mg、Cu、Na、K、Ti，其含量占岩浆岩的 99.25%。岩浆岩根据其化学成分特点可分为硅铝矿物和铁镁矿物两大类，如表 1-2-1 所示。

一般来说，岩浆岩性质均一，构造简单，坚硬。深成岩孔隙度较小，力学强度高，节理少，基本不透水，其工程性质好；基性深成岩暗色矿物多，易于风化，影响其工程性质；喷出岩空隙发育，透水性弱，抗风化能力差，力学强度低。

表 1-2-1　岩浆岩按化学成分分类

分　　类	图　例
硅铝矿物（又称浅色矿物），SiO_2 和 Al_2O_3 含量高，不含 Fe 和 Mg，如石英、长石	 砂岩
铁镁矿物（又称暗色矿物），FeO 和 MgO 较多，SiO_2 和 Al_2O_3 较少，如橄榄石、辉石类及黑云母类矿物	 角闪岩
绝大多数的岩浆岩是由浅色矿物和暗色矿物组成	 闪长岩

2）结构构造

结构构造是指岩石中不同矿物集合体之间的排列方式及充填方式。岩浆岩的主要构造类型有块状构造、气孔构造、杏仁构造、流纹构造等，如表 1-2-2 所示。

表 1-2-2　岩浆岩的主要构造类型

构造类型	图　例
块状构造：组成岩石的矿物在整个岩石中分布均匀，其排列无向，是岩浆岩中最常见的构造	
杏仁构造：当岩石中的气孔被岩浆后期矿物所充填时，其充填物宛如杏仁，称为杏仁构造。杏仁构造在玄武岩中最常见	
气孔构造：当岩浆喷溢到地面时，围压降低，由于岩浆迅速冷却凝固而保留在岩石中形成空洞，就是气孔构造	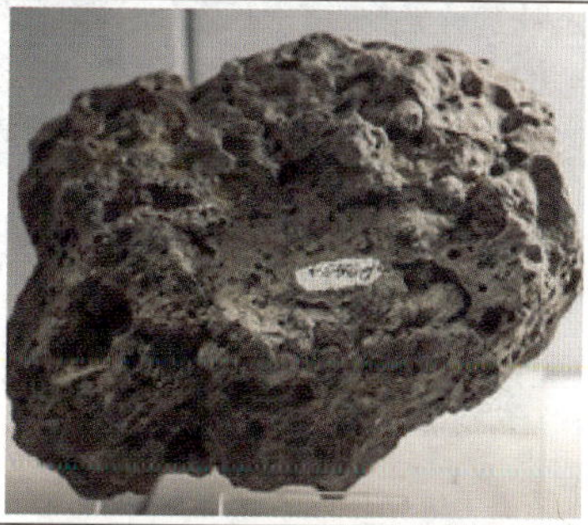
流纹构造：是酸性熔岩中最常见的构造。它是由不同颜色的条纹和拉长的气孔等表现出来的一种流动构造	

3）常见岩浆岩的特征

（1）花岗岩。

花岗岩是大陆地壳中的主要岩石之一，大多分布在地壳的上层。花岗岩中含量最多的是长石和石英，含量一般超过 80%。因为它里面的晶体都很大，看上去就是由无数颗粒组成的，所以说它是粒状岩石。石英是花岗岩中的主要矿物，一般占 20%～50%，次要矿物为黑云母、角闪石。

花岗岩大多为肉红色、灰白色、白色，其暗色物质主要是黑云母，等粒结构或似斑状结构，块状构造，具有硬度大、抗风化能力强、耐磨等特点，其分布广泛，是良好的建筑装饰材料，如图 1-2-3 所示。

（a）白色，斑状结构

（b）肉红色，块状构造

（c）灰白色，优良建筑装饰材料

图 1-2-3　花岗岩

（2）辉长岩。

辉长岩是一种基性深成侵入岩，颜色为黑色、灰色或深灰色，粒状结构，块状构造。其主要矿物为斜长石、辉石，次要矿物为橄榄石、角闪石、黑云母等，如图 1-2-4 所示。

（a）橄榄辉长石

（b）深灰色，粒状结构

（c）黑云辉长石

图 1-2-4　辉长岩

（3）橄榄岩。

橄榄岩是一种超基性深成侵入岩，多呈绿色、暗绿色、黑色等，粒状结构，块状构造。其主要由橄榄石、辉石组成。新鲜者少见，大多发生次生蚀变，如图 1-2-5 所示。

（a）绿色，粒状结构

（b）深灰色，块状构造

（c）蜂窝状橄榄岩

图 1-2-5　橄榄岩

（4）流纹岩。

流纹岩属于火山喷出岩，它其实就是由花岗岩浆变化而成。在喷出后的凝固期间，因为流动而产生一些纹路痕迹而得名。与流纹岩相关的金属矿产有铅、锌、银、金和铀等，非金属矿常见的有沸石、蒙脱石、高岭石、叶蜡石、明矾石和萤石等。

流纹岩主要为灰白色、粉红色，斑状结构、隐晶质结构，常具流纹构造或拉长的气孔状构造，如图 1-2-6 所示。

（a）灰白色，流纹构造

（b）气孔状构造

（c）粉红色，斑状结构

图 1-2-6 流纹岩

（5）玄武岩。

玄武岩是一种富含铁和镁的火山岩，由陆地火山或海底火山喷流出来而形成。许多玄武岩都是非常细粒且致密的，这些细粒结晶物质有橄榄石、普通辉石或长石。一般为深灰、黑色，成分同辉长岩，斑状结构、隐晶质结构，气孔状、杏仁状构造发育。玄武石具有耐磨、吃水量少、导电性能差、抗压性强、压碎值低、抗腐蚀性强、沥青黏附性好等优点，并被国际认可，是发展铁路运输及公路运输最好的基石，如图 1-2-7 所示。

（a）斑状结构

（b）杏仁状构造

（c）气孔状构造

图 1-2-7 玄武岩

（6）闪长岩。

闪长岩是一种中性深成侵入岩，多为灰白色、灰绿色、肉红色，常为中粒等粒结构，块状构造，主要矿物为斜长石、角闪石，次要矿物为辉石、黑云母、石英、钾长石，如图 1-2-8 所示。

（a）肉红色，等粒结构

（b）块状构造

（c）石英闪长岩

图 1-2-8　闪长岩

（7）安山岩。

安山岩是一种中性喷出岩，颜色为红褐色、浅褐色或灰绿色，斑状结构，块状或气孔状、杏仁状构造。其主要矿物为斜长石、辉石、角闪石、黑云母，如图 1-2-9 所示。

（a）斑状结构

（b）杏仁状构造

（c）气孔状构造

图 1-2-9　安山岩

2. 沉积岩的主要特征

1）突出特征

（1）具有层理。

具有层次，称为层理构造。层与层的界面叫层面，通常下面的岩层比上面的岩层年龄古老。一个层可包含一个或若干个层系，层按厚度可划分为 5 层（见图 1-2-10 和表 1-2-3）。

图 1-2-10　沉积岩的层理

表 1-2-3　沉积岩岩层按厚度分类

序号	层的类型	单层厚度
1	块状层	> 2 m
2	厚层	0.5 ~ 2 m
3	中层	0.1 ~ 0.5 m
4	薄层	0.01 ~ 0.1 m
5	微细层或页状层	< 0.01 m

（2）具有化石。

许多沉积岩中有石质化的古代生物的遗体或生存、活动的痕迹——化石，它是判定地质年龄和研究古地理环境的珍贵资料，被称作是记录地球历史的“书页”和“文字”。

化石的形成分为 4 个阶段，如表 1-2-4 所示。

表 1-2-4　化石形成过程

阶段划分	图　例
第一阶段：海洋动植物的尸体沉到海底或湖底，其软组织常常被吃掉或消解掉	
第二阶段：砂石等沉积物在残存尸体腐烂前堆积在上面，并使其沉积到适宜位置	
第三阶段：富含矿物质的水过滤岩石，填充有机物细胞之间的空隙，矿物质便取代生物的骨骼或外壳	
第四阶段：数百万年后，岩石隆起，由于气候的侵蚀作用使化石展现出来	
经过四个阶段后，形成化石，如海底沉积物海百合与寒武纪的三叶虫化石	

2）物质成分

沉积岩在地表分布很广，占地壳重量的 5%和地壳岩石总体积的 7.9%，覆盖着 75%的陆地表面区域，如图 1-2-11 所示。构成沉积岩的物质有以下 5 种：

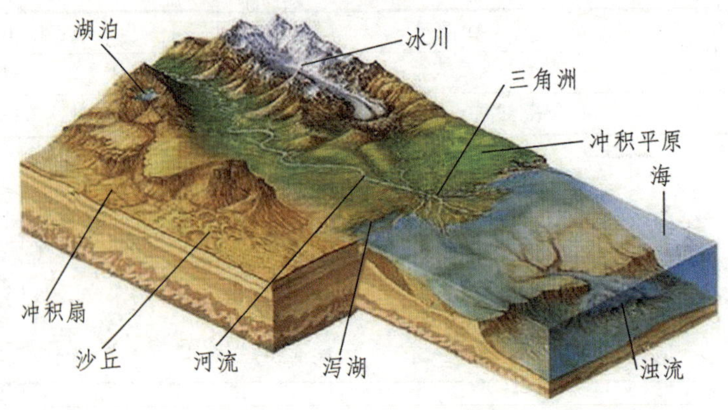

图 1-2-11　沉积岩分布

（1）陆源碎屑矿物。

陆源碎屑矿物指从母岩中继承下来的一部分矿物，呈碎屑状态出现，是母岩物理风化的产物，如石英、长石、云母等。

（2）自生矿物。

自生矿物是沉积岩形成过程中，由母岩分解出的化学物质沉积形成的矿物，如方解石、白云石、石膏、铁锰氧化物及氢氧化物。

（3）次生矿物。

次生矿物是沉积岩遭受风化作用而形成的矿物，如碎屑长石风化而成的高岭石以及伊利石、蒙脱石等。

（4）有机质及生物残骸。

有机质及生物残骸是由生物残骸或有机化学变化而成的物质。

（5）胶结物。

胶结物是指充填于沉积颗粒之间，并使之胶结成块的某些矿物质。胶结物主要来自粒间溶液和沉积物的溶解产物，通过粒间沉淀和粒间反应等方式形成。胶结物含量的多少与碎屑颗粒之间的胶结形式，对岩石的强度有极大的影响。常见的胶结物类型如表 1-2-5 所示。

表 1-2-5　常见的胶结物类型

胶结物类型	物质组成	性　质
硅质胶结（SiO_2）	胶结物质主要为石英、玉髓及蛋白石等	形成的岩石最坚硬
铁质胶结（Fe_2O_3、FeO）	胶结物质主要为赤铁矿、褐铁矿等，颜色常为铁红色	形成岩石的强度仅次于硅质胶结
钙质胶结（$CaCO_3$）	胶结物质主要为方解石、白云石等	遇酸性水，极易溶解
泥质胶结	黏土矿物	极易软化

3）构造特征

（1）层理构造。

层理构造是成分、结构、颜色等在垂向上（垂直于沉积物表面的方向）的变化面显示的一种层状构造，可分为水平层理、斜层理、交错层理等类型，如图 1-2-12 所示。

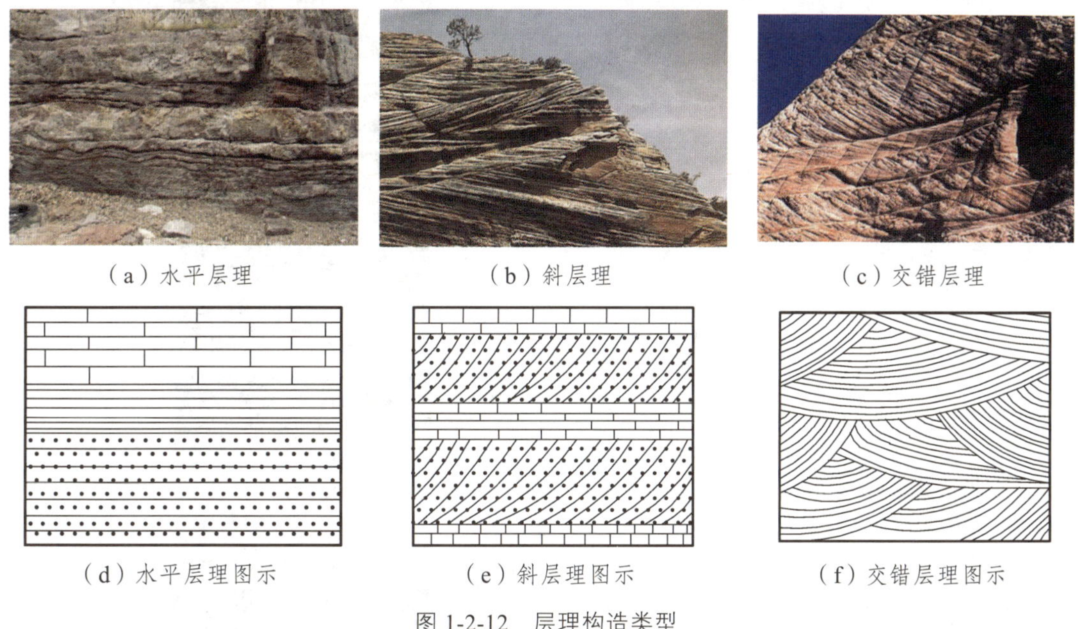

（a）水平层理　（b）斜层理　（c）交错层理

（d）水平层理图示　（e）斜层理图示　（f）交错层理图示

图 1-2-12　层理构造类型

（2）层面构造。

层面构造是指未固结的沉积物，由于搬运介质的机械原因或自然条件的变化及生物活动，在层面上留下痕迹并被保存下来，如波痕、泥裂、雨痕、雹痕、流痕、缝合线、结核、虫迹等，如表 1-2-6 所示。

表 1-2-6　常见岩层层面构造类型

构造类型	图　例
泥裂：是未固结的沉积物露出水面干涸时，经脱水收缩干裂而形成的裂缝	
波痕：在尚未固结的沉积层面上，由于流水、风或波浪的作用形成的波状起伏的表面，经成岩作用后被保存下来	

续表

构造类型	图　例
流痕：指沉积层表面存在的一种树枝状水流痕迹。在其上覆岩层的底面上，常保留有流痕印模	
结核：指在成分、颜色、结构等方面与周围沉积岩具有明显区别的矿物集合体。其形状有球形、椭球形、透明状以及不规则状等	
雨痕和雹痕：是由雨滴落于松软的泥质沉积物表面上之后，在沉积物表面上所形成的圆形或椭圆形凹穴。雹痕与雨痕相似，但较大而深，边缘略微突起，粗糙，形状不规则	
缝合线：是指在垂直碳酸盐岩等岩石层理的切面中出现的呈头盖骨接合缝式的锯齿状缝隙，是碳酸盐岩中极为常见的构造	

4）常见沉积岩的特征

（1）石灰岩。

石灰岩主要由方解石组成，次要矿物有白云石、黏土矿物等，化学结晶结构、生物结构，块状构造。石灰岩致密、性脆，一般抗压强度较低，是烧制石灰和水泥的重要原材料，也是用途很广的建筑石材。但由于石灰岩属微溶于水的岩石，易形成裂隙和溶洞，因而对基础工程影响很大，如图 1-2-13 所示。

（a）溶于水，易形成裂隙和溶洞

（b）致密，块状构造

（c）烧制石灰和水泥的原材料

图 1-2-13　石灰岩

（2）白云岩。

白云岩主要由白云石和方解石组成，颜色灰白，略带淡黄、淡红色，化学结晶结构，块状构造，可作高级耐火材料和建筑石料，如图 1-2-14 所示。

（a）白云石和方解石组成

（b）灰白色，块状构造

（c）灰质白云岩

图 1-2-14　白云岩

（3）泥灰岩。

泥灰岩主要由方解石和黏土矿物（含量为 25%～50%）组成，化学结晶结构，块状构造，滴稀盐酸剧烈起泡，留下土状斑痕。抗压强度低，遇水易软化，可作水泥的原料，如图 1-2-15 所示。

（a）方解石和黏土矿物组成

（b）抗压强度低，遇水易软化

（c）块状构造

图 1-2-15　泥灰岩

沉积岩中由碳酸盐组成的岩石，以石灰岩和白云岩分布最为广泛，三者的主要区别如下：石灰岩在常温下遇稀盐酸剧烈起泡；泥灰岩遇稀盐酸起泡后留有泥点；白云岩在常温下遇稀盐酸不起泡，但加热或研成粉末后则起泡。

（4）砂岩。

砂岩主要成分为石英、长石及岩屑等，砂状结构，层理构造。砂岩为多孔岩石，孔隙越多，透水性和蓄水性越好。砂岩强度主要取决于砂粒成分、胶结物的成分、胶结类型等，其抗压强度差异较大。由于多数砂岩岩性坚硬而脆，在地质构造作用下张裂隙发育，所以常具有较强的透水性。许多砂岩都可以用来做磨料、玻璃原料和建筑材料，并且是石油、天然气和地下水的聚集所。砂岩如图 1-2-16 所示。

（a）石英、长石及岩屑组成

（b）砂状结构

（c）岩性坚硬而脆

图 1-2-16 砂岩

（5）砾岩及角砾岩。

砾岩或角砾岩由 50%以上粒径大于 2 mm 的砾或角砾胶结而成，砾状结构，块状构造。硅质胶结的石英砾岩，非常坚硬，开采加工较困难，泥质胶结的则相反。砾岩及角砾岩如图 1-2-17 所示。

（a）角砾岩，块状构造

（b）砾状结构

（c）砾岩，砾状结构

图 1-2-17 砾岩

（6）泥岩。

泥岩主要由黏土矿物经脱水固结而形成，具黏土结构，层理不明显，呈块状构造，固结不紧密、不牢固。其强度较低，一般干试样的抗压强度为 5 ~ 30 MPa，遇水易软化，强度明显降低，饱水试样的抗压强度可降低 50%左右。泥岩如图 1-2-18 所示。

（a）层理不明显

（b）黏土结构

（c）块状结构

图 1-2-18 泥岩

（7）页岩。

页岩是泥质岩的一种，由一些非常细小的颗粒组成，超过一半以上直径小于 0.003 9 mm，因为含有大量黏土，所以也称它为黏土岩。事实上，它们在没有变成岩石时或疏松时，就是黏土。页岩是分布最为广泛的一种沉积岩，约占大陆沉积物的 69%，主要由黏土矿物经脱水固结而形成，黏土结构，页理构造，富含化石。一般情况下，页岩岩性松软，易于风化呈碎片状，强度低，遇水易软化而丧失其稳定性，如图 1-2-19 所示。

（a）风化呈碎片状

（b）油页岩，页理构造

（c）黏土结构

图 1-2-19　页岩

3. 变质岩的主要特征

变质岩是组成地壳的主要成分，占地壳体积的 27.4%。一般变质岩是在地下深处的高温（大于 150°C）高压下产生的，后来由于地壳运动而出露地表。

变质岩与沉积岩和岩浆岩的区别，首先，变质作用形成于地壳一定的深度，也就是发生于一定的温度和压力范围，既不是沉积岩的地表或近地表常温常压条件，也不同于岩浆岩形成时的高温高压条件；其次，变质作用中的矿物转变是在固态情况下完成的，而不是岩浆岩那样从液态的岩浆中结晶形成的。

1）矿物成分

组成变质岩的矿物可以分为贯通矿石和变质矿物 2 类，如表 1-2-7 所示。

表 1-2-7　变质岩的矿物分类

矿物分类		代表矿物
贯通矿石	三大类岩石中共存的矿物	如石英、长石、云母、角闪石、辉石、磷灰石等
变质矿物 （是变质作用中产生的新矿物，也是鉴别变质岩的重要标志）	低级变质矿物	如绢云母、绿泥石、蛇纹石、浊沸石、绿纤石等
	中级变质矿物	蓝晶石、十字石（中压）、红柱石、堇青石（低压）
	高级变质矿物	紫苏辉石、夕线石
	高压低温矿物	蓝闪石、硬柱石、硬玉、文石

2）结构和构造

变质岩的结构和构造可以具有继承性，即可保留原岩的部分结构、构造，也可以在不同变质作用下形成新的结构、构造。变质岩的构造常有变余构造、千枚状构造、片麻状构造、条带状构造、块状构造等，如表 1-2-8 所示。

表 1-2-8　变质岩的构造

构造类型	图　例
变余构造：岩石经变质后仍保留有原岩部分的构造特征，这种构造称为变余构造，是恢复原岩的重要依据	
千枚状构造：岩石中各组分已基本重结晶，而且矿物已初步有定向排列，在岩石的自然破裂面上见有强烈的丝绢光泽	
片麻状构造：岩石具显晶质变晶结构，以粒状矿物为主，片状或粒状矿物定向排列，但因数量不多而使得彼此不连接，被粒状矿物（长石、石英）所隔开	
条带状构造：岩石中成分、颜色或粒度不同的矿物分别集中，形成平行相间的条带即为条带状构造	
块状构造：岩石中的矿物均匀分布、结构均一、无定向排列，这种构造称为块状构造	

3）常见变质岩的特征

（1）片岩。

片岩是完全重结晶、具有片状构造的变质岩。片理主要由片状或柱状矿物（云母、绿泥石、滑石、角闪石等）呈定向排列构成。很多片岩都具有平行的皱纹，这是因为各个方向的作用力不同引起的。片岩如图 1-2-20 所示。

（a）云母、滑石、石墨等组成

（b）平行皱纹，绿泥片岩

（c）片状构造

图 1-2-20　片岩

（2）片麻岩。

片麻岩主要由长石、石英、云母等组成，其中长石和石英含量大于 50%，长石多于石英。如果石英多于长石，就叫作片岩而不再是片麻岩。片麻岩是片麻状或条带状构造的变质岩，片麻岩上的条状是由岩石中不同比例的矿物分布形成的，比如深色条带中含镁铁质矿物，浅色条带中含长石、石英物质多。片麻岩可作建筑石材和铺路原料。片麻岩如图 1-2-21 所示。

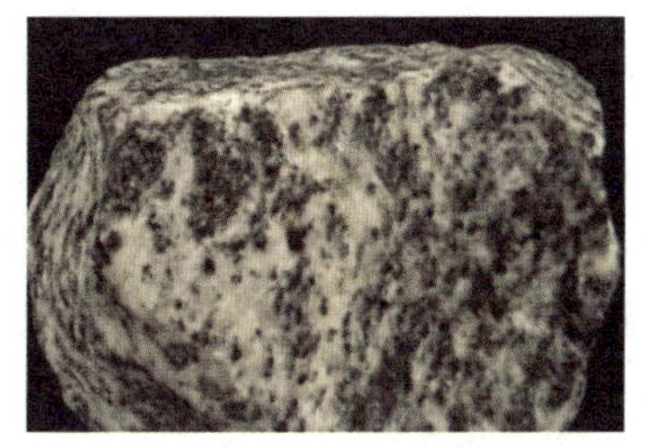
（a）条带状

（b）片麻状构造

（c）长石、石英、云母等组成

图 1-2-21　片麻岩

（3）板岩。

板岩是岩性致密、板状劈理发育、能裂开成薄板的低级变质岩。组成板岩的矿物颗粒很细，难以用肉眼鉴别。由于原岩成分没有明显的重结晶现象，新生矿物很少，以隐晶质为主，常有变余结构和构造。板岩原岩为黏土岩、粉砂岩或中酸性凝灰岩。板岩可根据颜色或所含杂质进一步划分，如碳质板岩、钙质板岩、黑色板岩等，如图 1-2-22 所示。

（a）致密，板状

（b）钙质板岩

（c）黑色板岩

图 1-2-22　板岩

（4）千枚岩。

千枚岩是显微变晶片理发育面上呈绢丝光泽的低级变质岩。典型的矿物组合为绢云母、绿泥石和石英，可含少量长石及碳质、铁质等物质，有时还含有少量方解石、雏晶黑云母、黑硬绿泥石或锰铝榴石等变斑晶。千枚岩如图 1-2-23 所示。

（a）致密，板状

（b）绢云母、绿泥石和石英组成

（c）呈绢丝光泽

图 1-2-23　千枚岩

（5）大理岩。

大理岩主要由方解石、白云石等碳酸盐类矿物组成的变质岩，它里面的方解石和白云石含量在 50%以上，因云南大理盛产此岩石而得名。块状构造、部分显条带状构造，大理岩具有各种美丽的颜色和花纹，常见的颜色有浅灰、浅红、浅黄、蓝色、褐色、黑色等，产生不同颜色和花纹的主要原因是大理岩中含有少量的有色矿物和杂质，如图 1-2-24 所示。由于大理岩是由石灰岩变质而成，主要成分为碳酸钙，因此也是制造水泥的原料，纯白的大理石又称汉白玉。

（a）方解石、白云石等组成

（b）蛇纹大理岩

（c）条带状构造

图 1-2-24　大理岩

（6）石英岩。

石英岩是主要由石英组成的变质岩，是石英砂岩及硅质岩经变质作用形成。石英岩常为粒状变晶结构，块状构造，常见颜色有绿色、灰色、黄色、褐色、橙红色、白色、蓝色、紫色、红色等，主要用途是作冶炼有色金属的溶剂、制造酸性耐火砖（硅砖）和冶炼硅铁合金等。纯质的石英岩可制作石英玻璃，提炼结晶硅。石英岩如图 1-2-25 所示。

（a）主要由石英组成

（b）粉红色块状石英岩（桃花玉）

（c）白色条带石英岩（白玉）

图 1-2-25　石英岩

4. 三大类岩石的互相转化

沉积岩、岩浆岩和变质岩是地球上组成岩石圈的三大类岩石，它们都是各种地质作用的产物。然而，当原先形成的岩石，一旦改变其所处的环境，将随之发生改造，转化为其他类型的岩石，如图 1-2-26 所示。

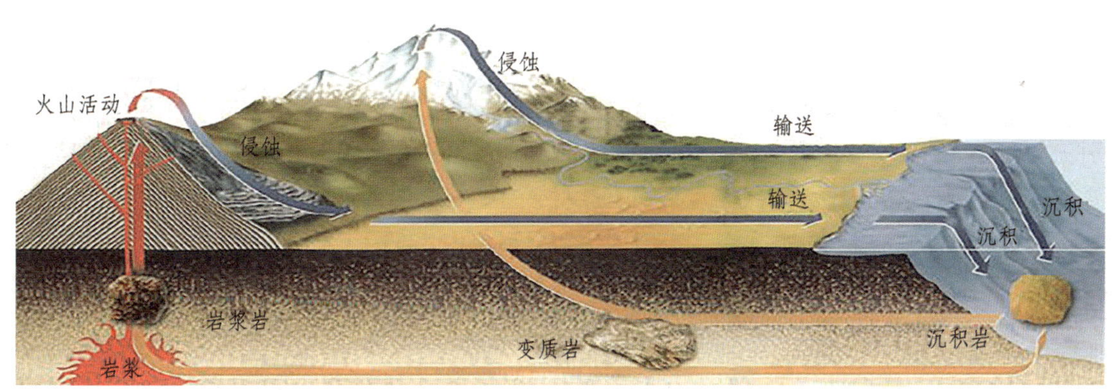

图 1-2-26　三大岩石的相互转化

（1）出露到地表面的岩浆岩、变质岩与沉积岩，在大气圈、水圈与生物圈的共同作用下，可以经过风化、剥蚀、搬运作用而变成沉积物。沉积物埋藏到地下浅处就硬结成岩，即重新形成沉积岩。

（2）埋到地下深处的沉积岩或岩浆岩，在温度不太高的条件下，可以在基本保持固态的情况下发生变质，变成变质岩。

（3）不管什么岩石，一旦进入高温（高于 700 ~ 800 °C）状态，岩石部将逐渐熔融成岩浆，岩浆在上升过程中温度降低，成分复杂化，或在地下浅处冷凝成侵入岩，或喷出地表而形成火山岩。在岩石圈内形成的岩石，由于地壳上升，上覆岩石遭受剥蚀，它们又有机会变成出露地表的岩石，即岩浆岩。

综上所述，岩石圈内的三大类岩石是完全可以互相转化的，它们之所以不断地运动、变化，完全是岩石圈自身动力作用以及岩石圈与大气圈、水圈、生物圈、地幔等圈层相互作用的结果。从长时间尺度来看，岩石圈里的岩石都是在不断地变化着的。

项目二　地质现象野外认识

任务一　野外地质工作的基本方法

一、实训目的

通过工程地质野外实训，帮助学生进一步认识、巩固和验证学生在课堂教学中所学到的常见造岩矿物与三大岩类（岩浆岩、沉积岩、变质岩）、地质构造、地貌与地下水，以及地区常见的不良地质现象特征和危害性等知识，以动手为主，培养学生独立收集野外工程地质资料的能力，提升兴趣，增加感性认识，初步建立正确的工程地质思维。

二、实训要求

实训时间为 3 天，要求学生学会使用简单的地质工具（放大镜，罗盘仪等），在野外独立鉴别三大岩石，利用罗盘仪测量岩层产状要素，识别地质构造和地貌形态，绘制地质剖面图等。要求实训期间，学生认真学习《工程地质》教材，掌握必要的工程地质基础知识，进入野外实训，遵守纪律，服从指导，虚心学习，及时完成实训报告并准时上交。

三、实训工具

1. 地质罗盘仪（见图 2-1-1）

（a）地质罗盘仪实物

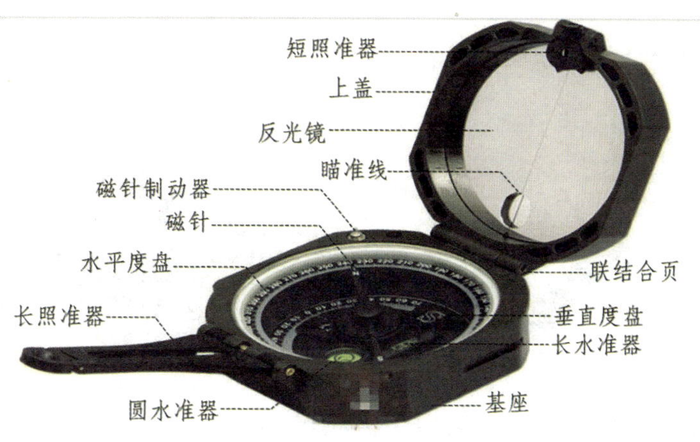

（b）地质罗盘仪结构

图 2-1-1　地质罗盘仪

表 2-1-1　多种地质罗盘仪

图　　示	型号及参数
	DQY-1 地质罗盘仪 长水准器角值：15′±5′/2 mm 圆水准器角值：30′±5′/2 mm 测角器读数差：≤0.5° 度盘格值：1° 重量：0.27 kg 尺寸：80 mm×70 mm×35 mm
	DQL-5 地质罗盘仪 里程测量比例：1∶100 000，1∶50 000 测量器读数误差：≤1.25° 时间速度盘格值：5 min 度盘格值：1° 重量：0.15 kg 尺寸：68 mm×63 mm×26 mm
	DQL-1 森林罗盘仪 放大倍率：8 倍 最短视距：2.5 m 鉴别率：15″ 度盘格值：1° 该系列产品主要应用于森林资源调查中的各种测量工作，如距离、水平、高差、坡角等。同时，可以测定和标定树干任意部位的高度和直径，每公顷胸高断面积、立木形率、区分求积、造材求积等

2. 地质实训放大镜（见图 2-1-2、图 2-1-3）

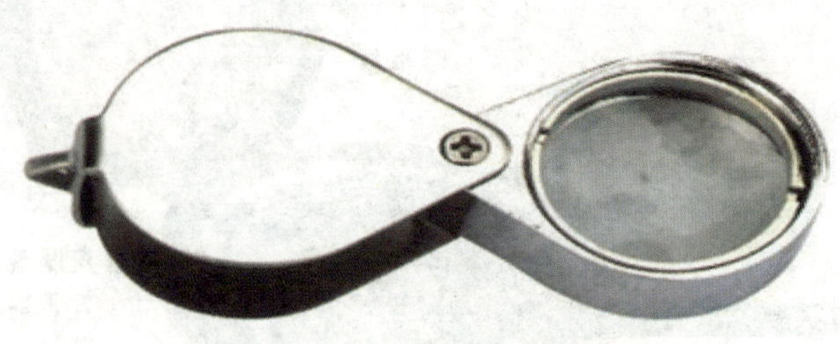

图 2-1-2　地质实训放大镜

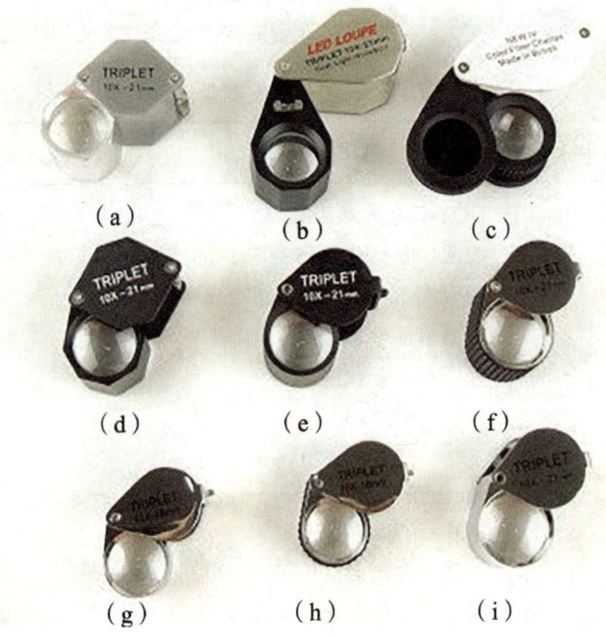

（a）（b）（c）（d）（e）（f）（g）（h）（i）

图 2-1-3　多种款式功能放大镜

3. 工程地质锤（见图 2-1-4～图 2-1-6）

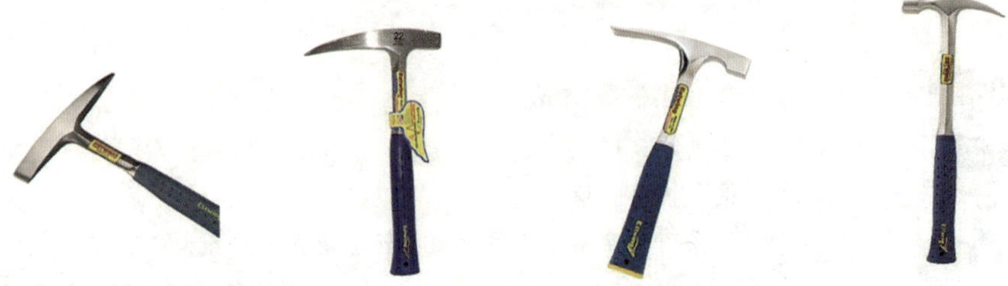

图 2-1-4　工程地质锤

图 2-1-5　地质锤实物

图 2-1-6　地质野外三件宝

4. 野外工具使用示意（见图 2-1-7、图 2-1-8）

图 2-1-7　野外地质罗盘仪使用示意

图 2-1-8　野外地质锤使用示意

四、实训内容

1. 野外实训步骤

（1）教师现场讲解实训内容。

根据现场实际情况，由教师提示学生在实训过程中一定要注意安全问题，如出现突发情况，及时报告，并由教师布置实训内容。

（2）学生以小组为单位进行实训。

学生认真听教师讲解实训注意事项及实训内容，以小组为单位按要求进行实训并完成实训记录，有疑问及时询问教师。

（3）学生汇总资料完成实习报告。

学生回到教室，根据实训内容对实训资料进行整理，认真完成实训实习报告，有疑问可以询问教师。

2. 实训文字记录

1）文字记录内容

文字记录内容包括野外实训的时间、地点、天气、目的、观察内容等，如表 2-1-2 所示。

表 2-1-2　文字记录

20　年　月　日　　　　星期　　　　　　天气：
地点：
实训目的：（1）学会岩石的野外鉴别；
（2）学会使用地质罗盘测岩层产状；
（3）……
线路：
实习内容：鉴别沿线岩石、矿物……
位置 1：
观察现象：（1）该观察点观察到……
（2）……
（3）……

2）文字记录要求

（1）在野外记录簿上规范记录实习内容。文字记录必须在野外现场完成，不可以在教室内想象回忆完成，必须真实记录现场的实际情况。

（2）文字记录要求使用铅笔完成，便于更改。

（3）记录簿只用于记录地质野外内容，不得记录其他内容。

（4）记录完成后按时汇总，如果遗失立即报告教师。

（5）本次实训要求每名学生必须积极参与，同时独立完成实训内容及实训报告，禁止互相抄袭。

3. 实训图件记录要求

除文字说明外，记录者应该更加清晰地在文字记录基础上绘制实训过程中看到的野外地质现象，图件可以更加直接、清楚地表达内容，使阅读者可以更加直观地阅读地质内容。图件的种类有很多种，常用的实训图件有地质素描剖面图和地质信手剖面图。图件必须包含的内容有图名、比例尺、方位、图例，以及要表示的地质内容，且必须按照相关位置绘制。

1）地质素描剖面图

地质素描剖面图是运用绘画素描的方法，用较大的比例尺，表现局部地段或露头的地质剖面现象的地质素描图，需要把某点观察到的典型且重要的地质内容形象真实地大致描绘出来，如图 2-1-9、图 2-1-10 所示。其作图步骤为：

（1）选取地质内容；

（2）确定素描图的方位；

（3）根据要求确定比例尺；

（4）按实际的相对位置勾画地质内容；

（5）标出图名、图例等。

图 2-1-9　地质素描

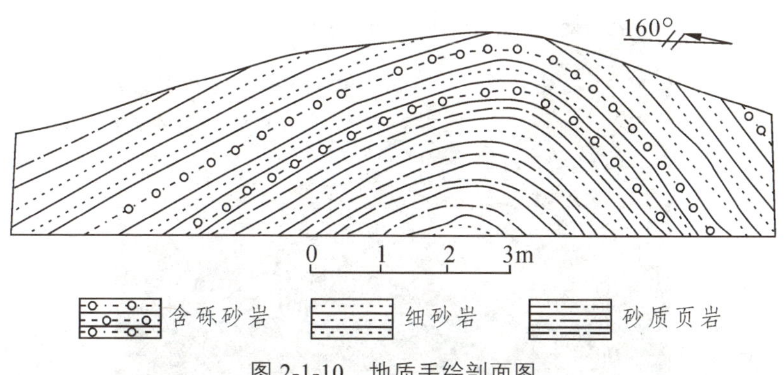

图 2-1-10　地质手绘剖面图

2）信手地质剖面图

地质信手剖面图是把在某一条线路上观察到的地层、构造及地层接触关系等地质现象真实地反映在图件上，如图 2-1-11 所示。其作图步骤为：

（1）确定剖面线的方位；

（2）确定比例尺；

（3）按选取的剖面方位和比例尺勾画地形轮廓；

（4）将各个地质内容按要求所划分的单元及产状用量角器量出，投在地形剖面相应的点的下方；

（5）用各种通用的花纹和代号表示各项地质内容；

（6）标出图名、图例、比例尺、剖面方位及剖面上的地物名称。

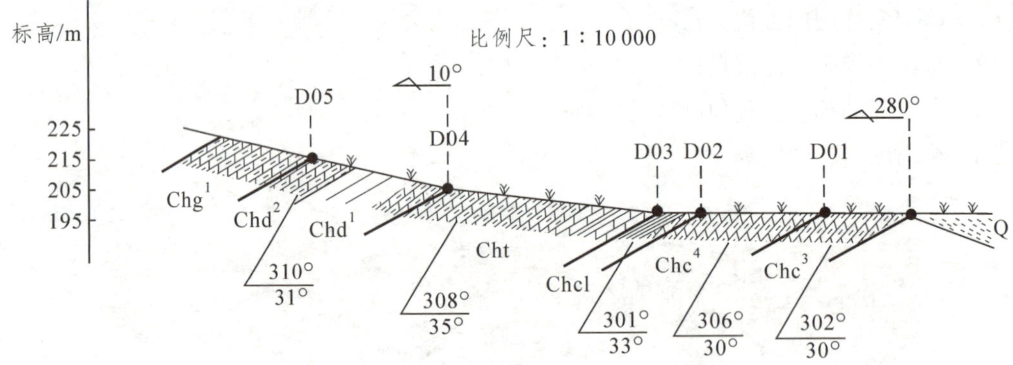

图 2-1-11　某地地层信手地质剖面图

注：学生在野外记录的内容（文字图件）回到教室后要进行整理，完成文字的整理与图件的相关绘制内容，内容必须真实，符合现场情况。

4. 岩石标本的野外采集和室内整理

在野外，除了认真观察地质现象并做记录外，还需要采集标本，野外实训时间有限，对于来不及观察记录的现象或者某些重要的典型的地质现象需要采集标本保存,用实物供他人检查，如图 2-1-12 所示。标本种类很多，如岩石标本、矿物标本、化石标本等，标本需新鲜未风化，收集后标上记号。

图 2-1-12　野外采集标本

五、实训练习

（1）地质实训所需工具及使用方法。

（2）地质实训野外报告书写方法。

（3）地质实训野外简图绘制标准。

任务二　常见岩石、矿物的野外鉴定方法

一、实训目的

（1）复习矿物和三大岩类的鉴定方法并进行野外鉴定。

（2）对三大岩类的基本分类特点进行比较和总结。

（3）在区别三大岩类的矿物组成、结构构造特点的基础上，对常见岩石进行肉眼鉴定。

二、实训要求

通过工程地质野外实训，帮助学生进一步认识、巩固和验证学生在课堂教学中所学到的常见造岩矿物与三大岩类（岩浆岩、沉积岩、变质岩）、地质构造、地貌与地下水，以及地区常见的不良地质现象特征和危害性等知识，以动手为主，培养学生独立收集野外工程地质资料的能力，提升兴趣，增加感性认识，初步建立正确的工程地质思维。

三、实训准备

全面复习《工程地质》教材中“矿物与岩石”项目内容。

四、实训内容

1. 野外鉴定岩石的步骤

（1）观察岩石的总体外貌特征，初步鉴别出属于三大岩类的哪一类。

（2）借助放大镜、小刀，观察岩石的物质成分（矿物、碎屑物质、胶结物）。

在野外用指甲（硬度 2 ~ 2.5）、小刀（硬度 5 ~ 5.5）、瓷器碎片（硬度 6 ~ 6.5）、石英（硬度 7）等进行粗略测定。在测矿物硬度时，必须在纯净、新鲜的单个矿物晶体（晶粒）上进行，因为风化、裂隙、杂质以及集合体方式等因素会影响矿物的硬度。风化后的矿物硬度一般会降低。有裂隙及杂质的存在，会影响矿物内部连接能力，也会使硬度降低。集合体如呈细粒状、土状、粉末状或纤维状，则很难精确确定单体的硬度。因此，测试矿物硬度时要尽量在颗粒大的单体新鲜面上进行。标准矿物硬度如图 2-2-1 所示。

（3）根据岩石的结构特征确定岩石的类型。

（4）根据岩石的产出状态确定岩石的大体名称。

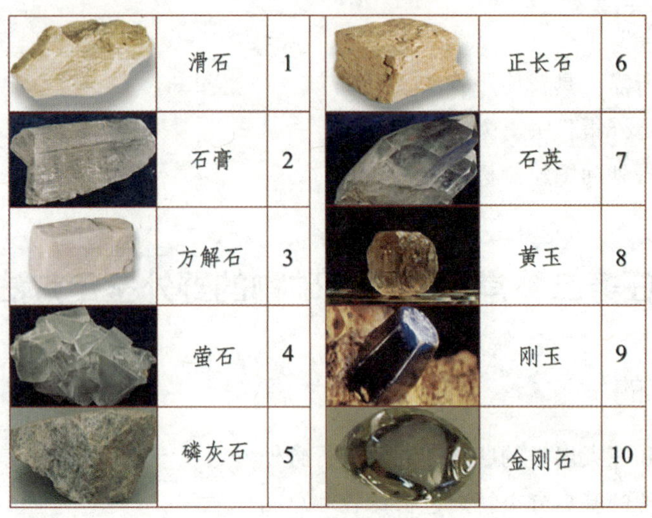

矿物	硬度	矿物	硬度
滑石	1	正长石	6
石膏	2	石英	7
方解石	3	黄玉	8
萤石	4	刚玉	9
磷灰石	5	金刚石	10

图 2-2-1　标准矿物硬度

2. 三大岩石的野外鉴定

1）岩浆岩的野外鉴定

（1）岩浆岩的野外鉴定方法。

岩浆岩又称火成岩，可分为喷出岩和侵入岩，常见岩浆岩如图 2-2-2 所示。

（a）花岗岩　（b）橄榄岩　（c）玄武岩　（d）闪长岩　（e）安山岩

图 2-2-2　常见岩浆岩

① 橄榄岩（见图 2-2-3）。

成因类型：超基性侵入岩。

结构：晶质，中粒至粗粒。

矿物组成：橄榄石、辉石。

主要鉴定特征：常见黑绿色、灰绿色、橄榄绿色。组成矿物以橄榄石为主（含量 40% ~ 90%），辉石次之，含少量黑云母或角闪石，有时含铬铁矿、磁铁矿、钛铁矿或磁黄铁矿。辉石以斜方辉石或单斜辉石为主。一般无石英颗粒。中粗粒晶质结构，块状构造为主。属于深成侵入岩类。因含铁、镁元素较高，密度较大。橄榄岩在地表新鲜者较少，易风化蚀变成蛇纹岩，同时颜色变浅。

根据橄榄石和辉石的相对含量，橄榄岩可细分为纯橄榄岩、橄榄岩和辉石橄榄岩等。

常见矿晶：橄榄石、石榴子石、蛇纹石、金刚石、石墨、碳硅石、锆石等；

主要用途：可做宝石，如橄榄石、石榴子石等，以及观赏石和工艺雕刻的原料；是铬、铂、镍等矿产的重要来源。

主要分布：中国祁连山、西藏、内蒙古、辽宁、宁夏、山东等地。

图 2-2-3　橄榄石

② 辉长岩（见图 2-2-4）。

成因类型：基性侵入岩。

结构：全晶质，中粒至粗粒。

矿物组成：斜长石、辉石、少量橄榄石、角闪石等。

主要鉴定特征：以灰色、黑灰、暗绿黑色为主，偶见深绿色。粒状呈中粗粒自形晶至他形晶状结构，斜长石和辉石晶粒大小相似（即具辉长结构）。以块状构造为特征。结构、构造一般很均匀。辉长岩为深部侵入岩，因而晶粒较粗大。有的粗粒辉长岩抛光后，可显示出美丽的图案。

按次要矿物的种属可进一步将辉长岩命名为橄榄辉长岩、角闪辉长岩、正长石辉长岩、石英辉长岩和铁辉长岩（富含钛铁矿、磁铁矿）等。

图 2-2-4　辉长石

常见矿晶：长石、辉石、磁铁矿、磷灰石、尖晶石。

主要用途：可做较高级建材，可与铁矿床共生。

主要分布：中国山东济南、云南元谋、四川攀枝花和吉林等地。

③ 辉绿岩（见图 2-2-5）。

成因类型：基性侵入岩。

结构：全晶质，细粒至中粒。

矿物组成：斜长石、辉石、少量橄榄石、角闪石等。

主要鉴定特征：以暗绿或黑色为主。矿物组成与辉长岩相似，但结构不同，主要表现在晶质颗粒较小，常显斑状结构和辉绿结构，即较自形的长条状斜长石杂乱排列，他形的粒状辉石充填其中。若斜长石斑晶较多时，可称辉绿玢岩。

斜长石易蚀变为钠长石、黝帘石、绿帘石和高岭石；辉石易风化蚀变为绿泥石、角闪石和碳酸盐类矿物。绿泥石多时，岩石常呈灰绿色。

常见矿晶：长石、辉石、磷灰石、尖晶石。

主要用途：质地均匀、无裂纹者可做石材和工艺石料，也可做铸石原料。

主要分布：中国贵州、浙江、河南、新疆和东北等地。

图 2-2-5　辉绿岩

④ 玄武岩（见图 2-2-6）。

成因类型：基性喷出岩。

结构：隐晶质，少量斑晶，微粒状。

矿物组成：辉石、斜长石。

主要鉴定特征：暗色，一般为黑色、灰绿色，有时呈暗紫色。通常为隐晶质或玻璃质结构，少量细-中粒结构和斑状结构。主要矿物由斜长石和辉石组成，次要矿物有橄榄石、角闪石及黑云母等。气孔构造和杏仁构造常见。常因含橄榄石、辉石和斜长石斑晶而显斑状结构。陆上喷出的玄武岩，常呈绳状结构、块状构造和显示六边形柱状节理。水下形成的玄武岩，常具枕状构造。玄武岩是地球洋壳和月球岩石的最主要岩石类型。

玄武岩最先用于描述德国萨克森州的黑色岩浆岩。中文“玄武岩”一词引自日文。日本在兵库县玄武洞最先发现了该类岩石，因此得名。

玄武岩与安山岩相似，两者以不同的暗色矿物斑晶可区分。玄武岩含橄榄石、辉石和斜长石斑晶，而安山岩则以斜长石、黑云母、角闪石斑晶为主。

常见矿晶：紫水晶、沸石、石榴子石、刚玉、黄玉、锆石等。

主要用途：常用作建材、铸石、观赏石。有关的主要矿种是铜、铁、钛、钒、钴、冰洲石等。

主要分布：中国在秦岭、祁连山较多、云南、贵州、四川三省有著名的峨眉山玄武岩。

（a）

（b）

图 2-2-6　玄武岩

⑤ 闪长岩（见图 2-2-7）。

成因类型：中性侵入岩。

结构：全晶质，粗粒至细粒。

矿物组成：角闪石、斜长石。

主要鉴定特征：闪长岩颜色较多，主要呈灰白、灰黑、黑色，偶尔带深绿灰色或浅绿色。多为中粒、细粒半自形粒状结构和块状构造，偶见条带状、斑杂构造。主要由斜长石（含量 65%～75%）和一至多种暗色矿物（25%左右），如角闪石、辉石、黑云母组成。岩石中可含少量石英（<20%）和钾长石（<10%）。斜长石晶形一般较好，晶粒均匀、呈板柱状。根据石英含量和暗色矿物种类，可细分为闪长岩、石英闪长岩、辉石闪长岩。当角闪石、斜长石以斑晶为主时，称闪长玢岩。

闪长岩为典型中性深成侵入岩，很少组成独立的岩石，往往与基性岩、酸性岩或碱性岩伴生，成为其他各类岩石的边缘部分或以岩脉形式产出。

常见矿晶：磷灰石、磁铁矿、铁铝榴石、钛铁矿和榴石等。

主要用途：可做建材，共生矿产有铜-铁、铁、铜、钴、铅、锌等。

主要分布：中国湖北大冶、安徽铜关山、山东中西部、太行山东麓等地。

图 2-2-7　闪长岩

⑥ 正长岩（见图 2-2-8）。

成因类型：中性侵入岩。

结构：全晶质，中粒至细粒，少量斑晶。

矿物组成：钾长石、斜长石。

主要鉴定特征：以浅灰、灰白、浅肉红色为主。等粒状、似斑状结构；块状构造最为常见，偶见似片麻状等构造。矿物主要由长石类和角闪石及黑云母组成，不含或含少量的石英。其中的钾长石（正长石）具卡式双晶。常与花岗岩、闪长岩或辉长岩共生。在地壳中分布较少。常呈小的岩株产出，与基性岩、碱性岩组成杂岩石。根据其含暗色矿物种类与含量可分为黑云母正长岩、角闪石正长岩和辉石正长岩等亚类。

英文名“Syenite”一词来自埃及地名 Syene，原指该地所产的红色粗粒角闪石黑云母花岗岩，后用来称呼不含石英、由角闪石和长石组成的结晶岩石。

常见矿晶：正长石、水晶、斜长石、云母、石榴子石、绿柱石、电气石与黄玉等共生。

主要用途：可做建材及玻璃、陶瓷等原料。

主要分布：中国北京花塔、山西、河北、山东、福建、新疆、云南等地。

图 2-2-8　正长岩

⑦ 安山岩（见图 2-2-9）。

成因类型：中性喷出岩。

结构：半晶质，微粒至细粒，斑状。

矿物组成：斜长石、角闪石、辉石、云母。

主要鉴定特征：呈深灰、紫灰、浅玫瑰色，风化后为灰褐、暗褐、褐绿等色。半晶质微粒为主，具斑状结构，常见玻璃质基质。致密，块状；局部有气孔、杏仁构造。斑晶主要为斜长石及黑云母、角闪石（通常为褐色，具暗化边）和辉石（单斜辉石和斜方辉石）。依斑晶中的暗色矿物种类，可分为辉石安山岩、角闪石安山岩和黑云母安山岩等。

安山岩多以岩被、岩流、岩钟等形式产出。因大量发育于美洲的安第斯山脉而得名。与玄武岩相似，两者可以斑晶的暗色矿物组成区分。玄武岩含橄榄石、辉石和斜长石斑晶，而安山岩则含斜长石、黑云母、角闪石斑晶。

常见矿晶：与安山岩共生的铜、铅、金（银）矿产有关的矿晶。

主要用途：可做建材、化工耐酸材料。

主要分布：中国华北中条山、秦岭东段和燕山、大兴安岭等地。

（a）

（b）

图 2-2-9　安山岩

⑧ 流纹岩（见图 2-2-10）。

成因类型：酸性喷出岩。

结构：微晶质。

矿物组成：钾长石、辉石。

主要鉴定特征：浅黄、浅灰、粉红、灰白等颜色。微晶质或玻璃质为主，少量斑晶（长石和石英），瓷状或贝壳状断口，流纹状构造。偶见气孔、杏仁构造。其化学、矿物组成与花岗岩相同，二氧化硅含量大于 69%。长石斑晶形状为方形板状，玻璃光泽，有解理。基质一般为致密的隐晶质或玻璃质，有时呈显微文象状或花斑状。玻璃质流纹岩常与黑曜石、松脂岩、珍珠岩和浮岩共生。有关矿产有高岭石、蒙脱石、叶蜡石、明矾和黄铁矿等。

常见矿晶：长石、水晶、黄玉、磷灰石、黄铁矿等。

主要用途：可做建材、用于石雕。

主要分布：中国辽宁、内蒙古、河北、山西、山东、吉林、黑龙江等地。

图 2-2-10　流纹岩

⑨ 花岗岩（见图 2-2-11）。

成因类型：酸性侵入岩。

结构：全晶质，中粒至粗粒。

矿物组成：石英、长石、黑云母、角闪石。

主要鉴定特征：浅肉红色、浅灰色、灰白色。晶质中、粗粒为主，少量细粒；块状和似斑状构造，球状风化。主要组成矿物为长石、石英（含量 20% ~ 50%）、黑云母、白云母、角闪石和少量辉石、橄榄石等。长石包括正长石、斜长石及微斜长石。根据次要矿物含量可划分出二长花岗石（正长石和斜长石含量>5%）、黑云母花岗岩（黑云母>5%）、角闪花岗岩等。晶体颗粒特别粗大时，可称伟晶花岗岩。常与多金属矿产共生。

花岗岩的英文名“Granite”来源是拉丁文的 granum，表示颗粒的意思，而中文名称“花岗岩”源自日文翻译。

常见矿晶：长石、水晶、磷灰石、赤铁矿、石榴子石等，其伟晶岩中还产绿柱石、电气石类宝石矿物。

主要用途：可做高级建材、用于石雕。

主要分布：中国分布很广，主要为华北、华南、东北和东南沿海等地。

（a）　　（b）

图 2-2-11　花岗石

⑩ 浮岩（见图 2-2-12）。

成因类型：酸性喷出岩。

结构：玻璃质、多孔。

矿物组成：石英、长石。

主要鉴定特征：白色、浅灰色，偶尔呈浅红色。矿物组成相当于流纹岩，为多孔、轻质的玻璃质酸性火山喷出熔岩（由熔融的岩浆在地表环境下冷凝而成）。其外形似蛀窠，有时显管状构造。表面暗淡或具丝绢光泽。其气孔体积常占岩石体积的 50%以上。浮岩表面粗糙，颗粒容重为 450 kg/m^3，全岩容重为 250 kg/m^3 左右。浮岩孔隙率为 71.8% ~ 81%，吸水率为 50% ~ 60%。因孔隙密集、质量轻、容重小于 1 g/cm^3，能浮于水面而得名。它的特点是质量轻、强度较高、耐酸碱腐蚀、无放射性等。浮岩在工业和商业上常被称为浮石。

主要用途：用于建筑、园林、纺织业、服装（牛仔服）洗漂厂等行业，还是护肤、护足的佳品，可有效去除皮肤上残留的角质层。

图 2-2-12　浮岩

（2）鉴别岩浆岩的重要特征。

① 侵入岩无层理现象，具块状构造。喷出岩多具气孔状、杏仁状、流纹状等构造。这些是岩浆岩区别于其他岩石的主要特征。

② 岩浆岩中不含生物化石。

③ 在地貌上，如果没有构造的影响，它常形成波状的地形，而不会出现像沉积岩地区的陡峭与缓坡相间排列的现象。

2）沉积岩的野外鉴定

（1）沉积岩的野外鉴别特征。

沉积岩又称为水成岩，主要分布于地表或近地表，如图 2-2-13 所示。

图 2-2-13　河流流水冲刷的层状沉积岩石

① 具有明显的成层性，是一层层叠置在一起的，这一特征是沉积岩的层理构造，它与岩浆岩的块状构造，变质岩的片状构造有很大的差别。这也是野外鉴定沉积岩的主要标志，如图 2-2-14 所示。

图 2-2-14　沉积岩水平层理

② 沿垂直层理方向，组成岩石的物质成分常具有规律的变化，有时相同的物质成分会相间出现，组成多个沉积规律，如图 2-2-15 所示。

图 2-2-15 沉积岩的多个沉积

③ 沉积岩中常发育一些沉积构造，如交错层理、水平层理等，以及一些层面构造，如龟裂、波痕、流痕等，如图 2-2-16、图 2-2-17 所示。

图 2-2-16 沉积岩流痕构造

图 2-2-17 沉积岩波痕构造

④ 岩石中常含有生物化石，如图 2-2-18 所示。

（a）

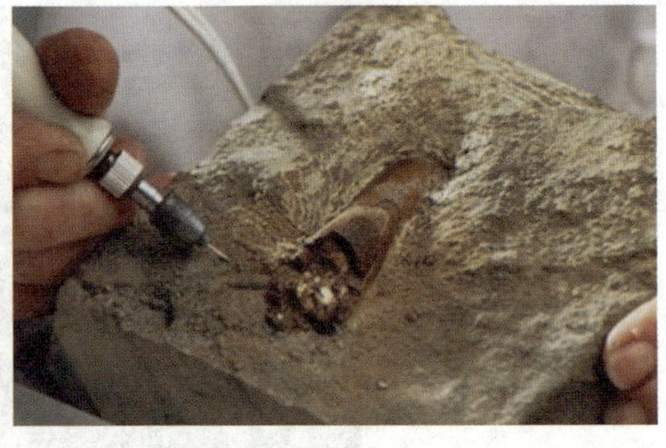

（b）

图 2-2-18 岩石生物化石

⑤ 在地貌上，沉积岩出露地区常由陡峭和缓坡构成，并相间出现，沿层面方向形成缓坡。

（2）沉积岩的野外鉴定方法。

① 砾岩（见图 2-2-19）。

成因类型：碎屑岩。

结构：砾状结构。

构造：大型交错层理。

矿物组成：石英、长石、岩屑。

主要鉴定特征：可有各种颜色；由粒径大于 2 mm 的小碎块（砾石）组成，占总量 50%以上。部分显大型交错层理。砾岩成分主要是岩屑，只有少量矿物碎屑，填隙物为砂、粉砂、黏土物质和化学沉淀物质。根据砾石大小，砾岩可分为巨砾岩（>128 mm）、粗砾岩（64 ~ 128 mm）、中砾岩（4 ~ 64 mm）和细砾岩（2 ~ 4 mm）。若大部分砾石带棱带角，大小不一，可称其为角砾岩。此外，还可以根据砾石成分，进一步进行岩石分类和命名。

常见矿晶：裂隙中可见水晶、方解石等。

主要用途：可做建材、观赏石。

主要分布：中国分布广泛，各地都有。

图 2-2-19　砾岩

② 粉砂岩（见图 2-2-20）。

成因类型：碎屑岩。

结构：粉砂质结构。

构造：小型交错、波状层理。

矿物组成：石英、长石、岩屑。

（a）

（b）

图 2-2-20　粉砂岩

主要鉴定特征：颜色多种多样，黑色至红色均有，但以深色为主。由粒径为 0.005 ~ 0.05 mm 的粉砂颗粒（含量>50%）组成。放大镜下可见较多的石英、长石和岩屑颗粒，有时可见白云母。常呈小型波状层理与小型交错层理。主要形成于风和较弱水流沉积环境，手摸和舌舔有粗糙感。

常见矿晶：裂隙和结核中可见水晶、方解石和黄铁矿等。

主要用途：可做建材。

主要分布：中国各地均有，西北黄土高原的黄土也以粉砂为主。

③ 砂岩（见图 2-2-21）。

成因类型：碎屑岩。

结构：砂状结构。

构造：交错层理。

矿物组成：石英、长石、岩屑。

主要鉴定特征：各种颜色，白色至红色均有。砂状结构，以交错层理为主，部分块状。由砂质颗粒为主和基质（粉砂质、泥质充填物或钙质、硅质等化学胶结物）为辅组成。根据其砂粒的大小，可分为粗砂岩（粒径>0.5 mm）、中砂岩（0.25 ~ 0.5 mm）和细砂岩（0.05 ~ 0.25 mm）。还可以根据砂粒成分，进一步进行岩石分类和命名。砂岩可形成于各种陆地与海洋环境，由水与风搬运堆积而成。

常见矿晶：裂隙和结核中可见水晶、方解石等。

主要用途：可做建材、工艺品、观赏石。

主要分布：中国分布广，各地都有。

（a）含砾粗砂岩

（b）粗砂岩

（c）细砂岩

（d）中粒砂岩

（e）灰色细砂岩

图 2-2-21　砂岩

④ 泥岩（见图 2-2-22）。

成因类型：碎屑岩。

结构：泥质结构。

构造：波状与水平层理。

矿物组成：黏土矿物。

主要鉴定特征：浅灰至黑色为主，少量红色、绿色和白色。水平层理或波状层理发育，少量块状构造。主要由粒度小于 0.005 mm 的黏土矿物和其他碎屑颗粒组成，常含化石或化石碎片。手感细腻，舌舔有黏结感。当组成的黏土矿物较纯时，可称黏土岩。当页理（风化后可开裂成书页或薄片状）发育时，称页岩，形成于静水或深水环境。

常见矿晶：裂隙和结核中可见水晶、方解石、黄铁矿、白铁矿等其他成岩和次生矿物。

主要用途：可做建材、工艺品雕件等。

主要分布：中国分布广，全国各地均有。

图 2-2-22　泥岩

⑤ 岩盐（见图 2-2-23）。

成因类型：化学岩。

结构：微粒至巨粒状。

构造：块状、条带状。

矿物组成：盐、石膏等。

主要鉴定特征：纯净的石盐无色透明或白色，含杂质时则可呈灰、黄、红、黑等色。矿物晶体都属等轴晶系的卤化物。单晶体呈立方体，在立方体晶面上常有阶梯状凹陷，集合体常呈粒状或块状，具完全的立方体解理。硬度 2.5，密度 2.17，易溶于水，味咸。为水体（湖、海）蒸发而成，常与石膏共生。岩盐又称石盐。

常见矿晶：共生矿物晶体有各类卤化物，如光卤石晶簇、硼砂、石盐、钾石盐和石膏等。

主要用途：用作化工、食品产业及工艺品。

主要分布：中国四川、青海、新疆、西藏等地。

图 2-2-23　岩盐

⑥ 石灰岩（见图 2-2-24）。

成因类型：生物化学岩。

结构：碎屑结构和晶粒结构。

构造：以水平及波状层理为主。

矿物组成：生物碎屑、方解石等。

主要鉴定特征：灰、灰白、灰黑、黄、浅红褐红等颜色。以方解石为主要成分的碳酸盐岩有时含有白云石、黏土矿物和陆源碎屑矿物。方解石包括钙质的生物化石碎片和化学沉积晶粒两种，常显各种层理构造和生物遗迹构造，偶见鲕状或豆状结构和块状构造。主要由海洋环境中的生物骨架或碎片堆积而成，少量为化学沉淀而成，遇稀盐酸起泡。

有些石灰岩含较多白云石和黏土矿物，当黏土矿物含量达 25%～50%时，称为泥质灰岩。白云石含量达 25%～50%时，称为白云质灰岩；白云石含量超过 50%时为白云岩。

常见矿晶：裂隙、溶洞和结核中可见方解石、石膏、黄铁矿、棱铁矿等其他多种成岩和次生矿物。

主要用途：可做观赏石、石材、水泥原料。

主要分布：中国华南有广泛分布，华北、西北地区也有发育。

(a)

(b)

图 2-2-24　石灰岩

3）变质岩的野外鉴定

（1）变质岩的野外鉴别特征。

① 具有一些特殊的构造，如板状构造、片状构造等，矿物常具定向排列。

② 具有一些特殊的变质矿物，如绢云母、蛇纹石、石榴子石等。

③ 不同类型的变质岩在分布上具有一定的规律性。接触变质岩分布于岩浆岩与围岩的接触带上，动力变质岩沿断裂带分布，区域变质岩大面积分布。

（2）变质岩的野外鉴别方法。

① 板岩（见图 2-2-25）。

成因类型：区域浅变质岩。

结构：微晶状。

构造：板状劈理。

矿物组成：黏土矿物、云母等。

主要鉴定特征：颜色因含有染色成分不同而有变化，含铁为红色或黄色，含绿泥石多为绿色，含炭质呈黑色或灰色。基本没有重结晶颗粒，而是由泥质、粉砂质泥岩或中性凝灰岩变质而成。岩性致密，板状劈理发育，沿板理方向可以开裂成薄片。在板面上常有少量绢云母等矿物，使板面微显丝绢光泽。

常见矿晶：裂隙中可见水晶、方解石等。

主要用途：用于建材及铺路等。

主要分布：中国河北、湖南、云南等地。

(a)

(b)

图 2-2-25　板岩

② 千枚岩（见图 2-2-26）。

成因类型：区域浅变质岩。

结构：微晶至细晶。

构造：千枚状。

矿物组成：绢云母、绿泥石等。

主要鉴定特征：灰色至浅绿色。由泥质岩、粉砂岩或火山凝灰岩变质而成，比板岩的变质程度稍深。典型的矿物组合为绢云母、绿泥石和石英，含少量长石及碳质、铁质等物质。丝绢光泽明显，发育有细小皱纹构造。层面上手感光滑，太阳光下可见闪烁的云母片。可根据次要矿物的含量进一步进行细分。

常见矿晶：裂隙中可见水晶、方解石等。

主要用途：可做建材及铺路等。

主要分布：中国河北蓟州区、华南雪峰山和秦岭等地。

（a）　　（b）

图 2-2-26　千枚岩

（3）大理岩（见图 2-2-27）。

成因类型：区域或接触变质岩。

结构：粒状变晶结构。

构造：块状、条带状。

矿物组成：方解石、白云石。

（a）

（b）

图 2-2-27　大理岩

主要鉴定特征：浅灰至白色。粒状变晶结构，显示有晶质方解石与白云石颗粒。块状构造为主，部分显条带状构造，岩石断面出现各种漂亮的花纹与图案。大理岩主要有石灰岩、白云岩等生物化学岩变质而成。其中质地均匀、纯净、细粒、白色的大理岩，又称为汉白玉。由于云南省大理市盛产这种岩石而得大理岩之名。

常见矿晶：蛇纹石、绿帘石、绿柱石、符山石、红宝石、长石、方柱石、钙铝榴石、金云母、尖晶石、磷灰石等。

主要用途：用于建筑材料，也可做雕琢工艺品、观赏石。

主要分布：中国华北、华南、新疆、内蒙古等地。

④ 石英岩（见图 2-2-28）。

成因类型：区域或接触变质岩。

结构：粒状变晶结构。

构造：块状。

矿物组成：石英。

主要鉴定特征：常见白色，但也有绿色、灰色、黄色、褐色、橙红色、蓝色、紫色、红色等。颗粒状，坚硬块状。它是一种主要成分为石英（含量大于 85%）的变质岩，由石英砂岩或其他硅质岩经重结晶作用形成。颗粒小、质地细腻、颜色艳丽的石英岩常被称为玉，如桃花玉、白玉、碧玉、绿东陵石等。

常见矿晶：赤铁矿、针铁矿、水晶、锆石等。

主要用途：作为宝玉石、玻璃、陶瓷、冶金、化工、机械、电子、橡胶、塑料、涂料等行业的原料。

主要分布：中国广泛分布于华北、华南、西北和东北地区。

（a）

（b）

图 2-2-28　石英岩

⑤ 片岩（见图 2-2-29）。

成因类型：区域中变质岩。

结构：晶质粒状。

构造：片理发育。

矿物组成：云母类、绿泥石、阳起石等。

主要鉴定特征：灰色、灰黑色至绿色。全晶质中细粒结构；片状构造，主要由超基性、基性火山凝灰岩、泥岩和粉砂岩等变质而成，比板岩的变质程度稍深。有肉眼可见的变晶颗粒与片状矿物，常见的有绢云母、绿泥石和石英，含少量长石及碳质、铁质等物质。丝绢光泽明显，发育有细小皱纹构造。层面上手感光滑，太阳光下可见闪烁的云母片。根据主要片状矿物类型和含量可对片岩进一步细分。

常见矿晶：云母、绿泥石、石榴子石、阳起石、绿帘石、磁铁矿、榍石、磷灰石等。裂隙中可见水晶、方解石等。

主要用途：用于建材及铺路等。

主要分布：中国广泛分布于华北、秦岭、西藏、华南雪峰山等地。

（a） （b）

图 2-2-29 片岩

4）岩性描述的方法及制表

在野外，除了对地质现象和岩石的认识记录之外，还需要进一步对岩石的岩性进行描述。描述方法是先外观、后内部，先总体、后局部，观察岩石需要仔细，描述真实，术语准确。描述内容包括颜色、成分、结构、构造、产出状态及时代。记录格式如表 2-2-1 所示，表格完成范例如表 2-2-2 所示。

表 2-2-1 野外岩石观察记录表

岩石编号	颜色	岩石构造（有无层理、气孔、斑点、条纹、生物痕迹）	岩石形状	岩石尺寸	岩石颗粒形态			岩石敲击声音	滴稀盐酸后的反应	判断岩石种类
					颗粒大小	颗粒颜色	颗粒结构			

记录表范例：

野外石观察记录

岩石编号	颜色	岩石构造（有无层理、气孔、斑点、条纹、生物痕迹）	岩石颗粒形态（组成岩石的颗粒是什么样的）			岩石敲击声音	滴稀盐酸后的反应	判断岩石种类
			颗粒大小	颗粒颜色	颗粒结构			
1	灰	有层理、化石	细	灰	松散	混浊	无	页岩
2	土黄	由沙子黏合起来	中	土黄	松散	混浊	无	砂岩
3	白	有斑点	粗、中	黑白	紧密	混浊	无	花岗岩
4	灰	由碎石子或卵石组成	粗	灰	紧密	混浊	无	砾岩
5	灰	有化石	细	灰	紧密	混浊	冒气泡	石灰岩
6	黑	有条纹	中	黑	紧密	混浊	冒气泡	大理岩
7	灰	有层理	细	灰	紧密	清脆	无	板岩
8	白	有气孔	细	白	紧密	混浊	无	浮石

五、实训练习

（1）在野外鉴别所寻岩石并填写表 2-2-1。

（2）在实验室鉴别岩石标本并完成表 2-2-1。

（3）撰写野外岩石鉴别学习心得。

任务三　地质构造的野外观察与认识

一、实训目的

本次实训通过图例和野外实训结合的方式帮助学生看懂、读懂地质图例。

二、实训要求

要求学生认真完成教师布置的实训任务，实训过程中要遵守纪律。

三、实训内容

野外的构造研究是从露头上可见的小型构造入手，观察描述其形态。地质构造如图 2-3-1 所示。

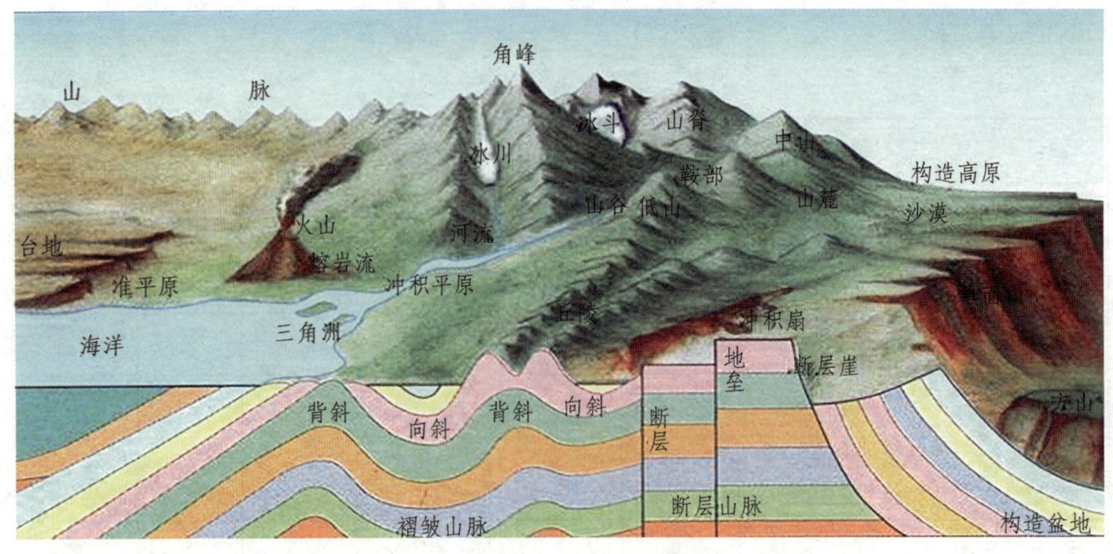

图 2-3-1　地质构造

1. 单斜构造的野外观察

由于地壳运动，使原始水平产状的岩层发生构造变动，形成倾斜岩层，当岩层层面与大地水平的夹角为 10°～70°时，称为单斜构造。这是最简单的一种构造变动，也是层状岩石最常见的一种产状状态。由单斜构造组成的地貌称为单山面，由大于 40°的倾斜岩层构成的山岭称为猪背岭。

单斜岩层可以是某种构造的一部分，如为褶皱的一翼或断层的一盘，也可以是地壳不均匀下降引起的区域性倾斜，在野外工作中，可用地质罗盘仪测定岩层产状，若某地区的岩层向同一方向倾斜，倾角也大致相同，则为单斜结构，如图 2-3-2 所示。

图 2-3-2　单斜岩层

2. 褶皱构造的野外观察

空间上地层的对称重复是确定褶皱（见图 2-3-3）的基本方法，多数情况下，在一定区域内应选择和确定标志层，并对其进行追索，以确定剖面上是否存在转折端，平面上是否存在倾伏或扬起端。在变质岩发育地区或构造变形较强地区，要注意对沉积岩的原生沉积构造进行研究，以判定是正常层位还是倒转层位。

图 2-3-3　褶皱岩层

3. 断层的野外观察

断层是地壳的主要构造形迹之一，如图 2-3-4 所示。断层的性质、特征及规模在很大程度上控制一个地区的复杂程度。大量实践证明，对断层的判断是一个非常重要的内容。

图 2-3-4　断裂岩层

（1）地层特征。

岩层重复或缺失、岩脉错段等可能是断层的存在标志。

（2）地貌特征。

当断层断距较大时，上升盘的前缘常形成断层崖，经剥蚀形成断层三角面地形，断层破碎带下切形成峡谷地形。此外，山背错开、河谷跌水瀑布等地貌均可能是断层存在的标志，因此地质学上“逢沟必断”的说法。

（3）断层面特征。

断层面的特征是存在构造透镜体、断层破碎带、破裂面等，如图 2-3-5 ~ 图 2-3-7 所示。

图 2-3-5　面理化带和构造镜体

图 2-3-6　断层破碎带

图 2-3-7　破裂面

四、实训练习

（1）野外判断地质构造并拍照记录。

（2）撰写地质构造学习心得。

（3）收集关于断层危害的相关资料。

任务四　地貌形态的野外观察与认识

一、实训目的

通过本次实训让学生了解地质地貌，认识地质地貌特征。

二、实训要求

要求学生认真完成教师布置的实训任务，实训过程中要遵守纪律。

三、实训内容

1. 山地地貌

山地具有明显的山顶、山坡、山脚的形态要素，具有一定的绝对高度、相对高度和坡度，如图 2-4-1 所示。野外实训过程中要特别注意山地地貌中垭口形态、类型的观察及山坡坡度的确定。

（a）

（b）

图 2-4-1　山地地貌

2. 平原地貌

平原地貌是地壳微度升降运动或处于相对稳定的条件下，受长期风化剥蚀作用，使大地被夷平而成，或在下降幅度虽大，但沉积补偿也大的条件下形成的。其特点是地势开阔平缓，地面略有起伏，如图 2-4-2 所示。

图 2-4-2　平原地貌

3. 流水地貌

流水地貌是指经地表流水的侵蚀、搬运、沉积作用所塑造的各种地貌形态，如图 2-4-3 所示。野外实训过程中要注意观察坡积物、洪积层及冲积物的特点和河流阶地的存在。

(a)　　　　(b)

图 2-4-3　流水地貌

四、实训练习

(1)利用实训知识鉴别三大地貌。

(2)收集地貌图片并汇总整理(配有相应文字解说)。

任务五　岩溶和溶洞的野外观察与认识

一、实训目的

通过野外地质实训，充分认识各种不同的地质地貌，观察认识岩溶地貌的演变特征、形态特征、形成、形态及产出层位等，思考喀斯特溶洞延伸的方向、长度、标高。结合专业知识解决出现的相关问题，加强全面素质和创新精神的培养，提高实践能力。

二、实训要求

对各种钟乳石进行拍照并附于实习报告的后面，对比不同类型的钟乳石、柱等岩溶现象并说明其形成原因。

三、实训内容

岩溶地貌的分类如图 2-5-1 所示。

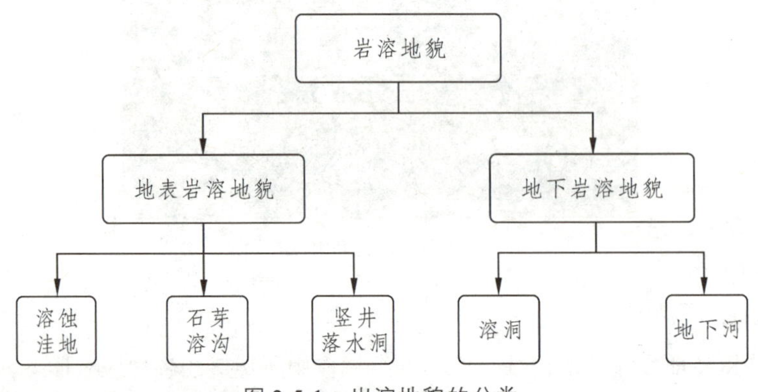

图 2-5-1　岩溶地貌的分类

1. 溶蚀洼地

溶蚀洼地是指石灰岩区经溶蚀而形成的具有一定面积的闭塞盆地，如图 2-5-2 所示。其内具有孤峰、落水洞、溶蚀漏斗、残丘等喀斯特地貌，底部平坦，有松散堆积物。一般宽数十米至数百米，长数千米至数十千米。面积较大的溶蚀洼地称“坡立谷”。溶蚀洼地和坡立谷的形成，主要是溶蚀漏斗逐渐扩大，相邻溶洞发生塌落合并而成，有的则与断层分布有关。

（a）

（b）

图 2-5-2　溶蚀洼地

2. 石芽溶沟

石芽溶沟是指石灰岩表面上的一些沟槽状凹地，如图 2-5-3 所示。它是由地表水流，主要是片流和暂时性沟状水流顺着坡地，沿节理溶蚀和冲蚀的结果。沟槽深度不大，一般数厘米至数米，成片出现石芽溶沟的地区称溶沟原野。

图 2-5-3　石芽溶沟

3. 落水洞与竖井

落水洞是地表水流入地下的进口，表面形态与漏斗相似，是地表及地下岩溶地貌的过渡类型。它形成于地下水垂直循环极为流畅的地区，即在潜水面以上。它是喀斯特地区自地表通向地下暗河或溶洞系统的垂直通道，由垂直裂隙经水溶蚀扩大或暗河席刺网顶塌陷而形成。洞的大小和形状各有不同，与岩层裂隙的分布有密切关系，如图 2-5-4 所示。落水洞进一步发展，崩塌作用加剧，就可以形成一种垂向深井，称之为竖井，竖井也可由洞穴顶板塌陷而成。

图 2-5-4　竖井、落水洞

4. 溶　洞

溶洞是可溶性岩石中因喀斯特作用所形成的地下空间，其形成是石灰岩地区地下水长期溶蚀的结果，石灰岩里不溶性碳酸钙受水和二氧化碳的作用能转化为可溶性碳酸氢钙。由于石灰岩层各部分石灰质含量不同，被侵蚀的程度不同，所以逐渐被溶解分割成互不相依、千姿百态、陡峭秀丽的山峰和具有奇异景观的溶洞，由此形成的地貌一般称为喀斯特地貌。溶洞如图 2-5-5 所示。

（a）

（b）

图 2-5-5　溶洞

5. 地下河

地下河亦称暗河，为碳酸盐岩分布区一种独特的喀斯特现象，是以溶蚀作用为主，形成由地下廊道、溶洞和溶蚀组成的一个复杂的喀斯特地下管道系统。喀斯特地下河的个体形态类型，是地下水赋存和排泄的各种形式的表征，如图 2-5-6 所示。

（a）

（b）

图 2-5-6　地下河

第二篇　建筑材料试验实训

项目三　土工试验

任务一　土的含水率试验（酒精燃烧法）

一、试验目的与适用范围

本试验方法适用于快速简易测定细粒土（含有机质土除外）的含水率。

二、试验仪器与设备

试验仪器与设备如图 3-1-1 所示。

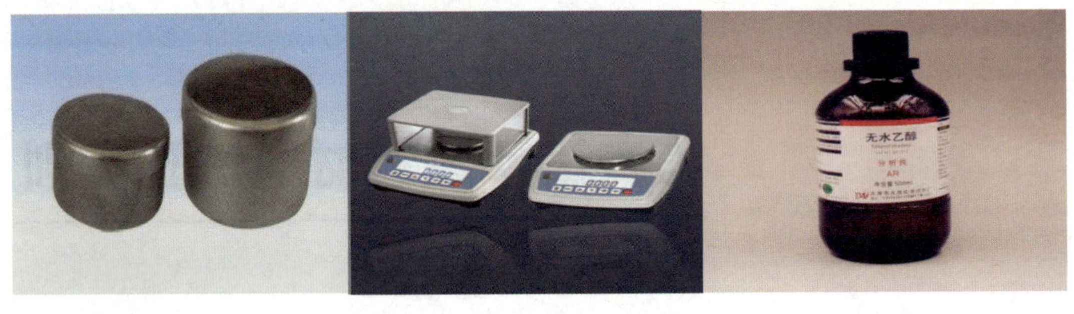

（a）称量盒　　（b）天平（感量为 0.01 g）　　（c）酒精（纯度 95%）

（d）滴管　　（e）调土刀　　（f）火柴

图 3-1-1　试验仪器与设备

三、试验步骤

（1）取代表性试样（黏质土 5 ~ 10 g，砂类土 20 ~ 30 g），放入称量盒内，称湿土质量 m，精确至 0.01 g，如图 3-1-2 所示。

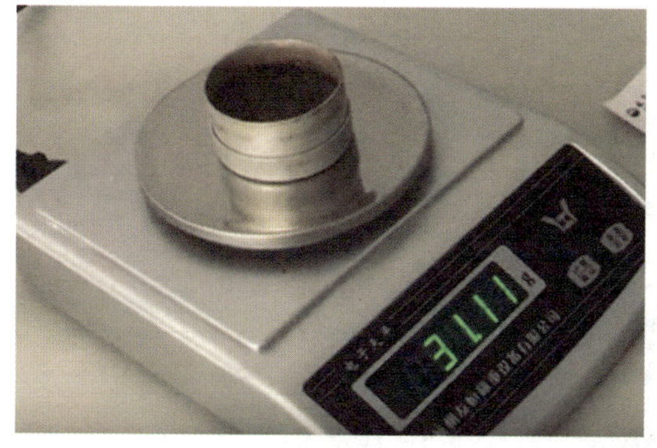

（a）称取铝盒质量

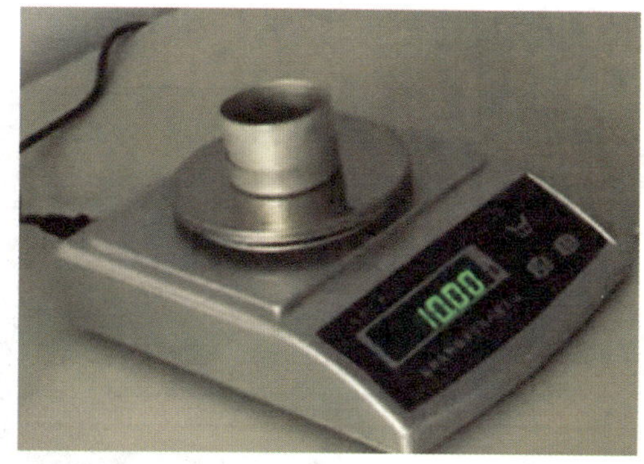

（b）称取盒与土的质量

图 3-1-2

（2）用滴管将酒精注入放有试样的称量盒中，直至盒中出现自由液面为止。为使酒精在试验中充分混合均匀，可将盒底在桌面上轻轻敲击，如图 3-1-3 所示。

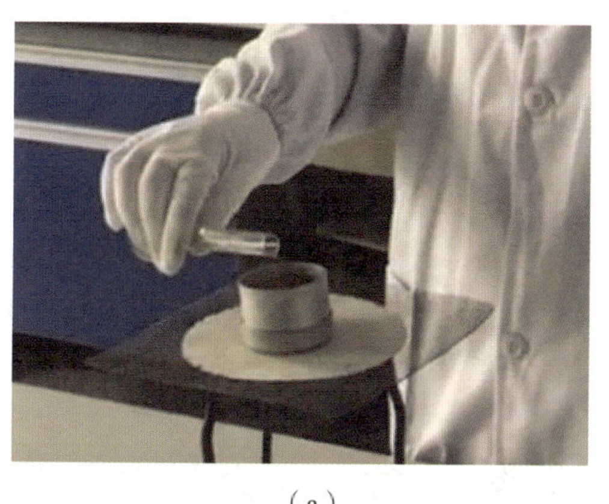

（a）

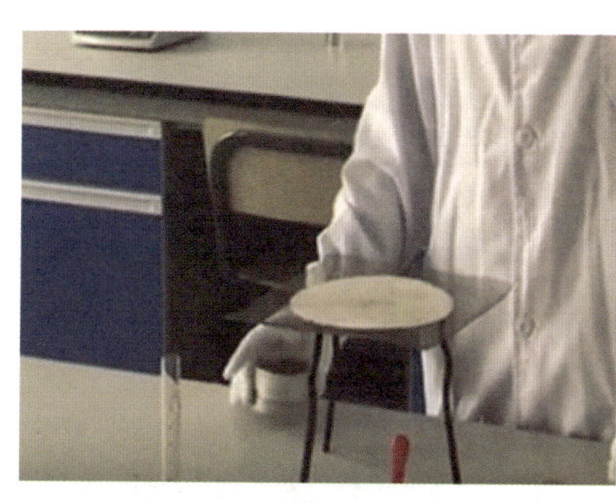

（b）

图 3-1-3

（3）点燃盒中酒精，燃至火焰熄灭，如图 3-1-4 所示。

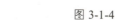

（a）

（b）

图 3-1-4

（4）将试样冷却数分钟，按酒精燃烧法再重新燃烧两次，如图 3-1-5 所示。

图 3-1-5

（5）待第三次火焰熄灭后，盖好盒盖，立即称干土质量 m_s，精确至 0.01 g。

四、结果整理

（1）按式（3-1-1）计算含水率。

$$w=\frac{m-m_s}{m_s}\times 100\% \qquad (3\text{-}1\text{-}1)$$

式中 w——含水率（%），计算至 0.1%；

m——湿土质量（g）；

m_s——干土质量（g）。

（2）试验记录按表 3-1-1 所示内容填写。

表 3-1-1 含水率试验记录（酒精燃烧法）

班　　级：　　　　　　　试验者：

土样说明：　　　　　　　计算者：

试验日期：　　　　　　　校核者：

盒号		1	2	3	4
盒质量/g	（1）				
（盒+湿土质量）/g	（2）				
（盒+干土质量）/g	（3）				
水分质量/g	（4）=（2）－（3）				
干土质量/g	（5）=（3）－（1）				
含水率/%	（6）=（4）/（5）				
平均含水率/%	（7）				

（3）精密度和允许差。

本试验需进行二次平行测定，取其算术平均值，允许平行差值应符合表 3-1-2 的规定。

表 3-1-2　含水率测定的允许平行差值

含水率	允许平行差值	含水率	允许平行差值
5%以下	0.3%	40%以上	≤2%
40%以下	≤1%	对层状和网状构造的冻土	<3%

五、试验报告

（1）土的类别分类和代号。

（2）土的含水率 w 值。

说明：（1）在试验中加入酒精，利用酒精在土上燃烧，使土中水分蒸发，将土样烘干，是快速简易测定且较准确的方法之一；适用于在没有烘箱或土样较少的条件下，对细粒土进行含水率测定。

（2）酒精纯度要求达到 95%。

（3）取代表性试样时，砂类土数量应多于黏质土。

任务二　土的含水率试验（比重法）

一、试验目的与适用范围

本试验方法仅适用于砂类土的含水率测定。

二、试验仪器与设备

（1）玻璃瓶（容积 500 mL 以上），天平（称量 1 000 g，感量 0.5 g），如图 3-2-1 所示。

（a）玻璃瓶

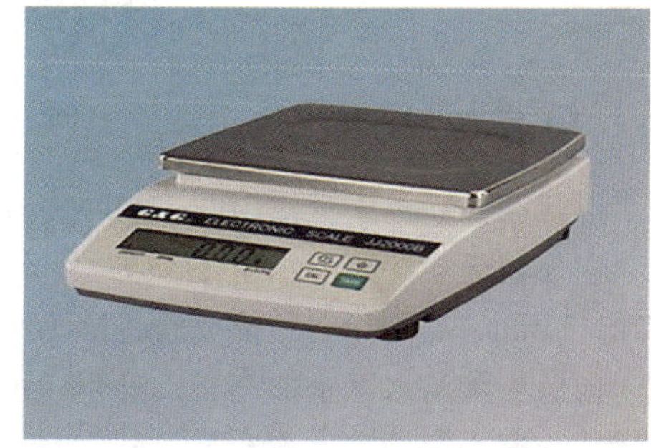

（b）天平

图 3-2-1　试验仪器与设备

（2）其他工具仪器，如漏斗、小勺、吸水球、玻璃瓶、土样盘及玻璃棒等，如图 3-2-2 所示。

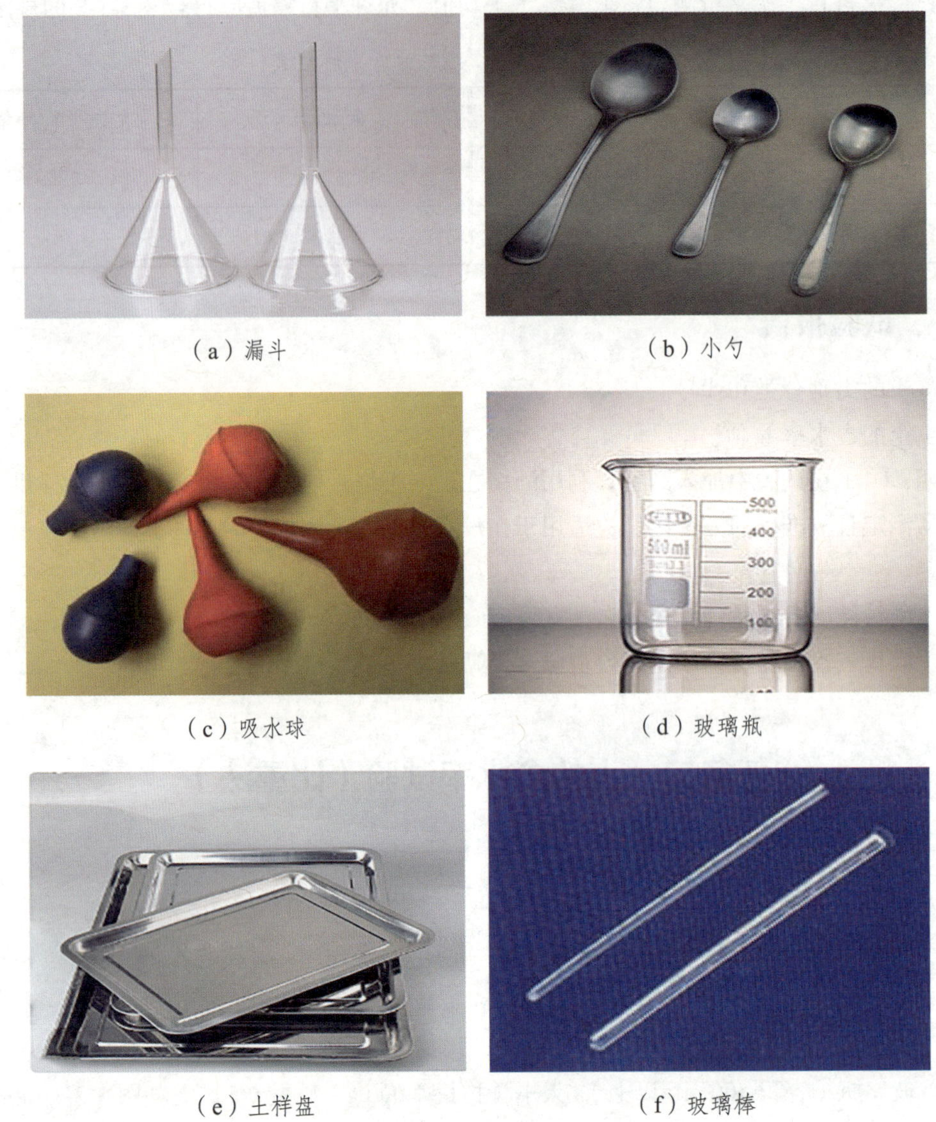

（a）漏斗　（b）小勺

（c）吸水球　（d）玻璃瓶

（e）土样盘　（f）玻璃棒

图 3-2-2　其他工具仪器

三、试验步骤

（1）取代表性砂类土试样 200 ~ 300 g，放入土样盘内。

（2）向玻璃瓶中注入清水至 1/3 左右，然后用漏斗将土样盘中的试样倒入瓶中，并用玻璃棒搅拌 1 ~ 2 min，直到所含气体完全排除为止。

（3）向瓶中加清水至全部充满，静止 1 min 后，用吸水球吸取泡沫，再加清水使其充满，盖上玻璃片，擦干瓶外壁，称质量。

（4）倒去瓶中混合液，洗净，再向瓶中加清水至全部充满，盖上玻璃片，擦干瓶外壁，称质量，精确至 0.5 g。

四、结果整理

（1）按式（3-2-1）计算含水率。

$$w=\left[\frac{m(G_s-1)}{G_s(m_1-m_2)}-1\right]\times 100\% \tag{3-2-1}$$

式中 w——砂类土的含水率（%），计算至 0.1%；

m——湿土质量（g）；

m_1——瓶、水、土、玻璃片总质量（g）；

m_2——瓶、水、玻璃片总质量（g）；

G_s——砂类土的比重。

（2）本试验记录格式如表 3-2-1 所示。

表 3-2-1　含水率试验记录（比重法）

土样编号	瓶号	湿土质量/g	瓶、水、土、玻璃片总质量/g	瓶、水、玻璃片总质量/g	土样比重	含水率/%	平均值/%	备注

（3）精密度和允许差。

本试验须进行二次平行测定，取其算术平均值，允许平行差值应符合表 3-2-2 的规定。

表 3-2-2　含水率测定的允许平行差值

含水率	允许平行差值	含水率	允许平行差值
5%以下	0.3%	40%以上	≤2%
40%以下	≤1%	对层状和网状构造的冻土	<3%

说明：（1）通过本法试验，测定湿土体积，估计土粒比重，间接计算土的含水率。由于试验时没有考虑温度的影响，所得结果准确度较差。土内气体能否充分排出，直接影响试验结果的精度，故比重法仅适用于砂类土。

（2）本试验需用的主要设备为容积 500 mL 以上的玻璃瓶。

（3）土样倒入未盛满水的玻璃瓶中，用玻璃棒充分搅拌悬液，使空气完全排出，土内气体能否充分排出会直接影响试验结果的精度。

任务三　土的密度试验（环刀法）

一、试验目的与适用范围

本试验方法适用于测定细粒土的密度。

二、试验仪器与设备

（1）环刀（内径 6 ~ 8 cm，高 2 ~ 5.4 cm，壁厚 1.5 ~ 2.2 mm），天平（感量 0.1 g），如图 3-3-1 所示。

（a）环刀

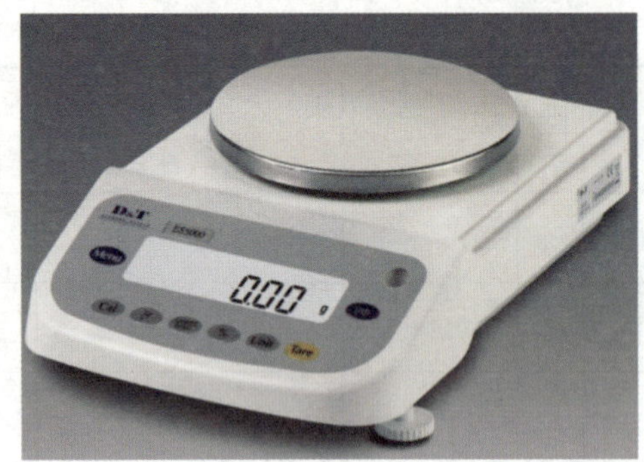

（b）天平

图 3-3-1　试验仪器与设备

（2）其他工具，如修土刀、钢丝锯、凡士林等，如图 3-3-2 所示。

（a）修土刀

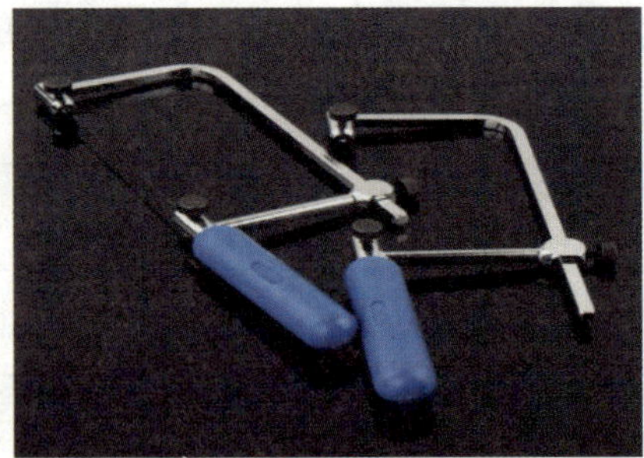

（b）钢丝锯

（c）凡士林

图 3-3-2　其他工具

三、试验步骤

（1）按工程需要取原状土或制备所需状态的扰动土样，整平两端，环刀内壁涂一薄层凡士林，刀口向下放在土样上，如图 3-3-3 所示。

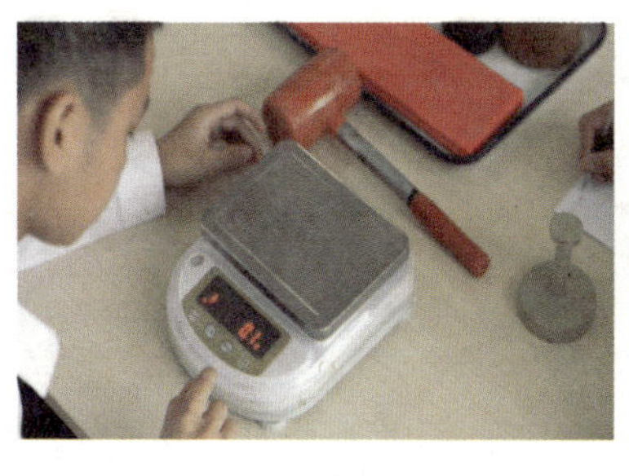

（a）

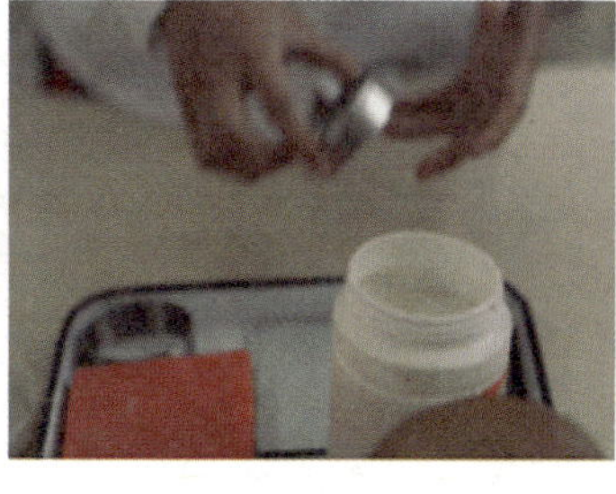

（b）

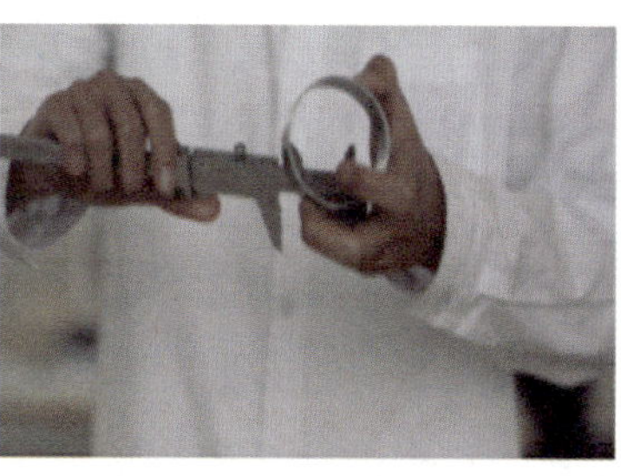

（c）

图 3-3-3

（2）用修土刀或钢丝锯将土样上部削成略大于环刀直径的土柱，然后将环刀垂直下压，边压边削，至土样伸出环刀上部为止。削去两端余土，使土样与环刀口面齐平，并用剩余土样测定含水率，如图 3-3-4 所示。

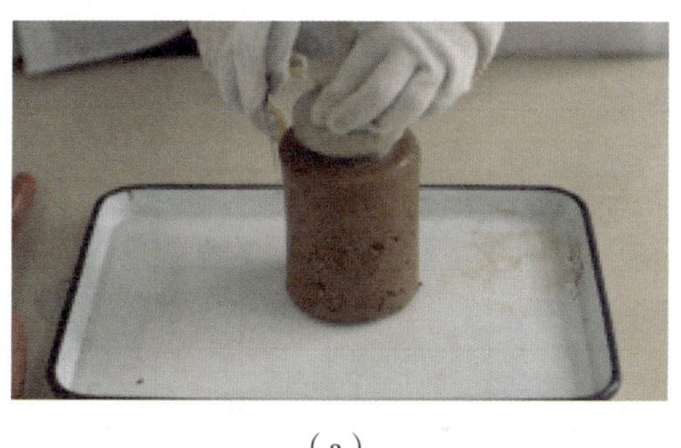

（a）

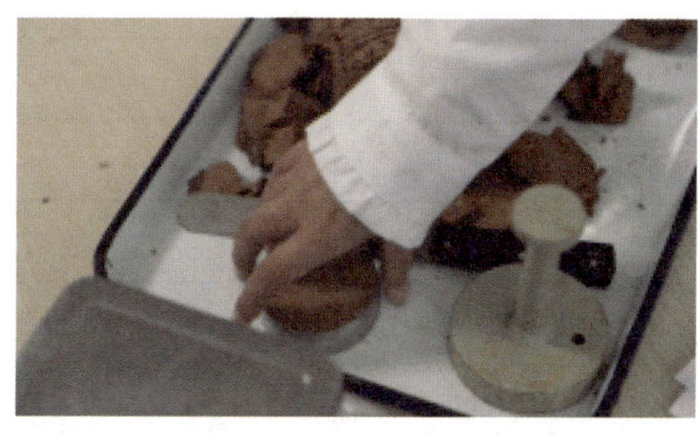

（b）

图 3-3-4

（3）擦净环刀外壁，称环刀与土总质量 m_1，精确至 0.1 g，如图 3-3-5 所示。

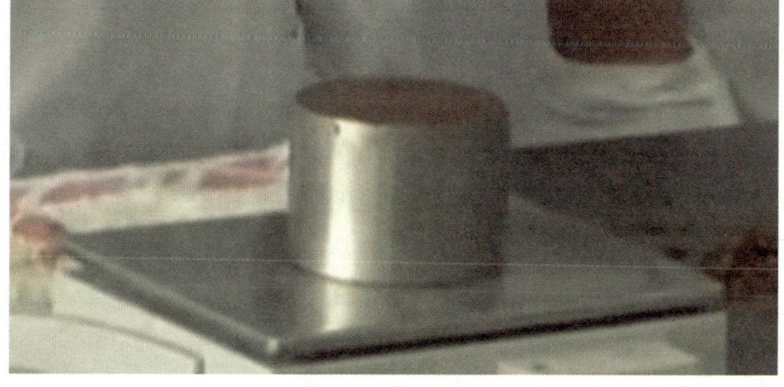

图 3-3-5

四、结果整理

（1）按下列公式计算湿密度及干密度。

$$\rho=(m_1-m_2)/V \tag{3-3-1}$$

式中　ρ——湿密度（g/cm³），计算至 0.01 g/cm³；

m_1——环刀与土总质量（g）；

m_2——环刀质量（g）；

V——环刀容积（cm³）。

$$\rho_d = \rho/(1+0.01w) \tag{3-3-2}$$

式中　w——含水率（%）；

ρ_d——干密度（g/cm³），计算至 0.01 g/cm³。

（2）本试验记录格式如表 3-3-1 所示。

表 3-3-1　密度试验记录表（环刀法）

土样编号			1		2		3	
环刀号			1	2	3	4	5	6
环刀容积/cm³	（1）							
环刀质量/g	（2）							
（土+环刀质量）/g	（3）							
土样质量/g	（4）	（3）－（2）						
湿密度/（g/cm³）	（5）	（4）/（1）						
含水率/%	（6）							
干密度/（g/cm³）	（7）	（5）/［1+0.01（6）］						
平均干密度/（g/cm³）	（8）							

（3）精密度和允许差。

本试验须进行二次平行测定，取其算术平均值，其平行差值不得大于 0.03 g/cm³。

说明：（1）密度是土的基本物理指标之一，用它可以换算土的干密度、孔隙比、孔隙率、饱和度等指标。无论在室内试验或野外勘察以及施工质量控制中，均须测定密度。

环刀法只能用于测定不含砾石颗粒的细粒土的密度。环刀法操作简便而准确，在室内和野外普遍采用。

（2）在室内做密度试验时，考虑到与剪切、固结等试验所用环刀相配合，规定室内环刀容积为 60～150 cm³。施工现场检查填土压实度时，由于每层土压实度上下不均匀，为提高试验结果的精度，可增大环刀容积，一般采用的环刀容积为 200～500 cm³。

环刀高度与直径之比，对试验结果是有影响的。根据钻探机具、取土器的筒高和直径的大小，确定室内试验使用的环刀直径为 6～8 cm，高 2～3 cm；野外采用的环刀规格尚不统一，径高比一般以 1～1.5 为宜。

（3）根据工程实际需要，采取原状土或制备所需状态的扰动土。

任务四　土的比重试验（比重瓶法）

一、试验目的与适用范围

本试验方法适用于测定粒径小于 5 mm 的土的比重。

二、试验仪器与设备

（1）比重瓶（容量 100 mL 或 50 mL），天平（称量 200 g，感量 0.001 g），如图 3-4-1 所示。

（a）比重瓶

（b）天平

图 3-4-1

（2）恒温水槽（灵敏度 ± 1 °C），砂浴，如图 3-4-2 所示。

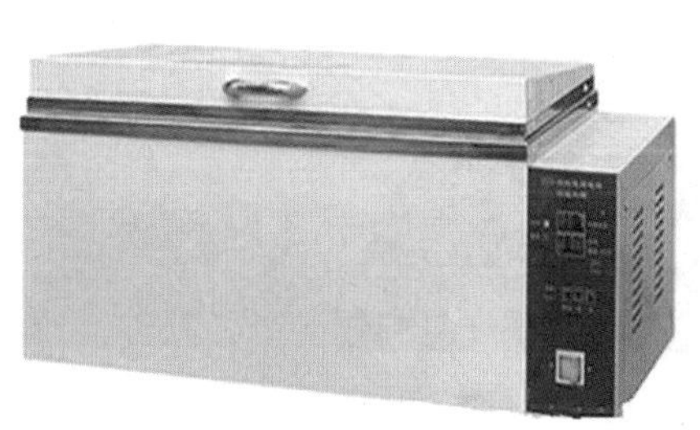

（a）恒温水槽

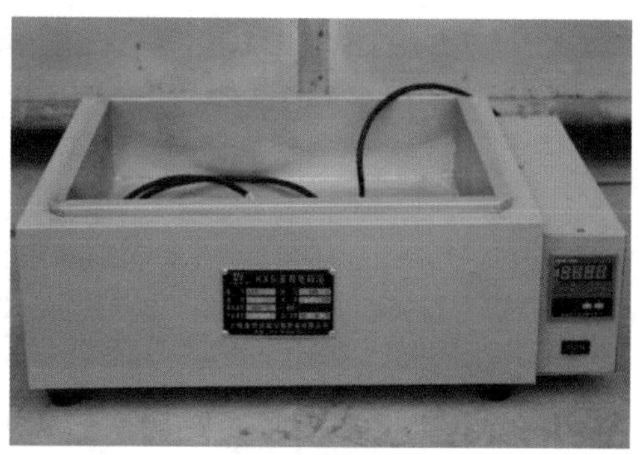

（b）砂浴

图 3-4-2

（3）温度计（刻度为 0 ~ 50 °C），蒸馏水，中性液体（如煤油），如图 3-4-3 所示。

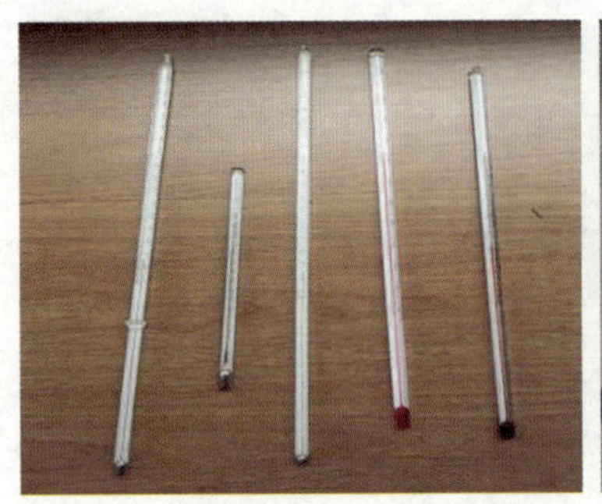

（a）温度计

（b）蒸馏水

（c）煤油

图 3-4-3

（4）其他仪器设备，如烘箱、筛（孔径 2 mm 及 5 mm）、漏斗、滴管，如图 3-4-4 所示。

（a）烘箱

（b）筛

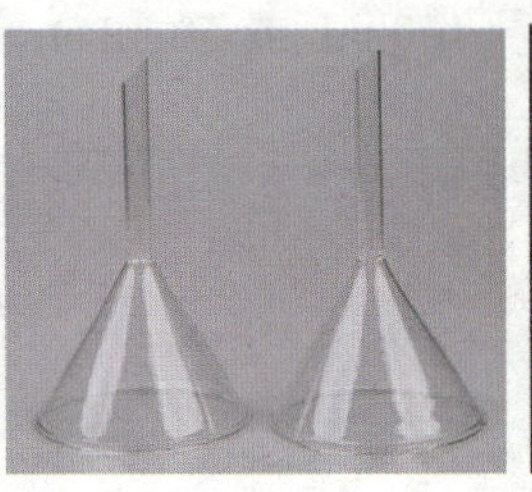

（c）漏斗

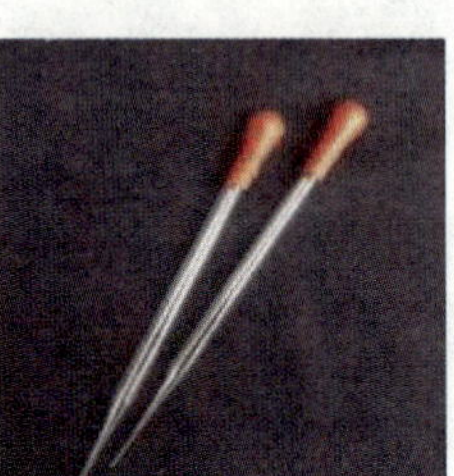

（d）滴管

图 3-4-4

三、试验步骤

（1）将比重瓶烘干，将 15 g 烘干土装入 100 mL 比重瓶内（若用 50 mL 比重瓶，则装烘干土约 12 g），称量，如图 3-4-5 所示。

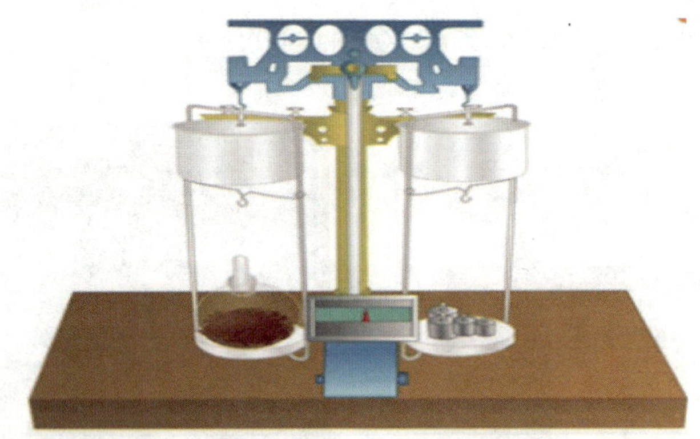

图 3-4-5

（2）为排出土中空气，将已装有干土的比重瓶，注蒸馏水至瓶的一半处，摇动比重瓶，土样浸泡 20 h 以上，再将瓶在砂浴中煮沸，煮沸时间自悬液沸腾时算起，砂及低液限黏土应不少于 30 min，高液限黏土应不少于 1 h，使土粒分散。注意沸腾后调节砂浴温度，不使土液溢出瓶外，如图 3-4-6 所示。

为排除土中的空气，将已装有干土的比重瓶，注纯水至瓶的一半处，摇动比重瓶放置一定时间

（a）

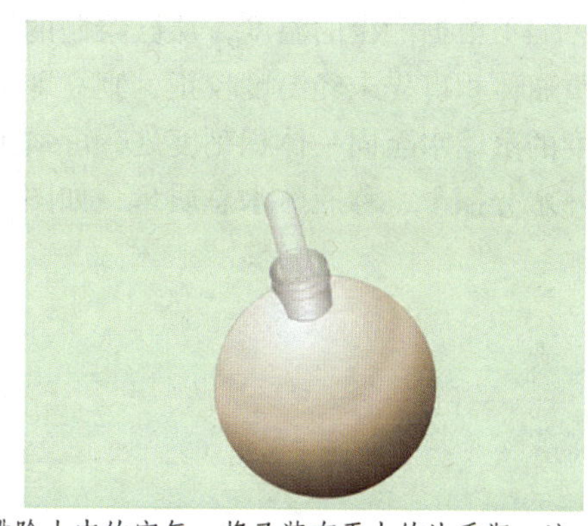

为排除土中的空气，将已装有干土的比重瓶，注纯水至瓶的一半处，摇动比重瓶放置一定时间

（b）

将瓶放在砂浴上煮沸，煮沸时间自悬液沸腾时算起，砂及砂质粉土不应少于30 min；黏土及粉质黏土不应少于1 h。煮沸时应注意不使土液溢出瓶外

（c）

图 3-4-6

（3）如使用长颈比重瓶，则用滴管调整液面恰至刻度处（以弯月面下缘为准），擦干瓶外及瓶内壁刻度以上部分的水，称瓶、水、土总质量。如使用短颈比重瓶，则将纯水注满，使多余水分自瓶塞毛细管中溢出，将瓶外水分擦干后，称瓶、水、土总质量，称量后立即测出瓶内水的温度，精确至 0.5 °C，如图 3-4-7 所示。

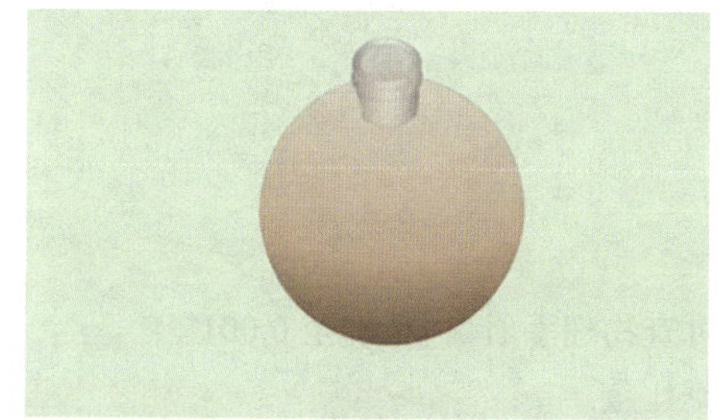

将纯水注入比重瓶，注水至近满。待瓶内悬液温度稳定及瓶上部悬液澄清。注满水后，塞好瓶塞，使多余的水分自瓶塞毛细管中溢出，将瓶外水分擦干后，称瓶、水、土总质量。称量后立即测出瓶内水的温度

（a）

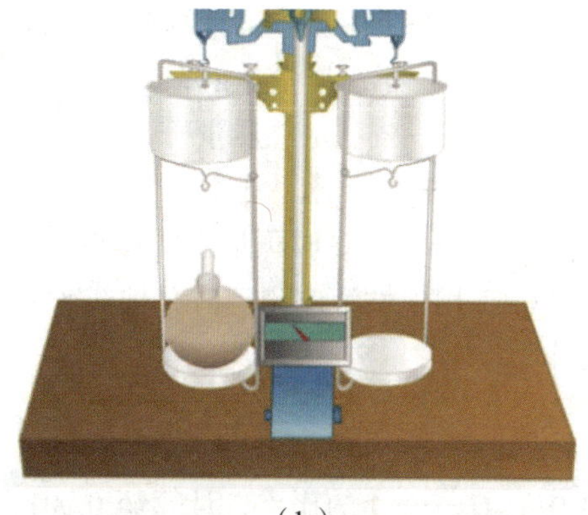

（b）

图 3-4-7

（4）根据测得的温度，从已绘制的温度与瓶、水总质量关系曲线中查得瓶、水总质量。如比重瓶体积事先未经温度校正，则立即倒去悬液，洗净比重瓶，注入事先煮沸过且与试验时同温度的蒸馏水至同一体积刻度处，短颈比重瓶则注水至满，按本试验步骤（3）调整液面后，将瓶外水分擦干，称瓶、水总质量，如图 3-4-8 所示。

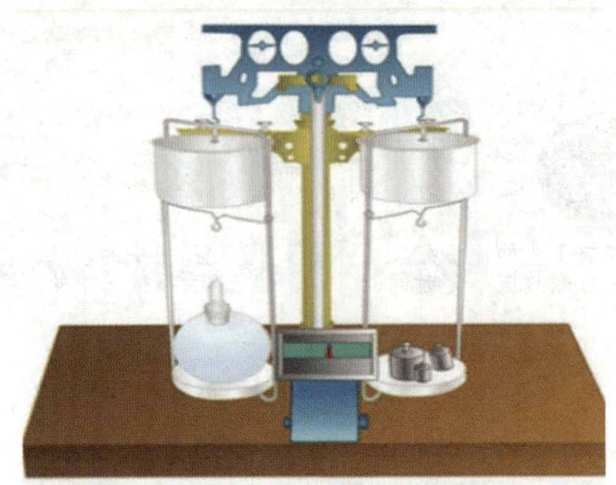

图 3-4-8

（5）如采用砂土，煮沸时砂粒易跳出，允许用真空抽气法代替煮沸法排出土中空气，其余步骤与本试验步骤（3）、（4）相同。

（6）对含有某一定量的可溶盐、不亲性胶体或有机质的土，必须用中性液体（如煤油）测定，并用真空抽气法排出土中气体。真空压力表读数宜为 100 kPa，抽气时间 1～2 h（直至悬液内无气泡为止），其余步骤与本试验步骤（3）、（4）相同。

（7）本试验称量应精确至 0.001 g。

四、结果整理

（1）用蒸馏水测定时，按式（3-4-1）计算比重。

$$G_s = \frac{m_s}{m_1 + m_s - m_2} \times G_{wt} \qquad (3\text{-}4\text{-}1)$$

式中 G_s——土的比重，计算至 0.001；

m_s——干土质量（g）；

m_1——瓶、水总质量（g）；

m_2——瓶、水、土总质量（g）；

G_{wt}——t °C 时蒸馏水的比重（水的比重可查物理手册），精确至 0.001。

（2）用中性液体测定时，按式（3-4-2）计算比重。

$$G_s = \frac{m_s}{m_1' + m_s - m_2'} \times G_{kt} \qquad (3\text{-}4\text{-}2)$$

式中 G_s——土的比重，计算至 0.001；

m_1'——瓶、中性液体总质量（g）；

m_2'——瓶、土、中性液体总质量（g）;

G_{kt}——t °C 时中性液体比重（应实测），精确至 0.001。

（3）本试验记录格式如表 3-4-1 所示。

表 3-4-1　比重瓶试验记录（比重瓶法）

班级：　　　　　　　　　　　　试验方法：　　　　　　　　　　　试验日期：

试验编号	比重瓶号	温度 / °C	液体比重	比重瓶质量/g	瓶、干土总质量/g	干土质量/g	瓶、液、总质量/g	瓶、液、土总质量/g	与干土同体积的液体质量/g	比重	平均比重
		（1）	（2）	（3）	（4）	（5）	（6）	（7）	（8）	（9）	
						（4）－（3）			（5）+（6）－（7）	（5）/（8）*（2）	

试验者：　　　　　　　　　　　　计算者：　　　　　　　　　　　　校核者：

（4）精密度和允许差。

本试验必须进行二次平行测定，取其算术平均值，以两位小数表示，其平行差值不得大于 0.02。

说明：（1）土粒比重是土的基本物理性质指标之一，是计算孔隙比和评价土类的主要指标。

关于土粒比重，《公路土工试验规程》（JTG E40—2007）（以下简称规程）和常见教科书一般将其定义为土粒在 105 ~ 110 °C，烘至恒重时的质量与同体积 4 °C 时蒸馏水质量的比值。近年来，国外某些书刊将土粒比重定义为给定体积材料的质量（或密度）与等体积水的质量（或密度）的比值。

颗粒小于 5 mm 的土用比重瓶法测定。根据土的分散程度、矿物成分、水溶盐和有机质的含量又分别规定用纯水和中性液体测定。排气方法也根据介质的不同分别采用煮沸法和真空抽气法。

（2）目前各单位多采用 100 mL 的比重瓶，也有采用 50 mL 比重瓶的。比较试验表明，瓶的大小对比重结构影响不大，但因 100 mL 的比重瓶可以多取些试验，使试验的代表性和试验的精度提高，所以规程建议采用 100 mL 的比重瓶，但也允许采用 50 mL 的比重瓶。

比重瓶校正一般有称量校正法和计算校正法两种方法。前一种方法精度比较高，后一种方法引入了某些假设，但一般认为对比重影响不大。本试验以称量校正法为准。

（3）关于试验状态，规定用烘干土，但考虑到烘焙对土中胶粒有机质的影响尚无一致意见，所以本试验规定一般用烘干试样，也可用风干或天然湿度试样。一般规定有机质含量小于 5%时，可以用纯水测定。

从资料上看，易溶盐含量小于 0.5%时，用纯水和中性液体测得的比重几乎无差异。含盐量大于 0.5%，比重值可差 1%以上。因此，规定含盐量大于 0.5%时，用中性液体测定。

关于排气方法，规程中仍选用煮沸法为主。如需用中性液体时，则采用真空抽气法。

关于粗、细粒土混合料比重的测定，规程分别测定粗、细粒土的比重，然后取加权平均值。

任务五　土的界限含水率试验（液限和塑限联合测定法）

一、试验目的与适用范围

（1）本试验的目的是联合测定土的液限和塑限，用于划分土类、计算天然稠度和塑性指数，供公路工程设计和施工使用。

（2）本试验适用于粒径不大于 0.5 mm、有机质含量不大于试样总质量 5%的土。

二、试验仪器与设备

（1）圆锥仪（锥质量为 100 g 或 76 g，锥角为 30°，读数显示形式宜采用光电式、数码式、游标式、百分表式），盛土杯（直径 50 mm，深度 40 ~ 50 mm），天平（称量 200 g，感量 0.01 g），如图 3-5-1 所示。

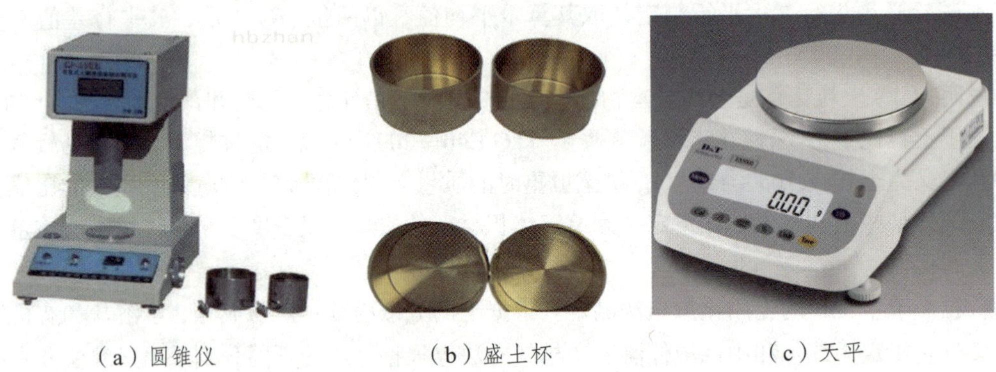

（a）圆锥仪　　（b）盛土杯　　（c）天平

图 3-5-1

（2）其他仪器工具，如筛（孔径 0.5 mm）、调土刀、调土皿、称量盒、研钵（附带橡皮头的研杵或橡皮板、木棒）、干燥器、吸管、凡士林等，如图 3-5-2 所示。

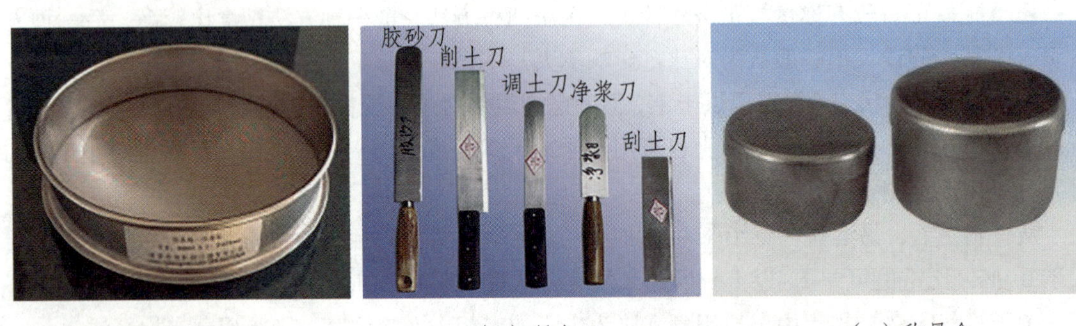

（a）筛　　（b）调土刀　　（c）称量盒

（d）研钵

（e）干燥器

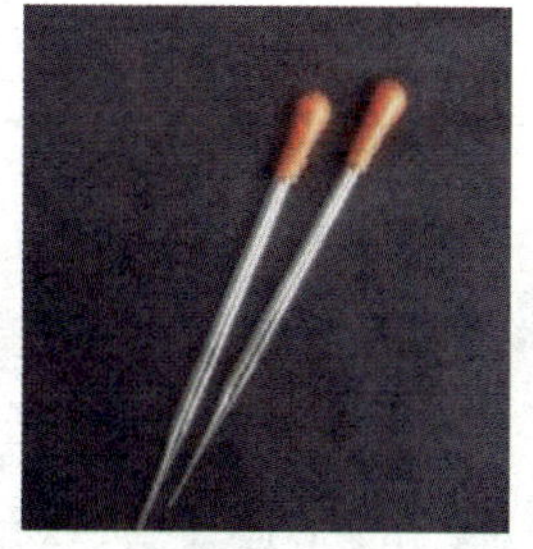

（f）吸管

（g）凡士林

图 3-5-2

三、试验步骤

（1）取有代表性的天然含水率或风干土样进行试验。如土中含大于 0.5 mm 的土粒或杂物时，应将风干土样用带橡皮头的研杵研碎或用木棒在橡皮板上压碎，过 0.5 mm 的筛，如图 3-5-3 所示。

（a）

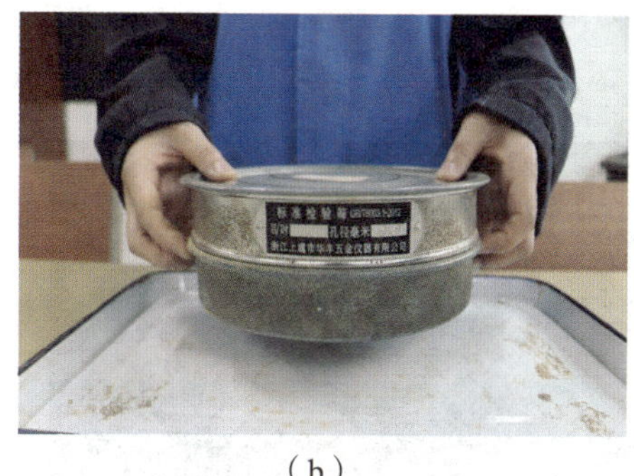

（b）

图 3-5-3

取 0.5 mm 筛下的代表性土样 200 g，分开放入 3 个盛土皿中，加不同数量的蒸馏水，土样的含水率分别控制在液限（a 点）、略大于塑限（c 点）和两者的中间状态（b 点）。用调土刀调匀，盖上湿布，放置 18 h 以上。测定 a 点的锥入深度，对于 100 g 锥应为（20 ± 0.2）mm，对于 76 g 锥应为 17 mm。测定 c 点的锥入深度，对于 100 g 锥应控制在 5 mm 以下，对于 76 g 锥应控制在 2 mm 以下。对于砂类土，用 100 g 锥测定 c 点的锥入深度可大于 5 mm，用 76 g 锥测定 c 点的锥入深度可大于 2 mm，如图 3-5-4 所示。

（a）

（b）

图 3-5-4

（2）将制备的土样充分搅拌均匀，分层装入盛土杯，用力压密，使空气逸出。对于较干的土样，应先充分搓揉，用调土刀反复压实。试杯装满后，刮成与杯边齐平，如图 3-5-5 所示。

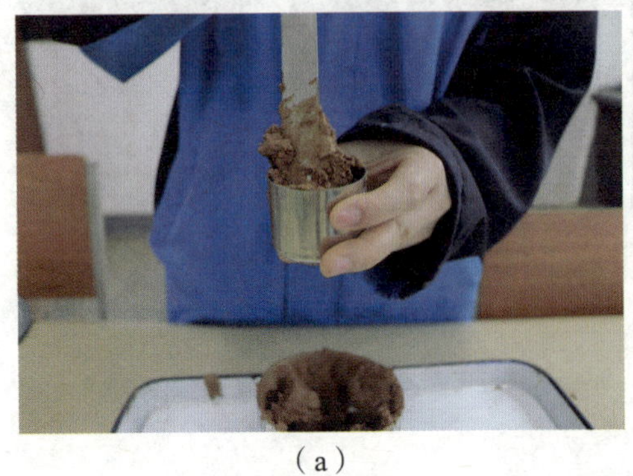

（a）

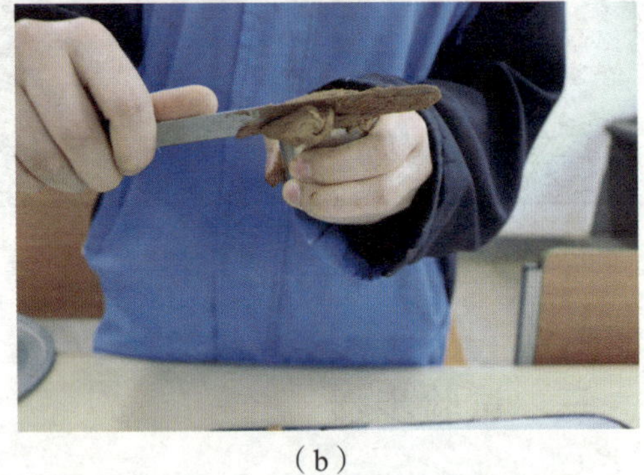

（b）

图 3-5-5

（3）当用游标式或百分表式液限、塑限联合测定仪试验时，调平仪器，提起锥杆（此时游标或百分表读数为零），锥头上涂少许凡士林，如图 3-5-6 所示。

（a）

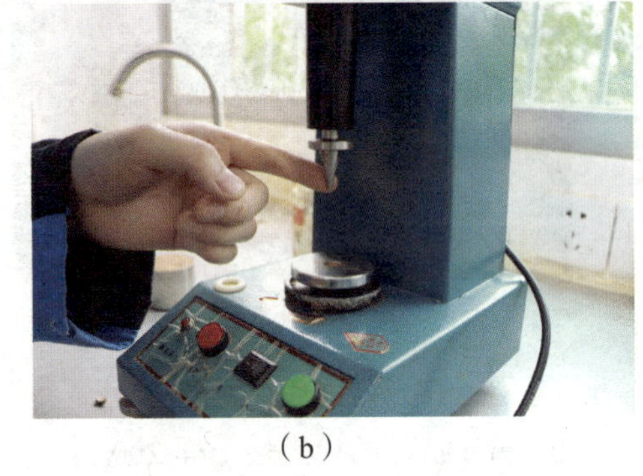

（b）

图 3-5-6

（4）将装好土样的试杯放在联合测定仪的升降座上，转动升降旋钮，待锥尖与土样表面刚好接触时停止升降，扭动锥下降旋钮，同时开动秒表，经 5 s 时，松开旋钮，锥体停止下落，此时游标读数即为锥入深度 h_1，如图 3-5-7 所示。

图 3-5-7

（5）改变锥尖与土接触位置（锥尖两次锥入位置距离不小于 1 cm），重复本试验步骤（3）和（4），得锥入深度 h_2。h_1、h_2 允许平行误差为 0.5 mm，否则应重做。取 h_1、h_2 平均值作为该点的锥入深度 h。

（6）去掉锥尖入土处的凡士林，取 10 g 以上的土样两个，分别装入称量盒内，称质量（精确至 0.01 g），测定其含水率 w_1、w_2（计算到 0.1%）。计算含水率平均值 w，如图 3-5-8 所示。

（7）重复本试验步骤（2）~（6），对其他两个含水率土样进行试验，测其锥入深度和含水率。

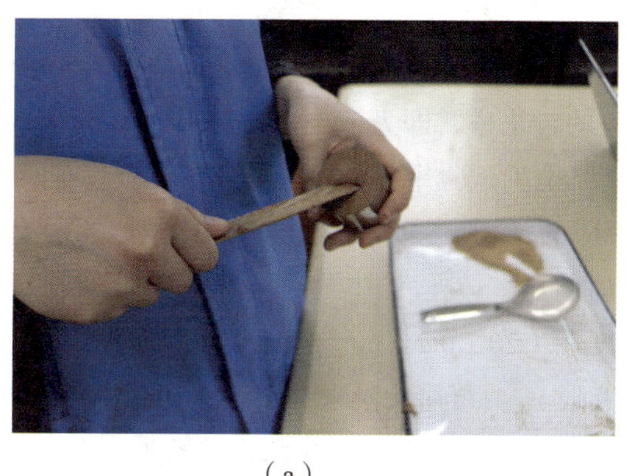

（a）

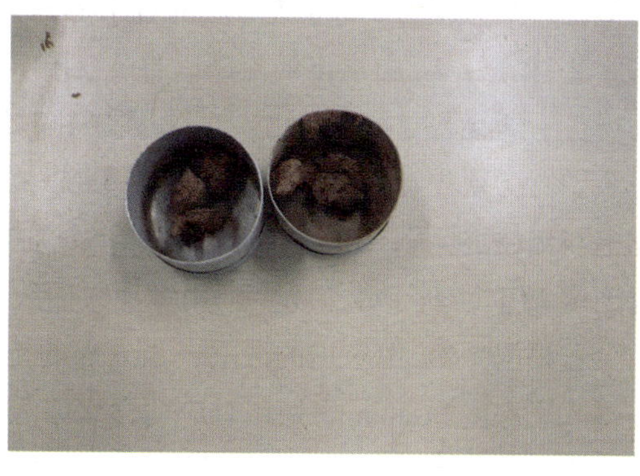

（b）

图 3-5-8

四、结果整理

（1）在双对数坐标上，以含水率 w 为横坐标，锥入深度 h 为纵坐标，点绘 a、b、c 三点含水率的 h-w 图（见图 3-5-9），连此三点，应呈一条直线。若三点不在同一直线上，要通过 a 点与 b、c 两点连成两条直线，根据液限（a 点含水率）在 h_P-w_L 图（见图 3-5-10）上查得 h_P，以此 h_P 再在 h-w 的 ab 及 ac 两直线上求出相应的两个含水率。当两个含水率的差值小于 2%时，以该两点含水率的平均值与 a 点连成一直线。当两个含水率的差值不小于 2%时，应重做试验。

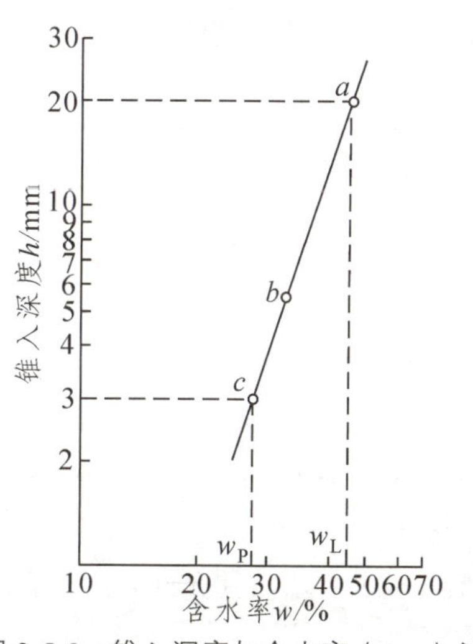

图 3-5-9 锥入深度与含水率（h-w）关系

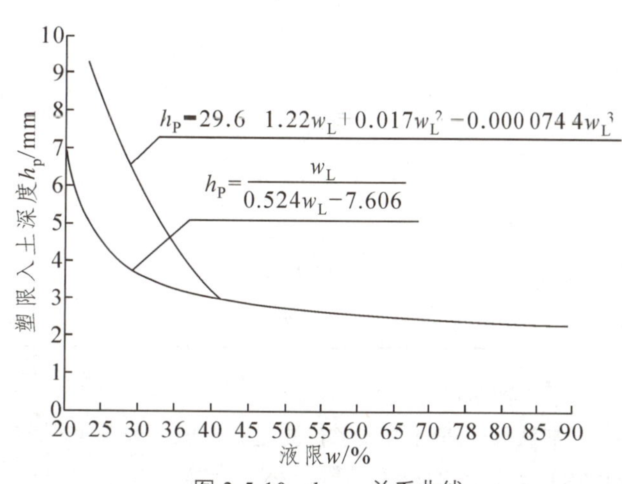

图 3-5-10 h_P-w_L 关系曲线

（2）液限的确定方法。

① 若采用 76 g 锥做液限试验，则在 h-w 图上，查得纵坐标入土深度 $h = 17$ mm 所对应的横坐标的含水率 w，即为该土样的液限 w_L。

② 若采用 100 g 锥做液限试验，则在 h-w 图上，查得纵坐标入土深度 $h = 20$ mm 所对应的横坐标的含水率 w，即为该土样的液限 w_L。

（3）塑限的确定方法。

① 根据（2）中求出的液限，通过 76 g 锥入土深度 h 与含水率 w 的关系曲线（见图 3-5-9），查得锥入土深度为 2 mm 所对应的含水率即为该土样的塑限 w_P。

② 根据（2）中求出的液限，通过液限 w_L 与塑限时入土深度 h_P 的关系曲线（见图 3-5-10），查得 h_P，再由图 3-5-9 求出入土深度为 h_P 时所对应的含水率，即为该土样的塑限 w_P。查 h_p-w_L 关系图时，须先通过简易鉴别法及筛分法［见《公路土工试验规程》（JTG E40—2007）］把砂类土与细粒土区别开来，再按这两种土分别采用相应的 h_P-w_L 关系曲线；对于细粒土，用双曲线确定 h_P 值；对于砂类土，则用多项式曲线确定 h_P 值。

若根据（2）中求出的液限，当 a 点的锥入深度在（20 ± 0.2）mm 范围内时，应在 ad 线上查得入土深度为 20 mm 处相对应的含水率，此为液限 w_L。再用此液限在图 3-5-10 上找出与之相对应的塑限入土深度 h_P，然后到图 3-5-9 直线 ac 上查得 h_P 相对应的含水率，即为塑限 w_P。

（4）本试验记录格式如表 3-5-1 所示。

表 3-5-1　液限塑限联合试验记录

班级：　　试验者：　　取土深度：　　校核者：

土样编号：　　计算者：　　土样设备：　　试验日期：

试验项目		试验次数			备注
		1	2	3	
入土深度	h_1/mm				
	h_2/mm				
	$\left(\frac{h_1+h_2}{2}\right)$/mm				
含水率	盒号				
	（盒+湿土质量）/g				
	（盒+干土质量）/g				
	水分质量/g				
	干土质量/g				
	含水率/%				

（5）精密度和允许差。

本试验须进行两次平行测定，取其算术平均值，以整数（%）表示。其允许差值为高液限土小于或等于 2%，低液限土小于或等于 1 %。

任务六　土的击实试验

一、试验目的与适用范围

本试验方法适用于测定细粒土的最大干密度和最佳含水率。分轻型击实和重型击实，轻型击实试验适用于粒径不大于 20 mm 的土；重型击实试验适用于粒径不大于 40 mm 的土。

当土中最大颗粒粒径大于或等于 40 mm，并且大于或等于 40 mm 颗粒粒径的质量含量大于5%时，则应使用大尺寸试筒进行击实试验。大尺寸试筒要求其最小尺寸大于土样中最大颗粒粒径的 5 倍以上，并且击实试验的分层厚度应大于土样中最大颗粒粒径的 3 倍以上。单位体积击实功能控制在 2 677.2 ~ 2 687.0 kJ/m^3。

当细粒土中的粗粒土总含量大于 40%或粒径大于 0.005 mm 颗粒的含量大于土总质量的70%（即 $d_{30}\leqslant 0.005$ mm）时，还应做粗粒土最大干密度试验，其结果与重型击实试验结果比较，最大干密度取两种试验结果的最大值。

二、试验仪器与设备

（1）标准击实仪（见图 3-6-1），击实试验方法和相应设备的主要参数应符合表 3-6-1 的规定。

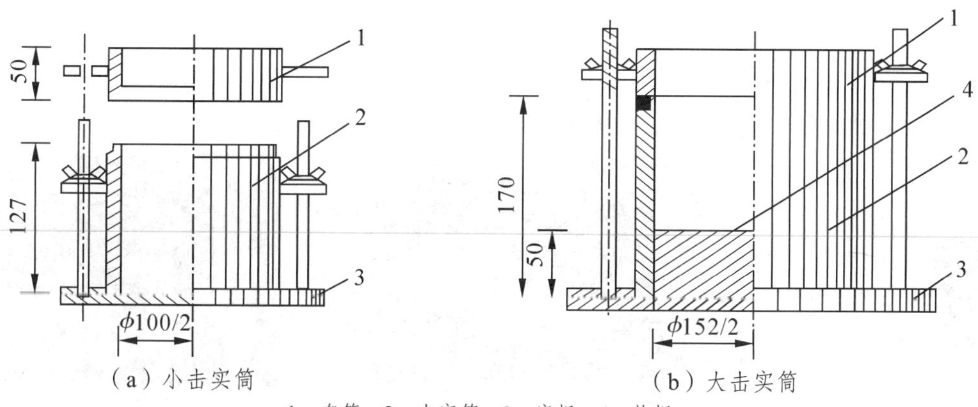

（a）小击实筒　　（b）大击实筒

1—套筒；2—击实筒；3—底板；4—垫板。

图 3-6-1　击实筒

表 3-6-1　击实试验方法种类及设备参数

试验方法	类别	锤底直径/cm	锤质量/kg	落高/cm	试筒尺寸		试样尺寸		层数	每层击数	击实功/(kJ/m^3)	最大粒径/mm
					内径/cm	高/cm	高度/cm	体积/cm^3				
轻型	I-1	5	2.5	30	10	12.7	12.7	997	3	27	598.2	20
	I-2	5	2.5	30	15.2	17	12	2 177	3	59	598.2	40
重型	Ⅱ-1	5	4.5	45	10	12.7	12.7	997	5	27	2 687.0	20
	Ⅱ-2	5	4.5	45	15.2	17	12	2 177	3	98	2 677.2	40

（2）烘箱、干燥器、天平（感量 0.01 g），如图 3-6-2 所示。

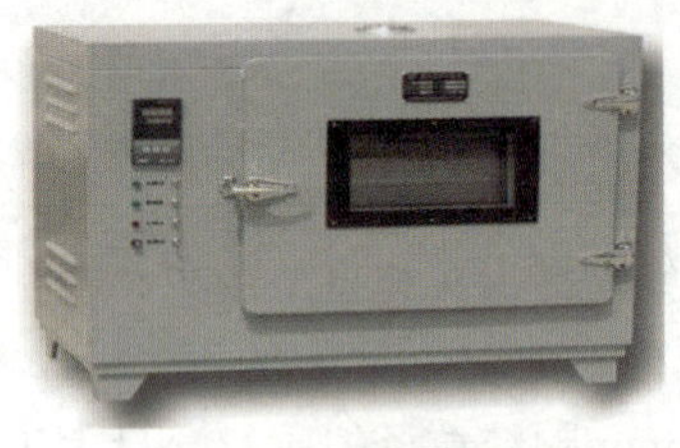

（a）烘箱

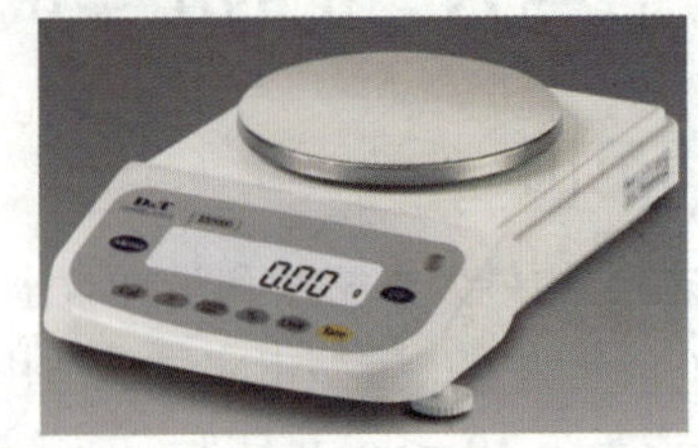

（b）天平

（c）干燥器

图 3-6-2

（3）台秤（称重 10 kg，感量 5 g）、圆孔筛（孔径 40 mm、20 mm 和 5 mm 各 1 个）、喷水设备，如图 3-6-3 所示。

（a）台秤

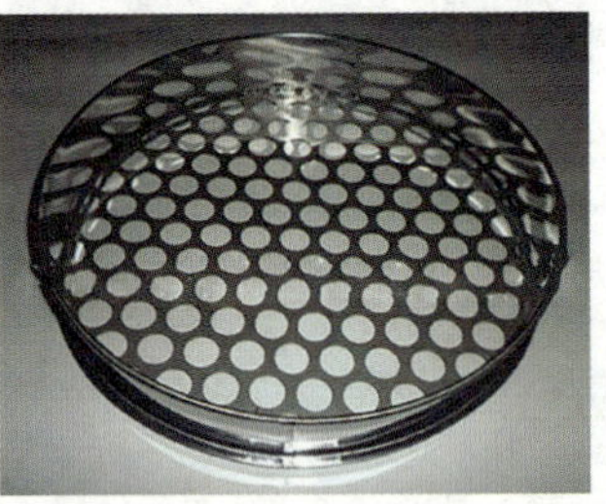

（b）圆孔筛

（c）喷水壶

图 3-6-3

（4）碾土器、盛土盘、量筒，如图 3-6-4 所示。

（a）碾土器

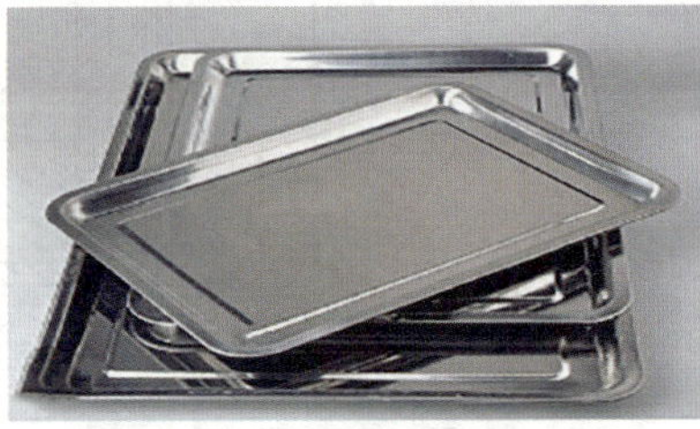

（b）盛土盘

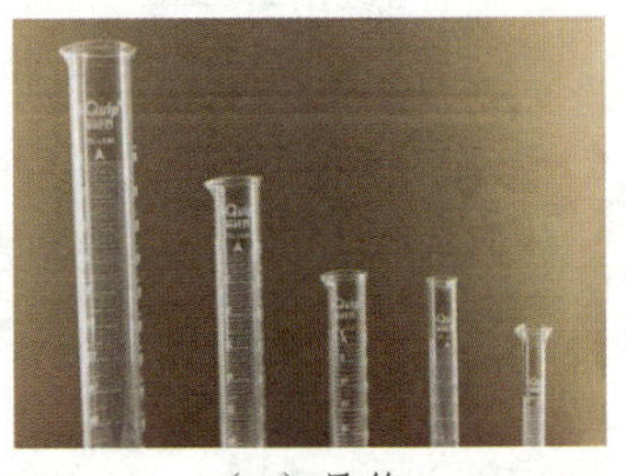

（c）量筒

图 3-6-4

（5）推土器、铝盒、修土刀、平尺等，如图 3-6-5 所示。

（a）推土器

（b）铝盒

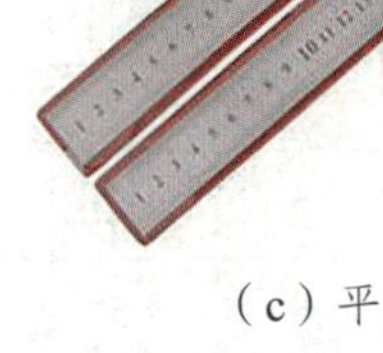

（c）平尺

图 3-6-5

三、试验准备

（1）本试验可分别采用不同的方法准备试样。各方法可按表 3-6-2 的要求进行试料准备。

表 3-6-2　试料用量

使用方法	类别	试筒内径/cm	最大粒径/mm	试料用量/kg
干土法，试样不重复使用	b	10	20	至少 5 个试样，每个 3
		15.2	40	至少 5 个试样，每个 6
湿土法，试样不重复使用	c	10	20	至少 5 个试样，每个 3
		15.2	40	至少 5 个试样，每个 6

（2）干土法（土不重复使用）。按四分法至少准备 5 个试样，分别加入不同水分（按 2%～3%含水率递增），拌匀后闷料一夜备用。

（3）湿土法（土不重复使用）。对于高含水率土，可省略过筛步骤，用手拣除大于 40 mm 的粗石子即可。保持天然含水率的第一个土样，可立即用于击实试验。其余几个试样，将土分成小土块，分别风干，使含水率按 2%～3%递减。

四、试验步骤

（1）根据工程要求，按表 3-6-1 规定选择轻型或重型试验方法。根据土的性质（含易击碎风化石数量多少、含水率高低），按表 3-6-2 规定选用干土法（土不重复使用）或湿土法。

（2）将击实筒放在坚硬的地面上，在筒壁上抹一薄层凡士林，并在筒底（小试筒）或垫块（大试筒）上放置蜡纸或塑料薄膜。取制备好的土样分 3～5 次倒入筒内。小筒按三层法时，每次为 800～900 g（其量应使击实后的试样等于或略高于筒高的 1/3）；按五层法时，每次为 400～500 g（其量应使击实后的土样等于或略高于筒高的 1/5）。对于大试筒，先将垫块放入筒内底板上，按三层法，每层需试样 1 700 g 左右。整平表面，并稍加压紧，然后按规定的击数进行第一层土的击实，击实时击锤应自由垂直落下，锤迹必须均匀分布于土样面，第一层击实完后，将试样层面“拉毛”然后再装入套筒，重复上述方法进行其余各层土的击实。小试筒击实后，试样不应高出筒顶面 5 mm；大试筒击实后，试样不应高出筒顶面 6 mm。具体实施如图 3-6-6 所示。

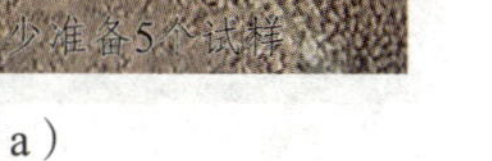
按四分法至少准备5个试样

（a）

按四分法至少准备5个试样

（b）

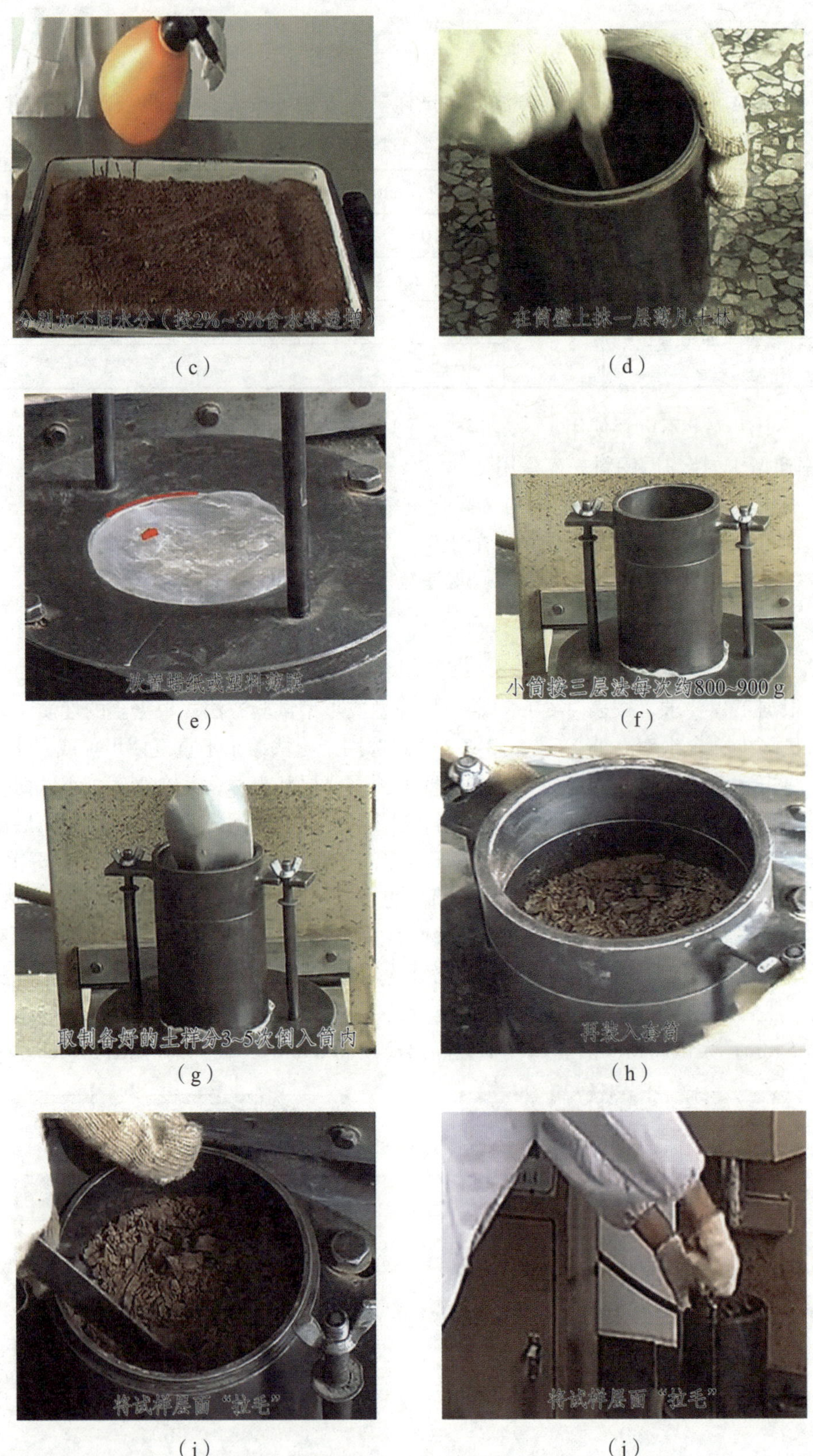
分别加不同水分（按2%~3%含水率递增）
在筒壁上抹一层薄凡士林
放置蜡纸或塑料薄膜
小筒按三层法每次约800~900 g
取制备好的土样分3~5次倒入筒内
再装入套筒
将试样层面“拉毛”
将试样层面“拉毛”

（c）　（d）

（e）　（f）

（g）　（h）

（i）　（j）

小于5 mm
小试筒击实后试样不应高出筒顶面5 mm
重复上述方法进行其余各层土的击实
齐筒顶细心削平试样
擦净筒外壁称量准确至1 g
擦净筒外壁称量准确至1 g
用推土器推出筒内试样
用推土器推出筒内试样
从试样中心处

(k) (l) (m) (n) (o) (p) (q) (r)

（s）

（t）

图 3-6-6

（3）用修土刀沿套筒内壁削刮，使试样与套筒脱离后，扭动并取下套筒，齐筒顶细心削平试样，拆除底板，擦净筒外壁，称量，精确至 1 g。

（4）用推土器推出筒内试样，从试样中心处取样测其含水率，计算至 0.1%。测定含水率用试样的数量按表 3-6-3 规定取样（取出有代表性的土样）。

表 3-6-3　测定含水率用试样的数量

最大粒径/mm	试样质量/g	个数
<5	15 ~ 20	2
约 5	约 50	1
约 20	约 250	1
约 40	约 500	1

（5）对于干土法（土不重复使用）和湿土法（土不重复使用），将试样搓散，然后按《公路土工试验规程》（JTG E40—2007）进行洒水、拌和，每次增加 2% ~ 3%的含水率，其中有两个大于和两个小于最佳含水率，所需加水量按式（3-6-1）计算。

$$m_w = \frac{m_i}{1+0.01w_i} \times 0.01(w-w_i) \tag{3-6-1}$$

式中　m_w——所需的加水量（g）；

w——要求达到的含水率（%）；

m_i——含水率 w_i 时土样的质量（g）；

w_i——土样原有含水率（%）。

按上述步骤进行其他含水率试样的击实试验。

五、结果整理

（1）按式（3-6-2）计算击实后各点的干密度。

$$\rho_d = \frac{\rho}{1+0.01w} \tag{3-6-2}$$

式中　ρ_d——干密度（g/cm³），计算至 0.01 g/cm³；

ρ——湿密度（g/cm³）；

w——含水率（%）。

（2）以干密度为纵坐标，含水率为横坐标，绘制干密度与含水率的关系曲线（见图 3-6-7），曲线上峰值点的纵、横坐标分别为最大干密度和最佳含水率。如曲线不能绘出明显的峰值点，应进行补点或重做。

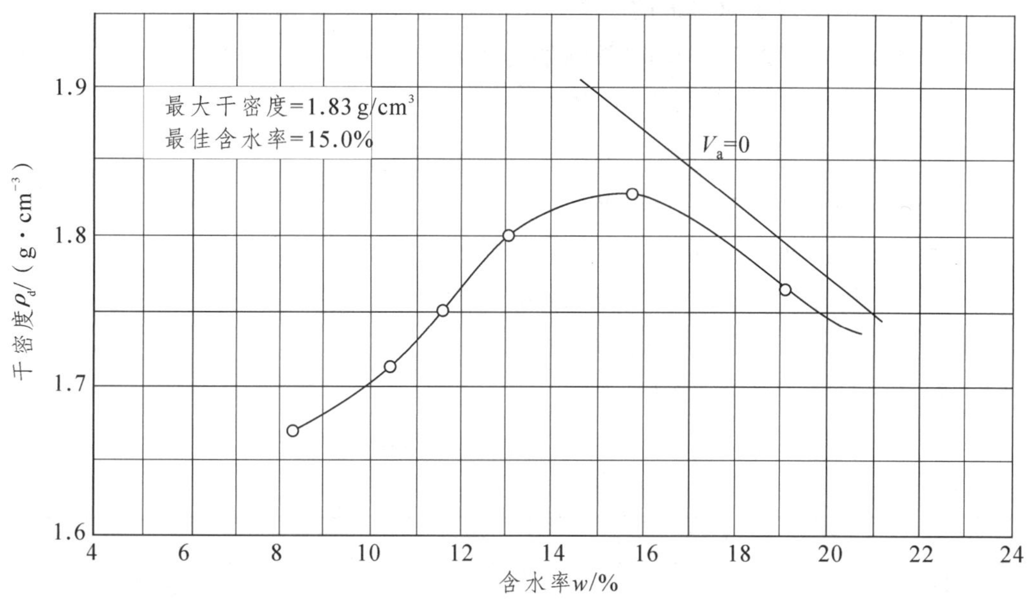

图 3-6-7　干密度与含水率的关系曲线

（3）按下式计算饱和曲线的饱和含水率 w_{max}，并绘制饱和含水率与干密度的关系曲线图。

$$w_{max}=\left[\frac{G_s\rho_W(1+w)-\rho}{G_s\rho}\right]\times 100\% \tag{3-6-3}$$

或

$$w_{max}=\left(\frac{\rho_W}{\rho_d}-\frac{1}{G_s}\right)\times 100\% \tag{3-6-4}$$

式中　w_{max}——饱和含水率（%），计算至 0.01%；

ρ——试样的湿密度（g/cm³）；

w——试样的含水率（%）

ρ_W——水在 4 °C 时的密度（g/cm³）；

ρ_d——试样的干密度（g/cm³）；

G_s——试样土粒比重，对于粗粒土，则为土中粗细颗粒的混合比重。

（4）当试样中有大于 40 mm 的颗粒时，应先取出大于 40 mm 的颗粒，并求得其百分率 p，把小于 40 mm 部分做击实试验，按式（3-6-5）、式（3-6-6）分别对试验所得的最大干密度和最佳含水率进行校正（适用于大于 40 mm 颗粒的含量小于 30%时）。

最大干密度按式（3-6-5）进行校正。

$$\rho'_{dm} = \frac{1}{\dfrac{1-0.01p}{\rho_{dm}} + \dfrac{0.01p}{\rho_W G'_s}} \tag{3-6-5}$$

式中 ρ'_{dm}——校正后的最大干密度（g/cm^3），计算至 0.01 g/cm^3；

ρ_{dm}——用粒径小于 40 mm 的土样试验所得的最大干密度（g/cm^3）；

p——试料中粒径大于 40 mm 颗粒的百分率（%）；

G'_s——粒径大于 40 mm 颗粒的毛体积比重，计算至 0.01。

最佳含水率按式（3-6-6）进行校正。

$$w'_0 = w_0(1-0.01p) + 0.01pw_2 \tag{3-6-6}$$

式中 w'_0——校正后的最佳含水率（%），计算至 0.01%；

w_0——用粒径小于 40 mm 的土样试验所得的最佳含水率（%）；

w_2——粒径大于 40 mm 颗粒的吸水量（%）。

（5）本试验记录表格式如表 3-6-4 所示。

表 3-6-4　击实试验记录表

校核者：　　　　　　　　计算者：　　　　　　　　试验者：

土样编号		筒号		落距			
土样来源		容积筒		每层击数			
试验日期		击锤质量		大于 5 mm 颗粒含量			
干密度	试验次数		1	2	3	4	5
	（筒+土质量）/g						
	筒质量/g						
	湿土质量/g						
	湿密度/（g/cm^3）						
	干密度/（g/cm^3）						
含水率	盒号						
	（盒+湿土质量）/g						
	（盒+干土质量）/g						
	盒质量/g						
	水质量/g						
	干土质量/g						
	含水率/%						
	平均含水率/%						
	最佳含水率/%						

（6）精密度和允许差。

本试验含水率须进行两次平行测定，取其算术平均值，允许平行差值应符合表 3-6-5 的规定。

表 3-6-5 含水率测定的允许平行差值

含水率	允许平行差值	含水率	允许平行差值	含水率	允许平行差值
5%以下	0.3%	40%以下	≤1%	40%以上	≤2%

说明：（1）重型击实试验方法的单位击实功为轻型击实法的 4.5 倍。

（2）根据试验类型不同，分别采用干土法和湿土法准备试样。取消了干土试样的重复使用方法。

（3）土中夹有较大的颗粒，如碎（砾）石等，对于求最大干密度和最佳含水率都有一定的影响，所以试验规定要过 40 mm 筛。如 40 mm 筛上颗粒（称超尺寸颗粒）较多（3%～30%）时，所得结果误差较大。因此，必须对超尺寸颗粒的试料直接用大型试筒做试验。当细粒土中的粗粒土含量大于 40%时，还应做粗粒土最大干密度试验，其结果与重型击实试验结果相比较，最大干密度取两种试验结果的最大值，最佳含水率则对应取值。

任务七 土的压缩试验

一、试验目的与适用范围

测定压缩试验用土的物理指标ρ、w，确定 d_s，为压缩试样做准备，熟悉压缩试验的原理。

二、试验仪器与设备

测定ρ、w 的仪器设备如图 3-7-1 所示。

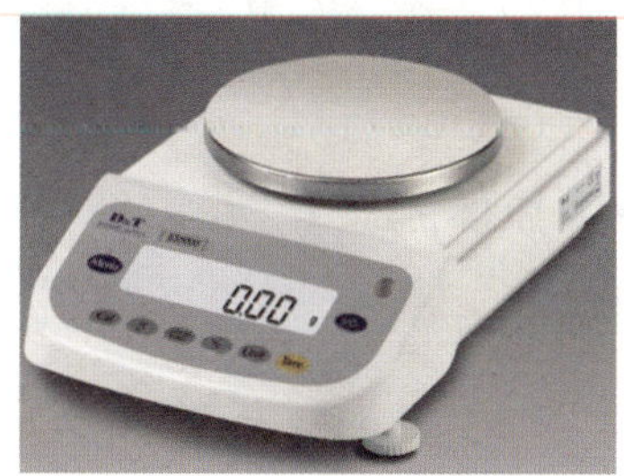

（a）天平

（b）铝盒

（c）环刀

（d）烘箱

（e）托盘

（f）削土刀

图 3-7-1

三、试验步骤

1. ρ 的测定

（1）测出环刀的容积 V，在天平上称取环刀质量 m_1，如图 3-7-2（a）、（b）所示。

（2）取直径和高度略大于环刀的原状土样或制备土样。

（3）环刀取土：在环刀内壁涂一薄层凡士林，将环刀刃口向下放在土样上，随即将环刀垂直下压，边压边削，直至土样上端伸出环刀为止。将环刀两端余土削去修平（严禁在土面上反复涂抹），然后擦净环刀外壁，如图 3-7-2（c）~（f）所示。

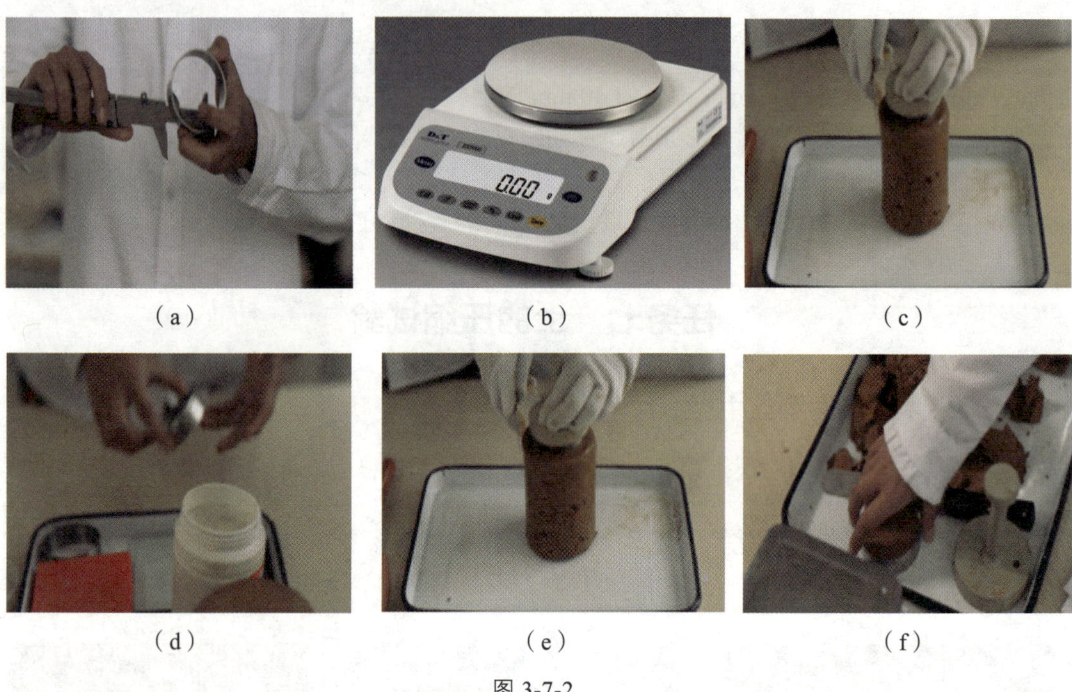

（a）（b）（c）

（d）（e）（f）

图 3-7-2

（4）将取好土样的环刀放在天平上称量，记下环刀与湿土的总质量 m_2。

（5）按式（3-7-1）计算土的密度。

$$\rho = \frac{m}{V} = \frac{m_2 - m_1}{V} \tag{3-7-1}$$

（6）重复以上步骤进行两次平行测定，其平行差不得大于 0.03 g/cm^3，取其算术平均值。

（7）试验记录：环刀法测得的数据填入表 3-7-1 中。

表 3-7-1 试验记录表

环刀号	环刀质量 /g	环刀体积 /cm^3	（环刀+湿土质量）/g	湿土质量 /g	密度 /（g/cm^3）	平均密度 /（g/cm^3）

2. w 的测定

（1）取代表性试样，黏性土为 15 ~ 30 g，砂性土、有机质土为 50 g，放入质量为 m_0 的称量盒内，立即盖上盒盖，称湿土加盒总质量 m_1，精确至 0.01 g。

（2）打开盒盖，将试样和盒放入烘箱，在温度 105 ~ 110 °C 的恒温下烘干。烘干时间与土的类别及取土数量有关，黏性土不得少于 8 h，砂类土不得少于 6 h。对含有机质超过 10%的土，应将温度控制在 65 ~ 70 °C 的恒温下烘至恒量。

（3）将烘干后的试样和盒取出，盖好盒盖放入干燥器内冷却至室温，称干土加盒总质量 m_2，精确至 0.01 g。

（4）按式（3-7-2）计算含水率。

$$w=\frac{m_{\mathrm{w}}}{m_{\mathrm{s}}}=\frac{m_1-m_2}{m_2-m_0}\times 100\% \qquad (3\text{-}7\text{-}2)$$

（5）重复以上步骤进行两次平行测定，其平行差不得大于 0.03 g/cm^3，取其算术平均值，允许平行差值应符合表 3-7-2 的规定。

表 3-7-2　允许平行差值

含水率	小于 10%	10% ~ 40%	大于 40%
允许平行差值	0.5%	1.0%	2.0%

（6）试验记录：将试验得到的数据填入表 3-7-3 中。

表 3-7-3　试验记录表

试样编号	铝盒质量/g	（湿土+铝盒质量）/g	（干土+铝盒质量）/g	水的质量/g	干土质量/g	含水量/%	平均含水量/%

3. e_0 的计算

d_{s} 已经被测出为 2.72，则 e_0 的计算公式为

$$e_0=\frac{d_{\mathrm{s}}(1+w)\rho_{\mathrm{w}}}{\rho}-1 \qquad (3\text{-}7\text{-}3)$$

将前面的数据代入式（3-7-3）中得到 $e_0=1.03$。

任务一　细集料的筛分试验

一、试验目的与适用范围

测定细集料（天然砂、人工砂、石屑）的颗粒级配及粗细程度。对水泥混凝土用细集料可采用干筛法，如果需要也可以采用水洗法筛分。对沥青混凝土及基层用细集料必须用水洗法筛分。

二、试验仪器与设备

（1）标准筛（9.5 mm，4.75 mm，2.36 mm，1.18 mm，0.6 mm，0.3 mm，0.15 mm，0.075 mm，含筛盖和底盘），摇筛机（可以自行手动筛分），如图 4-1-1 所示。

（a）标准筛

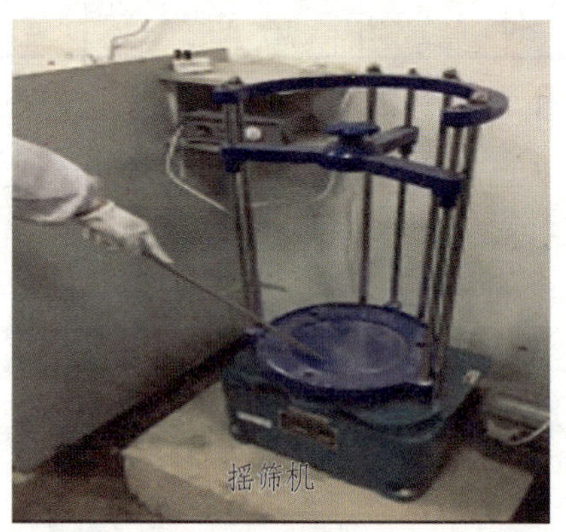

（b）摇筛机

图 4-1-1

（2）天平或电子秤（称量 1 000 g，感量不大于 0.5 g），烘箱能控温在（105 ±5）°C，如图 4-1-2 所示。

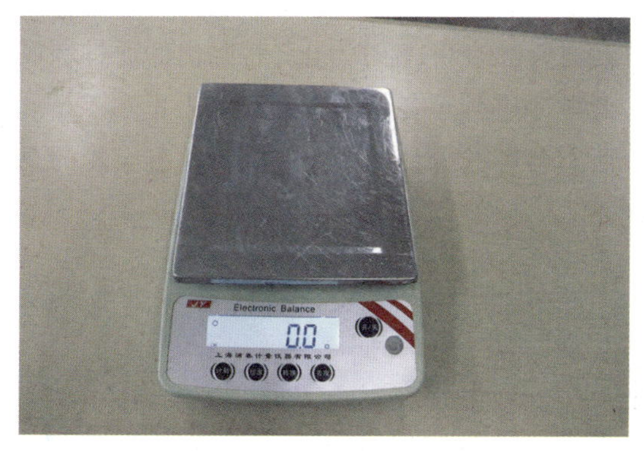

（a）天平

（b）烘箱

图 4-1-2

三、试验准备

（1）试样准备。

根据样品中最大粒径的大小，选择适宜的标准筛，筛除超粒径材料，通常为 9.5 mm 筛（水泥混凝土用天然砂）或 4.75 mm 筛（沥青路面及基层用的天然砂、石屑、机制砂等）。然后在潮湿状态下充分拌匀，用分料器法或四分法缩分至每份不少于 550 g 的试样两份，在（105 ± 5）°C 的烘箱中烘干至恒重，冷却至室温后备用，如图 4-1-3 所示。

（a）

（b）

图 4-1-3

（2）检查仪器设备。

检查所用的试验检测仪器（电子天平、套筛、摇筛机等）功能是否正常。检查电子天平水准气泡是否居中，如果不居中，调节天平下方角螺旋，直至水准气泡居中为止。

四、试验步骤

（1）称取烘干试样约 500 g，精确至 0.5 g。置于套筛的最上面一只筛，即 4.75 mm 筛上，将套筛置于摇筛机上，摇筛 10 min，然后按照筛孔大小顺序，从最大的筛号开始，在清洁的浅盘上逐个进行手筛，直到每分钟的筛出量不超过筛上剩余量的 0.1%时为止，将筛出的通过颗粒并入下一号筛，和下一号筛中的试样一起过筛，按此顺序进行至各号筛全部筛完为止。

（2）称量各筛筛余试样的质量，精确至 0.5 g。所有各筛的分计筛余量和底盘重剩余量的总量与筛分前的试样总量相比，相差不得超过后者的 1%。

五、结果整理

（1）计算分计筛余百分率（%），计算至 0.1%。

$$a_i = \frac{m_i}{M} \times 100\% \tag{4-1-1}$$

（2）计算累计筛余百分率（%），计算至 0.1%。

$$A_i = a_1 + a_2 + \cdots + a_i \tag{4-1-2}$$

（3）计算通过百分率（%），计算至 0.1%。

$$P_i = 100 - A_i \tag{4-1-3}$$

（4）根据各筛的通过百分率和筛孔尺寸绘制级配曲线，如图 4-1-4 所示。

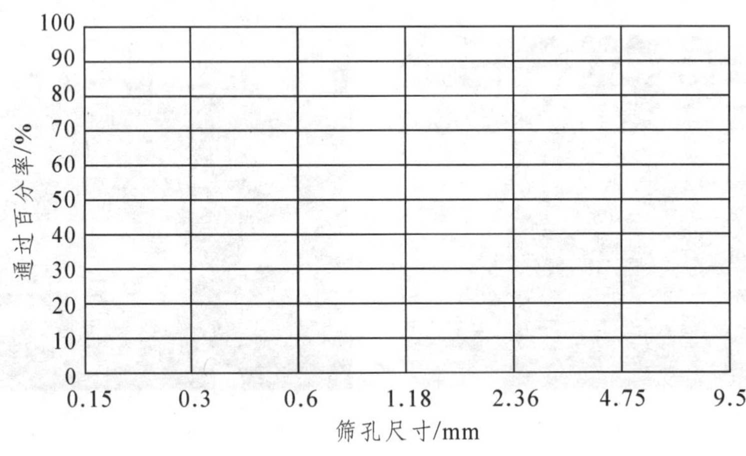

图 4-1-4 细集料筛与级配曲线

（5）天然砂的细度模数按式（4-1-4）计算，精确至 0.01。

$$M_x = \frac{(A_{0.15} + A_{0.3} + A_{0.6} + A_{1.18} + A_{2.36}) - 5A_{4.75}}{100 - A_{4.75}} \tag{4-1-4}$$

式中 M_x——砂的细度模数；

$A_{0.15}$，$A_{0.3}$，…，$A_{4.75}$——0.15 mm，0.3 mm，…，4.75 mm 各筛上的累计筛余百分率（%）。

（6）应进行两次平行试验，以试验结果的算术平均值作为测定值。如两次试验所得的细度模数之差大于 0.2，应重新进行试验。

（7）本试验记录格式如表 4-1-1 所示。

表 4-1-1　细集料筛分试验检测记录表（干筛法）

<table>
<tr><td>试验总质量/g</td><td colspan="4">第一组</td><td colspan="4">第二组</td><td rowspan="2">平均累计筛余/%</td><td rowspan="2">平均通过百分率/%</td><td rowspan="2">规定级配范围</td></tr>
<tr><td>筛孔尺寸/mm</td><td>筛上质量/g</td><td>分计筛余/%</td><td>累计筛余/%</td><td>通过百分率/%</td><td>筛上质量/g</td><td>分计筛余/%</td><td>累计筛余/%</td><td>通过百分率/%</td></tr>
<tr><td>9.5</td><td></td><td></td><td></td><td></td><td></td><td></td><td></td><td></td><td></td><td></td><td></td></tr>
<tr><td>4.75</td><td></td><td></td><td></td><td></td><td></td><td></td><td></td><td></td><td></td><td></td><td></td></tr>
<tr><td>2.36</td><td></td><td></td><td></td><td></td><td></td><td></td><td></td><td></td><td></td><td></td><td></td></tr>
<tr><td>1.18</td><td></td><td></td><td></td><td></td><td></td><td></td><td></td><td></td><td></td><td></td><td></td></tr>
<tr><td>0.6</td><td></td><td></td><td></td><td></td><td></td><td></td><td></td><td></td><td></td><td></td><td></td></tr>
<tr><td>0.3</td><td></td><td></td><td></td><td></td><td></td><td></td><td></td><td></td><td></td><td></td><td></td></tr>
<tr><td>0.15</td><td></td><td></td><td></td><td></td><td></td><td></td><td></td><td></td><td></td><td></td><td></td></tr>
<tr><td>筛底</td><td></td><td></td><td></td><td></td><td></td><td></td><td></td><td></td><td></td><td></td><td></td></tr>
<tr><td>筛分后总质量/g</td><td colspan="4"></td><td colspan="4"></td><td></td><td></td><td></td></tr>
<tr><td>损耗/g</td><td colspan="4"></td><td colspan="4"></td><td></td><td></td><td></td></tr>
<tr><td>损耗率/%</td><td colspan="4"></td><td colspan="4"></td><td></td><td></td><td></td></tr>
<tr><td>细度模数测值</td><td colspan="4"></td><td colspan="4"></td><td></td><td></td><td></td></tr>
<tr><td>细度模数测定值</td><td colspan="8"></td><td></td><td></td><td></td></tr>
</table>

任务二　细集料的表观密度试验

一、试验目的与适用范围

用容量瓶法测定细集料（天然砂、石屑、机制砂）在 23 °C 时对水的表观相对密度和表观密度。本试验方法适用于含有少量颗粒粒径大于 2.36 mm 的细集料。

二、试验仪器与设备

（1）天平（称量 1 kg，感量不大于 1 g），容量瓶（500 mL），如图 4-2-1 所示。

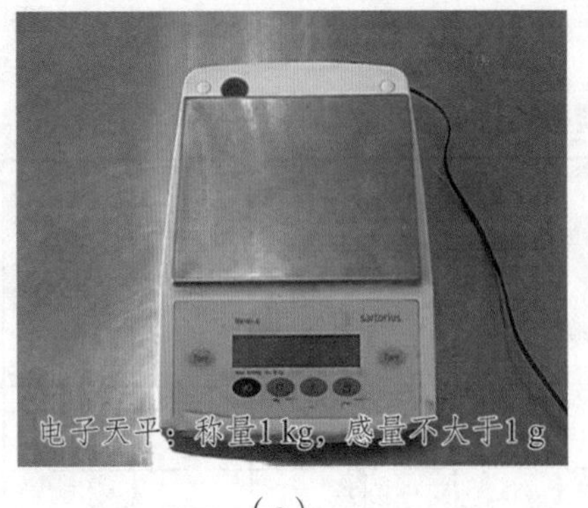

电子天平：称量1 kg，感量不大于1 g

（a）

（b）

图 4-2-1

（2）干燥器，洁净水，如图 4-2-2 所示。

（a）

（b）

（c）

图 4-2-2

（3）烘箱［能控温在（105 ± 5）°C］。

三、试验准备

（1）检查所用的试验检测仪器功能是否正常、电子天平水准气泡是否居中，如果不居中，调节天平下方角螺旋，直至水准气泡居中为止。

（2）将缩分至 650 g 左右的试样在温度为（105 ± 5）°C 的烘箱中烘干至恒重，并在干燥器内冷却至室温，分成两份备用。

四、试验步骤

（1）称取烘干的试样约 300 g（m_0），装入盛有半瓶洁净水的容量瓶中。

（2）摇转容量瓶，使试样在已保温至（23 ± 1.7）°C 的水中充分搅动以排除气泡，塞紧瓶塞，在恒温条件下静置 24 h 左右，然后用滴管添水，使水面与瓶颈刻度线平齐，再塞紧瓶塞，擦干瓶外水分，称其总质量（m_2）。

（3）倒出瓶中的水和试样，将瓶的内外表面洗净，再向瓶内注入同样温度的洁净水（温差不超过 2 °C）至瓶颈刻度线，塞紧瓶塞，擦干瓶外水分，称其总质量（m_1）。

试验过程如图 4-2-3 所示。

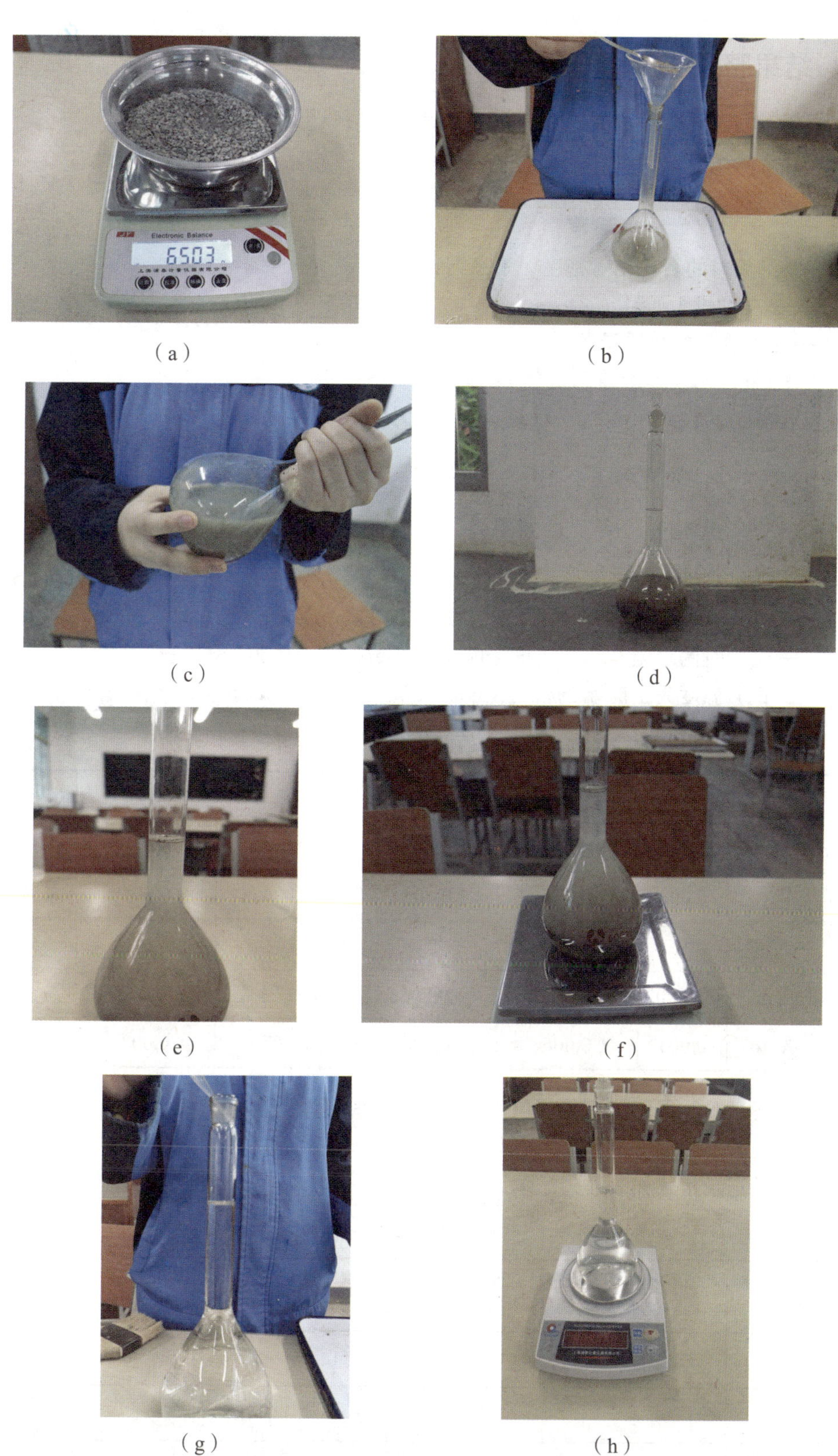

（a） （b）

（c） （d）

（e） （f）

（g） （h）

图 4-2-3

五、结果整理

（1）细集料的表观相对密度按式（4-2-1）计算，精确至小数点后3位。

$$\gamma_a = \frac{m_0}{m_0 + m_1 - m_2} \tag{4-2-1}$$

式中 γ_a——细集料的表观相对密度，无量纲；

m_0——试样的烘干质量（g）；

m_1——水及容量瓶总质量（g）；

m_2——试样、水及容量瓶总质量（g）。

（2）表观密度 ρ_a 按式（4-2-2）计算，精确至小数点后3位。

$$\rho_a = \gamma_a \times \rho_T \tag{4-2-2}$$

或

$$\rho_a = (\gamma_a - \alpha_T) \times \rho_w \tag{4-2-3}$$

式中 ρ_a——细集料的表观密度（g/cm³）；

ρ_w——水在4 °C时的密度（g/cm³），取1 000 kg/m³；

α_T——试验时的水温对水的密度影响修正系数，按表4-2-1取用；

ρ_T——试验温度为 T 时水的密度（g/cm³），按表4-2-1取用。

表4-2-1 不同水温时水的密度 ρ_T 及水的温度修正系数 α_T

水温/°C	15	16	17	18	19	20
水的密度/（g/cm³）	0.999 13	0.998 97	0.998 80	0.998 62	0.998 43	0.998 22
水温修正系数 α_T	0.002	0.003	0.003	0.004	0.004	0.005
水温/°C	21	22	23	24	25	
水的密度/（g/cm³）	0.998 02	0.997 79	0.997 56	0.997 33	0.997 02	
水温修正系数 α_T	0.005	0.006	0.006	0.007	0.007	

以两次平行试验结果的算术平均值作为测定值，如两次结果之差值大于0.01 g/cm³时，应重新取样进行试验。

（3）本试验记录格式如表4-2-2所示。

表4-2-2 细集料物理常数（表观密度）

试验次数	烘干试样质量/g	（试样+水+容量瓶）质量/g	（满水+容量瓶）质量/g	表观相对密度	水温/°C	水的密度/（g/cm³）	表观密度/（g/cm³）
	①	②	③	④	⑤	⑥	⑦
1							
2							

任务三　细集料的堆积密度、紧装密度及空隙率试验

一、试验目的与适用范围

测定砂自然状态下的堆积密度、紧装密度及空隙率。

二、试验仪器与设备

（1）台秤：称量 5 kg，感量 5 g。

（2）容量筒：金属制、圆筒形、内径 108 mm、净高 109 mm、筒壁厚 5 mm、容积为 1 L。

（3）标准漏斗。

试验仪器设备如图 4-3-1 所示。

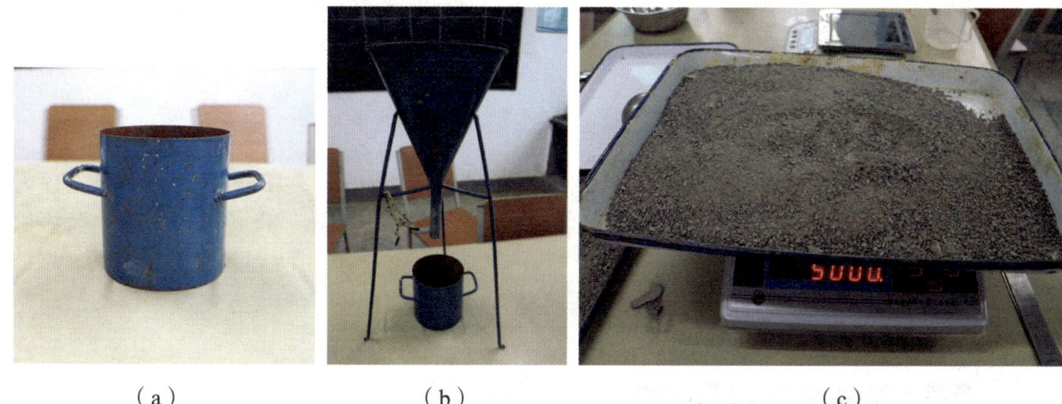

（a）　（b）　（c）

图 4-3-1　试验仪器与设备

三、试验准备

（1）检查所用的试验检测仪器功能是否正常、电子天平水准气泡是否居中，如果不居中，调节天平下方角螺旋，直至水准气泡居中为止。

（2）用浅盘装来样约 5 kg，在温度为（105 ± 5）°C 的烘箱中烘干至恒重，取出并冷却至室温，分成大致相等的两份备用。

（3）容量筒容积的校正方法：以温度为（20 ± 5）°C 的洁净水装满容量筒，用玻璃板沿筒口滑移，使其紧贴水面，玻璃板与水面之间不得有空隙。擦干筒外壁水分，然后称量，如图 4-3-2 所示。

图 4-3-2

按式（4-3-1）计算筒的容积 V。

$$V = m_2' - m_1' \tag{4-3-1}$$

式中　m_1'——容量筒和玻璃板总质量（g）；

m_2'——容量筒、玻璃板和水总质量（g）。

四、试验步骤

（1）堆积密度：将试样装入标准漏斗中，打开底部的活动门，将砂流入容量筒中，试样装满并超出容量筒筒口，用直尺将多余的试样沿筒口中心线向两个相反方向刮平，称其质量（m_1），如图 4-3-3 所示。

（a）

（b）

图 4-3-3

（2）紧装密度：取试样 1 份，分两层装入容量筒。装完一层后，在筒底垫放 1 根直径为 10 mm 的钢筋，将筒按住，左右交替颠击地面各 25 下，共 50 下，然后再装入第二层。装满后用同样方法颠实（但筒底所垫钢筋的方向应与第一层放置方向垂直）。两层装完并颠实后，添加试样超出容量筒筒口，然后用直尺将多余的试样沿筒口中心线向两个相反方向刮平，称其质量（m_2），如图 4-3-4 所示。

（a）　（b）

（c）　（d）

图 4-3-4

五、结果整理

（1）堆积（紧装）密度 ρ 按式（4-3-2）计算，精确至 0.01 g/cm³。

$$\rho=\frac{m_1-m_0}{V} \tag{4-3-2}$$

式中 ρ——砂的堆积密度（g/cm³）；

m_0——容量筒的质量（g）；

m_1——容量筒和堆积砂的总质量（g）；

V——容量筒容积（mL）。

以两次试验结果的算术平均值作为测定值。

（2）空隙率按式（4-3-3）计算，精确至 0.1%。

$$n=\left(1-\frac{\rho}{\rho_a}\right)\times 100\% \tag{4-3-3}$$

式中 n——砂的空隙率（%）；

ρ——砂的堆积密度（g/cm³）；

ρ_a——砂的表观密度（g/cm³）。

以两次试验结果的算术平均值作为测定值。

（3）本试验记录格式如表 4-3-1 所示。

表 4-3-1 细集料堆积密度、紧装密度及空隙率试验检测记录表

试验次数		
砂的表观密度/（g/cm³）		
容量筒的质量/g		
容量筒的体积（V）/mL		
容量筒和堆积砂总质量/g		
容量筒和紧装砂总质量/g		
砂的堆积密度测值/（g/cm³）		
砂的堆积密度测定值/（g/cm³）		
砂的紧装密度测值/（g/cm³）		
砂的紧装密度测定值/（g/cm³）		
砂的堆积密度空隙率/%		
砂的紧装密度空隙率/%		

任务四　细集料的含泥量试验

一、试验目的与适用范围

（1）本试验方法仅用于测定天然砂中粒径小于 0.075 mm 的尘屑、淤泥和黏土的含量。

（2）本试验方法不适用于人工砂、石屑等矿粉成分较多的细集料。

二、试验仪器与设备

（1）电子天平：称量 1 kg，感量不大于 1 g。

（2）烘箱：能控温在（105 ± 5）°C。

（3）标准筛：孔径 0.075 mm 及 1.18 mm 的方孔筛。

（4）其他：桶、浅盘等。

三、试验准备

（1）检查所用的试验检测仪器功能是否正常、电子天平水准气泡是否居中，如果不居中，调节天平下方角螺旋，直至水准气泡居中为止。

（2）将来样用四分法缩分至每份约 1 000 g，置于（105 ± 5）°C 的烘箱中烘干至恒重。冷却至室温后，称取约 400 g（m_0）的试样两份备用，如图 4-4-1 所示。

（a）

（b）

图 4-4-1

四、试验步骤

（1）取烘干的试样一份置于桶中并注入洁净的水，使水面高出砂面 200 mm，充分拌和均匀后，浸泡 24 h，然后用手在水中淘洗试样使尘屑淤泥和黏土与砂粒分离，并使之悬浮水中，如图 4-4-2 所示。

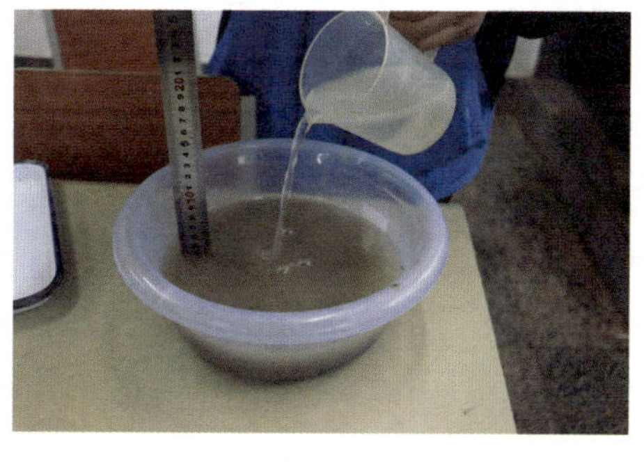

（a）

（b）

图 4-4-2

（2）缓缓地将浑浊液倒入 1.18 mm 与 0.075 mm 的套筛上，滤去小于 0.075 mm 的颗粒。试验前，筛子的两面应先用水湿润，且在整个试验过程中应注意避免砂粒丢失，如图 4-4-3（a）所示。

（3）再次加水至桶中，重复上述过程，直至桶内砂样洗出的水清澈为止，如图 4-4-3（b）所示。

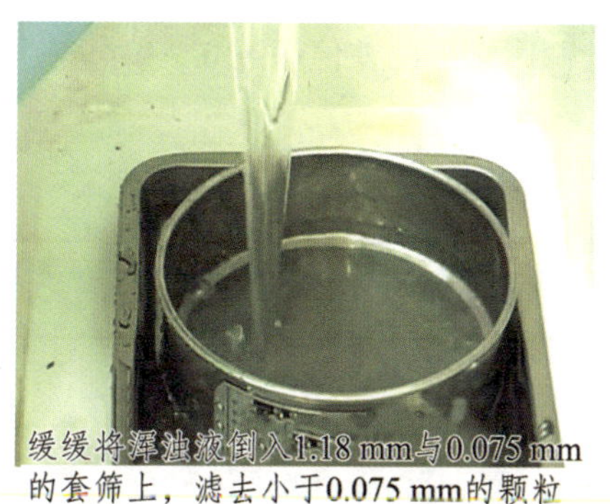
缓缓将浑浊液倒入1.18 mm与0.075 mm
的套筛上，滤去小于0.075 mm的颗粒

（a）

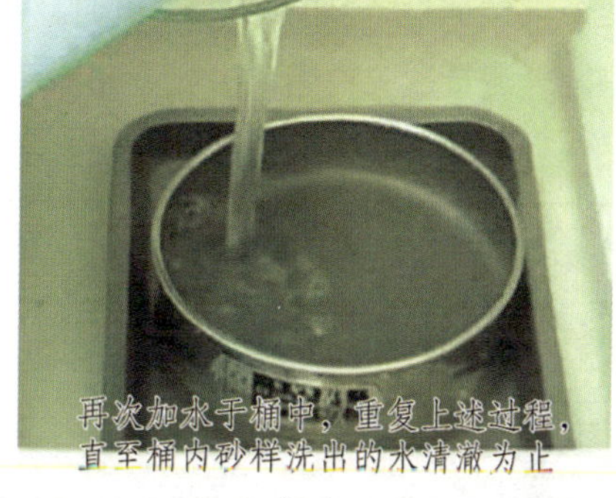
再次加水于桶中，重复上述过程，
直至桶内砂样洗出的水清澈为止

（b）

图 4-4-3

（4）用水冲洗剩余在筛上的细粒，并将 0.075 mm 筛放在水中，使水面略高出筛中砂粒的上表面并来回摇动，以充分洗除小于 0.075 mm 的颗粒，如图 4-4-4 所示。

图 4-4-4

（5）将两筛上筛余的颗粒和桶中已经洗净的试样一并装入浅盘，置于（105 ± 5）°C 的烘箱中烘干至恒重。冷却至室温后，称取试样质量（m_1）。

注：不得直接将试样放在 0.075 mm 筛上用水冲洗，或者将试样放在 0.075 mm 筛上后再用水淘洗，以避免误将小于 0.075 mm 的砂颗粒当作泥冲走。

五、结果整理

砂的含泥量按式（4-4-1）计算。

$$Q_n = \frac{m_0 - m_1}{m_0} \times 100\% \tag{4-4-1}$$

式中 Q_n——砂的含泥量（%）；

m_0——试验前的烘干试样质量（g）；

m_1——试验后的烘干试样质量（g）。

以两个试样试验结果的算数平均值作为测定值。两次结果的差值超过 0.5%时，应重新取样进行试验。含泥量试验检测记录如表 4-4-1 所示。

表 4-4-1　含泥量试验检测记录表

试验次数	试验前烘干试样质量/g	试验后烘干试样质量/g	含泥量测值/%	含泥量平均值/%
1				
2				

任务五　细集料的泥块含量试验

一、试验目的与适用范围

测定水泥混凝土用砂中颗粒大于 1.18 mm 的泥块的含量。

二、试验仪器与设备

（1）电子秤：称量 2 kg，感量不大于 2 g。

（2）烘箱：能控温在（105 ± 5）°C。

（3）标准筛：孔径为 1.18 mm、0.6 mm 的方孔筛各 1 只。

（4）其他：洗砂用的筒、浅盘等。

三、试验准备

（1）检查所用的试验检测仪器功能是否正常、电子天平水准气泡是否居中，如果不居中，调节天平下方角螺旋，直至水准气泡居中为止。

（2）将来样用四分法缩分至每份约 2 500 g，置于温度为（105 ± 5）°C 的烘箱中烘干至恒重，冷却至室温后，用 1.18 mm 筛筛分，称取筛上的砂约 400 g 分成两份备用，如图 4-5-1 所示。

图 4-5-1

四、试验步骤

取一份 200 g（m_1）试样置于容器中，并注入洁净的水，使水面高出砂表面约 200 mm，充分搅和均匀后，静置 24 h，然后用手捻压碎块，将试样放在 0.6 mm 筛上用水冲洗，直至洗出的水清澈为止。将筛上试样小心地从筛里取出，置于（105 ± 5）°C 烘箱内烘干至恒重，冷却后称重（m_2），如图 4-5-2 所示。

（a）

（b）

图 4-5-2

五、结果整理

按式（4-5-1）计算泥块含量 Q_K（%），精确至 0.1%。

$$Q_K = \frac{m_1 - m_2}{m_1} \times 100\% \tag{4-5-1}$$

式中　Q_K——砂中大于 1.18 mm 的泥块含量（%）；

m_1——试验前存留于 1.18 mm 筛上的烘干试样量（g）；

m_2——试验后烘干试样质量（g）。

以两次试验结果的算术平均值作为测定值，两次结果的差值超过 0.4%时，应重新进行试验。细集料泥块含量试验记录如表 4-5-1 所示。

表 4-5-1　细集料泥块含量试验记录表

试验次数	试验前预留 1.18 mm 筛上烘干试样质量/g	试验后烘干试样质量/g	泥块含量测值/%	泥块含量平均值/%
1				
2				

任务六　细集料的压碎值试验

一、试验目的与适用范围

细集料压碎指标用于衡量细集料在逐渐增加的荷载下抵抗压碎的能力，以评定其在公路工程中的适用性。

二、试验仪器与设备

（1）压力机：量程 50 ~ 1 000 kN，示值相对误差 2%，应能保持 1 kN/s 的加荷速率。

（2）标准筛（4.75 mm，2.36 mm，1.18 mm，0.6 mm，0.3 mm，筛底）。

（3）细集料压碎指标试模：由两端开口的钢制圆形试筒、加压块和底板组成，压头直径 75 mm，金属筒试模内径 77 mm，试模深 70 mm。试筒内壁、加压头的底面及底板的上表面等与石料接触的表面都应进行热处理硬化，并保持光滑状态。

（4）金属捣棒：直径 10 mm，长 500 mm，一端加工成半球形。

试验仪器设备如图 4-6-1 所示。

（a）标准筛

（b）试模

图 4-6-1

三、试验准备

（1）采用风干的细集料样品，置烘箱中于（105 ± 5）℃条件下烘干至恒重，通常不超过 4 h，取出冷却至室温。然后用 4.75 mm、2.36 mm 至 0.3 mm 各挡标准筛过筛，去除大于 4.75 mm 部分，分成 0.3 ~ 0.6 mm、0.6 ~ 1.18 mm、1.18 ~ 2.36 mm 和 2.36 ~ 4.75 mm 等 4 组试样，各组取 1 000 g 备用，如图 4-6-2 所示。

图 4-6-2

（2）称取单粒级试样 330 g，精确至 1 g。将试样倒入已组装好的试样钢模中，使试样距底盘面的高度约为 50 mm。整平钢模内试样表面，将加压头放入钢模内，转动 1 周，使其与试样均匀接触，如图 4-6-3 所示。

（a） （b）

（c） （d）

图 4-6-3

四、试验步骤

（1）将装有试样的试模放到压力机上，注意使压头摆平，对中压板中心，如图 4-6-4 所示。

（2）开动压力机，均匀地施加荷载，以 500 N/s 的速率加压至 25 kN，稳压 5 s，以同样的速率卸荷。

（3）将试模从压力机上取下，取出试样，以该粒组的下限筛孔过筛（如对 2.36～4.75 mm 以 2.36 mm 标准筛过筛）。称取试样的筛余量（m_1）和通过量（m_2），精确至 1 g。

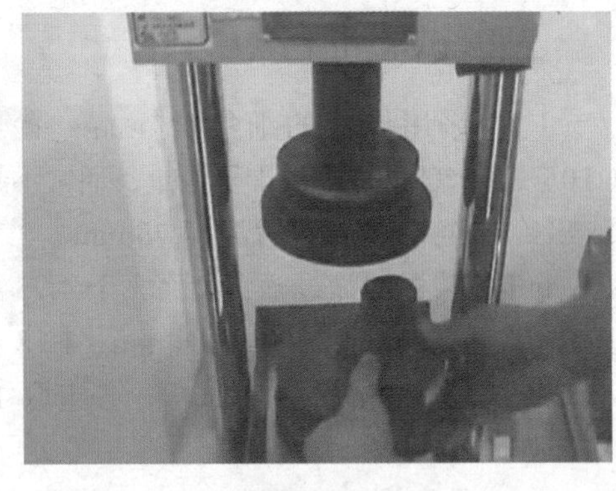

图 4-6-4

五、结果整理

（1）按式（4-6-1）计算各组粒级细集料的压碎指标，精确至 1%。

$$Y_i = \frac{m_1}{m_1 + m_2} \times 100\% \tag{4-6-1}$$

式中 Y_i——第 i 粒级细集料的压碎指标值（%）；

m_1——试样的筛余量（g）；

m_2——试样的通过量（g）。

（2）每组粒级的压碎指标值以 3 次试验结果的平均值表示，精确至 1%。

（3）取最大单粒级压碎指标值作为该细集料的压碎指标值。

（4）细集料压碎值试验检测记录如表 4-6-1 所示。

表 4-6-1　细集料压碎值试验检测记录表

粒径/mm	试样干重/g	压碎后筛余量/g	压碎后通过量/g	单粒级压碎指标/%	
				单值	平均值
2.36～4.75					
1.18～2.36					
0.6～1.18					
0.3～0.6					
压碎指标值/%					

项目五　粗集料试验

任务一　粗集料及集料混合料的筛分试验

一、试验目的与适用范围

（1）测定粗集料（碎石、砾石、矿渣等）的颗粒组成。对水泥混凝土用粗集料可采用干筛法筛分，对沥青混合料及基层用粗集料必须采用水洗法试验。本试验只介绍干筛法。

（2）本试验方法适用于同时含有粗集料、细集料、矿粉的集料混合料筛分试验，如未筛碎石、级配碎石、天然砂砾、级配砂砾、无机结合料稳定基层材料、沥青拌合料的冷料混合料、热料仓材料、沥青混合料经溶剂抽提后的矿料等。

二、试验仪器与设备

（1）试验筛（根据需要选用规定的标准筛），摇筛机。

（2）天平或台秤（感量不大于试样质量的 0.1%）、方盘、方铲、毛刷等，如图 5-1-1 所示。

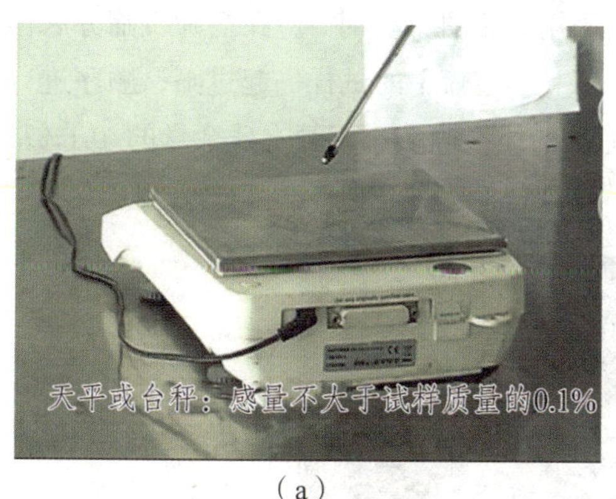

（a）

（b）

图 5-1-1

三、试验准备

（1）按规定将来料用分料器或四分法缩分至表 5-1-1 要求的试样所需量，风干后备用。根据需要可按要求的集料最大粒径的筛孔尺寸过筛，除去超粒径部分颗粒后，再进行筛分。

表 5-1-1　筛分用的试样质量

公称最大粒径/mm	75	63	37.5	31.5	26.5	19	16	9.5	4.75
最小试样质量/kg	10	8	5	4	2.5	2	1	1	0.5

（2）检查所用的试验检测仪器，如电子天平、套筛、摇筛机等仪器功能应正常。

四、试验步骤

（1）取试样一份置于（105 ± 5）℃的烘箱中烘干至恒重，称取干燥集料试样的总质量（m_0），精确至 0.1%，如图 5-1-2 所示。

（a）

（b）

图 5-1-2

（2）用搪瓷盘作为筛分容器，按筛孔大小排列顺序逐个将集料过筛，人工筛分时，需使集料在筛面上有水平方向及上下方向的不停顿运动，使小于筛孔的集料通过筛孔，直到 1 min 内通过筛孔的质量小于筛上残余量的 0.1%为止。当采用摇筛机筛分时，应在摇筛机筛分后再逐个由人工补筛。将筛出通过的颗粒并入下一号筛，和下一号筛中的试样一起过筛，顺序进行，直至各号筛全部筛完为止。应确认 1 min 内通过筛孔的质量确实小于筛上残余量的 0.1%，如图 5-1-3 所示。

图 5-1-3

（3）如果某个筛上的集料过多，影响筛分作业时，可以分两次筛分。当筛余颗粒的粒径大于 19 mm 时，筛分过程中允许用手指轻轻拨动颗粒，但不得逐颗塞过筛孔。

（4）称取每个筛上的筛余质量，精确至总质量的 0.1%，各筛分计筛余质量及筛底存量的总和与筛分前试样的干燥总质量 m_0 相比，相差不得超过 m_0 的 0.5%。

五、结果整理

（1）计算各筛分计筛余质量及筛底存量的总和与筛分前试样的干燥总质量 m_0 之差，作为筛分时的损耗，并计算损耗率，若损耗率大于 0.3%，应重新进行试验。

$$m_5 = m_0 - (\sum m_i + m_{底}) \tag{5-1-1}$$

式中 m_5——由于筛分造成的损耗（g）；

m_0——用于干筛的干燥集料总质量（g）；

m_i——各号筛上的分计筛余质量（g）；

i——依次为 0.072 mm、0.15 mm 至集料最大粒径的排序；

$m_{底}$——筛底（0.075 mm 以下部分）集料总质量（g）。

（2）干筛后各号筛上的分计筛余百分率 P_i' 按式（5-1-2）计算，精确至 0.1%。

$$P_i' = \frac{m_i}{m_0 - m_5} \times 100\% \tag{5-1-2}$$

（3）各号筛的累计筛余百分率为该号筛以上各号筛的分级筛余百分率之和，精确至 0.1%。

（4）各号筛的质量通过百分率 P_i 等于 100 减去该号筛累计筛余百分率，精确至 0.1%。

（5）用筛底存量除以扣除损耗后的干燥集料总质量计算 0.075 mm 筛的通过率。

（6）试验结果用两次试验的平均值表示，精确至 0.1%。当两次试验结果 $P_{0.075}$ 的差值超过 1%时，试验应重新进行。

（7）粗集料筛分试验检测记录如表 5-1-2 所示。

表 5-1-2 粗集料筛分试验检测记录表

试样总质量	第一组				第二组				平均累计筛余/%	平均通过百分率/%	规定级配范围
筛孔尺寸/mm	筛上质量/g	分计筛余/%	累计筛余/%	通过百分率/%	筛上质量/g	分计筛余/%	累计筛余/%	通过百分率/%			

任务二　粗集料的密度与吸水率试验

一、试验目的与适用范围

本试验方法适用于测定碎石、砾石等各种粗集料的表观相对密度、表干相对密度、毛体积相对密度、表观密度、表干密度、毛体积密度，以及粗集料的吸水率。

二、试验仪器与设备

（1）天平或浸水天平：可悬挂吊篮测定集料的水中质量，称量应满足试样数量称量要求，感量不大于最大称量的 0.05%；吊篮由耐锈蚀材料制成，直径和高度为 150 mm 左右，四周及底部用 1 ~ 2 mm 的筛网编制或具有密集的孔眼，如图 5-2-1 所示。

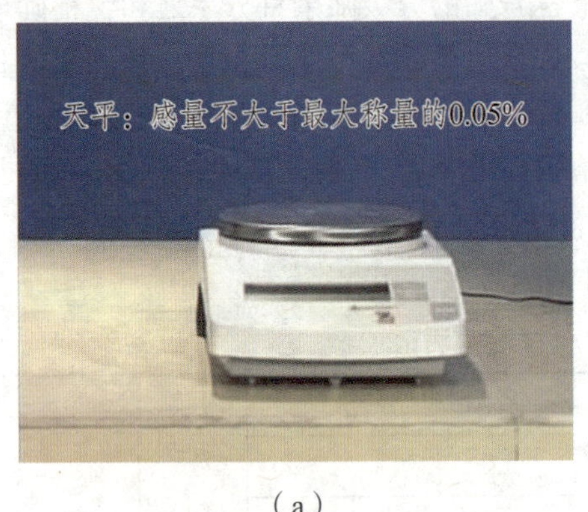

（a）

（b）

图 5-2-1

（2）溢流水槽（在称量水中质量时能保持水面高度一定）、标准筛，如图 5-2-2 所示。

（a）

（b）

图 5-2-2

三、试验准备

（1）将试样用标准筛过筛，除去其中的细集料，对较粗的粗集料可用 4.75 mm 筛过筛，对 2.36 ~ 4.75 mm 集料或者混在 4.75 mm 以下石屑中的粗集料，则用 2.36 mm 标准筛过筛，用四分法或分料器法缩分至要求的质量，分两份备用。

（2）经缩分后供测定密度的粗集料质量应符合表 5-2-1 的规定。

表 5-2-1　测定密度所需要的试样最少质量

公称最大粒径/mm	4.75	9.5	16	19	26.5	31.5	37.5	63	75
每一份试样的最少质量/kg	0.8	1	1	1	1.5	1.5	2	3	3

（3）将每一份集料试验浸泡在水中，并适当搅动，仔细洗去附在集料表面的尘土和石粉，经多次漂洗至水完全清澈为止。清洗过程中不得散失集料颗粒。

四、试验步骤

（1）取试样一份装入干净的搪瓷盘中，注入洁净的水，水面至少应高出试样 20 mm，轻轻搅动石料，使附着在石料上的气泡完全逸出，在室温下保持浸水 24 h，如图 5-2-3 所示。

（a）　　（b）

图 5-2-3

（2）将吊篮挂在天平的吊钩上，进入溢流水槽中，向溢流水槽中注水，水面高度至水槽的溢流孔为止，将天平调零。吊篮的筛网应保证集料不会通过筛孔流失，对 2.36 ~ 4.75 mm 粗集料应更换小孔筛网或在网篮中放一个浅盘。

（3）调节水温为 15 ~ 25 °C，将试样移入吊篮中。溢流水槽中的水面高度由水槽的溢流孔控制，维持不变，称取集料的水中质量（ m_w ），如图 5-2-4 所示。

（a）

（b）

图 5-2-4

（4）提起吊篮，稍稍滴水。较粗的粗集料可以直接将粗集料倒在拧干的湿毛巾上，较细的粗集料（2.36 ~ 4.75 mm）可以将试样连同浅盘一起取出，仔细倒出余水，将粗集料倒在拧干的湿毛巾上，注意不得有颗粒丢失，或有小颗粒附在吊篮上。用毛巾吸走从集料中漏出的自由水，再用拧干的湿毛巾轻轻擦干集料颗粒的表面水，至表面看不到发亮的水迹，即达到饱和面干状态。当粗集料尺寸较大时，宜逐颗擦干。注意对较粗的粗集料，拧湿毛巾时防止拧得太干；对较细的含水较多的粗集料，毛巾可拧得稍干些。擦颗粒的表面水时，既要将表面水擦掉，又千万不能将颗粒内部的水吸出。整个过程不得有集料丢失，且已擦干的集料不得继续在空气中放置，以防止集料干燥。

（5）在保持表干的状态下，立即称取集料的表干质量（m_f），如图 5-2-5 所示。

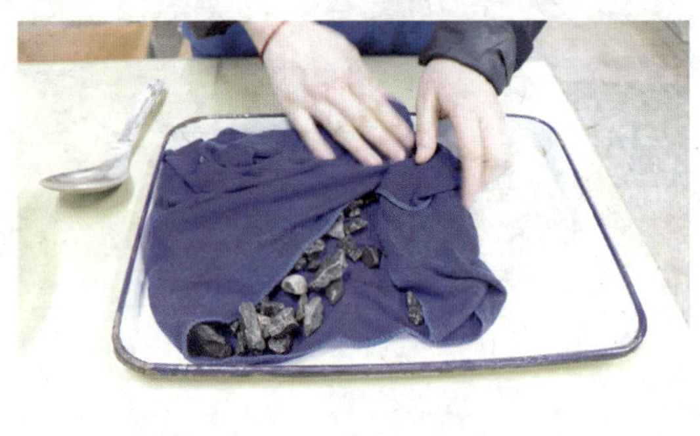

（a）

（b）

图 5-2-5

（6）将集料置于浅盘中，放入（105 ± 5）°C 的烘箱中烘干至恒重。取出浅盘，放在带盖的容器中冷却至室温，称取集料的烘干质量（m_a），如图 5-2-6 所示。

（a）

（b）

图 5-2-6

（7）对同一规格的集料应平行试验两次，取平均值作为实验结果。

五、结果整理

（1）表观相对密度 γ_a 按式（5-2-1）计算，计算精确至小数点后 3 位。

$$\gamma_a = \frac{m_a}{m_a - m_w} \tag{5-2-1}$$

式中　γ_a——集料的表观相对密度，无量纲；

m_a——集料的烘干质量（g）；

m_w——集料的水中质量（g）。

（2）表干相对密度 γ_s 按式（5-2-2）计算，计算精确至小数点后 3 位。

$$\gamma_s - \frac{m_f}{m_f - m_w} \tag{5-2-2}$$

式中　γ_s——集料的表干相对密度，无量纲；

m_f——集料的表干质量（g）；

m_w——集料的水中质量（g）。

（3）毛体积相对密度 γ_b 按式（5-2-3）计算，计算精确至小数点后 3 位。

$$\gamma_b = \frac{m_a}{m_f - m_w} \tag{5-2-3}$$

式中　γ_b——集料的毛体积相对密度，无量纲；

m_a——集料的烘干质量（g）；

m_f——集料的表干质量（g）；

m_w——集料的水中质量（g）。

（4）粗集料的表观密度 ρ_a、表干密度 ρ_s、毛体积密度 ρ_b 按式（5-2-4）计算，精确至小数点后 3 位。不同水温条件下测量的粗集料毛体积密度需进行水温修正，不同试验温度下的水的密度 ρ_T 及水的温度修正系数 α_T 按表 5-2-1 选用。

$$\begin{cases} \rho_a = \gamma_a \times \rho_T \quad \text{或} \quad \rho_a = (\gamma_b - \alpha_T) \times \rho_w \\ \rho_s = \gamma_s \times \rho_T \quad \text{或} \quad \rho_s = (\gamma_s - \alpha_T) \times \rho_w \\ \rho_b = \gamma_b \times \rho_T \quad \text{或} \quad \rho_b = (\gamma_b - \alpha_T) \times \rho_w \end{cases} \tag{5-2-4}$$

式中 ρ_a——粗集料的表观密度（g/cm³）;

ρ_s——粗集料的表干密度（g/cm³）;

ρ_b——粗集料的毛体积密度（g/cm³）;

ρ_T——试验温度 T 时水的密度（g/cm³）;

α_T——试验温度 T 时的水温修正系数;

ρ_w——水在 4 °C 时的密度（1.000 g/cm³）。

表 5-2-1 不同水温时水的密度 ρ_T 及水的温度修正系数 α_T

水温/ °C	15	16	17	18	19	20
水的密度/（g/cm³）	0.999 13	0.998 97	0.998 80	0.998 62	0.998 43	0.998 22
水温修正系数 α_T	0.002	0.003	0.003	0.004	0.004	0.005
水温/ °C	21	22	23	24	25	
水的密度/（g/cm³）	0.998 02	0.997 79	0.997 56	0.997 33	0.997 02	
水温修正系数 α_T	0.005	0.006	0.006	0.007	0.007	

（5）吸水率 w_x 按式（5-2-5）计算，精确至 0.01%。

$$w_x = \frac{m_f - m_a}{m_a} \times 100\% \tag{5-2-5}$$

重复试验的精密度，两次结果相差不得超过 0.02，吸水率不得超过 0.2%。

（6）粗集料密度及吸水率试验检测记录如表 5-2-2 所示。

表 5-2-2 粗集料密度及吸水率试验检测记录表（网篮法）

试验次数	1	2
吊篮在水中质量/g		
（吊篮+试样在水中质量）/g		
样品在水中质量/g		
饱和面干试样质量/g		
烘干试样质量/g		
表观相对密度测值		
表观相对密度测定值		
表干相对密度测值		

续表

试验次数	1	2
表干相对密度测定值		
毛体积相对密度测值		
毛体积相对密度测定值		
试样水温 T/ °C		
水在试验温度 T 时的密度/（g/cm^3）		
表观密度/（g/cm^3）		
表干密度/（g/cm^3）		
毛体积密度/（g/cm^3）		
吸水率测值/%		
吸水率测定值/%		

任务三　粗集料的松方密度及空隙率试验

一、试验目的与适用范围

测定粗集料的松方密度，包括堆积状态、振实状态、捣实状态下的松方密度，以及松方状态下的空隙率（或间隙率）。

二、试验仪器与设备

（1）天平或台秤（感量不大于称量的 0.1%），如图 5-3-1 所示。

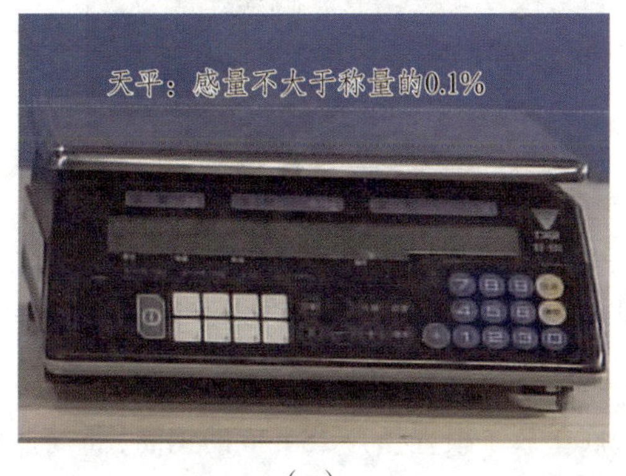

（a）

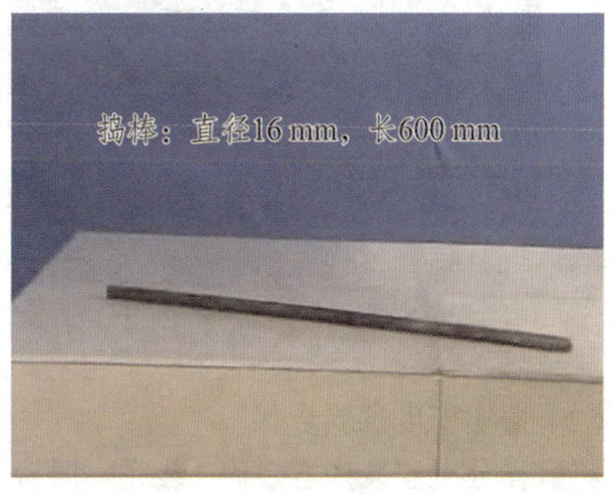

（b）

图 5-3-1

（2）容量筒：适用于粗集料堆积密度测定的容量筒。应符合表 5-3-1 的要求。

表 5-3-1　容量筒的规格要求

粗集料公称最大粒径/mm	容量筒容积/L	容量筒规格/mm			筒壁厚度/mm
		内径	净高	底厚	
≤4.75	3	155 ± 2	160 ± 2	5.0	2.5
9.5 ~ 26.5	10	205 ± 2	305 ± 2	5.0	2.5
31.5 ~ 37.5	15	255 ± 5	295 ± 5	5.0	3.0
≥53	20	355 ± 5	305 ± 5	5.0	3.0

三、试验准备

（1）按规定方法取样、缩分，质量应满足试验要求，在（105 ± 5）°C 的烘箱中烘干，也可摊在洁净的地面上风干，拌匀后分成两份备用。

（2）称取容量筒空筒质量 m_0。

四、试验步骤

（1）堆积密度试验步骤。

取试样 1 份，置于平整干净的水泥地（或铁板）上，用平头铁锹铲起试样，使石子自由落入容量筒内。此时，铁锹的齐口至容量筒上口的距离应保持 50 mm 左右，装满容量筒并除去凸出筒口表面的颗粒，并以合适的颗粒填入凹陷空隙，使表面积稍凸起部分和凹陷部分的体积大致相等，称取试样和容量筒总质量（m_1），如图 5-3-2 所示。

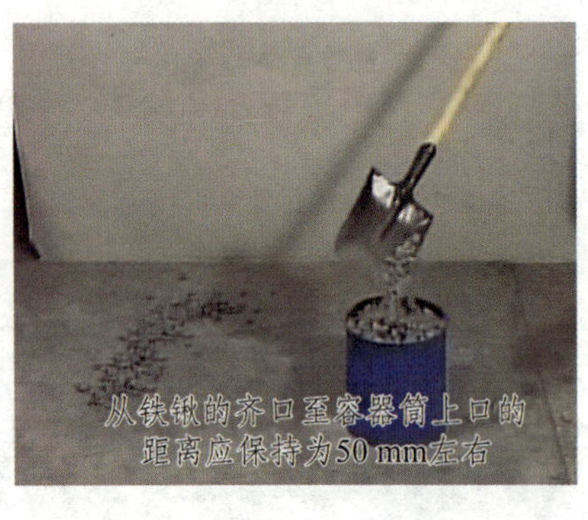

（a）

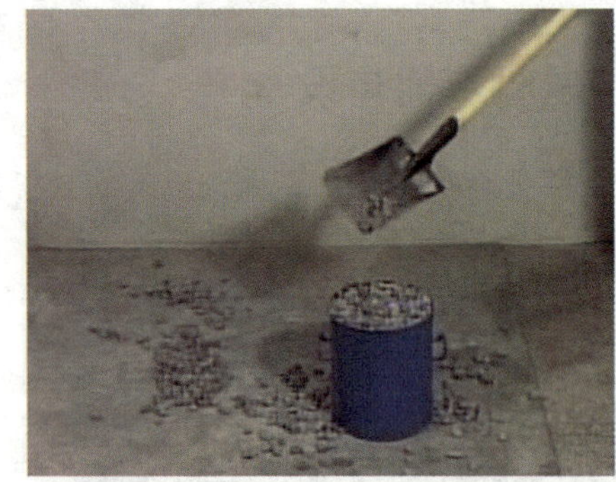

（b）

图 5-3-2

（2）振实密度试验步骤。

将试样分三层装入容量筒，装完一层后，在桶底垫放 1 根直径为 25 mm 的钢筋，将筒按住，左右交替颠击地面各 25 下。然后装入第二层，用同样的方法颠实，但筒底所垫钢筋的方向应与第一次放置方向垂直。然后装入第三层，依此法颠实。待三层试样颠实后，加料超出容量筒口，用捣棒沿筒边缘滚转，去除高出筒口的颗粒，用合适的颗粒填平凹处，使表面积稍凸起部分和凹陷部分的体积大致相等，称取试样和容量筒总质量（m_1），如图 5-3-3 所示。

（a）

（b）

图 5-3-3

（3）捣实密度试验步骤。

将试样装入符合要求规格的容量筒中，至 1/3 处，用捣棒由边至中均匀捣实 25 次，再向容器中装入 1/3 的试样，用捣棒继续均匀捣实 25 次，捣实深度约至第一层试样表面。然后重复上一步骤，加最后一层，捣实 25 次，使集料与筒口齐平。用合适的集料填平大空隙，用直尺刮平，使表面积稍凸起部分和凹陷部分的体积大致相等，称取试样和容量筒总质量（m_1）。

（4）容量筒容积的标定。

以温度为（20 ± 5）°C 的洁净水装满容量筒，用玻璃板沿筒口滑移，使其紧贴水面并擦干筒外壁水分，然后称量。

五、结果整理

（1）筒的容积 V 按式（5-3-1）计算。

$$V = \frac{m_2' - m_1'}{\rho_w} \tag{5-3-1}$$

式中 m_1'——容量筒和玻璃板总质量（g）；

m_2'——容量筒、玻璃板和水总质量（g）；

ρ_w——试验温度 T 时水的密度（kg/m^3）。

（2）松方密度（包括堆积状态、振实状态、捣实状态的松方密度）ρ 按式（5-3-2）计算，精确至小数点后两位。

$$\rho = \frac{m_1 - m_0}{V} \times 1\,000 \tag{5-3-2}$$

式中 ρ——粗集料的松方密度（kg/m^3）；

m_0——容量筒的质量（kg）；

m_1——容量筒和堆积石子的总质量（kg）；

V——容量筒容积（L）。

以两次试验结果的算术平均值作为测定值。

（3）水泥混凝土用粗集料的空隙率按式（5-3-3）计算。

$$n=\left(1-\frac{\rho}{\rho_{\mathrm{b}}}\right)\times 100\% \tag{5-3-3}$$

式中　n——水泥混凝土用粗集料的空隙率（%）；

ρ——粗集料的振实密度（kg/m^3）；

ρ_{b}——粗集料的表观密度（kg/m^3）。

以两次试验结果的算术平均值作为测定值。

（4）粗集料松方密度及空隙率试验检测记录如表 5-3-2 所示。

表 5-3-2　粗集料松方密度及空隙率试验检测记录表

试验次数	1	2
容量筒的容积/L		
容量筒的质量/kg		
自然堆积试样与容量筒的质量/kg		
试样的自然堆积密度测值/（t/m^3）		
试样的自然堆积密度测定值/（t/m^3）		
振实试样与容量筒的质量/kg		
试样的振实密度测值/（t/m^3）		
试样的振实密度测定值/（t/m^3）		
捣实试样与容量筒的质量/kg		
试样的捣实密度测值/（t/m^3）		
试样的捣实密度测定值/（t/m^3）		
粗集料空隙率/%		
捣实粗集料骨架间隙率/%		

任务四　粗集料的含泥量及泥块含量试验

一、试验目的与适用范围

测定碎石或砾石中小于 0.075 mm 的尘屑、淤泥和黏土的总质量，以及 4.75 mm 以上泥块颗粒含量。

二、试验仪器与设备

（1）天平：感量不大于称量的 0.1%。

（2）烘箱：能控温在（105 ± 5）°C。

（3）标准筛：测泥含量时用孔径为 1.18 mm 及 0.075 mm 的方孔筛各 1 只；测泥块含量时，则用 2.36 mm 及 4.75 mm 的方孔筛各 1 只。

（4）容器：容积约 10 L 的桶或搪瓷盘。

（5）其他：浅盘、毛刷等。

三、试验准备

将来样用四分法或分料器法缩分至表 5-4-1 所规定的量（注意防止细粉丢失并防止含黏土块被压碎），置于温度为（105 ± 5）°C 的烘箱内烘干至恒重，冷却至室温后分成两份备用。

表 5-4-1　含泥量及泥块含量试验所需试样最小质量

公称最大粒径/mm	4.75	9.5	16	19	26.5	31.5	37.5	63	75
试样的最小质量/kg	1.5	2	2	6	6	10	10	20	20

四、试验步骤

1. 含泥量试验步骤

（1）称取试样 1 份（m_0）装入容器内，加水浸泡 24 h，用手在水中淘洗颗粒（或用毛刷洗刷），使尘屑、黏土与较粗颗粒分开，并使之悬浮于水中；缓缓地将浑浊液倒入 1.18 mm 及 0.075 mm 的套筛上，滤去小于 0.075 mm 的颗粒。试验前，筛子的两面应先用水湿润，在整个试验过程中，应注意避免大于 0.075 mm 的颗粒丢失，如图 5-4-1 所示。

（a）

（b）

图 5-4-1

（2）再次加水于容器中，重复上述步骤，直到洗出的水清澈为止。

（3）用水冲洗余留在筛上的细粒，并将 0.075 mm 筛放在水中（使水面略高于筛内颗粒）来回摇动，以充分洗除小于 0.075 mm 的颗粒。而后将两只筛上余留的颗粒和容器中已经洗净的试样一并装入浅盘，置于温度为（105 ± 5）°C 的烘箱中烘干至恒重，取出冷却至室温后，称取试样的质量（m_1），如图 5-4-2 所示。

（a）　（b）

（c）　（d）

图 5-4-2

2. 泥块含量试验步骤

（1）取试样 1 份。

（2）用 4.75 mm 筛将试样过筛，称出筛去 4.75 mm 以下颗粒后的试样质量（m_2）。

（3）将试样在容器中平摊平，加水使水面高出试样表面，24 h 后将水放掉，用手捻压泥块，然后将试样放在 2.36 mm 筛上用水冲洗，直至洗出的水清澈为止，如图 5-4-3 所示。

（a）　（b）　（c）

图 5-4-3

（4）小心地取出 2.36 mm 筛上试样，置于温度为（105 ± 5）°C 的烘箱中烘干至恒重，取出冷却至室温后称量（m_3）。

五、结果整理

（1）碎石或砾石的含泥量按式（5-4-1）计算，精确至0.1%。

$$Q_n = \frac{m_0 - m_1}{m_0} \times 100\% \tag{5-4-1}$$

式中 Q_n——碎石或砾石的含泥量（%）；

m_0——试验前试样烘干质量（g）；

m_1——试验后试样烘干质量（g）。

以上两次试验的算数平均值作为试验结果，两次结果的差值超过0.2%时，应重新取样进行试验，对沥青路面用集料，此含泥量记为小于0.075 mm颗粒含量。

（2）碎石及砾石中黏土泥块含量按式（5-4-2）计算，精确至0.1%。

$$Q_k = \frac{m_2 - m_3}{m_2} \times 100\% \tag{5-4-2}$$

式中 Q_k——碎石或砾石的泥块含量（%）；

m_2——4.75 mm筛筛余量（g）；

m_3——试验后烘干试样质量（g）。

以上两次试验的算数平均值作为试验结果，两次结果的差值超过0.1%时，应重新取样进行试验。

（3）粗集料含泥量及泥块含量试验检测记录如表5-4-2所示。

表5-4-2　粗集料含泥量及泥块含量试验检测记录表

含泥量	含泥量试验前烘干试样质量/g		
	含泥量试验后烘干试样质量/g		
	试样含泥量或小于0.075 mm颗粒含量测值/%		
	试样含泥量或小于0.075 mm颗粒含量测定值/%		
泥块含量	4.75 mm筛筛余量/g		
	泥块含量试验后烘干试样质量/g		
	集料中黏土泥块含量测值/%		
	集料中黏土泥块含量测定值/%		

任务五　粗集料的压碎值试验

一、试验目的与适用范围

集料压碎值适用于衡量石料在逐渐增加的荷载下抵抗压碎的能力，是石料力学性质的指标，用以评定其在公路工程中的适用性。

二、试验仪器与设备

（1）石料压碎值试验仪（试筒内壁、压柱的底面及底板的上表面等与石料接触的表面都应进行热处理，使表面硬化，达到维氏硬度 65 °C，并保持光滑状态）、金属棒，如图 5-5-1 所示。

（a）试筒

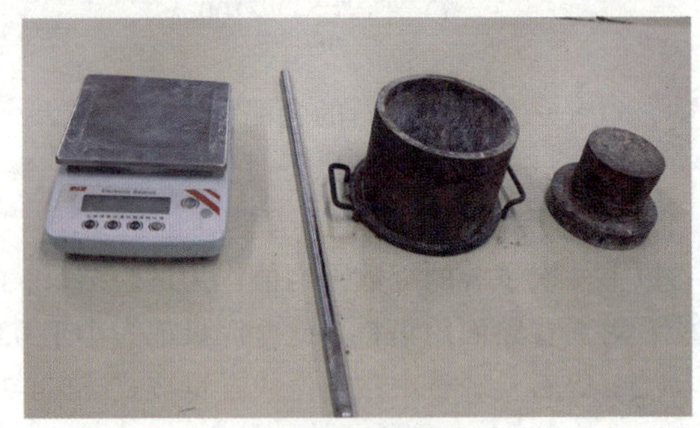
（b）金属棒

图 5-5-1

（2）天平（称量 2 ~ 3 kg，感量不大于 1 g）、方孔筛（筛孔尺寸 13.2 mm、9.5 mm、2.36 mm 方孔筛各 1 个），如图 5-5-2 所示。

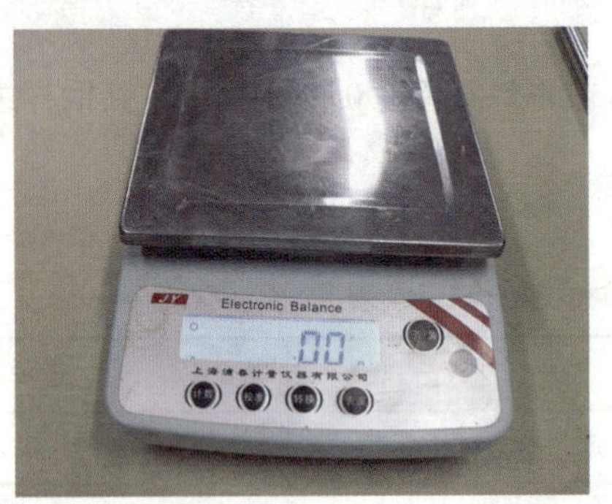

（a）天平

（b）方孔筛

图 5-5-2

（3）压力机（500 kN，应能在 10 min 内到达 400 kN）、金属筒（圆柱形，内径 112 mm，高 179.4 mm，容积 1 767 cm^3），如图 5-5-3 所示。

（a）压力机

（b）金属筒

图 5-5-3

三、试验准备

（1）检查所用试验仪器，调节天平水准气泡。

（2）采用风干石料，用 13.2 mm 和 9.5 mm 标准筛过筛，取粒径 9.5 ~ 13.2 mm 的试样 3 组各 3 000 g，供试验用。如过于潮湿需加热烘干时，烘箱温度不得超过 100 °C，烘干时间不超过 4 h，试验前石料应冷却至室温，如图 5-5-4 所示。

图 5-5-4

（3）每次试验的石料数量应满足按下述方法确定的数量。夯击后石料在试筒内的深度为 100 mm。将试样分 3 次（每次数量大体相同）均匀装入试模中，每次均将试样表面整平，用金属棒的半球面端从石料表面上均匀捣实 25 次。最后用金属棒作为直刮刀将表面仔细整平。称取量筒中试样质量（m_0），以相同质量的试样进行压碎值的平行试验，如图 5-5-5 所示。

（a）

（b）

（c）

图 5-5-5

四、试验步骤

（1）将试筒安放在底板上，如图 5-5-6（a）所示。

（2）将要求质量的试样分 3 次（每次数量大体相同）均匀装入试模中，每次均将试样表面整平，用金属棒的半球面端从石料表面上均匀捣实 25 次。最后用金属棒作为直刮刀将表面仔细整平，如图 5-5-6（b）所示。

（a）

（b）

图 5-5-6

（3）将装有试样的试模放到压力机上，同时将压头放入试筒内石料面上，注意使压头摆平，勿楔挤试模侧壁，如图 5-5-7（a）所示。

（4）开动压力机，均匀地施加荷载，在 10 min 左右的时间内达到总荷载 400 kN，稳压 5 s，然后卸荷，如图 5-5-7（b）所示。

（a）

（b）

图 5-5-7

（5）将试模从压力机上取下，取出试样，如图 5-5-8（a）所示。

（6）用 2.36 mm 标准筛筛分经压碎的全部试样，可分几次筛分，均需筛到在 1 min 内无明显的筛出物为止，如图 5-5-8（b）所示。

（a）

（b）

图 5-5-8

（7）称取通过 2.36 mm 筛孔的全部细集料质量（m_1），精确至 1 g。

五、结果整理

（1）石料压碎值按式（5-5-1）计算，精确至 0.1%。

$$Q_a' = \frac{m_1}{m_0} \times 100\% \tag{5-5-1}$$

式中 Q_a'——石料压碎值（%）；

m_0——试验前试样质量（g）；

m_1——试验后通过 2.36 mm 筛孔的细料质量（g）；

（2）以 3 个试样平行试验结果的算术平均值作为压碎值的测定值。

（3）粗集料压碎值试验检测记录如表 5-5-1 所示。

表 5-5-1 粗集料压碎值试验检测记录表

试样编号	试验前试样质量/g	通过 2.36 mm 筛孔细料质量/g	压碎值/%	压碎值测定值/%	换算水泥混凝土后压碎值测定值/%

任务六 粗集料针、片状含量试验

一、试验目的与适用范围

（1）本试验方法适用于测定水泥混凝土使用的 4.75 mm 以上粗集料的针状及片状颗粒含量，以百分率计。

（2）本试验方法测定的针片状颗粒，是指利用专用规准仪测定的粗集料颗粒的最小厚度（或直径）方向与最大长度（或宽度）方向的尺寸之比小于一定比例的颗粒。

二、试验仪器与设备

（1）水泥混凝土集料针状规准仪和片状规准仪，如图 5-6-1 所示。

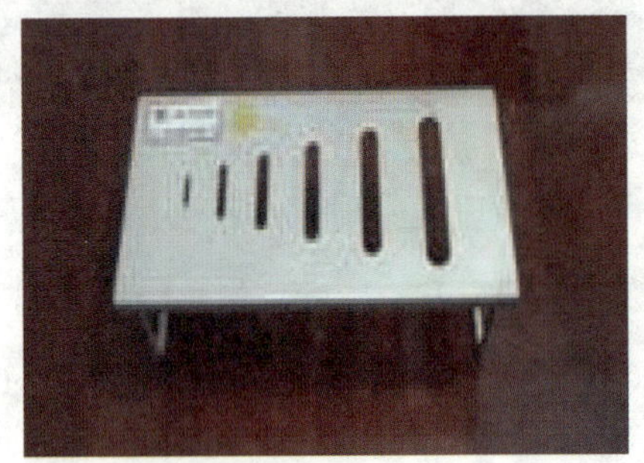

（a）片状规准仪

（b）针状规准仪

图 5-6-1

（2）天平或台秤（感量不大于称量值的 0.1%）、标准筛（孔径分别为 4.75 mm、9.5 mm、16 mm、19 mm、26.5 mm、31.5 mm、37.5 mm 的方孔筛），如图 5-6-2 所示。

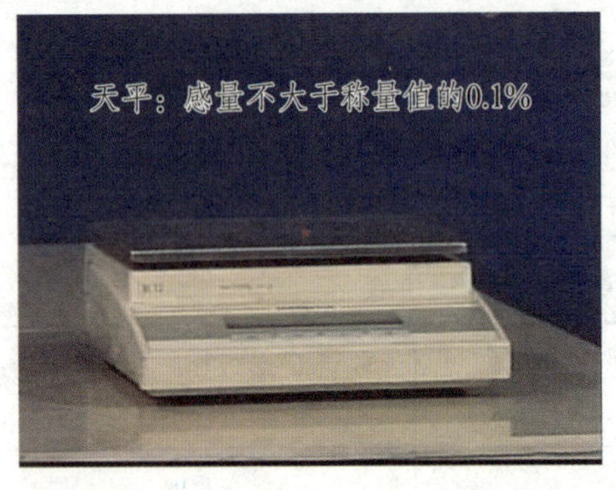

（a）

（b）

图 5-6-2

三、试验准备

将来样在室内风干至表面干燥，并用四分法缩分至满足表 5-6-1 规定的质量，称量（m_0），然后筛分成表 5-6-1 所规定的粒级备用。

表 5-6-1　针片状试验所需的试样最少质量

公称最大粒径/mm	9.5	16	19	26.5	31.5	37.5
试样最小质量/kg	0.3	1	2	3	5	10

四、试验步骤

（1）按规定粒级用规准仪逐粒对试样进行鉴定，凡颗粒长度大于针状规准仪上相应间距者为针状颗粒，厚度小于片状规准仪上相应孔宽者为片状颗粒，如图 5-6-3 所示。

（a）

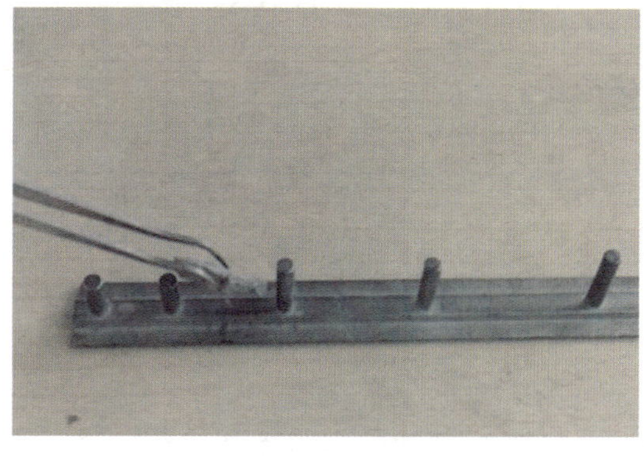

（b）

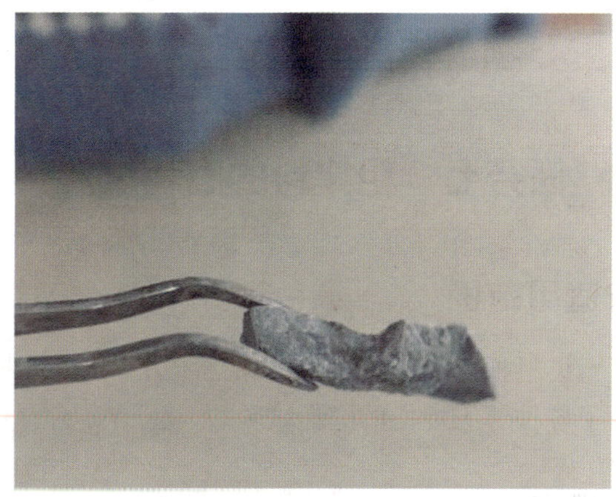

（c）

图 5-6-3

（2）称量由各粒级挑出的针状和片状颗粒的总量（m_1）。

五、结果整理

（1）试样的针、片状颗粒含量按式（5-6-1）计算。

$$Q_e = \frac{m_1}{m_0} \times 100\% \tag{5-6-1}$$

式中 Q_e——试样的针片状颗粒含量（%）；

m_1——试样中所含针状颗粒与片状颗粒的总质量（g）；

m_0——试样总质量（g）。

（2）粗集料针、片状颗粒含量试验检测记录如表 5-6-2 所示。

表 5-6-2　粗集料针、片状颗粒含量试验检测记录表（规准仪法）

试样总质量/g	粒级（方孔筛）/mm	针状颗粒质量/g	片状颗粒质量/g	针、片状颗粒总质量/g	针、片状颗粒含量测定值/%
	4.75 ~ 9.5				
	9.5 ~ 16.0				
	16.0 ~ 19.0				
	19.0 ~ 26.5				
	26.5 ~ 31.5				
	31.5 ~ 37.5				

任务七　粗集料的磨耗试验

一、试验目的与适用范围

（1）测定标准条件下粗集料抵抗摩擦、撞击的综合能力，以磨耗损失（%）表示。

（2）本试验方法适用于各种等级规格的磨耗试验。

二、试验仪器与设备

（1）洛杉矶磨耗（搁板式）试验机，如图 5-7-1 所示。

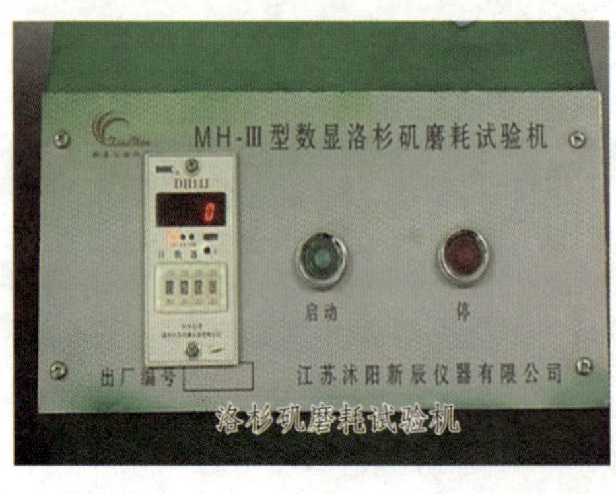

（a）

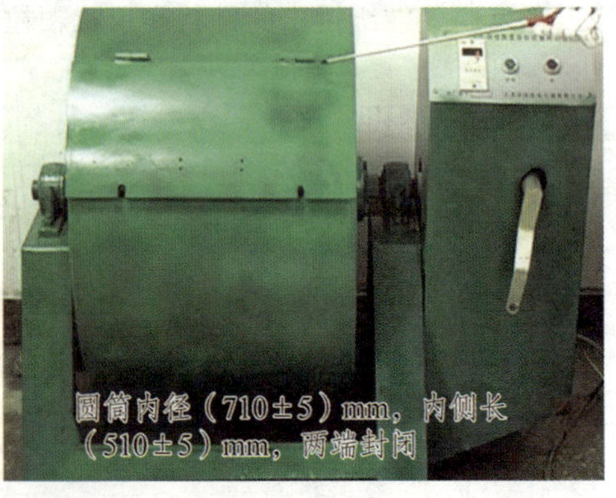

（b）

图 5-7-1

（2）钢球、台秤（感量 5 g），如图 5-7-2 所示。

（a）钢球

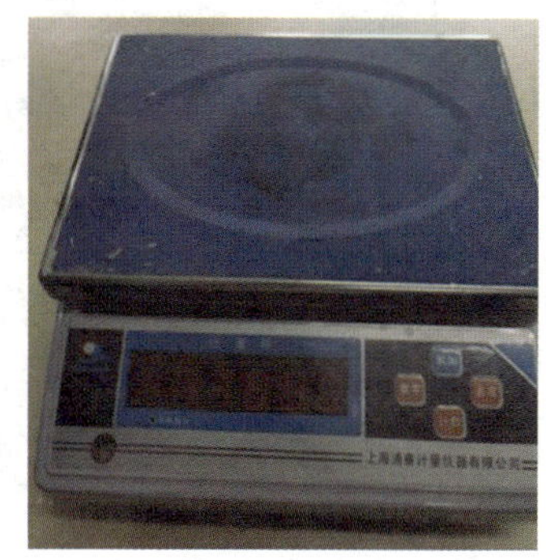

（b）台秤

图 5-7-2

（3）标准筛（符合要求的标准筛系列以及筛孔为 1.7 mm 的方孔筛一个）、烘箱［能控温在（105 ± 5）°C 范围内］、容器（搪瓷盘等）。

三、试验准备

将不同规格的集料用水洗净，置烘箱中烘干至恒重，如图 5-7-3 所示。

（a）

（b）

图 5-7-3

四、试验步骤

（1）分级称量（精确至 5 g），称取总质量（m_1），装入磨耗机的圆筒中；选择钢球，使钢球的数量及总质量符合表 5-7-1 的规定。将钢球加入钢筒中，盖好筒盖，紧固密封，如图 5-7-4 所示。

表 5-7-1　钢球数量及总质量要求

粒度类别	粒度组成/mm	试样质量/g	试样总质量/g	钢球个数/个	钢球总质量/g	转动次数/转
A	26.5 ~ 37.5	1 250 ± 25	5 000 ± 10	12	5 000 ± 25	500
	19.0 ~ 26.5	1 250 ± 25				
	16.0 ~ 19.0	1 250 ± 10				
	9.5 ~ 16.0	1 250 ± 10				

（a）

（b）

图 5-7-4

（2）将计数器调整到零位，设定要求的回转次数，对水泥混凝土集料，回转次数为 500 转。开动磨耗机，以 30 ~ 33 r/min 的转速转动至要求的回转次数为止，如图 5-7-5（a）所示。

（3）取出钢球，将经过磨耗后的试样从投料口倒入接受容器（搪瓷盘）中，如图 5-7-5（b）所示。

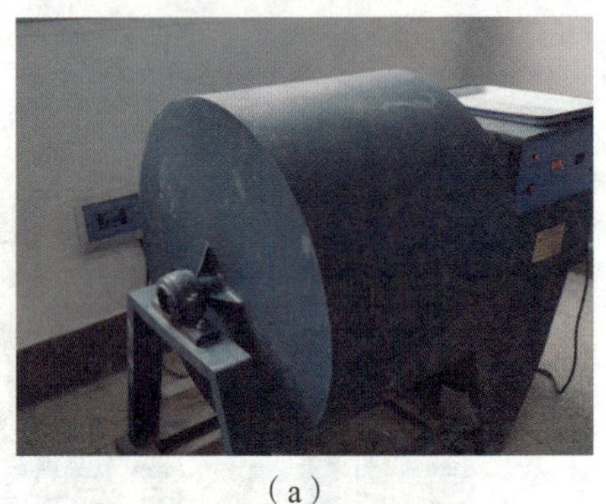

（a）

（b）

图 5-7-5

（4）将试样用 1.7 mm 的方孔筛过筛，筛去试样中被撞击磨碎的细屑，如图 5-7-6（a）所示。

（5）用水冲净留在筛上的碎石，置（105 ± 5）°C 烘箱中烘干至恒重（通常不少于 4 h），准确称量（m_2），如图 5-7-6（b）所示。

（a）

（b）

图 5-7-6

五、结果整理

（1）按式（5-7-1）计算粗集料洛杉矶磨耗损失，精确至 0.1%。

$$Q=\frac{m_1-m_2}{m_1}\times 100\% \tag{5-7-1}$$

式中 Q——粗集料磨耗损失率（%）；

m_1——装入圆筒中试样质量（g）；

m_2——试验后在 1.7 mm 筛上的洗净烘干的试样质量（g）。

（2）试验报告应记录所使用的粒级类别和试验条件。粗集料的磨耗损失取两次平行试验结果的算术平均值为测定值，两次试验的差值应不大于 2%，否则需重做。粗集料洛杉矶磨耗试验检测记录如表 5-7-2 所示。

表 5-7-2 粗集料洛杉矶磨耗试验检测记录表

试验次数	1				2			
粒级组成								
各粒级烘干试样质量/g								
试验总质量（m_1）/g								
钢球数量/个								
钢球总质量/g								
转动次数/转								
>1.7 mm 筛孔质量（m_2）/g								
磨耗测值/%								
磨耗测定值/%								

项目六　钢筋原材试验

任　务　钢筋原材拉伸及冷弯试验

一、试验目的与适用范围

（1）金属材料拉伸性能主要反映其屈服强度、抗拉强度、断后伸长率是否满足设计要求。

（2）冷弯是桥梁钢材的重要工艺性能，用以检验钢材在常温下承受规定弯曲程度的弯曲变形能力，并显示其缺陷。但不适用于金属管材和金属焊接接头的弯曲试验。

二、试验仪器与设备

（1）钢筋拉伸试验机及不同规格夹具，如图 6-1-1 所示。

（a）

（b）

图 6-6-1　钢筋拉伸试验机及夹具

（2）冷弯试验机及不同规格弯头，如图 6-1-2 所示。

（a）

（b）

图 6-1-2　冷弯试验机及弯头

（3）连续式标距打点机（等间距 10 mm 或 5 mm），如图 6-1-3 所示。

（a）

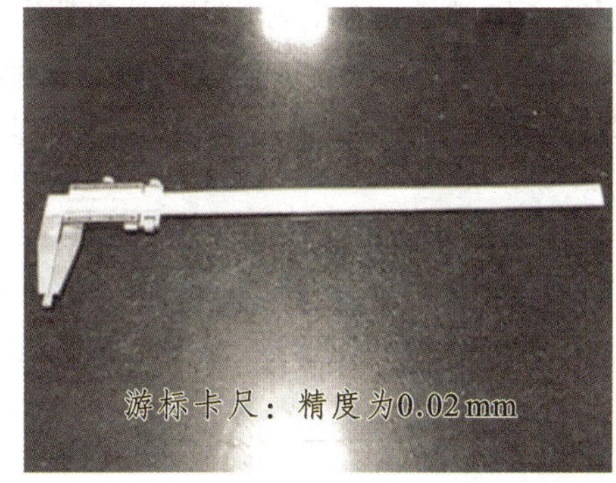

（b）

图 6-1-3　连续式标距打点机及游标卡尺

三、试验内容

1. 拉伸试验

1）取样方法

每批钢筋的检验项目，取样方法和试验方法应符合表 6-1-1 的规定。

表 6-1-1　每组试件数量及取样方法

钢筋种类	每组试件数量/根	
	拉伸试验	弯曲试验
热轧带肋钢筋	2	2
热轧光圆钢筋	2	2
取样方法为任选 2 根钢筋切取		

2）试件要求

拉伸试件的长度 L 按式（6-1-1）计算后截取。

$$L = L_0 + 2h + 2h_1 \tag{6-1-1}$$

式中　L——拉伸试件的长度（mm）；

L_0——拉伸试件的标距（mm）；

h——夹具长度（mm）；

h_1——预留长度（mm），$h_1 =（0.5 \sim 1）a$；

a——钢筋的公称直径（mm）。

对于光圆钢筋一般要求夹具之间的最小自由长度不小于 350 mm；对于带肋钢筋，夹具之间的最小自由长度一般要求 $d \leqslant 25$ 时，不小于 350 mm；$25 < d \leqslant 32$ 时，不小于 400 mm；$32 < d \leqslant 50$ 时，不小于 500 mm。

3）试件制备

拉伸试验用钢筋试件不得进行车削加工，可以用两个或一系列等分小冲点或细划线标出试件原始标距，测量标距长度 L_0，精确至 0.1 mm，如图 6-1-4 所示。根据钢筋的公称直径选取公称横截面面积（mm^2）。

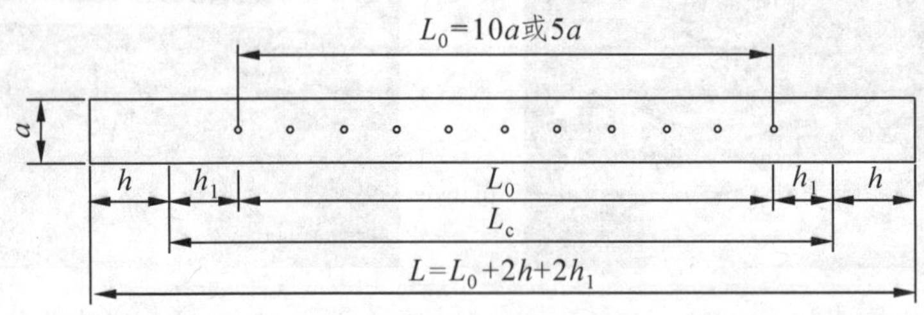

A—试样原始直径；L_0—标距长度；h_1—取（0.5～1）a；h—夹具长度。

图 6-1-4　钢筋拉伸试验试件

4）试验步骤

（1）将试件上端固定在试验机上夹具内，调整试验机零点，装好描绘器、纸、笔等，再用下夹具固定试件下端。

（2）开动试验机进行拉伸。屈服前应力增加速度为 10 MPa/s；屈服后试验机活动夹头在荷载下移动速度不大于 0.5 L_c/min，直至试件拉断。

（3）拉伸过程中，测力度盘指针停止转动时的恒定荷载，或第一次回转时的最小荷载，即为屈服荷载 F_s（N）。向试件继续加荷直至试件拉断，读出最大荷载 F_b（N）。

（4）测量试件拉断后的标距长度 L_1。将已拉断的试件两端在断裂处对齐，尽量使其轴线位于同一条直线上。

如拉断处距离邻近标距端点大于 $L_0/3$ 时，可用游标卡尺直接量出 L_1。如拉断处距离邻近标距端点小于或等于 $L_0/3$ 时，可按下述移位法确定 L_1：在长段上自断点起，取等于短段格数得 B 点，再取等于长段所余格数［偶数见图 6-1-5（a）］之半得 C 点；或者取所余格数［奇数见图 6-1-5（b）］减 1 与加 1 之半得 C 与 C_1 点。移位后的 L_1 分别为 $AB+2BC$ 或 $AB+BC+BC_1$。

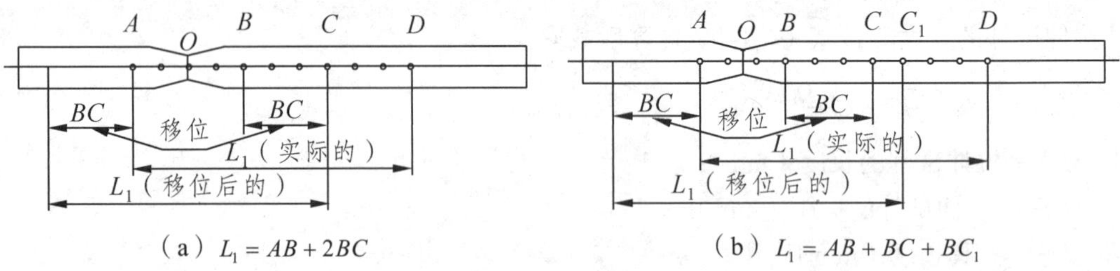

（a）$L_1 = AB + 2BC$　　（b）$L_1 = AB + BC + BC_1$

图 6-1-5　用移位法计算标距

如果直接测量所求得的伸长率能达到技术条件要求的规定值，则可不采用移位法。

5）拉伸结果计算

（1）钢筋的屈服点 σ_s 和抗拉强度 σ_b 按式（6-1-2）计算。

$$\begin{cases}\sigma_s=\dfrac{F_s}{A}\\ \sigma_b=\dfrac{F_b}{A}\end{cases}\tag{6-1-2}$$

式中　σ_s、σ_b——钢筋的屈服点和抗拉强度（MPa）;

F_s、F_b——钢筋的屈服荷载和最大荷载（N）;

A——试件的公称横截面面积（mm^2）。

当 σ_s、σ_b 大于 1 000 MPa 时，应计算至 10 MPa，按“四舍六入五单双法”修约；为 200 ~ 1 000 MPa 时，计算至 5 MPa，按“二五进位法”修约；小于 200 MPa 时，计算至 1 MPa，小数点数字按“四舍六入五单双法”处理。

（2）钢筋的伸长率 δ_5 或 δ_{10} 按式（6-1-3）计算。

$$\delta_5(\text{或}\ \delta_{10})=\frac{L_1-L_0}{L_0}\times 100\%\tag{6-1-3}$$

式中　δ_5、δ_{10}——$L_0=5a$ 或 $L_0=10a$ 时的伸长率（精确至 1%）;

L_0——原标距长度 $5a$ 或 $10a$（mm）;

L_1——试件拉断后直接量出或按移位法的标距长度（mm，精确至 0.1 mm）。

如试件在标距端点上或标距外断裂，则试验结果无效，应重做试验。

2. 冷弯试验

1）试样准备

试样的长度应根据试样厚度和所使用的试验设备确定。当采用支辊式弯曲装置（见图 6-1-6）时，可以按照式（6-1-4）确定。

$$L=0.5\pi(d+a)+140\tag{6-1-4}$$

式中　π——圆周率，其值取 3.14;

d——弯曲压头或弯心直径（mm）;

a——试验直径（mm）。

2）试验步骤

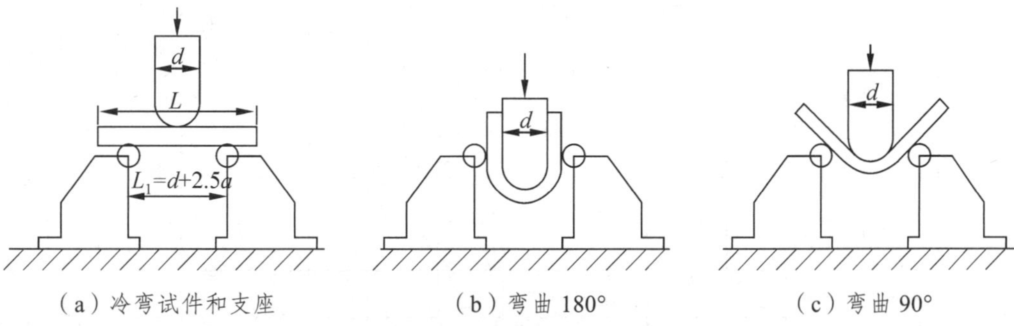

（a）冷弯试件和支座　（b）弯曲 180°　（c）弯曲 90°

图 6-1-6　钢筋冷弯试验装置示意图

以采用支辊式弯曲装置为例介绍试验步骤与要求。

（1）试样放置于两个支点上，将一定直径的弯心在试样两个支点中间施加压力，使试样弯曲到规定的角度，或出现裂纹、裂缝、断裂为止。

（2）试样在两个支点上按一定弯心直径弯曲至两臂平行时，可一次完成试验，也可先按弯曲至 90°，然后放置在试验机平板之间继续施加压力，压至试样两臂平行。

（3）试验时应在平稳压力作用下，缓慢施加试验力。

（4）弯心直径必须符合相关产品标准中的规定，弯心宽度必须大于试样的宽度或直径，两支辊间距离为［（$d+3a$）$\pm 0.5a$］，并且在试验过程中不允许有变化。

（5）试验应在 10 ~ 35 °C 下进行，在控制条件下，试验在（23 ± 2）°C 下进行。

（6）卸除试验力以后，按有关规定进行检查并进行结果评定。

（7）冷弯角度和弯心直径如表 6-1-2 所示，钢筋原材试验检测记录如表 6-1-3 所示。

表 6-1-2　冷弯角度和弯心直径

<table>
<tr><th>品种</th><th>强度等级</th><th>公称直径/mm</th><th>d = 弯心直径　a = 钢筋直径</th></tr>
<tr><td>光圆钢筋</td><td>HPB235</td><td>8 ~ 22</td><td>180°　$d=a$</td></tr>
<tr><td rowspan="6">螺纹钢筋</td><td rowspan="2">HRB335</td><td>8 ~ 25</td><td>180°　$d=3a$</td></tr>
<tr><td>28 ~ 50</td><td>180°　$d=4a$</td></tr>
<tr><td rowspan="2">HRB400</td><td>8 ~ 25</td><td>180°　$d=4a$</td></tr>
<tr><td>28 ~ 40</td><td>180°　$d=5a$</td></tr>
<tr><td rowspan="2">HRB500</td><td>10 ~ 25</td><td>180°　$d=6a$</td></tr>
<tr><td>28 ~ 32</td><td>180°　$d=7a$</td></tr>
</table>

表 6-1-3　钢筋原材试验检测记录表

<table>
<tr><th rowspan="2">试件编号</th><th colspan="3">试件尺寸</th><th colspan="2">屈服强度</th><th colspan="2">抗拉强度</th><th colspan="3">最大力总延伸率</th><th colspan="2">断后伸长率</th><th rowspan="2">实测抗拉强度与实测屈服强度之比</th><th rowspan="2">实测屈服强度与规定屈服强度之比</th><th colspan="3">弯曲</th></tr>
<tr><th>公称直径/mm</th><th>公称截面面积/mm²</th><th>原始标距/mm</th><th>屈服荷载/kN</th><th>屈服强度/MPa</th><th>极限荷载/kN</th><th>抗拉强度/MPa</th><th>试验前标记间距离/mm</th><th>断后标距/mm</th><th>最大力总延伸率/%</th><th>断后标距/mm</th><th>断后伸长率/%</th><th>弯曲角度/(°)</th><th>弯曲压头直径/mm</th><th>试验结果</th></tr>
<tr><td rowspan="2"></td><td rowspan="2"></td><td rowspan="2"></td><td rowspan="2"></td><td></td><td></td><td></td><td></td><td></td><td></td><td></td><td></td><td></td><td></td><td></td><td rowspan="2"></td><td rowspan="2"></td><td></td></tr>
<tr><td></td><td></td><td></td><td></td><td></td><td></td><td></td><td></td><td></td><td></td><td></td><td></td></tr>
<tr><td rowspan="2"></td><td rowspan="2"></td><td rowspan="2"></td><td rowspan="2"></td><td></td><td></td><td></td><td></td><td></td><td></td><td></td><td></td><td></td><td></td><td></td><td rowspan="2"></td><td rowspan="2"></td><td></td></tr>
<tr><td></td><td></td><td></td><td></td><td></td><td></td><td></td><td></td><td></td><td></td><td></td><td></td></tr>
</table>

项目七　水泥及水泥混合料试验

任务一　水泥细度试验（筛析法）

一、试验目的与适用范围

本试验方法为用 80 μm 筛检验水泥细度的检测方法。

本试验方法适用于硅酸盐水泥、普通硅酸盐水泥、矿渣硅酸盐水泥、粉煤灰硅酸盐水泥、火山灰硅酸盐水泥、复合硅酸盐水泥、道路硅酸盐水泥，以及指定采用本法的其他品种水泥。

二、试验仪器与设备

（1）试验筛：负压筛由圆形筛框和筛网组成，筛网为金属丝编织方孔筛，方孔边长 0. 080 mm，负压筛应附有透明筛盖，筛盖与筛上口应有良好的密封性，如图 7-1-1 所示。

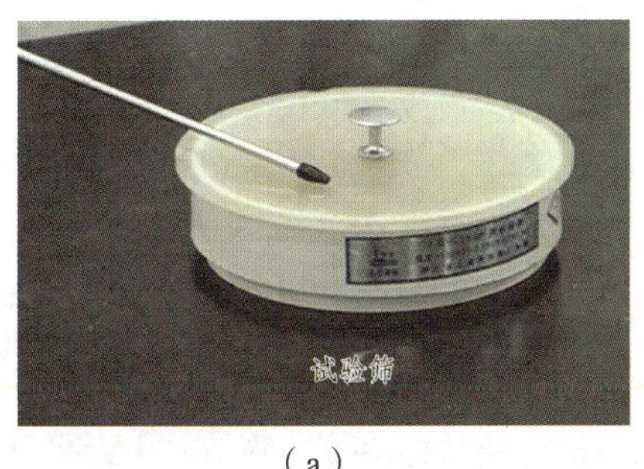

（a）

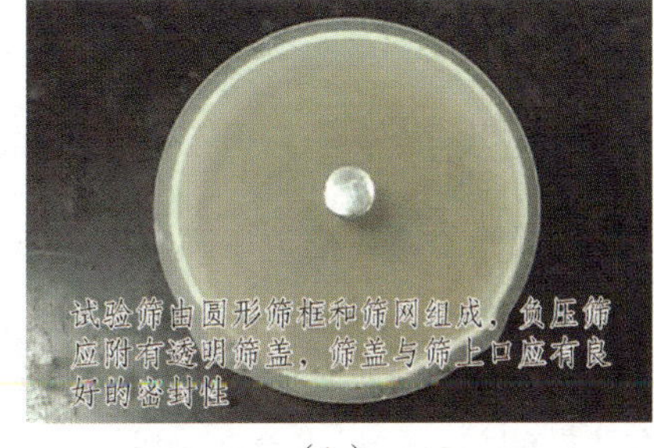

（b）

图 7-1-1

（2）筛网应紧绷在筛框上，筛网和筛框接触处，应用防水胶密封，防止水泥嵌入。

（3）负压筛析仪、天平（最大称量大于 100 g，分度值不大于 0.05 g），如图 7-1-2 所示。

（a）

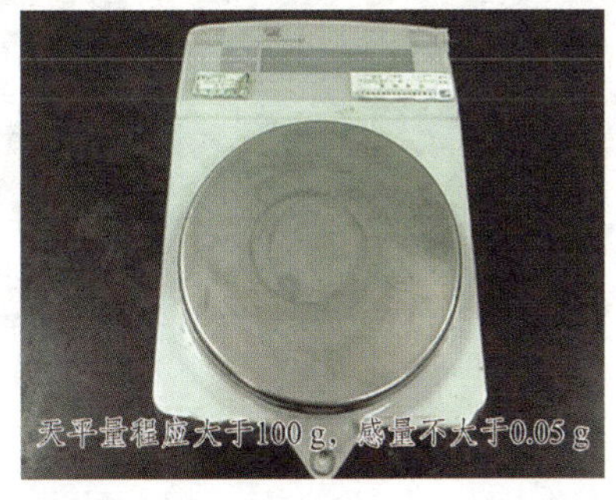

（b）

图 7-1-2

三、试验准备

（1）水泥试样从取出至试验要保持 24 h 以上时，应将其储存在基本装满和气密的容器里，且这个容器应不与水泥起反应，如图 7-1-3（a）所示。

（2）通过 0.9 mm 的方孔筛，记录筛余物情况，并防止过筛时混进其他水泥，如图 7-1-3（b）所示。

（a）

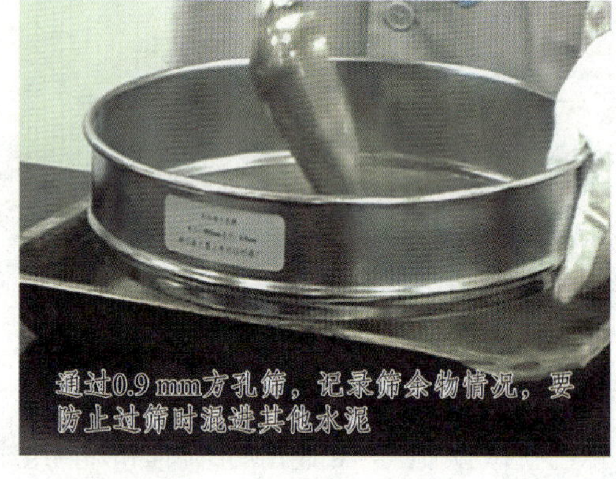
通过0.9 mm方孔筛，记录筛余物情况，要
防止过筛时混进其他水泥

（b）

图 7-1-3

四、试验步骤

（1）筛析试验前，应把负压筛放在筛座上，盖上筛盖，接通电源，检查控制系统，调节负压至 4 000 ~ 6 000 Pa，如图 7-1-4（a）所示。

（2）称取试样 25 g，置于洁净的负压筛中，盖上筛盖，放在筛座上，开动筛析仪连续筛析 2 min，在此期间如有试样附着在筛盖上，可轻轻地敲击，使试样落下。筛毕，用天平称取筛余物，如图 7-1-4（b）、（c）所示。

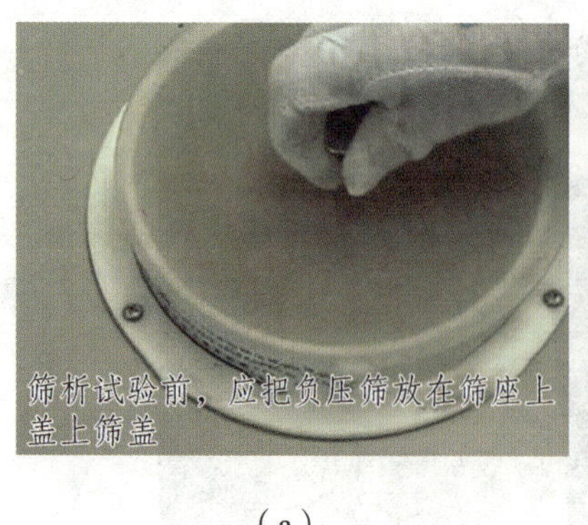
筛析试验前，应把负压筛放在筛座上
盖上筛盖

（a）

称取试样25 g

（b）

筛毕，用天平称量筛余物

（c）

图 7-1-4

（3）当工作负压小于 4 000 Pa 时，应清理吸尘器内水泥，使负压恢复正常。

五、结果整理

（1）水泥试样筛余百分数 A 按式（7-1-1）计算，精确至 0.1%。

$$A=\frac{\omega_0}{m}\times 100\% \tag{7-1-1}$$

式中　ω_0——水泥筛余物的质量（g）；

m——水泥试样的质量（g）。

（2）水泥细度试验检测如表 7-1-1 所示。

表 7-1-1　水泥细度试验检测记录表

<table>
<tr><td rowspan="2">水泥</td><td>水泥品牌</td><td>生产厂家</td><td>品种</td><td colspan="2">代号、等级</td><td>出厂日期</td></tr>
<tr><td></td><td></td><td></td><td colspan="2"></td><td></td></tr>
<tr><td colspan="7">水泥细度试验（负压筛法，负压 4～6 kPa，筛析 2 min）</td></tr>
<tr><td>试验次数</td><td>试验质量/g</td><td colspan="2">0.08 mm 筛上筛余质量/g</td><td colspan="3">筛余百分率/%</td></tr>
<tr><td></td><td></td><td colspan="2"></td><td colspan="2"></td><td rowspan="2"></td></tr>
<tr><td></td><td></td><td colspan="2"></td><td colspan="2"></td></tr>
</table>

任务二　水泥标准稠度用水量、凝结时间及安定性试验

一、试验目的与适用范围

（1）本试验方法规定了水泥标准稠度用水量、凝结时间和体积安定性的检测方法。

（2）本试验方法适用于硅酸盐水泥、普通硅酸盐水泥、矿渣硅酸盐水泥、粉煤灰硅酸盐水泥、火山灰硅酸盐水泥、复合硅酸盐水泥、道路硅酸盐水泥，以及指定采用本法的其他品种水泥。

二、试验仪器与设备

（1）标准法维卡仪、净浆搅拌机，如图 7-2-1 所示。

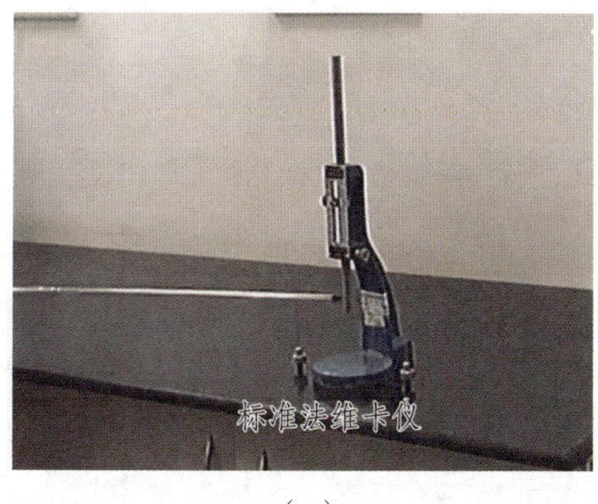

（a）

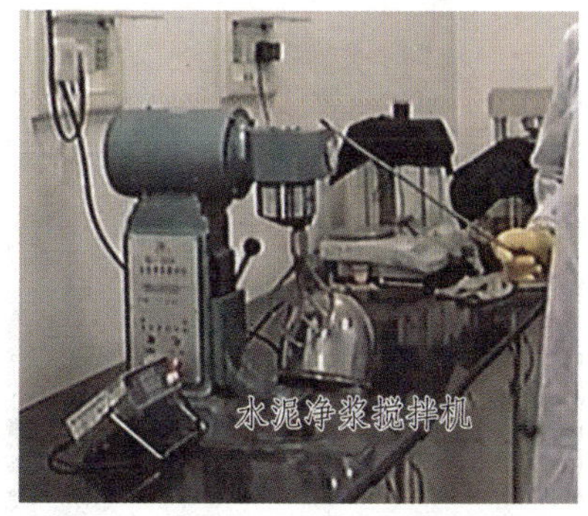

（b）

图 7-2-1

（2）湿气养护箱［应能使温度控制在（20 ± 1）°C，相对湿度大于 90%］、试模、玻璃片，如图 7-2-2 所示。

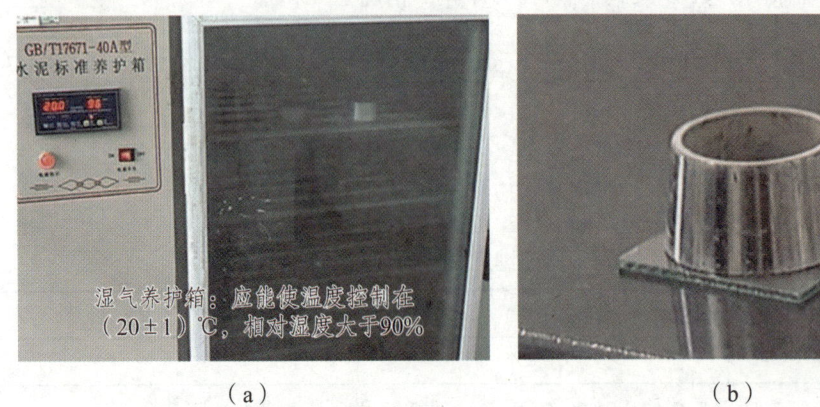

（a）　（b）

图 7-2-2

（3）沸煮箱、雷氏夹膨胀值测定仪，如图 7-2-3 所示。

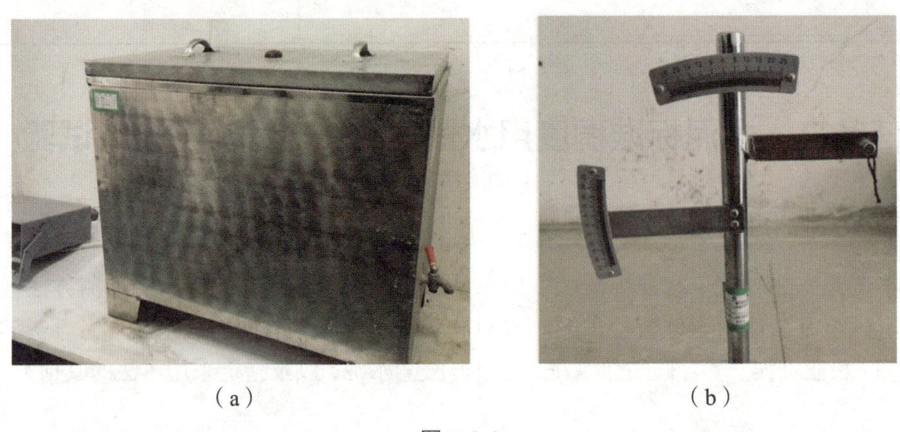

（a）　（b）

图 7-2-3

（4）量筒或滴定管（精度 5 mL）、天平（最大称量不小于 1 000 g，精度不大于 1 g），如图 7-2-4 所示。

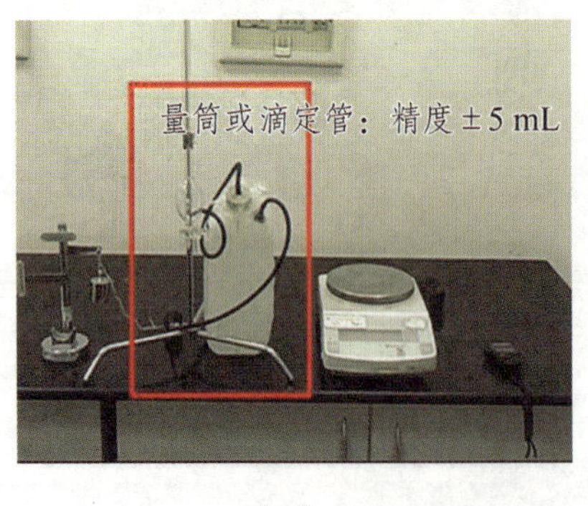

（a）

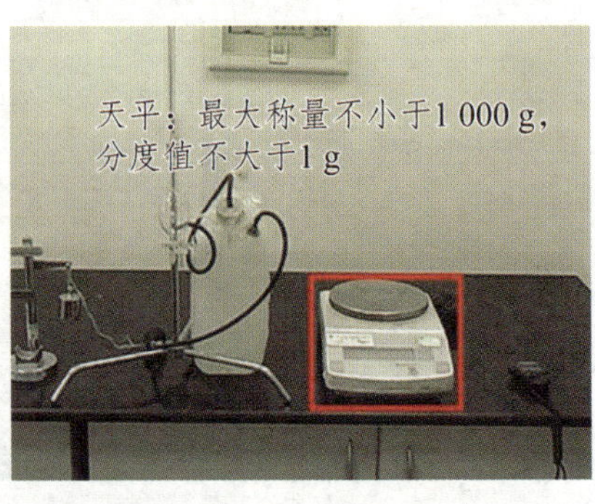

（b）

图 7-2-4

三、试验准备

（1）通过 0.9 mm 方孔筛并记录筛余物情况，但要防止过筛时混进其他水泥，如图 7-2-5（a）所示。

（2）试验用水应是洁净的饮用水，如有争议时应以蒸馏水为准。

（3）试验条件：试验室温度为（20 ± 2）°C，相对湿度大于 50%，如图 7-2-5（b）所示。水泥试样、拌和水、仪器和用具的温度应与试验室内部室温一致。湿气养护箱的温度为（20 ± 1）°C，相对湿度不低于 90%。

（a）

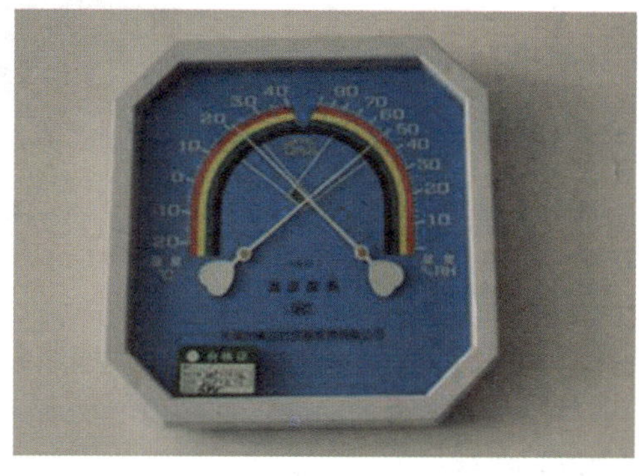

（b）

图 7-2-5

（4）检查维卡仪的金属棒能否自由滑动，调整至试杆接触玻璃板时指针对准零点，搅拌机运行正常。试模和玻璃底板用湿布擦拭，将试模放在底板上。

四、试验步骤

1. 水泥净浆的拌制

用水泥净浆搅拌机搅拌，搅拌锅和搅拌叶片先用湿布擦过，将拌和水倒入搅拌锅内，然后在 5 ~ 10 s 内小心将称好的 500 g 水泥加入水中，防止水和水泥溅出；拌和时，先将锅放在搅拌机的锅座上，升搅拌位置，启动搅拌机，低速搅拌 120 s，停 15 s，同时将叶片锅壁上的水泥浆刮入锅中间，接着高速搅拌 120 s 停机，如图 7-2-6 所示。

（a）

（b）

（c）

图 7-2-6

2. 标准稠度用水量的测定

拌合结束后，立即将拌制好的水泥净浆装入已置于玻璃板上的试模中，用小刀插捣，轻轻振动数次，刮去多余的净浆，如图 7-2-7 所示。抹平后迅速将试模和底板移动至维卡仪上，并将其中心定在试杆上，降低试杆直至与水泥净浆表面接触，拧紧螺丝 1 ~ 2 s 后，突然放松，使试杆垂直自由沉入水泥净浆中。在试杆停止沉入或释放试杆 30 s 时记录试杆距底板之间的距离，拔起试杆后，立即擦净，整个操作应在搅拌后 1.5 min 内完成。以试杆沉入净浆并距底板 6 mm ± 1 mm 的水泥净浆为标准稠度净浆，其拌和水量为该水泥的标准稠度用水量（P），按水泥质量的百分比计。

（a）

（b）

图 7-2-7

3. 凝结时间的测定

（1）试件的制备。以标准稠度净浆一次装满试模，振动数次刮平，立即放入湿气养护箱中。记录水泥全部加入水中的时间作为凝结时间的起始时间。

（2）初凝结时间的测定。试件在湿气养护箱中养护至加水后 30 min 时进行第一次测定，测定时，从湿气养护箱中取出试模放到试针下，降低试针与水泥净浆表面接触。拧紧螺丝 1 ~ 2 s，突然放松，试针垂直自由地沉入水泥净浆。观察试针停止下沉或释放试针 30 s 时指针的读数，如图 7-2-8（a）所示。临近初凝时，每隔 5 min 或更短时间测定一次。当试针沉至距底板（40±1）mm 时，为水泥达到初凝状态。由水泥全部加入水中至初凝状态的时间为水泥的初凝时间，用“min”表示。

（3）终凝时间的测定。为了准确观测试针沉入的状况，在终凝针上安装了一个环形附件，在完成初凝时间测定后，立即将试模连同浆体以平移的方式从玻璃板取出，翻转 180°，如图 7-2-8（b）所示，直径大端向上，小端向下放在玻璃板上，再放入湿气养护箱中继续养护，临近终凝时间每隔 15 min 测定一次，当试针沉入试体 0.5 mm 时，即环形附件开始不能在试体上留下痕迹时，为水泥达到终凝状态，由水泥全部加入水中至终凝状态的时间为水泥终凝时间，用“min”表示。

（a）

（b）

图 7-2-8

（4）测定时应注意，在最初测定的操作时应轻轻扶持金属柱，使其徐徐下降，以防试针撞弯，但结果以自由下落为准；在整个测试过程中试针沉入的位置至少要距试模内壁 10 mm，临近初凝时，每隔 5 min 测定一次，临近终凝时每隔 15 min 或更短时间测定一次，到达初凝或终凝时立即重复测一次，当两次结论相同时才能定为到达终凝状态。每次测定不能让试针落下原针孔，每次测试完毕须将试针擦净并将试模放入湿气养护箱内，整个测试过程要防止试模受振。

注：可以使用能得出与标准中规定方法相同结果的凝结时间自动测定仪，使用时不必翻转试体。

上述试验必须满足下列要求：硅酸盐水泥初凝不小于 45 min，终凝不大于 390 min；普通硅酸盐水泥、矿渣硅酸盐水泥、火山灰质硅酸盐水泥、粉煤灰硅酸盐水泥和复合硅酸盐水泥初凝不小于 45 min，终凝不大于 600 min。

4. 安定性的测定

1）试验前准备

每个试样成型两个试件，每个雷氏夹需配备两个边长或直径约 80 mm、厚度为 4～5 mm 的玻璃板，凡与水泥净浆接触的玻璃板和雷氏夹表面都要稍稍涂上一层油，如图 7-2-9（a）所示。

2）雷氏夹试件的制备

将预先制备好的雷氏夹放在已稍擦油的玻璃板上，并立刻将已经制备好的标准稠度净浆装满试模，装模时一只手轻轻扶持试模，另一只手用宽约 25 mm 的直边刀插捣 3 次，然后抹平，盖上稍涂油的玻璃板，接着立刻将试模移至湿气养护箱内养护（24 ± 2）h，如图 7-2-9（b）所示。

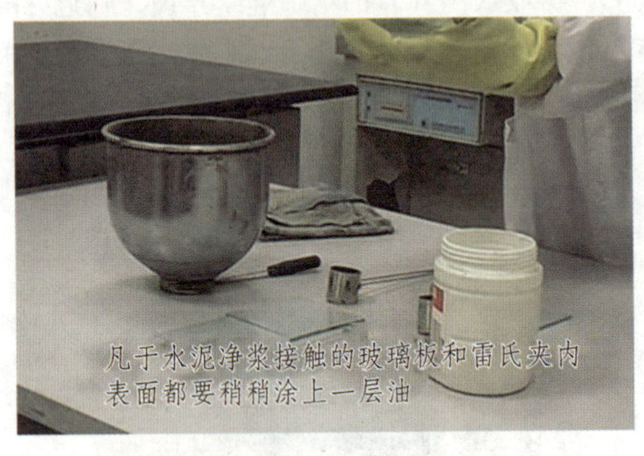

凡于水泥净浆接触的玻璃板和雷氏夹内
表面都要稍稍涂上一层油

（a）

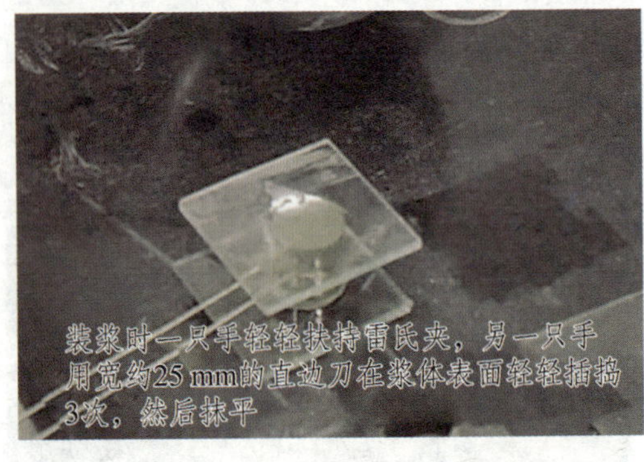

装浆时一只手轻轻扶持雷氏夹，另一只手
用宽约25 mm的直边刀在浆体表面轻轻插捣
3次，然后抹平

（b）

图 7-2-9

3）沸　煮

（1）调整好沸煮箱内的水位，使其能保证在整个沸煮过程中都没过试件，不需中途添补试验用水，同时又保证能在（30 ± 5）min 内升至沸腾。

（2）脱去玻璃板取下试件，放置在沸煮箱试件架上，如图 7-2-10 所示。然后在 30 min ± 5 min 内加热至沸腾，并恒沸（180 ± 5）min。

接着将试件放入沸煮箱水中试件架上指针朝上

图 7-2-10

（3）沸煮结束后，应立即放掉沸煮箱中的热水，打开箱盖，待箱体冷却至室温，取出试件进行判别。

（4）结果判别：测量试件指针尖端间的距离（C），精确至 0.5 mm，当两个试件煮后增加距离（$C-A$）的平均值不大于 5 mm 时，即认为该水泥安定性合格，当两个试件的（$C-A$）值相差超过 5 mm 时，应用同一样品立即重做一次试验。以复检结果为准。

五、试验记录

水泥标准稠度用水量、凝结时间、安定性试验检测记录如表 7-2-1 所示。

表 7-2-1　水泥标准稠度用水量、凝结时间、安定性试验检测记录表

<table>
<tr><td rowspan="3">标准稠度用水量</td><td>测定方法</td><td colspan="6"></td></tr>
<tr><td>试样质量/g</td><td colspan="2">加水量/mL</td><td colspan="2">试杆下沉距底部距离/mm</td><td colspan="2">标准稠度用水量/%</td></tr>
<tr><td></td><td colspan="2"></td><td colspan="2"></td><td colspan="2"></td></tr>
<tr><td rowspan="3">凝结时间</td><td>测定方法</td><td colspan="6"></td></tr>
<tr><td>开始加水时间</td><td>试针距底板（4±1）mm 时间</td><td colspan="2">试针沉入净浆中 0.5 mm 时间</td><td>初凝时间/min</td><td colspan="2">终凝时间/min</td></tr>
<tr><td></td><td></td><td colspan="2"></td><td></td><td colspan="2"></td></tr>
<tr><td rowspan="4">安定性</td><td rowspan="4">雷氏法</td><td rowspan="2">试件编号</td><td rowspan="2">A 值/mm</td><td rowspan="2">C 值/mm</td><td colspan="2">$C-A$ 值/mm</td><td rowspan="2">测定结果</td></tr>
<tr><td>单值</td><td>平均值</td></tr>
<tr><td></td><td></td><td></td><td></td><td rowspan="2"></td><td rowspan="2"></td></tr>
<tr><td></td><td></td><td></td><td></td></tr>
</table>

任务三　水泥胶砂强度试验

一、试验目的与适用范围

本试验方法适用于硅酸盐水泥、普通硅酸盐水泥、矿渣硅酸盐水泥、粉煤灰硅酸盐水泥、复合硅酸盐水泥、道路硅酸盐水泥及石灰石硅酸盐水泥的抗折与抗压强度检验。

二、试验仪器与设备

（1）水泥胶砂搅拌机、试模（可装卸三联试模，尺寸 40 mm × 40 mm × 160 mm），如图 7-3-1 所示。

（a）

（b）

图 7-3-1

（2）振实台、抗折强度试验机，如图 7-3-2 所示。

（a）振实台

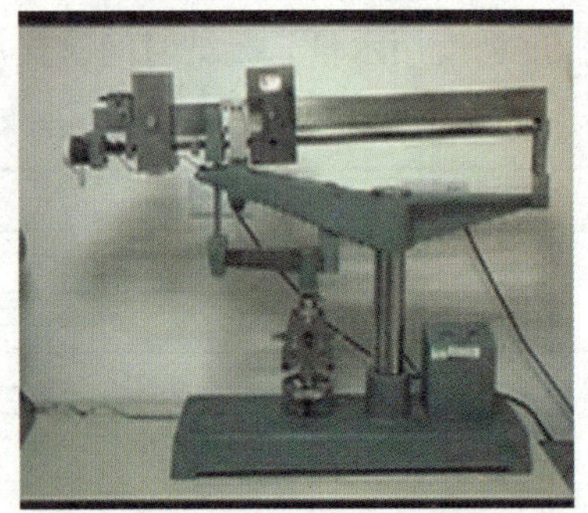

（b）抗折强度试验机

图 7-3-2

（3）抗压强度试验机、夹具、标准砂，如图 7-3-3 所示。

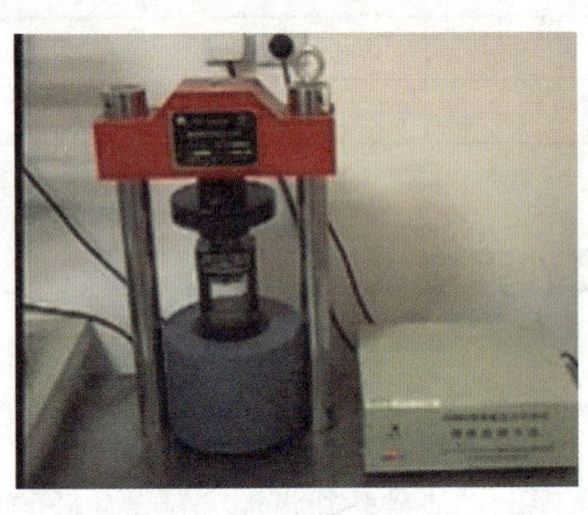

（a）

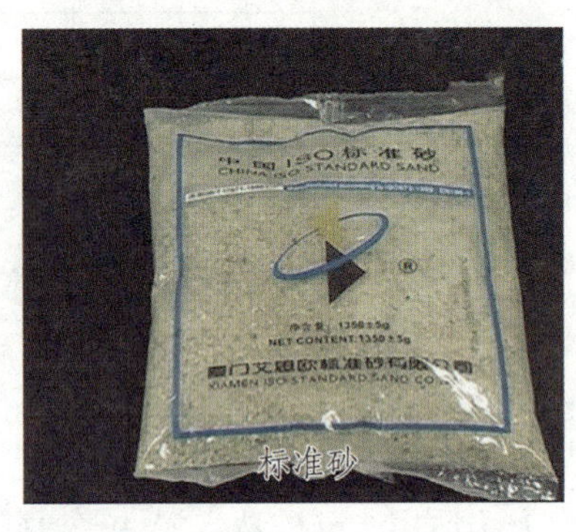

（b）

图 7-3-3

（4）天平、拨料器、刮尺等，如图 7-3-4 所示。

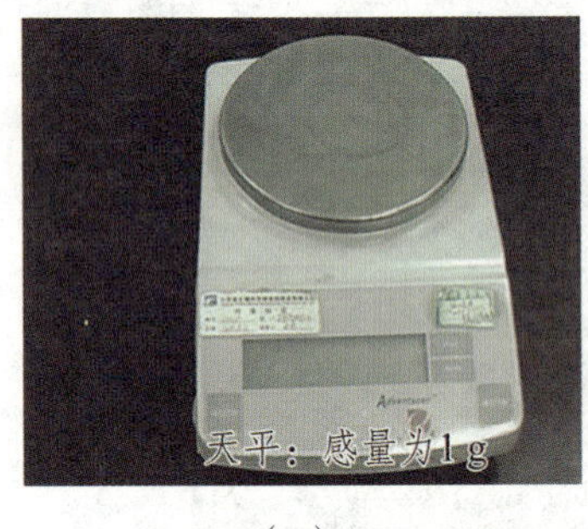

（a）

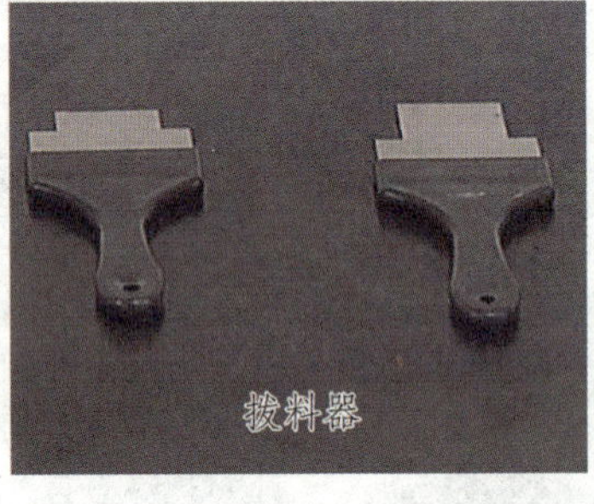

（b）

（c）

图 7-3-4

三、试验准备

（1）试件成型试验室温度应保持为（20 ± 2）°C（包括强度试验室），相对湿度大于 50%，水泥试样、标准砂、拌和水及试模等湿度温度应与试验室相同。

（2）养护箱或雾室温度（20±1）°C，相对湿度大于90%，养护水的温度（20±1）°C。

（3）试件成型试验室的空气温度和相对湿度在工作期间每天应至少记录1次，养护箱或雾室温度和相对湿度至少每4 h记录1次。

四、试验步骤

1. 试件成型

成型前将试模擦净，四周的模板与底座的接触面上应涂黄油，紧密装置，防止漏浆，内壁均匀地刷一薄层机油，如图7-3-5所示。

（a）

（b）

图7-3-5

2. 制　样

每锅材料数量如表7-3-1所示。

表7-3-1　每锅材料数量

水泥品种	材料数量		
	水　泥/g	标　准　砂/g	水/mL
硅酸盐水泥	450±2	1 350±5	225±1
普通硅酸盐水泥			
矿渣硅酸盐水泥			
粉煤灰硅酸盐水泥			
复合硅酸盐水泥			
石灰石硅酸盐水泥			

3. 搅　拌

每锅胶砂用搅拌机进行机械搅拌，先使搅拌机处于待工作状态，然后按以下的程序操作。

（1）把水加入锅里，再加入水泥，把锅放在固定架上，上升至固定位置，如图7-3-6（a）所示。

（2）然后立即开动机器，低速搅拌 30 s 后，在第二个 30 s 开始的同时均匀地将砂子加入，把机器转至高速再搅拌 30 s，如图 7-3-6（b）所示。

（a）

（b）

图 7-3-6

（3）停拌 90 s，在第一个 15 s 内用胶皮刮具将叶片和锅壁上的胶砂刮入锅中间，再在高速下继续搅拌 60 s。各个搅拌阶段时间误差控制在 ± 1 s 以内。

4. 用振实台成型

（1）胶砂制备后立即进行成型，将空试模和模套固定在振实台上，用一个适当的勺子直接从搅拌锅里将胶砂分两层装入试模，装第一层时，每个槽里约放 300 g 砂浆，用大播料器垂直架在模套顶部，沿每个模槽来回一次将料层播平，接着振实 60 次。再装入第二层胶砂，用小播料器播平，再振实 60 次，移走模套，从振实台上取下试模，用一金属直尺以近似 90°的角度架在试模顶的一端，然后沿试模长度方向以横向锯割动作慢慢向另一端移动，一次将超过试模部分的胶砂刮去，并用同一直尺以近乎水平的状态将试体表面抹平。

（2）在试模上做标记或加纸条表明试件编号和试件相对于振实台的位置。两个龄期以上的试体，编号应将同一试模中的三个试件分别放在两个以上的龄期内。

操作过程如图 7-3-7、图 7-3-8 所示。

（a）

（b）

图 7-3-7

（a）

（b）

图 7-3-8

5. 养　护

编号后将试模放在养护箱养护。养护箱内板必须水平，水平放置时刮平面应朝上。

6. 脱　模

对 24 h 龄期的，应在破型试验前 20 min 内脱模；对于 24 h 以上龄期的，应在成型后 20 ~ 24 h 脱模，如图 7-3-9 所示。

（a）

（b）

图 7-3-9

7. 养　护

将做好标记的试件立即水平或竖直放在（20 ± 1）°C 水中养护，水平放置时刮平面应朝上。养护期间试件之间间隔或试体上表面的水深不得小于 5 mm。每个养护池中只能养护同种水泥试样，并应随时加水，保持恒定水位，不允许养护期间全部换水。

除 24 h 龄期或延迟 48 h 脱模的试件外任何到龄期的时间在试验（破型）前 15 min 从水中取出，抹去试件表面沉淀物，并用湿布覆盖。

五、试验内容

各龄期（试件龄期从水泥加水搅拌开始算起）的试件应在如表 7-3-2 所示时间内进行强度试验。

表 7-3-2　各龄期试验时间

龄期	试验时间
24 h	24 h ± 15 min
48 h	48 h ± 30 min
72 h	72 h ± 45 min
28 d	28 d ± 8 h

1. 抗折强度试验（中心加荷法）

（1）将试件一个侧面放在试验机支撑圆柱上，以（50 ± 10）N/s 的速度均匀地将荷载垂直地加在棱柱体相对侧面上，直至折断，如图 7-3-10 所示。

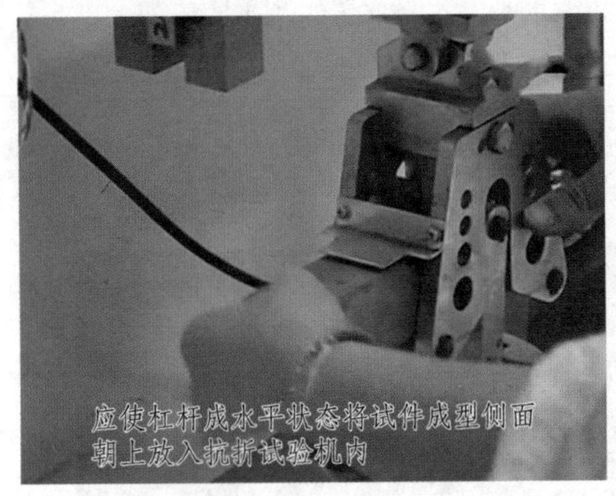

应使杠杆成水平状态将试件成型侧面
朝上放入抗折试验机内
使杠杆在试件折断时尽可能地接近水平位置

（a）　　（b）

图 7-3-10

（2）保持两个半截棱柱体处于潮湿状态直至抗压试验。

（3）抗折强度 R_f 按式（7-3-1）进行计算，精确至 0.1 MPa。

$$R_f = 1.5 F_f L / b^3 \tag{7-3-1}$$

式中　R_f ——抗折强度（Mpa）；

F_f——折断时施加于棱柱体中部的荷载（N）；

L——支撑圆柱之间的距离（mm）；

b——棱柱体正方形截面的边长（mm）。

（4）抗折强度的评定：以一组三个棱柱体抗折强度结果的平均值作为试验结果。当三个强度值中有超出平均值 ± 10%时，应剔除后再取平均值作为抗折强度试验结果。

2. 抗压强度试验

（1）抗折试验后的两个断块应立即进行抗压试验，抗压试验必须用抗压夹具进行，试验体受压面为 40 mm × 40 mm。试验时以半截棱柱体的侧面作为受压面，试体的底面靠近夹具定位销，并使夹具对准压力机压板中心，如图 7-3-11 所示。

抗折试验后的断块应立即进行抗压试验

（a）

压力机加荷速度应控制在
（2 400±200）N/s速率范围内

（b）

图 7-3-11

（2）压力机加荷速度应控制在（2 400 ± 200）N/s，均匀地加荷直至破坏，如图 7-3-12 所示。

压力机加荷速度应控制在
（2 400±200）N/s速率范围内

图 7-3-12

（3）抗压强度 R_c 按下式计算，精确至 0.1 MPa。

$$R_c = F_c / A \tag{7-3-2}$$

式中 R_c——抗压强度（MPa）；

F_c——破坏时的最大荷载（N）；

A——受压部分面积（mm^2）。

（4）抗压强度的评定：以一组三个棱柱体上得到的六个抗压强度测定值的算术平均值作为试验结果。如 6 个测定值中有一个超出 6 个平均值的 ± 10%，就应剔除这个结果，以剩下 5 个的平均数为结果，如果 5 个测定值中再有超过它们平均数 ± 10%的，则此组结果作废。

（5）本试验强度应满足表 7-3-3 的要求。

表 7-3-3　不同水泥试验强度要求

品种	强度等级	抗压强度/MPa		抗折强度/MPa	
		3 d	28 d	3 d	28 d
硅酸盐水泥	42.5	≥17.0	≥42.5	≥3.5	≥6.5
	42.5R	≥22.0		≥4.0	
	52.5	≥23.0	≥52.5	≥4.0	≥7.0
	52.5R	≥27.0		≥5.0	
	62.5	≥28.0	≥62.5	≥5.0	≥8.0
	62.5R	≥32.0		≥5.5	
普通硅酸盐水泥	32.5	≥11.0	≥32.5	≥2.5	≥5.5
	32.5R	≥16.0		≥3.5	
	42.5	≥17.0	≥42.5	≥3.5	≥6.5
	42.5R	≥22.0		≥4.0	
	52.5	≥23.0	≥52.5	≥4.0	≥7.0
	52.5R	≥27.0		≥5.0	
矿渣硅酸盐水泥 火山灰硅酸盐水泥 粉煤灰硅酸盐水泥 复合硅酸盐水泥	32.5	≥10.0	≥32.5	≥2.5	≥5.5
	32.5R	≥15.0		≥3.5	
	42.5	≥15.0	≥42.5	≥3.5	≥6.5
	42.5R	≥19.0		≥4.0	
	52.5	≥21.0	≥52.5	≥4.0	≥7.0
	52.5R	≥23.0		≥4.5	

六、试验记录

水泥胶砂强度试验检测记录如表 7-3-4 所示。

表 7-3-4　水泥胶砂强度试验检测记录表

<table>
<tr><td rowspan="7">抗折强度</td><td>龄期/d</td><td>试验日期</td><td>试件尺寸/mm</td><td>破坏荷载
/kN</td><td>抗折强度测值
/MPa</td><td>抗折强度测定值
/MPa</td></tr>
<tr><td rowspan="3">3</td><td rowspan="3"></td><td rowspan="3">40×40×160</td><td></td><td></td><td rowspan="3"></td></tr>
<tr><td></td><td></td></tr>
<tr><td></td><td></td></tr>
<tr><td rowspan="3">28</td><td rowspan="3"></td><td rowspan="3">40×40×160</td><td></td><td></td><td rowspan="3"></td></tr>
<tr><td></td><td></td></tr>
<tr><td></td><td></td></tr>
<tr><td rowspan="9">抗压强度</td><td>龄期/d</td><td>试验日期</td><td>试件尺寸/mm</td><td>破坏荷载
/kN</td><td>抗压强度测值
/MPa</td><td>抗压强度测定值
/MPa</td></tr>
<tr><td rowspan="4">3</td><td rowspan="4"></td><td rowspan="4">40×40</td><td></td><td></td><td rowspan="4"></td></tr>
<tr><td></td><td></td></tr>
<tr><td></td><td></td></tr>
<tr><td></td><td></td></tr>
<tr><td rowspan="4">28</td><td rowspan="4"></td><td rowspan="4">40×40</td><td></td><td></td><td rowspan="4"></td></tr>
<tr><td></td><td></td></tr>
<tr><td></td><td></td></tr>
<tr><td></td><td></td></tr>
</table>

任务四　砂浆稠度与分层度试验

一、试验目的与适用范围

（1）测定砂浆在自重和外力作用下的流动性能。稠度值小表示砂浆干稠，其流动性能较差。

（2）分层度试验用于测定砂浆拌合物在运输、停放时内部组分的稳定性。

二、试验仪器与设备

（1）砂浆稠度仪，由试锥、容器和支座三部分组成［见图 7-4-1（a）］。试锥由钢材或铜材制成，试锥高度为 150 mm、锥底直径为 75 mm，试锥连同滑杆的重量应为 300 g；盛砂浆容器由钢板制成，筒高为 180 mm，锥底内径为 150 mm；支座分底座、支架及稠度显示盘三个部分，由铸铁、钢及其他金属制成。

（2）钢制捣棒（直径 10 mm、长 350 mm，端部磨圆）、砂浆分层度筒［见图 7-4-1（b）］、振动台、木槌等。

（a）

（b）

图 7-4-1

三、试验步骤

（1）盛浆容器和试锥表面用湿布擦净，并用少量润滑油轻擦滑杆，后将滑杆上多余的油用吸油纸擦净，使滑杆能自由滑动。

（2）将砂浆拌合物一次装入砂浆筒内，使砂浆表面低于容器口约 10 mm 左右，用捣棒自容器中心向边缘插捣 25 次，然后轻轻地将容器摇动或敲击 5 ~ 6 下，使砂浆表面平整，随后将容器置于稠度测定仪的底座上。

（3）拧开试锥滑杆的制动螺丝，向下移动滑杆，当试锥尖端与砂浆表面刚接触时，拧紧制动螺丝，使齿条侧杆下端刚接触滑杆上端，并将指针对准零点，如图 7-4-2 所示。

图 7-4-2

（4）拧开制动螺丝，同时计下时间，10 s 后立即固定螺丝，将齿条侧杆下端接触滑杆上端，从刻度盘上读出下沉深度（精确至 1 mm）即为砂浆的稠度值。

（5）圆锥形容器内的砂浆，只允许测定一次稠度，重复测定时，应重新取样测定。

（6）将砂浆拌合物一次装入分层度筒内，用木槌在容器四周距离大致相等的 4 个不同地方轻敲 1 ~ 2 次，如砂浆沉落到低于分层度筒口以下，应随时添加，然后刮去多余的砂浆，并用抹刀抹平。

（7）静置 30 min 后，去掉上节 200 mm 砂浆，剩余 100 mm 砂浆倒出放在拌和锅拌 2 min，再按稠度试验方法测定其稠度。前后测得的稠度之差即为该砂浆的分层度值（单位符号为 mm）。

四、结果整理

（1）稠度取两次试验结果的算术平均值，计算值精确至 1 mm。

（2）稠度两次试验值之差如大于 20 mm，则应另取砂浆拌和后重新测定。

（3）取两次试验结果的算术平均值为砂浆分层度值。当两次分层度试验值之差大于 10 mm 时，应重做试验。

（4）砌筑砂浆的分层度不得大于 30 mm。保水性良好的砂浆，其分层度应为 10 ~ 20 mm。分层度大于 20 mm 的砂浆容易离析，不便于施工；但分层度小于 10 mm 者，硬化后易产生干缩开缝。

（5）水泥砂浆拌合物稠度试验检测记录如表 7-4-1 所示。

表 7-4-1　水泥砂浆拌合物稠度试验检测记录表

搅拌方式		养护条件	
试验次数	设计值/mm	稠度测值/mm	稠度测定值/mm
1			
2			

任务五　水泥砂浆抗压强度试验

一、试验目的与适用范围

（1）本试验规定了测定水泥砂浆抗压极限强度的方法，以确定水泥砂浆的强度等级，作为评定水泥砂浆品质的主要指标。

（2）本试验适用于各类水泥砂浆的 70.7 mm × 70.7 mm × 70.7 mm 立方体试件。

二、试验仪器与设备

（1）试模：应为 70.7 mm × 70.7 mm × 70.7 mm 的带底试模。试模的内表面应机械加工，其不平度应为每 100 mm 不超过 0.05 mm，组装后各相邻面的不垂直度不应超过 ± 0.5°。

（2）钢制捣棒：直径为 10 mm，长度为 350 mm，端部磨圆。

（3）压力试验机：精度应为 1%，试件破坏荷载应不小于压力机量程的 20%，且不应大于全量程的 80%。

（4）垫板：试验机上、下压板及试件之间可垫以钢垫板，垫板的尺寸应大于试件的承压面，其不平度应为每 100 mm 不超过 0.02 mm。

（5）振动台：空载中台面的垂直振幅应为（0.5 ± 0.05）mm，空载频率应为（50 ± 3）Hz，空载台面振幅均匀度不应大于 10%，一次试验应至少能固定 3 个试模。

三、试验准备

立方体抗压强度试件的制作及养护应按下列步骤进行。

（1）应采用立方体试件，每组试件应为 3 个。

（2）应采用黄油等密封材料涂抹试模的外接缝，试模内应涂刷薄层机油或隔离剂。应将拌制好的砂浆一次性装满砂浆试模，成型方法应根据稠度而确定。当稠度大于 50 mm 时，宜采用人工插捣成型；当稠度不大于 50 mm 时，宜采用振动台振实成型。人工插捣应采用捣棒均匀地由边缘向中心按螺旋方式插捣 25 次。插捣过程中，当砂浆沉落低于试模口时，应随时添加砂浆，可用油灰刀插捣数次，并用手将试模一边抬高 5 ~ 10 mm，各振动 5 次，砂浆应高出试模顶面 6 ~ 8 mm。

（3）机械振动：将砂浆一次装满试模，放置到振动台上，振动时试模不得跳动，振动 5 ~ 10 s 或持续到表面泛浆为止，不得过振。

（4）应待表面水分稍干后，再将高出试模部分的砂浆沿试模顶面刮去并抹平。

（5）试件制作后应在温度为（20 ± 5）°C 的环境下静置（24 ± 2）h，对试件进行编号、拆模。当气温较低时，或者凝结时间大于 24 h 的砂浆，可适当延长时间，但不应超过 2 d。试件拆模后应立即放入温度为（20 ± 2）°C，相对湿度为 90%以上的标准养护室中养护。养护期间，试件彼此间隔不得小于 10 mm，混合砂浆、湿拌砂浆试件上面应有覆盖，防止有水滴在试件上。

（6）从搅拌加水开始计时，标准养护龄期应为 28 d，也可根据相关标准要求增加 7 d 或 14 d。

四、试验步骤

（1）试件从养护地点取出后应及时进行试验。试验前应将试件表面擦拭干净，测量尺寸，并检查其外观，并应计算试件的承压面积。当实测尺寸与公称尺寸之差不超过 1 mm 时，可按照公称尺寸进行计算。

（2）将试件安放在试验机的下压板或下垫板上，试件的承压面应与成型时的顶面垂直，试件中心应与试验机下压板或下垫板中心对准。开动试验机，当上压板与试件或上垫板接近时，调整球座，使接触面均衡受压。承压试验应连续而均匀地加荷，加荷速度应为 0.25 ~ 1.5 kN/s，砂浆强度不大于 2.5 MPa 时，宜取下限。当试件接近破坏而开始迅速变形时，停止调整试验机油门，直至试件破坏，然后记录破坏荷载。

五、结果整理

（1）砂浆立方体抗压强度应按式（7-5-1）计算。

$$f_{\mathrm{m,cu}} = K\frac{N_{\mathrm{U}}}{A} \tag{7-5-1}$$

式中 $f_{\mathrm{m,cu}}$——砂浆立方体抗压强度（MPa），应精确至 0.1 MPa；

N_{U}——试件破坏荷载（N）；

A——试件承压面积（mm^2）；

K——换算系数，取 1.35。

（2）立方体抗压强度试验的试验结果应按下列要求确定。

① 应以三个试件测值的算术平均值作为该组试件的砂浆立方体抗压强度平均值（f_2），精确至 0.1 MPa。

② 当三个测值的最大值或最小值中有一个与中间值的差值超过中间值的 15%时，应把最大值及最小值一并舍去，取中间值作为该组试件的抗压强度值。

③ 当两个测值与中间值的差值均超过中间值的 15%时，该组试验结果应为无效。

（3）砂浆抗压强度检测记录如表 7-5-1 所示。

表 7-5-1　砂浆抗压强度检测记录表

砂浆种类					养护条件			
试件编号	成型日期	强度等级	试验日期	龄期/d	试件尺寸/mm	极限荷载/kN	抗压强度测值/MPa	抗压强度平均值/MPa

任务六　水泥混凝土拌合物稠度试验（坍落度仪法）

一、试验目的与适用范围

本试验适用于坍落度大于 10 mm，集料最大粒径不大于 31.5 mm 的混凝土拌合物稠度的测定。

二、试验仪器与设备

（1）坍落筒：坍落筒为铁板制成的截头圆锥筒［见图 7-6-1（a）］，厚度不小于 1.5 mm，内侧平滑，没有铆钉头之类的突出物，在筒上方约 2/3 高度处有两个把手，近下端两侧焊有两个踏脚板，保证坍落筒可以稳定操作，坍落筒尺寸如表 7-6-1 所示。

表 7-6-1　坍落筒尺寸　　单位：mm

骨料最大粒径	筒的名称	筒的内部尺寸		
		底面直径	顶面直径	高度
<31.5	标准坍落筒	200 ± 2	100 ± 2	300 ± 2

（2）捣棒：直径为 16 mm，长约 650 mm 并具有半球形端头的钢质圆棒，如图 7-6-1（b）所示。小铲、木尺、小钢尺、镘刀和钢平板等，如图 7-6-2 所示。

（a）

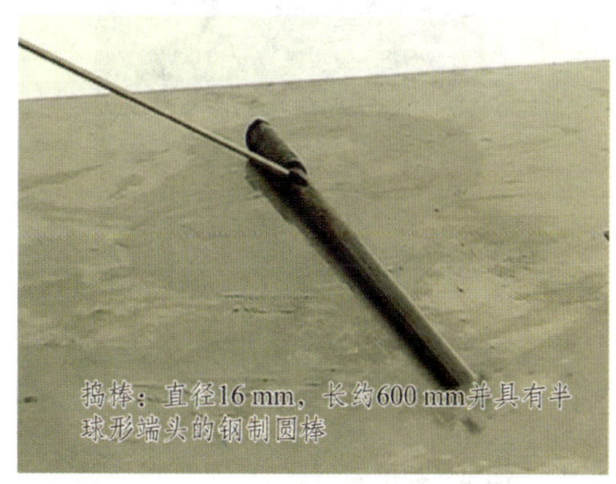

（b）

图 7-6-1

图 7-6-2

三、试验准备

（1）试样准备。拌合物倾出在铁板上，再经人工翻拌 1 ~ 2 min，务必使拌合物均匀一致，如图 7-6-3（a）所示。

（2）仪器准备。拌制混凝土所用的各种用具如铁板、铁铲、抹刀等应预先用水润湿，如图 7-6-3（b）所示。

（a）

（b）

图 7-6-3

四、试验步骤

（1）试验前将坍落筒内外洗净，放在经水润湿过的平板上（平板吸水时应垫以塑料布），踏紧踏脚板，如图 7-6-4 所示。

放在经水润湿过的平板上

（a）

踏紧踏脚板

（b）

图 7-6-4

（2）将代表样分三层装入筒内，每层装入高度稍大于筒高的 1/3，用捣棒在每一层的横截面上均匀插捣 25 次，如图 7-6-5（a）所示。插捣在全部面积上进行，沿螺旋线边缘至中心，插捣底层时插至底部，插捣其他两层时，应插透本层并插入下层约 20 ~ 30 mm，插捣须垂直压下（边缘部分除外），不得冲击。

在插捣顶层时，装入的混凝土应高出坍落筒，随插捣过程随时添加拌合物，当顶层插捣完毕后，将捣棒用锯和滚的动作，清除掉多余的混凝土，如图 7-6-5（b）所示。用镘刀抹平筒口，刮净筒底周围的拌合物，而后立即垂直地提起坍落筒，提筒在 5 ~ 10 s 内完成，并使混凝土不受横向及扭力作用，如图 7-6-6（a）所示。从开始装筒至提起坍落筒的全过程，应在 150 s 内完成。

（3）将坍落筒放在锥体混凝土试样一旁，筒顶平放木尺，用小钢尺量出木尺底面至试样顶面中心的垂直距离，即为该混凝土拌合物的坍落度，精确至 1 mm，如图 7-6-6（b）、图 7-6-7 所示。

用捣棒在每一层横截面上均匀插捣25次

（a）

清除掉多余的混凝土

（b）

图 7-6-5

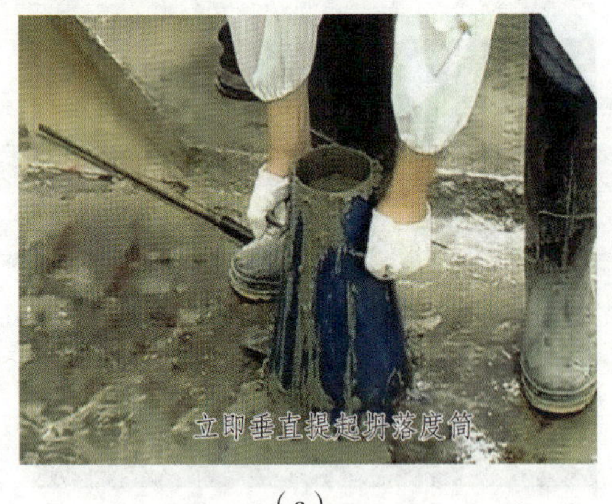
立即垂直提起坍落度筒

（a）

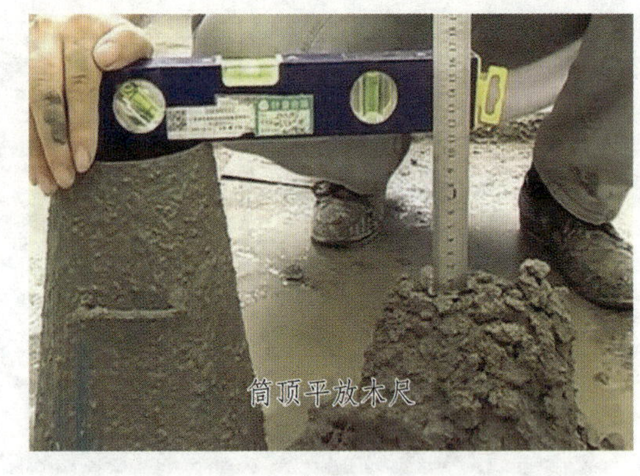
筒顶平放木尺

（b）

图 7-6-6

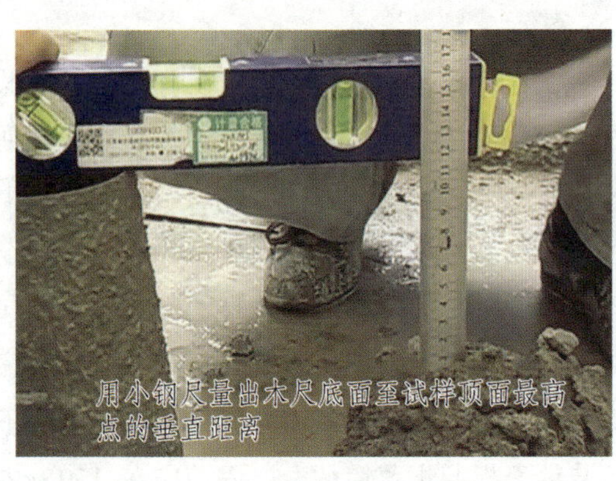
用小钢尺量出木尺底面至试样顶面最高
点的垂直距离

（a）

（b）

图 7-6-7

（4）当混凝土试件的一侧发生崩坍或一边剪切破坏，则应重新取样另测。如果第二次仍发生上述情况，则表示该混凝土和易性不好，应记录。

（5）当混凝土拌合物的坍落度大于 220 mm 时，用钢尺测量混凝土扩展后最终的最大直径和最小直径，在这两个直径之差小于 50 mm 的条件下，用其算术平均值作为坍落度扩展度值，否则此次试验无效。

（6）坍落度试验同时，可用目测方法评定混凝土拌合物的下列性质，并做记录。

① 棍度：按插捣混凝土拌合物时难易程度评定，分“上”“中”“下”三级。

“上”：表示容易插捣。

“中”：表示插捣时稍有石子阻滞的感觉。

“下”：表示很难插捣。

② 含砂情况：按拌合物外观含砂多少而评定，分“多”“中”“少”三级。

“多”：表示用镘刀抹拌合物表面时，一两次即可使拌合物表面平整无蜂窝。

“中”：表示抹五六次才可使表面平整无蜂窝。

“少”：表示抹面困难，不易抹平，有空隙及石子外露等现象。

③ 黏聚性：观测拌合物各组成成分相互黏聚情况，评定方法为用捣棒在已坍落的混凝土锥

体一侧轻打，如锥体在轻打后渐渐下沉，表示黏聚性良好；如锥体突然倒坍，部分崩裂或发生石子离析现象，即表示黏聚性不好。

④ 保水性：指水分从拌合物中析出情况，分“多量”“少量”“无”三级评定。

“多量”：表示提起坍落筒后有较多水分从底部析出。

“少量”：表示提起坍落筒后有少量水分从底部析出。

“无”：表示提起坍落筒后没有水分从底部析出。

五、结果整理

混凝土拌合物坍落度和坍落度扩展度值以 mm 为单位，结果精确至 1 mm，修约至最接近的 5 mm。

任务七　水泥混凝土抗压强度试验

一、试验目的与适用范围

本试验规定了测定混凝土抗压极限强度的方法，以确定混凝土的强度等级。本试验适用于各类混凝土的立方体试件的极限抗压试验。

二、试验仪器与设备

（1）搅拌机（自由式或强制式）、振动器（标准振动台），如图 7-7-1 所示。

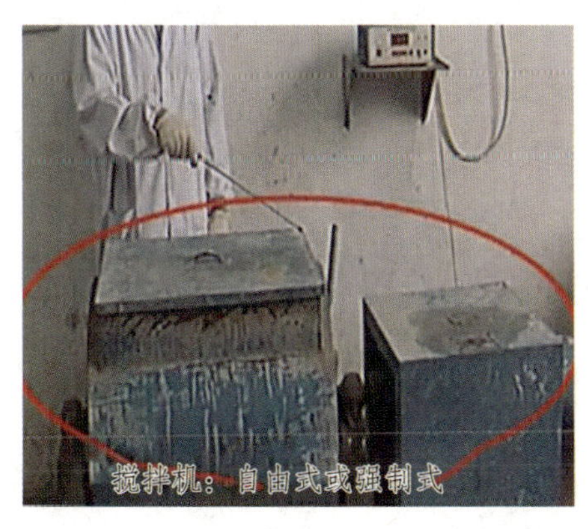

（a）

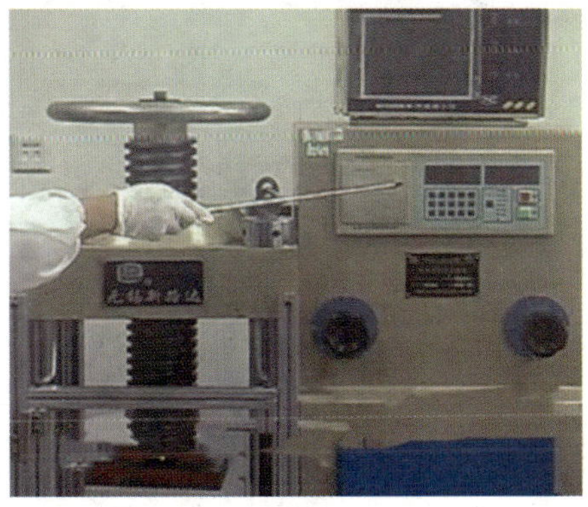

（b）

图 7-7-1

（2）压力机或万能试验机：上下压板平整并有足够刚度，可以均匀地连续加荷卸荷，可以保持固定荷载，开机停机均灵活自如，能够满足试件破坏的试验力。

（3）球座：钢质坚硬，凸面朝上，当试件中均匀受力后，一般不宜再敲动球座，如图 7-7-2 所示。

（4）试模：由铸铁或钢制成，内表面刨光磨光（粗糙度 $Ra = 2.5$ mm），平整度同球座规定。可以拆卸擦洗，内部尺寸容许偏差，棱边长度不超过 1 mm，直角则不超过 0.5°。

图 7-7-2

三、试验准备

（1）混凝土抗压强度试件以边长 150 mm 的正立方体为标准试件，其集料最大粒径为 31.5 mm。

（2）混凝土抗压强度采用非标准试件时，其集料粒径应符合表 7-7-1 的规定。

表 7-7-1　抗压强度试件尺寸　　单位：mm

集料公称最大粒径	试件尺寸	集料公称最大粒径	试件尺寸
31.5	150×150×150	53	200×200×200
26.5	100×100×100		

（3）混凝土抗压强度试件同龄期者应为一组，每组为 3 个同条件制作和养护的混凝土试块。

四、试验步骤

（1）取出试件，先检查其尺寸及形状，相对两面应平行，表面倾斜偏差不得超过 0.5 mm。量出棱边长度，精确至 1 mm，如图 7-7-3 所示。试件受力截面积按其与压力机上下接触面的平均值计算。试件如有蜂窝缺陷，应在试验前三天用浓水泥浆填补平整，并在报告中说明。在破型前，保持试件原有湿度，在试验时擦干试件，称出其质量。

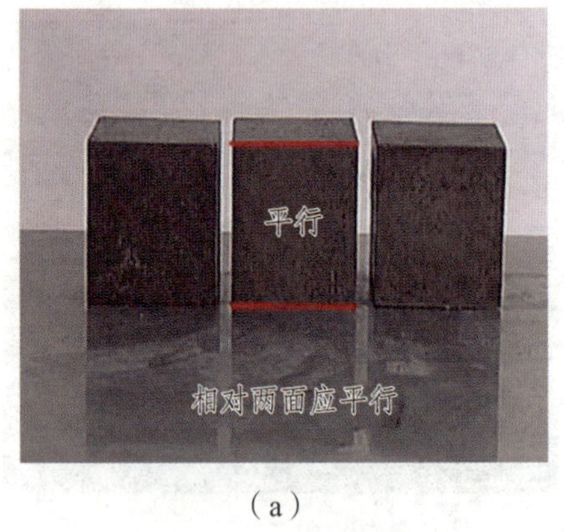

（a）

（b）

图 7-7-3

（2）以成型时侧面为上下受压面，试件要放在球座上，球座置于压力机中心，几何对中（指试件或球座偏离机台中心在 5 mm 以内，下同），如图 7-7-4 所示。强度等级小于 C30 的混凝土取 0.3 ~ 0.5 MPa/s 的加荷速度；强度等级大于 C30 且小于 C60 时，则取 0.5 ~ 0.8 MPa/s 的加荷速度；强度等级大于 C60 时，则取 0.8 ~ 1.0 MPa/s 的加荷速度。当试件接近破坏而开始迅速变形时，应停止调整试验机油门，直至试件破坏，记下破坏极限荷载。

（a）　　　　（b）

图 7-7-4

五、结果整理

（1）混凝土立方体试件抗压强度按式（7-7-1）计算。

$$F_{m,cu} = F / A \qquad (7\text{-}7\text{-}1)$$

式中　$F_{m,cu}$——混凝土立方体抗压强度（MPa）;

F——破坏荷载（MPa）;

A——试件承压面积（mm^2）。

（2）以 3 个试件测值的算术平均值为测定值，计算精确至 0.1 MPa。三个测值中的最大值或最小值中如有一个与中间值的差值超过中间值的 15%时，则取中间值为测定值；如最大值和最小值与中间值之差均超过中间值的 15%，则该组试验结果无效。

（3）混凝土强度等级小于 C60 时，非标准试件的抗压强度应乘以尺寸换算系数，并应在报告中注明。当混凝土强度等级大于等于 C60 时，宜用标准试件，使用非标准试件时，换算系数由试验确定。

（4）混凝土抗压强度试验记录如表 7-7-2 所示。

表 7-7-2　混凝土抗压强度试验记录表

试验目的				检测依据				
主要仪器名称				设计强度				
制件日期		试验日期				养护条件		
编号	龄期/d	试件尺寸/mm	受压面积/mm^2	破坏荷载/kN	抗压强度/MPa		代表值/MPa	备注
					单值	平均值		

任务一　沥青针入度试验

一、试验目的与适用范围

（1）本试验方法适用于测定道路石油沥青、改性沥青针入度，以及液体石油沥青蒸馏或乳化沥青蒸发后残留物的针入度。其标准试验条件为温度 25 °C，荷重 100 g，贯入时间 5 s，以 0.1 mm 计。

（2）针入度指数用以描述沥青的温度敏感性，宜在 15 °C、25 °C、30 °C 等 3 个或 3 个以上温度条件下测定针入度后按规定的方法计算得到，若 30 °C 时的针入度值过大，可采用 5 °C 代替。

二、试验仪器与设备

（1）针入度仪：针和针连杆组合件总质量为（50 ± 0.05）g，另附（50 ± 0.05）g 砝码一只，试验时总质量为（100 ± 0.05）g，如图 8-1-1（a）所示。仪器设有放置平底玻璃保温皿的平台，并有调节水平的装置，针连杆应与平台相垂直。针连杆易于装拆，以便检查其质量。仪器悬臂的端部有一面小镜或聚光灯泡，借以观察针尖与试样表面接触情况。当为自动针入度仪时，要求基本相同，应对自动装置的准确性经常校验。

（2）标准针：由硬化回火的不锈钢制成，洛氏硬度 54 ~ 60 HRC，表面粗糙度 *Ra*0.2 ~ 0.3 μm，针与针杆总质量（2.5 ± 0.05）g，针杆上应打印有号码标志，如图 8-1-1（b）所示。

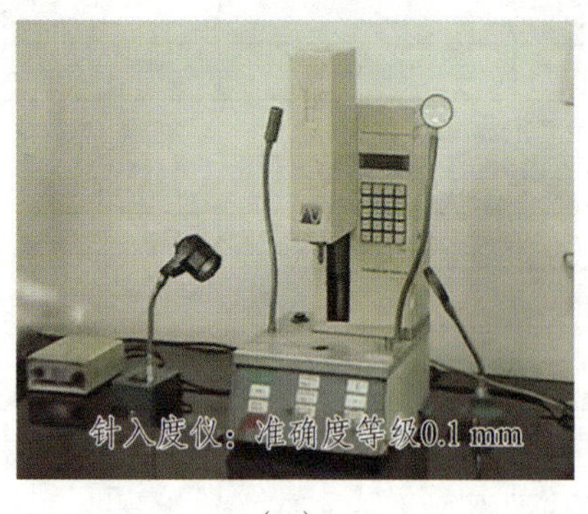
针入度仪：准确度等级0.1 mm

（a）

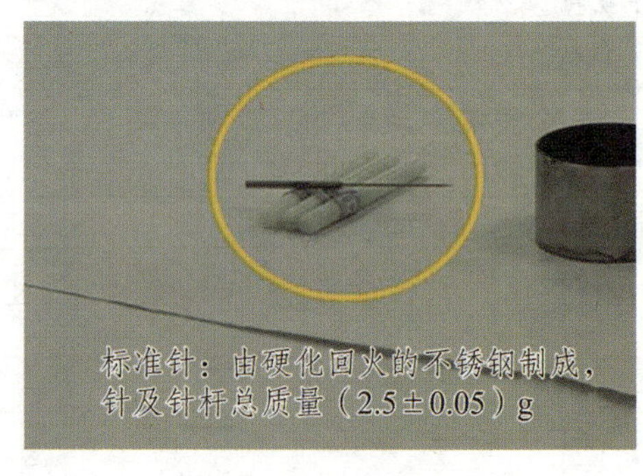
标准针：由硬化回火的不锈钢制成，
针及针杆总质量（2.5±0.05）g

（b）

图 8-1-1

（3）盛样皿：金属制，圆柱形平底，如图 8-1-2（a）所示。小盛样皿的内径 55 mm，深 35 mm

（适用于针入度小于 200 mm）；大盛样皿内径 70 mm，深 45 mm（适用于针入度为 200 ~ 350 mm）；对针入度大于 350 mm 的试样需使用特殊盛样皿，其深度不小于 60 mm，试样体积不少于 125 mL。

（4）恒温水槽：容量不少于 10 L，控温的准确度为 0.1 °C，如图 8-1-2（b）所示。水槽中应设有一带孔的搁架，位于水面下不得少于 100 mm，距水槽底不得少于 50 mm 处。

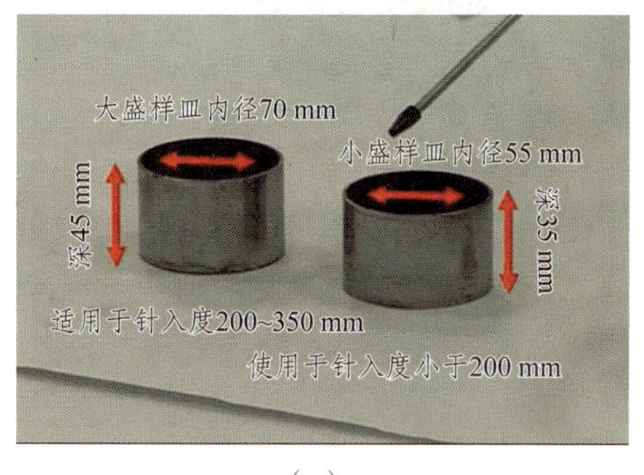

（a）

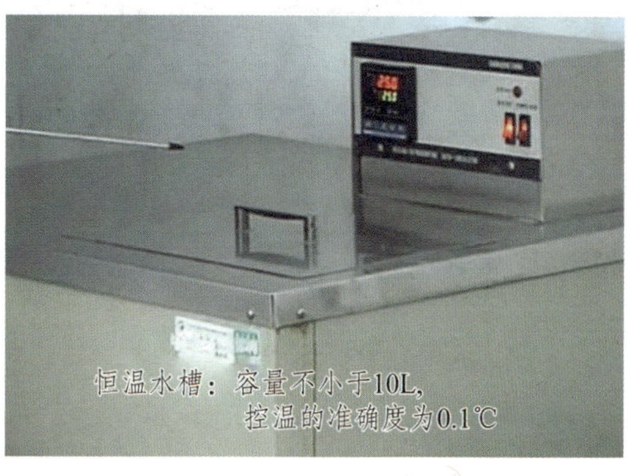

（b）

图 8-1-2

（5）平底玻璃皿：容量不少于 1 L，深度不少于 80 mm，内设有一不锈钢三脚支架，能使盛样皿稳定，如图 8-1-3 所示。

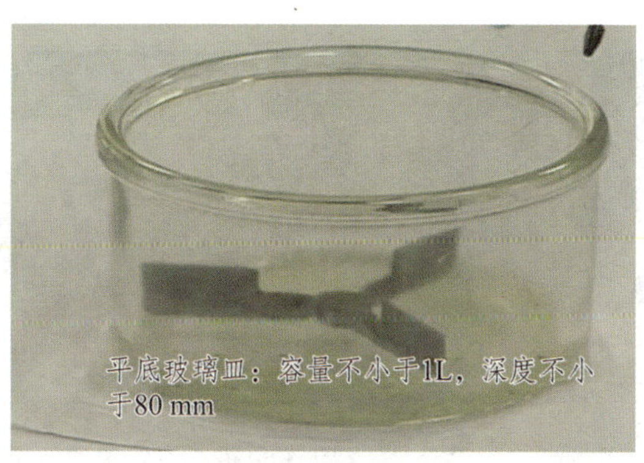

图 8-1-3

（6）其他：温度计、秒表、盛样皿盖、三氯乙烯、石棉网、金属锅或瓷把坩埚等。

三、试验准备

（1）设定恒温水槽温度为试验温度，检查控温精度是否满足要求。

（2）将装有试样的盛样容器带盖放入恒温烘箱中，当石油沥青试样中含有水时，烘箱温度为 80 °C 左右，加热至沥青全部熔化后供脱水用。当石油沥青中无水分时，烘箱温度宜为软化点温度以上 90 °C，通常为 135 °C 左右。对取来的沥青试样不得直接采用。

（3）当石油沥青试样中含有水分时，将盛样容器放在可控温的砂浴、油浴或电热套上脱水。

用玻璃棒轻轻搅拌，防止局部过热，如图 8-1-4 所示。在沥青温度不超过 100 °C 的条件下，仔细脱水至无泡沫为止，最后的加热温度不超过软化点以上 100 °C（石油沥青）或 50 °C（煤沥青）。

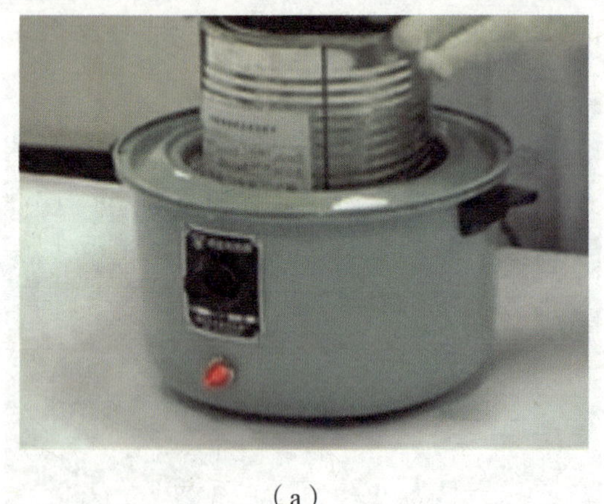

（a）

（b）

图 8-1-4

（4）将盛样容器中的沥青通过 0.6 mm 的滤筛过滤，不等冷却立即一次灌入沥青针入度试验模具中，如图 8-1-5 所示。根据需要，也可将试样分别装入擦拭干净并干燥的一个或数个沥青盛样器皿中，数量应满足一批试验项目所需的沥青样品并有富余。

图 8-1-5

四、试验步骤

（1）按试验要求将恒温水槽调节到要求的试验温度 25 °C 或 15 °C、30 °C（或 5 °C），保持稳定。

（2）将试样注入盛样皿中，试样高度应超过预计针入度值 10 mm，并盖上盛样皿，以防落入灰尘，如图 8-1-6 所示。盛有试样的盛样皿在 15 ～30 °C 室温中冷却 1.5 h（小盛样皿）、2 h（大盛样皿）或 3 h（特殊盛样皿）后移入保持规定试验温度 ± 0.1 °C 的恒温水槽中 1.5 h（小盛样皿）、2 h（大试样皿）或 2.5 h（特殊盛样皿）。

将试样注入盛样皿中

（a）

盖上盛样皿盖以防落入灰尘

（b）

图 8-1-6

（3）调平针入度仪。检查针连杆和导轨，以确认无水和其他外来物，无明显摩擦。用三氯乙烯或其他溶剂清洗标准针，并拭干。将标准针插入针连杆，用螺丝固紧。按试验条件，加上附加砝码。

（4）取出达到恒温的盛样皿，并移入水温控制在试验温度 ± 0.1 °C（可用恒温水槽中的水）的平底玻璃皿中的三脚支架上，试样表面以上的水层深度不少于 10 mm。

（5）将盛有试样的平底玻璃皿置于针入度仪的平台上。慢慢放下针连杆，使针尖恰好与试样表面接触。拉下刻度盘的拉杆，使其与针连杆顶端轻轻接触，调节刻度盘或深度指示器的指针指示为零。

（6）开动秒表，在指针正指 5 s 的瞬间，用手紧压按钮，使标准针自动下落贯入试样，经规定时间，停压按钮使针停止移动，如图 8-1-7（b）所示。

注：当采用自动针入度仪时，计时与标准针落下贯入试样同时开始，至 5 s 时自动停止。

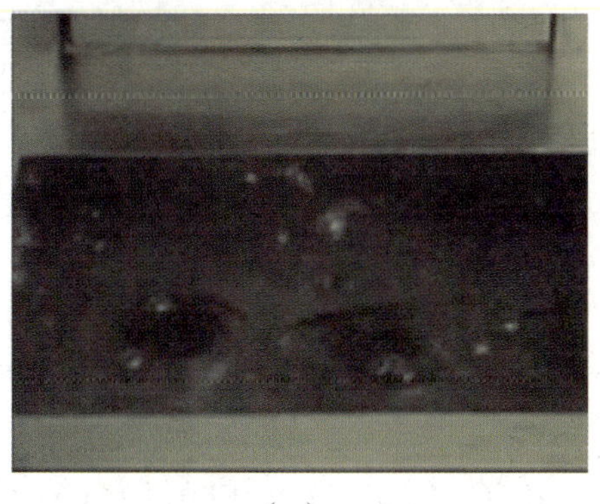

（a）

使标准针自动下落贯入试样

（b）

图 8-1-7

（7）拉下刻度盘拉杆与针连杆顶端接触，读取刻度盘指针或位移指示器的读数，精确至 0.5（0.1 mm）。

（8）同一试样平行试验至少 3 次，各测试点之间及与盛样皿边缘的距离不应小于 10 mm。每次试验后应将盛有盛样皿的平底玻璃皿放入恒温水槽，使水温保持试验温度，每次试验应换一根干净标准针或将标准针取下用蘸有三氯乙烯溶剂的棉花或布揩净，再用干棉花或布擦干。

（9）测定针入度大于 200 mm 的沥青试样时，至少用 3 支标准针，每次试验后将针留在试样中，直到 3 次平行试验完成后，才能将标准针取出。

（10）测定针入度指数 PI 时，按同样的方法在 15 °C、25 °C、30 °C（或 5 °C）3 个或 3 个以上（必要时增加 10 °C、20 °C 等）温度条件下分别测定沥青的针入度。

五、结果整理

（1）同一试样 3 次平行试验结果的最大值和最小值之差在下列允许偏差范围内时，计算 3 次试验结果的平均值，取整数作为针入度试验结果，以 0.1 mm 为单位。

（2）当试验结果小于 50（0.1 mm）时，重复性试验的允许差为 2（0.1 mm），复现性试验的允许差为 4（0.1 mm）。

（3）当试验结果等于或大于 50（0.1 mm）时，重复性试验的允许差为平均值的 4%，复现性试验的允许差为平均值的 8%。

（4）沥青针入度试验记录如表 8-1-1 所示。

表 8-1-1　沥青针入度试验记录表

样品编号	试验时间/s	试验荷重/g	试验温度/°C	针入度读数（0.1 mm）			针入度平均值
				第一针	第二针	第三针	

任务二　沥青延度试验

一、试验目的与适用范围

（1）本试验方法适用于测定道路石油沥青、液体沥青蒸馏残留物和乳化沥青蒸发残留物等材料的延度。

（2）沥青延度通常采用的试验温度为 25 °C、15 °C、10 °C（或 5 °C），拉伸速度为（5 ± 0.25）cm/min。当低温采用（1 ± 0.05）cm/min 拉伸速度时，应在报告中注明。

二、试验仪器与设备

（1）延度仪：将试件浸没于水中，能保持规定的试验温度及按照规定拉伸速度拉伸试件且试验时无明显振动的延度仪均可使用，其形状及组成如图 8-2-1（a）所示。

（2）试模：黄铜制，由两个端模和两个侧模组成，试模内侧表面粗糙度 *Ra*0.2 μm，其形状及尺寸如图 8-2-1（b）所示。试模底板为玻璃板或磨光的铜板、不锈钢板（表面粗糙度 *Ra*0.2 μm），如图 8-2-2（a）所示。

（3）恒温水槽：容量不少于 10 L，控制温度的准确度为 0.1 °C，水槽中应设有带孔搁架，搁架距水槽底不得少于 50 mm，试件浸入水中深度不小于 100 mm，如图 8-2-2（b）所示。

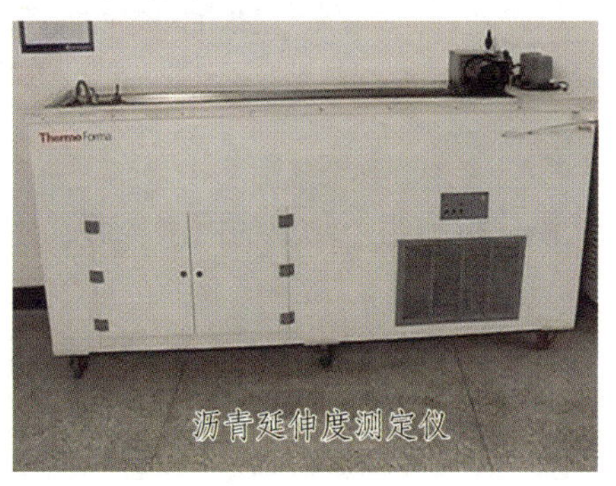

（a）

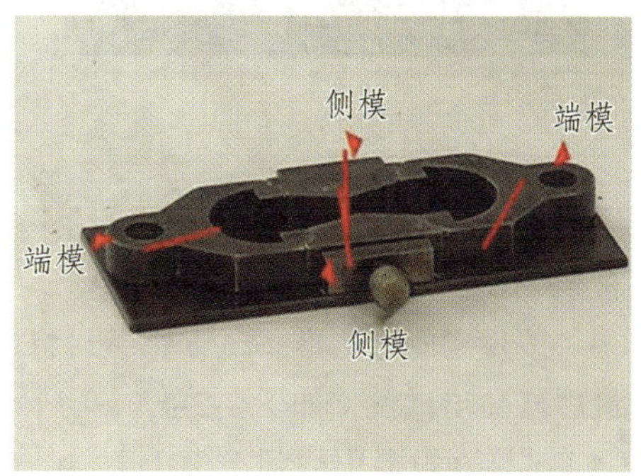

（b）

图 8-2-1

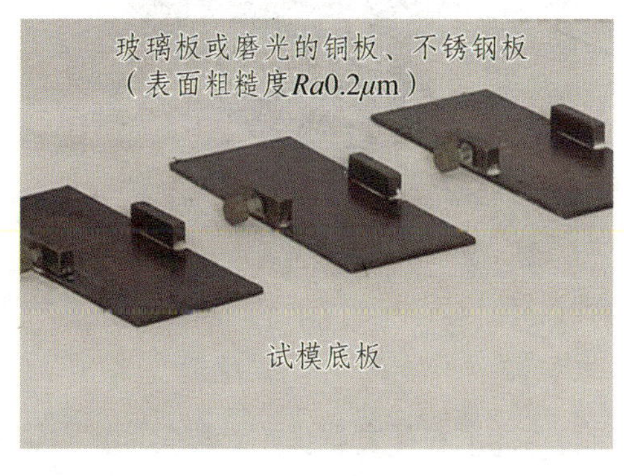

（a）

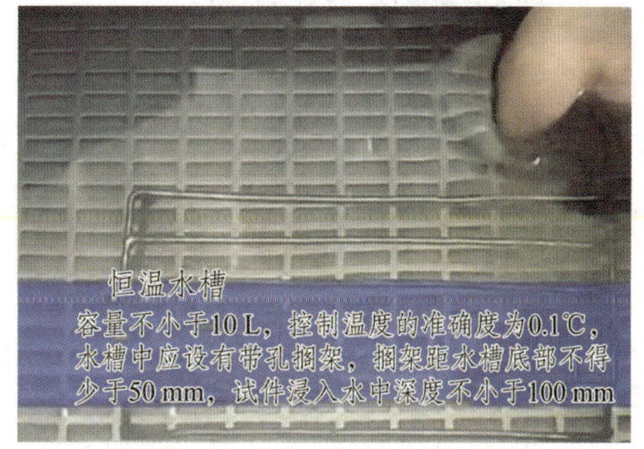

（b）

图 8-2-2

（4）其他：温度计、砂浴或其他加热炉具、玻璃棒、甘油滑石粉隔离剂（甘油与滑石粉的质量比为 2∶1）、平刮刀、石棉网、酒精、食盐等。

三、试验准备

（1）样品带盖置烘箱中加热至充分流动状态，从烘箱中取出样品用玻璃棒搅拌均匀并取出试验小样，如图 8-2-3（a）所示。

样品带盖置烘箱中加热至充分流动状态

(a)

将试样仔细自试模的一端至另一端
往返数次缓缓注入模中

(b)

图 8-2-3

（2）将隔离剂拌和均匀，涂于清洁干燥的试模底板和两个侧模的内侧表面，并将试模在试模底板上装妥。

（3）按规定的方法准备试样，然后将试样仔细自试模的一端至另一端往返数次缓缓注入模中，最后略高出试模，如图 8-2-4（a）所示。灌模时应注意勿使气泡混入，然后贴注标签。

（4）试样在室温中冷却不少于 1.5 h，然后用热刮刀刮除高出试模的沥青，使沥青面与试模面齐平。沥青的刮法应自试模的中间刮向两端，且表面应刮得平滑，如图 8-2-4（b）所示。将试模连同底板再浸入规定试验温度的水槽中保持 1.5 h。

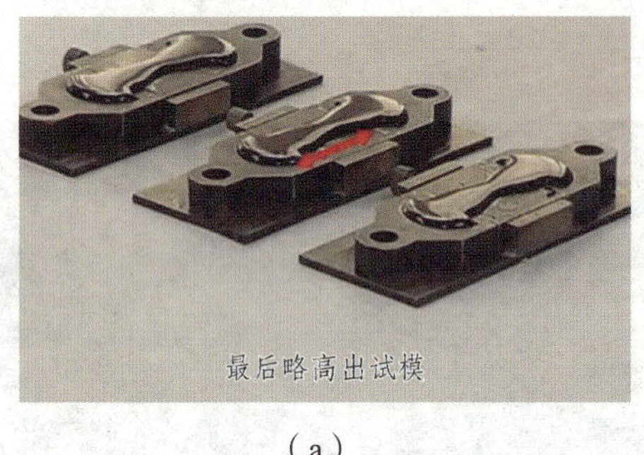
最后略高出试模

(a)

沥青的刮法应自试模的中间刮向两端
且表面应该刮得很平滑

(b)

图 8-2-4

（5）检查延度仪延伸速度是否符合规定要求，然后移动滑板使其指针正对标尺的零点，如图 8-2-5 所示。将延度仪注水，并保温达试验温度 ± 0.5 °C。

检查延度仪拉伸速度是否符合规定要求，然
后移动滑板使其指针正对标尺的零点

(a)

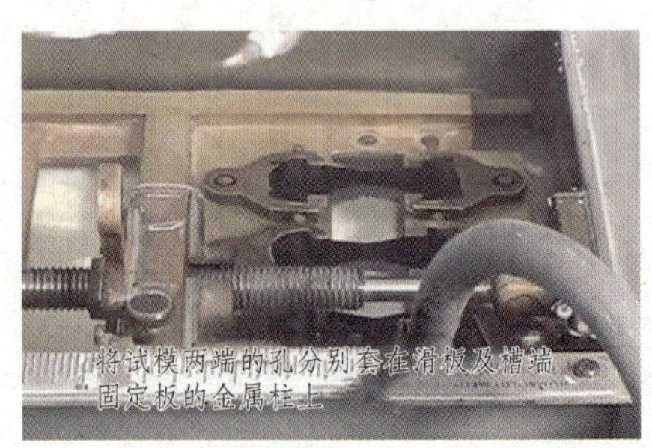
将试模两端的孔分别套在滑板及槽端
固定板的金属柱上

(b)

图 8-2-5

四、试验步骤

（1）将保温后的试件连同底板移入延度仪的水槽中，然后将试模自试模底板上取下，将试模两端的孔分别套在滑板及槽端固定板的金属柱上，并取下侧模。水面距试件表面应不小于 25 mm。

（2）开动延度仪，并注意观察试样的延伸情况。此时应注意，在试验过程中，水温应始终保持在试验温度规定范围内，如图 8-2-6 所示。如发现沥青细丝浮于水面或沉入槽底时，则应在水中加入酒精或食盐，调整水的密度至与试样相近后，重新试验。

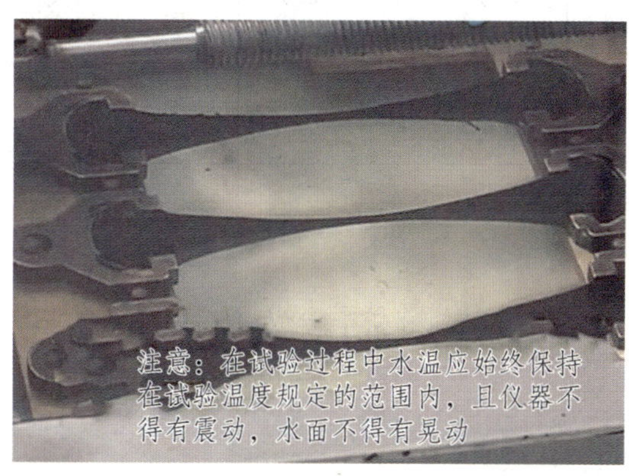

图 8-2-6

（3）试件拉断时，读取指针所指标尺上的读数，以厘米表示，在正常情况下，试件延伸时应成锥尖状，拉断时实际断面接近于零，如图 8-2-7 所示。如不能得到这种结果，则应在报告中注明。

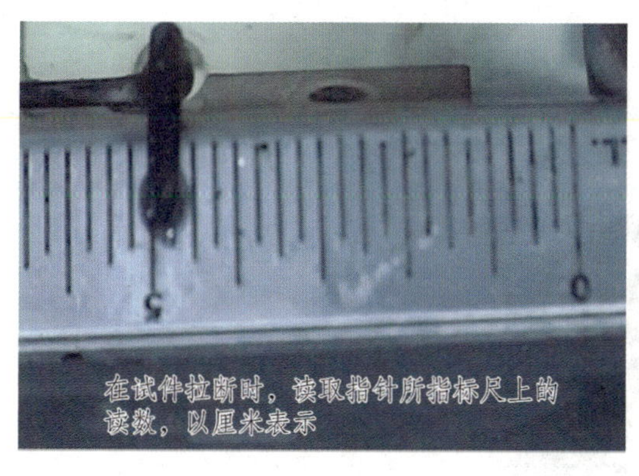

（a）

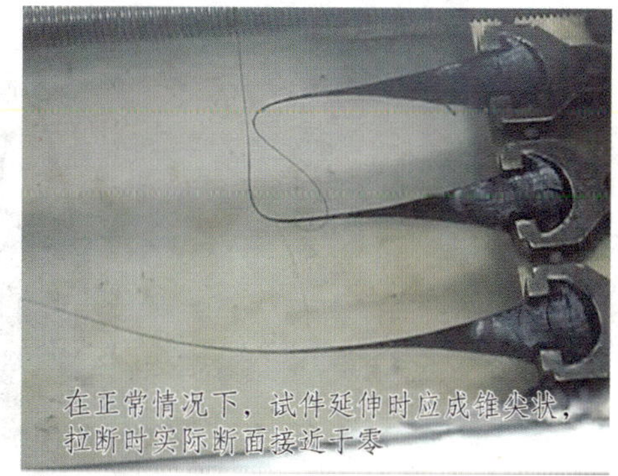

（b）

图 8-2-7

五、结果整理

（1）同一试样，每次平行试验不少于 3 个，如 3 个测定结果均大于 100 cm，试验结果记作“>100 cm”，特殊需要时也可分别记录实测值。如 3 个测定结果中，有一个以上的测定值小于 100 cm 时，若最大值或最小值与平均值之差满足重复性试验精密度要求，则取 3 个测定结果的平均值的整数作为延度试验结果，若平均值大于 100 cm，记作“>100 cm”；若最大值或最小值与平均值之差不符合重复性试验精度要求时，试验应重新进行。

（2）当试验结果小于 100 cm 时，重复性试验的允许差为平均值的 20%，再现性试验的允许差为平均值的 30%。

（3）沥青延度试验记录表如表 8-2-1 所示。

表 8-2-1　沥青延度试验记录表

样品编号	试验温度/ °C	试验速度/（cm/min）	延度/cm			
			试件一	试件二	试件三	平均值

任务三　沥青软化点试验

一、试验目的与适用范围

本试验方法适用于测定道路石油沥青、聚合物改性沥青的软化点，也适用于测定液体石油沥青蒸馏或乳化沥青蒸发残留物的软化点。

二、试验仪器与设备

（1）软化点试验仪，如图 8-3-1 所示。

图 8-3-1　软化点试验仪

软化点试验仪由下列部件组成。

① 钢球：直径 9.53 mm，质量（3.5 ± 0.05）g，如图 8-3-2（a）所示。

② 试样环：由黄铜或不锈钢等制成，如图 8-3-2（b）所示。

③ 钢球定位环：由黄铜或不锈钢制成，如图 8-3-2（c）所示。

④ 金属支架：由两个主杆和三层平行的金属板组成。上层为一圆盘，中间有一圆孔，用以插放温度计。中层板上有两个孔，各放置金属环，中间有一小孔可支持温度计的测温端部。一侧立杆距环上面 51 mm 处刻有水高标记，如图 8-3-2（d）所示。

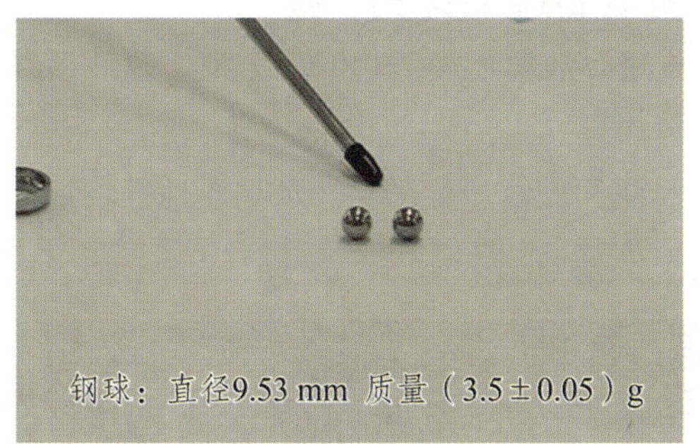

（a）

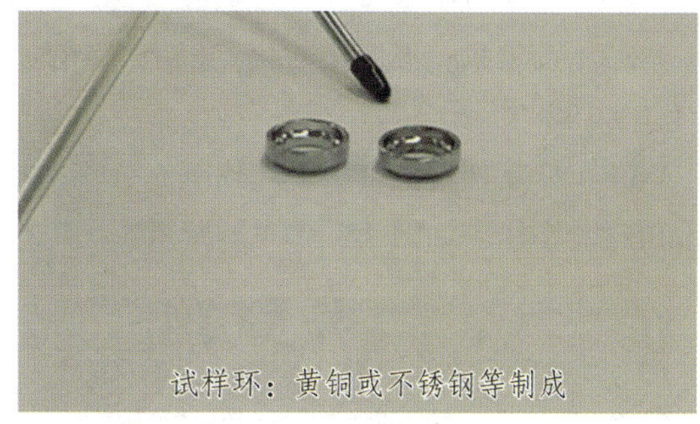

（b）

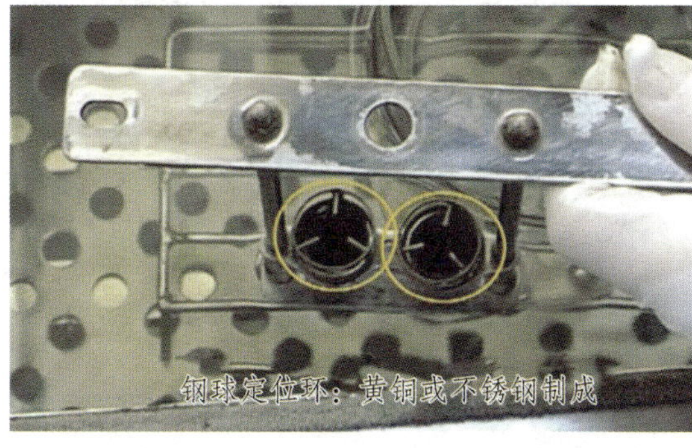

（c）

（d）

图 8-3-2　软化点试验仪部件

⑤ 耐热玻璃烧环：容量 800 ~ 1 000 mL，直径不小于 86 mm，高不小于 120 mm，如图 8-3-3（a）所示。

⑥ 温度计：0 ~ 100 °C，分度为 0.5 °C。

（2）其他：烘箱、试样底板、恒温水槽［见图 8-3-3（b）］、平直刮刀、甘油滑石粉隔离剂、石棉网等。

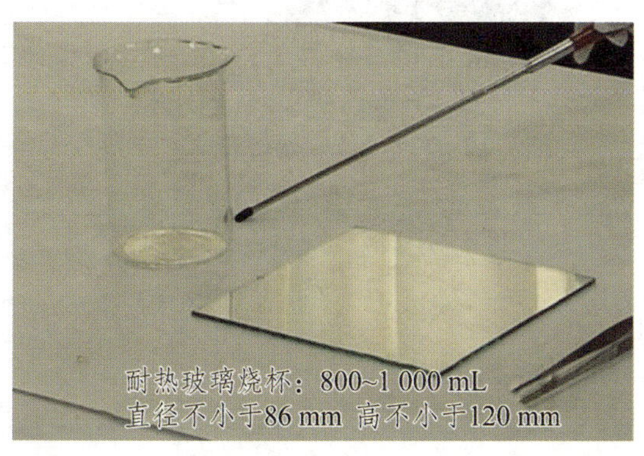

耐热玻璃烧杯：800~1 000 mL
直径不小于86 mm 高不小于120 mm

（a）

（b）

图 8-3-3　其他仪器与设备

三、试验准备

（1）检查软化点仪是否正常启动，加热温控功能是否正常，如图 8-3-4（a）所示。

（2）设定恒温水槽温度为试验温度，检查控温精度是否满足要求。

（3）设定烘箱温度至软化点以上 90 °C。通常道路石油沥青为（140 ± 5）°C，改性沥青为（170 ± 10）°C。

（4）样品带盖置烘箱中加热至充分流动状态，从烘箱中取出样品，用玻璃棒搅拌均匀，并取出试验小样，如图 8-3-4（b）所示。

加热控温功能是否正常

（a）

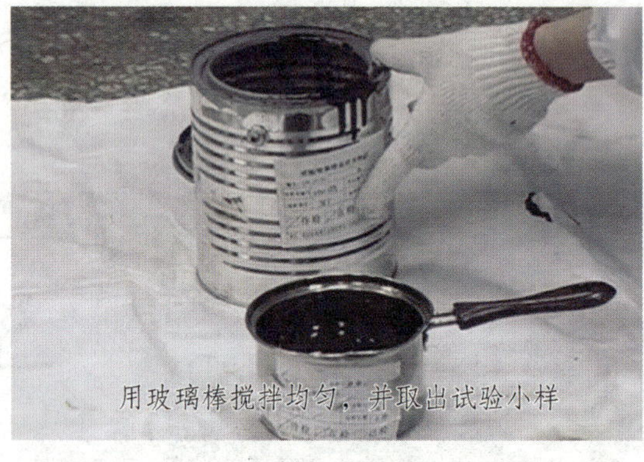
用玻璃棒搅拌均匀，并取出试验小样

（b）

图 8-3-4

四、试验步骤

1. 试样软化点在 80 °C 以下

（1）将试样环置于涂有甘油滑石粉隔离剂（甘油与滑石粉的质量比为 2∶1）的试样底板上。按规定方法将准备好的沥青试样徐徐注入试样环内至略高出环面为止，如图 8-3-5（a）所示。

（2）试样在室温冷却 30 min 后，用环夹夹着试样环，并用热刮刀刮除环面上的试样，务必使其与环面齐平，如图 8-3-5（b）所示。

将准备好的沥青试样徐徐注入试样环
内至略高出环面为止

（a）

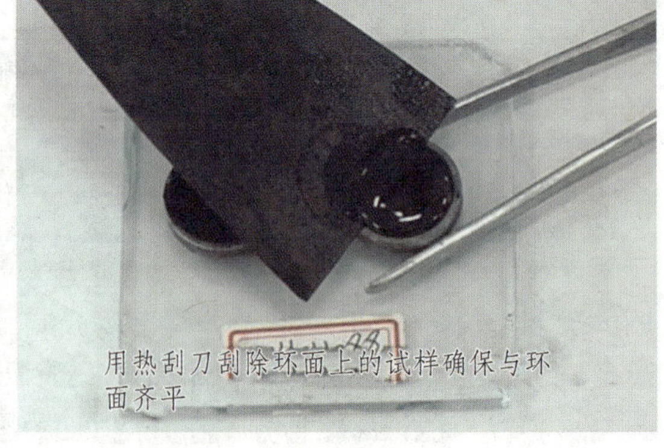
用热刮刀刮除环面上的试样确保与环
面齐平

（b）

图 8-3-5

（3）将装有试样的试样环连同试样底板置于（5 ±0.5）°C 水的恒温水槽中至少 15 min，如图 8-3-6（a）所示。同时将金属支架、钢球、钢球定位环等置于相同水槽中。

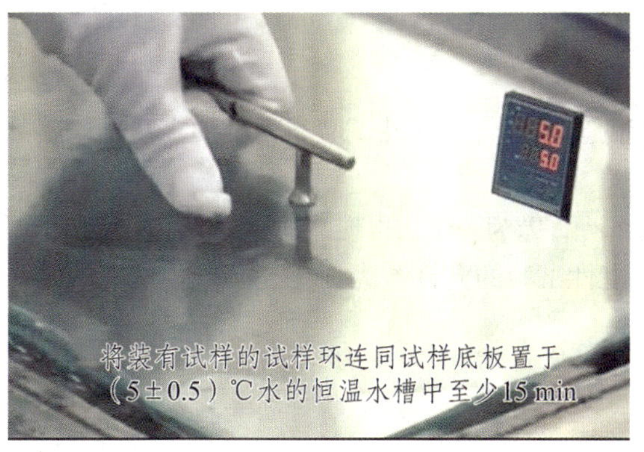

（a）

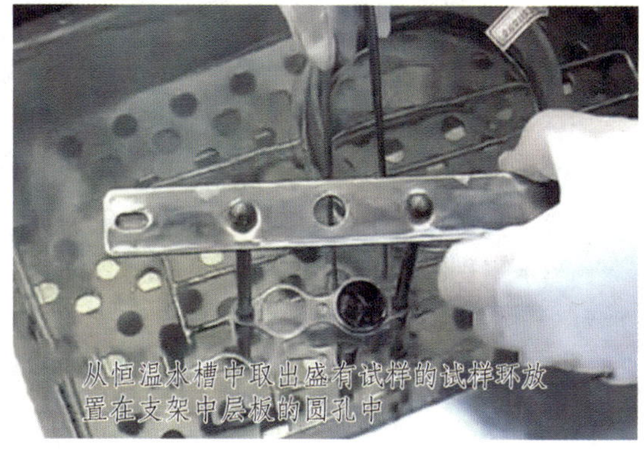

（b）

图 8-3-6

（4）烧杯内注入新煮沸并冷却至 5 °C 的蒸馏水或纯净水，水面略低于立杆上的深度标记。

（5）从恒温水槽中取出盛有试样的试样环放置在支架中层板的圆孔中，套上定位环，放置好钢球，如图 8-3-6（b）所示；然后将整个环架、搅拌装置放入烧杯中，调整水面至深度标记，环架上任何部分不得附有气泡。将 0 ~ 100 °C 的温度计由上层板中心孔垂直插入，使端部测温头底部与试样环下面齐平，如图 8-3-7（a）所示。

（6）开启软化点试验仪开始加热，使杯中水温在 3 min 内调节至维持每分钟上升（5 ± 0.5）°C。在加热过程中，应记录每分钟上升的温度值。如温度上升速度超出此范围时，则试验应重做。

（7）试样受热软化，逐渐下坠至与下层底板表面接触时，立即读取温度，精确至 0.5 °C，如图 8-3-7（b）所示。

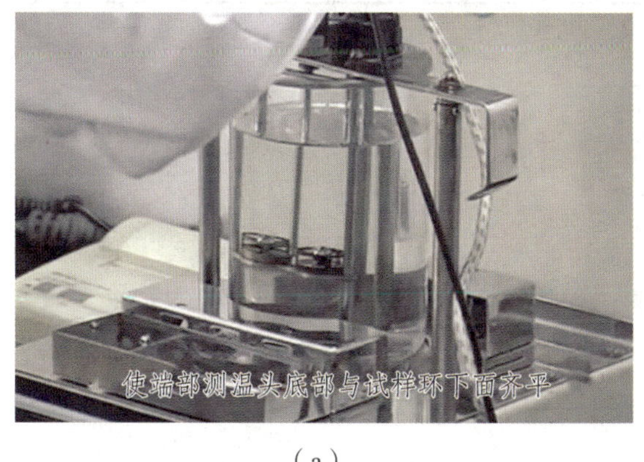

（a）

试样受热逐渐下坠至与支架下底板表面
接触时，立即读取温度，精确至0.5 ℃

（b）

图 8-3-7

2. 试样软化点在 80 °C 以上

（1）将装有试样的试样环连同试样底板置于装有（32 ± 1）°C 甘油的恒温槽中至少 15 min，同时将金属支架、钢球、钢球定位环等置于甘油中。

（2）在烧杯内注入预先加热至 32 °C 的甘油，其液面略低于立杆上的深度标记。

（3）从恒温槽中取出装有试样的试样环，按上述的方法进行测定，精确至 0.1 °C。

五、结果整理

（1）同一试样平行试验两次，当两次测定值的差值符合重复性试验精密度要求时，取其平均值作为软化点试验结果，精确至 0.5 °C。

（2）当试样软化点小于 80 °C 时，重复性试验的允许差为 1 °C，再现性试验的允许差为 4 °C。

（3）当试样软化点等于或大于 80 °C 时，重复性试验的允许差为 2 °C，再现性试验的允许差为 8 °C。

（4）沥青软化点试验记录如表 8-3-1 所示。

表 8-3-1　沥青软化点试验记录表

<table>
<tr><td colspan="4">室内温度/°C</td><td colspan="4"></td><td colspan="6">烧杯内液体种类</td><td colspan="5"></td></tr>
<tr><td colspan="4">开始加热时间</td><td colspan="4"></td><td colspan="6">开始加热液体温度/ °C</td><td colspan="5"></td></tr>
<tr><td colspan="16">烧杯中液体温度上升记录/ °C</td><td colspan="3">软化点/ °C</td></tr>
<tr><td>样品编号</td><td>1</td><td>2</td><td>3</td><td>4</td><td>5</td><td>6</td><td>7</td><td>8</td><td>9</td><td>10</td><td>11</td><td>12</td><td>13</td><td>14</td><td>15</td><td>钢球一</td><td>钢球二</td><td>平均值</td></tr>
<tr><td></td><td></td><td></td><td></td><td></td><td></td><td></td><td></td><td></td><td></td><td></td><td></td><td></td><td></td><td></td><td></td><td></td><td></td><td rowspan="2"></td></tr>
<tr><td></td><td></td><td></td><td></td><td></td><td></td><td></td><td></td><td></td><td></td><td></td><td></td><td></td><td></td><td></td><td></td><td></td><td></td></tr>
</table>

第三篇　土木工程检测实训

项目九　无损检测

任务一　锚杆长度检测

一、检测目的

（1）掌握锚杆长度检测的基本原理。

（2）掌握锚杆无损检测仪的基本使用方法。

二、检测仪器与设备

检测仪器设备为锚杆无损检测仪，如图 9-1-1 所示。

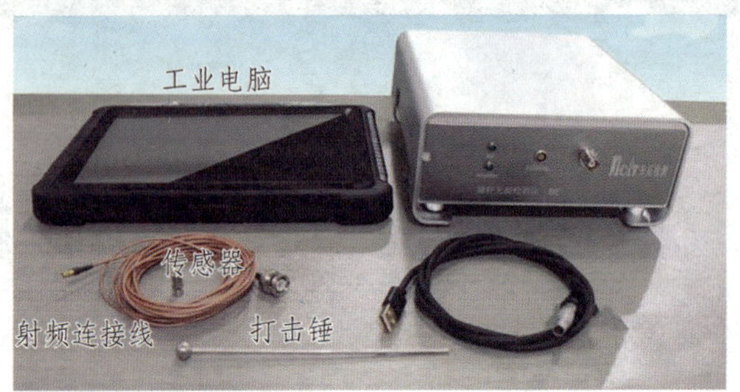

图 9-1-1　检测仪器与设备

三、检测原理

利用弹性波的反射特性，通过敲击锚杆端面，发出一个脉冲信号，该脉冲信号会在锚杆底部发生反射，将发射信号和反射信号抽取出，再根据标定所得的弹性波波速，可以计算出锚杆的长度。

四、检测步骤

1. 设备连接

连接时，由远端到近端，将射频连接线与传感器、仪器主机分别进行连接，注意在仪器连接完毕后，先开启工业电脑再开启仪器主机电源按钮，禁止带电插拔传感器。

2. 数据采集

（1）打开数据采集系统，选择数据保存路径及输入保存数据文件名，点击“保存”按钮。

（2）点击“全体设定”，选择“锚杆长度检测”，其他按钮默认设置，点击“OK”按钮。

（3）点击“数据采集设定”按钮，进行 A/D 设备自检，当信息显示“OK　OK　0”时为正常，即可以进行数据采集，若出现其他提示，请检查仪器连接及主机是否开机，然后再点击 A/D 设备自检，其他内容默认设置，点击“OK”按钮。

（4）将连接好的传感器固定于锚杆端面平整处，可适当涂抹耦合剂，点击零点标定按钮，对测试环境噪声电压进行标定，标定电压一般在 0.05 V 以下。若周围噪声过大，可在“数据采集设定”中，将触发水平适当调高，最高不超过 0.2 V。

（5）点击“数据采集”按钮，在 10 s 内对锚杆进行敲击，敲击方向与锚杆方向平行，敲击后会得到相应的波形图，点击“保存”按钮，保存该组数据，一般要求保存 10 组有效数据。

3. 数据解析

1）波速标定

（1）打开数据解析系统，点击“打开”按钮，选择需要解析的数据。

（2）点击“保存”按钮，设置文件保存名，一般保持默认，直接点击“保存”即可。

（3）点击“全体设定”，选择解析内容为锚杆长度检测，输出格式选择 RST，点击“OK”完成。

（4）点击“读入数据”按钮，读入需要解析的数据。

（5）点击“锚杆、短锚索检测”按钮，检测内容选择“波速检测”，波速检测信息中，“索杆长度”输入已知的锚杆长度，其他内容默认设置。

（6）点击“信号处理及对象解析”按钮，得到当前数据的解析结果，点击“后一波形”，依次解析完全部数据，点击“解析结果一览”，将波速最优结果填入检测记录表，保存解析结果。

2）长度检测

通过对已知长度锚杆进行波速标定所得波速对相同条件下未知长度锚杆进行长度检测。长度检测与锚杆波速标定的数据采集过程相同。

（1）打开数据解析系统，点击“打开”按钮，选择需要解析的数据。

（2）点击“保存”按钮，设置文件保存名，一般保持默认，直接点击“保存”即可。

（3）点击“全体设定”，选择解析内容为“锚杆长度检测”，输出格式选择“RST”，点击“OK”保存。

（4）点击“读入数据”按钮，读入需要解析的数据。

（5）点击“锚杆、短锚索检测”按钮，检测内容选择“长度检测”。“长度检测信息”中预计长度范围在设计长度 ± 1 m 左右均可，“计算用波速”为之前得到的标定波速，其他内容默认设置，点击“OK”保存。

（6）点击“P 处理”再点击“结果一览”得到测试的最优结果，点击“保存”按钮。

五、检测记录

锚杆长度检测记录如表 9-1-1 所示。

表 9-1-1　锚杆长度检测记录表

检测依据			锚杆描述	
检测日期			设备编号	
波速标定	锚杆编号	实际长度/m	外露长度/m	波速标定结果/（km/s）
	第____号			
长度测试	锚杆编号	外露长度/m	长度测试结果	
	第____号			
	第____号			

任务二　混凝土裂缝深度检测

一、检测目的

（1）掌握混凝土裂缝深度检测的基本原理。

（2）掌握冲击弹性波无损检测仪的基本使用方法。

二、检测仪器与设备

检测仪器设备为冲击弹性波无损检测仪，如图 9-2-1 所示。

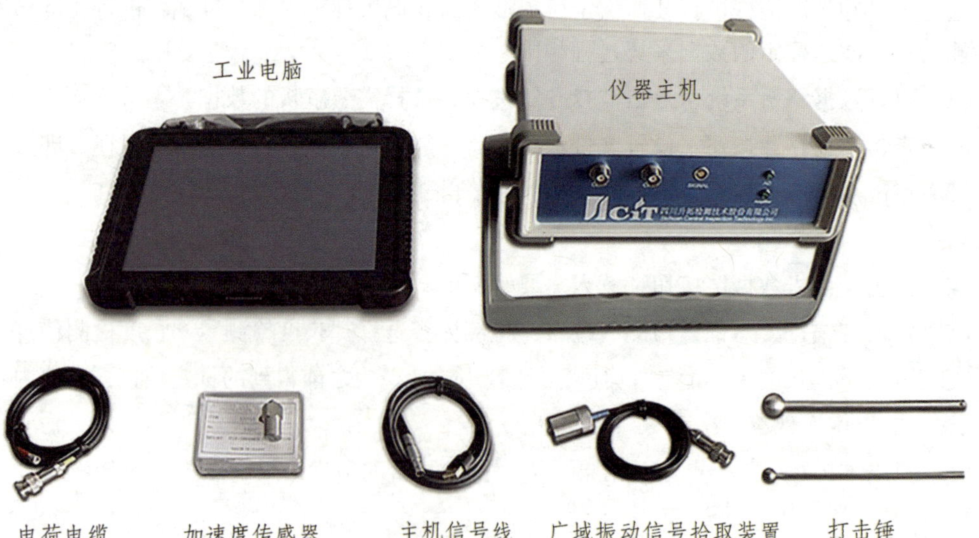

图 9-2-1　检测仪器与设备

三、检测原理

利用冲击弹性波在混凝土内传播，穿过裂缝时，在裂缝端点处产生衍射，根据其衍射角与裂缝深度之间的几何关系造成接收冲击弹性波信号的初始相位变化来测定混凝土裂缝深度。

四、检测步骤

1. 测点布置

（1）清除被测构件表面浮浆，进行测点、测线布置和描画。

（2）垂直于裂缝在裂缝两边对称各布置一条测线，一条作激振用，一条作受信用。

（3）确定起始点后，依次从距离裂缝由近到远的沿测线等距布测点。

（4）测量构件壁厚、起始测点距裂缝距离及测点间距，将相关信息填入检测记录表中。

测点间距一般为 1 ~ 2 cm，实际测试时，需根据构件大小适当调整间距，测点起始点距裂缝距离及测点间距可根据实际情况选择，一般为 2 ~ 3 cm，但原则上间距越小，测试精度越高。

2. 设备连接

连接时，由远端到近端，将电荷电缆与传感器、仪器主机分别连接，主机信号线与仪器主机、工业电脑分别连接，接入主机通道可根据现场信号强弱实际选择，连接过程中信号线的红点与主机红点相对应连接。

3. 数据采集

（1）打开数据采集系统，点击“保存”按钮，选择数据保存路径及输入保存数据文件名。

（2）点击“全体设定”，选择“裂缝深度：相位反转法”，其他按钮默认设置，点击“OK”按钮。

（3）点击“数据采集设定”按钮，进行 A/D 设备自检，当信息显示“OK　OK　0”时为正常，即可以进行数据采集。若出现其他提示，请检查 A/D 卡的驱动程序是否正常，若不正常，可根据相应步骤更新 A/D 卡驱动程序，然后再点击“A/D 设备自检”，其他内容默认设置，点击“OK”按钮。

（4）传感器最开始放置在离裂缝最近的测点，打击锤放置在裂缝另一边的对应等距测点上。

（5）点击“零点标定”按钮，对测试环境噪声电压进行标定，标定电压一般在 0.05 V 以下，若周围噪声过大，可在“数据采集设定”中，将触发水平适当调高，最高不超过 0.2 V。

（6）点击“数据采集”按钮，在 10 s 内对构件测点进行敲击，敲击后会得到相应的波形图并保存本组数据，依次根据测点布置，往裂缝两端等距移动并采集数据，直至出现首波相位反转（相应反转后也可继续测试 3 ~ 5 个数据）。

4. 数据解析

（1）打开数据解析系统，点击“打开”按钮，选择需要解析的数据，点击“保存”按钮，设置文件保存名，一般保持默认，直接点击“保存”即可。

（2）点击“全体设定”，选择解析内容为“裂缝深度：相位反转法”，输出格式选择“RST”，点击“OK”完成。

（3）点击“读入数据”按钮，读入需要解析的数据。

（4）点击“任务执行”或“表示测试波形”按钮，将读入的数据波形显示出来，如该组数据有错误波形，将其删除。

（5）点击“裂缝深度检测-相位反转法”按钮，根据实际测试情况填写相关设置。

（6）分别点击“信号处理及预备解析”“对象解析”两个按钮，得到当前数据的解析结果。

（7）点击“后一波形”按钮，依次解析完全部数据，也可直接点击“批处理”按钮，直接一次性解析完全部数据，点击“解析结果预览”按钮，将最优结果填入检测记录表，保存解析结果（图片和RST两种形式）。

如果通过自动解析所得的首波相位错误，可点击并取消“自动取得初始时刻”按钮，先点击“信号处理及预备解析”，然后用鼠标右键点击正确的首播相位位置处，再点击“对象解析”按钮即可得到正确的首播位置。

五、检测记录

混凝土构件厚度及裂缝深度检测记录如表 9-2-1 所示。

表 9-2-1　混凝土构件厚度及裂缝深度检测现场记录表

试验依据		构件描述	
检测日期		设备编号	
波速标定值/（km/s）			
厚度测试结果/mm			
裂缝测试	编号	裂缝深度测试结果/mm	
	第____测点		
	第____测点		

任务三　混凝土缺陷检测

一、检测目的

（1）掌握混凝土缺陷检测的基本原理。

（2）掌握冲击弹性波无损检测仪的基本使用方法。

二、检测仪器与设备

检测仪器设备为冲击弹性波无损检测仪，如图 9-3-1 所示。

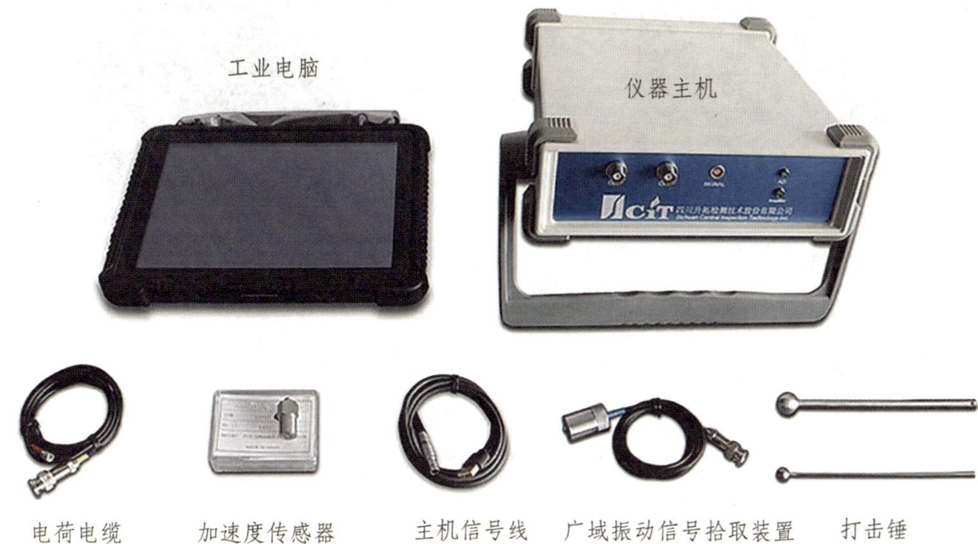

图 9-3-1 检测仪器与设备

三、检测原理

基于冲击回波法（IE 法），通过在混凝土表面进行激振、接收的方式，对混凝土内部缺陷进行测试。当测试位置无缺陷时，传感器接收混凝土底部反射回来的弹性波；当混凝土内部存在缺陷时，弹性波发生绕射，传播距离增加，返回时间延长，在结构表面激发冲击弹性波信号，利用信号处理方法或频谱技术识别构件底部的反射信号，来测定结构物厚度（波速）等。

四、检测步骤

1. 测点布置

清除被测构件表面浮浆，进行测点、测线布置和描画，同时测量被测构件结构尺寸，将了解的信息填入检测记录表中。

1）试块波速标定测点布置

测点选择位于构件光滑平整面的两条对角线交叉点上，实际测试时，需根据实际构件大小布置测点，一般要求测点离边界不小于 5 cm，如图 9-3-2（a）所示。

2）缺陷测线、测点布置

在测试面上两相邻边中心位置分别垂直与边画两条测线，第一条测点距离边界大于等于 5 cm，点距 2 ~ 3 cm，如图 9-3-2（b）所示。

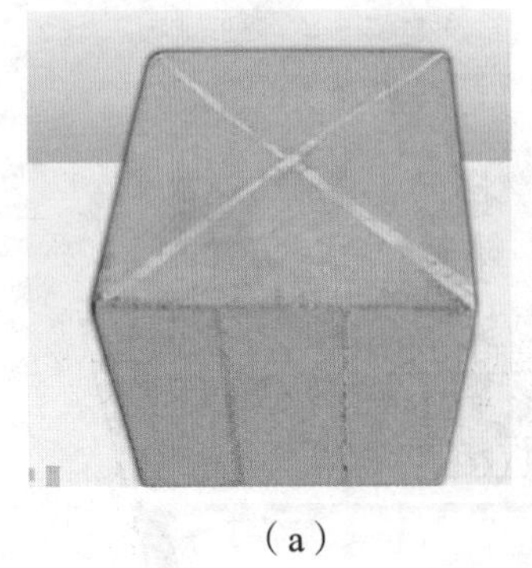

（a）

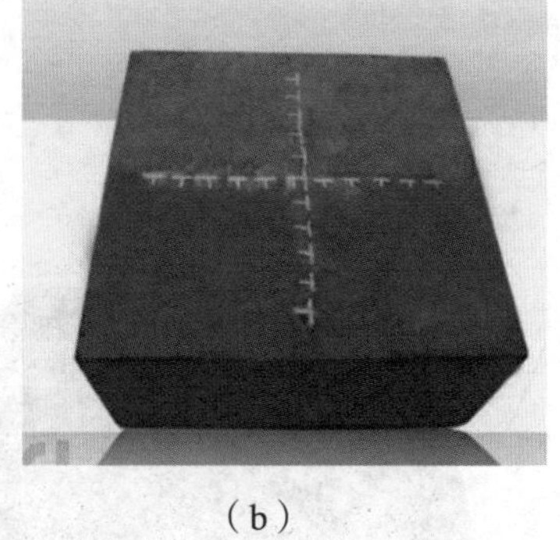

（b）

图 9-3-2　测点布置

2. 设备连接

连接时，由远端到近端，将光域信号拾取装置与仪器主机 CH1 通道进行连接，主机信号线与仪器主机、工业电脑分别连接，接入主机通道可根据现场信号强弱实际选择，连接过程中信号线的红点与主机红点相对应连接。

3. 数据采集

1）波速标定采集

（1）打开数据采集系统，点击“保存”按钮，选择数据保存路径及输入保存数据文件名。

（2）点击“全体设定”，选择“结构材质及缺陷：IE/EWR”（波速标定采集时则选择波速标定），其他按钮默认设置，点击“OK”按钮。

（3）点击“数据采集设定”按钮，进行 A/D 设备自检，当信息显示“OK　OK　0”时为正常，即可以进行数据采集。若出现其他提示，请检查 A/D 卡的驱动程序是否正常，若不正常，可根据相应步骤更新 A/D 卡驱动程序，然后再点击 A/D 设备自检，点击“OK”按钮。

（4）“触发频道”选“1”，其他内容默认设置，点击“OK”按钮。

（5）传感器位置位于试块对角线交叉处，试块测试环形敲击。

（6）点击“零点标定”按钮，对测试环境噪声电压进行标定，标定电压一般在 0.05 V 以下，若周围噪声过大，可在“数据采集设定”中，将触发水平适当调高，最高不超过 0.2 V。

（7）点击“数据采集”按钮，在 10 s 内对构件测点进行敲击，采集到有效波形后点击“采集数据”按钮保存数据，波速标定测试时，传感器固定不动，敲击点绕传感器一圈逐点敲击，保证 8 个以上有效测试数据。

2）缺陷测试

缺陷测试时，传感器固定于测点上，敲击点位于测线一侧，逐点将一条测线测试完毕。

4. 数据解析

1）波速测定

（1）打开数据解析系统，点击“打开”按钮，选择需要解析的数据。

（2）点击“保存”按钮，设置文件保存名，一般保持默认，直接点击“保存”即可。

（3）点击“全体设定”，选择解析内容为“结构材质及缺陷：IE/EWR”，输出格式选择“RST”，点击“OK”完成。

（4）点击“读入数据”按钮，读入需要解析的数据。

（5）点击“任务执行”或“表示测试波形”按钮，将读入的数据波形显示出来，如该组数据有错误波形，将其删除。

（6）点击“IE速度标定”按钮，“检测对象厚度”输入混凝土构件实际厚度，在“P波波速检测信息”中选择“人工设定”按钮，再点击“确认”按钮。

（7）点击“P处理”按钮，得到波速标定数据解析结果——波速。

（8）点击“结果一览”按钮，将得到波速最优结果填入检测记录表中，点击“保存图片”和“保存数据”按钮。

2）混凝土缺陷测试

（1）打开数据解析系统，点击“打开”按钮，选择需要解析的数据。

（2）点击“保存”按钮，设置文件保存名，一般保持默认，直接点击“保存”即可。

（3）点击“全体设定”，选择解析内容为“结构材质及缺陷：IE/EWR”，输出格式选择“RST”，点击“OK”完成。

（4）点击“读入数据”按钮，读入需要解析的数据。

（5）点击“数列转换”按钮。

（6）点击“EWR-IEEV”按钮，在“Y开始位置（m）”填入起点距边界距离，在“Y测点间隔（m）”填入两侧点间距，在“最小速度（km/s）”填入解析得到的波速最优结果，在“对象最大壁厚（m）”填入预计最大壁厚，再点击“OK”按钮。

（7）点击“频谱解析设定”按钮，“解析方式”选择“MEM”，“纵坐标模式”选择“对数增强”，点击“OK”按钮。

（8）点击“任务执行”按钮。

（9）点击“波形频谱等值线表示”按钮，点击“OK”按钮。

（10）点击“执行任务”按钮。

（11）点击“鼠标设定”按钮，“左键机能表示”选择“矩形标识”点击“OK”按钮。

（12）利用鼠标左键圈出缺陷Y坐标起点和终点，并记录于检测记录中，得到测线-1#缺陷宽度，点击“保存图片”按钮。

5. 缺陷面积计算

重复混凝土缺陷解析过程，解析缺陷测线-2#数据，得到测线-2#缺陷宽度，并记录于检测记录表中，将两缺陷宽度相乘，得到缺陷面积，并记录于检测记录表中。

五、检测记录

混凝土构件厚度及内部缺陷检测记录如表9-3-1所示。

表 9-3-1　混凝土构件厚度及内部缺陷检测现场记录表

试验依据		构件描述	
检测日期		设备编号	
波速标定值/（km/s）			
厚度测试值			
缺陷测试	编号	缺陷长度测试结果/mm	
	第____测线		
	第____测线		
缺陷位置示意图：			

任务四　混凝土厚度检测

一、检测目的

（1）掌握混凝土厚度检测的基本原理。

（2）掌握冲击弹性波无损检测仪的基本使用方法。

二、检测仪器与设备

检测仪器设备为冲击弹性波无损检测仪，如图 9-4-1 所示。

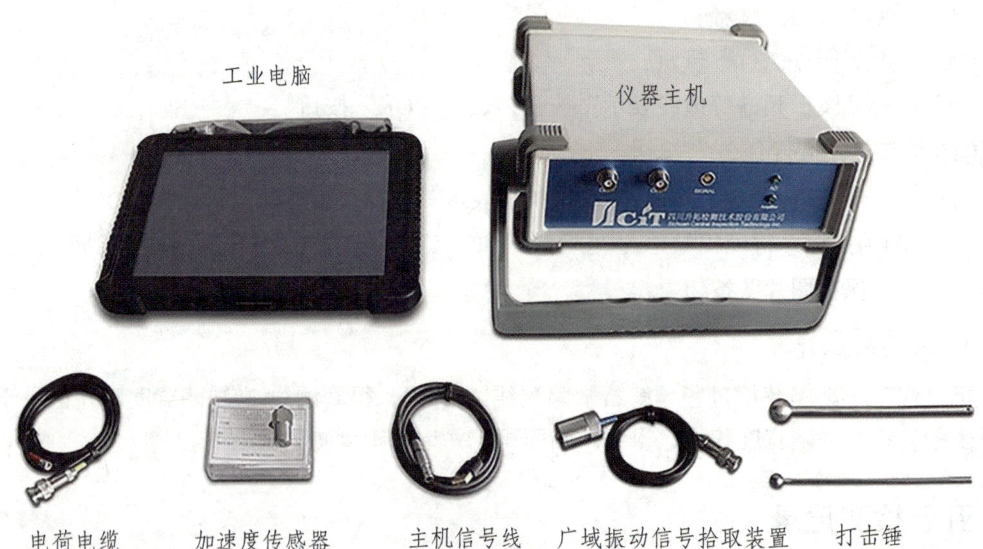

图 9-4-1　检测仪器与设备

三、检测原理

采用冲击回波法利用冲击弹性波的反射特性，在结构表面激发冲击弹性波信号，利用信号处理方法或频谱技术识别构件底部的反射信号，来测定结构物厚度（波速）等。

四、检测步骤

1. 测点布置

清除被测构件表面浮浆，进行测点、测线布置和描画，同时测量被测构件结构尺寸，将了解的信息填入检测记录表中。

被测构件一般为标定波速标准构件和未知厚度构件，测点选择位于构件光滑平整面的两条对角线交叉点上。实际测试时，需根据实际构件大小布置测点，一般要求测点离边界不小于5 cm，如图 9-4-2 所示。

图 9-4-2　测点布置

2. 设备连接

连接时，由远端到近端，将广域信号拾取装置与仪器主机进行连接，主机信号线与仪器主机、工业电脑分别连接，接入主机通道可根据现场信号强弱实际选择，连接过程中信号线的红点与主机红点相对应连接。

3. 数据采集

数据采集共两次，一般先进行波速标定，再进行厚度测试，两次的数据采集过程基本相同。

（1）打开数据采集系统，点击“保存”按钮，选择数据保存路径及输入保存数据文件名。

（2）点击“全体设定”，选择“结构厚度：IE/EWR”（波速标定采集时则选择波速标定），其他按钮默认设置，点击“OK”按钮。

（3）点击“数据采集设定”按钮，进行 A/D 设备自检，当信息显示“OK　OK　0”时为正常，即可以进行数据采集。若出现其他提示，请检查 A/D 卡的驱动程序是否正常，若不正常，可根据相应步骤更新 A/D 卡驱动程序，然后再点击 A/D 设备自检，其他内容默认设置，点击“OK”按钮。

（4）传感器位置位于试块对角线交叉处，试块测试时环形敲击。

（5）点击“零点标定”按钮，对测试环境噪声电压进行标定，标定电压一般在 0.05 V 以下，若周围噪声过大，可在“数据采集设定”中，将触发水平适当调高，最高不超过 0.2 V。

（6）点击“数据采集”按钮，在 10 s 内对构件测点进行敲击，敲击方向与侧面方向垂直，敲击后得到相应的波形图。

（7）点击“保存”按钮，厚度检测保存不少于 8 个有效数据。

4. 数据解析

1）波速测定

（1）打开数据解析系统，点击“打开”按钮，选择需要解析的数据。

（2）点击“保存”按钮，设置文件保存名，一般保持默认，直接点击“保存”即可。

（3）点击“全体设定”，选择解析内容为“结构材质及缺陷：IE/EWR”，输出格式选择“RST”，点击“OK”完成。

（4）点击“读入数据”按钮，读入需要解析的数据。

（5）点击“任务执行”或“表示测试波形”按钮，将读入的数据波形显示出来，如该组数据有错误波形，将其删除。

（6）点击“IE 速度标定”按钮，“检测对象厚度”输入混凝土构件实际厚度，其他内容默认设置。

（7）分别点击“信号处理及预备解析”“对象解析”两个按钮，得到当前数据的解析结果。

（8）点击“后一波形”按钮，依次解析完全部数据，也可直接点击“批处理”按钮，直接一次性解析完全部数据。

（9）点击“解析结果预览”按钮，将最优结果填入检测记录表，保存解析结果（图片和 RST 两种形式）。

2）厚度测试

（1）打开数据解析系统，点击“打开”按钮，选择需要解析的数据。

（2）点击“保存”按钮，设置文件保存名，一般保持默认，直接点击“保存”即可。

（3）点击“全体设定”，选择解析内容为“结构厚度：IE/EWR”，输出格式选择“RST”，点击“OK”完成。

（4）点击“读入数据”按钮，读入需要解析的数据。

（5）点击“任务执行”或“表示测试波形”按钮，将读入的数据波形显示出来，如该组数据有错误波形，将其删除。点击“IE 厚度检测”按钮，“解析用 P 波波速”输入波速标定中得到的最优波速值，其他内容默认设置，厚度信息根据了解的相关情况输入相应厚度范围信息。

（6）分别点击“信号处理及预备解析”“对象解析”两个按钮，得到当前数据的解析结果。

（7）点击“后一波形”按钮，依次解析完全部数据，也可直接点击“批处理”按钮，直接一次性解析完全部数据，点击“解析结果预览”按钮，将最优结果填入检测记录表，保存解析结果（图片和 RST 两种形式）。

五、检测记录

混凝土厚度检测记录如表 9-4-1 所示。

表 9-4-1　混凝土构件厚度检测现场记录表

试验依据		构件描述	
检测日期		设备编号	
波速标定值/（km/s）			
厚度测试值			

任务五　钢筋保护层及间距检测

一、检测目的

（1）掌握钢筋保护层及分布位置检测的基本原理。

（2）掌握钢筋扫描仪的基本使用方法。

二、检测仪器与设备

（1）钢筋扫描仪。

（2）测试纸。

三、检测原理

通过探头发射磁场，使钢筋产生感应电流，并接收钢筋发出的二次磁场信号。

四、检测步骤

1. 设备连接

使用探头、主机信号线将探头和主机连接，连接过程中信号线的红点与主机红点相对应连接，信号线的凹槽和探头相对应连接，如图 9-5-1 所示。

主机红点

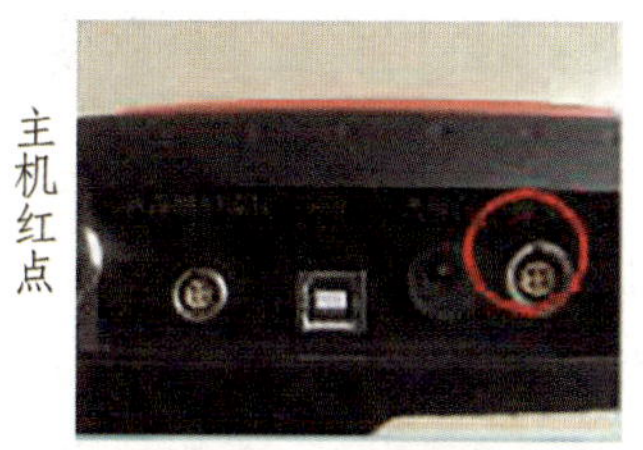

信号线红点

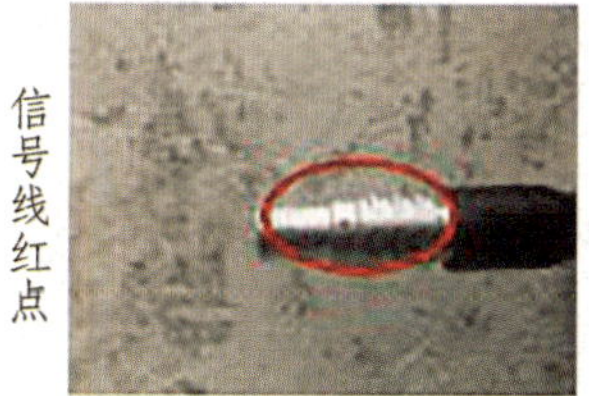

信号线凹槽

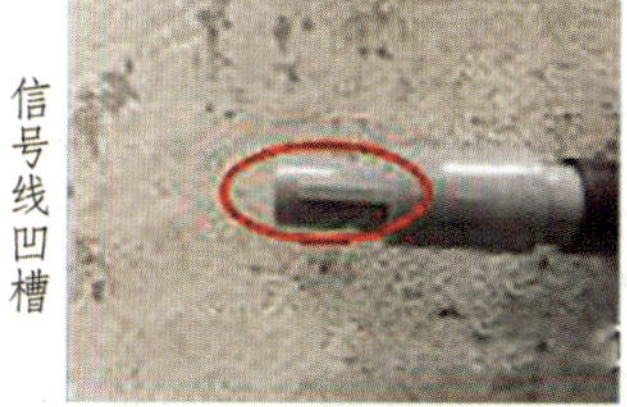

探头凹槽

连接过程中信号线的红点与主机红点相对应连接

图 9-5-1

2. 钢筋数量及位置普查

（1）按任意键进入功能选项，选择第一个厚度测试。

（2）更改钢筋直径和编号，将探头放置在远离测试区域 50 cm 的测试高度进行设备标零。

（3）然后按下确认键，待“wait”消失后，开始对钢筋位置进行扫描。

3. 粗略扫描钢筋位置

（1）在测试区域上铺好测试纸，然后将探头沿测试区的 X 轴边缘开始向前移动。注意在移动过程中应尽量保证探头水平向前移动，不要倾斜，当听到响声后停止移动探头，并在探头两侧的凹痕处用铅笔做好标记。

（2）继续移动探头，依次进行标记，直到探头移出测试区域为止。

扫描时，若保护层厚度大于 6 cm 时，应点击“/”切换按钮，切换成高量程进行检测，测区 X 轴方向测完后，进行设备标零，并以相同的方法继续沿 Y 轴方向进行测试。

4. 钢筋保护层厚度检测

（1）将探头重新标零，然后放置在做好标志的位置，沿测线方向来回移动 3 次。

（2）在测纸上分别记录 3 次检测的保护层厚度和最终的保护层厚度。

当记录的 3 个保护层厚度有两个相同，且同另一值差异不超过 1 mm 时，选取这两个相同值的数值为厚度值。若记录的 3 个保护层厚度值均不相同，则建议重新测量。

5. 精确扫描钢筋位置

（1）测试并记录保护层厚度后，继续在测试位置沿测线方向前后移动，找到信号值达到最大且测试保护层厚度和当前保护层厚度相同的测区位置，在探头的左右两侧凹痕处做好标记。

（2）在两处标记位置连接取中点，再从测线二以同样的方式确定另一个中点，通过两点连线确定钢筋的位置，重复以上操作，分别找出其他钢筋的位置。

6. 钢筋间距检测

找出钢筋的准确位置后，测量出钢筋的分布间距。

五、检测记录

钢筋保护层厚度及钢筋间距检测如表 9-5-1 所示。

表 9-5-1　钢筋保护层厚度及钢筋间距检测现场记录表　　单位：mm

<table>
<tr><td colspan="2">试验依据</td><td colspan="4"></td><td colspan="3">钢筋直径</td><td colspan="3"></td></tr>
<tr><td colspan="2">检测日期</td><td colspan="4"></td><td colspan="3">设备编号</td><td colspan="3"></td></tr>
<tr><td colspan="2">构件描述</td><td colspan="10"></td></tr>
<tr><td colspan="12">仪器校准</td></tr>
<tr><td colspan="12">实测值</td></tr>
<tr><td rowspan="3">横向钢筋保护层厚度</td><td>钢筋编号</td><td colspan="2"></td><td colspan="2"></td><td colspan="2"></td><td colspan="2"></td><td colspan="2"></td></tr>
<tr><td>测值</td><td></td><td></td><td></td><td></td><td></td><td></td><td></td><td></td><td></td><td></td></tr>
<tr><td>平均值</td><td colspan="2"></td><td colspan="2"></td><td colspan="2"></td><td colspan="2"></td><td colspan="2"></td></tr>
<tr><td rowspan="3">横向钢筋间距</td><td>钢筋编号</td><td colspan="2"></td><td colspan="2"></td><td colspan="2"></td><td colspan="2"></td><td colspan="2"></td></tr>
<tr><td>测值</td><td></td><td></td><td></td><td></td><td></td><td></td><td></td><td></td><td></td><td></td></tr>
<tr><td>平均值</td><td colspan="2"></td><td colspan="2"></td><td colspan="2"></td><td colspan="2"></td><td colspan="2"></td></tr>
<tr><td rowspan="3">纵向钢筋间距</td><td>钢筋编号</td><td colspan="2"></td><td colspan="2"></td><td colspan="2"></td><td colspan="2"></td><td colspan="2"></td></tr>
<tr><td>测值</td><td></td><td></td><td></td><td></td><td></td><td></td><td></td><td></td><td></td><td></td></tr>
<tr><td>平均值</td><td colspan="2"></td><td colspan="2"></td><td colspan="2"></td><td colspan="2"></td><td colspan="2"></td></tr>
<tr><td colspan="12">钢筋分布及间距示意图：</td></tr>
</table>

项目十　路基路面现场检测

任务一　路面压实度检测

方法一　灌砂法检测压实度

一、检测目的与适用范围

（1）本试验方法适用于现场测定路基、基层或底基层及砂石路面的各种细粒土、中粒土、粗料土，包括天然砂砾土、级配砂砾料、级配碎石及水泥、石灰、粉煤灰稳定土等的密度和压实度。适用于沥青表面处治，沥青贯入式路面层的密度和压实度检测，但不适用于填石路堤等有大孔洞或大孔隙材料的压实度检测。

（2）用挖坑灌砂法测定密度和压实度时，应符合下列规定。

① 当集料的最大粒径小于 15 mm，测定层的厚度不大于 150 mm 时，宜采用 ϕ100 mm 的小型灌砂筒测试。

② 当集料的最大粒径大于或等于 15 mm，但不大于 40 mm，测定层的厚度超过 150 mm，但不超过 200 mm 时，应用 ϕ150 mm 的大型灌砂筒测试。

二、检测依据

检测依据《公路路基路面现场测试规程》（JTG E60—2008）。

三、检测原理

通过灌砂法用标准砂的密度来测定土的密度，然后与试验室标准击实试验所得出的最大干密度相比较得出压实度。

四、检测仪器与设备

（1）灌砂筒：为一金属圆筒（可用镀锌铁皮制作），有大小两种，上部储砂筒小筒容积为 2 120 cm^3，大筒容积为 4 600 cm^3，筒底中心有一个圆孔。下部装一倒置的圆锥形漏斗，漏斗上端开口，直径与储砂筒的圆孔相同，漏斗焊接在一块铁板上，铁板中心有一圆孔与漏头上开口相接。自储砂筒筒底与漏斗顶端铁板之间设有开关。开关为一薄铁板，一端与筒底及漏斗铁板铰接在一起，另一端伸出筒身外，开关铁板上也有一个相同直径的圆孔。

（2）金属标准罐：用薄铁板作金属罐，用于小罐砂筒的内径为 100 mm，高 150 mm，用于大灌砂筒的直径为 150 mm，高 200 mm，上端周围均有一罐缘。

（3）基板：用薄铁板制作，用于小灌砂筒的基板为边长 350 mm，深 40 mm 的金属方盘，盘的中心有一直径为 150 mm 的圆孔。

（4）玻璃板：边长约 500 mm（用于小灌砂筒）或 600 mm（用于大灌砂筒）的方形板。

（5）试样盘：小筒挖出的试样可用饭盒存放，大筒挖出的试样可用 300 mm × 500 mm × 400 mm 的搪瓷盘存放。

（6）天平或台秤：称量 10 ~ 15 kg，感量不大于 1 g，用于含水量测定的天平精度，对细粒土、中粒土、粗粒土宜分别为 0.01 g、0.1 g、1.0 g。

（7）含水量测定器具：如铝盒、烘箱等。

（8）量砂：粒径 0.30 ~ 0.60 mm 或 0.25 ~ 0.50 mm 清洁干燥的均匀砂，约 20 ~ 40 kg，使用前须洗净烘干，并放置足够的时间，使其与空气的湿度达到平衡。

（9）盛砂的容器：塑料桶等。

（10）其他：凿子、改锥、铁锤、长把勺、长把小簸箕、毛刷等。

五、取样规则（测点的分布）

根据检测单位类别以及单位面积均匀布点，并且按照表 10-1-1 有关技术规范频率抽取样。

表 10-1-1　取样频率

工程类别	取样频率（以双车道为准）
土方路基	每 200 m 每压实层测 4 处
砂垫层	每 200 m 检查 4 处
沥青混凝土面层和沥青碎（卵）石面层	每 200 m 检查 1 处
水泥土基层和底基层	每 200 m 每车道 2 处
水泥稳定粒料基层和底基层	每 200 m 每车道 2 处
石灰土基层和底基层	每 200 m 每车道 2 处
石灰稳定粒料基层和底基层	每 200 m 每车道 2 处
石灰、粉煤灰土基层和底基层	每 200 m 每车道 2 处
石灰、粉煤灰稳定粒料基层和底基层	每 200 m 每车道 2 处
级配碎（卵）石基层和底基层	每 200 m 每车道 2 处
填隙碎石（矿渣）基层和底基层	每 200 m 每车道 2 处

六、检测步骤

（1）按现行试验方法，对检测对象试样用同种材料进行击实试验，得到最大干密度 ρ_c 及最佳含水量。

（2）按规定选用适宜的灌砂筒。

（3）按以下步骤标定灌砂筒下部圆锥体内砂的质量。

① 在灌砂筒筒口高度上，向灌砂筒内装砂至筒顶的距离不超过 15 mm 左右为止。称取筒内砂的质量 m_1，精确至 1 g，以后每次标定及试验都应该维持与高度装砂质量不变。

② 将开关打开，使灌砂筒筒底的流砂孔、圆锥形漏斗上端开口圆孔及开关铁板中心的圆孔上下对准，让砂自由流出，并使流出砂的体积与工地所挖试坑内的体积相当（或等于标定罐的容积），然后关上开关稳定量筒内砂的质量。

③ 不晃动灌砂筒的砂，轻轻地将灌砂筒移至玻璃板上，将开关打开，让砂流出，直到筒内砂不再下流时，将开关关上，并细心地取走灌砂筒。

④ 收集并称量留在玻璃板上的砂或称量筒内的砂，精确至 1 g，玻璃板上的砂的质量就是填满筒下圆锥体的砂的质量 m_2。

⑤ 重复上述测量三次，取其平均值。

（4）按以下步骤标定量砂的单位质量 r_s。

① 用水确定标定罐的容积 V，精确至 1 mL。

② 在灌砂筒中装入质量为 m_1 的砂，并将灌砂筒放在标定罐上，将开关打开，让砂流出。在整个流砂过程中，不要碰动灌砂筒，直到灌砂筒内的砂不再下流时，将开关关闭，取下灌砂筒，称取筒内剩余砂的质量 m_3，精确至 1 g。

③ 按式（10-1-1）计算填满标定罐所需砂的质量 M_a。

$$M_a = m_1 - m_2 - m_3 \quad (10\text{-}1\text{-}1)$$

式中 M_a——标定罐中砂的质量（g）；

m_1——灌砂筒装入标定罐前，筒内砂的质量（g）；

m_2——灌砂筒下部圆锥体内砂的质量（g）；

m_3——灌砂筒装入标定罐后，筒内剩余砂的质量（g）。

④ 重复上述测量三次，取其平均值。

⑤ 按式（10-1-2）计算量砂的单位质量 r_s。

$$r_s = M_a / V \quad (10\text{-}1\text{-}2)$$

式中 r_s——量砂的单位质量（g/cm^3）；

V——标定罐的体积（cm^3）。

（5）试验步骤。

① 在试验地点，选一块平坦表面，并将其清扫干净，其面积不小于基板面积。

② 将基板放在平坦表面上，如果表面粗糙度较大，则将盛有量砂 m_5 的灌砂筒放在基板中间圆孔上。将罐砂筒的开关打开，让砂流入基板的中孔内，直到储砂筒内的砂不再流下时关闭开关。取下灌砂筒，并称量筒内砂的质量 m_6，精确至 1 g。

注：当需要检测厚度时，应先测量厚度后再进行这一步骤。

③ 取走基板，并将留在试验地点的量砂收回，重新将表面清扫干净。

④ 将基板放回清扫干净的表面上（尽量放在原处），沿基板中孔凿洞（洞的直径与灌砂筒一致）。在凿洞的过程中，应注意不使凿出的材料丢失，并随时将凿松的材料取出装入塑料袋中，不要使水分蒸发。也可放在大试样盆内。等于测定层厚度，但不得有下层材料混入，最后将洞内的试调深度全部凿松材料取出。对土基或基层，为防止试样盘内材料的水分蒸发，可分几次称取材料的质量，全部取出材料的总质量为 M_W，精确至 1 g。

⑤ 从挖出的全部材料中取有代表性的样品，放在铝盒或干净的搪瓷盒内，测定其含水量（w，以%计）。样品的数量如下：用小灌砂筒测定时，对于细粒土，不少于 100 g，对于各种中粒土，不少于 500 g；用大灌砂筒测定时，对于细粒土，不少于 200 g，对于各种中粒土，不少于 1 000 g，对于粗粒土或水泥、石灰、粉煤灰等无机结合料稳定土，不少于 2 000 g。如试验的是水泥、石灰、粉煤灰等无机结合料稳定土，亦可将取出的材料烘干并称取其质量 m_d，精确至 1 g。

注：如沥青表面处治或沥青贯入式结构类材料，则省去测定含水量步骤。

⑥ 将基板安放在试坑上，将灌砂筒安放在基板中间（储砂筒内放满砂到要求质量 m_1），使灌砂筒的下口对准基板的中孔及试洞。打开灌砂筒的开关，让砂流入试坑中。在此期间，应注意勿碰动灌砂筒。直到储砂筒内的砂不再下流时，关闭开关。仔细取走灌砂筒，并称量剩余砂的质量 m_4，精确至 1 g。

⑦ 如清扫干净的平坦表面的粗糙度不大，也可省去②和③的操作。在试洞挖好后，将灌砂筒的下口对准放在试坑上，中间不需要放基板。打开筒的开关，让砂流入试坑内。在此期间，应注意勿碰动灌砂筒，并称量剩余砂的质量（m_4'），精确至 1 g。

⑧ 仔细取出试筒内的量砂，以供下次试验时再用。

七、结果计算

（1）按式（10-1-3）、（10-1-4）计算填满试坑所用的砂质量 M_b。

灌砂时，试坑上放基板时。

$$M_b = m_1 - m_4 - (m_5 - m_6) \tag{10-1-3}$$

灌砂时，试坑上不放基板时。

$$M_b = m_1 - m_4' - m_2 \tag{10-1-4}$$

式中 M_b——填满试坑的砂的质量（g）；

m_1——灌砂前灌砂筒内砂的质量（g）；

m_2——灌砂筒下部圆锥体内砂的平均质量（g）；

m_4'——灌砂后灌砂筒余砂的质量（g）；

m_5——灌砂筒下部圆锥体及基板和粗糙表面间砂的合计质量（g）。

（2）按式（10-1-5）计算试坑材料的湿密度（湿容重）ρ_W。

$$\rho_W = M_W / M_b \times r_s \tag{10-1-5}$$

式中 ρ_W——试坑材料的湿密度（g/cm^3）；

M_W——试坑中取出的全部材料的质量（g）；

r_s——量砂的单位质量（g/cm^3）。

（3）按式（10-1-6）计算试坑材料的干密度ρ_a。

$$\rho_a = \rho_W / (1+0.01w) \tag{10-1-6}$$

式中 ρ_a——试坑材料的干密度（g/cm^3）；

w——试坑材料的含水量（%）。

（4）当使用水泥、石灰、粉煤灰等无机结合料稳定土的场合，可按式（10-1-7）计算干密度ρ_d。

$$\rho_d = M_d / M_b \times r_s \tag{10-1-7}$$

式中 ρ_d——干密度（g/cm^3）；

m_d——试坑中取出的稳定土的烘干质量（g）。

（5）按下式计算施工压实度 K。

$$K = \rho_d / \rho_c \times 100\% \tag{10-1-8}$$

式中 K——测试地点的施工压实度（%）；

ρ_d——试样的干密度（g/cm^3）；

ρ_c——由击实试验得到的试样的最大干密度（g/cm^3）。

注：当试坑材料组成与击实试验的材料有较大差异时，可以试坑材料作标准击实，求取实际的最大干密度。

（6）灌砂法压实度检测记录如表 10-1-2 所示。

八、结论判定

各个工程根据工程性质依据相关验收技术规范判定路基路面，主要依据为《公路工程质量检验评定标准 第一册 土建工程》（JTG F80/1—2004）。

九、注意事项

（1）仔细收集洞中挖出的全部土或材料，勿使丢失，并采取措施保护其含水量不受损失。

（2）标准砂使用前须洗净烘干，并放置足够的时间，使其与空气的湿度达到平衡。灌砂后挖出的砂需要回收利用，并且需要过 0.5 mm 的筛。

（3）各种材料的干密度均精确至 0.01 g/cm^3。

表 10-1-2　土壤压实度检测记录表（灌砂法）

<table>
<tr><td colspan="2">工程名称</td><td colspan="4"></td><td colspan="3">试验地点</td><td colspan="3"></td></tr>
<tr><td colspan="2">试验方法编号</td><td colspan="4"></td><td colspan="3">试验日期</td><td colspan="3"></td></tr>
<tr><td colspan="2">层　数</td><td colspan="2"></td><td colspan="2">锥体内砂重 m_2 /g</td><td colspan="1"></td><td colspan="2">标准砂密度(ρ_s) /（g/cm^3）</td><td colspan="3"></td></tr>
<tr><td colspan="2">最大干密度/（g/cm^3）</td><td colspan="2"></td><td colspan="2">最佳含水量/%</td><td colspan="1"></td><td colspan="2">要求压实度/%</td><td colspan="3"></td></tr>
<tr><td rowspan="2">序号</td><td rowspan="2">试验项目公式</td><td colspan="10">试验位置（桩号）</td></tr>
<tr><td colspan="2"></td><td colspan="2"></td><td colspan="2"></td><td colspan="2"></td><td colspan="2"></td></tr>
<tr><td>①</td><td>（灌砂前筒+砂重）/g</td><td colspan="2"></td><td colspan="2"></td><td colspan="2"></td><td colspan="2"></td><td colspan="2"></td></tr>
<tr><td>②</td><td>（灌砂后筒+砂重）/g</td><td colspan="2"></td><td colspan="2"></td><td colspan="2"></td><td colspan="2"></td><td colspan="2"></td></tr>
<tr><td>③</td><td>灌入试坑砂重（①－②－m$_2$）/g</td><td colspan="2"></td><td colspan="2"></td><td colspan="2"></td><td colspan="2"></td><td colspan="2"></td></tr>
<tr><td>④</td><td>试坑体积（③/ρ_s）/ cm^3</td><td colspan="2"></td><td colspan="2"></td><td colspan="2"></td><td colspan="2"></td><td colspan="2"></td></tr>
<tr><td>⑤</td><td>湿试样重/g</td><td colspan="2"></td><td colspan="2"></td><td colspan="2"></td><td colspan="2"></td><td colspan="2"></td></tr>
<tr><td>⑥</td><td>湿密度（⑤/④）/（g/cm^3）</td><td colspan="2"></td><td colspan="2"></td><td colspan="2"></td><td colspan="2"></td><td colspan="2"></td></tr>
<tr><td>⑦</td><td>盒号</td><td></td><td></td><td></td><td></td><td></td><td></td><td></td><td></td><td></td><td></td></tr>
<tr><td>⑧</td><td>盒重/g</td><td></td><td></td><td></td><td></td><td></td><td></td><td></td><td></td><td></td><td></td></tr>
<tr><td>⑨</td><td>（盒+湿土重）/g</td><td></td><td></td><td></td><td></td><td></td><td></td><td></td><td></td><td></td><td></td></tr>
<tr><td>⑩</td><td>（盒+干土重）/g</td><td></td><td></td><td></td><td></td><td></td><td></td><td></td><td></td><td></td><td></td></tr>
<tr><td>⑪</td><td>干土重（⑩－⑧）/g</td><td></td><td></td><td></td><td></td><td></td><td></td><td></td><td></td><td></td><td></td></tr>
<tr><td>⑫</td><td>水重（⑨－⑩）/g</td><td></td><td></td><td></td><td></td><td></td><td></td><td></td><td></td><td></td><td></td></tr>
<tr><td>⑬</td><td>含水量（⑫/⑪·100）/%</td><td></td><td></td><td></td><td></td><td></td><td></td><td></td><td></td><td></td><td></td></tr>
<tr><td>⑭</td><td>平均含水量/%</td><td colspan="2"></td><td colspan="2"></td><td colspan="2"></td><td colspan="2"></td><td colspan="2"></td></tr>
<tr><td>⑮</td><td>干密度［⑥/（1+0.01w）］/（g/cm^3）</td><td colspan="2"></td><td colspan="2"></td><td colspan="2"></td><td colspan="2"></td><td colspan="2"></td></tr>
<tr><td>⑯</td><td>最大干密度/（g/cm^3）</td><td colspan="2"></td><td colspan="2"></td><td colspan="2"></td><td colspan="2"></td><td colspan="2"></td></tr>
<tr><td>⑰</td><td>压实度（⑮/⑯·100）%</td><td colspan="2"></td><td colspan="2"></td><td colspan="2"></td><td colspan="2"></td><td colspan="2"></td></tr>
<tr><td>⑱</td><td>压实层厚度/cm</td><td colspan="2"></td><td colspan="2"></td><td colspan="2"></td><td colspan="2"></td><td colspan="2"></td></tr>
<tr><td colspan="2">试验结果</td><td colspan="10"></td></tr>
</table>

注：压实层厚度为灌砂后挖至下层实测值。

方法二　环刀法测定压实度

一、检测目的与适用范围

（1）检测本方法规定在公路工程现场用环刀法测定土基及路面材料的密度及压实度。

（2）本检测方法适用于细粒土及无机结合料稳定细粒土的密度。但对无机结合料稳定细粒土，其龄期不宜超过 2 d，且宜用于施工过程中的压实度检验。

二、检测仪器与设备

本检测需要下列仪具与材料。

（1）人工取土器：包括环刀、环盖、定向筒和击实锤系统（导杆、落锤、手柄），如图 10-1-1 所示。

（2）天平：感量 0.1 g（用于取芯头内径小于 70 mm 样品的称量），或 1.0 g（用于取芯头内径 100 mm 样品的称量）。

（3）其他：镐、小铁锹、修土刀、毛刷、直尺、钢丝锯、凡士林、木板及测定含水量设备等。

（a）

（b）

图 10-1-1　检测工具

三、检测步骤

（1）按有关试验方法对检测试样用同种材料进行击实试验，得到最大干密度ρ_{dmax}及最佳含水量 w_0。

（2）用人工取土器测定砂性土或砂层密度时的步骤。

① 擦净环刀，称取环刀质量 m_2，精确至 0.1 g。

② 在试验地点，将面积约 30 cm × 30 cm 的地面清扫干净，并将压实层铲掉表面浮动及不平整的部分，达一定深度，使环刀打下后，能达到要求的取土深度，但不得将下层扰动。

③ 将定向筒齿钉固定于铲平的地面上，顺次将环刀、环盖放入定向筒内与地面垂直。

④ 将导杆保持垂直状态，用取土器落锤将环刀打入压实层中，至环盖顶面与定向筒上口齐平为止。

⑤ 去掉击实锤和定向筒，用镐将环刀试样挖出。

⑥ 轻轻取下环盖，用修土刀自边至中削去环刀两端余土，用直尺检测直至修平为止。

⑦ 擦净环刀壁，用天平称取出环刀及试样合计质量 m_1，精确至 0.1 g。

⑧ 自环刀中取出试样，取具有代表性的试样，测定其含水量 w。

（3）本试验须进行两次平行测定，其平行差值不得大于 0.03 g /cm^3。求其算术平均值。

四、结果计算

按式（10-1-9）计算试验的含水量。

$$w=\frac{m-m_s}{m_s}\times 100\% \tag{10-1-9}$$

式中 w——含水率（%），计算至 0.1%；

m——湿土质量（g）；

m_s——干土质量（g）。

按式（10-1-10）计算试样的湿度及干密度。

$$\begin{cases}\rho=\dfrac{m_1-m_2}{V}\\ \rho_d=\dfrac{\rho}{1+0.01w}\end{cases} \tag{10-1-10}$$

式中 ρ——试样的湿密度（g/cm^3）；

ρ_d——试样的干密度（g/cm^3）；

m_1——环刀与试样合计质量（g）；

m_2——环刀质量（g）；

V——环刀体积（cm^3）；

w——试样的含水量（%）。

按式（10-1-11）计算施工压实度。

$$K=\frac{\rho_d}{\rho_{d\max}}\times 100\% \tag{10-1-11}$$

式中 K——测试地点的施工压实度（%）；

ρ_d——试样的干密度（g/cm^3）；

$\rho_{d\max}$——由击实试验得到的试样的最大干密度（g/cm^3）。

五、检测报告

检测应报告土的鉴别分类、土的含水量、湿密度、干密度、最大干密度、压实度等，如表10-1-3所示。

表 10-1-3　土壤压实度检测记录表（环刀法）

工程名称					试验日期		
取样桩号							
土样种类							
湿密度	（环刀+土质量）/g						
	环刀质量/g						
	土质量/g						
	环刀容积/cm^3						
	湿密度/（g/cm^3）						
干密度	盒　号	1	2	3	4	5	6
	（盒+湿土质量）/g						
	（盒+干土质量）/g						
	水质量/g						
	盒质量/g						
	干土质量/g						
	含水量/%						
	干密度/（g/cm^3）						
最大干密度/（g/cm^3）							
压实度/%							
备注							

任务二　路面平整度检测

方法一　3 m 直尺测定平整度

一、检测目的与适用范围

（1）本检测方法规定用3 m直尺测定路表面平整度。

（2）本检测方法适用于测定压实成型的路面各层表面的平整度，以评定路面的施工质量及使用质量，也可用于路基表面成型后的施工平整度检测。

3 m 直尺测定法有单尺测定最大间隙与等距离（1.5 m）连续测定两种，前者用于施工时质量控制和检查验收，单尺测定是要计算出测定段的合格率，等距离连续测定也可用于施工质量检查验收，但要算出标准差，用标准差来表示平整程度。它与 3 m 连续式平整度仪测定的路面平整度有较好的相关关系。

二、检测依据

《沥青路面施工及验收规范》（GB 50092—1996）、《城镇道路工程施工与质量验收规范》（CJJ 1—2008）及有关规程规范。

三、检测仪器与设备

（1）3 m 直尺：硬木或铝合金钢制，基准面应平直，长 3 m。

（2）楔形塞尺：木或金属制的三角形塞尺，有手柄。塞尺的长度与高度之比不小于 10，宽度不大于 15 mm，边部有高度标记，刻度精度不小于 0.2 mm，也可使用其他类型的量尺。

（3）其他：皮尺或钢尺、粉笔等。

检测设备与工具如图 10-2-1 所示。

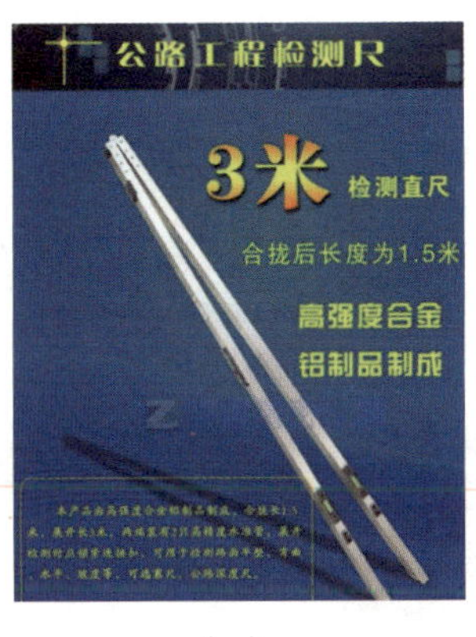

（a）

（b）

（c）

图 10-2-1　检测仪器与设备

四、检测步骤

1. 准备工作

（1）按有关规范选择测试路段。

（2）测试路段的测试地点选择：当为沥青路面施工过程中的质量检测时，测点根据需要布置，可以单杆检测。除高速公路以外，可用于其他等级公路路基路面工程质量检查验收或进行路况评定，每 200 m 测 2 处，每处连续测量 10 尺。除特殊需要外，应以行车道一侧车轮轮迹（距车道线 80 ~ 100 cm）作为连续测定的标准位置。对旧路已形成车辙的路面，应取车辙中间位置为测定位置，用粉笔在路面上做好标记。

（3）清扫路面测点处的污物。

2. 测试步骤

（1）在施工过程中检测时，按根据需要确定的方向，将 3 m 直尺摆在测试地点的路面上。

（2）目测 3 m 直尺底面与路面之间的间隙情况，确定间隙为最大的位置。

（3）用有高度标线的塞尺塞进最大间隙处，量测其最大间隙的高度，精确到 0.2 mm。

五、结果计算

单杆检测路面的平整度计算，以 3 m 直尺与路面的最大间隙为测定结果，连续测定 10 尺时，判断每个测定值是否合格，根据要求计算合格百分率，并计算 10 个最大间隙的平均值。

$$合格率 = 合格尺数/总测尺数 \times 100\% \tag{10-2-1}$$

六、检测报告

单杆检测的结果应随时记录测试位置及检测结果。连续测定 10 尺时，应报告平均值、不合格尺数、合格率，如表 10-2-1 所示。

表 10-2-1　路面平整度检测记录表（3 m 直尺法）

样品编号：　　　　　　　　　　　　　　　　试验报告编号：

<table>
<tr><td colspan="2">项目名称</td><td colspan="5"></td><td colspan="2">检测日期</td><td colspan="4"></td></tr>
<tr><td colspan="2">单项工程名称</td><td colspan="5"></td><td colspan="2">检测依据</td><td colspan="4"></td></tr>
<tr><td>起讫桩号</td><td colspan="10">实测值/mm</td><td>平均值/mm</td><td>备　注</td></tr>
<tr><td></td><td></td><td></td><td></td><td></td><td></td><td></td><td></td><td></td><td></td><td></td><td></td><td rowspan="2"></td></tr>
<tr><td></td><td></td><td></td><td></td><td></td><td></td><td></td><td></td><td></td><td></td><td></td><td></td></tr>
<tr><td colspan="2">测点数</td><td colspan="4"></td><td colspan="4">标准值/mm</td><td colspan="3"></td></tr>
<tr><td colspan="2">不合格尺数</td><td colspan="4"></td><td colspan="4">合格率/%</td><td colspan="3"></td></tr>
<tr><td>说明</td><td colspan="12"></td></tr>
</table>

部门负责人：　　　　　　　　　　复核：　　　　　　　　　　试验：

方法二　连续式平整度仪测定平整度

一、检测目的与适用范围

（1）本检测方法用于测定路表面的平整度，评定路面的施工质量和使用质量，不适用于在已有较多坑槽、破损严重的路面上测定。

（2）本检测方法规定用连续式平整度仪测量路面的不平整度的标准差 σ，以表示路面的平整度，以 mm 计。

二、检测仪器与设备

（1）连续式平整度仪：除特殊情况外，连续式平整度仪的标准长度为 3 m，其质量应符合仪器标准的要求，中间为一个 3 m 长的机架，机架可缩短或折叠，前后各有 4 个行车轮，前后两组轮的轴间距离为 3 m。机架中间有一个能起落的测定轮。机架上装有蓄电池电源及可拆卸的检测箱，检测箱可采用显示、记录、打印或绘图等方式输出测试结果。测定轮上装有位移传感器，距离传感器等检测器，自动采集位移数据时，测定间距为 10 cm，每一计算区间的长度为 100 m，输出一次结果。当为人工检测、无自动采集数据及计算功能时，应能记录测试曲线。机架头装有一牵引钩及手拉柄，可用人工或汽车牵引。构造如图 10-2-2 所示。

（2）牵引车：小面包车或其他小型牵引汽车。

（3）皮尺或测绳。

图 10-2-2　连续式平整度仪

三、检测步骤

1. 准备工作

（1）选择测试路段。

（2）当为施工工程中质量检测需要时，测试地点根据需要决定；当为路面工程质量检查验收或进行路况评定需要时，通常以行车道一侧车轮轮迹带作为连续测定的标准位置。对旧路已形成车辙的路面，取一侧车辙中间位置为测定位置。按《公路路基路面现场测试规程》

（JTG E60—2008）的规定在测试路段路面上确定测试位置，当以内侧轮迹带（IWP）或外侧轮迹带（OWP）作为测定位时，测定位置距车道标线 80 ~ 100 cm。

（3）清扫路面测定位置处的脏物。

（4）检查仪器检测箱各部分是否完好、灵敏，并将各连续线接妥，安装记录设备。

2. 试验步骤

（1）将连续式平整度测定仪置于测试路段路面起点上。

（2）在牵引汽车的后部，将平整度的挂钩挂上后，放下测定轮，启动检测器及记录仪，随即启动汽车，沿道路纵向行驶，横向位置保持稳定，并检查平整度仪表上测定数字显示、打印、记录的情况。如遇检测设备中某项仪表发生故障，即须停止检测。牵引平整度仪的速度应保持匀速，速度宜为 5 km/h，最大不得超过 12 km/h。

在测试路段较短时，亦可用人力拖拉平整度仪测定路面的平整度，但拖拉时应保持匀速前进。

四、结果计算

（1）连续式平整度仪测定后，按每 10 cm 间距采集的位移值自动计算每 100 m 计算区间的平整度标准差，还可记录测试长度。

（2）每一计算区间的路面平整度以该区间测定结果的标准差表示，按式（10-2-2）计算。

$$\sigma_i = \sqrt{\frac{\sum d_i^2 - (\sum d_i)^2 / N}{N-1}} \tag{10-2-2}$$

式中 σ_i——各计算区间的平整度计算值（mm）；

d_i——以 100 m 为一个计算区间，每隔一定距离（自动采集间距为 10 cm，人工采集间距为 1.5 m）采集的路面凹凸偏差位移值（mm）；

N——计算区间用于计算标准差的测试数据个数。

（3）按表 10-2-2 的方法计算每一个评定路段内各区间平整度标准差的平均值、标准差、变异系数。

表 10-2-2　$\frac{t_{\alpha/2}}{\sqrt{N}}$ 和 $\frac{t_\alpha}{\sqrt{N}}$ 的值

测定数 N	双边置信水平的 $t_{\alpha/2}/\sqrt{N}$		单边置信水平的 $t_\alpha/\sqrt{N}$	
	保证率 95%	保证率 90%	保证率 95%	保证率 90%
	$\alpha/2$	$\alpha/2$	α	α
2	8.985	4.465	4.465	2.176
3	2.484	1.686	1.686	1.089
4	1.591	1.177	1.177	0.819
5	1.242	0.953	0.953	0.686
6	1.049	0.823	0.823	0.603
7	0.925	0.716	0.716	0.544

续表

测定数 N	双边置信水平的 $t_{\alpha/2}/\sqrt{N}$		单边置信水平的 $t_{\alpha}/\sqrt{N}$	
	保证率 95%	保证率 90%	保证率 95%	保证率 90%
	$\alpha/2$	$\alpha/2$	α	α
8	0.836	0.670	0.670	0.500
9	0.769	0.620	0.620	0.466
10	0.715	0.580	0.580	0.437
11	0.672	0.546	0.546	0.414
12	0.635	0.518	0.518	0.392
13	0.604	0.494	0.494	0.376
14	0.577	0.473	0.473	0.361
15	0.554	0.455	0.455	0.347
16	0.533	0.436	0.436	0.335
17	0.514	0.423	0.423	0.324
18	0.497	0.410	0.410	0.314
19	0.482	0.398	0.398	0.304
20	0.468	0.387	0.387	0.297
21	0.454	0.376	0.376	0.289
22	0.443	0.367	0.367	0.282
23	0.432	0.358	0.358	0.275
24	0.421	0.350	0.350	0.269
25	0.413	0.342	0.342	0.264
26	0.404	0.335	0.335	0.258
27	0.396	0.328	0.328	0.253
28	0.388	0.322	0.322	0.248
29	0.380	0.316	0.316	0.244
30	0.373	0.310	0.310	0.239
40	0.320	0.266	0.266	0.206
50	0.284	0.237	0.237	0.184
60	0.258	0.216	0.216	0.167
70	0.238	0.199	0.199	0.155
80	0.223	0.186	0.186	0.145
90	0.209	0.173	0.173	0.136
100	0.198	0.166	0.166	0.129

五、检测报告

检测应列表报告每一个评定路段内各测定区间的平整度标准差、各评定路段平整度的平均值、标准差、变异系数及不合格区间数，如表 10-2-3 所示。

表 10-2-3　路基路面平整度检测记录表（连续式平整度仪法）

<table>
<tr><td colspan="2">工程部位/用途</td><td colspan="4"></td><td colspan="3">委托/任务编号</td><td colspan="7"></td></tr>
<tr><td colspan="2">试验依据</td><td colspan="4"></td><td colspan="3">样品编号</td><td colspan="7"></td></tr>
<tr><td colspan="2">样品描述</td><td colspan="4"></td><td colspan="3">样品名称</td><td colspan="7"></td></tr>
<tr><td colspan="2">试验条件</td><td colspan="4"></td><td colspan="3">试验日期</td><td colspan="7"></td></tr>
<tr><td colspan="2">主要仪器设备及编号</td><td colspan="14"></td></tr>
<tr><td colspan="2">路面结构类型</td><td colspan="2"></td><td colspan="2">检测层次</td><td colspan="3"></td><td colspan="3">技术要求/mm</td><td colspan="4"></td></tr>
<tr><td colspan="16">实测数据/mm</td></tr>
<tr><td>测点桩号（幅段）</td><td>车道</td><td>1</td><td>2</td><td>3</td><td>4</td><td>5</td><td>6</td><td>7</td><td>8</td><td>9</td><td>10</td><td>平均值/mm</td><td>标准差/mm</td><td>变异系数/%</td><td>不合格区间数</td></tr>
<tr><td></td><td></td><td></td><td></td><td></td><td></td><td></td><td></td><td></td><td></td><td></td><td></td><td></td><td></td><td></td><td></td></tr>
<tr><td></td><td></td><td></td><td></td><td></td><td></td><td></td><td></td><td></td><td></td><td></td><td></td><td></td><td></td><td></td><td></td></tr>
<tr><td>备注</td><td colspan="15"></td></tr>
</table>

任务三　路基路面强度和模量检测

方法一　土基现场 CBR 值测试

加州承载比（CBR）值是规定贯入量时荷载压强与标准压强的比值，最早由美国加利福尼亚州公路局提出，用于评定路基土和路面材料的强度指标。本方法所说的土基现场 CBR 值与土工试验中谈到的 CBR 值有所区别。首先是试验条件不同，这里所指的是在公路现场条件下测定，土基含水率、压实度与室内试验不同，也为经泡水。因此，应通过试验寻找两者之间的关系，换算为室内试验 CBR 值后，再用于路基施工强度检测或评定。其次是试验的出发点不同，路基填料的 CBR 试验是为了评定路用的材料的强度，而本方法更多是为了衡量土基的整体承载力。其测试原理是在公路路基施工现场，用载重汽车作为反力架，通过千斤顶连续加载，使贯入杆匀速压入土基。为了模拟路面结构对土基的附加压力，在贯入杆位置安装和载板。路基强度越高，贯入量为 2.5 mm 或 5.0 mm 时荷载越大，即 CBR 值越大。路基填料最小强度要求如表 10-3-1 所示。

表 10-3-1　路基填料最小强度要求

项目分类		路面低面下深度	填料最小强度 CBR/%		填料最大粒径/mm
			高速、一级公路	其他等级公路	
填料	上路床	0～30	8	6	10
	下路床	30～80	5	4	10
	上路堤	80～150	4	3	15
	下路堤	150 以下	3	2	15
零填及路堑路床		0～30	8	6	10

一、检测目的与适用范围

（1）本方法适用于在现场测定各种土基材料的现场 CBR 值，同时也适合于基层、地基层、砂性土、天然砂砾、级配碎石等材料 CBR 值的试验。

（2）本方法所用试样的最大集料粒径宜小于 19.0 mm，最大不得超过 31.5 mm，也不适用于大粒径的土石混填或填石路基。

二、检测仪器与设备

（1）荷载装置：装载有铁块或集料重物的载重汽车，后轴重不小于 60 kN，在汽车大梁的后轴之后设有一加劲横梁作反力架用。

（2）现场测试装置：由千斤顶（机械或液压）、测力计（测力环或压力表）及球座组成。千斤顶可使贯入杆的贯入速度调节成 1 mm/min。测力计的容量不小于土基强度，测定精度不小于测力计量程的 1%。现场测试装置如图 10-3-1 所示。

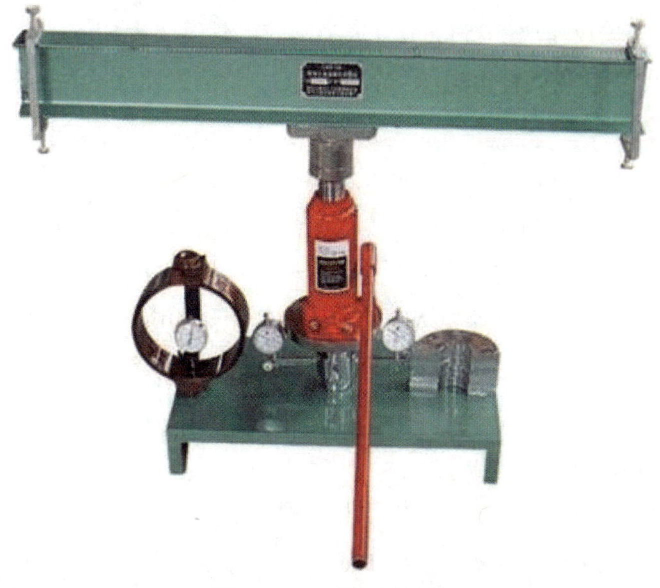

图 10-3-1　现场测试装置

① 贯入杆：直径 Φ50 mm，长约 200 mm 的金属圆柱体。

② 承载板：每块 1.25 kg，直径 Φ150 mm，中心孔眼直径 Φ52 mm，不小于 4 块，并沿直径分为两个半圆快。

③ 贯入量测定装置：由平台及百分表组成，百分表量程 20 mm，精度 0.01 mm，数量 2 个，对称固定于贯入杆上，端部与平台接触，平台跨度不小于 50 cm。此设备也可用两台贝克曼梁弯沉仪代替。

应选择合适量程的测力装置，一般土基强度相对路面材料较低，为了保证测力装置容量不小于无法读数的情况发生，这时需要更换较小量程的测力装置，对于土基材料，可采用 10 kN 或 7.5 kN 测力计，技术人员应在试验中注意总结经验。

当采用贝克曼梁弯沉仪作为贯入量测定装置时，应注意需要进行贯入量的换算。平台跨度应不小于 50 cm，以免造成贯入量读数失真，试用中如发现平台有明显位移，应重新进行试验。

三、检测步骤

1. 准备工作

（1）将试验地点直径 Φ30 cm 范围的表面找平，用毛刷刷净浮土，如表面为粗粒土时，应撒布少许洁净的细砂填平，但不能覆盖全部土基表面，避免形成夹层。

（2）装置测试设备：按图设置贯入杆及千斤顶，千斤顶顶在加劲横梁上且调节至高度适中。贯入杆应与土基表面紧密接触，但不应在土基表面形成贯入痕迹。

（3）安装贯入量测定装置：将支架平台、百分表（或两台贝克曼梁弯沉仪）安装好。

2. 测试步骤

（1）在贯入杆位置安放 4 块 1.25 kg 分开成半圆的承载板，共 5 kg。

（2）试验贯入前，先在贯入杆上施加 45 N 荷载后，将测力计及贯入量百分表调零，记录初始读数。

（3）启动千斤顶：使贯入杆以 1 mm/min 的速度压入土基，相应于贯入量为 0.5 mm、1.0 mm、1.5 mm、2.0 mm、2.5 mm、3.0 mm、4.0 mm、5.0 mm、6.5 mm、10.0 mm 及 11.5 mm 时，分别读取测力计读数。根据情况，也可在贯入量达到 6.5 mm 时结束试验。

注：用千斤顶连续加载时，两个贯入量百分表及测力计均应在同一时刻读数，当两个百分表读数不超过平均值的 30%时，以平均值作为贯入量，当两个表读数差值超过平均值的 30%时，应停止试验。

（4）卸除荷载，移去测定装置。

（5）在试验下取样，测定材料含水率。取样数量如下：

最大粒径不大于 4.75 mm，试样数量约 120 g；

最大粒径不大于 19.0 mm，试样数量约 250 g；

最大粒径不大于 31.5 mm，试样数量约 500 g。

（6）在紧靠试验点旁边的适当位置，用灌砂法或环刀法等测定土基的密度。

在贯入杆位置安放半圆形承载板，限制贯入杆的侧向倾斜，当发生细微倾斜时，不应人为扶正；当发生较大倾斜时，应重新试验。

在加荷装置上安装贯入杆后，为了使贯入杆断面与土基表面充分接触，所以在贯入杆上施加 45 N 的预压力，将此荷载作为试验时的零荷载，并将该状态的贯入量设为零点。绘制的压力和贯入量关系曲线，起始部分呈反弯，则表示试验开始时贯入杆端面与土表面接触不好，应对曲线进行修正。

试验结束标准应根据土基强度而定，当土基强度较大时，可在贯入量达 6.5 mm 时结束试验。荷载压强及贯入量读数不宜过少，一般要求在达到 2.5 mm 贯入量时应不少于 5 个读数。

四、结果计算

（1）将贯入试验得到的等级荷重数除以贯入断面积（19.625 cm^2）得到各级压强，绘制荷载压强-贯入量曲线。

（2）从压强-贯入量曲线上读取贯入量为 2.5 mm 及 5.0 mm 时的荷载压强 P_1，计算现场 CBR 值。CBR 一般以贯入量为 2.5 mm 时的测定值为准，当贯入量为 5.0 mm 时的 CBR 大于 2.5 mm 时的 CBR 时，应重新试验。如重新试验仍然如此时，则以贯入量 5.0 mm 时的 CBR 为准。

$$\text{现场 CBR} = \frac{p_1}{p_2} \times 100\% \quad (10\text{-}3\text{-}1)$$

式中　p_1——荷载压强（MPa）;

p_2——标准压强，当贯入量为 2.5 mm 时为 7 MPa，当贯入量为 5.0 mm 时为 10.5 MPa。

原点修正时，应注意压强或贯入量值须随平移后的原点而变化。各级贯入量下的标准压强如表 10-3-2 所示。

表 10-3-2　各级贯入量下的标准压强

贯入量/cm	0.254	0.508	0.762	1.016	1.270
标准压强/kPa	7 030	10 550	13 360	16 170	18 230

五、检测报告

检测报告应包括下列结果：

（1）土基含水率；

（2）测点的干密度；

（3）现场 CBR 值及相应贯入量。

现场 CBR 测定记录如表 10-3-3 所示。

表 10-3-3　现场 CBR 值测定记录表

路线和编号：　　　　　　　　　　　　　　　　　　　　　　　　　路面结构：

测定层次：　　　　　　　　　承载板直径/cm：　　　　　　　　　测定日期：

<table>
<tr><td rowspan="2"></td><td rowspan="2">预定贯入量
/mm</td><td colspan="3">贯入量百分表读数（精度 0.01 mm）</td><td rowspan="2">测力计读数</td><td rowspan="2">压强/MPa</td></tr>
<tr><td>1</td><td>2</td><td>平均</td></tr>
<tr><td rowspan="8">加载
记录</td><td>0</td><td></td><td></td><td></td><td></td><td></td></tr>
<tr><td>0.5</td><td></td><td></td><td></td><td></td><td></td></tr>
<tr><td>1.0</td><td></td><td></td><td></td><td></td><td></td></tr>
<tr><td>1.5</td><td></td><td></td><td></td><td></td><td></td></tr>
<tr><td>2.0</td><td></td><td></td><td></td><td></td><td></td></tr>
<tr><td>2.5</td><td></td><td></td><td></td><td></td><td></td></tr>
<tr><td>3.0</td><td></td><td></td><td></td><td></td><td></td></tr>
<tr><td>4.0</td><td></td><td></td><td></td><td></td><td></td></tr>
<tr><td>CBR
计算</td><td colspan="6">贯入断面面积：　　　　cm^2
相当于贯入量 2.5 mm 时的荷载压强：标准压强=7 MPa，$CBR_{2.5}$=　　　　　（%）
相当于贯入量 5.0 mm 时的荷载压强：标准压强=10.5 MPa ，$CBR_{2.5}$=　　　　　（%）
试验结果现场 CBR=　　　　（%）</td></tr>
<tr><td rowspan="3">含水率</td><td></td><td>湿土质量
/g</td><td>干土质量
/g</td><td>水质量
/g</td><td>含水率
/%</td><td>平均含水率
/%</td></tr>
<tr><td>1</td><td></td><td></td><td></td><td></td><td></td></tr>
<tr><td>2</td><td></td><td></td><td></td><td></td><td></td></tr>
<tr><td rowspan="3">密度</td><td></td><td>试样湿质量
/g</td><td>试样干质量
/g</td><td>体积
/cm^3</td><td>干密度
/（g/cm^3）</td><td>平均干密度
/（g/cm^3）</td></tr>
<tr><td>1</td><td></td><td></td><td></td><td></td><td></td></tr>
<tr><td>2</td><td></td><td></td><td></td><td></td><td></td></tr>
</table>

批准：　　　　　　　　审核：　　　　　　　　校核：　　　　　　　　检验：

方法二　贝克曼梁测定路基路面回弹模量

一、检测目的与适用范围

本检测方法适用于在土基、厚度不小于 1 m 的粒料整层表面，用弯沉仪测试各测点的回弹弯沉值，通过计算求得该材料的回弹模量值，也适用于在旧路表面测定路基路面的综合回弹模量。

二、检测仪器与设备

本检测需要下列设备器具，如图 10-3-2 所示。

（1）标准车：按贝克曼梁测定路基路面回弹弯沉试验方法的规定选用。

（2）路面弯沉仪：由贝克曼梁、百分表及表架组成。贝克曼梁由合金铝制成，上有水准泡，其前臂（接触路面）与后臂（装百分表）长度比为 2∶1，标准弯沉仪前后臂分别为 240 mm 和 120 mm，加长弯沉仪分别为 360 mm 和 180 mm。弯沉采用百分表量得。

（3）路表温度计：分度不大于 1 °C。

（4）接长杆：直径 Φ16 mm，长 500 mm。

（5）其他：皮尺、口哨、粉笔、指挥旗等。

（a）

（b）

图 10-3-2　检测仪器与设备

三、检测步骤

1. 准备工作

（1）选择洁净的路基路面表面作为测点，在测点处做好标记并编号。

（2）无结合料粒料基层的整层试验段（试槽）应符合下列要求。

① 整层试槽可修筑在行车带范围内或路肩及其他合适处，也可在室内修筑，但均应适于用汽车测定弯沉。

② 试槽应选择在干燥或中湿路段处，不得铺筑在软土基上。

③ 试槽面积不小于 3 m × 2 m，厚度不宜小于 1 m。铺筑时，先挖 3 m × 2 m × 1 m（长 × 宽 × 深）的坑，然后用欲测定的同一种路面材料按有关施工规范规定的压实层厚度分层铺筑并压实，直至顶面，使其达到要求的压实度标准。同时应严格控制材料组成，配比均匀一致，符合施工质量要求。

④ 试槽表面的测点间距可按图 10-3-3 布置在中间 2 m × 1 m 的范围内，可测定 23 点。

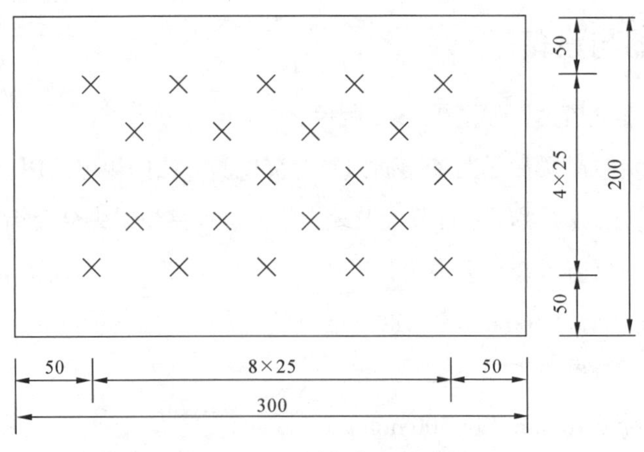

图 10-3-3　测点布置示意图

2. 测试步骤

按规范选择适当的标准车，实测各测点处的路面回弹弯沉值 L_i。如在旧沥青面层上测定时，应读取湿度，并按贝克曼梁测定路基路面回弹弯沉试验方法进行测定弯沉值的温度修正，得到标准温度 20°C 时的弯沉值。

四、结果计算

（1）按式（10-3-2）计算全部测定值的算术平均值 L、单次测量的标准差 S 和自然误差 r_0。

$$\begin{cases} L = \sum L_i / N \\ S = \sqrt{\dfrac{\sum (L_i - L)^2}{N-1}} \\ r_0 = 0.675 \times S \end{cases} \tag{10-3-2}$$

式中　L——回弹弯沉的平均值（精度 0.01 mm）；

S——回弹弯沉测定值的标准差（精度 0.01 mm）；

r_0——回弹弯沉测定的自然误差（精度 0.01 mm）；

L_i——各测点的回弹弯沉值（mm）；

N——测点总数。

（2）计算各测点的测定值与算术平均值的偏差值 $d_i = L_i - L$，并计算较大的偏差与自然误差之比 d_i/r_0，当某个测观测值的 d_i/r_0 值大于表 10-3-4 中的 d/r 极限值时则应舍弃该测点，然后重复步骤（1）计算所余各测点的算术平均值 L 及标准差 S。

表 10-3-4　对相应于不同观测次数的 d/r 极限值

N	5	10	15	20	50
d/r	2.5	2.9	3.2	3.3	3.8

（3）按式（10-3-3）计算代表弯沉值。

$$L_1 = L+S \tag{10-3-3}$$

式中　L_1——代表弯沉值（mm）；

L——舍弃不合要求的测点后所余各测点弯沉的算术平均值（mm）；

S——舍弃不合要求的测点后所余各测点弯沉的标准差（mm）；

（4）按式（10-3-4）计算土基、整层材料的回弹模量或旧路的综合回弹模量 E_1。

$$E_1 = (2p\delta/L_1)\cdot(1-2\mu)\cdot a \tag{10-3-4}$$

式中　E_1——计算的土基、整层材料的回弹模量或旧路的综合回弹模量（MPa）；

p——测定车轮的平均垂直荷载（MPa）；

δ——测定用标准车双圆荷载单轮传压面测量圆的半径（cm）；

μ——测定层材料的泊松比，根据部颁路面设计规范的规定取用；

a——弯沉系数，取 0.712。

五、检测报告

检测报告应包括弯沉测定表、计算的代表弯沉、采用的泊松比，以及计算得到的材料回弹模量 E_1 等，对沥青路面应报告测试时的路面温度。弯沉测定记录如表 10-3-5 所示。

表 10-3-5　弯沉测定记录表

样品编号：　　　　　　　　　　　　　　　　　　　　试验报告编号：

<table>
<tr><td>项目名称</td><td colspan="4"></td><td colspan="2">检测日期</td><td colspan="7"></td></tr>
<tr><td>分项工程</td><td colspan="4"></td><td colspan="2">检测依据</td><td colspan="7"></td></tr>
<tr><td>天气</td><td colspan="2"></td><td>气温</td><td></td><td colspan="2">车型</td><td></td><td colspan="2">轮胎气压</td><td></td><td>后轴重</td><td colspan="2"></td></tr>
<tr><td rowspan="3">桩　号</td><td colspan="4">读数
（精度 0.01 mm）</td><td colspan="2">弯沉
精度（0.01 mm）</td><td rowspan="3">桩　号</td><td colspan="4">读数
（精度 0.01 mm）</td><td colspan="2">弯沉
（精度 0.01 mm）</td></tr>
<tr><td colspan="2">左轮</td><td colspan="2">右轮</td><td rowspan="2">左轮</td><td rowspan="2">右轮</td><td colspan="2">左轮</td><td colspan="2">右轮</td><td rowspan="2">左轮</td><td rowspan="2">右轮</td></tr>
<tr><td>读数 l_1</td><td>读数 l_2</td><td>读数 l_1</td><td>读数 l_2</td><td>读数 l_1</td><td>读数 l_2</td><td>读数 l_1</td><td>读数 l_2</td></tr>
<tr><td></td><td></td><td></td><td></td><td></td><td></td><td></td><td></td><td></td><td></td><td></td><td></td><td></td><td></td></tr>
<tr><td></td><td></td><td></td><td></td><td></td><td></td><td></td><td></td><td></td><td></td><td></td><td></td><td></td><td></td></tr>
<tr><td></td><td></td><td></td><td></td><td></td><td></td><td></td><td></td><td></td><td></td><td></td><td></td><td></td><td></td></tr>
<tr><td></td><td></td><td></td><td></td><td></td><td></td><td></td><td></td><td></td><td></td><td></td><td></td><td></td><td></td></tr>
<tr><td></td><td></td><td></td><td></td><td></td><td></td><td></td><td></td><td></td><td></td><td></td><td></td><td></td><td></td></tr>
<tr><td></td><td></td><td></td><td></td><td></td><td></td><td></td><td></td><td></td><td></td><td></td><td></td><td></td><td></td></tr>
<tr><td></td><td></td><td></td><td></td><td></td><td></td><td></td><td></td><td></td><td></td><td></td><td></td><td></td><td></td></tr>
<tr><td></td><td></td><td></td><td></td><td></td><td></td><td></td><td></td><td></td><td></td><td></td><td></td><td></td><td></td></tr>
<tr><td></td><td></td><td></td><td></td><td></td><td></td><td></td><td></td><td></td><td></td><td></td><td></td><td></td><td></td></tr>
<tr><td></td><td></td><td></td><td></td><td></td><td></td><td></td><td></td><td></td><td></td><td></td><td></td><td></td><td></td></tr>
<tr><td>说明</td><td colspan="6"></td><td colspan="7">弯沉统计结果：</td></tr>
</table>

部门负责人：　　　　　　　　　　　　复核：　　　　　　　　　　　　试验：

任务四　路基承载力检测（贝克曼梁法）

一、检测目的与适用范围

（1）本方法适用于测定各类路基路面的回弹弯沉，用以评定其整体承载能力，可供路面结构设计使用。

（2）沥青路面的弯沉以路表温度 20 °C 时为准，在其他温度测试时，对厚度大于 5 cm 的沥青路面，弯沉值应予温度修正。

二、检测依据

《城镇道路工程施工与质量验收规范》（CJJ 1—2008）及有关规程规范。

三、检测仪器与设备

贝克曼梁法路基承载力检测设备如图 10-4-1 所示。

（1）标准车要求：双轴后轴双侧 4 轮的载重车，其标准荷载、轮胎尺寸、轮胎间隙及轮胎气压等主要参数应符合表 10-4-1 的要求，测试车可根据需要按公路等级选择，高速公路、一级公路及二级公路应采用后轴 10 t 的 BZZ-100 标准车；其他等级的公路可采用后轴 10 t 的 BZZ-60 标准车。

（a）

（b）

图 10-4-1　检测仪器与设备

表 10-4-1　测定弯沉用的标准车参数

标准轴载等级	BZZ-100	BZZ-60
后轴标准轴载（P）/kN	100 ± 1	60 ± 1
一侧双轮荷/kN	50 ± 0.5	30 ± 0.5
轮胎充气压力/MPa	0.7 ± 0.05	0.5 ± 0.05
单轮传压面当量圆直径/cm	21.30 ± 0.5	19.50 ± 0.5
轮隙宽度	应满足能自由插入弯沉仪测头的测试要求	

（2）路面弯沉仪要求：由贝克曼梁、百分表及表架组成。贝克曼梁由合金铝制成，上有水准泡，其前臂（接触路面）与后臂（装百分表）长度比为 2∶1。弯沉仪长度有两种：一种长 3.6 m，前后臂分别为 2.4 m 和 1.2 m；另一种加长的弯沉仪长 5.4 m，前后臂分别为 3.6 m 和 1.8 m。当在半刚性基层沥青路面或水泥混凝土路面上测定时，宜采用长度为 5.4 m 的贝克曼梁弯沉仪，并采用 BZZ-100 标准车。弯沉采用百分表量得，也可用自动记录装置进行测量。

四、检测准备

（1）检查并保持测定用标准车的车况及刹车性能良好，轮胎内胎符合规定充气压力。

（2）向汽车车槽中装载（铁块或集料），并用地磅称量后轴总质量，应符合要求的轴重规定。汽车行驶及测定过程中，轴载不得变化。

（3）测定轮胎接地面积：在平整光滑的硬质路面上用千斤顶将汽车后轴顶起，在轮胎下方铺一张新的复写纸，轻轻落下千斤顶，即在方格纸印上轮胎印痕，用求积仪或数方格的方法测算轮胎接地面积，精确至 0.1 cm^2。

（4）检查弯沉仪百分表测量灵敏情况。

（5）当在沥青路面上测定时，用路表温度计测定试验时气温及路表温度（一天中气温不断变化，应随时测定），并通过气象台了解前 5 d 的平均气温（日最高气温与最低气温的平均值）。

（6）记录沥青路面修建或改建时的材料、结构、厚度、施工及养护等情况。

五、检测步骤

（1）在测试路段布置测点，其距离随测试需要而定。测点应在路面行车车道的轮迹带上，并用白油漆或粉笔划上标记。

（2）将试验车后轮轮隙对准测点后约 3 ~ 5 cm 处的位置上。

（3）将弯沉仪插入汽车后轮之间的缝隙处，与汽车方向一致，梁臂不得碰到轮胎，弯沉仪测头置于测点上（轮隙中心前方 3 ~ 5 cm 处）并安装百分表于弯沉仪的测定杆上，百分表调零，用手轻轻叩打弯沉仪，检查百分表是否稳定归零。弯沉仪可以单侧测定，也可以双侧同时测定。

（4）测定者吹哨发令指挥汽车缓缓前进，百分表随路面变形的增加而持续向前转动。当表针转到最大值时，迅速读取初读数 L_1。汽车仍在继续前进，表针反向回转，待汽车驶出弯沉影响半径（约 3 m 以上）后，吹口哨或挥动指挥红旗，汽车停止。待表针回转稳定后，再次读取终读数 L_2。汽车前进的速度宜为 5 km/h 左右。

（5）弯沉仪的支点变形修正：① 当采用长度为 3.6 m 的弯沉仪对半刚性基层沥青路面、水泥混凝土路面等进行弯沉测定时，有可能引起弯沉仪支座处变形，因此测定时应检测支点有无变形。此时，应用另一台检测用的弯沉仪安装在测定用弯沉仪的后方，其测点架于测定用弯沉仪的支点旁。当汽车开出时，同时测定两台弯沉仪的弯沉读数，如检测用弯沉仪百分表有读数，即应该记录并进行支点变形修正。当在同一结构层上测定时，可在不同位置测定 5 次，求取平均值，以后每次测定时以此作为修正值。② 当采用长度为 5.4 m 的弯沉仪测定时，可不进行支点变形修正。

六、结果计算

（1）路面测点的回弹沉值依式（10-4-1）计算。

$$L_T=(L_1-L_2)\times 2 \tag{10-4-1}$$

式中 L_T——在路面温度 T 时的回弹弯沉值（精确至 0.01 mm）；

L_1——车轮中心临近弯沉仪测头时百分表的最大读数（精确至 0.01 mm）；

L_2——汽车驶出弯沉影响半径后百分表的终读数（精确至 0.01 mm）。

（2）当需要进行弯沉仪支点变形修正时，路面测点的回弹弯沉值依式（10-4-2）计算。

$$L_T=(L_1-L_2)\times 2+(L_3-L_4)\times 6 \tag{10-4-2}$$

式中 L_1——车轮中心临近弯沉仪测头时测定用弯沉仪的最大读数（精确至 0.01 mm）；

L_2——汽车驶出弯沉影响半径后测定用弯沉仪的最终读数（精确至 0.01 mm）；

L_3——车轮中心临近弯沉仪测头时检验用弯沉仪的最大读数（精确至 0.01 mm）；

L_4——汽车驶出弯沉影响半径后检验用弯沉仪的终读数（精确至 0.01 mm）。

注：式（10-4-2）适用于测定用弯沉仪支座处有变形，但百分表架处路面已无变形的情况。

（3）沥青面层厚度大于 5 cm 的沥青路面，回弹弯沉值应进行温度修正，温度修正及回弹弯沉的计算宜按下列步骤进行。

① 测定时的沥青层平均温度按式（10-4-3）计算。

$$T=(T_{25}+T_{\mathrm{m}}+T_{\mathrm{e}})/3 \tag{10-4-3}$$

式中 T——测定时沥青层平均温度（°C）；

T_{25}——路表下 25 mm 处的温度（°C）；

T_{m}——沥青层中间深度的温度（°C）；

T_{e}——沥青层底面处的温度（°C）。

② 采用不同基层的沥青路面弯沉值的温度修正系数 K，根据沥青层平均温度 T 及沥青层厚度求取。

③ 沥青路面回弹弯沉按式（10-4-4）计算。

$$L_{20}=L_T\times K \tag{10-4-4}$$

式中 K——温度修正系数；

L_{20}——换算 20 °C 的沥青路面回弹弯沉值（精确至 0.01 mm）；

L_T——测定时沥青面层内平均温度为 T 时的回弹弯沉值（精确至 0.01 mm）。

（4）路基、沥青路面弯沉值评定。

$$L_{\mathrm{r}}=L+Z_{\mathrm{a}}S \tag{10-4-5}$$

式中 L_{r}——弯沉代表值（mm）；

L——测量弯沉的平均值（mm）；

S——标准差；

Z_{a}——与要求保证率有关的系数，当设计弯沉值按《公路沥青路面设计规范》（JTJ 014—1997）确定时采用如表 10-4-2 所示参数。

表 10-4-2　不同层位 Z_a 的取值

层　位	Z_a	
	城市主干道、高速、一级公路	二、三级公路
沥青面层	1.645	1.5
路基	2.0	1.645

弯沉代表值不大于设计要求的弯沉值时得满分；大于时得零分。若在非不利季节测定时，应考虑季节影响系数。

任务五　水泥混凝土强度检测

一、检测目的与适用范围

通过回弹仪测定水泥混凝土强度，适用于抗压强度为 10 ~ 60 MPa 的混凝土强度检测。

二、检测依据

水利行业标准《水工混凝土试验规程》(SL 352—2006)。

三、检测仪器与设备

（1）混凝土回弹仪。

① 示值系统为指针直读式的混凝土回弹仪。

② 按回弹仪的标称动能可分为中型回弹仪（标称动能为 2.2 J）和重型回弹仪（标称动能为 29.4 J）。

（2）回弹仪的标准状态要求。

① 弹击锤与弹击杆碰撞的瞬间，弹击拉簧应处于自由状态，此时弹击锤起跳点应对应于指针指示刻度尺上的“0”位处。

② 将回弹仪在钢钻上进行率定，中型回弹仪，率定值 N 为 80 ± 2；重型回弹仪，率定值 N 为 63 ± 2。

③ 当回弹仪不符合标准状态时，不得用于工程测量。

四、检测技术

1）一般规定

（1）结构或构件混凝土强度检测应具有下列资料。

① 工程名称和工程部位及施工和建设单位名称。

② 结构或构件名称及混凝土强度等级。

③ 施工时的成型日期。

④ 检测原因。

（2）结构或构件混凝土强度检测可采用下列两种方式，其适用范围及结构或构件数量应符合下列规定。

① 单个检测：适用于单个结构或构件的检测。

② 批量检测：适用于在相同的生产工艺条件下，混凝土强度等级相同，原材料，配合比，成型工艺，养护条件基本一致且龄期相近的同类结构或构件。按批进行检测的构件，抽检数量不得少于同批构件总数的 30%且构件数量不得少于 10 件。抽检构件时，应随机抽取并使所选构件具有代表性。

2）检测规定

（1）在被测混凝土结构或构件上均匀布置测区，测区数不小于 10 个。测区面积中型回弹仪为 400 cm^2，重型回弹仪为 2 500 cm^2。

（2）根据混凝土结构、构件厚度或骨料最大粒径，选用回弹仪。

① 混凝土结构或构件厚度不大于 60 cm，或骨料最大粒径不大于 40 mm，宜选用中型回弹仪。

② 混凝土结构或构件厚度大于 60 cm，或骨料最大粒径大于 40 mm，宜选用重型回弹仪。

3）回弹测量

每一结构或构件的测区应符合下列规定。

（1）每个测区应弹击 16 个点。

（2）两测点间距一般不小于 50 mm。

（3）当一个测区有两个测面时，每一个测面弹击 8 点；测点布置如图 10-5-1（a）所示；不具备两个测面的测区，可在一个侧面上弹击 16 点，可按图 10-5-1（b）所示布置测点。

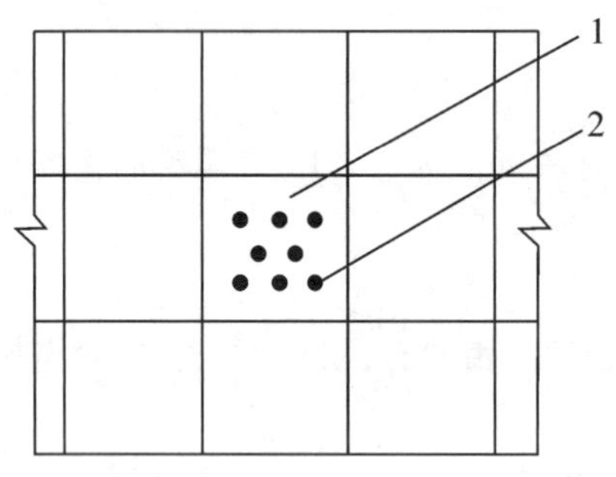

（a）双面测试

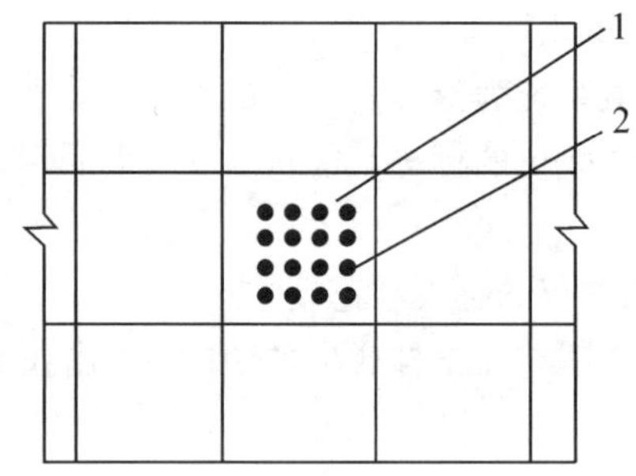

（b）单面测试

1—测区；2—回弹测值点。

图 10-5-1　回弹值测点布置示意图

（4）回弹值测试面要清洁、平整，测点应避开气孔或外露石子。一个测点只允许弹击一次。

（5）弹击时，回弹仪的轴线应垂直于结构或构件的混凝土表面，缓慢均匀施压，不宜用力过猛或突然冲击。

（6）读数时可将回弹仪顶住表面，或按下按钮，锁住机芯。

（7）当出现回弹值 N 过高或过低，应查明原因。可在该测点附近（约 30 mm）补测，舍弃原测点。

4）碳化深度值测量

（1）当测试完毕后，一般可用电动冲击钻在回弹值的测区内，钻一个直径 20 mm，深 70 mm 的孔洞，测量混凝土碳化深度。

（2）测量混凝土碳化深度时，应将孔洞内的混凝土粉末清除干净，用 1.0%酚酞乙醇溶液（含 20%的蒸馏水）滴在孔洞内壁的边缘处，再用钢卷尺测量混凝土碳化深度值 L（不变色区的深度），读数精度为 0.5 mm。

（3）测量的碳化深度小于 0.4 mm 时，则按无碳化处理。

碳化深度值测量如图 10-5-2 所示。

（a）　　（b）

（c）

图 10-5-2

五、结果计算

（1）从测区的 16 个回弹值中，舍弃 3 个最大值和 3 个最小值，将余下的 10 个回弹值按式（10-5-1）计算测区平均回弹值 m_N（精确至 0.1）。

$$m_N = \frac{1}{10}\sum_{i=1}^{n} N_i \tag{10-5-1}$$

式中 m_N——测区平均回弹值；

N_i——第 i 个测点回弹值（i = 1，2，3，…，10）。

（2）当回弹仪在非水平方向测试时，如图 10-5-3 所示，将测得的数据按式（10-5-1）求出测区平均回弹值 $m_{N\alpha}$，再按式（10-5-2）换算成水平方向测试的测区平均回弹值 m_N（精确至 0.1）。

$$m_N = m_{N\alpha}+\Delta N_\alpha \tag{10-5-2}$$

式中　$m_{N\alpha}$——回弹仪与水平方向或成 α 角测试时测区的平均回弹值；

ΔN_α——按表 10-5-1 查出的不同测试角度 α 的回弹修正值。

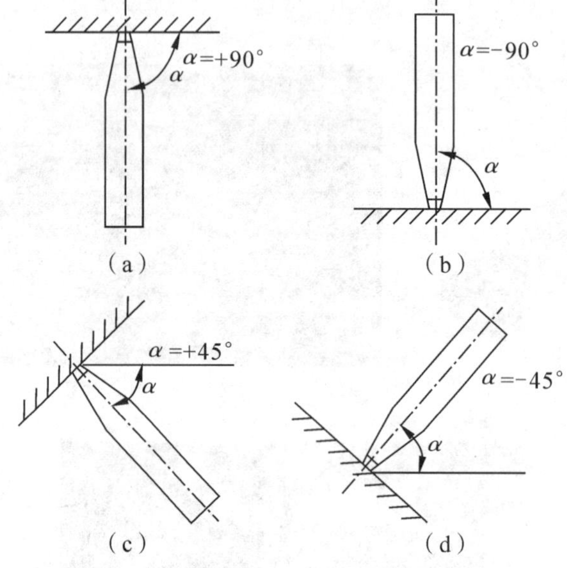

图 10-5-3　回弹仪非水平方向测试示意图

表 10-5-1　回弹修正值 ΔN_α

$m_{N\alpha}$	测试角度 α							
	+90°	+60°	+45°	+30°	− 30°	− 45°	− 60°	− 90°
20	− 6.0	− 5.0	− 4.0	− 3.0	+2.5	+3.0	+3.5	+4.0
30	− 5.0	− 4.0	− 3.5	− 2.5	+2.0	+2.5	+3.0	+3.5
40	− 4.0	− 3.5	− 3.0	− 2.0	+1.5	+2.0	+2.5	+3.0
50	− 3.5	− 3.0	− 2.5	− 1.5	+1.0	+1.5	+2.0	+2.5

（3）推定混凝土强度的回弹值应是水平方向测试的回弹值 m_N。

（4）在推定混凝土强度时，宜优先采用专用混凝土强度公式。

① 对于重型回弹仪，可采用 300 mm × 300 mm × 300 mm 的试件，建立强度-回弹值的关系。在浇制边长 300 mm 立方体全级配混凝土大试件的同时，制作相应湿筛分的 150 mm × 150 mm × 150 mm 的小试件。在大试件上测取回弹值，在小试件上测定相应的抗压强度。

② 对于中型回弹仪，采用 150 mm × 150 mm × 150 mm 的试件，建立强度-回弹值的关系。在试件上选取两个相对的测试面。每个测试面取 8 个测点（对于边长 300 mm 立方体的大试件，测点可取自同一测试面）。测点距试件边缘不小于 30 mm。测点布置如图 10-5-4 所示。测试时，将试件用 2.0 MPa 压力固定在压力机中。用回弹仪分别水平对准各测点，测定回弹值。然后用压力机测定试件的抗压强度。

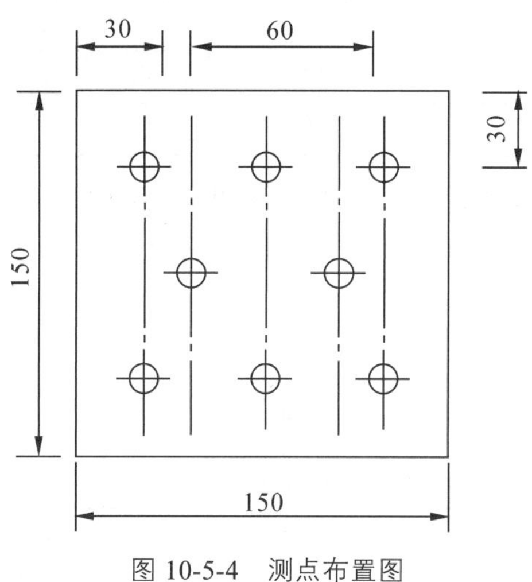

图 10-5-4　测点布置图

③ 根据实测的抗压强度、回弹值，以最小二乘法计算出曲线的方程式。回归方程式宜采用式（10-5-3）和式（10-5-4）。

$$f_{\mathrm{cc}N\mathrm{o}} = Am_N^B \tag{10-5-3}$$

$$f_{\mathrm{cc}N\mathrm{o}} = A\mathrm{e}^{m_N} \tag{10-5-4}$$

式中　$f_{\mathrm{cc}N\mathrm{o}}$——混凝土抗压强度（MPa）；

m_N——测区平均回弹值；

A、B——试验常数。

（5）当无专用混凝土强度公式时，可根据回弹仪型号、式（10-5-5）和式（10-5-6）推定混凝土强度。

① 中型回弹仪。

$$f_{\mathrm{cc}N\mathrm{o}} = 0.024\,97m_N^{2.0108} \tag{10-5-5}$$

② 重型回弹仪。

$$f_{\mathrm{cc}N\mathrm{o}} = 7.7\mathrm{e}^{0.04m_N} \tag{10-5-6}$$

（6）当混凝土结构或构件碳化至一定深度时，须将推定的混凝土强度按式（10-5-7）修正。

$$f_{\mathrm{cc}N} = f_{\mathrm{cc}N\mathrm{o}}C \tag{10-5-7}$$

式中　$f_{\mathrm{cc}N}$——碳化深度修正后的混凝土强度值（MPa）；

$f_{\mathrm{cc}N\mathrm{o}}$——按公式推定的混凝土强度值（MPa）；

C——查表 10-5-2 得到的碳化深度修正值。

表 10-5-2　碳化深度修正值

测区强度/MPa	碳化深度/mm					
	1.0	2.0	3.0	4.0	5.0	≥6.0
10.0 ~ 19.5	0.95	0.90	0.85	0.80	0.75	0.70
20.0 ~ 29.5	0.94	0.88	0.82	0.75	0.73	0.65
30.0 ~ 39.5	0.93	0.86	0.80	0.73	0.68	0.60
40.0 ~ 50.0	0.92	0.84	0.78	0.71	0.65	0.58
50.0 ~ 60.0	0.92	0.82	0.76	0.71	0.65	0.58

（7）根据各测点区的混凝土强度 f_{ccN}，计算构件的平均强度 $m_{f_{ccN}}$、标准差σ和变异系数 C_v，以此可评估构件的混凝土强度和均匀性。

六、检测记录

回弹法检测混凝土强度记录如表 10-5-3 所示。

表 10-5-3　回弹法检测混凝土强度记录表

<table>
<tr><td colspan="2">施工单位</td><td colspan="6"></td><td colspan="3">工程名称</td><td colspan="4"></td><td colspan="3">分部工程及部位</td><td colspan="3"></td></tr>
<tr><td colspan="2">监理单位</td><td colspan="6"></td><td colspan="3">桩　　号</td><td colspan="4"></td><td colspan="3">检测日期</td><td colspan="3"></td></tr>
<tr><td>测区编号</td><td>测区位置</td><td>1</td><td>2</td><td>3</td><td>4</td><td>5</td><td>6</td><td>7</td><td>8</td><td>9</td><td>10</td><td>11</td><td>12</td><td>13</td><td>14</td><td>15</td><td>16</td><td>平均值/MPa</td><td>换算强度/MPa</td><td>备注</td></tr>
<tr><td>1</td><td></td><td></td><td></td><td></td><td></td><td></td><td></td><td></td><td></td><td></td><td></td><td></td><td></td><td></td><td></td><td></td><td></td><td></td><td></td><td></td></tr>
<tr><td>2</td><td></td><td></td><td></td><td></td><td></td><td></td><td></td><td></td><td></td><td></td><td></td><td></td><td></td><td></td><td></td><td></td><td></td><td></td><td></td><td></td></tr>
<tr><td>3</td><td></td><td></td><td></td><td></td><td></td><td></td><td></td><td></td><td></td><td></td><td></td><td></td><td></td><td></td><td></td><td></td><td></td><td></td><td></td><td></td></tr>
<tr><td>4</td><td></td><td></td><td></td><td></td><td></td><td></td><td></td><td></td><td></td><td></td><td></td><td></td><td></td><td></td><td></td><td></td><td></td><td></td><td></td><td></td></tr>
<tr><td>5</td><td></td><td></td><td></td><td></td><td></td><td></td><td></td><td></td><td></td><td></td><td></td><td></td><td></td><td></td><td></td><td></td><td></td><td></td><td></td><td></td></tr>
<tr><td>6</td><td></td><td></td><td></td><td></td><td></td><td></td><td></td><td></td><td></td><td></td><td></td><td></td><td></td><td></td><td></td><td></td><td></td><td></td><td></td><td></td></tr>
<tr><td>7</td><td></td><td></td><td></td><td></td><td></td><td></td><td></td><td></td><td></td><td></td><td></td><td></td><td></td><td></td><td></td><td></td><td></td><td></td><td></td><td></td></tr>
<tr><td>8</td><td></td><td></td><td></td><td></td><td></td><td></td><td></td><td></td><td></td><td></td><td></td><td></td><td></td><td></td><td></td><td></td><td></td><td></td><td></td><td></td></tr>
<tr><td>9</td><td></td><td></td><td></td><td></td><td></td><td></td><td></td><td></td><td></td><td></td><td></td><td></td><td></td><td></td><td></td><td></td><td></td><td></td><td></td><td></td></tr>
<tr><td>10</td><td></td><td></td><td></td><td></td><td></td><td></td><td></td><td></td><td></td><td></td><td></td><td></td><td></td><td></td><td></td><td></td><td></td><td></td><td></td><td></td></tr>
<tr><td>11</td><td></td><td></td><td></td><td></td><td></td><td></td><td></td><td></td><td></td><td></td><td></td><td></td><td></td><td></td><td></td><td></td><td></td><td></td><td></td><td></td></tr>
<tr><td>12</td><td></td><td></td><td></td><td></td><td></td><td></td><td></td><td></td><td></td><td></td><td></td><td></td><td></td><td></td><td></td><td></td><td></td><td></td><td></td><td></td></tr>
<tr><td>13</td><td></td><td></td><td></td><td></td><td></td><td></td><td></td><td></td><td></td><td></td><td></td><td></td><td></td><td></td><td></td><td></td><td></td><td></td><td></td><td></td></tr>
<tr><td>14</td><td></td><td></td><td></td><td></td><td></td><td></td><td></td><td></td><td></td><td></td><td></td><td></td><td></td><td></td><td></td><td></td><td></td><td></td><td></td><td></td></tr>
<tr><td>15</td><td></td><td></td><td></td><td></td><td></td><td></td><td></td><td></td><td></td><td></td><td></td><td></td><td></td><td></td><td></td><td></td><td></td><td></td><td></td><td></td></tr>
<tr><td>16</td><td></td><td></td><td></td><td></td><td></td><td></td><td></td><td></td><td></td><td></td><td></td><td></td><td></td><td></td><td></td><td></td><td></td><td></td><td></td><td></td></tr>
<tr><td colspan="2">测面状态</td><td colspan="7">侧面、表面、底面、干、潮湿</td><td rowspan="3">回弹仪</td><td colspan="2">型　号</td><td colspan="9">ZC3-A</td></tr>
<tr><td colspan="2">测试角度</td><td colspan="7">水平、向上、向下</td><td colspan="2">编　号</td><td colspan="9"></td></tr>
<tr><td colspan="2">碳化深度/mm</td><td colspan="7"></td><td colspan="2">率定值</td><td colspan="3"></td><td colspan="3">设计强度</td><td colspan="3"></td></tr>
</table>

任务六　路面抗滑性能检测

方法一　手工铺砂法测定路面构造深度

一、检测目的与适用范围

（1）本检测方法适用于测定沥青路面及水泥混凝土路面表面构造深度，及用以评定路面表面的宏观构造。

（2）本检测方法对于具有较大不规则孔隙或坑槽的沥青路面和具有防滑沟槽结构的水泥路面不适用，因为量砂在这些孔隙或沟槽内产生体积积聚的状况，与理论计算公式的要求不符，因而测量结果也将产生很大误差。

二、检测依据

《沥青路面施工及验收规范》（GB 50092—1996）、《城镇道路工程施工与质量验收规范》（CJJ 1—2008）及有关规程规范。

三、检测仪器与设备

检测设备与工具如图 10-6-1 所示。

（1）人工铺砂仪：由圆筒、推平板等组成。

① 量砂筒：一端是封闭的，容积为（25 ± 0.15）mL，可通过称量砂筒中水的质量以确定其容积 V，并调整其高度，使其容积符合要求。用一专门的刮尺将筒口量砂刮平。

② 推平板：推平板应为木制或铝制，直径 50 mm，底面粘一层厚 1.5 mm 的橡胶片，上面有一圆柱把手。

③ 刮平尺：可用 30 cm 钢尺代替。

（a）

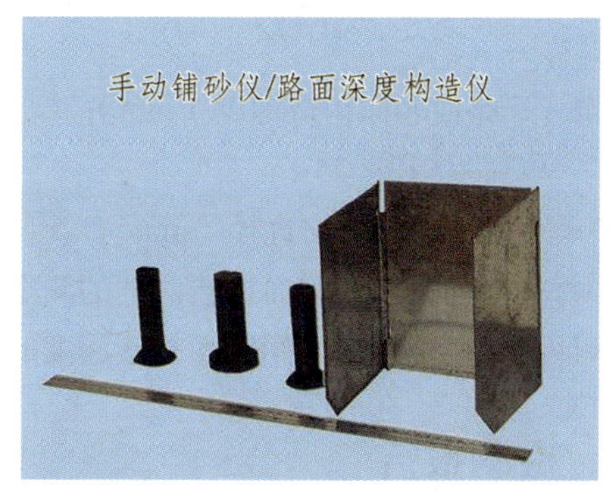

（b）

图 10-6-1　检测设备与工具

（2）量砂：足够数量的干燥洁净的匀质砂，粒径为 0.15 ~ 0.3 mm。

（3）量尺：钢板尺、钢卷尺，或采用将直径换算成构造深度作为刻度单位专用的构造深度尺。

（4）其他：装砂容器（小铲）、扫帚或毛刷、挡风板等。

四、检测步骤

1. 准备工作

（1）量砂准备：取洁净的细砂晾干、过筛，取 0.15 ~ 0.3 mm 的砂置于适当的容器中备用。量砂只能在路面上使用一次，不宜重复使用。回收砂必须经干燥、过筛处理后方可使用。

（2）对测试路段按随机取样选点的方法，决定测点所在横断面位置。测点应选在行车道的轮迹带上，距路面边缘不应小于 1 m。

2. 试验步骤

① 用扫帚或毛刷子将测点附近的路面清扫干净，面积不小于 30 cm × 30 cm。

② 用小铲装砂沿筒向圆筒中注满砂，手提圆筒上方，在硬质路面上轻轻地叩打 3 次，使砂密实，补足砂面用钢尺一次刮平。不可直接用量砂筒装砂，以免影响量砂密度的均匀性。

③ 将砂倒在路面上，用底面粘有橡胶片的推平板，由里向外重复做摊铺运动，稍稍用力将砂细心地尽可能地向外摊开，使砂填入凹凸不平的路表面的空隙中，尽可能将砂摊成圆形，并不得在表面上留有浮动余砂。注意摊铺时不可用力过大或向外推挤。

④ 用钢板尺测量所构成圆的两个垂直方向的直径，取其平均值，精确至 5 mm。

⑤ 按以上方法，同一处平行测定不少于 3 次，3 个测点均位于轮迹带上，测点间距 3 ~ 5 m。该处的测定位置以中间测点的位置表示。

五、结果计算

（1）按式（10-6-1）计算路面表面构造深度测定结果。

$$TD = \frac{1\,000V}{\pi D^2/4} = \frac{31\,831}{D^2} \tag{10-6-1}$$

式中 TD——路面表面构造深度（mm）；

V——砂的体积（25 cm^3）；

D——摊平砂的平均直径（mm）。

（2）每一处均取 3 次路面构造深度的测定结果的平均值作为试验结果，精确至 0.1 mm。

（3）计算每一个评定区间路面构造深度的平均值、标准差、变异系数。

六、检测报告

（1）列表逐点报告路面构造深度的测定值及 3 次测定的平均值，当平均值小于 0.2 mm 时，试验结果以 < 0.2 mm 表示。

（2）每一个评定区间路面构造深度的平均值、标准差、变异系数。

（3）手工铺砂法测定路面构造深度试验记录如表 10-6-1 所示。

表 10-6-1　手工铺砂法测定路面构造深度试验记录表

姓名：　　　　　　　　　　　　班级：

专业：　　　　　　　　　　　　学号：

<table>
<tr><td>试验名称</td><td colspan="3"></td><td>试验日期</td><td colspan="4"></td></tr>
<tr><td rowspan="2">测　点
桩　号</td><td>测点位置距
中桩距离/m</td><td rowspan="2">砂体积
/cm^3</td><td colspan="3">摊平砂直径/mm</td><td rowspan="2">构造深度
（TD）
/mm</td><td rowspan="2">构造深度
平均值
/mm</td></tr>
<tr><td>左（+）右（－）</td><td>上下方向</td><td>左右方向</td><td>平均值</td></tr>
<tr><td rowspan="4"></td><td></td><td></td><td></td><td></td><td></td><td></td><td rowspan="4"></td></tr>
<tr><td></td><td></td><td></td><td></td><td></td><td></td></tr>
<tr><td></td><td></td><td></td><td></td><td></td><td></td></tr>
<tr><td></td><td></td><td></td><td></td><td></td><td></td></tr>
<tr><td rowspan="4"></td><td></td><td></td><td></td><td></td><td></td><td></td><td rowspan="4"></td></tr>
<tr><td></td><td></td><td></td><td></td><td></td><td></td></tr>
<tr><td></td><td></td><td></td><td></td><td></td><td></td></tr>
<tr><td></td><td></td><td></td><td></td><td></td><td></td></tr>
<tr><td colspan="8">TD 平均值＝　　　　　mm，标准值＝　　　　　mm，变异系数＝</td></tr>
<tr><td colspan="4">结　论：</td><td colspan="4">备　注：</td></tr>
</table>

方法二　电动铺砂法测定路面构造深度

一、检测目的与适用范围

本检测方法适用于测定沥青路面及水泥混凝土路面表面构造深度，用以评定路面表面的宏观构造。

二、检测依据

《沥青路面施工及验收规范》（GB 50092—1996）、《城镇道路工程施工与质量验收规范》（CJJ 1—2008）及有关规程规范。

三、检测仪器与设备

（1）电动铺砂仪：利用可充电的直流电源将量砂通过砂漏铺设成宽度 5 cm、厚度均匀一致的器具，如图 10-6-2 所示。

（2）量砂：足够数量的干燥洁净的匀质砂，粒径为 0.15 ~ 0.3 mm。

（3）标准量筒：容积 50 mL。

（4）玻璃板：面积大于铺砂器，厚 5 mm。

（5）其他：直尺、扫帚、毛刷等。

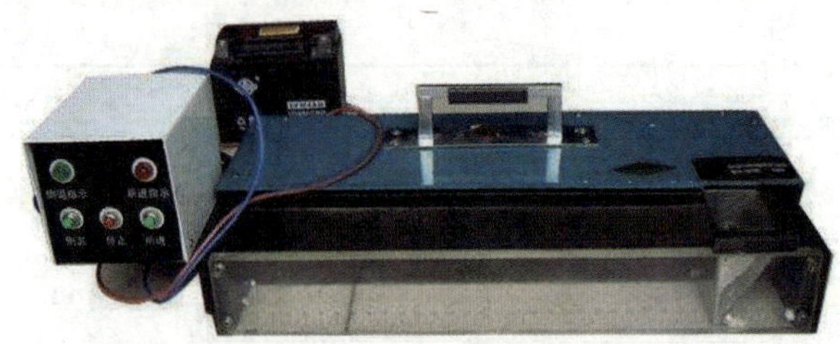

图 10-6-2　电动铺砂仪

四、检测步骤

1. 准备工作

（1）量砂准备：取洁净的细砂，晾干过筛，取 0.15 ~ 0.3 mm 的砂置于适当的容器中备用。量砂只能在路面上使用一次，不宜重复使用，已在路面上使用过的量砂如回收重复使用时应重新过筛并晾干。

（2）对测试路段按随机取样选点的方法，决定测点所在横断面的位置，测点应选在行车道的轮迹带上，距路面边缘不应小于 1 m。

2. 电动铺砂器标定

（1）将铺砂器平放在玻璃板上，将砂漏移至铺砂器端部。

（2）将灌砂漏斗口和量筒口大致齐平。通过漏斗向量筒中缓缓注入准备好的量砂至高出量筒成尖顶状，用直尺沿筒口一次刮平，其容积为 50 mL。

（3）将漏斗口与铺砂器砂漏上口大致齐平。将砂通过漏斗均匀倒入砂漏，漏斗前后移动，使砂的表面大致齐平。但不得用任何其他工具刮动砂。

（4）开动电动马达，使砂漏向另一端缓缓运动，量砂沿砂漏底部铺成如图 10-6-3 所示宽 5 cm 的带状，待砂全部漏完后停止。

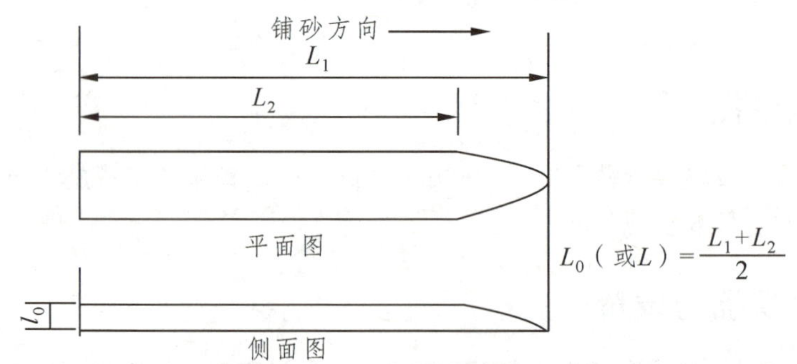

L_0—玻璃板上 50 mL 量砂摊铺的长度（mm）；L—路面上 50 mL 量砂摊铺的长度（mm）。

图 10-6-3　L_0 及 L 的确定方法示意图

（5）按图 10-6-3 依式（10-6-2）由 L_1 及 L_2 的平均值决定量砂的摊铺长度 L_0，精确至 1 mm。

$$L_0=(L_1+L_2)/2 \tag{10-6-2}$$

（6）重复标定 3 次，取平均值决定 L_0，精确至 1 mm。

标定应在每次测试前进行，用同一种量砂，由承担测试的同一试验员进行。

3. 测试步骤

（1）将测试地点用毛刷刷净，面积大于铺砂仪。

（2）将铺砂仪沿道路纵向平稳地放在路面上，将砂漏移至端部。

（3）按上述电动铺砂器标定步骤（2）~（5），在测试地点摊铺 50 mL 量砂，量取摊铺长度 L_1 及 L_2。由式（10-6-3）计算 L，精确至 1 mm。

$$L=(L_1+L_2)/2 \tag{10-6-3}$$

（4）按以上方法，同一处平行测定不少于 3 次，3 个测点均位于轮迹带上，测点间距 3 ~ 5 m，该处的测定位置以中间测点的位置表示。

五、结果计算

（1）计算铺砂仪在玻璃板上摊铺的量砂厚度 t_0。

$$t_0=\frac{V}{B\times L_0}\times 1\,000=\frac{1\,000}{L_0} \tag{10-6-4}$$

式中 t_0——量砂在玻璃板上摊铺的标定厚度（mm）；

V——砂的体积（50 mL）；

B——铺砂仪铺砂宽度（50 mm）。

（2）计算路面构造深度 TD。

$$TD=\frac{L_0-L}{L}\times t_0=\frac{L_0-L}{L\times L_0}\times 1\,000 \tag{10-6-5}$$

（3）每一处均取 3 次路面构造深度的测定结果的平均值作为试验结果，精确至 0.1 mm。

（4）计算每一个评定区间路面构造深度的平均值、标准差、变异系数。

六、检测报告

（1）列表逐点报告路面构造深度的测定值及 3 次测定的平均值。当平均值小于 0.2 mm 时，试验结果以< 0.2 mm 表示。

（2）每一个评定区间路面构造深度的平均值、标准差、变异系数。

方法三　摆式仪测定路面摩擦系数

一、检测目的与适用范围

本方法适用于以摆式摩擦系数测定仪（摆式仪）测定沥青路面、标线或其他材料试件的抗滑值，用以评定路面或路面材料试件在潮湿状态下的抗滑能力。

二、检测依据

《沥青路面施工及验收规范》(GB 50092—1996)、《城镇道路工程施工与质量验收规范》(CJJ 1—2008)及有关规程规范。

三、检测仪器与设备

检测设备与工具如图 10-6-4 所示。

(1)摆式仪：摆及摆的连接部分总质量为(1 500 ± 30)g，摆动中心至摆的重心距离为(410 ± 5)mm，测定时摆在路面上滑动长度为(126 ± 1)mm，摆上橡胶片端部距摆动中心的距离为 510 mm，橡胶片对路面的正向静压力为(22.2 ± 0.5)N。

(2)橡胶片：用于测定路面抗滑值时的尺寸为 6.35 mm × 25.4 mm × 76.2 mm，橡胶性能应符合表 10-6-2 的要求。当橡胶片使用后，端部在长度方向上磨损超过 1.6 mm 或边缘在宽度方向上磨耗超过 3.2 mm，或有油污染时，即应更换新橡胶片。新橡胶片应先在干燥路面上测 10 次后再用于测试。橡胶片的有效使用期从出厂日期起算为 1 年。

表 10-6-2 橡胶物理性能技术要求

性能指标	温度/ °C				
	0	10	20	30	40
弹性/%	43 ~ 49	58 ~ 65	66 ~ 73	71 ~ 77	74 ~ 79
硬度	55 ± 5				

(3)标准量尺：长 126 mm。

(4)喷水壶。

(5)橡胶刮板。

(6)路面温度计：分度不大于 1 °C。

(7)其他：皮尺式钢卷尺、扫帚、粉笔等。

(a)

(b)

图 10-6-4 检测设备与工具

四、检测步骤

1. 准备工作

（1）检查摆式仪的调零灵敏情况，并定期进行仪器的标定。当用于路面工程检查验收时，仪器必须重新标定。

（2）对测试路段按随机取样方法，决定测点所在横断面位置。测点应选在行车道的轮迹带上，距路面边缘不应小于 1 m，并用粉笔做出标记。测点位置宜紧靠铺砂法测定构造深度的测点位置，并与其一一对应。

2. 试验步骤

（1）清洁路面。

用扫帚或其他工具将测点处的路面打扫干净。

（2）仪器调平。

① 将仪器置于路面测点上，并使摆的摆动方向与行车方向一致。

② 转动底座上的调平螺栓，使水准泡居中。

（3）调零。

① 放松上、下两个紧固把手，转动升降把手，使摆升高并能自由摆动，然后旋紧紧固把手。

② 将摆向右运动，按下安装于悬臂上的释放开关，使摆上的卡环进入开关槽，放开释放开关，摆即处于水平位置，并把指针抬至与摆杆平行处。

③ 按下释放开关，使摆向左带动指针摆动，当摆达到最高位置后下落时，用左手将摆杆接住，此时指针应指向零。若不指零时，可稍旋紧或放松摆的调节螺母，重复本项操作，直至指针指零。调零允许误差为 ± 1 BPN。

（4）校核滑动长度。

① 用扫帚扫净路面表面，并用橡胶刮板清除摆动范围内路面上的松散粒料。

② 让摆自由悬挂，提起摆头上的举升柄，将底座上垫块置于定位螺丝下面，使摆头上的滑溜块升高，放松紧固把手，转动立柱上升降把手、使摆缓缓下降。当滑块上的橡胶片刚刚接触路面时，即将紧固把手旋紧，使摆头固定。

③ 提起举升柄，取下垫块，使摆向右运动。然后，手提举升柄使摆慢慢向左运动，直全橡胶片的边缘刚刚接触路面。在橡胶片的外边摆动方向设置标准尺，尺的一端正对准该点。再用手提起举升柄，使滑溜块向上抬起，并使摆继续运动至左边，使橡胶片返回落下再一次接触地面，橡胶片两次同路面接触点的距离应在 126 mm（即滑动长度）左右。若滑动长度不符合标准时，则升高或降低仪器底正面的调平螺丝来校正，但需调平水准泡，重复此项校核直至滑动长度符合要求，而后，将摆和指针置于水平释放位置。

校核滑动长度时应以橡胶片长边刚刚接触路面为准，不可借摆力量向前滑动，以免标定的滑动长度过长。

（5）用喷壶的水浇洒试测路面，并用橡胶刮板刮除表面泥浆。

（6）再次洒水，并按下释放开关，使摆在路面滑过，指针即可指示出路面的摆值。但第一次测定，不做记录。当摆杆回落时，用左手接住摆，右手提起举长柄使滑溜块升高，将摆向右运动，并使摆杆和指针重新置于水平释放位置。

（7）重复步骤（5）的操作测定 5 次，并读记每次测定的摆值，即 BPN，5 次数值中最大值与最小值的差值不得大于 3 BPN。如差数大于 3 BPN 时，应检查产生的原因，并再次重复上述各项操作，至符合规定为止。取 5 次测定的平均值作为每个测点路面的抗滑值（即摆值 FB），取整数，以 BPN 表示。

（8）在测点位置上用路表温度计测记潮湿路面的温度，精确至 1 °C。

（9）按以上方法，同一处平行测定不少于 3 次，3 个测点均位于轮迹带上，测点间距 3 ~ 5 m。该处的测定位置以中间测点的位置表示。每一处均取 3 次测定结果的平均值作为试验结果，精确至 1 BPN。

五、结果计算

（1）抗滑值的温度修正。

当路面温度为 T 时测得的值为 FB_T，必须按式（10-6-6）换算成标准温度 20 °C 的摆值 FB_{20}。

$$FB_{20} = FB_T + \Delta BPN \quad (10\text{-}6\text{-}6)$$

式中 FB_{20}——换算成标准温度 20 °C 时的摆值；

FB_T——路面温度 T 时测得的摆值；

ΔBPN——温度修正值按表 10-6-3 采用。

表 10-6-3 温度修正值

温度/°C	0	5	10	15	20	25	30	35	40
温度修正值ΔBPN	−6	−4	−3	−1	0	+2	+3	+5	+7

（2）精密度与允许差。

同一个测点，重复 5 次测定的差值应不大于 3 BPN。

六、检测报告

（1）测试日期、测点位置、天气情况、洒水后潮湿路面的温度，并描述路面类型、外观、结构类型等。

（2）列表逐点报告路面抗滑值的测定值 FB_T、经温度修正后的 FB_{20} 及 3 次测定的平均值。

（3）每一个评定路段路面抗滑值的平均值、标准差、变异系数。

（4）路面摩擦系数试验检测记录如表 10-6-4 所示。

表 10-6-4　路面摩擦系数试验检测记录表（摆式仪法）

姓名：　　　　　　　　　　　　班级：　　　　　　　　　　　　学号：

试验部位						试验温度					
主要仪器设备及编号											
结构层次						路面类型					
桩号	车道	测点位置	摆值						路面温度/°C	换算成20 °C时摆值	抗滑值均值
			1	2	3	4	5	均值			
		前									
		中									
		后									
		前									
		中									
		后									
		前									
		中									
		后									
		前									
		中									
		后									
		前									
		中									
		后									
		前									
		中									
		后									
		前									
		中									
		后									
备注：											

试验：　　　　　　　　　　　　复核：　　　　　　　　　　　　日期：　　年　　月　　日

任务七　路面渗水检测

一、检测目的与适用范围

本检测方法适用于路面渗水仪测定沥青路面的渗水系数。

二、检测依据

《沥青路面施工及验收规范》（GB 50092—1996）、《城镇道路工程施工与质量验收规范》（CJJ 1—2008）及有关规程规范。

三、检测仪器与设备

本检测需要下列设备与工具，如图 10-7-1 所示。

（a）

（b）

图 10-7-1　检测仪器与设备

（1）路面渗水仪：上部盛水量筒由透明有机玻璃制成，容积 600 mL，上有刻度，在 100 mL 及 500 mL 处有粗标线，下方通过 ϕ10 mm 的细管与底座相接，中间有一开关。量筒通过支架连结，底座下方开口内径 150 mm，外径 165 mm，仪器附压重铁圈两个，每个质量约 5 kg，内径 160 mm。

（2）水桶及大漏斗。

（3）秒表。

（4）密封材料：玻璃腻子、油灰或橡皮泥。

（5）其他：水、红墨水、粉笔、扫帚等。

四、检测步骤

1. 准备工作

（1）在测试路段的行车道面上，按随机取样方法选择测试位置，每一个检测路段应测定 5 个测点，用扫帚清扫表面，并用粉笔划上测试标记。

（2）在洁净的水桶内滴入几点红墨水，使水呈淡红色。

（3）安装好路面渗水仪。

2. 检测步骤

（1）将清扫后的路面用粉笔按测试仪器底座大小划好圆圈记号。

（2）在路面上沿底座圆圈抹一薄层密封材料，边涂边用手压紧，使密封材料嵌满缝隙且牢固地黏结在路面上，密封料圈的内径与底座内径相同，约 150 mm，将组合好的渗水试验仪底座用力压在路面密封材料圈上，再加上压重铁圈压住仪器底座，以防止压力水从底座与路面间流出。

（3）关闭细管下方的开关，向仪器的上方量筒中注入淡红色的水至满，总量为 600 mL。

（4）迅速将开关全部打开，水开始从细管下部流出，待水面下降 100 mL 时，立即开动秒表，每间隔 60 s，读记仪器管的刻度一次，至水面下降 500 mL 时为止。测试过程中，如水从底座与密封材料间渗出，说明底座与路面密封不好，应移至附近干燥路面处重新操作。如水面下降速度很慢，从水面下降至 100 mL 开始，测得 3 min 的渗水量即可停止。若试验时水面下降至一定程度后基本保持不动，说明路面基本不透水或根本不透水，则在报告中注明。

（5）按以上步骤在同一检测路段选择 5 个测点测定渗水系数，取其平均值，作为检测结果。

五、结果计算

沥青路面的渗水系数按式（10-7-1）计算，计算时以水面从 100 mL 下降至 500 mL 所需的时间为标准，若渗水时间过长，亦可采用 3 min 通过的水量计算。

$$C_w=(V_2-V_1)\times 60/(T_2-T_1) \qquad (10\text{-}7\text{-}1)$$

式中　C_w——路面渗水参数（mL/min）；

V_1——第一次读数时的水量（mL）；

V_2——第二次读数时的水量（mL）;

T_1——第一次读数的时间（s）;

T_2——第二次读数的时间（s）。

六、检测报告

应列表逐点报告每个检测路段各个测点的渗水系数，及 5 个测点的平均值、标准差、变异系数。若路面不透水，则在报告中注明为 0。路面渗水检测记录如表 10-7-1 所示。

表 10-7-1 路面渗水检测记录表

姓名：　　　　　　　　　　班级：　　　　　　　　　　学号：

试验目的						
检测范围			检测日期		试验规程	JTG E40—2007
检测位置	初读时间（T_1）/s	初读时水量（V_1）/mL	终读时间（T_2）/s	终读时水量（V_2）/mL	渗水系数/（mL/min）	平均值/（mL/min）
自检意见：						

职业教育教学改革系列教材

总主编　罗　筠

土木工程实训指导

（中册）

主　编　张　捷
副主编　龚　杰
主　审　罗　筠

西南交通大学出版社
·成　都·

图书在版编目（CIP）数据

土木工程实训指导. 2：中册 / 张捷主编. 一成都：西南交通大学出版社，2020.6
ISBN 978-7-5643-7481-5

Ⅰ. ①土… Ⅱ. ①张… Ⅲ. ①土木工程－高等职业教育－教材 Ⅳ. ①TU

中国版本图书馆 CIP 数据核字（2020）第 108743 号

·前 言·

（中册）

全书由三篇组成，第四篇归纳了工程测量中常见的工作任务及实训内容；第五篇介绍建筑等比例模型中常见节点的认识和操作；第六篇介绍楼宇智能安防布线的操作方法。

本书编写内容和展现形式由罗筠进行总体负责完成，具体编写由贵州交通技师学院张捷、龚杰、王翔、胡家雄、郭稳负责完成，其中第四篇由张捷编写，第五篇由龚杰、王翔编写，第六篇由胡家雄、郭稳编写。

本书着重讲解实训操作，在实操步骤、表格填写、数据处理等方面均有详细讲解。

本书是由学校多年的一线教师，根据目前中职生的学情和课程特色构思编写的实训指导教材。编写过程中参考了大量的著作、论文及其他资料，在此对相关作者表示感谢。由于参考文献较多，部分参考文献可能未在书末一一列出，在此表示歉意。特别是编辑老师为本书的最终出版做了大量认真细致的工作，在此表示衷心的感谢。

由于编者水平有限，加上编写时间比较仓促，书中不当之处在所难免，恳请大家批评指正，以便在修订时及时更正，编者将不胜感激。

作 者

2019 年 11 月

·目 录·

第四篇 工程测量

第五篇　实体比例建筑教学模型展示

第六篇　楼宇智能安防布线实训

第四篇　工程测量

项目十一　水准仪测量任务

任务一　水准仪的技术操作

【实训目的】

（1）了解水准仪的基本安置方法，掌握调平的步骤。
（2）学会水准仪的使用（安置、初平、精平、照准）。

【实训工具】

水准仪、脚架。

【实训内容】

（1）学习如何架平脚架。
（2）学习如何安置水准仪。
（3）学习如何调平水准仪使水准盒气泡居中。

【实训流程】

在使用水准仪之前，应先打开三脚架，使架头大致水平，高度适中，并踏实脚架尖后，再将水准仪安放在架头上并拧紧中心螺旋。

水准仪的技术操作按以下四个步骤进行：粗平—照准—精平—读数。

（1）粗平。

粗平就是通过调整脚螺旋，使圆水准气泡居中，这样仪器竖轴便处于铅垂位置，视线概略水平。具体做法是：用两手同时以相对方向分别转动任意两个脚螺旋，此时气泡移动的方向和左手大拇指旋转方向相同，如图 11-1-1（a）所示。然后再转动第三个脚螺旋使气泡居中，如图 11-1-1（b）所示。如此反复进行，直至在任何位置水准气泡均位于分划圆圈内为止。

在操作熟练后，不必将气泡的移动分解为两步，视气泡的具体位置而转动任两个脚螺旋直接使气泡居中，如图 11-1-1（c）所示。

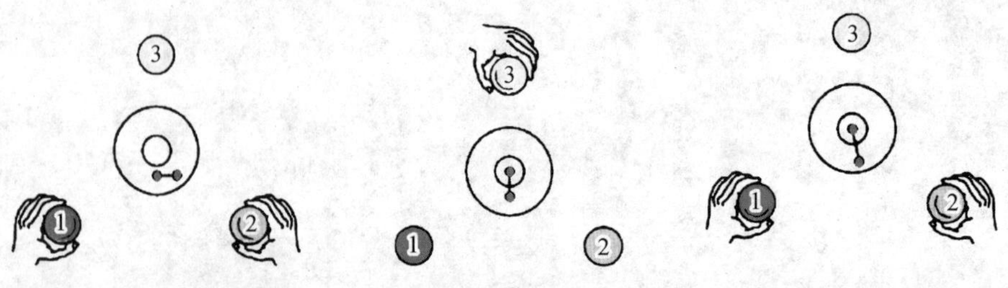

（a）气泡向左移动　（b）气泡向上移动　（c）气泡向中心移动

图 11-1-1　圆水准器气泡居中操作示意图

（2）照准。

照准就是用水准仪照准水准尺，清晰地看清目标和十字丝。其做法是：首先转动目镜对光螺旋使十字丝清晰；然后利用照门和准星瞄准水准尺，瞄准后要旋紧制动螺旋，转动物镜对光螺旋使尺像清晰；再转动微动螺旋，使十字丝的竖丝照准尺面中央。在上述操作过程中，由于目镜、物镜对光不精细，目标影像平面与十字丝平面未重合好，当眼睛靠近目镜上下微微晃动时，物像随着眼睛的晃动也上下移动，这就表明存在着视差。有视差就会影响照准和读数精度，如图 11-1-2（a）（b）所示。消除视差的方法是仔细且反复交替地调节目镜和物镜对光螺旋，使十字丝和目标影像共平面，且同时都十分清晰，如图 11-1-2（c）所示。

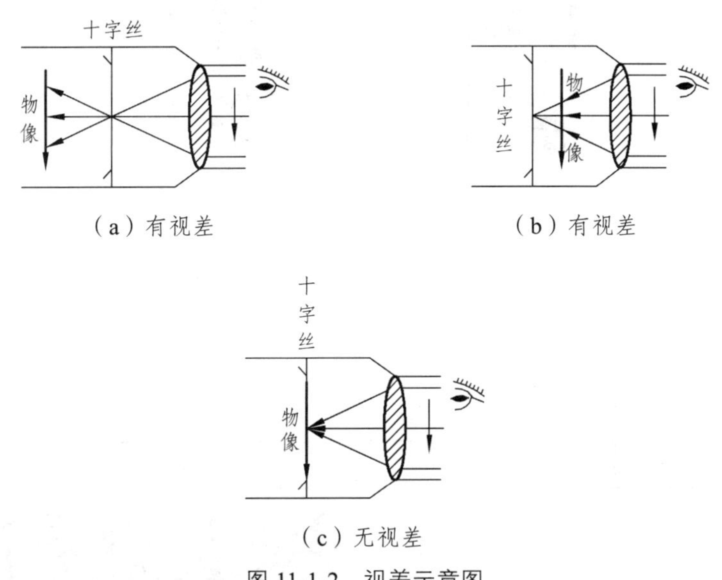

图 11-1-2　视差示意图

（3）精平。

精平就是转动微倾螺旋将水准管气泡居中，使视线精确水平，其做法是：慢慢转动微倾螺旋，使观察窗中水准气泡的影像符合。左侧影像移动的方向与右手大拇指转动方向相同。由于气泡影像移动有惯性，在转动微倾螺旋时要慢、稳、轻，速度不宜太快。

必须指出的是：具有微倾螺旋的水准仪粗平后，竖轴不是严格铅垂的，当水准仪由一个目标（后视）转瞄另一目标（前视）时，气泡不一定完全符合，还必须注意重新再精平，直到水准管气泡完全符合，才能读数。

（4）读数。

读数就是在视线水平时，用望远镜十字丝的横丝在尺上读数，如图 11-1-3 所示。读数前要认清水准尺的刻画特征，成像要清晰稳定。为了保证读数的准确性，读数时要按由小到大的方向，先估读 mm 数，再读出 m、dm、cm 数。读数前务必检查水准气泡影像是否符合好，以保证在水平视线上读取数值。还要特别注意不要错读单位和发生漏零现象。

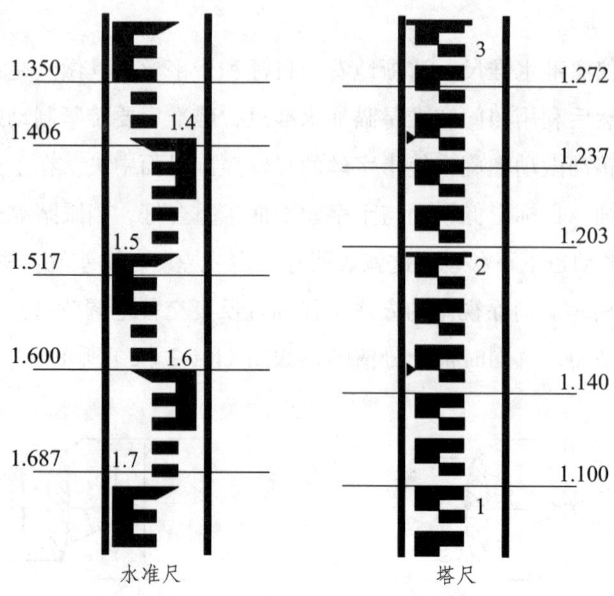

图 11-1-3　水准尺读数示意图

【实训开展】

水准仪的具体使用步骤见表 11-1-1。

表 11-1-1

步骤	图解
① 安放三脚架：调节三脚架腿至适当高度，尽量保持三脚架顶面水平。如果地面松软，应将架腿踩入土中	
② 连接螺旋：旋紧连接螺旋，将水准仪和三脚架连接在一起	

续表

步骤	图解
3. 脚螺旋：调节脚螺旋，使圆水准气泡居中	
④ 制动螺旋：旋紧制动螺旋，水准仪被固定	
⑤ 水平微动螺旋：在制动螺旋旋紧后，调节水平微动螺旋，水准仪在水平方向内微小转动	
⑥ 目镜调焦螺旋：调节目镜调焦螺旋，使十字丝清晰成像	

续表

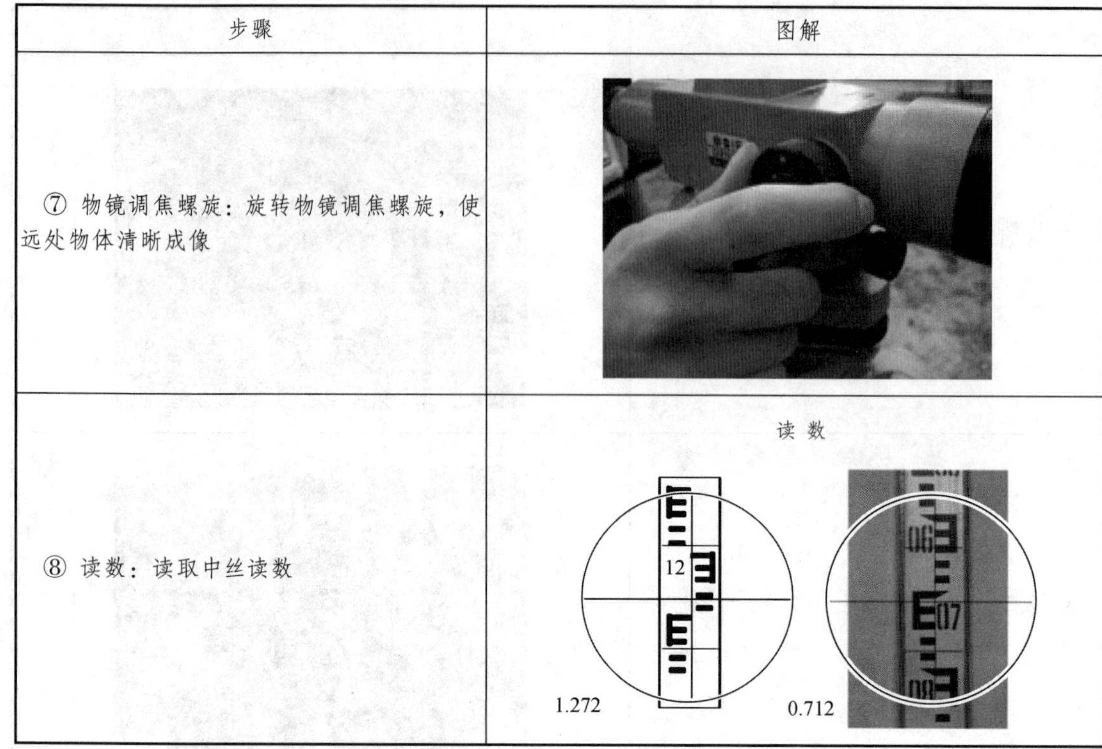

步骤	图解
⑦ 物镜调焦螺旋：旋转物镜调焦螺旋，使远处物体清晰成像	
⑧ 读数：读取中丝读数	读 数 1.272　0.712

任务二　高差测量

【实验目的】

（1）了解水准仪的基本构造，掌握其主要部件的名称和作用。
（2）学会水准仪的使用方法（安置、整平、照准、读数）。
（3）能利用水准仪测量两点之间的高差。

【实验工具】

水准仪 1 台，水准尺 2 根，记录表格 1 张。

【实验内容】

（1）学习水准仪的基本构造和各主要部件的名称、作用及操作方法。
（2）练习水准仪安置、整平、照准、读数。
（3）练习利用水准仪测量两点之间的高差，记录数据到表格中并完成计算。

【实训流程】

在工程实践中，常需要地面两个点之间的高程差值，或利用一已知点的高程计算另一个点的高程。例如在图 11-2-1 中，地面上存在 A、B 两个点。如何求出 A、B 两个点之间的高差 h_{AB} 或利用 A 点高程求出 B 点高程？

在测量工作中，常用水准测量的方法来解决此类问题。

水准测量的方法是在 A、B 两个点上竖立带有分划的标尺——水准尺，在 A、B 两点之间安置可提供水平视线的仪器——水准仪。当水准仪架设好后，在 A、B 两个点的标尺上分别读得读数 a 和 b，则 A、B 两点的高差等于两个标尺读数之差。即

$$h_{AB} = a - b$$

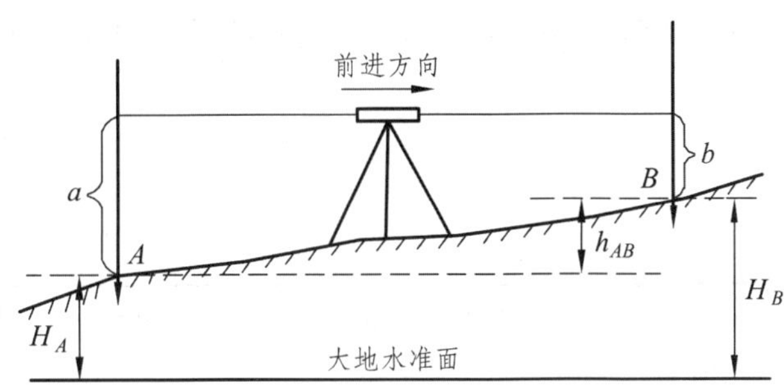

图 11-2-1 施测示意图

如果 A 为已知高程的点，B 为待求高程的点，则 B 点的高程为

$$H_B = H_A + h_{AB}\text{（高差法）}$$

读数 a 是在已知高程点上的水准尺读数，称为“后视读数”；b 是在待求高程点上的水准尺读数，称为“前视读数”。高差必须是后视读数减去前视读数。高差 h_{AB} 的值可能是正，也可能是负，正值表示待求点 B 高于已知点 A，负值表示待求点 B 低于已知点 A。此外，高差的正负号又与测量进行的方向有关，例如图 11-2-1 中测量由 A 向 B 进行，高差用 h_{AB} 表示，其值为正；反之由 B 向 A 进行，则高差用 h_{BA} 表示，其值为负。所以，说明高差时必须标明高差的正负号，同时要说明测量进行的方向。

【实训开展】

以 6 人为一小组，将全班学生分成若干小组。每个小组领取水准仪仪器一台套，每 3 人相互配合开展本项目的实训练习。

（1）在地面选定 A、B 两个坚固的点。

（2）在 A、B 两个点间安置水准仪，仪器至 A、B 两个点的距离大致相等。

（3）竖立水准尺于点 A，瞄准点 A 上的水准尺，精平后读数，此为后视读数 a，记入记录表格中。

（4）竖立水准尺于点 B，瞄准点 B 上的水准尺，精平后读数，此为后视读数 b，记入记录表格中。

（5）计算 A、B 两个点间的高差 $h_{AB} = a - b$。

（6）换一人重新安置仪器，进行上述观测（按照测量路线前进方向，依次换站换人进行观测），直至小组所有成员全部观测完毕，小组成员之间所测高差的差不得超过 $\pm 12\sqrt{n}$。

【实训注意事项】

（1）由于是第一次实习，学生需在老师讲解后再开箱安置仪器。

（2）开箱后先看清仪器放置情况及箱内附件情况，用双手取出仪器并随手关箱。

（3）水准仪安放到三脚架后立即旋转紧连接螺栓。

（4）转动各螺旋时要稳、轻、慢。微动螺旋只有在制动后才能使用。

（5）测量结束后，松开连接螺栓，取下仪器立即装箱。盖箱时不可用力过猛，以免压坏仪器。不可压、坐仪器箱。

（6）水准尺不用时最好横放在地面上，不能立在墙边或斜靠在电杆或树木上，以防摔坏水准尺。

【实训记录表格】

表 11-2-1　实训数据

<table>
<tr><th>测站</th><th>点号</th><th>后视读数/m</th><th>前视读数/m</th><th>高差/m</th></tr>
<tr><td rowspan="2"></td><td></td><td></td><td></td><td rowspan="2"></td></tr>
<tr><td></td><td></td><td></td></tr>
<tr><td rowspan="2"></td><td></td><td></td><td></td><td rowspan="2"></td></tr>
<tr><td></td><td></td><td></td></tr>
<tr><td rowspan="2"></td><td></td><td></td><td></td><td></td></tr>
<tr><td></td><td></td><td></td><td></td></tr>
<tr><td>校核</td><td colspan="4"></td></tr>
</table>

任务三　加设转点测算高程

【实训目的】

（1）了解水准测量中加设转点的原因、转点的作用。

（2）掌握加设转点的方法及测量方法。

（3）掌握测量数据的正确记录方法及计算方法。

【实训工具】

水准仪 1 台，水准尺 2 根，尺垫 2 个，记录表格 1 张。

【实训内容】

（1）学习加设转点的方法及测量方法。

（2）学习测量数据的正确记录方法及计算方法。

【实训流程】

水准测量施测顺序如图 11-3-1 所示，图中 A 为已知高程的点，B 为待求高程的点。

（1）在已知高程的起点 A 上竖立水准尺，作为后视尺。

（2）在测量前进方向离起点不超过 100 m 处设立第一个转点 Z_1，必要时可放置尺垫，并竖立水准尺，作为前视尺。

（3）在离这两点等距离处 I 安置水准仪。仪器整平后，先照准起点 A 上的水准尺，读取 A 点的后视读数，并记入表格。

（4）然后照准转点 Z_1 上的水准尺，整平后读取 Z_1 点的前视读数。把读数记入表格，并计算出这两点间的高差。此时就算是完成了一个测站的观测过程。

（5）将仪器迁至第二站，此时在转点 Z_1 处的水准尺不动，仅把尺面转向前进方向。在 A 点的水准尺向前转移，安置在与第一站有同样间距的转点 Z_2，按在第 I 站同样的步骤和方法读取后视读数和前视读数，并计算出高差。这样就完成了第二站高差的观测。

（6）如此继续进行直到待求高程点 B。

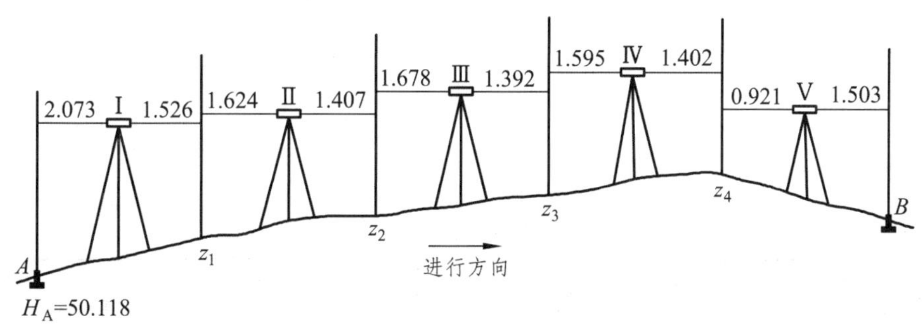

图 11-3-1　测量过程示意图

（7）观测所得每一读数应立即记入表格，水准测量表格格式见实训记录表格。填写时应注意把各个读数正确地填写在相应的行和栏内。例如仪器在测站 I 时，起点 A 上所得水准尺读数 2.073 应记入该点的后视读数栏内，照准转点 Z_1 所得读数 1.526 应记入 Z_1 点的前视读数栏内。后视读数减前视读数得 A、Z_1 两点的高差 + 0.547 记入高差栏内。以后各测站观测所得均按同样方法记录和计算。各测站所得的高差代数和 $\sum h$，就是从起点 A 到终点 B 总的高差。终点 B 的高程等于起点 A 的高程加上 A、B 间的高差。

【实训开展】

以 6 人为一小组，将全班学生分成若干小组。每个小组领取水准仪仪器一台套，每 3 人相互配合开展本项目的实训练习。

（1）在地面选定 A、B 两个坚固的点。

（2）竖立水准尺于点 A，瞄准点 A 上的水准尺，精平后读数，此为后视读数 a，记入记录表格中。

（3）竖立水准尺于点 Z_1，瞄准点 Z_1 上的水准尺，精平后读数，此为后视读数 b，记入记录表格中。

（4）将仪器迁至第二站，此时在转点 Z_1 处的水准尺不动，仅把尺面转向前进方向。在 A 点的水准尺向前转移，安置在与第一站有同样间距的转点 Z_2，按在第 I 站同样的步骤和方法读取后视读数和前视读数，并计算出高差。

（5）依上述方法沿着前进方向继续进行水准测量工作，直至 B 点成为最后一个前视点，即最后一次立前尺于 B 点。记录好最后一个测站的观测数据后，加设转点的水准测量外业工作结束。要求转点不少于 3 个。

（6）换一人重新安置仪器，进行上述观测，直至小组所有成员全部观测完毕，小组成员之间所测高差的差不得超过 $\pm 12\sqrt{n}$ 。

【实训注意事项】

（1）开箱后先看清仪器放置情况及箱内附件情况，用双手取出仪器并随手关箱。

（2）水准仪安放到三脚架后立即旋转紧连接螺栓。

（3）转动各螺旋时要稳、轻、慢。微动螺旋只有在制动后才能使用。

（4）测量结束后，松开连接螺栓，取下仪器立即装箱。盖箱时不可用力过猛，以免压坏仪器。不可压、坐仪器箱。

（5）水准尺不用时最好横放在地面上，不能立在墙边或斜靠在电杆或树木上，以防摔坏水准尺。

【实训记录表格】

表 11-3-1　实训数据

测站	测点	水准尺读数/m		高差/m		高程/m	备注
		后视读数 a	前视读数 b	+	−		
计算检核	$\sum$						

任务四　闭合水准路线

【实训目的】

（1）了解水准测量中闭合水准路线的作用。
（2）掌握加设转点的方法及测量方法。
（3）掌握测量数据的正确记录方法及计算方法。

【实训工具】

水准仪 1 台、水准尺 2 根、尺垫 2 个、记录表格 1 张。

【实训内容】

（1）学习闭合水准路线的测量方法。
（2）学习测量数据的正确记录方法及计算方法。

【实训流程】

闭合水准路线是指水准测量从一已知高程的水准点开始，最后又闭合到该水准点上的水准路线，如图 11-4-1。这种形式的水准路线也可以使测量成果得到检核，即

$$f_h = \sum h_{测}$$

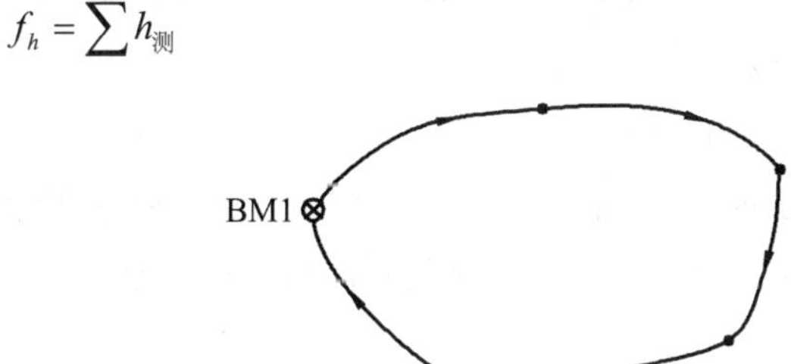

图 11-4-1　闭合水准路线

如图 11-4-1 所示，图中 BM_1 为已知高程的点，BM_1 为待求高程的点。水准测量施测顺序如下：

（1）在已知高程的起点 BM_1 上竖立水准尺，作为后视尺。

（2）在测量前进方向离起点不超过 100 m 处设立第一个转点 ZD_1，必要时可放置尺垫，并竖立水准尺，作为前视尺。

（3）在离这两点等距离处 I 安置水准仪。仪器整平后，先照准起点 BM_1 上的水准尺，读取 BM_1 点的后视读数，并记入表格。

（4）然后照准转点 ZD_1 上的水准尺，整平后读取 ZD_1 点的前视读数。把读数记入表格，并计算出这两点间的高差。此时就算是完成了一个测站的观测过程。

（5）将仪器迁至第二站，此时在转点 ZD_1 处的水准尺不动，仅把尺面转向前进方向。在 BM_1 点的水准尺向前转移，安置在与第一站有同样间距的转点 ZD_2，按在第 I 站同样的步骤和方法读取后视读数和前视读数，并计算出高差。这样就完成了第二站高差的观测。

（6）如此继续进行直到返回高程点 BM_1。

（7）观测所得每一读数应立即记入表格，水准测量表格格式见实训记录表格。填写时应注意把各个读数正确地填写在相应的行和栏内。各测站所得的高差代数和 $\sum h$，就是从起点 BM_1 到终点 BM_1 总的高差。终点 BM_1 的高程等于起点 BM_1 的高程，理论高差为 0 mm。

【实训开展】

以 6 人为一小组，将全班学生分成若干小组。每个小组领取水准仪仪器一台套，每 3 人相互配合开展本项目的实训练习。

（1）在地面选定 BM_1 点。

（2）在 BM_1、ZD_1 两个点间安置水准仪，仪器至 BM_1、ZD_1 两个点的距离大致相等。

（3）竖立水准尺于点 BM_1，瞄准点 BM_1 上的水准尺，精平后读数，此为后视读数 a，记入记录表格中。

（4）竖立水准尺于点 ZD_1，瞄准点 ZD_1 上的水准尺，精平后读数，此为后视读数 b，记入记录表格中。

（5）将仪器迁至第二站，此时在转点 ZD_1 处的水准尺不动，仅把尺面转向前进方向。在 BM_1 点的水准尺向前转移，安置在与第一站有同样间距的转点 ZD_2，按在第 I 站同样的步骤和方法读取后视读数和前视读数，并计算出高差。

（6）依上述方法沿着前进方向继续进行水准测量工作，直至 BM_1 点成为最后一个前视点，即最后一次立前尺于 BM_1 点。记录好最后一个测站的观测数据后，加设转点的水准测量外业工作结束。要求转点不少于 3 个。

（7）换一人重新安置仪器，进行上述观测，直至小组所有成员全部观测完毕，小组成员之间所测高差的差不得超过 $\pm 12\sqrt{n}$。

【实训注意事项】

（1）开箱后先看清仪器放置情况及箱内附件情况，用双手取出仪器并随手关箱。

（2）水准仪安放到三脚架后立即旋转紧连接螺栓。

（3）转动各螺旋时要稳、轻、慢。微动螺旋只有在制动后才能使用。

（4）测量结束后，松开连接螺栓，取下仪器立即装箱。盖箱时不可用力过猛，以免压坏仪器。不可压、坐仪器箱。

（5）水准尺不用时最好横放在地面上，不能立在墙边或斜靠在电杆或树木上，以防摔坏水准尺。

【实训记录表格】

表 11-4-1　实训数据

测站	测点	水准尺读数/m		高差/m		高程/m	备注
		后视读数 *a*	前视读数 *b*	+	−		
计算检核	$\sum$						

任务五　附合水准路线

【实训目的】

（1）了解水准测量中附合水准路线的作用。
（2）掌握附合水准路线测量方法。
（3）掌握测量数据的正确记录方法及计算方法。

【实训工具】

水准仪 1 台，水准尺 2 根，尺垫 2 个，记录表格 1 张。

【实训内容】

（1）学习符合水准路线的测量方法。
（2）学习测量数据的正确记录方法及计算方法。

【实训流程】

附合水准路线是指水准测量从一个高级水准点开始，结束于另一高级水准点的水准路线，如图 11-5-1。这种形式的水准路线，可使测量成果得到可靠的检核，即：

$$f_h = \sum h_{测} - (H_{终} - H_{始})$$

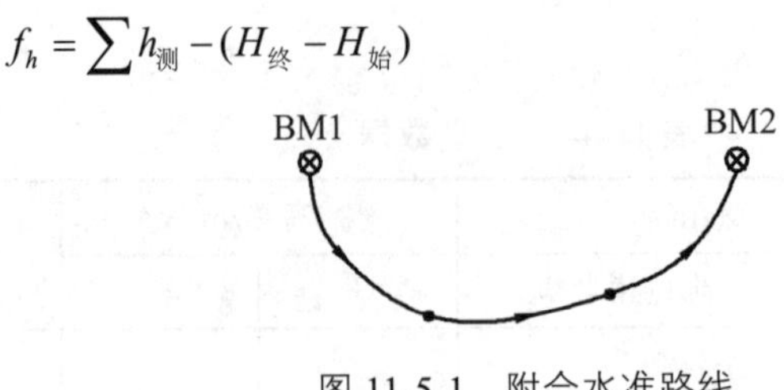

图 11-5-1　附合水准路线

如图 11-5-1 所示，图中 BM_1 为已知高程的点，BM_2 同为已知高程的点。水准测量施测顺序如下：

（1）在已知高程的起点 BM_1 上竖立水准尺，作为后视尺。

（2）在测量前进方向离起点不超过 100 m 处设立第一个转点 ZD_1，必要时可放置尺垫，并竖立水准尺，作为前视尺。

（3）在离这两点等距离处 I 安置水准仪。仪器整平后，先照准起始点 BM_1 上的水准尺，读取 BM_1 点的后视读数，并记入表格。

（4）然后照准转点 ZD_1 上的水准尺，整平后读取 ZD_1 点的前视读数。把读数记入表格，并计算出这两点间的高差。此时就算是完成了一个测站的观测过程。

（5）将仪器迁至第二站，此时在转点 ZD_1 处的水准尺不动，仅把尺面转向前进方向。在 BM_1 点的水准尺向前转移，水准尺安置在与第一站有同样间距的转点 ZD_2，按在第 I 站同样的步骤和方法读取后视读数和前视读数，并计算出高差。这样就完成了第二站高差的观测。

（6）如此继续进行直到到达已知高程点 BM_2。

（7）观测所得每一读数应立即记入表格，水准测量表格格式见实训记录表格。填写时应注意把各个读数正确地填写在相应的行和栏内。各测站所得的高差代数和 $\sum h$，就是从起点 BM_1 到终点 BM_2 总的高差。终点 BM_2 的高程等于已知 BM_2 高程，理论高差为 0 mm。

【实训开展】

以 6 人为一小组，将全班学生分成若干小组。每个小组领取水准仪仪器一台套，每 3 人相互配合开展本项目的实训练习。

（1）在地面选定 A 点。

（2）在 BM_1、ZD_1 两个点间安置水准仪，仪器至 BM_1、ZD_1 两个点的距离大致相等。

（3）竖立水准尺于点 BM_1，瞄准点 BM_1 上的水准尺，精平后读数，此为后视读数 a，记入记录表格中。

（4）竖立水准尺于点 ZD_1，瞄准点 ZD_1 上的水准尺，精平后读数，此为后视读数 b，记入记录表格中。

（5）将仪器迁至第二站，此时在转点 ZD_1 处的水准尺不动，仅把尺面转向前进方向。在 BM_1 点的水准尺向前转移，安置在与第一站有同样间距的转点 ZD_2，按在第 I 站同样的步骤和方法读取后视读数和前视读数，并计算出高差。

（6）依上述方法沿着前进方向继续进行水准测量工作，直至 BM_2 点成为最后一个前视点，即最后一次立前尺于 BM_2 点。记录好最后一个测站的观测数据后，加设转点的水准测量外业工作结束。要求转点不少于 3 个。

（7）换一人重新安置仪器，进行上述观测，直至小组所有成员全部观测完毕，小组成员之间所测高差的差不得超过 $\pm 12\sqrt{n}$ 。

【实训注意事项】

（1）开箱后先看清仪器放置情况及箱内附件情况，用双手取出仪器并随手关箱。

（2）水准仪安放到三脚架后立即旋转紧连接螺栓。

（3）转动各螺旋时要稳、轻、慢。微动螺旋只有在制动后才能使用。

（4）测量结束后，松开连接螺栓，取下仪器立即装箱。盖箱时不可用力过猛，以免压坏仪器。不可压、坐仪器箱。

（5）水准尺不用时最好横放在地面上，不能立在墙边或斜靠在电杆或树木上，以防摔坏水准尺。

【实训记录表格】

表 11-5-1　实训数据

<table>
<tr><th rowspan="2">测站</th><th rowspan="2">测点</th><th colspan="2">水准尺读数/m</th><th colspan="2">高差/m</th><th rowspan="2">高程/m</th><th rowspan="2">备注</th></tr>
<tr><th>后视读数 a</th><th>前视读数 b</th><th>+</th><th>−</th></tr>
<tr><td rowspan="2"></td><td></td><td></td><td></td><td rowspan="2"></td><td rowspan="2"></td><td></td><td rowspan="12"></td></tr>
<tr><td></td><td></td><td></td><td rowspan="2"></td></tr>
<tr><td rowspan="2"></td><td></td><td></td><td></td><td rowspan="2"></td><td rowspan="2"></td></tr>
<tr><td></td><td></td><td></td><td rowspan="2"></td></tr>
<tr><td rowspan="2"></td><td></td><td></td><td></td><td rowspan="2"></td><td rowspan="2"></td></tr>
<tr><td></td><td></td><td></td><td rowspan="2"></td></tr>
<tr><td rowspan="2"></td><td></td><td></td><td></td><td rowspan="2"></td><td rowspan="2"></td></tr>
<tr><td></td><td></td><td></td><td rowspan="2"></td></tr>
<tr><td rowspan="2"></td><td></td><td></td><td></td><td rowspan="2"></td><td rowspan="2"></td></tr>
<tr><td></td><td></td><td></td><td></td></tr>
<tr><td rowspan="2">计算检核</td><td>$\sum$</td><td></td><td></td><td></td><td></td><td rowspan="2"></td></tr>
<tr><td colspan="3"></td><td colspan="2"></td></tr>
</table>

任务六　支水准路线（往返测量）

【实训目的】

（1）了解水准测量中支水准路线的作用。

（2）掌握支水准路线测量方法。

（3）掌握测量数据的正确记录方法及计算方法。

【实训工具】

水准仪 1 台，水准尺 2 根，尺垫 2 个，记录表格 2 张。

【实训内容】

（1）学习支水准路线的测量方法。

（2）学习测量数据的正确记录方法及计算方法。

【实训流程】

支水准路线是指由一已知高程的水准点开始，最后既不附合也不闭合到已知高程的水准点上的一种水准路线。这种形式的水准路线由于不能对测量成果自行检核，因此必须进行往测和返测，或用两组仪器进行并测，即

$$f_h = \sum h_{往} + \sum h_{返}$$

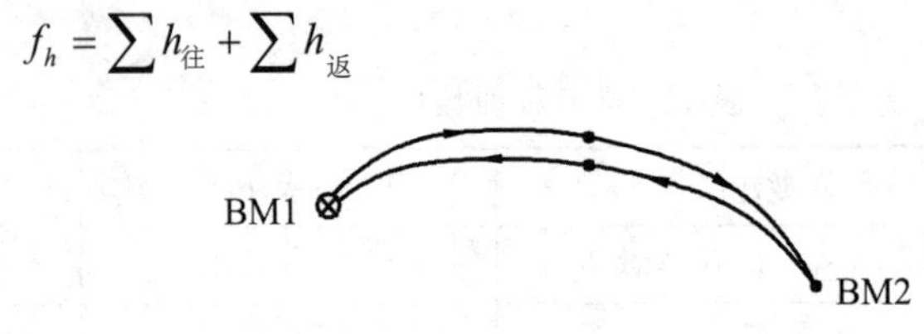

图 11-6-1　支水准路线（往返测量）

如图 11-6-1 所示，图中 BM_1 为已知高程的点，BM_2 为未知高程的点。水准测量施测顺序如下：

（1）在已知高程的起始点 BM_1 上竖立水准尺，作为后视尺。

（2）在测量前进方向离起点不超过 100 m 处设立第一个转点 ZD_1，必要时可放置尺垫，并竖立水准尺，作为前视尺。

（3）在离这两点等距离处 I 安置水准仪。仪器整平后，先照准起始点 BM_1 上的水准尺，读取 BM_1 点的后视读数，并记入表格。

（4）然后照准转点 ZD_1 上的水准尺，整平后读取 ZD_1 点的前视读数。把读数记入表格，并计算出这两点间的高差。此时就算是完成了一个测站的观测过程。

（5）将仪器迁至第二站，此时在转点 ZD_1 处的水准尺不动，仅把尺面转向前进方向。在 BM_1 点的水准尺向前转移，安置在与第一站有同样间距的转点 ZD_2，按在第 I 站同样的步骤和方法读取后视读数和前视读数，并计算出高差。这样就完成了第二站高差的观测。

（6）如此继续进行直到到达未知高程点 BM_2。并用同样的观测方法从 BM_2 点返回到 BM_1 点上。

（7）观测所得每一读数应立即记入表格，水准测量表格格式见实训记录表格。填写时应注意把各个读数正确地填写在相应的行和栏内。各测站所得的高差代数和 $\sum h$，就是从起点 BM_1 到终点 BM_2 总的高差。往返测量的理论高差为 0 mm。

【实训开展】

以 6 人为一小组，将全班学生分成若干小组。每个小组领取水准仪仪器一台套，每 3 人相互配合开展本项目的实训练习。

（1）在地面选定 *A* 点。

（2）在 BM_1、ZD_1 两个点间安置水准仪，仪器至 BM_1、ZD_1 两个点的距离大致相等。

（3）竖立水准尺于点 BM_1，瞄准点 BM_1 上的水准尺，精平后读数，此为后视读数 a，记入记录表格中。

（4）竖立水准尺于点 ZD_1，瞄准点 ZD_1 上的水准尺，精平后读数，此为后视读数 b，记入记录表格中。

（5）将仪器迁至第二站，此时在转点 ZD_1 处的水准尺不动，仅把尺面转向前进方向。在 BM_1 点的水准尺向前转移，水准尺安置在与第一站有同样间距的转点 ZD_2，按在第 I 站同样的步骤和方法读取后视读数和前视读数，并计算出高差。

（6）依上述方法沿着前进方向继续进行水准测量工作，直至 BM_2 点成为最后一个前视点，即最后一次立前尺于 BM_2 点。记录好最后一个测站的观测数据后，加设转点的水准测量外业工作结束。要求转点不少于 3 个。完成往测后再用同样的观测方法从 BM_2 点返回至 BM_1 点即得到返测高差。

（7）换一人重新安置仪器，进行上述观测，直至小组所有成员全部观测完毕，小组成员之间所测高差的差不得超过 $\pm 12\sqrt{n}$ 。

【实训注意事项】

（1）开箱后先看清仪器放置情况及箱内附件情况，用双手取出仪器并随手关箱。

（2）水准仪安放到三脚架后立即旋转紧连接螺栓。

（3）转动各螺旋时要稳、轻、慢。微动螺旋只有在制动后才能使用。

（4）测量结束后，松开连接螺栓，取下仪器立即装箱。盖箱时不可用力过猛，以免压坏仪器。不可压、坐仪器箱。

（5）水准尺不用时最好横放在地面上，不能立在墙边或斜靠在电杆或树木上，以防摔坏水准尺。

【实训记录表格】

表 11-6-1　往测数据

测站	测点	水准尺读数/m		高差/m		高程/m	备注
		后视读数 a	前视读数 b	+	−		
计算检核	Σ						

表 11-6-2　返测数据

测站	测点	水准尺读数/m		高差/m		高程/m	备注
		后视读数 a	前视读数 b	+	−		
计算检核	Σ						

任务七　五等水准路线（普通水准测量）

【实训目的】

（1）了解水准点、水准路线的概念及类型。
（2）掌握闭合水准路线测量的目的和要求。
（3）掌握闭合水准路线测量的外业测量方法和内业计算方法。

【实训工具】

水准仪 1 台，水准尺 2 根，尺垫 2 个，记录表格 1 张。

【实训内容】

（1）学习水准点、水准路线的概念及类型。
（2）学习闭合水准路线测量的外业测量方法和内业计算方法。

【实训流程】

当实际的高程闭合差在容许值以内时，可把闭合差分配到各测段的高差上。显然，高程测量的误差是随水准路线的长度或测站数的增加而增加，所以分配的原则是把闭合差以相反的符号根据各测段路线的长度或测站数按比例分配到各测段的高差上。故各测段高差的改正数为

$$v_i=-\frac{f_h}{\sum L}\cdot L_i \text{ 或 } v_i=-\frac{f_h}{\sum n}\cdot n_i$$

式中：L_i 和 n_i ——各测段路线之长和测站数；

$\sum L_i$ 和 $\sum n_i$ ——水准路线总长和测站总数。

对于水准支线，应将高程闭合差按相反的符号平均分配在往测和返测所得的高差值上。

【实训开展】

以 6 人为一小组，将全班学生分成若干小组。每个小组领取水准仪仪器一台套，每 3 人相互配合开展本项目的实训练习。

（1）在地面选定 A、B、C、D 四个坚固的点，做好标记，作为水准点。

（2）从 A 点开始水准路线的施测，水准路线经过水准点 B、C、D 三个点后，最后回到水准点 A，完成路线的闭合，将每一测站的数据记录到闭合水准测量数据记录表格中。

（3）外业测量完成后，对记录表格中的数据进行计算，将相关计算结果填入高差配赋表中，完成高差配赋表的计算，得到水准点 B、C、D 三个点的高程。

【实训注意事项】

（1）各水准点必须选取坚固的地面点。

（2）一个测站的观测结束，观测者搬动仪器后，后尺的立尺者才能向前方行进，转为下一个测站的前尺。

（3）观测者搬动仪器，向下一个测站行进时，上一测站的前尺队员转动尺面要稳、慢，严禁移动尺垫。

（4）本项目实训结束，可以 3 个人作为一个小团队，共同测量、计算，3 人上交一份测量成果。

【实训记录表格】

表 11-7-1　五等闭合水准测量记录表

<table>
<tr><th rowspan="2">测段编号</th><th rowspan="2">测站</th><th rowspan="2">测点</th><th colspan="2">水准尺读数/m</th><th colspan="2">高差/m</th><th rowspan="2">备注</th></tr>
<tr><th>后视读数 a</th><th>前视读数 b</th><th>+</th><th>−</th></tr>
<tr><td rowspan="2"></td><td rowspan="2"></td><td></td><td></td><td></td><td rowspan="2"></td><td rowspan="2"></td><td rowspan="2"></td></tr>
<tr><td></td><td></td><td></td></tr>
<tr><td rowspan="2"></td><td rowspan="2"></td><td></td><td></td><td></td><td rowspan="2"></td><td rowspan="2"></td><td rowspan="2"></td></tr>
<tr><td></td><td></td><td></td></tr>
</table>

续表

测段编号	测站	测点	水准尺读数/m		高差/m		备注
			后视读数 *a*	前视读数 *b*	+	−	

任务八　高程放样

【实训目的】

（1）了解高程放样的概念及作用。
（2）掌握高程放样的测量方法。

【实训工具】

水准仪 1 台，水准尺 2 根，尺垫 2 个。

【实训内容】

学习高程放样的测量方法。

【实训流程】

高程放样的任务是将设计高程测设在指定桩位上。

在工程建筑施工中，例如在平整场地、开挖基坑、定路线坡度和定桥台桥墩的设计标高等场合，经常需要高程放样。高程放样主要采用水准测量的方法，有时也采用钢尺直接量取竖直距离或三角高程测量的方法。

高程放样时，首先需要在测区内布设一定密度的水准点（临时水准点）作为放样的起算点，然后根据设计高程在实地标定出放样点的高程位置。高程位置的标定措施可根据工程要求及现场条件确定，土石方工程一般用木桩标定放样高程的位置，可在木桩侧面划水平线或标定在桩顶上。混凝土及砌筑工程一般用红漆做记号标定在它们的面壁或模板上。

一般情况下，放样高程位置均低于水准仪视线高且不超出水准尺的工作长度。如图 11-8-1 所示，A 为已知点，其高程为 H_A，欲在 B 点定出高程为 H_B 的位置。具体放样过程为：

（1）在 B 点打一长木桩，将水准仪安置在 A、B 之间，在 A 点立水准尺，后视 A 尺并读数 a，计算 B 处水准尺应有的前视读数 b 为

$$b = (H_A + a) - H_B$$

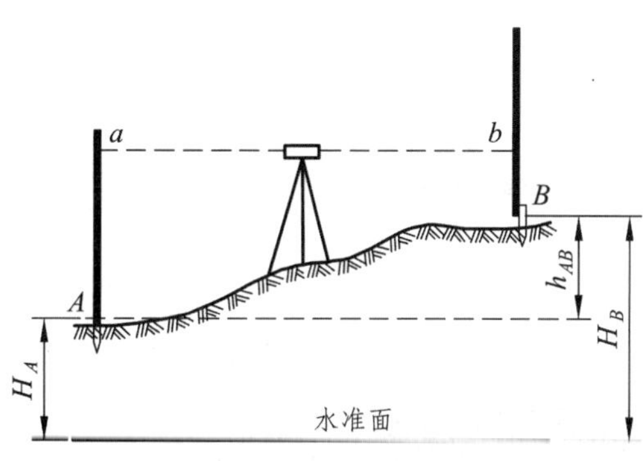

图 11-8-1　高程放样

（2）在靠 B 点木桩侧面竖立水准尺，上下移动水准尺，当水准仪在尺上的读数恰好为 b 时，在木桩侧面紧靠尺底画一横线，此横线即为设计高程 H_B 的位置。也可在 B 点桩顶竖立水准尺并读取读数 b'，再用钢卷尺自桩顶向下量 $b-b'$ 即得高程为 H_B 的位置。

为了提高放样精度，放样前应仔细检校水准仪和水准尺；放样时尽可能使前后视距相等；放样后可按水准测量的方法观测已知点与放样点之间的实际高差，并以此对放样点进行检核和必要的归化改正。

【实训开展】

以 6 人为一小组，将全班学生分成若干小组。每个小组领取水准仪仪器一台套，每 3 人相互配合开展本项目的实训练习。

（1）在地面选定 A 点作为已知高程已知点。

（2）教师给每一个小组成员指定一个高程，要求学生利用水准仪进行测量，在墙壁上画出该高程面，并做好标记。

【实训注意事项】

（1）操作仪器的同学自行进行简单计算，其他人不得帮忙计算。

（2）操作仪器的同学可以找人配合立后尺、做标记。

任务九　四等水准测量

【实训目的】

（1）了解四等水准测量的概念及作用。

（2）掌握四等水准测量的测量方法。

【实训工具】

水准仪 1 台，水准双面尺 2 根，尺垫 2 个，记录表格 1 张，高程配赋表 1 张，水准点成果表 1 张。

【实训内容】

（1）学习四等水准测量的外业测量方法。

（2）学习四等水准测量的内业计算方法。

【实训流程】

小区域地形测图或施工测量中，多采用三、四等水准测量作为高程控制测量的首级控制。

（1）四等水准测量的技术要求。

① 高程系统：三、四等水准测量起算点的高程一般引自国家一、二等水准点，若测区附近没有国家水准点，也可建立独立的水准网，这样起算点的高程应采用假定高程。

② 布设形式：如果是作为测区的首级控制，一般布设成闭合环线；如果进行加密，则多采用附合水准路线或支水准路线。四等水准路线一般沿公路、铁路或管线等坡度较小、便于施测的路线布设。

③ 点位的埋设：其点位应选在地基稳固，能长久保存标志和便于观测的地点，水准点的间距一般为 1 ~ 1.5 km，山岭重丘区可根据需要适当加密，一个测区一般至少埋设三个以上的水准点。

（2）四等水准测量的观测方法。

四等水准测量观测应在通视良好、水准仪成像清晰及稳定的情况下进行。一般采用一对双面尺。

（3）四等水准一个测站的观测步骤：（后—前—前—后；黑—黑—红—红）。

① 照准后尺黑面，精平，分别读取上、下、中三丝读数，记为（1）（2）（3）。

② 照准前尺黑面，精平，分别读取上、下、中三丝读数，记为（4）（5）（6）。

③ 照准前视尺红面，精平，读取中丝读数，记为（7）。

④ 照准后视尺红面，精平，读取中丝读数，记为（8）。

这四个观测步骤，简称为“后—前—前—后（黑—黑—红—红）”，采用这样的观测步骤可消除或减弱仪器或尺垫下沉误差的影响。四等水准测量也可以采用“后—后—前—前（黑—红—黑—红）”的观测步骤。

（4）一个测站的计算与检核。

① 视距的计算与检核：

后视距（9）=[（1）−（2）]×100 m

前视距（10）=[（4）−（5）]×100 m　三等≤75 m，四等≤100 m

前、后视距差（11）=（9）−（10）　三等≤3 m，四等≤5 m

前、后视距差累积（12）= 本站（11）+ 上站（12）　三等≤6 m，四等≤10 m

② 水准尺读数的检核：

同一根水准尺黑面与红面中丝读数之差：

前尺黑面与红面中丝读数之差（13）=（6）+ K −（7）

后尺黑面与红面中丝读数之差（14）=（3）+ K −（8）　三等≤2 mm，四等≤3 mm

（上式中的 K 为红面尺的起点数，为 4.687 m 或 4.787 m）

③ 高差的计算与检核：

黑面测得的高差（15）=（3）−（6）

红面测得的高差（16）=（8）−（7）

校核：黑、红面高差之差（17）=（15）−[（16）±0.100]

或（17）=（14）−（13）　三等≤3 mm，四等≤5 mm

高差的平均值（18）=[（15）+（16）±0.100]/2

在测站上，当后尺红面起点为 4.687 m，前尺红面起点为 4.787 m 时，取 +0.100，反之，取 −0.100。

（5）每页计算校核。

① 高差部分。

在每页上，后视红、黑面读数总和与前视红、黑面读数总和之差，应等于红、黑面高差之和。

对于测站数为偶数的页：$2[(3)+(8)]-2[(6)+(7)]=\sum[(15)+(16)]=2\sum(18)$

对于测站数为奇数的页：$\sum[(3)+(8)]-2[(6)+(7)]=\sum[(15)+(16)]=2\sum(18)\pm 0.100$

② 视距部分。

在每页上，后视距总和与前视距总和之差应等于本页末站视距差累积值与上页末站视距差累积值之差。校核无误后，可计算水准路线的总长度。

$\sum$（9）−$\sum$（10）= 本页末站之（12）− 上页末站之（12）

水准路线总长度 = $\sum$（9）+ $\sum$（10）

（6）成果整理。

四等水准测量的闭合路线或附合路线的成果整理：首先其高差闭合差应满足表 11-9-1 的要求；其次对高差闭合差进行调整；最后按调整后的高差计算各水准点的高程。若为支水准路线，则满足要求后，取往返测量结果的平均值为最后结果，据此计算水准点的高程。

【实训开展】

（1）选定一条闭合水准路线，其长度以安置 4 ~ 6 个测站为宜。沿线标定待定点（转点）的地面标志。

（2）在起点与第一个待定点分别立尺，然后在两立尺点之间设站，安置好水准仪后，按以下顺序进行观测：

① 照准后视尺黑面，进行对光、调焦，消除视差；精平（将水准气泡影像符合）后，分别读取上、下丝读数和中丝读数，分别记入记录表（1）（2）（3）顺序栏内。

② 照准前视尺黑面，消除视差并精平后，读取上、下丝和中丝读数，分别记入记录表（4）（5）（6）顺序栏内。

③ 照准前视尺红面，消除视差并精平后，读取中丝读数，记入记录表（7）顺序栏内。

④ 照准后视尺红面，消除视差并精平后，读取中丝读数，记入记录表（8）顺序栏内。

这种观测顺序简称为“后—前—前—后”，目的是减弱仪器下沉对观测结果的影响。

（3）测站的检核计算。

① 计算同一水准尺黑、红面分划读数差（即黑面中丝读数 + K − 红面中丝读数，其值应 ≤3 mm），填入记录表（9）（10）顺序栏内。

（9）=（6）+ K −（7）

（10）=（3）+ K −（8）

② 计算黑、红面分划所测高差之差，填入记录表（11）（12）（13）顺序栏内。

（11）=（3）−（6）

（12）=（8）−（7）

（13）=（10）−（9）

③ 计算高差中数，填入记录表（14）顺序栏内。

（14）= [（11）+（12）± 0.100]/2

④ 计算前后视距（即上、下丝读数差 × 100，单位为 m），填入记录表（15）（16）顺序栏内。

（15）=（1）−（2）

（16）=（4）−（5）

⑤ 计算前后视距差（其值应 ≤5 m），填入记录表（17）顺序栏内。

（17）=（15）−（16）

⑥ 计算前后视距累积差（其值应 ≤10 m），填入记录表（18）顺序栏内。

（18）= 上（18）− 本（17）

（4）用同样的方法依次施测其他各站。

（5）各站观测和验算完后进行路线总验算，以衡量观测精度。其验算方法如下：

当测站总数为偶数时 Σ（11）+ Σ（12）= 2Σ（14）

当测站总数为奇数时 Σ（11）+ Σ（12）= 2Σ（14）± 0.100 m

末站视距累积差（18）= Σ（15）− Σ（16）

水准路线总长 L = Σ（15）+ Σ（16）

高差闭合差 f_h = Σ（14）

高差闭合差的允许值：$f_{h允} = \pm 20\sqrt{L}$ 或 $f_{h允} = \pm 8\sqrt{L}$，单位为 mm，式中 L 为以千米为单位的水准路线长度；N 为该路线总的测站数。

【实训注意事项】

（1）每站观测结束后应立即进行计算、检核，若有超限则重新设站观测。全路线观测并计算完毕，且各项检核均已符合，路线闭合差也在限差之内，即可收测。

（2）注意区别上、下视距丝和中丝读数，并记入记录表相应的顺序栏内。

（3）四等水准测量作业的集体性很强，全组人员一定要相互合作，密切配合，相互体谅。

（4）严禁为了快出成果而转抄、涂改原始数据。记录数据要用铅笔，字迹要工整、清洁。

（5）四等水准测量的技术指标如表 11-9-1。

表 11-9-1　四等水准测量的技术指标

视线高度/m	视距长度/m	前后视距差/m	前后视距累积差/m	黑、红面分划读数差/mm	黑、红面分划所测高差之差/mm	路线高差闭合差/mm
≥0.2	≤80	≤5	≤10	≤3	≤5	±20

【实训记录表格】

表 11-9-2　四等水准测量记录表

测段：　　　　　　　　　　天气：　　　　　　　　　　测量：

组号：　　　　　　　　　　日期：　　　　　　　　　　记录：

测站编号	点号	后尺 上丝 下丝	前尺 上丝 下丝	方向及尺号	标尺读数/m 黑面	标尺读数/m 红面	黑+K-红/mm	高差中数/m	备注
		后视距/m	前视距/m						
		视距差 d/m	$\sum d$ /m						
		（1）	（4）	后	（3）	（8）	（14）	（18）	K 为水准尺常数
		（2）	（5）	前	（6）	（7）	（13）		
		（9）	（10）		（15）	（16）	（17）		
		（11）	（12）						
				后					
				前					
				后					
				前					
				后					
				前					
校核		$\sum$[（3）+（8）]-$\sum$[（6）+（7）]=							
		$\sum$[（15）+（16）]=　；$\sum$（18）=　；2$\sum$（18）=							
		满足：$\sum$[（3）+（8）]−$\sum$[（6）+（7）]=$\sum$[（15）+（16）]=2$\sum$（18）　否□　是□							
		$\sum$（9）−$\sum$（10）=　=末（12）							
		总视距$\sum$（9）+$\sum$（10）=　m							

表 11-9-3　高程误差配赋表

点号	距离/m	观测高差/m	改正数/m	改正后高差/m	点之高程/m	备　注
1	2	3	4	5	6	7
BMB_1						
BMB_2						
BMB_3						
BMB_4						
BMB_1						
Σ						
辅助计算	$f_h =$　　　　$f_{h允} =$					

表 11-9-4　水准点成果表

点　　号	等　　级	高　　程

注：本表不填写已知点。

项目十二　经纬仪测量任务

任务一　水平角测量

【实训目的】

（1）了解经纬仪的组成和各部件的名称。

（2）掌握经纬仪的对中、整平、照准、读数的方法。

（3）掌握使用经纬仪测量水平角。

【实训工具】

经纬仪 1 台、花杆 2 根。

【实训内容】

（1）了解经纬仪的组成和各部件的名称。

（2）练习经纬仪的对中、整平、照准、读数的方法。

（3）练习使用经纬仪测量水平角。

【实训流程】

（1）经纬仪的使用主要包括经纬仪的对中、整平、瞄准和读数等。

（2）对中。

对中目的是使仪器的中心与测站点位于同一铅线上。

① 打开三脚架，调节脚架使高度适中，目估三脚架头大致水平，且三脚架中心大致对准地面标志中心。

② 将仪器放在脚架上，并拧紧连接仪器和三脚架的中心连接螺旋，双手分别握住另两条架腿稍离地面前后左右摆动，眼睛看经纬仪的对中器，直至分划圈中心对准地面标志中心为止，放下两架腿并踏紧。

③ 升落脚架腿使气泡基本居中，然后用脚螺旋精确整平。

④ 检查地面标志是否位于对中器分划圈中心，若不居中，可稍旋松连接螺旋，在架头上移动仪器，使其精确对中。

（2）整平。

整平是先升降三脚架中的两个脚，使圆水准器的气泡居中，粗平仪器。再利用基座上的三个脚螺旋使照准部水准管气泡居中，精平仪器，从而使竖轴竖直、水平度盘水平。

精平时，先转动照准部，使照准部水准管与任一对脚螺旋的连线平行，两手同时向内或外转动这两个脚螺旋，使水准管气泡居中。将照准部旋转 90°，转动第三个脚螺旋，使水准管气泡居中，按以上步骤反复进行，直到照准部转至任意位置气泡皆居中为止，如图 12-1-1 所示。

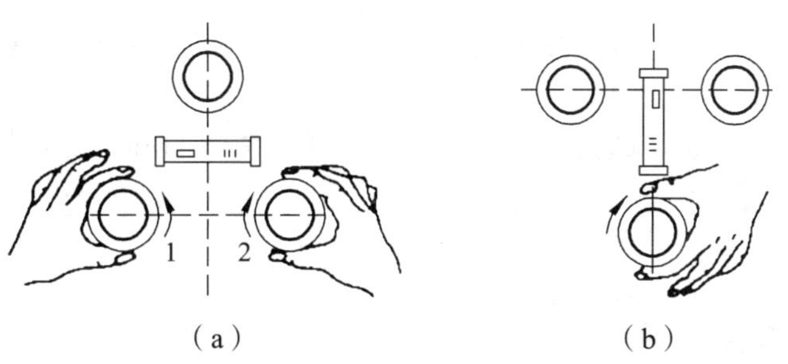

图 12-1-1　经纬仪整平

（3）瞄准。

测水平角时，瞄准是指用十字丝的纵丝精确地瞄准目标，具体操作步骤如下：

① 调节目镜调焦螺旋，使十字丝清晰。

② 松开经纬仪制动螺旋和照准部制动螺旋，先利用望远镜上的准星瞄准目标，使在经纬仪内能看到目标物象，然后旋紧上述两制动螺旋。

③ 转动物镜调焦使物象清晰，注意消除视差。

④ 旋转经纬仪和照准部制动螺旋，使十字丝的纵丝精确地瞄准目标，如图 12-1-2 所示。

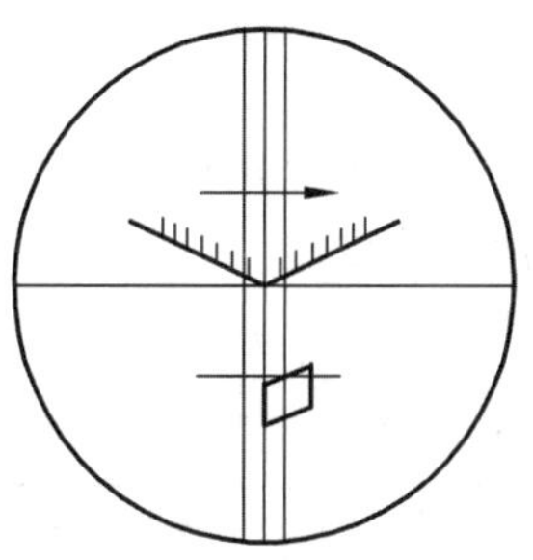
图 12-1-2　瞄准目标

（4）读数。

照准目标后，电子经纬仪的显示屏幕上，会显示照准方向的方向值读数，将该读数记录到表格中即可。

（5）测回法观测水平角。

测回法测量水平角的观测步骤如下：

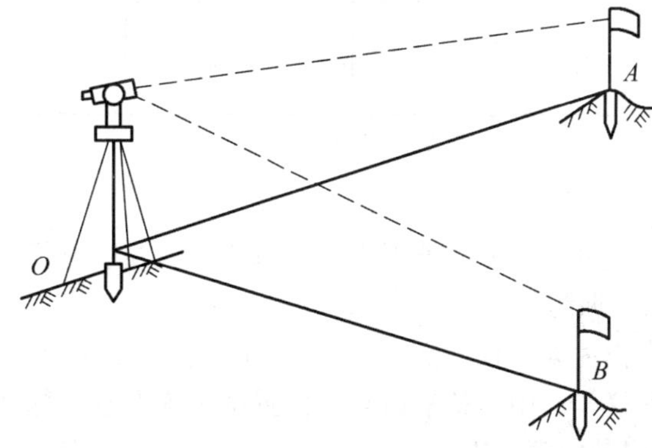

图 12-1-3　测回法观测

① 如图 12-1-3 所示，在 O 点安置经纬仪，对中、整平后盘左位置精确瞄准左目标 A，调整水平度盘为零度稍大，读数 $A_{左}$。

② 松开水平制动螺旋，顺时针转动照准部，瞄准右方 B 目标，读取水平度盘读数 $B_{左}$。以上称上半测回，角值为

$$\beta_{左}=B_{左}-A_{左}$$

③ 松开水平及竖直制动螺旋，盘右瞄准右方 B 目标，读取水平度盘读数 $B_{右}$，再瞄准左方目标 A，读取水平度盘读数 $A_{右}$。以上称下半测回，角值为

$$\beta_{右}=B_{右}-A_{右}$$

④ 上、下半测回合称一测回。

$$\beta=\frac{1}{2}(\beta_{左}+\beta_{右})$$

必须注意：

① 上、下半测回的角值之差不大于 40″时，才能取其平均值作为一测回观测成果。

② 水平度盘是按顺时针方向注记的，因此半测回角值必须是右目标读数减去左目标读数，当不够减时则将右目标读数加上按 360°。

③ 当测角精度要求较高时，往往要测几个测回，为了减少度盘分划误差的影响，各测回间应根据测回数 n 按 180°/n 变换水平度盘位置。

测回法测角记录计算如表 12-1-1。

表 12-1-1　水平角观测表（测回法）

<table>
<tr><th>测站</th><th>测回</th><th>竖盘位置</th><th>目标</th><th>水平度盘数</th><th>半测回角值</th><th>一测回角值</th><th>各测回平均角值</th></tr>
<tr><td rowspan="4">O</td><td rowspan="4">1</td><td rowspan="2">左</td><td>A</td><td>0°03′18″</td><td rowspan="2">89°30′12″</td><td rowspan="4">89°30′15″</td><td rowspan="8">89°30′21″</td></tr>
<tr><td>B</td><td>89°33′30″</td></tr>
<tr><td rowspan="2">右</td><td>A</td><td>180°03′24″</td><td rowspan="2">89°30′18″</td></tr>
<tr><td>B</td><td>269°33′42″</td></tr>
<tr><td rowspan="4">O</td><td rowspan="4">2</td><td rowspan="2">左</td><td>A</td><td>90°03′30″</td><td rowspan="2">89°30′30″</td><td rowspan="4">89°30′27″</td></tr>
<tr><td>B</td><td>179°34′00″</td></tr>
<tr><td rowspan="2">右</td><td>A</td><td>270°03′24″</td><td rowspan="2">89°30′24″</td></tr>
<tr><td>B</td><td>359°33′48″</td></tr>
</table>

【实训开展】

以 6 人为一小组，将全班学生分成若干小组。每个小组领取电子经纬仪仪器一台套，每 3 人相互配合开展本项目的实训练习。

（1）在地面选定 O 点作为架设仪器点，选定 A、B 两点作为立花杆的点，观测 $\angle AOB$。

（2）在 O 点安置经纬仪，对中、整平后盘左位置精确瞄准左目标 A，调整水平度盘为零度稍大，读数 $A_{左}$，将数据记录到表格中。

（3）松开水平制动螺旋，顺时针转动照准部，瞄准右方 B 目标，读取水平度盘读数 $B_{左}$，将数据记录到表格中。

（4）松开水平及竖直制动螺旋，盘右瞄准右方 B 目标，读取水平度盘读数 $B_{右}$，将数据记录到表格中，再瞄准左方目标 A，读取水平度盘读数 $A_{右}$，将数据记录到表格中。

（5）完成记录表格的计算，获得水平角角值。

【实训注意事项】

（1）采用升降脚架的方法来实现仪器的粗平，采用调整脚螺旋的方法来实现仪器的精平。

（2）瞄准目标时应消除视差，尽量瞄准目标底部。

（3）测量水平角时要求用竖丝瞄准目标。

（4）安置仪器高度要适中，转动照准部及使用各种螺旋时用力要轻。

（5）按观测顺序读数、记录，注意检查测量结果是否符合限差，超限应重测。

任务二　竖直角测量

【实训目的】

（1）掌握使用经纬仪测量竖直角。

（2）掌握竖直角的计算方法。

【实训工具】

经纬仪 1 台、花杆 2 根、记录表格 1 张。

【实训内容】

练习使用经纬仪测量竖直角。

【实训流程】

在同一竖直平面内，视线与水平方向的夹角称为竖直角，如图 12-2-1 中δ。视线位于水平方向上方时，称为仰角，δ为正；视线位于水平方向下方时，称为俯角，δ为负。

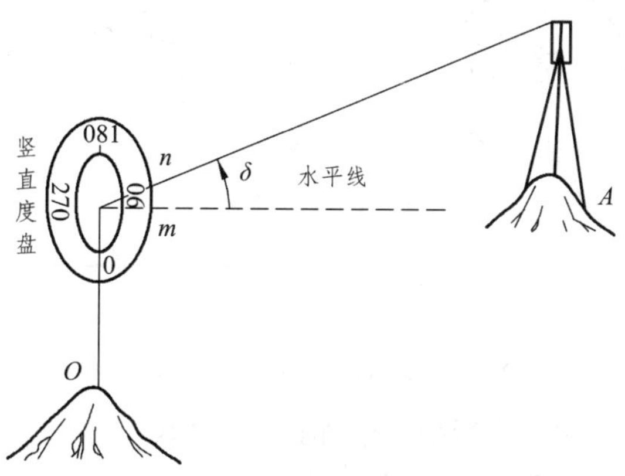

图 12-2-1　竖直度盘读数

竖直度盘固定在横轴上，随经纬仪一起绕横轴转动，竖直度盘的分划线与分微尺一起成像于读数显微镜内。当经纬仪水平，竖盘指标水准管气泡居中时的读数称为起始读数。

由于竖直度盘的注记形式不同，分为顺时针刻划和逆时针刻划两种注记形式，如图 12-2-2 所示。为了确保竖直角的计算正确，必须首先确定竖直角的计算公式（如表 12-2-1，以顺时针注记为例）。

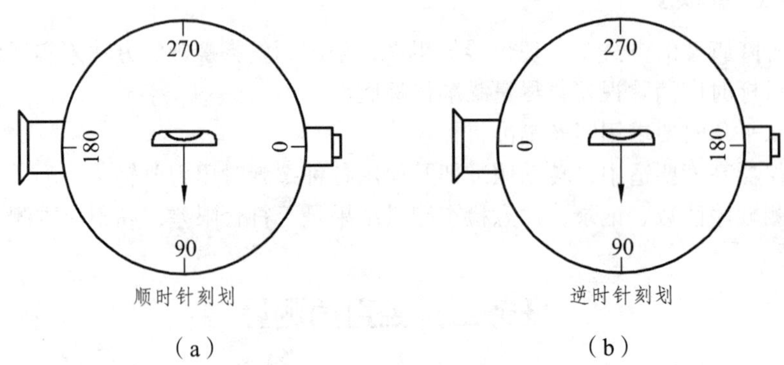

图 12-2-2　竖直度盘注记方式

表 12-2-1　顺时针注记竖直角计算公式

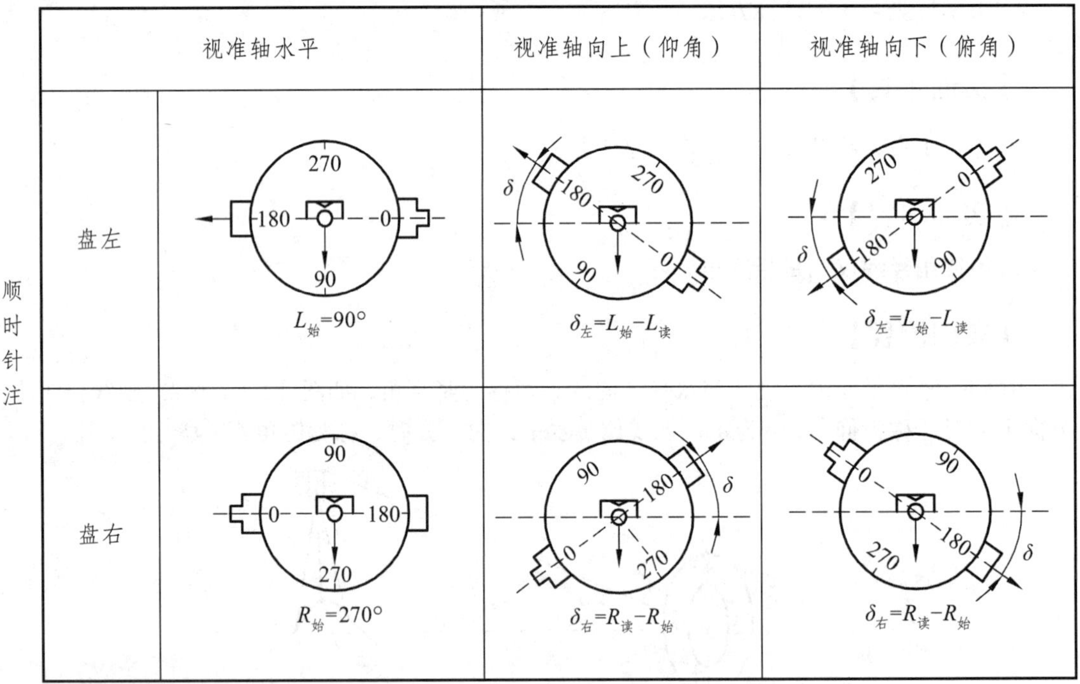

		视准轴水平	视准轴向上（仰角）	视准轴向下（俯角）
顺时针注	盘左	$L_{始}=90°$	$\delta_{左}=L_{始}-L_{读}$	$\delta_{左}=L_{始}-L_{读}$
	盘右	$R_{始}=270°$	$\delta_{右}=R_{读}-R_{始}$	$\delta_{右}=R_{读}-R_{始}$

竖直角的计算原则：

（1）抬高物镜，如果读数逐渐增加：δ= 读数 − 始读数

（2）抬高物镜，如果读数逐渐减少：δ= 始读数 − 读数

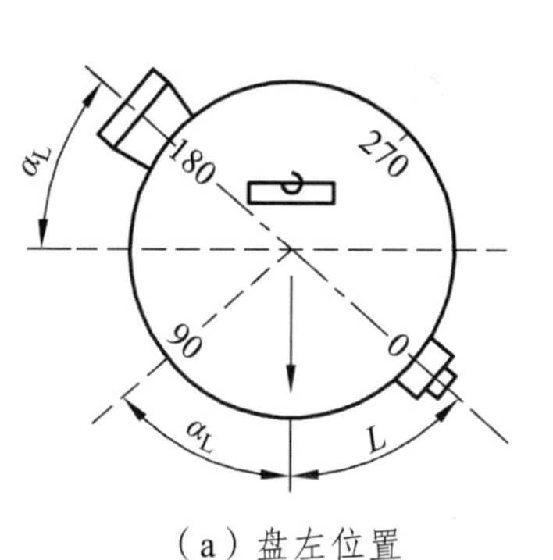

（a）盘左位置

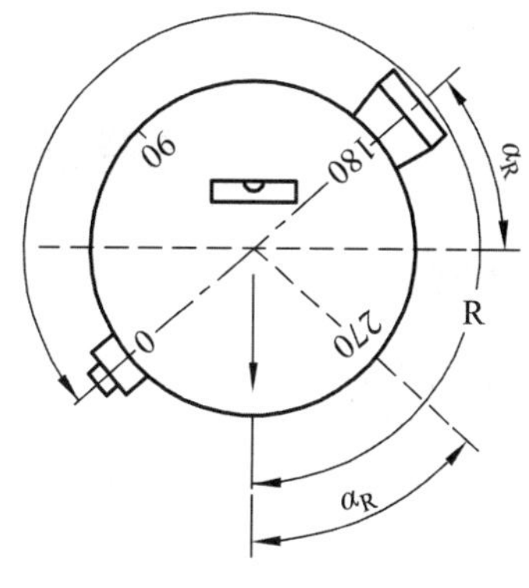

（b）盘右位置

图 12-2-3　竖直度盘方向

【实训开展】

（1）在测站点安置仪器。

（2）判断注记形式，确定计算公式。

（3）观测：

① 盘左：用横丝切住目标，使竖盘指标水准管气泡居中，读竖盘读数 L，并计算 δ_L。

② 盘右：用横丝切住目标原处，使竖盘指标水准管气泡居中，读竖盘读数 R，并计算 δ_R。

（4）计算竖盘指标差及竖直角

① $X=（\delta_R-\delta_L）/2$

② $\delta=（\delta_R+\delta_L）/2$

【实训记录表格】

表 12-2-2　实训数据

测站	目标	盘位	竖盘读数 /（°　′　″）	半测回角值 /（°　′　″）	指标差 /（″）	一测回角值 /（°　′　″）	备注
O	A	左	73　44　12	+16　15　48	+12	+16　16　00	
		右	286　16　12	+16　16　12			
	B	左	114　03　42	−24　03　42	+18	−24　03　24	
		右	245　56　54	−24　03　06			
A	M	左	87　45　24				
		右	272　15　12				
	N	左	98　31　36				
		右	261　29　12				

任务三　测回法观测步骤

【实训目的】

（1）掌握测回法的概念及意义。
（2）掌握经纬仪的使用。
（3）会通过使用测回法解决实际问题。

【实训工具】

经纬仪 1 台、花杆 2 根、记录表格 2 张。

【实训内容】

（1）练习经纬仪架设。
（2）练习测回法测量角度。

【实训流程】

在测站点安置仪器，目标点竖立花杆。

（1）上半测回，如图 12-3-1。

① 精确瞄准 A 目标配置水平度盘至零度稍大处，读取水平度盘读数 $a_{左}$，并记录。

② 顺时针转动照准部，精确瞄准 B 目标，读取 $b_{左}$，并记录。

③ 计算 $\beta_{左} = b_{左} - a_{左}$。

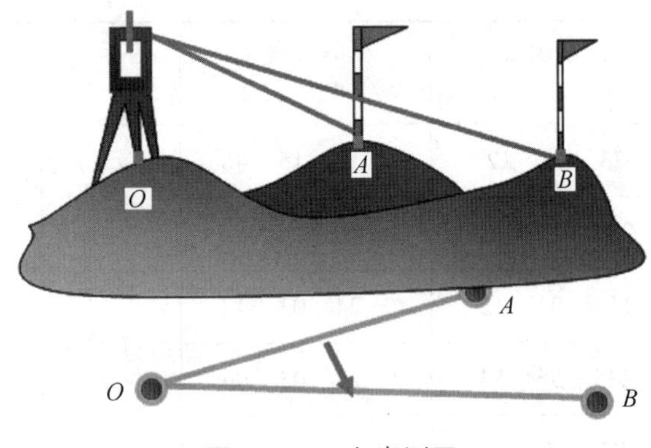

图 12-3-1　上半测回

（2）下半测回（盘右测回），如图 12-3-2。

① 倒转望远镜，逆时针转动照准部精确瞄准 B 目标，读取 $b_{右}$，并记录。

② 逆时针转动照准部重新瞄准 A 目标，读取 $a_{右}$，并记录。

③ 计算 $\beta_{右} = b_{右} - a_{右}$。

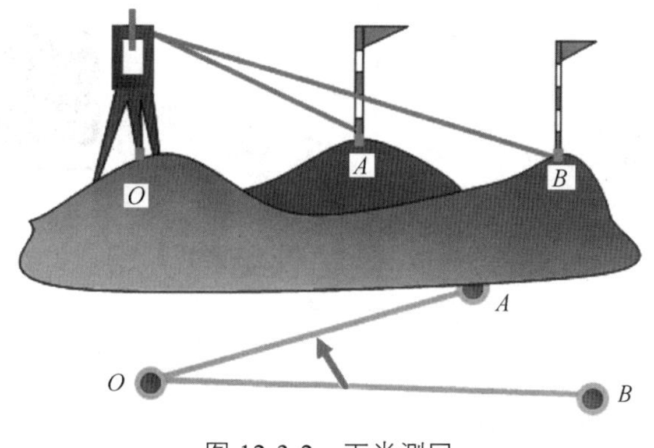

图 12-3-2　下半测回

（3）计算水平角度时，总是用右边方向的读数减去左边方向的读数，若不够减，则右边方向的读数加上 360°再减。若为提高测角精度而施测多个测回，最终结果取各测回的平均值。各测回值差值不应超过规范要求。

【实训记录表格】

表 12-3-1　上半测回

测站	盘位	目标	度盘读数 /(° ′ ″)	半测回角值 /(° ′ ″)	指标差 /(″)	一测回角值 /(° ′ ″)	备注
1	左	A	0 12 12	71 56 36			
		B	72 08 48				

表 12-3-2　下半测回

测站	盘位	目标	度盘读数 /(° ′ ″)	半测回角值 /(° ′ ″)	指标差 /(″)	一测回角值 /(° ′ ″)	备注
1	左	A	0 12 12	71 56 36	71 56 33	71 56 36	
		B	72 08 48				
	右	A	180 12 00	71 56 30			
		B	252 08 30				
2	左	A	90 08 42	71 56 42	71 56 39		
		B	162 05 24				
	右	A	270 08 30	71 56 36			
		B	342 05 06				

任务一　全站仪结构认知

【实训目的】

（1）了解全站仪的组成和各部件的名称。
（2）了解全站仪各按键的功能。
（3）掌握全站仪的基本操作。

【实训工具】

全站仪 1 台、对中杆 1 个、棱镜 1 个。

【实训内容】

（1）熟悉全站仪各按键的功能。
（2）熟悉全站仪基本功能及操作。

【实训流程】

1. 全站仪部件名称及功能

（1）全站仪各部件的名称如图 13-1-1 所示。

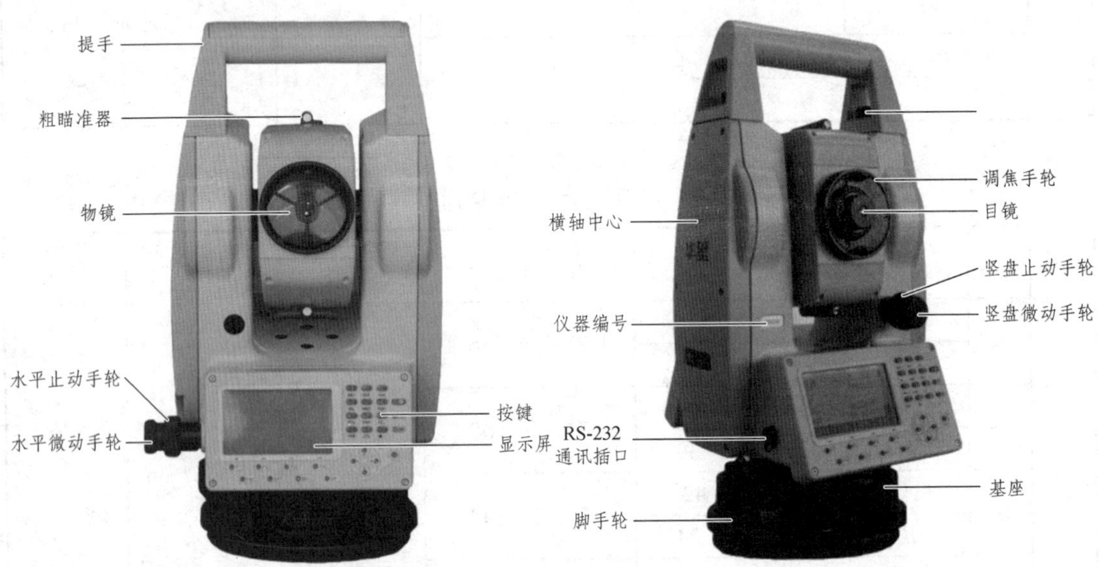

图 13-1-1　全站仪构造

（2）全站仪按键仪表盘如图 13-1-2 所示，具体功能见表 13-1-1。

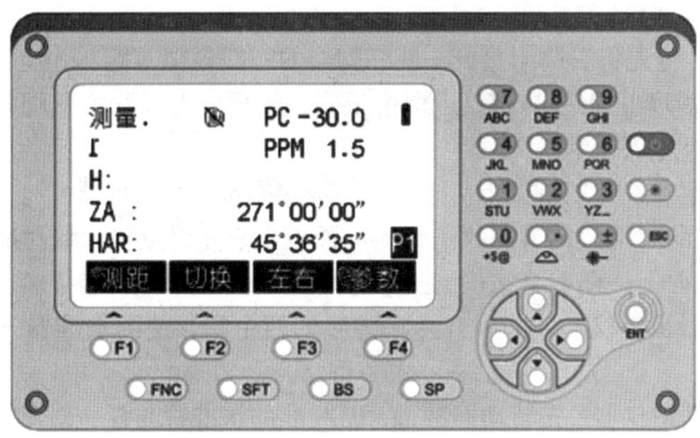

图 13-1-2　全站仪按键仪表盘

表 13-1-1　全站仪按键功能

按键	功　能
⏻	打开关闭电源
☀	打开或关闭屏幕和按键背光
SEC	返回到前一个屏幕
ENT	确认输入并换行
FNC	1. 软键功能菜单翻页 2. 在放样、对边、悬高等功能中可调取输入目标高功能
SFT	在输入法中切换字母和数字功能
BS	删除左边一个字符
SP	1. 在输入法中清空输入内容 2. 在非输入法中调取修改测距参数功能
▲	1. 光标向上移动 2. 在数据列表和查找中为查阅上一个数据
▼	1. 光标向下移动 2. 在数据列表和查找中为查阅下一个数据
◀	光标左移或选取另一选择项
▶	光标右移或选取另一选择项
STU GHI 1 ~ 9	字母输入
1 ~ 9	数字输入或选取菜单
·	1. 在数字输入功能中小数点输入 2. 在字符输入功能中输入：\# 3. 在非输入功能中，进入自动补偿屏幕
+/ –	1. 在数字输入中输入正负号 2. 在字符输入中输入 */+ 3. 在非输入功能中，进入激光指向和激光对中屏幕

2. 全站仪基本操作

（1）全站仪对中、整平。

① 架设三脚架：首先将三脚架打开，使三脚架的三腿近似等距，并使顶面近似水平，拧紧三个固定螺旋，使三脚架的中心与测点近似位于同一铅垂线上，踏紧三脚架使之牢固地支撑于地面上。

② 将仪器小心地安置到三脚架上，拧紧中心连接螺旋，开启仪器并打开激光对点器。双手握住另外两条未固定的架腿，调节该两条腿的位置，当激光对点器大致对准测站点时，使三脚架三条腿均固定在地面上。调节全站仪的三个脚螺旋，使激光对点器精确对准测站点。

③ 利用圆水准器粗平仪器：分别升降三脚架的两个脚，使圆水准器气泡居中，粗略整平仪器。

④ 利用脚螺旋精平仪器：先转动照准部，使照准部水准管与任一对脚螺旋的连线平行，两手同时向内或外转动这两个脚螺旋，使水准管气泡居中。将照准部旋转 90°，转动第三个脚螺旋，使水准管气泡居中，按以上步骤反复进行，直到照准部转至任意位置气泡皆居中为止。如图 13-1-3 所示。

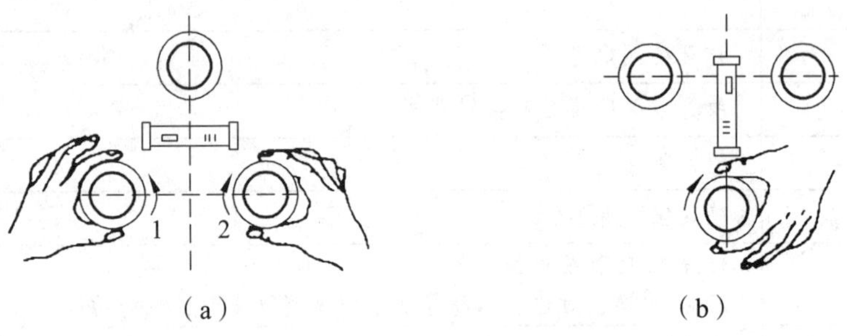

图 13-1-3　脚螺旋调整方法

⑤ 精确对中与整平：通过对激光对点器的观察，轻微松开中心连接螺旋，平移仪器（不可旋转仪器），使仪器精确对准测站点。再拧紧中心连接螺旋，再次精平仪器。此项操作重复至仪器精确对准测站点为止。

（2）全站仪开、关机。

按住电源开关键，大约一秒钟，放开电源开关键则仪器开机，进入初始屏幕，如图 13-1-4：

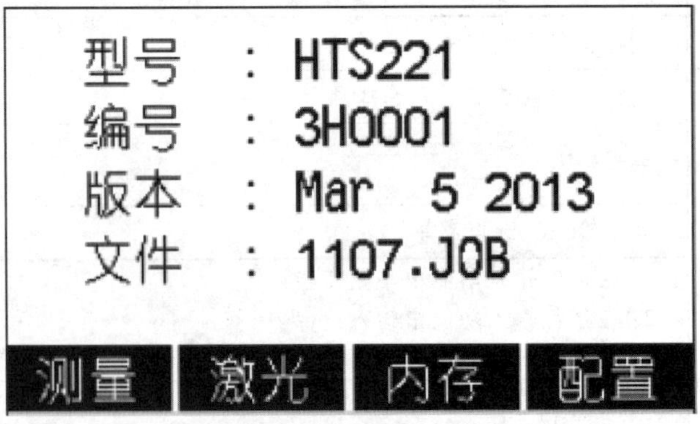

型号　：HTS221
编号　：3H0001
版本　：Mar　5 2013
文件　：1107.JOB

测量　激光　内存　配置

图 13-1-4　初始界面

在停留大约一秒后，进入基本测量屏幕，如图 13-1-5。

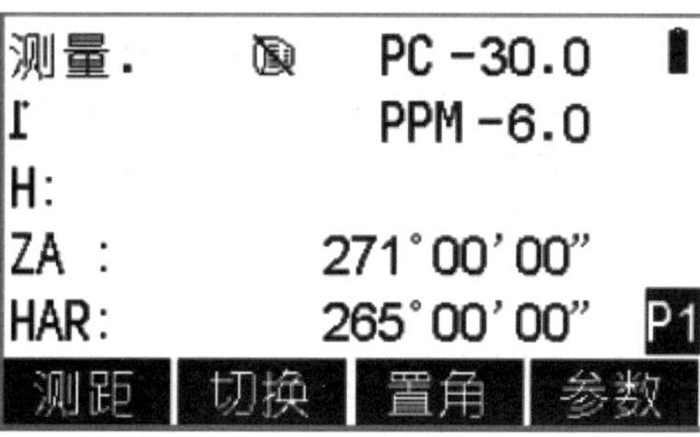

图 13-1-5　测量界面

在基本测量屏幕下按【ESC】键返回到初始屏幕，可以进入内存和配置操作功能屏幕。按一下电源开关键，弹出确认提示框，如图 13-1-6。

图 13-1-6　确认界面

按【ENT】键即关闭仪器电源，按【ESC】退出该提示框，三秒钟内没有按键则自动退出该提示框。

（3）全站仪各符号的含义，见表 13-1-2。

表 13-1-2　全站仪各符号含义

符号	含义
PC	棱镜常数
PPM	气象改正数
ZA	天顶距（天顶 0°）
VA	垂直角（水平 0°/±90°）
%	坡度
S	斜距
H	平距
V	高差
HAR	右角
HAL	左角
⊥⁺	倾斜补偿有效

【实训注意事项】

（1）全站仪作为精密电子仪器，使用过程中应注意防雨、防晒、防尘。
（2）在使用全站仪的过程中禁止直接用全站仪观察太远的目标，以免造成眼睛损伤。
（3）仪器装箱前应取下电池，取下电池前务必关闭电源开关。
（4）迁站时必须将仪器从三脚架上取下。

任务二　全站仪距离、悬高、面积测量

【实训目的】

（1）了解距离测量、悬高测量、面积测量等功能的概念及意义。
（2）掌握全站仪距离测量、悬高测量、面积测量等功能的使用。
（3）会通过使用距离测量、悬高测量、面积测量等功能解决实际问题。

【实训工具】

全站仪 1 台、对中杆 1 个、棱镜 1 个。

【实训内容】

（1）练习使用全站仪距离测量功能。
（2）练习使用全站仪悬高测量功能。
（3）练习使用全站仪面积测量功能。

【实训流程】

（1）距离测量。

① 距离测量功能中，可以先将仪器的激光指向显示出来。

具体操作：在初始屏幕可以按【激光】键，一些测量屏幕可以按【+/-】键进入激光指向功能界面。

屏幕说明：如图 13-2-1，进入此屏幕激光对中自动打开，按【+】或【-】键调整激光对中器亮度。退出此屏幕，激光对中器自动关闭。

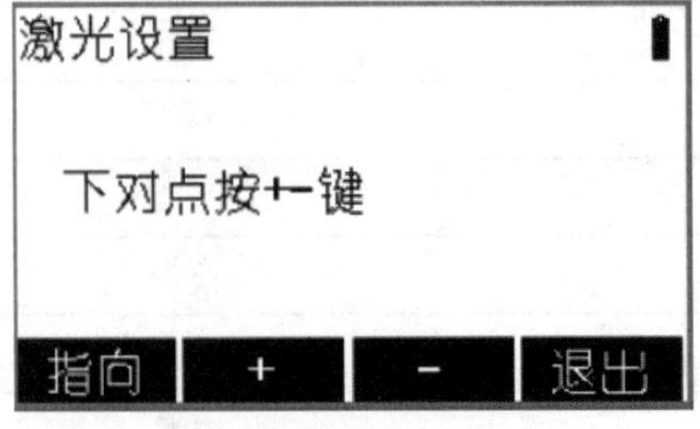

图 13-2-1　激光调整界面

按一下【指向】，则打开全站仪可见指向光，再按一下则关闭。

② 距离类型选择和距离测量的具体步骤见表 13-2-1。

表 13-2-1　距离测量具体步骤

操作过程	操作键	显示
① 在测量模式第 1 页菜单下按【切换】，选择所需距离类型。 每按一次【切换】，显示屏改变一次距离类型： S：斜距 H：平距 V：高差	【切换】	测量. PC -30.0 PPM 1.5 S: ZA : 271°00′00″ HAR: 45°36′35″ P1 斜距 切换 左右 参数
② 按【斜距】开始距离测量，此时有关测距信息（测距类型、棱镜常数改正值、大气改正数和测距模式）将闪烁显示在屏幕上	【斜距】	测量. PC -30.0 距离测量-ESC退出 棱镜常数= -30.0mm PPM = 1.5 单次精测 斜距 切换 左右 参数
③ 距离测量完成时仪器发出一声短响，并将测得的距离“S”、垂直角“ZA”和水平角“HAR”值显示出来		测量. PC -30.0 PPM 1.5 S: 56.000 m ZA : 271°00′00″ HAR: 45°36′35″ P1 斜距 切换 左右 参数
④ 进行重复测距时，按【ESC】停止测距和显示测距结果	【ESC】	测量. PC -30.0 PPM 1.5 S: C 56.000 m ZA : 271°00′00″ HAR: 45°36′35″ P1 斜距 切换 左右 参数

（2）悬高测量。

悬高测量用于对不能设置棱镜的目标（如高压输电线、桥梁等）的高度进行测量，如图 13-2-2。

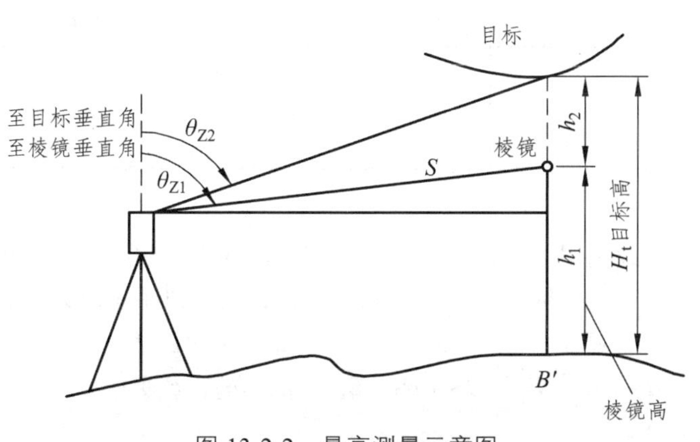

图 13-2-2　悬高测量示意图

目标高计算公式：

操作步骤：见表 13-2-2。

表 13-2-2　悬高测量具体步骤

操作过程	操作键	显示
① 将棱镜设与被测目标的正上方或者正下方，从菜单进入悬高功能。在测量前，应先设置好目标高	【菜单】	--菜单-- 1.坐标测量 2.放样 3.偏心测量 4.对边测量 5.悬高测量 6.后方交会
② 按“5.悬高测量”进入悬高功能。【FNC】键可设置目标高。按【观测】开始距离测量	5. 悬高测量	悬高测量 H: ZA :　272°00′00″ HAR:　250°25′32″ 悬高　观测
③ 测量停止后显示出测量结果。若在外部进行了棱镜点测量，则直接进入第 4 步悬高实时显示	【观测】	悬高测量 H:　52.968 m ZA :　272°00′00″ HAR:　250°25′32″ 悬高　观测
④ 照准目标，按【悬高】开始悬高测量。“Ht”一栏中显示出目标的高度，此后，不断刷新测量值	【悬高】	悬高测量 Ht　1.000 H:　52.968 m ZA :　272°00′00″ HAR:　250°25′3 停止
⑤ 按【停止】结果悬高测量操作。 【观测】：重新观测棱镜 【悬高】：开始悬高测量	【停止】	悬高测量 H:　52.968 m ZA :　272°00′00″ HAR:　250°25′32″ 悬高　观测
⑥ 按【ESC】返回上一级屏幕。 最大观测角度：±89° 最大观测高度：±9 999.999 m	【ESC】	

（3）面积测量。

面积测量通过输入或调用仪器内存中三个或多个点的坐标数据，计算出由这些点的连线封闭而成的图形的面积，所用坐标数据可以是测量所得，也可以手工输入。且这两种方法可交替进行。以图 13-2-3 为例，则

坐标（已知值）：P_1（N_1，E_1），P_2（N_2，E_2），P_3（N_3，E_3）…

面积（计算值）：S

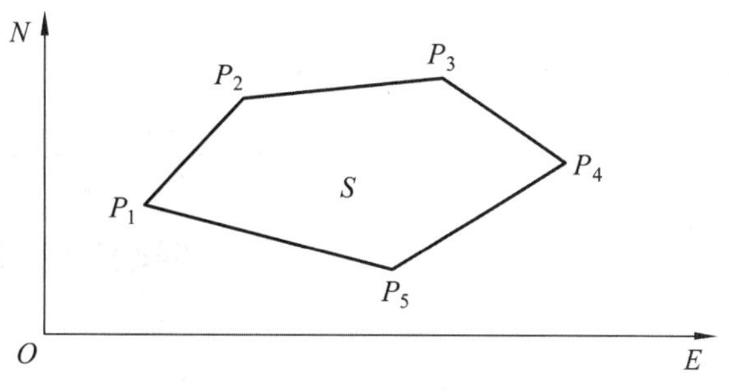

图 13-2-3　施测示意图

构成图形的坐标点的个数范围：3 ~ 20

面积的计算通过构成该封闭图形的一系列有顺序的点的坐标来进行。所用顺序点可以是直接观测的点，也可以是预先输入仪器内存的点。

注意：① 计算面积时若使用的点数少于 3 个点将会出错。

② 在给出构成图形的点号时必须按顺时针或逆时针的顺序给出，否则所计算的结果将不正确。

③ 对于每一个参与面积计算的点既可以通过测量得到，也可以调用内存中的坐标数据。

操作步骤：见表 13-2-3。

表 13-2-3　面积测量具体步骤

操作过程	操作键	显示
① 在【菜单】上，选择“8. 面积计算”。对于每一个参与面积计算的点既可以通过测量得到，也可以调用内存中的坐标数据	【菜单】+ “8. 面积计算”	--菜单-- 5.悬高测量 6.后方交会 7.角度复测 8.面积计算 9.道路设计与放样 0.点投影 01: 02: 03: 04: 05: 06: 取值　测量
② 这里第 1 点以测量为例：照准所计算面积的封闭区域第 1 边界点后按【测量】开始测量，测量结果显示在屏幕上	照准第 1 点+【测量】	N : 99.835 m E : 149.019 m Z : 2.991 m S C 50.981 m V 271°33′45″ HR 269°48′53″ 停止

续表

操作过程	操作键	显示
③ 测量结束（若重复测量则按【ESC】或【停止】）将测量结果作为“pt_01”点。屏幕中以“pt_**”表示此点位测量所得。**为点号	【停止】	01: Pt_01 02: Pt_02 03: 04: 05: 06: 取值 测量
④ 可重复步骤②～③，按顺时针或逆时针方向顺序完成全部边界点的观测		
⑤ 也可调用内存中的坐标数据。按【取值】，选取坐标后，屏幕会显示出该点的坐标信息	【取值】	01: Pt_01 02: Pt_02 03: 34 04: 05: 06: 取值 计算 测量
⑥ 点位数据都测量或取值完成后，按【计算】计算并显示面积计算结果	【计算】	参与计算点数 3 66464.585 平米 6.646 公顷 16.424 英亩 715418.839 平尺 继续 结束
⑦ 按【结束】结束面积计算返回到菜单屏幕。若按【继续】则又进行面积计算	【结束】	--菜单-- 5.悬高测量 6.后方交会 7.角度复测 8.面积计算 9.道路设计与放样 0.点投影

【实训开展】

以 6 人为一小组，将全班学生分成若干小组。每个小组领取全站仪一台套，每 2 人相互配合开展本项目的实训练习。

（1）在地面选定 *A*、*B* 两点，练习使用全站仪测距功能测量两点之间的距离。

（2）在任一点安置全站仪，选取某一墙壁上较高的一点，练习使用全站仪悬高测量功能测量此点的高度。

（3）在地面上选取某一小块面积，练习使用全站仪面积测量功能测量该区域的面积。

任务三　全站仪坐标测量

【实训目的】

（1）了解全站仪坐标测量功能的概念及意义。
（2）掌握全站仪坐标测量的功能。
（3）会通过使用坐标测量功能解决实际问题。

【实训工具】

全站仪 1 台、对中杆 1 个、棱镜 1 个。

【实训内容】

练习使用全站仪坐标测量功能。

【实训流程】

在预先输入仪器高和目标高后，根据测站点的坐标，便可直接测定目标点的三维坐标。开始坐标测量之前，需要先输入测站坐标、仪器高和目标高。仪器高与目标高可使用卷尺量取。坐标数据可预先输入仪器。

（1）设置测站，具体操作步骤见表 13-3-1。

表 13-3-1　设置测站具体步骤

操作过程	操作键	显示
① 在测量模式的第 2 页菜单下，按【坐标】，显示坐标测量菜单	【坐标】	--坐标测量-- 1.测量 2.设置测站 3.坐标定后视 4.角度定后视
② 选取“2. 设置测站”后按【ENT】（或直接按数字键 2），输入测站数据	“2. 设置测站”+【ENT】	NO：100.000 EO：200.000 ZO：1.000 仪器高：1.600 m 目标高：1.000 m 取值　记录　确定
③ 输入下列各数据项：N0、E0、Z0（测站点坐标）、仪器高、目标高。每输入一数据项后按【ENT】，若按【记录】，则记录测站坐标	输入测站数据+【ENT】	NO：100.000 EO：200.000 ZO：1.000 点名：1 仪器高：1.600 m 存储　确定
④ 在第 2 步按【确定】结束测站数据输入操作，显示返回坐标测量菜单屏幕	【确定】	--坐标测量-- 1.测量 2.设置测站 3.坐标定后视 4.角度定后视

（2）后视方位角设置。

后视方位角可通过后视坐标来设置。在输入测站点和后视点的坐标后，可计算或设置到后视点方向的方位角。照准后视点，通过按键操作，仪器便根据测站点和后视点的坐标，自动完成后视方向方位角的设置。

① 角度定后视。

后视方位角的设置可通过直接输入方位角来设置，具体操作步骤见表 13-3-2。

表 13-3-2　角度定后视具体步骤

操作过程	操作键	显示
① 在坐标测量菜单屏幕下用【▲】【▼】选取“4. 角度定后视”后按【ENT】（或直接按数字键 4）	“4. 角度定后视”+【ENT】	--坐标测量-- 1.测量 2.设置测站 3.坐标定后视 4.角度定后视
② 输入方位角，照准后视点后按【确定】	输入方位角+【确定】	设置方位角 HAR: 45 确定
③ 结束方位角设置后返回坐标测量菜单屏幕		

② 坐标定后视。

后视方位角的设置也可通过输入后视坐标来设置，系统根据测站点和后视点坐标计算出方位角，具体操作步骤见表 13-3-3。

表 13-3-3　坐标定后视具体步骤

操作过程	操作键	显示
① 在菜单中，选择“3. 坐标定后视”后按【ENT】	“3. 坐标定后视”+【ENT】	--坐标测量-- 1.测量 2.设置测站 3.坐标定后视 4.角度定后视
② 输入后视点坐标 NBS、EBS 和 ZBS 的值，每输入完一个数据后按【ENT】。若要调用内存中的数据，则按【取值】	输入后视坐标+【ENT】	后视坐标 NBS: 25.000 m EBS: 36.000 m ZBS: 1.000 点名: 256 取值　确定
③ 系统根据设置的测站点和后视点坐标计算出后视方位角，按【确定】，提示照准后视点	【确定】	后视坐标 请照准后视！ 否(ESC)　是(ENT) 取值　确定

续表

操作过程	操作键	显示
④ 照准后视点，按【ENT】，进入后视检查。若不想进行检查，按【否】退出，此时已经设置完成后视方位角，不影响使用	【ENT】	后视检查 HAR: 245°25′28″ 计算HD: 180.336 m HD: dHD: 测量 坐标 否 是
⑤ 按【测量】对后视点进行测量，测距后显示	【测量】	后视检查 HAR: 245°25′28″ 计算HD: 180.336 m HD: 55.992 m dHD: -124.344 测量 坐标 否 是
⑥ 按【坐标】，可以查看测得的后视点坐标数据，【ENT】或者【ESC】返回	【坐标】	后视检查 N : 76.714 E : 149.081 Z : 2.578 测量 坐标 否 是

【实训开展】

以 6 人为一小组，将全班学生分成若干小组。每个小组领取全站仪一台套，每 2 人相互配合开展本项目的实训练习。

在地面选定 *A*、*B* 两点，作为已知点，选取其中一点为测站点，另一点为后视点。在地上指定几个点，要求学生测量这些点的坐标。

任务四　全站仪坐标放样测量

【实训目的】

（1）了解全站仪放样测量功能的概念及意义。

（2）掌握全站仪放样测量的功能。

（3）会通过使用坐标放样功能解决实际问题。

【实训工具】

全站仪 1 台、对中杆 1 个、棱镜 1 个。

【实训内容】

练习使用全站仪放样测量功能。

【实训流程】

放样测量用于在实地上测定出所要求的点。在放样测量中，通过对照准点的水平角、距离或坐标的测量，仪器所显示的是预先输入的待放样值与实测值之差。

显示值 = 实测值 – 放样值

放样测量是多次测量的过程，一开始并不能直接找到目标点，每测量一次，查看差值，之后再移动棱镜，将差值缩小，直到将差值缩小到允许的范围内即可，如图 13-4-1。

放样的具体步骤如下：

（1）设置测站点（如果已经设置过，不需要重新设置）。

（2）设置后视方位角（如果已经设置过，不需要重新设置）。

（3）输入放样数据，可用两种方式：

① 输入距离和角度。

② 输入放样点的坐标（N、E、Z）。

（4）进行放样有两种途径：

① 在“2.坐标放样”或“3.角度距离放样”中设置好以上数据后，直接按【确定】开始放样。

② 在放样菜单屏幕，选择“1.观测”进行放样，此时将使用上一次设置的数据进行放样。

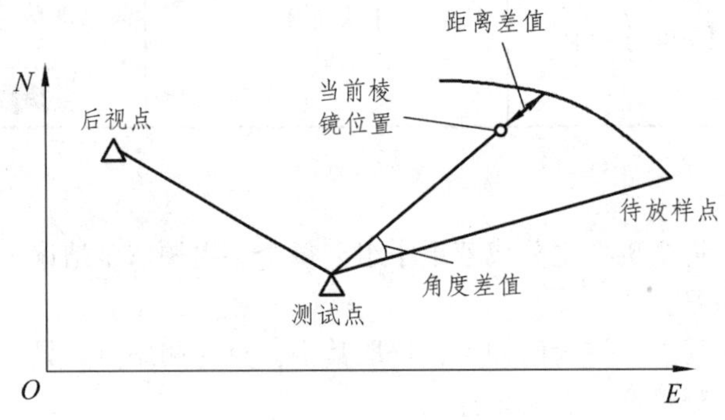

图 13-4-1　坐标观测示意图

具体操作步骤如下：

（1）设置测站（同本项目任务三中的操作）。

（2）坐标定后视（同本项目任务三中的操作）。

（3）输入放样点坐标，开始放样，具体操作步骤如表 13-4-1。

表 13-4-1　放样具体步骤

操作过程	操作键	显示
① 在测量模式第 2 页菜单下按【放样】	【放样】	--放样-- 1.观测 2.坐标放样 3.角度距离放样 4.直线放样 5.设置测站 6.坐标定后视
② 选择“2.坐标放样”后按【ENT】，可输入坐标。 【记录】：可记录当前坐标 【取值】：可调取坐标值	“2.坐标放样”+【ENT】	坐标放样 N : 123.000 E : 254.000 Z : 12.000 目标高: 1.000 m 记录 取值 确定

（4）放样测量具体步骤见表 13-4-2。

放样测量的原则是先将角差归到 0°左右，锁定水平方向，然后再指挥拿棱镜的人将棱镜放置到全站仪的视场范围内进行测量。

表 13-4-2　放样测量具体步骤

操作过程	操作键	显示
① 进入放样测量后，显示对应类型的数据屏幕，这里以角度距离放样为例	【确定】	SO.H -45.000 m H ZA: 271°00′00″ HR: 45°36′35″ dHA: -0°36′35″ 记录 切换 <--> 平距
② 按【平距】，测量棱镜点后显示测量数据。 SO.H：放样的平距差 H：测得的平距值	【平距】	SO.H 10.992 m H 55.992 ZA: 271°00′00″ HR: 45°36′35″ dHA: -0°36′35″ 记录 切换 <--> 平距
dHA：角差		
③ 按【切换】，切换到坐标数据显示屏幕。按【坐标】可重新测量棱镜点	【切换】	SO.dN: 7.349 m dE: 8.191 dZ: 0.978 HR: 45°36′35″ dHA: -0°36′35″ 记录 切换 <--> 坐标
④ 按【记录】，则切换到记录坐标屏幕，可记录当前坐标	【记录】	*N: 139.168 *E: 240.011 *Z: 2.578 点名: 214 编码: 存储 标高
⑤ 按【← →】键，可切换到放样引导屏幕，显示各方向的差值及引导方向。 第一行：角差，提示棱镜向左或向右移动的方向； 第二行：平距差，提示棱镜向着仪器方向或远离仪器方向应移动的距离； （↓：向仪器方向移动棱镜 ↑：向远离仪器方向移动棱镜） 第三行：棱镜应向上或向下移动的距离	【← →】	← -0°36′35″ ↓ 10.992 m ↓ 0.978 ZA : 271°00′00″ HAR: 45°36′35″ 记录 切换 <--> 坐标
⑥ 按【切换】，可切换到平距模式的放样引导数据。前两行与坐标模式的相同，第三行 H 为测得的平距	【切换】	← -0°36′35″ ↓ 10.992 m H 55.992 ZA : 271°00′00″ HAR: 45°36′35″ 记录 切换 <--> 平距
⑦ 再按【← →】则重新切换到差值显示屏幕		

【实训开展】

以 6 人为一小组，将全班学生分成若干小组。每个小组领取全站仪一台套，每 2 人相互配合开展本项目的实训练习。

在地面选定 A、B 两点，作为已知点，选取其中一点为测站点，另一点为后视点。给学生提供几个点的坐标值，要求学生利用放样测量功能在地面上找到这些点，并做出标记。

任务五　全站仪导线测量

【实训目的】

（1）了解导线测量的概念及作用。
（2）掌握导线测量的外业测量方法。
（3）掌握导线测量的内业计算方法。

【实训工具】

全站仪 1 台、棱镜头 2 个、脚架 3 个、导线测量记录手簿 1 张、导线近似平差计算表 1 张、导线点坐标计算 1 张。

【实训内容】

（1）学习闭合导线测量的外业测量方法。
（2）学习闭合导线测量的内业计算方法。

【实训流程】

导线测量是平面控制测量的一种方法。所谓导线就是由测区内选定的控制点组成的连续折线，折线的转折点 A、B、C、E、F 称为导线点；转折边 D_{AB}、D_{BC}、D_{CE}、D_{EF} 称为导线边；水平角 β_B，β_C，β_E 称为转折角，其中 β_B、β_E 在导线前进方向的左侧，叫作左角，β_C 在导线前进方向的右侧，叫作右角；α_{AB} 称为起始边 D_{AB} 的坐标方位角。导线测量主要是测定导线边长及其转折角，然后根据起始点的已知坐标和起始边的坐标方位角，计算各导线点的坐标。

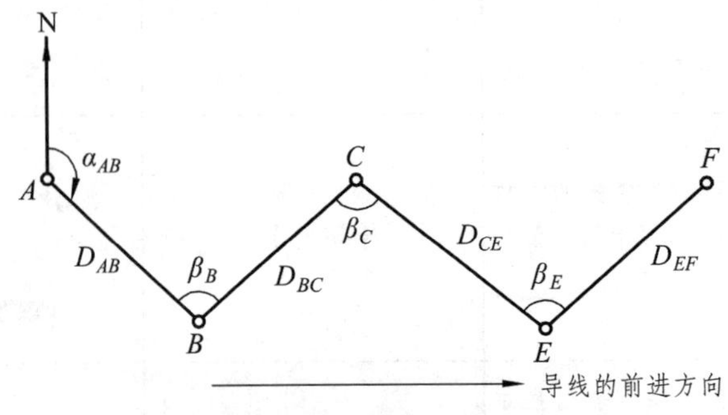

图 13-5-1　导线示意图

（1）导线的布设形式。

根据测区的情况和要求，导线可以布设成以下几种常用形式：

① 闭合导线。

如图 13-5-2（a）所示，由某一高级控制点出发最后又回到该点，组成一个闭合多边形。它适用于面积较宽阔的独立地区的测图控制。

② 附合导线。

如图 13-5-2（b）所示，自某一高级控制点出发最后附合到另一高级控制点上的导线，它适用于带状地区的测图控制，此外也广泛用于公路、铁路、管道、河道等工程的勘测与施工控制点的建立。

③ 支导线。

如图 13-5-2（c）所示，从一控制点出发，即不闭合也不附合于另一控制点上的单一导线，这种导线没有对已知点进行校核，错误不易发现，所以导线的点数不得超过 2～3 个。

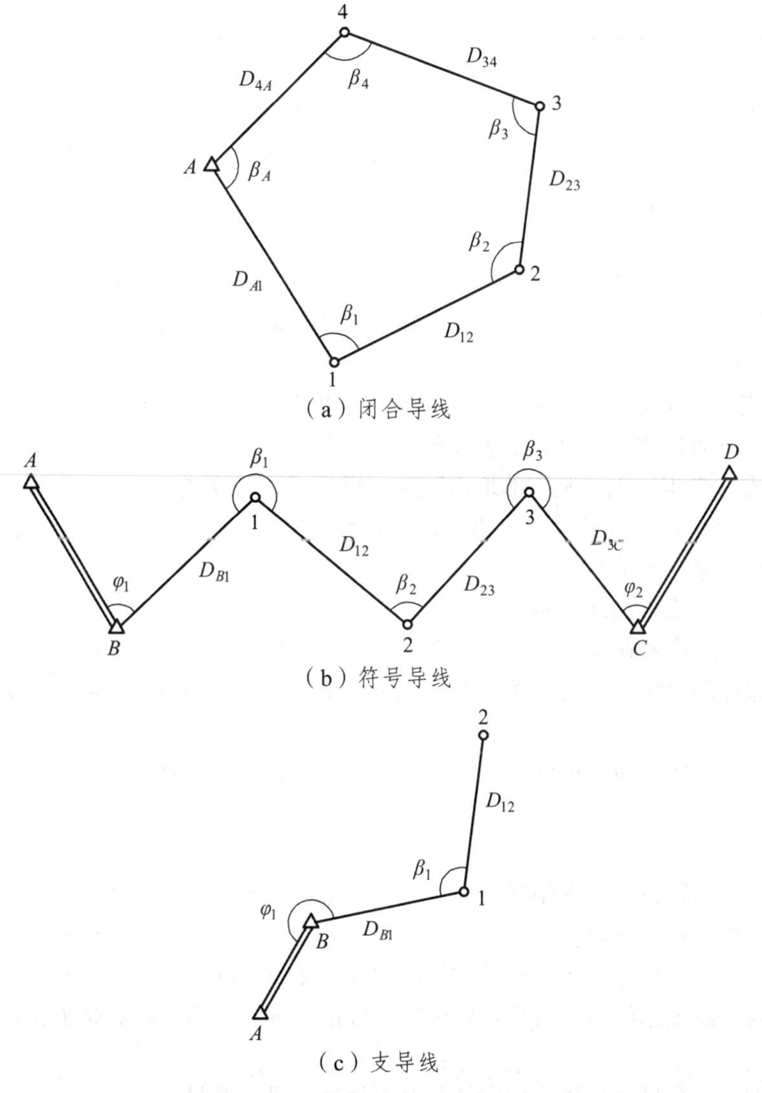

图 13-5-2　导线的布置形式示意图

（2）导线的等级。

除国家精密导线外，在公路工程测量中，根据测区范围和精度要求，导线测量可分为三等、四等、一级、二级和三级导线五个等级。各级导线测量的技术要求如表 13-5-1 所列。

表 13-5-1 导线测量的技术要求

等级	附合导线长度/km	平均边长/km	每边测距中误差/mm	测角中误差/（″）	导线全长相对闭合差	方位角闭合差/（″）	测回数		
							DJ_1	DJ_2	DJ_6
三等	30	2.0	13	1.8	1/55 000	$\pm3.6\sqrt{n}$	6	10	—
四等	20	1.0	13	2.5	1/35 000	$\pm5\sqrt{n}$	4	6	—
一级	10	0.5	17	5.0	1/15 000	$\pm10\sqrt{n}$	—	2	4
二级	6	0.3	30	8.0	1/10 000	$\pm16\sqrt{n}$	—	1	3
三级	—	—	—	20.0	1/2 000	$\pm30\sqrt{n}$	—	1	2

（3）导线测量的外业工作。

导线测量的工作分为外业工作和内业计算。外业工作一般包括选点、测角和量边；内业计算是根据外业工作的观测成果经过计算，最后求得各导线点的平面直角坐标。下面介绍的是外业工作中的几项工作。

① 选点。

导线点位置的选择，除了满足导线的等级、用途及工程的特殊要求外，选点前应进行实地踏勘，根据地形情况和已有控制点的分布等确定布点方案，并在实地选定位置。在实地选点时应注意下列几点：

a. 导线点应选在地势较高、视野开阔的地方，便于测量周围地形；

b. 相邻两导线点间要互相通视，便于测量水平角；

c. 导线应沿着平坦、土质坚实的地面设置，以便于丈量距离；

d. 导线边长要选得大致相等，相邻边长不应差距过大；

e. 导线点位置须能安置仪器，便于保存；

f. 导线点应尽量靠近路线位置。

导线点位置选好后要在地面上标定下来，一般方法是打一木桩并在桩顶中心钉一小铁钉。对于需要长期保存的导线点，则应埋入石桩或混凝土桩，桩顶刻凿十字或浇入锯有十字的钢筋作标志。

为了便于日后寻找使用，最好将重要的导线点及其附近的地物绘成草图，注明尺寸，如图 13-5-3 所示。

② 测角。

导线的水平角即转折角，是用经纬仪按测回法进行观测的。在导线点上可以测量导线前进方向的左角或右角。一般在附合导线中，测量导线的左角，在闭合导线中均测右角。当导线与高级点连接时，需测出各连接角，如图 13-5-2（b）中的φ_1、φ_2角。如果是在没有高级点的独立地区布设导线时，测出起始边的方位角以确定导线的方向，或假定起始边方位角。

③ 量距。

采用普通钢尺丈量导线边长或用全站仪对导线边长进行测量。

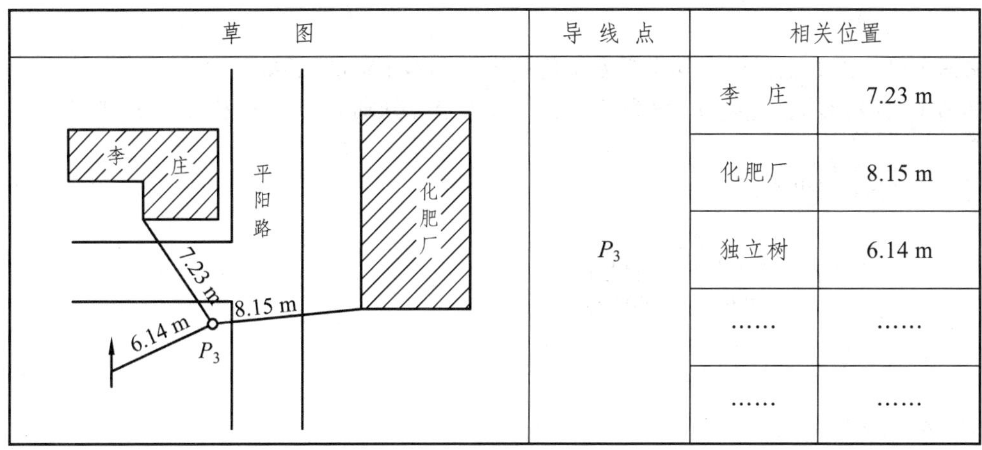

草　图	导 线 点	相关位置	
	P_3	李　庄	7.23 m
		化肥厂	8.15 m
		独立树	6.14 m
		……	……
		……	……

图 13-5-3　导线点之标记图

（4）导线测量的内业计算。

导线测量的最终目的是要获得各导线点的平面直角坐标，因此外业工作结束后就要进行内业计算，以求得导线点的坐标。

① 坐标计算的基本公式。

a. 坐标正算。

根据已知点的坐标及已知边长和坐标方位角计算未知点的坐标，即坐标的正算。

如图 13-5-4 所示，设 A 为已知点，B 为未知点，当 A 点的坐标（X_A，Y_A）和边长 D_{AB}、坐标方位角 α_{AB} 均为已知时，则可求得 B 点的坐标 X_B、Y_B。由图可知

$$\left.\begin{aligned} X_B &= X_A + \Delta X_{AB} \\ Y_B &= Y_A + \Delta Y_{AB} \end{aligned}\right\} \tag{3-5-1}$$

其中，坐标增量的计算公式为

$$\left.\begin{aligned} \Delta X_{AB} &= D_{AB} \cdot \cos\alpha_{AB} \\ \Delta Y_{AB} &= D_{AB} \cdot \sin\alpha_{AB} \end{aligned}\right\} \tag{3-5-2}$$

式中ΔX_{AB}，ΔY_{AB}的正负号应根据 $\cos\alpha_{AB}$、$\sin\alpha_{AB}$ 的正负号决定，所以式（3-5-2）又可写成

$$\left.\begin{aligned} X_B &= X_A + D_{AB} \cdot \cos\alpha_{AB} \\ Y_B &= Y_A + D_{AB} \cdot \sin\alpha_{AB} \end{aligned}\right\} \tag{3-5-3}$$

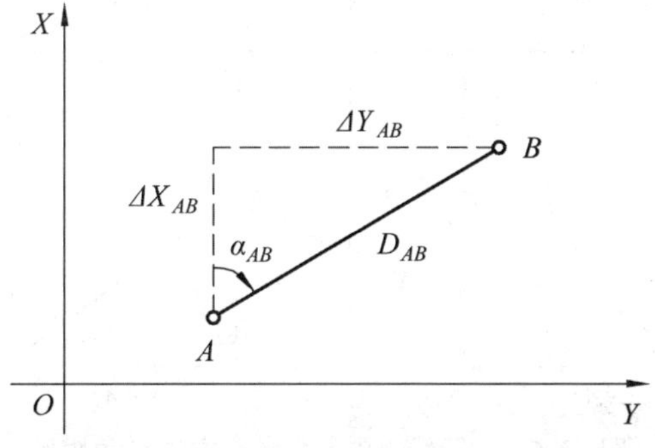

图 13-5-4　导线坐标计算示意图

b. 坐标反算。

由两个已知点的坐标反算其坐标方位角和边长，即坐标的反算。

如图 13-5-4 所示，若设 A、B 为两已知点，其坐标分别为 X_A、Y_A 和 X_B、Y_B 则可得

$$\tan\alpha_{AB}=\frac{\Delta Y_{AB}}{\Delta X_{AB}} \tag{3-5-4}$$

$$D_{AB}=\frac{\Delta Y_{AB}}{\sin\alpha_{AB}}=\frac{\Delta X_{AB}}{\cos\alpha_{AB}} \tag{3-5-5}$$

或

$$D_{AB}=\sqrt{(\Delta X_{AB})^2+(\Delta Y_{AB})^2} \tag{3-5-6}$$

上式中，$\Delta X_{AB}=X_B-X_A$

$\Delta Y_{AB}=Y_B-Y_A$

由式（3-5-4）可求得 α_{AB}。求得 α_{AB} 后，又可由（3-5-5）式算出两个 D_{AB}，并相互校核。如果仅尾数略有差异，就取中数作为最后的结果。

需要指出的是：按（3-5-4）式计算出来的坐标方位角是有正负号的，因此，还应按坐标增量 ΔX 和 ΔY 的正负号最后确定 AB 边的坐标方位角。若按（3-5-4）式计算的坐标方位角为

$$\alpha'=\arctan\frac{\Delta Y}{\Delta X} \tag{3-5-7}$$

则 AB 边的坐标方位角 α_{AB} 参见图 13-5-5 应为：

在第Ⅰ象限，即当 $\Delta X>0$，$\Delta Y>0$ 时，$\alpha_{AB}=\alpha'$；

在第Ⅱ象限，即当 $\Delta X<0$，$\Delta Y>0$ 时，$\alpha_{AB}=180°-\alpha'$；

在第Ⅲ象限，即当 $\Delta X<0$，$\Delta Y<0$ 时，$\alpha_{AB}=180°+\alpha'$；

在第Ⅳ象限，即当 $\Delta X>0$，$\Delta Y<0$ 时，$\alpha_{AB}=360°-\alpha'$。

也就是当 $\Delta X>0$ 时，应给 α' 加 360°；当 $\Delta X<0$ 时，应给 α' 加 180°才是所求 AB 边的坐标方位角。

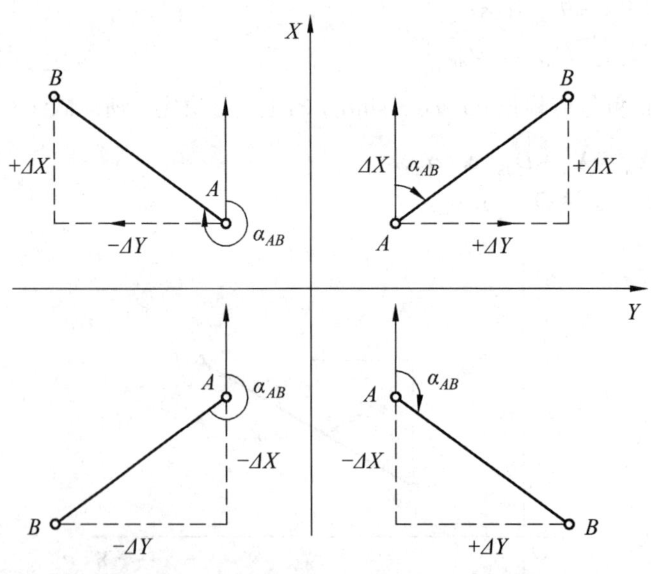

图 13-5-5　导线 AB 边的坐标方位角象限图

c. 坐标方位角的推算。

为了计算导线点的坐标，首先应推算出导线各边的坐标方位角（以下简称方位角）。如果导线和国家控制点或测区的高级点进行了连接，则导线各边的方位角是由已知边的方位角来推算；如果测区附近没有高级控制点可以连接，称为独立测区，则须测量起始边的方位角，再以此观测方位角来推算导线各边的方位角。

如图 13-5-6 所示，设 A、B、C 为导线点，AB 边的方位角α_{AB}为已知，导线点 B 的左角为$\beta_{左}$现在来推算 BC 边的方位角α_{BC}。

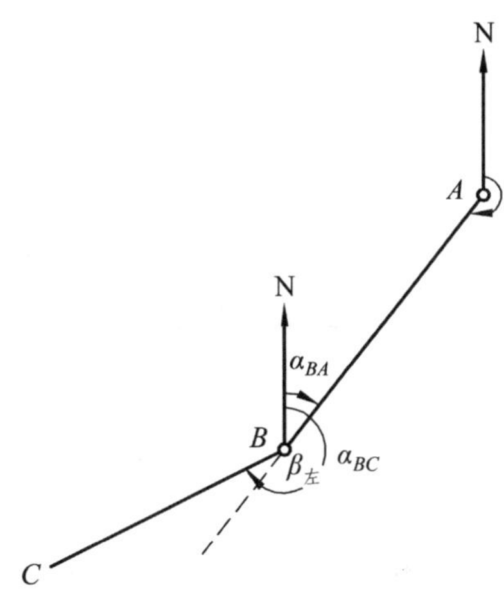

图 13-5-6　坐标方位角推算示

由正反方位角的关系，可知

$$\alpha_{BC} = \alpha_{AB} - 180°$$

则从图中可以看出

$$\alpha_{BC} = \alpha_{AB} + \beta_{左} = \alpha_{AB} - 180° + \beta_{左} \qquad (3\text{-}5\text{-}8)$$

根据方位角不大于 360°的定义，当用上式算出的方位角大于 360°，则减去 360°即可。当用右角推算方位角时，由图 13-5-7 可得

$$\alpha_{BA} = \alpha_{AB} + 180°$$

则从图中可以看出

$$\alpha_{BC} = \alpha_{BA} + 180° - \beta_{右} \qquad (3\text{-}5\text{-}9)$$

用（3-5-9）式计算α_{BC}时，如果α_{AB} + 180°后仍小于$\beta_{右}$时，则应加 360°后再减$\beta_{右}$。

根据上述推导，得到导线边坐标方位角的一般推算公式为

$$\alpha_{前} = \alpha_{后} \pm 180° \begin{cases} +\beta_{左} \\ -\beta_{右} \end{cases} \qquad (3\text{-}5\text{-}10)$$

式中：$\alpha_{前}$、$\alpha_{后}$——是导线点的前边方位角和后边方位角。

如图 13-5-8 所示，以导线的前进方向为参考，导线点 B 的后边是 AB 边，其方位角为$\alpha_{后}$；前边是 BC 边，其方位角为$\alpha_{前}$。

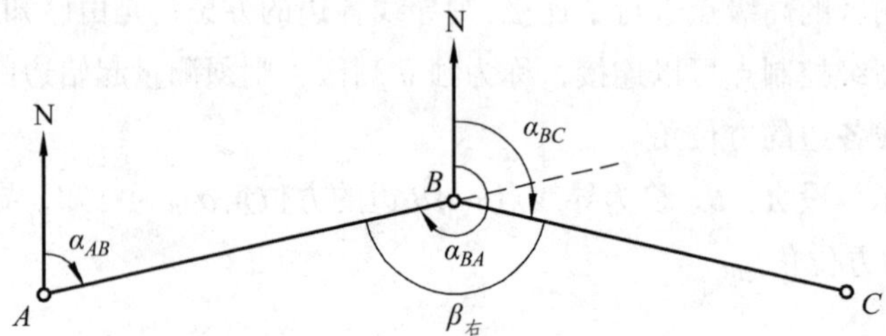

图 13-5-7　坐标方位角推算示意图

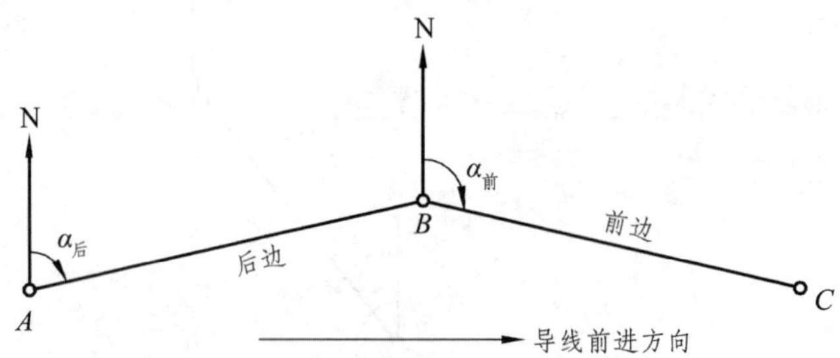

图 13-5-8　坐标方位角推算标准图

正负号的取用，当$\alpha_{后} < 180°$时，用“+”号；当$\alpha_{后} > 180°$时，用“-”号。导线的转折角是左角（$\beta_{左}$）就加上；右角（$\beta_{右}$）就减去。

d. 闭合导线的坐标计算。

闭合导线从几何上看，是一个多边形，如图 13-5-9 所示。其内角和在理论上应满足

$$\Sigma\beta_{理} = 180° \cdot (n-2)$$

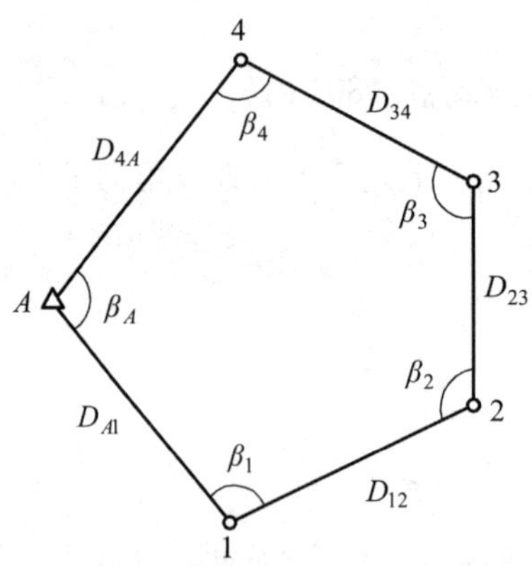

图 13-5-9　闭合导线示意图

但由于测角时不可避免地有误差存在，使实测得内角之和不等于理论值，这样就产生了角度闭合差，以 f_β 来表示，则

$$f_\beta = \Sigma\beta_{测} - \Sigma\beta_{理}$$

或

$$f_\beta = \Sigma\beta_{测} - (n-2) \cdot 180°$$

式中：n——闭合导线的转折角数；

$\Sigma\beta_{测}$——观测角的总和。

算出角度闭合差之后，如果f_β值不超过允许误差的限度（一般为$\pm 40\sqrt{n}$），说明角度观测符合要求，即可进行角度闭合差调整，使调整后的角值满足理论上的要求。

由于导线的各内角是采用相同的仪器和方法，在相同的条件下观测的，所以对于每一个角度来讲，可以认为它们产生的误差大致相同，因此在调整角度闭合差时，可将闭合差按相反的符号平均分配于每个观测内角中。设以$V_{\beta i}$表示各观测角的改正数，$\beta_{测\,i}$表示观测角，β_i表示改正后的角值，则

$$V_{\beta i} = -\frac{f_\beta}{n}$$

$$\beta_i = \beta_{测\,i} + V_{\beta i}\ (i = 1,\ 2,\ \cdots,\ n)$$

e. 坐标增量的计算。

如图 13-5-10 所示，在平面直角坐标系中，A、B两点坐标分别为A（X_A，Y_A）和B（X_B，Y_B），它们相应的坐标差称为坐标增量，分别以ΔX和ΔY表示，从图中可以看出

$$\begin{cases} X_B - X_A = \Delta X_{AB} \\ Y_B - Y_A = \Delta Y_{AB} \end{cases}$$

或

$$\begin{cases} X_B = X_A + \Delta X_{AB} \\ Y_B = Y_A + \Delta Y_{AB} \end{cases}$$

导线边AB的距离为D_{AB}，其方位角为α_{AB}，则

$$\left.\begin{aligned} \Delta X_{AB} = D_{AB}\cdot\cos\alpha_{AB} \\ \Delta Y_{AB} = D_{AB}\cdot\sin\alpha_{AB} \end{aligned}\right\}$$

ΔX_{AB}、ΔY_{AB}的正负号从图 13-5-11 中可以看出，当导线边AB位于不同的象限，其纵、横坐标增量的符号也不同。也就是当α_{AB}在 0° ~ 90°（即第一象限）时，ΔX、ΔY的符号均为正，α_{AB}在 90° ~ 180°（第二象限）时，ΔX为负，ΔY为正；当α_{AB}在 180° ~ 270°（第三象限）时，ΔX、ΔY的符号均为负；当α_{AB}在 270° ~ 360°（第四象限）时，ΔX为正，ΔY为负。

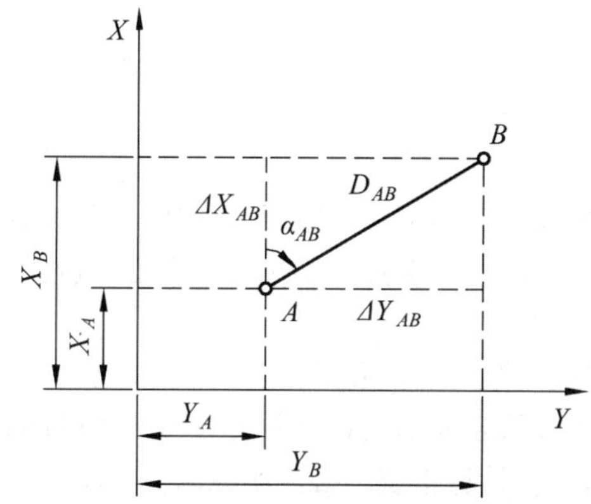

图 13-5-10　不同象限导线边坐标方位角示意图

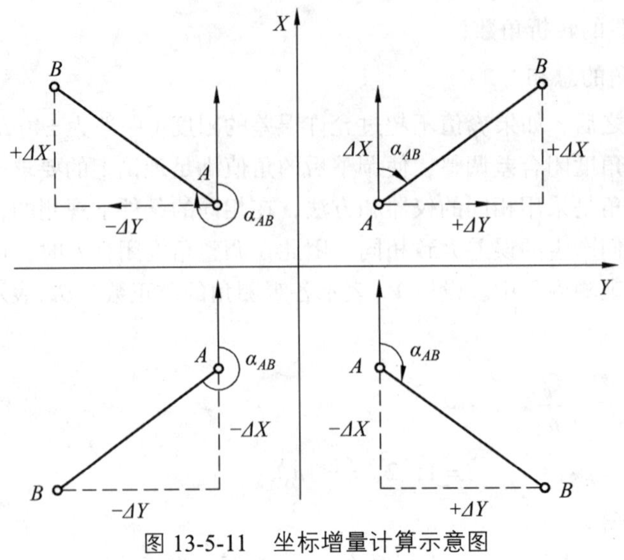

图 13-5-11　坐标增量计算示意图

【实训开展】

以 6 人为一小组，将全班学生分成若干小组。每个小组领取全站仪 1 台，棱镜头 2 根，脚架 3 个，导线测量记录手簿 1 份，导线近似平差计算表 1 张，导线点成果表 1 张。小组成员间相互配合开展本项目的实训练习。

（1）每一小组在校园内选定两个埋设好的 GPS 标志点作为闭合导线的已知坐标导线点，以此两点的已知坐标作为闭合导线起算数据。

（2）每一小组选定已知点后，在校园内合适的位置选定另外两个导线点，并做好点的标记（可以铁钉钉入地面，以铁钉的中心位置为导线点的位置）。四个导线点构成闭合导线，每两个导线点间的距离为 100 ~ 150 m。

（3）用全站仪观测闭合导线的各导线边长和各转折角，记入闭合导线测量记录手簿。

（4）外业测量工作结束后，转入内业计算，利用测量得到的数据，完成导线近似平差计算表的计算及填写。

（5）完成导线点坐标计算表的填写。

【实训注意事项】

（1）每站观测结束后应立即进行计算、检核，各检核数据需满足测边长及测角的相关技术要求。若有超限则重新观测。

（2）角度及距离测量成果使用铅笔记录，应记录完整，记录的数字与文字清晰、整洁，不得潦草；按测量顺序记录，不空栏；不空页、不撕页；不得转抄；不得涂改、就字改字；不得连环涂改；不得用橡皮擦，刀片刮。

（3）平差计算表可以用橡皮擦，但必须保持整洁，字迹清晰，不得划改。

（4）错误成果与文字应单横线正规划去，在其上方写上正确的数字与文字，并在备考栏注明原因，如“测错”或“记错”，计算错误不必注明原因。

（5）导线测量作业的集体性很强，全组人员一定要相互合作，密切配合，相互体谅。

（6）角度记录手簿中秒值读记错误应重新观测，度、分读记错误可在现场更正，同一方向盘左、盘右不得连环涂改。

（7）进行距离测量时不得提前记录重复的测量距离。厘米和毫米读记错误应重新观测，分米以上（含）数值的读记错误可在现场更正。

（8）有关一级导线测量的技术指标限差规定如表 13-5-2。

表 13-5-2　一级导线测量基本技术要求

水平角测量（2″级仪器）			距离测量		
测回数	同一方向值各测回较差	一测回内 2C 较差	测回数	读数	读数差
2	9″	13″	1	4	5 mm
闭合差					
方位角闭合差		$\leqslant \pm 10'' \sqrt{n}$			
导线相对闭合差		≤1/14 000			

注：表中 n 为测站数。

【实训记录表格】

表 13-5-3　闭合导线测量记录手簿

水平角观测								
测回数	目标	水平度盘读数 盘左 /（° ′ ″）	水平度盘读数 盘右 /（° ′ ″）	2C＝左－（右±180°）/（″）	平均读数＝[左＋（右±180°）]/（° ′ ″）	归零后方向值/（° ′ ″）	各测回归零方向值的平均值/（° ′ ″）	备注
1	2	3	4	5	6	7	8	9

边长	平距观测值		平均中数	备注		边长	平距观测值		平均中数	备注
	1									
↓	2		144.843			↓				
	3									
	4									

表 13-5-4　导线近似平差计算表

点号	观测角值/(° ′ ″)	改正数/(″)	改正后角值/(° ′ ″)	坐标方位角/(° ′ ″)	平距/m	坐标增量Δx			坐标增量Δy			坐标值		点号	备注
						计算值/m	改正值/m	改正后值/m	计算值/m	改正值/m	改正后值/m	X/m	Y/m		
1	2	3	4	5	6	7	8	9	10	11	12	13	14	15	16
辅助计算						导线略图									

表 13-5-5　导线点坐标计算表

点　号	坐　标　值	
	X	Y

项目十四　曲线测设

任务一　单圆曲线内业计算

【实训目的】

（1）了解单圆曲线的概念及作用。
（2）掌握单圆曲线的内业计算方法。
（3）掌握单圆曲线的外业放样方法。

【实训工具】

工程计算器、全站仪 1 台、棱镜头 2 个、脚架 3 个。

【实训内容】

（1）计算曲线要素。
（2）计算曲线主点桩号。

【实训流程】

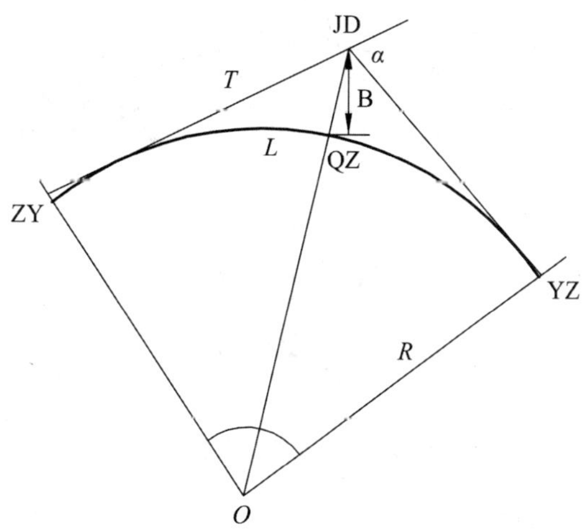

图 14-1-1　单圆曲线示意图

1. 主点的测设

（1）曲线要素的计算。

如图 14-1-1，若已知转角α及半径 R，则

$$T = R\tan\frac{\alpha}{2}$$

$$L = R\alpha \frac{\pi}{180°}$$

$$E = R\left(\sec\frac{\alpha}{2} - 1\right)$$

$$D = 2T - L$$

式中：T——切线长，m；

L——曲线长，m；

E——外距，m；

R——圆曲线半径，m；

D——切曲差，m；

α——转角，(°)。

（2）主点里程的计算。

ZY 里程 = JD 里程 − T；

YZ 里程 = ZY 里程 + L；

QZ 里程 = YZ 里程 − $L/2$；

JD 里程 = QZ 里程 + $D/2$（用于校核）

2. 圆曲线几何要素

圆曲线的几何要素见图 14-1-2，则

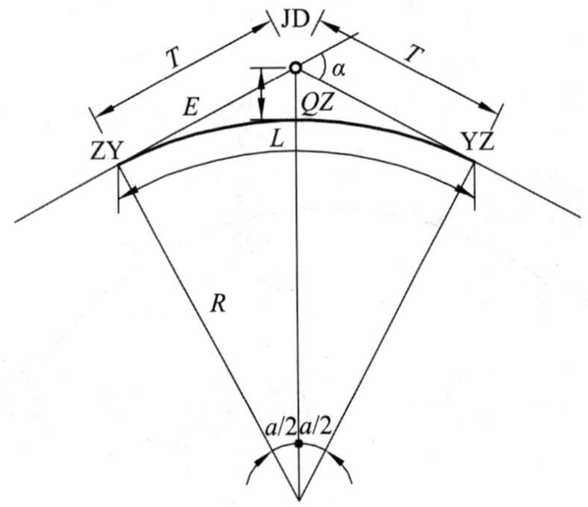

图 14-1-2　圆曲线几何要素

$$T = R \cdot \tan\frac{\alpha}{2}$$

$$L = \frac{\pi}{180}\alpha R$$

$$E = R\left(\sec\frac{\alpha}{2} - 1\right)$$

$$J = 2T - L$$

式中：J——切曲差（或校正值），m。

曲线主点桩号计算如下：

$$ZY(桩号) = JD(桩号) - T$$
$$QZ(桩号) = YZ(桩号) - L/2$$
$$YZ(桩号) = ZY(桩号) + L$$
$$JD(桩号) = QZ(桩号) + J/2(复核)$$

3. 测设步骤

（1）JD_i架仪，照准 JD_{i-1}，量取 T，得 ZY 点；照准 JD_{i+1}，量取 T，得 YZ 点。

（2）在分角线方向量取 E，得 QZ 点。

任务二　单圆曲线详细测设

【实训目的】

（1）了解单圆曲线加桩的概念及作用。

（2）掌握单圆曲线加桩的内业计算方法。

（3）掌握单圆曲线加桩的外业放样方法。

【实训工具】

工程计算器，全站仪 1 台，棱镜头 2 个，脚架 3 个。

【实训内容】

（1）使用切线支距法进行计算。

（2）使用偏角法进行计算。

【实训流程】

测设方法有整桩号法和整桩距法。一般采用整桩号法。

1. 切线支距法

（1）以 ZY 或 YZ 为坐标原点，切线为 X 轴，过原点的半径为 Y 轴，建立坐标系。

（2）计算出各桩点坐标后，再用方向架、钢尺去丈量。

$$x_i = R\sin\varphi_i$$
$$y_i = R(1-\cos\varphi_i)$$

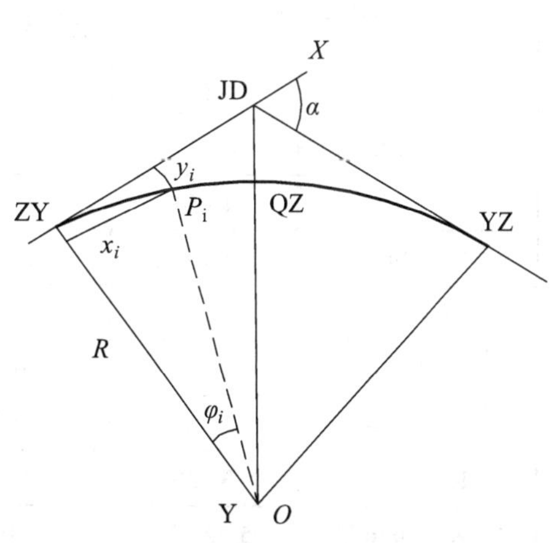

图 14-2-1　单圆曲线详测示意图

式中 $$\varphi_i=\frac{l_i}{R}\cdot\frac{180^\circ}{\pi}$$

其中：l_i——各点至原点的弧长（里程）。

该方法的特点：测点误差不积累；宜以 QZ 为界，将曲线分两部分进行测设。

【例题】

设某单圆曲线偏角 $\alpha=34°12'00''$，$R=200$ m，主点桩号为：ZY = K4 + 906.90，QZ = K4 + 966.59，YZ = K5 + 026.28，按每 20 m 一个桩号的整桩号法，计算各桩的切线支距法坐标。

【解】

（1）主点测设元素计算：

$$T=R\tan\frac{\alpha}{2}=61.53\ \text{m}$$

$$L=R\alpha\frac{\pi}{180^\circ}=119.38\ \text{m}$$

$$E=R\left(\sec\frac{\alpha}{2}-1\right)=9.25\ \text{m}$$

$$D=2T-L=3.68\ \text{m}$$

（2）主点里程计算：

ZY = K4 + 906.90

QZ = K4 + 966.59

YZ = K5 + 026.28

JD = K4 + 968.43

（3）切线支距法（整桩号）各桩要素的计算如表 14-2-1。

表 14-2-1　切线支距法计算表

曲线桩号/m		ZY（YZ）至桩的曲线长/m	圆心角 φ_i /（°）	切线支距法坐标	
				X_i/m	Y_i/m
ZYK4 + 906.90	4 906.9	0	0	0	0
K4 + 920	4 920	13.1	3.752 873 558	13.090 635	0.428 871 637
K4 + 940	4 940	33.1	9.482 451 509	32.949 104	2.732 778 823
K4 + 960	4 960	53.1	15.212 029 46	52.478 356	7.007 714 876
QZK4 + 966.59	—	—	—	—	—
K4 + 980	4 980	46.28	13.258 243 38	45.868 087	5.330 745 523
K5 + 000	5 000	26.28	7.528 665 428	26.204 44	1.724 113 151
K5 + 020	5 020	6.28	1.799 087 477	6.278 968 1	0.098 587 899
YZK5 + 026.28	5 026.28	0	0	0	0

注：表中曲线长 l_i = 各桩里程与 ZY 或 YZ 里程之差。

2. 偏角法

偏角法分为：长弦偏角法、短弦偏角法。

（1）长弦偏角法。

① 计算曲线上各桩点至 ZY 或 YZ 的弦线长 c_i 及其与切线的偏角 Δ_i。

② 再分别架仪器于 ZY 或 YZ 点，拨角、量边。

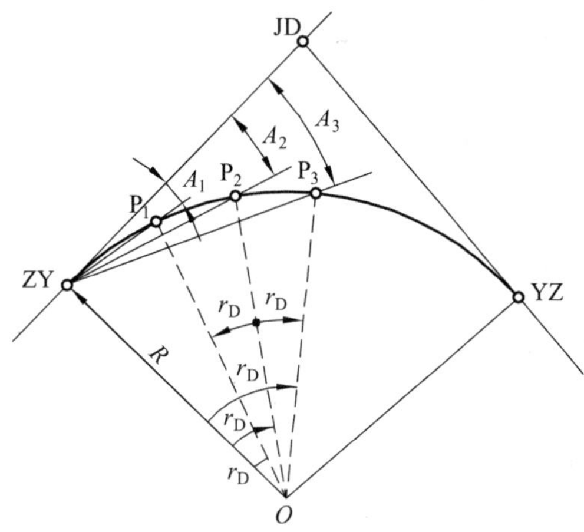

图 14-2-2　切线支距法示意图

$$\Delta_i = \frac{\varphi_i}{2} = \frac{l_i}{R} \cdot \frac{90°}{\pi}$$

$$c_i = 2R\sin\Delta_i$$

展开为
$$c_i = l_i - \frac{l_i^3}{24R^2} + \cdots$$

长弦偏角法的特点是测点误差不积累；宜以 QZ 为界，将曲线分两部分进行测设。

（2）短弦偏角法。

与长弦偏角法相比，有以下异同：

① 偏角 Δ_i 相同。

② 计算曲线上各桩点间弦线长 c_i。

③ 架仪器于 ZY 或 YZ 点，拨角、依次在各桩点上量边，相交后得中桩点。

此外还有极坐标法、弦线支距法、弦线偏距法。

【例题】 用偏角法详细测设单圆曲线（图 14-2-3），已知圆曲线的 $R = 200$ m，$\alpha_z = 15°$，交点 JD_i 里程为 K10 + 110.88 m，试按每 10 m 一个整桩号，来阐述该圆曲线的主点及偏角法整桩号详细测设的步骤。（注：此题作为实习课测设内容，数据是假设的）

解：

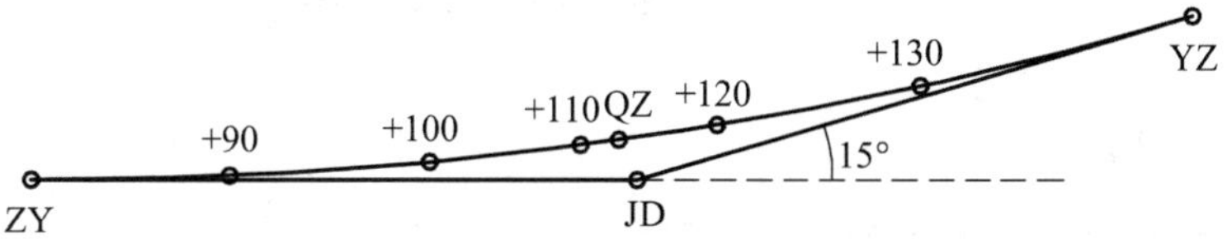

图 14-2-3

（1）主点测设元素计算。

$$T = R\tan\frac{\alpha}{2} = 26.33\ \text{m}$$

$$L = R\alpha\frac{\pi}{180°} = 52.36\ \text{m}$$

$$E = R\left(\sec\frac{\alpha}{2} - 1\right) = 1.73\ \text{m}$$

$$D = 2T - L = 0.3\ \text{m}$$

（2）主点里程计算。

ZY = K10 + 84.55

QZ = K10 + 110.73

YZ = K10 + 136.91

JD = K10 + 110.88

（3）偏角法（整桩号）各桩要素的计算如表 14-2-2。

表 14-2-2　偏角法各桩要素表

桩号	曲线长 l_i /m	偏角值 Δ_i /(° ′ ″)	偏角读数 /(° ′ ″)	弦长 c_i（长弦法）/m
ZY K10 + 84.55	0	0 00 00	0 00 00	0
K10 + 90	5.45	0 46 50	359 13 10	5.45
K10 + 100	15.45	2 12 47	357 47 13	15.45
K10 + 110	25.45	3 38 44	356 21 16	25.43
QZ K10 + 110.73				
K10 + 120	16.91	2 25 20	2 25 20	16.91
K10 + 130	6.91	0 59 23	0 59 23	6.91
YZ K10 + 136.91	0	0 00 00	0 00 00	0

注：① l_i——各桩里程与 ZY 或 YZ 里程之差；

② $\Delta_i = \dfrac{\varphi_i}{2} = \dfrac{l_i}{R} \cdot \dfrac{90°}{\pi}$；

③ $c_i = 2R\sin\Delta_i$

任务三　缓和曲线的测设

【实训目的】

（1）了解缓和曲线的概念及作用。

（2）掌握缓和曲线的内业计算方法。
（3）掌握缓和曲线的外业放样方法。

【实训工具】

工程计算器、全站仪 1 台、棱镜头 2 个、脚架 3 个、相关表格 3 张。

【实训内容】

（1）计算缓和曲线参数。
（2）进行缓和曲线放样。

【实训流程】

1. 回旋型缓和曲线基本公式

$$\rho = \frac{c}{l}$$

式中　$c = Rl_s$

其中：l_s——缓和曲线全长。

（1）切线角公式。

$$\beta = \frac{l^2}{2c} = \frac{l^2}{2Rl_s}$$

式中：β——缓和曲线长 l 所对应的中心角。

（2）缓和曲线角公式。

$$\beta_0 = \frac{l_s}{2R} \cdot \frac{180°}{\pi}$$

式中：β_0——缓和曲线全长 l_s 所对应的中心角亦称缓和曲线角。

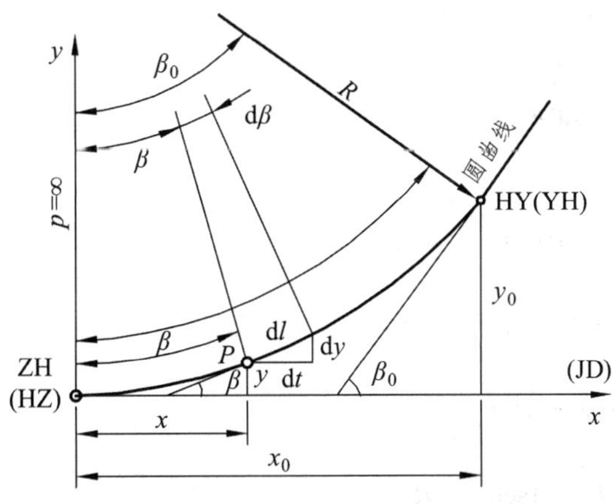

图 14-3-1　缓和曲线示意图

（3）缓和曲线的参数方程。

$$\begin{cases} x = l - \dfrac{l^5}{40R^2 l_s^2} \\ y = \dfrac{l^3}{6Rl_s} - \dfrac{l^7}{336R^3 l_s^3} \end{cases}$$

（4）圆曲线终点的坐标。

$$\begin{cases} x_0 = l_s - \dfrac{l_s^3}{40R^2} \\ y_0 = \dfrac{l_s^2}{6R} \end{cases}$$

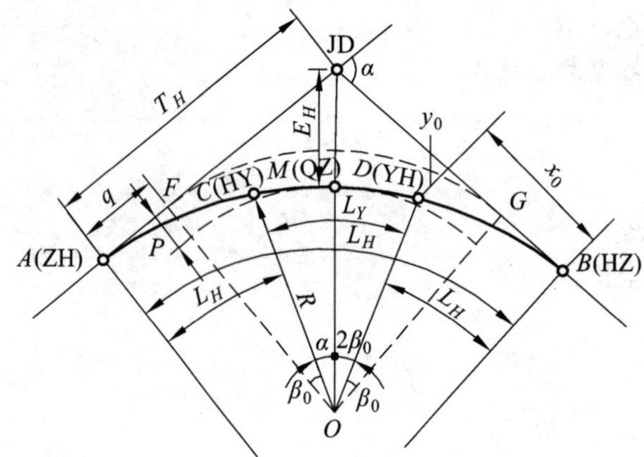

图 14-3-2　缓和曲线主点桩示意图

2. 主点的测设

（1）测设元素的计算。

① 内移距 p 和切线增长 q 的计算。

$$p = \frac{l_s^2}{24R}$$

$$q = \frac{l_s}{2} - \frac{l_s^3}{240R^2}$$

② 曲线要素计算。

切线长　$T_H = (R + p)\tan\dfrac{\alpha}{2} + q$

曲线长　$L_H = R(\alpha - 2\beta_0)\dfrac{\pi}{180^\circ} + 2l_s$

圆曲线长　$L_Y = R(\alpha - 2\beta_0)\dfrac{\pi}{180^\circ}$

外距　$E_H = (R + p)\sec\dfrac{\alpha}{2} - R$

切曲差　$D_H = 2T_H - L_H$

（2）主点桩计算。

$$ZH = JD - T_H$$

$$HY = ZH + l_s$$

$$QZ = ZH + L_H/2$$

$$HZ = ZH + L_H$$

$$YH = HZ - l_s$$

【例题】 如图 14-3-3，设某公路的交点桩号为 K10 + 518.66，右转角 $\alpha_y = 18°18'36''$，圆曲线半径 $R = 100$ m，缓和曲线长 $l_s = 10$ m，试测设主点桩。

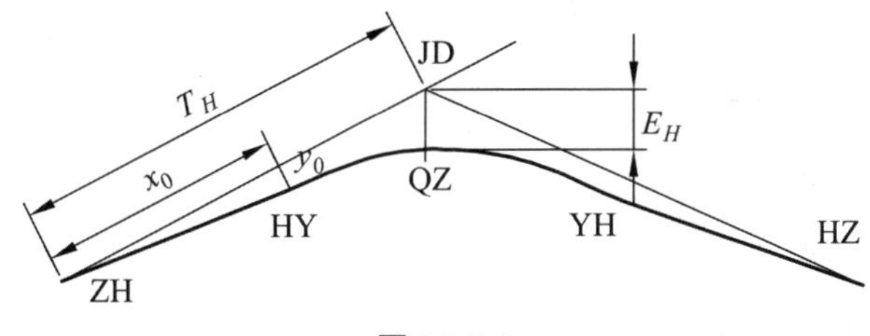

图 14-3-3

【解】

（1）计算测设元素。

$$p = 0.04 \text{ m}$$

$$q = 5.00 \text{ m}$$

$$\beta_0 = \frac{l_s}{2R}\frac{180°}{\pi} = 2°51'53''$$

$$\begin{cases} x_0 = l_s - \dfrac{l_s^3}{40R^2} = 10.00 \text{ m} \\ y_0 = \dfrac{l_s^2}{6R} = 0.17 \text{ m} \end{cases}$$

$$T_H = (R+p)\tan\frac{\alpha}{2} + q = 21.12 \text{ m}$$

$$L_H = R(\alpha - 2\beta_0)\frac{\pi}{180°} + 2l_s = 41.96 \text{ m}$$

$$E_H = (R+p)\sec\frac{\alpha}{2} - R = 1.33 \text{ m}$$

（2）计算里程。

ZH = K10 + 497.54

HY = K10 + 507.54

QZ = K10 + 518.52

HZ = K10 + 539.50

YH = K10 + 529.50

（3）主点测设。

① 架仪 JD_i，后视 JD_{i-1}，量取 T_H，得 ZH 点；后视 JD_{i+1}，量取 T_H，得 HZ 点；在分角线方向量取 E_H，得 QZ 点。

② 分别在 ZH、HZ 点架仪，后视 JD_i 方向，量取 x_0，再在此方向垂直方向上量取 y_0，得 HY 和 YH 点。

3. 带有缓和曲线的圆曲线详细测设

（1）切线支距法。

① 当点位于缓和曲线上，有

$$\begin{cases} x = l - \dfrac{l^5}{40R^2 l_s^2} \\ y = \dfrac{l^3}{6Rl_s} - \dfrac{l^7}{336R^3 l_s^3} \end{cases}$$

② 当点位于圆曲线上，有

$$\begin{cases} x = R\sin\phi + q \\ y = R(1-\cos\phi) + p \end{cases}$$

其中，$\phi = \dfrac{l-l_s}{R} \cdot \dfrac{180^\circ}{\pi} + \beta_0$，$l$ 为点到坐标原点的曲线长。

（2）偏角法（整桩距、短弦偏角法）。

① 当点位于缓和曲线上，有

偏角 $\delta = \dfrac{l^2}{l_s^2}\delta_0$

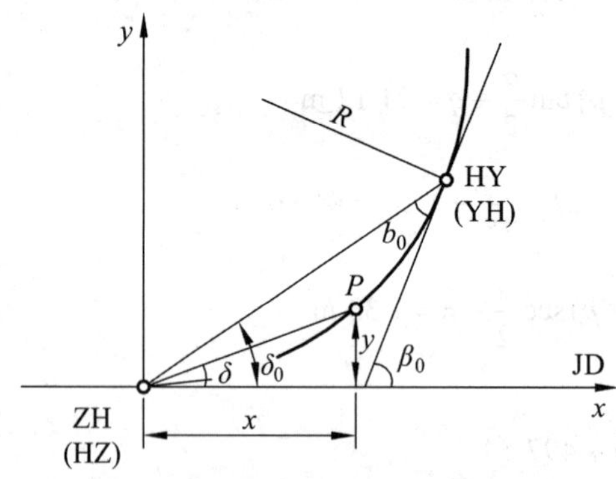

图 14-3-4　偏角法示意图

总偏角（常量）　$\delta_0 = \dfrac{l_s}{6R}$

用曲线长 l 来代替弦长。放样出第 1 点后，放样第 2 点，用偏角和距离 l 交会得到。

② 当点位于圆曲线上。

方法：架仪 HY（或 YH），后视 ZH（或 HZ），拨角 b_0，即找到了切线方向，再按单圆曲线偏角法进行。

$$b_0 = 2\delta_0 = \frac{l_s}{3R}$$

此外还可采用极坐标法、弦线支距法、长弦偏角法。

4. 导线复测与加密原理

施工时，往往有一部分勘测时所设的交点桩或转点桩被破坏或丢失，所以应用全站仪对已破坏或丢失的桩进行恢复和复测，在复测过程中应对距离、角度、三维坐标进行认真复核，发现误差较大时及时查明原因，必要时请原勘测单位派员到现场指点核对。

对于高等级公路，一般应沿路线方向布设一条新的控制导线，布设的新导线一般应与原来的控制点（交点、转点）进行联测，构成附合导线，联测一方面可以获得必要的起始数据——起始坐标和起始方位角；另一方面可对观测的数据进行校核。

如图 14-3-5 所示 A、B、C、D 为原来的控制点，观测时先置全站仪于 B（1）点，观测 2 点坐标，再将全站仪置于 2 点观测 3 点坐标，依次观测最后得到 C（n）点坐标观测值。

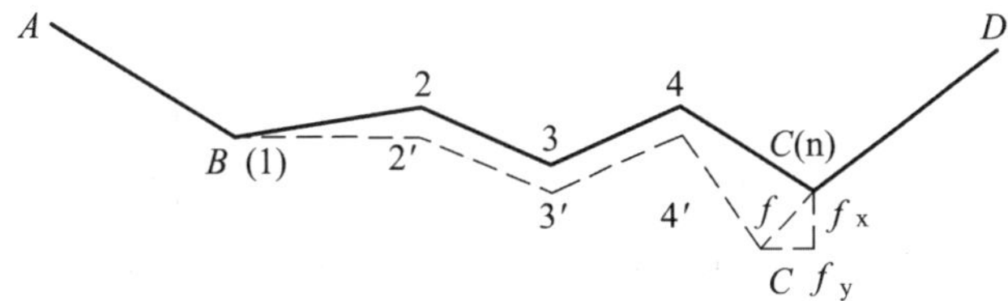

图 14-3-5　导线加密

设 C 点的坐标观测值为 x'_C、y'_C，其已知坐标为 x_C、y_C，则纵、横坐标增量闭合差 f_x、f_y 为

$$\begin{cases} f_x = x'_C - x_C \\ f_y = y'_C - y_C \end{cases}$$

导线全长闭合差为 $f = \sqrt{f_x^2 + f_y^2}$

导线全长相对闭合差为 $k = \dfrac{f}{\sum D} = \dfrac{1}{\sum D / f}$

式中：D——导线边长；

$\sum D$——各导线长的总和（从 B 到 C 点新导线总长）。

当导线全长闭合差小于规范规定的允许值时，可按下式改正坐标

$$\begin{cases} v_{xi} = -f_x \cdot D_i / \sum D \\ v_{yi} = -f_y \cdot D_i / \sum D \end{cases}$$

改正后坐标为

$$\begin{cases} x_i = x_i' + V_{xi} \\ y_i = y_i' + V_{yi} \end{cases}$$

式中 x_C'、y_C' 为第 i 点的坐标观测值（即未改正前的坐标观测值）。

5. 附和导线测量及测值处理算例

某公路 A 标路线全长 3.3 km，采用独立坐标系设计施工，在靠近路线起点、终点位置分别有 GPS_1、DF_1；SGA_4、SGA_5 四个高级点，前两点及后两点分别构成导线两个基准边，并与在沿线合适位置加设的 D_1、D_2、D_3、D_4、D_5 五点一起，组成一条附和导线。

导线点设置后，架设全站仪以 GPS_1、DF_1 为起始边进行“往测”（附和导线测量成果记录表，即表 14-3-1）后；以 SGA_4、SGA_5 为起始边进行“返测”（附和导线测量成果记录表，即表 14-3-2）

表 14-3-1　附和导线测量成果记录表（往测）

导线点名	已知坐标		实测坐标		坐标增量/改正值		改正后坐标增量		最终坐标		边长/m
	x	y	x	y	Δx	Δy	Δx	Δy	x	y	
GPS_1	5 992.250	5 701.916									
DF_1	6 147.538	5 217.473									
					138.285 / −0.004	−435.771 /0.004	138.281	−435.767			457.185
D_1			6 285.823	4 781.702					6 285.819	4 781.706	
					−302.258 / −0.005	−534.567 /0.005	−302.263	−534.562			614.100
D_2			5 983.565	4 247.135					5 983.556	4 247.144	
					−22.722 / −0.002	−210.272 /0.002	−22.724	−210.270			211.525
D_3			5 960.843	4 036.863					5 960.832	4 036.874	
					−11.675 / −0.003	−389.580 /0.003	−11.678	−389.577			389.754
D_4			5 949.168	3 647.283					5 949.154	3 647.297	
					−110.886 / −0.004	−455.384 /0.004	−110.890	−855.380			468.686
D_5			5 838.282	3 191.899					5 838.264	3 191.917	
					236.266 / −0.002	31.011 /0.002	236.264	31.013			238.293
SGA_5	6 074.528	3 222.930	6 074.548	3 222.910							
SGA_4	5 972.500	3 008.293									

表 14-3-2　附和导线测量成果记录表（返测）

导线点名	已知坐标		实测坐标		坐标增量/改正值		改正后坐标增量		最终坐标		边长/m
	x	y	x	y	Δx	Δy	Δx	Δy	x	y	
SGA$_4$	5 972.500	3 008.293									
SGA$_5$	6 074.528	3 222.930									
					−236.262 /0.002	−31.025 /−0.003	−236.260	−31.028			238.290
D_5			5 838.266	3 191.905					5 838.268	3 191.902	
					110.829 /0.004	455.393 /−0.007	110.833	455.386			468.685
D_4			5 949.095	3 647.298					5 949.101	3 647.288	
					11.719 /0.004	389.577 /−0.006	11.723	389.571			389.753
D_3			5 960.814	4 036.875					5 960.824	4 036.859	
					22.689 /0.003	210.286 /−0.003	22.692	210.283			211.506
D_2			5 983.503	4 247.161					5 983.516	4 247.142	
					302.307 /0.006	534.566 /−0.009	302.313	534.557			614.126
D_1			6 285.810	4 781.727					6 288.829	4 781.699	
					−138.295 /0.004	435.781 /−0.007	−138.291	435.774			457.198
DF$_1$	6 147.538	5 217.473	6 147.515	5 217.508							
GPS$_1$	5 992.250	5 701.916									

将表 14-3-1 和表 14-3-2 中五点坐标带到 D_1、D_2、D_3、D_4、D_5 点坐标表中并计算最终坐标（导线点坐标计算表，即表 14-3-3）。

表 14-3-3　导线点坐标计算表

导线点名	首次测量结果		重复测量结果		导线点坐标	
	x	y	x	y	x	y
D_1	6 285.819	4 781.706	6 288.829	4 781.699	6 285.824	4 781.702
D_2	5 983.556	4 247.144	5 983.516	4 247.142	5 983.536	4 247.143
D_3	5 960.832	4 036.874	5 960.824	4 036.859	5 960.828	4 036.871
D_4	5 949.154	3 647.297	5 949.101	3 647.288	5 949.127	3 647.296
D_5	5 838.264	3 191.917	5 838.268	3 191.902	5 838.266	3 191.909

【实训开展】

根据校园内已布设的导线点，每组在所选路线的起、终点范围内各选定 2 个已知导线点作为基础点，然后根据闭合差满足规范要求，复测所选导线点并在路线走廊带增设满足施工放样的控制点。所增设控制点每组不少于 4 个，精度与原导线同精度增设。

【实训记录表格】

表 14-3-4　附和导线测量成果记录表（往测）

导线点名	已知坐标		实测坐标		坐标增量/改正值		改正后坐标增量		最终坐标		边长/m
	x	y	x	y	Δx	Δy	Δx	Δy	x	y	

表 14-3-5　附和导线测量成果记录表（返测）

导线点名	已知坐标		实测坐标		坐标增量/改正值		改正后坐标增量		最终坐标		边长/m
	x	y	x	y	Δx	Δy	Δx	Δy	x	y	

表 14-3-6　导线点坐标计算表

导线点名	首次测量结果		重复测量结果		导线点坐标	
	x	y	x	y	x	y

项目十五　道路工程综合测量

任务一　道路中线测量

【实训目的】

（1）了解中线布设内容。

（2）掌握道路工程中线的测量方法。

【实训工具】

全站仪1台、棱镜头2个、脚架3个、花杆6根、皮尺1把、工程计算器、水准仪1台、塔尺1把。

【实训内容】

学习中线测量的方法。

【实训流程】

1. 中线布设

公路工程一般由路线、桥涵、隧道及各种附属设施等构成。兴建公路之前，为了选择一条既经济又合理的路线，必须对沿线进行勘测。

一般讲，路线以平、直最为理想，但受现场环境影响，必然有转折。为使路线具有合理的线型，在直线转向处必须用曲线连接起来，这种曲线称为平曲线。平曲线包括圆曲线和缓和曲线两种。

（1）圆曲线是具有一定曲率半径的圆的一部分，即一段圆弧，它又分为单曲线、复曲线、回头曲线。

（2）缓和曲线是在直线与圆曲线之间加设的一段特殊的曲线，其曲率半径由无穷大逐渐变化为圆曲线半径。

公路的路线中线是由直线和平曲线两部分组成。中线测量是通过对直线和曲线的测设，将道路中心线的平面位置用木桩标定在现场上，并测定路线的实际里程。

中线测量一般分两组进行：测角组主要测定路线的转角点、转点和转角；中桩组主要通过对直线和曲线的测设，在现场用木桩标定路线中心线的具体位置，并进行各桩里程的测算。

道路中线测量是公路工程测量中关键性的工作，它是测绘纵、横断面图和平面图的基础，是公路设计、施工和后续工作的依据。

2. 转角点和转点的测设

要进行道路中线测量，必须先进行定线测量，即在现场上标定转角点和转点。

（1）转角点（又称交点）：指路线改变方向时，两相邻直线段延长线的交点，通常以 JD 表示，它是中线测量的控制点。

（2）转点：指当相邻两交点之间距离较长或互不通视时，需要在其连线或延长线上定出一点或数点以供交点、测角、量距或延长直线时瞄准之用。这种在公路中线测量中起传递方向作用的点称为转点，通常以 ZD 表示。

目前工程上常用的定线测量方法有：纸上定线和现场定线两种。行业标准《公路勘测规范》规定：各级公路应在地形测量以后，采用纸上定线；受条件限制或地形、方案简单也可采用现场定线。

（1）纸上定线：是先在实地布设导线，测绘大比例尺地形图（通常为 1/1 000、1/2 000），在地形图上定出路线的位置，再到实地放线，把交点的位置在实地上标定下来。一般可用放点穿线法和拨角放线法。

（2）现场定线：即根据既定的技术标准，结合地形、地质等条件，在现场反复比较，直接定出路线交点的位置。这种方法不需要测地形图，比较直观，但当两相邻的交点间距离较长或互不通视时，需要设置转点。

3. 路线转角的测定和里程桩的设置

（1）路线转角的测定。

公路中线测量一般分为测角组和中桩组。测角组的工作主要是测定路线的转角点（交点）和转角。

① 转角：指路线由一个方向偏转为另一个方向时，偏转后的方向与原方向的夹角，常用α表示。

② 转角有左、右转角之分。按路线前进方向分，在左边即左角，在右边即为右角。

③ 转角是在路线转弯处设置平曲线的必要元素，通常是观测路线前进方向的右角β（通过计算而得到）。

④ 本次实训转角通过全站仪测量实地所选定的起终点及交点坐标计算方位角，通过方位角来计算转角。

（2）里程桩的设置。

为了确定路线中线的位置和路线的长度，满足纵、横断面测量的需要以及为以后路线施工放样打下基础，必须由路线的起点开始每隔一段距离钉设木桩标志，称为里程桩。里程桩亦称中桩，桩点表示路线中线的具体位置。桩的正面写有桩号，桩的背面写有编号。桩号表示该点至路线起点的里程数；编号是反映桩的排列顺序。里程分为整桩和加桩两种：

① 整桩：在直线上和曲线上，其桩距按要求而设的桩称为整桩。它的里程桩号均为整数，且为要求桩距的整倍数（通常取 20 m 整桩，坐标可通过坐标增量法计算）。

② 加桩又分为地形加桩、地物加桩、曲线加桩、地质加桩、断链加桩和行政区域加桩等。如：圆曲线起点桩（直圆点），用 ZY 表示；圆曲线中线（曲中点），用 QZ 表示；圆曲线终点（圆直点），用 YZ 表示等。

4. 圆曲线的主点测设

圆曲线又称单曲线，指具有一定半径的圆的一部分，即一段圆弧线，如图 15-1-1。它是路线转弯最常用的曲线形式。测设方法如下：

（1）先测设曲线的主点：称圆曲线的主点测设，即测设曲线的起点（直圆点），以 ZY 表示。

（2）接着测设中点：又称曲中点，用 QZ 表示。

（3）最后测设曲线的终点：又称圆直点，用 YZ 表示。

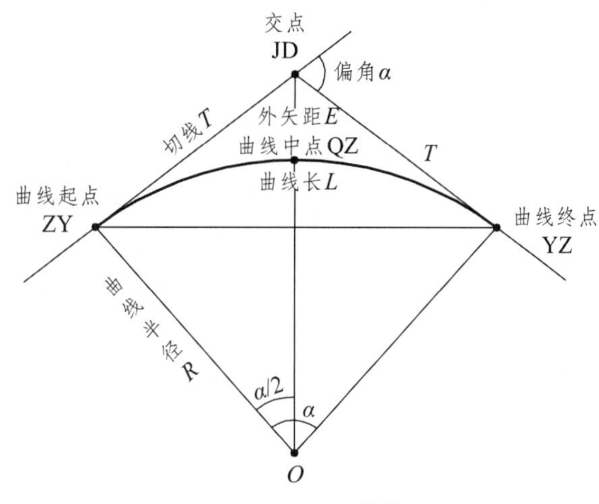

图 15-1-1　圆曲线

圆曲线测设元素计算：

（1）切线长 $T=R\tan\alpha/2$（T、R 依次表示切线长和转弯半径）；

（2）曲线长 $L=R\alpha$（α 的单位应换算成 rad；1° = 0.017 45 弧度）；

（3）外距 $E=(R/\cos\alpha/2)-R=R(\sec\alpha/2-1)$；

（4）切曲差 $D=2T-L$。

主点里程的计算：

（1）ZY 里程 = JD 里程 − T；

（2）YZ 里程 = ZY 里程 + L；

（3）QZ 里程 = YZ 里程 − $L/2$。

5. 圆曲线的详细测设

在设置圆曲线的主点后，即可进行详细测设。圆曲线的详细测设方法很多：

（1）切线支距法（直角坐标法）：以曲线的起点 ZY 或终点 YZ 为坐标原点，经切线为 X 轴，过原点的半径为 Y 轴，按曲线上各点坐标 X、Y 设置曲线上各点的位置。

（2）偏角法：以曲线起点 ZY 或终点 YZ 至曲线任一点的弦线与切线之间的弦切角和弦长来确定点的位置。

（3）极坐标法：用极坐标法进行圆曲线的详细测设，最适合于用全站仪进行测量。仪器可以安置在任何已知点上，如已知坐标的控制点、路线上的交点、转点等。其测设速度快、精度高。目前在公路勘测中已被广泛应用。

6. 遇障碍时圆曲线的测设

由于受地物和地貌条件的限制，在圆曲线测设中，往往遇到各种各样的障碍，使得圆曲线的测设不能按前述方法进行，此时必须针对现场的具体问题，提出解决办法。

虚交：指路线的交点（JD）处不能设桩，更无法安置仪器，此时测角、量距都无法直接按前述方法进行。有时交点虽可设桩和安置仪器，但因转角较大，交点远离曲线，也可做虚交处理，常用的处理方法有：

（1）圆外基线法；

（2）切基线法；

（3）弦基线法。

7. 复曲线的测设

复曲线是由 2 个或 2 个以上不同半径的同向圆曲线相互衔接而成的，一般多用于地形较复杂的山区。在测设时，必须先定出其中 1 个圆曲线的半径，该曲线称为主曲线，其余的曲线称为副曲线。副曲线的半径则通过主曲线半径和测量的有关数据求得。

（1）切基线法测设复曲线：切基线法实际上是虚交切基线，只不过是两个圆曲线的半径不相等。

（2）弦基线法测设复曲线，设定 A、C 分别为曲线的起点和公切点，目的是确定曲线的终点 B。

8. 缓和曲线的测设

车辆在行驶中，当从直线驶入圆曲线时，将产生离心力，由于离心力的作用，车辆有向曲线外侧倾倒的趋势。使得安全性和舒适感受到一定的影响，为了减少离心力的影响，曲线段的路面要做成外侧高内侧低，呈单向横坡形式，此即弯道超高，超高不能在直线进入曲线段或曲线进入直线段突然出现或消失，以免使路面出现台阶，引起车辆震动，产生更大的危险。因此，超高必须在一段长度内逐渐增加或减少，在直线段与圆曲线之间插入一段半径由无穷大逐渐减少至圆曲线半径的曲线，这种曲线称为缓和曲线。

带有缓和曲线的平曲线一般由三部分组成：

（1）由直线终点到圆曲线起点的缓和段，称为第一缓和段。

（2）由圆曲线起点到圆曲线终点的单曲线段。

（3）由圆曲线终点到下一段直线起点的缓和段，称为第二缓和段。

带有缓和曲线的平曲线的主点有直缓点（ZH）、缓圆点（HY）、曲中点（QZ）、圆缓点（YH）和缓直点（HZ）。

任务二　路线的纵、横断面测量

【实训目的】

（1）了解路线纵、横断面测量的内容。

（2）掌握中平测量的方法。

【实训工具】

全站仪 1 台、棱镜头 2 个、脚架 3 个、花杆 6 根、皮尺 1 把、工程计算器、水准仪 1 台、塔尺 1 把。

【实训内容】

学习路线的纵、横断面测量的方法。

【实训流程】

1. 路线纵、横断面测量

在完成路线定测阶段中的中线测量以后，还必须进行路线纵、横断面测量。

路线纵断面测量又称中线水准测量，它的任务是在道路中线测定之后，测定中线上各里程桩（中桩）的地面高程，并绘制路线纵断面图，用以表示沿路线中线位置的地形起伏状态，主要用于路线纵坡设计。

横断面测量是测定中线上各里程桩处垂直于中线方向的地面高程，并绘制横断面图，用于表示垂直于路线中线方向的地形起伏状态，供路基设计、计算土石方数量以及施工放边桩之用。

纵断面测量一般分为两步进行：

（1）首先是沿路线方向设置水准点，并测定其高程，从而建立路线的高程控制，称为基平测量。

（2）然后是根据基平测量所得的水准点的高程，分别在相邻的两个水准点之间进行水准测量，测定各里程桩的地面高程，称为中平测量。

2. 中平测量

中平测量（又称中桩抄、横平）：一般是以两相邻水准点为一测段，从一个水准点开始，用视线高法，逐个测定中桩的地面高程，直至附合到下一个水准点上。

中平测量只作单程观测，一测段结束后，应先计算中平测量测得的该测段两端水准点高差。并将其与基平测量测得的该测段两端水准点高差进行比较，二者之差，称为测段高差闭合差。

测段高差闭合差：高速公路、一级公路不得大于 $\pm30\sqrt{L}$ mm，二级及二级以下公路不得大于 $\pm50\sqrt{L}$ mm，否则应重测。

当进行中平测量遇到沟谷时，由于沟坡和沟底钉有中桩，且高差较大，按一般中平测量要增加许多测站和转点，以致影响测量的速度和精度。为避免这种情况，可采用以下方法进行施测：

（1）沟内沟外分开测。

（2）接尺法。

纵断面图的绘制：纵断面图是表示沿路线中线方向的地面的起伏状态和设计纵坡的线状图，它反映出各路段纵坡的大小和中线位置处的填挖尺寸，是道路设计和施工中的重要文件资料。

3. 横断面测量

路线横断面测量是指测定各中桩处垂直于中线方向的地面起伏情况，然后绘制成横断面图，供路基、边坡、特殊构造物的设计、土石方的计算和施工放样之用。

横断面测量的宽度由路基宽度和地形情况确定，一般应在公路中线两侧各测 15 ~ 50 m。

进行横断面测量首先要确定横断面的方向，然后在此方向上测定中线两地面坡度变化点的距离和高差。

横断面方向的测定：

（1）直线段上横断面方向的测定。

（2）曲线段上横断面方向的测定。

横断面的测量方法：横断面测量中的距离和高差一般准确到 0.1 m 即可满足工程的要求。因此横断面测量多采用简易的测量工具和方法。

（1）标杆皮尺法（抬杆法）：即用一根标杆和一卷皮尺测定横断面方向上的两相邻变坡点的水平距离和高差的一种简易方法。

（2）水准仪皮尺法：即利用水准仪和皮尺，按水准测量的方法测定各变坡点与中桩点间高差，用皮尺丈量两点间水平距离的方法。

（3）经纬仪视距法：即将经纬仪安置在中桩上，用视距法测出横断面方向各变坡点至中桩的水平距离和高差。

（4）全站仪法：在测各中桩点高程的同时，在路线的垂直方向，即中桩的两侧选择适当的变坡点，立棱镜测其高程、平面坐标并连同该中桩点的高程一起传输到计算机中存贮。这样，纵横断面的测量数据全部存贮到计算机中，应用专门的绘图软件可以绘出纵、横断面图。

任务三　施工测量

【实训目的】

（1）了解施工测量内容。
（2）了解道路施工测量的方法。
（3）了解道路工程中结构物的施测方法。

【实训工具】

全站仪 1 台，棱镜头 2 个，脚架 3 个，花杆 6 根，皮尺 1 把，工程计算器，水准仪 1 台，塔尺 1 把，相关表格 4 张。

【实训内容】

（1）学习施工测量的方法。
（2）学习道路施工测量的方法。
（3）学习道路工程中结构物的施测方法。

【实训流程】

1. 施工测量

施工测量就是将设计图纸中的各项元素按规定的精度要求，准确无误地测设于实地，作为施工的依据。

施工测量是保证施工质量的一个重要环节，其主要任务包括：研究设计图纸并勘察施工现场。根据工程设计的意图及对测量精度的要求，在施工现场找出定测时的各控制桩或点的位置。

在公路的建设中，施工测量的工作包括以下内容：

（1）恢复路线中线的位置。

（2）测设施工控制桩。

（3）复测、加密水准点。

（4）路基边坡桩的放样。

（5）路面的放样。路基施工后，应测出路基设计高度，放样出铺筑路面的标高，作为路面铺设依据。

（6）其他项目的放样。

2. 施工测量的基本方法

（1）已知距离的放样：即距离放样，指在地面上测设某已知水平距离，就是在实地上从一点开始，按给定的方向，量测出设计所需的距离，并定出终点。

（2）已知水平角的放样：即水平角放样，是根据一个已知方向和角顶点的位置，按设计给定的水平角值，把角的另一个方向在实地上标定出来。

（3）已知高程的放样：即根据施工现场已有的水准点，用水准测量或三角高程测量等方法，将设计的高程测设到地面上，就是根据一个已知高程的点，来测设另一个点的高程，使其高差为所指定的数值。

3. 点的平面位置的测设

施工测量的工作很大程度上是通过将设计的已知点放到现场上来完成的。点的平面位置的测设，可根据施工现场的特点及采用手段的不同分为：直角坐标法、极坐标法、角度交会法、距离交会法等。

（1）直角坐标法：是在指定的直角坐标系中，通过待测点 X、Y 的放样，来确定放样点的平面位置。

（2）极坐标法：是指在建立的极坐标系中，通过待测点的极径和极角，来确定放样点的平面位置。此法最适合于用经纬仪加测距仪或全站仪测设。

（3）角度交会法：是指在地面上通过测设两个或三个已知的角度，根据各角提供的视线交出点的平面位置的一种方法，该法又称为方向线法。

（4）距离交会法：是指在地面测设两段或三段已知水平距离而交出点的平面位置的方法。

4. 道路施工测量

道路施工测量就是利用测量仪器和设备，按照设计图纸中的各项元素依据控制点或路线上的控制桩的位置。将道路的“样子”具体地标定在实地，以指导施工作业。道路施工测量主要包括：恢复路线中线的位置、施工控制桩的测设、路基边桩的放样及竖曲线的测设等内容。

（1）恢复路线中线的位置：从路线勘测结束到开始施工这阶段时间，由于各种原因，往往有一部分勘测时所设的桩被破坏或丢失，为了保证施工的高效率性和准确性，必须在施工前根据定线条件或有关设计文件，对中线进行一次复核并将已被破坏或丢失的交点桩、里程桩等恢复和校正好；另外，对路线水准点除进行必要复核外，在某些情况下，还应增设一定数量的水准点，以满足施工需要。

（2）施工控制桩的测设：因道路施工时，必然将中桩挖掉或掩埋，为了在施工中能够控制中桩的位置，就需要在不被施工破坏、便于利用、引测、易于保存的地方测设施工控制桩。

（3）路基边桩的放样：即在地面上将每一个横断面的设计路基边坡线与地面相交的点，测设出来，并用桩标定，作为路基施工的依据。

（4）竖曲线的测设：在路线纵坡变更处，考虑到行车的视距要求和行车的平稳，在竖曲直面内应用曲线衔接起来，这种曲线称为竖曲线。

5. 道路桥梁施工测量

道路桥涵按其多孔跨径总长或单孔跨径可分为：特大桥、大桥、中桥、小桥、涵洞五种形式，桥涵施工测量的方法及精度要求随跨径和河道及桥涵结构的情况而定。在桥梁建筑施工的准备与实施阶段，需要进行桥梁平面控制测量和高程控制测量，桥墩、桥台的定位和轴线测设等施工测量。

（1）平面控制测量：桥梁平面控制测量的任务是放样桥梁轴线长度和墩台的中心位置。为测量桥位地形，施工放样和变形观测提供具有足够精度的控制点。

（2）高程控制测量：在桥梁施工中，两岸应建立统一、可靠的高程系统，所以应将高程从河一岸传到河的另一岸。

（3）桥墩、桥台定位测量：桥梁墩台中心定位就是根据设计图纸上桥位桩号里程，以控制点为基础，放出墩台中心的位置，是桥梁施工测量中的关键性工作，常用的测设方法有直接丈量法、角度交会法与极坐标法。

涵洞施工测量，涵洞属小型公路构造物，进行涵洞施工测量时，利用路线勘测时建立的控制点就可进行，不需另建施工控制网。

（1）进行涵洞施工测量时要首先放出涵洞的轴线位置，即根据设计图纸上涵洞的里程，放出涵洞轴线与路线中线的交点，并根据涵洞轴线与路线中线的夹角，放出涵洞的轴线方向。

（2）放样直线上的涵洞时，依涵洞的里程，自附近测设的里程桩沿路线方向量出相应的距离，即得涵洞轴线与路线中线的交点。若涵洞位于曲线上，则采用曲线测设的方法定出涵洞与路线中线的交点。

6. 道路隧道施工测量

隧道施工不同于桥梁等其他构造物，它除了造价高、施工难度大以外，在施工测量上，也有许多不同之处。隧道施工测量根据工作地点的不同，可分为地面测量和地下测量两大部分。

（1）地面控制测量：其主要任务是测定洞口控制点的平面位置，并同道路中线联系，以便根据洞口控制点位置，按设计方向对隧道进行掘进。

（2）竖井联系测量：在隧道施工中常用竖井在隧道中间增加掘进工作面，从多向同时掘进，可以缩短贯通段的长度，加快施工进度。为保证隧道的正确贯通，必须将地面控制网中的坐标和高程，通过竖井传递到地下，这些工作称为竖井联系测量。

① 竖井定向：即通过竖井将地面控制点的坐标和直线的方位角传递到地下，井口附近地面上导线点的坐标和边的方位角，将作为地下导线测量的起始数据。

② 高程联系测量（导入高程）：即是把地面的高程系统经竖井传递到井下高程的起始点，导入高程的方法有钢尺导入法、钢丝导入法、测长器导入法及光电测距仪导入法。

（3）地下控制测量：通过竖井联系测量，将地面上建立的平面控制和高程控制传递到地下控制点。然后利用这些地下控制点，建立地下导线和水准点，对洞内的中线方向及水准点的高程进行标定，以便及时修正隧道中线的偏差，控制掘进方向，保证洞内建筑物的精度和隧道施工中多向掘进的贯通精度。

① 地下导线测量：地下导线测量的目的是以必要的精度、按照与地面控制测量统一的坐标系统，建立地下的平面控制系统。根据地下导线点的坐标，就可以标定隧道中线及其衬砌位置，保证贯通等施工。地下导线的起始点通常设在隧道的洞口、平洞口、斜井口。起始点坐标和起始边方位角由地面控制测量或联系测量确定。

② 地下中线测设：根据隧道洞口中线控制桩或已建立的地下控制点和中线方向桩，在隧道开挖面上测设中线，并逐步向洞内引测中线上的里程桩。一般来说，当隧道每掘进 20 m，要埋设一个中线里程桩，中线桩可以埋设在隧道的底部或顶部。

③ 地下水准测量：竖井联系测量将地面高程系统传递到洞内，为建立地下水准测量提供了条件。洞内水准测量，一般每隔 50 m 左右设置一个固定水准点。为控制洞底和洞顶的开挖标高及满足衬砌放样要求，在两个水准点之间，要布设 1 ~ 2 个临时水准点。

④ 腰线的测设：在隧道施工中，为了控制施工的标高和隧道横断面的放样，通常要在隧道的岩壁上，每隔一定的距离（5 ~ 10 m）测设出比洞底设计地坪高出 1 m 的标高线，称为腰线。腰线的高程通过引测入洞内的施工水准点进行测设。

（4）隧道贯通误差测量：在隧道施工中，往往采用两个或两个以上的相同或同向的掘进工作面分段掘进隧道，使其按设计的要求在预定的地点彼此接通，称为隧道贯通。施工中的各项测量工作都可能存在误差，导致贯通产生偏差。

① 纵向贯通误差：贯通误差在隧道中线方向的投影长度称为纵向贯通误差。

② 横向误差：在横向即水平垂直丁中线方向的投影长度称为横向误差。

③ 在高程方向上的投影长度称为高程误差。

④ 纵向误差只对贯通距离有影响，高程误差对坡度有影响，横向误差对隧道质量有影响，通常称为方向为重要方向。不同的工程对贯通误差有不同的要求。

【实训记录表格】

（1）导线测量原始记录表、导线点成果表。

（2）四等水准测量原始记录表、水准点成果表。

（3）方位角及转角原始计算记录。

（4）圆曲线测没计算原始记录表。

（5）直线曲线转角表。

（6）逐桩坐标测设数据原始计算。

（7）逐桩坐标计算表。

（8）中平测量原始记录表。

（9）中桩高程及横断面测量原始数据记录表。

（10）路线平面图。

（11）路线纵断面图。

（12）路线横断面图。

相关表格见表 15-3-1 ~ 表 15-3-4。

表 15-3-1　导线点成果表

导线点编号	X	Y	H	导线点编号	X	Y	H

表 15-3-2 直线、曲线及转角表

交点号	交点桩号	交点坐标		偏角/(° ′ ″)	曲线要素数值（m）									直线控制桩号					直线长度/m及方向/(° ′ ″)			备注
		X	Y		R	A_1	A_2	L_{a1}	L_{a2}	T_1	T_2	L_7	E	ZH	HY (ZY)	QZ	YH (YZ)	HZ	直线长度	交点问题	方位角	
1	2	3	4	5	6	7	8	9	10	11	12	13	14	15	16	17	18	19	20	21	22	23

表 15-3-3　逐桩坐标表

桩号	X	Y	桩号	X	Y	桩号	X	Y

表 15-3-4　中桩高程及横断面测量原始数据记录表

左断面	高程	右断面
	桩号	

项目十六　GPS 作业流程

任务一　准备工作

【实训目的】

（1）了解导 GPS 的准备工作。

（2）掌握 GPS 的基本组成。

【实训工具】

GPS（RTK）基站 1 台、GPS（RTK）移动站 1 台、脚架 2 个、手簿 1 台、对中杆 1 根、GPS（RTK）附件 1 套。

【实训内容】

（1）了解 GPS（RTK）的准备工作。

（2）学习 GPS（RTK）基本组成部分。

【实训流程】

（1）检查和确认：基准站接收机、流动站接收机开关机正常，所有的指示灯都正常工作，电台能正常发射，其面板显示正常，蓝牙连接正常。

（2）充电：确保携带的所有的电池都充满电，包括接收机电池、手簿电池和蓄电池，如果要作业一天的话，至少携带三块以上的接收机电池。

（3）检查携带的配件：出外业之前确保所有所需的仪器和电缆均已携带，如果是电台模式，检查电台发射天线和移动站接收天线、电源线、电台到主机电缆、手簿等齐备。

（4）已知点的选取应注意以下事项：

① 避免已知点的线性分布（主要影响高程）；

② 避免短边控制长边；

③ 作业范围最好保证在已知点连成的图形以内或者和图形的边线垂直距离不要超过 2 km；

④ 如果只要平面坐标选取两到三个已知点进行点校正即可，如果既要平面坐标又要高程，选取 3 或 4 个已知点进行点校正；

⑤ 检查已知点的匹配性即控制点是否是同一等级，匹配性差会直接影响 RTK 测量的精度。

任务二　仪器设置

【实训目的】

（1）了解 GPS 的基本操作。
（2）掌握 GPS 的链接和设置方法。
（3）掌握 GPS 的基本测量方法。

【实训工具】

GPS（RTK）基站 1 台、GPS（RTK）移动站 1 台、脚架 2 个、手簿 1 台、对中杆 1 根、GPS（RTK）附件 1 套。

【实训内容】

（1）掌握 GPS（RTK）的准备工作及基本操作流程。
（2）掌握 GPS（RTK）基站设备的基本设置。
（3）掌握 GPS（RTK）移动站设备的基本使用方法。

【实训流程】

1. 基准站设置

（1）基准站一定要架设在视野比较开阔，周围环境比较空旷的地方，在地势比较高的地方，应避免架在高压输变电设备附近（50 m 以内）、无线电通信设备收发天线旁边（200 m 内）、树荫下及水边，这些都对 GPS 信号的接收及无线电信号的发射产生不同程度的影响。

（2）手簿建立项目：

① 打开手簿，双击点开“GPS 采集程序”，进入测量程序，点项目菜单，进入项目信息界面（见图 16-2-1）。

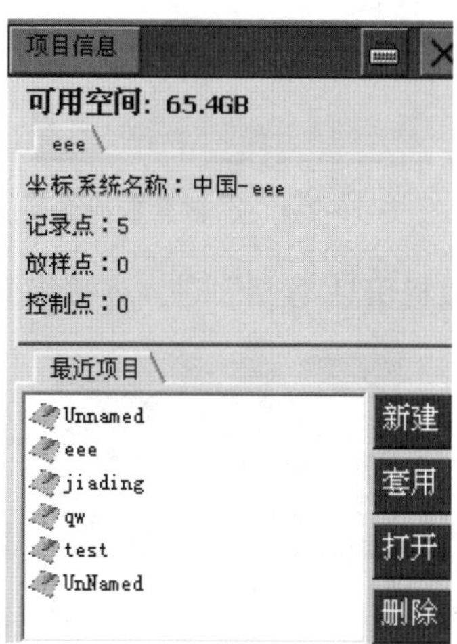

图 16-2-1　项目信息界面

② 点“新建”，输入要新建的项目名称后确认。然后点项目“信息-坐标系统”(见图 16-2-2)。

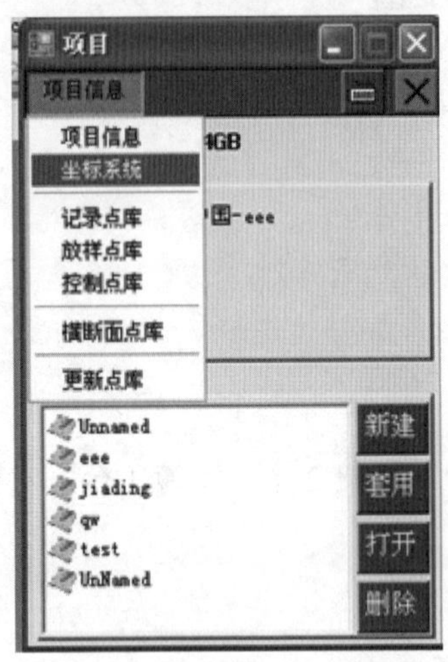

图 16-2-2 坐标系统界面

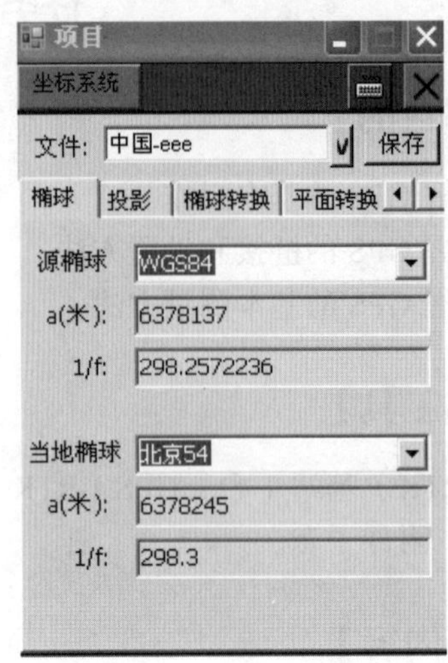

图 16-2-3 坐标设置界面

③ 进入坐标系设置，选择 WGS84 为源椭球，当地椭球为学生使用的投影椭球，如北京 54 等（见图 16-2-3），然后点“投影”（见图 16-2-4）修改成正确的投影参数，这里主要是设置中央子午线，然后保存设置，连接基准站。进行基准站设置。

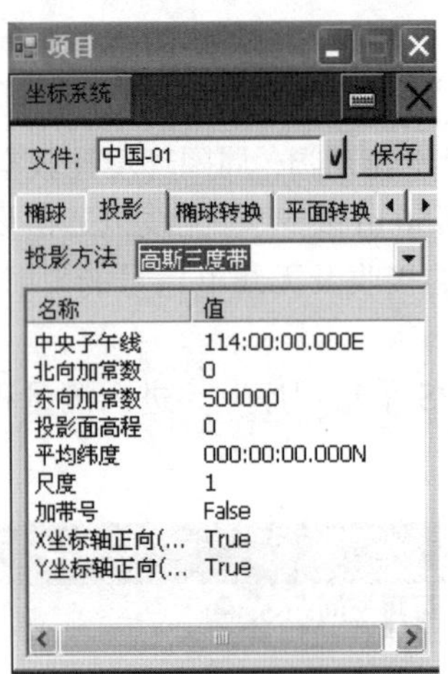

图 16-2-4 投影参数界面

④ 点“GPS”，然后点“接收机信息-连接”进入连接界面（见图 16-2-5）

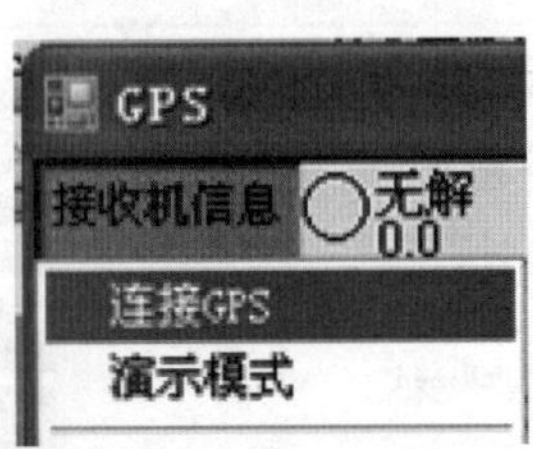

图 16-2-5 连接 GPS 界面

⑤ 选择正确的手簿型号、蓝牙和接收机类型（见图 16-2-6），点“连接”。进入连接界面，如果菜单中没有机身编号，则搜索接收机（见图 16-2-7），搜索到后点“停止”，选中你要连接的接收机，点“连接”。连接成功会显示接收机号码。

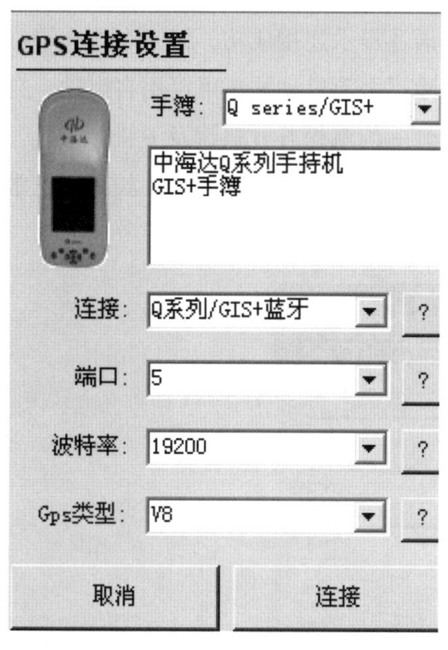

图 16-2-6　连接设置界面

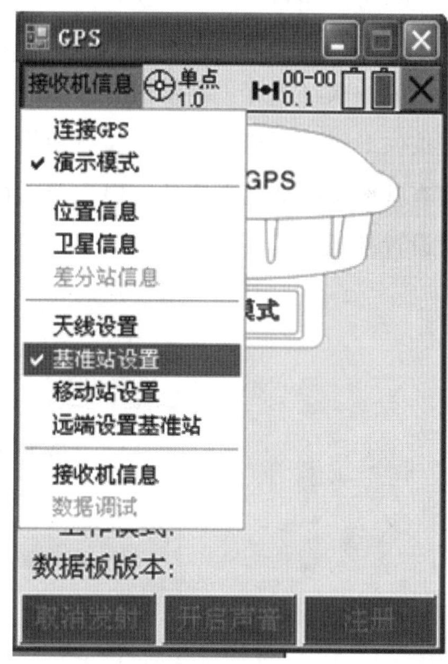

图 16-2-7　接收机信息界面

⑥ 点击“接收机信息—基准站设置”进入基准站设置界面（见图 16-2-8），输入天线高，点“平滑”进行平滑采集（见图 16-2-9），注意后面的中误差务必保持在较小的范围内，一般平面在 2 cm 内，高程在 3 cm 内。

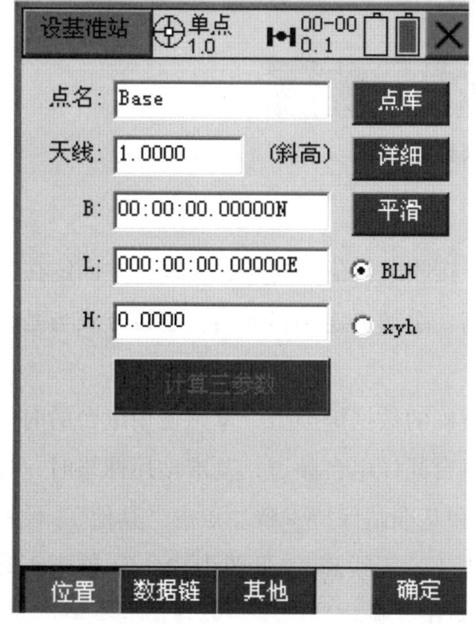

图 16-2-8　基准站设置界面

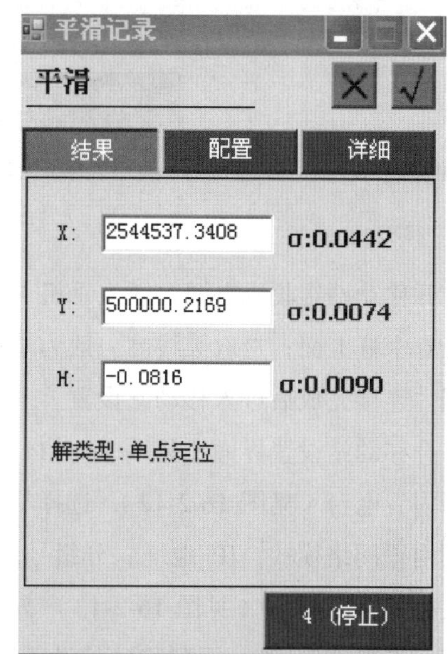

图 16-2-9　平滑采集界面

⑦ 点击右上角的“确认”，回到基准站设置界面，点下方“数据链”（见图 16-2-10），根据你使用的工作方式选择相应的数据链，然后点“其他”设置电文格式 RTCM3.0 或者 CMR 差分模式 RTK。截止角输入“10”，点“确定”然后再进入 GPS 接收机设置，断开与基准站的连接，这时候电台收发灯一秒一闪（电台模式）或者基准站语音提示连接成功，第三个灯在绿灯的基础上一秒闪一次红黄灯（网络模式），此时为正常。（除了手簿启动外还可以用自启动，自启动方法先按住 F 键不要松开，然后按开机键开机，三个灯一闪就松开开机键及 F 键。）

检查基准站启动是否成功：电台显示面板上的收发灯均匀的每秒闪一次；如果不正常重新用手簿设置基准站即可。

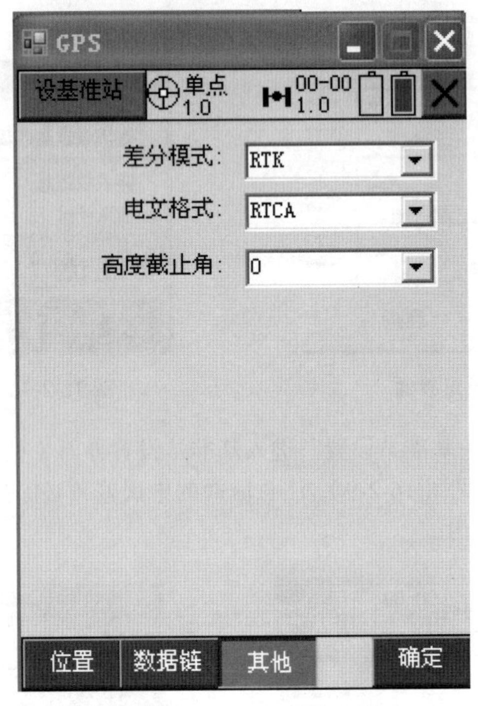

图 16-2-10 电文格式界面

2. 移动站设置

打开移动站接收机电源，插入手机卡或者接上接收电台信号的接收天线，并固定在 2 m 高的碳纤对中杆上面；量取天线高一般为 2.065 斜高。手簿再连接移动站，连接方式与基准站连接相同。连接完成后进入移动站设置。

打开移动站设置界面（见图 16-2-11），选择正确的数据链类型，基站使用电台的时候移动站选择内置电台（见图 16-2-12），选择与基准站电台同样电台频道，基准站用网络时，移动站也使用内置网络模式，IP 地址、分组号、小组号和基准站保持一致。点击“其他”，设置正确的电文格式 RTCM3.0（见图 16-2-13）或 CMR；点击“天线高”（见图 16-2-14）输入正确的天线高度；点击“应用”，回到移动站设置界面，再点击“确定”。

图 16-2-11　移动站设置界面

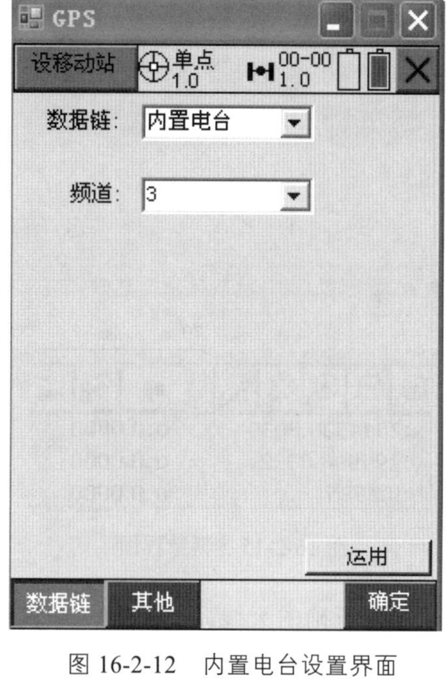

图 16-2-12　内置电台设置界面

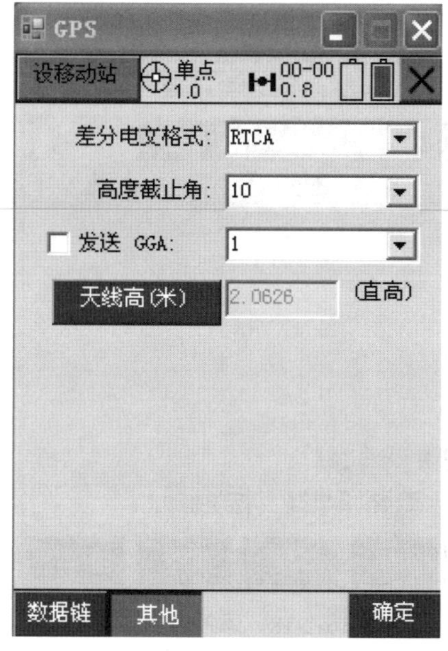

图 16-2-13　电文格式选择界面

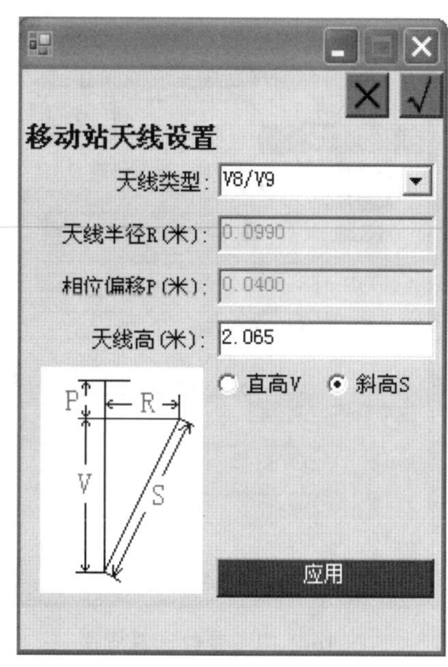

图 16-2-14　天线高输入界面

3. 控制点采集与参数转换

（1）进入测量：点击进入测量界面（见图 16-2-15），左上部显示固定，右下显示中误差在允许范围之内就可以进行采集，点击回车键进行控制点采集（见图 16-2-16）。

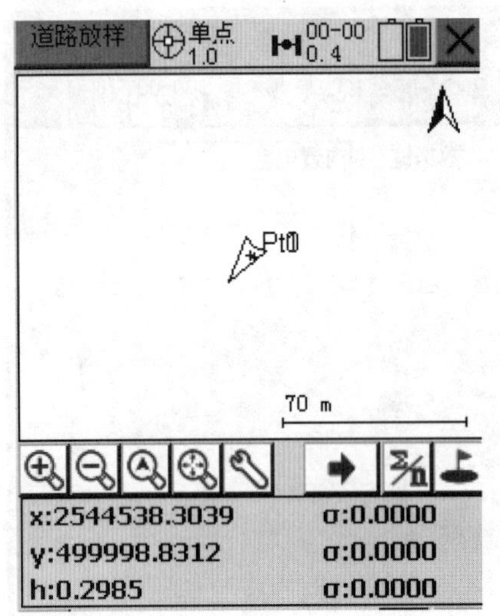

图 16-2-15 测量界面

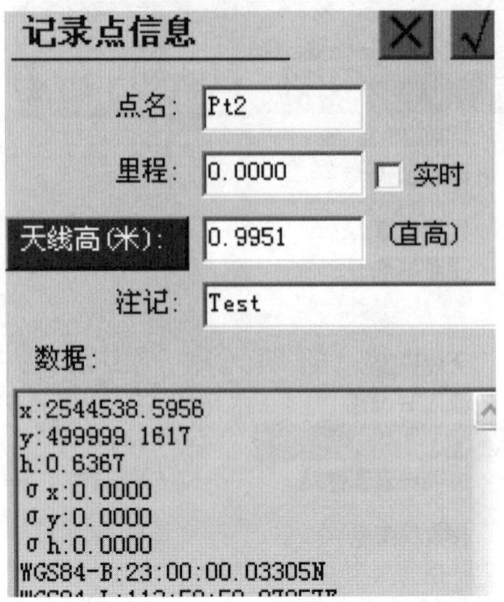

图 16-2-16 点采集界面

（2）输入正确的天线高，保存。采集足够的控制点后进入参数界面，点击“参数计算”（见图 16-2-17）。

（3）点击左下角“添加”进入控制点设置界面（见图 16-2-18）。

图 16-2-17 参数计算界面

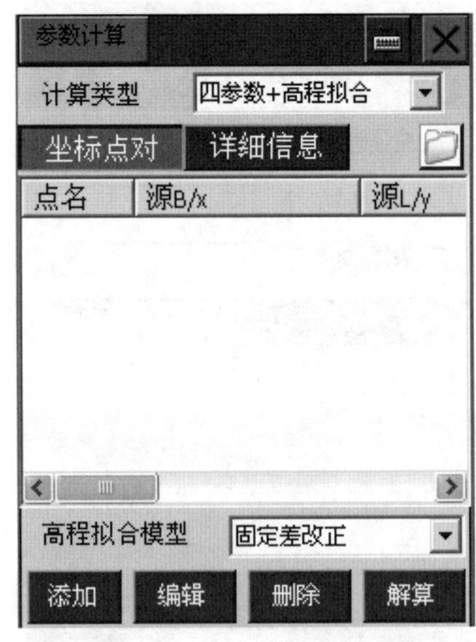

图 16-2-18 添加控制点界面

（4）源点（见图 16-2-19）可以调用刚才采集过的控制点的碎步点坐标也可以在控制点上点击“采集”按键，在下面目标输入该点已知坐标，点保存。如此操作采集足够的控制点以后就可以进行参数解算（见图 16-2-20）。点击“解算”得出参数结果，这时候看缩放，一般数值非常接近 1，精度就比较好（见图 16-2-21）。

图 16-2-19　源点采集界面

图 16-2-20　采集已知点界面

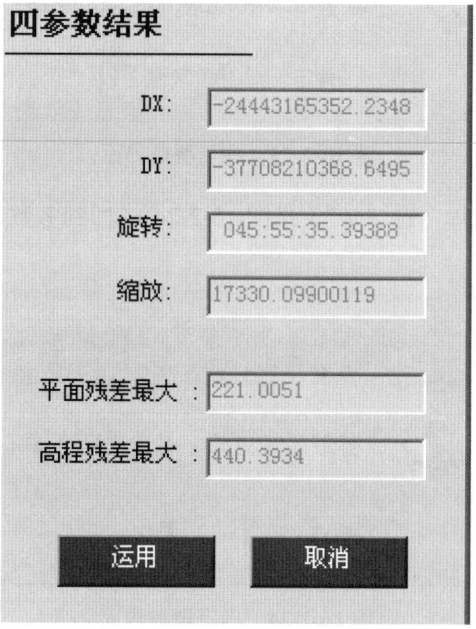

图 16-2-21　运算参数界面

（5）点运用，进入到坐标系统界面点“保存”，提示覆盖点确定（见图 16-2-22、图 16-2-23）。

图 16-2-22　坐标系统保存界面

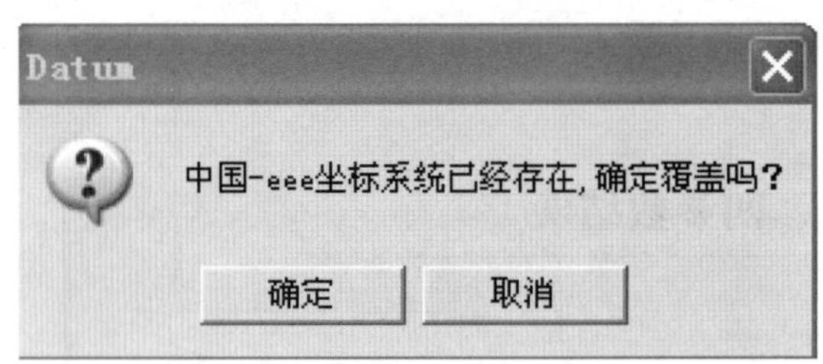

图 16-2-23　提示覆盖界面

（6）提示“是否更行点库”选“是”（见图 16-2-24）。回到参数计算界面，并退出。参数结算完毕。

图 16-2-24　确定覆盖界面

（7）到“项目菜单”，点击“菜单-选中更新点库”（见图 16-2-25）。提示“是否更新”选择“是”，提示“更新完成”点“确定”。这一步是进行参数计算完成后更新之前采集的碎步点坐标。

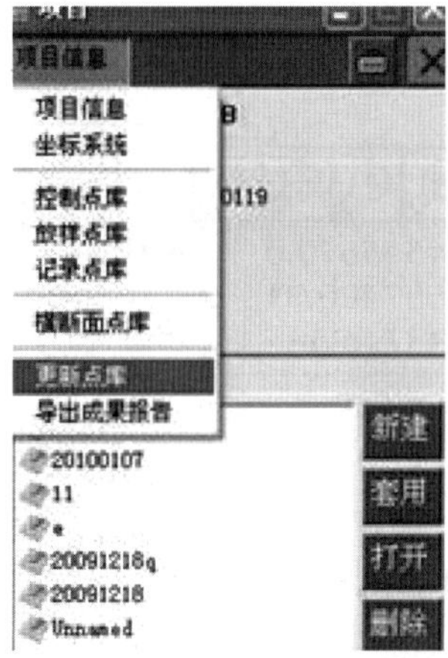

图 16-2-25　更新点库界面

4. 点放样与线放样

（1）点放样。

① 进入测量界面，在左上角菜单中选择点放样（见图 16-2-26）。

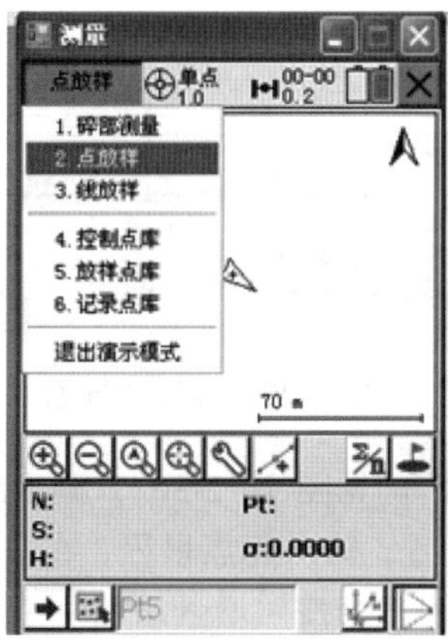

图 16-2-26　点放样界面

② 进入点放样，点击左下角“箭头”，进入放样点设置界面，输入该点坐标（见图 16-2-27）然后确认。

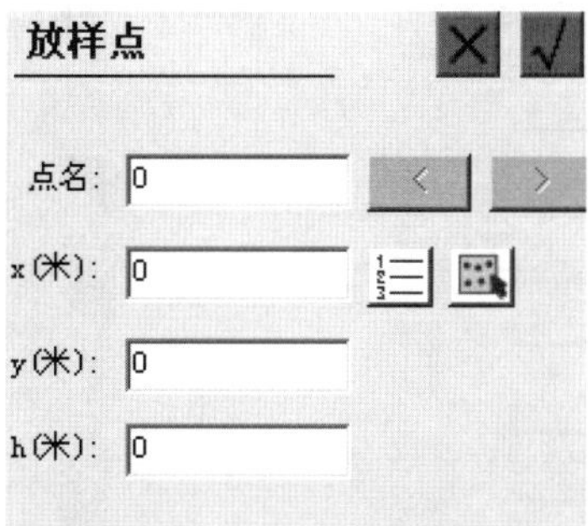

图 16-2-27　输入坐标

③ 根据下方提示放样点的位置进行放样。同样操作下一点放样（见图 16-2-28）。

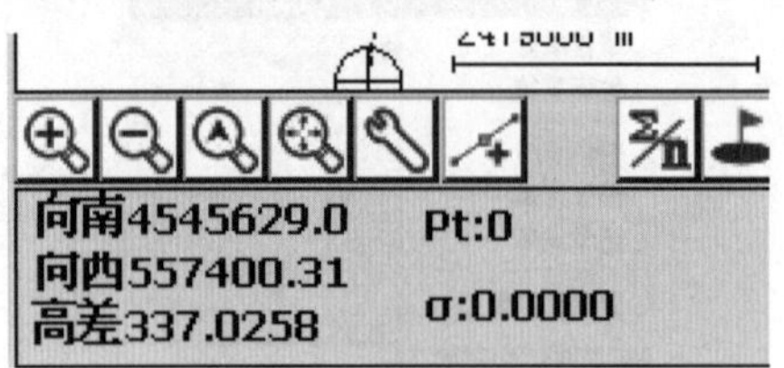

图 16-2-28　放样方向界面

（2）线放样（以直线为例）。

① 点击左上角菜单进入线放样，选择左下角按钮进入线设置选择直线（见图 16-2-29）。

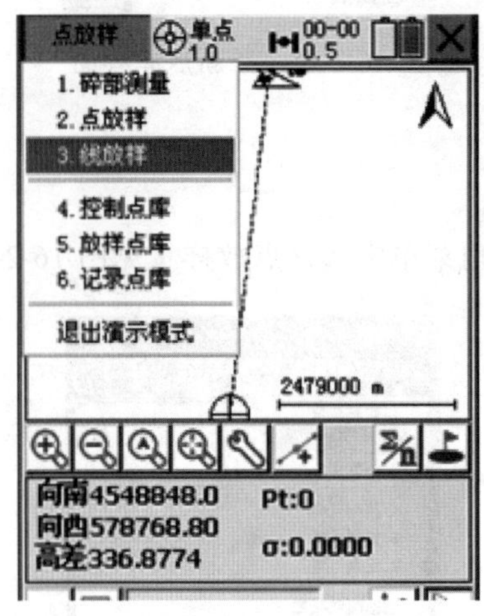

图 16-2-29　线设置界面

② 输入起始点或者点击“序号”（见图 16-2-30），调入线段的两个端点然后确认。回到线放样界面点“箭头”，进入采样点设置，输入起点里程，在“启用”前打钩，然后确认。开始逐点放样，每点一次“箭头”按钮里程就会按照增量增加一个数值（见图 16-2-31），进行放样。如此放样或者测量，直到外业完成。

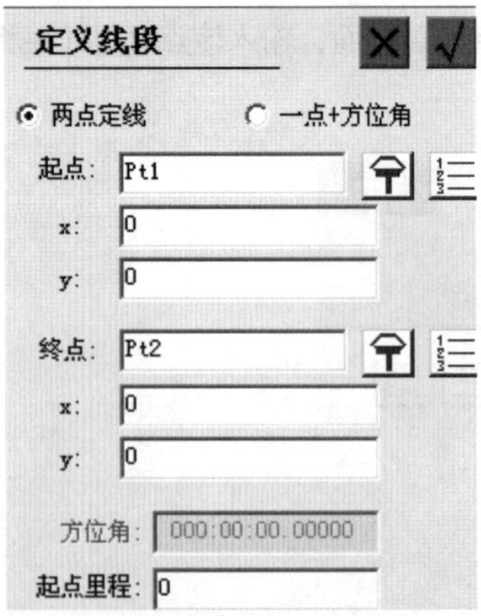

图 16-2-30　输入或选择坐标界面

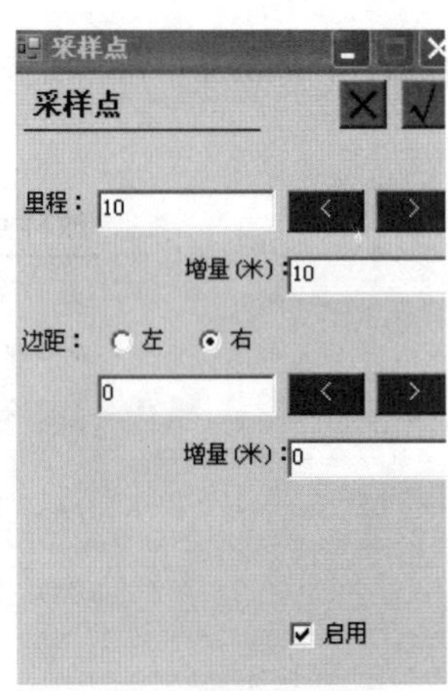

图 16-2-31　里程设置界面

第五篇　实体比例建筑教学模型展示

项目十七　建筑模型总体展示

任务一　建筑模型包含的知识点

【实训目的】

了解建筑模型包含的知识点，掌握其分类及定义。

【实训内容】

一、建筑模型包含的知识点

我国目前施工和发展的建筑中，低层和多层一般以砖混结构为主，多层和小高层以框架结构为主，而高层以上的建筑则一般采用剪力墙和框架混合的结构，工业厂房等大跨度的结构常采用钢结构。在这些建筑的施工中，都会因为一些一线工人和施工管理人员的职业素养较差，导致质量和安全事故的发生。

建设工程质量问题通常分三类：工程质量缺陷、工程质量通病与工程质量事故。工程质量事故按损失程度又可分三类（详见表 17-1-1）。通过对各类分部分项工程质量事故的研究发现，不少从业人员对引起质量事故的原因和正确的操作方法理解不透，甚至不知道各类材料的基本性能。

表 17-1-1　工程质量事故按损失程度分类

序号	工程质量事故分类	具体定义
1	一般质量事故	直接经济损失 5 000 元以上但不满 5 万元的；影响使用功能和工程结构安全，造成质量缺陷的
2	严重质量事故	直接经济损失 5 万以上但不满 10 万的；2 人重伤以下的
3	重大质量事故	工程倒塌报废；人员死亡或重伤 3 人以上；直接经济损失 10 万元以上的

根据建筑结构类型的发展，我国目前常见的结构类型有：砖混结构、框架结构、剪力墙结构、钢结构等四种。每一种结构类型按土建施工过程又可分为地基基础工程、主体工程、屋面工程及装饰工程等四个主要的分部工程。因此根据目前建筑行业常用建筑知识体系，以建筑结构类型为纵轴，以分部分项工程为横轴，绘制成建筑模型所包含知识点的表格，如表 17-1-2。

表 17-1-2　建筑模型展示内容

分部分项工程	结构类型			
	砖混结构	框架结构	剪力墙结构	钢结构
基础工程	毛石基础、砖大放脚基础、防潮层	独立基础、有梁条基、无梁条基、柱下十字交叉基础、	箱形基础、筏板基础、桩基础、	型钢与钢筋混凝土基础连接

续表

分部分项工程	结构类型			
	砖混结构	框架结构	剪力墙结构	钢结构
主体工程	砖墙组砌、构造柱、圈梁、脚手架	板、梁、柱、楼梯、悬臂构件、外墙保温构造	剪力墙、剪力墙柱、	重钢厂房、轻钢厂房、轻钢住宅、墙板铺挂
屋面工程	木结构坡屋面、钢筋混凝土坡屋面	女儿墙、平屋面构造、檐沟、烟囱等构造		彩钢瓦屋面、夹心保温板屋面
装饰工程	木门窗、清水墙、内外墙保温、木吊顶	铝合金门窗、小规格面砖、大规格面砖、涂料、装饰抹灰	金属吊顶、整体类地面、块料地面	钢门窗、塑钢门窗
基坑支护	土钉墙、地下连续墙、人工挖孔灌注桩、打入桩、井点降水、土层锚杆、钢板桩、土体自然坡度			

以表 17-1-2 的内容为提纲，再将每个分部分项工程的内容，包括设计图纸、施工方案、常见质量事故、工程标准化施工样板等内容通过有机的设计在建筑模型中展示出来。

任务二　建筑模型结构展示

【实训目的】

了解筏板基础的基本内容，学会不同主体结构之间的连接。

【实训工具】

建筑模型，建筑图片、视频，实训记录表。

【实训内容】

一、建筑模型基础结构

等比例建筑结构模型是完全模拟工程实际现场建成的，将平时深埋在地下的地基和基础全部暴露出来，将基础的垫层标高设置在室外自然地面以下。因此，该模型的基础全位于土层下面，模型建设在一个整体的筏板基础上，然后在筏板基础上再建设各种类型的建筑基础。四周采用高至室外自然地面的剪力墙以防止地下水渗漏，室内外高差处的斜坡则刚好可进行各类基坑支护结构的展示。筏板基础结构如图 17-2-1。

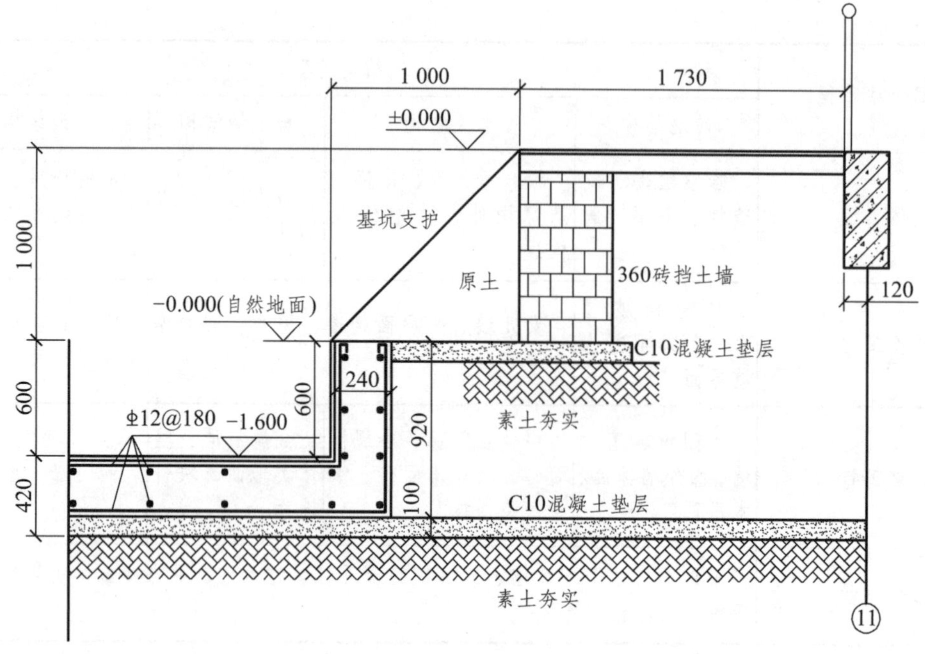

图 17-2-1 筏板基础剖面图

从图 17-2-1 中可以看出，模型基础用整块板做成筏板基础，板厚为 300 mm，用双向双层Φ12@180 配筋，下部用 100 mm 厚的 C10 混凝土垫层，上部用 20 mm 厚的 1∶2 水泥砂浆找平，四周用底板钢筋顺上 600 mm 至室外自然地面处做一道防水剪力墙，厚 240 mm，便于上部局部做 240 mm 砖墙用。– 1.000 m 以上至正负零处设置基坑支护构造，四周的走廊处用 360 mm 砖墙做挡土墙。筏板基础实物图如图 17-2-2。

图 17-2-2 筏板基础实物图

二、建筑结构之间的连接问题

建筑模型主体包含了砖混结构、框架结构、剪力墙结构和钢结构（如图 17-2-3），四种不同的结构的受力情况不同，力的传递方式也是不同的，为了提供更多的内部使用空间，将四种不同类型的结构连成一个整体，将它们四种结构类型合在一个模型中。为此，需要解决不同结构之间的连接问题。

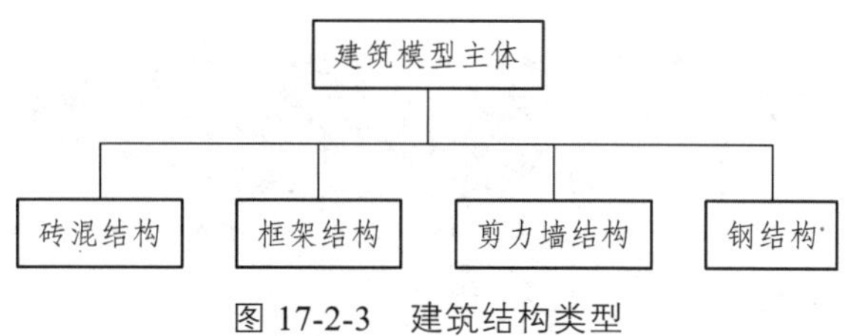

图 17-2-3　建筑结构类型

（1）框架结构与砖混结构的连接问题。

砖混结构采用砖大放脚和毛石两种常见的基础，在正负零处做一道地圈梁以加强整体的刚度。承重采用 240 mm 承重墙承重，并在墙的两端和中间均设置构造柱，共计三个。此三个构造柱采用 250 mm × 250 mm 的截面，内部钢筋配置采用 4ϕ16，如此，此构造柱虽名为构造柱，外形上也按构造柱的要求施工，但实际上由于截面的加大及配筋的加大，其已经完全能起到承重的作用。通过在每个构造柱下设置独立基础，再用地梁和联系梁与框架结构的柱子相互连在一起，如此一来，砖混结构虽仍为承重墙承重，但由于构造柱间距小，柱子刚度较大，从而成为两种构造相互连接的纽带。由于砖混结构需要展示砖柱承重的情况，故而在模型中设计了一个 370 mm × 370 mm 的砖柱承重，此砖柱在施工时柱的外围采用砖砌筑，但在此砖柱的内部则采用钢筋混凝土柱来承重，即为砖包裹的钢筋混凝土柱，只不过外围的砖采用 370 mm × 370 mm 砖柱的组砌方法，而此柱的下部基础仍然采用钢筋混凝土独立基础，如图 17-2-4。

（2）框架结构与剪力墙结构的连接问题。

框架结构与剪力墙结构两者同属于钢筋混凝土结构，材料性能相同，但力学性能相差较大，框架结构的水平抗震能力相对较小，而剪力墙的有机设置对建筑抗震能力的提高有极大的帮助。另外，剪力墙的两端往往需要设置约束或构造端柱以加强剪力墙的整体刚度，故而通过联系梁将剪力墙端柱与框架结构的独立柱相互拉结成整体，如图 17-2-5。

图 17-2-4　框架结构与砖混结构

图 17-2-5　框架结构与剪力墙结构

（3）剪力墙与钢结构的连接问题。

剪力墙结构需要展示剪力墙内部钢筋构造，形成了以框架结构为主、局部小型剪力墙为辅的承重结构，而钢结构与剪力墙的连接可采用预埋钢板焊接或螺栓连接两种方式，为了将尽可能多的构造节点在模型中展出，钢柱与剪力墙柱之间采用预埋钢板焊接连接，钢结构装配整体式板下的钢檩与剪力墙之间采用螺栓连接。钢结构与剪力墙结构之间没有设置沉降缝，但通过焊接和螺栓的连接达到了刚性连接的要求，足以承受相应的荷载，如图 17-2-6。

图 17-2-6　剪力墙与钢结构

【实训记录】

参观时间：　　年　　月　　日　　　　　　　　　　参观地点：

参观内容记录：

任务三　建筑模型节点展示

【实训目的】

掌握建筑施工构造图及施工工艺流程。

【实训工具】

建筑模型，建筑图片、视频，实训记录表。

【实训内容】

建筑工程技术的重点内容就是各项建筑的施工工艺及施工工艺流程中的各个施工要点。因此，施工工艺流程的展示及相关施工细节的展示至关重要。

一个完整的施工工艺流程从识读图纸开始，一直到质量验收完成结束，此过程中包含的知识有：建筑施工图识读、建筑材料性状、建筑施工机械、建筑施工工序及操作要点、建筑施工质量控制和验收、建筑施工安全控制、建筑资料整理等，如图 17-3-1 所示。

这些组成中涉及实体建筑的部分是材料、机械、工序操作、质量情况，故而在展示中以这部分内容为主，按工艺流程以层层展开的模式进行展示。

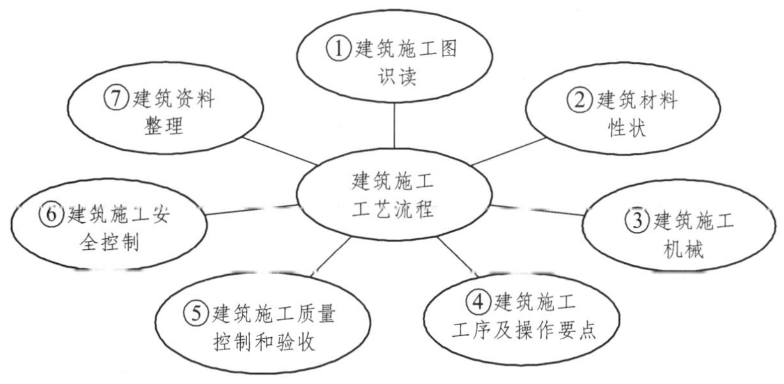

图 17-3-1　建筑施工工艺流程示意图

如女儿墙泛水节点构造施工（如图 17-3-2），此图屋面板混凝土浇筑完毕后，将女儿墙泛水施工工艺流程进行了全面的展示，从中可看到此施工过程中所用的材料、构造层次节点处理等。

其构造要点及做法为：

（1）将屋面的卷材继续铺至垂直墙面上，形成卷材防水，泛水高度不小于 250 mm。

（2）在屋面与垂直女儿墙面的交接缝处，砂浆找平层应抹成圆弧形或 45°斜面，上刷卷材胶粘剂，使卷材胶粘密实，避免卷材架空或折断，并加铺一层卷材。

（3）做好泛水上口的卷材收头固定，防止卷材在垂直墙面上下滑。一般做法是：在垂直墙中凿出通长的凹槽，将卷材收头压入凹槽内，用防水压条钉压后再用密封材料嵌填封严，外抹水泥砂浆保护。凹槽上部的墙体亦应做防水处理。同时利用质量检验工具检测施工质量，并填写相应的施工资料。

图 17-3-2　女儿墙泛水节点构造图

【实训记录】

参观时间：　　年　　月　　日　　　　　　　　　　参观地点：

参观内容记录：

项目十八　建筑模型基础工程展示

所有的建筑物均需要建造基础，而在基础开挖后由于土边坡容易下滑引起塌方等工程事故，故而对土质不好开挖深度大的基坑应做好基坑支护。建筑的基础和支护构造因为均在施工完成后被回填土填埋，平时基本上是无法看到的，因此需将其进行展出。

任务一　土钉墙支护展示

【实训目的】

掌握土钉墙的设计原理、施工流程、质量检测方法。

【实训工具】

建筑模型，建筑图片、视频，实训记录表。

【实训内容】

一、土钉墙的设计原则

土钉墙是天然土体通过土钉就地加固并与喷射混凝土面板相结合，形成一个类似重力挡墙的结构，以此来抵抗墙后的土压力，从而保持开挖面的稳定，这个土挡墙称为土钉墙。土钉墙是通过钻孔、插筋、注浆来设置的，一般用砂浆锚杆，也可以直接打入角钢、粗钢筋形成上钉，如图 18-1-1。

图 18-1-1　土钉墙支护展示

从上图可以看到，左侧是基坑土壁的原样，中间为先喷一层混凝土后再绑扎钢筋网，右侧为土钉墙的成品，同时外露了土钉墙所有的配筋情况。

二、土钉墙施工工艺流程

土钉墙的施工工艺流程大致分为 8 步，详见图 18-1-2。

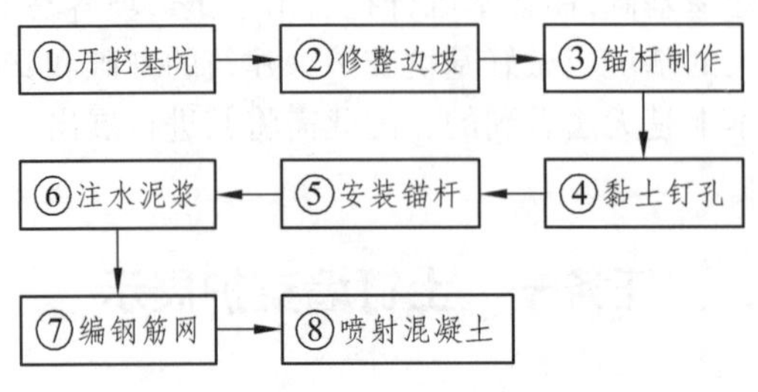

图 18-1-2　土钉墙施工工艺流程

三、土钉墙构造组成展示点

土钉墙支护构造：一般由土钉、面层、排水系统组成。

（1）土钉工程中常可以看到两种不同的做法：一种是采用直径较粗的二级钢筋，如图 18-1-3 中的右侧所示；另一种是采用钢管做土钉，如图 18-1-4 中左上角所示，土钉一般采用注浆锚固。

图 18-1-3　钢筋土钉墙

（2）面层一般由钢筋网片、土钉两侧的加强钢筋及混凝土组成。

（3）排水系统的做法一般是在墙的上部设置截水沟，在下部设置排水沟，在墙身上设置泄水孔。

图 18-1-4　钢管土钉墙

四、土钉墙常见施工质量问题的检测及控制操作实践

（1）钢筋规格、间距、构造等施工质量检测。

通过目测及相关工具检测所用的钢筋规格、间距是否符合图纸要求，钢筋的上下关系是否符合构造要求。

如在土钉墙施工中，土钉上下应设置加强钢筋，但在实际施工中却经常会只放置一根，钢筋的规格也不够粗，同时，在构造上要求加强钢筋与土钉墙应该相互焊接，但实际上经常发现只采用绑扎连接。

再如钢筋网片的钢筋上下关系在施工中也经常会出现错误，正确的设置方法是竖向钢筋在上，水平钢筋在下，因为土壁向下滑塌的时候土的主动土压力随着土深的加深而加大，因此竖向钢筋是主要受力钢筋，而水平钢筋是分布钢筋，钢筋网片将土的主动土压力传给连接土钉之间的加强钢筋，加强钢筋再将荷载传给土钉，土钉再传到滑裂面下侧的稳定土层，土钉、加强钢筋、钢筋网片就形成了相当于柱梁板的传力体系，因此，相关钢筋的位置就决定了传力是否能稳定可靠。

（2）土钉抗拔能力检测。

土钉的抗拔能力决定着土钉墙是否有足够的强度承受土壁的主动土压力，因此，土钉注浆并养护完成后须进行土钉抗拔能力测定，通过测定的结果可以校正相关的施工参数，如土钉的规格、土钉打入的深度、注浆的配比、注浆的压力等参数。因此，在此土钉墙展示区可以通过仪器对土钉墙的土钉进行抗拔检测来确认是否能达到相应的抗拔能力。

（3）混凝土喷浆的强度。

土钉墙面层的混凝土的强度对土钉墙的整体性及是否能挡住土壁的坍塌起到重要作用，为此，在此模型展区可以采用回弹仪来检测土钉墙面层混凝土的强度。同时，由于喷浆之时操作姿势不正确，喷浆的压力不充足，喷浆的距离过近或过远，均可引起面层混凝土发生流淌或厚薄不均等现象。

（4）泄水孔设置问题。

由于土壁内部会有地下水不断的渗漏到土钉墙的内侧，因此，在土钉墙上应有机的设置泄水孔，将渗透过来的地下水及时排除出来。为了能使水顺利地从泄水孔里排出，先将PVC管的尾部钻出一些小孔，并用细铁丝网将其包住，然后在埋设泄水管的时候用砂子将管包围以利水渗入管子内后排出，最后用扎丝将泄水管固定在钢筋网上。在工程中，可以发现不设泄水管问题，但最多的还是泄水管埋设的不规范，如没有在外面包裹铁丝网，用砂子将其埋设的就更少了，由此而引起内部的水不能被很好地导出，严重的时候甚至会引起土壁因积水而使土的内摩擦系数减少导致基坑坍塌，从而引发严重的质量与安全事故。

【实训记录】

参观时间：　　年　　月　　日　　　　　　　　　　参观地点：

参观内容记录：

任务二　地下连续墙支护展示

【实训目的】

掌握地下连续墙概念、施工流程、节点构造及质量检测方法。

【实训工具】

建筑模型，建筑图片、视频，实训记录表。

【实训内容】

一、地下连续墙的概念

地下连续墙是高层建筑物基础开挖时常采用的基坑支护形式，它是用特制的挖槽机械，在泥浆护壁下开挖一个单元槽段的沟槽，清底后放入钢筋笼，用导管浇筑混凝土至设计标高。单元槽施工完毕，各单元槽段间由特制的接头连接，形成连续的钢筋混凝土墙体。

地下连续墙可用作支护结构，既可挡土又可挡水，同时也可兼用作建筑物的承重结构。

地下连续墙结构复杂，构造如图 18-2-1 所示。

图 18-2-1　地下连续墙展示

二、地下连续墙施工工艺流程

地下连续墙施工工艺流程大致分为 7 步，详见图 18-2-2。

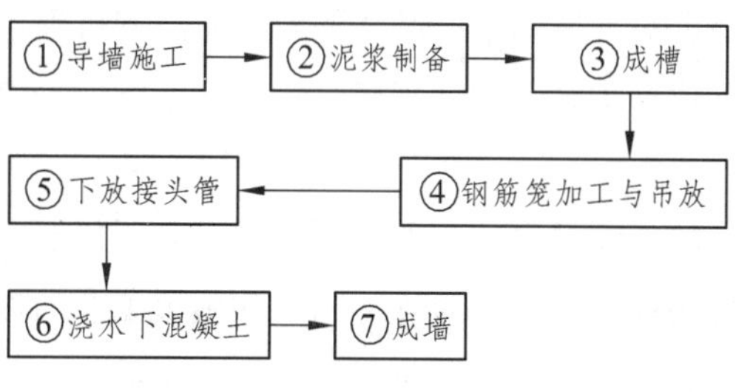

图 18-2-2　地下连续墙施工工艺

三、地下连续墙构造组成展示点

地下连续墙的基本构造主要由导墙、钢筋笼、接头管、水下混凝土组成。

从图 18-2-3 中可以较明显看出导墙及钢筋笼两部分的组成。

导墙构造分析（从图 18-2-3 的左侧开始看起）：

（1）首先是导墙的钢筋网布置情况，然后是导墙成品情况。

（2）钢筋笼是个重点展示的部位，从图 18-2-3 中可以看到钢筋笼的两侧造型独特，两边突起，中间凹进，这是为了放置两段地下连续墙之间的接头管。

（3）接头管为圆形，故而需将钢筋笼的端部弯制成此种形状，再则，钢筋笼的两侧和中间应按设计要求用粗钢筋或型钢焊接成桁架结构。

（4）再将地下连续墙的两边钢筋网片焊接到桁架结构上，这主要是因为钢筋笼尺寸过于巨大，仅靠钢筋网片本身的刚度不足以承受钢筋笼自身的重量，在起吊的过程中会发生严重的变形而导致施工质量问题。

因此，须在两片钢筋网片之间设置刚度大的桁架结构才能承受钢筋笼起吊时自重引起的变形。

图 18-2-3　SMW 连续墙

四、地下连续墙部分施工质量现场检验操作

1. 导墙施工质量现场检验

（1）利用相应的仪器可以对导墙的钢筋网片的施工质量进行现场检验以加强感性的认识，如对钢筋网片中钢筋的上下位置关系、钢筋规格、钢筋间距、保护层厚度、保证措施等进行观察和测量；

（2）除对导墙总体尺寸的长宽及厚度等的检测，还可采用仪器对导墙的混凝土质量进行检测。通过以上的施工质量现场检验来加深对导墙图纸和施工工艺的理解。

2. 钢筋笼施工质量现场检验

（1）钢筋工程是隐蔽工程，需填写相应的隐蔽工程验收记录表，因此，学员通过现场和图纸进行对照，利用仪器检测钢筋笼的钢筋布置情况后能相对迅速地掌握地下连续墙钢筋笼的构造特点；

（2）为了确保钢筋下放后有足够的保护层厚度，可采用外挂水泥浆块、外立钢管、外焊钢筋环等多种方法。

【实训记录】

参观时间：　　年　　月　　日　　　　　　　　　　参观地点：

参观内容记录：

任务三　人工挖孔桩展示

【实训目的】

掌握人工挖孔桩的概念、施工流程、安全防护及质量检测方法。

【实训工具】

建筑模型，建筑图片、视频，实训记录表。

【实训内容】

一、人工挖孔桩概念及特点

人工挖孔灌注桩是指桩孔采用人工挖掘方法进行成孔，然后安放钢筋笼，浇注混凝土而成的桩，如图 18-3-1 和图 18-3-2。人工挖孔桩一般直径较粗，最细的也在 800 mm 以上，能够承载楼层较少且压力较大的结构主体，应用比较普遍。

图 18-3-1　人工挖孔桩

图 18-3-2　人工挖孔桩

人工挖孔桩特点见表 18-3-1：

表 18-3-1　人工挖孔桩特点

施工方法	优点	缺点
人工挖土	单桩承载能力高，结构传力强，沉降量小	人工开挖，工人劳动强度大，安全性较差
扩底	在施工时桩质量可靠，施工机具简单，占场地小，无振动、无噪声、不需要泥浆池，施工环境好	在有流砂、地下水位过高、涌水量大的地带及淤泥质土的地方不宜采用人工挖孔施工方法
浇筑混凝土成桩	多孔开挖，施工速度快，能节约工期，施工面大，可同时投入大量的人力物力施工，效率高等	人工挖孔桩只在一些地质情况较好的地区得到了大量的应用

二、人工挖孔桩施工工艺流程

人工挖孔桩施工工艺流程大致分为 10 个步骤，详见图 18-3-3。

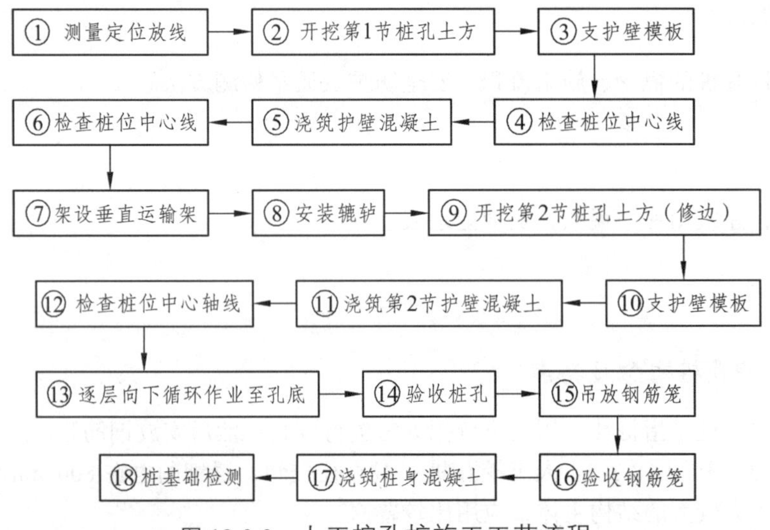

图 18-3-3　人工挖孔桩施工工艺流程

三、人工挖孔桩构造组成及主要施工机具

人工挖孔桩的构造主要由护壁、钢筋笼、混凝土组成，如图 18-3-4。施工机具主要是辘轳及挖土工具，如图 18-3-5。

图 18-3-4　人工挖孔桩构造组成

图 18-3-5　人工挖孔桩构造组成

四、人工挖孔桩安全注意事项

人工挖孔桩虽然施工工艺简单，但在施工时存在着较大的安全隐患，而施工安全也是学习的重点部分，安全注意事项如下：

（1）孔口安全防护：孔口安全主要考虑是否有物体从孔口丢落后打到下面的施工工人，为此，主要从两方面进行安全防护，其一是孔口须比施工场地高出 150 ~ 200 mm，其二是要采用孔口遮挡的专用工具，避免工人在将挖土提出的时候不慎将土石块掉落而打到下面的施工工人，此处同时也要求下面挖土的工人不宜将土桶装得过满。同时，在不施工的时候，对孔口应设安全挡板或安全保护网以防人、物掉入孔内。

（2）孔壁安全防护：孔壁安全的威胁主要来自孔壁土体的坍塌，而土质或地下水位过高过多又是引起土体坍塌的主要原因，因此，对孔壁采用护壁非常重要，护壁按形式不同有混凝土护壁、钢套管护壁、沉井护壁等，本展示采用混凝土护壁，并将护壁的施工过程展示清楚。同时由于地下水的影响较大，故而遇到流砂等土质情况很差的时候应采取特殊措施保证安全，可通过降低每一节的施工高度，做好护壁后再行下挖。

（3）孔底安全防护：孔底极可能发生流砂或管涌等现象，也可能出现各种异常情况，因此，须采用及时抽排水措施确保施工时孔底无水。同时，在孔底扩孔的时候易使土方发生坍塌，故而在施工时应采取相应的支护措施。

（4）通风采光安全：随着孔深的增加，孔底的采光不良，故而应考虑人工采光并应有防止漏电的措施；再则，由于地下可能出现沼气、一氧化碳等有毒气体危害工人的身体健康，故而开工前应检测井下的有毒有害气体，当桩孔开挖深度超过 10 m 时，要有专门向井下送风的设备。

五、人工挖孔桩施工质量现场检测

人工挖孔桩施工过程中往往由于施工工人职业素养较差而造成的各种质量问题，本模型可以对施工现场做以下质量检测：

（1）桩孔的平面位置、垂直度、孔深等检查：通过对人工挖孔进行量测可以检查孔的尺寸，如桩孔中心线的平面位置偏差不宜超过 20 mm，桩的垂直度偏差不超过 1%且桩径不得小于设计直径等。为了确保施工质量，可每开挖一段，安装护壁楔板时，用十字架放在孔口上方，对准预先标定的轴线标记，在十字架交叉点悬吊垂球对中来使每一段护壁均符合尺寸上的质量控制要求，以保证桩身的平面位置、垂直度和孔深准确。

（2）钢筋笼施工质量检测：通过图纸与实物相互对应可以检测钢筋笼所用的钢筋规格、间距、构造组成等是否符合规范等要求，并可通过填写钢筋隐蔽工程验收表使学员能充分地掌握施工要求及检测过程。

（3）钢筋笼钢筋与承台钢筋笼的构造检查：通过留置钢筋笼钢筋与承台钢筋笼之间钢筋的实际情况，对照图纸中的构造要求，可以明确这一节点的施工要求。可通过检测钢筋笼的相关尺寸、构造来检测施工质量。

【实训记录】

参观时间：　　年　　月　　日	参观地点：
参观内容记录：	

任务四　锚杆展示

【实训目的】

掌握锚杆的作用、构造组成、施工流程、质量和安全控制措施。

【实训工具】

建筑模型，建筑图片、视频，实训记录表。

【实训内容】

一、土层锚杆概念及作用

土层锚杆简称土锚杆，是在深基础土壁未开挖的土层内钻孔，达到一定深度后，在孔内放入钢筋、钢管、钢丝束、钢绞线等材料，灌入泥浆或化学浆液，使其与土层结合成为抗拉（拔）力强的锚杆。

锚杆端部与护壁桩联结，防止土壁坍塌或滑坡，由于坑内不设支撑，所以施工条件较好。

土层锚杆是一种在基坑支护结构和地下室抗浮结构中常见的承拉杆件，由于其施工原理较复杂，施工工艺也复杂，不易被很好地掌握。锚杆如图 18-4-1 所示。

图 18-4-1　支护锚杆和抗浮锚杆展示

土层锚杆主要有以下几点作用：

（1）悬吊作用，将较软弱岩层悬吊在上部稳定岩层上，以增强较弱岩层稳定性。

（2）组合梁作用，一方面锚杆的锚固力增加了各岩层的接触压力，避免各岩层间出现离层现象，另一方面增加了岩层的抗剪强度，阻止岩层间的水平错动。

（3）组合拱作用，在弹性体上安装具有预应力的锚杆，能形成以锚头和紧固端为顶点的锥形压缩区，形成挤压加固拱。

（4）最大水平应力作用，矿井岩层的水平应力通常大于垂直应力，水平应力具有明显的方向性，最大水平应力一般为最小水平应力的 1.5 ~ 2.5 倍，因此锚杆起到约束离层和抑制岩层膨胀的作用。

二、锚杆构造组成和施工工艺流程

锚杆一般由锚头、支护、拉杆、锚固体等部分组成。其中锚头、拉杆、横梁能从图 18-4-2 中明显看出。

锚固体由于深入在土体内部，无法展示，只能通过图纸学习。但由于有了外在的可视部分，故而能加快对锚杆构造的掌握。

土层锚杆根据土体主动滑裂面可分为自由段和锚固段。另外，每一部分均可细化分解，如锚头就由台座、承压垫板、紧固器等组成，支护结构可由横梁、灌注桩等不同构件组成。

图 18-4-2　支护锚杆

锚杆的施工工艺根据土体情况不同，有干作业和湿作业之分，但其总体的施工过程并没有太大的区别，主要的工艺流程如图 18-4-3 所示。

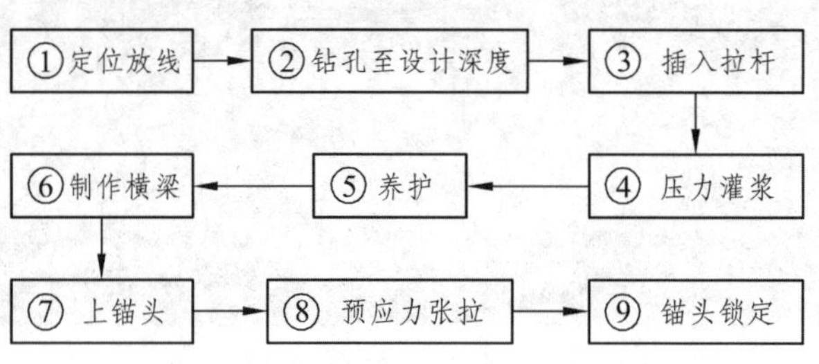

图 18-4-3　锚杆的施工工艺流程

三、锚杆施工中质量和安全控制

1. 质量控制方面

（1）钻孔的成孔质量：钻孔的位置偏差不宜超过 50 mm，垂直方向不宜超过 100 mm；孔底的偏斜尺寸不宜超过锚杆长度的 3%；孔深不宜小于设计长度，也不宜超过设计长度的 1%；同时应采取措施防止钻孔坍塌、掉块、涌砂、缩径等质量通病的发生，保证锚杆能顺利插入和顺利灌注。

（2）锚杆及安装质量：锚杆自由端应有适当的防腐措施；锚杆安放时应设定位环以确保锚杆能居孔的中间位置，使之具有足够的保护层。

（3）注浆质量：按设计要求控制水泥浆或水泥砂浆的配合比，掌握搅拌质量；确保注浆设备和管路处于良好的工作状态；注浆时确保注浆压力达到 0.4 ~ 0.6 MPa 的设计要求以使锚固段有足够的抗拔能力。

（4）锚杆张拉质量：灌浆后，应等到锚固体强度达到 80%设计强度以上后方可进行张拉和锚固；须正确估计和计算预应力损失以确保有效预应力；根据锚杆的类型正确选择锚头及张拉设备，张拉准确读数，确保预应力。

2. 安全控制方面

（1）施工前认真安全交底，施工中分工明确统一指挥。

（2）机械设备应认真检查，张拉设备应牢靠，防止夹具飞出伤人，机械设备应有良好接地接零等防漏触电事故发生的装备。

（3）在钻孔时如有地下承压水，须设置可靠的防喷装置，如发生漏水涌砂能及时封闭孔口。

【实训记录】

参观时间：　　年　　月　　日　　　　　　　　　　参观地点：

参观内容记录：

任务五　砖基础展示

【实训目的】

掌握砖基础的构造及原理、施工流程、质量及安全控制方法。

【实训工具】

建筑模型，建筑图片、视频，实训记录表。

【实训内容】

一、砖基础及构造

砖基础主要由砖、砂浆组成，此种类型的基础广泛地应用于农村或低层、多层建筑中。砖基础具有施工工艺简单、经济实用、稳定性好等优点；但同时也存在着浪费大量土地、施工劳动强度大的缺点。

砖基础作为我国几千年来一直使用的基础，现在也有着很大的市场。

砖基础构造：垫层、大放脚、防潮层、基础墙、勒脚。见图 18-5-1。

图 18-5-1　砖大放脚基础

图 18-5-2　等高式砖大放脚基础

从图 18-5-1 和图 18-5-2 中可以看到，砖大放脚基础有两种常见的做法，即二皮一收、二皮一收与一皮一收相间砌筑。图中的左侧为二皮一收与一皮一收相间砌筑，右侧为二皮一收砌筑。砖基础在砌筑的时候一定要严格遵守砌筑的规定，不然非常容易因传力不匀导致基础的有效面积减少。

砖基础的构造从图 18-5-3、图 18-5-4 中看得非常清楚，即等高式大放脚为每边各收进 1/4 砖长，间隔式大放脚是二皮一收与一皮一收相间隔，每边各收进 1/4 砖长。另外，砖基础在满足大放脚的要求外，还应注意砖的组砌方式，如大放脚的最下一皮及每个台阶的上面一皮砖应以丁砌为主，可以在边上通过现场排砖来明确大放脚砖的组砌。但砖基础为何要按这种构造来处理，这是很多一线工人和学生不容易理解的地方，我们可以从刚性角在刚性材料传力的过程中所起的作用这个角度来理解。刚性材料即指抗压强度高、抗拉强度低的材料，如砖、石、混凝土等，此类材料由于自身的特性，如果砌筑的时候不在刚性角范围内逐步的放大基础底面积，就会出现部分材料处于受拉区而使此处的砖被拉裂，从而降低基础的有效面积，导致建筑发生较大的沉降，进而出现墙体、楼板裂缝及漏水等工程质量问题，严重的甚至引起房屋的倒塌。

图 18-5-3　砖基础展示

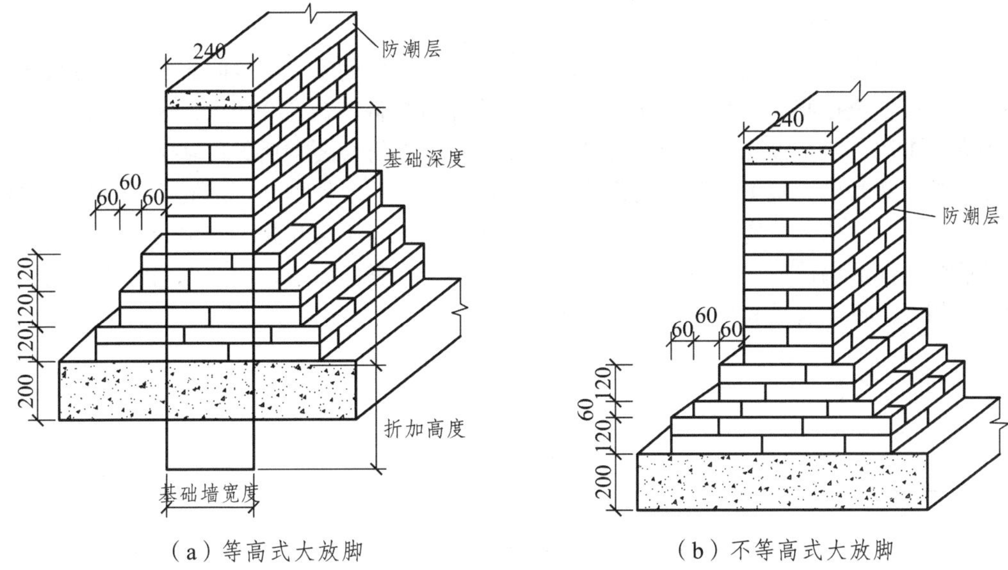

（a）等高式大放脚　　（b）不等高式大放脚

图 18-5-4　构造柱基础

二、砖基础施工工艺流程

砖基础施工工艺流程大致分为 8 步，详见图 18-5-5。

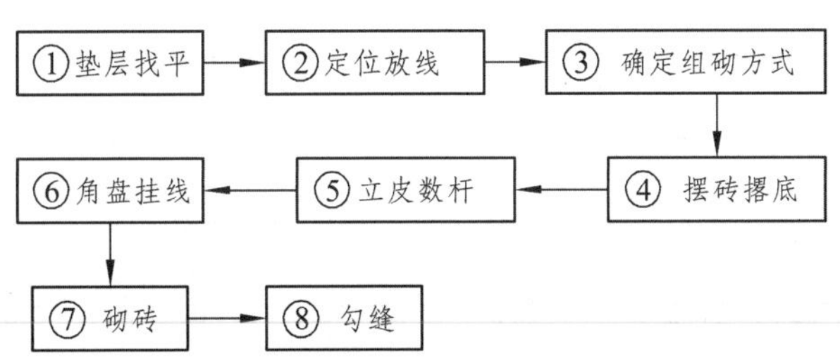

图 18-5-5　砖基础施工工艺流程

三、砖基础砌筑的质量和安全

在砖基础的施工过程中，由于施工工人职业素养较差等原因常容易出现一些质量上的问题，通过对砌筑好的基础组织开展质量检验以保证施工安全，主要可从以下方面开展：

1. 砌筑质量检验

采用工具对其量测，可以对砌筑质量要求的“横平竖直、砂浆饱满、错缝搭接、接槎牢靠”等方面进行检测。如用百格网检测饱满度，水平缝不小于 80%；墙体垂直度采用 2 m 靠尺、楔形塞尺检查，误差应不大于 5 mm，平整度偏差应不大于 5 ~ 8 mm；接搓时转角处与交接处应同时砌筑，留槎应留斜槎，留直槎时应每 500 mm 高每 120 mm 墙厚留一道拉结钢筋，两端伸至砖墙长不小于 500 mm，设防烈度为 6、7 度地区不小于 1 000 mm 等相关的质量要求。同时，对于砌筑中出现的砂浆强度不稳定、砖墙墙面游丁走缝、清水墙水平缝不直、墙面凹凸不平、砂浆饱满度不足等常见质量问题可采取相关措施。

2. 砌筑安全控制

砌砖工程因为劳动强度大，站立位置不稳等原因易导致的安全事故时有发生，可从下述的这些方面开展安全控制。砌筑操作前必须检查操作环境是否符合安全要求，道路是否畅通，机具是否完好牢固，安全设施和防护用品是否齐全，经检查符合要求后方可施工。砌基础时，应检查和经常注意基槽（坑）土质的变化情况。不准站在墙顶上做画线、刮缝及清扫墙面或检查大角垂直等工作。砍砖时应面向墙体，避免碎砖飞出伤人。不准在超过胸部的墙上进行砌筑，以免将墙体碰撞倒塌造成安全事故。不准在墙顶或架子上整修石材，以免振动墙体影响质量或石片掉下伤人。不准起吊有部分破裂和脱落危险的砌块。

【实训记录】

参观时间：　　年　　月　　日　　　　　　　　参观地点：

参观内容记录：

任务六　独立基础展示

【实训目的】

掌握独立基础的作用及特点、构造要求、施工流程及施工要点。

【实训工具】

建筑模型，建筑图片、视频，实训记录表。

【实训内容】

一、独立基础作用及特点

独立基础又称单独基础，用于单柱或高耸构筑物并自成一体的基础。它的形式按材料性能和受力状态选定，平面形式一般为圆形或多边形。但除了自重和竖直活载以外，风荷载是高耸构筑物的主要设计荷载，为了使基础在各个方向具有大致相同的抗倾覆稳定系数，采用圆形基础最为合适。由于这类构筑物的重心很高，基础有少量倾斜就会使荷载的偏心距加大，从而导致倾斜进一步发展。因此这类基础变形用容许倾斜来控制，当软土地基上的倾斜超过限值时，经常采用桩基础在低、多层建筑中，为了能够获得一个较大的空间，我们往往采用框架结构，基础则采用柱下独立基础（如图 18-6-1），常有锥形（如图 18-6-2）和阶梯形两种。

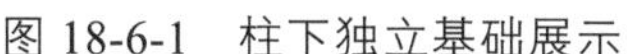

图 18-6-1　柱下独立基础展示

图 18-6-2　锥形独立基础

从图 18-6-1 的展示中可以看到，底部为独立基础的承重钢筋网片的构造，中间为一道地梁穿越独立基础及柱时的构造，上部为独立柱的构造。钢筋混凝土独立柱基础属于柔性基础，它采用钢筋来承受基础底的拉力，用上部的混凝土来承受基础顶受到基底反力引起的压力，能充分地发挥钢筋和混凝土的力学性能，故而与刚性基础相比，它不受刚性角的限制，故而能降低基坑开挖的深度，减少工人的劳动强度。

二、独立基础构造

独立基础主要由底部的钢筋网片、独立柱钢筋、基础混凝土、垫层四部分组成，每部分的构造要求如下：

1. 钢筋网片构造要求

底板受力钢筋直径一般不应小于 8 mm，间距不大于 200 mm，当基础底面边长 $b\geqslant3$ m（独基）时，钢筋长度可减短 10%（此处主要是考虑边缘部分混凝土刚性角范围内受力），并应均匀交叉放置。底板钢筋的保护层，当设垫层时不宜小于 40 mm，无垫层时不宜小于 70 mm，并采取砂浆块垫高保证有足够的保护层。钢筋网片的上下关系应根据长短（受力方向）来确定，一般情况下应将短钢筋放在上面，长钢筋放在下面，这主要是根据柱传给基础的力的分布来决定的，因为跨度大的方向承受的弯矩大，相应的基础尺寸也长，故应放置在下面以满足较大的力臂要求。

2. 独立柱钢筋构造要求

钢筋混凝土独立柱基础，基础的插筋的钢筋种类、直径、根数及间距应与上部柱内的纵向钢筋相同；插筋的锚固及与柱纵向钢筋相同；插筋的锚固及与柱纵向受力钢筋的搭接长度，应符合现行的《混凝土结构设计规范》和《建筑抗震设计规范》的要求。箍筋直径与上部柱内的箍筋直径相同，在基础内应不少于两个箍筋，主要是由于在绑扎柱钢筋骨架时，因钢筋骨架较高，故而不够稳定，为了施工方便，所以设置两个箍筋以固定柱的钢筋骨架。在柱内纵筋与基础纵筋搭接范围内，箍筋的间距应加密且不大于 100 mm。基础的插筋应伸至基础底面，用光圆钢筋（末端有弯钩）时放在钢筋网上。在独立基础中，柱的钢筋应插入到基础钢筋网片的上部，并应向四周弯出 100 mm 长。另外，有地梁穿越时，应注意地梁钢筋与独立柱钢筋之间的关系，一般要求地梁钢筋从柱内钢筋中穿过，即柱包梁，在地梁钢筋绑扎的过程中，为了保证钢筋骨架的稳定性，可在梁的端部斜绑一个箍筋，使之与其他箍筋形成三角形支撑，加强梁的整体刚度。

3. 基础混凝土构造要求

锥形基础的边缘一般不小于 150 mm，也不宜大于 500 mm；阶梯形基础的每阶高度宜为 300 ~ 500 mm。混凝土强度等级一般不宜低于 C20。

4. 垫层构造要求

柱基础下通常要做混凝土垫层，垫层的混凝土强度等级一般为 C10，厚度不宜小于 70 mm，一般为 70 ~ 100 mm，每边伸出基础 50 ~ 100 mm。

三、独立基础施工工艺流程

独立基础施工工艺流程大致分为 10 步，详见图 18-6-4。

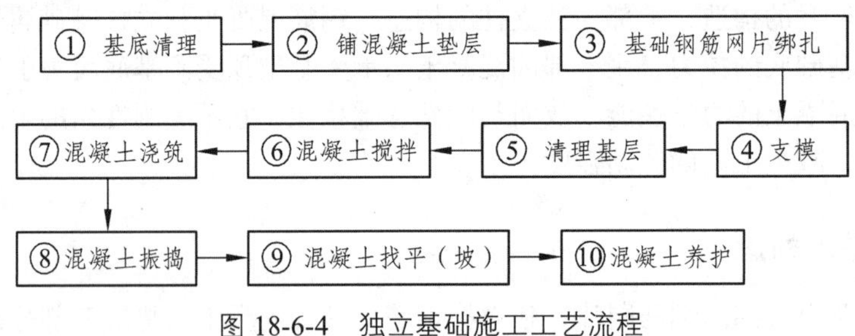

图 18-6-4 独立基础施工工艺流程

四、独立基础施工要点

基础施工前，应进行验槽并将地基表面的浮土及垃圾清除干净，及时浇筑混凝土垫层，以免地基土被扰动。当垫层达到一定强度后，在其上弹线、绑扎钢筋、支模。钢筋底部应采用与混凝土保护层相同的水泥砂浆垫块，以保证位置正确。基础上有插筋时，要采取措施加以固定，保证插筋位置的正确，防止浇捣混凝土时发生位移。

图 18-6-5 阶梯形独立基础

图 18-6-6 杯型独立基础

基础混凝土应分层连续浇筑完成。阶梯形基础应按台阶分层浇筑，每浇筑完一个台阶后应待其初步沉实后，再浇筑上层，以防止下台阶混凝土溢出，在上台阶根部出现烂根。台阶表面应基本抹平。锥形基础的斜面部分模板应随混凝土浇捣分段支设并顶压紧，以防模板上浮变形，边角处混凝土应注意捣实。严禁斜面部分不支模、采用铁锹拍实的方法。

【实训记录】

参观时间：　　年　　月　　日	参观地点：
参观内容记录：	

任务七　箱形基础展示

【实训目的】

掌握箱形基础的构造、作用、特点、后浇带做法、大体积混凝土浇筑、剪力墙构造。

【实训工具】

建筑模型，建筑图片、视频，实训记录表。

【实训内容】

一、箱形基础构造及作用特点

箱形基础是指由底板、顶板、钢筋混凝土纵横隔墙构成的整体现浇钢筋混凝土结构。箱形基础具有较大的基础底面、较深的埋置深度和中空的结构形式，上部结构的部分荷载可用开挖卸去的土的重量得以补偿。与一般的实体基础比较，它能显著地提高地基的稳定性，降低基础沉降量。

随着经济的发展，高层建筑如雨后春笋般地涌现出来。此类建筑荷载大、功能上一般要求有地下室，因此，箱形基础是此类建筑首选的基础类型。箱形基础承载能力大，地下空间大，并能适应于各类土质。具体如图 18-7-1、图 18-7-2 所示。

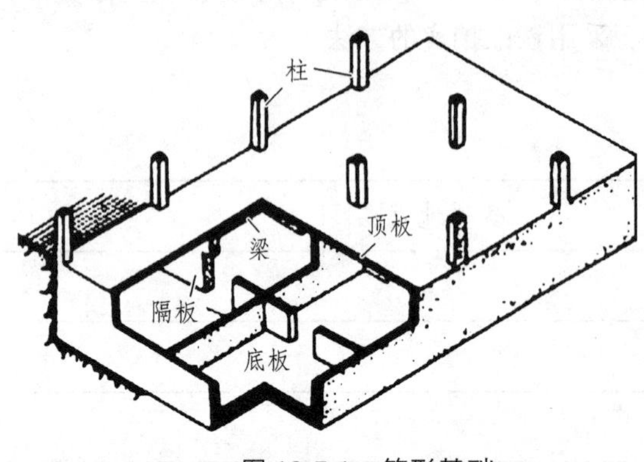

图 18-7-1　箱形基础

图 18-7-2　箱形基础

箱形基础主要涉及箱形基础配筋、三面剪力墙配筋、后浇带留设、剪力墙施工缝防水构造、剪力墙模板支撑过程、剪力墙开洞口配筋等相关内容。

二、箱形基础构造要求

（1）箱形基础的内、外墙应沿上部结构柱网和剪力墙纵横均匀布置，墙体水平截面总面积不宜小于箱形基础外墙外包尺寸的水平投影面积的 1/10。对基础平面长宽比大于 4 的箱形基础，其纵墙水平截面面积不得小于箱基外墙外包尺寸水平投影面积的 1/18。

（2）箱形基础的高度应满足结构承载力和刚度的要求，其值不宜小于箱形基础长度的 1/20，并不宜小于 3 m。箱形基础的长度不包括底板悬挑部分。

（3）箱形基础的底板厚度应根据实际受力情况、整体刚度及防水要求确定，底板厚度不应小于 300 mm。

（4）高层建筑同一结构单元内，箱形基础的埋置深度宜一致，且不得局部采用箱形基础。

（5）箱形基础墙体的外墙厚度不应小于 250 mm；内墙厚度不应小于 200 mm；墙体内应设置双面钢筋，竖向和水平钢筋的直径不应小于 10 mm，间距不应大于 200 mm。除上部为剪力墙外，内、外墙的墙顶处宜配置两根直径不小于 20 mm 的通长构造钢筋。

（6）门洞宜设在柱间居中部位，洞边至上层柱中心的水平距离不宜小于 1.2 m，洞口上过梁的高度不宜小于层高的 1/5，洞口面积不宜大于柱距与箱形基础全高乘积的 1/6。墙体洞口周围应设置加强钢筋，洞口四周附加钢筋面积不应小于洞口内被切断钢筋面积的一半，且不少于两根直径为 16 mm 的钢筋，此钢筋应从洞口边缘处延长 40 倍钢筋直径。

三、箱形基础后浇带构造

1. 后浇带做法

箱形基础由于一般尺寸很大，且作为地下室有防水的要求，为了防止结构变形、开裂、地基沉降等原因造成渗漏水，在设计与施工时需留设后浇带（缝），后浇带内的钢筋不能断开。混凝土后浇带是一种刚性接缝，应设在受力和变形较小的部位，宽度以 1 m 为宜，形式上有平直缝、阶梯缝和企口缝，平直缝的施工工艺简单，常被采用。为了在浇筑混凝土时，能在指定位置留出后浇带，常采用钢丝网加钢筋桁架的做法，即先在后浇带的两侧用钢筋做成三角形桁架，然后在其上绑扎细的钢丝网，这样在浇筑混凝土时就能起到隔断作用。当然，目前也有采用快易收网片来做隔断的。另外需在箱形基础底板中间设置止水带以防漏水。

2. 后浇带混凝土施工

应在其两侧混凝土浇筑完毕并养护 6 个星期，待混凝土收缩变形基本稳定后再进行，浇筑前应将接缝处混凝土表面凿毛，清洗干净，保持湿润。浇筑后浇带的混凝土应优先选用补偿收缩的混凝土，其强度等级与两侧混凝土相同，后浇带混凝土的施工温度应低于两侧混凝土施工时的温度且宜选在气温较低的季节施工，以保证先后浇筑的混凝土相互黏结牢固，不出现缝隙，后浇带的混凝土浇筑完成后应保持在潮湿的条件下养护 4 周以上。

3. 后浇带钢筋加强

后浇带在施工的时候是分两次浇筑混凝土的，并且后浇带在浇筑前刚度很低，会导致沉降集中发生在后浇带处。因此，后浇带处的钢筋应予以加强，通常的做法是此处钢筋加强一倍，即钢筋间距缩小一半，如图 18-7-3。

图 18-7-3　超前止水后浇带

四、剪力墙根部施工缝构造

在箱形基础四周的剪力墙施工时，由于施工缝是防水结构容易发生渗漏的薄弱部位，应连续浇筑，宜少留施工缝。剪力墙体一般只允许留水平施工缝，其位置应留在高出底板上表面 300 mm 的墙身上。为了防止此处施工缝漏水，还需埋设止水钢板来防水，止水钢板应朝向来水方向。在施工缝处继续浇筑混凝土时，应将施工缝处的混凝土表面凿毛，清理浮粒和杂物，用水冲洗干净，保持湿润，再铺一层 20 ~ 25 mm 厚的水泥砂浆，捣压实后再继续浇筑混凝土。从展示中可以很清楚的明白止水钢板地位置及安装措施，如图 18-7-4。

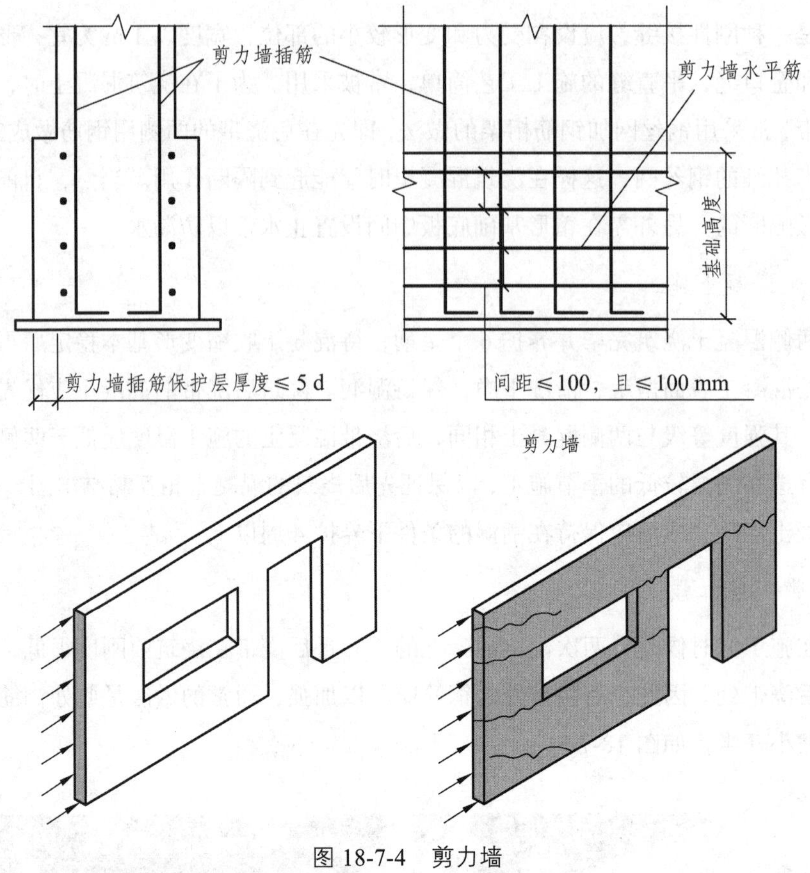

图 18-7-4　剪力墙

五、大体积混凝土浇筑

箱形基础因体积大，同时整体性要求高，防水要求也高，除设计和施工要求留设的后浇带外，一般要求混凝土连续浇筑完毕。但大体积混凝土结构浇筑后水泥会产生很大的水化热，这些水化热聚集在内部不易散发，使混凝土内部温度显著升高，而表面却因散热过快而温度较低，这样就形成了较大的内外温差，内部产生压应力，表面产生拉应力，如温差过大则易于在混凝土表面产生裂纹。在混凝土内部逐渐散热冷却产生收缩应力，由于受到基底或已浇筑混凝土的约束，接触处会产生拉应力，当拉力超过混凝土极限抗拉强度时，约束处会产生裂缝，甚至会贯穿整个混凝土块体，带来严重的危害。为此，应采用有效地防止措施。

大体积混凝土裂缝防止可采用全面分层、分段分层、斜面分层等三种不同的浇筑方案。在温度裂缝的预防方面主要方法为：可优先采用水化热低的水泥、减少水泥用量、掺入适量的粉煤灰或在浇筑时投入适量的毛石、放慢浇筑速度和减少浇筑厚度，采用人工降温措施（如用低温水、循环水冷却等）、浇筑后及时覆盖以控制内外温差，减缓降温速度等措施。必要时，可在设计单位同意后，分块浇筑，块和块之间留 1 m 宽的后浇带，待各分块混凝土干缩后，再浇筑后浇带，如图 18-7-5。分块长度如结构厚度在 1 m 以内时，分块长度一般为 20 ~ 30 m。

六、剪力墙模板支承

箱形基础由于整个埋在土内，因而四周的剪力墙要做好防水，但剪力墙在支模的过程中要用到对拉螺栓，如果取出将使剪力墙出现漏水现象。为此，对剪力墙支模时漏水问题的预防是个较为重要的内容。对拉螺栓在剪力墙内部的构造有两个特殊性，其一是螺栓的中间设置一个止水环以阻止水漏入；其二是螺栓的两个端部采用木模板进行封闭，并且此两块木模嵌入了混凝土内部，混凝土养护完成后，剔除两端的两块小模板，并将伸长出剪力墙表面的螺栓端部截断，再对螺栓端部做防腐处理以防地下水对螺栓腐蚀后引起渗漏水，如图 18-7-6。

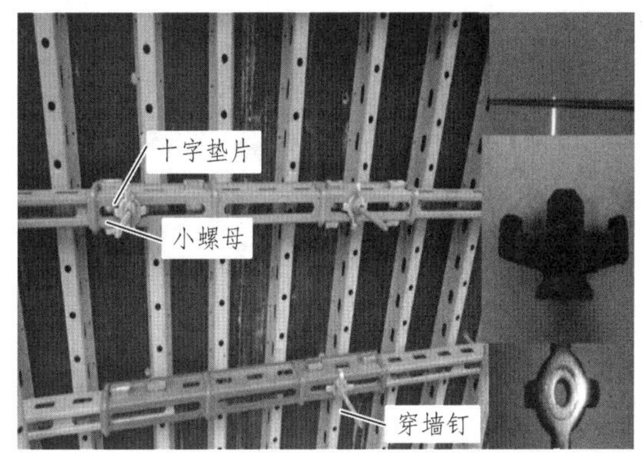

图 18-7-5　大体积混凝土浇筑

图 18-7-6　剪力墙模板支承

七、剪力墙开洞口构造配筋

在箱形基础中，剪力墙外墙由于有一些水电管通入地下室，为此，需在外墙上留设洞口。剪力墙开洞时洞口处钢筋处理需加强，加强主要按洞口大小来确定。根据规范要求，当洞口为矩形的时候，以孔径 800 mm 为界，小于 800 mm 的采用洞口补强纵筋构造，大于 800 mm 的采用洞口上下补强暗梁构造，当洞口上边或下边为剪力墙连梁时，则不再重复设置补强暗梁。当洞口为圆形时，以孔径 300 mm 为界，小于 300 mm 时洞口每侧补强钢筋共 8 根，采用矩形布置，当洞口大于 300 mm 时洞口四周采正六角形共 12 根补强钢筋加固。不论是矩形还是圆形，补强钢筋的直径均应由设计决定。

【实训记录】

参观时间：　　年　　月　　日　　　　　　　　　　参观地点：

参观内容记录：

任务八　其他基坑支护和基础展示

【实训目的】

了解基坑支护的概念，掌握支护形式。

【实训工具】

建筑模型，建筑图片、视频，实训记录表。

【实训内容】

一、基坑支护概念

基坑支护，是为保证地下结构施工及基坑周边环境的安全，对基坑侧壁及周边环境采用的支挡、加固与保护措施。开挖前应根据地质水文资料，结合现场附近建筑物情况，决定开挖方案，并做好防水排水工作。开挖不深者可用放边坡的办法，使土坡稳定，其坡度大小按有关施工规定确定。开挖较深及邻近有建筑物者，可用基坑壁支护方法、喷射混凝土护壁方法，大型基坑甚至采用地下连续墙和柱列式钻孔灌注桩连锁等方法，防护外侧土层坍入；在附近建筑无影响者，可用井点法降低地下水位，采用放坡明挖。

二、常见的基坑支护形式

常见的基坑支护形式见表 18-8-1。

表 18-8-1　常见的基坑支护形式

序号	基坑形式	图示
1	排桩支护，桩撑、桩锚、排桩悬臂	 双排桩支护部位

续表

序号	基坑形式	图示
2	地下连续墙支护，地连墙+支撑	
3	水泥挡土墙	
4	土钉墙（喷锚支护）	
5	逆作拱墙	

续表

序号	基坑形式	图示
6	原状土放坡	
7	桩、墙加支撑	
8	简单水平支撑	

基坑支护和基础的构造形式多种多样，除了上表中介绍的一些常见的构造外，还有一部分形式也是工程中被较大量采用的。将其他基坑支护和基础设计展示如下，但对其相关的知识点不做详细介绍。具体如图 18-8-1 所示。

(a) 有梁条基展示

(b) 无梁条基展示

(c) 筏板基础展示

(d) 钢柱基础展示

(e) 止水钢板护坡展示

(f) 十字交叉基础展示

(g) 毛石支护展示

(h) 桩锚与复合土钉墙支护展示

图 18-8-1　其他基坑支护形式

综上所述，我们将建筑基坑支护和常用基础类型通过实体建筑展示来明确其构造，并通过设计将内部情况全部暴露出来以加强学习的效果。在学习的时候，通过理论与实物的结合讲解，能有效加强学习效果。并针对展示的建筑构造进行施工质量检测，可进行有针对性的实践操作训练，提高操作技能。

【实训记录】

参观时间：　　年　　月　　日　　　　　　　　参观地点：

参观内容记录：

项目十九　建筑模型主体工程展示

在建筑的基础完成后就应开始进行主体结构的施工，目前常见的主体结构类型有砖混结构、框架结构、钢结构及剪力墙结构。此四种结构中最常用的是砖混结构和框架结构，但随着高层建筑和大跨度厂房的大量兴起，钢结构和剪力墙结构也应用得越来越广泛，成了建筑中被大力推广的建筑结构。

任务一　砖混结构承重展示

【实训目的】

了解砖混结构的概念、墙体承重方式、承重墙构造、构造柱与圈梁构造。

【实训工具】

建筑模型，建筑图片、视频，实训记录表。

【实训内容】

一、砖混结构概念及墙体承重的布置方式

砖混结构是指建筑物中竖向承重结构的墙、柱等采用砖或者砌块砌筑，横向承重的梁、楼板、屋面板等采用钢筋混凝土结构，对有抗震要求的建筑则需采用构造柱和圈梁来加强整体刚度。也就是说砖混结构是以小部分钢筋混凝土及大部分砖墙承重的结构。砖混结构是混合结构的一种，是采用砖墙来承重、钢筋混凝土梁柱板等构件构成的混合结构体系。适合开间进深较小，房间面积小，多层或低层的建筑，对于承重墙体一般不能改动，但目前利用托换技术也可稍加改动。

砖混结构建筑的墙体的布置方式如下：

（1）横墙承重：用平行于山墙的横墙来支承楼层。常用于平面布局有规律的住宅、宿舍、旅馆、办公楼等小开间的建筑。横墙兼作隔墙和承重墙之用，间距为 3 ~ 4 m。

（2）纵墙承重：用檐墙和平行于檐墙的纵墙支承楼层，开间可以灵活布置，但建筑物刚度较差，立面不能开设大面积门窗。

（3）纵横墙混合承重：部分用横墙、部分用纵墙支承楼层。多用于平面复杂、内部空间划分多样化的建筑。

（4）砖墙和内框架混合承重：内部以梁柱代替墙承重，外围护墙兼起承重作用，这种布置方式可获得较大的内部空间并使平面布局灵活，但建筑物的刚度不够。常用于空间较大的大厅。

（5）底层为钢筋混凝土框架，上部为砖墙承重结构：常用于沿街底层为商店，或底层为公共活动大空间，上面为住宅、办公用房或宿舍等建筑。

二、承重墙构造展示

砖混构造常采用砖墙来承重，其构造如图 19-1-1，具体构造要求和质量要求如下：

（1）构造要求：从图中可以看出，砖墙最下一皮全部应采用丁砖；然后砖墙的组砌方式下部的是一顺一丁砌筑，中部的为三顺一丁砌筑；砖墙的砌筑方法可采用三一砌砖法、铺灰挤砌法。

（2）质量要求：主要检测横平竖直、砂浆饱满、错缝搭接、接槎可靠、减少不均沉降等。可组织学员采用靠尺、百格网、托线板、楔形塞尺等工具来检测砖墙的砌筑质量，再通过填写质量验收表来完成相关技术资料的整理。

三、构造柱和圈梁构造展示

构造柱和圈梁的设置对砖混结构的抗震能力和整体刚度的增加有很大的帮助，但施工后将其包裹后无法用肉眼看到，其构造展示如图 19-1-2。

图 19-1-1　承重墙构造展示

图 19-1-2　构造柱展

（1）构造柱：构造柱须留设马牙槎，马牙槎有大马牙槎和小马牙槎两种叫法，小马牙槎指砌墙时在留槎处每隔一皮砖伸出 1/4 砖长，以备以后接槎时插入相应的砖。这种接槎属直槎，一般不宜使用，如果因特殊原因必须使用时，应在接槎处预留拉接钢筋。大马牙槎是用于抗震区设置构造柱时砖墙与构造柱相交处的砌筑方法，砌墙时在构造柱处每隔五皮砖伸出 1/4 砖长，伸出的皮数也是五皮，按五退五进的做法留设，同时也要按规定每 500 mm 高每 120 砖墙预留一根直级为 6 一级拉接钢筋。目的是在浇筑构造柱时使墙体与构造柱结合得更牢固，更利于抗震。

（2）圈梁：圈梁是沿建筑物外墙四周及部分内横墙设置的连续封闭的梁。其目的是为了增强建筑的整体刚度及墙身的稳定性。圈梁可以减少因基础不均匀沉降或较大振动荷载对建筑物的不利影响及其所引起的墙身开裂。在抗震设防地区，利用圈梁加固墙身就显得更加必要。圈梁的尺寸一般同墙厚的尺寸，在门窗洞口处有时圈梁也起到过梁的作用。按要求圈梁应该在同一水平面上连续、封闭，但当圈梁被门窗洞口（如楼梯间窗口洞）隔断时，应在洞口上部设置附加圈梁进行搭接补强。附加圈梁的搭接长度不应小于两梁高差的两倍，亦不小于 1 000 mm。

图 19-1-3　构造柱图片

图 19-1-4　圈梁图片

【实训记录】

参观时间：　　年　　月　　日	参观地点：
参观内容记录：	

任务二　框架结构承重展示

【实训目的】

了解框架结构的概念、特点、梁板柱模板施工、梁柱板钢筋施工及质量控制。

【实训工具】

建筑模型，建筑图片、视频，实训记录表。

【实训内容】

一、框架结构概念及特点

框架结构是指由梁和柱以刚接或者铰接相连接而成的承重体系结构，即由梁和柱组成框架共同抵抗使用过程中出现的水平荷载和竖向荷载。采用结构的房屋墙体不承重，仅起到围护和分隔作用，一般用预制的加气混凝土、膨胀珍珠岩、空心砖或多孔砖、浮石、蛭石、陶烂等轻质板材等材料砌筑或装配而成。框架结构又称构架式结构，房屋的框架按跨数分有单跨、多跨；按层数分有单层、多层；按立面构成分为对称、不对称；按所用材料分为钢框架、混凝土框架、胶合木结构框架或钢与钢筋混凝土混合框架等。其中最常用的是混凝土框架（现浇式、装配式、整体装配式，也可根据需要施加预应力，主要是对梁或板）、钢框架。装配式、装配整体式混凝土框架和钢框架适合大规模工业化施工，效率较高，工程质量较好。

框架建筑的主要特点：空间分隔灵活，自重轻，节省材料；具有可以较灵活地配合建筑平面布置的优点，利于安排需要较大空间的建筑结构；框架结构的梁、柱构件易于标准化、定型化，便于采用装配整体式结构，以缩短施工工期；采用现浇混凝土框架时，结构的整体性、刚度较好，设计处理好也能达到较好的抗震效果，而且可以把梁或柱浇筑成各种需要的截面形状。

二、柱梁板支模展示

框架结构主体的承重构件主要是柱梁板。框架结构的施工中，工艺流程主要有模板工程、钢筋工程和混凝土工程等三大工程。这三大工程知识点多，构造类型也多。

模板工程的施工工艺包括：模板的选材→选型→设计制作→安装→拆降→周转，是钢筋混凝土结构工程的重要组成部分，在现浇钢筋混凝土结构工程施工中占有主导地位，决定施工方法和施工机械的选择，直接影响工期和造价。

从图 19-2-1、图 19-2-2 可以看到三种构件的模板支护，即柱模板支护、梁模板支护、板模板支护。

图 19-2-1　柱梁板支模构造展示

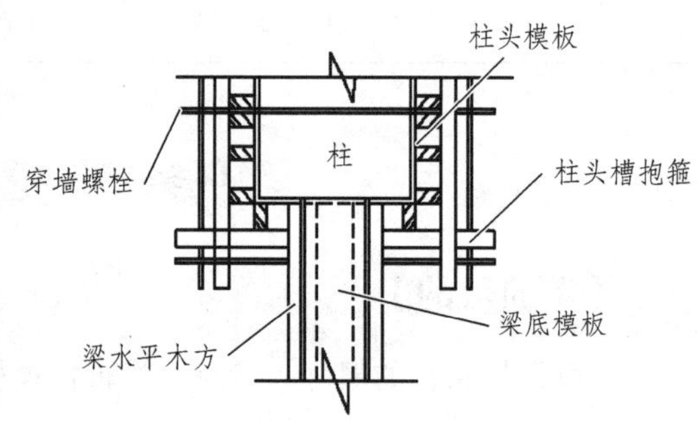

图 19-2-2　柱梁板支模构造

1. 梁板支撑构造

本展示采用扣件式钢管作为承重构件来支撑模板。首先是钢管底座的展示中共设计了三种底座，即标准底座、砖底座、木模板底座，其中砖底座是禁采用的底座，在此展示的目的是让学生明白对与错的做法；其次是钢管的构造展示，主要由立杆、横杆、扫地杆、斜撑、各类扣件等组成，通过对钢管支撑构造展示，可以明确立杆之间的间距通常为 1 m，扫地杆离地的间距为 200 mm，斜撑与主节点距离不大于 300 mm 等相关内容；再则展示中设计了当钢筋长度不够时的三种接长方式，一种为对接扣件接长，一种为搭接接长，一种为短管插入接入，并将此三种接长法有机的分布在各根立管上以便学习。另外，由于梁和板下均采用木模板，其中板的模板构造可见力从木模板先传至水平楞木，传到钢筋的横杆后传至立杆，而梁模板的侧模可见在模板的两侧进行加强以防浇混凝土浇筑时炸模。总之，从本展示中可以很清楚地明白模板支撑构造。

梁模板各施工工艺施工控制要点如下：

（1）施工准备工作。

梁模板安装应根据工程结构形式、施工设备和材料等条件，编制专项施工方案，并在施工前应进行施工技术交底。

（2）弹梁轴线、定位线。

根据设计图纸弹出轴线、梁位置线及水平线，轴线偏差控制在 5 mm 以内，梁截面尺寸线偏差控制在 + 4 mm、－5 mm 以内，如图 19-2-3。

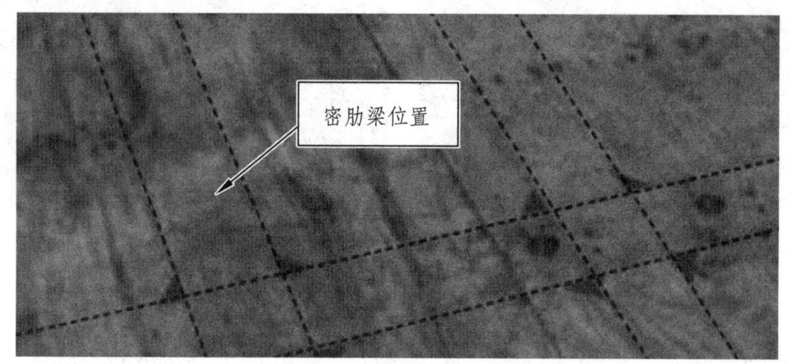

图 19-2-3　弹梁轴线、定位线

（3）梁、板满堂脚手架搭设。

架体搭设应符合专项施工方案要求，模板支架应具有足够的承载能力、刚度和稳定性，能可靠地承受混凝土的重量、侧压力以及施工荷载。支架立杆的垂直度偏差不宜大于 5/1 000 且不应大于 100 mm。在立杆底部的水平方向上应按纵上横下的次序设置扫地杆。

梁下立柱支承在基土面上时，应对基土进行平整夯实，使其满足承载力要求，并在立杆底加设厚度≤100 mm 的硬木垫板或混凝土垫块，确保混凝在浇筑过程中不会发生支撑下沉，如图 19-2-4。

图 19-2-4　梁、板模板满堂脚手架图示

（4）安装梁底模板。

根据图纸、模板系统材料截面计算出梁底小横杆标高，并固定牢固。梁底模板安装前先钉柱头模板，底模安装时需拉线找平，当梁跨度≥4 m 时，应按规范要求起拱，起拱高度为梁跨度的 1/1 000 ~ 3/1 000，先主梁起拱后次梁起拱。模板支设完成后，应对梁底模板标高进行复核，如图 19-2-5。

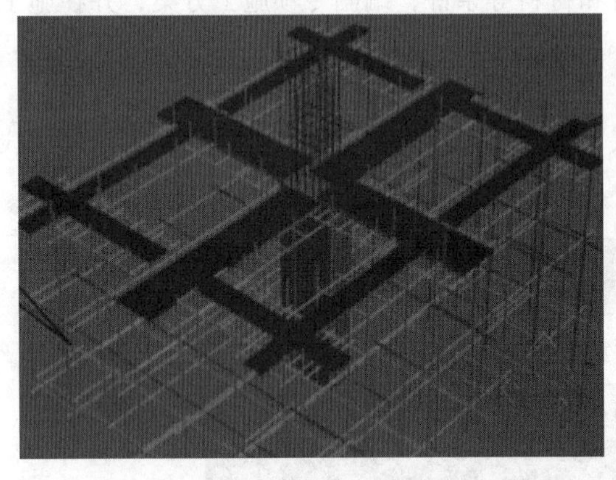

图 19-2-5　梁底模安装图示

（5）安装梁侧模板。

梁侧模板的制作高度应根据实际梁高及楼板厚度确定，梁侧模应包底模，且应拉线安装。当梁高度大于 650 mm 时，侧模板先安装一侧，待梁钢筋绑扎完毕后，再进行另一侧梁模板的安装，如图 19-2-6、图 19-2-7。

图 19-2-6　安装梁侧模

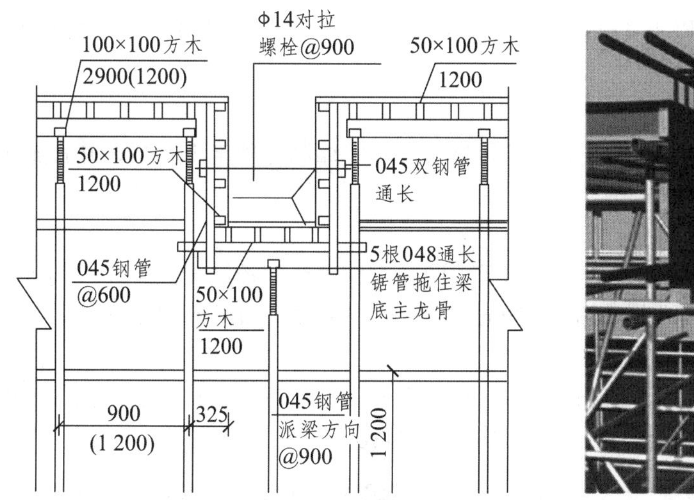

图 19-2-7　梁侧模板和加固做法

（6）复核位置、截面尺寸并加固模板。

当梁高度超过 70 cm 时，梁侧模板宜加穿螺杆加固，梁侧模板必有压脚板、水平撑，拉线通直后将梁侧钉牢。梁轴线偏差控制在 5 mm 以内，截面尺寸线偏差控制在 + 4 mm、– 5 mm 以内，侧模应垂直。

（7）梁模板验收。

模板及其支架应具有足够的承载能力、刚度和稳定性，能可靠地承受浇筑混凝土的重量，侧压力以及施工荷载。梁模板安装、加固应符合专项施工方案及规范规定。模板应搭接严密，不漏浆，模板安装的偏差应符合验收规范规定，如图 19-2-8。

图 19-2-8　模板安装完成

2. 柱模板支撑

钢筋混凝土柱子在浇筑混凝土时，由于柱子高度较大，因此，在混凝土倒入时对模板的冲击力非常大，又由于混凝土初始的时候流动性较大，浇筑后也有较大的侧压力，因此，如果施工不妥当非常容易在底部发生炸模事件。因此，展示设计中将目前常见的三种柱子支模方式罗列了出来，即模板-楞木-步步紧、模板-楞木-扣件式钢管、模板-楞木-对拉螺栓，此三种方法对柱模板的支撑能力逐步加大，对应的柱子施工高度也增加。一般来说，第一种做法可以支 3 m

左右高的柱模板，第二种做法可以支 4 m 左右的柱模板，第三种做法可以支 5 m 左右的柱模板。柱模板各施工流程及控制要点如下：

（1）施工准备工作。

柱模板安装应根据工程结构形式、施工设备和材料等条件编制专项施工方案，并在施工前进行施工技术交底。

（2）弹柱边线、控制线。

按图纸设计先弹出轴线，根据柱定位及截面尺寸图弹出柱边线和控制线。边线两端各延长 200 mm，做吊线检查使用，柱边线向外偏位 500 mm，弹柱控制线，如图 19-2-9。

（3）剔凿柱头施工缝混凝土表面浮浆。

将柱头施工缝处浮浆、松散混凝土剔除，露出均匀石子，凿毛应覆盖柱边线内全部范围，剔除的浮浆及残渣及时清理，并用水冲洗干净，如图 19-2-10。

图 19-2-9　弹柱边线、控制线

图 19-2-10　清除浮浆、凿除软弱混凝土

（4）柱钢筋绑扎，如图 19-2-11。

图 19-2-11　柱钢筋绑扎

（5）焊接或设置模板下口定位钢筋，按放出的柱边线焊接定位钢筋，每边两根。或在柱四角钻孔打入限位钢筋，如图 19-2-12。

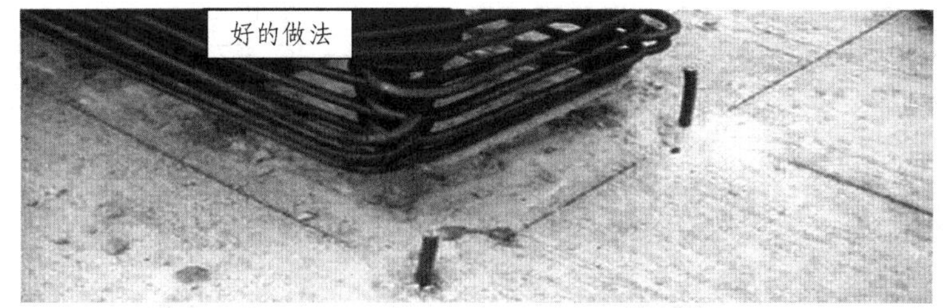

图 19-2-12　柱模板定位钢筋

（6）柱模板安装。

按放线位置钉好压脚板，再安装柱模板，柱子两垂直面设置好斜撑，根部缝隙采用海绵条将柱根部外围封堵。柱子截面尺寸偏差应控制在 – 5 ~ 4 mm 以内。对于通排柱，先安装两端柱，经校正、固定，拉通线校正中间各柱。模板按柱子大小，预拼成一面一片（一面的一边带一个角模），安装完两面再安装另外两面模板，如图 19-2-13、图 19-2-14。

图 19-2-13　柱模板压脚板

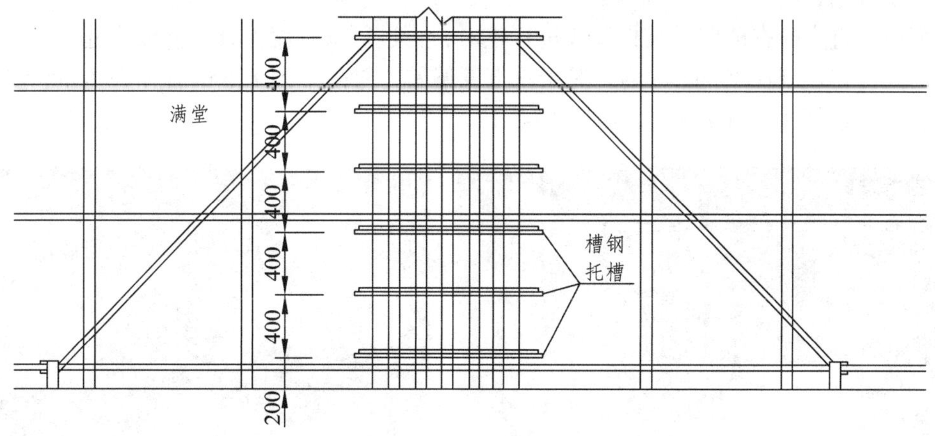

图 19-2-14　柱模板安装

（7）安装柱模箍。

柱模箍的安装应自下而上进行，柱模箍应根据柱模尺寸、柱高及侧压力的大小等因素进行设计选择。柱模箍间距一般在 40 ~ 60 cm，第一道间距不得大于 30 cm，柱截面较大时应设置柱中对拉螺杆，由计算确定对拉螺杆的直径、间距，如图 19-2-15、图 19-2-16。

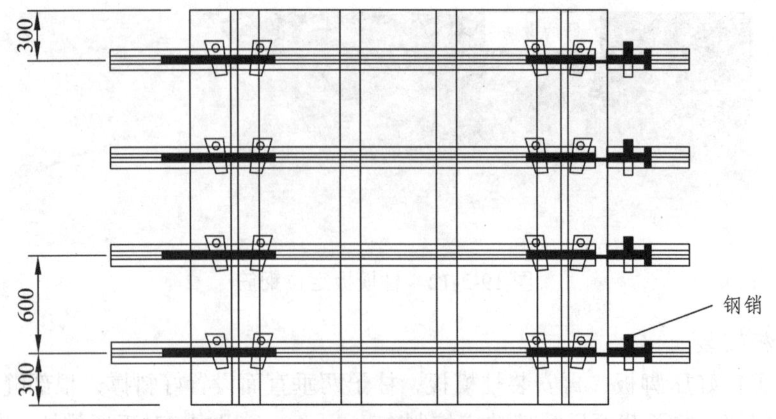

图 19-2-15　柱模箍图

图 19-2-16　柱模箍安装

（8）模板垂直度校正。

柱模板垂直度检查前应对其控制线进行核对，再进行垂直度检查，模板接缝应严密，相邻两板表面高低差控制在 2 mm 以内，对于垂直度偏差，层高不大于 5 m 控制在 6 mm 以内，层高大于 5 m 的控制在 8 mm 以内，如图 19-2-17。

图 19-2-17　模板垂直度校正

（9）柱模板验收。

柱模板截面尺寸应符合设计要求，如图 19-2-18。

柱模板安装轴线位置、截面内部尺寸、垂直度应符合规范规定。

模板柱箍和对拉螺杆应符合专项方案的设计要求，柱根部封堵到位。

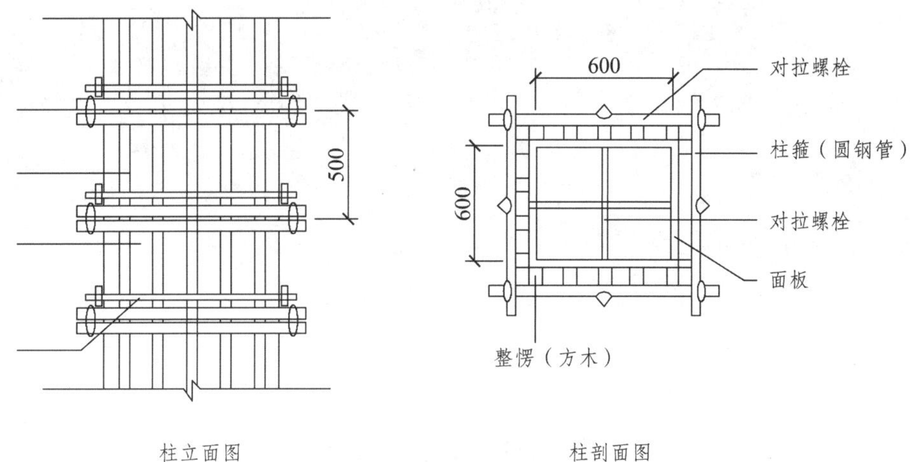

图 19-2-18　柱模板安装完成

三、柱梁板钢筋工程展示

框架结构中，柱梁板是其主要的承重构件，为此，作为主要承受拉力的钢筋又是重中之重，工程中经常出现由于钢筋构造布置不当或保护层不足等引起的质量问题，严重的甚至引起建筑倒塌等恶性事故，常见配筋如图 19-2-19 ~ 图 19-2-22。

图 19-2-19　柱钢筋构造展示

图 19-2-20　双层双向板钢筋构造

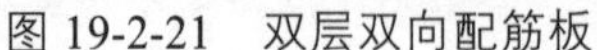

图 19-2-21　双层双向配筋板

图 19-2-22　分离式配筋板

3. 框架柱钢筋构造

框架柱构造上的要求很多，本展示柱的主筋连接点的位置要相互错开 500 mm，且至少离楼板处高度不小于 500 mm；柱的箍筋应在离根部 500 mm、Hn/6、柱子长边尺寸三者的较大值的范围内加密，从而对加密与非加密进行对照；柱筋接长方式一般采用电渣压力焊，在一些工程中也采用机械连接，因而本展示中也设置了螺纹套筒连接以扩展学生的视野；保护层厚度的控制设置了常用的圆形塑料垫圈；对钢筋的规格、间距、型号等常规尺寸可进行检查；柱梁节点构造中设置了柱筋锚入梁的构造，也设置了当柱筋直径大于 25 mm 时在边柱节点的外侧需设置附加筋的构造；设置了箍筋的两个弯钩在抗震和非抗震的设计要求下是不同的，有抗震要求的应采用 135 度，无抗震要求的则允许采用 90 度；设置了双肢箍筋与四肢箍筋及菱形箍筋等不同形式的箍筋；设置了电线管埋设在柱子内时的构造情况，如图 19-2-23。

图 19-2-23　框架柱钢筋

（1）施工准备。

钢筋绑扎前按图纸和操作标准向作业班组进行技术交底，明确钢筋绑扎安装顺序，对于钢筋锚固、搭接、连接各节点的构造引用标准、验收依据进行统一。成型钢筋、扎丝、垫块、机具准备到位。

（2）弹柱子线、剔除浮浆。

按设计图纸先弹出轴线，根据柱定位及截面尺寸图弹出柱边线和控制线。边线两端各延长

200 mm，做吊线检查使用，柱边线向外偏位 500 mm，弹柱控制线。将柱头施工缝处浮浆、软弱混凝土剔除，露出均匀石子，凿毛应覆盖柱边线内全部范围，剔除的浮浆及残渣，并用水冲洗干净，如图 19-2-24。

图 19-2-24　弹柱子线、剔除浮浆、软弱混凝土

（3）整理柱钢筋。

下层伸出的柱纵向钢筋表面的砂浆、锈斑和其他污物应清理干净，复核柱主筋定位情况，确保柱筋保护层厚度满足设计要求，主筋均匀排布，如图 19-2-25。

（4）套柱箍筋。

按图纸设计要求计算柱箍筋个数，根据箍筋定位线套箍筋，箍筋弯钩沿柱四错开摆放。将箍筋套在下层伸出的钢筋上，箍筋的端头应弯成 135 度弯钩，平直部分长度不小于 10 d，柱主筋间距定位准确，如图 19-2-26。

图 19-2-25　柱钢筋保护、定位、整理

图 19-2-26　套柱箍筋

（5）安装竖向受力钢筋。

安装竖向钢筋时，需与下面一层的钢筋进行连接，一般为机械连接、焊接和绑扎连接，当受力钢筋采用机械或焊接连接时，设置在同一构件内的接头宜相互错开，连接区段的长度为 35d 且不小于 500 mm，同一构件中相邻纵向受力钢筋的绑扎搭接接头宜相互错开，接头连接区段

的长度为 1.3 L，接头宜避开柱端箍筋加密区，机械和焊接接头质量应符合规范要求，并按规定取样做力学性能试验。钢筋连接时要注意柱筋的错固方向，保证柱筋正确锚入梁和板内，如图 19-2-27、图 19-2-28。

图 19-2-27　竖向钢筋直螺纹连接

图 19-2-28　竖向钢筋电渣压力焊接头

（6）画箍筋间距线。

在柱对角纵向钢筋上长划箍筋定位线，第一道箍筋的位置离板面 50 mm，箍筋间距线偏差控制在 ± 20 mm 以内。底层柱加密区为楼层柱净高度的 1/3。楼层柱根部、顶部箍筋加密为柱净高 1/6、柱的长边尺寸及 500 mm 中的最大值，梁、柱节点处应全加密，如图 19-2-29。

（7）绑扎箍筋。

箍筋一般由上往下绑扎，采用缠扣绑扎，与主筋要垂直，转角处与主筋交点均要绑扎，主筋与箍筋非转角部分的相交点成梅花交错绑扎。箍筋设拉筋时，拉筋应钩住箍筋和主筋，柱筋保护层厚度应绑扎在柱筋外皮上，间距 1 000 mm 以保证主筋保护层厚度准确。竖向钢筋之间应设置钢筋定位框，以保证每根钢筋的位置不发生移动。柱钢筋绑扎完成后，要在箍筋上安装卡具，以保证模板与钢筋之间有一定的间距，即保证钢筋保护层厚度，如图 19-2-30、图 19-2-31。

图 19-2-29　画箍筋间距线

图 19-2-30　柱钢筋绑扎

图 19-2-31　安装卡具

图 19-2-32　柱钢筋绑扎完成

（8）柱钢筋验收。

钢筋绑扎完成后，安装模板前应进行隐蔽工程验收。钢筋品种、级别、规格、数量和构造要求应符合设计和相关规定，如图 19-2-32。

4. 框架梁钢筋构造要求

框架梁在施工时会遇到各种各样的施工质量缺陷，是施工中的重点，为此在设计时我们尽可能地考虑各方面内容。

（1）主次梁交接处构造：主次梁交接处的施工历来有所争议，按规范要求板筋放在次梁钢筋上面，次梁钢筋放在主梁钢筋上部，主梁钢筋应在主次梁交接处一间范围内缩小箍筋的尺寸以避免此处高度超过其他位置，从而导致楼板混凝土超厚或者交接处钢筋保护层不足甚至露筋的情况发生，如此一来，主梁此处的箍筋应逐渐减少，这导致工人施工麻烦，故常发生此处保护层不足后引起的裂缝。另外，在主次梁交接处由于次梁将集中力传给主梁导致此处集中剪力较大，故应在主梁的两侧设置三道加密箍筋，其间距为 50 mm，也可在此处设置吊筋。

（2）板梁构造：在建筑中，经常发生楼上设置卫生间，而楼下则是客厅或者某公共空间，为此在厕所的墙体下如按要求设置一道梁，则由于梁的下挂会影响下部空间的使用，因此可以在隔墙之类荷载不大的墙体下设置板梁。由于板梁的高度就等于板的厚度，也属扁梁的概念，故此梁即能承受荷载又不会从板下露出影响空间的使用。

（3）梁与柱钢筋锚固构造：梁与柱节点的相互锚固是保证梁上的荷载能顺利传到柱子的重要构造，也是施工中重点需要检查的部位。总的来说有直锚、弯锚两种情况，结合设计时是否抗震可组合成四种情况。为此，在高梁处设置了柱筋直锚入梁，在矮梁处设置柱筋弯锚入梁，并在左右两边分别设置抗震与不抗震以起到对照学习的作用。

（4）梁上部筋截断点位置：框架梁的支座附近由于要承受较大的负弯矩，需设计负筋，但此负筋不需要在梁的全跨范围内拉通，第一皮负筋一般在 1/3 跨处截断，第二皮负筋在 1/4 跨处截断。

（5）梁上下钢筋可截断点位置：由于梁的尺寸一般不可能刚好是钢筋原始长度，因此，在钢筋布置的时候不可避免会碰到将钢筋接长的情况，但因连接点钢筋的强度被削弱了，使之成了薄弱部位，所以应将其布置在荷载较小的位置。按规范要求，梁的上部钢筋常将连接位置布置在 1/3 ~ 1/4 跨之间，而下部钢筋则布置在两边的柱支座内。

（6）腰筋设置:《混凝土结构设计规范》规定，当梁的腹板高度不低于 450 mm 时，在梁的两个侧面应沿高度配置纵向构造钢筋，每侧纵向构造钢筋（不包括梁上、下部受力钢筋及架立钢筋）的截面面积不应小于腹板截面面积的 0.1%，且间距不宜大于 200 mm，即腰筋。腰筋的设置的作用首先是提高梁的抗扭能力，其次是提高剪切力。一般来说，腰筋应按图纸设计的标注设置，如图纸没有注明，则按规范布置，一般采用 12 的钢筋来设置。

（7）钢筋尺寸要求：梁钢筋骨架的绑扎要求定位准确，应有足够的保护层，钢筋之间的间距应符合构造要求，箍筋的加密区与非加密区的尺寸应按图施工。

5. 梁钢筋构造要求

（1）施工准备工作。

钢筋绑扎前按图纸和技术标准向作业班组进行技术交底，对钢筋绑扎安装顺序给予明确，对于钢筋锚固、搭接、连接各节点的构造引用标准、验收依据进行统一，成型钢筋、扎丝、垫块、机具准备到位。

（2）梁上口设置支撑钢筋骨架横杆。

梁上口横杆一般采用钢管或方木，间距根据梁大小确定，控制在 1.5 m 以内为宜，如图 19-2-33、图 19-2-34。

图 19-2-33 设置横杆

图 19-2-34 横杆上放置箍筋

（3）在横杆上放置箍筋。

在梁侧模板上画出箍筋间距，尺寸应符合设计要求。梁端第一个箍筋距离柱边 50 mm，箍筋加密长度及箍筋间距应符合设计要求及相关图集的规定。按画好的箍筋位置线放置箍筋。箍筋的接头部位应在梁上部，沿钢筋方向错开设置，当梁主筋为双排或多排时，两排钢筋之间采用 25 mm 钢筋作垫铁以控制其间距。

（4）穿主、次梁底部钢筋。

梁的受力钢筋直径小于 22 mm 时，可采用绑扎接头，大于 22 mm 时，宜采用焊接接头，搭接长度应符合设计要求，焊接接头末端与钢筋弯折处的距离不得小于 10d。下部纵筋伸入支座的锚固长度应符合设计要求。接头应相互错开，同截面接头百分率应符合设计要求，如图 19-2-35。

（5）穿主梁腰筋、上部钢筋。

梁上部钢筋贯通中间节点，纵向钢筋在支座的锚固长度应符合设计要求。接头形式及接头位置要符合设计及规范要求，如图 19-2-36。

图 19-2-35　穿主、次梁底部钢筋

图 19-2-36　穿主梁腰筋、上部钢筋

（6）按箍筋间距绑扎主、次梁钢筋。

箍筋与受力钢筋应垂直设置，箍筋转角处与主筋交点均要绑扎，主筋与箍筋非转角部分的相交点梅花形交错绑扎。箍筋的端头应做 135 度弯钩，平直部分长度不小于 10*d*。箍筋的弯钩叠合处应沿梁水平筋交错布置，并绑扎牢固，如图 19-2-37。

图 19-2-37　按箍筋间距绑扎主、次梁钢筋

图 19-2-38　取出横杆落钢筋骨架于模板内

（7）取出横杆落钢筋骨架于模板内。

抽横杆之前，确保垫块位置及间距满足要求，箍筋与主筋应相互垂直。两侧保护层均匀，且符合保护层厚度要求，如图 19-2-38。

（8）梁钢筋验收。

梁钢筋绑扎完成后，绑扎板筋前进行核对验收。钢筋品种、级别、规格、数量、保护层厚度、穿梁管加强、预埋件和构造要求应符设计和相关规定。钢筋保护层厚度措施到位，如图 19-2-39 ~ 图 19-2-42。

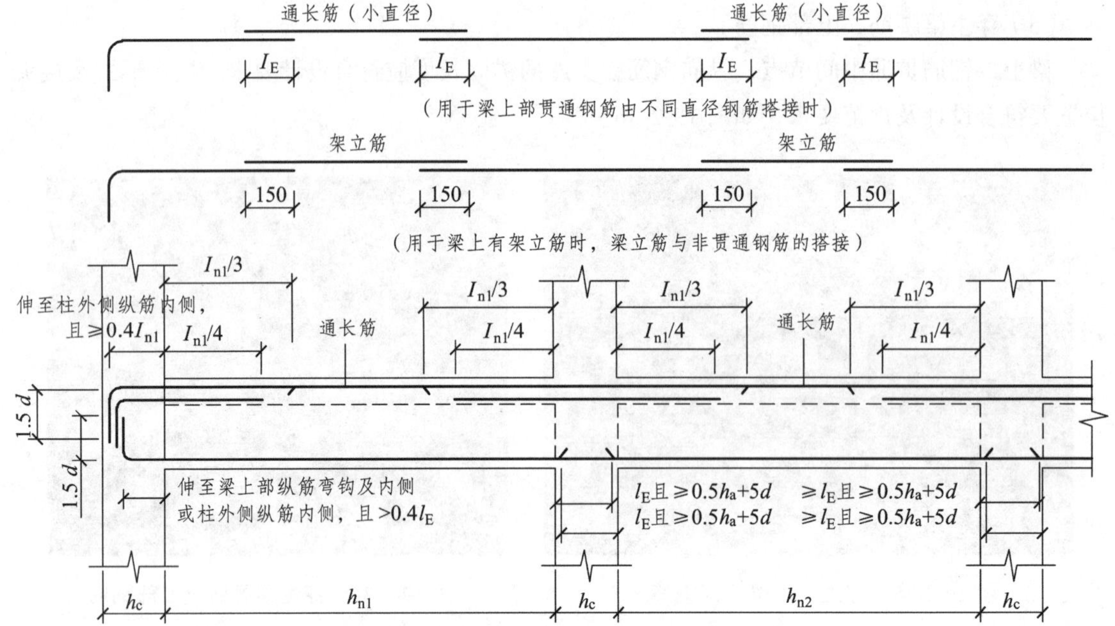

图 19-2-39　框架梁纵向钢筋构造做法

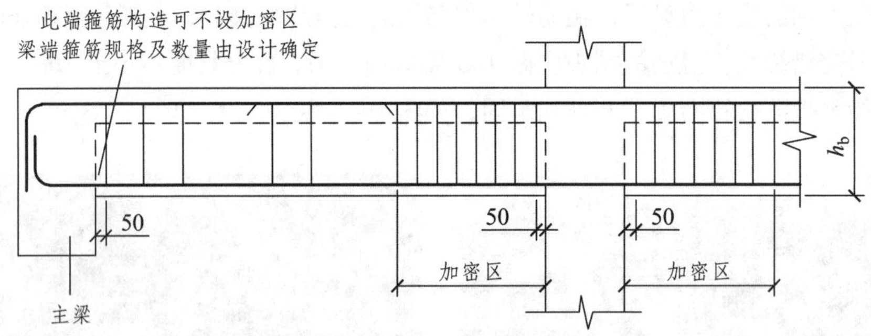

加密区：抗震等级为一级：≥ $2.0h_b$且≥500

抗震等级为二~四级：≥$1.5h_b$且≥500

图 19-2-40　梁箍筋加密区构造做法

图 19-2-41　穿主、次梁底部钢筋

图 19-2-42　框架梁展示

6. 框架楼板钢筋构造要求

楼板的配筋有双向双层配筋和分离式配筋两种，双向双层配筋方式由于钢筋不需截断和弯制，因此，施工效率快，但浪费钢材，分离式配筋方式中钢筋布置按板的受力曲线布置，因此，受力合理，节省钢材，但因钢筋需截断和弯制成形，因而需较大的人工投入。此两种构造的采用应以图纸要求为准。目前，由于人工费和钢筋费均上涨很大，因此，带来了成本的急剧上升。故而，目前一些房开公司一般均采用分离式配筋，但在私人建造住宅及筏基箱基中，却常能看到双向双层配筋，为此，这两种构造均要掌握施工要点：

（1）钢筋上下位置的区分：板可分成双向板和单向板，一般认为长短边比大于 3 的为单向板，长短边比小于 3 大于 2 的作为双向板，小于 2 的也是双向板。根据力学原理，力沿短边传力比长边要大，再要求为受力大的钢筋提供较大的力臂，板的钢筋中有长有短，传力过程中短边受的力比长边要大，因此，要求下皮钢筋短的在长的下面，上皮钢筋短的在长的上面，这样可以保证有较大的力臂。

（2）马凳布置：上皮钢筋在布置的时候需要用马凳将其支撑，为此，我们设置了钢筋弯制马凳及塑料定型马凳。

（3）钢筋布置构造要求：板钢筋要求绑扎准确，间距符合要求，绑扎牢固。对于分离式板配筋应注意上皮钢筋的截断点在 1/4 跨度处，并弯制成直角。另外，板的钢筋伸入梁内的尺寸应符合要求，一般上皮钢筋应伸入至梁的另一边后下弯 15d，板的下皮钢筋要求伸入梁宽的一半并不小于 12*d*。

7. 框架楼板钢筋构造要求

（1）清理板面杂物，绑扎钢筋前，应将模板内的杂物清理干净，如图 19-2-43 和图 19-2-44。

图 19-2-43　清理板面杂物

图 19-2-44　弹板筋排列线

（2）弹板筋排列线。

按照设计图纸要求的间距在板模板上弹出主筋及分布筋排列线，排列线偏差控制在 10 mm 以内，弹线时，一般情况下，距离梁边缘间距为板筋间距的一半。

（3）绑扎板下层钢筋。

在模板上按照 1 m 间距垫好保护层垫块，保护层厚度应满足设计要求。根据已画好的排列线，在模板上先摆放主筋，再摆分布筋，绑扎板筋时一般用顺扣或八字扣，除外围两根筋的相交点应全部绑扎外，其余各点可交错绑扎（双向板相交点须全部绑扎）。现浇板中有板带梁时，应先绑板带梁钢筋，如图 19-2-45。

图 19-2-45　楼板下层钢筋网绑扎

（4）水、电等专业预埋。

底筋绑扎过程中，应做好管线预埋工作，不得移动或切断板钢筋，如图 19-2-46。

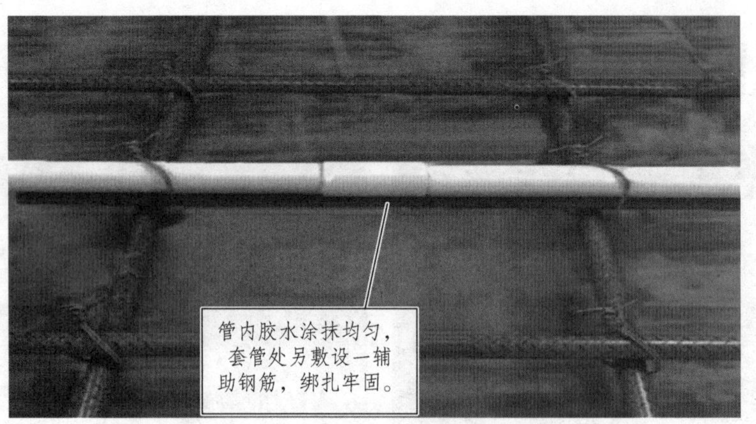
管内胶水涂抹均匀，
套管处另敷设一辅
助钢筋，绑扎牢固。

图 19-2-46　管线预埋

（5）设板钢筋支撑、马凳，如图 19-2-47。

面筋与底筋之间应按照设计间距放置钢筋支撑或马凳筋，并与板筋绑扎固定，以保证板的混凝土保护层厚度。

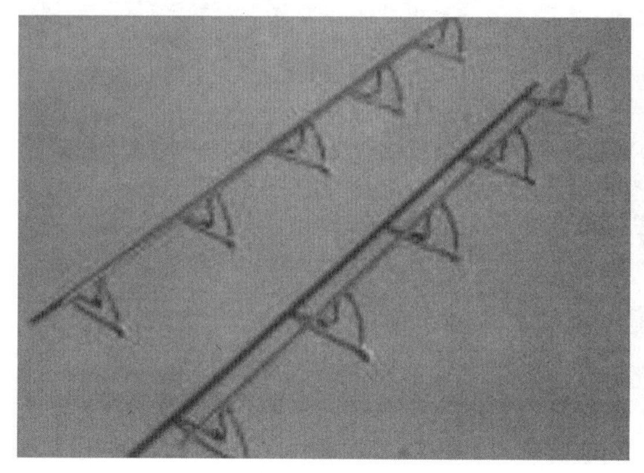

图 19-2-47　设置板钢筋支撑

（6）绑扎板上层钢筋。

面筋纵向和横向钢筋位置和顺序应符合设计要求，负弯矩钢筋与分布筋的每个交点应绑扎牢固。绑扎板筋时宜用顺扣或八字扣。钢筋绑扎完毕后设置上层钢筋支撑，保证两层钢筋网之间留有一定的间距，如图 19-2-48。

（7）板钢筋验收。

钢筋的品种和质量必须符合设计要求和其他标准要求。钢筋规格、形状、尺寸、数量、间距、锚固长度、接头位置等，必须符合设计要求和施工规范的规定。钢筋保护层厚度措施到位，注意成品保护。浇筑混凝土前应进行隐蔽工程验收，合格后方可进行下道工序，如图 19-2-49。

图 19-2-48　板上层钢筋绑扎完成

图 19-2-49　钢筋验收

【实训记录】

参观时间：　　年　　月　　日　　　　　　　　　　参观地点：

参观内容记录：

任务三　剪力墙结构展示

【实训目的】

了解剪力墙的概念、构造做法、施工工艺。

【实训工具】

建筑模型，建筑图片、视频，实训记录表。

【实训内容】

一、剪力墙概念

剪力墙结构是用钢筋混凝土墙板来代替框架结构中的梁柱，能承担各类荷载引起的内力，并能有效控制结构的水平力，这种用钢筋混凝土墙板来承受竖向和水平力的结构称为剪力墙结构。这种结构在高层建筑中被大量运用。

二、剪力墙结构展示

高层建筑中，风荷载、地震荷载对建筑的水平推动很大，会使得楼产生摇摆，产生很大的剪力，普通的框架结构中柱的抗剪强度不足以抵抗剪力，因此，采用钢筋混凝土墙体来承担水平方向的荷载，同时也可以承受竖向荷载。但剪力墙不能拆除或破坏，不利于形成大空间，住户无法对室内布局自行改造。剪力墙结构内部钢筋构造复杂，支模要求高，如图 19-3-1 和图 19-3-2。

图 19-3-1　剪力墙支模板构造展示

图 19-3-2　剪力墙钢筋构造展示

图 19-3-1 是剪力墙支模的构造，图 19-3-2 是剪力墙的十种构造形式，通过展示可以学习剪力墙的相关构造，主要有以下几方面：

1. 剪力墙十种构造形式（钢筋）

剪力墙由于承受较大的荷载，根据力学原理，在墙的边缘部分会产生应力集中的情况，因此，在剪力墙的边缘部分、转角处等受力不利位置需加设柱子来加固，根据具体情况不同可分成十种不同的构造，即：约束边缘暗柱（YAZ）、约束边缘端柱（YDZ）、约束边缘翼墙（柱）（YYZ）、约束边缘转角墙（柱）（YJZ）四种约束柱和构造边缘暗柱（GAZ）、构造边缘端柱（GDZ）、构造边缘翼墙（柱）（GYZ）、构造边缘转角墙（柱）（GJZ）、扶壁柱（FBZ）、非边缘暗柱（AZ）六种构造柱。这十种构造应用范围不同，剪力墙约束边缘构件，适用于一二级抗震设计的剪力墙底部加强部位及其以上一层的墙肢，而构造边缘构件适用于其他的部位和三级抗震的剪力墙。约束边缘构件对体积配箍率等要求更严，用在比较重要的受力较大结构部位，而构造边缘构件要求松一些。约束柱与构造柱在钢筋构造上相比，主要体现在约束柱需在 lc 的范围内对每个竖筋用拉筋拉牢，而构造柱则没有这个要求，由于约束较好的柱的拉筋数量多，增强了柱与剪力墙的联系，因此提高了抗震的能力，如图 19-3-3。

图 19-3-3　剪力墙纵、横向钢筋绑扎

2. 剪力墙支模构造

剪力墙由于墙体高，浇筑混凝土时侧压力较大，因此，对剪力墙支模要求较高。其一般的施工工艺流程为：准备工作→挂外架子→安内横墙模板→安内纵墙模板→安堵头模板→安外墙内侧模板→合模前钢筋隐检→安外墙外侧模板→模板预检。

由于剪力墙外侧高度较高，因此工人操作安全应得到考虑。支模埋在下层外墙混凝土强度达到 7.5 MPa 时，利用下一层外墙螺栓孔挂金属三角平台架。先将阴阳角模吊到作业现场使之就位。按照先横墙后纵墙的安装顺序，按编号（大模板应有编号现场有组装平面图）、按顺序将模板吊至安装部位，用撬棍按墙线把模板调整到位。安装穿墙螺栓，对称调整模板、地脚丝杠，用磁力线坠借助支模辅助线，调测模板垂直度，并挂线调整模板上口，然后拧紧地脚丝杠及穿墙螺栓。 安装外墙外侧模板：模板放在金属三角平台架上，将模板就位，穿螺栓紧固校正，注意施工缝处连接处必须严密、牢固可靠，防止出现错台和漏浆现象。 检查角模与墙体模板、角模与墙模子母口接缝是否严密，如不严密应用泡沫海绵填充缝隙，使之间隙严密，防止出现漏浆、错台等现象。所有模板安装调整完毕后，办理模板工程预检验收，才可浇筑混凝土，如图 19-3-4。

图 19-3-4　剪力墙支模构造

3. 剪力墙施工各施工工艺控制要点

（1）准备工作。

剪力墙模板安装应根据工程结构形式、施工设备和材料等条件，编制专项施工方案，并在施工前进行施工技术交底。

（2）弹柱剪力墙边线、控制线。

根据图纸在每道剪力墙周边放出轴线、边线及控制线，边线外偏 500 mm 平行于墙边线弹出的控制线。

（3）剔凿剪力墙施工缝处混凝土表面浮浆。

剪力墙施工缝处理凿毛，剔除混凝土表面的浮浆，及时清理并用清水洗干净，如图 19-3-5。

（4）剪力墙钢筋绑扎。

（5）安装门、窗洞口模板。

按设计图纸位置尺寸及洞顶或洞底标高，预先留出设计洞口尺寸线，处理好开洞周边钢筋的加强和安装，再安装门窗洞口模板，并与墙体钢筋固定，洞口应按功能要求安装预埋件等。预留洞口模框尺寸必须正确，且牢固稳定不变形，与墙模板接触侧面加贴海绵条，如图 19-3-6。

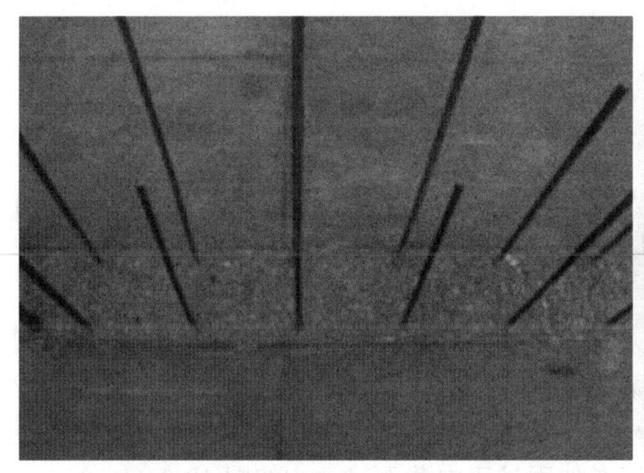

图 19-3-5　混凝土表面浮浆清理

图 19-3-6　剪力墙门窗洞口模板安装

（6）支设剪力墙一侧模板。

模板尺寸及排布应符合专项方案要求。模板安装前应刷脱模剂，外侧模板安装前，清扫墙内木屑、锯末等杂物，墙根部用水冲洗干净。根据墙边线在底部焊接好限位钢筋或采取其他限位措施，安装好钢筋保护层垫块，做好钢筋隐蔽验收工作。相邻两模板表面高低差控制在 2 mm 以内，如图 19-3-7。

（7）安装穿墙对拉螺杆。

对拉螺杆的长度、间距应符合模板专项方案及计算书要求，如图 19-3-8。外墙、有防水要求和人防工程的穿墙螺栓应有止水措施，如图 19-3-9。

图 19-3-7　支设剪力墙一侧模板

图 19-3-8　安装穿墙螺杆

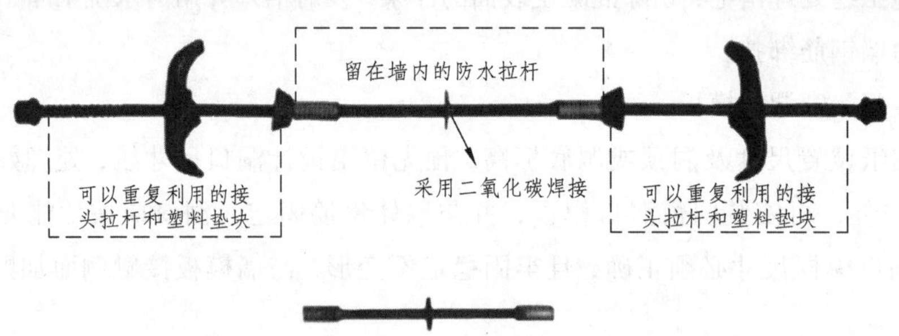

图 19-3-9　止水螺栓构造

（8）支设剪力墙另一侧模板。

安装另一侧模板，调整斜撑使模板垂直后，固定好斜撑，并拧紧穿墙螺栓，相邻两模板表面高低差控制在 2 mm 以内，模板安装完毕后，检查一遍扣件、螺栓否拧紧，墙模板立缝、角缝宜设于木方和胶合板所形成的企口位置，以防漏浆和错台，如图 19-3-10。

（9）剪力墙模板加固。

侧模加固时，背楞间距符合设计要求，木方宜，作竖肋，钢管宜作横肋。剪力墙模板两侧需用满堂脚手架进行加固，加固应符合专项方案要求，拧紧对拉螺杆，并根据混凝土侧压力情况加设双螺帽。后支设外墙模板应向下包夹不小于 100 mm 的下部已浇筑墙体，或与下层混凝土预留螺杆连接成整体。模板内需加内撑，保证在加固过程中截面尺寸，如图 19-3-11。

图 19-3-10　支设剪力墙另一侧模板

图 19-3-11　剪力墙模板加固

（10）校正垂直度。

检查垂直度前，首先对其控制线进行复核，再进行垂直度检查。应用吊线锤进行剪力墙垂直度检查，偏差应控制在层高不大于 5 m 时，垂直度不大于 6 mm，层高大于 5 m 时，垂直度不大于 8 mm。剪力墙模板验收，模板内撑材料及尺应符合模板专项施工方案要求，模板及其支撑系统应具有足够的承载力、刚度和稳定性，墙体模板厚薄一致，垂直度符合设计要求。

（11）支模中应注意的质量问题主要有以下几点：

① 墙身超厚防治方法：模板就位后调整要认真，穿墙螺栓要全部穿齐、拧紧，如图 19-3-12。

② 混凝土墙体表面粘连防治方法：模板支撑前必须清理干净，脱模剂涂刷均匀，不得漏刷，拆模时混凝土强度必须达到 1.2 MPa。

③ 角模与大模板缝隙处跑浆防治方法：模板安装时连接固定要牢，缝隙堵塞严密，并应加强检查。

④ 门窗洞口混凝土变形防治方法：门窗洞口模板的组装，必须与大模板固定牢固。严格控制模板上口标高，使顶板支模时钢角贴牢墙体混凝土。

⑤ 模板企口处错台：大模板企口处未清理干净或未采取有效的防止错台的措施。

图 19-3-12 剪力墙模板支设完成

（12）模板拆除，常温下墙体混凝±强度必须达到 1.2 MPa，由木工工长填写《拆模申请表》，经签字确认后，即可拆除模板。拆除模板应先将穿墙螺栓卸下，然后松开地脚丝杠，使模板向后倾斜与墙体脱离，筒模经收拢后，使之脱离混凝土表面。注意模板拆除时，可用撬棍轻轻撬动模板下口，不得在墙上口撬动模板和用大锤砸模板。模板吊至存放地点，必须放稳，保持自稳角度呈 75°～80°并及时清理板面，涂刷隔离剂。模板吊装时，应防止对墙体钢筋和已浇筑混凝土的碰撞，如图 19-3-13。

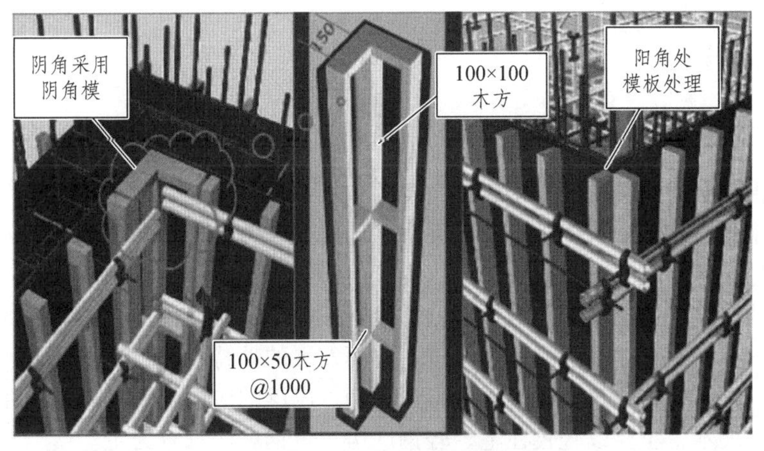

图 19-3-13 剪力墙模板拆除

【实训记录】

参观时间：　　年　　月　　日　　　　　　　　　　参观地点：

参观内容记录：

任务四　钢结构承重展示

【实训目的】

了解钢结构的概念、特点、承重方式、楼板构造。

【实训工具】

建筑模型，建筑图片、视频，实训记录表。

【实训内容】

一、钢结构概念及特点

钢结构是由钢制材料组成的结构，是主要的建筑结构类型之一。结构主要由型钢和钢板等制成的梁钢、钢柱、钢桁架等构件组成，并采用硅烷化、纯锰磷化、水洗烘干、镀锌等除锈防锈工艺。各构件或部件之间通常采用焊缝、螺栓或铆钉连接。钢结构体系具有自重轻、工厂化制造、安装快捷、施工周期短、抗震性能好、投资回收快、环境污染少等综合优势，与钢筋混凝土结构相比，更具有在“高、大、轻”三个方面发展的独特优势，在全球范围内，特别是发达国家和地区，钢结构在建筑工程领域中得到合理、广泛的应用。针对钢结构在不同场所的应用，我们进行了展示，主要以轻钢住宅、轻钢厂房、重钢厂房三者为主。

钢结构承重展示如图 19-4-1、图 19-4-2。

图 19-4-1 轻钢厂房之牛腿构造展示

图 19-4-2 轻钢住宅墙体构造展示

图 19-4-1 为轻钢住宅构造，图 19-4-2 为轻钢厂房牛腿的构造，通过这两个构造能对钢结构的整体构造有很好的辅助学习的作用。

二、轻钢厂房吊车梁构造

轻钢厂房中，由于需要对货物进行垂直和水平运输，如依靠人力则劳动强度很大，因此，一般采用吊车来运输。为了支撑吊车的重量及提供吊车运行的轨道，一般采用吊车梁来满足。吊车梁构造一般由工字钢与钢柱焊接形成挑出的牛腿，再采用螺栓将吊车梁固定在牛腿上，然后在吊车梁上将吊车导轨焊接牢固，在吊车梁的尽端处尚需用挡板阻挡吊车冲出轨道，并在吊车梁的上端再用钢板将其与钢柱连接以防吊车梁因过高而造成向两侧倾斜。通过此构造，可让学生掌握吊车梁的构造，也能明确牛腿与轴线之间的关系，如图 19-4-3。

三、钢结构外墙构造

钢结构的外墙一般均为非承重墙，常见的构造中可看到有采用砖墙、块材墙、板材墙等形式，为此，在展示设计中我们采用了在重钢厂房区域用砖墙，在轻钢厂房采用夹心钢板，在轻钢住宅的外围用夹心钢板，里面为木龙骨架构后再在外贴石膏板。在此构造展示中，可通过对各种材料之间相互连接的方式进行掌握，如石膏板与轻钢龙骨的连接，砖墙与轻钢龙骨的连接等，如图 19-4-4。

图 19-4-3 装配整体式楼板构造

图 19-4-4 装配整体式楼板构造

四、装配整体式楼板构造展示

钢结构中，为了加快施工的进度，一般不采用现浇楼板，而是采用装配整体式楼板，此种类型的楼板在普通的工程中不常见。其实物如图 19-4-5、图 19-4-6 所示。

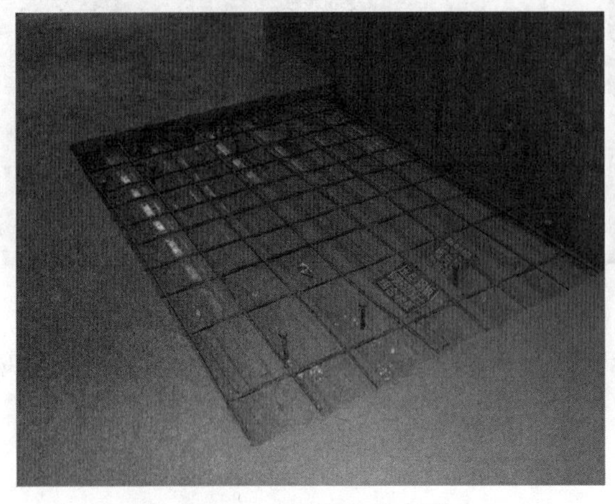

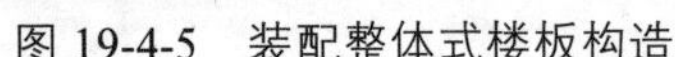

图 19-4-5 装配整体式楼板构造

图 19-4-6 装配整体式楼

装配整体式楼板采用定型的压型钢板做底模，同时此钢板也起到因承受楼板荷载引起的弯矩产生的拉应力。此钢板由于本身强度和刚度均较大，因此，在施工时不需要在板下设支模构造，在很大程度上加快了施工的进度。一般情况下，装配整体性楼板施工工艺为：板下架设小钢梁→铺压型钢板→钢板与钢梁用锚钉锚固→铺上皮钢筋网→浇面层混凝土→养护。板下的小钢梁一般与两侧的构件采用焊接连接或螺栓连接。压型钢板由于形成了波形，上皮钢筋直接放置在波峰的位置，不必设置马凳，可加快施工速度，也能使施工简单。

【实训记录】

参观时间：　　年　　月　　日　　　　　　　　　　参观地点：

参观内容记录：

任务五　扣件式钢管脚手架展示

【实训目的】

了解扣件式钢管脚手架的作用及搭设。

【实训工具】

建筑模型，建筑图片、视频，实训记录表。

【实训内容】

一、扣件式钢管脚手架的作用

扣件式钢管脚手架是指为建筑施工而搭设的、承受荷载的由扣件和钢管等构成的脚手架与支撑架，统称脚手架。扣件即采用螺栓紧固的扣接连接件。

在主体工程施工中，随着建筑高度的不断增加，施工人员存在着从高空下坠的危险，此时，需要在外围搭设施工用的脚手架，如图 19-5-1。

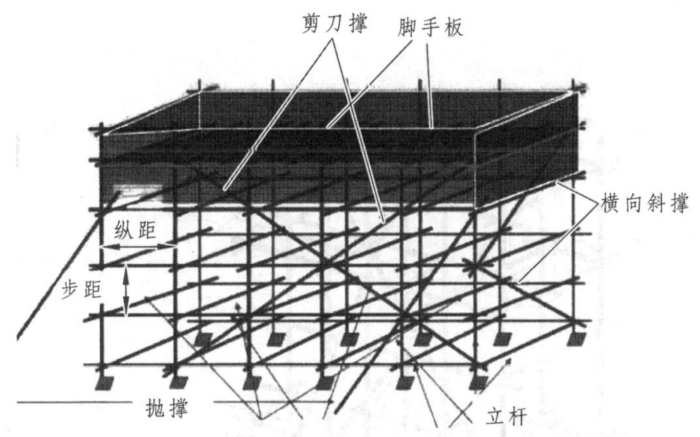

图 19-5-1　扣件式钢管脚手架图解

在目前的脚手架类型中，最普遍的脚手架就是扣件式钢管脚手架。在近年关于脚手架搭设质量的调查中，发现搭设的脚手架构造不满足规范要求的工程大量存在，扣件抗滑系数不达标更是达到 83%，这些安全隐患都极大的危害到施工人员的生命财产，经统计，我国因从高处坠落而造成的安全事故是五大类伤害中最严重的一类，究其缘由，脚手架搭设的不规范是主要问题，如图 19-5-2。

图 19-5-2　脚手架立杆违规示例

二、扣件式钢管脚手架搭建展示

扣件式钢管脚手架一般由脚手架基础、立杆、扫地杆、大横杆、小横杆、剪刀撑、横向斜撑、水平斜撑、安全防护栏杆、连墙杆等组成，如图 19-5-3。杆件之间的构造要求非常重要，如一般要求剪刀撑应与主节点的距离不应大于 300 mm，连墙杆与主节点的距离不应大于 150 mm，钢管端部应离扣件边缘距离不少于 100 mm，剪刀撑连接应用三个扣件重叠不少于 1 m，安全防护栏杆应用三道，一道设在 300 mm 处（可采用踢脚挡板代替），一道设在 600 mm 处，一道设在 1 200 mm 处等。但在实际工程中，不满足这些构造要求的脚手架经常可以看到，究其原因就是脚子工没有经过良好的培训，现行的培训考证走过场的多，实实在在的少，混上岗证的多，培训没有落到实处。通过此模型的结合可以使培训落到实处，加深架子工对构造的理解能力。

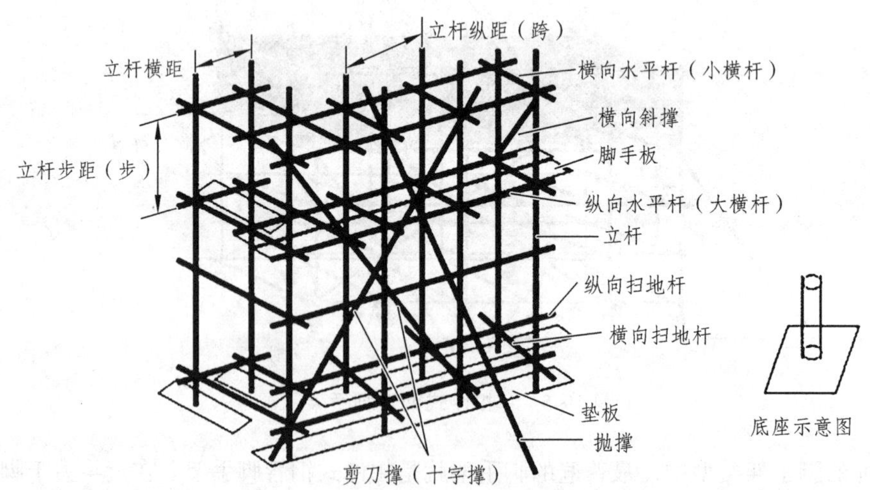

图 19-5-3　扣件式钢管脚手架构造展示

建筑物出入口由于经常有人员进出，如有物体下坠打击到人，极易引起人身伤亡，因此，出入口均要求搭设防护棚。防护棚的搭设中应主要满足相关规范要求，如：防护棚上的安全挡板（常用竹脚手片）应采用双层以防下坠物因冲击力过大而击穿安全挡板后再伤人，一般要求两层挡板之间的间距应不少于 300 mm；防护棚应在出入口范围内做好翻边处理，即为防高空坠物从侧面掉入伤人，防护棚的水平挡板应向四周外伸（翻边）不少于 500 mm 挡住坠物；出入口处除做好防护外，一般还应设置安全标语以提醒施工相关人员注意安全防护，如展示中看到的“安全是生命的保障”，还有常见的“高高兴兴上班，平平安安下班”等，如图 19-5-4。

图 19-5-4　扣件式钢管脚手架构造展示

【实训记录】

参观时间：　　年　　月　　日	参观地点：
参观内容记录：	

项目二十 建筑模型屋面工程展示

建筑的屋面工程是重要的组成部分，在使用功能上要求屋面有良好的防水、保温、隔热等功能。在工程中，却经常出现因施工人员对屋面构造层次的不理解，导致施工工序颠倒，施工工序遗漏等质量问题，从而引起屋面漏水、保温隔热性能差等现象发生。屋面工程常见的形式有平屋面、坡屋面，其中坡屋面又根据基层的材料不同可分层钢筋混凝土基层和木质基层及钢质基层。

任务一 平屋顶展示

【实训目的】

了解平屋顶的概念、特点、女儿墙及泛水构造、檐口构造、屋面防水构造。

【实训工具】

建筑模型，建筑图片、视频，实训记录表。

【实训内容】

一、平屋顶概念和特点

平屋顶是屋顶外部形式的一种，平屋顶的屋面较平缓，坡度小 5%，一般由结构层和防水层组成，有时还要根据地理环境和设计需要加设保温层和隔热层等。平屋顶的特点是构造简单、节约材料，呈平面状的屋面有利于利用，如做成露台、屋顶花园等。

平屋顶由于构造形式简洁大方，结构简单，可提供屋顶空间供人活动而受到极大的推广，但伴随平屋顶的阴影就是屋顶保温隔热性能差，屋顶下一层的房间室内温度高不适于居住，同时，由于热胀冷缩产生的温度应力、地基不均匀沉降产生的局部荷载集中、弯形缝内防水材料的老化等原因导致屋顶四角、边沿、管子伸出屋面处等防水薄弱环节经常出现渗漏水的情况，严重的甚至造成事故。因此，平屋顶的防水关键构造处理是平屋顶施工的重点。

二、平屋顶施工重点展示

1. 女儿墙和泛水构造展示

在平屋顶主体施工完成后，沿屋顶四周应建造女儿墙防止人在屋顶活动的时候不慎摔下。因女儿墙与平屋顶的连接只是靠砂浆的黏结力和自重压力，不能有效的抵抗人或物的水平推力，在地震的时候更容易从上部掉下伤人，因此，在施工时应在女儿墙的两端和中间每隔不大于 6 m 设置一个构造柱，柱的下端与下部梁板拉结，两侧与女儿墙之间用拉结钢筋和马牙槎来保证传力，上部再通过女儿墙压顶将墙牢牢地固定在屋顶的四周。

图 20-1-1 的右侧人为设计成断开一个洞的目的，一是观察压顶的剖面形式，即内侧厚外侧薄的倾斜的坡度，二是为了能让人将头从那里向外探出观看外侧檐沟的构造做法。

图 20-1-1　女儿墙泛水构造展示

在平屋顶施工中，在竖向构件和水平构件交接处，由于两个构造存在着缝隙，如果处理不当此缝会成为日后漏水的主要部位，因此，对此类部位须采取泛水构造处理。女儿墙泛水是平屋顶施工的重要环节，泛水处理时首先在女儿墙上切割出一道凹槽，然后将防水卷材压入槽内后用木条钉牢，再用砂浆将凹槽封闭。另外，此构造也可对其进行质量检测，如屋面的排水坡度是否满足要求，女儿墙的泛水高度是否有 250 mm 等。

如图 20-1-2 所示按施工工艺流程将每步施工环节通过层层剖断的方式进行了留置。其施工工艺流程如图 20-1-3 所示。

图 20-1-2　女儿墙泛水展示

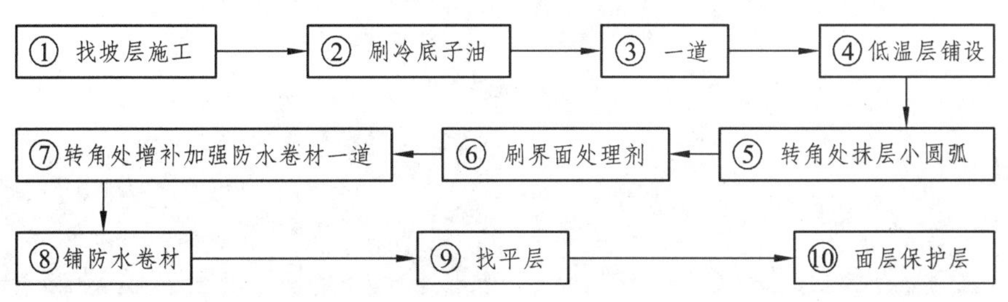

图 20-1-3　女儿墙施工工艺流程

2. 檐沟构造展示

檐沟（图 20-1-4 和图 20-1-5）的展示设计主要分两部分，其一是如何防水，其二是如何配筋。檐沟属于悬臂构件，根部承受较大的负弯矩，会引起上部出现裂缝，从而导致漏水事故的发生。其施工过程一般为先采用 20 mm 厚的 1∶3 的水泥砂浆找平，然后满刷冷底子油一道作为结合层，再粘贴防水卷材，粘贴时应注意做好泛水构造处理，同时应将整个檐沟全部包住，外侧应粘至檐沟板外缘并用钢钉固定后抹沥青封口处理。檐沟的配筋展示中，应注意的是受力钢筋应设置的檐沟的上部，由于檐沟挑板厚度一般较小，如 80 mm 左右，如施工时不加以认真控制，受力钢筋极易偏离上部的位置后进入板的中部甚至下部，从而使受力钢筋不能起到承受负弯矩的作用，拆模时，负弯矩在板的上部产生较大的拉应力，使上部混凝土迅速被拉裂后导致檐沟板拉断，致使在拆模工人受到极大的伤害，此点不可不明。为了控制好受力钢筋的位置，一般可采用定型马凳，并在施工的时候严禁人员在上面随意踩踏而使钢筋下沉。

图 20-1-4　外檐沟构造展示

图 20-1-5　外檐沟构造展示

3. 平屋面防水构造展示

平屋面防水做法一般可采用刚性防水和柔性防水两种，工程中按照防水等级的不同可采用一种或多种做法相互配合以达到防水目的。为了使屋面构造能清楚地表达，我们做了展示设计如图 20-1-6 和图 20-1-7。

图 20-1-6　平屋顶保温防水构造层次展示

图 20-1-7　平屋面防水

平屋面防水构造的施工工艺流程如图 20-1-8 所示。

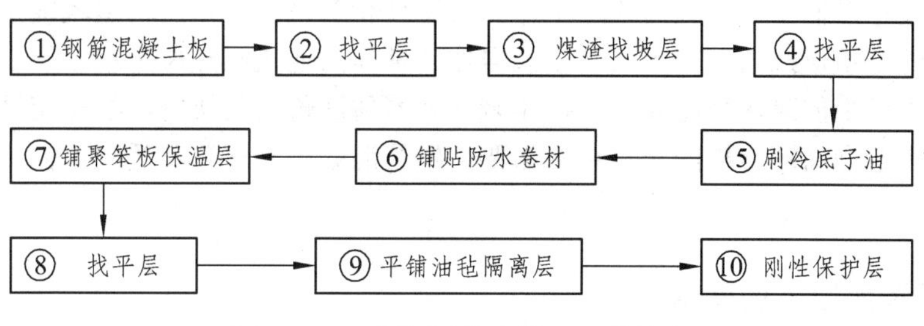

图 20-1-8　平屋面防水施工工艺流程

【实训记录】

参观时间：　　年　　月　　日　　　　　　　　　　参观地点：

参观内容记录：

任务二　坡屋顶展示

【实训目的】

了解坡屋顶的概念、类型、施工流程。

【实训工具】

建筑模型，建筑图片、视频，实训记录表。

【实训内容】

一、坡屋顶的概念和类型

坡屋顶又叫斜屋顶，是指排水坡度一般大于 3%的屋顶。坡屋顶在建筑中应用较广，主要有单坡式、双坡式、四坡式和折腰式等。坡屋顶的形式和坡度主要取决于建筑平面、结构形式、屋面材料、气候环境、风俗习惯和建筑造型等因素。

坡屋面由于外形美观大方，防水性能好而深受欢迎。但由于平屋顶无法克服的漏水问题，不少业主在近些年采取了平改坡的改建工作。坡屋顶相对平屋顶来讲构造较复杂，施工成本也高，下部形成的三角形搁楼空间不大利于人居住，常作为通风隔热层。坡屋顶在过去一般采用木质基层，成本较少但隔热性能较差。近年来，随着住房价格的攀升，搁楼层就经常被利用起来居住，同时因造型新颖独特的建筑结构需要，钢筋混凝土基层日益受到人们的欢迎，使用也相当的普遍。

二、木质基层坡屋顶展示

木质基层坡屋顶是指由木结构来承重的坡屋顶，在我国传统的建筑中，一般均采用此类结构。在广大的新农村建造中，江南一带的坡屋顶一般也均采用木质结构。由于此类结构使用广，我们进行了相应的展示设计，如图 20-2-1 所示。

图 20-2-1 所示的屋面构造为木质基层有保温构造的坡屋顶，从图 20-2-1 中可以看到，由于瓦片的设置方法不同，一般可分挂瓦及用砂浆粘瓦两种构造。左侧的构造为檩条→木望板→防水卷材→压毡条→挂瓦条→聚苯板保温层→机制瓦；右侧的构造为檩条→木望板→防水卷材→钉铺聚苯板保温层→砂浆找平层→砂浆粘贴小青瓦。此两种方法是浙江省坡屋面木结构标准图集中的做法，也是常被采用的构造方法。

图 20-2-1　木质基层保温坡屋顶构造展示

图 20-2-2　木质基层不保温坡屋顶构造展示

图 20-2-2 所示的屋面为无保温构造的坡屋顶，总共有三种做法。图中上部的构造做法为檩条→木望板→防水卷材→压毡条（顺水条）→挂瓦条→挂机制平瓦，此屋面构造相对复杂，但防水效果较好，被大量地采用；中部为油毡瓦屋面，其构造做法为檩条→木望板→防水卷材→粘油毡瓦，此种屋面构造因自重轻，施工简单，外观漂亮，适宜用于坡度很陡的建筑屋顶，常在有较大外观追求的建筑中采用；下部为小青瓦冷摊瓦屋面，其构造做法为木檩条→木椽子→木挂瓦条→小青瓦，此种方法构造简单，造价低，但雨雪易人瓦缝中飘入室内，适用于南方地区质量要求不高的建筑物，随着人们生活水平的提高，新建建筑极少采用此种构造了。

三、钢筋混凝土基层坡屋顶展示

钢筋混凝土基层坡屋顶是指屋顶荷载作用在钢筋混凝土屋面板上，屋面板与下面的柱梁连成一体形成整体框架受力。其具体构造如图 20-2-3 所示，图中所示的为钢筋砼坡屋面常见的构造形式，上部的做法构造为无保温层的做法，即钢筋混凝土板→找平层→刷冷底子油结合层→

铺防水卷材→钉压毡条→钉挂瓦条→挂机制平瓦，此方法构造简单，施工方便，采用较多；下部的构造做法为有保温层的做法，即钢筋混凝土屋面板→找平层→刷冷底子油结合层→铺防水卷材→钉铺聚苯板保温板→砂浆找平层→钉顺水条→钉挂瓦条→挂混凝土瓦，此法由于构造复杂，屋面构造层数多，厚度大，在坡度较大的屋面易发生滑移，故采用相对较少。在有保温层的屋面构造中，为了防止屋面发生滑移，一般需采用钢筋（丝）网将保温层拉牢。

四、钢结构坡屋顶展示

钢结构工程中，一般均采用有一定斜坡的坡屋顶，因跨度一般均较大故坡度较缓和。其屋面瓦片一般采用规格大的石棉水泥瓦、彩色压型钢板、夹心保温板等材料。近年来，随着生活水平的发展，不保温的石棉水泥瓦逐步被淘汰，我们将常见的展示如图 20-2-4。图的左侧设计展示彩色压型钢板屋面，右侧为夹心保温板屋面，上部为钢结构的檐沟做法。彩色压型钢板的构造大多数将彩板直接支承于檩条上，一般为槽钢、工字钢或轻钢檩条，檩条间距视屋面板型号而定，一般为 1.5 ~ 3.0 m。屋面板的坡度大小与降雨量、板型、拼缝方式有关。一般不小于 3°。夹心保温板屋面构造与彩钢板屋面基本相同，只是增加了保温的作用。

图 20-2-3　混凝土基层坡屋顶构造展示

图 20-2-4　钢结构屋顶构造展示

【实训记录】

参观时间：　　年　　月　　日　　　　　　　　　　参观地点：

参观内容记录：

项目二十一　实体比例建筑教学模型装饰装修工程展示

【实训目的】

了解装饰装修的作用及常见的装修项目。

【实训工具】

建筑模型，建筑图片、视频，实训记录表。

【实训内容】

一、装饰装修的作用

为保护建筑物的主体结构、完善建筑物的使用功能和美化建筑物，采用装饰装修材料或饰物，对建筑物的内外表面及空间进行的各种处理过程。

在土建工程完工后，就进入了安装门窗、室外墙面装修、室内地面、墙面、顶棚装修的装饰装修过程。此过程中由于材料种类繁多，施工工艺类型多。

二、参观实体比例建筑教学模型装饰装修工程展示

不保温外墙喷砂饰面做法：砖基层→找平层→喷吵饰面展示。其他如抹灰饰面、仿石漆饰面、涂料饰面、乳胶漆饰面。

外墙外保温做法：找平层→保温层→网格布增强层→找平层→弹涂饰面。其中的保温层做法可采用 EPS、XPS、硬泡聚氨酯、胶粉聚苯颗粒外墙外保温系统、聚合物改性无机材料保温系统等做法；外墙也可采用内保温，其常用干挂内保温及聚合物改性无机保温砂浆系统。保温构造中由于保温削弱面层的强度，因而易发生如墙体开裂、面砖剥落、整体起翘脱离、保温板整体脱落等质量事故。故在施工时应重点把握施工要点。

常见的装饰工程具体如图 21-0-1 ~ 图 21-0-10 所示。

图 21-0-1　干挂花岗石构造展示

图 21-0-2　外墙饰面砖展示

图 21-0-3　外墙喷砂饰面展示

图 21-0-4　外墙外保温构造展示

图 21-0-5　木窗构造展示

图 21-0-6　钢窗和轻钢厂房外墙板构造展示

图 21-0-7　塑钢窗构造展示图

图 21-0-8　卷帘门构造展示

图 21-0-9　厕所面砖地面构造展示

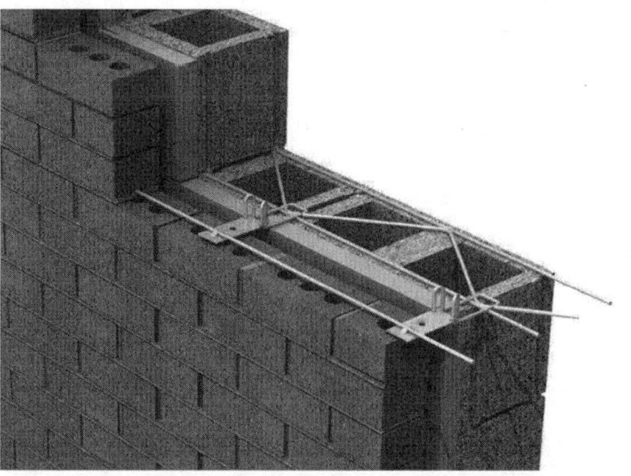

图 21-0-10　夹心保温墙板构造展示

【实训记录】

参观时间：　　年　　月　　日　　　　　　参观地点：

参观内容记录：

第六篇　楼宇智能安防布线实训

项目二十二　楼宇智能安防布线实训系统认识训练

任务一　楼宇智能安防布线系统认识

【实训目的】

了解楼宇智能安防布线实训系统基本组成、相关实训设备、器件、工具及软件等，知道楼宇智能安防布线在实际应用中的意义。

【实训工具】

建筑楼宇智能安防布线设备及相应耗材、工具。

【实训内容】

一、楼宇智能安防布线系统组成认识

楼宇智能安防布线实训系统采用模型模块化设计，由建筑模型、对讲门禁子系统及室内安防系统、防盗报警及周边防范系统、网络视频监控、巡更、DDC 照明控制、建筑环境监控系统等组成，如图 22-1-1。

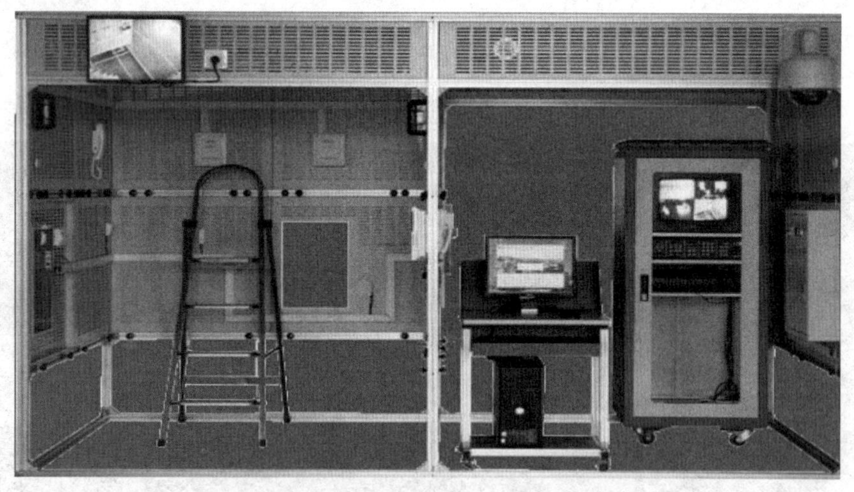

图 22-1-1　楼宇智能安防布线实训系统

1. 对讲门禁及室内安防系统

可视对讲门禁子系统由管理中心机、室外主机、多功能室内分机、普通室内分机、联网器、层间分配器、开门按钮、电插锁、通讯转换模块和可视对讲管理软件等部件组成，能够实现室内、室外和管理中心之间的可视对讲、门禁管理等功能。室内安防部件由家用紧急按钮、红外探测器、门磁、燃气探测器和声光报警器组成，能够实现室内安防监控和报警等功能。

2. 网络视频监控及周边防范子系统

网络视频监控子系统由液晶监视器、网络硬盘录像机、网络智能高速球摄像机、红外半球摄像机、红外筒形摄像机、红外点整筒形摄像机和周边防范探测器（主动红外对射探测器）组成。能够完成对智能大楼（小区）和管理中心的视频监控和录像等功能，同时结合周边防范探测器实现报警联动等功能。

3. 防盗报警及周边防范系统

防盗报警及周边防范系统由大型报警主机、液晶键盘、打印机接口模块、多路总线驱动器、六防区报警主机、震动探测器、玻璃破碎探测器、感温探测器、烟雾探测器、红外对射探测器、声光报警器、红外幕帘探测器等部件组成。能够构建一套典型防盗报警及周边防范系统，实现建筑模型之间的防盗报警功能。

4. 巡更系统

巡更系统由巡更巡检器、通讯线、充电器、信息钮等设备组成，配套巡更系统软件能够完成巡更路线设计及巡更信息采集等功能。

5. DDC 监控系统

DDC 照明控制系统由上位监控系统、DDC 控制器和通信接口卡等设备组成，配套安防系统和照明设备能够完成安防报警联动和照明控制等功能。

6. 建筑环境监控系统

建筑环境监控系统由建筑环境监控软件、无线智能终端、传感器（温度、湿度、光照度、CO_2、PM2.5）、电器设备（风扇、灯）等组成，能够组成一套小型建筑环境监控系统，实现建筑环境监控软件实时监控传感器的检测数据及对电器设备的控制。

二、楼宇智能安防布线实训系统配置认识

楼宇智能安防布线实训系统配置主要包括实训系统器材规格或型号（详见表 22-1-1）、各系统配置（详见表 22-1-2）及工具和耗材（详见表 22-1-3）。

表 22-1-1　实训系统器材规格或型号

序号	名称	规格或型号
1	建筑模型	由铝合金型材框架和安装布线网孔板组成，3 120 mm×1 580 mm×2 310 mm（长×宽×高），分为智能大楼（小区）、管理中心，器件采用自攻螺丝和工程塑料卡件配合安装
2	电脑桌	600 mm×600 mm×800 mm（长×宽×高）
3	钢凳	ϕ300 mm×450 mm（直径×高）
4	铝人字梯	900 mm×250 mm×1 200 mm（长×宽×高）
5	DDC 照明控制箱	600 mm×450 mm×150 mm（长×宽×深）
6	工程塑料卡件	20 mm×10 mm×11 mm（长×宽×高）

表 22-1-2　实训各系统配置

序号	名称	主要部件配置
1	对讲门禁系统	包含彩色可视室外主机、普通壁挂室内分机、管理中心机、联网器、层间分配器、通讯转换模块、管理软件、非接触卡
2	IP 网络视频监控系统	包含网络高速球摄像机、高清宽动态低照度网络摄像机、定焦红外筒机、高清定焦红外半球、NVR 网络视频录像机、液晶显示器
3	室内安防与周边防范系统	包含智能终端、移动终端、震动探测器、玻璃破碎探测器、感温探测器、烟雾探测器、可燃气体探测器、红外探测器、门磁、红外对射探测器、声光报警器、报警按钮、红外幕帘探测器、大型报警主机、六防区报警主机、液晶键盘、多路总线驱动器、RS232 打印机接口模块
4	巡更系统	包含巡更巡检器、通讯线、充电器、信息钮
5	建筑环境监控系统	温度传感器、湿度传感器、光照度传感器、CO_2 传感器、PM2.5 传感器、平板电脑、风扇、建筑环境监控系统软件
6	照明监控系统	包含 DDC 控制器、光控开关、照明灯具、电源

表 22-1-3　实训工具及耗材

序号	名称	主要部件配置
1	工具	螺丝刀、剥线钳、尖嘴钳、斜口钳、剪刀、电烙铁、焊锡丝、镊子、钢锯、锯条、卷尺、万用表、圆珠笔或签字笔 2B 铅笔、橡皮、三角尺、卷尺及书写工具、网线钳、线缆测试仪等
2	耗材	电源导线、白色护套线、网线、水晶头、屏蔽双绞线、号码管、不锈钢自攻螺丝、不锈钢平垫、塑料卡子、焊锡丝、记号笔、网线、PVC 线管、弯头、迫码、杯疏等

【实训拓展】

讨论：建筑智能化安装与调试实训中，如何正确使用螺丝刀、剥线钳、尖嘴钳、斜口钳、剪刀、电烙铁、焊锡丝、镊子、钢锯、锯条、卷尺、万用表、网线钳、线缆测试仪等工具？

任务二　对讲门禁及室内安防实训系统的安装与调试训练

【实训目的】

通过装调门禁控制、楼宇对讲系统及相关知识的讲解，使学生认识安防出入口控制系统的组成及功能，出入口控制系统的主要设备及控制，最后通过实例对知识进行巩固。掌握对讲门禁及室内安防的安装与调试。

【实训工具】

建筑楼宇智能安防布线设备及相应耗材、工具。

【实训内容】

（1）可视对讲门禁系统安装和接线。

（2）对讲门禁及室内安防系统调试。

【任务流程】

一、可视对讲门禁系统安装和接线

通过模拟对讲门禁及室内安防实训系统的安装与调试训练，理解可视对讲门某系统的以下功能：

每个梯道入口处安装单元门口主机，可用于呼叫住户或管理中心，业主进入梯道铁门可利用 IC 卡感应开启电控门锁，同时对外来人员进行第一道过滤，避免访客随便进入楼层梯道；来访者可通过梯道主机呼叫住户，住户可以拿起话筒与之通话（可视功能），并决定接受或拒绝来访；住户同意来访者进入后，遥控开启楼门电控锁。业主室内安装的可视分机，对访客进行对话、辨认，由业主遥控开锁；住户家中发生事件时，住户可利用可视对讲分机呼叫小区的保安室，向保安室寻求支援。在保安监控中安装管理中心机，专供接收用户紧急求助和呼叫。

每个家庭的安全防范系统通过总线都可将报警信号传送至管理中心，管理人员可确认报警的位置和类型，同时计算机还显示与住户相关的一些信息，以供保安人员及时和正确地进行接警处理。

对讲门禁系统及室内安防系统如图 22-2-1。

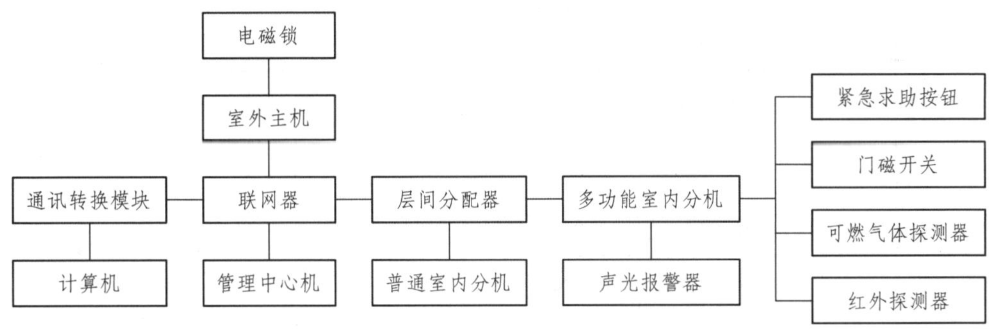

图 22-2-1　对讲门禁系统及室内安防组成

1. 管理中心机

管理中心机接线端子示意图（图 22-2-2）。

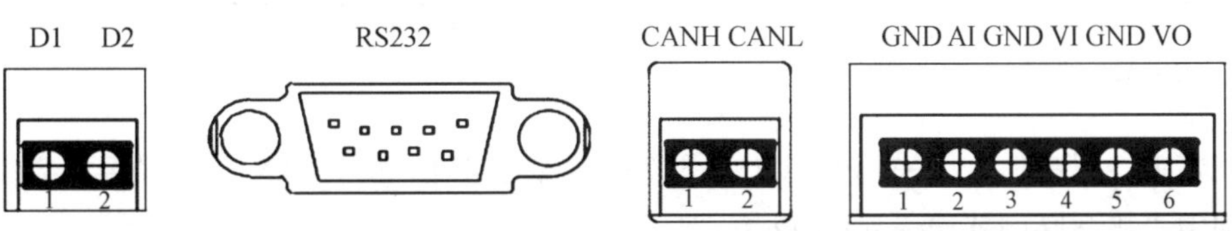

图 22-2-2　管理中心机接线端子示意图

管理中心机装配如图 22-2-3 所示，接线端对应情况如表 22-2-1 所示。

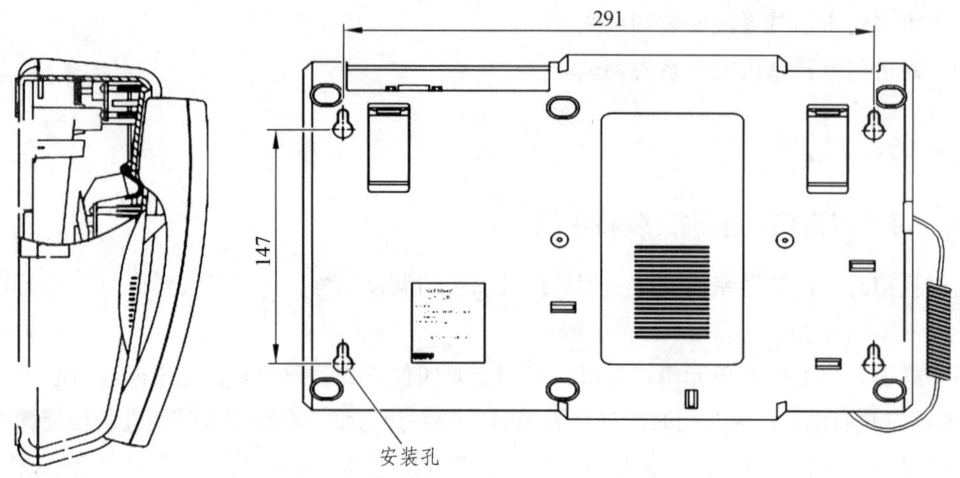

图 22-2-3　管理中心机装配示意图

表 22-2-1　管理中心机接线端子接线

端口号	序号	端子标识	端子名称	连接设备名称	注释
端口 A	1	GND	地	室外主机或矩阵切换器	音频信号输入端口
	2	AI	音频入		
	3	GND	地		视频信号输入端口
	4	VI	音频入		
	5	GND	地	监视器	视频信号输出端，可外接监视器
	6	VO	音频出		
端口 B	1	CANH	CAN 正	室外主机	CAN 总线接口
	2	CANL	CAN 负		
端口 C	1-9		RS232	计算机	RS232 接口，接上位计算机
端口 D	1	D1	18V 电源	电源箱	给管理中心机供电，18 V 无极性
	2	D2			

注意：当管理中心机处于 CAN 总线的末端，需在 CAN 总线接线端子处并接一个 120 Ω电阻（即并接在 CANH 与 CANL 之间）。

布线要求：视频信号线采用 SYV75-3 同轴电缆；音频信号和 CAN 总线采用相应类型的电缆。管理中心机与联网器接线如图 22-2-4 所示。

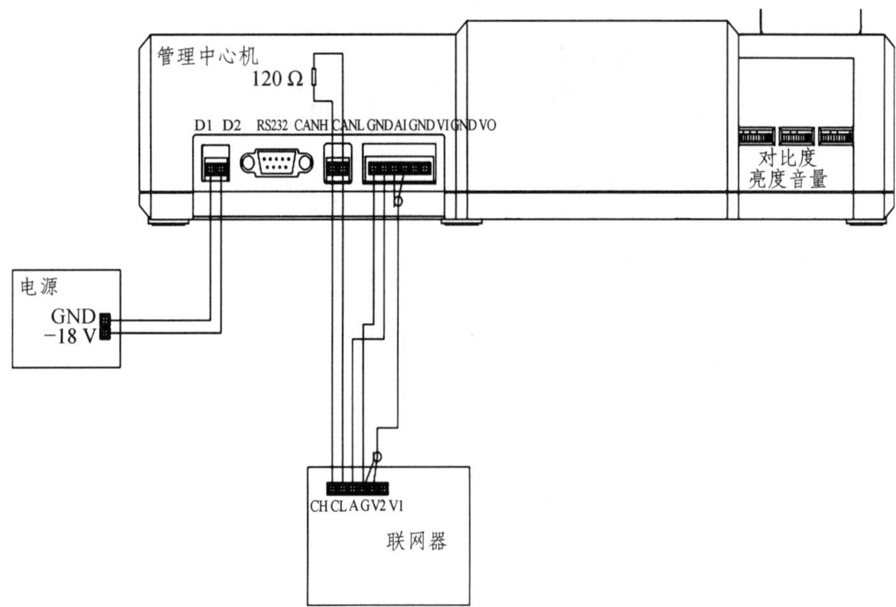

图 22-2-4　管理中心机与联网器接线图

2. 室外主机

室外主机外形如图 22-2-5 所示。

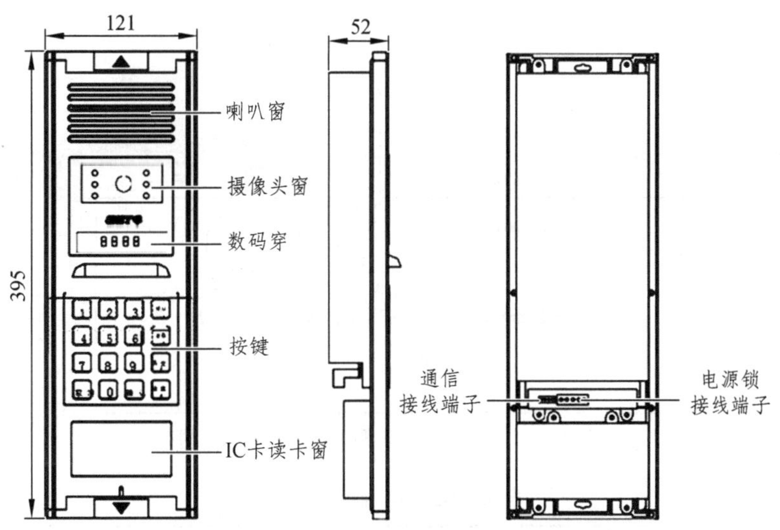

图 22-2-5　室外主机外形示意图

室外主机安装过程如下，分解如图 22-2-6 所示。

（1）门上开好孔位。

（2）把传送线连接在端子和线排上，插接在室外主机上。

（3）把室外主机和嵌入后备盒放置在门板的两侧，用螺丝牢固固定。

（4）盖上室外主机上、下方的小盖。

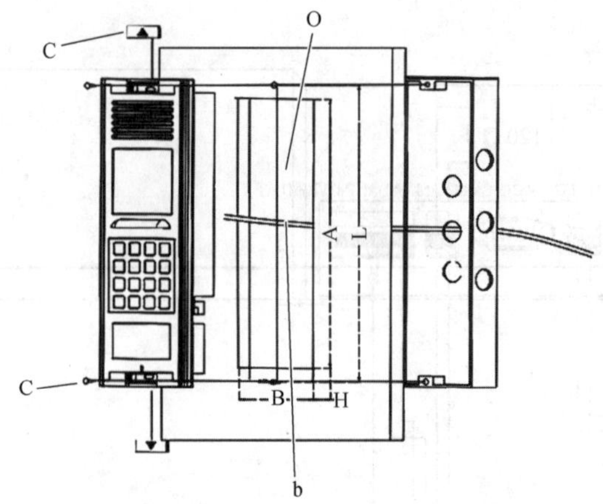

图 22-2-6　室外主机安装分解图

室外主机与联网器接线如图 22-2-7 所示；电源端子说明见表 22-2-2；通讯端子说明见表 22-2-3。

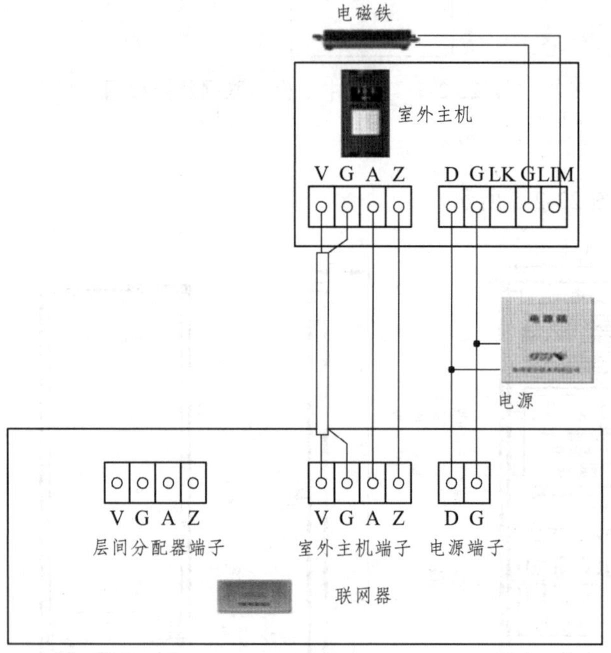

图 22-2-7　室外主机与联网器接线示意图

表 22-2-2　电源端子说明

端子序	标识	名称	与总线层间分配器连接关系
1	D	电源	电源 + 18 V
2	G	地	电源端子 GND
3	LK	电控锁	接电控锁正极
4	G	地	接锁地线
5	LKM	电磁锁	接电磁锁正极

表 22-2-3　通讯端子说明

端子序	标识	名称	连接关系
1	V	视频	接联网器室外主机端子 V
2	G	地	接联网器室外主机端子 G
3	A	音频	接联网器室外主机端子 A
4	Z	总线	接联网器室外主机端子 Z

3. 多功能室内分机

多功能室内分机外形如图 22-2-8 所示，接线端口如图 22-2-9 所示。具体连接方式见表 22-2-4。

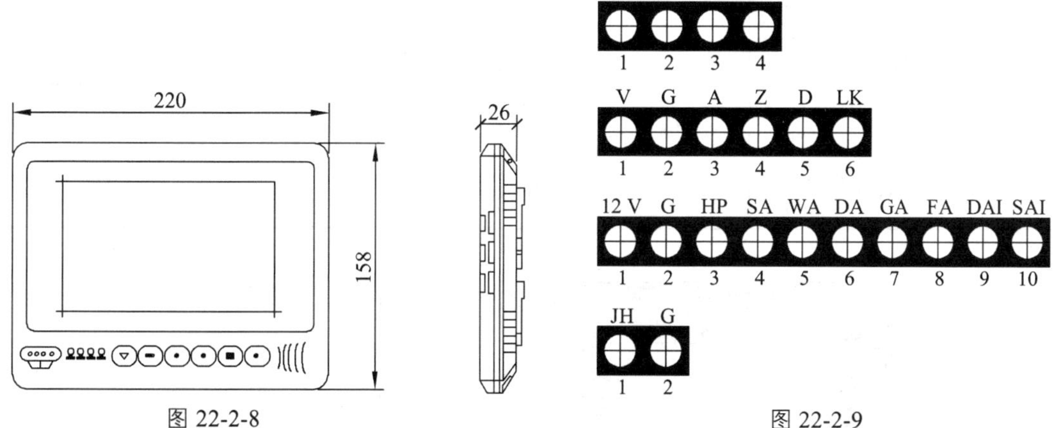

图 22-2-8　　图 22-2-9

表 22-2-4　多功能室内分机接线端子

端口号	端子序号	端子标识	端子名称	连接设备名称	连接设备端口号	端子号	说　明
主干端口	1	V	视频	层间分配器/门前铃分配器	层间分配器分支端子/门前铃分配器主干端子	1	单元视频/门前铃分配器主干视频
	2	G	地			2	地
	3	A	音频			3	单元音频/门前铃分配器主干音频
	4	Z	总线			4	层间分配器分支总线/门前铃分配器主干总线
	5	D	电源	层间分配器	层间分配器分支端子	5	室内分机供电端子
	6	LK	开锁	住户门锁		6	对于多门前铃，有多住户门锁，此端子可空置
门前铃端口	1	MV	视频	门前铃	门前铃	1	门前铃视频
	2	G	地			2	门前铃地
	3	MA	音频			3	门前铃音频
	4	M12	电源			4	门前铃电源

续表

端口号	端子序号	端子标识	端子名称	连接设备名称	连接设备端口号	端子号	说明
安防端口	1	12V	安防电源	室内报警设备	外接报警器、探测器电源	各报警前端设备的相应端子	给报警器、探测器供电，供电电流≤100 mA
	2	G	地				地
	3	HP	求助		求助按钮		紧急求助按钮接入口常开端子
	4	SA	防盗		红外探测器		接与撤布防相关的门、窗磁传感器、防盗探测器的常闭端子
	5	WA	窗磁		窗磁		
	6	DA	门磁		门磁		
	7	GA	燃气探测		燃气泄漏		接与撤布防无关的烟感、燃气探测器的常开端子
	8	FA	感烟探测		火警		
	9	DAI	立即报警门磁		门磁		接与撤布防相关门磁传感器、红外探测器的常闭端子
	10	SAI	立即报警防盗		红外探测器		

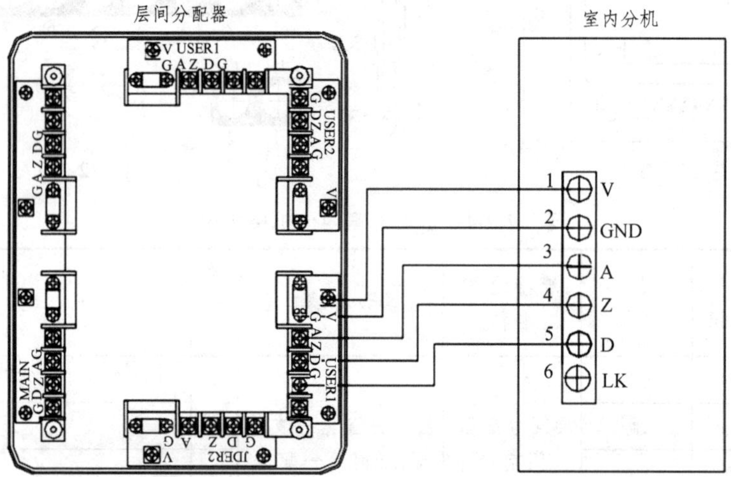

图 22-2-10　室内分机与层间分配器接线示意图

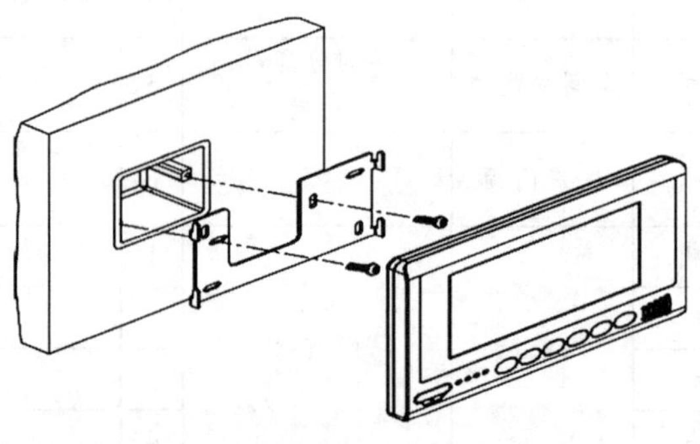

图 22-2-11　多功能室内分机安装示意图

4. 普通室内分机

普通室内分机外形如图 22-2-12 所示。

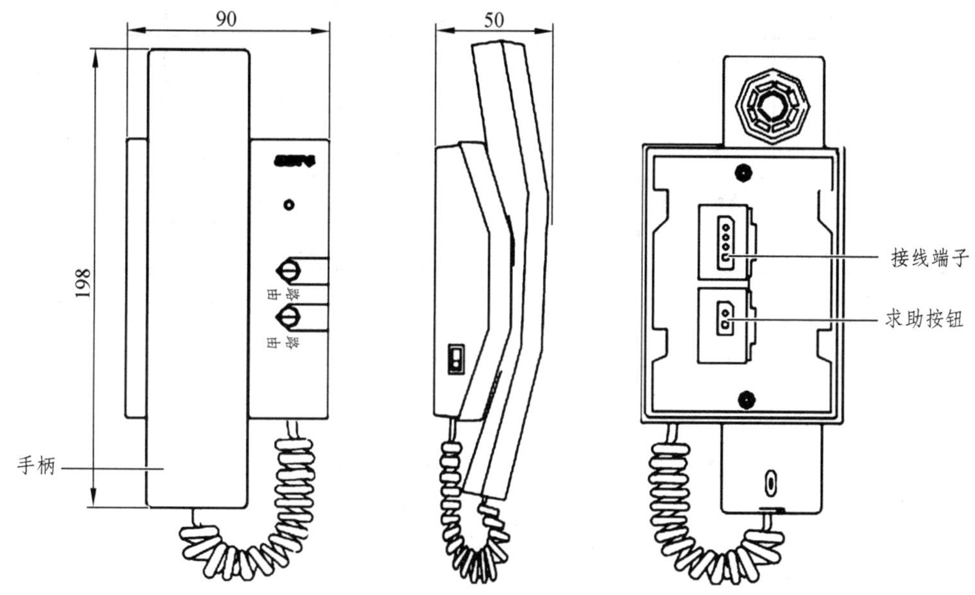

图 22-2-12　普通室内分机外形示意图

对外接线端子见表 22-2-5 ~ 表 22-2-8。

表 22-2-5　电源端子（XS4）

端子序	标识	名称	连接关系（POWER）
1	D+	电源	电源 D
2	D−	地	电源 G

表 22-2-6　室内方向端子（XS2）

端子序	标识	名称	连接关系（USER1）
1	V	视频	接单元通讯端子 V（1）
2	G	地	接单元通讯端子 G（2）
3	A	音频	接单元通讯端子 A（3）
4	Z	总线	接单元通讯端子 Z（4）

表 22-2-7　室外方向端子（XS3）

端子序	标识	名称	连接关系（USER2）
1	V	视频	接室外主机通讯接线端子 V（1）
2	G	地	接室外主机通讯接线端子 G（2）
3	A	音频	接室外主机通讯接线端子 A（3）
4	Z/M12	总线	接室外主机通讯接线端子 Z（4）或门前铃电源端子 M12

表 22-2-8　外网端子（XS1）

端子序	标识	名称	连接关系（OUTSIDE）
1	V1	视频 1	接外网通讯接线端子 V1（1）
2	V2	视频 2	接外网通讯接线端子 V2（2）
3	G	地	接外网通讯接线端子 G（3）
4	A	音频	接外网通讯接线端子 A（4）
5	CL	CAN 总线	接外网通讯接线端子 CL（5）
6	CH	CAN 总线	接外网通讯接线端子 CH（6）

5. 层间分配器

联网器接线如图 22-2-13 所示；层间分配器的外形如图 22-2-14 所示。

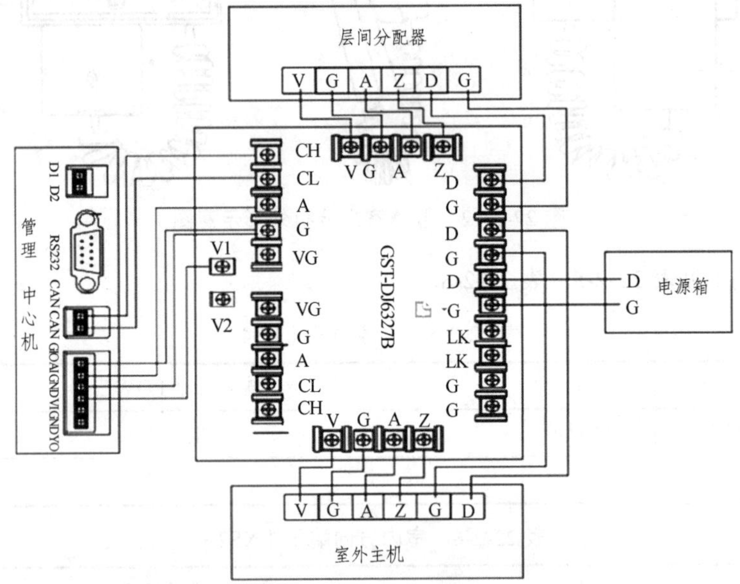

图 22-2-13　联网器接线示意图

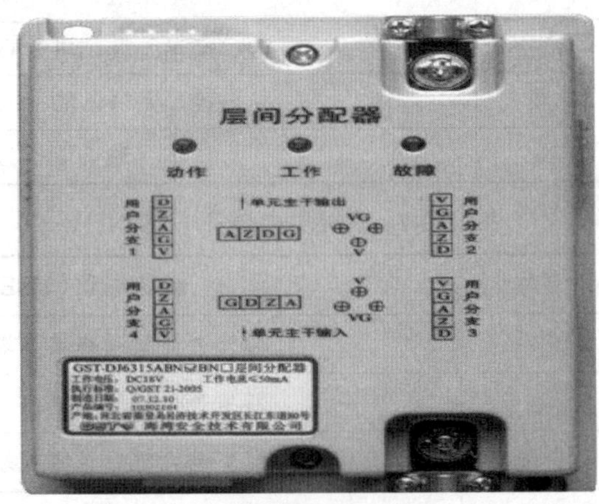

图 22-2-14　层间分配器的外形示意图

（1）紧急求助按钮：当银行、家庭、机关、工厂等场合出现入室抢劫、盗窃等险情或其他异常情况时，往往需要采用人工操作来实现紧急报警。这时可采用紧急报警按钮开关。安装在“智能小区”室内，位置要适中，便于操作，如图 22-2-15。

（2）门磁：门磁是由永久磁铁及干簧管（又称磁簧管或磁控管）两部分组成的。干簧管是一个内部充有惰性气体（如氨气）的玻璃管，内装有两个金属簧片，形成触点。固定端和活动端分别安装在“智能小区”的门框和门扇上，如图 22-2-16。

图 22-2-15　紧急求助按钮

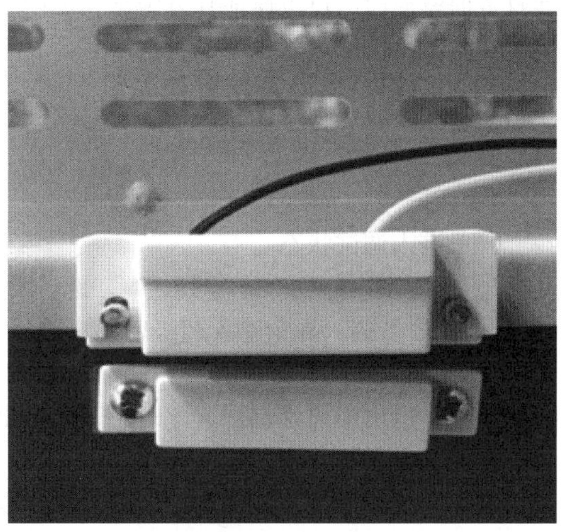

图 22-2-16　门磁

（3）可燃气体探测器：本探测器采用长寿命气敏传感器，具有传感器失效自检功能。能感应煤气、天然气、液化石油气等有毒有害气体，采用 DC12 V 的直流电源，报警浓度为 15%LEL，恢复浓度为 8%LEL。工作温度为 − 10 °C ~ + 40 °C，相对湿度≤90%RH，报警浓度误差不大于 ± 5%LEL，安装在“智能小区”的门口两侧，位置要适中，如图 22-2-17。

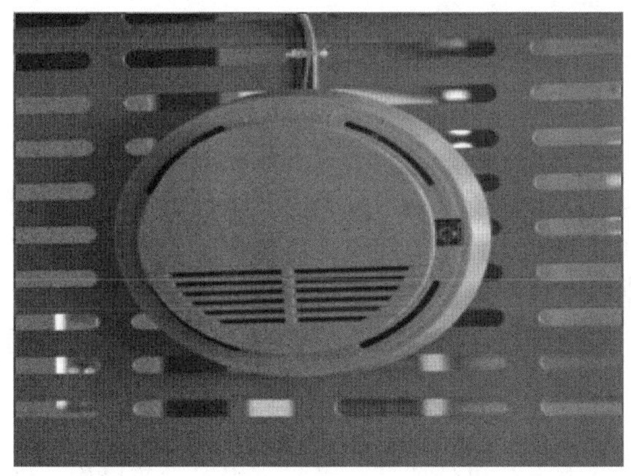

图 22-2-17　可燃气体探测器

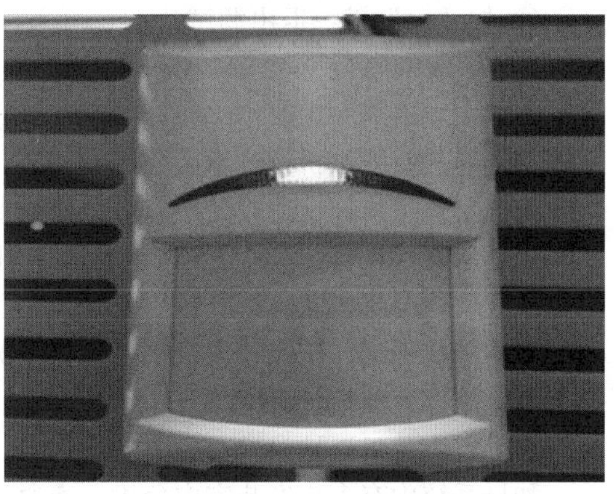

图 22-2-18　红外探测器

（4）红外探测器：被动红外探测器又称热感式红外探测器。它的特点是不需要附加红外辐射光源，本身不向外界发射任何能量，而是探测器直接探测来自移动目标的红外辐射，因此才有被动式支撑。任何物体，包括生物和矿物体，因表面温度不同，都会发出强弱不同的红外线。

各种不同物体辐射的红外线波长也不同，人体辐射的红外线波长是在 10 μm 左右，而被动式红外探测器件的探测波是范围在 8 ~ 14 μm，因此，能较好地探测到活动的人体跨入禁区段，从而发出警戒报警信号。被动式红外探测器按结构、警戒范围及探测距离的不同，可分为单波束型和多波束型两种，单波束型采用反射聚焦式光学系统，其警戒视角较窄，一般小于 5 度，但作用距离较远（可达百米）。多波束型采用透镜聚集式光学系统，用于大视角警戒，可达 90 度，作用距离只有几米到十几米。一般用于对重要出入口入侵警戒及区域防护。安装在门口附近，并且方向要面向门口以保证其灵敏度，如图 22-2-18。

二、对讲门禁及室内安防系统调试

1. 多功能室内机的功能实现

1）调试

（1）进入调试状态。

① 按下室内分机小键盘上“☎”键，听到一声短音提示后松开，“✉”灯亮、按“✉”键，“✉”灯灭、提示输入超级密码，输入超级密码后，按“☎”键确认。

② 如输入密码正确，有两声短音提示，进入调试状态；若输入密码错误，有快节奏的声音提示错误，退出当前状态，若此时想进入调试状态，再次按①步骤重新操作。

（2）调试。

进入调试状态后，若室内分机被设置为接受呼叫只振铃不显示图像模式，“✉”灯亮。按照下列步骤进行调试。

① 按“✉”键，设置显示模式。按一次，显示模式改变一次。“✉”灯亮时室内分机设置为接受呼叫只振铃不显示图像模式；“✉”灯不亮时室内分机为正常显示模式。

② 按“👁”键，与一号室外主机可视对讲，按“🔓”键，关闭音视频。

③ 按“◉”键，与一号门前铃可视对讲，按“🔓”键，关闭音视频。

④ 按“⊗”键，恢复出厂撤防密码。

⑤ 按“☎”键，退出调试状态。

注：超级密码为 543215。密码由“1” ~ “5”五个数字键构成（☎：1；👁：2；🔓：3；✉：4；⊗：5）。

（3）通过室外主机设置室内分机地址。

操作室外主机处于使其处于室内分机地址设置状态，按下室内分机“开锁”键 3 秒钟听到一声短提示音后松开，室内分机呼叫室外主机。呼叫地址为 9501 的室外主机或室外主机呼叫室内分机，室内分机按“通话”键后通话，按下室外主机上“设置”键，在室外主机上输入欲设置的室内分机地址，按室外主机上“确认”键，室内分机收到后有一声长音提示，室内分机更改为新地址，完成地址设置。

（4）室内分机地址设置。

如果系统中有多户安装室内分机，需通过区分室内分机的地址，进行可视对讲等操作，则要给室内分机设置地址。系统中有室外主机，可按照（3）步骤通过室外主机给室内分机设置地址，也可按照的操作步骤进入室内分机的调试状态给室内分机设置地址。

非联网别墅系统中室内分机只外接门前铃，没有管理中心机，此时不需要设置室内分机地址。

2）功能实现操作

（1）呼叫、通话及开锁。

在室外主机、门前铃、小区门口机或管理中心机呼叫室内分机时，室内分机振铃，按“通话”键可与室外主机、门前铃、小区门口机或管理中心机通话，如果是多室内分机，其他室内分机自动挂断。室外主机、门前铃呼叫室内分机，室内分机响振铃或通话时按“开锁”键可打开对应的电锁。室内分机响振铃期间，按室内分机“开锁”键，室内分机停止响铃，按“通话”键可正常通话。若按室内分机“开锁”键后，室内分机振铃剩余时间大于 5 秒钟，将会只延时 5 秒就关闭业务。通话过程中再按“通话”键，结束通话。

室内分机接受呼叫时可显示来访者图像。当同户多室内分机时，可将室内分机设置为接受呼叫只振铃不显示图像模式，此时室内分机接收呼叫时不显示图像，室内分机振铃时按下“监视”键或按“通话”键方可显示来访者图像。

（2）呼叫室外主机。

按下“开锁”键 3 秒钟听到一声短提示音后松开，室内分机呼叫室外主机。

（3）呼叫管理中心。

按下“中心”键，呼叫管理中心机。管理中心机响铃并显示室内分机的号码，管理中心摘机可与室内分机通话，通话完毕，按“通话”键挂机。若通话时间到，管理中心机和室内分机自动挂机。

（4）撤布防操作。

① 布防：在系统撤防的状态下，按下“⊗”键 2 秒进入预布防状态，“⊗”灯慢闪（亮少灭多），延时 60 秒进入布防状态，“⊗”灯亮。布防状态，响应所有外接探测器报警。

注意：分机进入预布防状态后，请尽快离开红外报警探测区并关好门窗。

② 撤防：在布防状态，按“⊗”键 2 秒听到提示音松开，进入撤防状态，“⊗”灯快闪（亮多灭少），输入撤防密码。按“🔑”键若正确听到一声长音提示退出当前布防状态；若错误响快节奏的声音提示错误，三次输入撤防密码错误，向管理中心传防拆报警，并本地报警提示。在预布防状态，可以直接按“⊗”键撤防。

③ 撤防密码更改：常按“☎”键进入设置状态，短信灯闪烁，按“⊗”键进入撤防密码修改状态，此时求助灯闪烁（亮多灭少）；输入原密码按“🔑”键，若密码正确，听到两声短音提示，可输入新密码，按“🔑”键听到两声短音提示再次输入新密码，若两次输入的新密码一致，按“🔑”键听到一声长音提示密码修改成功，启用新的撤防密码。若两次输入的新密码不一致，按“🔑”键听到快节奏的声音提示错误，密码为原密码。在进入设置状态后，常按“🔑”退出设置状态。

注意：请牢记密码，以备撤防时使用；密码由“1”～“5”五个数字键构成，密码可以是 0 到 6 位。出厂默认没有密码。（☎：1；👁：2；🔓：3；✉：4；⊗：5）。

（5）紧急求助功能。

按下室内分机扩带的紧急求助按钮，求助信号可上传到管理中心机，管理中心机报求助警并显示紧急求助的室内分机号，布防灯闪亮 2 分钟（不带报警的常亮 2 分钟）

（6）报警。

分机支持火灾探测器、红外探测器、门磁、窗磁和燃气泄漏探测器的报警。当检测到报警信号，分机向管理中心报相应警情，相应指示灯点亮 3 分钟，响报警音 3 分钟。

红外探测器、窗磁、门磁，只有在布防状态才起作用。分机有两个红外探测器接口和两个门磁探测器接口，一个为立即报警接口，一个为延时报警接口。接在立即报警接口的探测器如果报警，分机立即报警。接在延时报警接口的探测器如果报警，分机将先预警 45 秒，然后报警；若预警期间给分机撤防，分机将不报警。

分机的窗磁探测器接口、火灾探测器接口、燃气泄漏探测器接口均为立即报警接口。当检测到报警时，求助指示灯会闪亮。

2. 门前铃的功能实现

（1）呼叫、通话。

按门前铃的呼叫键呼叫室内分机，室内分机振铃，室内分机可显示来访者的图像。摘机，双方可进行通话。通话限时 45 秒。

（2）配合室内分机监视门外图像。

在摘机状态下，按室内分机的“监视”键，通过门前铃可监视门外图像。监视限时 45 秒。

3. 普通室内机的功能实现

1）调试

普通室内机地址设置：操作系统室外主机处于室内分机地址设置状态，室内分机摘机呼叫地址为 9501 的室外主机或室外主机呼叫室内分机摘机后通话，在室外主机上输入欲设置的室内分机地址，按室外主机上“确认”键，当室外主机闪烁显示室内分机新设地址时，表明设置地址成功。

2）功能实现操作

（1）呼叫及通话。

在室外主机或管理中心机或同户室内分机呼叫室内分机时，室内分机振铃（免打扰状态下不振铃，仅指示灯闪亮），一台室内分机摘机可与室外主机或管理中心机或同户室内分机通话，同户的其他室内分机停止振铃，摘挂机无响应。室内分机振铃或通话时，按“开锁”键可打开对应单元门的电锁，室内分机振铃时按下“开锁”键，室内分机停止振铃，摘机可正常通话。室内分机振铃时间为 45 秒，通话时间为 45 秒。

（2）呼叫室外主机。

对讲室内分机待机状态下，摘机 3 秒后，自动呼叫地址为 9501 的室外主机，可与室外主机对讲，通话时间为 45 秒。

（3）呼叫管理中心。

摘机后若按“保安”键，则呼叫管理中心机。管理中心机响铃，并显示室内分机的号码，管理中心摘机可与室内分机通话。通话完毕，挂机。若通话时间超过 45 秒，管理中心机和室内分机自动挂机。

（4）模组显示方式设置及地址初始化。

设置方法：按住“保安”键后，给对讲室内机重新上电，听到提示音后，按住“开锁”键 3 秒，当听到提示音后松开“开锁”键，室内分机地址便恢复为默认地址 101。

4. 室外主机的功能实现

1）调试

（1）室外主机设置状态。

给室外主机上电，若数码管有滚动显示的数字或字母，则说明室外主机工作正常。系统正常使用前应对室外主机地址、室内分机地址进行设置，联网型的还要对联网器地址进行设置。按“设置”键，进入设置模式状态，设置模式分为[F1]~[F12]。每按一下“设置”键，设置项切换一次。即按一次“设置”键进入设置模式[F1]，按两次“设置”键进入设置模式[F2]，依此类推。室外主机处于设置状态（数码显示屏显示[F1]~[F12]）时，可按“取消”键或延时自动退出到正常工作状态。

F1 ~ F12 的设置见表 22-2-9。

表 22-2-9　室外主机设置

设置模式	设置内容	设置模式	设置内容
F1	住户开门密码	F7	设置锁控时间
F2	设置室内分机地址	F8	注册 IC 卡
F3	设置室外主机地址	F9	删除 IC 卡
F4	设置联网器地址	F10	恢复 IC 卡
F5	修改系统密码	F11	视频及音频设置
F6	修改公用密码	F12	设置短信层间分配器地址范围

（2）室外主机地址设置。

按“设置”键，直到数码显示屏显示[F3]，按“确认”键，显示[____]，正确输入系统密码后显示[---_]，输入室外主机新地址（1 ~ 9），然后按“确认”键，即可设置新室外主机的地址。

注意：一个单元只有一台室外主机时，室外主机地址设置为 1。如果同一个单元安装多个室外主机，则地址应按照 1 ~ 9 的顺序进行设置。

（3）室内分机地址设置。

按“设置”键，直到数码显示屏显示[F2]，按“确认”键，显示[____]，正确输入系统密码后显示[5_On]，进入室内分机地址设置状态。此时室内分机摘机等待 3 秒后可与室外主机通话（或室外主机直接呼叫室内分机，室内分机摘机与室外主机通话），数码显示屏显示室内分机当前的地址。然后按“设置”键，显示[____]，按数字键，输入室内分机地址，按“确认”键，显示[LISn]，等待室内分机应答。15 秒内接到应答闪烁显示新的地址码，否则显示[nhSP]，表示室内分机没有响应。2 秒后，数码显示屏显示[5_On]，可继续进行分机地址的设置。

注意：在室内分机地址设置状态下，若不进行按键操作，数码显示屏将始终保持显示[5_On]，不自动退出。连续按下“取消”键，可退出室内分机地址的设置状态。

（4）联网器楼号单元号设置。

按“设置”键，直到数码显示屏显示[F4]，按“确认”键，显示[____]，正确输入系统密码后，先显示[Addh]，再显示联网器当前地址（在未接联网器的情况下一直显示[Addh]），然后按“设置”键，显示[-___]，输入三位楼号，按“确认”键，显示[--__]，输入两位单元号，按“确认”键，显示[LISn]，等待联网器的应答。15 秒内接到应答，则显示[SUCC]，否则显示[nhSP]，表示联网器没有响应。2 秒钟后返回至[F4]状态。在有矩阵切换器存在的情况下，设置楼号单元号时需配合矩阵切换器学习的操作，即当矩阵切换器处于学习状态下，再进行楼号单元号的设置，具体操作参照《矩阵切换器安装使用说明书》。

注意：楼号单元号不应设置为楼号“999”单元号“99”和楼号“999”单元号“88”，这两个号均为系统保留号码。

2）功能实现操作

（1）室外主机呼叫室内分机。

输入“门牌号” + “呼叫”键或“确认”键或等待 4 秒，可呼叫室内分机。

现以呼叫“102”号住户为例来进行说明。输入“102”，按“呼叫”键或“确认”键或等待 4 秒，数码显示屏显示 CALL，等待被呼叫方的应答。接到对方应答后，显示 CHAr，此时室内分机已经接通，双方可以进行通话。通话期间，室外主机会显示剩余的通话时间。在呼叫/通话期间室内分机挂机或按下正在通话的室外主机的“取消”键可退出呼叫或通话状态。如果双方都没有主动发出终止通话命令，室外主机会在呼叫/通话时间到后自动挂断。

（2）室外主机呼叫管理中心。

按“保安”键，数码显示屏显示 CALL，等待管理中心机应答，接收到管理中心机的应答后显示 CHAr，此时管理中心机已经接通，双方可以进行通话。室外主机与管理中心之间的通话可由管理中心机中断或在通话时间到秒后自动挂断。

（3）住户开锁密码设置。

按“设置”键，直到数码显示屏显示 F1，按“确认”键，显示 ----，输入门牌号，按“确认”键，显示 ----，等待输入系统密码或原始开锁密码（无原始开锁密码时只能输入系统密码），按“确认”键，正确输入系统密码或原始开锁密码后，显示 P1，按任意键或 2 秒后，显示 ----，输入新密码。按“确认”键，显示 P2，按任意键或 2 秒后显示 ----，再次输入新密码，按“确认”键，如果两次输入的密码相同，保存新密码，并且显示 SUCC，开锁密码设置成功，两秒后显示 F1；若两次新密码输入不一致显示 Err.，并返回至 F1 状态。若原始开锁密码输入不正确显示 Err.，并返回至 F1 状态，可重新执行上述操作。

注意：① 系统正常运行时，同一单元若存在多个室外主机，只需在一台室外主机上设置用户密码。

② 门牌号由 4 位组成，用户可以输入 1 ~ 8 999 之间的任意数。

如果输入的门牌号大于 8 999 或为 0，均被视为无效号码，显示 Err.，并有声音提示，两秒钟后显示 ----，示意重新输入门牌号。

③ 开锁密码长度可以为 1 ~ 4 位。

④ 每个住户只能设置一个开锁密码。

⑤ 用户密码初始为无。

（4）公用开门密码修改。

按“设置”键，直到数码显示屏显示 F6，按“确认”键，显示 ----，正确输入系统密码后显示 P1，按任意键或 2 秒后显示 ----，输入新的公用密码，按“确认”键，显示 P2，按任意键或 2 秒后显示 ----，再次输入新密码，按“确认”键，如果两次输入的新密码相同，则显示 SUCC，表示公用密码已成功修改；若两次输入的新密码不同显示 Err.，表示密码修改失败，退出设置状态，返回至 F6 状态。

（5）系统密码修改。

按“设置”键，直到数码显示屏显示 F5，按“确认”键，显示 ----，正确输入系统密码后显示 P1，按任意键或 2 秒后显示 ----，然后输入新密码，按“确认”键，显示[P2]，按[Err.]任意键或2秒后显示[____]，再次输入新密码，按“确认”键，如果两次输入的新密码相同，显示[SUCC]，表示系统密码已成功修改；若两次输入的新密码不同显示，表示密码修改失败，退出设置状态，返回至[FS]状态。

注意：原始系统密码为“200406”，系统密码长度可为1～6位，输入系统密码多于6位时，取前6位有效，更改系统密码时，不要将系统密码更改为“123456”，以免与公用密码发生混淆。在通讯正常的情况下，在室外主机上可设置系统的密码，只需设置一次。

（6）注册IC卡。

按次“设置”键，直到数码显示屏显示[F8]，按“确认”键，显示[____]，正确输入系统密码后显示[Fn1]，按“设置”键，可以在[Fn1]～[Fn4]间进行选择，具体说明如下：

① [Fn1]：注册的卡在小区门口和单元内有效。输入房间号＋“确认”键＋卡的序号（即卡的编号，允许范围1～99）＋“确认”键，显示[rEG]后，刷卡注册。

② [Fn2]：注册巡更时开门的卡。输入卡的序号（即巡更人员编号，允许范围1～99）＋“确认”键，显示[rEG]后，刷卡注册。

③ [Fn3]：注册巡更时不开门的卡。输入卡的序号（即巡更人员编号，允许范围1～99）＋“确认”键，显示[rEG]后，刷卡注册。

④ [Fn4]：管理员卡注册。输入卡的序号（即管理人员编号，允许范围1～99）＋“确认”键，显示[rEG]后，刷卡注册。

注意：注册卡成功提示“嘀嘀”两声，注册卡失败提示“嘀嘀嘀”三声；当超过15秒没有卡注册时，自动退出卡注册状态。

（7）删除IC卡。

按“设置”键，直到数码显示屏显示[F9]，按“确认”键，显示[____]，正确输入系统密码后显示[Fn1]，按“设置”键，可以在[Fn1]～[Fn4]间进行选择，具体对应如下：

① [Fn1]：进行刷卡删除。按“确认”键，显示[CArd]，进入刷卡删除状态，进行刷卡删除。

② [Fn2]：删除指定用户的指定卡：输入房间号＋“确认”键＋卡的序号＋“确认”键，显示[dEL]，删除成功提示“嘀嘀”两声，然后返回[Fn2]状态。

删除指定巡更卡：进入[Fn2]，输入“9968”＋“确认”键＋卡的序号＋“确认”键，显示[dEL]，删除成功提示“嘀嘀”两声，然后返回[Fn2]状态。

删除指定巡更开门卡：进入[Fn2]，输入“9969”＋“确认”键＋卡的序号＋“确认”键，显示[dEL]，删除成功提示“嘀嘀”两声，然后返回[Fn2]状态。

删除指定管理员卡：进入[Fn2]，输入“9966”＋“确认”键＋卡的序号＋“确认”键，显示[dEL]，删除成功提示“嘀嘀”两声，然后返回[Fn2]状态。

③ [Fn3]：删除某户所有卡片：输入房间号＋“确认”键，显示[dEL]，删除成功提示“嘀嘀”两声，然后返回[Fn3]状态。

删除所有巡更卡：进入[Fn3]，输入“9968”＋“确认”键，显示[dEL]，删除成功提示“嘀嘀”两声，然后返回[Fn3]状态。

删除所有巡更开门卡：进入，输入“9969”＋“确认”键，显示，删除成功提示“嘀嘀”两声，然后返回[Fn3]状态。

删除所有管理员卡：进入[Fn3]，输入“9966”＋“确认”键，显示[dCL]，删除成功提示“滴嘀”两声，然后返回[Fn3]状态。

④ FN4：删除本单元所有卡片。按“确认”键，显示----，正确输入系统密码后，按“确认”键显示dEL，删除成功提示急促的“嘀嘀”声 2 秒钟，然后返回FN4状态。

（8）住户密码开门。

输入“门牌号”+“密码”键 +“开锁密码”+“确认”键。门打开时，数码显示屏显示OPEN并有声音提示。若开锁密码输入错误显示----，示意重新输入。如果密码连续三次输入不正确，自动呼叫管理中心，显示CALL。输入密码多于 4 位时，取前 4 位有效。按“取消”键，可以清除新键入的数，如果在显示----的时候，再次按下“取消”键，便会退出操作。

（9）IC 卡开门。

将 IC 卡放到读卡窗感应区内，会听到“嘀”的一声后，即可进行开门。

注意：住户卡开单元门时，室外主机会对该住户的室内分机发送撤防命令。

（10）恢复系统密码。

使用过程中系统的密码可能会丢失，此时有些设置操作就无法进行，需提供一种恢复系统密码方法。按住“8”键后，给室外主机重新加电，直至显示SUCC，表明系统密码已恢复成功。

（11）恢复出厂设置。

提供一种恢复出厂设置的方法，按住“设置”键后，给室外主机重新加电，直至显示bUSY，松开按键，等待显示消失，表示恢复出厂设置。出厂设置的恢复，包括恢复系统密码、删除用户开门密码、恢复室外主机的默认地址（默认地址为 1）等，应慎用。

5. 管理中心机的功能实现

1）调试

（1）设置地址。

系统正常使用前需要设置系统内设备的地址。设置管理中心机地址步骤如下：

GST-DJ6000 可视对讲系统最多可以支持 9 台管理中心机，地址为 1 ~ 9。如果系统中有多台管理中心机，管理中心机应该设置不同地址，地址从 1 开始连续设置，具体设置方法如下：

在待机状态下按“设置”键，进入系统设置菜单，按“◂”或“▸”键选择“设置地址？”菜单，按“确认”键，要求输入系统密码，液晶屏显示：

正确输入系统密码后，液晶屏显示：

按“确认”键进入管理中心机地址设置，液晶屏显示：

输入需要设置的地址值“1 ~ 9”，按“确认”键，管理中心机存储地址，恢复音视频网络连接

模式为手拉手模式，设置完成退出地址设置菜单。若系统密码三次输入错误退出地址设置菜单。

注意：管理中心机出厂时默认系统密码为“1234”。管理中心机出厂地址设置为 1。

（2）系统设置。

系统设置采用菜单逐级展开的方式，主要包括密码管理、地址、日期时间、液晶对比度调节、自动监视、矩阵、中英文界面的设置等。在待机状态下，按“设置”键进入系统设置菜单。

菜单的显示操作采用统一的模式，显示屏的第一行显示主菜单名称，第二行显示子菜单名称，按“◂”或“▸”键，在同级菜单间进行切换；按“确认”键选中当前的菜单，进入下一级菜单；按“清除”返回上一级菜单。

当有光标显示时，提示可以输入字符或数字。字符以及数字的输入采用覆盖方式，不支持插入方式。在字符或数字的输入过程中，按“◂”或“▸”键可左移或右移光标的位置，每按下一次移动一位。当光标不在首位时，“清除”键做退格键使用；当光标处在首位时，按“清除”键不存储输入数据。在输入过程中的任何时候，按“确认”键，存储输入内容退出。

① 密码管理

管理中心机设置两级操作权限，系统操作员可以进行所有操作，普通管理员只能进行日常操作。一台管理中心机只能有一个系统操作员，最多可以有 99 个普通管理员，即：一台管理中心机可以设置一个系统密码，99 个管理员密码。设置多组管理员密码的目的是针对不同的管理员分配不同的密码，从而可以在运行记录里详细记录值班管理人员所进行的操作，便于分清责任。

普通管理员可以由系统操作员进行添加和删除。输入管理员密码时要求输入“管理员号 + ‘确认’ + 密码 + ‘确认’”。若三次系统密码输入错误，退出。

注意：系统密码是长度为 4 ~ 6 位的任意数字组合，出厂时默认系统密码为“1234”。管理员密码由管理员号和密码两部分构成，管理员号可以是 1 ~ 99，密码是长度为 0 ~ 6 位的任意数字组合。

a. 增加管理员

在待机状态下按“设置”键，进入系统设置菜单，按“◂”或“▸”键选择“密码管理？”菜单，液晶屏显示：

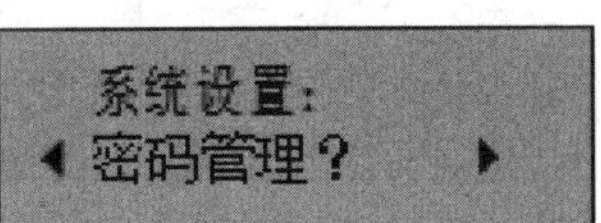

按“确认”键进入密码管理菜单，按“◂”或“▸”键选择“增加管理员？”菜单，液晶屏显示：

按“确认”键，提示输入系统密码，液晶屏显示：

若密码正确，液晶屏每隔 2 秒循环显示“请输入管理员号”和“或管理员密码”：

管理员密码： *****	请输入管理员号# *****

输入“管理员号 +‘确认’+ 密码 +‘确认’”。例如现在需要增加 1 号管理员，密码为 123，则应该输入“‘1’ +‘确认’ +‘1’ +‘2’ +‘3’ +‘确认’”（单引号内表示一次按键）。此时，管理中心机要求进行再次输入确认，液晶屏显示：

请再输入一次： *****

如果两次输入不同，要求重新输入；如果两次输入完全相同，保存设置。

b. 删除管理员

在待机状态下按“设置”键，进入系统设置菜单，按“◂”或“▸”键选择“密码管理？”菜单，液晶屏显示：

系统设置： ◂ 密码管理？ ▸

按“确认”键进入密码管理菜单，按“◂”或“▸”键选择“删除管理员？”菜单，液晶屏显示：

密码管理： ◂ 删除管理员？ ▸

按“确认”键，输入系统密码，液晶屏显示：

请输入系统密码： █

正确输入密码后，输入需要删除的管理员号按“确认”键，系统提示确认删除操作。再次按下“确认”键完成管理员删除操作。

c. 修改系统密码或管理员密码

在待机状态下按“设置”键，进入系统设置菜单，按“◂”或“▸”键选择“密码管理？”菜单，液晶屏显示：

系统设置： ◂ 密码管理？ ▸

按“确认”键进入密码管理菜单，按“◂”或“▸”键选择“修改密码？”菜单，液晶屏显示：

密码管理：
◂ 修改密码？ ▸

按“确认”键，液晶屏提示输入系统密码：

请输入系统密码
*****

输入原系统密码或管理员密码并按“确认”键，系统要求输入新密码，液晶屏显示：

管理员新密码：
*****

按“确认”键，再输入一次，确认输入无误，液晶屏显示：

请再输入一次：
*****

按“确认”键，若两次输入不同，要求重新输入，若两次输入完全相同，保存设置，设置完成，新密码生效。

② 设置日期时间

管理中心机的日期和时间在每次重新上电后要求进行校准，并且在以后的使用过程中，也应该进行定期校准。

a. 设置日期

在待机状态下按“设置”键，进入系统设置菜单，按“◂”或“▸”键选择“密码管理？”菜单，液晶屏显示：

系统设置：
◂ 设置日期时间？▸

按“确认”键进入密码管理菜单，按“◂”或“▸”键选择“修改密码？”菜单，液晶屏显示：

设置日期时间：
◂ 设置日期？ ▸

按“确认”键，输入系统密码或管理员密码，液晶屏显示：

请输入系统密码
*****

如果密码正确，进入日期设置菜单，液晶屏显示：

设置日期：
2003 年 02 月 25日

输入正确日期后，按“确认”键存储，并进入星期修改菜单。

星期修改时，输入“0”表示星期天，“1”～“6”表示星期一至星期六。修改完成后，按“确认”键存储修改后星期；按“清除”键，不修改退出，设置完成。

b. 设置时间

在待机状态下按“设置”键，进入系统设置菜单，按“◂”或“▸”键选择“设置日期时间？”菜单，液晶屏显示：

系统设置：
◂ 设置日期时间？▸

按“确认”键进入设置日期时间菜单，按“◂”或“▸”键选择“设置时间？”菜单，按“确认”键，输入系统密码或管理员密码，液晶屏显示：

请输入系统密码
*****

如果密码正确，进入时间设置菜单，输入正确时间，液晶屏显示：

设置时间：
10:35:30

修改完成后，按“确认”键存储修改后时间；按“清除”键不修改退出，时间设置完成。

2）功能实现操作

（1）管理中心机在待机情况下，显示屏上行显示日期，下行显示星期和时间。例如：2004 年 5 月 31 日、星期一、13：08，液晶屏显示：

2004 年 05 月 31 日
星期一 13：08

如果没有通话，手柄摘机超过 30 秒时间，管理中心机提示手柄没有挂好，伴有“嘀嘀”提示音，液晶屏显示：

手柄没有挂好，
请挂好！

（2）呼叫单元住户。

在待机状态摘机，输入“楼号＋‘确认’＋单元号＋‘确认’＋房间号＋‘呼叫’”键，呼叫指定房间。其中房间号最多为 4 位，首位的 0 可以省略不输，例如 502 房间，可以输入“502”

或“0502”。当房间号为“950X”时，表示呼叫该单元“X”号的室外主机。挂机结束通话，通话时间超过 45 秒，系统自动挂断。通话过程中有呼叫请求进入，管理机响“叮咚”提示音，闪烁显示呼入号码，用户可以按“通话”键、“确认”键或“清除”键挂断当前的通话，接听新的呼叫。

听到振铃声后，摘机与小区门口、室外主机或室内分机进行通话，其中与小区门口或室外主机通话过程中，按“开锁”键，可以打开相应的门，挂机结束通话。通话过程中有呼叫请求进入，管理机响“叮咚”提示音，闪烁显示呼入号码，用户可以按“通话”键、“确认”键或“清除”键，挂断当前通话，接听新的呼叫。

（3）开单元门。

在待机状态下，按“‘开锁’＋管理员号（1）＋‘确认’＋管理员密码（123）＋楼号＋‘确认’＋单元号＋9501＋‘确认’”或“‘开锁’＋系统密码＋‘确认’＋楼号＋‘确认’＋单元号＋9501＋‘确认’”，均可以打开指定的单元门。

（4）报警提示。

在待机状态下，室外主机或室内分机若采集到传感器的异常信号，广播发送报警信息。管理中心机接到该报警信号，立即显示报警信息。报警显示时显示屏上行显示报警序号和报警种类，序号按照报警发生时间的先后排序，即 1 号警情为最晚发生的报警，下行循环显示报警的房间号和警情发生的时间。当有多个警情发生时，各个报警轮流显示，每个报警显示大约 5 秒钟。例如 2 号楼 1 单元 503 房间 2 月 24 号的 11：30 分发生火灾报警，紧接着 11：40 分 2 号楼 1 单元 502 房间也发生火灾报警，则液晶屏显示如下：

01. 火灾报警
02#01#0502

02. 火灾报警
02#01#0503

01. 火灾报警
02-24　11:40

02. 门磁报警
02-24　11:30

报警显示的同时伴有声音提示。不同的报警对应不同的声音提示：火警为消防车声，匪警为警车声，求助为救护车声，燃气泄漏为急促的“嘀嘀”声。

在报警过程中，按任意键取消声音提示，按“◂”或“▸”键可以手动浏览报警信息，摘机按“呼叫”键，输入“管理员号＋‘确认’＋操作密码或直接输入系统密码＋‘确认’”，如果密码正确，清除报警显示，呼叫报警房间，通话结束后清除当前报警，如果三次密码输入错误退回报警显示状态。按除“呼叫”键的任意一个键，输入“管理员号＋‘确认’＋操作密码或直接输入系统密码＋‘确认’”进入报警复位菜单，液晶屏显示：

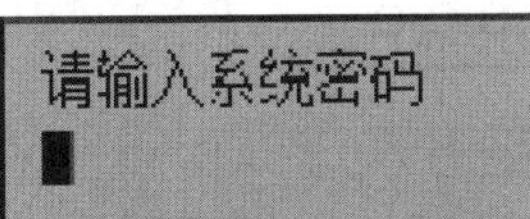

正确输入系统密码进入报警显示清除菜单，液晶屏显示：

报警复位：
◂清除当前报警？▸

按“◂”或“▸”键可以在菜单“清除当前报警?”和“清除全部报警?”之间切换，以选择要进行的操作，按“确认”键执行指定操作。例如要清除当前报警，那么选择“清除当前报警?”菜单，按“确认”键。

（5）故障提示。

在待机状态下，室外主机或室内分机发生故障，通讯控制器广播发送故障信息，管理中心机接到该故障信号，立即显示故障提示的信息。此时显示屏上行显示故障的序号和故障类型，序号按照故障发生时间的先后排序，即 1 号故障为最晚发生的故障，下行循环显示故障模块的楼号、单元号、房间号和故障发生的时间。当有多个故障发生时，各个故障轮流显示，每个故障显示大约 5 秒钟。例如 2 号楼 1 单元室外主机在 2 月 24 日 15：40 分发生故障，不能正常通讯，则液晶屏显示：

01. 通讯故障 02#01#9501	报警复位: 报警已清除!

故障显示的同时伴有声音提示，声音为急促的“嘀嘀”声。

在故障显示过程中，按任意键取消声音提示，按“◂”或“▸”键，可以手动浏览故障信息，按其他任意一个键，可输入“管理员号 +‘确认’+ 操作密码或系统密码 +‘确认’”，如果密码正确，清除故障显示，如果三次密码输入错误，则退回故障显示状态。

【实训拓展】

根据接线图（图 22-2-19），完成对讲门禁安装与接线并实现功能。

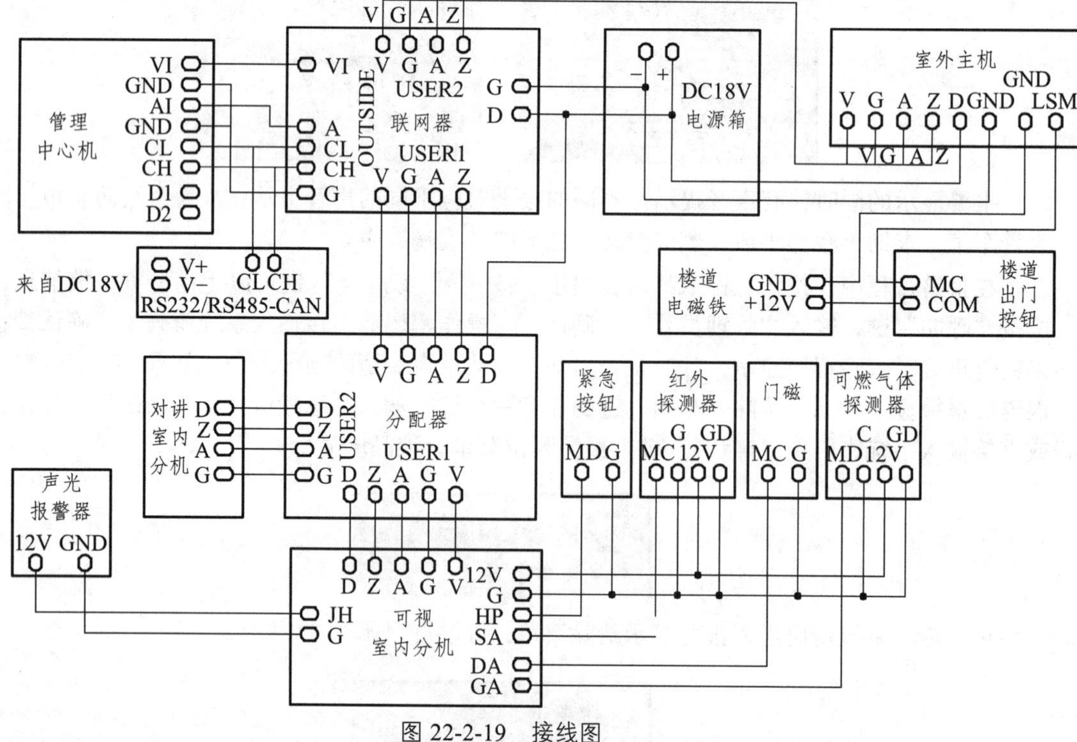

图 22-2-19　接线图

任务三　网络视频监控及周边防范系统的安装与调试训练

【实训目的】

通过网络视频监控及周边防范子系统安装与调试训练，使学生了解网络视频监控及周边防范子系统组成及实际应用意义。

【实训工具】

建筑楼宇智能安防布线设备及相应耗材、工具。

【实训内容】

（1）网络视频监控及周边防范系统主要模块的安装和接线。

（2）网络视频监控及周边防范系统编程及操作。

【实训流程】

一、网络视频监控及周边防范系统主要模块的安装和接线

本系统中视频监控子系统由液晶监视器、网络硬盘录像机、网络智能高速球摄像机、红外半球摄像机、红外筒形摄像机、红外点整筒形摄像机以及常用的报警设备组成。它能与安防系统的报警联动，可完成对智能大楼门口、智能大楼、管理中心等区域的视频监视及录像。

通过本次训练锻炼学生团结协作能力并能实现以下功能：

（1）设备安装与接线，实现各类常见设备的安装与接线操作。

（2）硬盘录像机视频切换，实现单画面的切换及四画面的切换。

（3）硬盘录像机控制云台，实现硬盘录像机控制云台转动、调节镜头、自动轨迹、区域扫描的操作。

（4）硬盘录像机手动录像，实现手动录像及录像查询。

（5）硬盘录像机定时录像，实现定时录像及录像查询。

（6）硬盘录像机报警联动录像，实现外部报警输入、动态监测报警输入、联动录像、报警及录像查询。

（7）红外筒形摄像机智能侦查（人脸侦测、越界侦测、区域入侵侦测、进入区域侦测等功能）。

网络视频监控及周边防范子系统，如图 22-3-1。

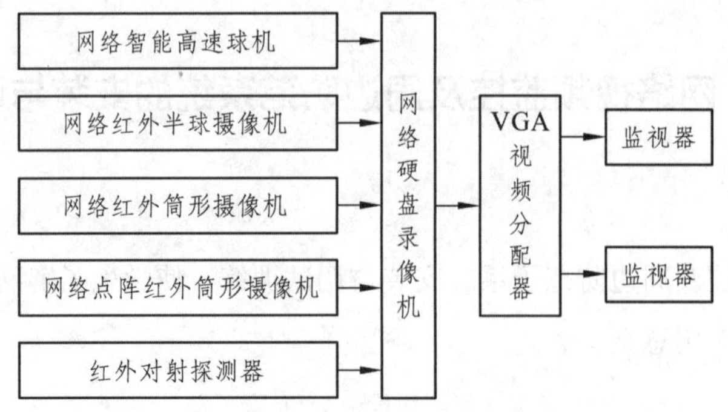

图 22-3-1　网络视频监控及周边防范子系统图

1. 主要模块

（1）网络硬盘录像机如图 22-3-2。

图 22-3-2　网络硬盘录像机

① 将网络机柜内的托板移至监视器下方，且预留合适的安装位置。

② 将网络硬盘录像机固定到网络机柜内的托板上。

（2）网络智能高速球摄像机如图 22-3-3。

① 把网络智能高速球摄像机的电源线、网线穿过网络智能高速球摄像机支架，并将支架固定到智能大楼外侧面的网孔板上。

② 将网络智能高速球摄像机的电源线、网线接到网络智能高速球摄像机的对应接口内。

③ 将网络智能高速球摄像机固定到支架上。

（3）红外阵列筒形摄像机如图 22-3-4。

① 将摄像机支架固定到智能小区的后面网孔板右边。

② 将摄像机固定到摄像机支架上，并调整镜头对准楼道。

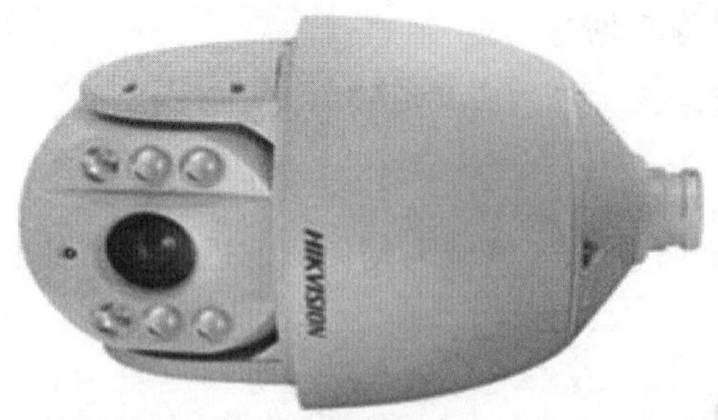

图 22-3-3　网络智能高速球摄像机

图 22-3-4　红外阵列筒形摄像机

（4）红外半球摄像机如图 22-3-5。

① 将摄像机的支架固定到智能小区的顶部网孔板左边。

② 将红外摄像机固定到摄像支架上，并调整镜头对准智能小区出口。

（5）红外筒形摄像机如图 22-3-6。

① 将红外筒形摄像机固定到管理中心前面网孔板的右边。

② 将红外筒形摄像机固定到摄像支架上，并调整镜头对准楼道。

图 22-3-5　红外半球摄像机

图 22-3-6　红外筒形摄像机

2. 系统接线

（1）制作 ANSI/TIA/EIA568-B 网线。

① 手持压线钳（有双刀刃的面靠内；单刀刃的面靠外），将超五类线从压线钳的双刀刃面伸到单刀刃面，并向内按下压线钳的两手柄，剥取一端超五类线。

② 按照 ANSI/TIA/EIA568-B 标准，将剥取端的 8 根线按 1—白/橙、2—橙、3—白/绿、4—蓝、5—白/蓝、6—绿、7—白/棕、8—棕的顺序顺时针排成一排。

③ 取一个 RJ45 水晶头（带簧片的一端向下，铜片的一端向上），将排好的 8 根线成一排按顺序完全插入水晶头的卡线槽。

④ 将带线的 RJ45 水晶头放入压线钳的 8P 插槽内，并用力向内按下压线钳的两手柄。

⑤ 按下 RJ45 水晶头的簧片，取出做好的水晶头。

⑥ 重复步骤①～⑤，制作超五类线另一端 RJ45 水晶头。

⑦ 将做好的网线，用 RJ45 网络测试仪测试，把网线两端分别插入两个 8 针的端口，然后将测试仪的电源开关打到“ON”的位置，此时测试仪的指示灯 1～8 应依次闪亮。如有灯不亮，则表示所做的跳线不合格。其原因可能是两边的线序有错，或线与水晶头的铜片接触不良，需重新压接 RJ45 水晶头。

⑧ 线序如图 22-3-7 所示。

RJ45 水晶头		RJ45 水晶头
	8-棕	8-棕
	7-白/棕	7-白/棕
	6-绿	6-绿
	5-白/蓝	5-白/蓝
	4-蓝	4-蓝
	3-白/绿	3-白/绿
	2-橙	2-橙
	1-白/橙	1-白/橙

图 22-3-7　线序

（2）连接摄像机、网络硬盘录像机和监视器。

① 网线的连接。

将红外半球摄像机的网络接入网络硬盘录像机的 POE1 口，红外筒形摄像机的网络接入网络硬盘录像机的 POE2 口，红外阵列筒形摄像机的网络接入网络硬盘录像机的 POE3 口，网络智能高速球摄像机网络接入网络硬盘录像机的 POE4 口。

网络硬盘录像机 LAN 输出网口接入交换机的任意 1 个网络口，电脑 PC 网口接入交换机的任意 1 个网络口，网络硬盘录像机 VGA 输出口 VGA 分配器进口，VGA 分配器出口接入 2 台监视器的 VGA 接口。

② 视频电源连接。

网络智能高速球摄像机的电源为 AC24 V，网络硬盘录像机、监视器、8 口交换机、VGA 分配器的电源为 AC220 V。

（3）周边防范子系统接线。

红外对射探测器到电源输入连接到开关电源到 DC12V 输出；且其接收器到公共端 COM 连接到硬盘录像机报警接口的 Ground，常闭端连接到硬盘录像机报警接口的 ALARMIN1，如图 22-3-8。

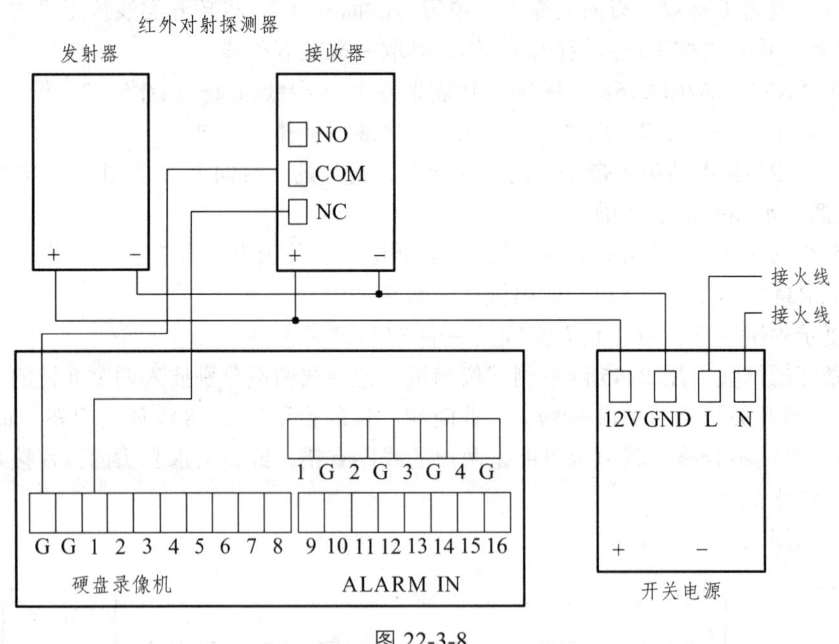

图 22-3-8

二、网络视频监控及周边防范系统编程及操作

1. 激活与配置网络摄像机

网络摄像机首次使用时需要进行激活并设置登录密码，才能正常登录和使用。可以通过客户端软件或浏览器方式激活。网络摄像机出厂初始信息如下：

IP 地址：192.168.1.64；

HTTP 端口：8000；

管理用户：admin。

（1）通过客户端软件激活。

① 安装随机附赠的光盘或从官网下载的客户端软件，运行软件后，选择“控制面板”-“设备管理”图标，将弹出“设备管理”界面，“在线设备”中会自动搜索局域网内的所有在线设备，列表中会显示设备类型、IP、安全状态、设备序列号等信息。

② 选中处于未激活状态的网络摄像机，单击“激活”按钮，弹出“激活”界面。设置网络摄像机密码（密码设置为 admin12345），单击“确定”，成功激活摄像机后，列表中“安全状态”会更新为“已激活”，如图 22-3-9 所示。

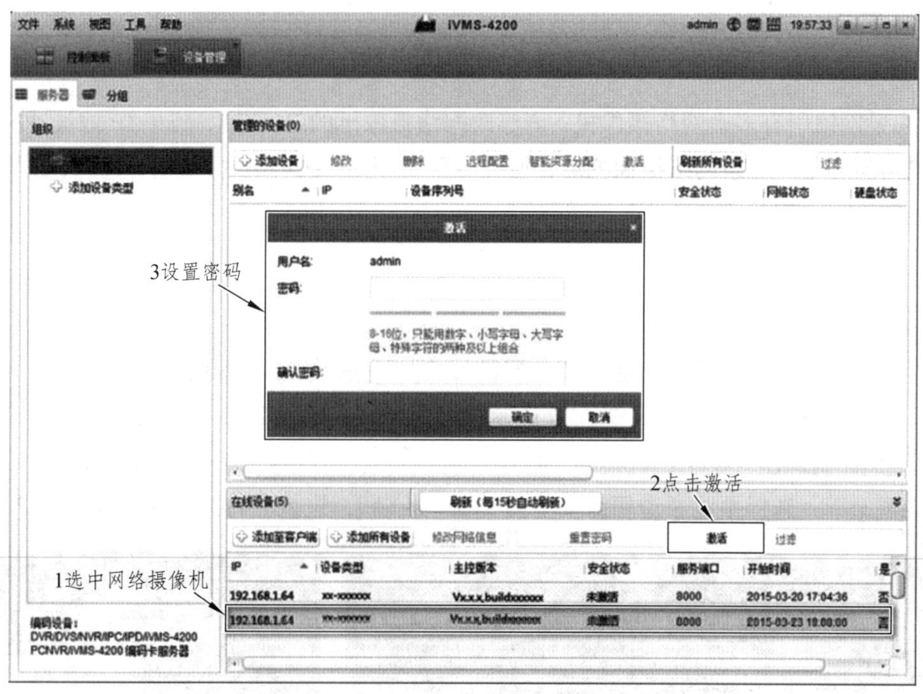

图 22-3-9　通过客户端软件激活界面

（2）通过客户端软件修改摄像机 IP 地址。

选中已激活的网络摄像机，单击“修改网络参数”，在弹出的页面中修改网络摄像机的 IP 地址（摄像机 IP 地址默认改为 192.168.1 ~ 254）、网关等信息。修改完毕后输入激活设备时设置的密码，单击“确定”。提示“修改参数成功”则表示 IP 等参数设置生效。若网络中有多台网络摄像机，建议您重复操作修改网络摄像机的 IP 地址、子网掩码、网关等信息，以防 IP 地址冲突导致异常访问。设置网络摄像机 IP 地址时，保持设备 IP 地址与电脑 IP 地址处于同一网内。

（3）通过浏览器激活。

① 设置电脑 IP 地址与网络摄像机 IP 地址在同一网段，在浏览器中输入网络摄像机的 IP 地址，显示设备激活界面（密码设置为 admin12345），如图 22-3-10 所示。

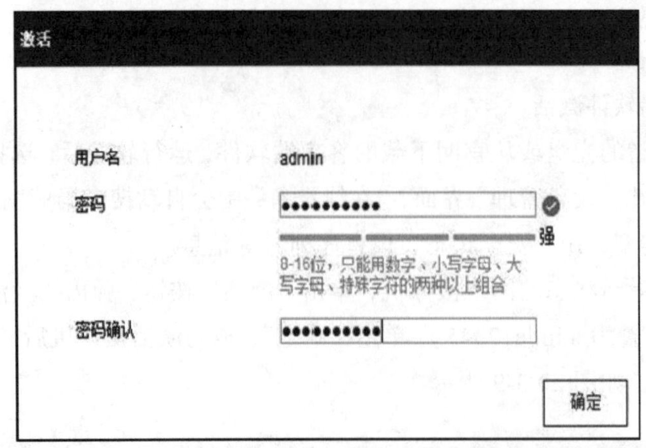

图 22-3-10　通过浏览器激活界面

② 如果网络中有多台网络摄像机，请修改网络摄像机的 IP 地址，防止 IP 地址冲突导致网络摄像机访问异常。登录网络摄像机后，可在“配置-网络-TCP/IP”界面下修改网络摄像机 IP 地址、子网掩码、网关等参数。

2. 云台的设置及控制

1）云台参数设置

（1）选择“主菜单→通道管理→云台配置”，进入“云台配置”界面，如图 22-3-11 所示。

（2）选择“云台参数配置”，进入云台参数配置界面，如图 22-3-12 所示。

2）云台控制操作

预览画面下，选择预览通道便捷菜单的“云台控制”，进入云台控制模式，如图 22-3-13。

图 22-3-11　云台控制参数设置界面

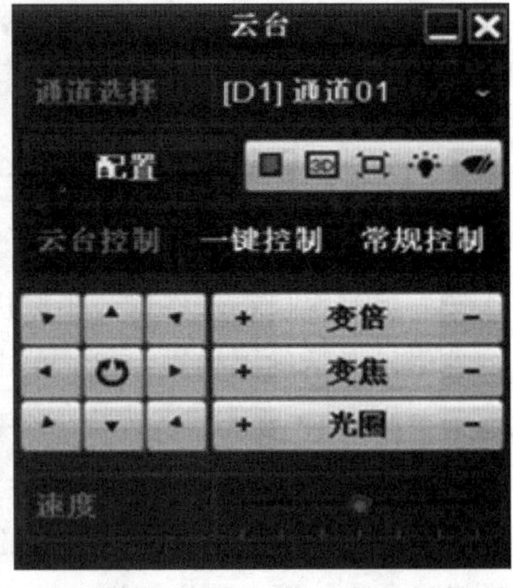

图 22-3-12　云台参数设置界面

3. 智能侦测

1）预置点、巡航、轨迹的设置及调用预置点的设置、调用

（1）选择“主菜单→通道管理→云台配置”。进入“云台配置”界面。

（2）设置预置点，具体操作步骤如下：

① 使用云台方向键将图像旋转到需要设置预置点的位置。

② 在“预置点”框中，输入预置点号，如图 22-3-14 所示。

③ 单击“设置”，完成预置点的设置。

④ 重复以上操作可设置更多预置点。

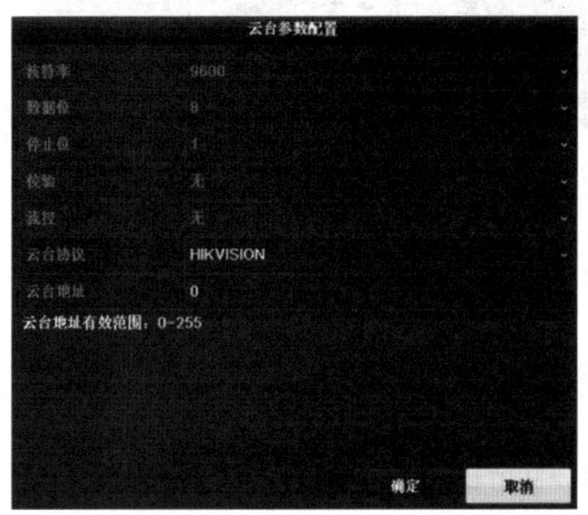

图 22-3-13　云台控制操作界面

图 22-3-14　预置点设置界面

（3）调用预置点。

① 进入云台控制模式。

方法一：“云台配置”界面下，单击“PTZ”。

方法二：预览模式下，单击通道便捷菜单“云台控制”或按下前面板、遥控器、键盘的“云台控制”键。

② 在“常规控制”界面，输入预置点号，单击“调用预置点”，即完成预置点调用，如图 22-3-15 所示。

③ 重复以上操作可调用更多预置点。

2）巡航的设置、调用

具体操作步骤如下：

（1）选择“主菜单→通道管理→云台配置”，进入“云台配置”界面。

（2）设置轨迹，具体操作步骤如下：

① 选择轨迹序号。

② 单击“开始记录”，操作鼠标（点击鼠标控制框内 8 个方向按键）使云台转动，此时云台的移动轨迹将被记录，如图 22-3-16 所示。

③ 单击“结束记录”，保存已设置的轨迹。

④ 重复以上操作设置更多的轨迹线路。

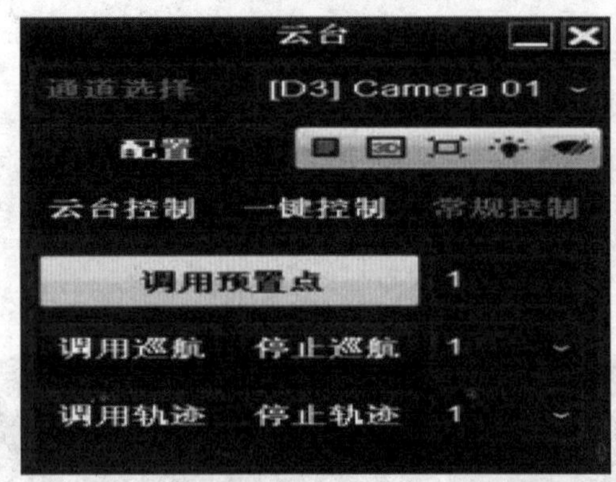

图 22-3-15　进入云台控制模式界面

图 22-3-16　巡航的设置、调用界面

（3）调用轨迹。

① 进入云台控制模式。

方法一：“云台配置”界面下，单击“PTZ”。

方法二：预览模式下，单击通道便捷菜单“云台控制”或按下前面板、遥控器、键盘的“云台控制”键。

② 在“常规控制”界面，选择轨迹序号，单击“调用轨迹”，即完成轨迹调用，如图 22-3-17 所示。

③ 单击“停止轨迹”，结束轨迹。

3）录像设置

（1）通过设备前面板“录像”键或选择“主菜单→手动操作”。进入“手动录像”界面，如图 22-3-18 所示。

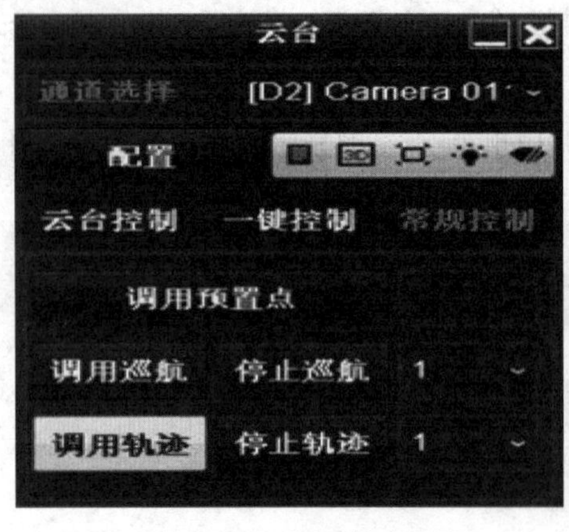

图 22-3-17　调用轨迹界面

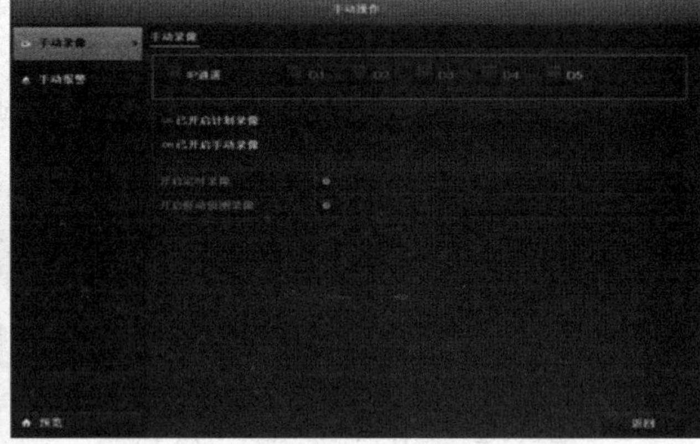

图 22-3-18　录像界面

（2）设置手动录像的开启/关闭。

4）定时录像设置

（1）选择“主菜单→录像配置→计划配置”，进入“录像计划”界面。

（2）选择要设置定时录像的通道。

（3）设置定时录像时间计划表，具体操作步骤如下：

① 选择“启用录像计划”。

② 录像类型选择“定时”，如图 22-3-19 所示。

（4）单击“应用”，保存设置。

5）系统报警及联动

（1）报警输入设置。

① 选择“主菜单→系统配置→报警配置”，进入“报警配置”界面。

② 选择“报警输入”属性页，进入报警配置的“报警输入”界面，如图 22-3-20 所示。

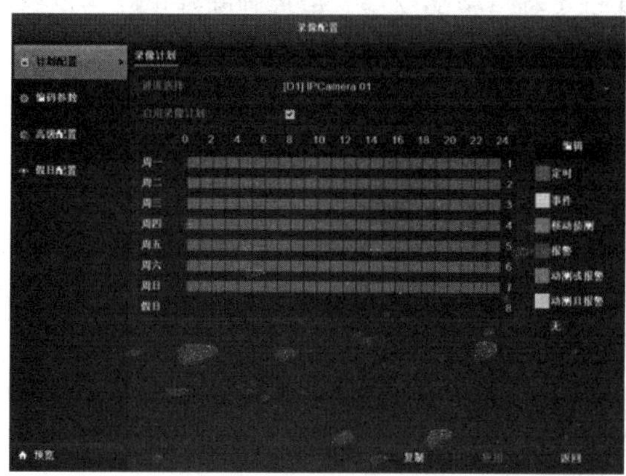

图 22-3-19　定时录像完成界面

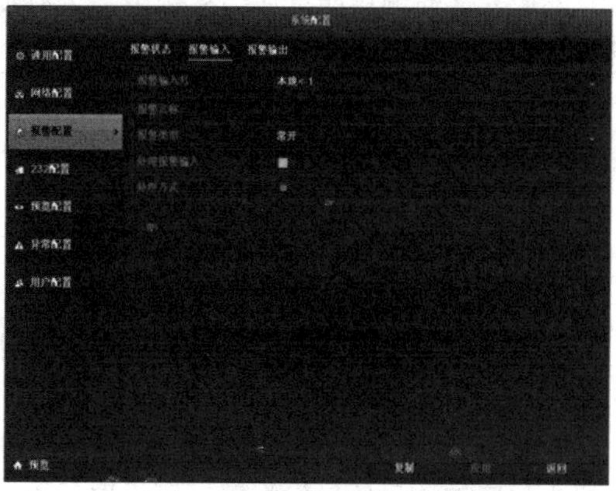

图 22-3-20　报警输入设置界面

③ 设置报警输入参数。

报警输入号——选择设置的通道号；报警类型——选择实际所接器件类型（门磁、红外对射属于常闭型）；处理报警输入——打勾；处理方式——根据实际选择，在选择 PTZ 选项时可以进行智能球机联动。

（2）报警输出设置。

① 选择“主菜单→系统配置→报警配置”，进入“报警配置”界面。

② 选择“报警输出”属性页，进入报警配置的“报警输出”界面，如图 22-3-21 所示。

③ 选择待设置的报警输出号，设置报警名称和延时时间。

④ 单击“布防时间”右面的命令按钮，进入报警输出布防时间界面，如图 22-3-22 所示。

图 22-3-21　报警输出设置

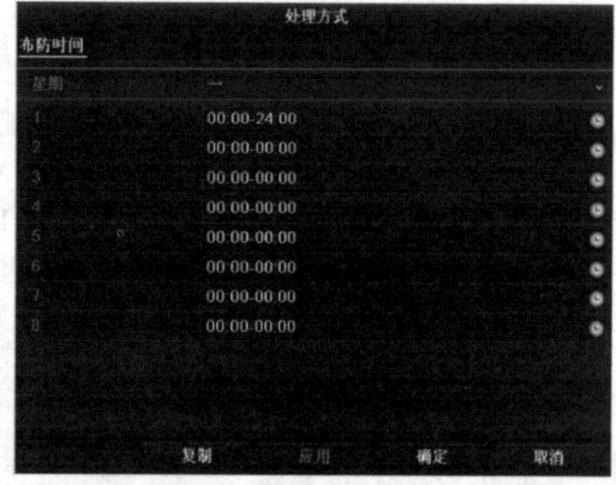

图 22-3-22　报警输出布防时间界面

⑤ 对该报警输出进行布防时间段设置。

⑥ 重复以上步骤，设置整个星期的布防计划。

⑦ 单击“确定”，完成报警输出的设置。

6）智能侦测

具体操作步骤如下：

选择“主菜单→通道管理→智能侦测”，进入“智能侦测”配置界面。

（1）区域入侵侦测。

区域入侵侦测功能可侦测视频中是否有物体进入到设置的区域，根据判断结果联动报警。具体操作步骤如下：

① 选择“主菜单→通道管理→智能侦测”，进入“智能侦测”配置界面。

② 选择“区域入侵侦测”，进入智能侦测区域入侵侦测配置界面，如图 22-3-23 所示。

③ 设置需要区域入侵侦测的通道。

④ 设置区域入侵侦测规则，具体步骤如下：

a. 在规则下拉列表中，选择任一规则，区域入侵侦测可设置 4 条规则。

b. 单击“规则配置”，进入区域入侵侦测“规则配置”界面。

c. 设置规则参数。

时间阈值（秒）：表示目标进入警戒区域持续停留该时间后产生报警。例如设置为 5 秒，即目标入侵区域 5 秒后触发报警。可设置范围 1 秒到 10 秒。

灵敏度：用于设置控制目标物体的大小，灵敏度越高时越小的物体越容易被判定为目标物体，灵敏度越低时较大物体才会被判定为目标物体。灵敏度可设置区间范围：1-100。

占比：表示目标在整个警戒区域中的比例，当目标占比超过所设置的占比值时，系统将产生报警；反之将不产生报警。

⑤ 单击“确定”，完成对区域入侵规则的设置。

⑥ 设置规则的处理方式。

⑦ 绘制规则区域。鼠标左键单击绘制按钮，在需要智能监控的区域，绘制规则区域。

⑧ 单击“应用”，完成配置。

⑨ 勾选“启用”，启用区域入侵侦测功能。

（2）进入区域侦测。

进入区域侦测功能可侦测是否有物体进入设置的警戒区域，根据判断结果联动报警。具体操作步骤如下：

① 选择“主菜单→通道管理→智能侦测”，进入“智能侦测”配置界面。

② 选择“进入区域侦测”，进入智能侦测进入区域侦测配置界面，如图 22-3-24 所示。

③ 设置需要进入区域侦测的通道。

④ 设置进入区域侦测规则，具体步骤如下：

a. 在规则下拉列表中，选择任一规则，进入区域侦测可设置 4 条规则。

b. 单击“规则配置”，进入区域侦测“规则配置”界面。

c. 设置规则的灵敏度。

灵敏度：用于设置控制目标物体的大小，灵敏度越高时越小的物体越容易被判定为目标物体，灵敏度越低时较大物体才会被判定为目标物体。灵敏度可设置区间范围：1-100。

单击“确定”，完成对进入区域规则的设置。

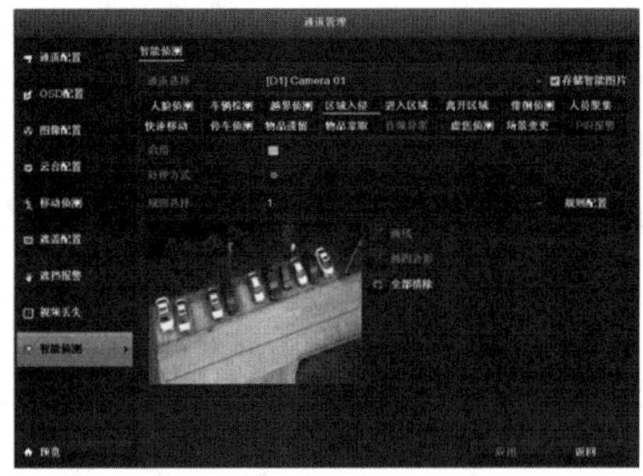

图 22-3-23　智能侦测界面

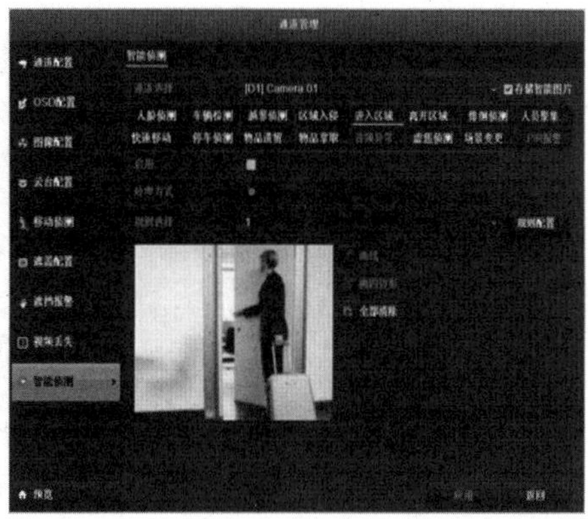

图 22-3-24　区域侦测配置界面

⑤ 设置规则的处理方式。

⑥ 绘制规则区域。鼠标左键单击绘制按钮，在需要智能监控的区域，绘制规则区域。

⑦ 单击“应用”，完成配置。

⑧ 勾选“启用”，启用进入区域侦测功能。

（3）离开区域侦测。

离开区域侦测功能可侦测是否有物体离开设置的警戒区域，根据判断结果联动报警。具体操作步骤如下：

① 选择“主菜单→通道管理→智能侦测”。进入“智能侦测”配置界面。

② 选择“离开区域侦测”，进入智能侦测离开区域侦测配置界面，如图 22-3-25 所示。

③ 设置需要离开区域侦测的通道。

④ 设置离开区域侦测规则，具体步骤如下：

a. 在规则下拉列表中，选择任一规则。离开区域侦测可设置 4 条规则。

b. 单击“规则配置”。进入离开区域侦测“规则配置”界面。

c. 设置规则灵敏度

灵敏度：用于设置控制目标物体的大小，灵敏度越高时越小的物体越容易被判定为目标物体，灵敏度越低时较大物体才会被判定为目标物体。灵敏度可设置区间范围：1-100。单击“确定”，完成对离开区域侦测规则的设置。

⑤ 设置规则的处理方式。

⑥ 绘制规则区域。鼠标左键单击绘制按钮，在需要智能监控的区域。

⑦ 单击“应用”，完成配置。

⑧ 勾选“启用”，启用离开区域侦测功能。

（4）物品拿取侦测。

物品拿取侦测功能用于检测所设置的特定区域内是否有物品被拿取，当发现有物品被拿取时，相关人员可快速对意外采取措施，降低损失。物品拿取侦测常用于博物馆等需要对物品进行监控的场景。具体操作步骤如下：

① 选择“主菜单→通道管理→智能侦测”，进入“智能侦测”配置界面。

② 选择“物品拿取侦测”，进入智能侦测物品拿取侦测配置界面，如图 22-3-26 所示。

③ 设置需要物品拿取侦测的通道。

④ 设置物品拿取侦测规则，具体步骤如下：

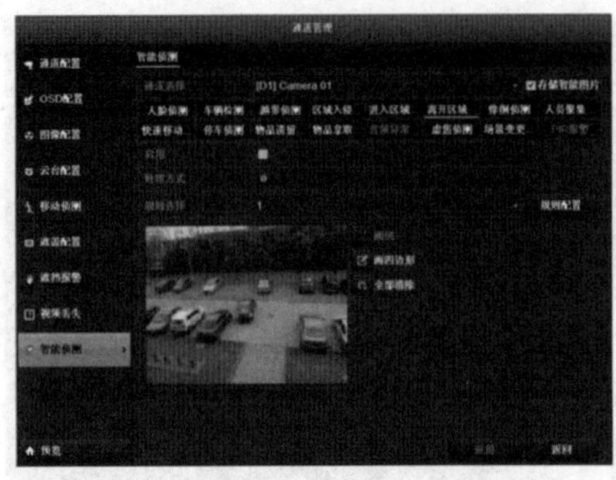

图 22-3-25

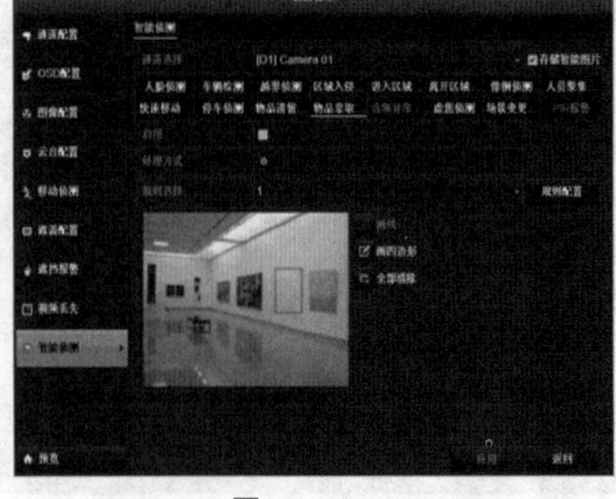

图 22-3-26

a. 在规则下拉列表中，选择任一规则。

b. 单击“规则配置”，进入物品拿取侦测“规则配置”界面。

c. 设置规则的时间阈值和灵敏度。

时间阈值（秒）：表示目标进入警戒区域持续停留该时间后产生报警。例如设置为 20 秒，即目标入侵区域 20 秒后触发报警。可设置范围 20 秒到 3 600 秒。

灵敏度：用于设置控制目标物体的大小，灵敏度越高时越小的物体越容易被判定为目标物体，灵敏度越低时较大物体才会被判定为目标物体。灵敏度可设置区间范围：0-100。

单击“确定”，完成对物品拿取侦测规则的设置。

⑤ 设置规则的处理方式。

⑥ 绘制规则区域。鼠标左键单击绘制按钮，绘制需要智能监控的区域。

⑦ 单击“应用”，完成配置。

⑧ 勾选“启用”，启用物品拿取侦测功能。

【实训拓展】

根据图 22-3-27 所示的接线图完成周边防范子系统接线任务。

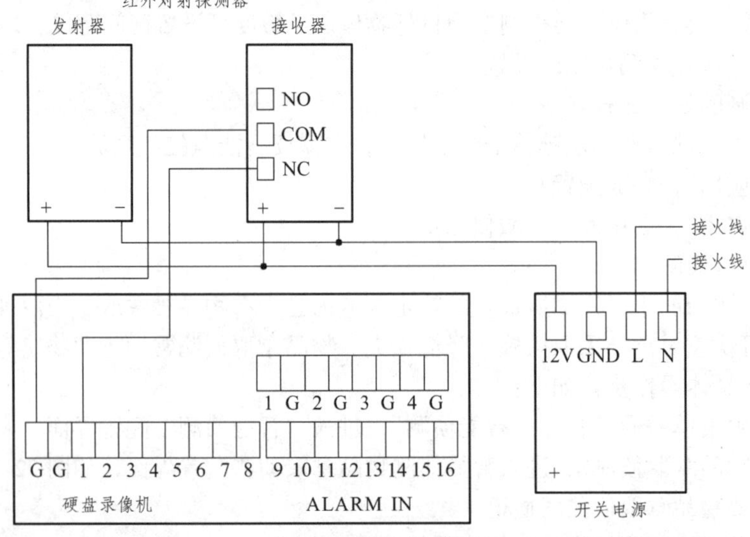

图 22-3-27 连线图

任务四　防盗报警及周边防范子系统训练

【实训目的】

掌握各器件之间的安装、接线及调试方法，并实现各器件的功能，同时理解防盗报警系统及周边防范子系统在实际应用中的意义。

【实训工具】

建筑楼宇智能安防布线设备及相应耗材、工具。

【实训内容】

（1）智能楼宇内的防盗报警系统主要模块的安装。

（2）智能楼宇内的防盗报警系统主要器件的接线与配置。

【实训流程】

智能楼宇内的防盗报警系统负责对建筑内外各个点、线面和区域巡查报警任务，它一般由探测器、区域控制器和报警控制中心三部分组成。

防盗报警及周边防范系统功能结构如图 22-4-1。

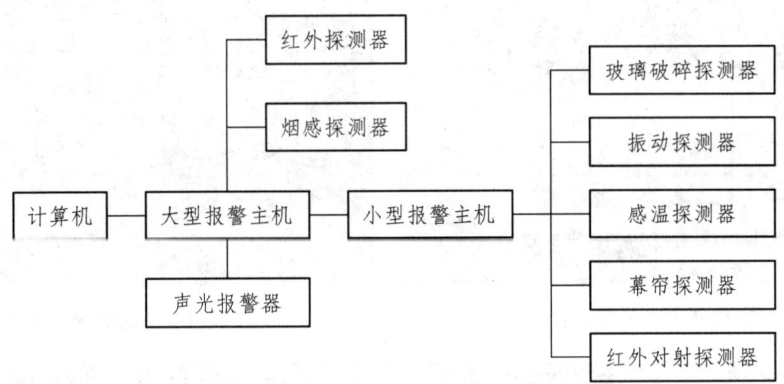

图 22-4-1　防盗报警及周边防范系统功能结构

一、智能楼宇内的防盗报警系统主要模块的安装

1. 模块的安装

（1）大型报警主机。

大型报警主机安装效果见图 22-4-2。

（2）液晶键盘。

将液晶键盘安装效果见图 22-4-3。

（3）小型报警主机。

小型报警主机安装效果见图 22-4-4。

（4）报警探测器。

将报警探测器安装于附录所示图纸的相应位置，安装效果见图 22-4-5 ~ 12-4-8。

（5）声光报警器。

声光报警器安装效果见图 22-4-9。

图 22-4-2　大型报警主机

图 22-4-3　小型报警主机

图 22-4-4　液晶键盘

图 22-4-5　玻璃破碎控测器

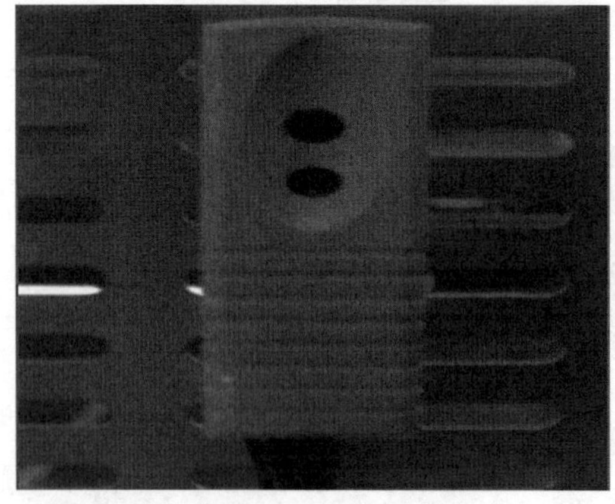

图 22-4-6　震动探测器

图 22-4-7　感温控测器

图 22-4-8　红外对射控测器

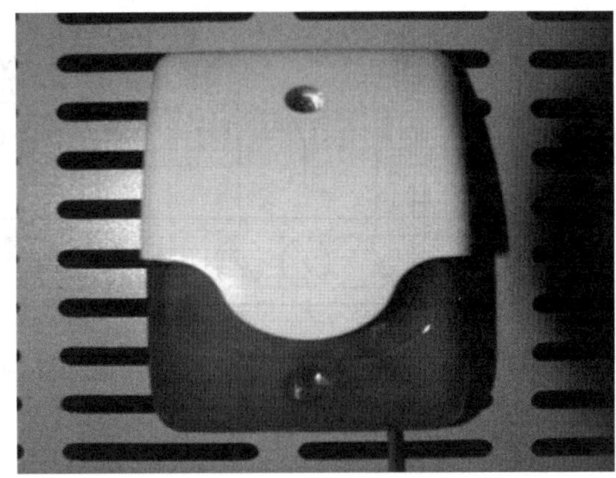

图 22-4-9　声光报警器

二、主要器件的接线与配置

1. DS6MX-CHI 报警主机

（1）接线端口说明及示意图 22-4-10。

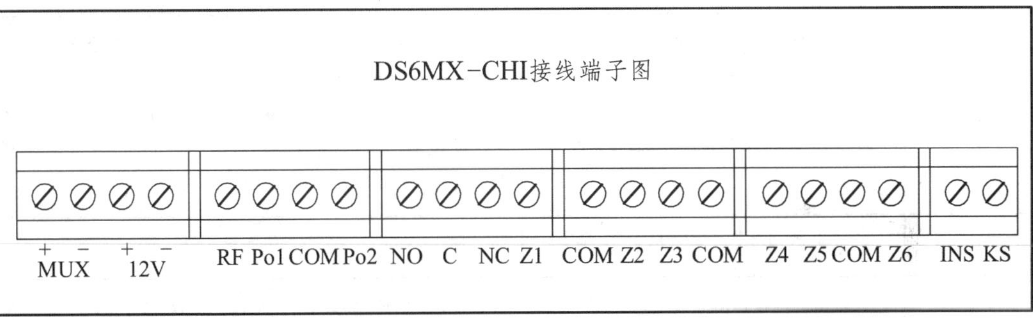

图 22-4-10　接线端口示意图

端口接线说明：

① MUX 的 + 、 – 端接总线驱动器 DS7430 模块 BUS 的 + 、 – 端。

② 12 V 的 + 、 – 端接 12 V 直流电源的 + 、 – 端，为该模块提供电源。

③ RF 为连接无线接收机（DATA 端）的数据线。

④ PO_1、PO_2 两个固态电压输出能够被用来连接每个最大为 250 mA 的设备，工作电压不能超过 15VDC。NO、C、NC 为 C 型继电器输出，Z1 ~ Z6 为该模块的防区接线，每个防区必须接一个 10K 的电阻，当探测器为常开（NO）时，需并入一个 10K 的电阻，当探测器为常闭（NC）时，需串入一个 10K 的电阻，具体见图 22-4-10。

⑤ 通过闭合 KS 与 COM 端，模块可用如钥匙开关、门禁读卡器等进行外部布防。通过短接 INS 与 COM 端可将进入/退出延时防区改为立即防区。

（2）参照图 22-4-11 设置两个 DS6MX-CHI 键盘的地址。

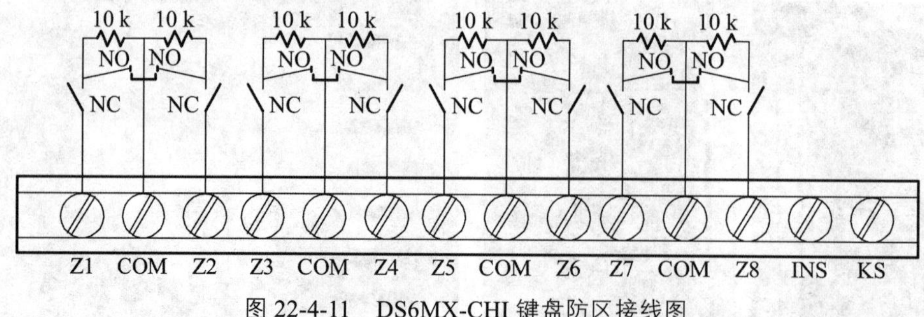

图 22-4-11 DS6MX-CHI 键盘防区接线图

（3）编程功能的实现如表 22-4-1。

表 22-4-1

步骤	操作	提示
1	输入主码&&&&	只有主码才具有编程模式，其他三个用户码不能用于编程
2	输入*键 3 秒，即可进入编程模式	主机蜂鸣器鸣音 1 秒，6 个防区指示将快闪，表示已经进入了编程模式
3	进入编程地址：&或&& + *	地址 0～9 输入 1 位数，地址 10～45 输入 2 位数
4	编程值：从&到&&&&&&&&&	参考地址编程参数，编程值可由 1 位数到 9 位数不等。若设置正确，主机将鸣音 2 秒进行确认；设置错误，可按#键清除，返回到步骤 3
5	重复步骤 3 和 4，编程其他地址	
6	按住*键 3 秒退出编程模式	主机蜂鸣器鸣音 1 秒，6 个防区指示将熄灭，表示已经退出编程模式

注：主码的出厂设置为 1234，如果忘记主码，则可按照以下步骤恢复主码出厂设置：

① 关闭 DS6MX-CHI 的电源。

② 接通跳线 J1（打开模块的前盖，J1 在跳线左侧靠近拨码开关的位置，下同）。

③ 打开 DS6MX-CHI 的电源。

④ 跳开跳线 J1。

对于不同的地址应对应设置表中不同的值，若输入错误的值（数值长度不正确）。可以按[#]键取消刚输入的，然后重新输入。返回到步骤 4 进行重新输入即可，但是若所输入的值不正确，数字长度正确，则必须重新输入编程地址及相应的值。若想编程其他地址，则可重复步骤 3 和 4。

恢复出厂值的操作如下：进入编程模式后，输入地址 99，编入数据 18 即可。

（4）主要参数编程表 22-4-2。

表 22-4-2　主要参数编程

地址	说明	预置值	编程值选项范围
0	主码	1234	0001—9999（0000＝不允许）
1	用户码 1	1000	0001—9999（0000＝禁止使用该用户）
2	用户码 2	0	0001—9999（0000＝禁止使用该用户）
3	用户码 3	0	0001—9999（0000＝禁止使用该用户）
4	报警输出时间	180	000—999（0—999 秒）
5	退出延时时间	90	000—999（0—999 秒）
6	进入延时时间	90	000—999（0—999 秒）
7	防区 1 类型	2	1＝即时；2＝延时；3＝24 小时；4＝跟随 5＝静音防区；6＝周界防区；7＝周界延时防区
8	防区 1 旁路	2	1＝允许旁路；2＝不允许旁路
9	防区 1 弹性旁路	2	1＝允许弹性旁路；2＝不允许弹性旁路
10	防区 2 类型	4	1＝即时；2＝延时；3＝24 小时；4＝跟随 5＝静音防区；6＝周界防区；7＝周界延时防区
11	防区 2 旁路	2	1＝允许旁路；2＝不允许旁路
12	防区 2 弹性旁路	2	1＝允许弹性旁路；2＝不允许弹性旁路
13	防区 3 类型	1	1＝即时；2＝延时；3＝24 小时；4＝跟随 5＝静音防区；6＝周界防区；7＝周界延时防区
14	防区 3 旁路	2	1＝允许旁路；2＝不允许旁路
15	防区 3 弹性旁路	2	1＝允许弹性旁路；2＝不允许弹性旁路
16	防区 4 类型	1	1＝即时；2＝延时；3＝24 小时；4＝跟随 5＝静音防区；6＝周界防区；7＝周界延时防区
17	防区 4 旁路	2	1＝允许旁路；2＝不允许旁路
18	防区 4 弹性旁路	2	1＝允许弹性旁路；2＝不允许弹性旁路
19	防区 5 类型	1	1＝即时；2＝延时；3＝24 小时；4＝跟随 5＝静音防区；6＝周界防区；7＝周界延时防区
20	防区 5 旁路	2	1＝允许旁路；2＝不允许旁路
21	防区 5 弹性旁路	2	1＝允许弹性旁路；2＝不允许弹性旁路
22	防区 6 类型	3	1＝即时；2＝延时；3＝24 小时；4＝跟随 5＝静音防区；6＝周界防区；7＝周界延时防区
23	防区 6 旁路	2	1＝允许旁路；2＝不允许旁路
24	防区 6 弹性旁路	2	1＝允许弹性旁路；2＝不允许弹性旁路
25	键盘蜂鸣器	1	0＝关闭；1＝打开
26	固态输出口 1	1	1＝跟随布/撤防状态；2＝跟随报警输出
27	固态输出口 2	1	1＝跟随火警复位；2＝跟随报警输出；3＝跟随开门密码
28	快速布防	2	1＝允许快速布防；2＝不允许快速布防

续表

地址	说明	预置值	编程值选项范围
29	外部布/撤防	1	1＝只能布防；2＝可布/撤防
30	紧急键功能	0	0＝不使用；1＝使用
31	继电器输出	0	0＝跟随报警输出；1＝跟随开门密码
32	劫持码	0	0000—9999（0000＝禁止使用）
33	开门密码	0	0000—9999（0000＝禁止使用）
34	开门时间	0	000—999（0—999 秒）；000＝禁止使用
35	无线遥控	0	0＝不用；1＝使用无线遥控（最多 6 个）
36	监察无线故障	1	1＝12Hr 监察故障报告；2＝24Hr 监察故障报告
61	单防区布/撤防	0	0＝不使用单防区布/撤防和报告，占 2 个总线地址码；1＝使用单防区布/撤防和报告，占 4 个总线地址码。
99	恢复到出厂值	18	当输入这个数值，DS6MX-CHI 的所有设置参数（主码除外）会恢复到出厂值。此功能是仅仅为了安装和维护。

（5）防区类型说明：

① 即时防区：布防后，触发了即时防区，会立即报警。

② 静音防区：布防后，触发了防区的报警为静音报警，键盘和报警输出无声/无输出，只通过数据总线将报警信号传到中心。

③ 周界防区：当周界布防后，触发了周界防区，都会立即报警。

④ 周界延时防区：当周界布防后，所设定的延时防区在进入/退出延时时间结束之后触发才报警。

⑤ 延时防区：布防后，所设定的延时防区在进入/退出延时时间结束之后触发才报警。

⑥ 跟随防区：布防后，此防区被触发，如果没有延时防区被触发，则立即报警；若有延时防区被触发，必须等到延时防区报警后方可报警。

⑦ 24 小时防区：一直处于激活状态，不论撤布防与否，只要一触发就立即报警。

⑧ 要求退出（REX）：只有在撤防状态下，一触发该输入，所设置的开锁输出就将跟随开门定时器设置。

⑨ 旁路防区：若某防区允许旁路，则在布防时，输入[用户密码]＋[旁路]＋[防区编号]＋[ON]将旁路该防区。撤防时所旁路的防区将被清除（24 小时防区不可旁路）。

⑩ 弹性旁路防区：若某防区设置成弹性旁路防区。在布防期间，若某一防区第一次被触发报警，以后该防区再被触发则无效，直到被撤防。

注：该装置默认 DS6MX-CHI 报警主机的防区对应地址设置为 009/010。

2. DS7412 串行接口模块

（1）模块说明。

DS7412 是连接 DS7400XI 主板与打印机或计算机的一种接口转换模块。若想使 DS7400XI 直接连接英文串口打印机或计算机时，就必须使用 DS7412 模块，通过使用 RS-232 来实现与外围设备的通讯。模块通信速率为 2 400 bps，与 PC 机通讯时串口线的接线顺序为：2-33-24-65-56-47-88-7。

（2）接线端口，如图 22-4-12 所示。

图 22-4-12　接线端口示意图

（3）与主板连接。

如需开放通讯口，要对地址 4019、4020 中进行设置，若与主机通讯正常，DS7412 上的 Rx，和 TxLED 会闪亮，如图 22-4-13。

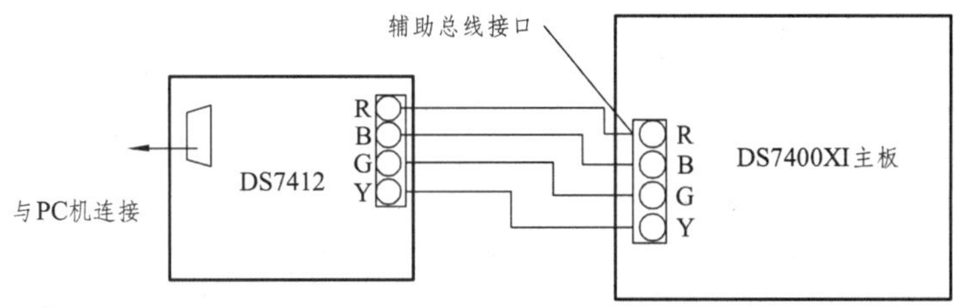

图 22-4-13　与主板连接图

3. DS7447 大型报警主机

（1）接线端口说明，如图 22-4-14。

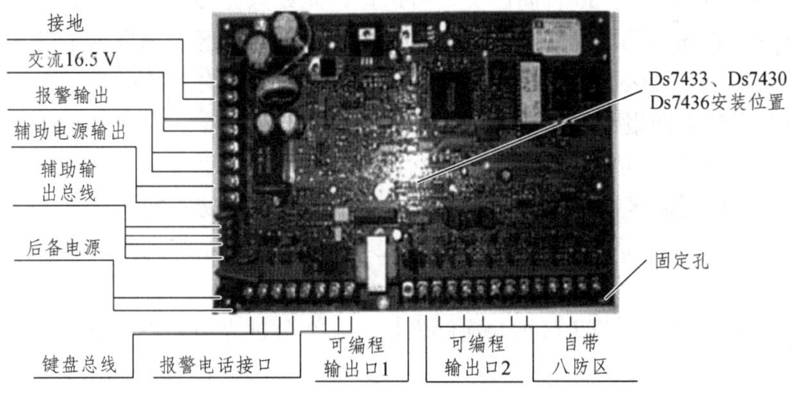

图 22-4-14　接线端口示意图

接线端口说明：

① 接地：使用电源线将此处端子与报警主机外壳地相连。

② 交流 16.5 V：使用电源线将此处端子与报警主机内的变压器的 16.5 V 输出端相连。报警输出：连接声光报警器。

③ 辅助电源输出：DC12 V，最大 1.0 A。

④ 辅助输出总线：可连接 DS7488、DS7412 等外围设备。

⑤ 后备电源：连接 12 V，7.0AH 蓄电池。

⑥ 键盘总线：可连接 DS7447I、DS7412 等外围设备。

⑦ 报警电话接口：连接外部报警电话。

⑧ 可编程输出口 1.2：提供两个可编程输出。当被触发时，辅助电源的负极则短路到可编程输出 1（P01），可编程输出 1 的电流额定值为 1.0 A，可编程输出 1 的功能在地址 2735 处编制；当被触发时，可编程输入出 2（P02）则供给 12 V，500 mA 的电源。可编程输出 2 的功能在地址 2736 处编制。

⑨ 自带八防区：可接入 8 个报警探测器输入。

（2）防区输入端口与报警探测器的连接方法，如图 22-4-15。

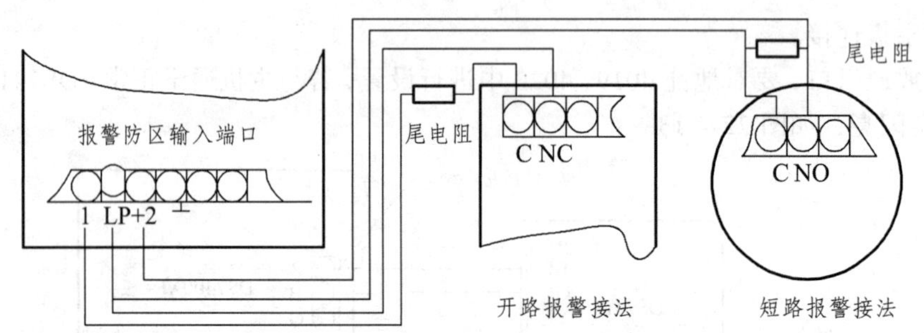

图 22-4-15　防区输入端口与报警探测器连接图

注：DS7400XI 自带防区的线尾电阻是 2.2 kΩ，而扩充模块的线尾电阻为 47 kΩ。

（3）编程内容。

① 防区功能：防区功能是 DS7400XI 的防区类型，如即时防区，延时防区，24 小时防区，防火防区等。DS7400XI 共有 30 种防区类型可选择，此处只介绍几种常用类型。

a. 延时防区：系统布防时，在退出延时时间内，如延时防区被触发，系统不报警。退出延时时间结束后，如延时防区再被触发，在进入延时时间内，如对系统撤防，则不报警；进入延时时间一结束则系统立即报警。受布撤防影响。

b. 即时防区：系统布防时，在退出延时时间内，如即时防区被触发，系统不报警。退出延时时间结束后，如即时防区被触发，则系统立即报警。受布撤防影响。

c. 24 小时防区：无论系统是否布防，触发 24 小时防区则系统均将报警，一般用于接紧急按钮。

d. 附校验火警防区：火警防区被一次触发后，在 2 分钟之内若再次触发，则系统报警；否则不报警。

e. 无校验火警防区：火警防区被一次触发后，则系统报警。

f. 布/撤防防区：该防区可用来对 DS7400XI 所有防区或对某一分区进行布防/撤防操作如下表 22-4-3。

② 确定一个防区的防区功能。

防区功能与防区是两个概念。在防区编程中，就是要把某一具体防区设定具有哪一种防区功能。在防区编程中所要解决的问题是：要使用多少个防区，每个防区应设置为哪种防区功能。其中防区与地址的对应关系如表 22-4-4 所示。

表 22-4-3 防区功能表

防区功能号	对应地址	出厂值	含义
01	0001	23	连续报警，延时 1
02	0002	24	连续报警，延时 2
03	0003	21	连续报警，周界即时
04	0004	25	连续报警，内部/入口跟随
05	0005	26	连续报警，内部留守/外出
06	0006	27	连续报警，内部即时
07	0007	22	连续报警，24 小时防区
08	0008	7*0	脉冲报警，附校验火警

表 22-4-4 防区地址表

防区	地址	数据 1	数据 2
1	0031		
2	0032		
3	0033		
…			
248	0278		

注：数据 1、数据 2 表示防区功能号（01～30）

③ 防区特性设置。

因为 DS7400XI 是一种总线式大型报警主机系统，可使用的防区扩充模块有多种型号。如 DS7432，DS6MX，DS6MX 等系列，具体选择哪种型号在这项地址中设置。从 0415-0538 共有 124 个地址，每个地址有两个数据位，依次分别代表两个防区。两个数据位的含义如表 22-4-5。

表 22-4-5 防区特性表

数据	含义
0	主机自带防区或 DS7457i 模块
1	DS7432、DS7433、DS7460、DS-6MX
2	DS7465
3	MX280、MX280TH
4	MX280THL
5	Keyfob
6	DS-3MX，DS6MX

其中，地址与数据位对应关系如表 22-4-6 所示。

表 22-4-6 地址与数据位对应关系表

地址	数据 1	数据 2
0415	防区 1	防区 2
0416	防区 3	防区 4
0417	防区 5	防区 6
…	…	…
0538	防区 247	防区 248

【任务拓展】

根据防盗报警系统及周边防范子系统接线图（见图 22-4-16）完成器件安装、接线及调试。

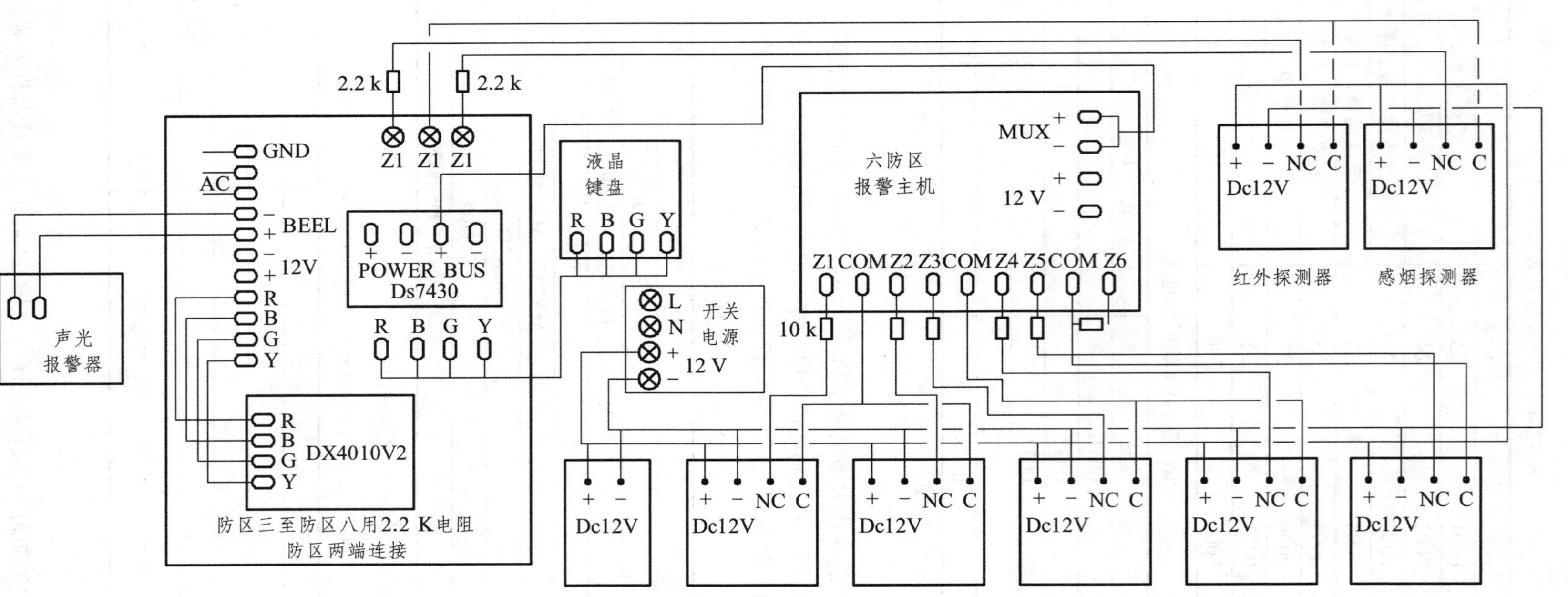

图 22-4-16　防盗报警系统及周边防范子系统接线

任务五　巡更系统训练

【实训目的】

通过巡更巡检系统的相关训练，学生应掌握其安装、调试方法，理解楼宇智能化巡更巡检系统在小区管理中的作用。

【实训工具】

建筑楼宇智能安防布线设备及相应耗材、工具。

【实训内容】

（1）巡更系统器件安装。

（2）巡更系统调试。

【实训流程】

一、巡更系统器件安装

一套完整的电子巡更巡检系统是由巡更巡检器、传输线、信息钮、软件管理系统四部分组成。系统组成如图 22-5-1，安装时先用巡更器连接计算机，读卡，然后根据实训要求选择巡更点安装在相应位置。

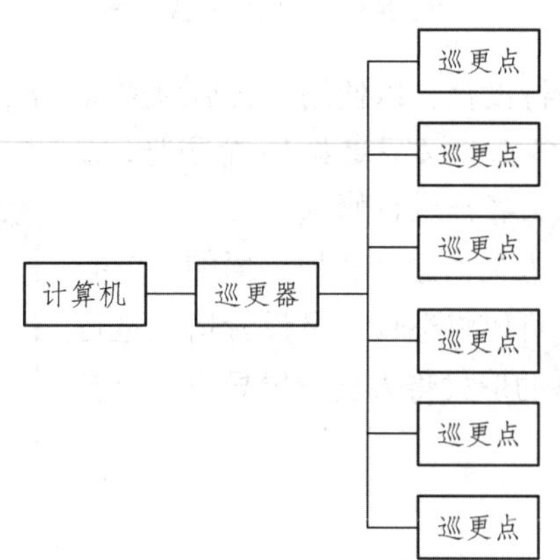

图 22-5-1　巡更系统组成

二、巡更系统调试

1. 软件使用

1）系统设置及使用

启动系统如图 22-5-2 所示，软件安装完成后，即可启动系统，并出现登录窗口。

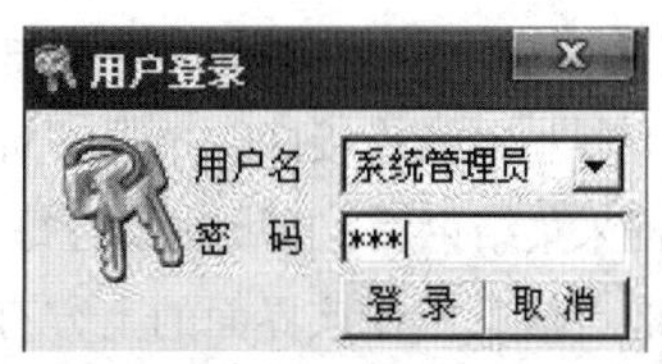

图 22-5-2　启动系统界面

如果是第一次使用本系统，请选择管理员登录系统，口令为“333”，这样您将以管理员的身份登录到本系统，如图 22-5-3 所示。

系统启动后出现如图 22-5-3 所示各菜单操作，第一次使用本系统进行日常工作之前，应建立必要的基础数据，如果需要，应修改系统参数。

图 22-5-3　基础数据界面

2）设置

（1）人员设置。

人员设置操作界面如图 22-5-4 所示。

人员设置

添加人员　删除一条　删除全部　打印数据　Excel导出　返 回

提示

巡检器最多可以存储254个人员指纹　现有人员数量：2　您还可以继续添加人员数量：252

人员编号	人员姓名
1	张三
2	李四

图 22-5-4　人员设置界面

此选项用来对巡检人员进行设置，以便用于日后对巡检情况的查询，如图 22-5-5 所示。

人员名称为手动添加，最多 7 个汉字或者 15 个字符，添加完毕后，可以在表格内对人员名称进行修改。

中文机内最多存储 254 个人员信息，在该界面的上方有数量提示。点击“打印数据”可以将巡检人员设置情况进行打印。也可以以 EXCEL 表格的形式将人员设置导出，以备查看。

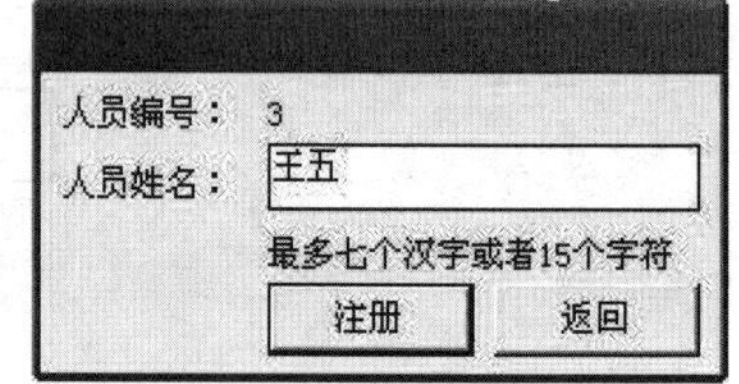

图 22-5-5　巡检人员设置界面

（2）地点设置。

地点设置操作界面如图 22-5-6 所示。

此选项用来对巡检地点进行设置，以便用于日后对巡检情况的查询。设置地点之前，可先将巡检器清空（在“采集数据”的界面，将巡检器设置成正在通讯的状态，点击“删除数据”按钮，即可删除中文机内的历史数据），然后将要设置的地点钮按顺序依次读入到巡检器中，把巡检器和电脑连接好，选择“资源设置→地点钮设置”点击采集数据，软件会自动存储数据。数据采集结束后，按顺序填写每个地点对应的名称。修改完毕退出即可。中文机内最多存储 1000 个地点信息，在该界面的上方有数量提示。点击“打印数据”可以将地点设置情况进行打印。也可以以 EXCEL 表格的形式将地点设置导出，以备查看。

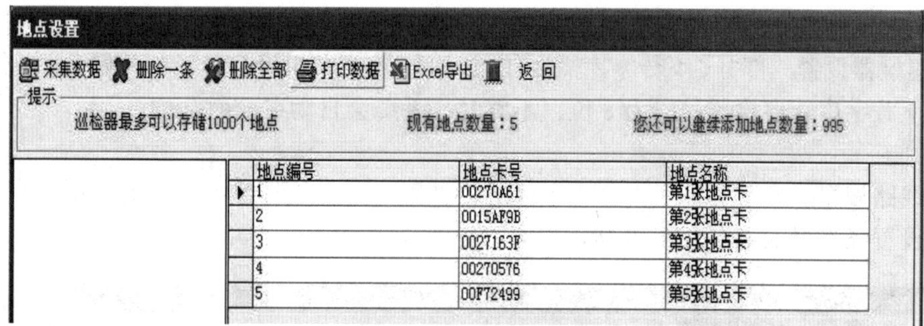

图 22-5-6 地点设置界面

（3）事件设置。

事件设置用来对巡逻事件进行设置，以便用于日后对巡检情况的查询。事件信息为手动添加，点击添加事件，系统会自动添加一条默认的事件，在相应的表格内直接修改事件名称和状态名称即可。中文机内最多存储 254 个事件信息，在该界面的上方有数量提示。

（4）棒号设置。

棒号设置操作界面如图 22-5-7 所示。

图 22-5-7 棒号设置

此选项用来对棒号进行设置，以便用于日后对巡检情况的查询。把巡检器和电脑连接好，将巡检器设置成正在通讯状态，点击采集数据，软件会自动存储数据。数据采集结束后，在相应表格内修改名称即可。修改完毕退出即可。点击“打印数据”可以将棒号情况进行打印。也可以以 EXCEL 表格的形式将棒号导出，以备查看。

（5）系统设置。

系统设置如图 22-5-8 所示。

系统设置
基本信息写入
授权公司名称
选择系统使用的串口号 COM1 自动检测串口
权限用户密码管理
系统管理员密码：333 操作员：222 浏览者：111
保存 返回
巡检器设置
下传字库 下传机器信息
读取号码 公司名称 兰德华公司
巡检器名称 彩屏中文机
巡检器校时 巡检器号码 00000123

图 22-5-8 系统设置界面

在第一次进入软件后，应首先对系统进行设置。系统设置分为基本信息写入、权限用户密码管理、巡检器设置三部分。下传字库需要较长时间，若中文机没有显示的问题（非硬件问题），无需频繁下载字库。巡检器号码为8位，不够时，系统会自动在前面补位。

3）功能

（1）线路设置。

线路设置操作界面如图22-5-9所示

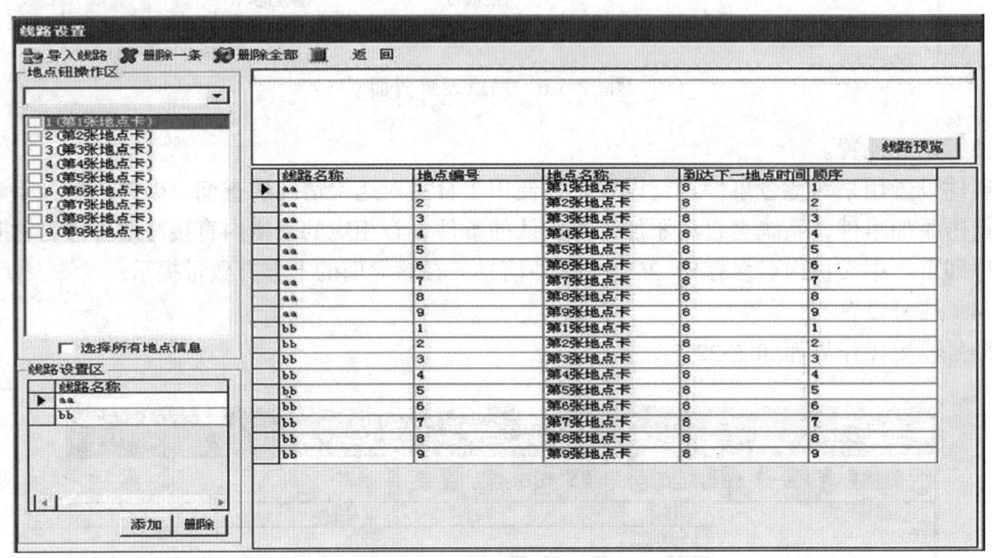

线路名称	地点编号	地点名称	到达下一地点时间	顺序
aa	1	第1张地点卡	8	1
aa	2	第2张地点卡	8	2
aa	3	第3张地点卡	8	3
aa	4	第4张地点卡	8	4
aa	5	第5张地点卡	8	5
aa	6	第6张地点卡	8	6
aa	7	第7张地点卡	8	7
aa	8	第8张地点卡	8	8
aa	9	第9张地点卡	8	9
bb	1	第1张地点卡	8	1
bb	2	第2张地点卡	8	2
bb	3	第3张地点卡	8	3
bb	4	第4张地点卡	8	4
bb	5	第5张地点卡	8	5
bb	6	第6张地点卡	8	6
bb	7	第7张地点卡	8	7
bb	8	第8张地点卡	8	8
bb	9	第9张地点卡	8	9

图22-5-9　线路设置界面

该界面的左下角区域为线路设置区，可以添加一条新的线路或者删除已有的线路，删除线路时请慎重（删除线路后，该线路内的巡逻信息也被删除）左上角地点操作区内，会详细列举地点的编号和名称以及线路的列表，选择相应的线路名称，勾选该线路内包含的地点信息，点击导入线路，软件会自动保存相应的数据。右侧表格内显示的是相应线路的具体巡逻信息，到达下一个地点时间和顺序可以修改，其他为只读。到达下一个地点时间单位是分钟，最小1分钟，不能设置类似0.8这样的数据。

（2）计划设置。

根据实际情况输入计划名称，然后选择该计划对应的线路，设置相应的时间后，点击“添加计划”。计划被保存后，在右侧的表格内会有相应的显示，表格内的数据不能修改，若需要修改，可以删除某条计划后再重新添加。

计划设置的时候，包括两种模式：有序计划、无序计划。

① 有序计划：只设置开始时间，在计划执行的巡逻过程中，线路中第一个点到达的时间就是开始时间，第二个点的到达时间是第一个的时间加上线路设置中设置的“到下一地点的分钟数”，得到的就是第二个点的准确的时间，这样一次得到以后每个点的到达的准确的时间。

② 无序计划：要设置开始时间和结束时间，这样的计划只要是在设置的这段时间范围内巡逻了，就是符合要求的。虽然中文机中有巡逻的次序，但是软件考核的时候就不用次序，只要到达了，就是合格的，如图22-5-10所示。

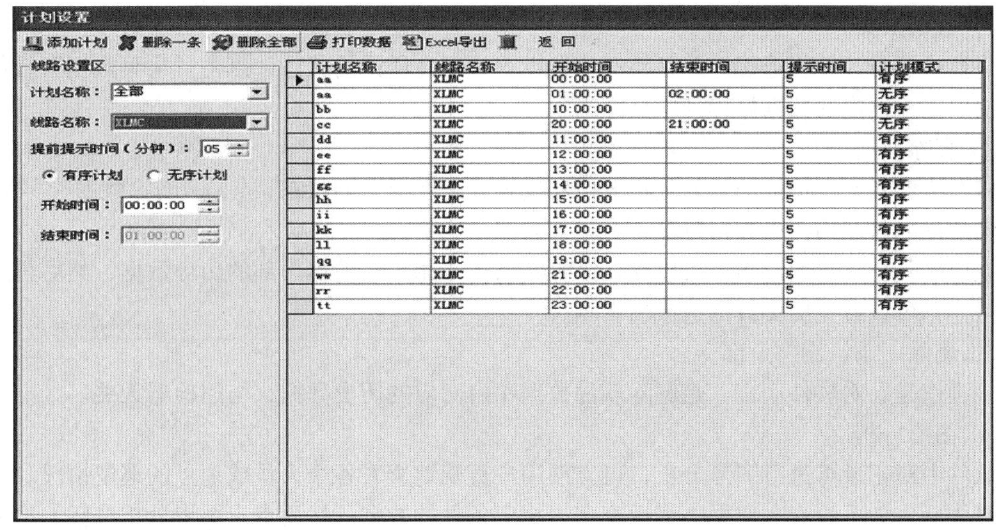

计划名称	线路名称	开始时间	结束时间	提示时间	计划模式
aa	XLMC	00:00:00		5	有序
aa	XLMC	01:00:00	02:00:00	5	无序
bb	XLMC	10:00:00		5	有序
cc	XLMC	20:00:00	21:00:00	5	无序
dd	XLMC	11:00:00		5	有序
ee	XLMC	12:00:00		5	有序
ff	XLMC	13:00:00		5	有序
gg	XLMC	14:00:00		5	有序
hh	XLMC	15:00:00		5	有序
ii	XLMC	16:00:00		5	有序
kk	XLMC	17:00:00		5	有序
ll	XLMC	18:00:00		5	有序
qq	XLMC	19:00:00		5	有序
ww	XLMC	21:00:00		5	有序
rr	XLMC	22:00:00		5	有序
tt	XLMC	23:00:00		5	有序

图 22-5-10

（3）下载档案。

下载档案操作界面如图 22-5-11 所示。

当您修改过人员或者地点或事件信息后，请重新下载数据到中文机中，这样能保证软件中设置的数据与中文机的数据实时保持一致。下载计划的时候，首先要设置中文机为“正在通讯”状态，然后选择好要下载的计划后，点击“下载数据”即可。

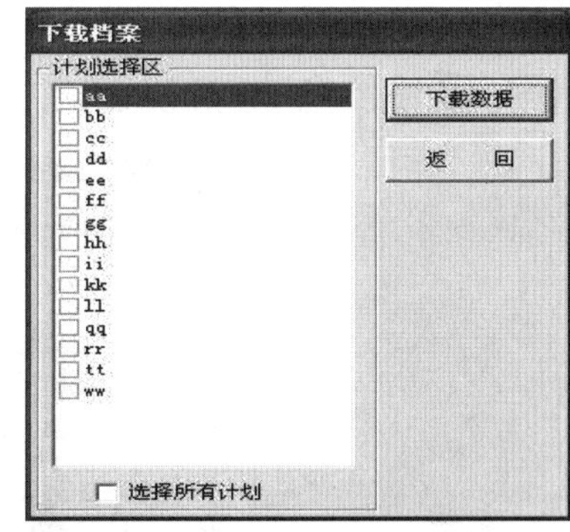

图 22-5-11 下载档案界面

4）数据

（1）采集数据。

采集数据操作界面如图 22-5-12 所示。

采集数据

采集数据 删除数据 数据查询 删除一条 删除全部 图形分析 打印数据 Excel导出 返 回

查询条件

地点　人员　事件名称

时间 2009-04-07 00:00:00 至 2009-04-08 00:00:00　棒号属性

	钮号	地点	人员	巡检时间	事件内容	事件状态	棒号属性
10	002EA2ED	第3张地点卡	无记录人员	2090-04-00 03:28	无事件		
11	002EA2ED	第3张地点卡	无记录人员	2009-03-31 10:18	无事件		
12	00A42A85	第4张地点卡	无记录人员	2009-03-31 11:17	无事件		
13	00268C74	第5张地点卡	无记录人员	2009-03-31 11:19	无事件		
14	00268C74	第5张地点卡	无记录人员	2009-03-31 11:20	无事件		
15	003BF21D	第2张地点卡	无记录人员	2009-03-31 11:36	无事件		
16	003BF21D	第2张地点卡	无记录人员	2009-03-31 11:37	无事件		
17	000D9A74	第6张地点卡	ZHANGSAN	2009-04-02 14:39	第1个事件	状态1	
18	000D9A74	第6张地点卡	ZHANGSAN	2009-04-02 14:53	第1个事件	状态1	
19	0007409F	第7张地点卡	ZHANGSAN	2009-04-02 16:31	第2个事件	1123.57	
20	00166DA3	第8张地点卡	ZHANGSAN	2009-04-02 16:31	第3个事件	5000.00	
21	000D9A74	第6张地点卡	无记录人员	2009-04-03 09:43	第1个事件	状态1	
22	0048AB47	第9张地点卡	无记录人员	2009-04-03 09:43	第2个事件	状态2	
23	0007409F	第7张地点卡	无记录人员	2009-04-03 09:43	第3个事件	状态3	
24	00166DA3	第8张地点卡	无记录人员	2009-04-03 09:44	无事件		
25	00166DA3	第8张地点卡	DSD	2009-04-03 10:16	第1个事件	1234.56	
26	0007409F	第7张地点卡	DSD	2009-04-03 10:16	第2个事件	状态2	
27	0048AB47	第9张地点卡	DSD	2009-04-03 10:17	第3个事件	状态3	
28	000D9A74	第6张地点卡	DSD	2009-04-03 10:17	第1个事件	状态5	
29	0007409F	第7张地点卡	无记录人员	2009-04-03 10:18	第2个事件	状态1	
30	00166DA3	第8张地点卡	无记录人员	2009-04-03 10:18	第1个事件	5000.00	
31	0048AB47	第9张地点卡	无记录人员	2009-04-03 10:18	第2个事件	状态1	
32	000D9A74	第6张地点卡	无记录人员	2009-04-03 10:18	第1个事件	状态5	

图 22-5-12 采集数据界面

① 数据采集。

将巡检器与计算机连接好并且将巡检器设置成正在通讯的状态，点击“采集数据”软件会自动提取巡检器内的数据保存到数据库当中。

② 删除数据。

将巡检器与计算机连接好并且将巡检器设置成正在通讯的状态，点击“删除数据”，可以将巡检器硬件内存储的历史数据删除。

在前期基础设置的时候，可以先在该界面采集并删除巡检器内部的历史数据，然后再进行设置操作，可以避免历史数据造成的影响。

③ 删除一条、删除全部。

该操作是针对软件而言，是删除软件数据库内对应的历史数据，与巡检器无关。

④ 图形分析。

软件中对记录可进行图形分析，可方便用户直观地查看各个人员或地点的巡逻情况。

具体操作如下：点击数据查询后查询出相应条件的数据，然后点击图形分析按钮，出现如图 22-5-13 所示的图形分析界面。点击地点分析，系统会自动形成图表分析。可以对人员、时间段进行分析。

（2）计划实施。

计划实施操作界面如图 22-5-14 所示。

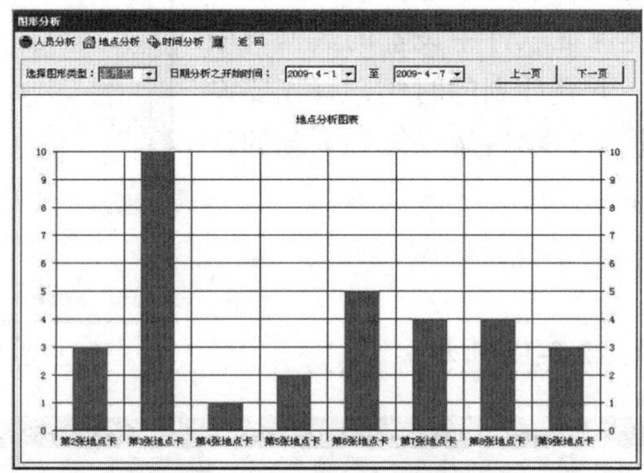

图 22-5-13　图形分析界面

计划考核

计划实施　数据查询　打印数据　Excel导出　返回

计划实施时间

开始时间 2009-07-01　结束时间 2009-07-01　误差时间 10

线路查询区

计划　线路　地点　人员

时间 2009-07-01 10:23:43 至 2009-07-01 10:23:43　模式 有序　状态 准时

	计划名称	计划模式	线路名称	棒号属性	地点	人员	开始时间	结束时间	巡检时间	事件名称	事件状	考核状
1	计划1	无序	西线路		第1张地点卡	无人到位	2009-07-01 13:00	2009-07-01 18:00				未到
2	计划1	无序	西线路		第2张地点卡	无人到位	2009-07-01 13:00	2009-07-01 18:00				未到
3	计划1	无序	西线路		第3张地点卡	无人到位	2009-07-01 13:00	2009-07-01 18:00				未到
4	计划1	无序	西线路		第4张地点卡	无人到位	2009-07-01 13:00	2009-07-01 18:00				未到
5	计划1	无序	西线路		第5张地点卡	无人到位	2009-07-01 13:00	2009-07-01 18:00				未到
6	计划1	有序	东线路	测试组	第1张地点卡	无记录人	2009-07-01 10:00		2009-07-01 09:53	正常	0000.0	准时
7	计划1	有序	东线路	测试组	第2张地点卡	张三	2009-07-01 10:08		2009-07-01 10:07	正常	3	准时
8	计划1	有序	东线路	测试组	第3张地点卡	张三	2009-07-01 10:16		2009-07-01 10:07	异常	状态1	准时
9	计划1	有序	东线路		第4张地点卡	无人到位	2009-07-01 10:24					未到
10	计划1	有序	东线路		第5张地点卡	无人到位	2009-07-01 10:32					未到
11	计划2	无序	西线路	测试组	第1张地点卡	无记录人	2009-07-01 08:00	2009-07-01 12:00	2009-07-01 09:53	正常	0000.0	准时
12	计划2	无序	西线路	测试组	第2张地点卡	无记录人	2009-07-01 08:00	2009-07-01 12:00	2009-07-01 09:53	异常	状态1	准时
13	计划2	无序	西线路	测试组	第3张地点卡	无记录人	2009-07-01 08:00	2009-07-01 12:00	2009-07-01 09:54	正常	0000.0	准时
14	计划2	无序	西线路	测试组	第4张地点卡	无记录人	2009-07-01 08:00	2009-07-01 12:00	2009-07-01 09:54	正常	0000.0	准时
15	计划2	无序	西线路	测试组	第5张地点卡	无记录人	2009-07-01 08:00	2009-07-01 12:00	2009-07-01 09:54	正常	0000.0	准时

图 22-5-14　计划实施界面

【实训拓展】

按照单元门口 1—单元门口 2—走廊—管理中心—机房—机房室外的路线自行选择巡更点，完成巡更点安装，并设置每个巡更点相隔时间为 1 分钟。

任务六　照明控制系统调试训练

【实训目的】

DDC 照明控制系统主要用来完成对 DDC 编程调试、软件组态应用和照明系统控制等技能的考核、实训，让学生在实训中理解 DDC 照明控制系统在实际生活中应用意义。

【实训工具】

建筑楼宇智能安防布线设备及相应耗材、工具。

【实训内容】

（1）利用 LonMaker3.1 创建设备（使用 YK-BA5208 和 YK-BA5210 模块）的逻辑控制。

（2）熟悉力控组态软件操作步骤。

【实训流程】

DDC 照明控制系统由直接数字控制器、USB 网络接口、上位机监控系统（力控组态软件）、照明控制箱和照明灯具等组成。其结构如图 22-6-1 所示。

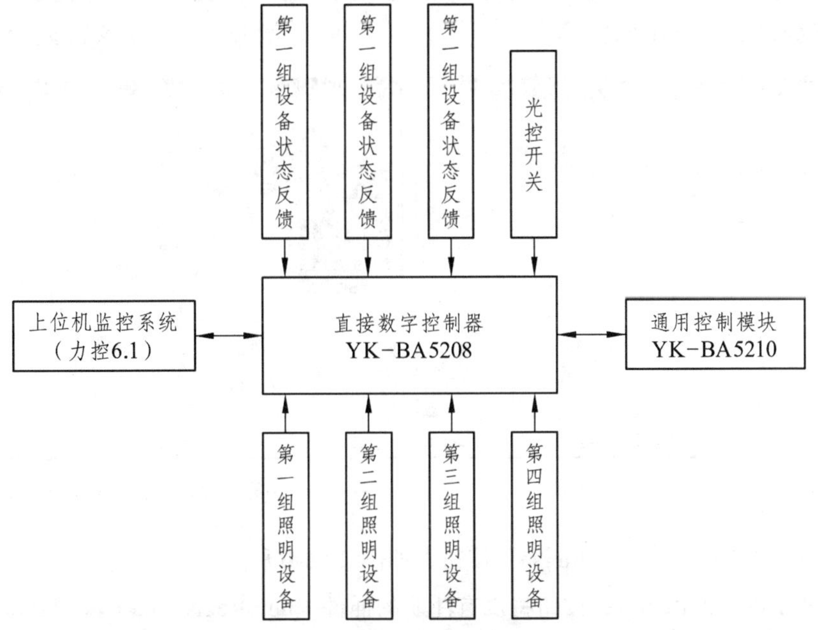

图 22-6-1　DDC 照明控制系统框图

一、创建设备的逻辑控制

利用 LonMaker3.1 创建设备（使用 YK-BA5208 和 YK-BA5210 模块）的逻辑控制。

要求实现四组灯光的手动和自动控制。自动控制时，定时控制三组灯，光控开关控制第二组灯。手动控制时，定时控制和光控开关均不起作用，四组灯的开启与关闭由监控画面上的相应按钮控制。

（1）启动 LonMaker。

（2）点击“New Network”按钮建立一个新的网络文件，如图 22-6-2 所示。

（3）加载宏定义选项，点击“Enable Macros”按钮即可，如图 22-6-3 所示。

（4）输入网络名称如：“TESTN”，点击“Next”按钮，如图 22-6-4 所示。

（5）选中复选框，在下拉框里选择连接设备的网络接口（如：LON2），“Next”按钮如图 22-6-5。

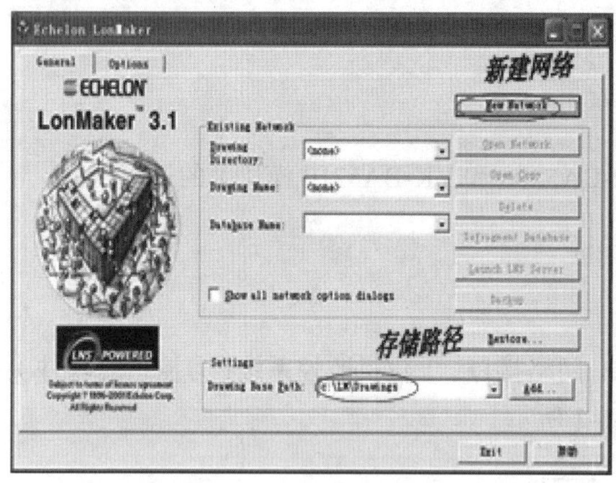

图 22-6-2 新建网络界面

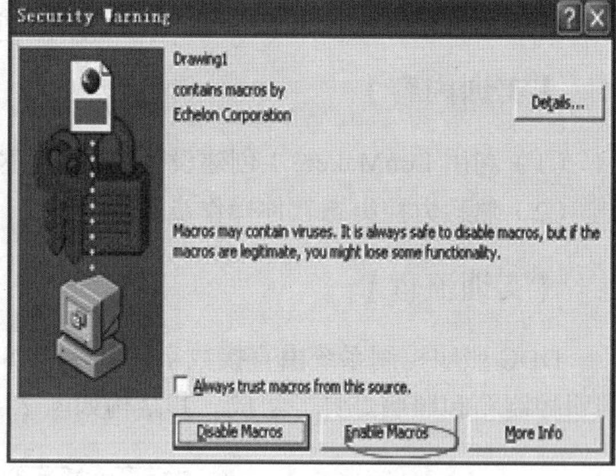

图 22-6-3 宏定义选项界面

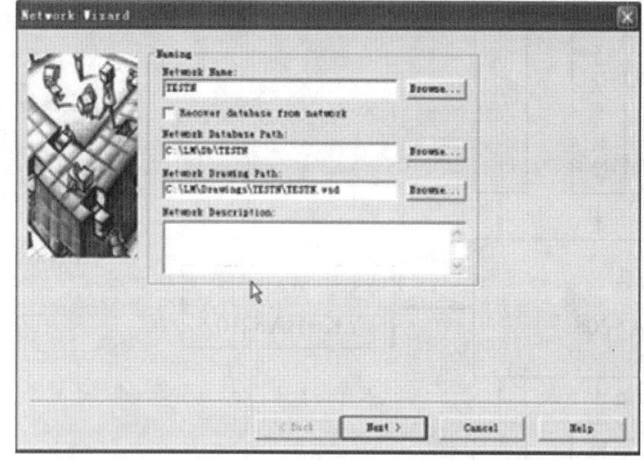

图 22-6-4 网络命名界面

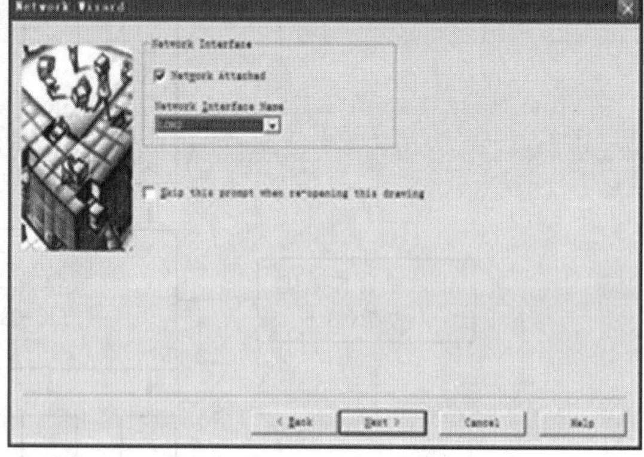

图 22-6-5 接口选择界面

（6）选择“Onnet”，点击“Finish”按钮，如图 22-6-6 所示。

（7）通过 Add 和 Remove 按钮将没有注册的插件（not Registered）添加到准备注册（To beRegistered）的显示栏里（前面注册只是将 Plug-In 插件注册到操作系统中，这里才是真正注册到 LonMaker3.1 当中），点击“Finish”按钮，开始注册，并打开 Microsoft Visio（它是编辑 LON 网络的图形工具），如图 22-6-7。

（8）从图 22-5-8 左边的图形（Shapes）中选择设备图标（Device），左键拖动到右边的编辑区域，然后松开左键，会弹出设备向导（New device Wizard）。

（9）在图 22-6-9 中输入设备名称如：5208，选中 Commission Device，点击“Next”按钮。

（10）在图 22-6-10 中选中“Load XIF files”单选框，点击“Browser”按钮，打开节点程序对话框，选中你要下载到该模块的节点程序（YK-BA5208-1.XIF），点击“打开”，然后点击“Next”按钮。

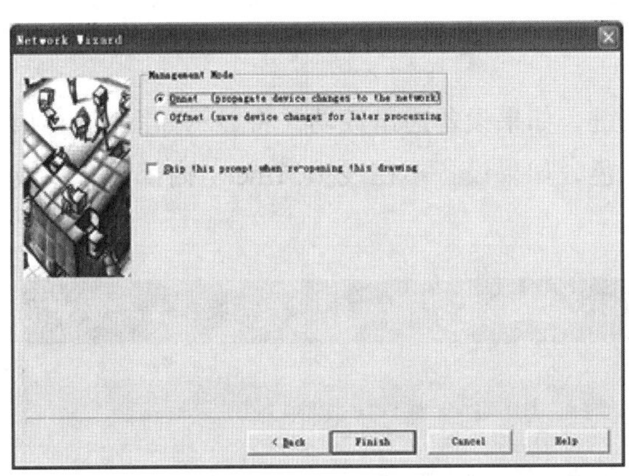

图 22-6-6　在线选择界面

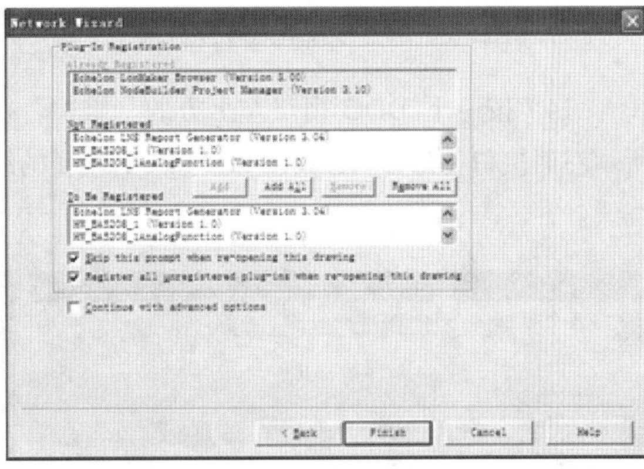

图 22-6-7　插件注册界面

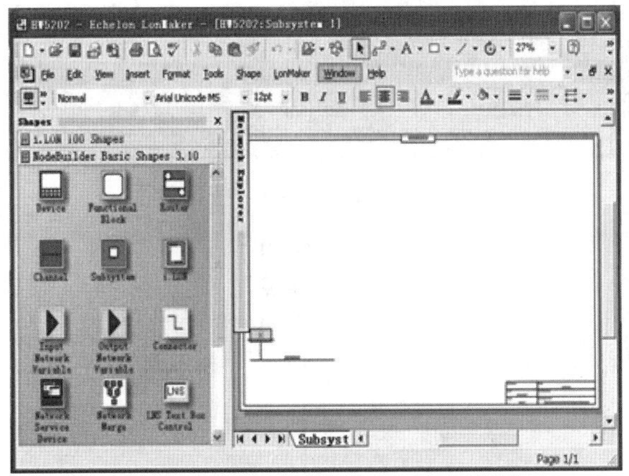

图 22-6-8　编程窗口界面

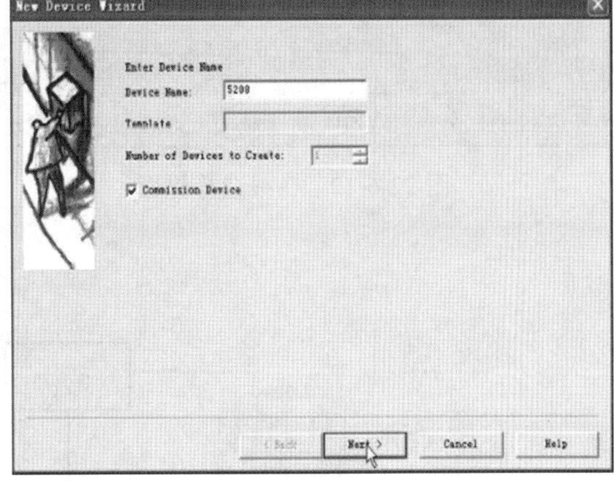

图 22-6-9　装置命名界面

（11）点击“Next”按钮，一直到出现如图 22-6-11 所示的画面为止。

（12）选中图 22-6-11 中的复选框，点击“Next”按钮。

（13）按照图 22-6-12 所示，选择单选框后，点击“Finish”按钮，弹出画面如图 22-6-13 所示。

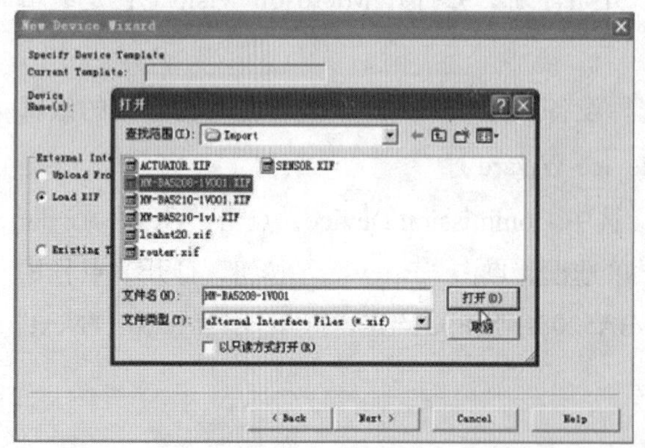

图 22-6-10　打开节点程序界面

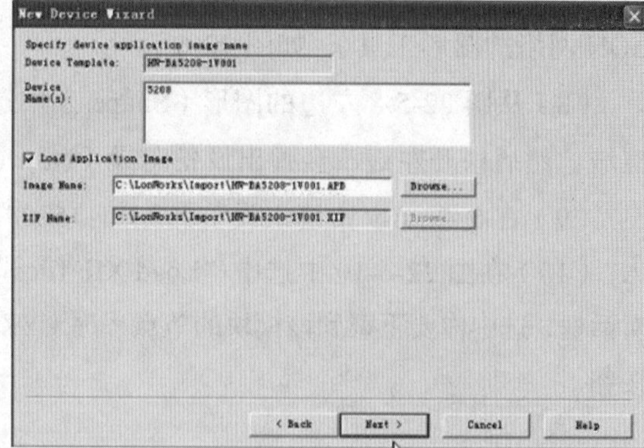

图 22-6-11　下载节点程序界面

（14）按一下 DDC 模块左上方的“维护”按键，如果设备通讯成功，将显示如图 22-6-14 所示左面接口（LNS Network Interface）一样的绿色，如果设备不在线（Offnet）内部为黄线或红线。

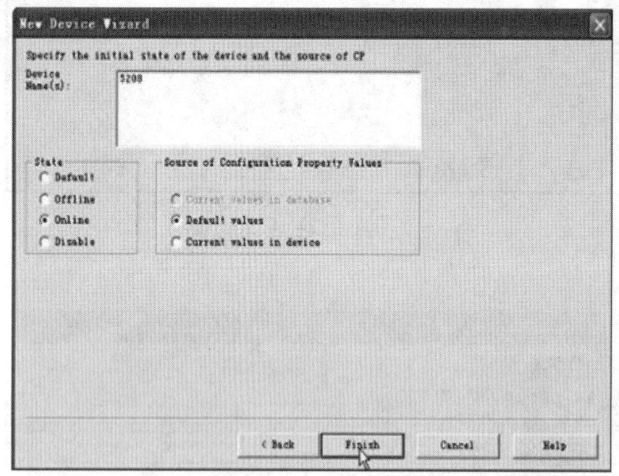

图 22-6-12　在线选择界面

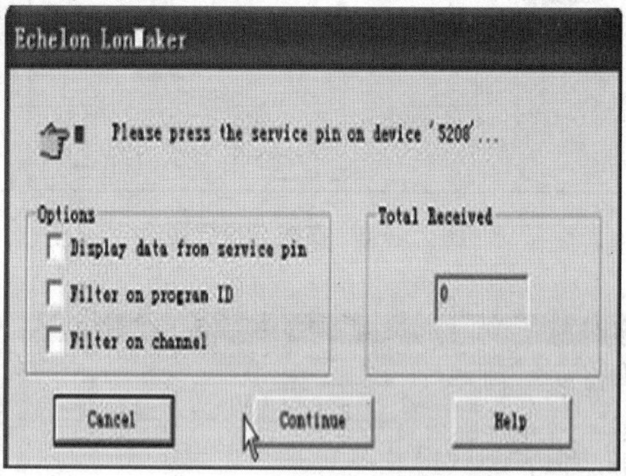

图 22-6-13　“维护”按键界面

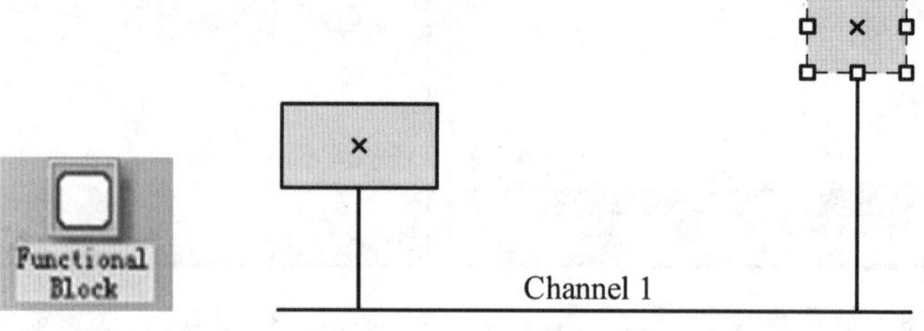

图 22-6-14　设备显示

（15）上面已经创建了一个设备，如果总线上带有多个设备，可用同样的方法添加更多的设备。下面介绍如何配置设备的输入通道，以完成数据采集。

（16）从左边图形中拖动 Functional Block 图标到右边的编辑区；会弹出如图 22-6-15 功能模块向导。

（17）按照图 22-6-15 选择该模块所属的设备（5208）；选择功能模块（以第一数字输出通道 DigitalOutput[0]为例），点击“Next”按钮，如图 22-6-16 所示。

（18）为该功能块命名（FB Name）为“DO1”，要选中复选框，点击“Finish”按钮，生成功能模块，如图 22-6-17 所示。

（19）仿照添加功能块 DO1 的步骤，再添加功能块（DigitalOutput[1]、DigitalOutput[2]、DigitalOutput[3]、Small ST[0]、Small ST[1]、RealTime 和 EventScheduler[0]），如图 22-6-18 所示。

（20）在小状态机 1 功能块上点右键打开快捷菜单，选择“Configure”，如图 22-5-19 所示。

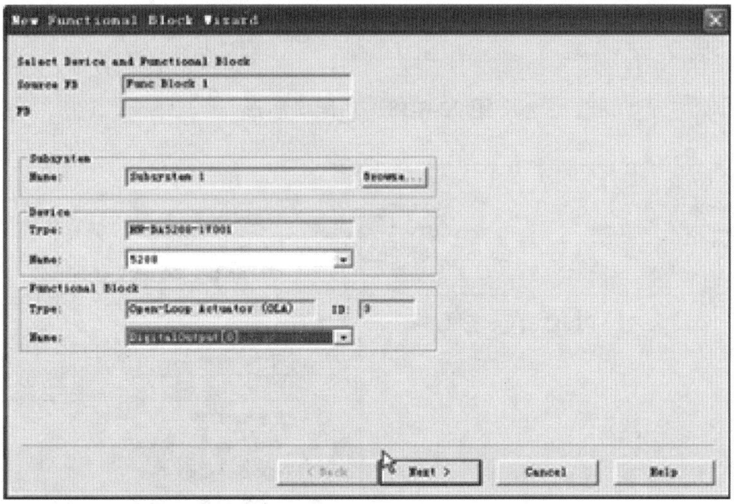

图 22-6-15 生成功能模块界面

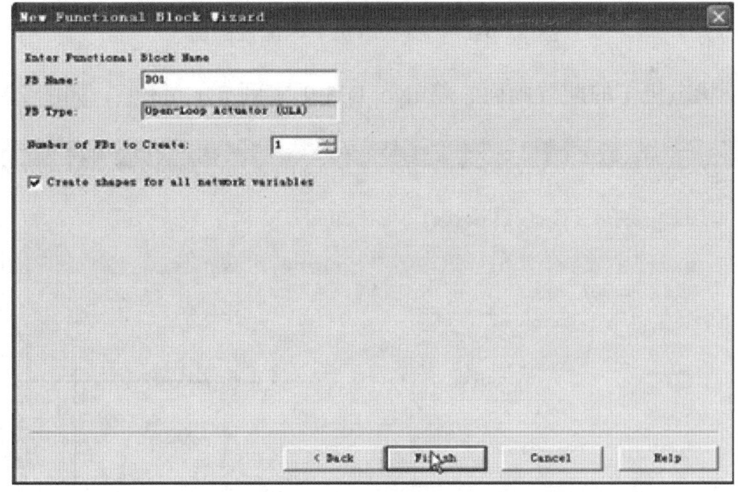

图 22-6-16 功能模块命名界面

图 22-6-17 输出功能块

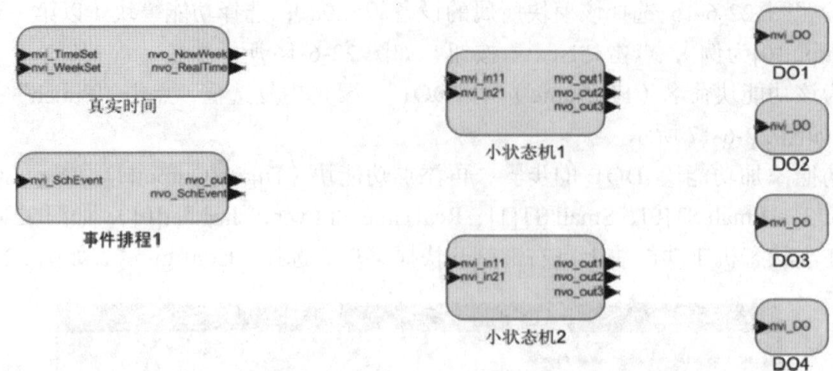

图 22-6-18　功能块图形

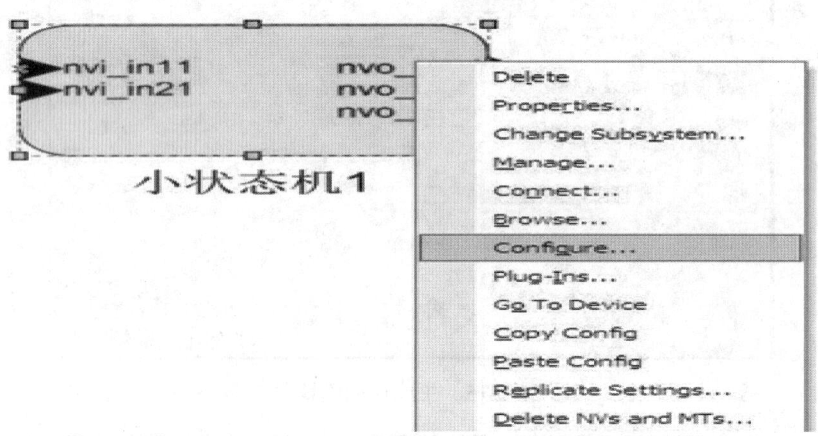

图 22-6-19　小状态机 1 的配置画面

（21）打开小状态机 1 的配置画面，将 nvo_DI5 绑定到 nvi_in3 上，如图 22-6-20 所示。

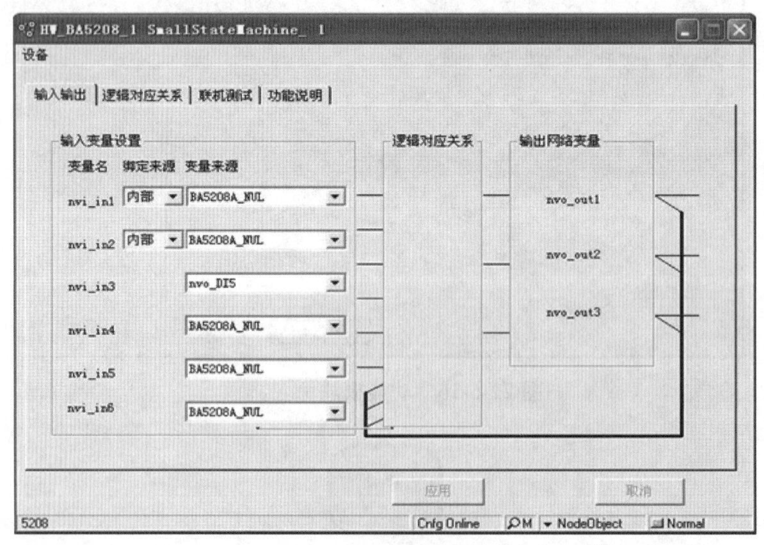

图 22-6-20　小状态机输入配置

（22）切换到图 22-6-21 所示“逻辑对应关系”选项卡上。

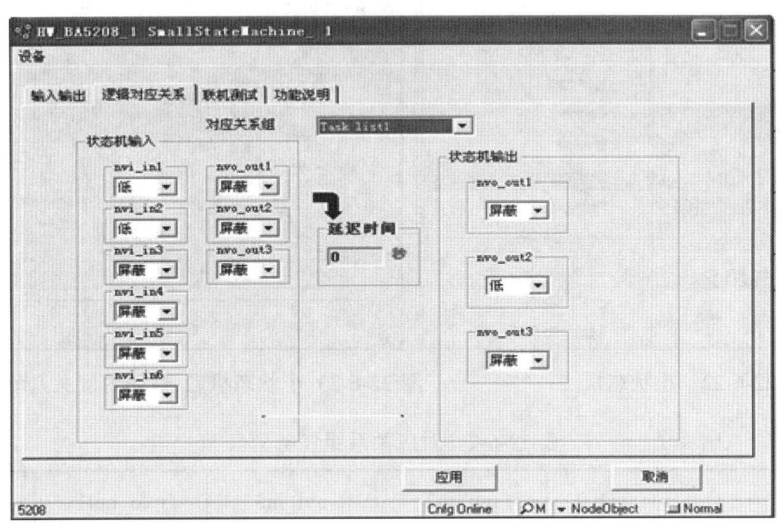

图 22-6-21　小状态机 1 逻辑对应关系配置

（23）按照表 22-6-1 填写任务表。（用鼠标右键点击图标▼，在下拉菜单中选择“高”“低”“屏蔽”三种状态。）

表 22-6-1　对应关系组任务列表

Task list	nvi_in1	nvi_in2	nvi_in3	nvo_out1	nvo_out2
Tasklist1	低	低	屏蔽	低	屏蔽
Tasklist2	低	高	屏蔽	高	屏蔽
Tasklist3	低	屏蔽	低	屏蔽	低
Tasklist4	低	屏蔽	高	屏蔽	高
Tasklist5	高	屏蔽	屏蔽	低	低
Tasklist6	屏蔽	屏蔽	屏蔽	屏蔽	屏蔽
Tasklist7	屏蔽	屏蔽	屏蔽	屏蔽	屏蔽
……	……	……	……	……	……

（24）点击“应用”，下载配置到 DDC 模块中。

（25）在小状态机 2 功能块上点右键打开快捷菜单，选择“Configure”，如图 22-6-22 所示。

（26）打开小状态机 2 的配置画面，切换到如图 22-6-23 所示“逻辑对应关系”选项卡上。

（27）按照表 22-6-2 填写任务表。（用鼠标右键点击图标▼，在下拉菜单中选择“高”“低”“屏蔽”三种状态。）

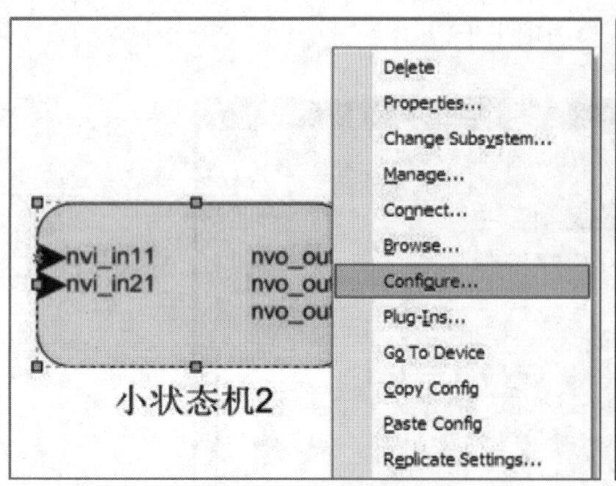

图 22-6-22　小状态机 2

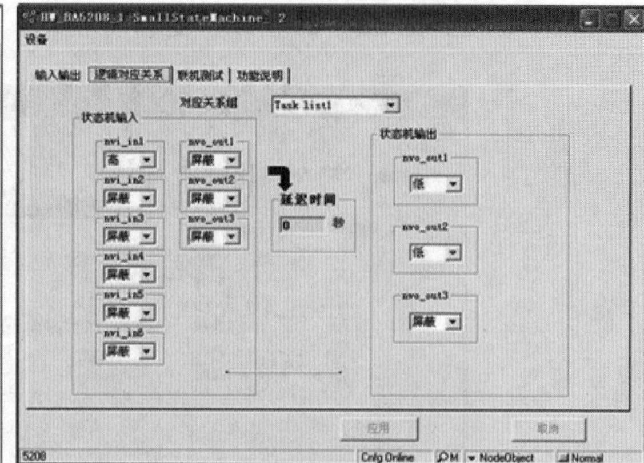

图 22-6-23 小状态机 2 逻辑对应关系配置

表 22-6-2　对应关系组任务列表

Task list	nvi_in1	nvi_in2	nvi_in3	nvo_out1	nvo_out2
Task list1	高	屏蔽	屏蔽	低	低
Task list2	低	高	屏蔽	高	高
Task list3	低	低	屏蔽	低	低
Task list4	屏蔽	屏蔽	屏蔽	屏蔽	屏蔽
……	……	……	……	……	……

（28）点击“应用”，下载配置到 DDC 模块当中。

（29）打开该功能块的变量表，如图 22-6-24 所示。

（30）在任务列表功能块 EVSC 上点击“Browser”，如图 22-6-25 所示。

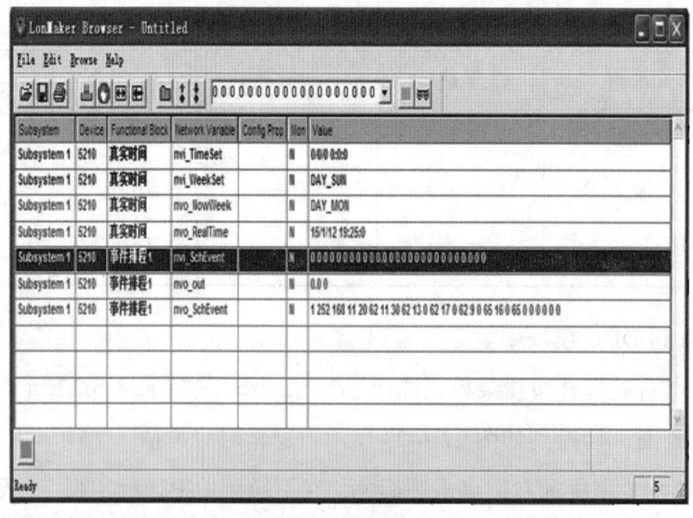

图 22-6-24　浏览窗口

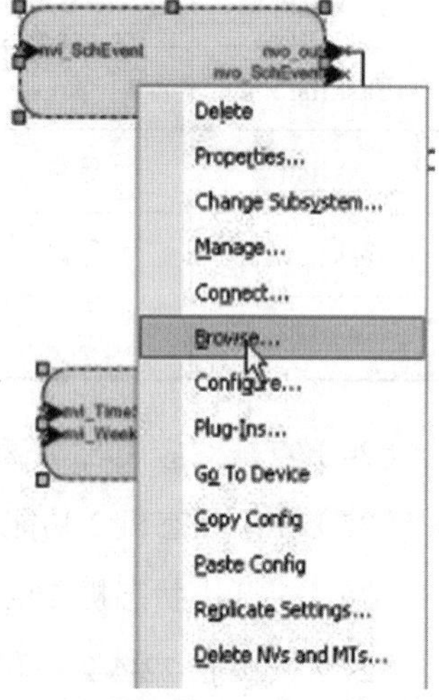

图 22-6-25　时间模块

（31）打开该功能块的变量表，将计算得出的时间表数值写入“nvi_SchEvent”网络变量。

（32）从左边图形中，拖动 Connector 图标到右边的编辑区；连接对应的网络变量，如图 22-6-26 所示。至此就完成了灯的控制，网络变量 nvi_in11 为手自动控制状态变量，低电平时为自动状态，高电平时为手动状态。

① 第一组灯（DO1）的控制，在自动状态下受任务列表功能块中的时间表控制。

② 第二组灯（DO2）的控制，在自动状态下受光控开关（DI5）的控制。

③ 第三组灯（DO3）的控制，在自动状态下受任务列表功能块中的时间表控制。

④ 第四组灯（DO4）的控制，在自动状态下受任务列表功能块中的时间表控制。

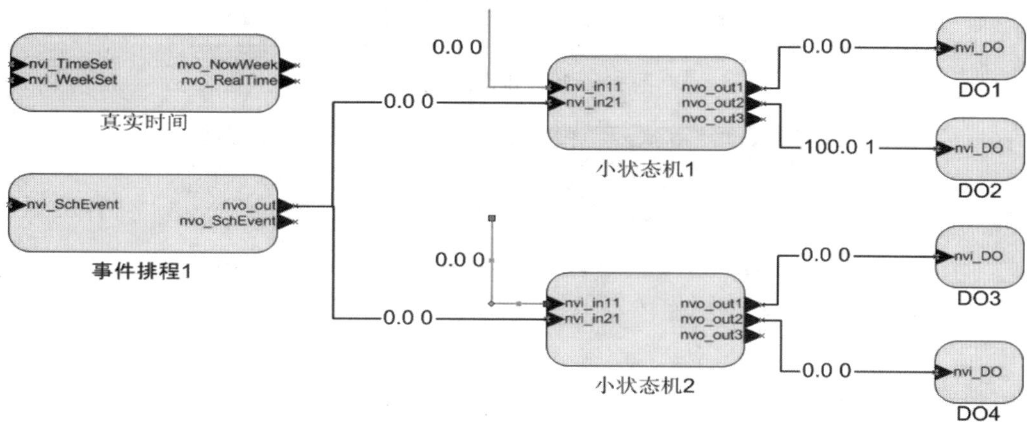

图 22-6-26　功能模块连接关系

二、力控组态软件操作步骤

（1）双击桌面上的力控图标，启动力控的“工程管理器”，如图 22-6-27 所示。

（2）点击“新建”按钮，进入新建工程界面，如图 22-6-28 所示。

（3）输入你的工程名称（照明），点击“确定”，如图 22-5-29 所示。

（4）选中刚刚建立的工程，点击“开发”，进入力控开发系统。

（5）双击工程项目栏下面的“IO 设备组态”，在展开项目中选择“FCS”项并双击使其展开，然后继续选择“ECHELON（埃施朗）”并双击使其展开后，选择项目“LNS”。

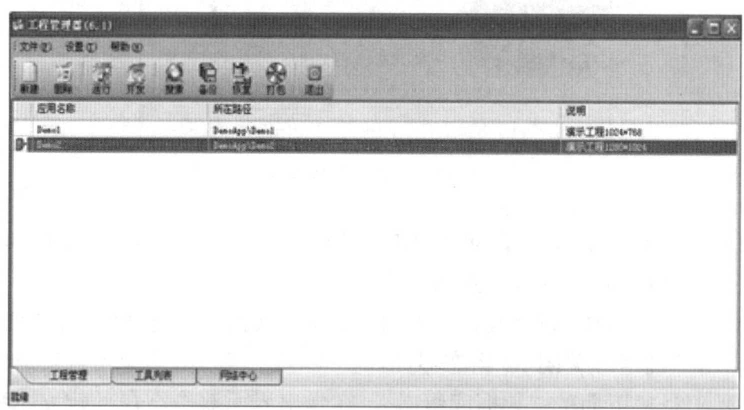

图 22-6-27　工程管理器界面

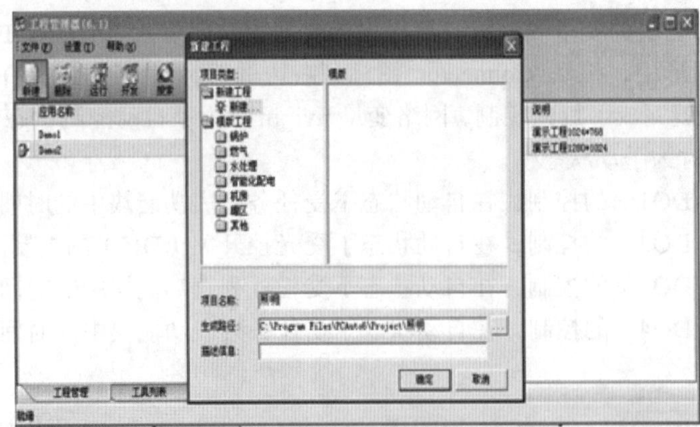

图 22-6-28　新建工程界面

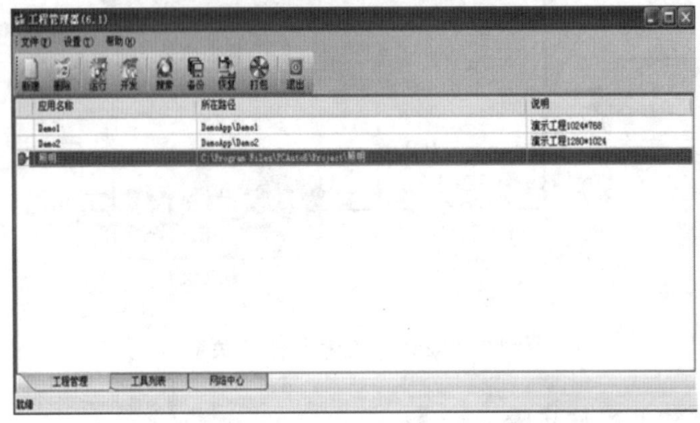

图 22-6-29　照明工程

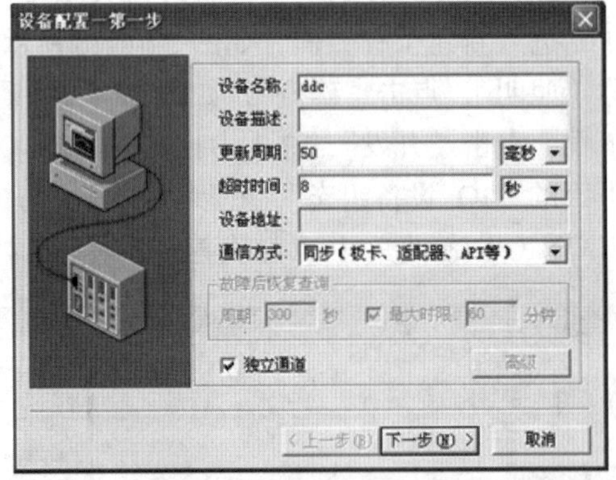

图 22-6-30　设备配置

（6）双击“LNS”出现如图 22-6-30 所示的“I/O 设备定义”对话框，在“设备名称”输入框内键入一个人为定义的名称“ddc”点击“下一步”。

（7）在下面的设备定义中选择要检测网络的接口（LON2）和网络名称（zhaoming），如图 22-5-31 所示，点击“确定”关闭 IO 组态界面。

（8）双击工程项目栏下面的“数据库组态”，在弹出界面双击空白处建立工程所需的点，如图 22-5-32 所示。

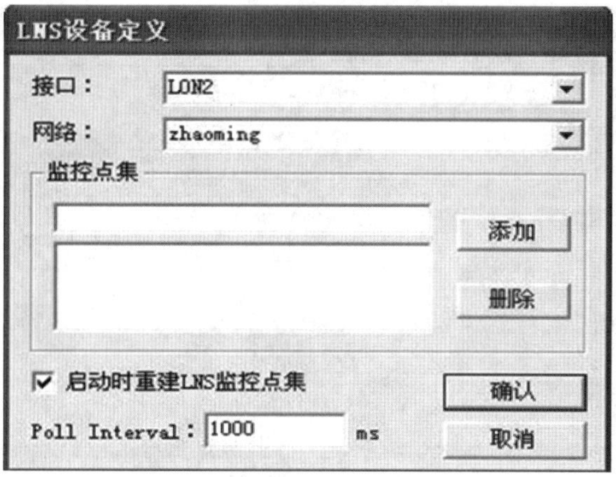

图 22-6-31　设备定义界面

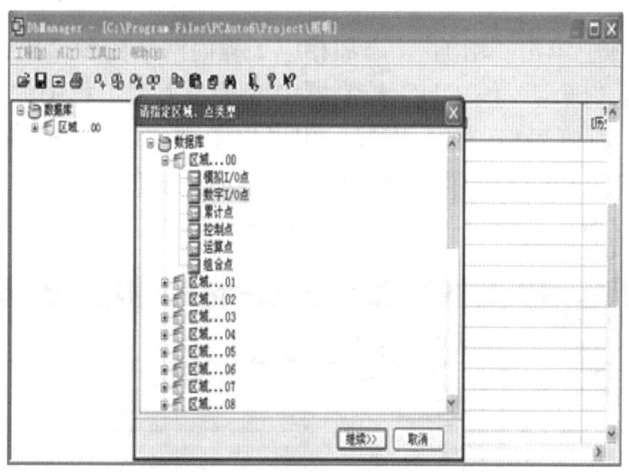

图 22-6-32　指定区域、点类型界面

（9）双击“数字 I/O 点”进入，如图 22-6-33 所示。

（10）在基本参数设置里添加创建点名“di1”，然后在“数据连接”中，左侧选中“DESC”，右侧设备选中链接的 I/O 设备名“ddc”，如图 22-6-34 所示。

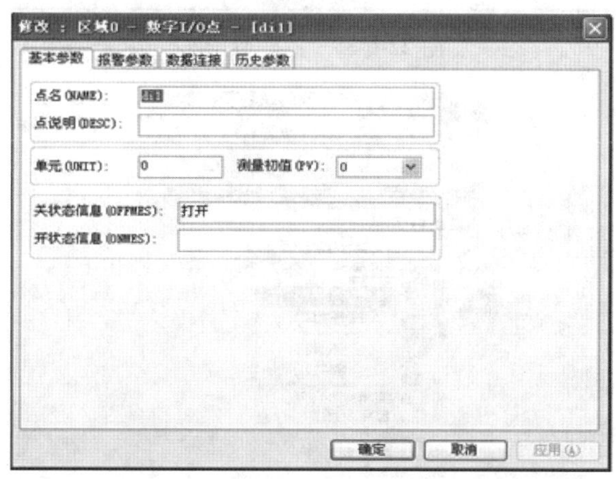

图 22-6-33　数字 I/O 点配置

图 22-6-34　数字 I/O 数据连接配置

（11）“连接项”选项中单击“增加”。添加相应工程内网络变量，找到“zhaoming/Subsystem 1/5208/nvo_DI_1”点击“确定”使 DDC 控制器中变量与力控工程中的变量建立关联，在实时数据库（Db Manager）右侧表格“I/O 连接”中可以看到“DESC = ddc：zhaoming/Subsystem 1/5208/nvo_DI_1”，如图 22-6-35 所示，建好后关闭实时数据库。

（12）右键点击工程项目“窗口”，选择“新建窗口”，如图 22-6-36 所示。

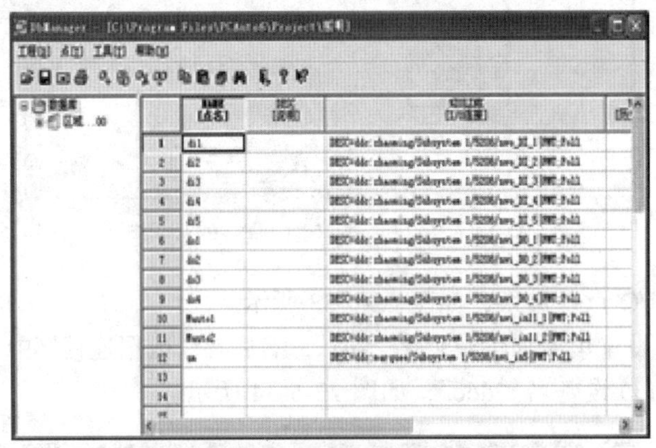

图 22-6-35　实时数据库

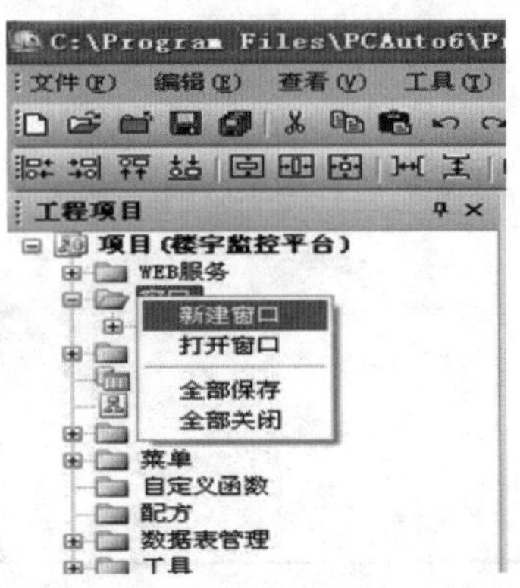

图 22-6-36　新建窗口

（13）在“窗口属性”内填入名称、风格、大小，背景颜色等画面信息，如图 22-6-37 所示。
（14）对所建立的窗口属性进行修改后，点击“确定”。
（15）利用工具箱创建图形对象，如图 22-6-38 所示。
（16）双击画面中椭圆图形，弹出“动画连接”界面如图 22-6-39 所示。

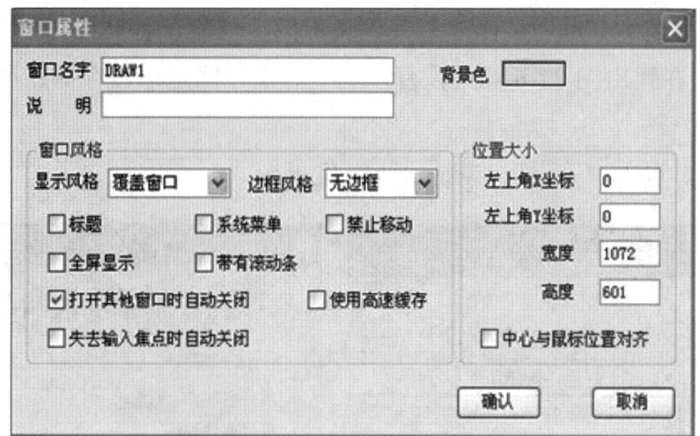

图 22-6-37　窗口属性画面

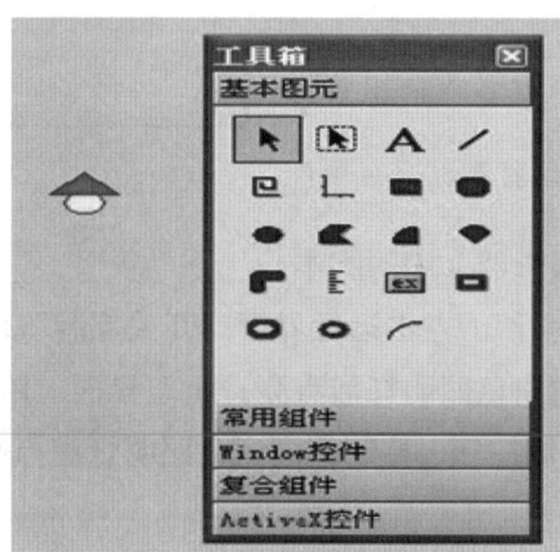

图 22-6-38　新建图形

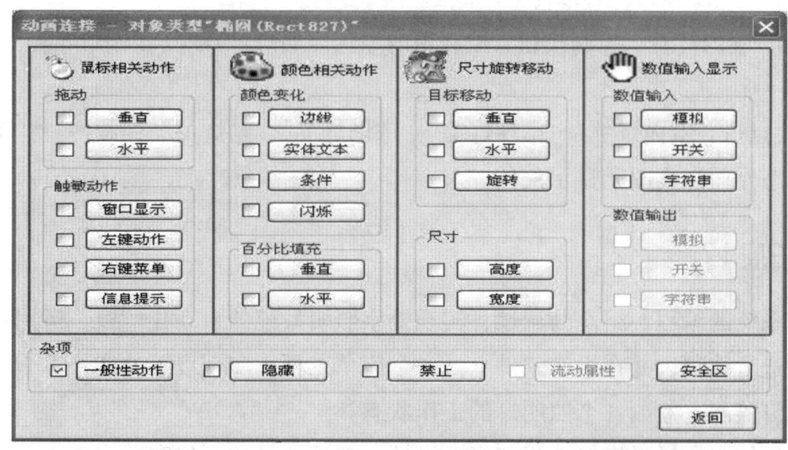

图 22-6-39　动画连接

（17）点击“杂项”中的“一般性动作”在弹出的“脚本编辑器”中如图 22-6-40 所示位置输入脚本（注意脚本必须使用英文格式）。

（18）点击“文件—进入运行”，当 DDC 控制器中 DI1 被触发，椭圆图形显示，否则，椭圆图形隐藏，观察现象后，关闭力控软件。

（19）重新打开力控 6.1 点击“恢复”找到备份的上位机工程文件（照明.PCZ），选中备份文件，点击“打开”在弹出图 22-6-41“恢复工程”界面，确定项目存储路径，点击“确定”按钮打开工程文件。

（20）在弹出窗口点击“开发”，系统进入开发界面。

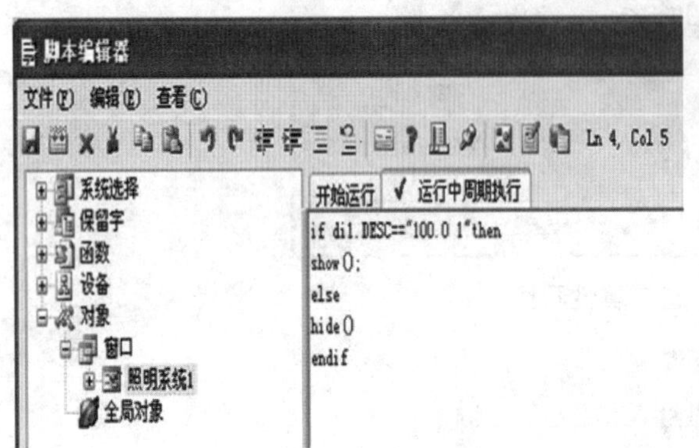

图 22-6-40　脚本编辑器界面

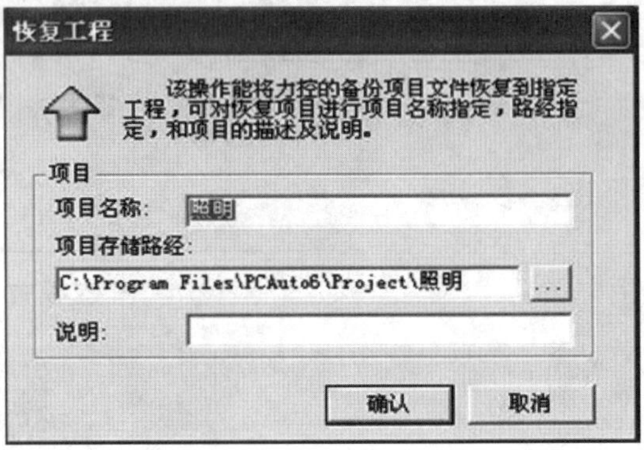

图 22-6-41　恢复工程界面

（21）查看各图元“脚本编辑器”中的脚本。

（22）点击“文件—进入运行”，点击运行界面“开关控制”部位上的“手动”按钮，点击“路灯开”控制按钮，控制箱内白色照明灯泡点亮，组态界面上路灯由灰色变为白色。

（23）点击“球场灯开”控制按钮，控制箱内黄色照明灯泡点亮，组态界面上球场灯由灰色变为黄色。

（24）点击“草坪灯开”控制按钮，控制箱内红色照明灯泡点亮，组态界面上草坪灯由灰色变为红色。

（25）点击“室内灯开”控制按钮，控制箱内绿色照明灯泡点亮，组态界面上室内灯由灰色变为黄色。

（26）依次点击“室内灯关”“草坪灯关”“球场灯关”“路灯关”控制按钮，关闭控制箱内照明灯泡，组态界面灯具图元显示灰色。

【实训拓展】

通过控制系统的编程、组态与调试，实现楼宇照明系统的自动化监控。运用 LonMaker 编程软件对模块进行编程，并在组态软件上做一个简单工程，实现以下功能：

（1）照明灯监测：监测各个照明灯的工作状态。

（2）照明灯控制：通过模块编程和组态设计，实现各灯的开启和关闭。

任务七　建筑环境监控系统训练

【实训目的】

通过建筑环境监控实训系统的相关练习，让学生了解建筑环境监控的原理及作用，并能根据实际要求熟练掌握建筑环境监控接线及调试方法。

【实训工具】

建筑楼宇智能安防布线设备及相应耗材、工具。

【实训内容】

（1）建筑环境监控系统设备。
（2）建筑环境监控系统连接。
（3）建筑环境监控系统调试。

【实训流程】

一、建筑环境监控系统设备

“BEMT-1 建筑环境监控实训系统”由温湿度无线智能终端、光照度无线智能终端、PM2.5 无线智能终端、二氧化碳无线智能终端、电器无线智能终端、温湿度传感器、光照度传感器、PM2.5 传感器、二氧化碳传感器、继电器模块、无线路由器、建筑环境监控软件 APP、平板电脑等几部分组成。

1. 无线智能终端

无线智能终端外观如图 22-7-1 ~ 图 22-7-3 所示。

2. 传感器模块

本实训系统包括有温湿度传感器、光照度传感器、二氧化碳传感器、PM2.5 传感器、继电器模块等 5 个模块。

温湿度传感器外观如图 22-7-4 所示；光照度传感器外观如图 22-7-5 所示；PM2.5 传感器外观如图 22-7-6 所示；二氧化碳传感器外观如图 22-7-7 所示。

图 22-7-1　无线终端外观图

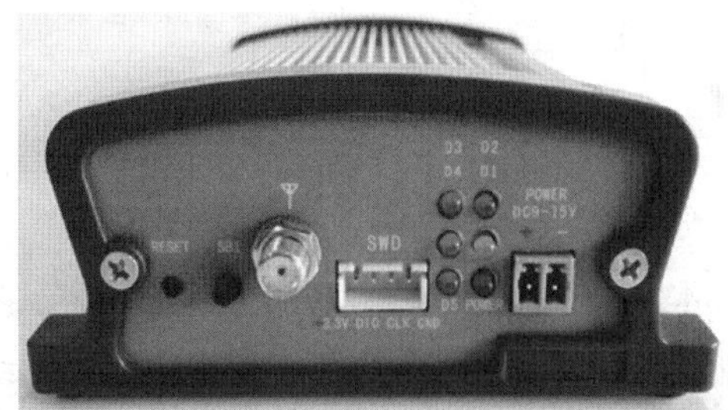

图 22-7-2　无线终端左侧面

图 22-7-3　无线终端右侧面

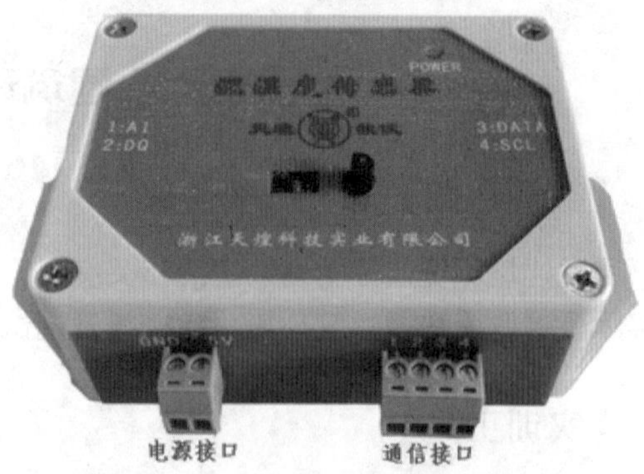

图 22-7-4　温湿度传感器

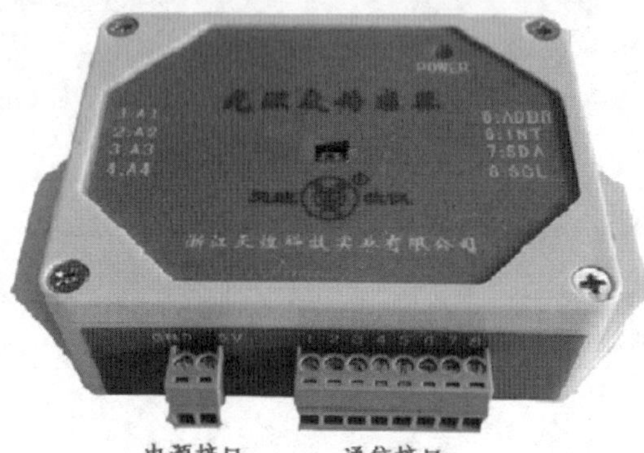

图 22-7-5　光照度传感器

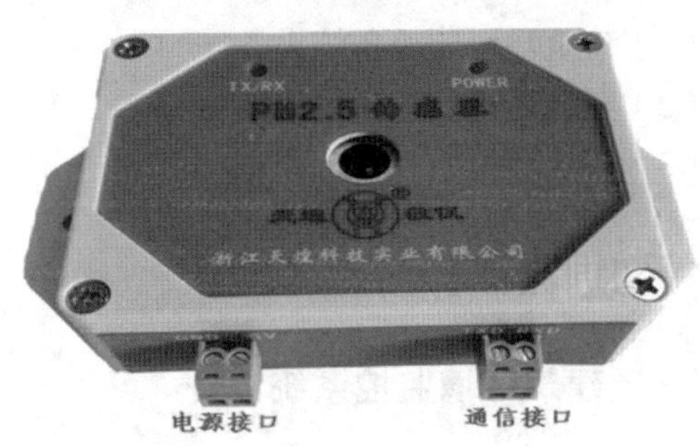

图 22-7-6　PM2.5 传感器

图 22-7-7　二氧化碳传感器

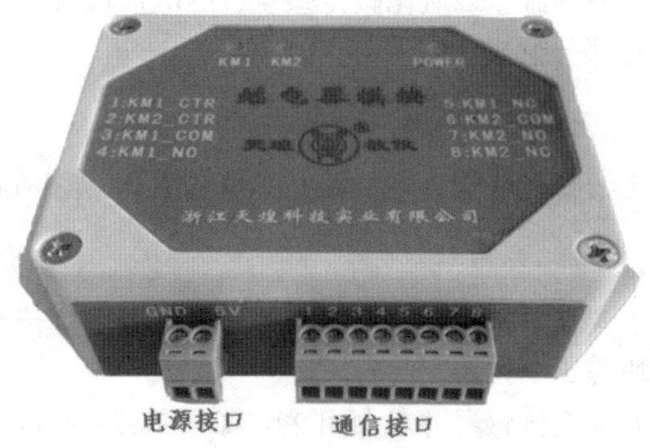

图 22-7-8　继电器模块

3. 继电器模块

继电器模块外观如图 22-7-8 所示。

4. 网络设备

本实训使用的网络设备为无线路由器，它是一种带有无线覆盖功能的路由器，它主要应用于用户上网和无线网络覆盖。无线路由器如图 22-7-9 所示。

图 22-7-9　无线路由器

二、建筑环境监控系统连接

1. 传感器的连接

（1）光照度传感器。

参照图 22-7-10 所示，无线终端的输入电源将光照度无线智能终端的电源输出（1，2 号接口）连接到光照度传感器的电源接口；将光照度无线智能终端的 3 号接口（SCL）连接到光照度传感器的 8 号接口（SCL）；无线智能终端的 4 号接口（SDA）连接到光照度传感器的 7 号接口（SDA）。

（2）二氧化碳传感器。

参照图 22-6-11 所示，将二氧化碳无线智能终端的电源输出（1，2 号接口）连接到二氧化碳传感器的电源接口；将二氧化碳无线智能终端的 15 号接口（TXD）连接到二氧化碳传感器的 RXD；无线智能终端的 16 号接口（RXD）连接到传感器的 TXD。

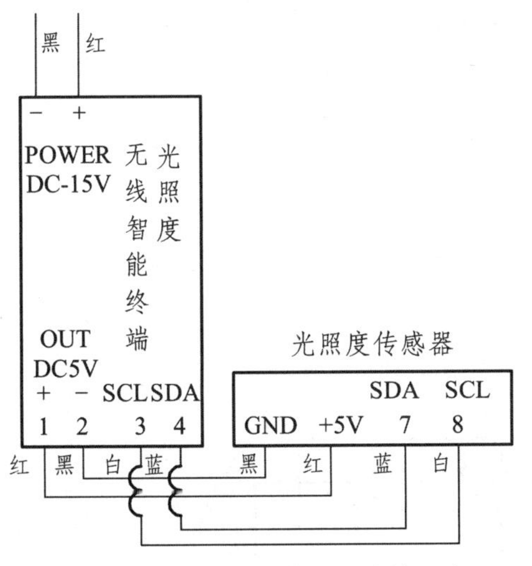

图 22-7-10 光照度传感器连接示意图

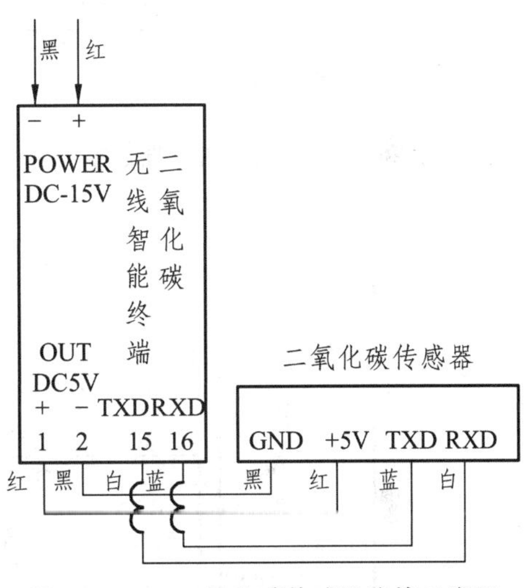

图 22-7-11 二氧化碳传感器连接示意图

（3）PM2.5 传感器。

参照图 22-7-12 所示，将 PM2.5 无线智能终端的电源输出（1，2 号接口）连接到 PM2.5 传感器的电源接口；将 PM2.5 无线智能终端的 15 号接口（TXD）连接到 PM2.5 传感器的 RXD；无线智能终端的 16 号接口（RXD）连接到传感器的 TXD。

（4）温湿度传感器。

参照图 22-7-13 所示，将温湿度无线智能终端的电源输出（1，2 号接口）连接到温湿度传感器的电源接口；将温湿度无线智能终端的 3 号接口（SCL）连接到温湿度传感器的 4 号接口（SCL）；无线智能终端的 4 号接口（SDA）连接到传感器的 3 号接口（DATA）。

（5）继电器模块。

参照图 22-7-14 所示，将电器无线智能终端的电源输出（1，2 号接口）连接到继电器模块的电源接口；将电器无线智能终端的 13 号接口（PW1）连接到继电器模块的 1 号连接口（KM1_CTR）；无线智能终端的 14 号接口（PW2）连接到继电器模块 2 号接口（KM2_CTR）；

继电器模块的 3 号接口连接 DC12 V 电源的正极，继电器模块的 4 号接口连接风扇红线，风扇的黑线接 DC12 V 电源的负极；继电器模块的 6 号接口接 + 12 的正极，继电器模块的 7 号接口连接灯的一端或正极（灯的线若有不同颜色，分正负极；若相同颜色，不分正负极），灯的另一端连接 + 12 V 的负极。

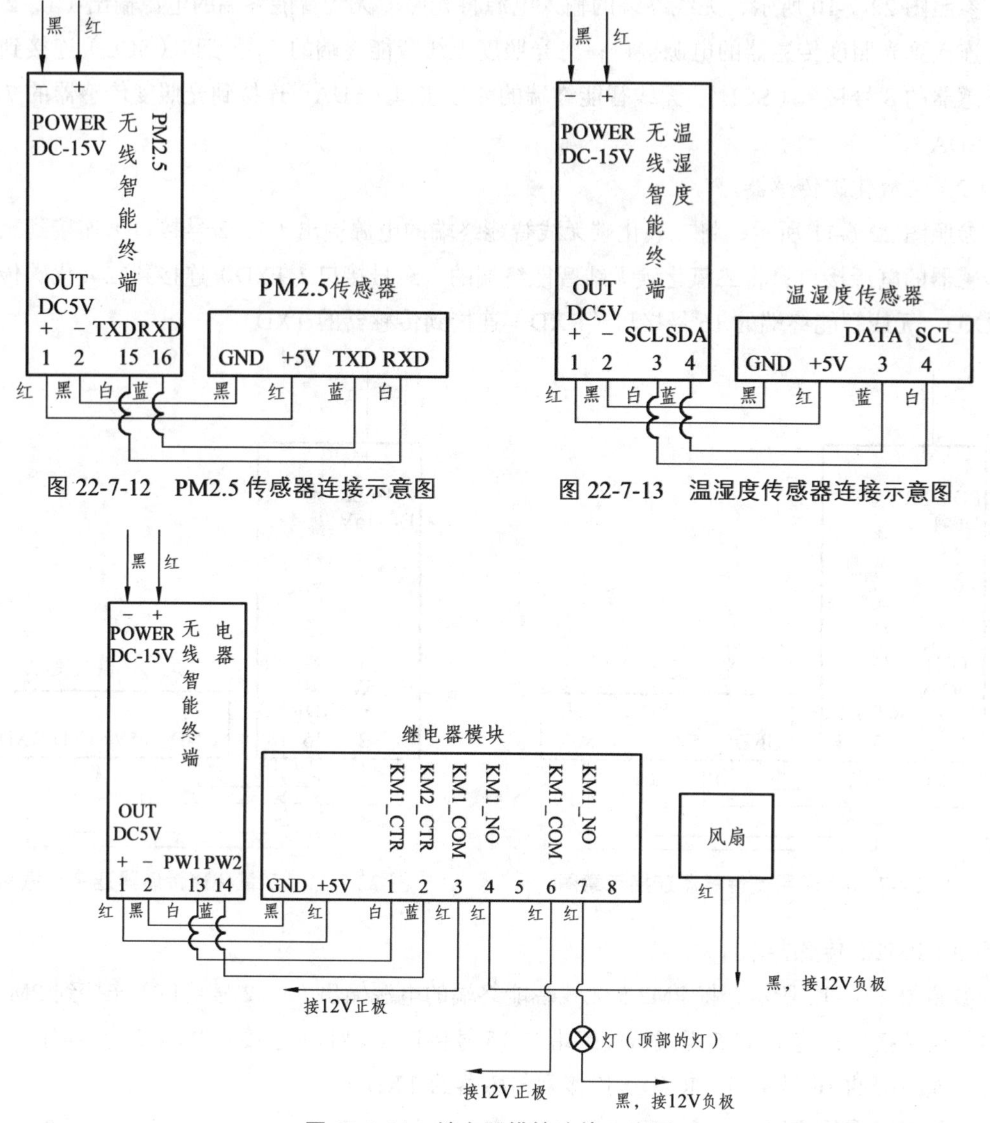

图 22-7-12　PM2.5 传感器连接示意图

图 22-7-13　温湿度传感器连接示意图

图 22-7-14　继电器模块连接示意图

2. 无线路由器设置

无线路由器出厂时已经默认设置好，如果不小心改掉了，可以先将无线路由器复位，再根据下面步骤重新设置。

复位方法：无线路由器背面有一个标识为“QSS/RESET”的按钮，在通电状态下，按该按钮 5 s 后，SYS 指示灯（左起第一个指示灯）快速闪烁 3 次后松开 RESET 键，复位成功。具体使用说明还可以参考 TP-LINK 无线路由器自带的使用说明书。

（1）用网线（交叉网线）将电脑与无线路由器后面有 1、2、3、4 标识的任一个网孔相连，无线路由器插上配套电源（DC5V 电源适配器）。

（2）在 Windows 桌面上右键单击“网络”，选择“属性”；在弹出的网络和共享中心界面中单击“本地连接”，选择“属性”；在弹出的界面中双击“Internet 协议（TCP/IP）”；设置 PC 机 IP 地址为 192.168.1.100，子网掩码为 255.255.255.0，默认网关为 192.168.1.1，具体设置如图 22-7-15 所示，点击“确定”退出。

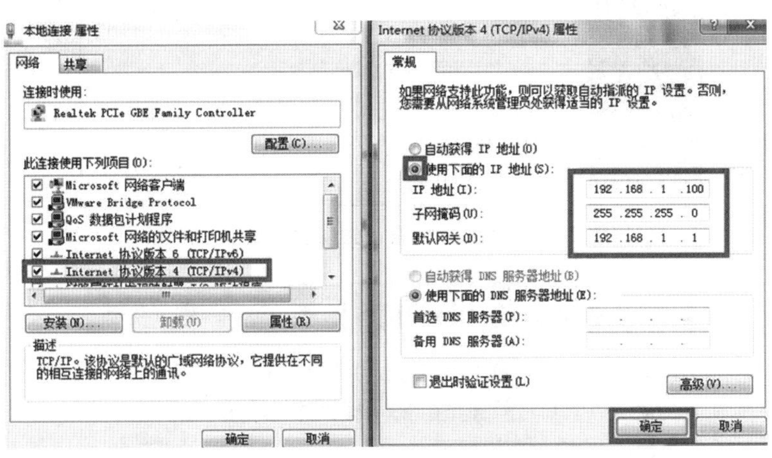

图 22-7-15　电脑本地 IP 设置

（3）打开浏览器，在地址栏中输入“192.168.1.1”，按回车后弹出对话框，具体如图 22-7-16 所示。

（4）设置密码为 123456。点击“确定”后进入路由器运行状态界面，在左侧列表中点击“设置向导”，进入“设置向导”界面，如图 22-7-17 所示。

（5）点击“下一步”后进入上网方式设置界面，选择上网方式：动态 IP（以太网宽带，自动从网络服务器获取 IP 地址）。具体设置如图 22-7-18 所示。

（6）点击“下一步”后进入无线设置界面，设置无线路由器的 SSID：BEMT1_1（具体 SSID 设定请根据路由器背面的标签来设，如果标签上写的是 BEMT1_2，则设为 BEMT1_2），WPA-PSK/WPA2-PSK 密码：12345678，具体设置如图 22-7-19 所示。

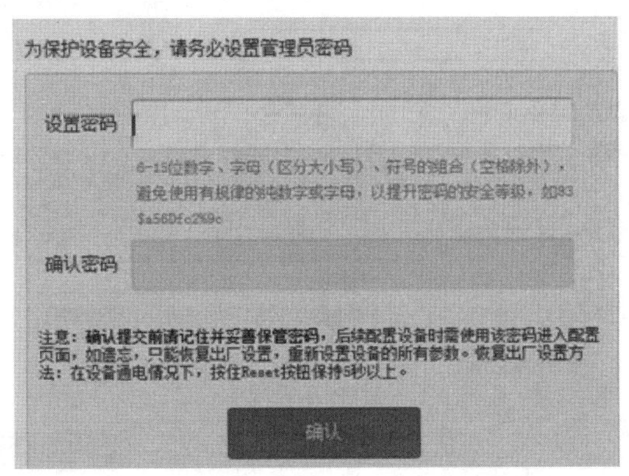

图 22-7-16　路由器登录界面

图 22-7-17　路由器设置向导

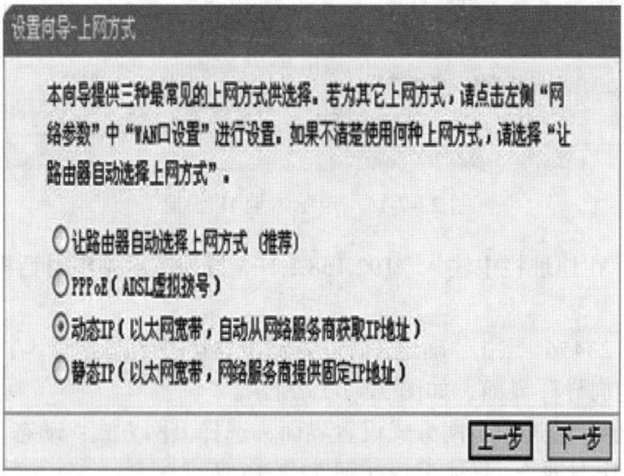

设置向导-上网方式

本向导提供三种最常见的上网方式供选择。若为其它上网方式，请点击左侧“网络参数”中“WAN口设置”进行设置。如果不清楚使用何种上网方式，请选择“让路由器自动选择上网方式”。

○让路由器自动选择上网方式（推荐）
○PPPoE（ADSL虚拟拨号）
◉动态IP（以太网宽带，自动从网络服务商获取IP地址）
○静态IP（以太网宽带，网络服务商提供固定IP地址）

上一步　下一步

图 22-7-18　路由器上网方式选择

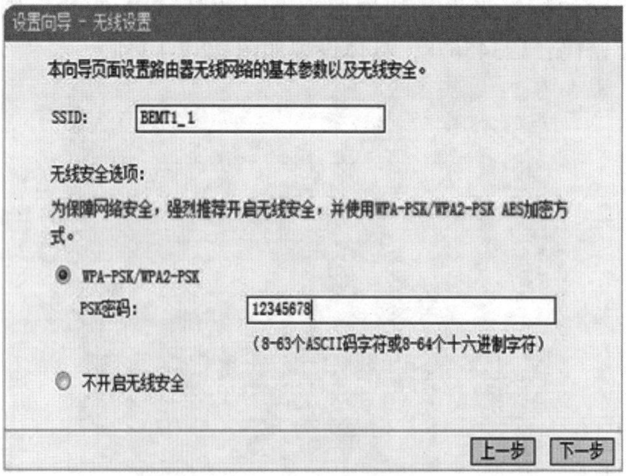

设置向导 - 无线设置

本向导页面设置路由器无线网络的基本参数以及无线安全。

SSID:　BEMT1_1

无线安全选项:

为保障网络安全，强烈推荐开启无线安全，并使用WPA-PSK/WPA2-PSK AES加密方式。

◉ WPA-PSK/WPA2-PSK

PSK密码:　12345678

（8-63个ASCII码字符或8-64个十六进制字符）

○ 不开启无线安全

上一步　下一步

图 22-7-19　路由器无线参数设置

（7）点击“下一步”后进入无线路由器设置向导确认界面，具体如图 22-6-20 所示。

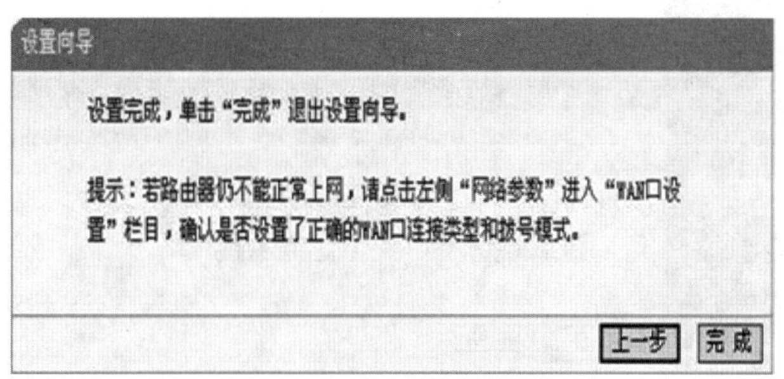

图 22-7-20　路由器设置向导确认

（8）点击“完成”按钮，完成对无线路由器的设置。

（9）设置完成后，路由器自动跳回运行状态界面，运行状态界面如图 22-7-21 所示。

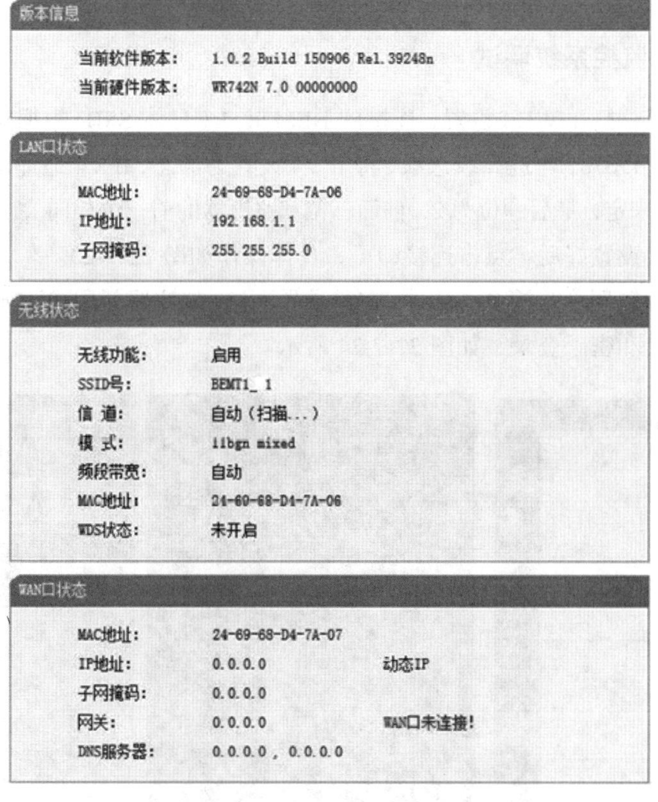

图 22-7-21 路由器运行状态

（10）在界面左侧，点击“网络参数→LAN 口设置”，将 IP 地址改为 192.168.101.1（具体 IP 请根据路由器后面的标签来设，如果标签上写的“IP：192.168.102.1”，则设置为 192.168.102.1），再点击保存，确认重启路由器，等待路由器重启完成后，修改电脑本地 IP 为：192.168.101.10，再次在浏览器中输入“192.168.101.1”，输入密码登录路由器，如果能登录则说明整个设置正确完成，如果不能请回到第一步，重新设置如图 22-7-22 所示。

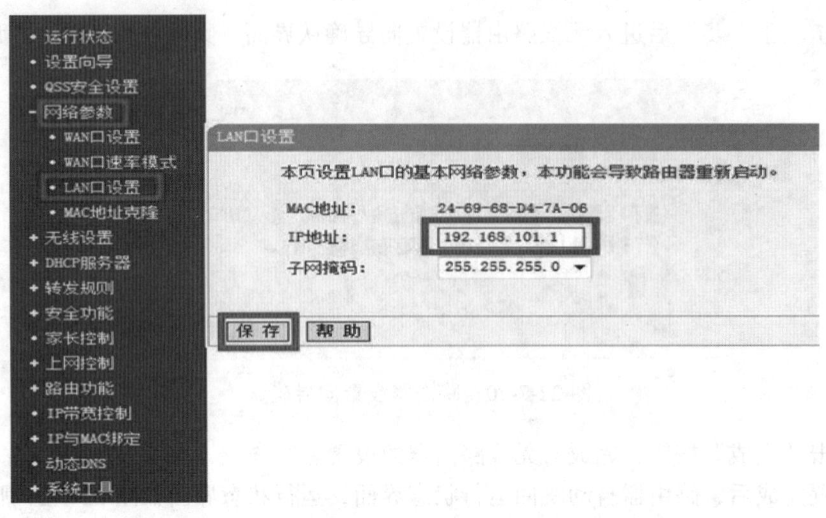

图 22-7-22　LAN 口设置

三、建筑环境监控系统调试

平板电脑开机后，打开 WIFI 设置，连接到 BEMT1_1（具体 SSID 根据路由器来定）WIFI，输入 WIFI 密码：12345678，勾选高级选项，将 IPV4 设置为静态，IPV4 地址设为：192.168.101.2（具体 IP 根据路由器来定，最后一位为 2，前面三位和路由器的前三位相同），网关：192.168.101.1（根据路由器来定），设置好后，点击连接即可，具体操作如图 22-7-23。

打开桌面上的建筑环境监控系统软件，在登录界面点击“注册新用户”，输入用户名和密码。使用刚注册的用户名和密码登录，如图 22-7-24 所示。

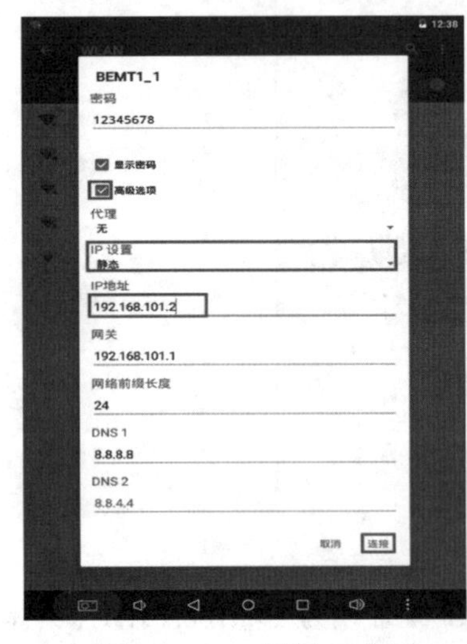

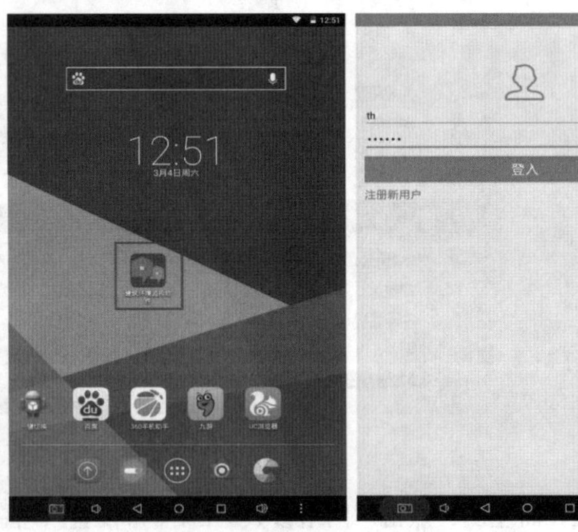

图 22-7-23　平板 IP 设置　　　　　　　　图 22-7-24　软件登录

登录后，点击右上角菜单图标，选择开始监控，如图 22-7-25 所示。

给所有无线终端上电，等待所有终端联网成功后，就可以监控到无线终端所传来的数据，如图 22-7-26 所示。

图 22-7-25　开始监控　　　　图 22-7-26　传感器上传数据

点击菜单选项，选择位置信息，点击位置编号 1-5 来查看不同位置上的传感器信息及数据，如图 22-6-27 所示。

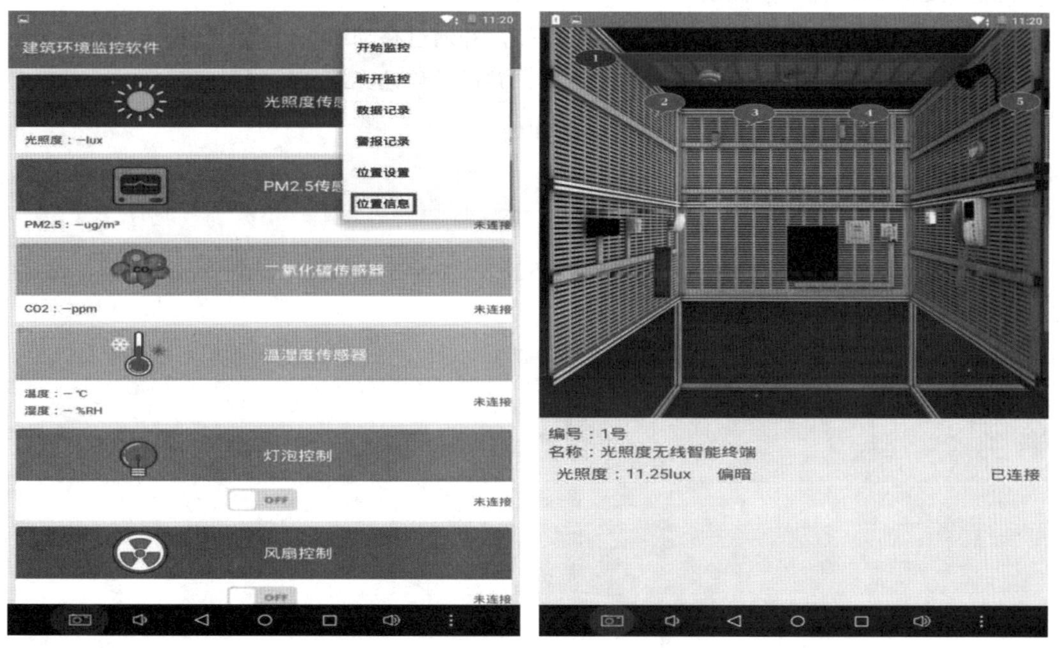

图 22-7-27　位置信息

点击菜单选项，选择位置设置，可以对位置编号 1-5 设定相应传感器，如图 22-7-28 所示。此外，还可以通过菜单选项中的数据记录和报警记录查看历史数据。

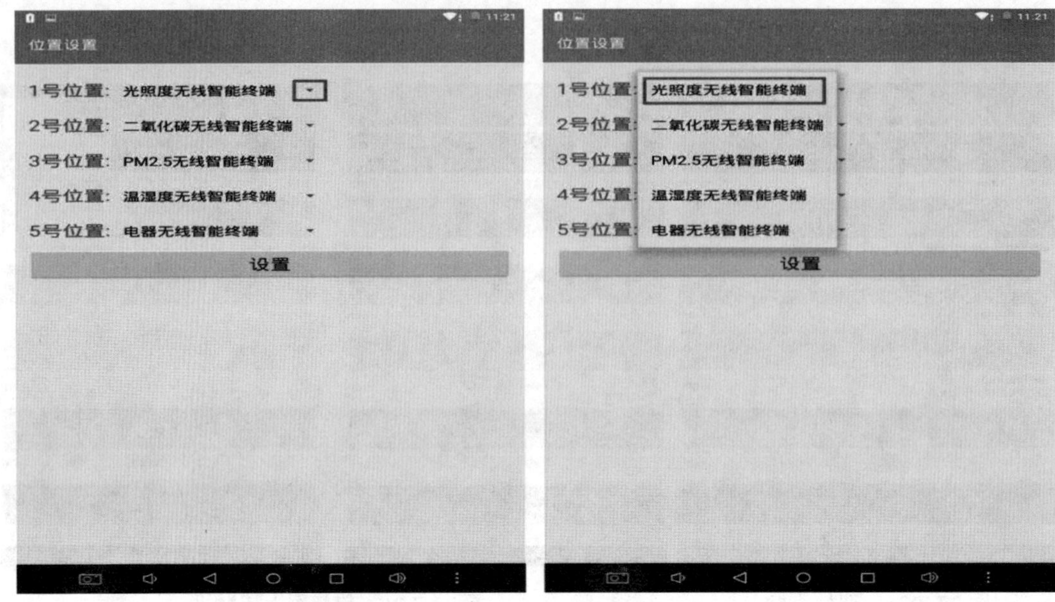

图 22-7-28　位置设置

【实训拓展】

通过对建筑环境监控参数设置，实现以下功能：

（1）采集光照度传感器监测照度到移动终端，并通过移动终端，控制灯具开/关。

（2）采集温度传感器监测温度到移动终端，并通过移动终端，控制风扇开/关。

（3）通过移动终端采集 PM2.5、CO_2 浓度值。

职业教育教学改革系列教材

总主编　罗　筠

土木工程实训指导

（下册）

主　编　张　睿
副主编　胡家雄
主　审　罗　筠

西南交通大学出版社
·成　都·

图书在版编目（CIP）数据

土木工程实训指导. 3：下册 / 张睿主编. —成都：西南交通大学出版社，2020.6
ISBN 978-7-5643-7481-5

Ⅰ. ①土… Ⅱ. ①张… Ⅲ. ①土木工程－高等职业教育－教材 Ⅳ. ①TU

中国版本图书馆 CIP 数据核字（2020）第 108744 号

·前　言·

（下册）

制图、识图是土木工程专业学生必须掌握的基本技能之一，也是一线土木工程技能型人才培养的基础。本实训指导书根据中职学生的特点，从实际出发，把整个工程图纸从怎样绘，再到怎样识图，再到怎样操作CAD软件融合到一起，是土木工程类相关课程配套的实训指导书。学生可根据自己专业特点进行学习，以达到提高学生实际操作能力和增加就业竞争力的目的。

《土木工程实训指导（下册）》由四篇十九个任务组成，第一篇是素描与色彩实训，由五个任务组成，针对建筑装饰专业实训展开，详细介绍了形状速写、室内家具陈设训练、室内空间线稿等；第二篇是土木工程制图实训，由七个任务组成，介绍了制图基本原理；第三篇是土木工程识图实训，由四个任务组成，训练学生基本的识图能力；第四篇是工程CAD制图实训，由三个任务组成，详细介绍了CAD软件绘图的操作步骤，重点在于指导学生熟悉CAD软件。

木书由贵州交通技师学院张睿担任主编，罗筠担任主审，由张睿、胡家雄、钟华、谢潍誉秋、陈丽娟共同编写。其中，项目二十三由陈丽娟编写；项目二十四由谢潍誉秋编写；项目二十五由胡家雄编写；项目二十六中任务二由张睿编写，任务一由钟华编写，任务三由张睿、钟华共同编写。

编写过程中参考了大量的文献、教材、著作、论文及其他资料，在此对相关作者表示感谢。

鉴于编者自身水平有限，本指导书编写过程难免存在的不足之处，恳请大家批评指正，敬请谅解。

作　者

2019年9月

·目　录·

第七篇　土木工程制图与识图

第七篇　土木工程制图与识图

项目二十三　素描与色彩

任务一　形状速写训练

【实训目的】

通过本任务的学习，学生能够掌握线条的分类与运笔要点，能够初步掌握线条的曲直、长短、不同方向变化的徒手绘制，并在此基础上重点进行组合线等距平行、平行交叉、放射及各种建筑装饰材料的质感表现等不同排线形式的训练，加强学生绘制各种线条的能力。

【实训内容】

一、平行线段绘制

1. 直　线

绘制要点：线条应从左到右、自上而下，自始至终要用力均匀，始终连续，尽可能不间断。详见图 23-1-1 和图 23-1-2。

图 23-1-1　同方向的平行线

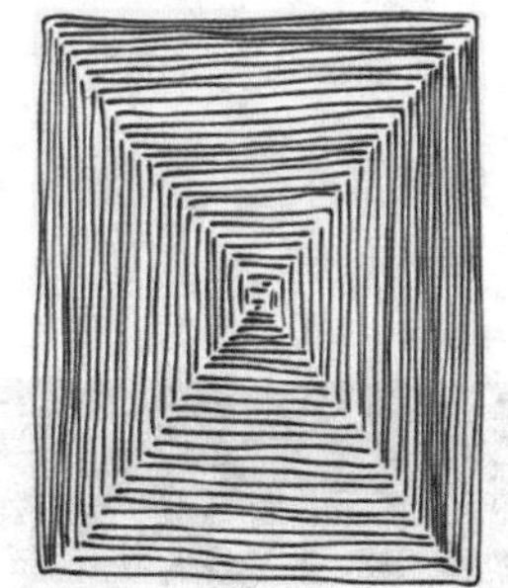

图 23-1-2　不同方向的平行线

2. 曲　线

绘制要点：注意控制好线的弧度变化，保持弧线线条的弧度、长短、粗细、轻重一致，不要断线。详见图 23-1-3 ~ 图 23-1-6。

图 23-1-3

图 23-1-4

图 23-1-5

图 23-1-6

二、交叉平行绘制

1. 直角的处理

绘制要点：应使用构成角的两条线在角上相接，也可以使线条在角上相叉，绘制直角不要有缺口。详见图 23-1-7。

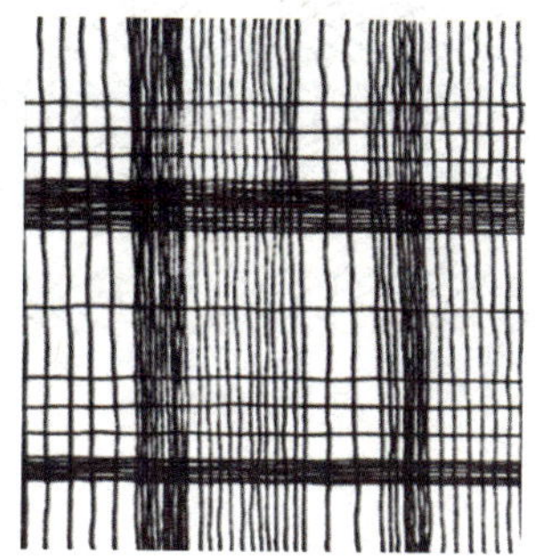

图 23-1-7　水平线与垂直线（不等行距）

2. 不同方向交叉线

绘制要点：先画一组平行线后再将另一组不同方向的平行线与之垂直或倾斜交叉，注意控制好行距，保持线条长短、粗细、轻重一致，不要断线。详见图 23-1-8。

图 23-1-8　倾斜线与倾斜线（不等行距）

三、发射绘制

绘制要点：在画面中定出中心点，从中心开始向四周画出方向均匀分布的放射线。画时要使线条的方向始终向着中心点。详见图 23-1-9 和图 23-1-10。

图 23-1-9　直线单点发射

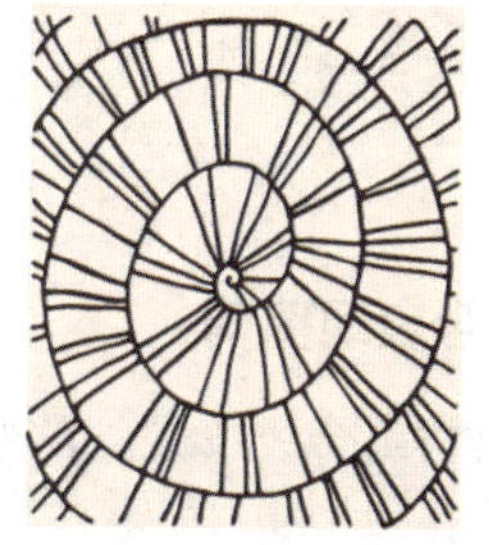

图 23-1-10　曲线单点发射

四、渐变绘制

绘制要点：整体从宽到窄画行距渐变线，注意控制好行距渐变距离变化。详见图 23-1-11。

图 23-1-11

五、自由曲线绘制

绘制要点：刻画细部，学会控制线条疏密关系。详见图 23-1-12 和图 23-1-13。

图 23-1-12

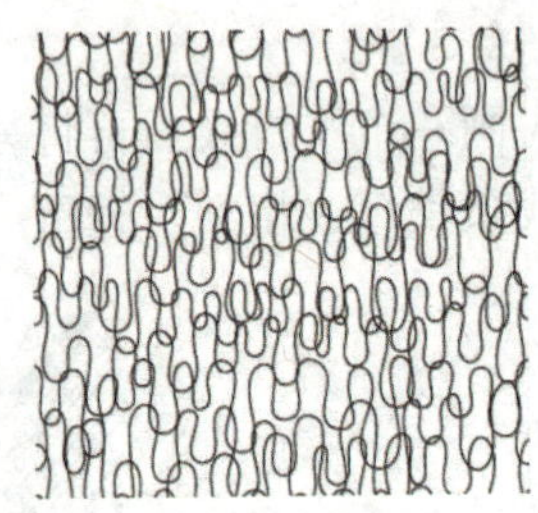

图 23-1-13

六、建筑装饰材料质感表现

绘制要点：从左到右绘制细节。详见图 23-1-14 和图 23-1-15。

图 23-1-14　木材

图 23-1-15　草坪

组合线条综合表现图例

扫描二维码赏析组合线条综合表现图例。

作品赏析

任务二　室内家具陈设训练

【实训目的】

本项目通过对沙发、椅子、桌子、灯具等室内陈设的造型研究，了解它们的结构特点、功能作用、尺寸比例和透视绘制步骤要点，掌握徒手比例造型方法，绘制明暗光影与质感变化的造型的方法步骤。

【实训内容】

单体家具是构成室内空间的基本元素之一，在设计中针对室内空间的整体风格来选择与其搭配的家具组合，是完善室内设计的重要因素。我们在进行整体空间绘制之前，应首先对单体家具进行分别的练习，掌握各种风格和形态的家具的画法，然后逐渐地加强难度。

一、沙发的绘制

在绘制之前，我们可以先把沙发归纳成几种形态，通过这种形态来了解沙发的特点。

通过对图 23-2-1 的观察可以发现，沙发的形体是由 4 个“方盒子”组合而成。在绘制中我们需要注意这几个“盒子”的透视关系和比例，然后稍加变形，就可以绘制出沙发的形态。

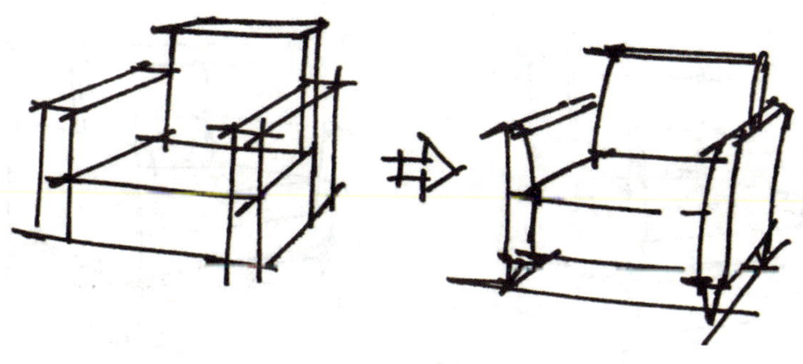

图 23-2-1

1. 单人沙发的绘制步骤

单人沙发的长度在 800～950 mm，宽度在 850～900 mm。这张图侧重于正面的位置，因此侧面的线条就要注意不可画得过长，不然比例就会出错

图 23-2-2　单人沙发实物参照

① 用铅笔定位沙发的投影，并注意透视要准确。如图 23-2-3。

图 23-2-3　步骤①

② 用单线画出沙发的靠背、扶手和座位的高度，注意比例要准确。如图 23-2-4。

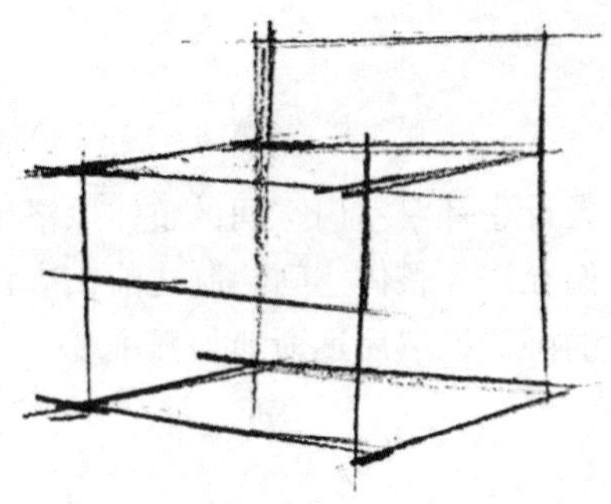

沙发的靠背高度在700 ~ 900 mm，座高在350 ~ 420 mm，大家在绘制之前一定要先了解基本的尺寸，这样才能定位出准确的造型

图 23-2-4　步骤②

③ 在单线的基础上刻画沙发的轮廓，要注意形态的准确性。如图 23-2-5。

④ 用绘图笔画出沙发的外形，用笔要肯定有力，转折部位要清晰。如图 23-2-6。

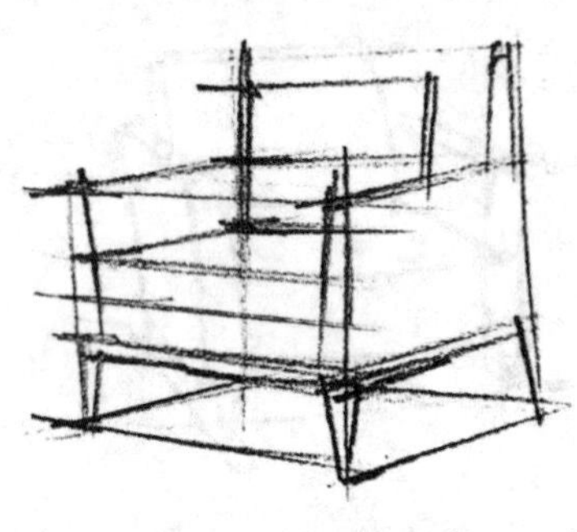

图 23-2-5　步骤③

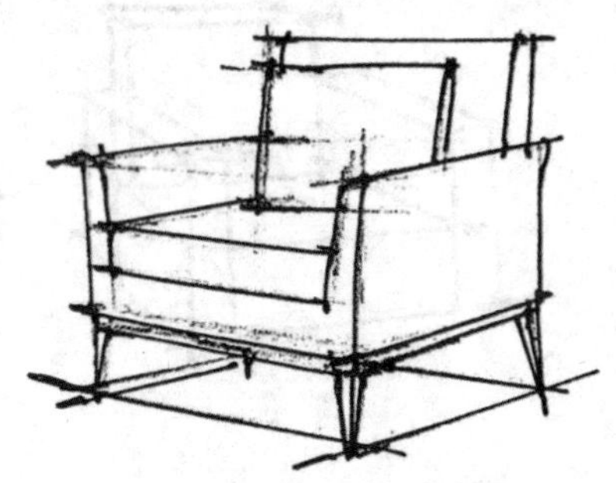

图 23-2-6　步骤④

⑤ 画出沙发的阴影效果。如图 23-2-7。

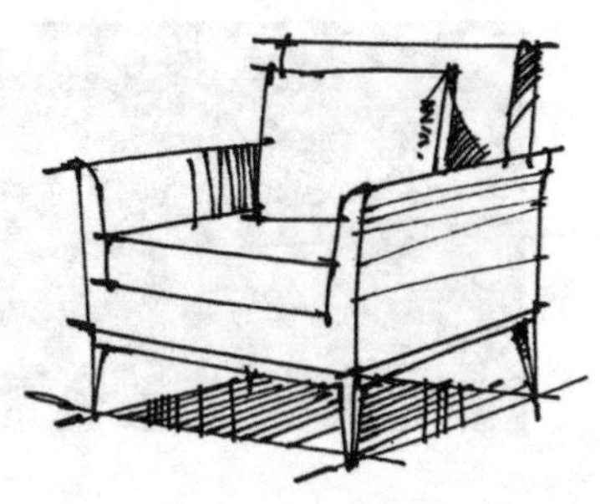

在手绘中，阴影的处理要概括，用简单的线条体现出形体的转折关系即可，排线的方向要统一，不可画乱

图 23-2-7　步骤⑤

【实训拓展】

图 23-2-8 ~ 图 23-2-11 为单人沙发的练习图例。

图 23-2-8

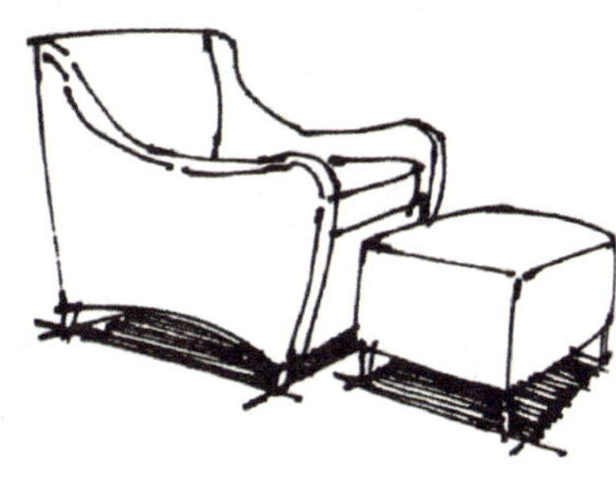

图 23-2-9

图 23-2-10

图 23-2-11

2. 转角沙发的绘制步骤

图 23-2-12　转角沙发实物参照

① 用铅笔画出沙发的投影，注意转折部位的透视。如图 23-2-13。

图 23-2-13　步骤①

② 勾画出沙发的外形结构。如图 23-2-14。

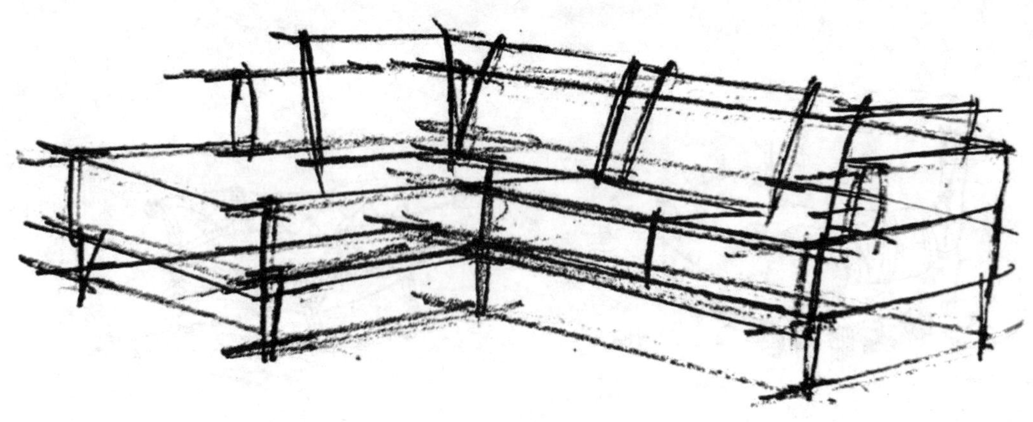

图 23-2-14　步骤②

③ 用绘图笔画出沙发的具体形态。如图 23-2-15。

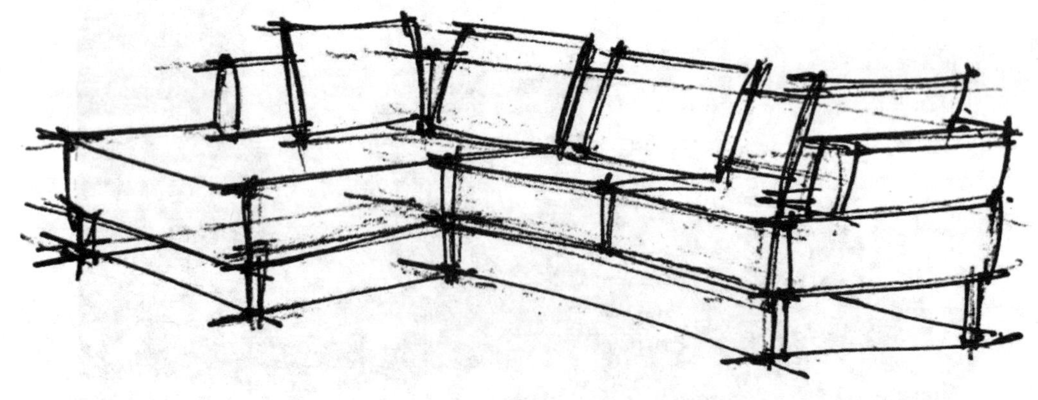

图 23-2-15　步骤③

④ 添加阴影效果，注意阴影部分要衬托形体 ，排线要整体。如图 23-2-16。

有时候为了体现丰富的效果，可以在靠垫上点缀一些花纹。

图 23-2-16　步骤④

3. 双人沙发的组合绘制步骤

双人沙发的长度为 1 500 mm 左右，宽度在 800～900 mm。双人沙发前面搭配的茶几尺寸在 750～800 mm，沙发两边的茶几长度在 600 mm 左右，宽度在 600 mm 左右，沙发和摆放在中间的茶几一共需要占据不小于 300 mm 间距的距离。我们在定位投影的时候一定要注意这几个重要的尺寸

图 23-2-17　双人沙发实物参照

① 用铅笔定位沙发和茶几的投影。如图 23-2-18。

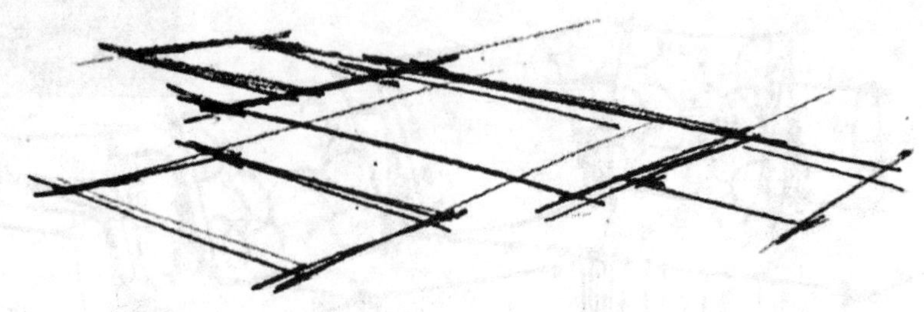

图 23-2-18　步骤①

② 定位各物体的高度，同时要注意相互之间的比例关系。如图 23-2-19。

图 23-2-19　步骤②

③ 用绘图笔画出各家具的轮廓线。如图 23-2-20。

画线时要注意形体之间的转折变化，强调好形体的细节，不要按照铅笔线原封不动地描绘

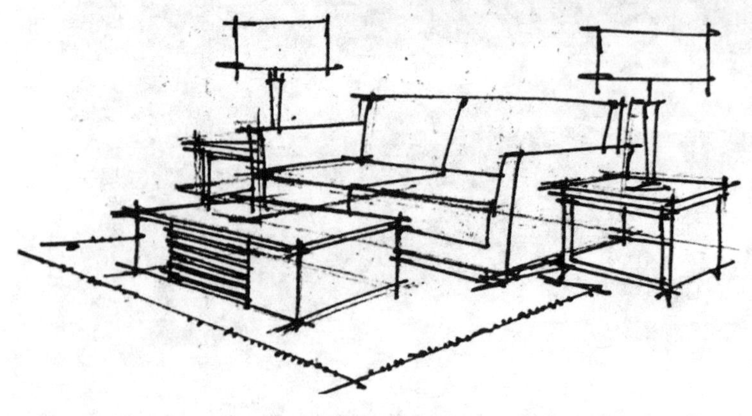

图 23-2-20　步骤③

④ 为画面添加阴影效果。如图 23-2-21。

为体现明显的转折效果，排线的方向也要有变化，不能完全统一

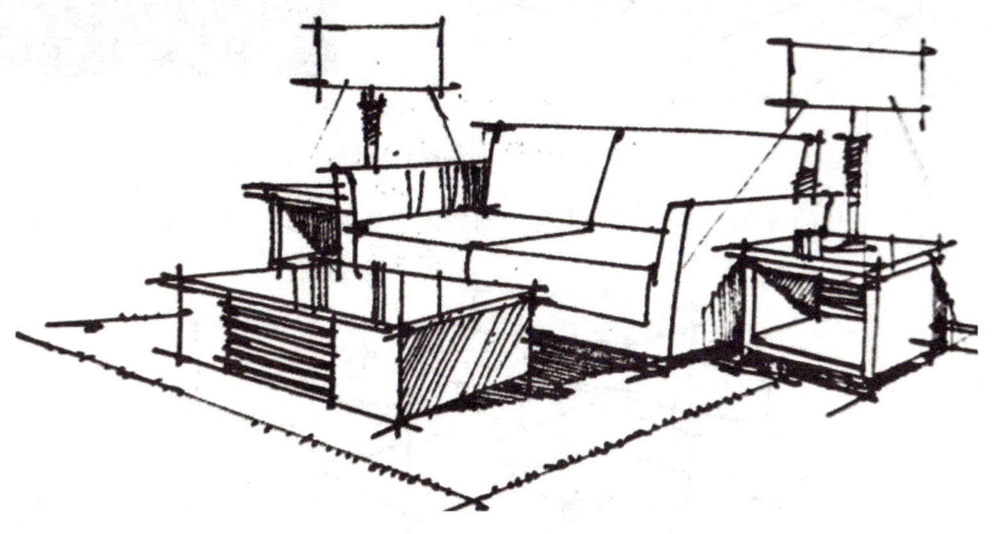

图 23-2-21 步骤④

4. 三人沙发的组合绘制

图 23-2-22 三人沙发实物参照

① 用铅笔定位沙发和茶几的投影。如图 23-2-23。

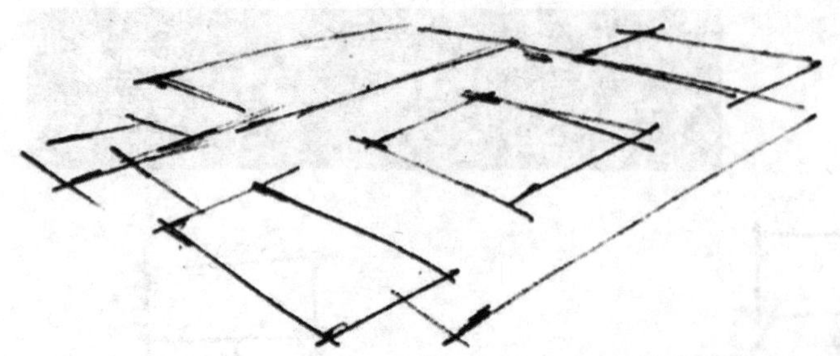

三人沙发的长度在 1 900 ~ 2 200 mm，宽度在 800 ~ 900 mm，沙发座的高度在 420 mm 左右。同时还要注意各物体之间的间距要均衡

图 23-2-23　步骤①

② 定位各物体的高度，同时要注意相互之间的比例关系。如图 23-2-24。

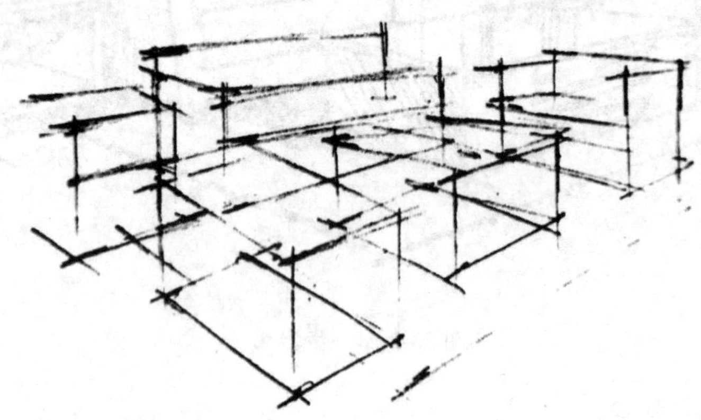

图 23-2-24　步骤②

③ 细化家具的造型，添加灯具、果盘等装饰品。如图 23-2-25。

装饰品在空间中起到增强气氛的作用，在处理时一定要适当表达，避免空间死板

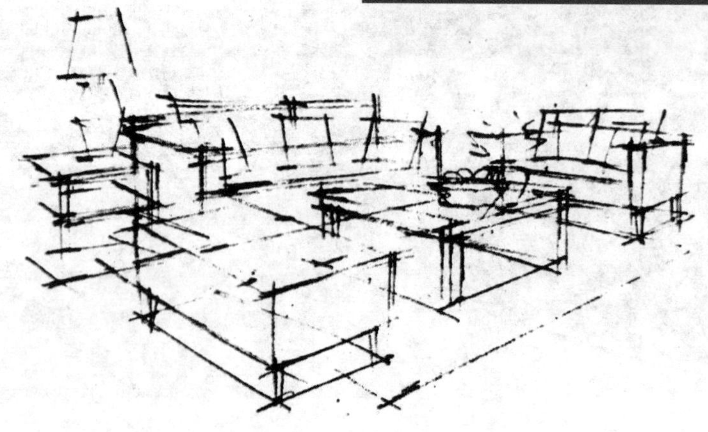

图 23-2-25　步骤③

④ 用绘图笔勾出家具的外轮廓。如图 23-2-26。

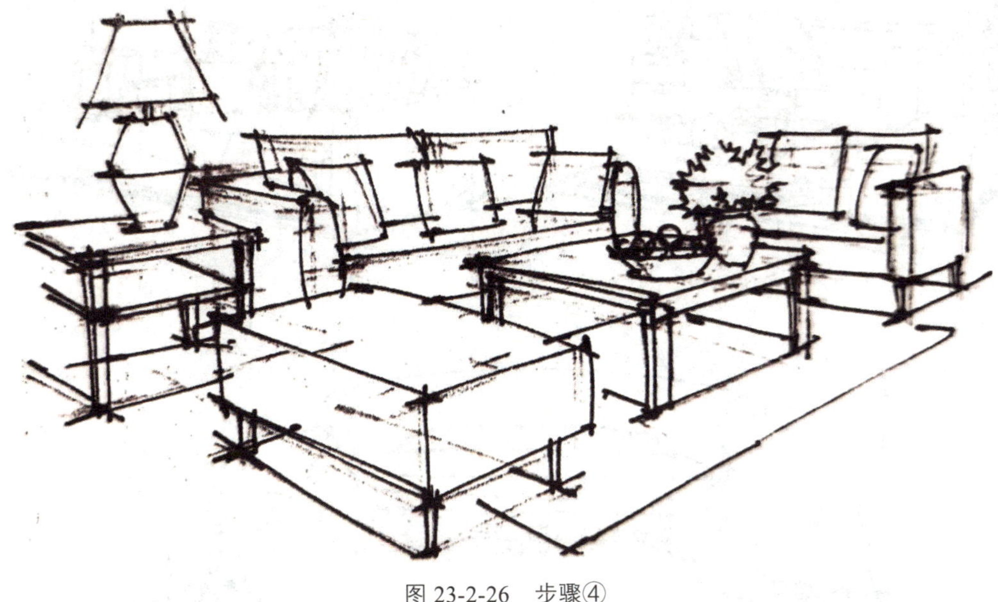

图 23-2-26　步骤④

⑤ 为画面添加阴影效果。如图 23-2-27。

阴影的排列方向要尽量统一，这样效果才会显得更整体

图 23-2-27　步骤⑤

【实训拓展】

图 23-2-28 ~ 图 23-2-32 为组合沙发的练习图例。

图 23-2-28　图例 1

图 23-2-29　图例 2

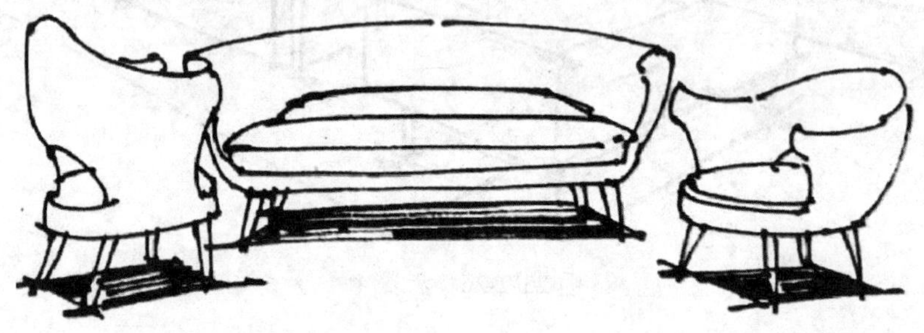

图 23-2-30　图例 3

图 23-2-31　图例 4

图 23-2-32　图例 5

二、椅子的绘制

椅子的绘制方法和沙发大致相同，都是先概括几何形态，然后在此基础上进行细节的绘制，这样才能准确地把握好造型。

1. 普通椅子的绘制步骤

图 23-2-33　普通椅子实物参照

① 用铅笔画出椅子的投影。如图 23-2-34。

图 23-2-34　步骤 1

② 用单线画出椅子的靠背、扶手和椅座的大体位置。如图 23-2-35。

③ 在单线的基础上大致勾勒出细节。如图 23-2-36。

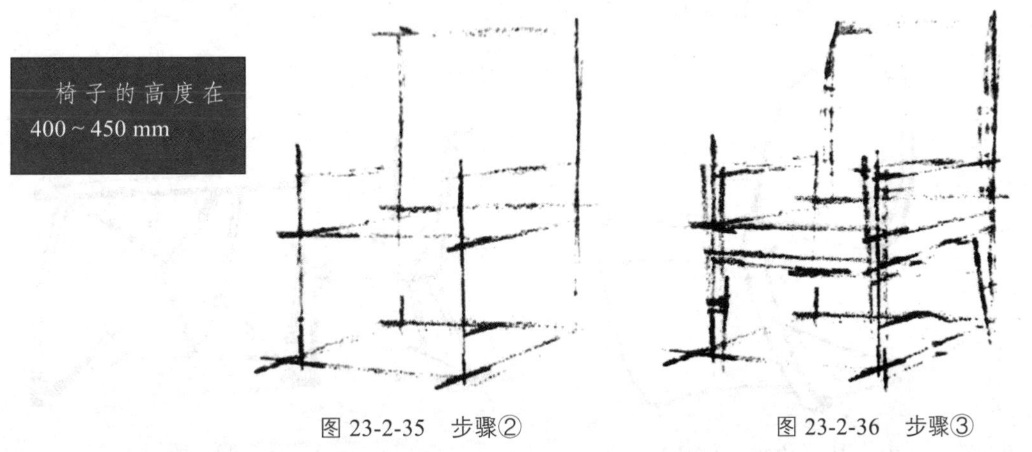

图 23-2-35　步骤②　　图 23-2-36　步骤③

④ 用绘图笔画出椅子的结构。如图 23-2-37。

⑤ 深入刻画细节、添加阴影效果。如图 23-2-38。

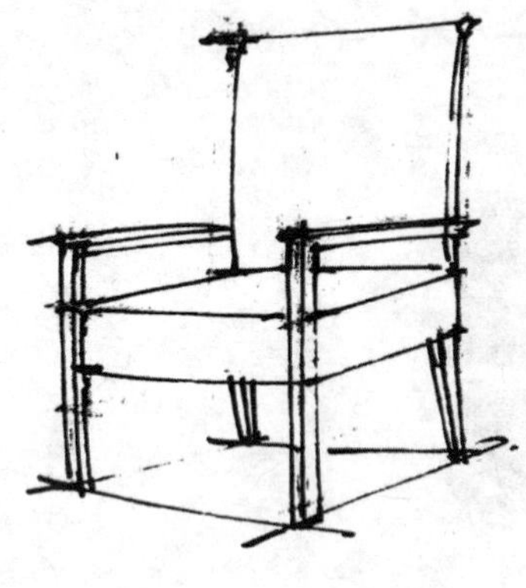
图 23-2-37　步骤④

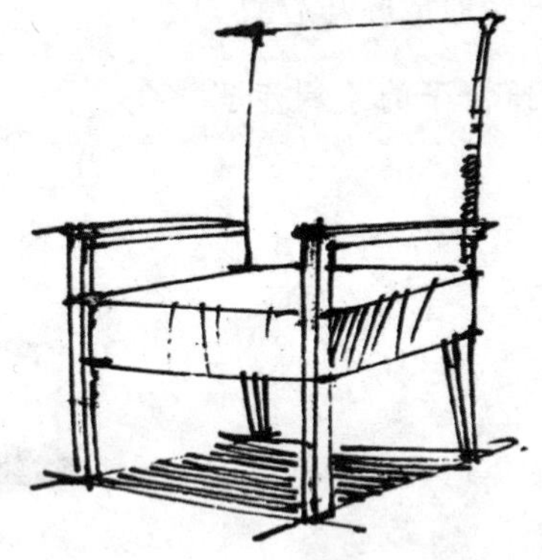
图 23-2-38　步骤⑤

【实训拓展】

图 23-2-39 ~ 图 23-2-44 为普通椅子的练习图例。

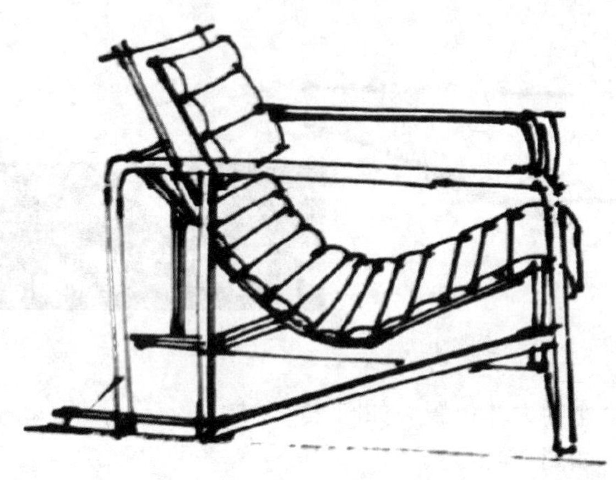
图 23-2-39　图例 1

图 23-2-40　图例 2

图 23-2-41　图例 3

图 23-2-42　图例 4

图 23-2-43　图例 5

图 23-2-44　图例 6

2. 转椅的绘制步骤

① 用铅笔画出椅子的投影。如图 23-2-46。

图 23-2-45　转椅实物参照

转椅的椅腿与一般的椅腿不同，它是由几个滚轮围合成一个圆形，因此在表达的时候应先画出一个椭圆形的投影

图 23-2-46　步骤①

② 用单线画出椅子的靠背、扶手和椅座的 大体位置。如图 23-2-47。

③ 在单线的基础上大致勾勒出细节。如图 23-2-48。

图 23-2-47　步骤②

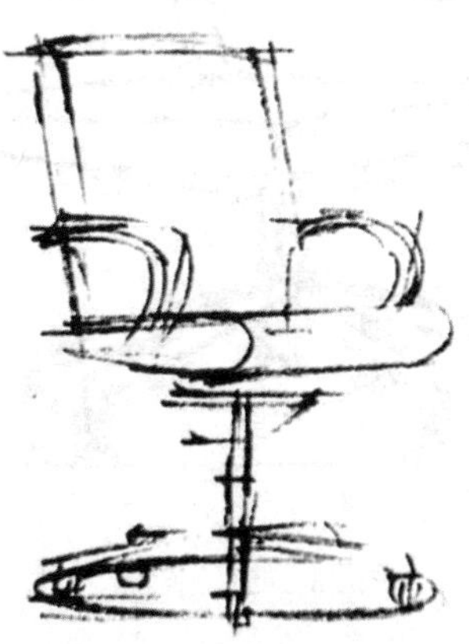

图 23-2-48　步骤③

④ 用绘图笔画出椅子的结构。如图 23-2-49。

⑤ 深入刻画细节，添加阴影效果。如图 23-2-50。

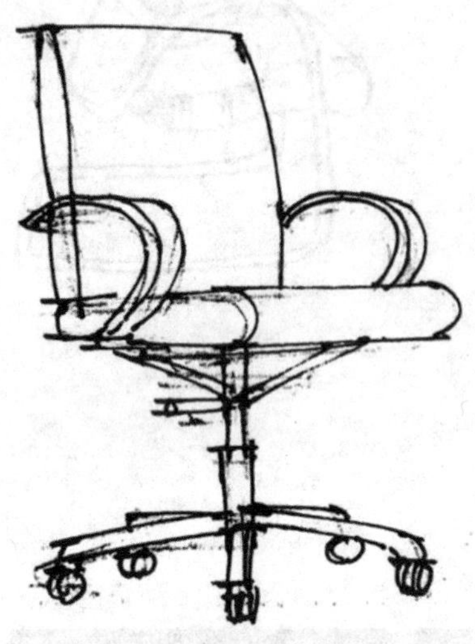

图 23-2-49　步骤④

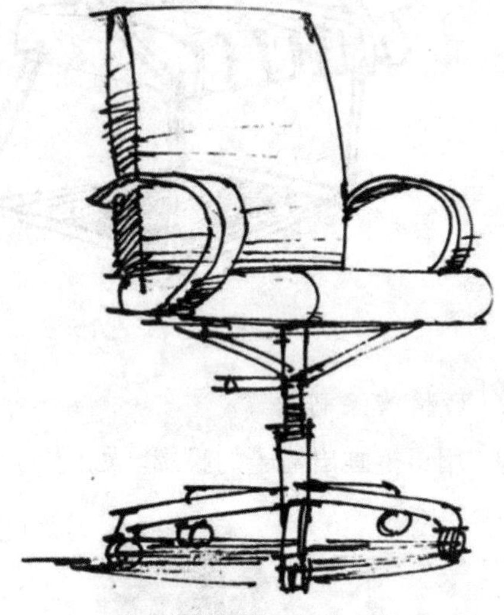

图 23-2-50　步骤⑤

【实训拓展】

图 23-2-51 ~ 图 23-2-56 为转椅的练习图例。

图 23-2-51　图例 1

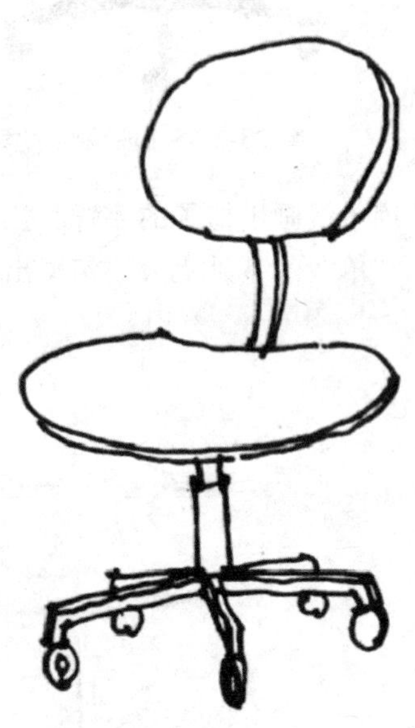

图 23-2-52　图例 2

图 23-2-53　图例 3

图 23-2-54　图例 4

图 23-2-55　图例 5

图 23-2-56　图例 6

三、桌子的绘制步骤

图 23-2-57　桌子实物参照

① 用铅笔画出桌子的投影如图 23-2-58。

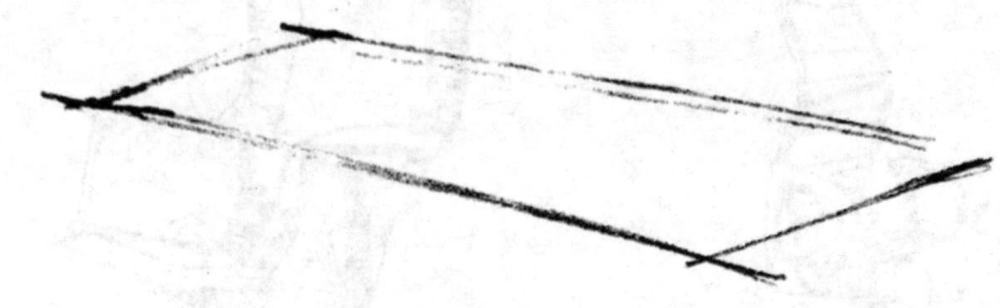

图 23-2-58　步骤①

② 用单线将桌子归纳成一个长方体，比例要准确。如图 23-2-59。

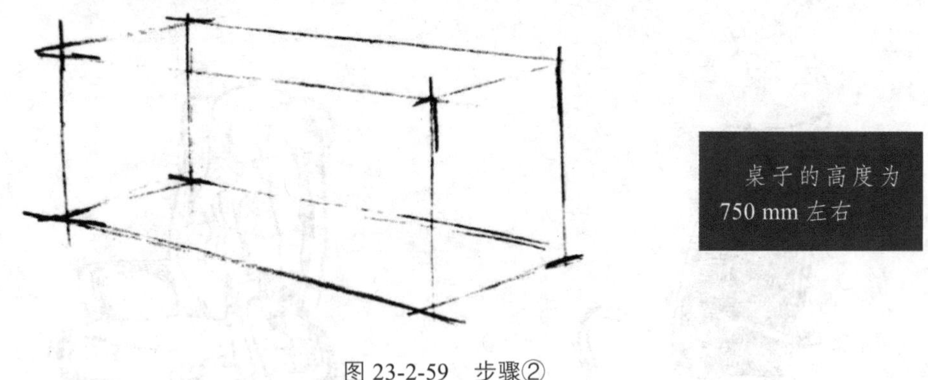

图 23-2-59　步骤②

桌子的高度为 750 mm 左右

③ 在大框架确定好的基础上画出桌子的结构细节。如图 23-2-60。

④ 用绘图笔勾出桌子的外轮廓。如图 23-2-61。

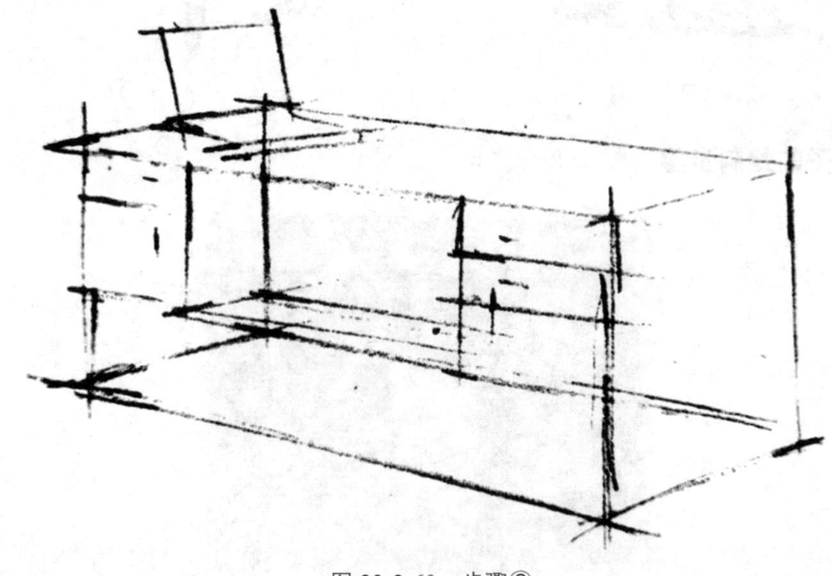

图 23-2-60　步骤③

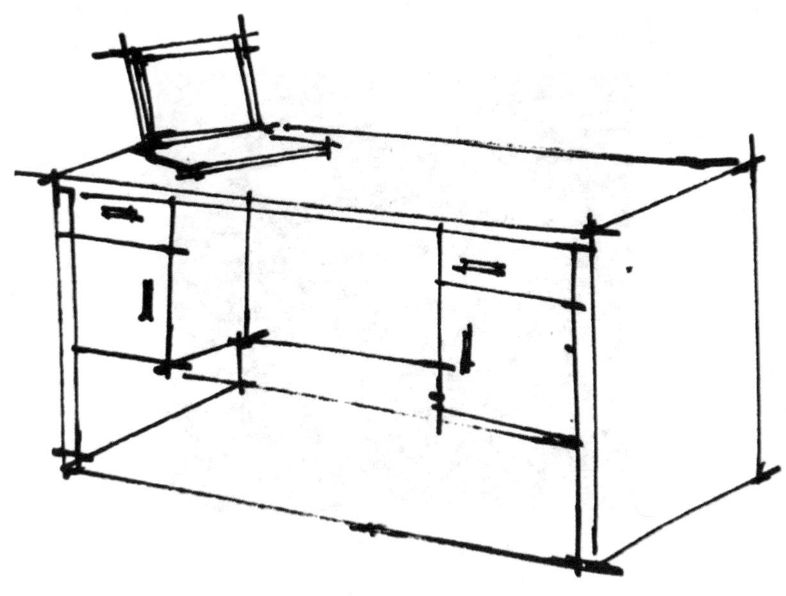

图 23-2-61　步骤④

⑤ 添加阴影效果。如图 23-2-62。

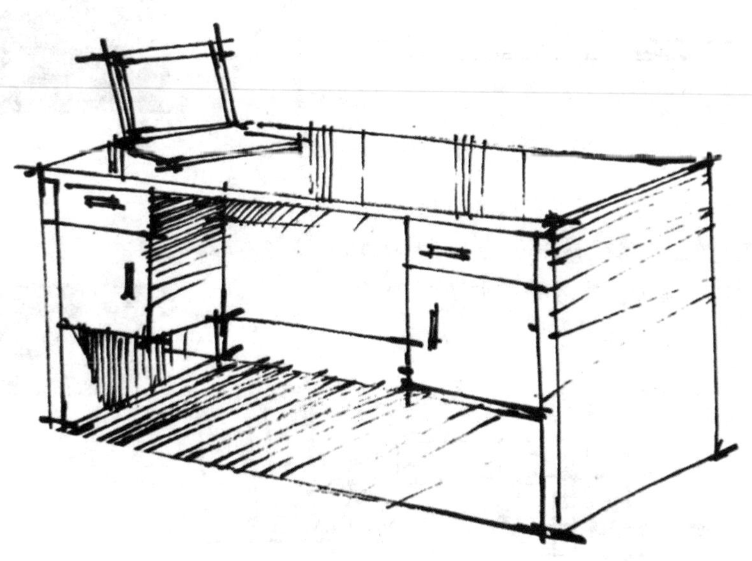

图 23-2-62　步骤⑤

四、桌椅的组合绘制

1. 方形餐桌椅的组合绘制步骤

图 23-2-63　方形餐桌椅实物参照

① 用铅笔定位桌椅组合的投影。如图 23-2-64。

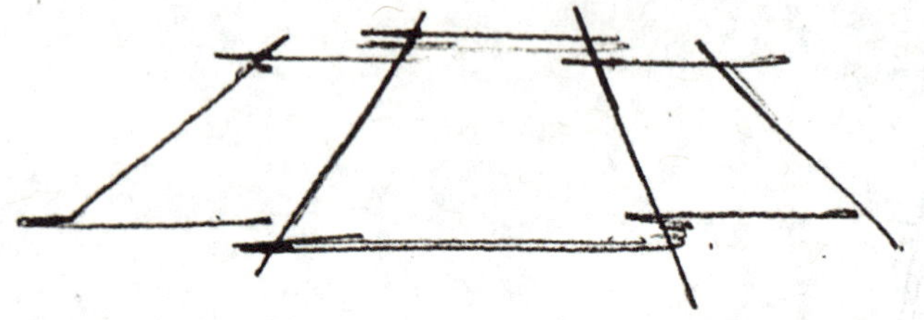

四人餐桌的长度为 1 500 mm，宽度在 800 mm 左右，餐椅的长宽为 450 mm 左右。绘制时要注意家具之间的位置关系

图 23-2-64　步骤①

② 定位物体的高度，画出桌椅的整体框架结构。如图 23-2-65。

③ 用绘图笔勾出家具的外轮廓。如图 23-2-66。

④ 深化形体，添加阴影效果。如图 23-2-67。

餐桌的高度为 750 mm，餐椅的高度为 450 mm 左右

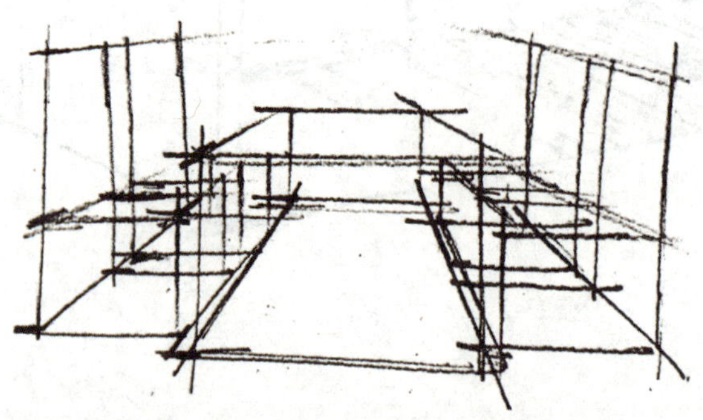

图 23-2-65　步骤②

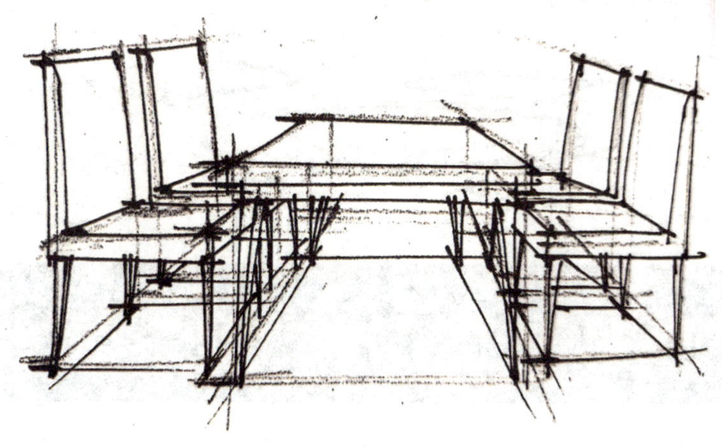

图 23-2-66　步骤③

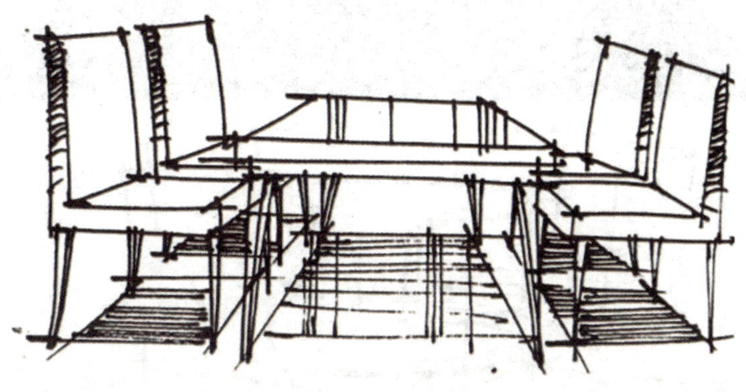

图 23-2-67　步骤④

2. 圆形餐桌椅的组合绘制

图 23-2-68　圆形餐桌椅实物参照

① 用铅笔定位桌椅组合的投影。如图 23-2-69。

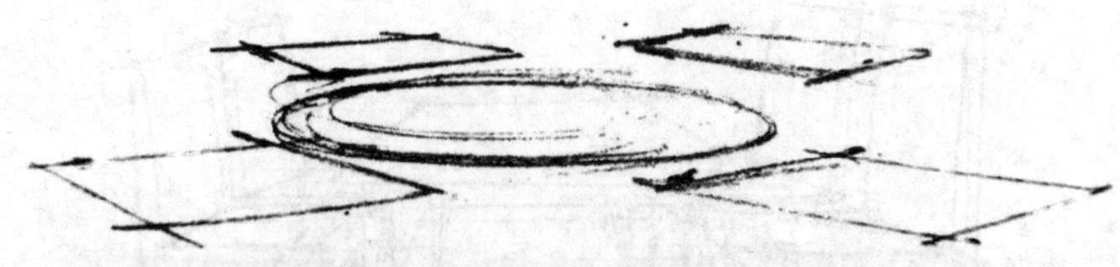

圆形的投影要注意它的透视感，因此其形状变成了椭圆形，两侧的转折部位要在同一条水平线上，不可出现偏差。椅子的投影定位成对角线便可。要注意这组桌椅是圆形围合状态，在处理的时候会有一定的难度

图 23-2-69　步骤①

② 定位桌椅的高度。如图 23-2-70。

整组形态可以概括成两个圆柱体，其中圆桌部分是一个圆柱体，四把椅子合成一个圆柱体。在定位椅子的时候要注意彼此之间的高度要统一

图 23-2-70　步骤②

③ 在勾好轮廓的基础上细化形体结构。如图 23-2-71。

图 23-2-71　步骤③

④ 用绘图笔勾出家具的轮廓线。如图 23-2-72。

图 23-2-72　步骤④

⑤ 深化细节，添加阴影。如图 23-2-73。

图 23-2-73　步骤⑤

【实训拓展】

图 23-2-74 ~ 图 23-2-77 为组合桌椅的练习图例。

图 23-2-74　图例 1

图 23-2-75　图例 2

图 23-2-76　图例 3

图 23-2-77　图例 4

五、床体的绘制步骤

图 23-2-78　床体实物参照

① 用铅笔画出床的投影。如图 23-2-79。

双人床的长度在 2 000 mm 左右，宽度在 1 500～1 800 mm。在绘制时要注意床的长宽比例，注意视点的位置偏向床的哪侧位置，然后根据位置来调整其透视变化

图 23-2-79　步骤①

② 用单线画出床的高度，将形体归纳为几何体。如图 23-2-80。

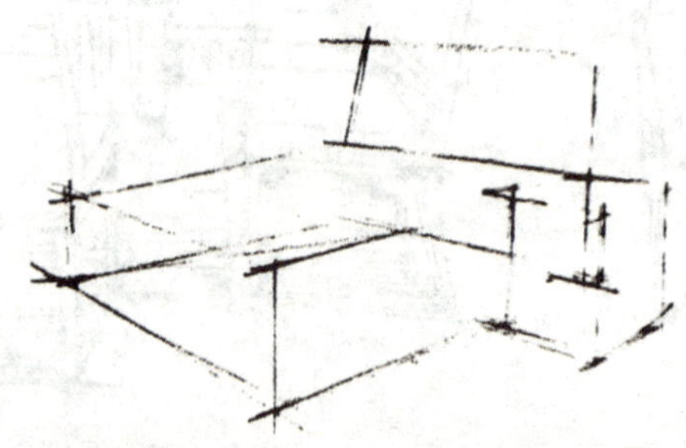

从地面到床垫的高度为 450～500 mm

图 23-2-80　步骤②

③ 画出床和床头柜的细节部分。如图 23-2-81。

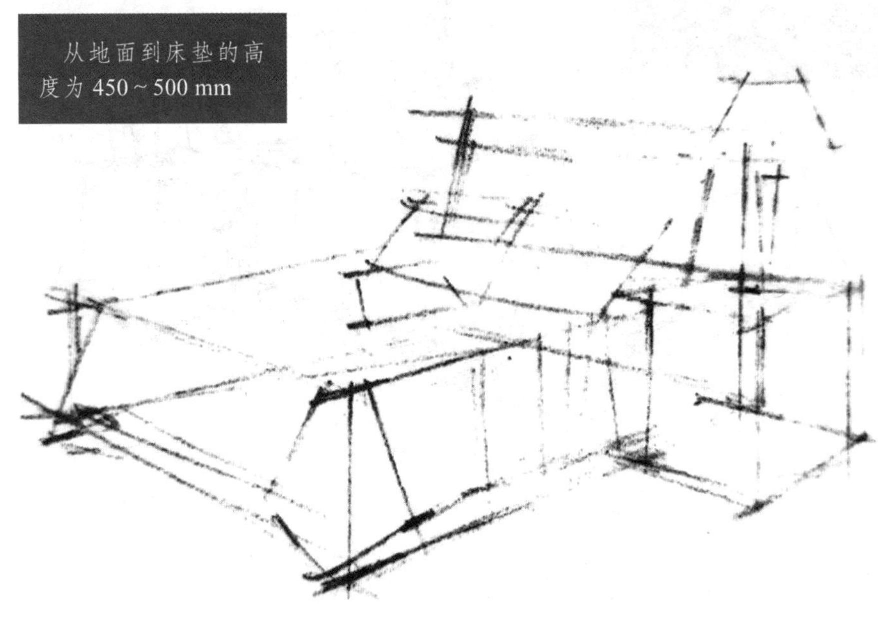

图 23-2-81　步骤③

④ 用绘图笔勾出床的外轮廓。如图 23-2-82。

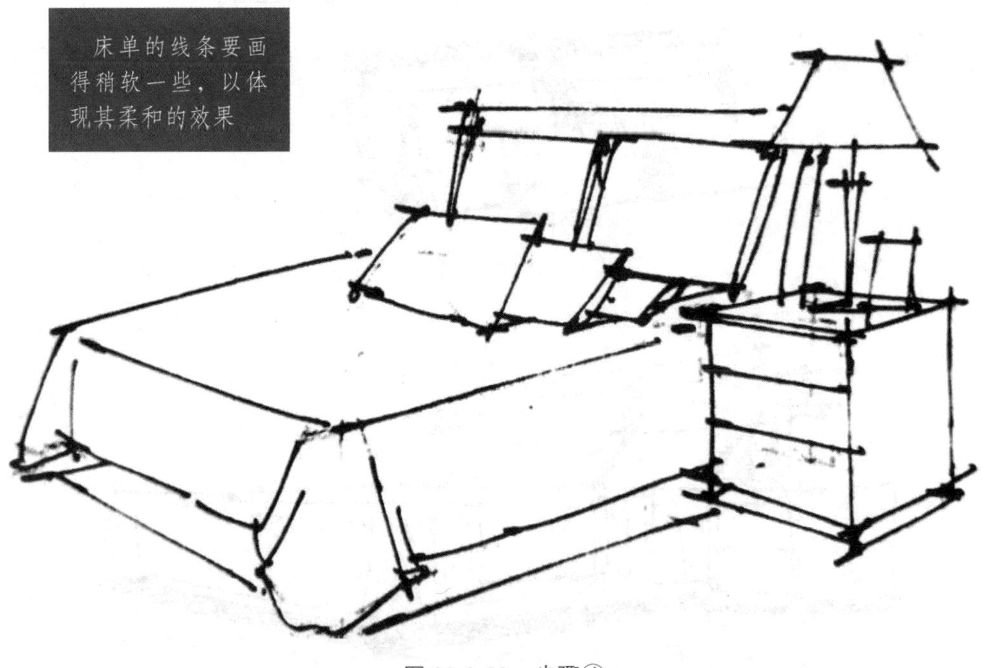

床单的线条要画得稍软一些，以体现其柔和的效果

图 23-2-82　步骤④

⑤ 画出床单的布褶效果，以及其他部位的细节和阴影。如图 23-2-83。

布褶的线条要轻，不可画得过硬，要注意柔和度

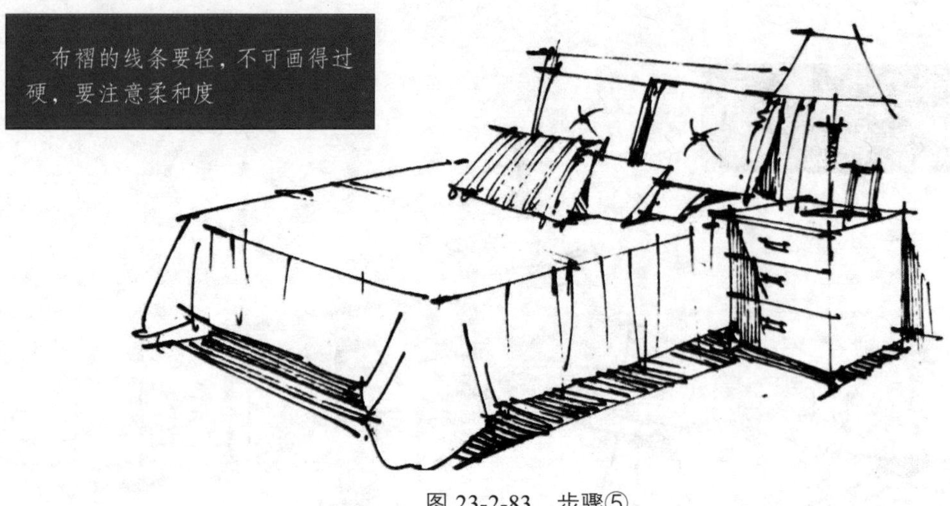

图 23-2-83　步骤⑤

【实训拓展】

图 23-2-84 ~ 图 23-2-88 为床的练习图例。

图 23-2-84　图例 1

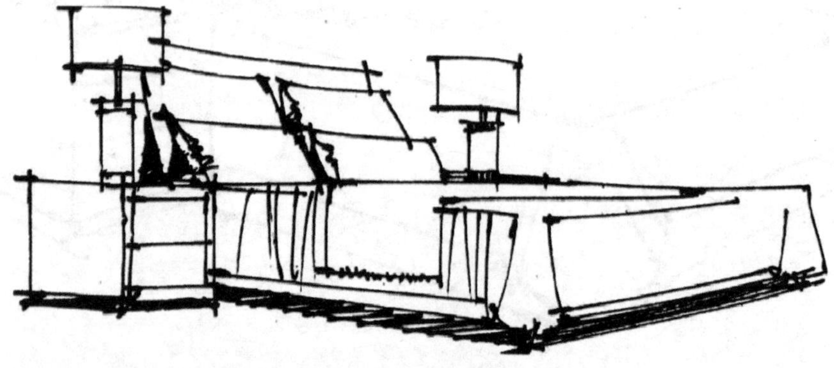

图 23-2-85　图例 2

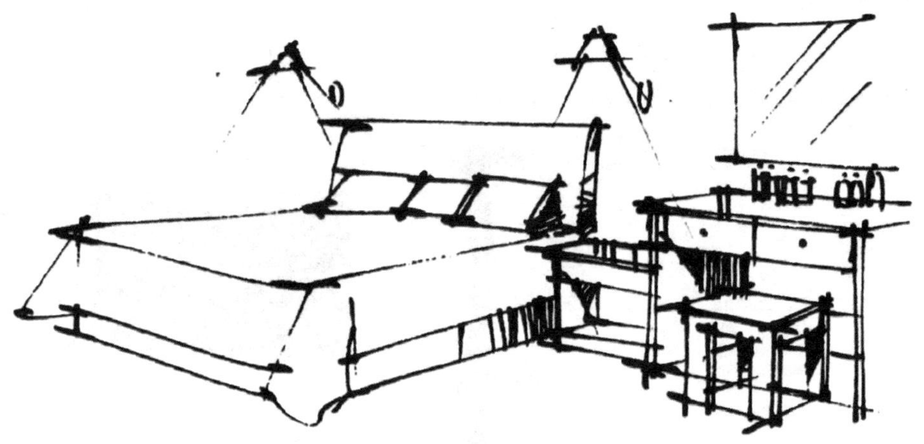

图 23-2-86　图例 3

图 23-2-87　图例 4

图 23-2-88　图例 5

六、灯具的绘制

灯具的形式多种多样，有繁有简，在这里以一组较复杂的吊灯作为实例进行讲解，帮助大家了解复杂形体的绘制方法。

定位支撑线和灯罩应注意灯的纵向重心要稳

图 23-2-89　灯具实物参照

① 用铅笔先定位灯具的支撑线和大的灯罩。如图 23-2-90。

② 概括地画出小灯罩的位置。如图 23-2-91。

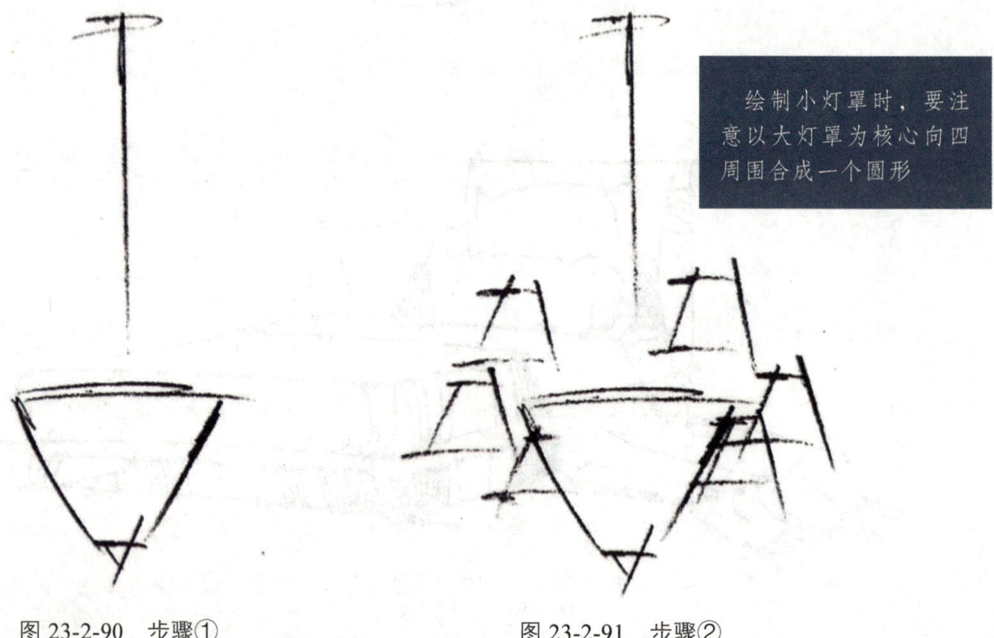

绘制小灯罩时，要注意以大灯罩为核心向四周围合成一个圆形

图 23-2-90　步骤①　　图 23-2-91　步骤②

③ 待灯罩画好后，再勾画出灯杆的造型。如图 23-2-92。

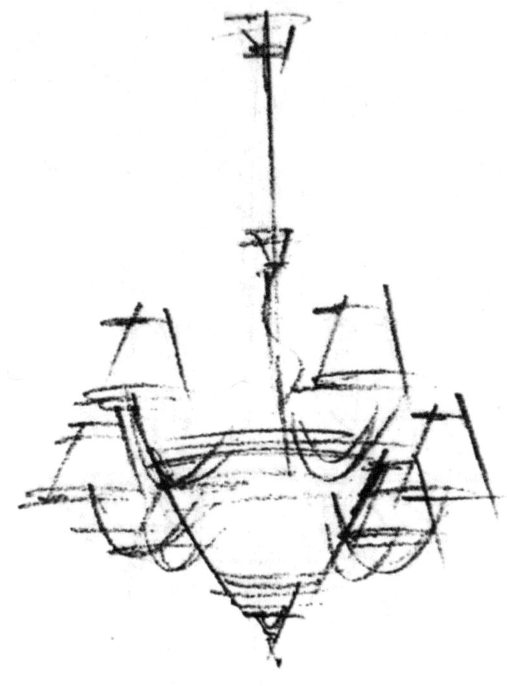

图 23-2-92　步骤③

④ 用绘图笔画出灯具的外轮廓。如图 23-2-93。

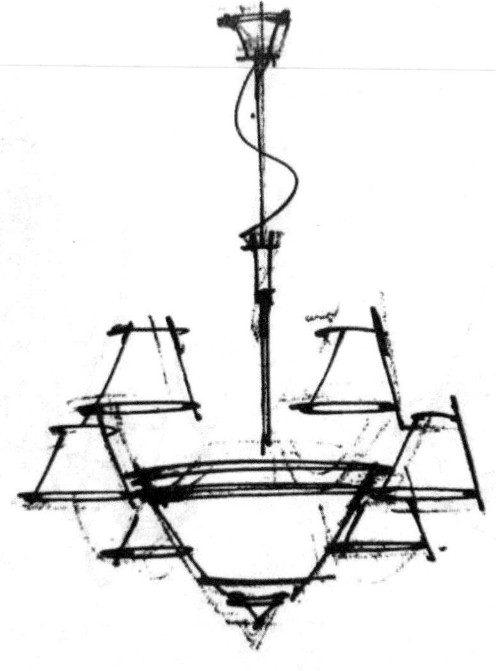

图 23-2-93　步骤④

⑤ 完善灯具的细节。如图 23-2-94。

图 23-2-94　步骤⑤

【实训拓展】

图 23-2-95 ~ 图 23-2-98 为灯具的练习图例。

图 23-2-95　图例 1

图 23-2-96　图例 2

图 23-2-97　图例 3

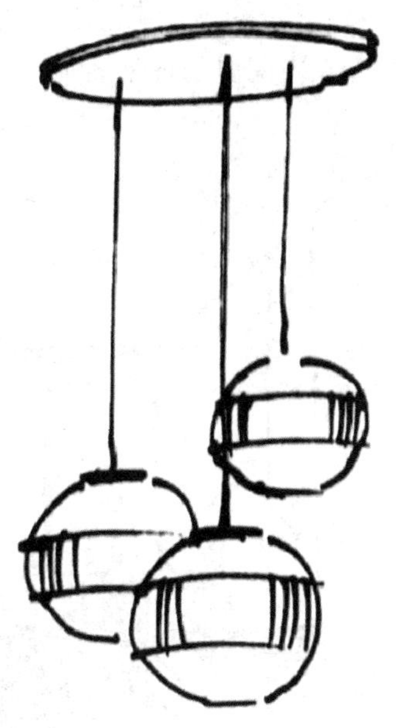

图 23-2-98　图例 4

各式各样的家具图例

扫描二维码赏析各式各样的家具图例。

作品赏析

任务三　室内空间线稿训练

【实训目的】

本次任务将对空间进行步骤详解，它们的表现方法既有共同点，也有不同点。由于徒手表现的灵活性较大，这就需要我们有更好的应变能力。如果能在各个空间训练的过程中不断地进行磨炼和探索，那么未来表现任何一组空间都会变得很容易。

【实训内容】

一、构成空间的表现技法

1. 形体的表现

室内空间的形体多种多样，无论是对自然形态还是对人工形态，都要抓住它们的本质，也就是说，找出它们各自的几何要素。把复杂的形体概括成简单的几何形体，会使初学者更容易上手。当然，还要正确地把这些“几何形体”放在空间中，还必须要有正确的透视概念才能保证每个造型在空间里的视觉准确。

图 23-3-1

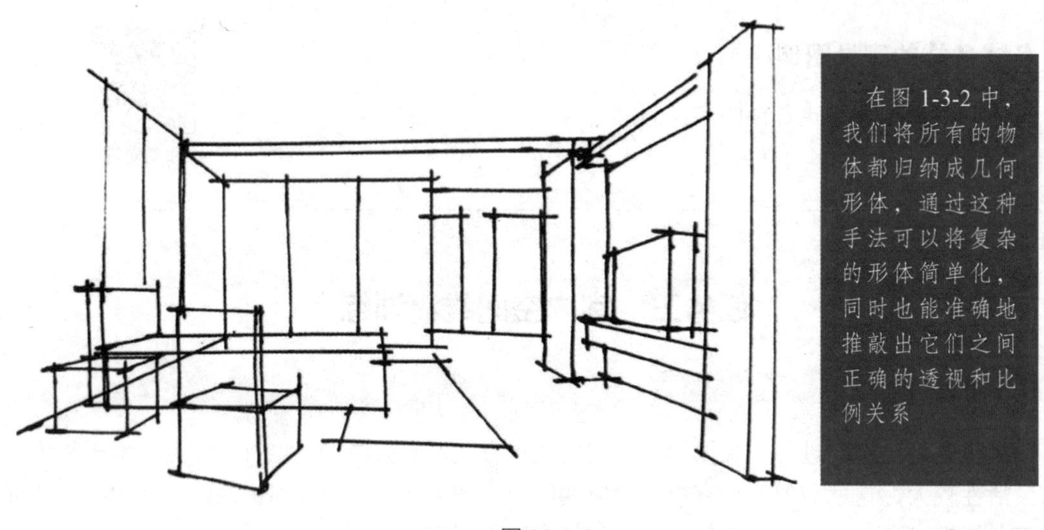

在图 1-3-2 中，我们将所有的物体都归纳成几何形体，通过这种手法可以将复杂的形体简单化，同时也能准确地推敲出它们之间正确的透视和比例关系

图 23-3-2

2. 质感表现

在室内手绘中，除了要表现物体的形体结构外，还要表现物体的质感，如木饰面、金属、玻璃镜面、石材等。不同种类的材质，其表现手法也不同，例如，玻璃要很好地表现其透视度；木材的反射较弱，要很好地控制其反射度；石材有抛光和亚光的区别；布艺为透光不反光的材料等。在画的时候要尽可能地体现物体材质的特点，使其有更真实的效果，以完善我们的设计。

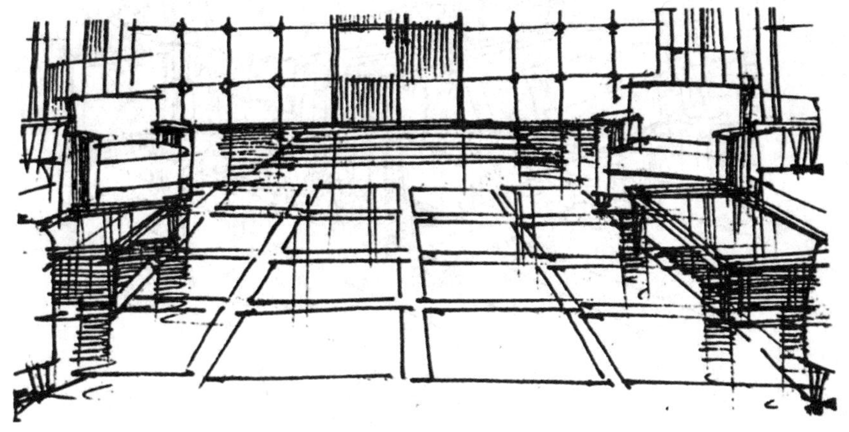

图 23-3-3　抛光砖材质的处理效果

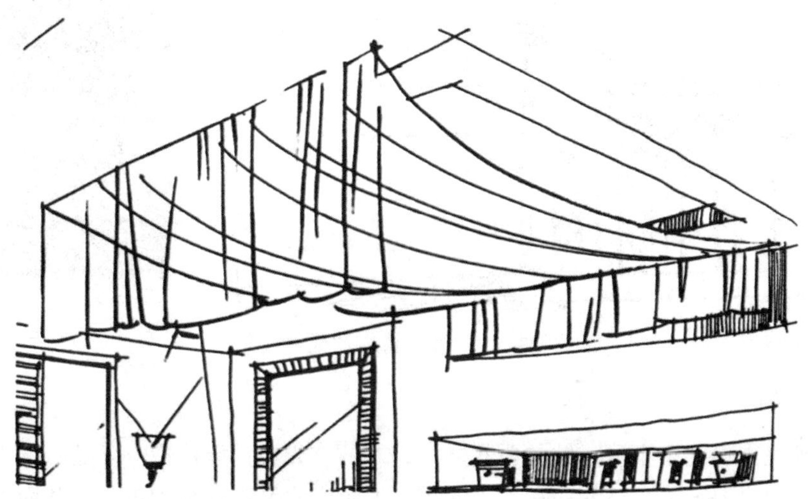

图 23-3-4　窗帘材质的处理效果

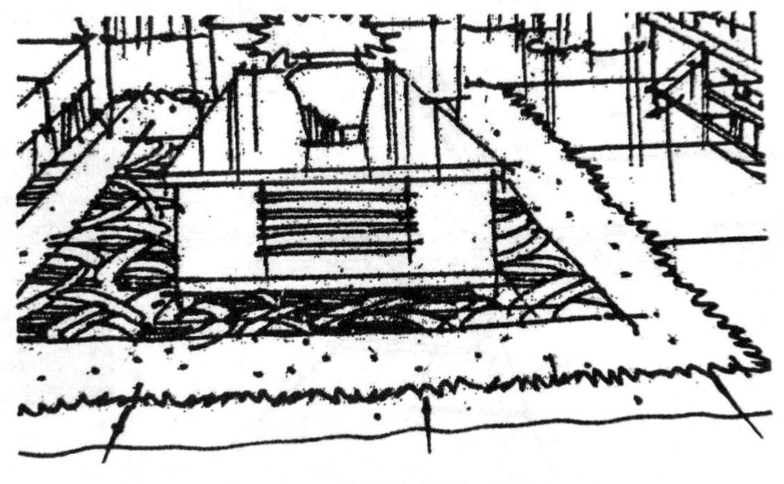

图 23-3-5　地毯材质的处理效果

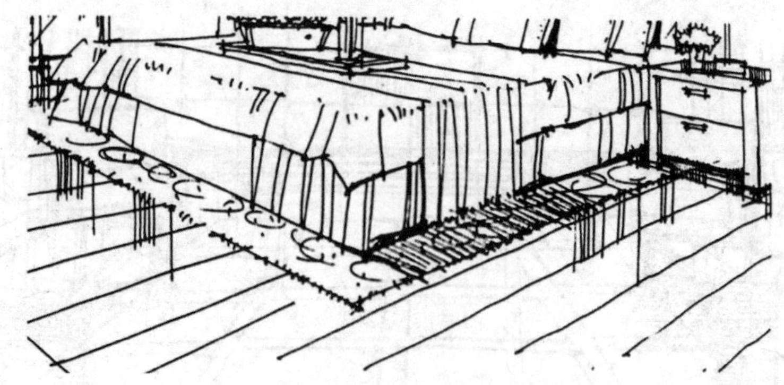

图 23-3-6　地板材质的处理效果

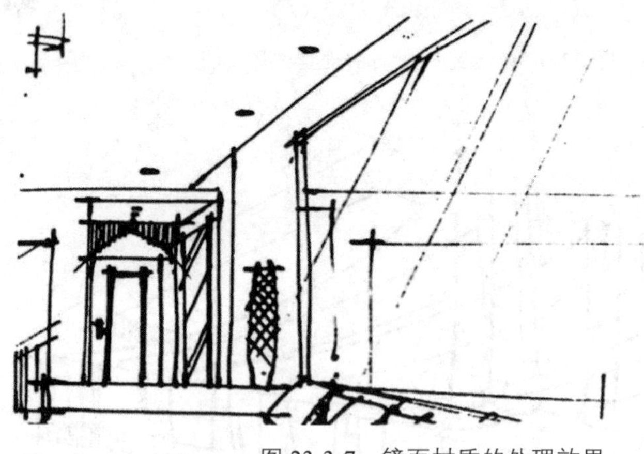

图 23-3-7　镜面材质的处理效果

在手绘表现中，材质的处理一般都是用概括的线条表示，不必画得过于写实，概括的表达可以很好地体现设计效果，同时也为后期马克笔上色腾出空间

3. 灯光表现

灯光也是室内设计中不可或缺的要素之一，好的灯光设计能体现空间品味，为空间增添独特的气氛。光源主要分为自然光源和人工光源，人工光源又可细分为点光源和面光源。在绘制效果图的时候往往是以一种光源为主光源，其他光源作为辅助来活跃气氛。要表现光源强烈时，可以拉大明暗对比，加强阴影效果，同时整个环境也会受到灯光的影响而削弱自身的固有色。

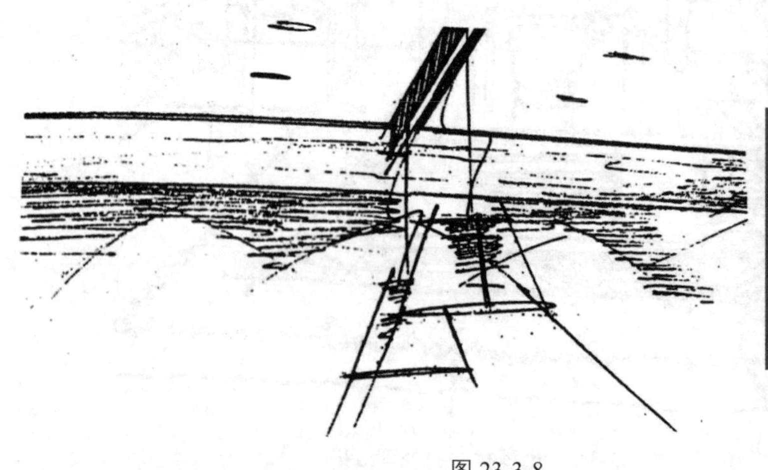

表现光感时要注意光晕的衰减变化，边线不能画得过于死板，笔触要灵活且有明暗过渡，这样才能接近更真实的效果

图 23-3-8

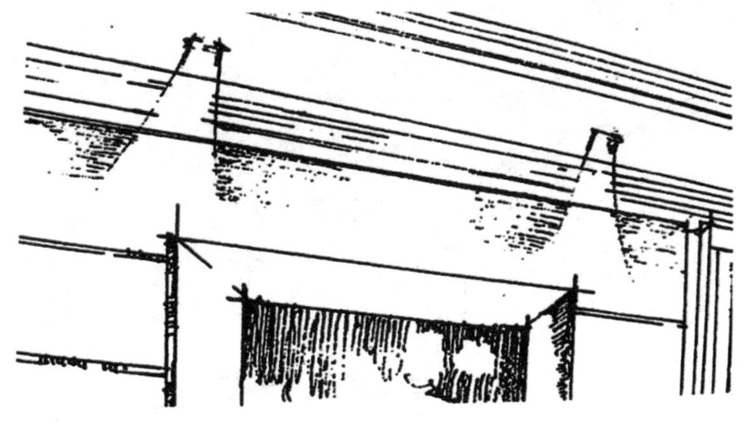

图 23-3-9

二、家居空间线稿步骤讲解

1. 复式客厅空间线稿表现

① 用铅笔定位空间的基准面、视平线和灭点，然后根据灭点向基准面的 4 个直角的位置连接透视线，形成空间的进深。如图 23-3-10。

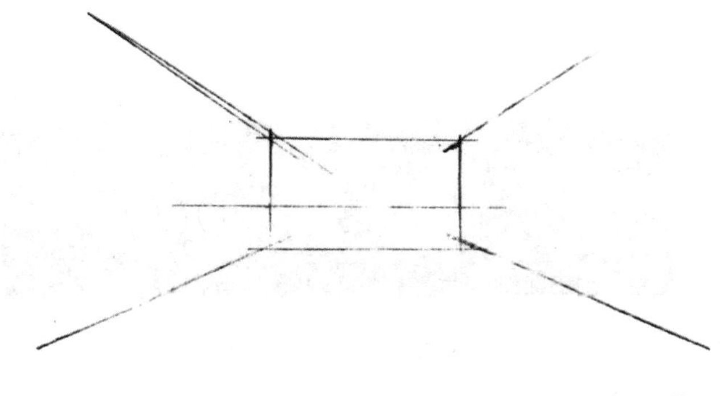

视平线的位置一般定在墙高一半或偏下的位置，也就是在 1.3～1.5 m。需要注意的一点是，透视的水平线和垂直线没有透视，应保持横平竖直

图 23-3-10　步骤①

② 用单线条画出天花板和墙面造型的基本框架，注意所有的透视线都应和灭点相交。如图 23-3-11。

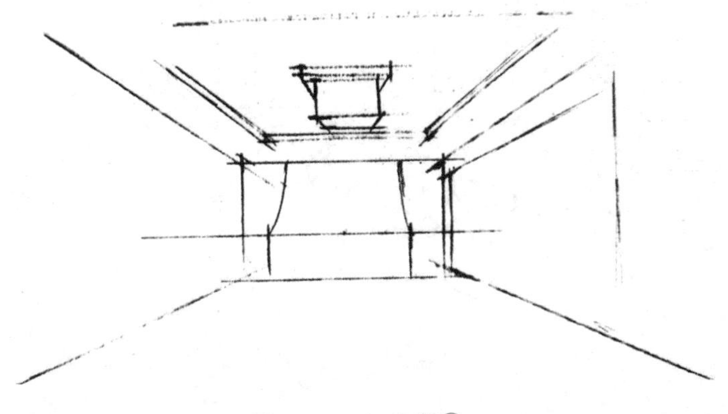

图 23-3-11　步骤②

③ 定位空间中家具的投影。如图 23-3-12。

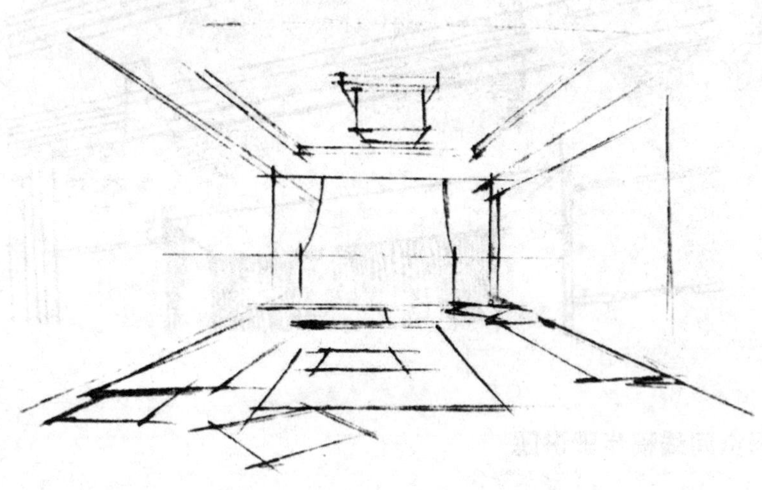

图 23-3-12 步骤③

④ 概括出空间家具陈设的基本形态，同时也要注意物体彼此之间的位置和比例。如图 23-3-13。

起铅笔稿的时候要注意，在定位形态时线条要画得稍微轻一些，这样会给后期留有调整的余地。过重的线条不方便修改，也不方便后期绘图笔勾线

图 23-3-13 步骤④

⑤ 在打好框架的基础上细化形体，为绘图笔勾线做准备。如图 23-3-14。

铅笔稿虽然能为后期勾线打下一定的基础，但是建议大家不要过分依赖铅笔稿，以锻炼使用绘图笔抓形的能力。铅笔线只需要画出概括的形体便可，细节部位还是要依靠绘图笔去塑造

图 23-3-14　步骤⑤

⑥ 用绘图笔勾出空间形体的轮廓线。如图 23-3-15。

不要完全按照铅笔线条去描，正确的方法应该是在铅笔稿的基础上再次推敲正确的空间形态，因为铅笔稿画得很概括，所以未必是最准的定位，我们要学会在此基础上找出更精准的线条

图 23-3-15　步骤⑥

⑦ 深入刻画形体的细节。如图 23-3-16。

图 23-3-16　步骤⑦

⑧ 处理空间阴影部分。如图 23-3-17。

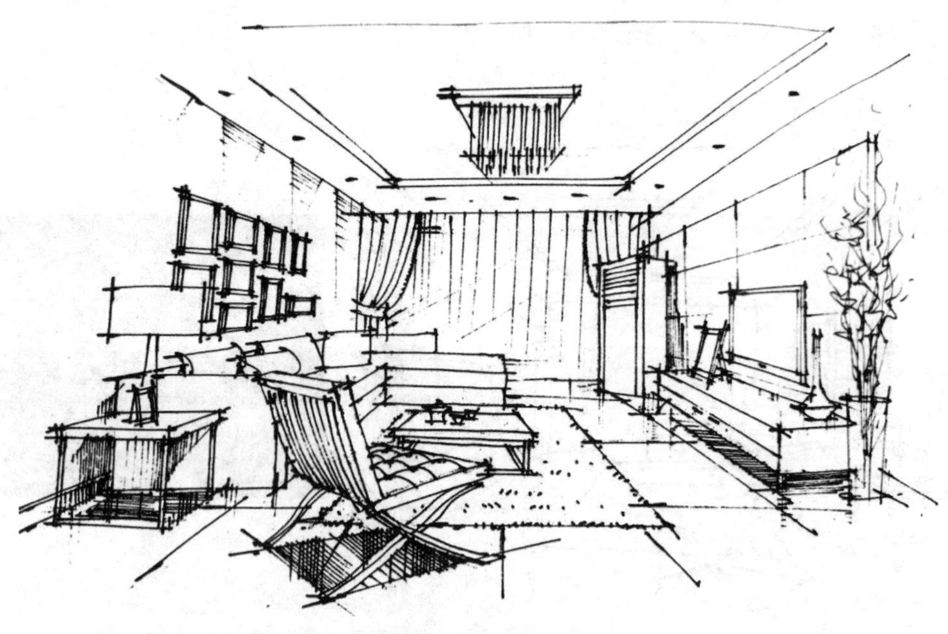

图 23-3-17　步骤⑧

2. 卧室空间表现

① 用铅笔定位空间的真高线、视平线和灭点，然后根据灭点向真高线上下两点位置连接透视线，形成空间的进深。如图 23-3-18。

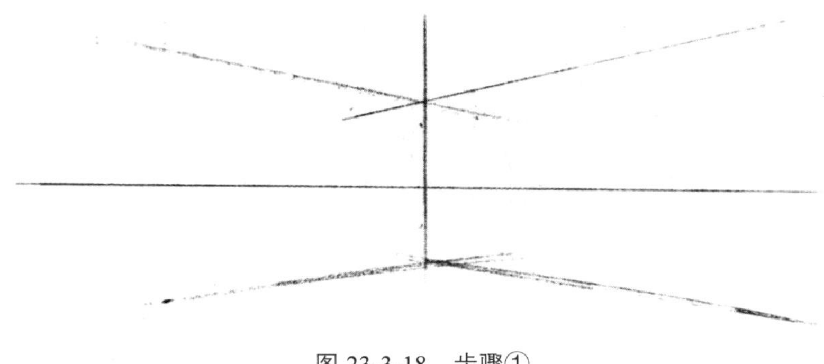

图 23-3-18　步骤①

② 用单线条定位墙面造型和地面家具的投影。如图 23-3-19。

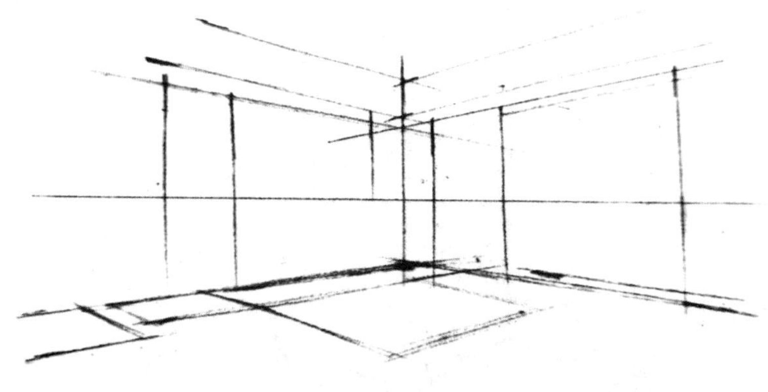

图 23-3-19　步骤②

③ 概括家具造型的整体形态，将其以几何形体的形态展现出来。如图 23-3-20。

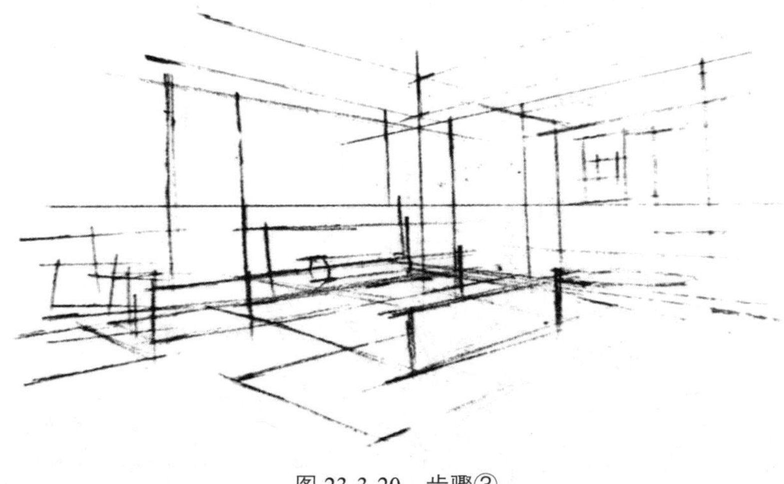

图 23-3-20　步骤③

④ 细化空间物体的造型，注意形体细节的转折和透视。如图 23-3-21。

图 23-3-21　步骤④

⑤ 用绘图笔勾出形体的轮廓线，注意线条要肯定，同时还要保持灵活性。如图 23-3-22。

图 23-3-22　步骤⑤

⑥ 完善卧室区域形体的塑造。如图 23-3-23。

图 23-3-23　步骤⑥

⑦ 画出地板的纹理和卫生间区域的物体。如图 23-3-24。

图 23-3-24　步骤⑦

⑧ 为画面增加阴影效果。如图 23-3-25。

图 23-3-25　步骤⑧

3. 卫生间空间表现

① 用铅笔画出空间的大框架，要注意空间的高度和长宽比例，同时定位卫生间洁具的地面投影。如图 23-3-26。

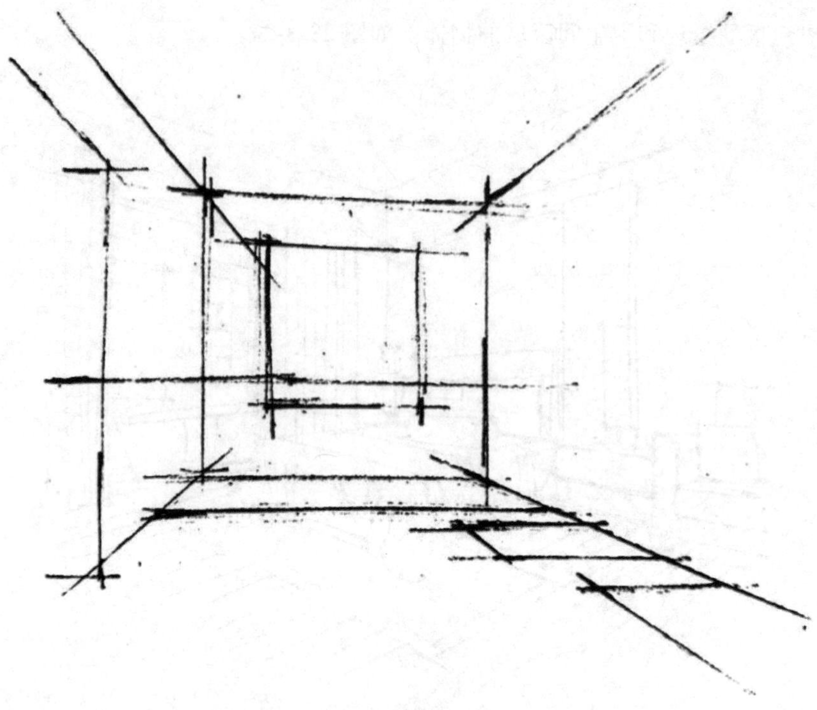

图 23-3-26　步骤①

② 画出空间的整体框架，注意彼此之间的比例关系。如图 23-3-27。

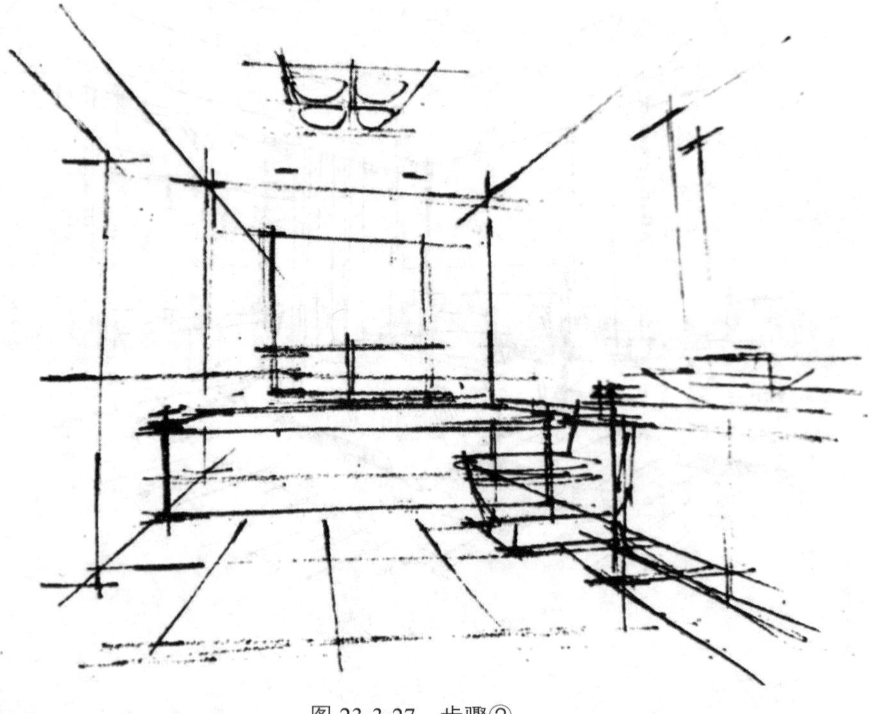

图 23-3-27　步骤②

③ 用绘图笔画出空间的外轮廓。如图 23-3-28。

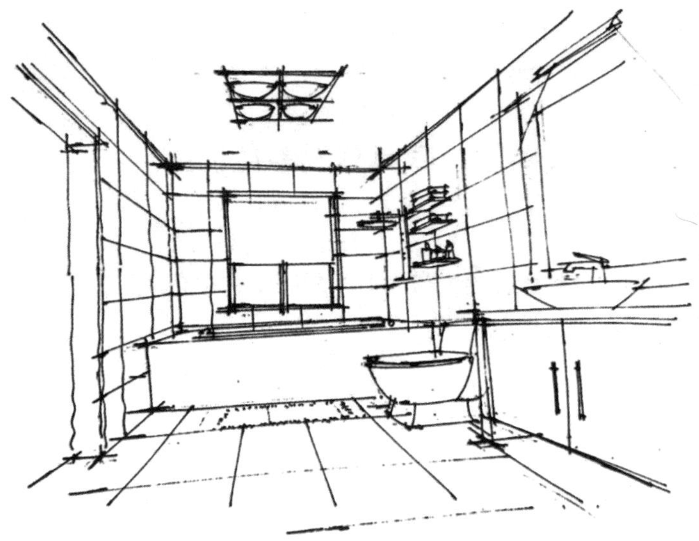

图 23-3-28　步骤③

④ 为画面添加阴影效果。如图 23-3-29。

图 23-3-29　步骤④

室内空间线稿作品图例

扫描二维码赏析室内空间线稿作品图例。

作品赏析

【实训拓展】

（1）临摹一幅室内空间线稿。

（2）完成一幅实景的室内空间线稿。

任务四　家具陈设着色训练

【实训目的】

通过实训，让同学们认识到色彩给人带来的不同感受，学会运用色彩搭配不同的空间，并能使用马克笔将空间的色彩快速展现出来。

【实训内容】

一、色彩知识讲解

色彩对人们有一种心理效应。在室内设计中，色彩可以改变空间的大小。当然并不是说空间真实的大小被改变，而是通过色彩，改变了人们对空间的视觉感受。色彩影响着室内空间的进深感、舒适感、环境气氛和心情等因素，并且往往要优于形态变化所带来的影响。那么我们在绘制室内效果图时，也要学会好好把握图面上的色彩，使图面上的空间看上去更真实，以达到我们预期的设计效果。

1. 色彩的三要素

（1）色相。

色相指色彩的相貌名称，如红、蓝、紫等。色相是色彩的首要特征，是区别各种不同色彩的最准确的标准，如图 23-4-1 所示。

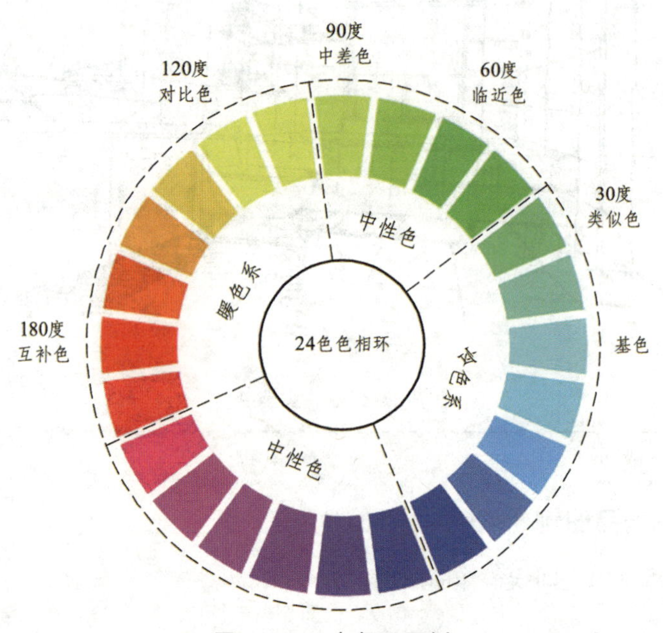

图 23-4-1　色相环图例

（2）明度。

明度指颜色的亮度，不同的颜色具有不同的明度，色彩混入黑色、白色后便会产生明暗关系。任何色彩都存在明暗变化，其中黄色明度最高，紫色明度最低，绿、红、蓝、橙的明度相近，为中间明度，如图 23-4-2 所示。另外，在同一色相的明度中还存在深浅的变化，如绿色中由明度的浅到深有粉绿、淡绿、翠绿等变化。

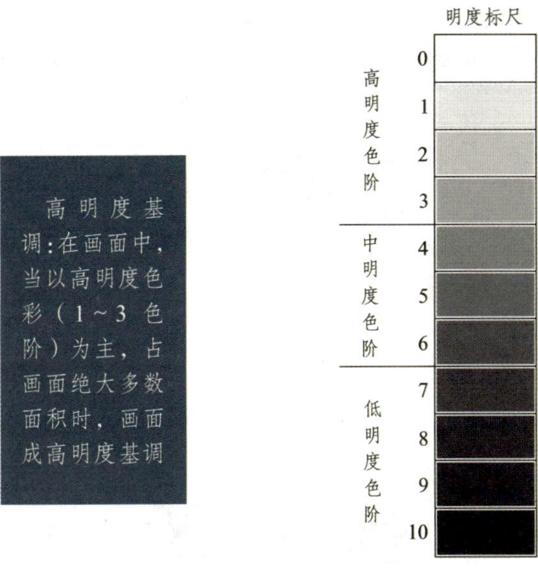

图 23-4-2　明度色阶图例

（3）纯度。

纯度也称饱和度，色彩的纯度强弱，是指色相感觉明确或含糊、鲜艳或浑浊的程度。高纯度色相加白或黑，可以提高或减弱其明度，但都会降低它们的纯度。如加入中性灰色，也会降低色相纯度，如图 23-4-3 所示。

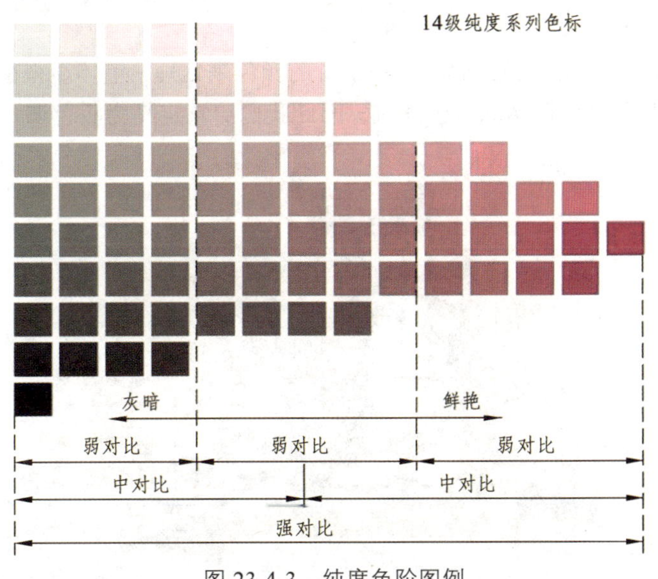

图 23-4-3　纯度色阶图例

2. 色彩的冷暖

冷暖是将色彩根据心理感受，把颜色分为暖色调（红、橙、黄）、冷色调（青、蓝）和中性色调（紫、绿、黄、黑、灰、白）如图 23-4-4 所示。在绘画与设计中，暖色调给人以亲密、温暖之感，冷色调给人以距离、凄凉之感。另外，人对色彩的感受强烈也受光线和邻近颜色的影响。红、橙、黄色常使人联想起燃烧的火焰，因此有温暖的感觉，所以称为暖色；蓝色常使人联想起蓝天、阴影处的冰雪，因此有寒冷的感觉，所以称为冷色；绿、紫等色给人的感觉是不冷不暖，故称为中性色。色彩的冷暖是相对的，在同类色彩中，含暖意成分多的较暖，反之较冷。

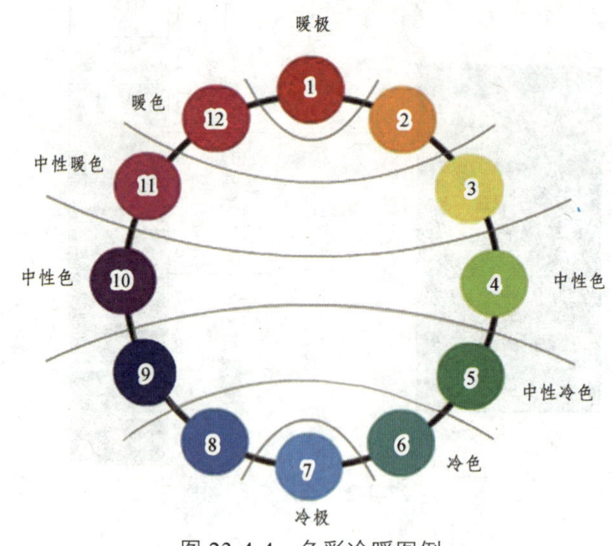

图 23-4-4　色彩冷暖图例

3. 色　调

色调是一幅画中画面色彩的总体倾向，是整体的色彩效果。在为室内空间上色时，首先会考虑和确定空间是一张什么色调，然后再围绕着这个色调进行绘制。通常我们可以从色相、明度、冷暖、纯度 4 个方面来定义一幅作品的色调。

图 23-4-5 所示的这张效果图大面积采用偏黄的颜色来处理，整体显得很温馨，即使有少量其他的颜色，但是并不影响整体的黄色气氛，因此我们给它定义为暖色调。

图 23-4-5　暖色调图例

图 23-4-6 所示的这张效果图在局部运用黄色来进行点缀,但大部分的色彩还是偏重于灰色，整体氛围显得庄重一些，因此我们给它定义为冷色调。

图 23-4-6　冷色调图例

二、马克笔的特点

1. 简　介

马克笔是目前国内设计行业绘制效果图时最常用的一种工具，它色彩剔透、笔触清晰、方便快捷、易于携带，也能结合其他工具混合使用，形成良好的效果。

马克笔按照不同类别可分为油性、酒精性和水性 3 种。其中酒精笔最常用，以 touch 和 finecolour 等品牌为代表，颜色纯度较高，色彩透明，干后不易变色。

马克笔一般情况下会配合钢笔线稿使用，先用钢笔在前期绘制好，再用马克笔进行着色，如图 23-4-7 所示。需要注意的是，马克笔的笔头较小，排笔要按照各个块面结构有序排整，否则笔触就会画乱。另外，选色时最好少用纯度高的颜色，应选用偏灰的颜色去表现。

图 23-4-7　马克笔绘图

2. 室内手绘马克笔常用色谱

在这里总结一下室内常用的马克笔色谱，供大家参考选择。

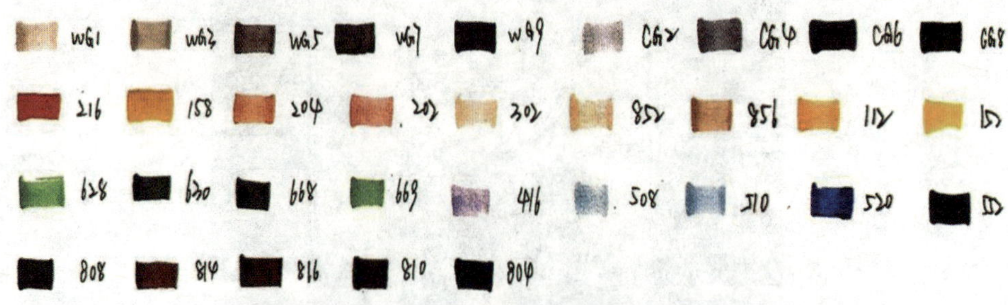

图 23-4-8　马克笔色谱

3. 马克笔的笔触讲解

（1）马克笔的笔头特点。

在讲解马克笔笔触之前，我们先了解一下马克笔的笔头。马克笔的笔头分为图 23-4-9 所示几种。马克笔的笔头粗细，运笔力度与运笔角度都和笔触有着紧密的联系。

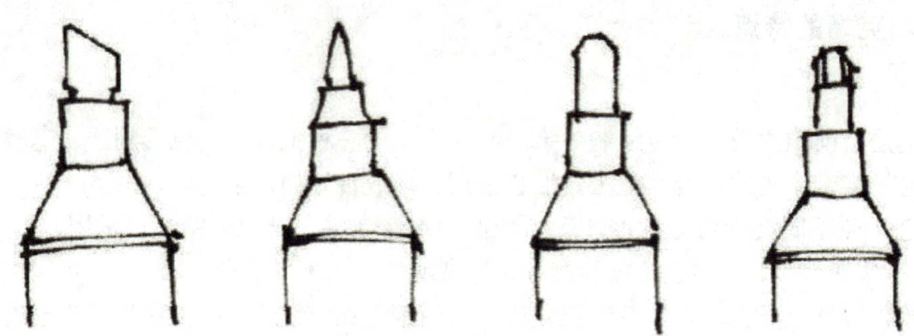

图 23-4-9　马克笔的笔头

（2）马克笔线条基本绘制。

绘制要求：线条平滑、完整、无节点、无波浪起伏。 线条颜色均匀，无需叠加。

绘制技巧：手腕锁紧不动，笔头不要离开画面纸张，眼睛提前看到线条终点位置，快速运笔。

① 马克笔的宽头一般用来大面积的润色。如图 23-4-10。

图 23-4-10　步骤①

② 宽头线清晰工整，边缘线明显。如图 23-4-11。

图 23-4-11　步骤②

③ 细笔头表现细节，能画出很细的线，若力度增大，线条变粗。如图 23-4-12。

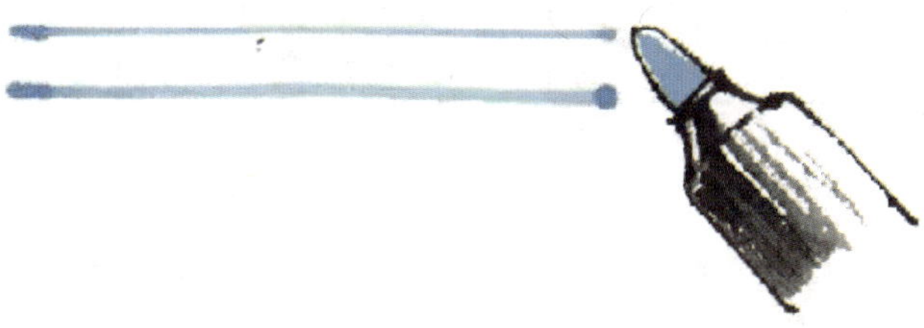

图 23-4-12　步骤③

④ 马克笔侧峰可以画出纤细的线条，若力度增大，线条变粗。如图 23-4-13。

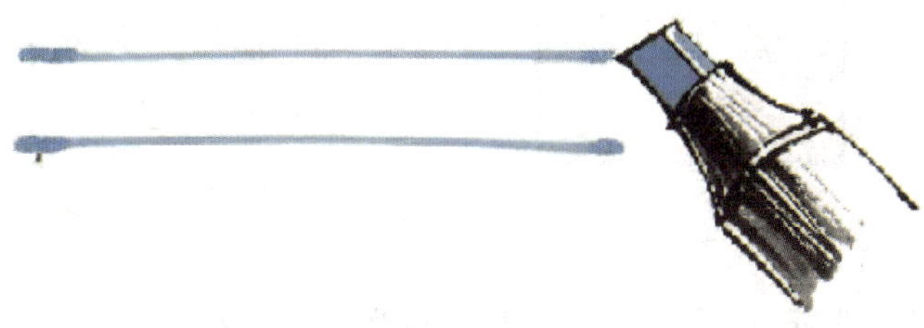

图 23-4-13　步骤④

⑤ 稍加提笔可以让线条变细。如图 23-4-14。

图 23-4-14　步骤⑤

⑥ 提笔稍高可以让线条变更细。如图 23-4-15。

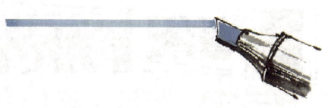

图 23-4-15　步骤⑥

（3）单行摆笔的特点。

“摆笔”是在马克笔运用中常见的一种笔触。线条交界线是比较明显的，它讲究快，直，稳。单行摆笔不同方向排列有下列形式：

① 马克笔的横向与竖向排列线条，块面完整，整体感强烈。如图 23-4-16。

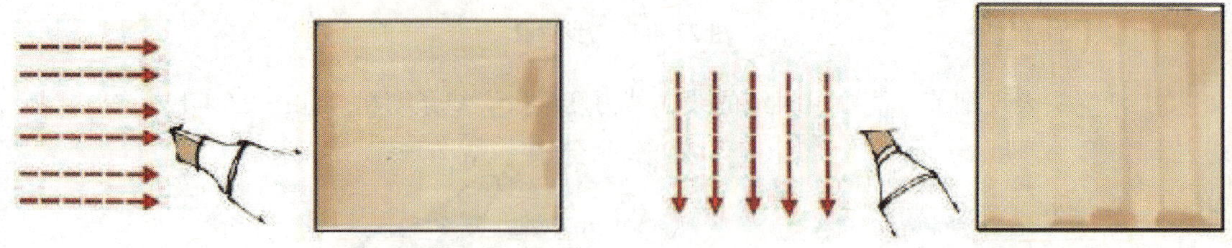

图 23-4-16

② 通过马克笔的横向与竖向排线，做渐变可以产生虚实变化，使画面透气生动。如图 23-4-7。

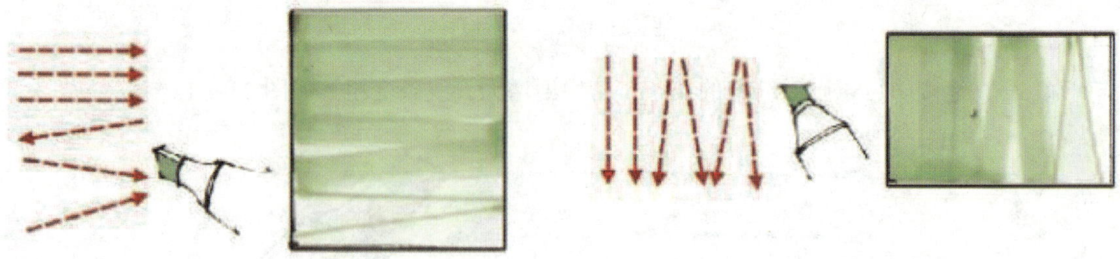

图 23-4-17

通过笔触渐变的排线练习，可以熟练掌握单行摆笔的上色技巧。这种笔触的宽线条利用宽头整齐排线条，过渡时利用宽头侧峰或者细头画细线。运笔一气呵成，流畅连贯，整体块面效果强。如图 23-4-18。

图 23-4-18

（4）叠加摆笔的特点。

“叠加摆笔”是通过不同深浅色调的笔触叠加，产生丰富的画面色彩，这种笔触过度清晰，为了体现画面明显的对比效果，体现丰富的笔触，我们常常使用几种颜色叠加，这种叠加在**同类色**中运用的比较多。如图 23-4-19。

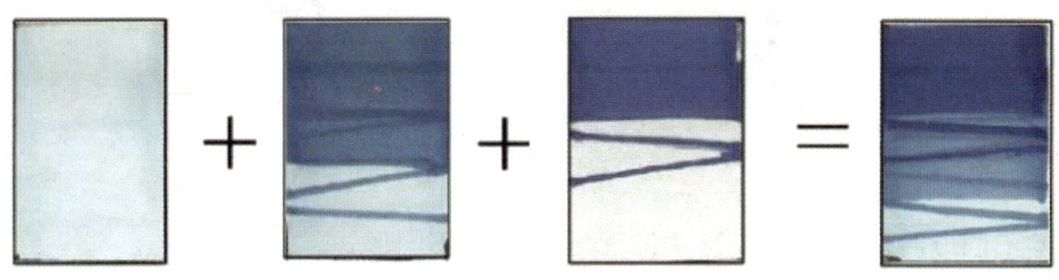

图 23-4-19　叠加摆笔

通过不同方向与深浅色调的叠加，尤其是两种颜色的叠加，如图 23-4-20，发现颜色色阶越接近的叠加过渡越自然。

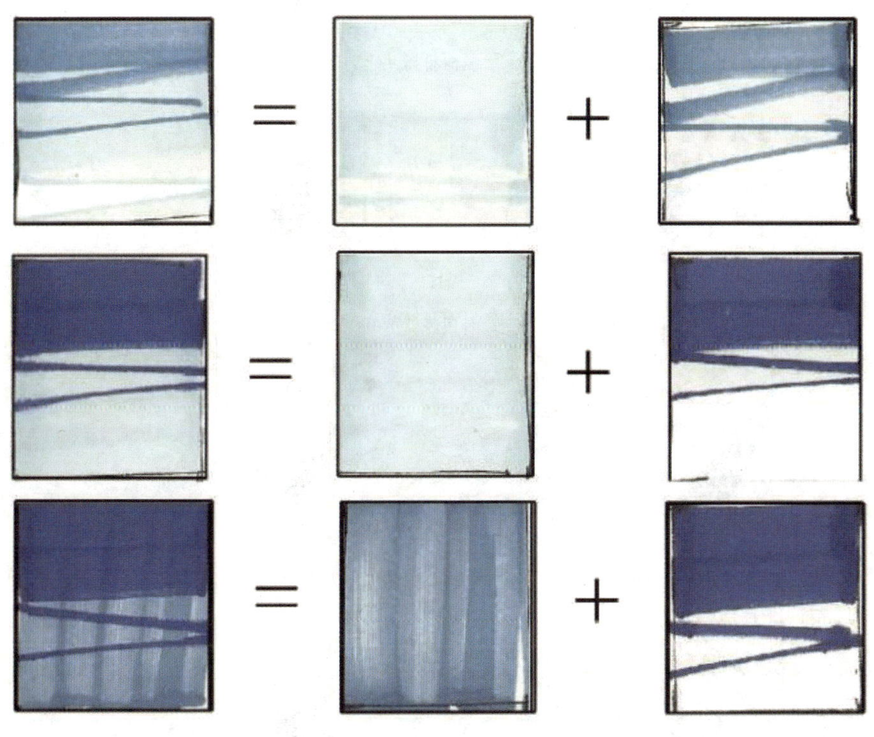

图 23-4-20

马克笔的渐变效果可以产生虚实关系，不同方向的叠加，每一层叠加颜色的色阶过渡小就会相对自然，笔触的渐变使画面透气，和谐自然。

（5）扫笔笔触的特点。

扫笔是一种高级技法，它可以一笔下去画出过渡、深浅，在绘画过程中表现暗部过渡、画面边界过渡时它都形影不离地跟随。如图 23-4-21。

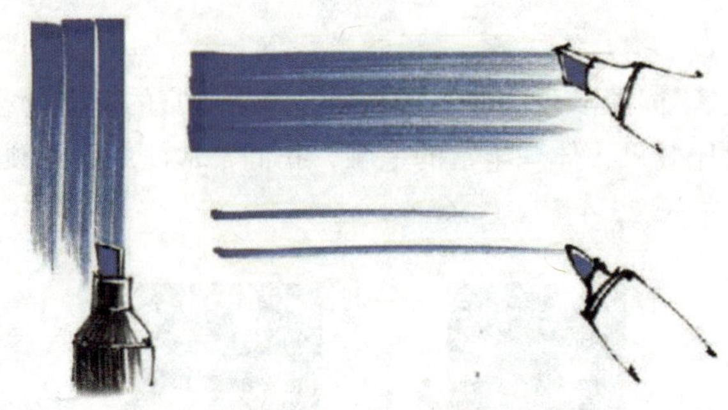

图 23-4-21　扫笔笔触

扫笔的不同方向排列有如图 23-4-22 所示的几种不同形式。

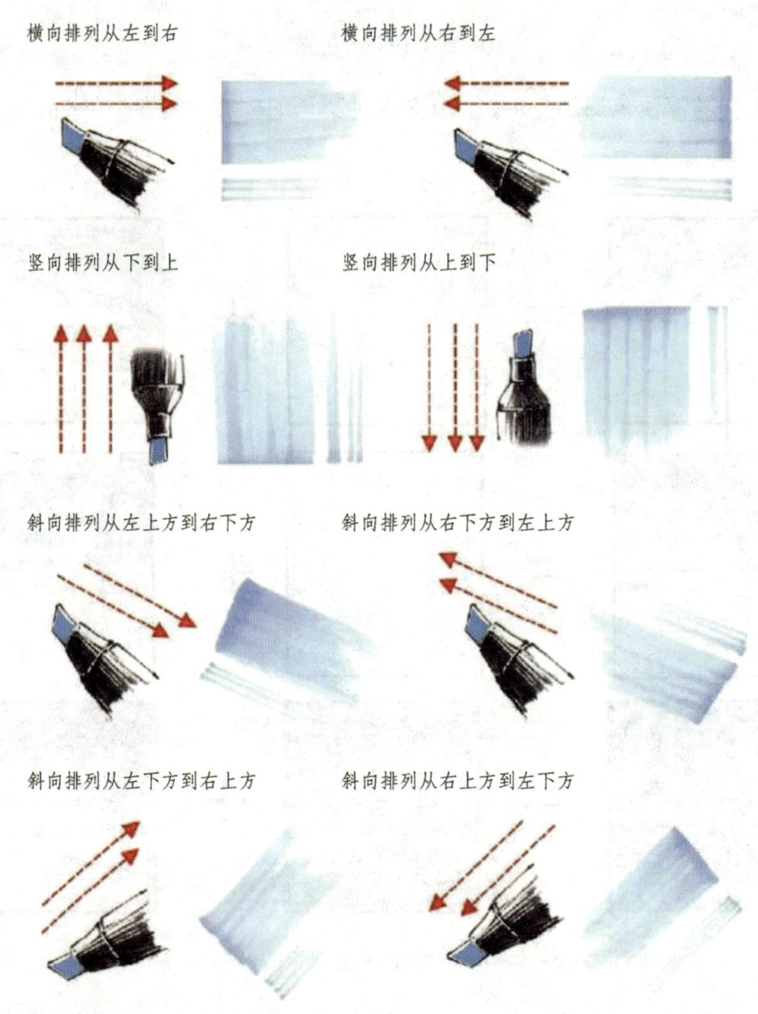

图 23-4-22　扫笔的不同方向排列

（6）推笔笔触的特点。

斜推是透视图中不可避免的笔触，两条线只要有交点，就会出现菱角斜推的笔触，这种笔触能使画面整齐不出现锯齿。如图 23-4-23。

图 23-4-23　推笔笔触

斜推的最好练习方法是绘制一些不规则多边角的形状，练习时要注意边角尽量与马克笔的笔画平行，避免边缘出现锯齿，影响画面效果。

（7）揉笔带点笔触的特点。

揉笔带点常常运用到树冠，草地，云彩和地毯等景物的绘制中，它讲究柔和，过渡自然。如图 23-4-24。

图 23-4-24　揉笔带点笔触

练习揉笔带点时，应多方向画点，切忌僵硬不自然，注意不要点太多，避免画面出现凌乱的感觉。

三、家具陈设着色步骤

前面已经学习了的马克笔的笔法运用，下面将进行家具及陈设的表现练习。在表现过程中，我们要学会概括、提炼，要在保持元素基本特征的基础上表现形体、光感、色彩和质感的属性，使其形象更加具备典型的特征。

在绘制过程中，要杜绝看一眼画一笔的毛病，这样画出来的画面是缺乏整体感的。初学者应该培养自己对形体和色彩的掌控能力，在分析和理解家具陈设的结构和颜色之后，将其整体地体现出来。

1. 单体沙发着色

① 绘制出单体沙发的线稿。如图 23-4-25。

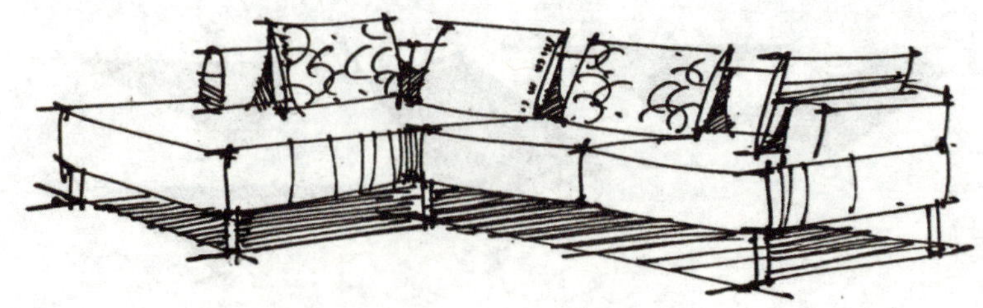

图 23-4-25　步骤①

② 选择一支暖灰色马克笔画沙发的灰面，注意用笔要轻快，然后用稍重的灰色画出沙发的暗面。如图 23-4-26。

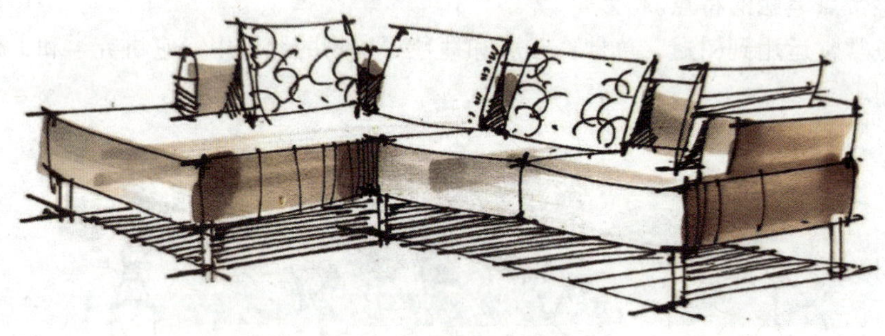

图 23-4-26　步骤②

③ 用土黄色彩铅画出沙发靠垫的基本色彩，再用冷灰色马克笔画出地面阴影。如图 23-4-27。

图 23-4-27　步骤③

④ 这时的沙发已经有了一定的体积感，在此基础上继续加重形体的暗部。如图 23-4-28。

图 23-4-28　步骤④

2. 床体着色

① 绘制出床体的线稿，注意要将结构交代清晰。如图 23-4-29。

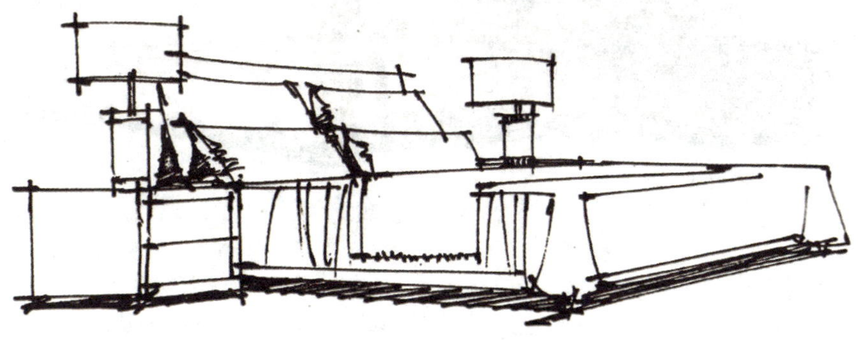

图 23-4-29　步骤①

② 选择偏黄的灰色马克笔画出床单的布褶效果，注意笔触要按照线稿线条的方向运笔，然后用木色马克笔画出床头柜的固有色，笔触要整齐。如图 23-4-30。

图 23-4-30　步骤②

③ 用浅咖色马克笔快速扫笔，画出床布褶的层次，然后用暖灰色马克笔画出地面阴影。如图 23-4-31。

图 23-4-31　步骤③

④ 用暖灰色马克笔画出床单的暗面效果，然后用褐色马克笔画出床头柜的暗部和阴影，接着利用土黄色彩铅画出台灯的灯光。如图 23-4-32。

图 23-4-32　步骤④

3. 组合家具着色

① 画出组合家具的铅笔线稿，注意交代清楚明暗关系，为着色打下基础。如图 23-4-33。

图 23-4-33　步骤①

② 用偏黄的灰色马克笔画出沙发的固有色，然后用木色马克笔画出木头的材质效果。如图 23-4-34。

图 23-4-34　步骤②

③ 加强家具组合的层次效果，用重色加深形体暗面，亮面保持底色不变。如图 23-4-35。

图 23-4-35　步骤③

④ 深入刻画组合的细节。用暖灰色马克笔画出家具的暗部转折部位，用浅灰色画出地毯，用深灰色画出阴影效果，再用绿色和淡粉色马克笔点缀植物，最后选择黄色彩铅画出灯光效果。如图 23-4-36。

图 23-4-36　步骤④

家具陈设着色作品图例

扫描二维码赏析家具陈设着色作品。

作品赏析

【实训拓展】

（1）临摹两幅家具陈设着色作品。

（2）根据实景家具完成两幅家具陈设着色作品。

任务五 室内空间着色训练

【实训目的】

通过实训，让同学们理解，运用空间透视知识，把握好家具陈设的搭配与表现，以及色彩、色调的控制等。住宅空间功能多样，每个人都有不同的表达方式和技巧，无论以何种方式表达，摆在首位的都是准确的透视关系、合理的空间安排、气氛的烘托，材质的表达及装饰品的点，缀排在第二位。

【实训内容】

1. 客厅着色表现

① 起稿在注意透视的同时，还要注意物体摆放的位置和比例关系。视点要尽量压低，定在纸面的下三分之一的位置。如图 23-5-1。

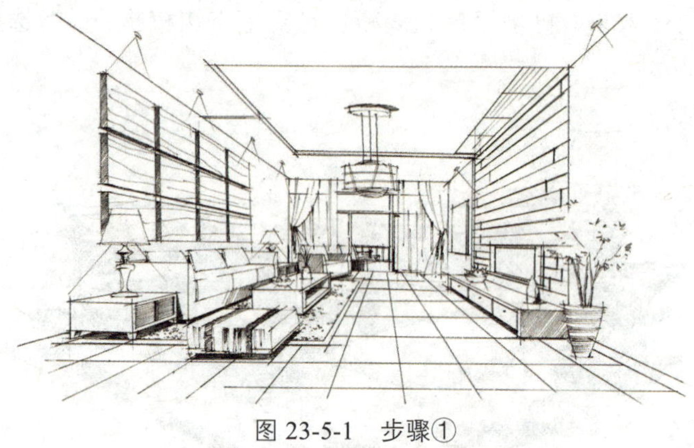

图 23-5-1 步骤①

② 画好线稿之后，开始整体铺色，注意多使用灰色调。如图 23-5-2。

图 23-5-2 步骤②

③ 进一步塑造空间感，画出物体的暗部，要注意马克笔的笔触，如果笔触画不好会直接影响到画面效果。墙面的大面积笔触，一定要画得果断，放手去画。地面的反光位置要根据地板上面的物体来定。如图 23-5-3。

图 23-5-3 步骤③

④ 进一步刻画细节，加重颜色，增加画面的视觉冲击力。如图 23-5-4。

图 23-5-4 步骤④

⑤ 最后一步是加彩铅，丰富画面的色彩。如图 23-5-5。

比如灰色地面，可以加一点淡淡的偏红色的彩铅来改变色彩倾向，彩铅也可以起到柔和过渡的作用。当然，不加彩铅可以让画面看起来更清澈通透，可根据画面情况来定

图 23-5-5 步骤⑤

2. 书房着色表现

① 把视点稍微往左偏一点，可以让画面看起来更生动、自然。如图 23-5-6。

书柜上摆放的物品比较难画，大家不需要把这些东西画得太仔细，大概表达出来就可以

图 23-5-6 步骤①

② 铺大面积颜色的时候注意不要用黑色把所有阴影都填满。地面笔触要按照横向来画，注意透视。如图 23-5-7。

图 23-5-7 步骤②

③ 注意左上木梁吊顶的阴影的处理方法。如图 23-5-8。

图 23-5-8　步骤③

④ 进一步刻画细节，基本完成整体画面。书籍的颜色不要用太多种类。如图 23-5-9。

图 23-5-9　步骤④

⑤ 最后，用彩铅画出灯光的感觉。如图 23-5-10。

图 23-5-10　步骤⑤

3. 卧室着色表现

① 两点透视的图比较难画，尤其是视点不容易定出来。跟一点透视一样，两点透视图的视点也不要定得太高。如图 23-5-11。

图 23-5-11　步骤①

② 床头背景的红色不要画得太多，因为马克笔的红色比较纯，大面积的使用要慎重。如图 23-5-12。

图 23-5-12　步骤②

③ 进一步刻画细节。如图 23-5-13。

图 23-5-13　步骤③

④ 加深暗部，注意画出地毯的笔触。如图 23-5-14。

图 23-5-14　步骤④

⑤ 用彩铅丰富画面。如图 23-5-15。

图 23-5-15　步骤⑤

室内空间马克笔作品图例

扫描二维码赏析室内空间马克笔作品图例。

作品赏析

【实训拓展】

（1）临摹一幅室内空间马克笔作品。

（2）完成一幅实景的室内空间马克笔作品。

项目二十四　土木工程制图

任务一　基本制图标准训练

【实训目的】

通过学习，能够使用制图工具及用品，了解并初步掌握图纸、图线、字体、比例、尺寸标注等有关规定并能熟练应用，以此提高绘图效率和保证绘图的图面质量，为之后的识图制图打下良好基础。

【实训内容】

工程图样是工程界的技术语言，是施工建造的重要依据。为了便于技术交流并符合设计、施工、存档等要求，必须对图样的格式和表达方法等做一个统一的规定，这个规定就是基本制图标准。

一、基本制图标准

1. 图纸幅面

表 24-1-1　图纸幅面尺寸图

	A0	A1	A2	A3	A4
$b\times l$	841×1 189	594×841	420×594	297×420	210×297
c	10			5	
a	25				

2. 图纸图标

3. 图　线

名称		线形		
实线	粗			
	中			
	细			
虚线	粗			
	中			
	细			
点画线	粗			
	中			
	细			
双点画线	粗			
	中			
	细			
折断线				
波浪线				

4. 字体练习

土	木	工	程	制	图	标	准	编	号	日	期	结	构	设	计

5. 尺寸标注

根据图 24-1-1，作出图 24-1-2 和图 24-1-3 的尺寸标注。

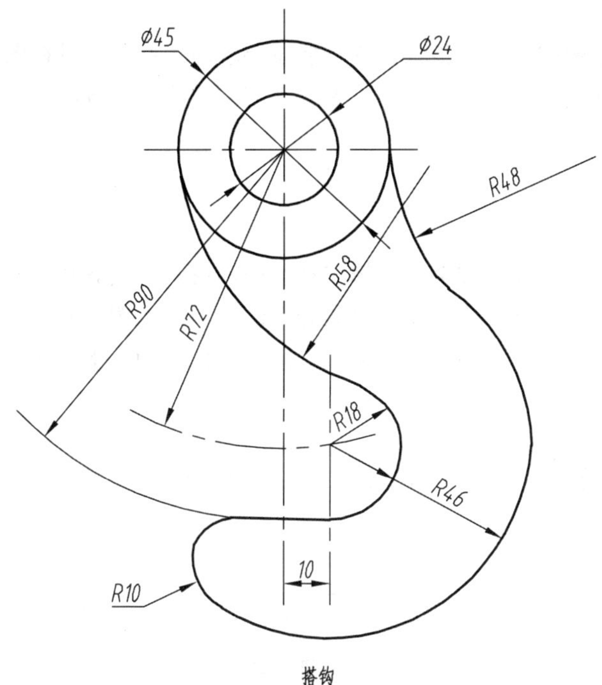

（1）半径与直径的标注；
（2）圆弧与弦的标注；
（3）角度的标注；
（4）高程的标注；
（5）坡度的标注；
（6）水位的标注；
（7）尺寸数字的标注。

图 24-1-1

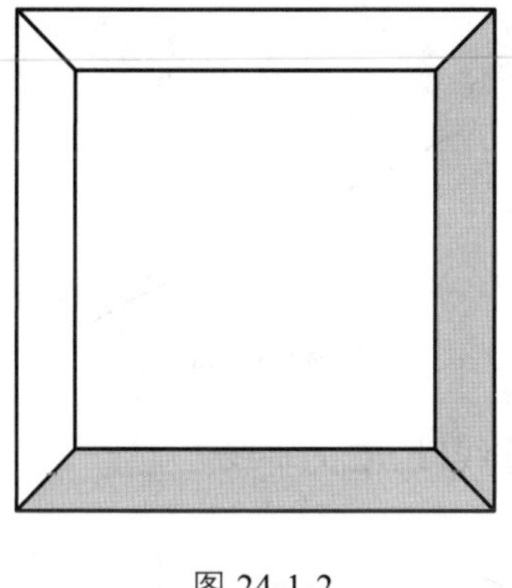

图 24-1-2

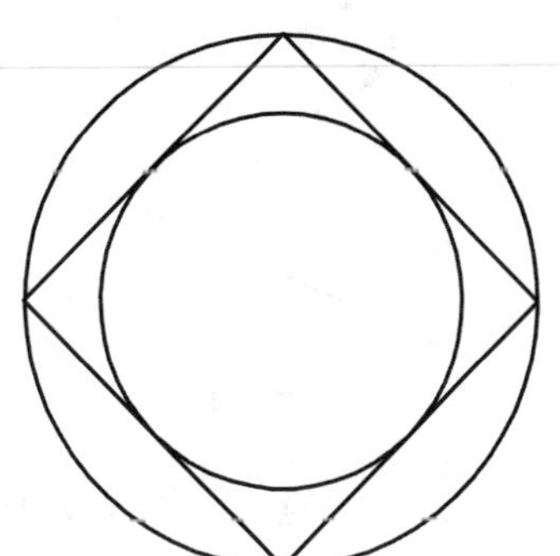

图 24-1-3

任务二　几何作图训练

【实训目的】

通过学习，能够熟悉常用几何作图的方法及步骤，并且能按要求应用制图工具在图纸上练习几何作图。绘制工程图样时，做好制图前的准备工作，熟练掌握制图步骤和方法，有利于提高绘图效率，保证绘图质量。

【实训内容】

工程图复杂多样，绘制的图样应做到尺寸齐全、字体工整、图面整洁，因此从一开始就必须严格要求，加强平时基本功的训练，掌握正确的绘图步骤和方法，力求作图准确、迅速、美观。而物体的图形是由直线、圆弧和曲线组合而成的，所以必须掌握作图的基本方法。

一、直线的平行线和垂直线作图

（1）分别作图 24-2-1 中直线 L_1 的平行线和图 24-2-2 中直线 L_2 的垂线。

图 24-2-1　　图 24-2-2

（2）图 24-2-3 中过点 A 作直线 L_1 的平行线和垂线，图 24-2-4 中过点 B 作直线 L_2 的平行线和垂线。

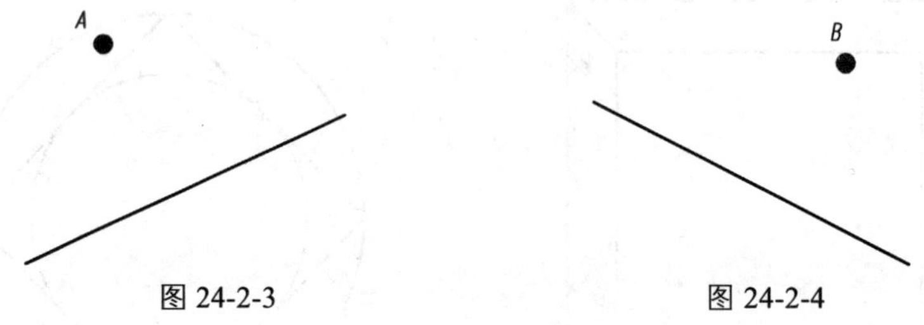

图 24-2-3　　图 24-2-4

（3）如图 24-2-5，过点 O，作线段 AB 的垂线，作线段 BC 的垂线。

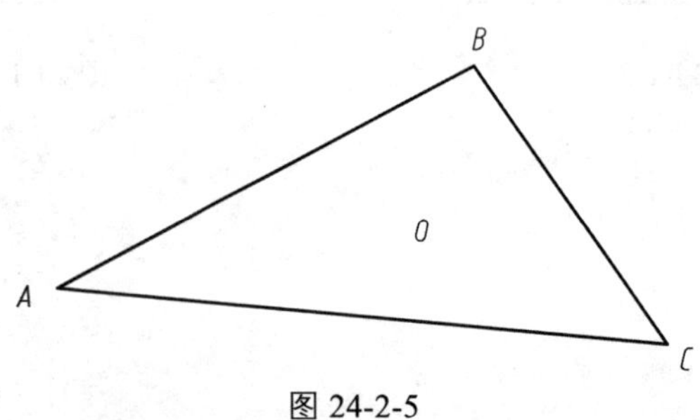

图 24-2-5

二、等分及坡度

（1）将图 24-2-6 线段 *AB* 五等分点。

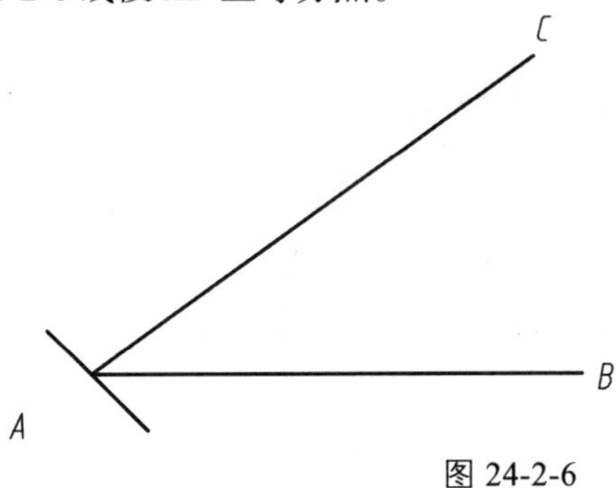

图 24-2-6

步骤：已知直线 *AB*，由 *A* 点向 *C* 作 5 个等距点，最后一个等距点记为 5，连接 *B*5 并作 *B*5 的平行线就可以把 *AB* 五等分

（2）等分图 24-2-7 两平行线间的距离（六等分）

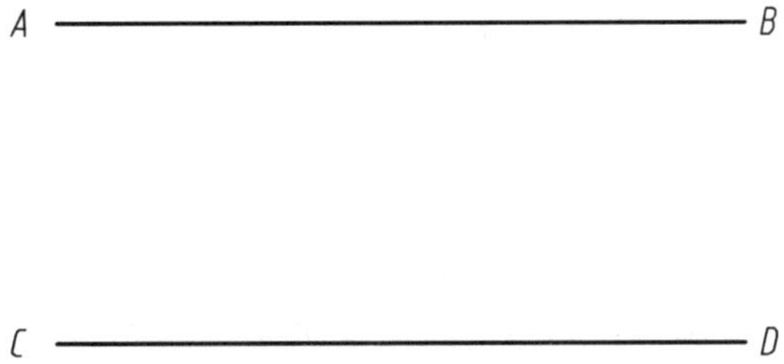

步骤：将直尺上的刻度 *O* 点放在 *CD* 线上，摆动直尺，使刻度 6 点落在 *AB* 线上，标出六等分点，过各等分点作 *AB* 的平行线，即为所求的等分距

图 24-2-7

（3）如图 24-2-8，已知$\triangle ABC$中 $AB=AC$，$AD\perp BC$，*M* 是 *AD* 的中点，*CM* 交 *AB* 于 *P*，$DN/\!/CM$ 交 *AB* 于 *N*，如果 $AB=6$ cm，则 $PN=$ ______cm。

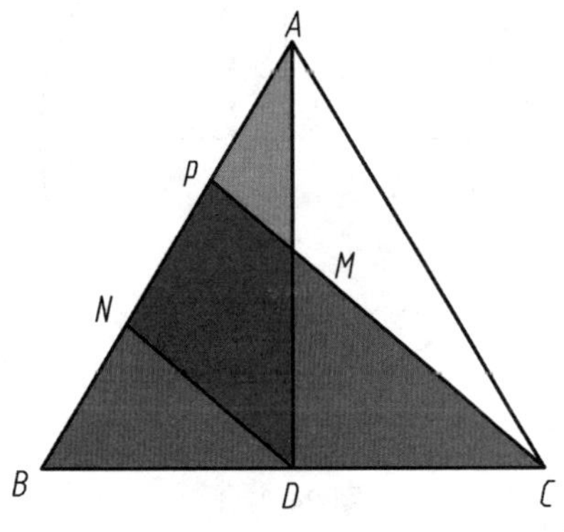

图 24-2-8

（4）在图 24-2-9 中作坡度为 1 : 5 的直线。

图 24-2-9

步骤：过点 *A* 在 *AB* 上任取长度为 1 的五等分线段，得 1、2、3、4、5 点；过点 5 作 *AB* 的垂直线 5*C*=1，连接即为所求

三、正多边形画法

（1）在图 24-2-10 中作内接正三角形。

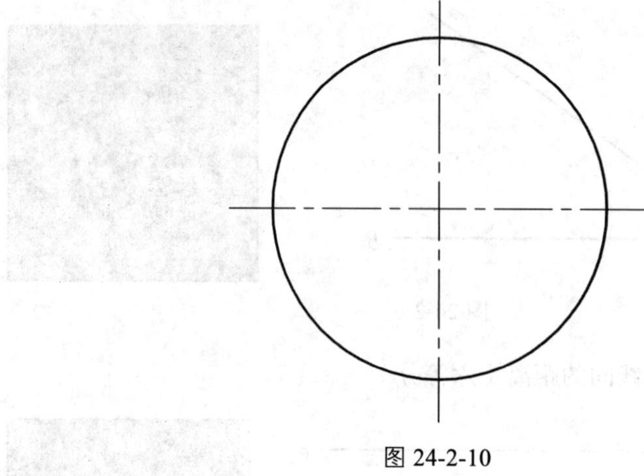

图 24-2-10

作图步骤：

① 以任意一点为圆心，任意长度为半径画圆；

② 以圆周上任意一点为圆心，以圆的半径为半径画圆弧交圆周于一点，再以该交点为圆心画弧，与圆周交于另一个点，依此重复画弧，圆周可被平均分为六等份；

③ 连接不相邻的两个点，所构成的三角形为等边三角形。

（2）在图 24-2-11 中作内接正六边形。

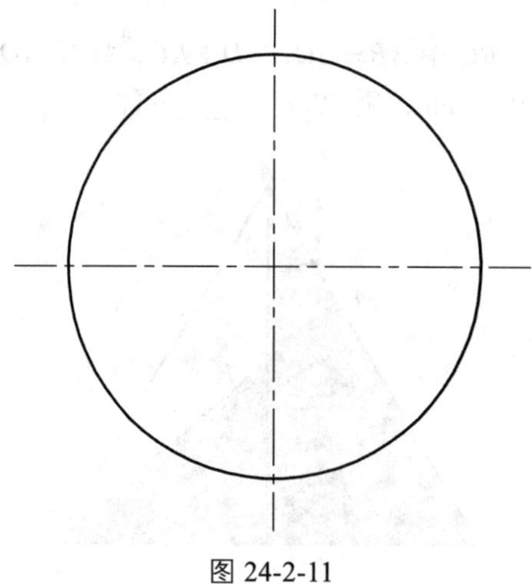

图 24-2-11

作图步骤：

① 以任意一点为圆心 O，以任意长度为半径作圆；

② 以圆上任意点为圆心，以圆的半径为半径作圆弧，交圆于 A、B 两点；

③ 同理作出 C、D，顺着 C 点，作出 E，确定 F 点的位置；

④ 连接 AD、DB、BE、EF、FC、CA，即为正六边形。

（3）根据图 24-2-12 完成图 24-2-13 台阶的图样（台阶高度和宽度分别相等）。

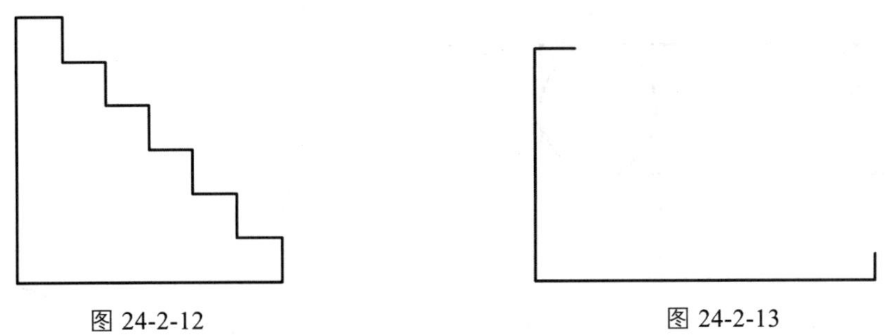

图 24-2-12　　图 24-2-13

四、圆弧的连接

（1）作出图 24-2-14 中直线间的圆弧连接。

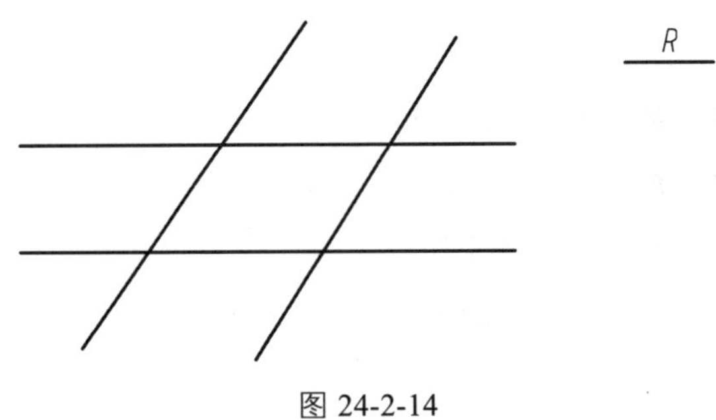

图 24-2-14

作图步骤：

① 以 R 为间距，分别作四个交接直线的平行线，交于 O_1、O_2、O_3、O_4 点；

② 过 O 点作已知直线的垂线，垂足为 1、2、3、4、5、6、7、8，即切点；

③ 以四个点 O_1、O_2、O_3、O_4 为圆心，R 为半径，过 1、2、3、4、5、6、7、8 作弧，即为所求。

（2）分别作出图 24-2-15、图 24-2-16 中直线和圆弧间的圆弧连接。

图 24-2-15　　图 24-2-16

作图步骤：

① 已知直线 AB 及半径 R_1 的圆 O_1，连接弧半径 R；

② 以 R 为间距作 AB 的平行线，与以 O_1 为圆心，$R+R_1$ 为半径作的弧交于 O，O 即为所求连接弧的圆心；

③ 连 OO_1 交圆 O_1 于 M，过 O 作 ON 垂直于 AB，N 为垂足，以 O 为圆心，R 为半径，过 MN 作弧，即为所求。

（3）分别作出图 24-2-17、图 24-2-18 中圆弧与圆弧间的连接。

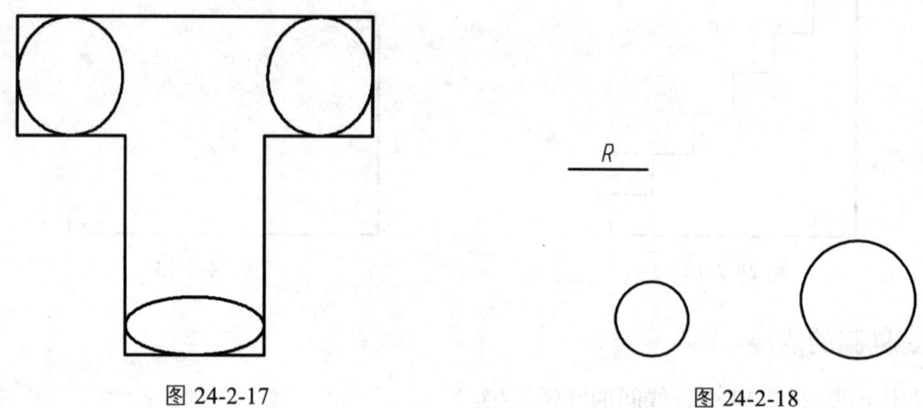

图 24-2-17　　图 24-2-18

作图步骤：

① 以 O_1 为圆心，R_1+R 为半径画圆弧；

② 以 O_2 为圆心，R_2+R 为半径画圆弧；

③ 分别连接 O_1O_3、O_2O_3，求得两个切点；

④ 以 O_3 为圆心，R 为半径画连接圆弧。

五、椭圆的画法

（1）如图 24-2-19，用同心圆法作椭圆。

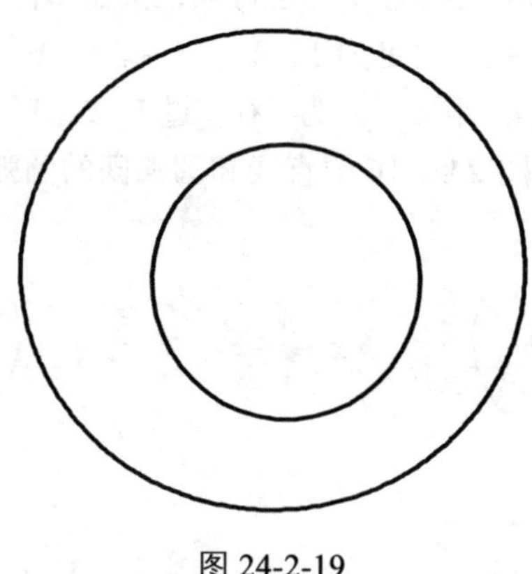

图 24-2-19

作图步骤：

① 已知椭圆的长、短轴，分别以长轴 AB、短轴 CD 为直径作两个同心圆，并作适当数量的直径与两圆相交；

② 过直径与大圆交点作的垂直线与过小圆交点作的水平线相交，这些点即为椭圆上的点，用曲线板连接各点，即为所求。

（2）如图 24-2-20，用四心圆弧法作椭圆。

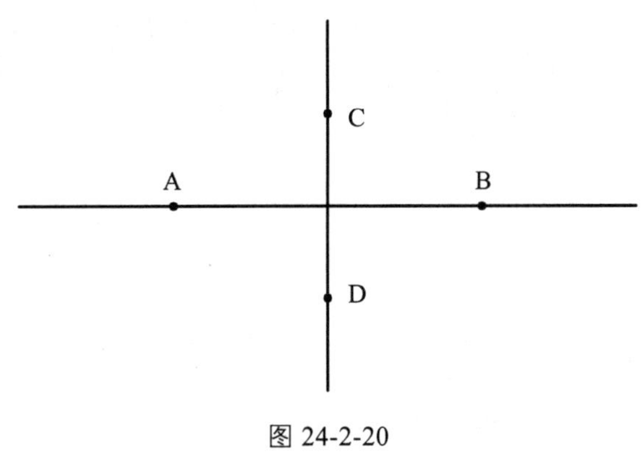

图 24-2-20

作图步骤：

① 已知椭圆的长、短轴 AB、CD，连接 AC，并作 $DM = OA$，作 $CM_1 = CM$ 及 AM_1 的垂直平分线交 AB 于 O_1、CD 于 O_2，作 $OO_3 = OO_1$，$OO_4 = OO_2$；

② 连 O_1O_2、O_1O_4、O_3O_2、O_3O_4 并延长，分别以 O_1、O_3、O_2、O_4 为圆心，O_1A、O_3B、O_2C、O_4D 为半径作弧，使各弧相接于 E、F、G、H，即为所求。

任务三　投影制图训练

【实训目的】

通过学习，能根据形体三面投影图的投影特性，绘制形体的三面投影图；掌握点、直线、平面的投影特性判断他们的空间位置并画出三面投影图，重点理解并熟练他们的形成过程、投影规律和作图步骤。

【实训内容】

投影指的是用一组光线将物体的形状投射到一个平面上去，在该平面上得到的图像，也称为“投影”。投影可分为正投影和斜投影。正投影即是投射线的中心线垂直于投影的平面得到的投影，而斜投影是指投射中心线不垂直于投射平面得到的投影。在绘制建筑工程结构物时，必须具备完整而准确地表示出工程结构物的形状和大小的图样的能力。

一、形体的三面投影

请将图 24-3-1 中的立体图编号相对应地填入图 24-3-2 中。

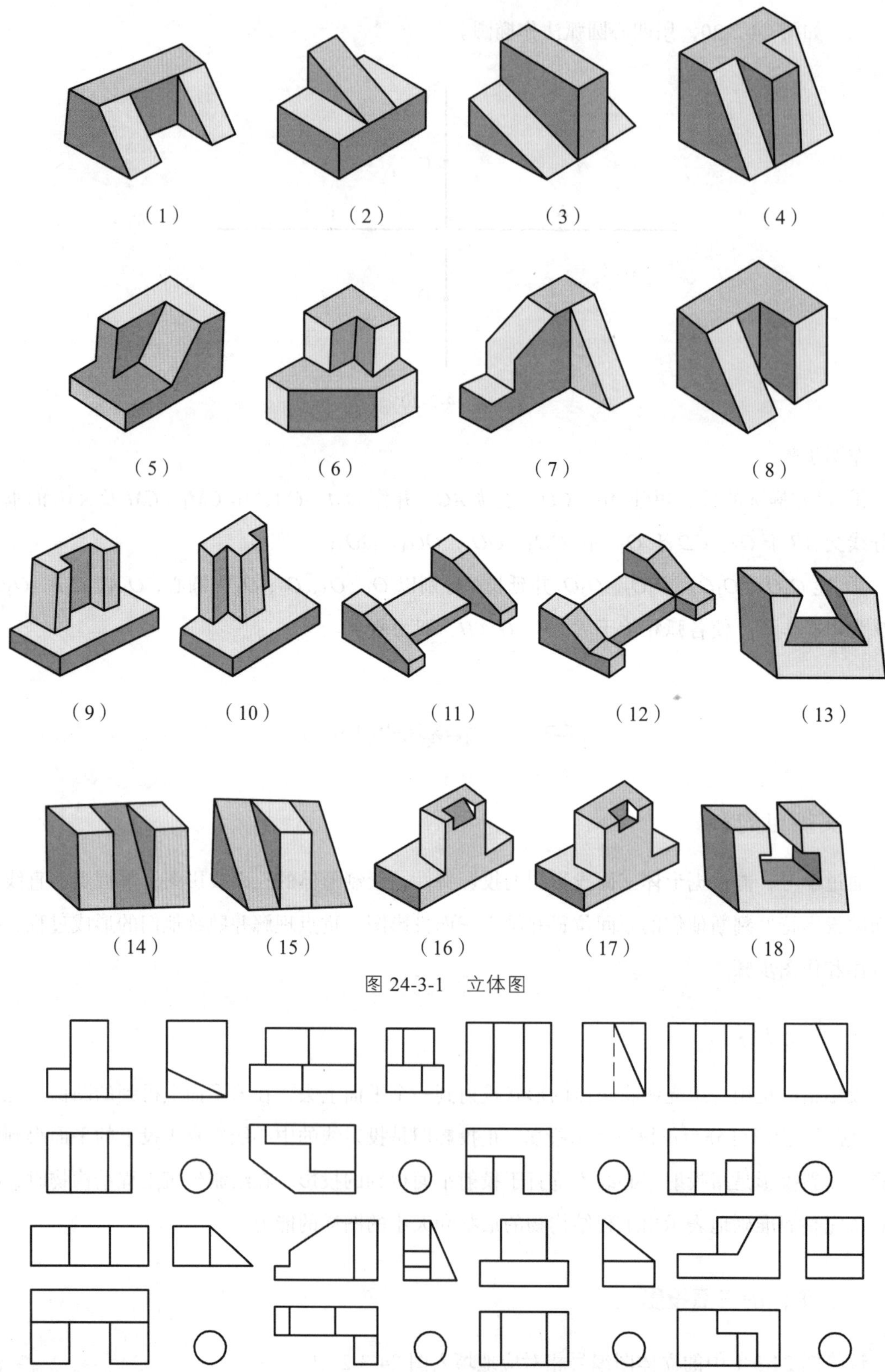

图 24-3-1　立体图

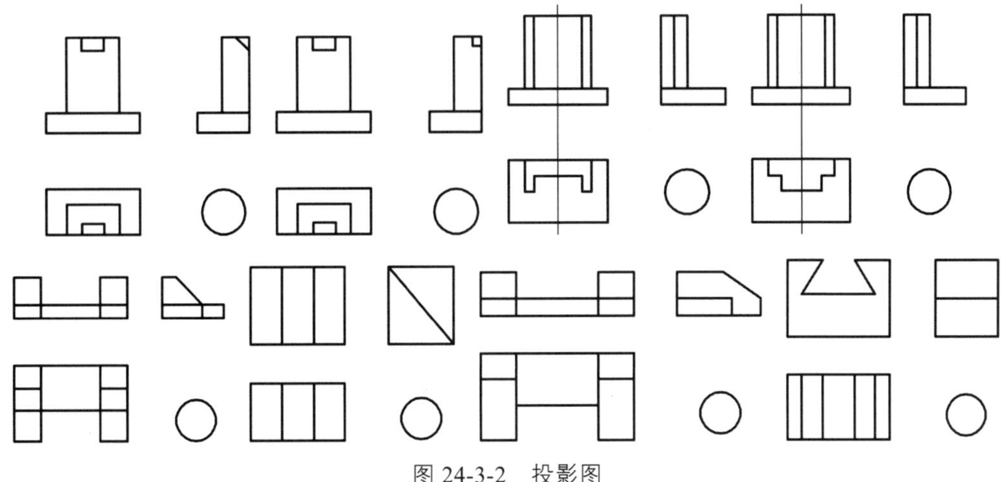
图 24-3-2　投影图

二、点的投影

（1）如图 24-3-3，已知 *ABC* 三点的空间位置，做出其平面投影。

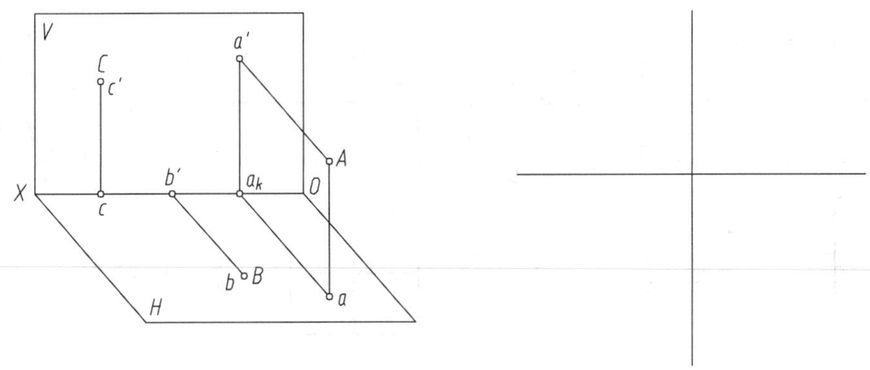

图 24-3-3

作图步骤：

① 以 *A* 点到 *W* 面的距离，为 *x* 坐标；*A* 点到 *U* 面的距离，为 *y* 坐标；*A* 点到 *H* 面的距离，为 *z* 坐标。同理，*B*、*C* 点也如此。

② *A* 点的 *H* 面投影 *a*，可反映该点的 *x* 和 *y* 坐标，即 $a(x,y)$；*A* 点的 *V* 面投影 *a*′，可反映该点的 *x* 和 *z* 坐标，即 $a'(x,z)$；*A* 点的 *W* 面投影 *a*″，可反映该点的 *y* 和 *z* 坐标，即 $a''(y,z)$。

③ 如果已知点 *A* 的三投影 *a*、*a*′和 *a*″，可从图上量出该点的三个坐标值，并作出其平面投影，*B*、*C* 也如此。

（2）如图 24-3-4，已知 *A* 点的坐标为 $X=20$，$Y=10$，$Z=18$，即 *A*（20，10，18），求作 *A* 点的三面投影图。

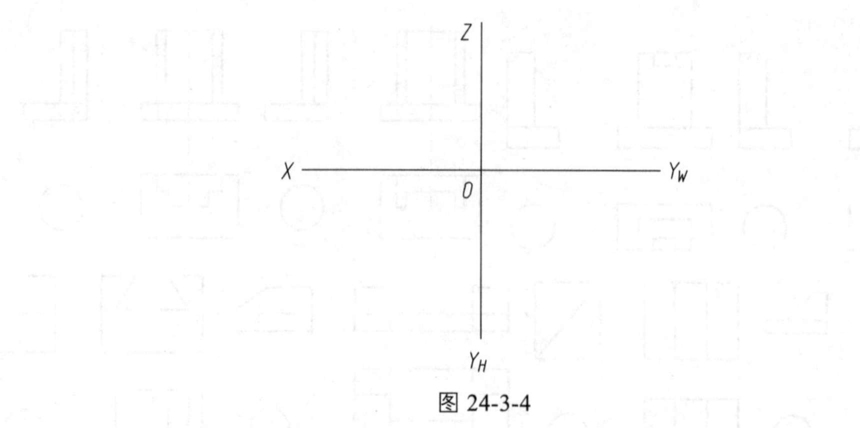

图 24-3-4

作图步骤：

① 在 OX 轴上取 $Oa = 20$ mm。

② 过 a 作 OX 轴的垂直线，使 $aa_X = 10$ mm，$a'a_X = 18$ mm，得 a 和 a'。

③ 根据 a 和 a'求 a''。

（3）如图 24-3-5，标出立体图和投影图相对应的点，并写出它们各属何种类型的平面。

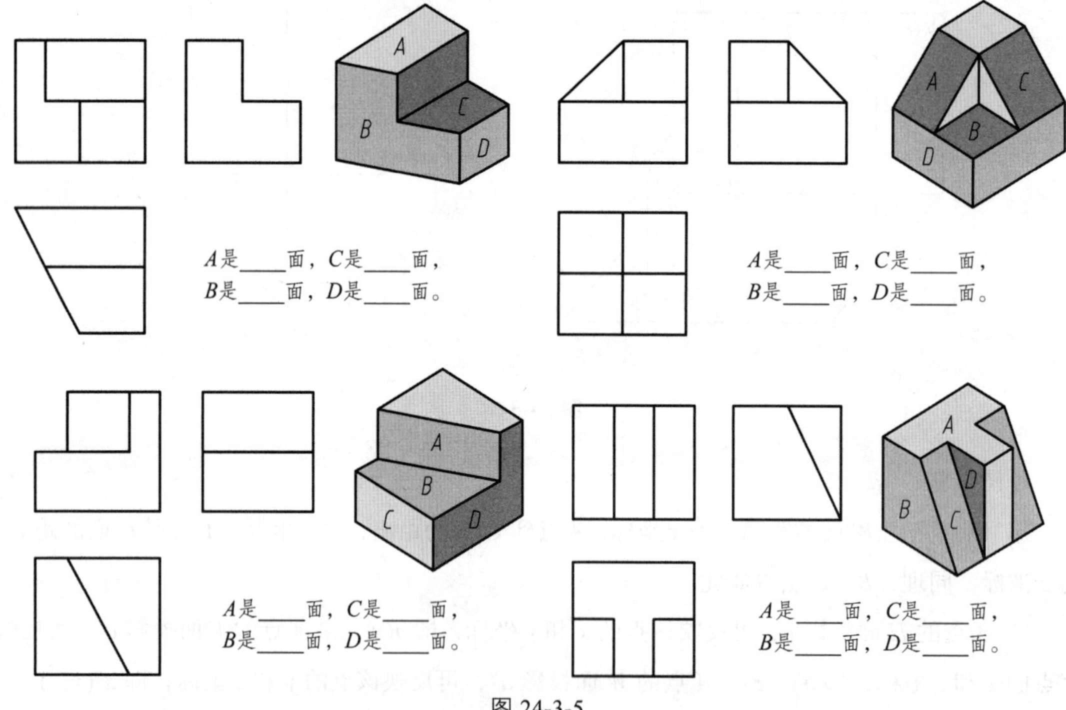

图 24-3-5

三、直线的投影

（1）已知直线两端点 A（30，10，30），B（10，25，0），试在图 24-3-6 中作出直线的三面投影图。

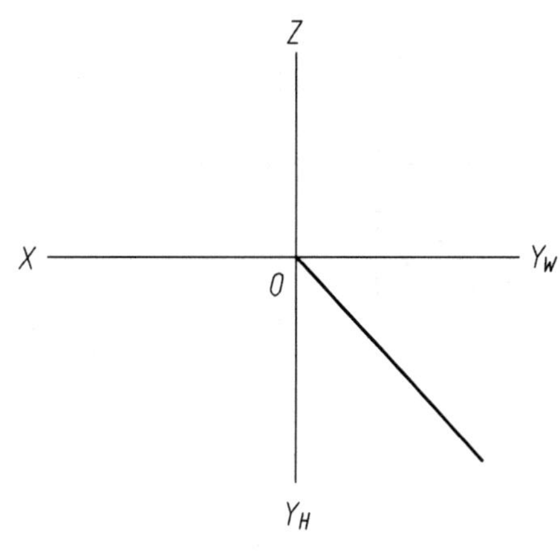

图 24-3-6

（2）如图 24-3-7，判断下列直线对投影面的相对位置，并填写直线类型。

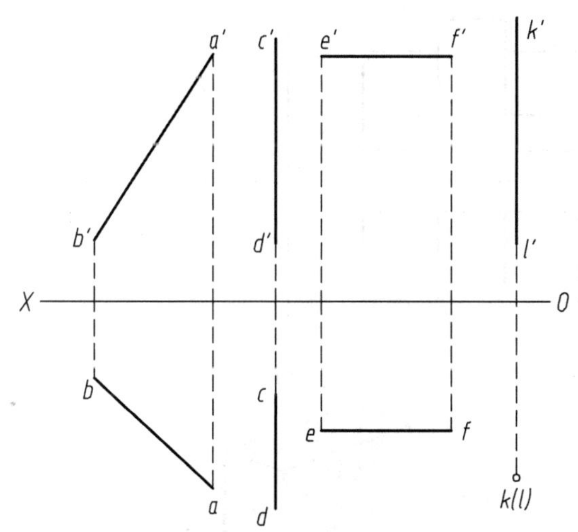

图 24-3-7

AB 是____________线；*EF* 是____________线；

CD 是____________线；*KL* 是____________线。

（3）如图 24-3-8，已知正三棱台的主、俯视图，作左视图，并填空。

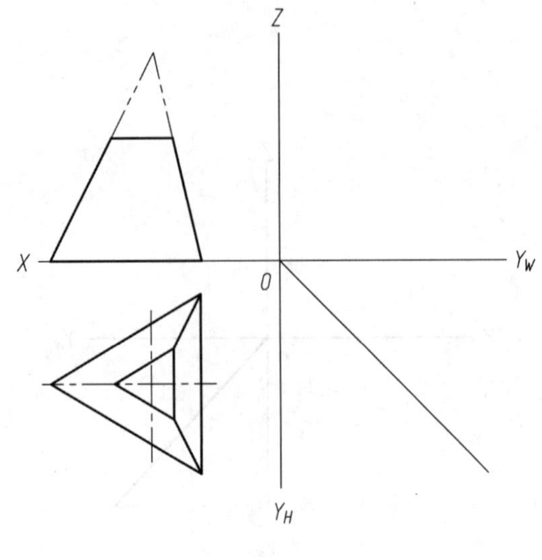

图 24-3-8

三棱台各棱线中有：

____________条水平线，____________条正平线，

____________条正垂线，____________条一般位置直线。

（4）如图 24-3-9、图 24-3-10，补画形体的第三面投影，在投影图或立体图上标出直线 *AB*、*CD*，并判别直线的空间位置。

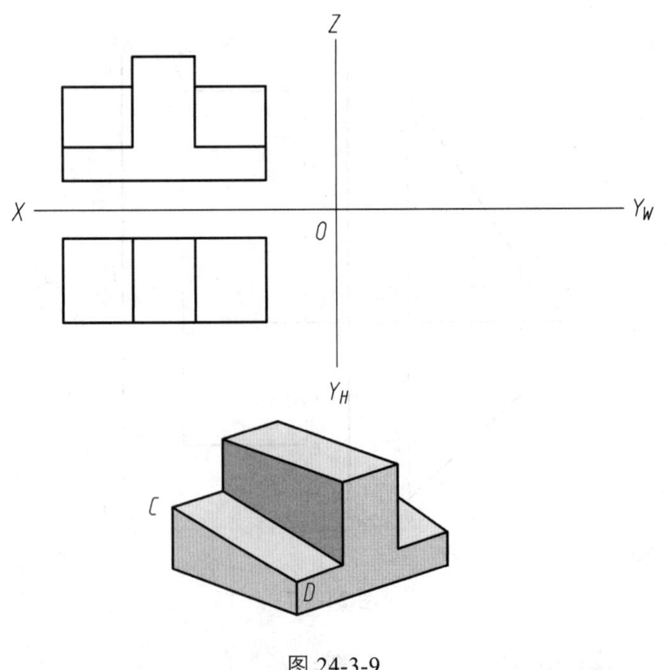

图 24-3-9

CD 是________线。

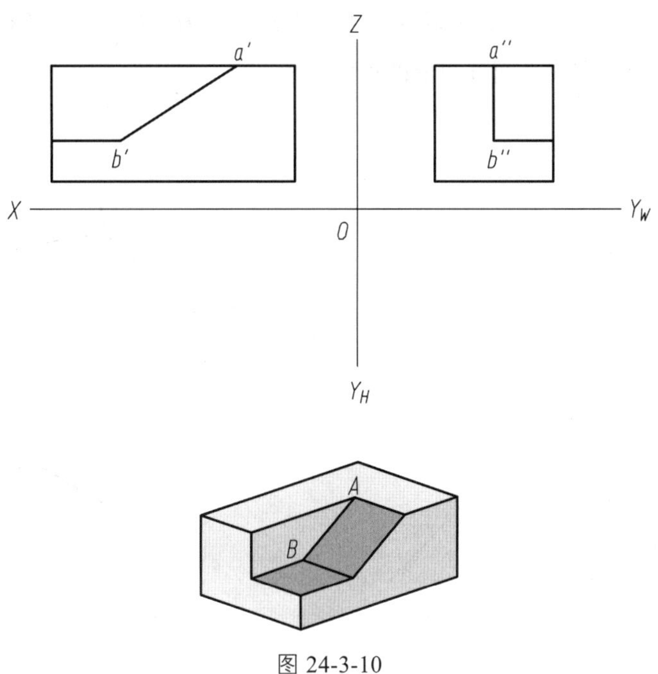

图 24-3-10

AB 是___________线。

四、平面的投影

（1）如图 24-3-11，已知平面的两面投影，求其第三面投影并说明它们是什么位置平面。

（2）如图 24-3-12，已知正平面 *ABC* 的正面投影及点 *A* 的水平投影，求作该平面的水平及侧面投影。

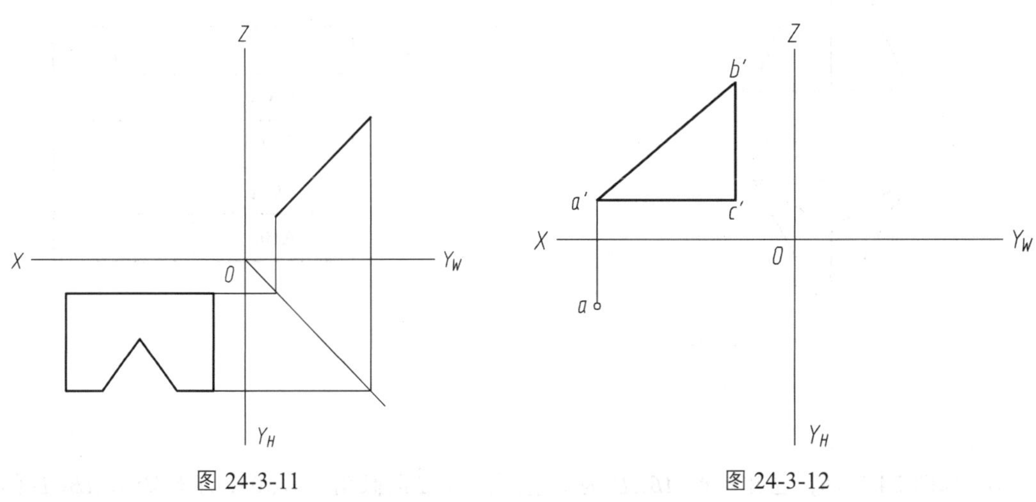

图 24-3-11　　图 24-3-12

（3）如图 24-3-13，在直线 EF 上求作点 K，使 K 点与 H、V 面的距离相等。

（4）如图 24-3-14，完成平面五边形的正面投影。

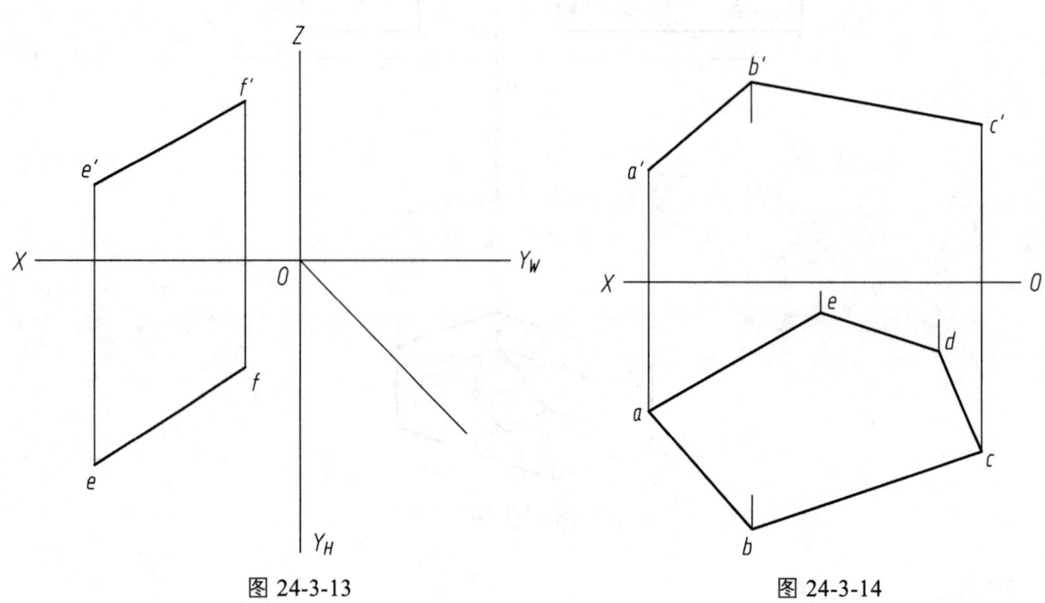

图 24-3-13　　　　图 24-3-14

（5）如图 24-3-15，已知正三棱锥体的两投影，求其第三投影，试将各棱面的名称（是什么位置）填入表中空格。

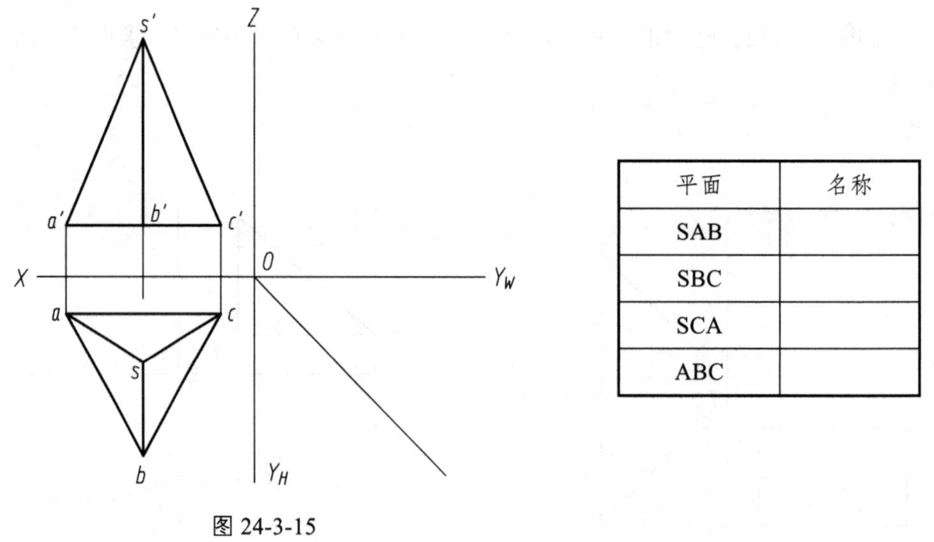

平面	名称
SAB	
SBC	
SCA	
ABC	

图 24-3-15

（6）如图 24-3-16，已知矩形 $ABCD$ 为侧垂面，与 H 面倾角 $\alpha = 30°$，求作矩形 $ABCD$ 的 V 面和 W 面投影。

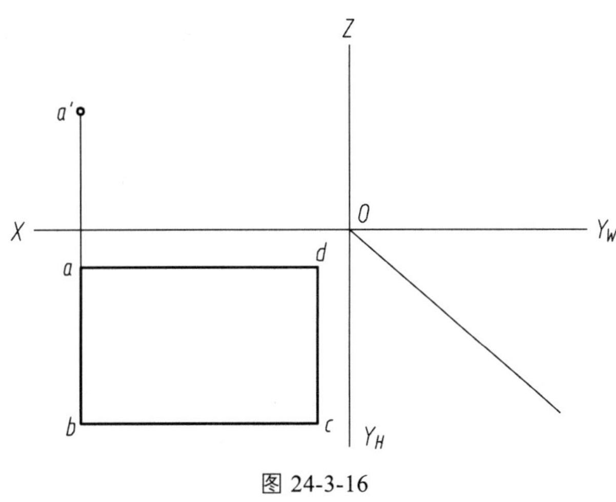

图 24-3-16

任务四　形体投影训练

【实训目的】

通过学习，能够掌握平面立体、曲面立体的投影特性和表面上点、直线投影图的绘制方法；能识读、绘制截切体、相贯体及组合体的投影图；能根据已知条件补画形体的三面投影图。

【实训内容】

任何工程结构物，不论形状多么复杂，都可以看作是由若干个简单的立体组成。简单立体按其表面性质不同分为两大类：平面立体和曲面立体。平面立体是指表面皆由平面构成的立体，如棱柱和棱锥体等；曲面立体是指表面由曲面或曲面与平面所构成的立体，如圆柱和圆锥体等。

一、平面立体的投影

根据已知条件，作出基本体的三面投影。

（1）正三棱柱，高为 20 mm。　　（2）T 形柱，长为 20 mm。

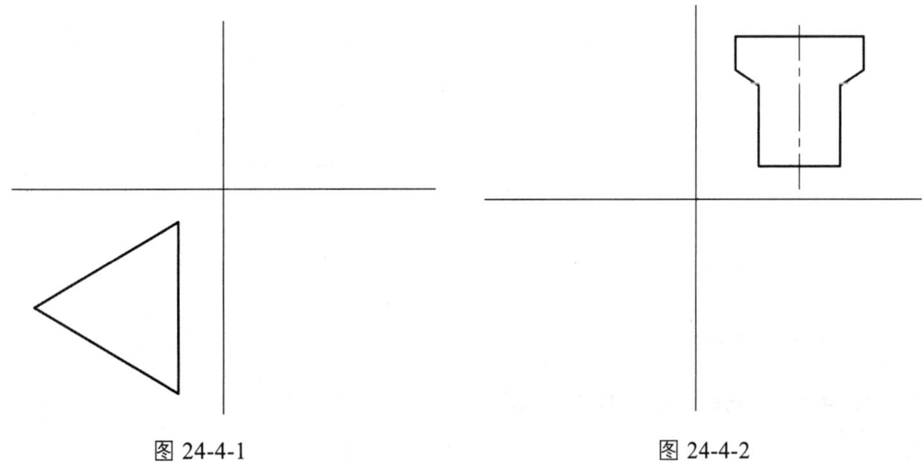

图 24-4-1　　图 24-4-2

（3）圆管，高为 20 mm。（4）圆锥，高为 15 mm。

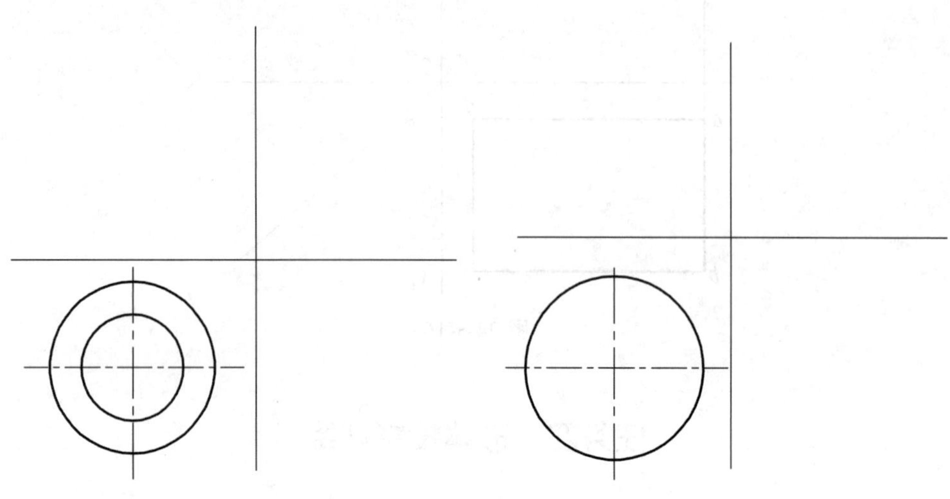

图 24-4-3　　图 24-4-4

（5）半球与圆柱，球的半径为 12 mm，圆柱高为 10 mm。（6）圆台与棱台，高为 15 mm。

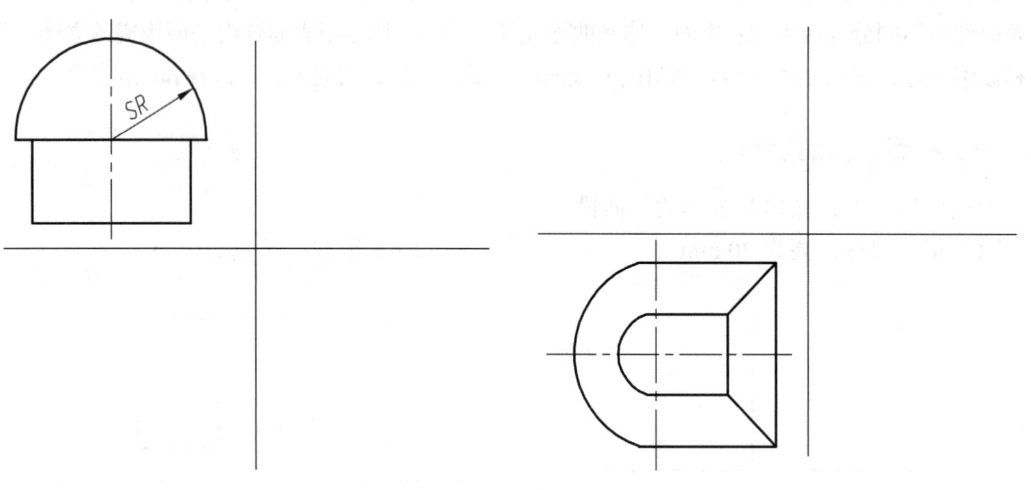

图 24-4-5　　图 24-4-6

二、曲面立体的投影

（1）如图 24-4-7，画圆柱的三面投影图。

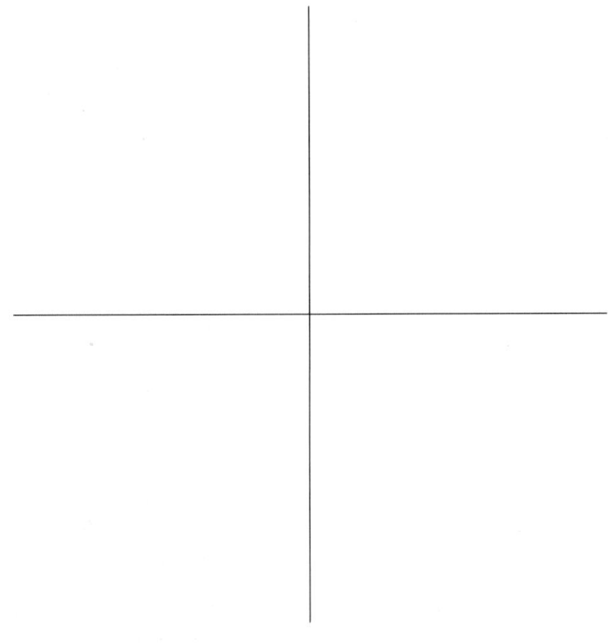

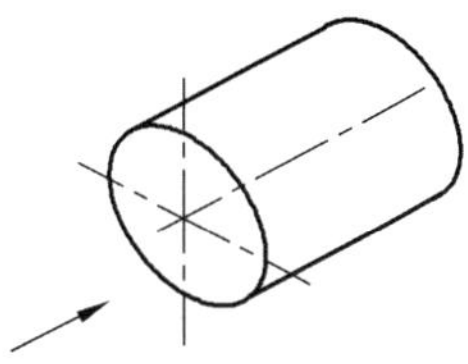

图 24-4-7

（2）如图 24-4-8，作半圆拱的三面投影。

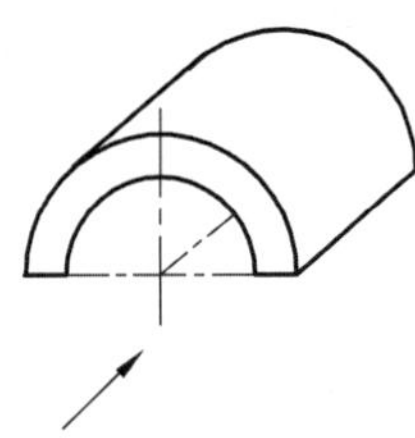

图 24-4-8

（3）如图 24-4-9，根据模型，作其投影图。

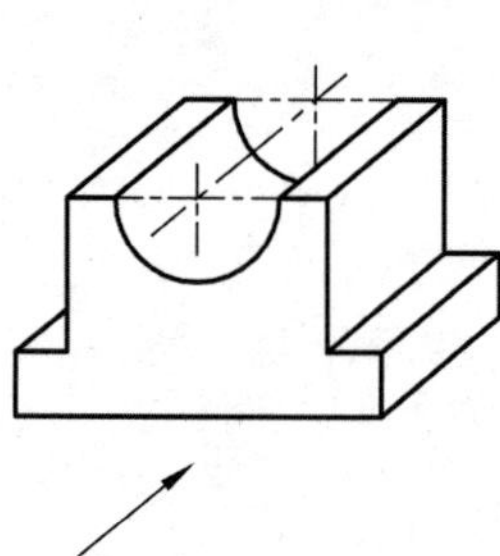

图 24-4-9

（4）如图 24-4-10，由立体图画其三面图，并标注尺寸。

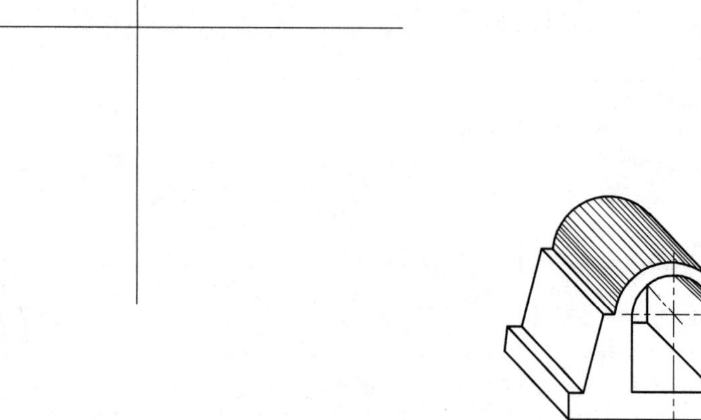

图 24-4-10

三、截切体和相贯体投影

（1）如图 24-4-11，试求正四棱锥被一正垂面截切后的三视图。

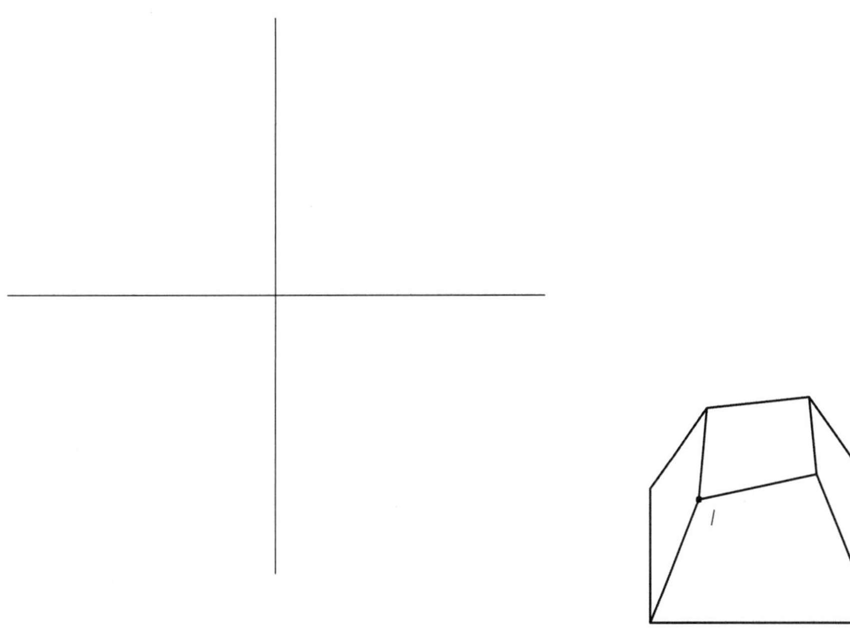

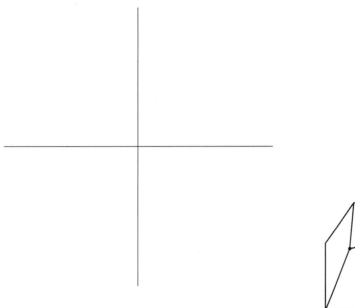

图 24-4-11

（2）如图 24-4-12，已知主视图和左视图，求作俯视图。

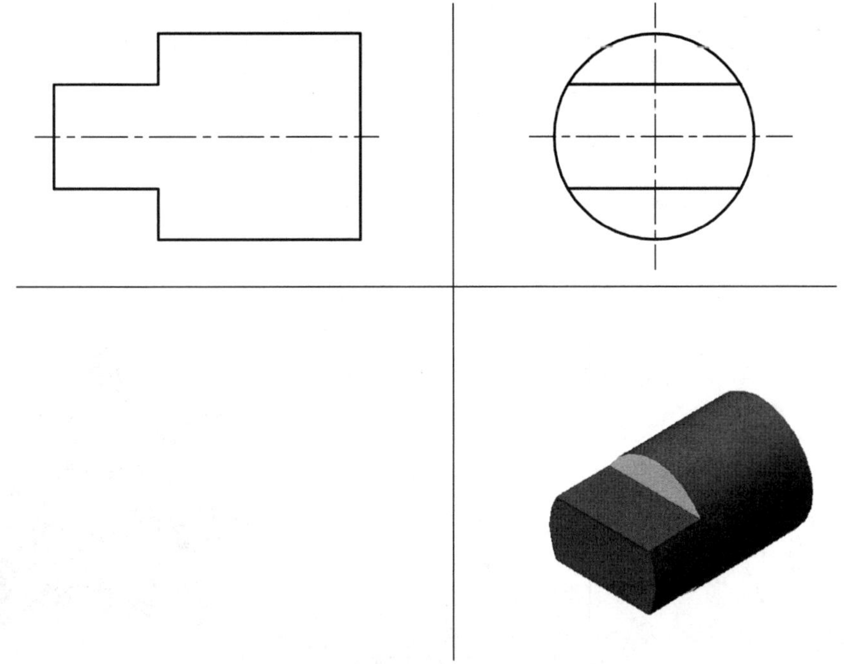

图 24-4-12

四、组合体的投影

（1）如图 24-4-13，求作两垂直相交圆柱的三视图。

图 24-4-13

（2）如图 24-4-14，求作该模型的三视图。

图 24-4-14

（3）根据立体图补充图 24-4-15 ~ 图 24-4-17 中三视图的漏线。

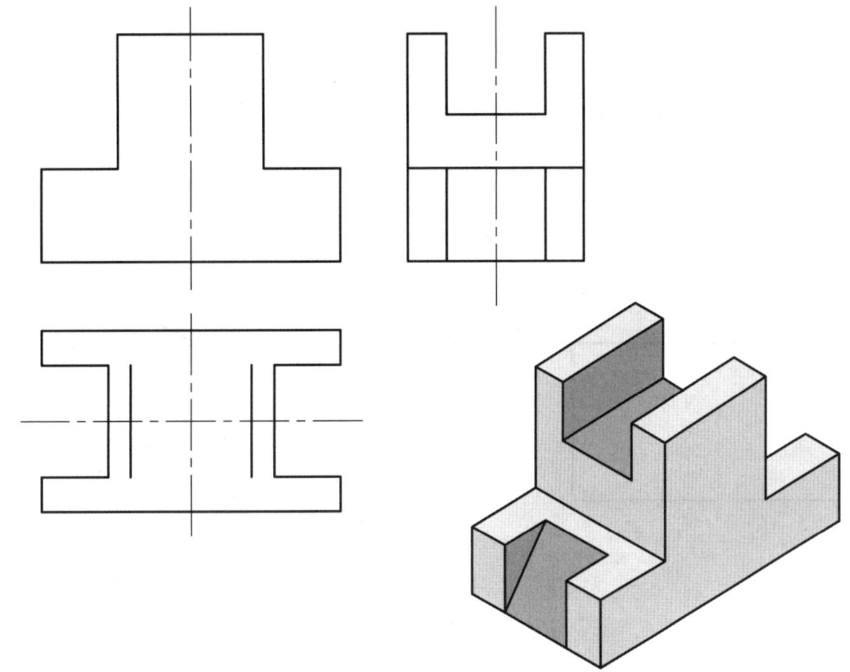

图 24-4-15

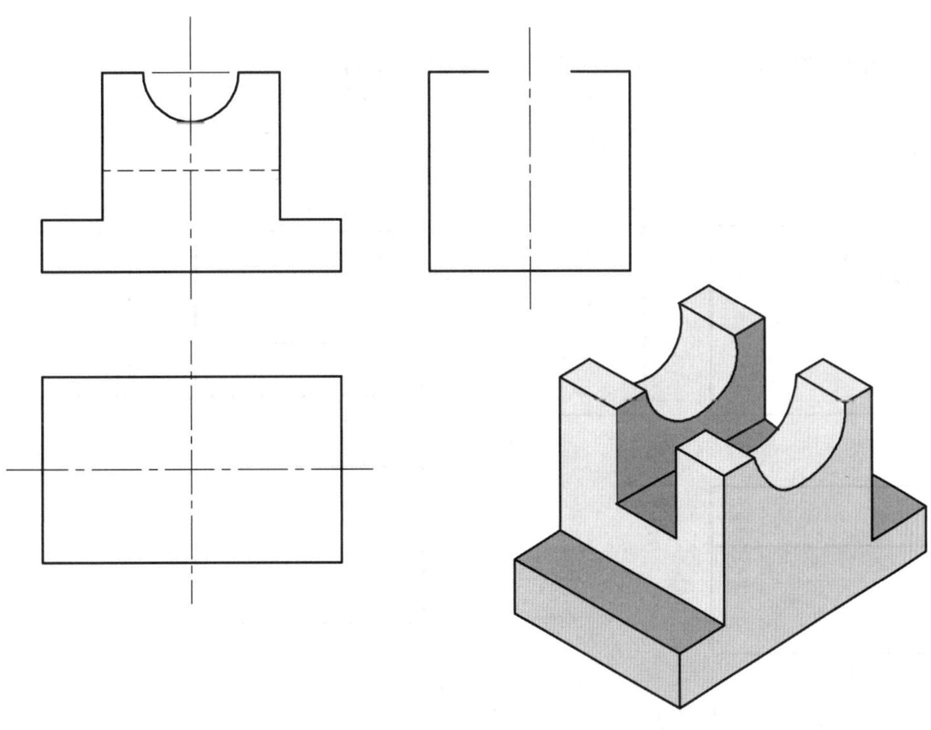

图 24-4-16

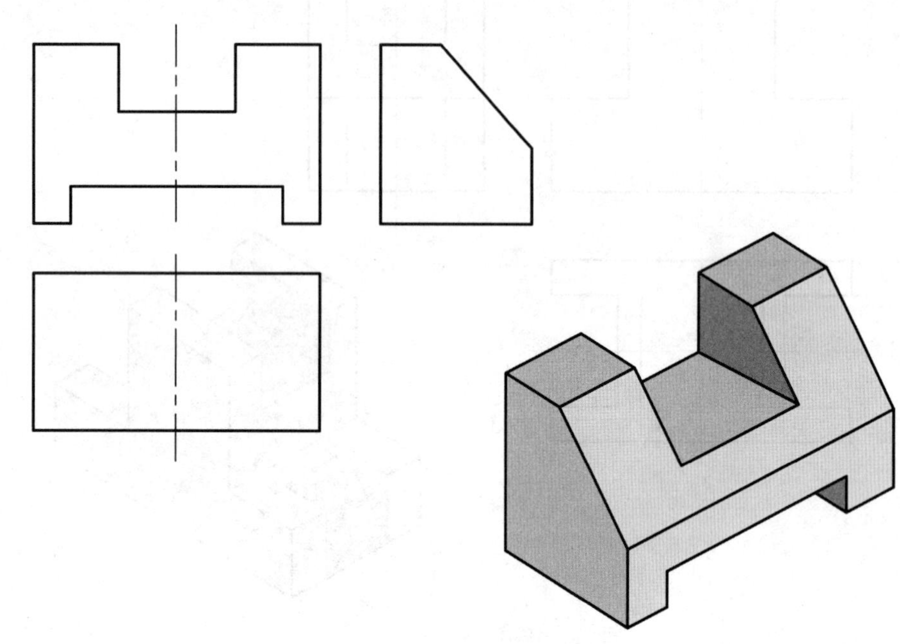

图 24-4-17

（4）根据已知视图补画图 24-4-18 和图 24-4-21 中的漏线。

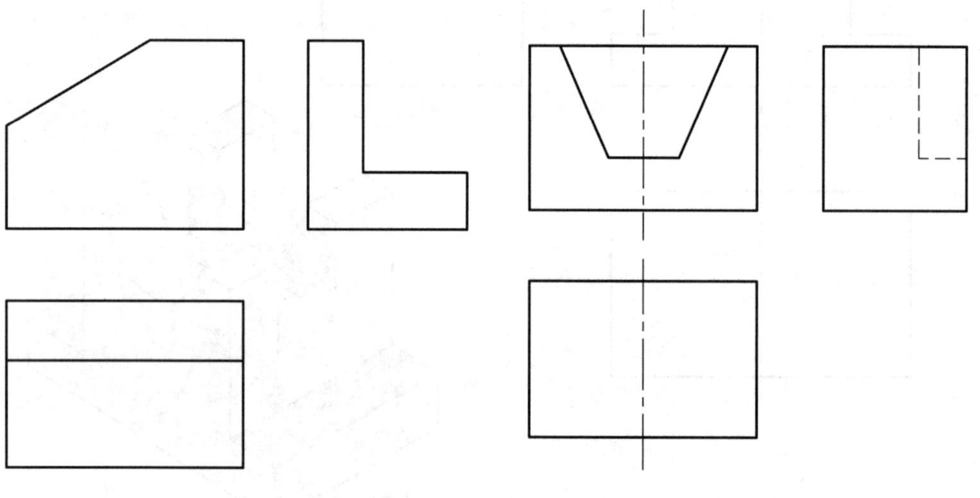

图 24-4-18　　图 24-4-19

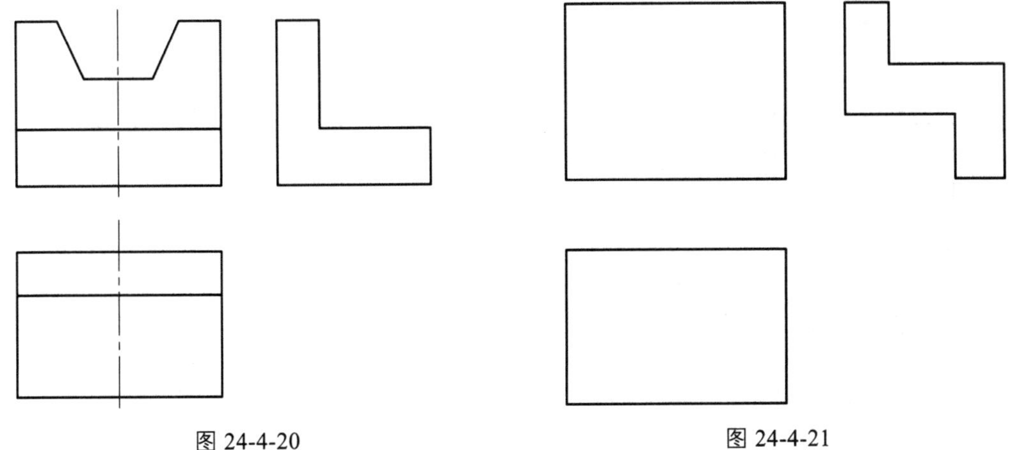

图 24-4-20　　图 24-4-21

任务五　轴测投影训练

【实训目的】

通过学习，能够掌握轴测投影的概念、分类、投影特性及绘制的基本方法；掌握正等轴测投影、斜轴测投影绘图步骤及方法；了解带剖切的轴测投影的类型和轴测投影方向的选择。

【实训内容】

轴测投影是平行投影的一种。将物体放在三个坐标面和投影线都不平行的位置，使它的三个坐标面在一个投影上都能看到，从而具有立体感，称为“轴测投影”。这样绘出的图形，称为“轴测图”。轴测图在工程技术及其他科学中常有应用。

一、正等轴测投影

根据已给视图，画出正等轴测图。

作图提示：将形体放置成使它的三条坐标轴与轴测投影面具有相同的夹角，然后向轴测投影面作正投影。

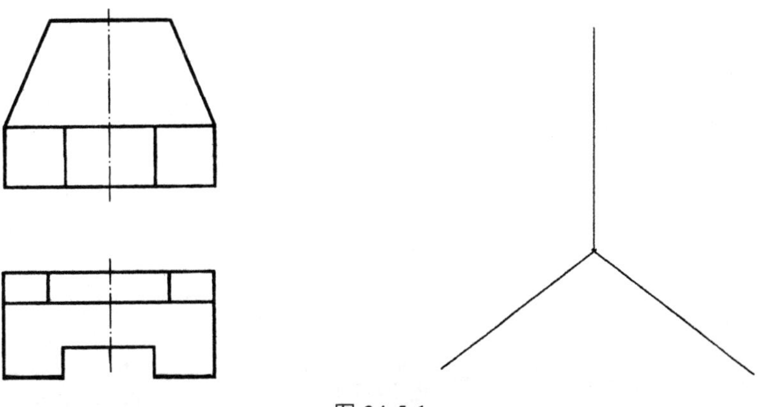

图 24-5-1

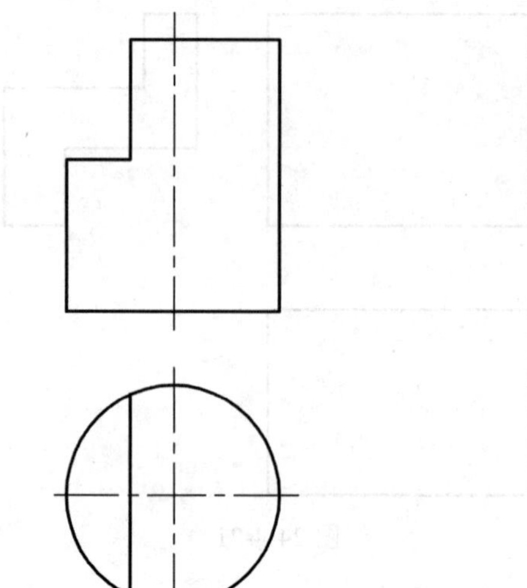
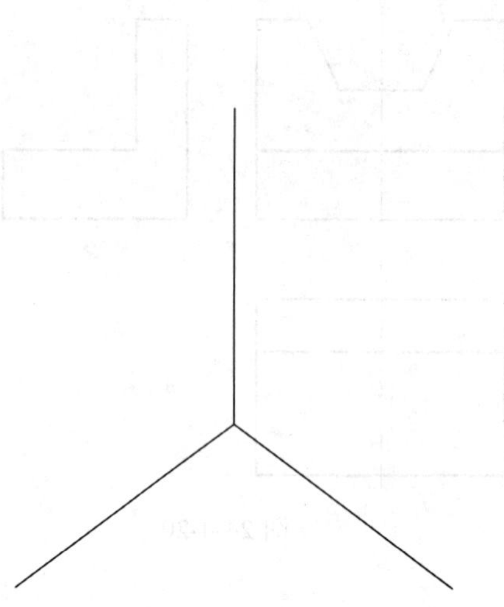

图 24-5-2

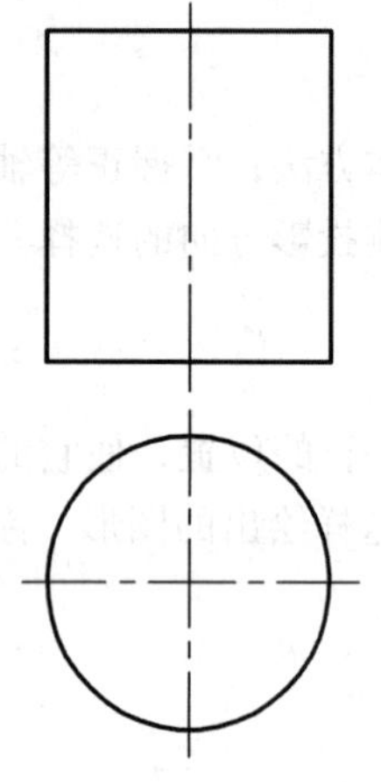
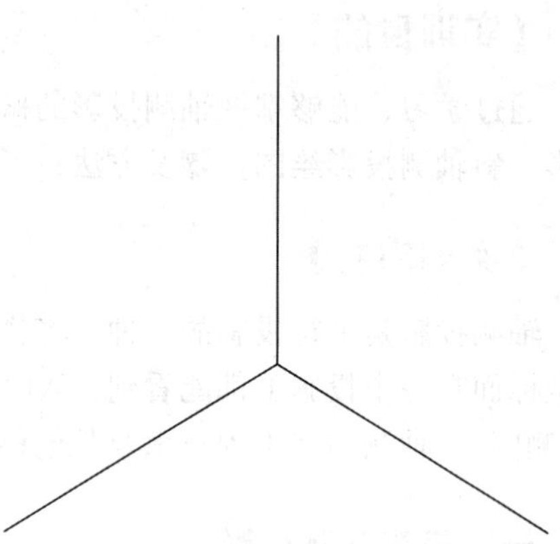

图 24-5-3

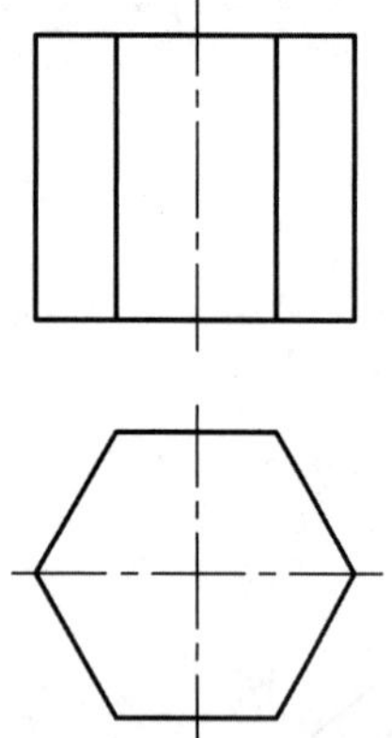
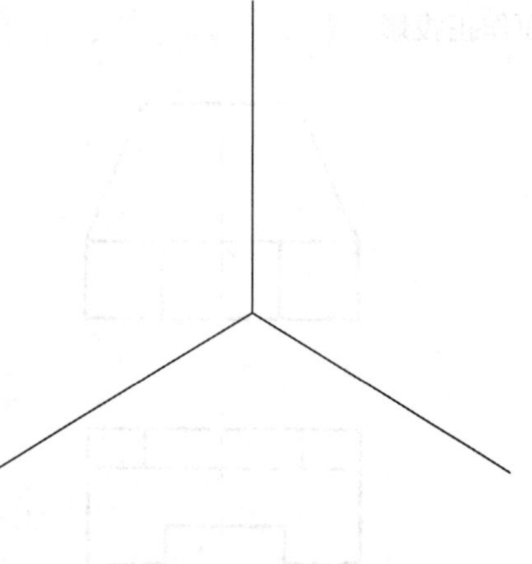

图 24-5-4

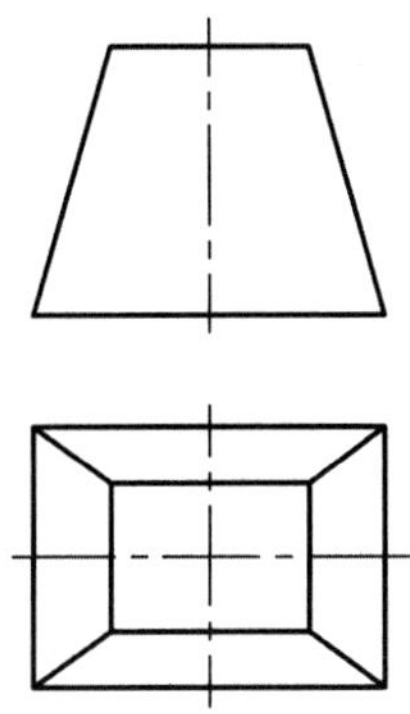
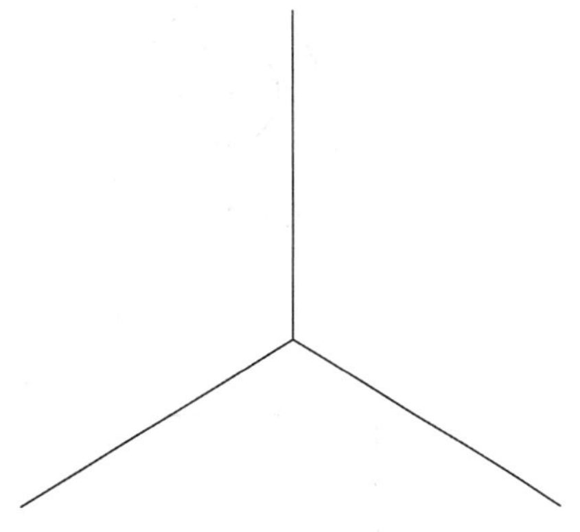

图 24-5-5

二、斜轴测投影

根据已给视图，画斜轴测图。

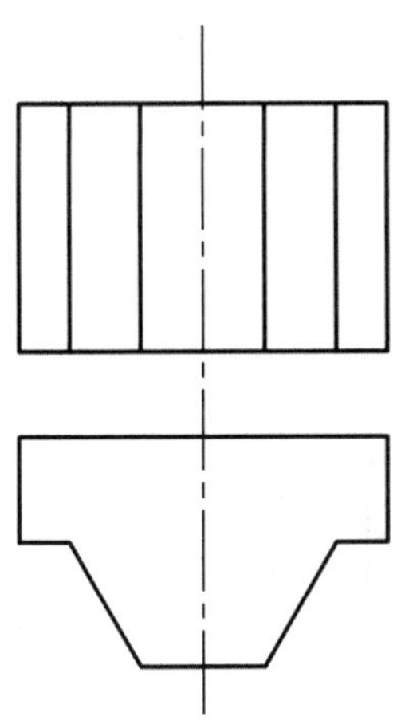
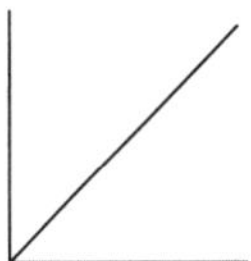

图 24-5-6

作图步骤：

① 确定形体与 *XOZ* 坐标面平行的面。

② 画出该面在 *V* 面投影上的投影图，并根据形体的具体形状特征确定各控制点，过各点画 30°、45°或 60°的斜线。

③ 在斜线上按 q 的取值，定出后表面上各控制点，并连接。

④ 整理加深后即得形体的斜轴测图。

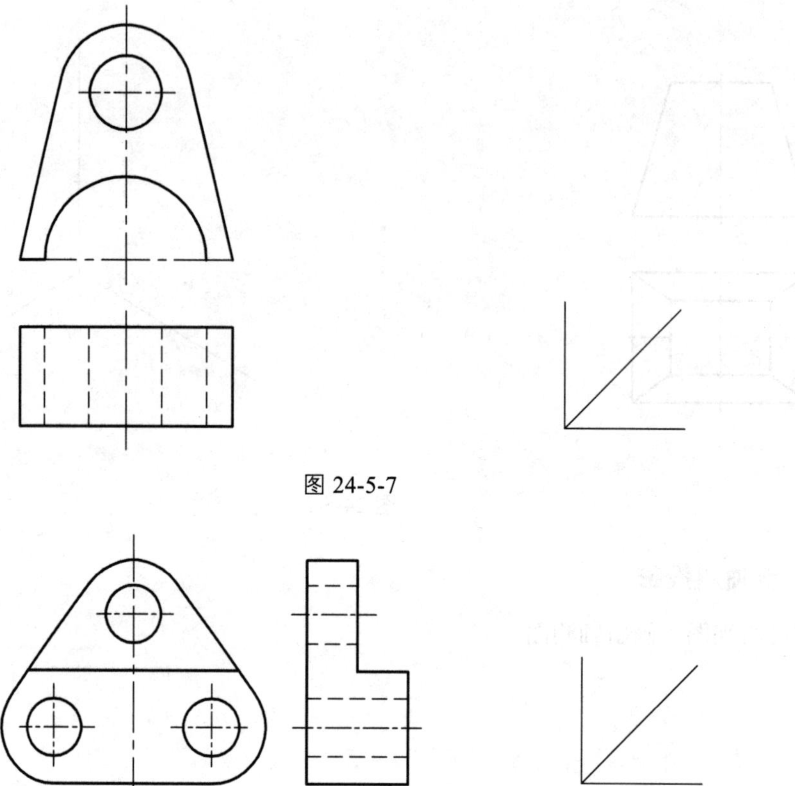

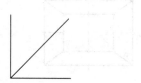

图 24-5-7

图 24-5-8

三、带剖切的轴测图

求图示形体的轴测图。

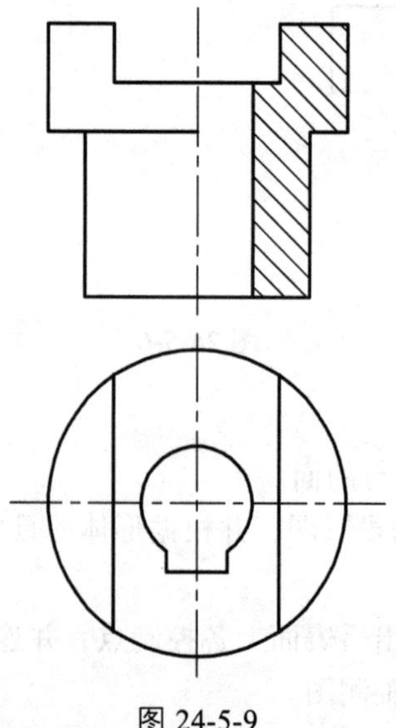

图 24-5-9

方法一——先整体，后剖切。

作图步骤：

① 绘制整体轴测图；

② 绘制切口轴测图；

③ 绘制剖面轴测图；

④ 描深，完成全图。

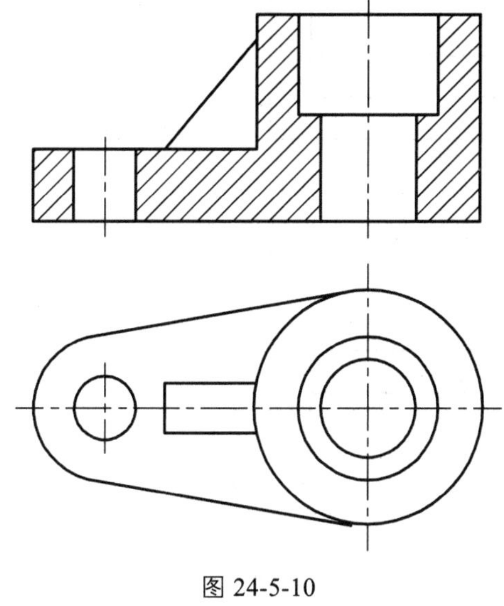

图 24-5-10

方法二——先剖切，再补外形。

作图步骤：

① 绘制剖面轴测图；

② 补外形的轴测图；

③ 绘制肋的轴测图；

④ 描深，完成全图。

任务六　剖面图训练

【实训目的】

通过学习，掌握剖面图的形成及标注方法；掌握剖面图的种类及画图注意事项；掌握剖面图的作图方法及步骤并且能够根据投影图选用合适的剖切方法绘制剖面图。

【实训内容】

剖面图又称剖切图，是按照一定剖切方向所展示有关图形的内部构造的图例。设计人员通过剖面图的形式形象地表达设计思想和意图，使阅图者能够直观地了解工程的概况或局部的详细做法及材料的使用。剖面图一般用于工程的施工图和机械零部件的设计中，可以补充和完善设计文件，展示工程施工图和机械零部件设计中的详细设计，便于指导工程施工作业和机械加工。

一、全剖面图

作图 24-6-1 中 1—1 剖面图。

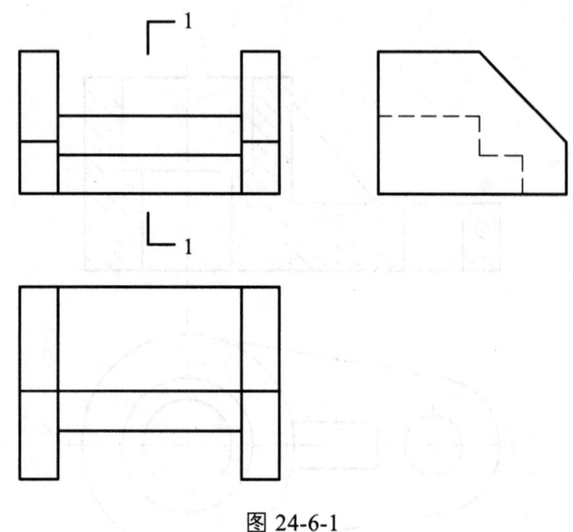

图 24-6-1

二、半剖面图

作图 24-6-2 中形体的半剖面图。

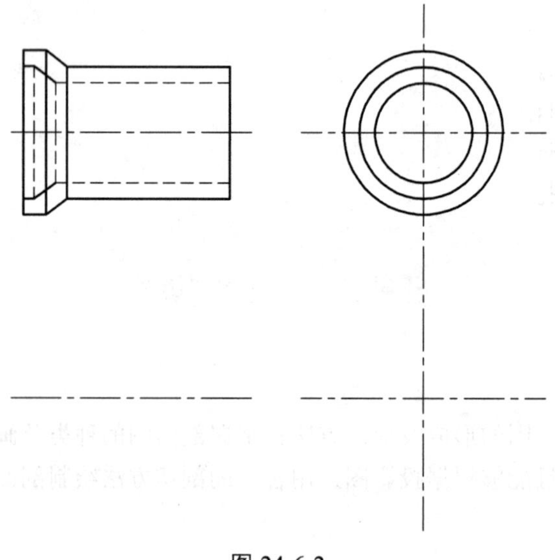

图 24-6-2

三、局部剖面图

作图 24-6-3 ~ 图 24-6-5 中形体的局部剖面主视图。

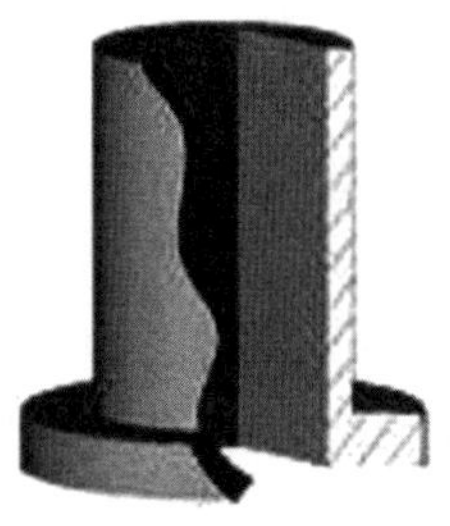

图 24-6-3

图 24-6-4

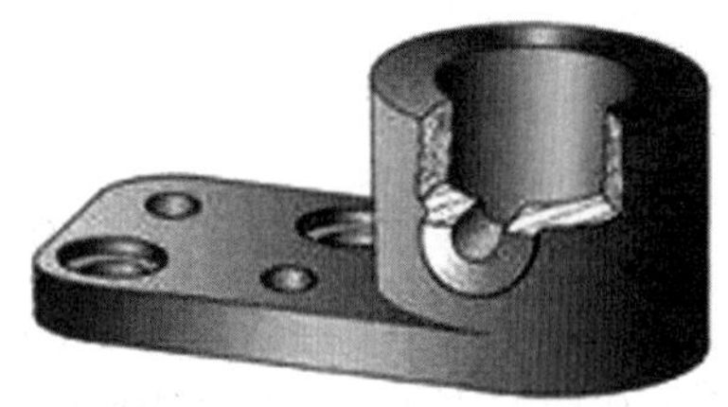

图 24-6-5

四、阶梯剖面图

（1）用阶梯剖面画图 24-6-6 中的主视图。

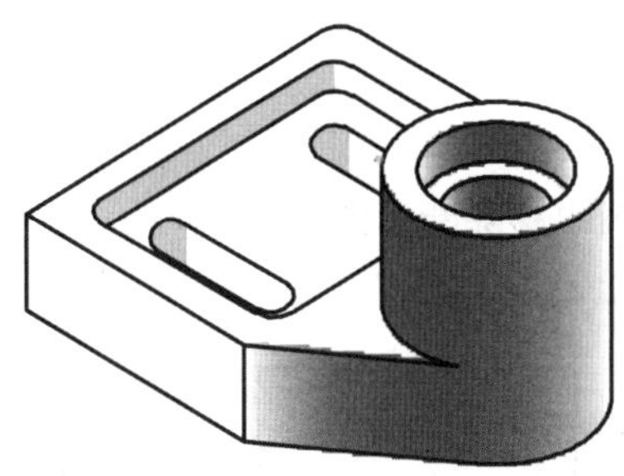

图 24-6-6

（2）在指定位置将图 24-6-7 中机件的主视图画成阶梯剖视图。

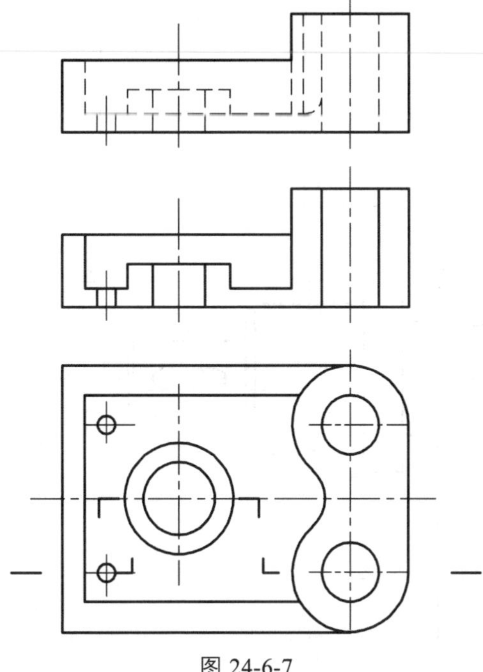

图 24-6-7

任务七　断面图训练

【实训目的】

通过学习，掌握断面图的形成及标注方法；掌握断面图的种类及画图注意事项；掌握断面图的作图方法及步骤并且能够根据投影图正确绘制断面图。

【实训内容】

断面图是在建筑施工图中，梁、柱、屋架、基础等构件，我们用假想的剖切面将其割切开（按剖切符号所标注的位置），用正投影的方法，只将被剖切到的轮廓绘出剖切面，后面的部分不绘，只表示部分构造情形。

一、移出断面图

在图 24-7-1 中，给定位置画出移除断面图。

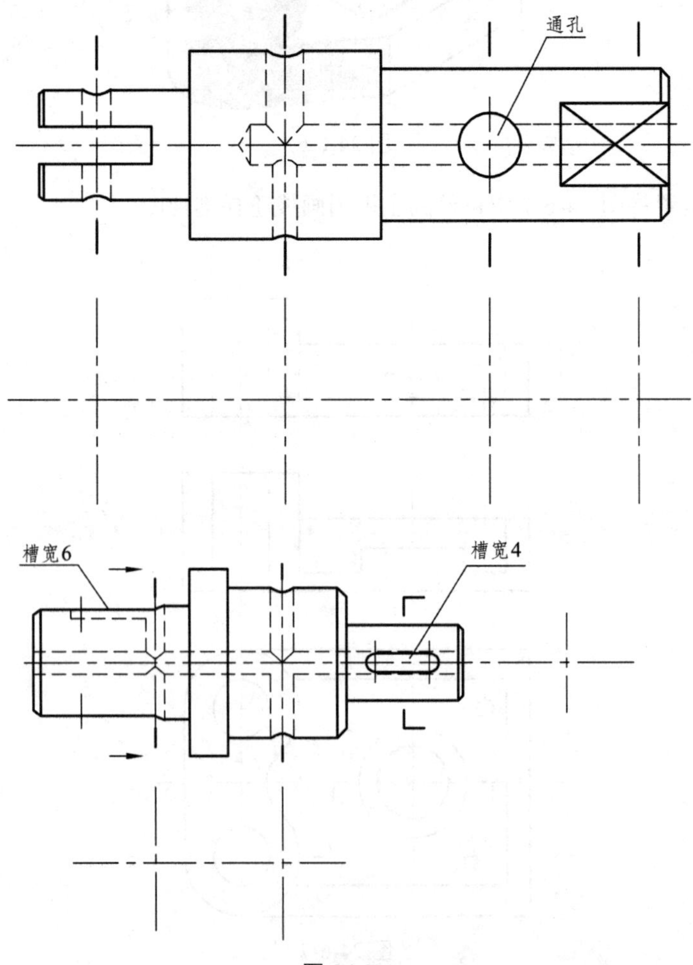

图 24-7-1

二、重合断面图

在图 24-7-2 中画出此重合断面的剖切图。

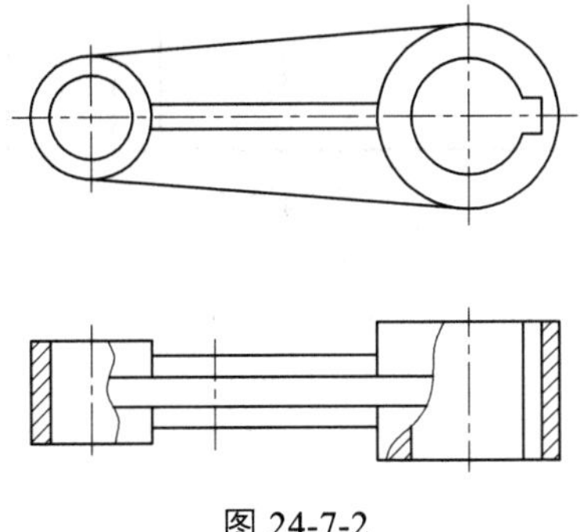

图 24-7-2

三、中断断面图

（1）在图 24-7-3 中作出此图的中断断面图。

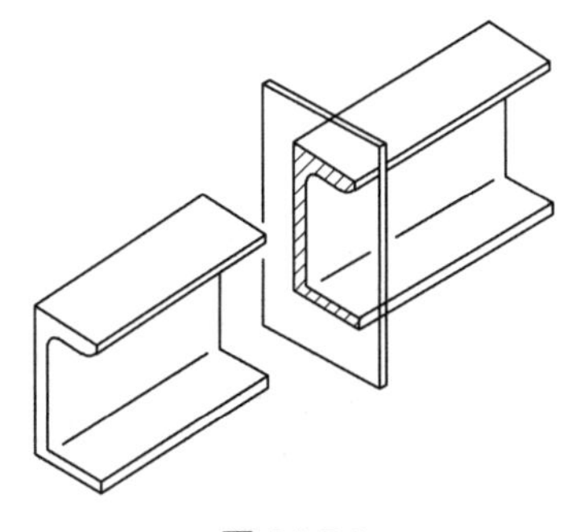

图 24-7-3

（2）根据图 24-7-4（a）的移除断面图，分别在图 24-7-4（b）中画出中断断面图和在图 24-7-4（c）中画出重合断面图。

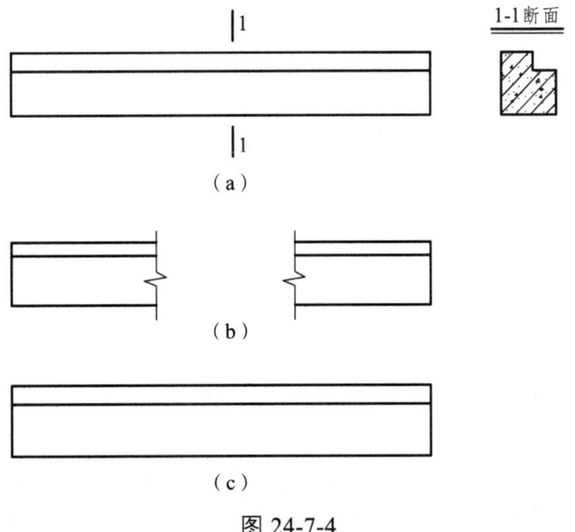

图 24-7-4

（3）如图 24-7-5，作出 T 形梁的移除断面图、重合断面图和中断断面图。

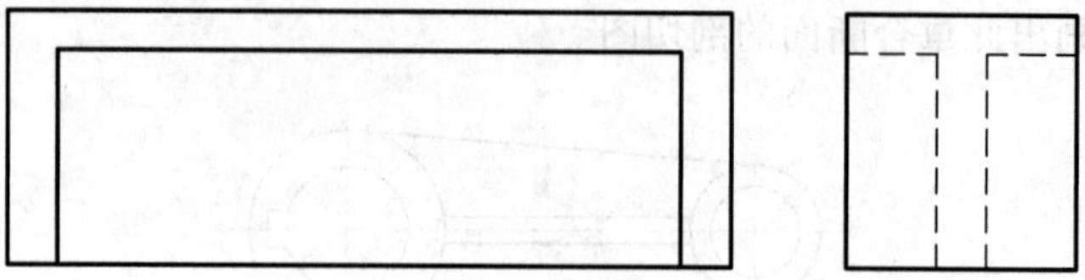

图 24-7-5

项目二十五　土木工程识图

任务一　建筑施工图识读训练

【实训目的】

1. 培养学生的识读能力、应用知识的能力、空间想象能力和空间思维能力。
2. 了解建筑施工图纸内容，掌握常见的图文符号。
3. 学会看懂建筑施工图，掌握识读图纸的方法。

【实训内容】

建筑施工图主要包括图纸目录、建筑总平面图、建筑设计说明、建筑平面图、建筑立面图、建筑剖面图、建筑详图等，用来表示房屋规划位置、外部及细部构造、内部布置、内外装修、固定设施及施工要求。

图纸目录是施工图按专业分列编排的目录单，由序号、图号、图名、图幅、备注等组成。一般在识图时应先看图纸目录，再看具体图纸组成。

常用建筑材料应按表 25-1-1 所提供的图例绘制。房屋组成示意图中图例的使用见图 25-1-1。

表 25-1-1　建筑材料图例

序号	名称	图例	备注
1	自然土壤		包括各种自然土壤
2	夯实土壤		
3	砂、灰土		靠近轮廓线绘较密的点
4	石材		
5	毛石		
6	普通砖		包括实心砖、多孔砖、砌块等砌体。断面较窄不易绘出图例线时，可涂红
7	耐火砖		包括耐酸砖等砌体
8	空心砖		指非承重砖砌体
9	饰面砖		包括铺地砖、马赛克、陶瓷锦砖、人造大理石等
10	混凝土		本图例指能承重的混凝土及钢筋混凝土。包括各种强度等级、骨料、添加剂的混凝土。在剖面图上画出钢筋时，不画图例线。断面图形小，不易画出图例线时，可涂黑
11	钢筋混凝土		

续表

序号	名称	图例	备注
12	多孔材料		包括水泥珍珠岩、沥青珍珠岩、泡沫混凝土、非承重加气混凝土、软木等
13	纤维材料		包括矿棉、岩棉、玻璃棉、麻丝、木丝板、纤维板等
14	泡沫塑料材料		包括聚苯乙烯、聚乙烯、聚氨酯等多孔聚合物类材料
15	木材		上图为横断面，上左图为垫木、木砖或木龙骨；下图为纵断面
16	金属		包括各种金属。图形小时，可涂黑
17	玻璃		包括平板玻璃、磨砂玻璃、夹丝玻璃、钢化玻璃、中空玻璃、加层玻璃、镀膜玻璃等
18	防水材料		构造层次多或比例大时，采用上面的图例
19	粉刷		本图例采用较稀的点

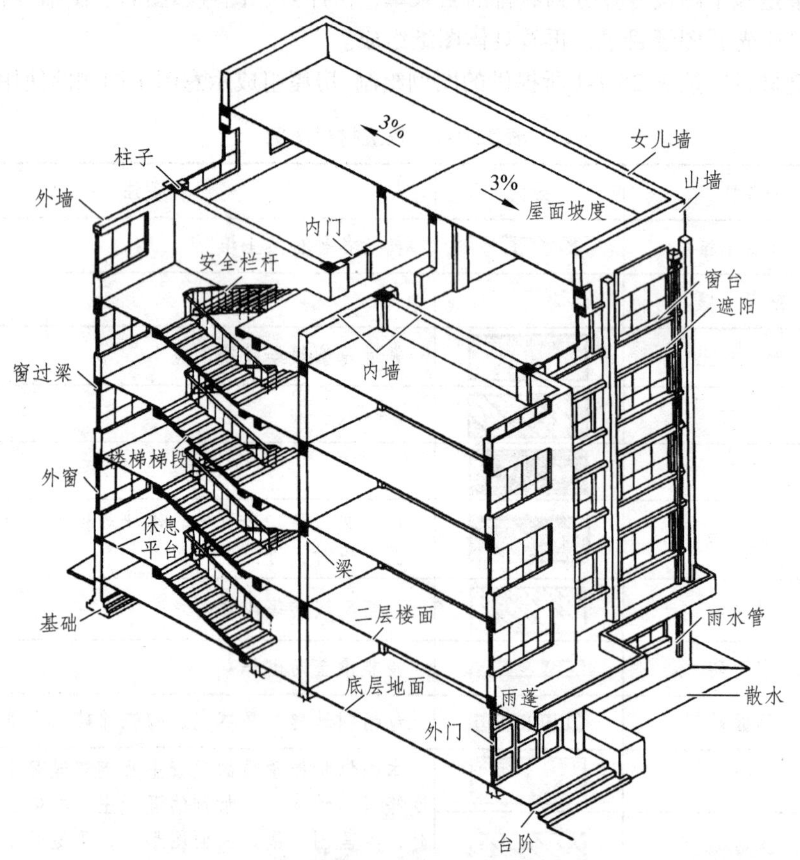

图 25-1-1　房屋组成

一、建筑总平面图

建筑总平面图主要表示整个建筑基地的总体布局，具体展示新建房屋的位置、朝向及周围环境基本情况，以及将场地周边和场地内的地貌和地物向水平投影面进行正投影得到的图样。

1. 内　容

（1）图名、指北针、比例。

（2）建筑物（新建、原有）的平面布局。

（3）红线（用地、建筑等）。

（4）定位尺寸。

（5）道路交通、绿化及管网平面布局。

（6）标高（新建建筑物首层地面绝对标高、道路绝对标高及室外地坪标高）。

（7）主要经济技术指标（如总建筑面积、总用地面积、容积率、绿化率等）。

2. 图示（图 25-1-2）

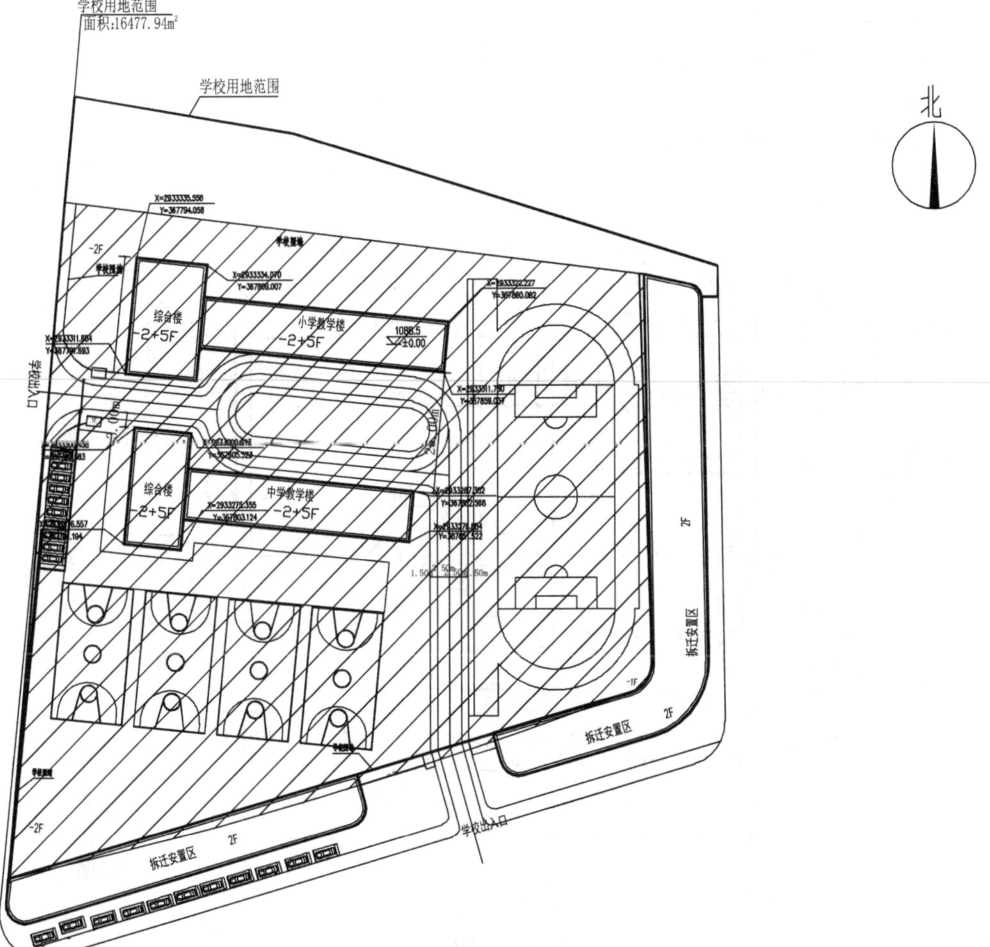

图 25-1-2　某学校建筑总平面图（部分）

二、建筑平面图

建筑平面图是建筑施工图的基本样图，它是假想用一水平的剖切面沿门窗洞位置将房屋剖切后，对剖切面以下的部分所作的水平投影图。它反映出房屋的平面形状、大小和布置，墙、柱的位置、尺寸和材料，门窗的类型和位置等。对于多层建筑，一般应每层有一个单独的平面图。但一般建筑中间几层平面布置常常完全相同，这时就可以省掉几个平面图，只用一个平面图表示，这种平面图称为标准层平面图。

建筑平面图由底层平面图、中间层（标准）平面图、屋顶平面图组成。

1. 内　容

（1）建筑物及其组成房间的名称、尺寸和墙壁厚等。

（2）走廊、楼梯位置及尺寸。

（3）门窗位置、尺寸及编号。如门的代号是 M，窗的代号是 C。在代号后面写上编号，同一编号表示同一类型的门窗。

（4）台阶、阳台、雨篷、散水的位置及细部尺寸。

（5）室内地面的高度。

（6）首层地面上应画出剖面图的剖切位置线。

（7）图名、比例。

（8）轴网定位及编号、索引符号和指北针等。

2. 图示（图 25-1-3）

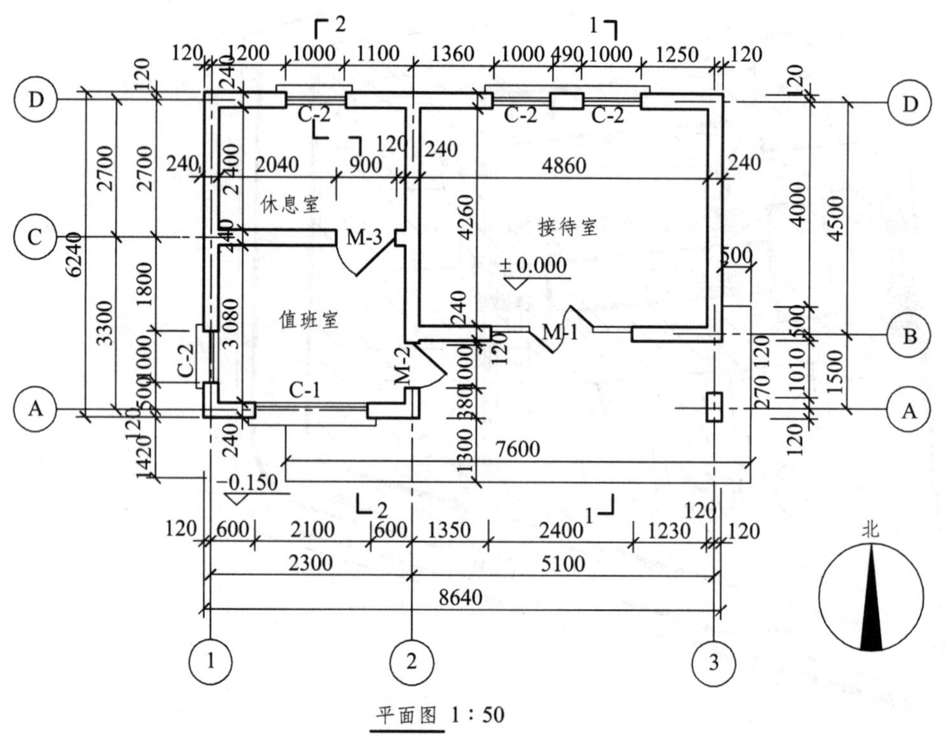

图 25-1-3　建筑平面图

三、建筑立面图

在与建筑物立面平行的铅垂投影面上所做的投影图称为建筑立面图，简称立面图。反映主要出入口或比较显著地反映出房屋外貌特征的那一面立面图，称为正立面图。其余的立面图相应地称为背立面图、侧立面图。

通常有正立面图、背立面图、左侧立面图、右侧立面图四个立面图。

1. 内　容

（1）图名、图例。

（2）轴线及编号。

（3）标高。

（4）里面外轮廓、室外地平线、门窗、台阶、阳台、雨篷等。

（5）外墙面装修的材料及其做法。

2. 图示（图 25-1-4 和图 25-1-5）

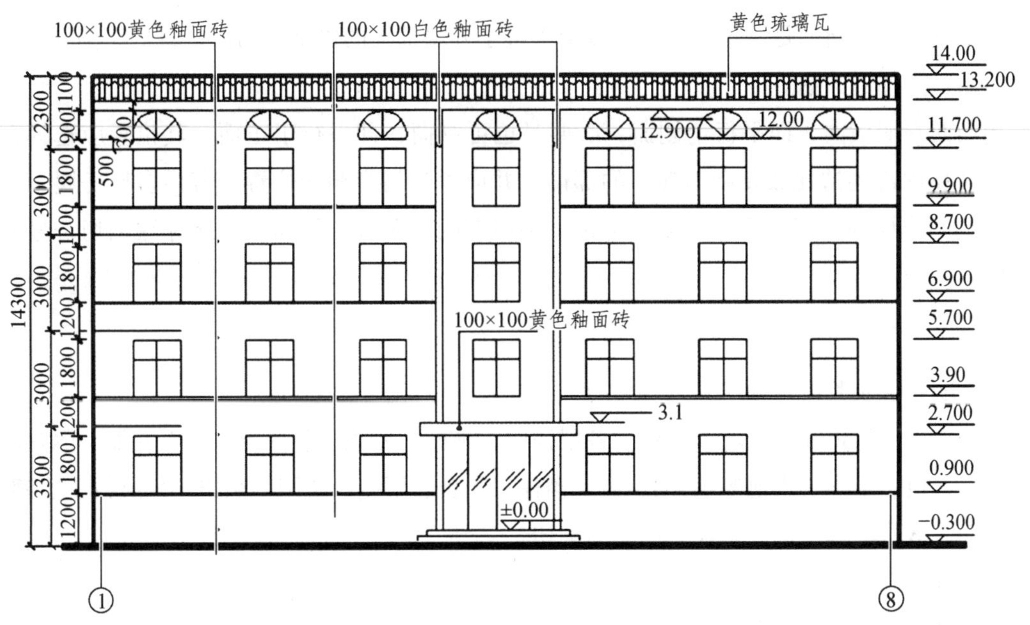

图 25-1-4　建筑正立面图

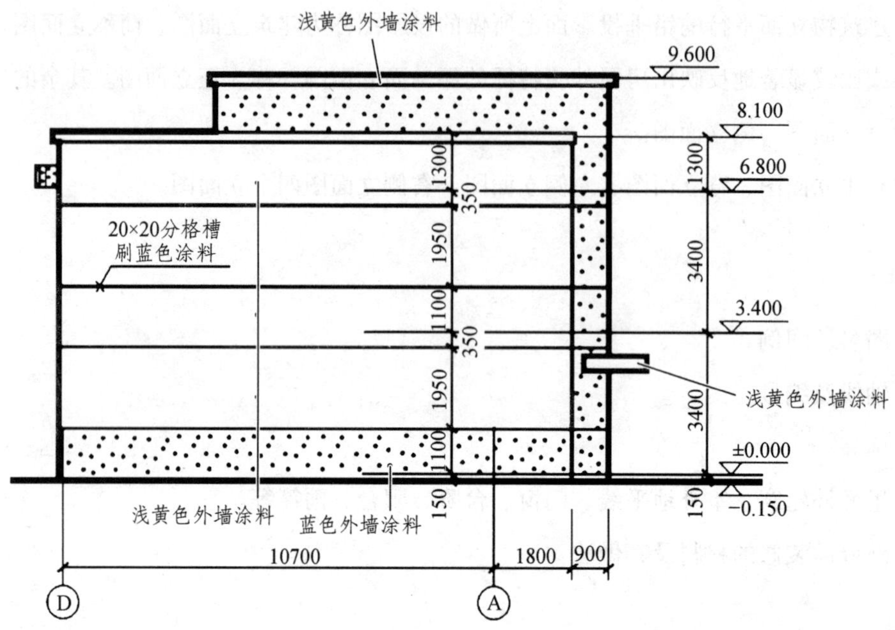

图 25-1-5　建筑背立面图

四、剖面图

建筑剖面图，指的是假想用一个或多个垂直于外墙轴线的铅垂剖切面，将房屋剖开，所得的投影图，简称剖面图。

剖切面一般横向，即平行于侧面，必要时也可纵向，即平行于正面。其位置应选择在能反映出房屋内部构造比较复杂与典型的部位，并应通过门窗洞的位置。若为多层房屋，应选择在楼梯间或层高不同、层数不同的部位。剖面图的图名应与平面图上所标注剖切符号的编号一致。

1. 内　容

（1）墙、柱及其定位轴线。

（2）室内底层地面、地坑、地沟、各层楼面、顶棚、屋顶（包括檐口、女儿墙、隔热层或保温层、天窗、烟囱、水池等）、门、窗、楼梯、阳台、雨篷、留洞、墙裙、踢脚扳、防潮层、室外地面、散水、排水沟及其他装修等的剖切。

（3）标高和高度方向尺寸。

（4）楼、地面各层构造。

（5）索引符号。

2. 图示（图 25-1-6）

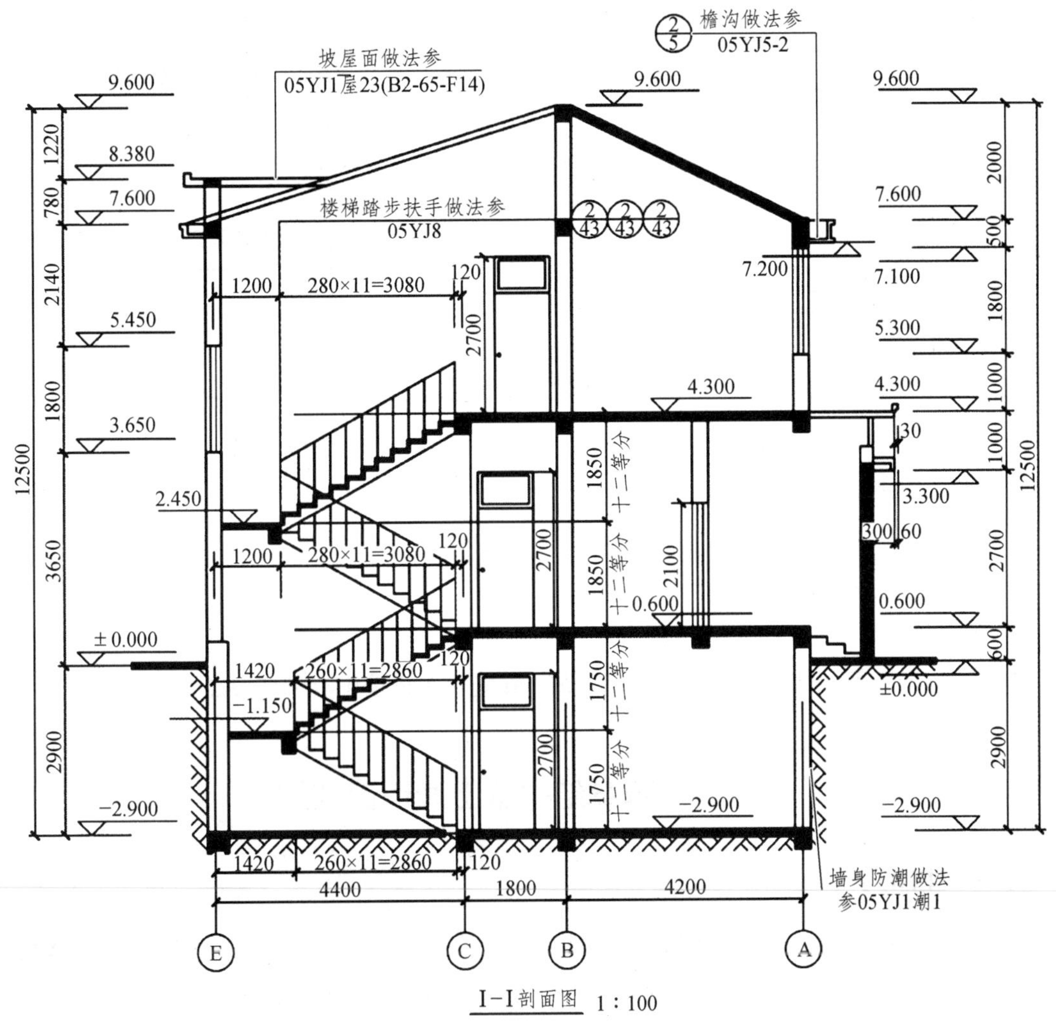

图 25-1-6　建筑剖面图

五、建筑详图

建筑详图是建筑细部的施工图，是建筑平面图、立面图、剖面图的补充。因为立面图、平面图、剖面图的比例尺较小，建筑物上许多细部构造无法表示清楚，所以，根据施工需要，必须另外绘制比例尺较大的图样才能表达清楚。

1. 内　容

（1）表示房屋设备的详图，如卫生间、厨房、实验室内设备的位置及构造等。

（2）表示局部构造的详图，如外墙身详图、楼梯详图、阳台详图等。

（3）表示房屋特殊装修部位的详图，如吊顶、花饰等。

2. 图示（图 25-1-7）

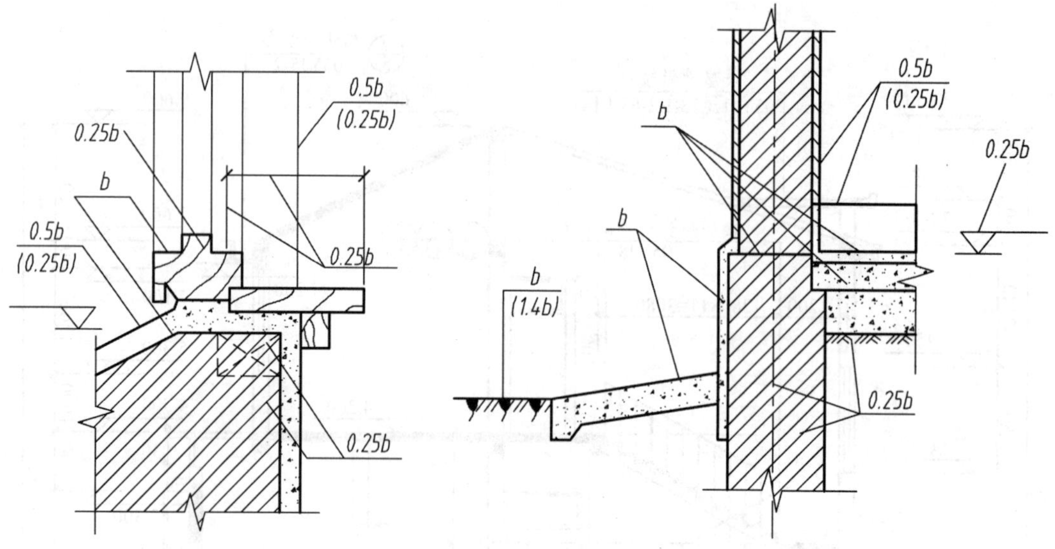

图 25-1-7　建筑详图

【实训拓展】

根据任务的学习，请查阅相关资料，总结出在施工图识读中有哪些要点？

任务二　建筑结构施工图识读训练

【实训目的】

通过本次任务学习，使学生熟悉建筑结构施工图的制图规则，掌握结构构件的尺寸和配筋的平面整体表示方法，理解各种图文符号的含义，从而达到熟练识读结构施工图的能力。

【实训内容】

一、基础结构图

基础施工图包括基础平面布置图、基础构件尺寸，以及配筋的平面注写、基础施工说明等。

1. 内　容

（1）轴网定位尺寸及编号。

（2）图名和比例。

（3）基础构件尺寸及配筋的平面标注。

（4）基础构件的平面定位尺寸及标高，桩位平面图应标注各桩中心线与轴线间的定位尺寸及桩顶标高。

（5）沉降观测要求及测点布置。

（6）基础施工的其他要求等。

2. 图　示

基础形式如图 25-2-1 所示，条形基础组成如图 25-2-2 所示，基础施工详图如图 25-2-3 所示。

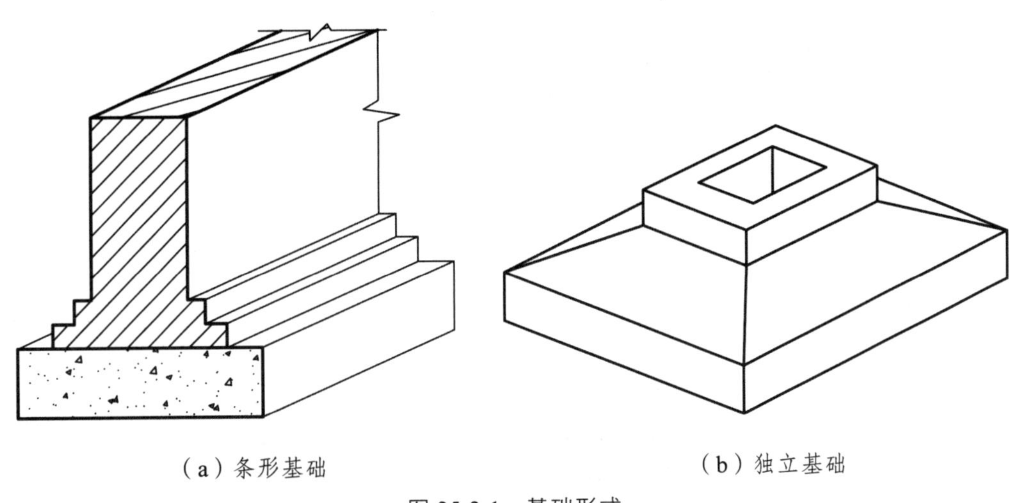

（a）条形基础　　　　（b）独立基础

图 25-2-1　基础形式

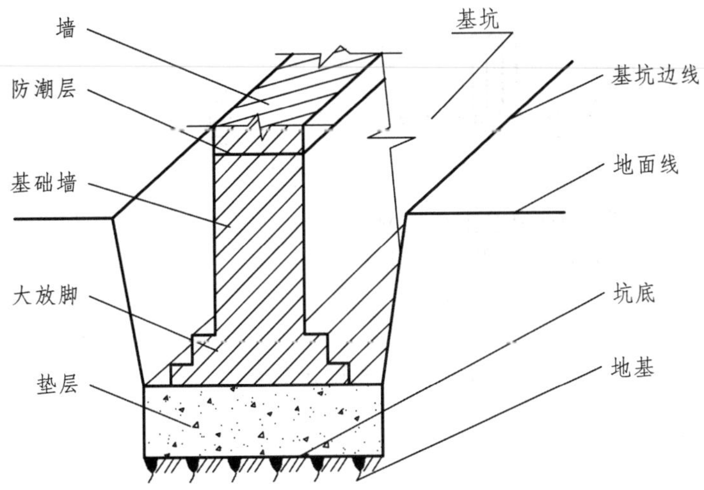

图 25-2-2　条形基础组成

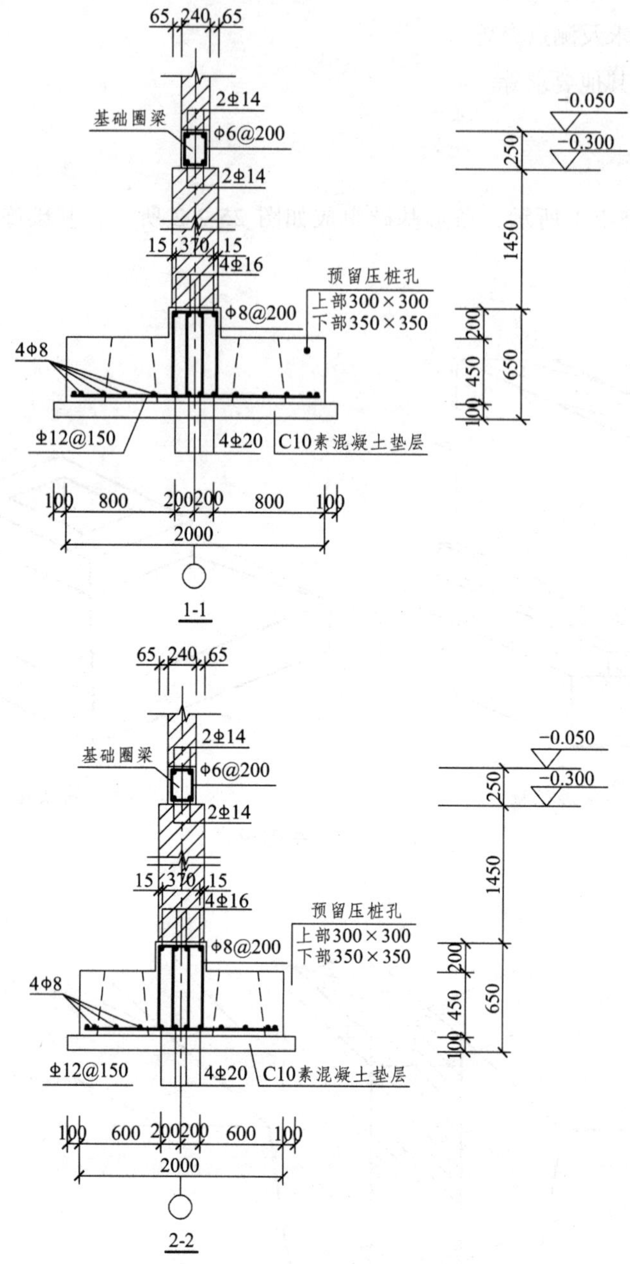

图 25-2-3　基础施工详图

二、柱施工图

柱施工图，即在柱平面布置图上采用截面注写方式表达的柱平法施工图。

1. 内　容

（1）轴网定位尺寸及编号。

（2）图名和比例。

（3）柱平面定位尺寸。

（4）柱编号、截面尺寸及配筋。

（5）层高表。

2. 图示（图 25-2-4 和图 25-2-5）

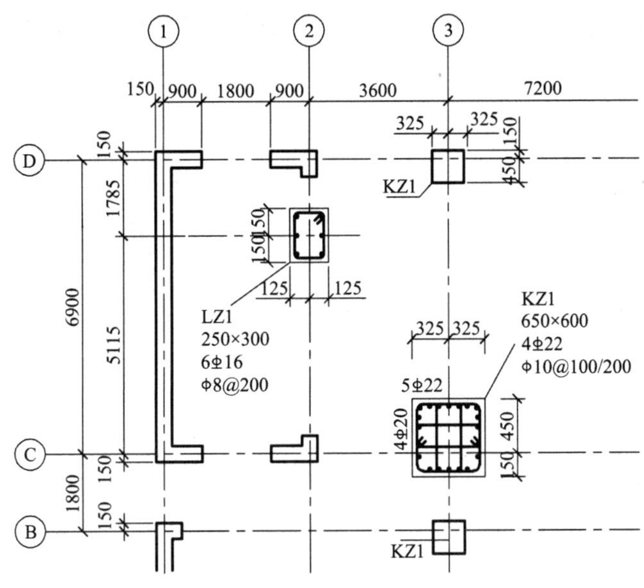

图 25-2-4 柱施工平面图（部分）

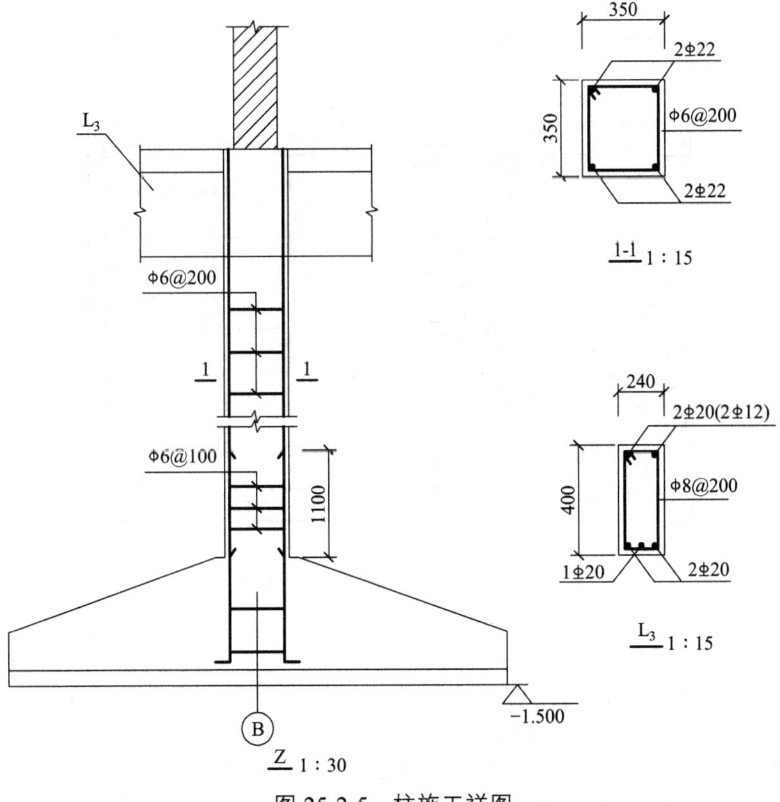

图 25-2-5 柱施工详图

三、梁施工图

梁施工图，即在梁平面布置图上采用截面注写方式表达的柱平法施工图。

1. 内　容

（1）轴网定位尺寸及编号。

（2）图名和比例。

（3）梁平面定位尺寸。

（4）梁编号、截面尺寸及配筋。

（5）层高表。

2. 图示（图 25-2-6 和图 25-2-7）

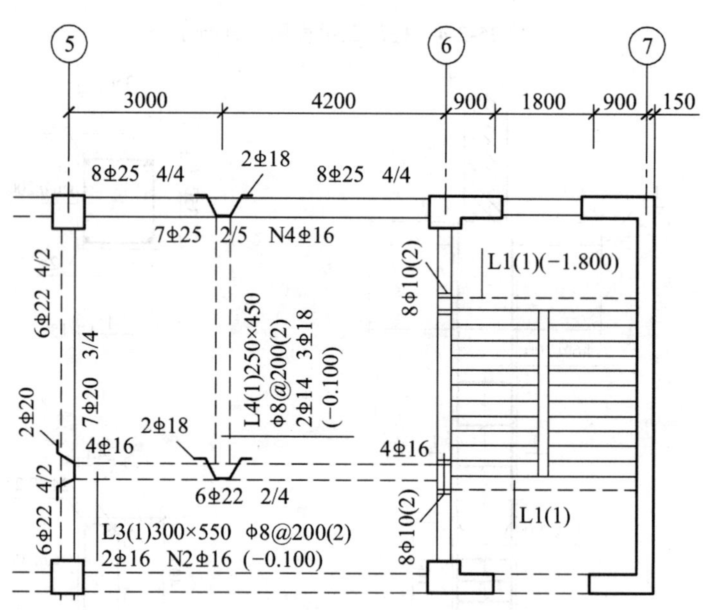

图 25-2-6　梁平面施工图（部分）

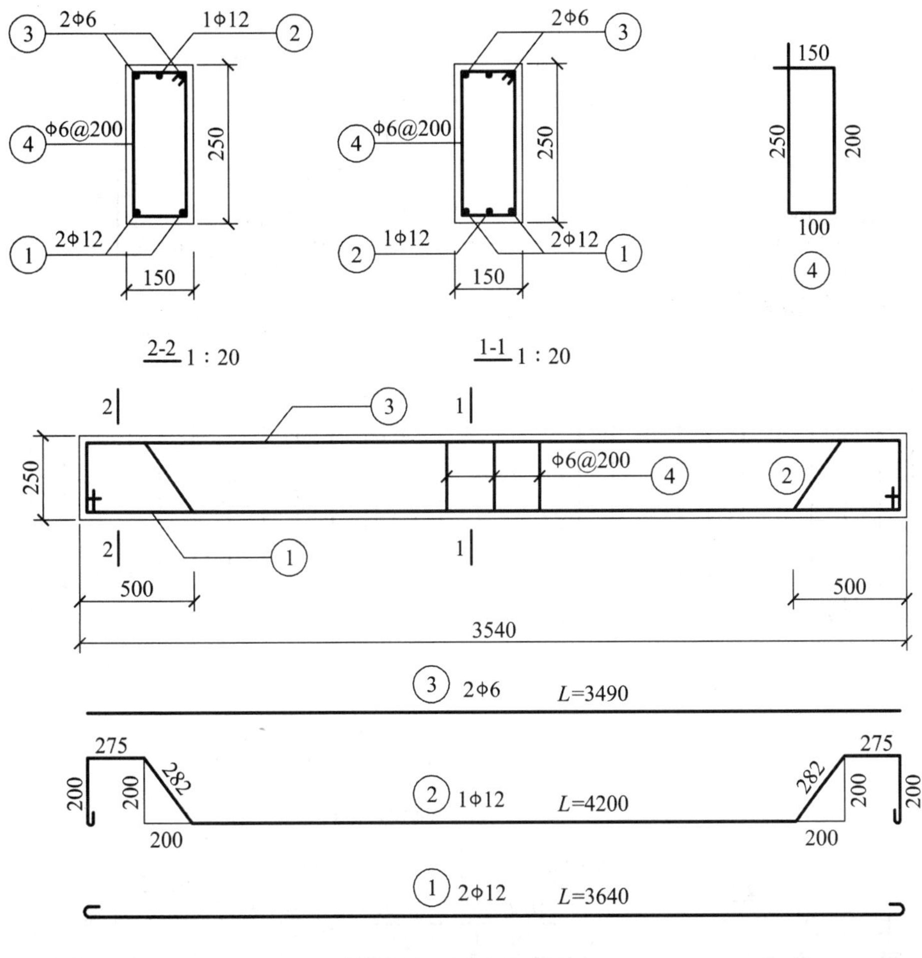

图 25-2-7　钢筋混凝土梁结构详图

四、板施工图

板施工图，即在板平面布置图上采用截面注写方式表达的柱平法施工图。

1. 内　容

（1）轴网定位尺寸及编号。

（2）图名和比例。

（3）板平面定位尺寸。

（4）板编号、板厚及配筋。

（5）层高表。

2. 图示（图 25-2-8）

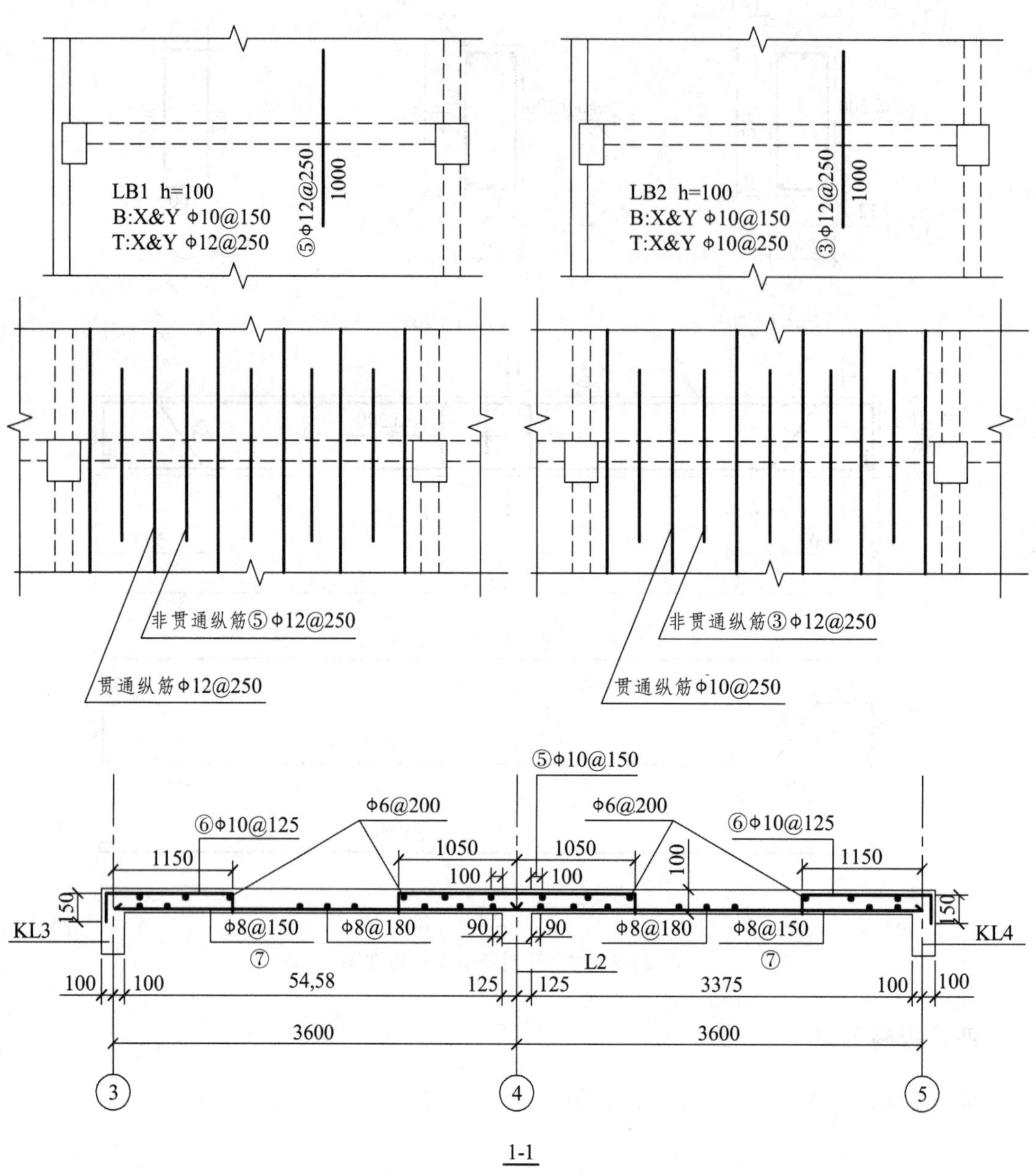

图 25-2-8 板的配筋图

【实训拓展】

建筑结构施工图表示的是建筑物各承重构件的布置、形状、大小、数量、类型、材料以及相互关系和结构形式等图样，通过任务学习，请查找并熟悉《混凝土结构施工图 平面整体表示方法制图规则和构造详图》图集。

任务三　道路路线工程图识读训练

【实训目的】

1. 让学生了解道路路线工程图组成。
2. 理解图中各种图文符号含义、熟悉制图标准。
3. 掌握识图技巧和要点，能正确识读图纸。

【实训内容】

一、路线平面图

路线平面图指道路中线及沿线地貌、地物在水平面上的投影图。

1. 内　容

（1）地形部分：比例（山岭 1∶2 000，丘陵和平原 1∶5 000）、方向（测量坐标网或指北针）、地形（等高线）、地物、地貌（图例表示）等。

（2）路线部分：路线走向（中心线）、里程桩“⊙”（每 100 m 设置一个百米桩）、平曲线、水准点（用于路线的高程测量）等。

2. 图示（图 25-3-1）

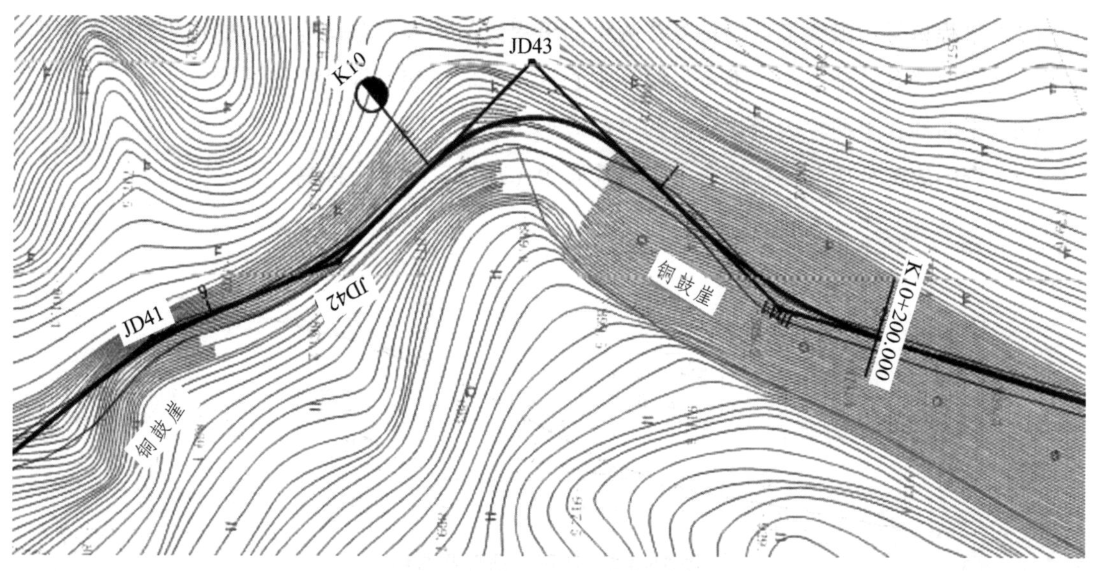

图 25-3-1　某路线平面图

二、路线纵断面图

路线纵断面图是通过沿公路中心线用假想的铅垂面进行剖切展开后获得的剖面图，用来表达路线中心处的地面起伏状况、地质情况、路线纵向设计坡度、竖曲线及沿线构造物设置情况，分为资料和图样两部分。

1. 内　容

1）图样部分

（1）比例：垂直方面的比例是水平方向比例的 10 倍。一般在山岭地区横向采用 1∶2 000，纵向采用 1∶200；在丘陵和平原地区横向采用 1∶5 000，纵向采用 1∶500。

（2）设计线为粗实线，原地面线为细实线；纵断面图的水平横向长度表示路线的里程，铅垂纵向高度表示高程。

（3）竖曲线分为凸和凹曲线，分别用“┏┳┓”和“┗┳┛”表示。

（4）工程构筑物应在设计线上方或下方用竖直引出线标注，并注明名称、规格和里程桩号。

（5）水准点应标注（上方或下方适当位置用细竖直引出线标注）。

2）资料部分

（1）地质概况：根据实测资料，在图中注出沿线各段的地质情况。

（2）坡度/坡长：标注设计线的纵向坡度及其长度。

（3）标高：表中有设计标高和地面标高两栏，与图样相互对应分别表示设计线和地面线上各点（桩号）的高程。

（4）挖填高度：指各点桩号对应的设计标高之差的绝对值。

（5）里程桩号：沿线各点的桩号按测量的里程数值填入，单位为米，桩号从左向右排列。在平、竖直曲线各特征点和水准点、桥涵中心点及地形突变点等处应增设桩号。

（6）平曲线：平曲栏表示该路段的平面线形。

（7）资料表部分应与图样部分上下对应布置（地质、坡度、标高）。

2. 图示（图 25-3-2 和图 25-3-3）

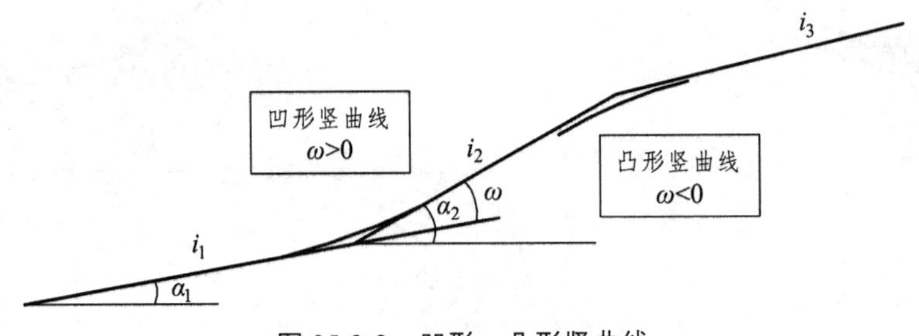

图 25-3-2　凹形、凸形竖曲线

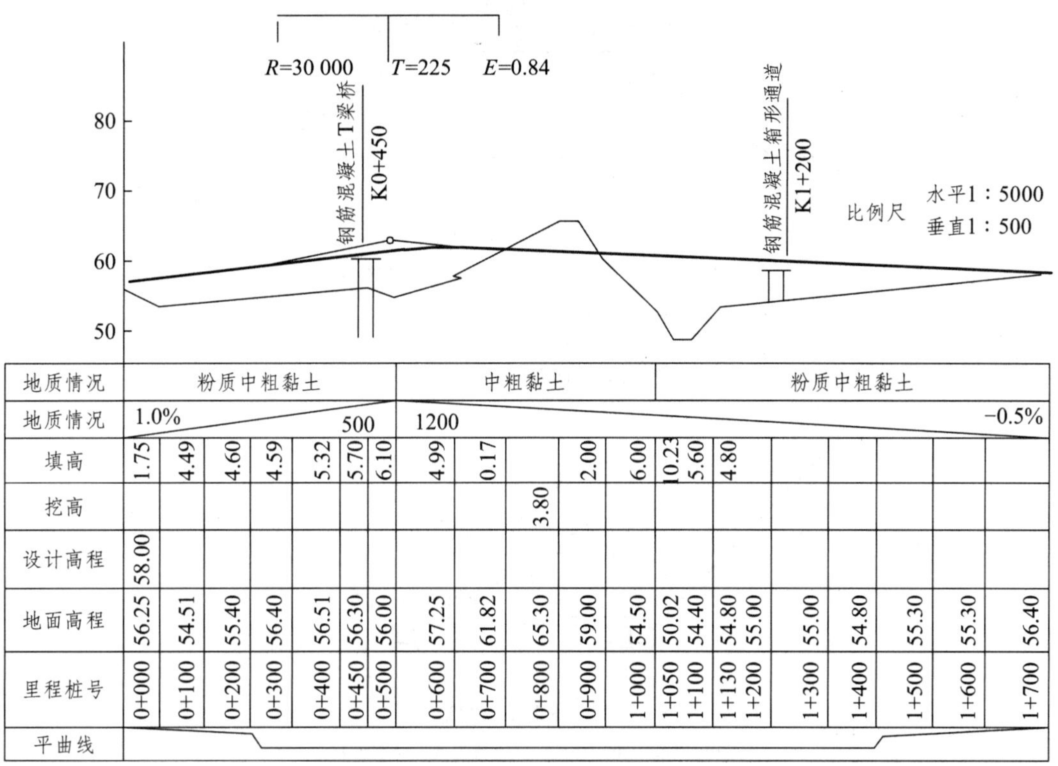

图 25-3-3　纵断面图

三、路基横断面图

路基横断面图，主要是表达路基横断面的形状和地面高低起伏状况。路基横断面图一般不画出路面层和路拱，以路基边缘的标高作为路中心的设计标高。

1. 路基横断面图的基本形式

（1）填方路基。整个路基全为填土区称为路堤。填土高度等于设计标高减去地面标高。填方边坡一般为 1：1.5。如图 25-3-4。

（2）挖方路基。整个路基全为挖土区称为路堑。挖土深度等于地面标高减去设计标高，挖方边坡一般为 1：1。如图 25-3-5。

（3）半填半挖路基。路基断面一部分为填土区，一部分为挖土区，是前两种路基的综合。如图 25-3-6。

2. 图 示

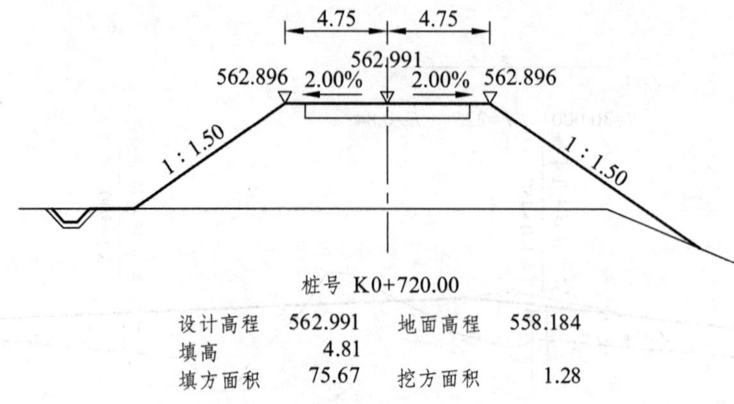

桩号 K0+720.00

设计高程 562.991 地面高程 558.184
填高 4.81
填方面积 75.67 挖方面积 1.28

图 25-3-4 路基横断面（填方）

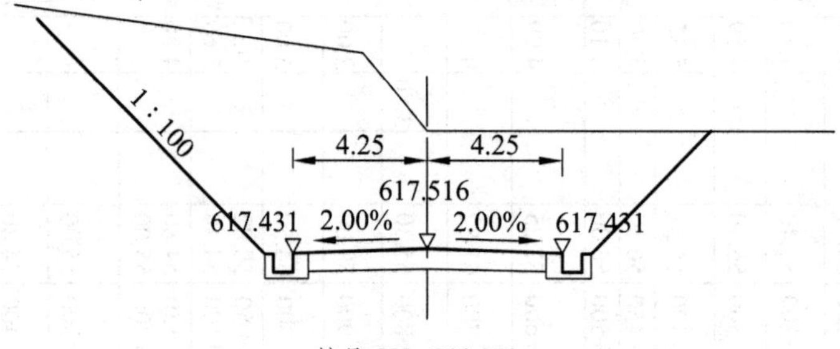

桩号 K2+201.833

设计高程 617.516 地面高程 621.148
挖深 3.63
填方面积 0.00 挖方面积 85.29

图 25-3-5 路基横断面（挖方）

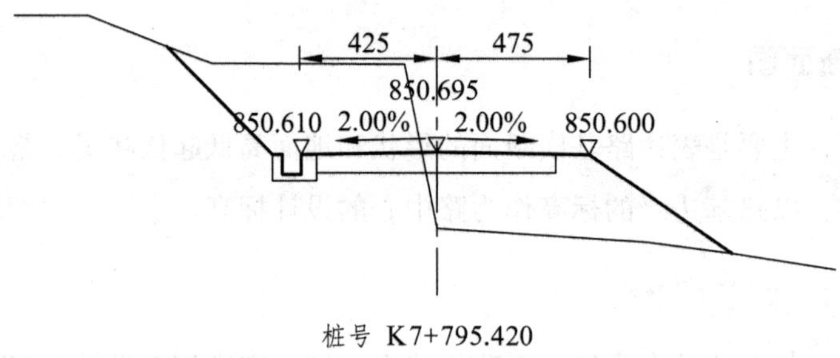

桩号 K7+795.420

设计高程 850.695 地面高程 848.385
填高 2.31
填方面积 15.25 挖方面积 18.62

图 25-3-6 路基横断面（半挖半填）

【实训拓展】

通过对此图 25-3-1 和图 25-3-3，如何理解平曲线和竖曲线，有哪些相似和不同？

任务四　桥梁工程图识读训练

【实训目的】

1. 了解桥梁工程施工图组成。
2. 锻炼学生识读图的能力和提高相关综合专业知识。
3. 掌握识图技巧和要点，能正确识读图纸。

【实训内容】

一、桥位平面图

桥位平面图是通过地形测量绘出桥位处的道路、河流、水准点、钻孔及附近的地形和地物，以便作为桥梁设计、施工定位的依据。其作用是表示桥梁与路线所连接的平面位置，以及桥位处的地形、地物等情况，其图示方法与路线平面图相同，只是所用的比例较大。

1. 内　容

1）桥　位

（1）坐标系及指北针：表示方位和路线的走向。

（2）桥位标注：表示桥梁在线路上的里程位置和桥型。

2）地　物

桥位处的道路、河流、水准点、地质钻孔及附近的地形地物情况等。

3）其　他

（1）绘图比例：1∶500；1∶1 000；1∶2 000 等。

（2）图纸序号和总张数：在每张图纸的右上角或标题栏内。

2. 图示（图 25-4-1）

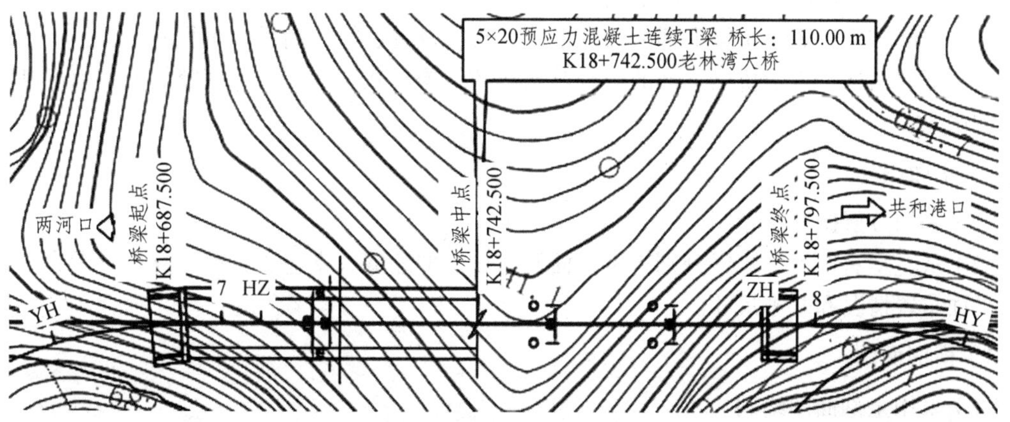

图 25-4-1　某桥位平面图

二、桥位地质断面图

桥位地质断面图是根据水文调查和地质钻探所得的资料，绘制的河床地质断面图，用以表示桥梁所在位置的地质水文情况，包括河床断面线、地质分界线，特殊水位线（最高水位、常水位和最低水位）。

地质断面图为了显示地质和河床深度变化情况，特意把地形高度（标高）的比例较水平方向比例放大数倍画出。

1. 内　容

1）地质情况

（1）河床断面（原始地形断面）。

（2）地质钻孔：表示地下岩层分布变化情况。

2）水文情况

最高水位线、最低水位线、设计水位线等。

3）其　他

（1）绘图比例：1∶500；1∶1 000；1∶2 000 等。

（2）图纸序号和总张数：在每张图纸的右上角或标题栏内。

2. 图　示

请参阅图 25-4-2。

三、桥梁总体布置图

桥梁总体布置图是指导桥梁施工的主要图样，它主要表明桥梁的型式、跨径、孔数、总体尺寸、桥面宽度、桥梁各部分的标高、各主要构件的相互位置关系及总的技术说明等，作为施工时确定墩台位置、安装构件和控制标高的依据。它一般由立面图（或纵断面图）、平面图和剖面图组成。

1. 内　容

1）立面图

（1）采用全剖面图或半剖面图绘制。

（2）上部结构：表示桥梁上部的结构形式、跨径设置、桥面高程、里程桩号等。

（3）下部结构：表示桥梁下部的墩台及基础的结构形式、高程、深度及简要的河床断面水文地质情况。

2）平面图

（1）采用分层掀开法绘制。

（2）从左至右按上下顺序分别表示桥面及防护、伸缩缝、支座、盖梁、立柱、承台、基础等的平面布置情况和基本尺寸。

3）横剖面图

（1）采用全剖面图绘制。

（2）表示桥梁上部、下部结构及布置情况、桥梁宽度和高度方向的基本尺寸。

2. 图　示

请参阅图 25-4-3。

四、桥梁构件结构图

在总体布置图中，桥梁构件的尺寸无法详细完整地表达，因此需要根据总体布置图采用较大的比例把构件的形状、大小完整表达出来，以作为施工的依据，这种图称为构件结构图，简称构件图或构造图。

1. 内　容

1）桥台工程图

（1）桥台一般构造图：立面、平面、侧面。

① 立面：采用剖切法，表示桥台形状、长度与高度方向的位置、尺寸和高程。

② 平面：采用掀开法，表达桥台各部分相对位置、形状、长度与宽度方向尺寸。

③ 侧面：由台前图和台后图各取一半合并而成，表达桥台各部分相对位置、形状、长度与宽度方向尺寸。

（2）钢筋结构图：钢筋种类和样式、钢筋数量表。

2）桥墩工程图

（1）桥墩一般构造图：立面、平面、侧面

① 立面：采用剖切法，表示桥墩形状、长度与高度方向的位置、尺寸和高程。

② 平面：采用掀开法，表达桥墩各部分相对位置、形状、长度与宽度方向尺寸。

③ 侧面：表达桥墩各部分相对位置、形状、长度与宽度方向尺寸。

（2）钢筋结构图：钢筋种类和样式、钢筋数量表。

3）基础工程图

（1）基础一般构造图：剖面、平面。

① 剖面：采用剖切法，表示基础形状、长度与高度方向的位置、尺寸和高程。

② 平面：采用掀开法，表达基础各部分相对位置、形状、长度与宽度方向尺寸。

（2）钢筋结构图：钢筋种类和样式、钢筋数量表。

4）主梁工程图

（1）主梁一般构造图：立面、平面、剖面。

① 立面：表示主梁形状、长度与高度方向的位置、尺寸。

② 平面：表达主梁各部分相对位置、形状、长度与宽度方向尺寸。

③ 剖面：采用剖切法，表达主梁各部分相对位置、形状、长度与宽度方向尺寸。

（2）钢筋结构图：钢筋种类和样式（普通钢筋、预应力钢筋）、钢筋数量表。

2. 图　示

请参阅图 25-4-4 ~ 图 25-4-6。

【实训拓展】

参考图 25-4-4 和图 25-4-6 所示，如图根据图纸信息计算出混凝土和钢筋的数量（写出计算过程）？

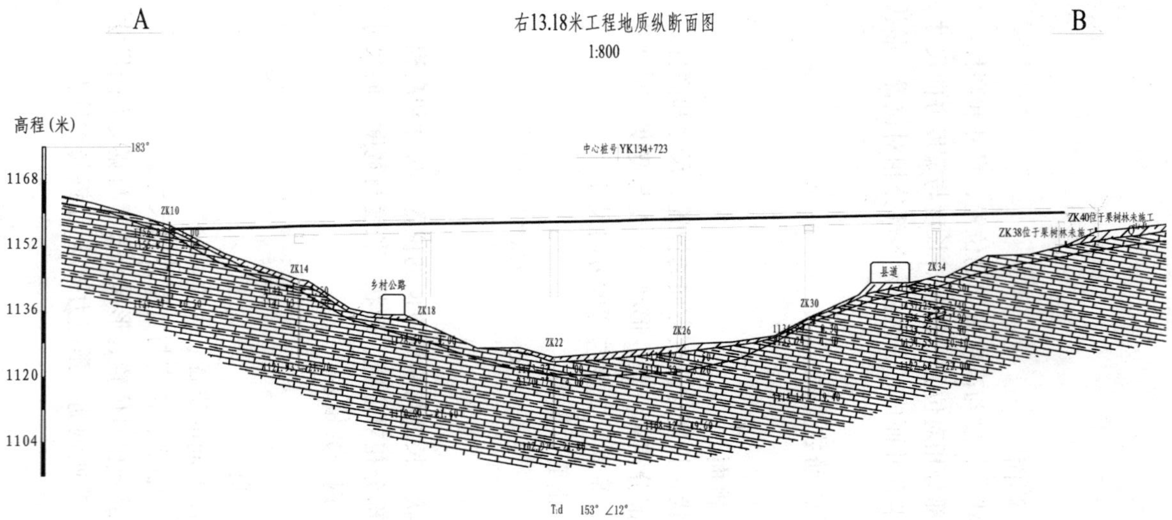

A　　　　右13.18米工程地质纵断面图　　　　B

1:800

高程(米)

1168
1152
1136
1120
1104

183°

中心桩号 YK134+723

ZK10　ZK14　乡村公路　ZK18　ZK22　ZK26　ZK30　县道　ZK34

ZK38位于果树林未施工

ZK40位于果树林未施工

T₁d　153° ∠12°

里程桩号(米)	YK134+617.5 右15.5米	YK134+648 右13.18米	YK134+678 右13.18米	YK134+708 右13.18米	YK134+738 右13.18米	YK134+768 右13.18米	YK134+798 右13.18米	YK134+828.5 右15.5米	YK134+835.5 右15.5米
地面高程(米)	1156.92	1143.63	1132.50	1124.77	1127.72	1134.54	1144.65	1152.38	1155.61
覆盖层厚度(米)	1.00	1.50	0.00	1.00	1.50	0.30	0.00	0.00	2.10
基岩顶面高程(米)	1155.92	1142.13	1132.50	1123.77	1126.22	1134.24	1144.65	1152.38	1153.51
强风化层厚度(米)	0.80	1.00	4.00	3.00	4.70	1.00	2.50	2.80	2.30
强风化层底面高程(米)	1155.12	1141.13	1128.50	1120.77	1121.52	1133.24	1142.15	1149.58	1151.21
建议持力层顶面高程(米)	1154.00	1138.00	1127.00	1119.00	1120.00	1132.00	1142.00(1141.00)	1148.00	1150.00
地基承载力基本容许值(kPa)	$[f_{a0}]=2000$						$[f_{a0}]=2000$	$[f_{a0}]=2000$	$[f_{a0}]=2000$
饱和单轴抗压强度标准值(MPa)		$f_{rk}=31$	$f_{rk}=31$	$f_{rk}=31$	$f_{rk}=31$	$f_{rk}=31$	($f_{rk}=31$)		

图 25-4-2　某桥位地质断面图

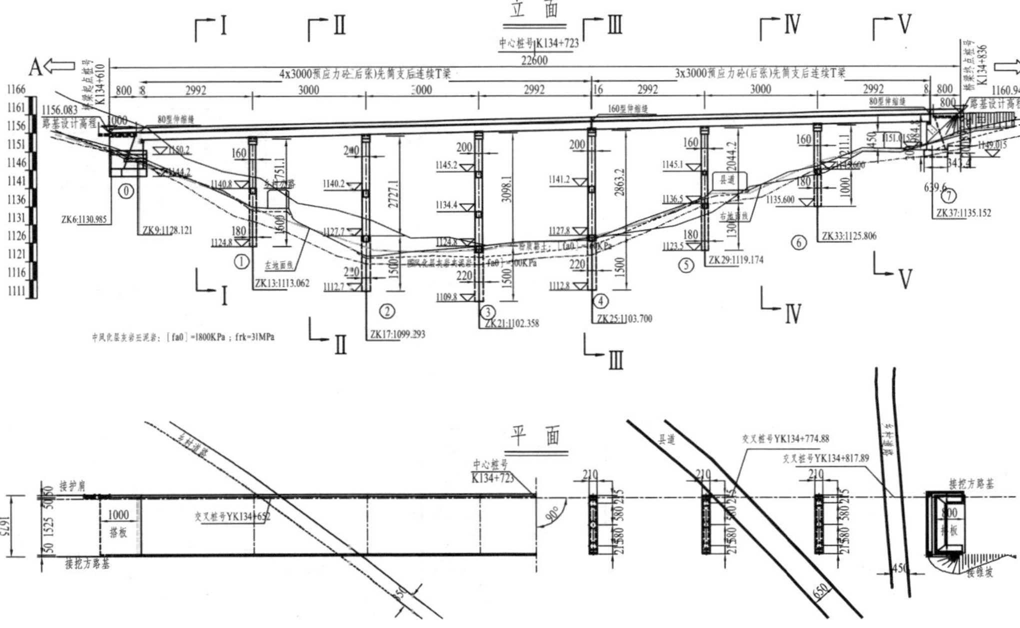

里程桩号	设计高程(m)	地面高程(m)
K134+6[illegible]		1150.089 / 1147.498
+618	1156.259	
+630		1143.800
+640		1140.207
+648	1156.919	
+650		1134.598
+660		1130.881
+670		1127.456
+678	1157.579	
+680		1123.817
+690		1123.287
+700		1123.334
+708	1158.239	
+710		1124.114
+720		1125.987
+730		1126.036
+738	1158.899	
+740		1127.753
+750		1130.605
+760		1134.052
+768	1159.549	
+770		1139.207
+780		1139.178
+790		1143.981
+798	1160.178	
+800		1148.321
+810		1150.673
+820		1150.473
+828	1160.784	
+833		1154.542

项目	数值
坡度(%) / 坡长(m)	2.200 / 620.788
竖曲线要素	R=40000.000　T=159.989　E=0.320
平曲线要素	R=∞　L=306.447

图 25-4-3　某桥型布置图

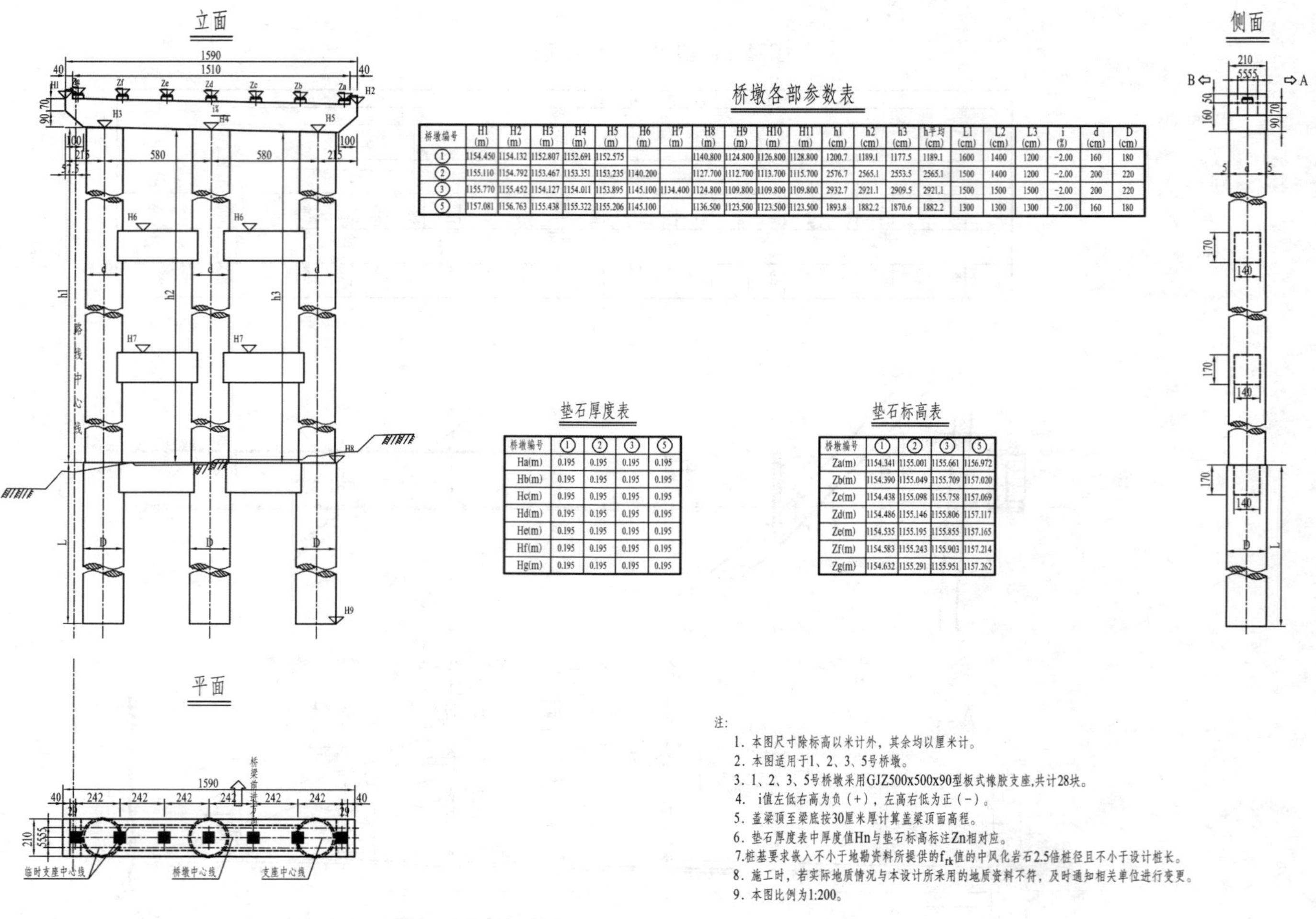

桥墩各部参数表

桥墩编号	H1 (m)	H2 (m)	H3 (m)	H4 (m)	H5 (m)	H6 (m)	H7 (m)	H8 (m)	H9 (m)	H10 (m)	H11 (m)	h1 (cm)	h2 (cm)	h3 (cm)	h平均 (cm)	L1 (cm)	L2 (cm)	L3 (cm)	i (%)	d (cm)	D (cm)
①	1154.450	1154.132	1152.807	1152.691	1152.575			1140.800	1124.800	1126.800	1128.800	1200.7	1189.1	1177.5	1189.1	1600	1400	1200	−2.00	160	180
②	1155.110	1154.792	1153.467	1153.351	1153.235	1140.200		1127.700	1112.700	1113.700	1115.700	2576.7	2565.1	2553.5	2565.1	1500	1400	1200	−2.00	200	220
③	1155.770	1155.452	1154.127	1154.011	1153.895	1145.100	1134.400	1124.800	1109.800	1109.800	1109.800	2932.7	2921.1	2909.5	2921.1	1500	1500	1500	−2.00	200	220
⑤	1157.081	1156.763	1155.438	1155.322	1155.206	1145.100		1136.500	1123.500	1123.500	1123.500	1893.8	1882.2	1870.6	1882.2	1300	1300	1300	−2.00	160	180

垫石厚度表

桥墩编号	①	②	③	⑤
Ha(m)	0.195	0.195	0.195	0.195
Hb(m)	0.195	0.195	0.195	0.195
Hc(m)	0.195	0.195	0.195	0.195
Hd(m)	0.195	0.195	0.195	0.195
He(m)	0.195	0.195	0.195	0.195
Hf(m)	0.195	0.195	0.195	0.195
Hg(m)	0.195	0.195	0.195	0.195

垫石标高表

桥墩编号	①	②	③	⑤
Za(m)	1154.341	1155.001	1155.661	1156.972
Zb(m)	1154.390	1155.049	1155.709	1157.020
Zc(m)	1154.438	1155.098	1155.758	1157.069
Zd(m)	1154.486	1155.146	1155.806	1157.117
Ze(m)	1154.535	1155.195	1155.855	1157.165
Zf(m)	1154.583	1155.243	1155.903	1157.214
Zg(m)	1154.632	1155.291	1155.951	1157.262

注：

1. 本图尺寸除标高以米计外，其余均以厘米计。
2. 本图适用于1、2、3、5号桥墩。
3. 1、2、3、5号桥墩采用GJZ500x500x90型板式橡胶支座,共计28块。
4. i值左低右高为负（+），左高右低为正（-）。
5. 盖梁顶至梁底按30厘米厚计算盖梁顶面高程。
6. 垫石厚度表中厚度值Hn与垫石标高标注Zn相对应。
7. 桩基要求嵌入不小于地勘资料所提供的f_{rk}值的中风化岩石2.5倍桩径且不小于设计桩长。
8. 施工时，若实际地质情况与本设计所采用的地质资料不符，及时通知相关单位进行变更。
9. 本图比例为1:200。

图 25-4-4　桥墩一般构造图

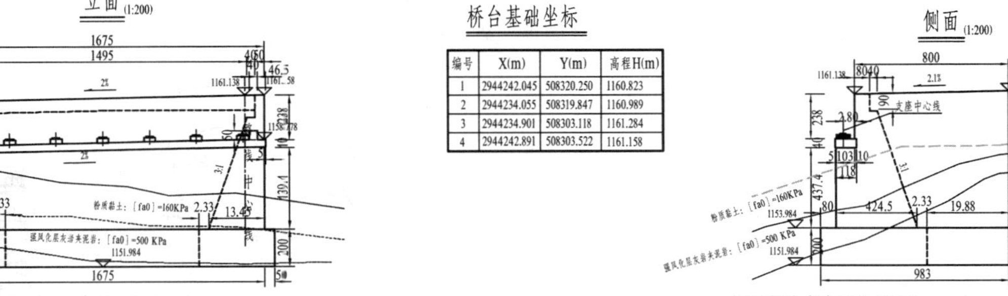

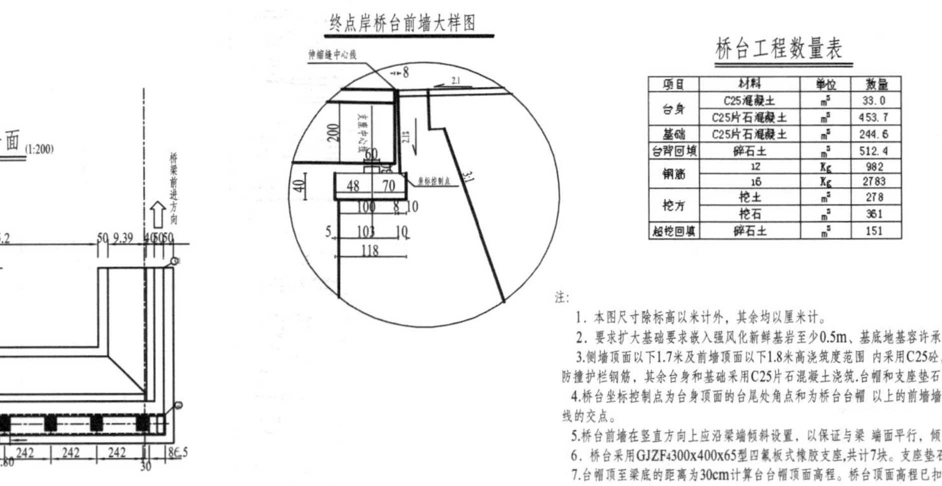

桥台基础坐标

编号	X(m)	Y(m)	高程H(m)
1	2944242.045	508320.250	1160.823
2	2944234.055	508319.847	1160.989
3	2944234.901	508303.118	1161.284
4	2944242.891	508303.522	1161.158

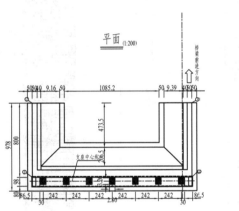

桥台工程数量表

项目	材料	单位	数量
台身	C25混凝土	m^3	33.0
	C25片石混凝土	m^3	453.7
基础	C25片石混凝土	m^3	244.6
台背回填	碎石土	m^3	512.4
钢筋	12	Kg	982
	16	Kg	2783
挖方	挖土	m^3	278
	挖石	m^3	361
超挖回填	碎石土	m^3	151

注：

1．本图尺寸除标高以米计外，其余均以厘米计。

2．要求扩大基础要求嵌入强风化新鲜基岩至少0.5m、基底地基容许承载力[fa0]≥0.5MPa。

3.侧墙顶面以下1.7米及前墙顶面以下1.8米高浇筑度范围 内采用C25砼，以便预埋伸缩缝钢筋和防撞护栏钢筋，其余台身和基础采用C25片石混凝土浇筑.台帽和支座垫石采 用C30混凝土浇筑.

4.桥台坐标控制点为台身顶面的台尾处角点和为桥台台帽 以上的前墙墙身的底边缘线与路基边缘线的交点。

5.桥台前墙在竖直方向上应沿梁端倾斜设置，以保证与梁 端面平行，倾斜角与桥面纵坡相同。

6．桥台采用GJZF₄300x400x65型四氟板式橡胶支座,共计7块。支座垫石为60x70x18.3cm

7.台帽顶至梁底的距离为30cm计算台台帽顶面高程。桥台顶面高程已扣除桥面铺装厚度10cm。

8．本图比例为1:200。

图 25-4-5　桥台一般构造图

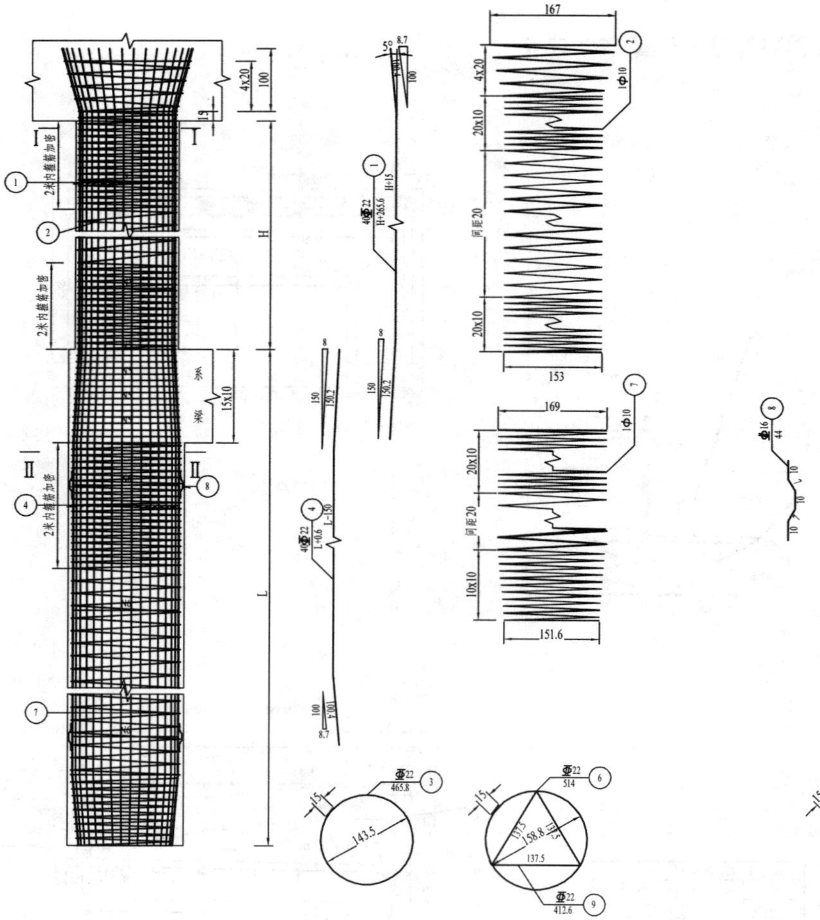

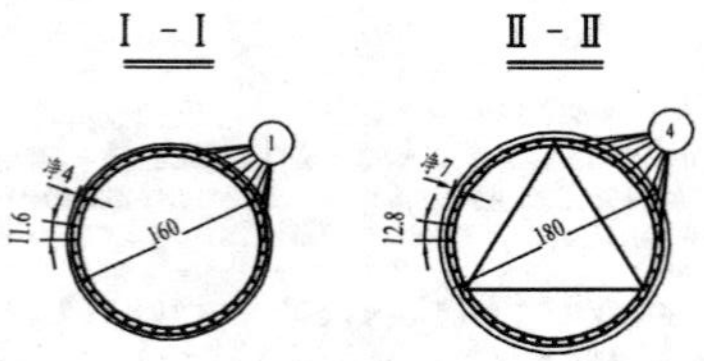

注：

1. 本图尺寸除钢筋直径以毫米计外，其余均以厘米为单位。
2. 加强钢筋N3自墩帽底以上15厘米起向下每隔两米焊接一根。N6、N9加强钢筋自系梁底起,向下每隔两米设一道。
3. 定位钢筋N9点焊于N6钢筋上，上下层错开布置。
4. 伸入盖梁内钢筋应做成与竖直线成5度角的喇叭形。
5. 图中N1、N4钢筋，箍筋接头采用双面焊，焊缝长度不小于5d。
6. 本图适用于左幅1、2、3、4、9、14、15，右幅1、5、6号墩。
7. 图号与本图一致的原设计作废，以本图为准。

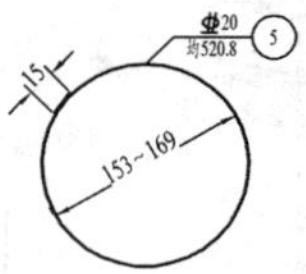

图 25-4-6　桥墩配筋图

项目二十六　工程 CAD 制图实训

任务一　二维图形的绘制训练

【实训目的】

1. 了解 CAD 软件的基本操作步骤；
2. 掌握 CAD 软件的基本绘图命令和修改命令；
3. 掌握 CAD 软件绘制二维图形的基本方法和使用技巧，提高用所学知识解决问题的能力。

【实训内容】

一、基本知识

（1）CAD 界面，如图 26-1-1。

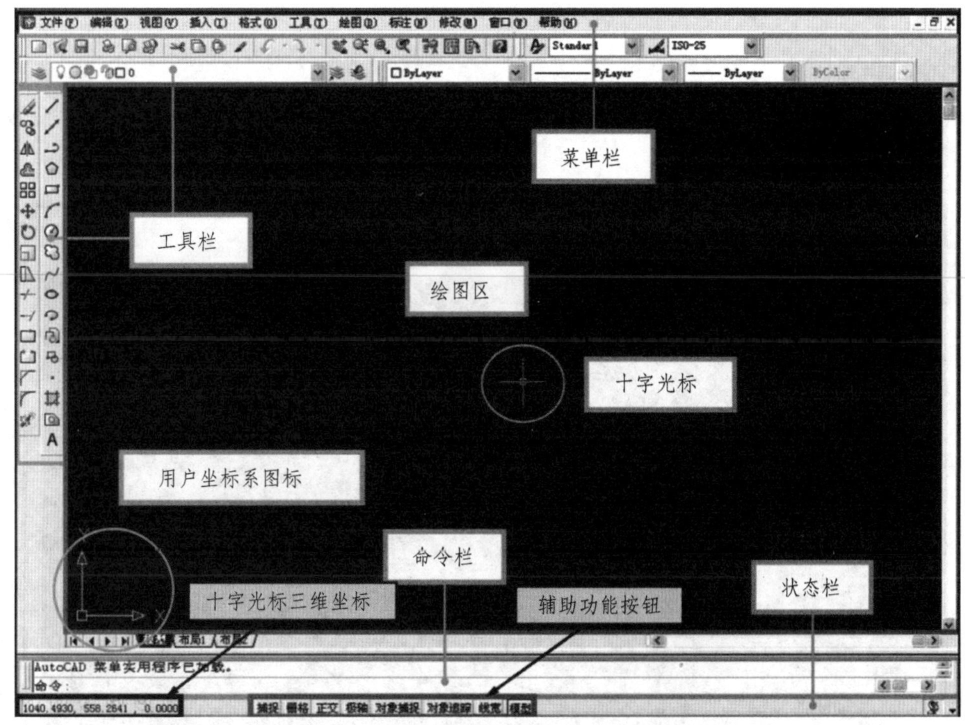

图 26-1-1　CAD 界面

（2）输入命令的方式。

绘图过程中常用的命令执行方式有三种：菜单栏输入、工具栏输入、命令行输入，个别命令只能通过命令行输入或对话框选择。

① 菜单栏输入。

在菜单栏选项下，点选命令后，会在状态栏中显示当前选择命令的命令名和相对应的命令说明。如下图 26-1-2。

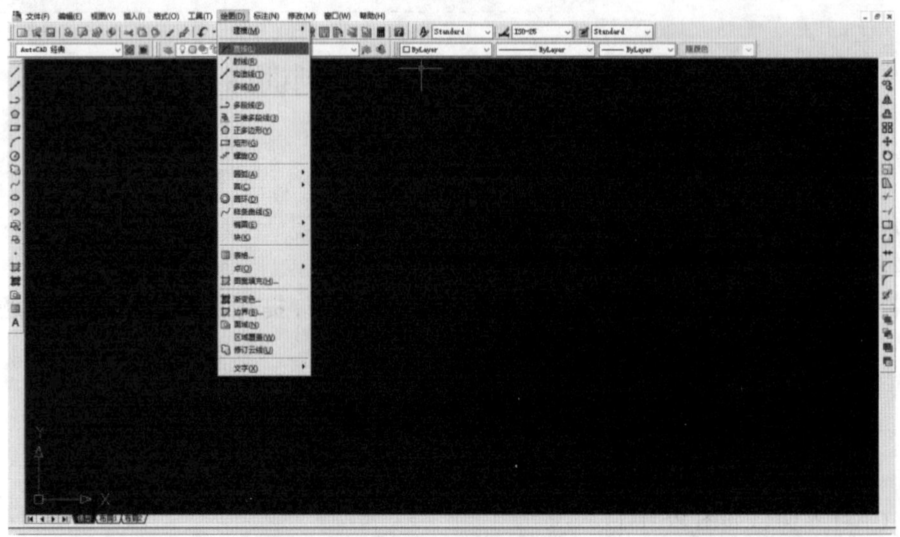

图 26-1-2 菜单栏选项

② 工具栏输入。

鼠标左键激活命令，然后在绘图窗口再次单击鼠标左键确定工作起点，执行命令，如下图 26-1-3。

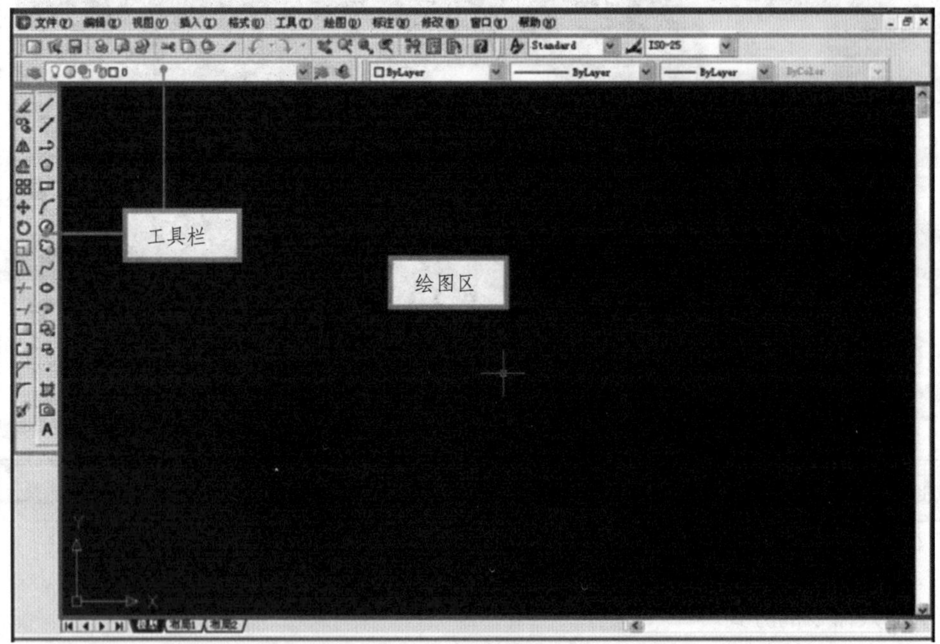

图 26-1-3 工具栏及绘图区

③ 命令行输入。

在命令行窗口单击鼠标左键，闪动光标后输入命令名或命令缩写字母（命令输入以英文字符出现，不区分大小写），然后按下回车或空格键激活命令，在绘图窗口单击左键后确定工作起点，执行命令，如下图 26-1-4。

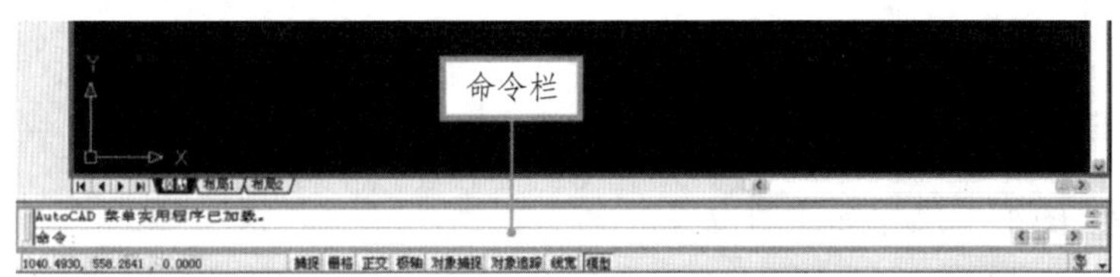

图 26-1-4　命令栏

（3）常用绘图命令快捷键，如表 26-1-1。

表 26-1-1　绘图命令快捷键

命令名称	快捷键	命令名称	快捷键	命令名称	快捷键
直线	L	单行文字	DT	圆角	F
构造线	XL	多行文字	T	打断	BR
多段线	PL	文字样式	ST	合并	J
多线	ML	删除	E	分解	X
点	PO	修剪	TR	标注样式	D
矩形	REC	复制	CO	线性标注	DLI
正多边形	POL	移动	M	对齐标注	DAL
圆	C	旋转	RO	半径标注	DRA
圆弧	A	缩放	SC	直径标注	DDI
椭圆	EL	延伸	EX	角度标注	DAN
圆环	DO	拉伸	S	弧度标注	DAR
定数等分	DIV	偏移	O	图层	LA
定距等分	ME	镜像	MI	恢复	OOPS
插入块	I	阵列	AR	重生成	RE
创建块	B	倒角	CHA	正交	F8

二、实训具体步骤

（1）确定画图比例和图纸图幅：根据所画物体的大小和数量选用

（2）运用 CAD 命令绘制二维图：根据所给参照图抄绘，设置线型，分清主要轮廓线和辅助线。

（3）标注尺寸：将绘制完成的二维图形标注相应比例的尺寸。

三、二维图形主要绘制内容

（1）绘制二维参照图的主要轮廓线。

（2）绘制二维参照图的辅助线。

（3）标注尺寸。

四、实训注意事项

（1）看清抄绘图纸上尺寸标注的位置。

（2）分清楚半径和直径。

（3）用相对应的线型画二维图形相对应的部分。

（4）用适当的比例进行尺寸标注。

五、学生实训报告要求

（1）必须在规定的时间内提交报告资料。

（2）报告资料：习题练习电子档及实训报告。

（3）实训报告写自己的心得体会，以及意见或建议，不得少于 200 字，书写要工整。

六、案例分析

1. 案例 1

用所学 CAD 命令绘制图 26-1-5。

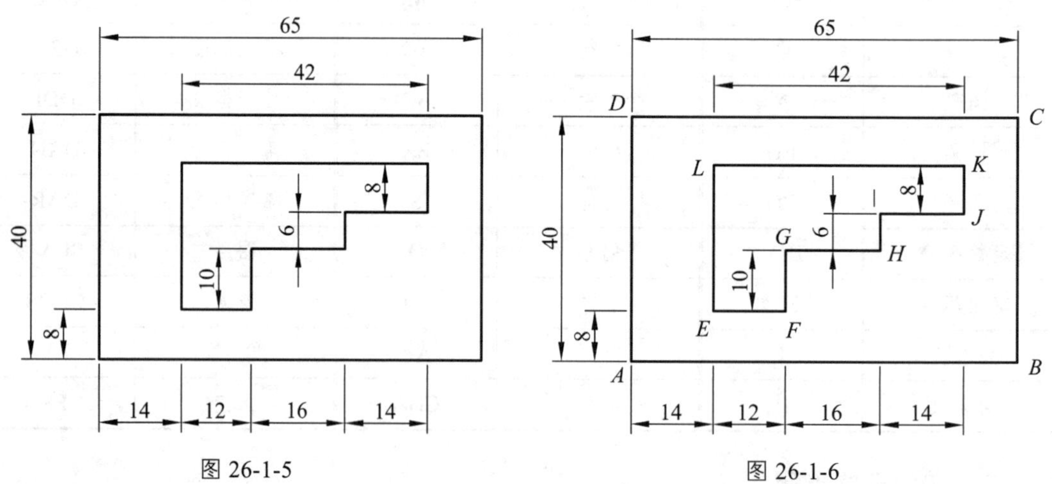

图 26-1-5　　图 26-1-6

解题步骤：

（1）根据图中已知条件（为了表示清晰，将图 26-1-5 中的每一个交点进行编号，如图 26-1-6），先绘制图中最外面的矩形 *ABCD*。

画法 1：用直线命令绘制。

① 在命令栏输入直线命令快捷键“L”（如图 26-1-7）之后按下回车键或者空格键，当命令栏显示“指定第一点”时（如图 26-1-8），这样就可以在绘图区绘制直线。

正在重生成模型。
; 错误: ARXLOAD 失败
AutoCAD 菜单实用程序已加载。
命令: L
379.9669, 263.1126, 0.0000
捕捉 栅格 正交 极轴 对象捕捉

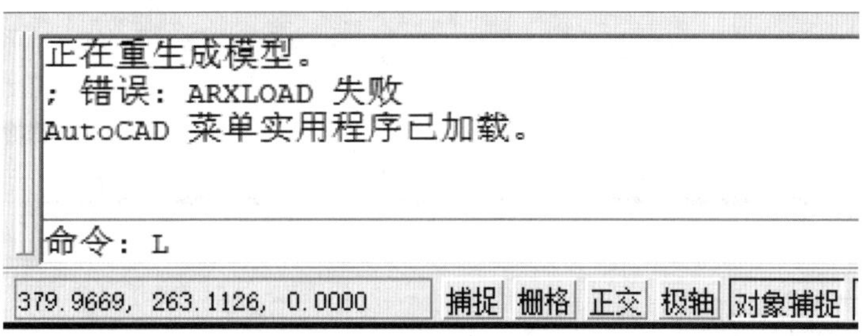

图 26-1-7　执行直线命令

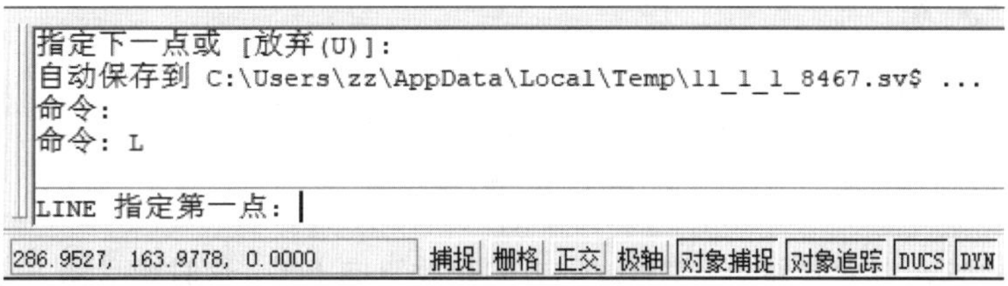

指定下一点或 [放弃(U)]:
自动保存到 C:\Users\zz\AppData\Local\Temp\11_1_1_8467.sv$ ...
命令:
命令: L
LINE 指定第一点:
286.9527, 163.9778, 0.0000
捕捉 栅格 正交 极轴 对象捕捉 对象追踪 DUCS DYN

图 26-1-8　指定直线第一个点

② 在绘图区内用鼠标左键任意点一点，这一点就可以作为图 26-1-6 中的 *A* 点，这时命令栏显示“指定下一点或[放弃（U）]”，随着鼠标移动即可看到任意一段直线（如图 26-1-9），鼠标移动的方向就是绘制的直线的方向。

24.6951
指定下一点或
29°
A
Y
X
模型 布局1 布局2
自动保存到 C:\Users\zz\AppData\Local\Temp\11_1_1_8467.sv$ ...
命令:
命令: L
LINE 指定第一点:
指定下一点或 [放弃(U)]:
300.6485, 187.5742, 0.0000
捕捉 栅格 正交 极轴 对象捕捉 对象追踪 DUCS DYN 线宽

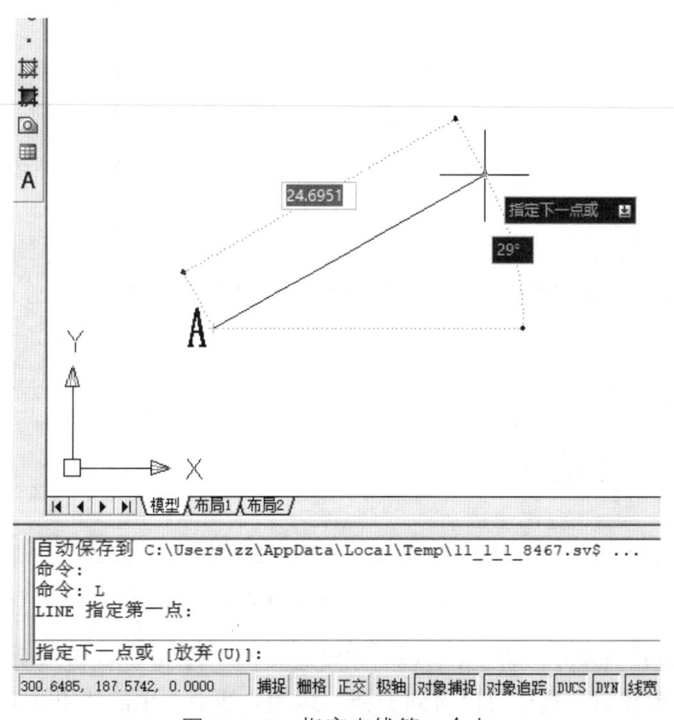

图 26-1-9　指定直线第二个点

③ 由于现在需要绘制水平及垂直的直线段，所以可以打开正交（键盘按 F8 键），鼠标向右拉出水平线段，键盘输入 *AB* 段的长度“65”后，按下回车键或空格键，这样可以得到 *B* 点（如图 26-1-10）。

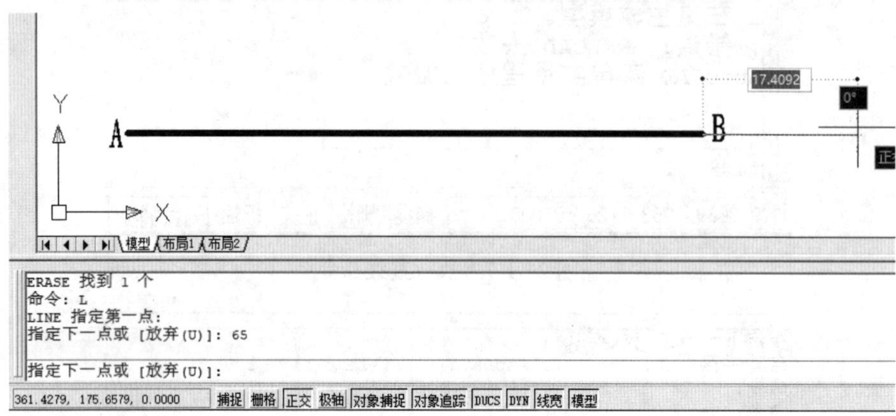

图 26-1-10　绘制直线 *AB*

④ 这时鼠标向 *B* 点上方移动，使直线的方向是垂直向上的，这时键盘输入 *BC* 段长度“40”，按下回车键或空格键，这样可以得到 *C* 点（如图 26-1-11）。

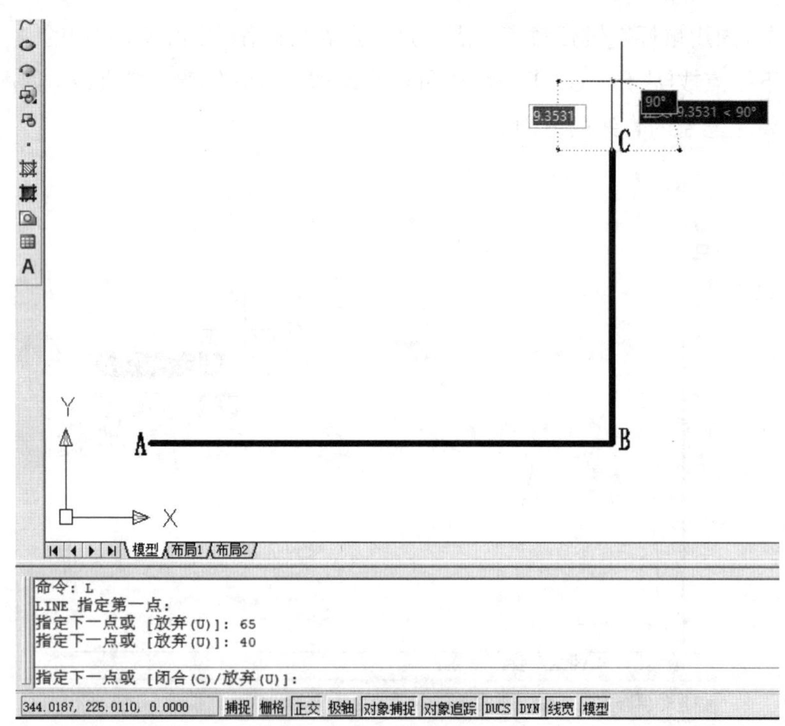

图 26-1-11　绘制直线 *BC*

⑤ 这时鼠标向 *C* 点左方移动，使直线的方向是水平向左的，这时键盘输入 *CD* 段长度“65”后，按下回车键或空格键，这样可以得到 *D* 点，运用直线命令中的“闭合（C）”子命令，键盘输入“C”后，按下回车键或空格键，使起点 *A* 和终点 *D* 连接起来，并结束直线命令（如图 26-1-12）。

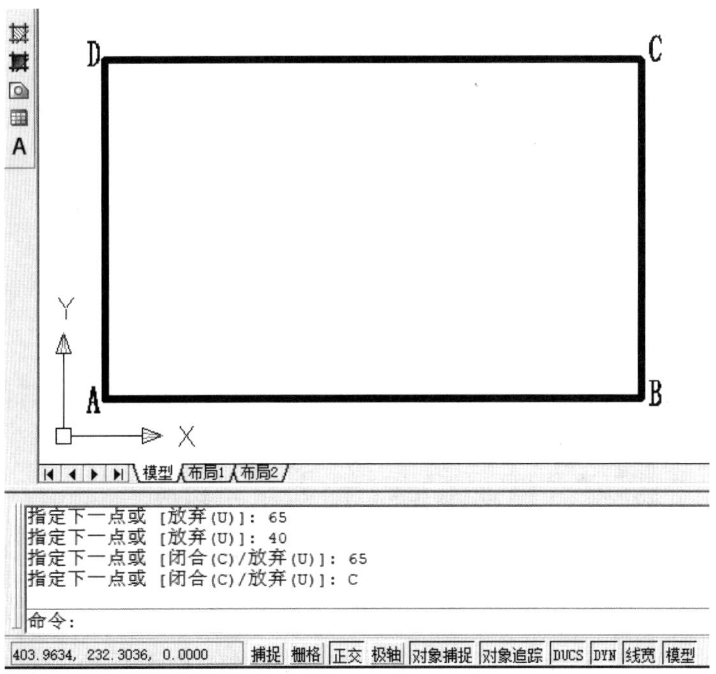

图 26-1-12　绘制完矩形 *ABCD*

画法 2：用矩形命令绘制。

① 在命令栏输入矩形命令快捷键“REC”（如图 26-1-13）之后按下回车键或者空格键，当命令栏显示“指定第一个角点”时（如图 26-1-14），这样就可以在绘图区绘制矩形。

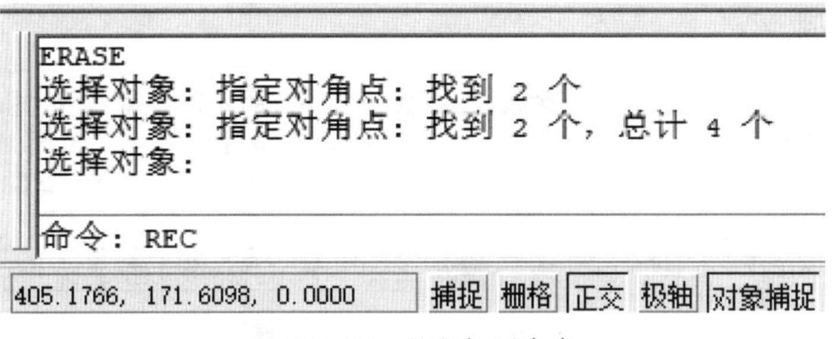

图 26-1-13　执行矩形命令

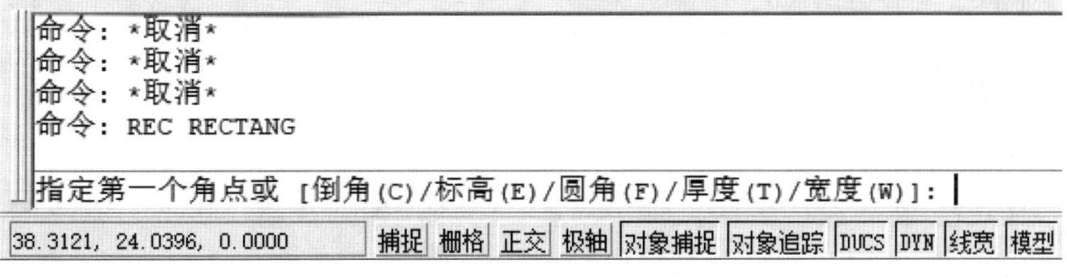

图 26-1-14　指定矩形第一个角点

② 在绘图区内用鼠标左键任意点一点，这一点就可以作为图 26-1-6 中的 *A* 点，这时命令栏显示“指定另第一个角点”，随着鼠标移动即可看到任意大小的矩形（如图 26-1-15）。

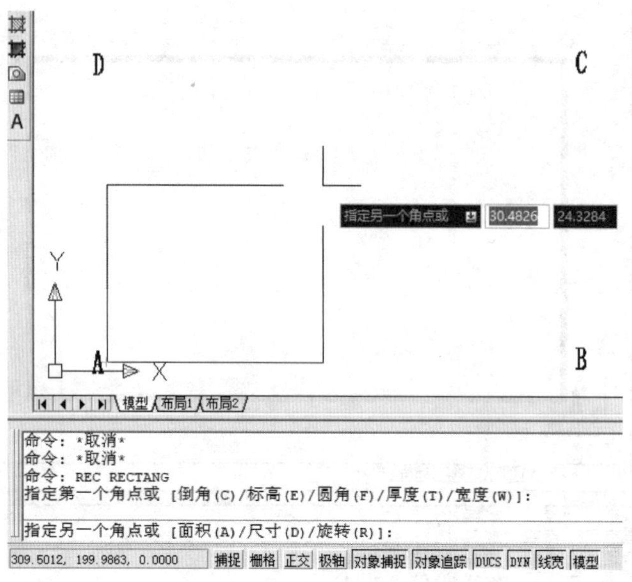

图 26-1-15　确定矩形角点 *A*

③ 由于现在已知矩形尺寸，所以可以运用矩形子命令“尺寸（D）”，键盘输入“D”回车或空格，命令行显示“指定矩形的长度”（如图 26-1-16），键盘输入矩形的长度“65”回车或空格，命令行显示“指定矩形的宽度”（如图 26-1-17），键盘输入矩形的宽度“40”回车或空格，之后就确定位置，有四个位置可以选择，分别是 *A* 点的左上方、右上方、左下方、右下方，鼠标左键点击选择最终的位置即可。

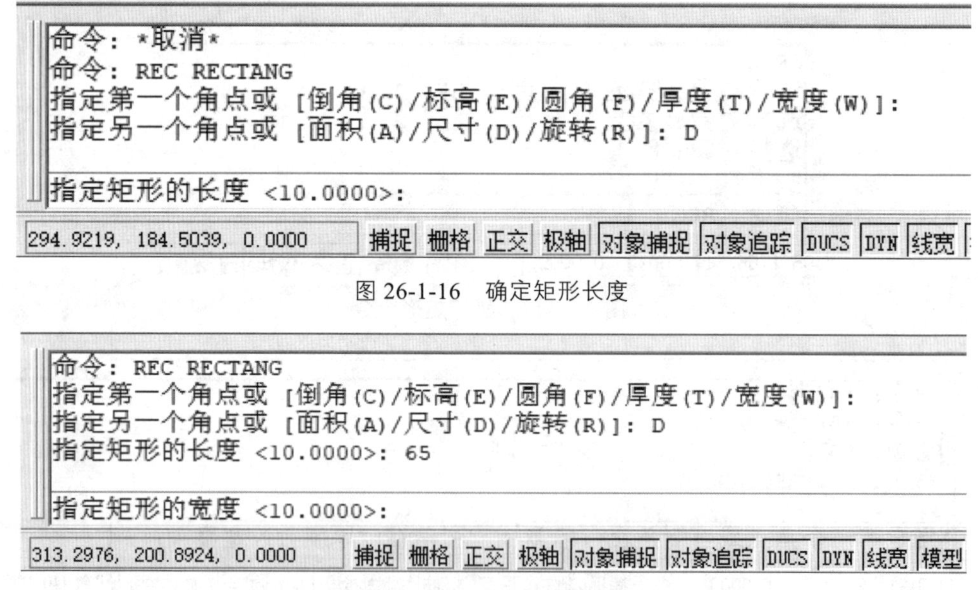

图 26-1-16　确定矩形长度

图 26-1-17　确定矩形宽度

（2）绘制完外面的矩形，就可以用直线命令绘制矩形内的图形。

① 首先可以先确定 *E* 点的位置，通过参照图 26-1-6 可以知道 *E* 点距离 *A* 点的水平距离为

14，垂直距离为 8。因此，用直线命令从 *A* 点开始作水平辅助线 14 和垂直辅助线 8，这样就可以确定 *E* 点位置（如图 26-1-18）。

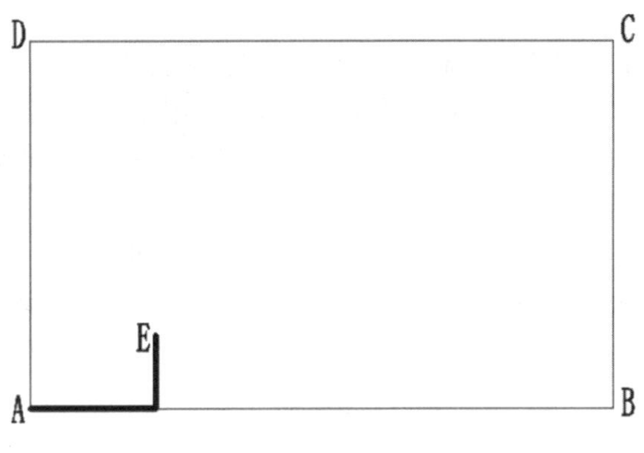

图 26-1-18　确定 *E* 点位置

② 用直线命令从 *E* 点开始，绘制水平段 *EF* 为 12，垂直段 *FG* 为 10，水平段 *GH* 为 16，垂直段 *HI* 为 6，水平段 *IJ* 为 14，垂直段 *JK* 为 8，水平段 *KL* 为 42，直接点击 *E* 点后，按下回车键或空格键结束命令，将辅助线删除即可。这样，图形就抄绘完成了。

（3）标注相对应的尺寸。

在命令栏输入线型标注命令快捷键“DLI”后，按下回车键或空格键，当命令栏显示“指定第一条尺寸界线原点”时，点击图中直线段的一个端点 *A*，当命令栏显示“指定第二条尺寸界线原点”时，点击图中直线段的另一个端点 *D*，当命令栏显示“指定尺寸线位置”时，移动鼠标确定位置并点击鼠标左键即可。

2. 案例 2

用所学 CAD 命令绘制图 26-1-19。

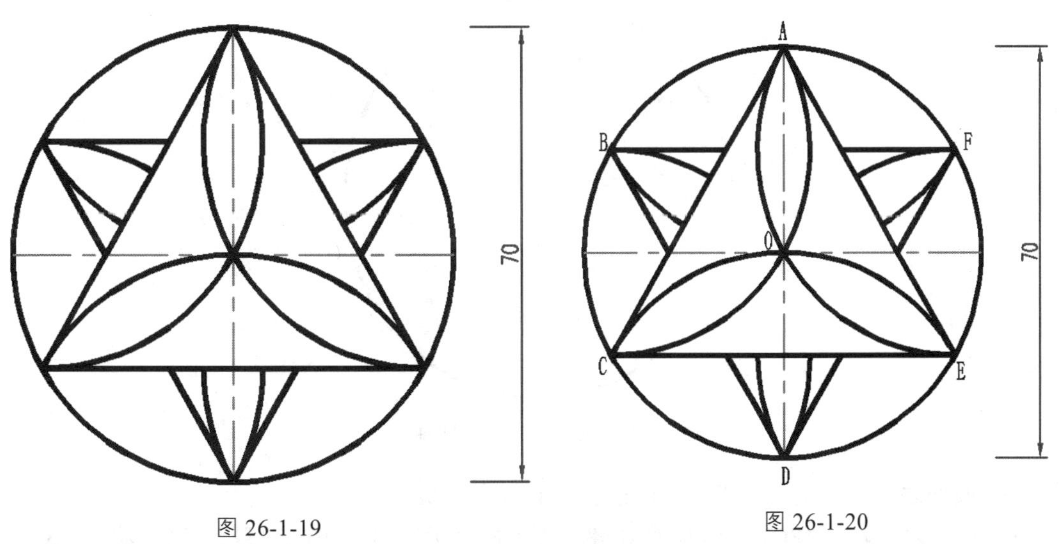

图 26-1-19　　图 26-1-20

解题步骤：

（1）根据图中已知条件（为了表示清晰，将图 26-1-19 中的每一个交点进行编号，如图 26-1-20）。

① 先绘制图中最外面的圆形。在命令行输入圆的快捷键“C”后，按下回车键或空格键，当命令栏显示“指定圆的圆心”时，在绘图区域任意位置用鼠标左键点击一个点，这个点即为圆的圆心 O，拖动鼠标就可以看到不同大小的圆，这时命令栏显示“指定圆的半径或[直径（D）]”（如图 26-1-21）。

② 当我们已知半径时，直接输入半径回车或空格，但是根据参照图可知的是直径，因此先输入“D”回车或空格（如图 26-1-22），再输入“70”后，按下回车键或空格键即可。

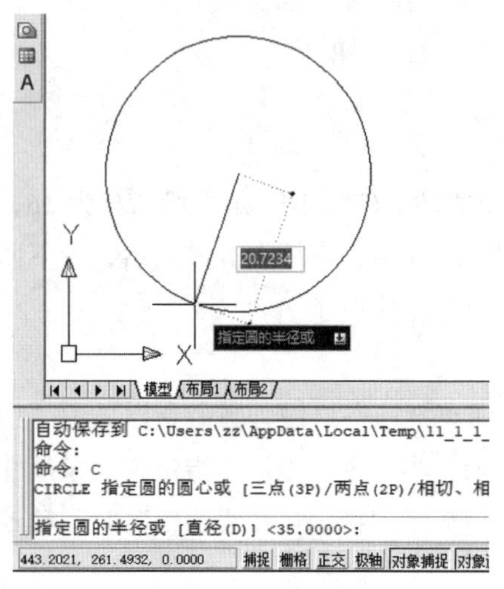

图 26-1-21　确定圆心位置

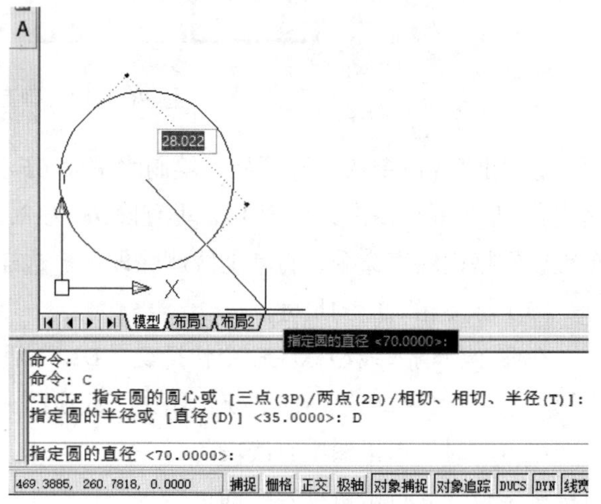

图 26-1-22　确定圆直径

（2）更改图层，选择点画线图层，用直线命令绘制水平和垂直对称辅助线，如图 26-1-23。

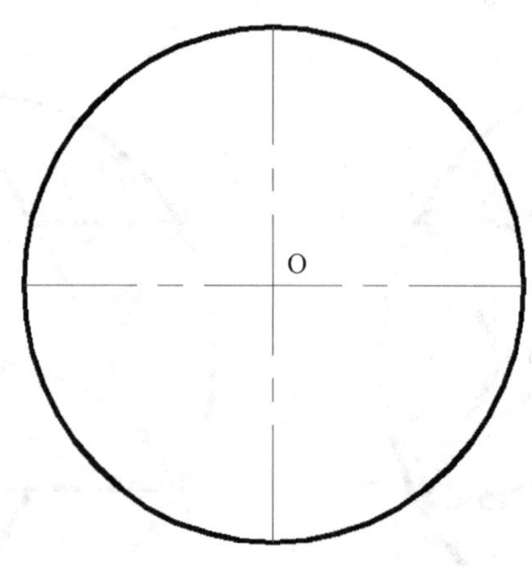

图 26-1-23　绘制对称轴

（3）改回之前的图层，用正多边形绘制△ACE 和△BDF。

① 在命令栏输入“POL”回车或空格，命令栏显示“输入边的数目”，这时输入“3”回车或空格，命令栏显示“指定正多边形的中心点”，这时点击 O 点，命令栏显示“输入选项

[内接于圆（I）/外切于圆（C）]”（如图 26-1-24），选择内接于圆，拖动鼠标点击象限点 A，得到△ACE，重复以上步骤得到△BDF（如图 26-1-25）。

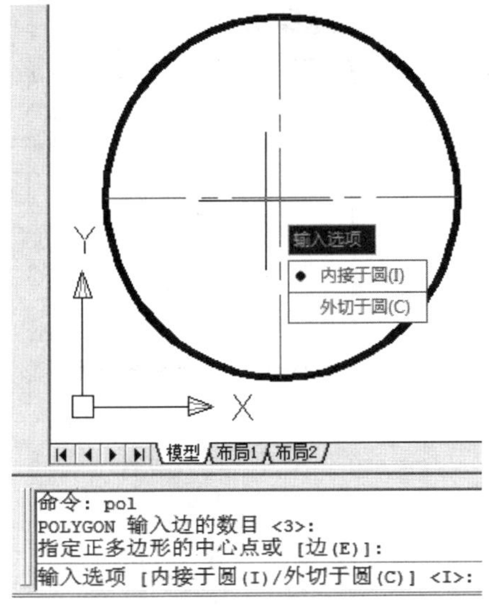

图 26-1-24　选择内接圆或外切圆

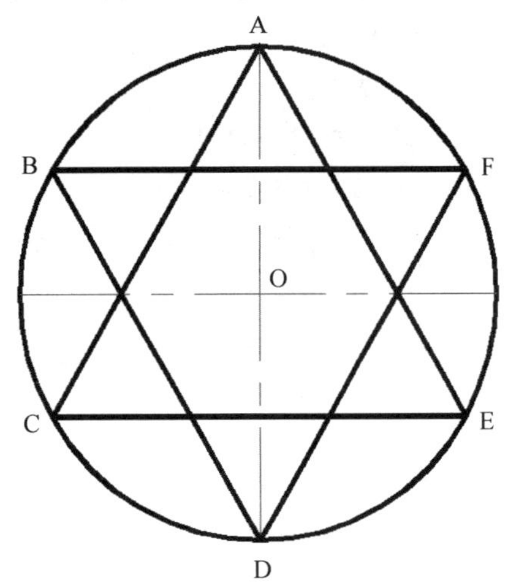

图 26-1-25　绘制完两个三角形

② 结束正多边形命令后，在命令栏输入圆弧快捷键“A”回车或空格，命令栏显示“指定圆弧的起点”，这时鼠标点击象限点 A，命令栏显示“指定圆弧的第二个点”，这时鼠标点击圆心 O 点，命令栏显示“指定圆弧的端点”，这时鼠标点击 C 点，这样就可得到一条圆弧（如图 26-1-26），可以此类推绘制其他圆弧。

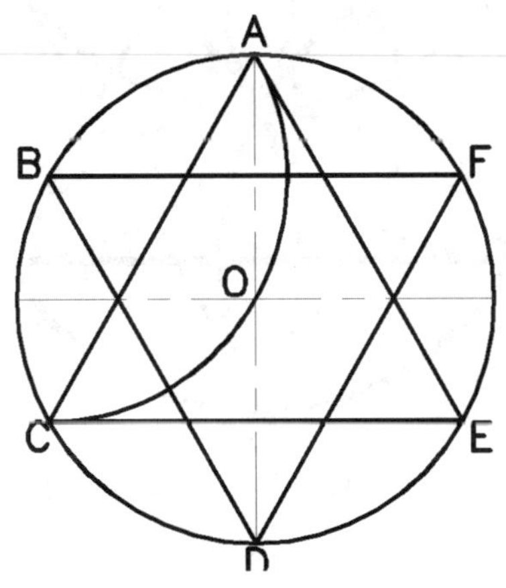

图 26-1-26　绘制圆弧

③ 也可以用阵列命令，命令栏输入阵列命令快捷键“AR”回车或空格，弹出一个阵列对话框（如图 26-1-27），首先选择环形阵列，点击选择对象前图标，在绘图区域选择圆弧 AOC 回车或空格，这时选择中心点后图标，在绘图区域选择圆的圆心 O，在项目总数输入“6”，填充角度“360”，点击预览得到如图 26-1-28，若有误就点击“修改”，若无误就点击“接受”。

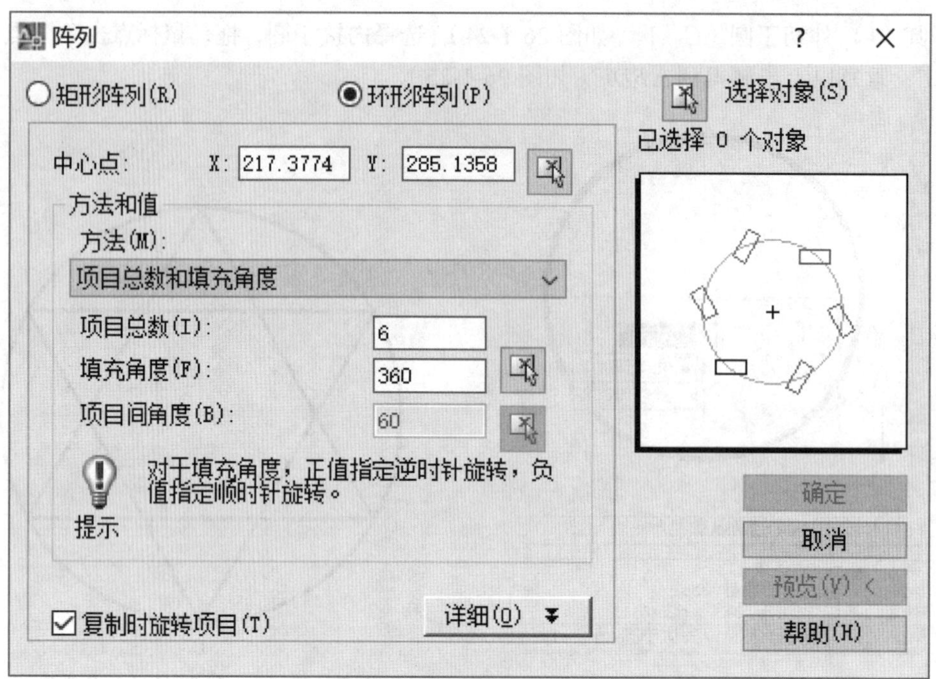

图 26-1-27 阵列图框

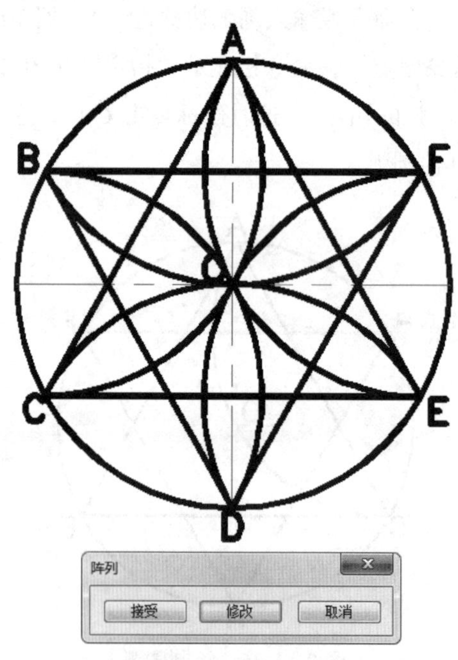

图 26-1-28 阵列预览

（4）用修剪命令修改图形，使其和参照图一致，在命令栏输入修剪快捷键“TR”回车两次或空格两次（表示图纸上的所有图形都已经选择），鼠标点击不需要的部分（如图 26-1-29、图 26-1-30），修剪到最终图形即可。

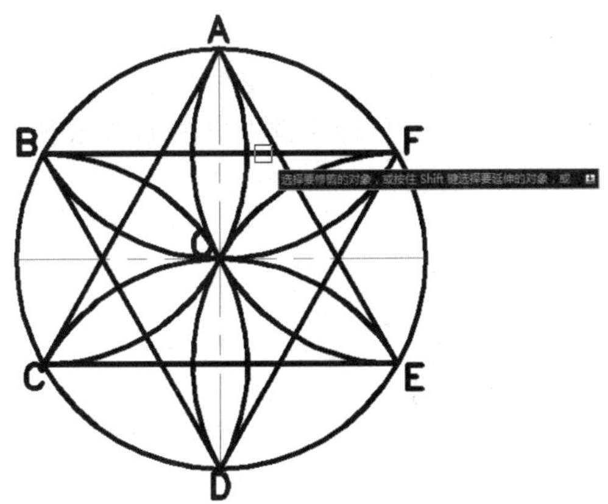

图 26-1-29　选择需要修剪的线

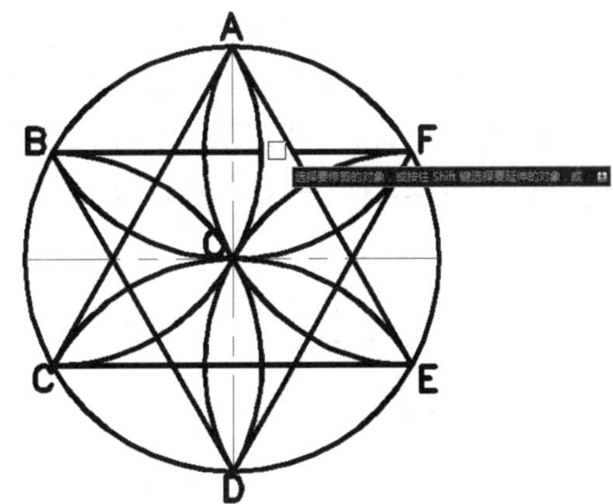

图 26-1-30　点击需要修剪的线

（5）将相对应的标注进行标注出来。

3. 案例 3

用所学 CAD 命令绘制图 26-1-31。

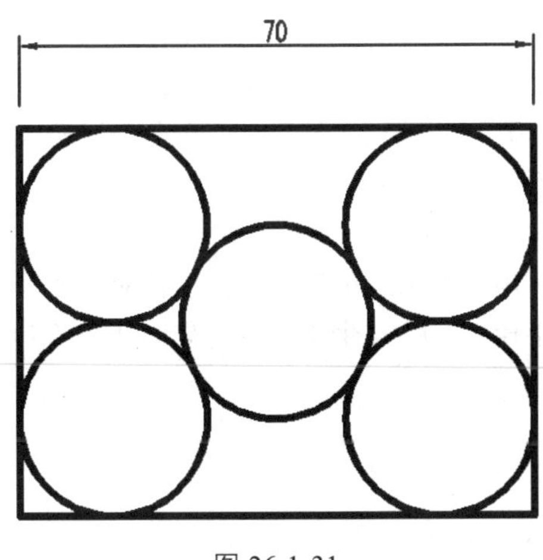

图 26-1-31

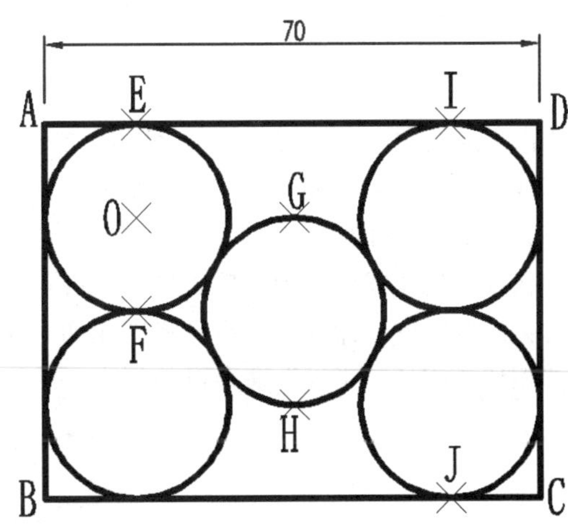

图 26-1-32

解题步骤：

（1）根据图中已知条件（为了表示清晰，将图 26-1-31 中的每一个交点进行编号，如图 26-1-32）。

① 先绘制图中圆心为 O 的圆，在命令行输入圆的快捷键“C”后，按下回车键或空格键，当命令栏显示“指定圆的圆心”时，在绘图区域任意位置用鼠标左键点击一个点，这个点即为圆的圆心 O。

② 拖动鼠标就可以看到不同大小的圆，这时命令栏显示“指定圆的半径或[直径（D）]”（如图 26-1-33），由于圆的半径直径都未知，可假设圆的半径为 5，在命令栏输入“5”回车或空格即可。

（2）用复制命令绘制圆 O 下面的圆。

① 在命令栏输入复制快捷键“CO”回车或空格，命令栏显示“选择对象”，这时鼠标左键

点击已完成的圆（被选择的圆这时显示的是虚线），之后回车或空格。

② 命令栏显示“指定基点”（这个基点就是复制时的插入点），这时鼠标左键点击圆 *O* 的象限点 *E*，命令栏显示“指定第二个点”（如图 26-1-33），这时鼠标左键点击圆 *O* 的象限点 *F*（如图 26-1-34），之后回车或空格结束复制命令。

图 26-1-33　指定基点 *E*

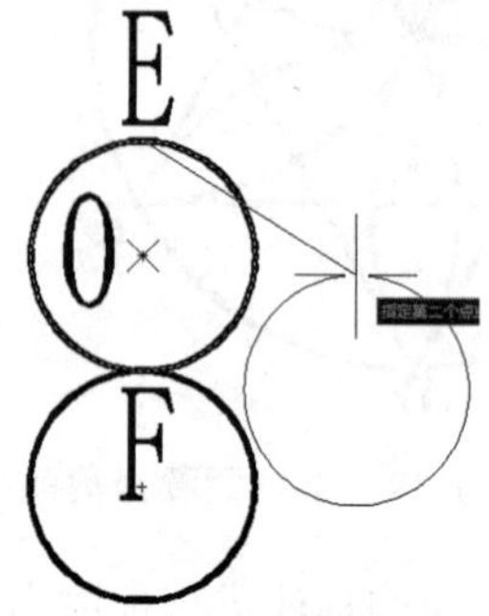

图 26-1-34　指定插入点 *F*

（3）绘制中间的圆。

① 使用“相切、相切、半径”命令。

画法 1：运用圆的快捷键命令。

首先执行圆命令，在命令行输入圆的快捷键“C”后，按下回车键或空格键，当命令栏显示“指定圆的圆心或[三点（3P）/两点（2P）/相切、相切、半径（T）]”时，在命令栏输入“T”回车或空格，这时“相切、相切、半径”命令已执行。

画法 2：运用菜单栏选项。

在菜单栏里找到绘图选项，鼠标左键点击，这时出现绘图菜单栏，将鼠标移动到圆选项，这时会出现圆的子命令，之后选择“相切、相切、半径（T）”这个子命令（如图 26-1-35），这时“相切、相切、半径”命令已执行。

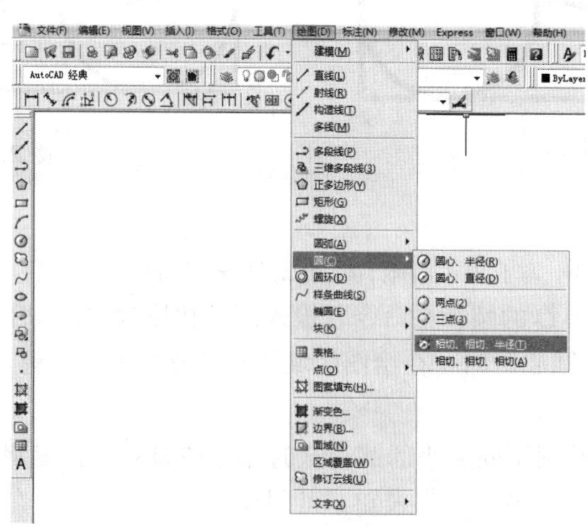

图 26-1-35　菜单栏里选择命令

② 当已经执行“相切、相切、半径”命令时，命令栏显示“指定对象与圆的第一个切点”

时，点击圆 O 与中间圆相切面上的任意一点（如图 26-1-36），这时命令栏显示“指定对象与圆的第二个切点”时，点击圆 O 下面的圆与中间圆相切面上的任意一点（如图 26-1-37），这时命令栏显示“指定圆的半径”时，输入和圆 O 一样的半径“5”回车或空格（如图 26-1-38）。

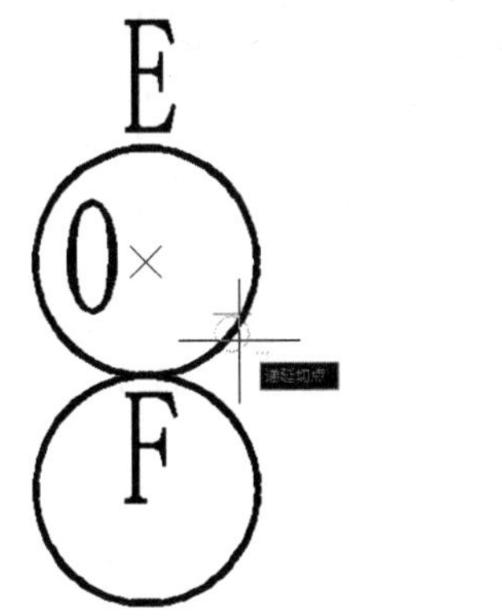

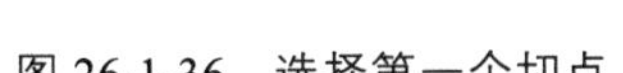
图 26-1-36　选择第一个切点

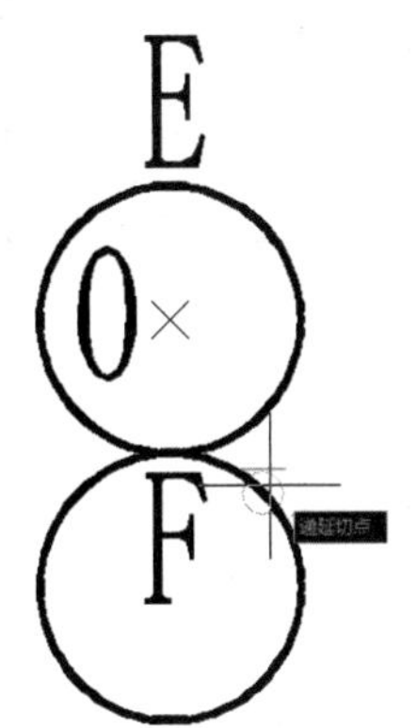

图 26-1-37　选择第二个切点

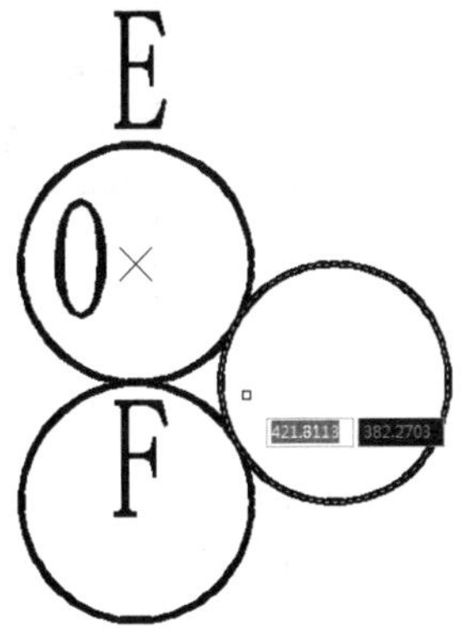

图 26-1-38　输入圆半径

（4）绘制右边的圆。

① 在命令栏输入镜像快捷键“MI”回车或空格，命令栏显示“选择对象”，这时鼠标左键点击已完成的圆 O 及圆 O 下面的圆（被选择的圆这时显示的是虚线）之后回车或空格。

② 这时命令栏显示“指定镜像线的第一点”时，鼠标左键点击中间圆的象限点 G，这时命令栏显示“指定镜像线的第二点”时，鼠标左键点击中间圆的象限点 H。

③ 这时命令栏显示“要删除源对象吗？[是（Y）/否（N）] <N>”时，因为显示的是“<N>”，所以默认的是“否”，因此直接回车或空格即可（如图 26-1-39）。

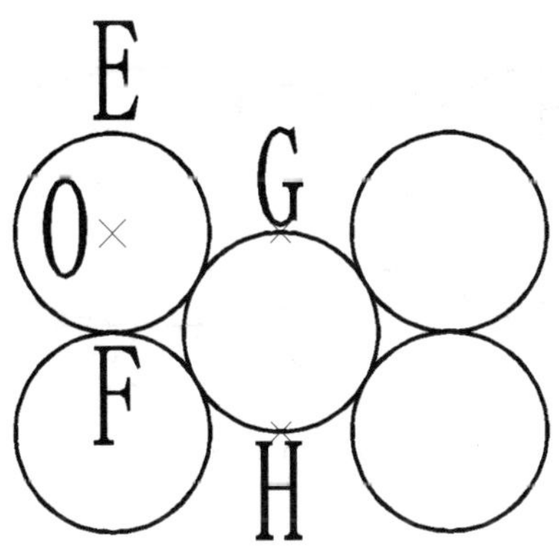

图 26-1-39　镜像

（5）绘制外围矩形。

① 在命令栏输入构造线快捷键“XL”回车或空格，命令栏显示“指定点”，鼠标左键点击象限点 E。

② 这时命令栏显示“指定通过点”时，鼠标左键点击象限点 I 之后回车或空格结束命令，以此类推绘制出四条构造线（如图 26-1-40），在命令栏输入修剪快捷键“TR”回车或空格两次，将多余的部分修剪完并标注尺寸（如图 26-1-41）。

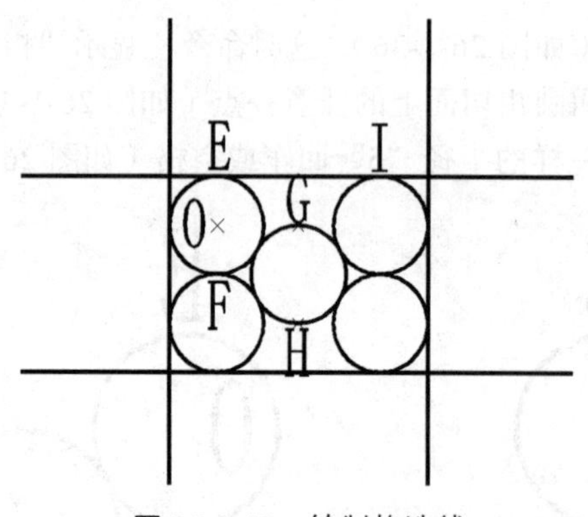

图 26-1-40　绘制构造线

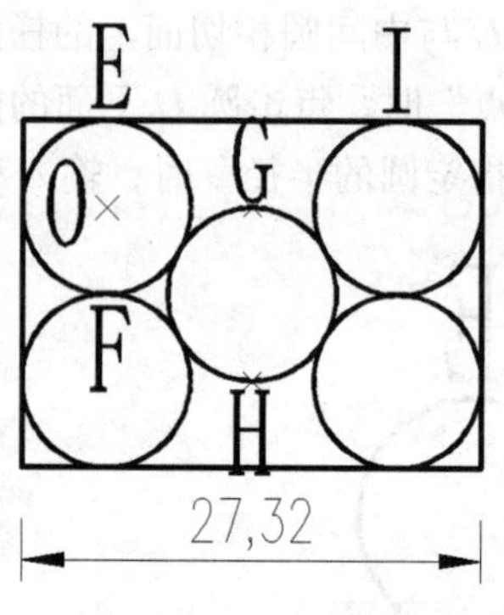

图 26-1-41　修剪构造线

（6）用缩放命令将矩形尺寸变为和参照图一致。

① 在命令栏输入缩放快捷键“SC”回车或空格，当命令栏显示“选择对象”时，这时选择全部图形。

② 当命令栏显示“选择基点”时，鼠标左键点击矩形角点 *A*，当命令栏显示“指定比例因子或 [复制（C）/参照（R）] <1.0000>”时，因为这里并不知道比例因子的具体值，所以运用子命令“参照（R）”，输入“R”回车或空格。

③ 当命令栏显示“指定参照长度”，鼠标左键点击矩形角点 *A* 和角点 *B*，随着鼠标的移动，可以看到图中图形的大小变化，这时命令栏显示“指定新参照长度”，输入“90”回车或空格即可。

4. 案例 4

用所学 CAD 命令绘制图 26-1-42。

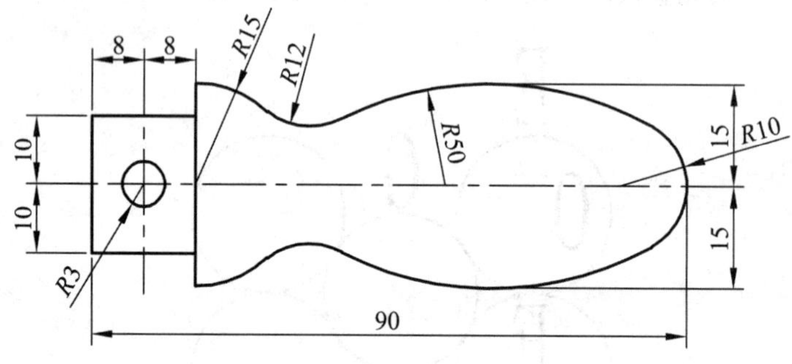

图 26-1-42

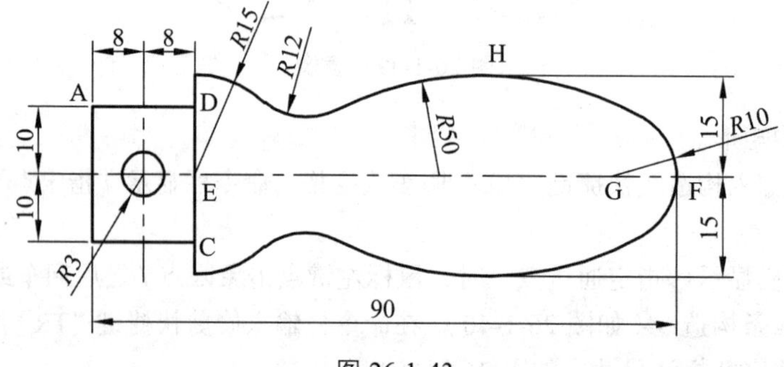

图 26-1-43

解题步骤：

（1）根据图中已知条件（为了表示清晰，将图 26-1-42 中的每一个交点进行编号，如图 26-1-43）。先绘制图中矩形 *ABCD*。

① 在命令行输入矩形的快捷键“REC”后，按下回车键或空格键，当命令栏显示“指定第一个角点”时，在绘图区域任意位置用鼠标左键点击一个点，这个点即为矩形的一个角点 *A*。

② 当命令栏显示“指定另一个角点或 [面积（A）/尺寸（D）/旋转（R）]”，由于已知矩形的尺寸，则可用“尺寸（D）”子命令，在命令栏输入“D”回车或空格，当命令栏显示“指定矩形的长度”，在命令栏输入“16”回车或空格，当命令栏显示“指定矩形的宽度”，在命令栏输入“20”回车或空格。

③ 最后就是确定矩形的位置，命令栏会显示“指定另一个角点或 [面积（A）/尺寸（D）/旋转（R）]”，这时有四个位置可以选择，分别是 *A* 点的左上方、右上方、左下方、右下方，鼠标左键点击选择最终的位置即可。

（2）绘制对称辅助线。

① 将图层换成辅助线图层，根据矩形中点来进行绘制，在命令行输入直线的快捷键“L”后，按下回车键或空格键。

② 当命令栏显示“指定第一个角点”时，将鼠标移动到线段 *AD* 中线的追踪线上（如图 26-1-44），鼠标在追踪线上点击一下，绘制出矩形 *ABCD* 的竖向对称轴，同理绘制出横向对称轴（如图 26-1-45）。

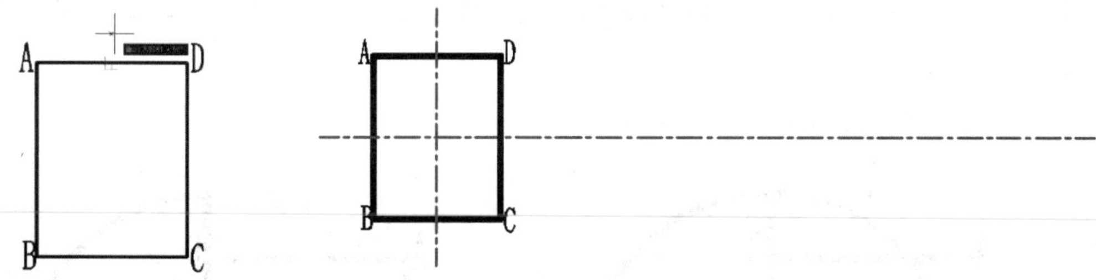

图 26-1-44　线段 *AD* 中点追踪线

图 26-1-45　绘制对称轴

（3）将图层换成主线图层。

① 两条辅助线的交点就是圆 *O* 的圆心，因此在命令行输入圆的快捷键“C”后，按下回车键或空格键，当命令栏显示“指定圆的圆心”时，输入“3”回车或空格，即可得到圆 *O*。

② 再以 *CD* 的中点 *E* 为圆心，画半径为 15 的圆（如图 26-1-46）。

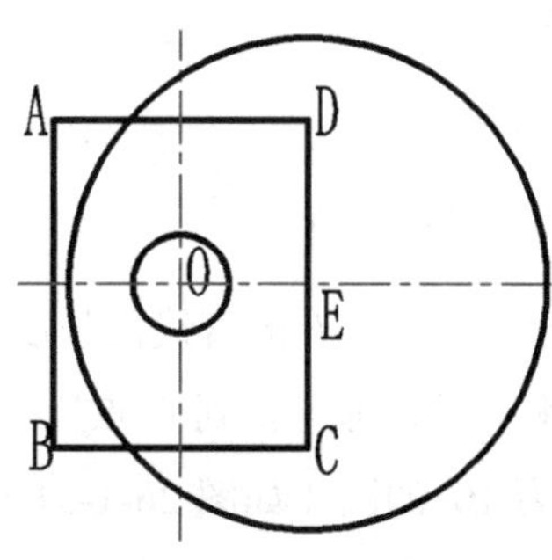

图 26-1-46　绘制圆 *E*

（4）用分解命令分解矩形 *ABCD*。

（1）分解之前的矩形 *ABCD* 是封闭的多段线（如图 26-1-47），分解后变为四条独立的直线（如图 26-1-48）。

（2）在命令行输入分解的快捷键“X”后，按下回车键或空格键，当命令栏显示“选择对象”时，鼠标选择矩形 *ABCD* 回车或空格即可。

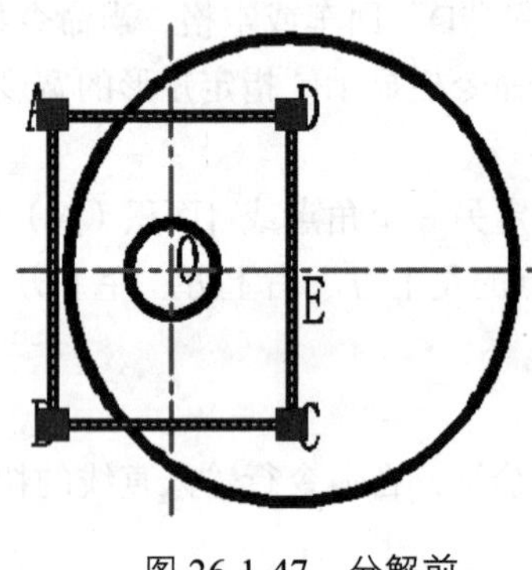

图 26-1-47　分解前

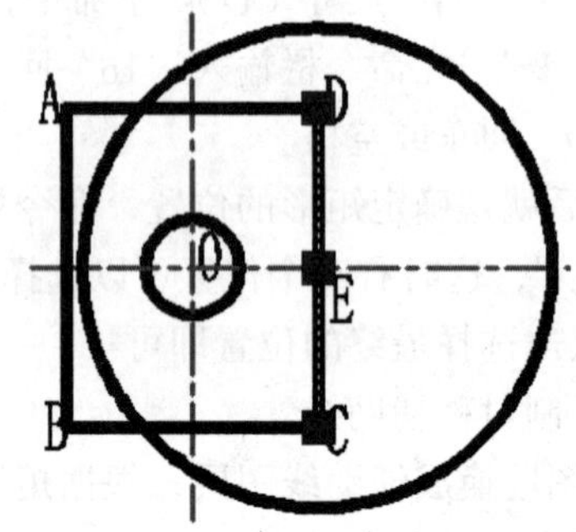

图 26-1-48　分解后

（5）将线 *CD* 延长到圆上。

① 在命令行输入延伸的快捷键“EX”回车两次或空格两次，当命令栏显示“选择要延伸的对象”时，鼠标点击线段 *CE* 和线段 *DE*，使直线延长到圆上（如图 26-1-49）回车或空格结束命令。

② 用修剪命令将圆修剪（如图 26-1-50）。

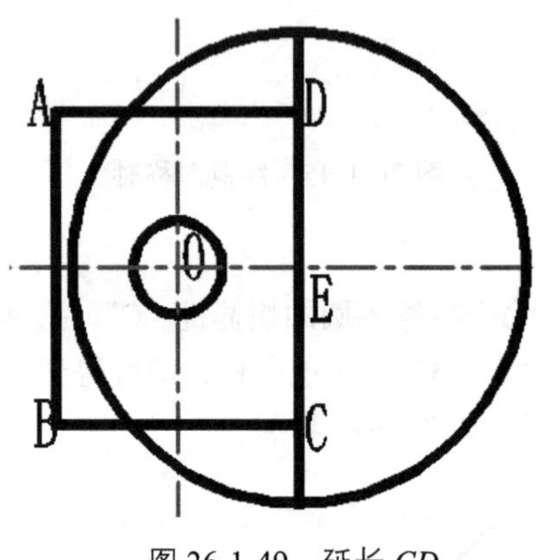

图 26-1-49　延长 *CD*

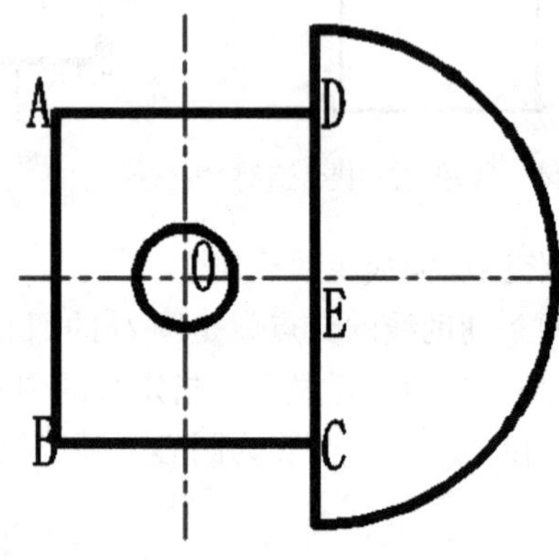

图 26-1-50　修剪圆 *E*

（6）绘制圆 *G*。

① 因圆 *G* 的半径为 10，*AB* 的中点到点 *F* 的直线段长度为 90，所以用直线命令从线段 *AB* 的中点为起点，绘制长度为 80 的水平线，即可得到 *G* 点。

② 以 *G* 点为圆心，绘制半径为 10 的圆（如图 26-1-51），将辅助直线删除。

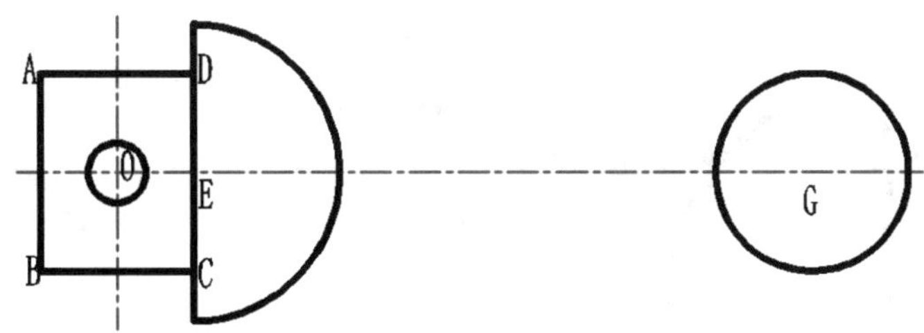

图 26-1-51　绘制圆 G

（7）绘制圆弧。

① 由参照图可知 G 点到 H 点的垂直距离为 15，可在命令行输入偏移的快捷键“O”后，按下回车键或空格键，当命令栏显示“指定偏移距离”时，输入“15”回车或空格，当命令栏显示“选择要偏移的对象”时，鼠标点击横向对称轴，这时命令栏显示“指定要偏移的那一侧上的点”时，鼠标点击横向对称轴上方的任意一点即可（如图 26-1-52）。

② 用圆的“相切、相切、半径（T）”这个子命令，输入“C”回车或空格，再输入“T”回车或空格，鼠标第一次点击偏移后的线段上，第二次点击圆 G 的圆上，输入半径“50”回车或空格（如图 26-1-53）。

③ 再次使用圆的“相切、相切、半径（T）”这个子命令，输入“C”回车或空格，再输入“T”回车或空格，鼠标第一次点击圆 G 的圆上，第二次点击半径为 50 的圆上，输入半径“12”回车或空格（如图 26-1-54）。

④ 用修剪命令，将多余部分修剪了（如图 26-1-55）。

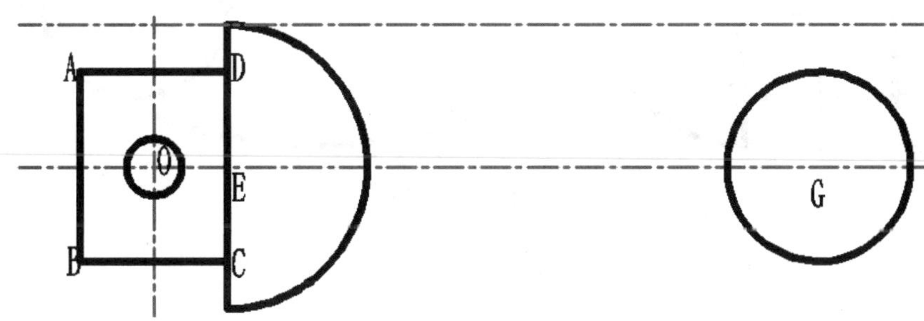

图 26-1-52　偏移对称轴

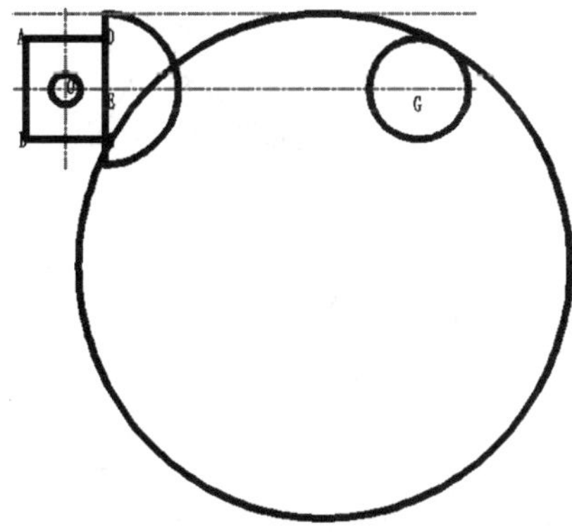

图 26-1-53　绘制半径为 50 的圆

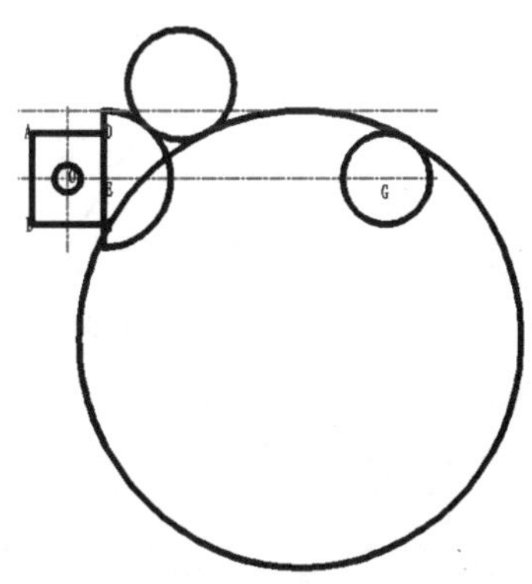

图 26-1-54　绘制半径为 12 的圆

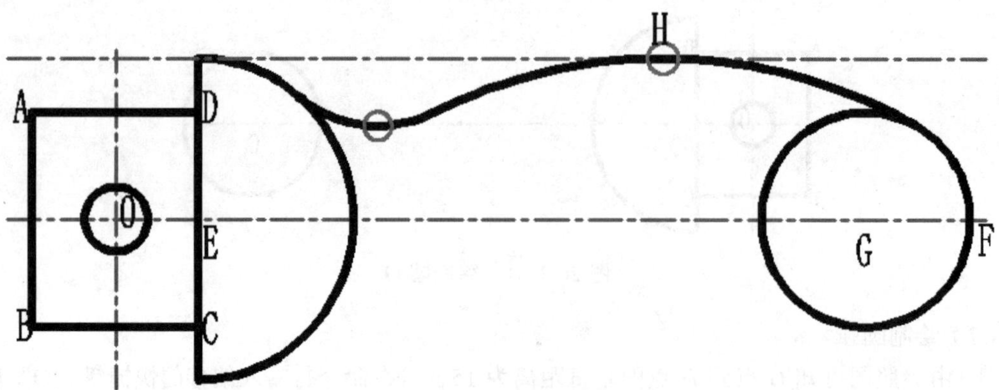

图 26-1-55　修剪圆

（8）用镜像命令绘制。

① 将图 26-1-55 里标注的两条圆弧镜像，在命令行输入镜像的快捷键“MI”后，按下回车键或空格键，当命令栏显示“选择对象”时，点击图 26-1-55 里标注的两条圆弧回车或空格，点击镜像第一点 *E*，第二点 *F* 回车或空格（如图 26-1-56）。

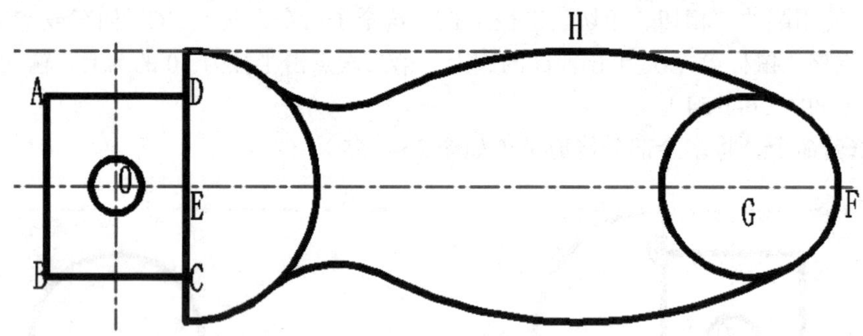

图 26-1-56　镜像完成图

② 用修剪命令和删除命令将图形完善，并将相应尺寸都标注好即可。

5. 案例 5

用所学 CAD 命令绘制图 26-1-57。

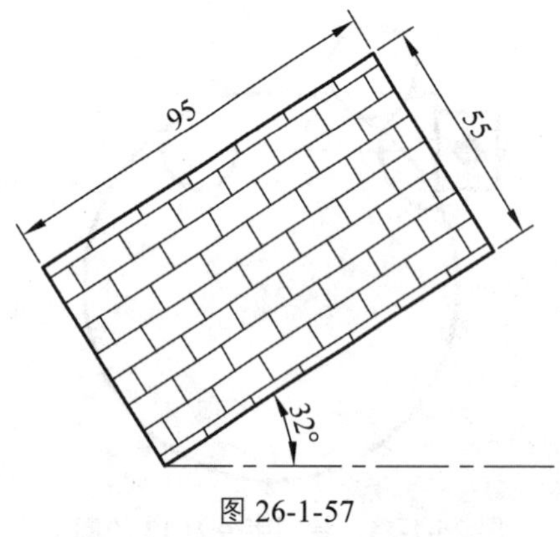

图 26-1-57

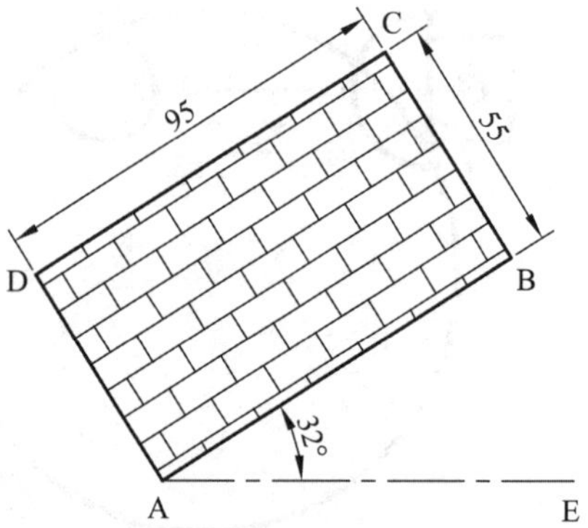

图 26-1-58

解题步骤：

（1）根据图中已知条件（为了表示清晰，将图 26-1-57 中的每一个交点进行编号，如图 26-1-58）。

① 将图层更换为辅助线图层，用直线命令绘制线段 *AE*。在命令行输入直线的快捷键“L”后，按下回车键或空格键，当命令栏显示“指定第一点”时，在绘图区域任意位置用鼠标左键点击一个点，这个点即为 *A* 点。

② 打开正交模式（键盘按 F8 键），鼠标移动拉出水平直线，这时命令栏显示“指定下一点”，直接输入线段的长度“95”回车或空格，再一次回车或空格结束直线命令（如图 26-1-59）。

图 26-1-59　绘制直线 *AE*

（2）绘制矩形 *ABCD*。

① 将图层换为主线图层，在命令行输入矩形的快捷键“REC”后，按下回车键或空格键，当命令栏显示“指定第一个角点”时，在绘图区域用鼠标左键点击 *A* 点。

② 这时命令栏显示“指定另一个角点或 [面积（A）/尺寸（D）/旋转（R）]”，输入“D”回车或空格，当命令栏显示“指定矩形的长度”时，输入“95”回车或空格，当命令栏显示“指定矩形的宽度”时，输入“55”回车或空格，这时选择矩形的位置时，应选择 *A* 点的右上方（如图 26-1-60）；

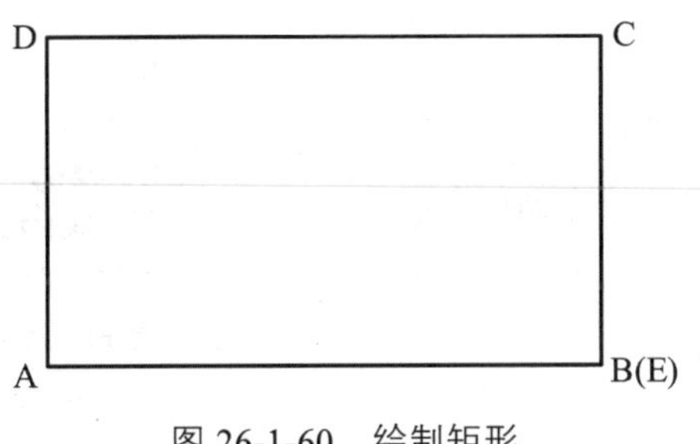

图 26-1-60　绘制矩形

（3）将矩形旋转 32°。

① 在命令行输入旋转命令的快捷键“RO”后，按下回车键或空格键，当命令栏显示“选择对象”时，用鼠标左键点击矩形的任意一条边，之后回车或空格。

② 当命令栏显示“指定基点”时，用鼠标左键点击矩形的 *A* 点（因为矩形是绕 *A* 点逆时针旋转，所以这里的基点应该旋转 *A* 点），这时随着鼠标的移动，可以看到矩形可以旋转任意一个方向（如图 26-1-61）。

③ 当命令栏显示“指定旋转角度”时，输入“32”回车或空格即可（如图 26-1-62）。

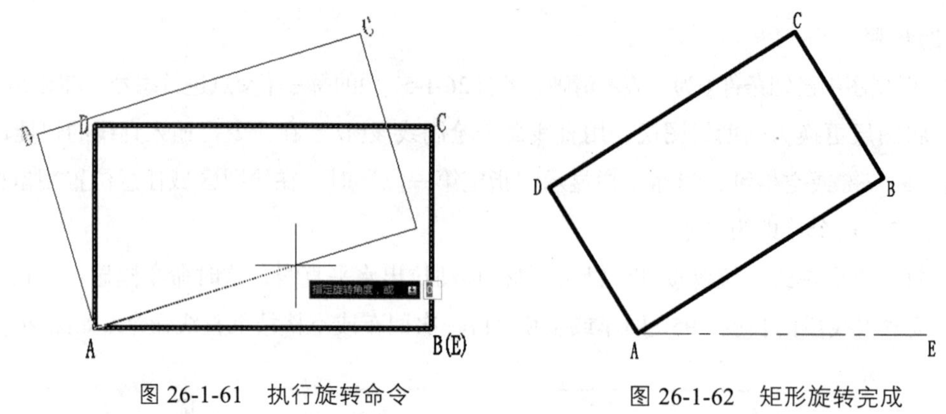

图 26-1-61　执行旋转命令　　　　图 26-1-62　矩形旋转完成

（4）在矩形内填充。

① 在命令行输入填充命令的快捷键“H”后，按下回车键或空格键，这时会弹出“图案填充和渐变色”的对话框（如图 26-1-63）。

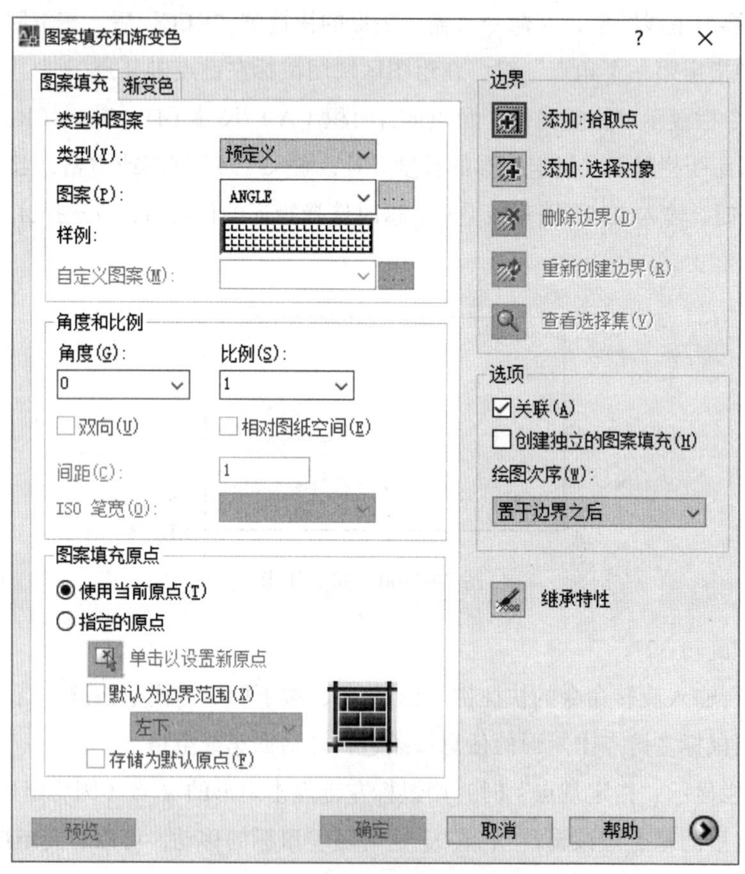

图 26-1-63　图案填充和渐变色

② 在对话框里点击“图案”后面的图标（如图 26-1-64），这时会再弹出一个“填充图案选项板”（如图 26-1-65），用鼠标左键选中需要的图案后点击确定按钮，这时样例里的图案就是我们选的图案（如图 26-1-66）。

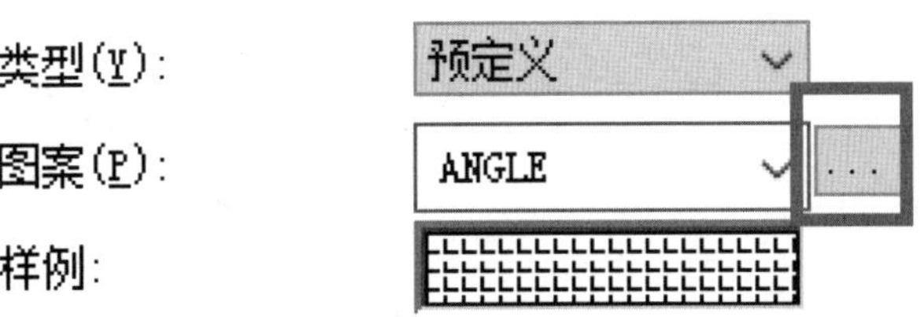

图 26-1-64　选择图案

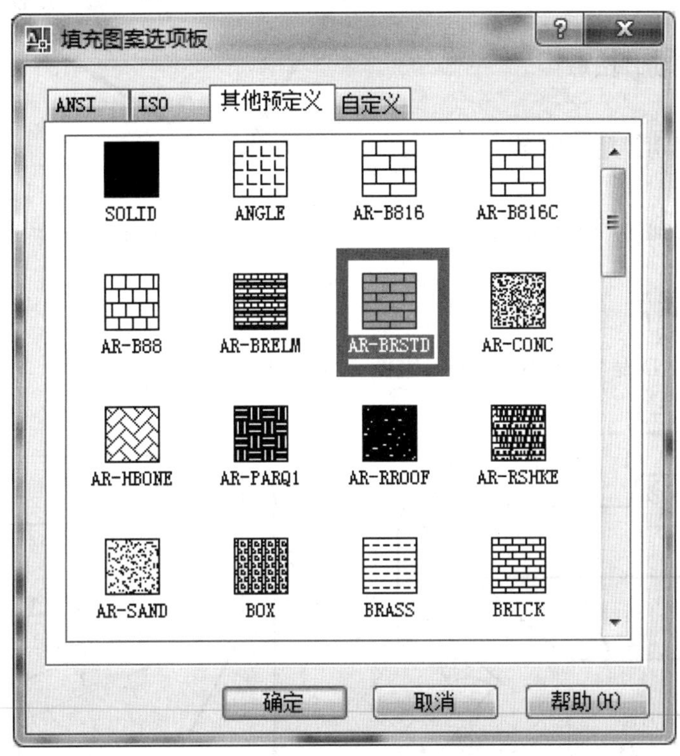

图 26-1-65　填充图案选项板

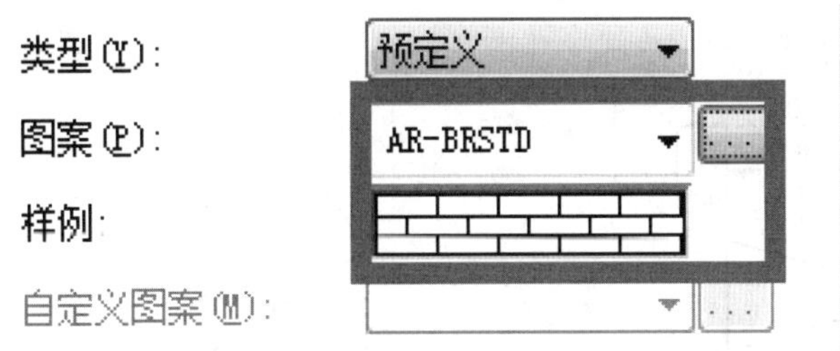

图 26-1-66　选择完成

③ 选择完后鼠标点击“图案填充和渐变色”的对话框中“添加拾取点”前面的图标（如图 26-1-67），这样“图案填充和渐变色”的对话框会暂时退出，命令栏显示“拾取内部点”，鼠标点击矩形 *ABCD* 内部任意一点（如图 26-1-68），之后回车或者空格，这时“图案填充和渐变色”的对话框会重新弹出来，将对话框内的角度改为“32”度，比例改为“0.1”，点击确认，将相应尺寸都标注好即可。

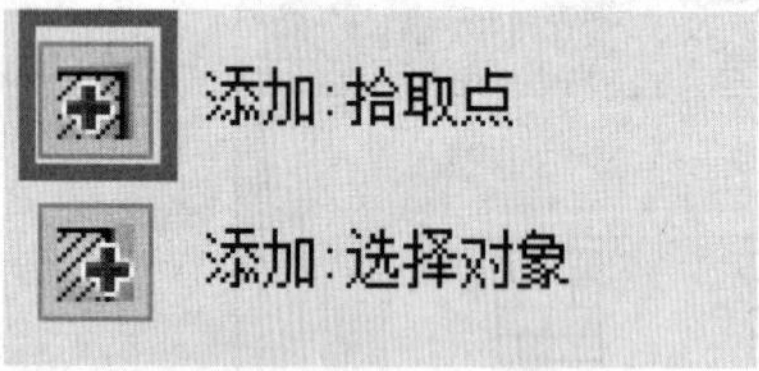

添加:拾取点

添加:选择对象

图 26-1-67　边界选择

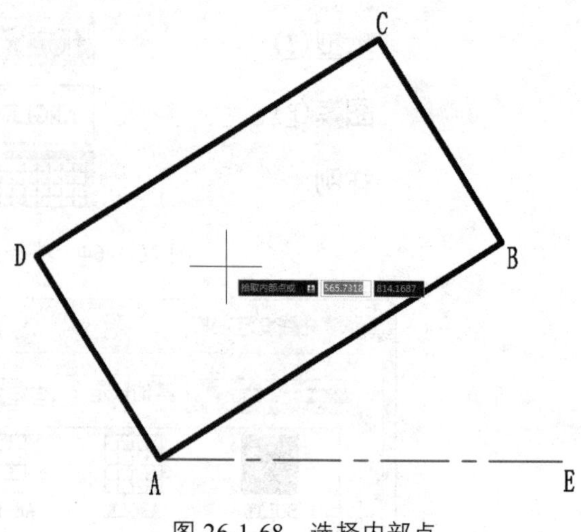

图 26-1-68　选择内部点

【实训拓展】

根据所学 CAD 命令绘制图以下二维图（含尺寸标注）。

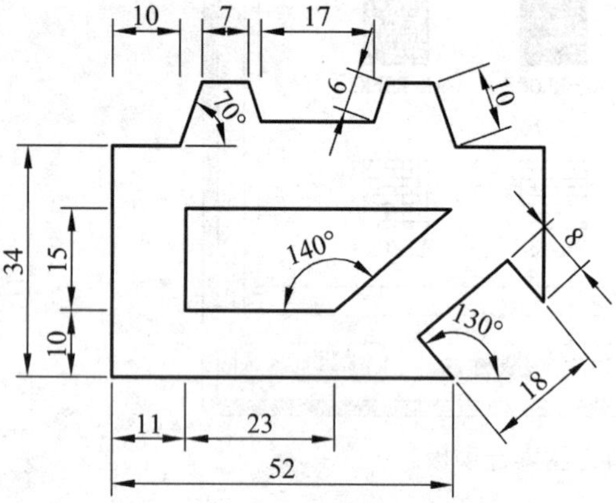

图 26-1-69

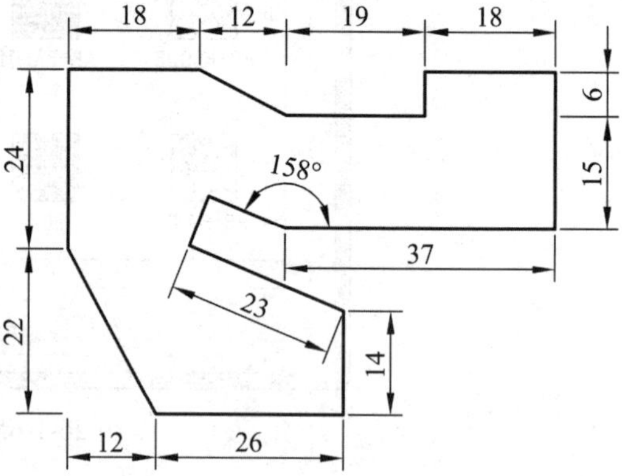

图 26-1-70

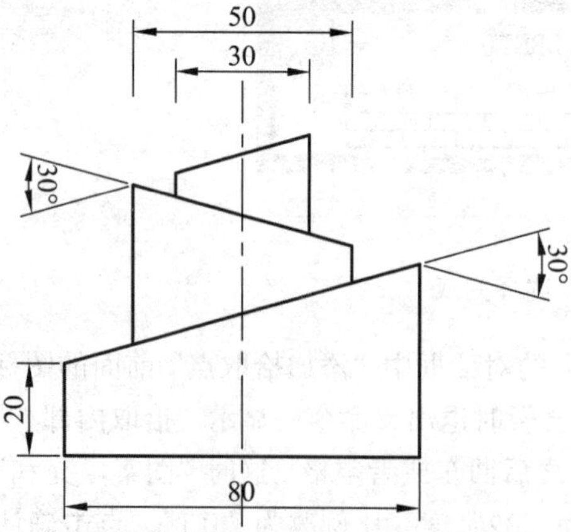

图 26-1-71

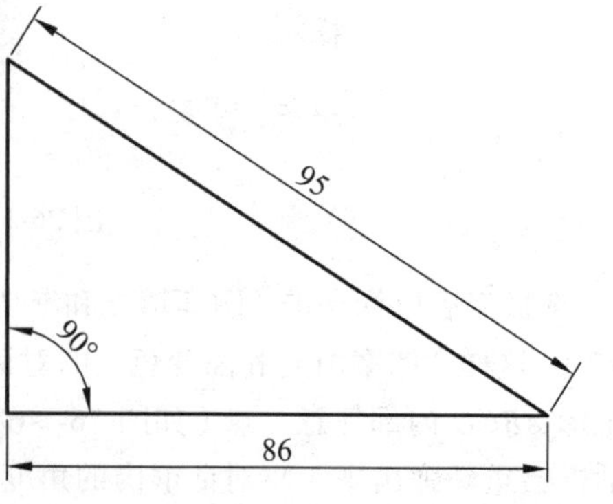

图 26-1-72

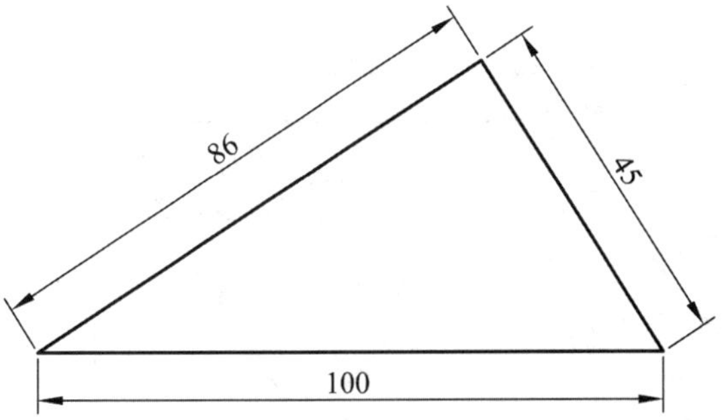

图 26-1-73

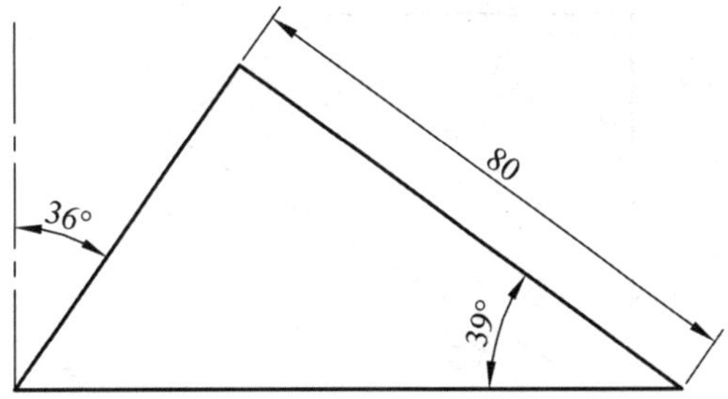

图 26-1-74

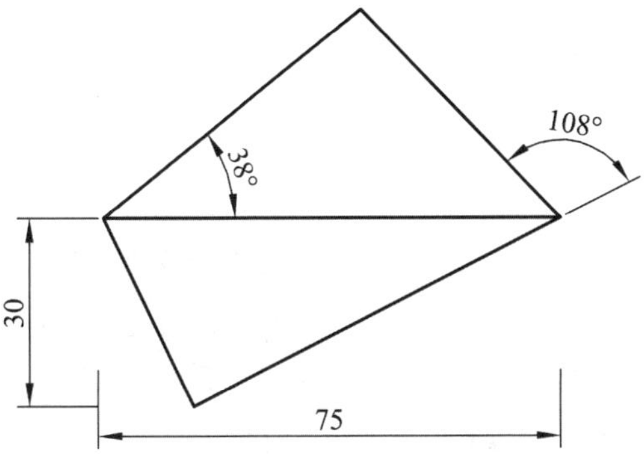

图 26-1-75

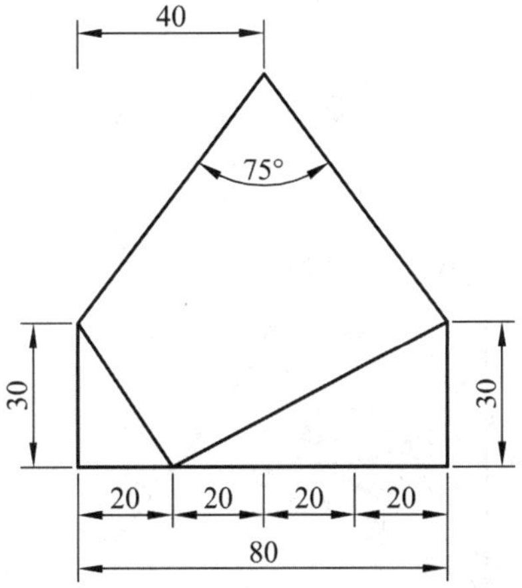

图 26-1-76

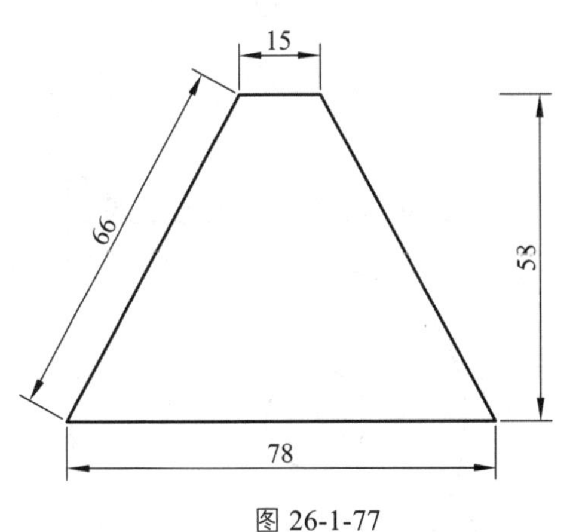

图 26-1-77

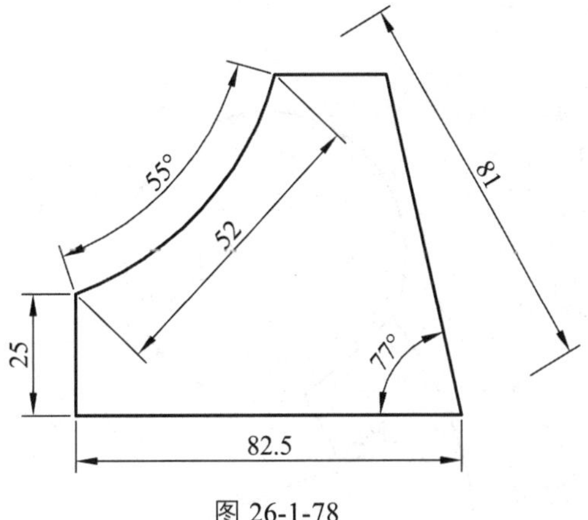

图 26-1-78

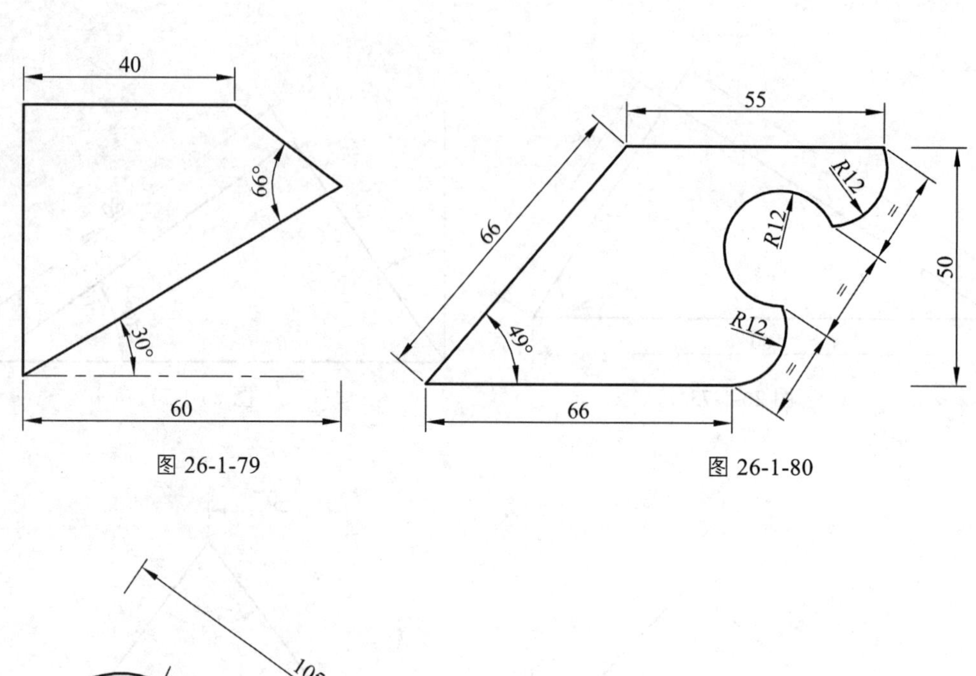

图 26-1-79　　图 26-1-80

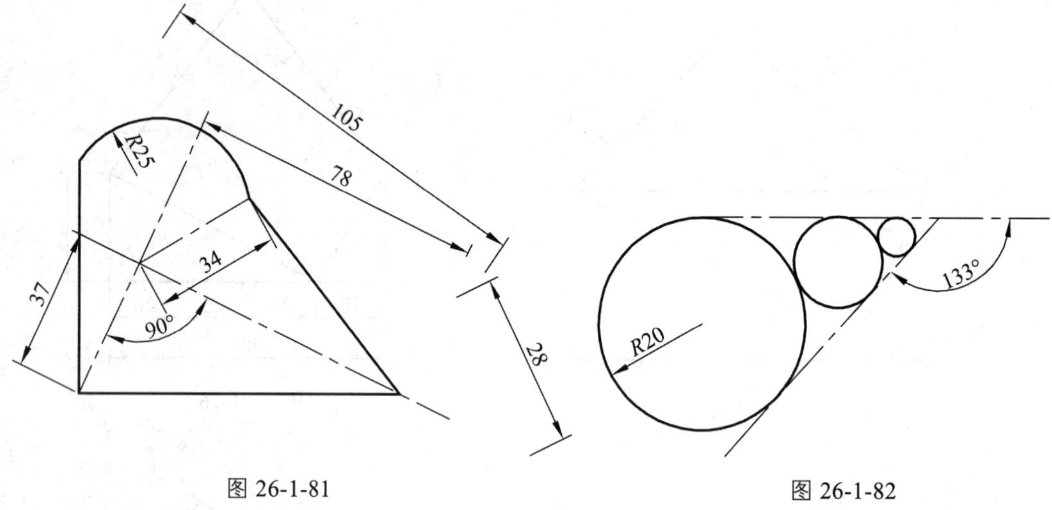

图 26-1-81　　图 26-1-82

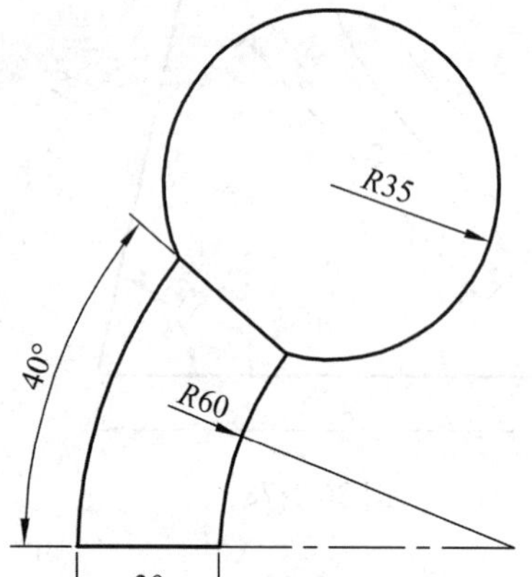

图 26-1-83

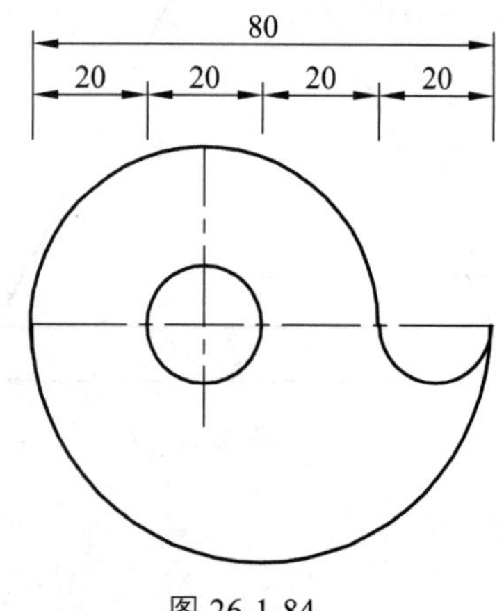

图 26-1-84

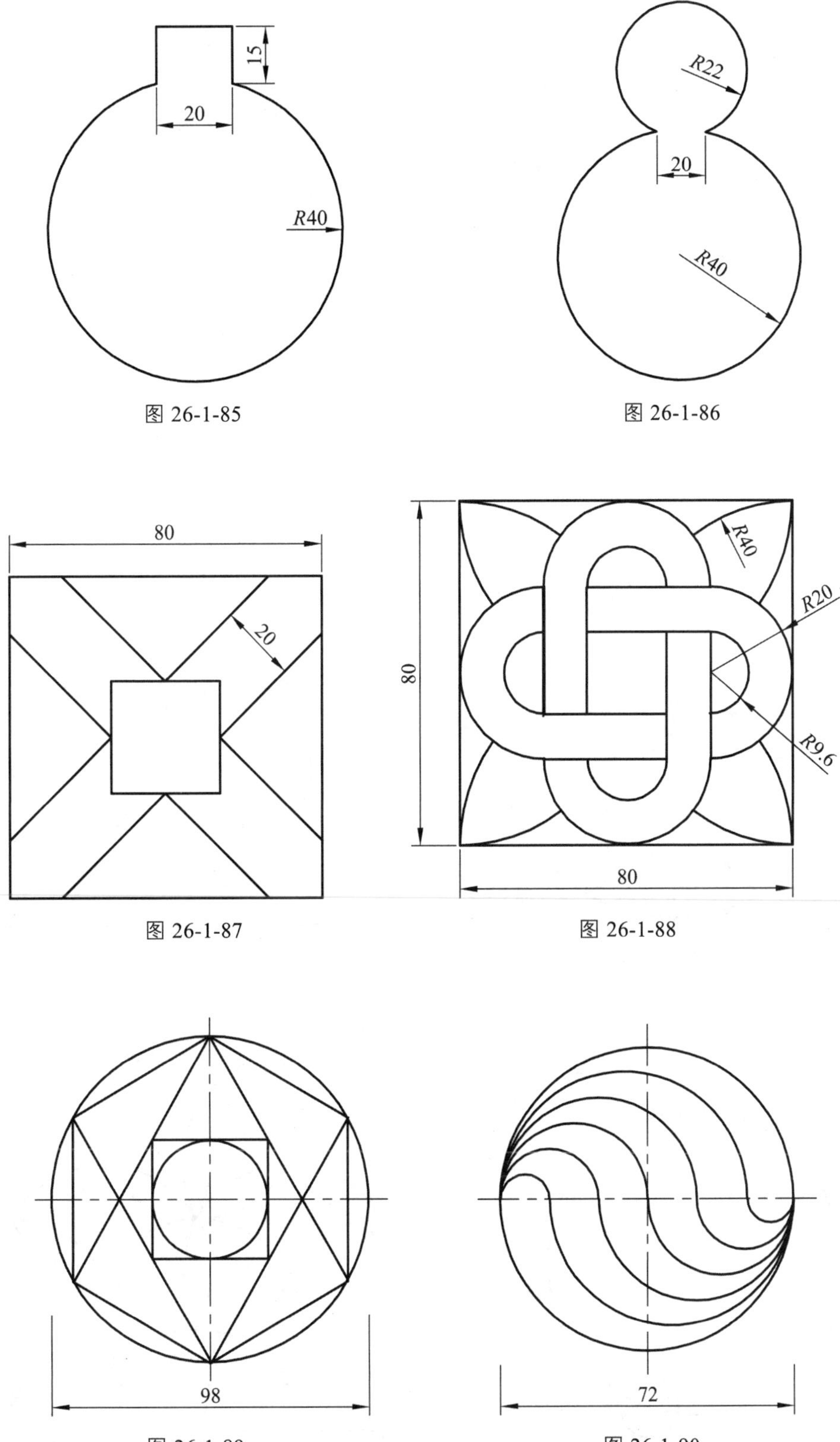

图 26-1-85

图 26-1-86

图 26-1-87

图 26-1-88

图 26-1-89

图 26-1-90

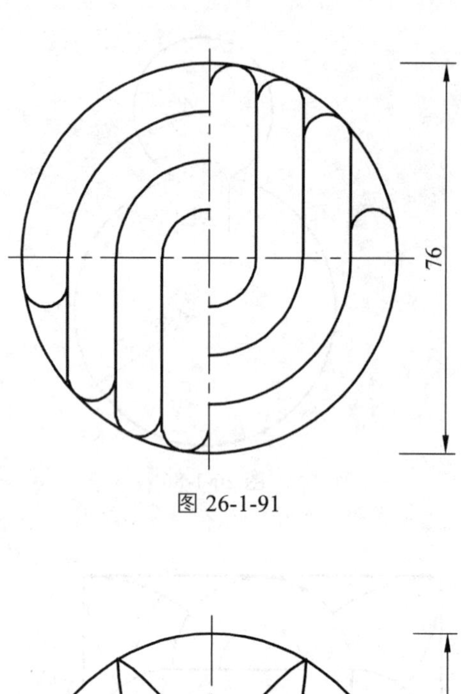

图 26-1-91

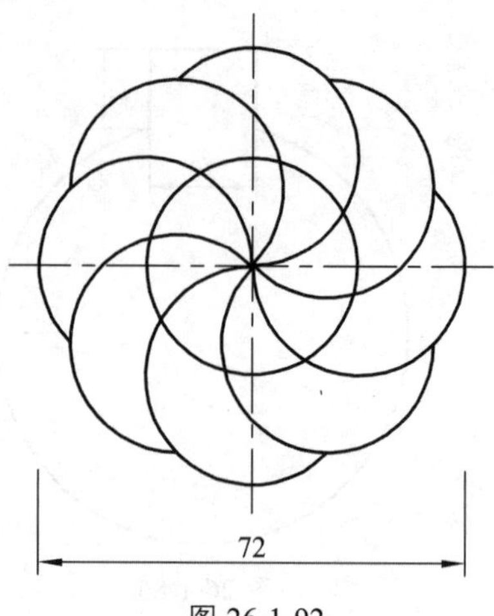

图 26-1-92

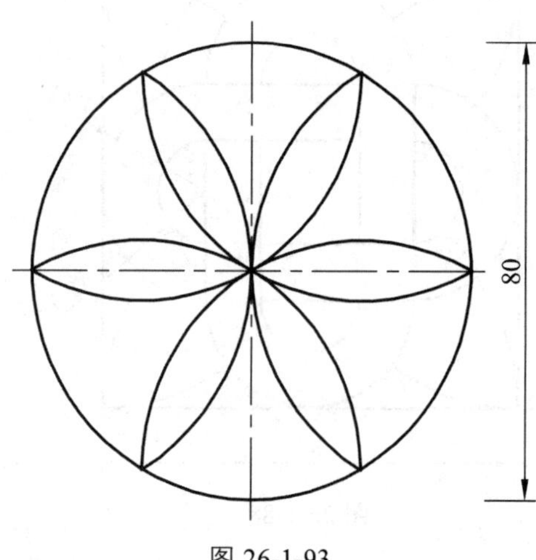

图 26-1-93

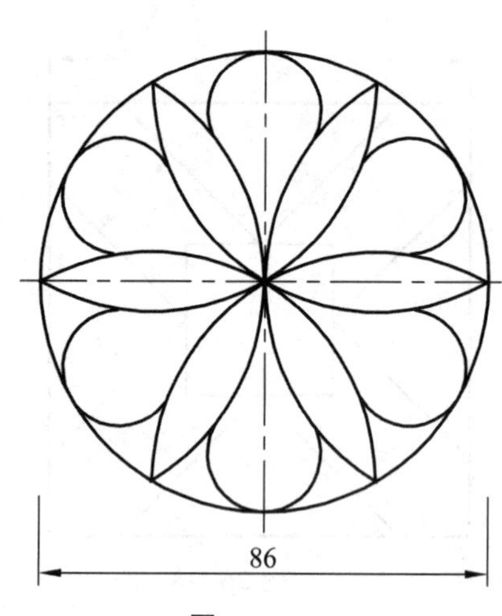

图 26-1-94

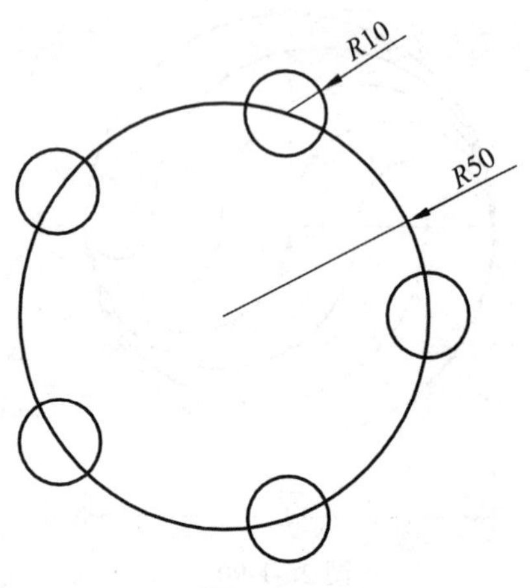

图 26-1-95

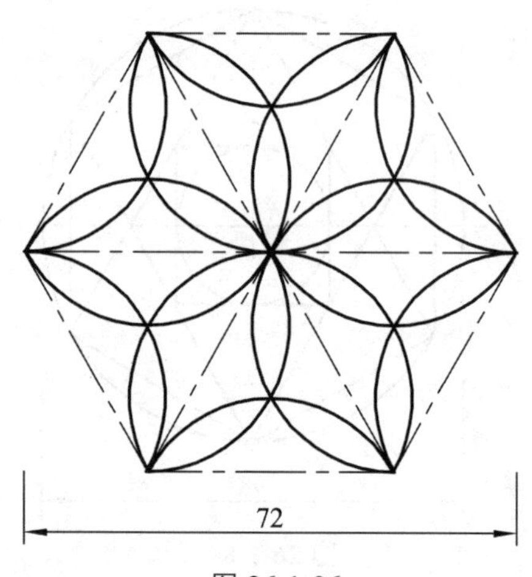

图 26-1-96

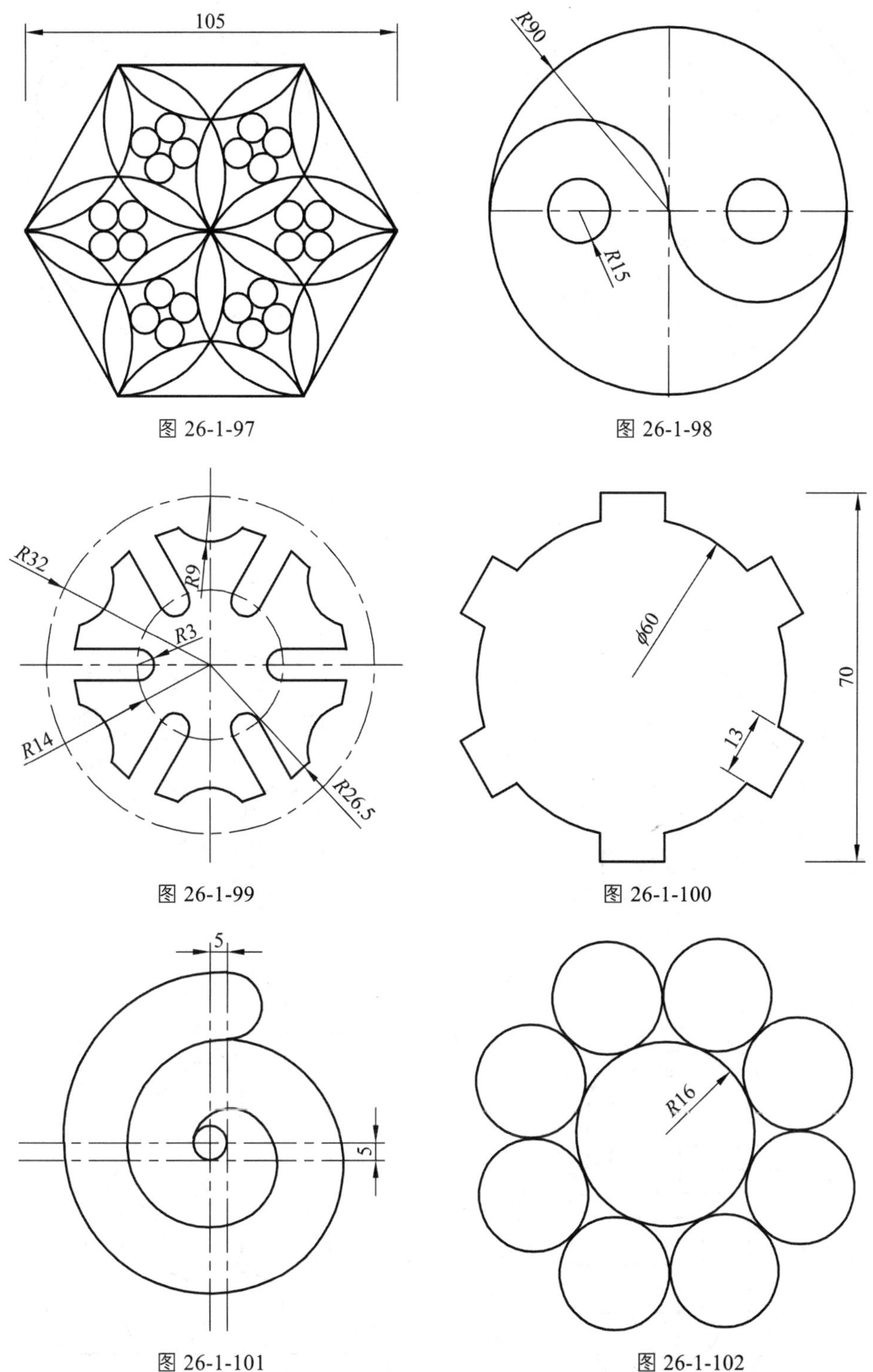

图 26-1-97

图 26-1-98

图 26-1-99

图 26-1-100

图 26-1-101

图 26-1-102

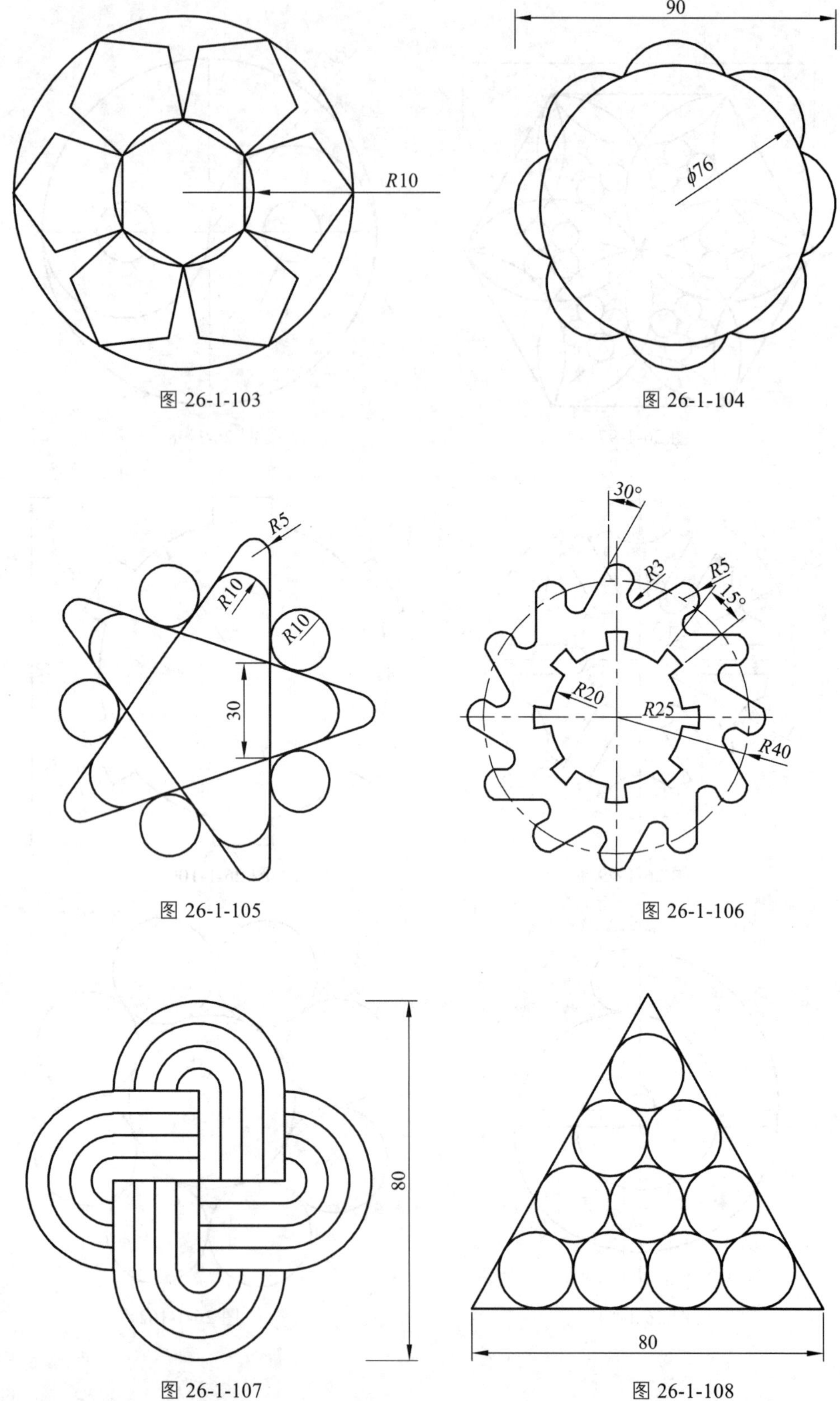

图 26-1-103

图 26-1-104

图 26-1-105

图 26-1-106

图 26-1-107

图 26-1-108

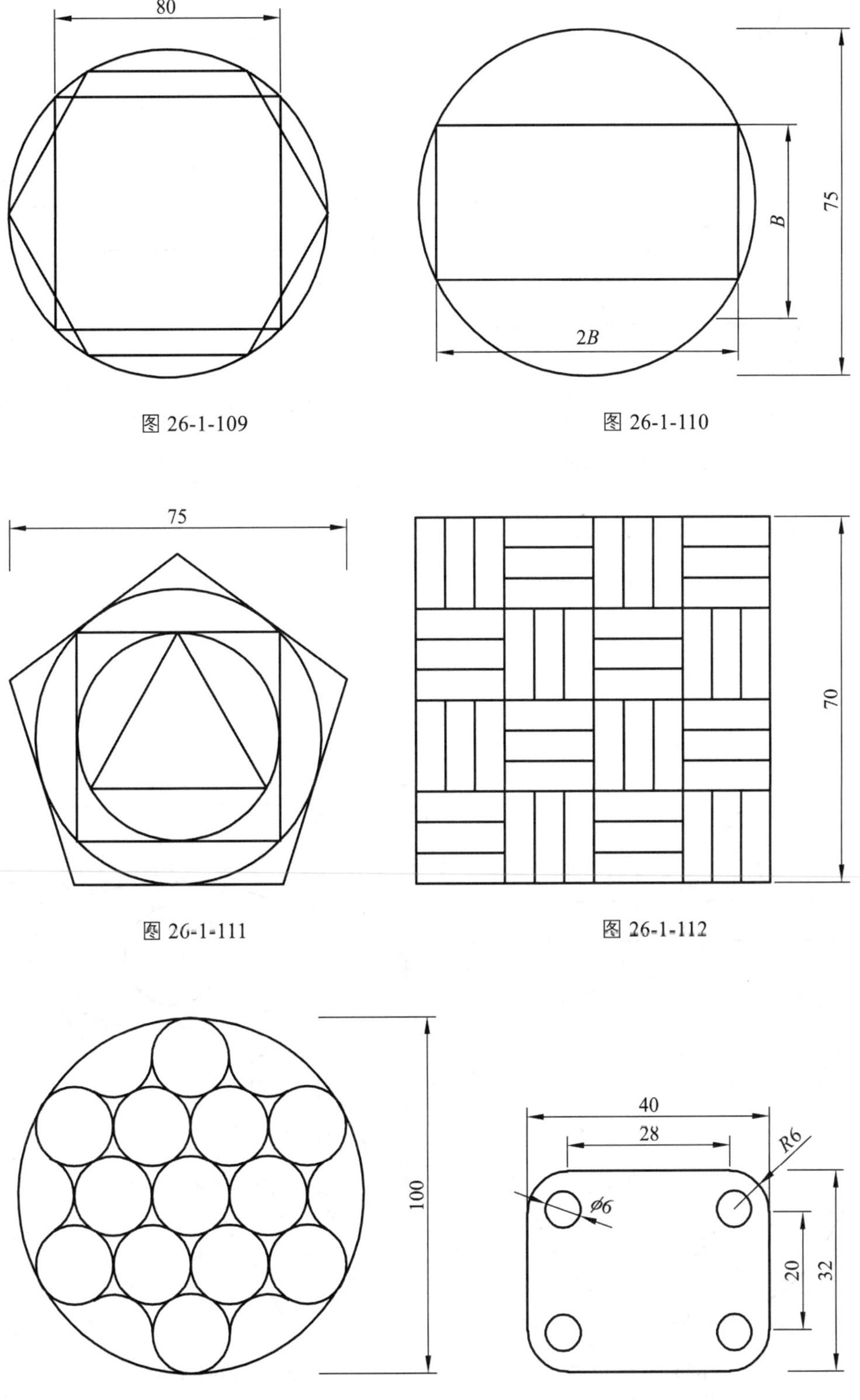

图 26-1-109

图 26-1-110

图 26-1-111

图 26-1-112

图 26-1-113

图 26-1-114

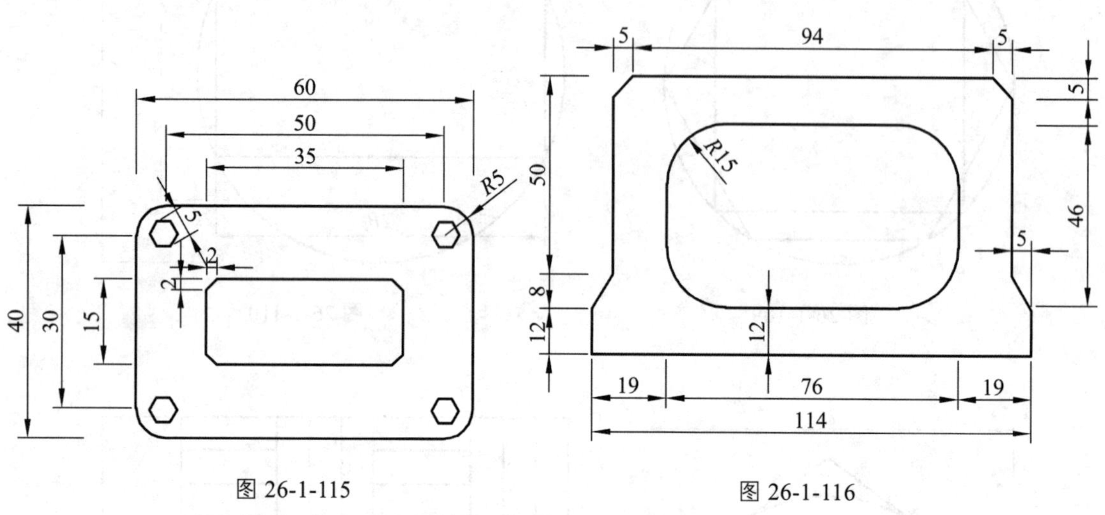

图 26-1-115　　图 26-1-116

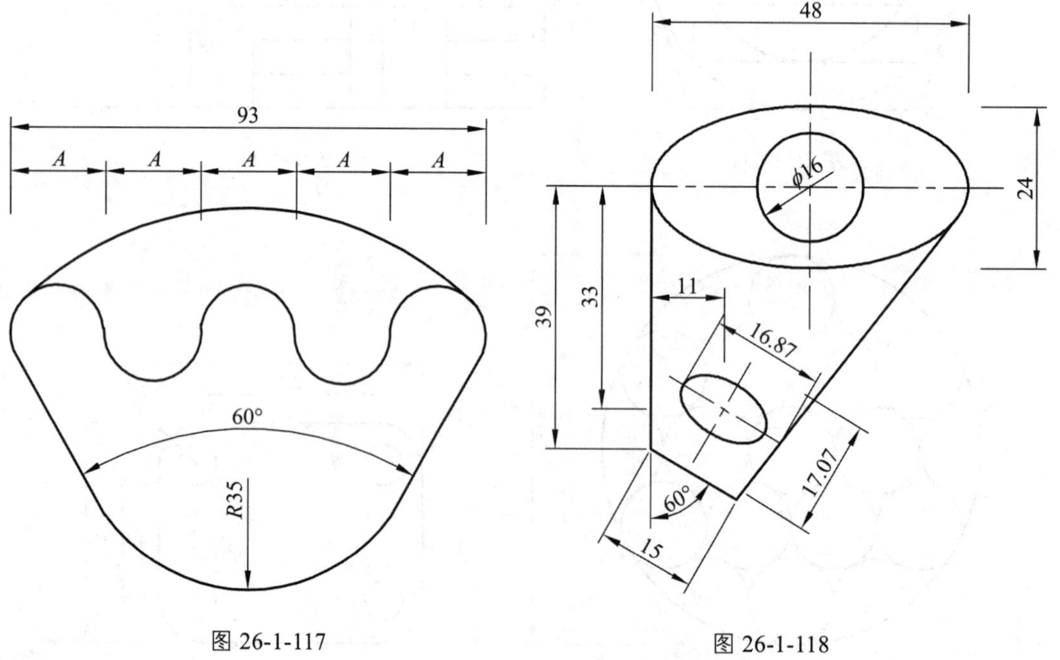

图 26-1-117　　图 26-1-118

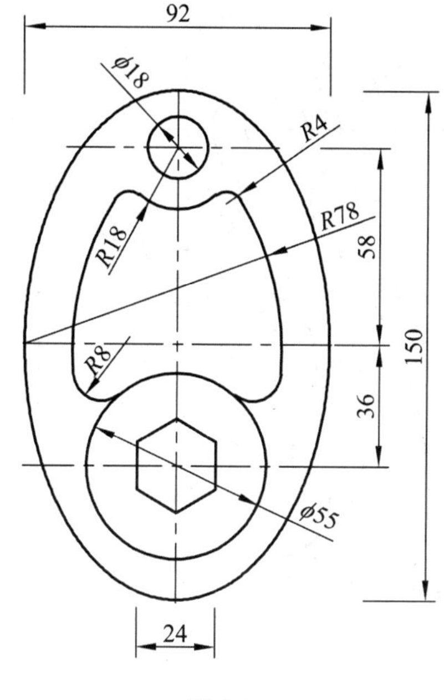

图 26-1-119

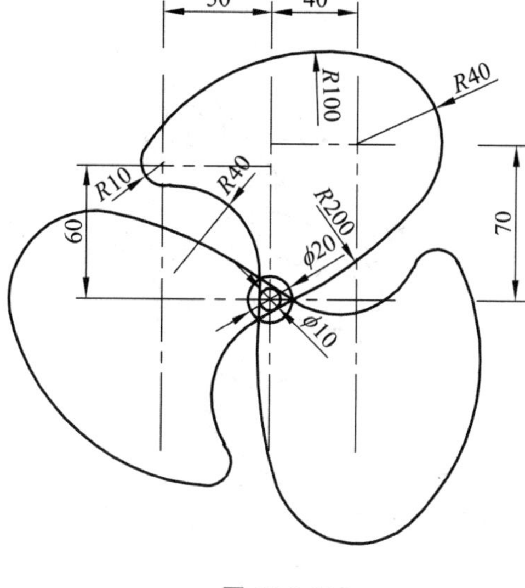

图 26-1-120

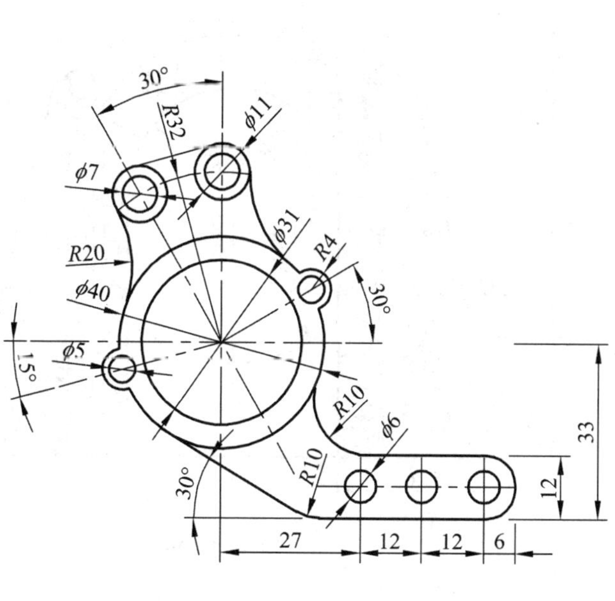

图 26-1-121

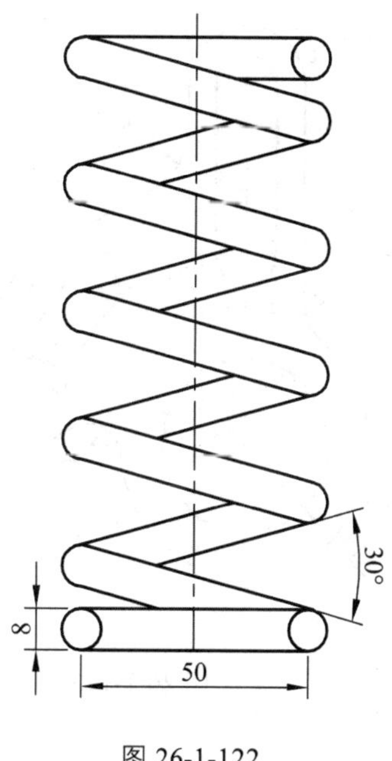

图 26-1-122

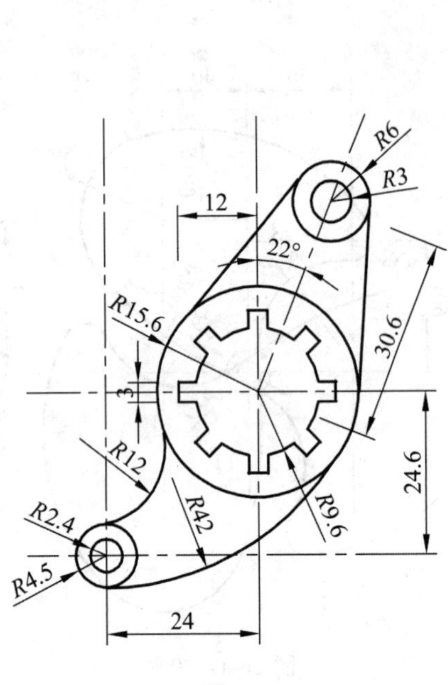

图 26-1-123

图 26-1-124

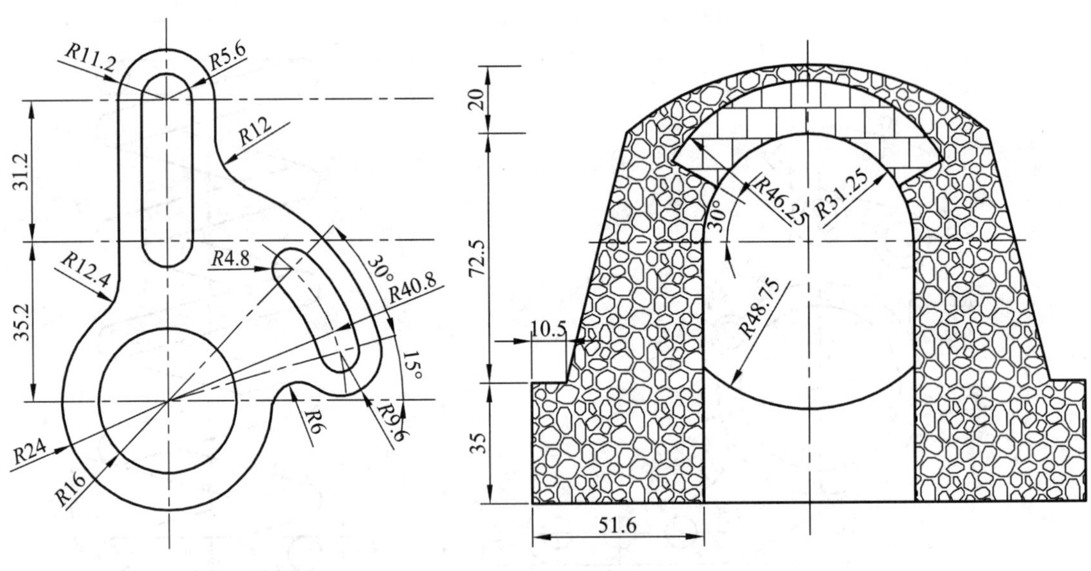

图 26-1-125

图 26-1-126

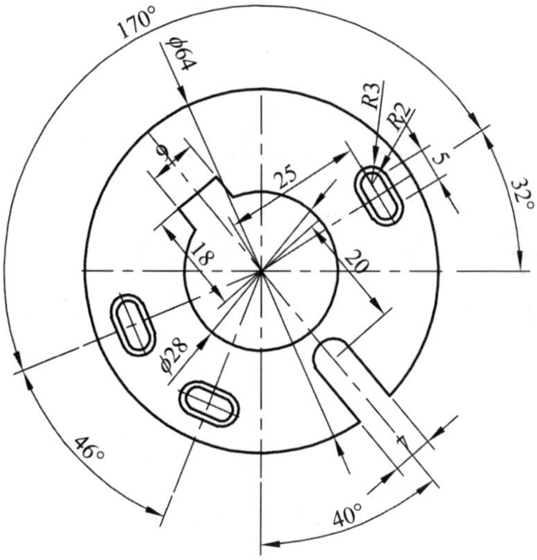

图 26-1-127

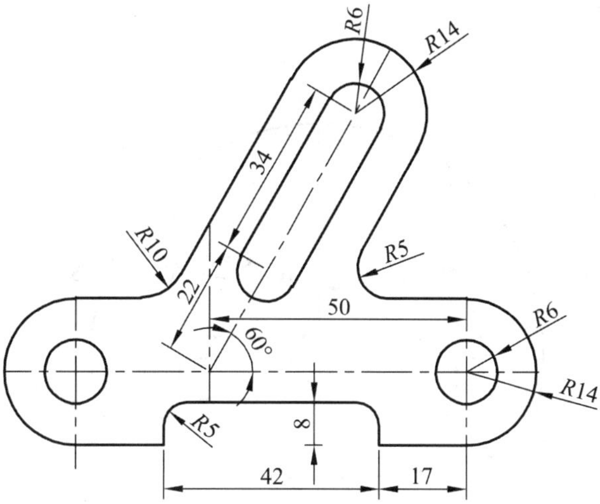

图 26-1-128

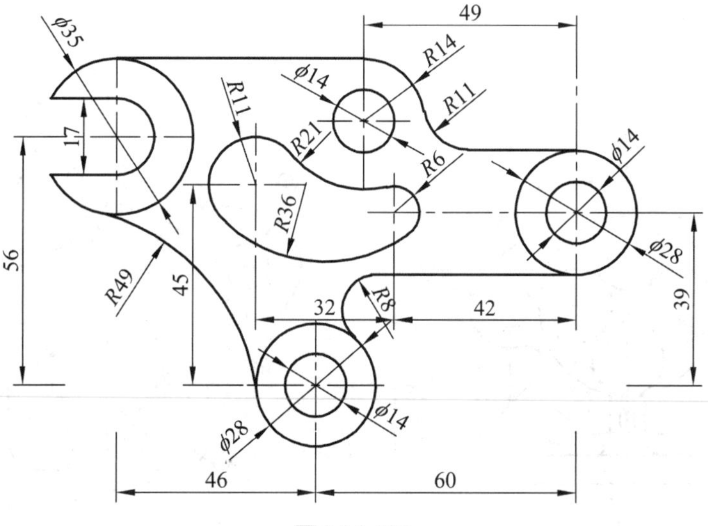

图 26-1-129

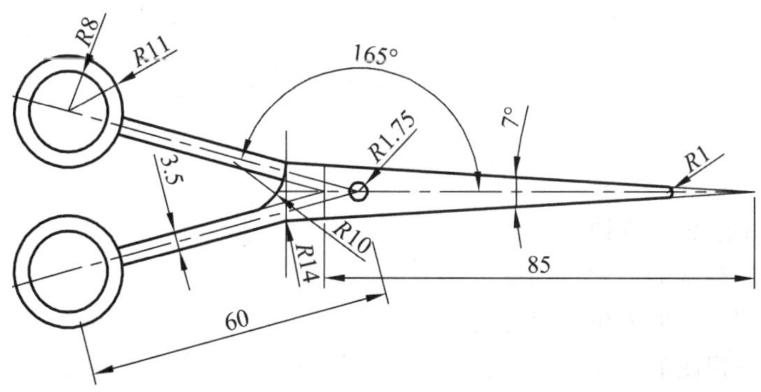

图 26-1-130

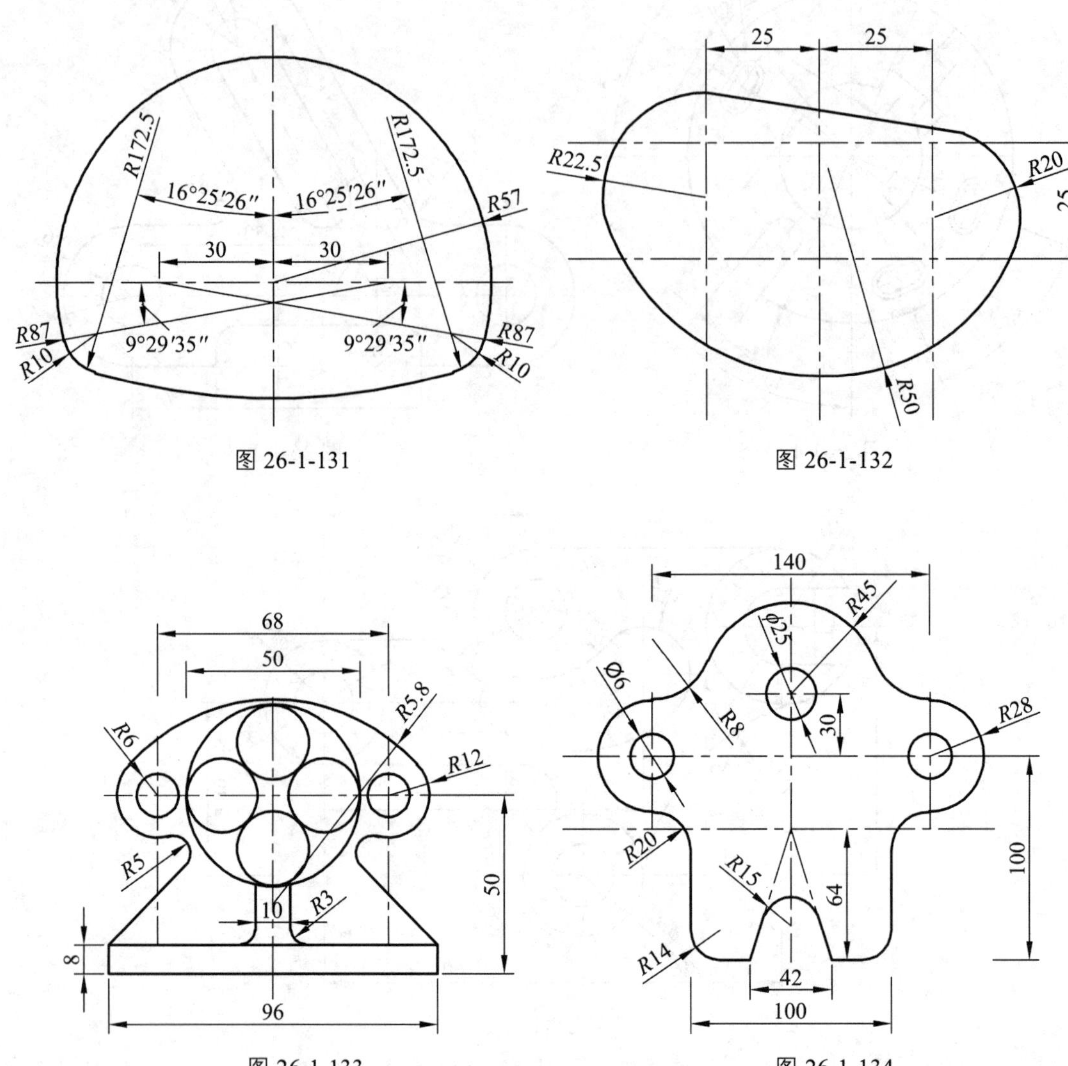

图 26-1-131

图 26-1-132

图 26-1-133

图 26-1-134

任务二　三视图补绘训练

【实训目的】

1. 了解三视图的投影规律；
2. 培养学生的观察能力和空间思维能力；
3. 掌握三视图与物体方位的对应关系；
4. 掌握绘制三视图的方法与步骤；
5. 规范绘制物体的三视图。

【实训内容】

一、基本知识

（1）正投影的特性。

① 类似性：当直线或平面与投影面倾斜时，其投影为线段或缩小的平面。

② 全等性：当直线或平面与投影面平行时，其投影反映实长或实形。

③ 积聚性：当直线或平面与投影面垂直时，其投影积聚成一点或一直线。

④ 重合性：两个或两个以上的点、线、面具有同一投影时，称为重合投影。

（2）三面投影图的形成。

① H 面——水平投影面（俯视图）。

② V 面——正立投影面（主视图）。

③ W 面——侧立投影面（左视图）。

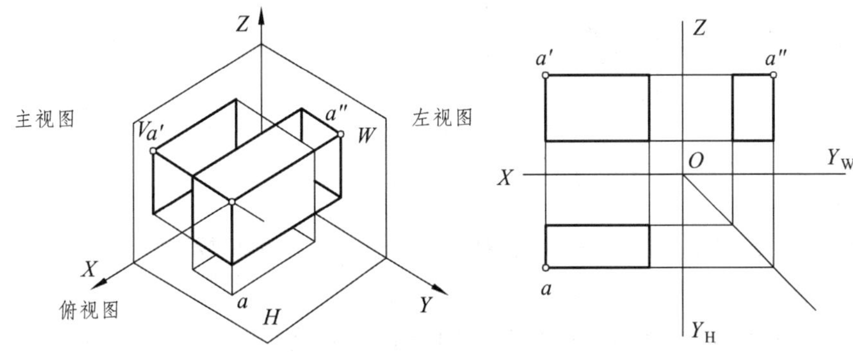

图 26-2-1　三面投影图的形成

（3）三个视图之间的投影规律。

投影面	正面	水平面	侧面
视图名称	主视图	俯视图	左视图
投影方向	前→后	上→下	左→右
反映特征	长、高	长、宽	高、宽
投影关系（口诀）	长对正、高平齐、宽相等		

“长对正、高平齐、宽相等”的投影规律是三视图的重要特征，是我们看图、画图和检查图样的依据。

（4）可见轮廓线用粗实线绘制，不可见的轮廓线用虚线绘制，尺寸标注线用细实线绘制，中心线、对称线、轴线用点划线绘制，当虚线与实线重合时画实线。

二、实训具体步骤

（1）确定画图比例和图纸图幅：根据所画物体的大小和复杂程度选用。

（2）选择主视图：所谓主视图就是主要视图。选择表现形态结构最多的面，同时兼顾其他两个视图——虚线尽量少。

（3）布置视图位置。

① 俯视图安排在主视图的正下方，左视图安排在主视图的正右方。

② 主视图确定后，其他两个视图也就相应地确定了。

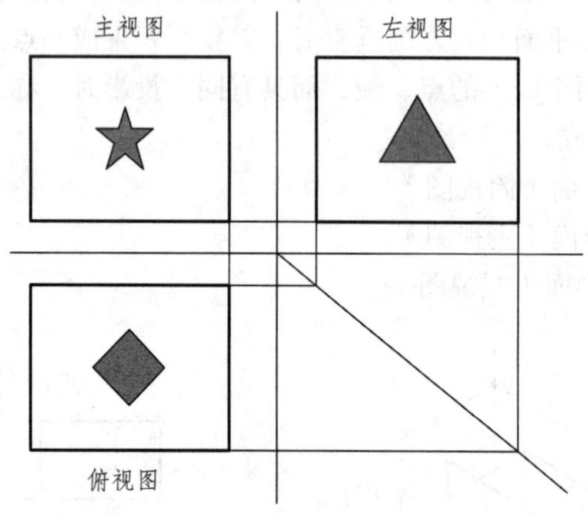

图 26-2-2　物体的三视图在图纸上的位置

（4）在图纸上画出各视图的中心线、对称线、轴线及其他基准线。

（5）画底稿。

画图顺序：由大到小、由外到内及 3 个方向的视图配合作图，使每个部分符合“长对正、高平齐、宽相等”的投影规律。

（6）检查：底稿完成后，按原画图顺序仔细检查，纠正错误和补充遗漏。

三、补绘第三视图训练

1. 读图要点

（1）将已知的两个视图联系起来读图，读图是根据视图想象出物体的结构形状——由图到物。

（2）注意抓特征视图。

① 形状特征视图——最能反映物体形状特征的那个视图。

② 位置特征视图——最能反映物体位置特征的那个视图。

（3）弄清视图中线和线框的含义（线面分析法）。

2. 读图方法和步骤

（1）确定组合体的形式。

① 如果是叠加型组合体：先分析其有哪些构成体，再确定各构成体的形状及它们之间的连接方式，最后想象组合体的空间形状。

② 如果是切割型组合体：先分析基础体，然后分析切掉了哪些简单形体，最后想象组合体空间形状。

③ 如果是综合型组合体：先分析可分成几个部分，每个部分又是如何切割的，这几个部分又是怎样连接的，最后想象出组合体的空间形状。

（2）分析特征线框，应根据两个已知视图，弄清每一个封闭线框所表示的内容。

（3）想象分体形体，定位置。

（4）综合各个分体，想整体。

四、实训注意事项

1. 先画主体部分，后画次要部分。
2. 几个视图要配合画，不要先画完一个视图，再画另一个视图。
3. 不可见的部分用虚线画出，对称线、轴线和圆的中心线均用点划线画出。

五、学生实训报告要求

1. 必须在规定的时间内提交报告资料。
2. 报告资料：习题练习及实训报告。
3. 实训报告写自己的心得体会以及意见或建议，不得少于 200 字，书写要工整。

六、案例分析

1. 案例 1

已知三视图中的主视图和左视图，补绘俯视图并标注尺寸，如图 26-2-3 所示。

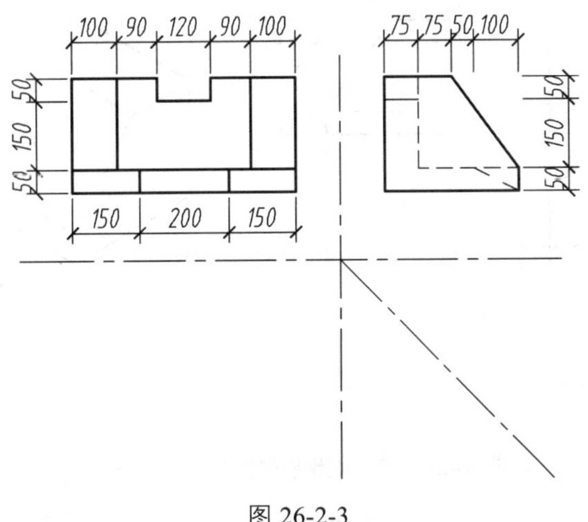

图 26-2-3

解题步骤：

（1）根据已知条件，利用三面投影规律，初步想象几何体。

根据规律“主视图与左视图——高平齐”“一个封闭线框一般情况下代表一个面”，而左视图中除了一个实线外框，有很多虚线，即有很多不可见轮廓，说明形体内部被切掉一些块体，从而判断形体为切割型。

（2）假设没有切割前，形体为长方体，补绘出矩形平面图，如图 26-2-4 所示。

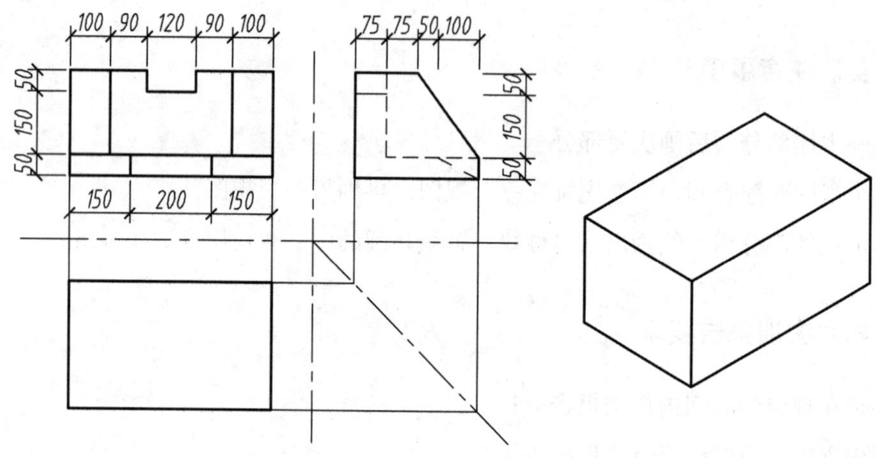

图 26-2-4　补绘俯视图中的矩形

（3）根据左视图虚线的轮廓及位置，结合主视图的线框，分别补绘出俯视图的相应线条，整理并完成图形如图 26-2-5 ~ 图 26-2-8 所示。

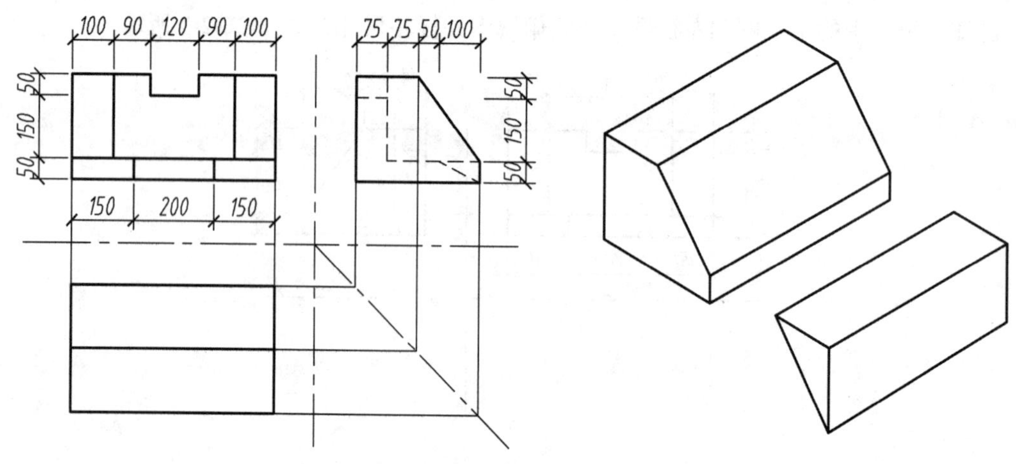

图 26-2-5　补绘出俯视图的相应线条①

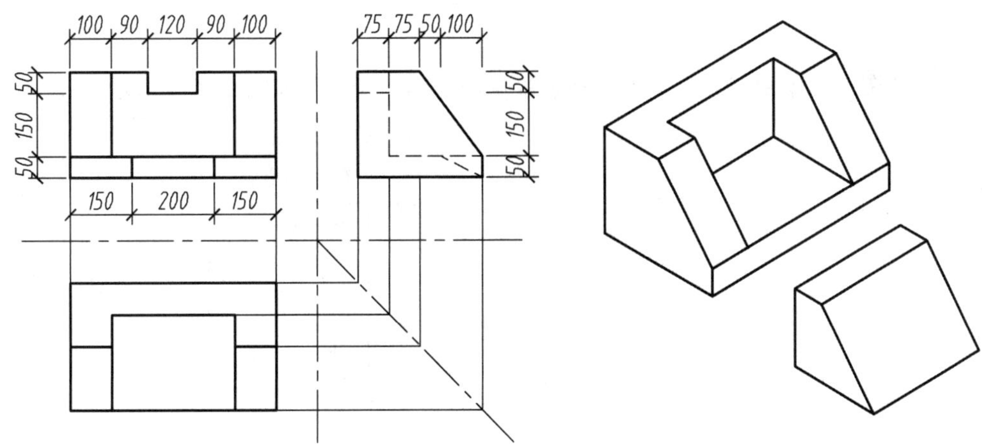

图 26-2-6 补绘出俯视图的相应线条②

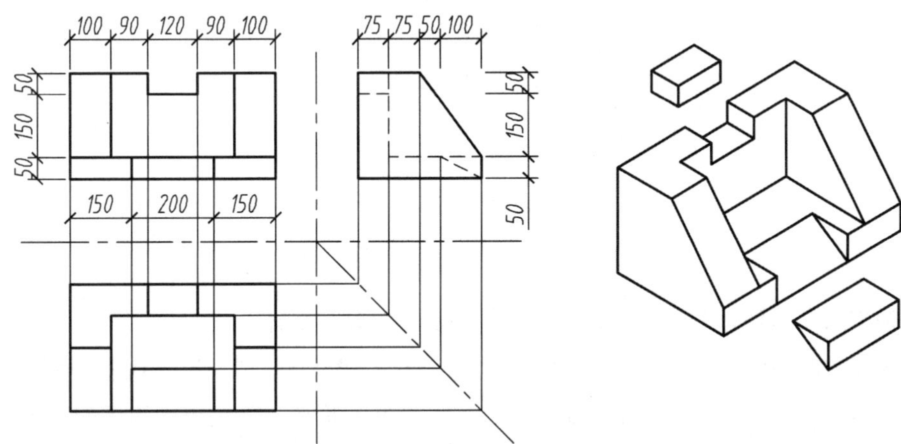

图 26-2-7 补绘出俯视图的相应线条③

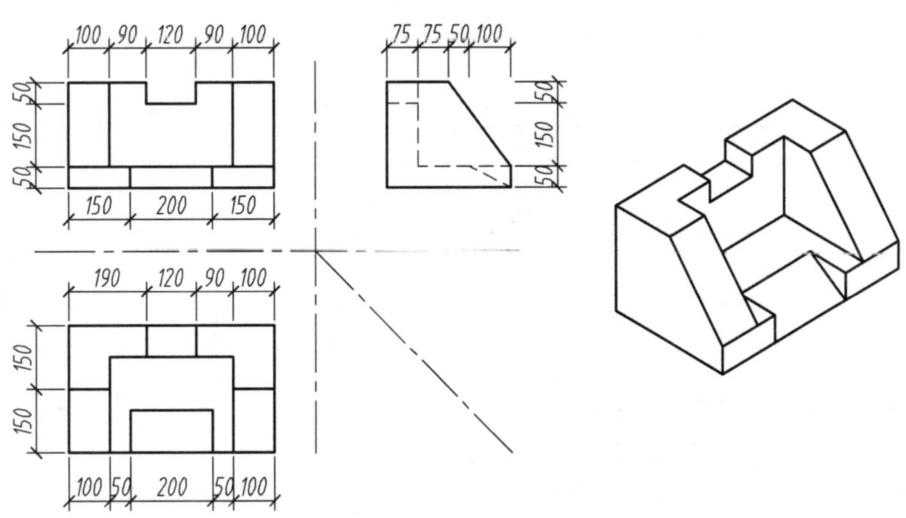

图 26-2-8 完成图形

2. 案例 2

已知三视图中的俯视图和左视图，补绘主视图并标注尺寸，如图 26-2-9 所示。

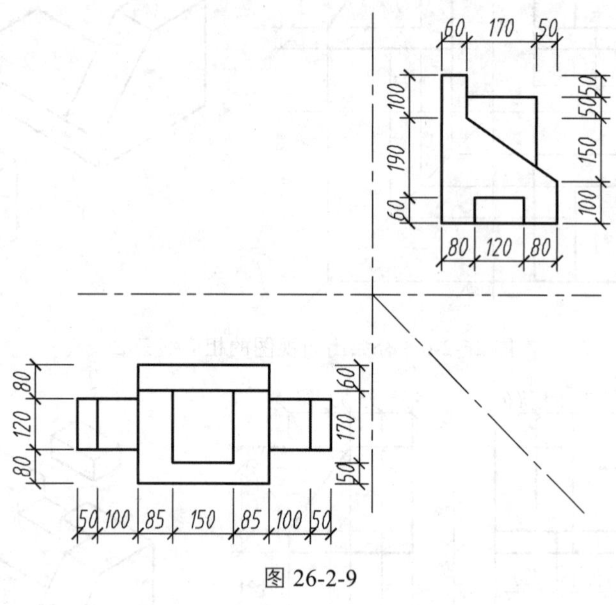

图 26-2-9

解题步骤：

（1）根据已知条件，利用三面投影规律，初步想象几何形体。

根据规律“左视图与俯视图——宽相等”“一个封闭线框，一般情况下代表一个面”等，确定形体为左右对称，并且部分叠加、部分切割的综合几何形体。补绘出主视图的矩形轮廓，如图 26-2-10 所示。

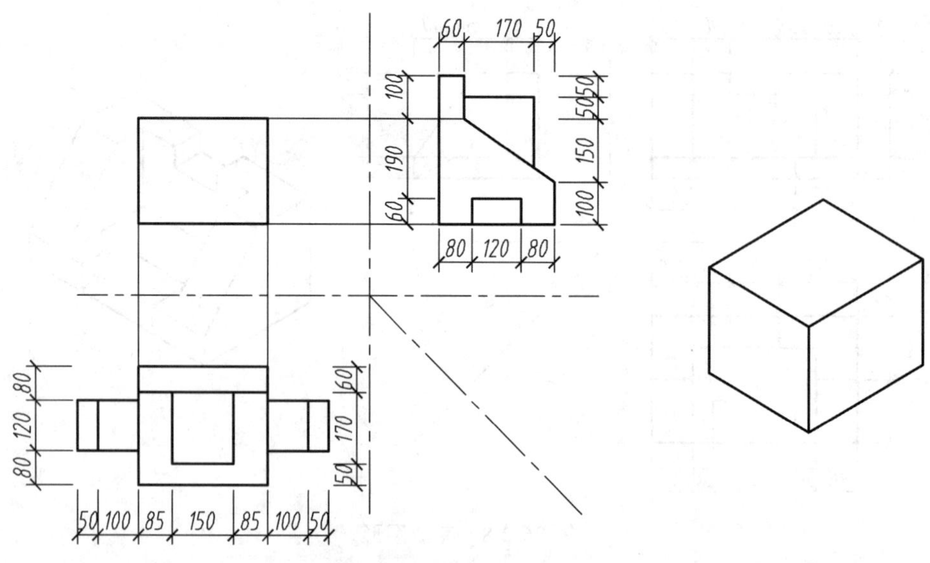

图 26-2-10　补绘出主视图的矩形

（2）根据左视图，综合俯视图的线框，补绘出正立面图的相应线条，如图 26-2-11、图 26-2-12 所示。

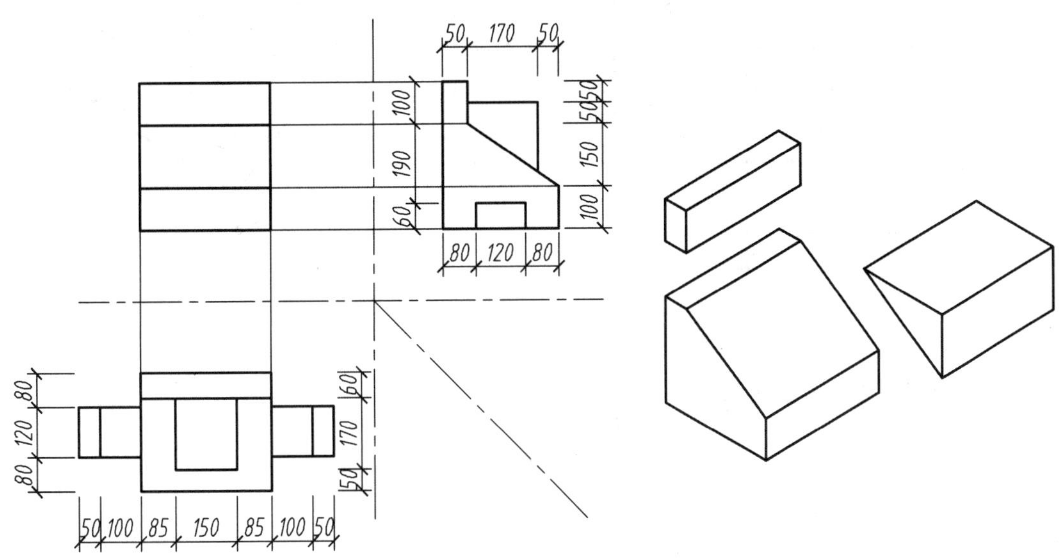

图 26-2-11　补绘出正立面图的相应线条①

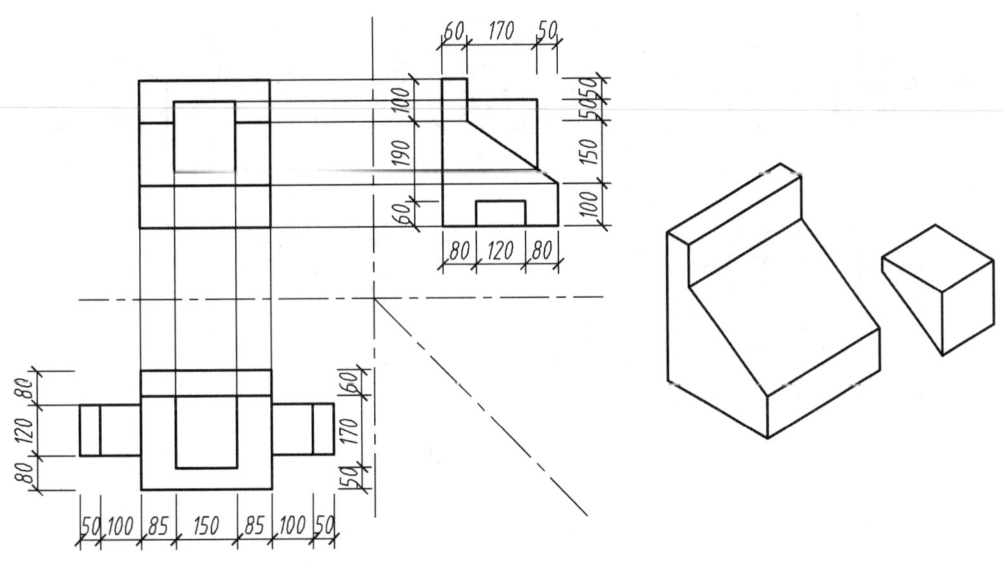

图 26-2-12　补绘出正立面图的相应线条②

（3）加上左右两个形体的投影线，整理并完成图形，如图 26-2-13、图 26-2-14 所示。

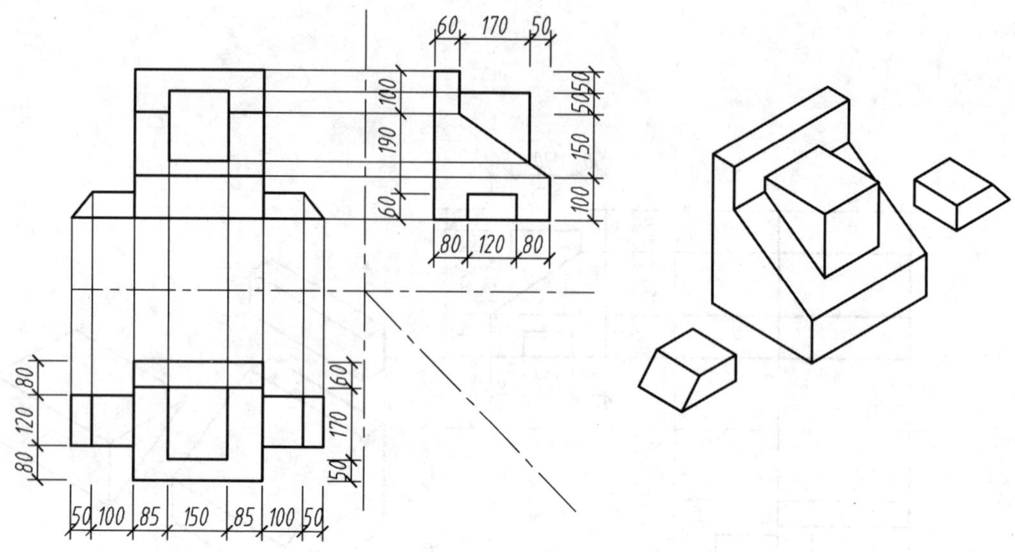

图 26-2-13　补绘剩余线条

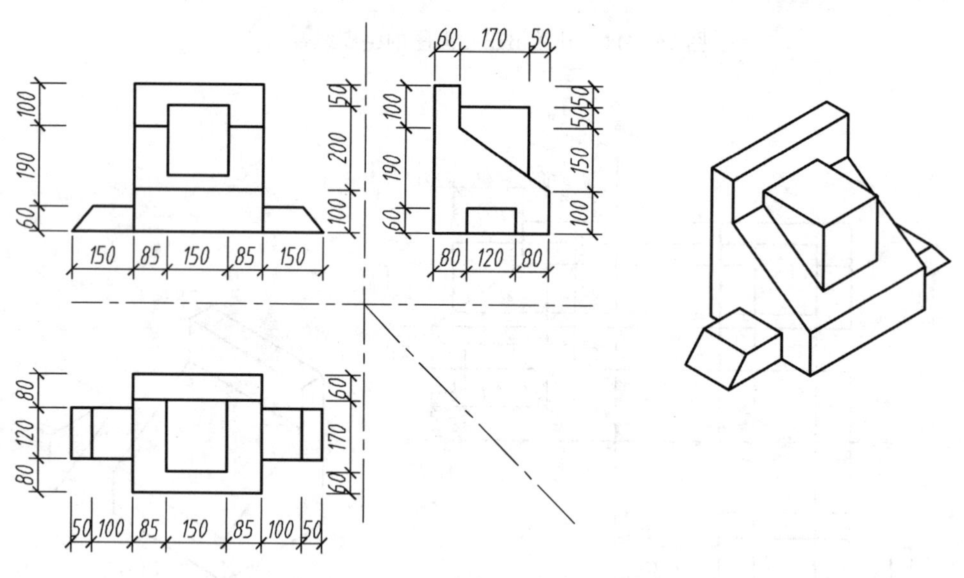

图 26-2-14　完成图形

3. 案例 3

已知三视图中的主视图和俯视图，补绘左视图并标注尺寸，如图 26-2-15 所示。

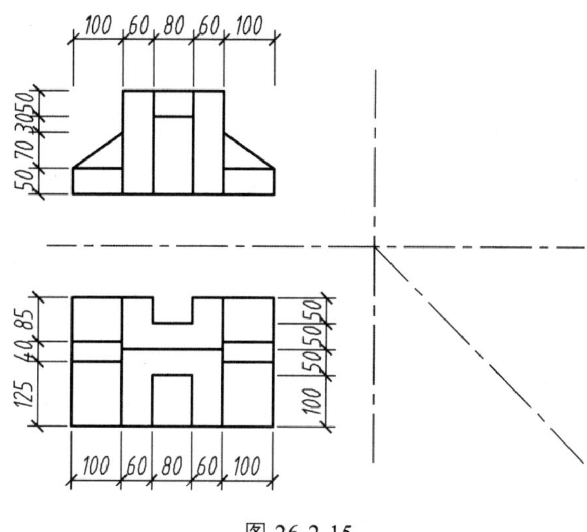

图 26-2-15

解题步骤：

（1）根据已知条件，利用三面投影规律，初步想象几何形体。

根据规律“主视图和俯视图——长对正”“一个封闭线框，一般情况下代表一个面”等，确定几何形体左右对称，并且部分叠加、部分切割，是一个几何综合形体。补绘出左视图的矩形轮廓，如图 26-2-16 所示。

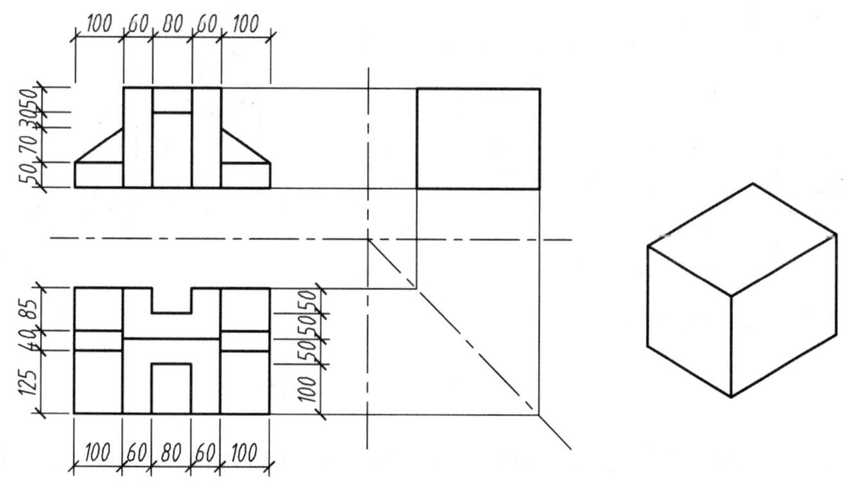

图 26-2-16　补绘左视图中的矩形

（2）根据“正投影的特性——类似性”，找出已知图形中的类似形，确定侧垂面，补绘左视图中的斜线，如图 26-2-17 所示。

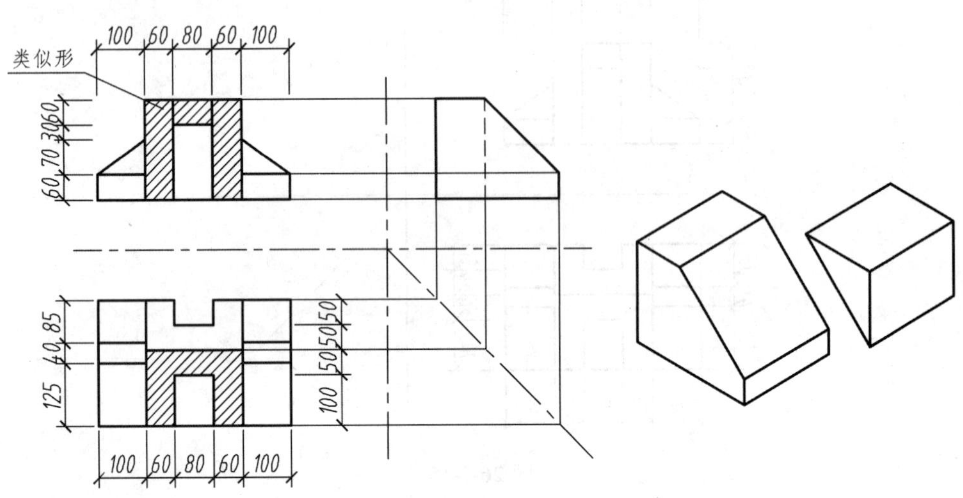

图 26-2-17　补绘左视图中的斜线

（3）绘出左视图中相应的线条，如图 26-2-18 所示。

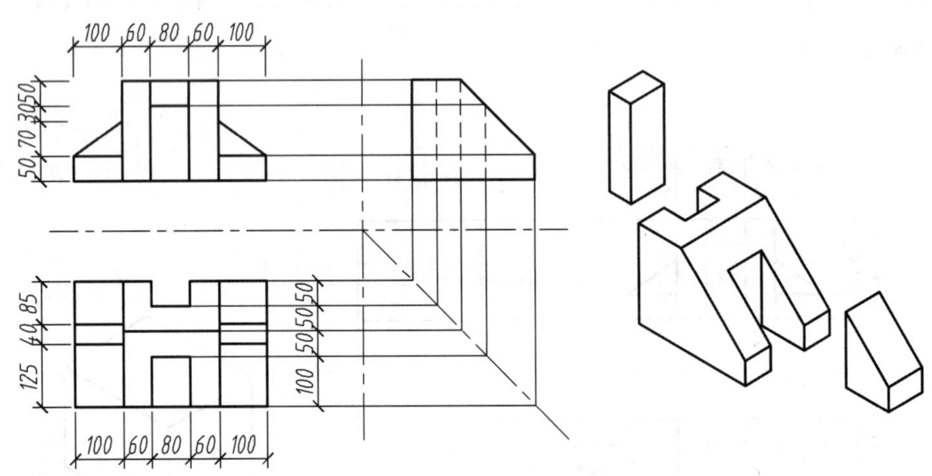

图 26-2-18　补绘左视图中的虚线

（4）补全左右两侧的形体轮廓，整理并完成图形，如图 26-2-19 ~ 图 26-2-21 所示。

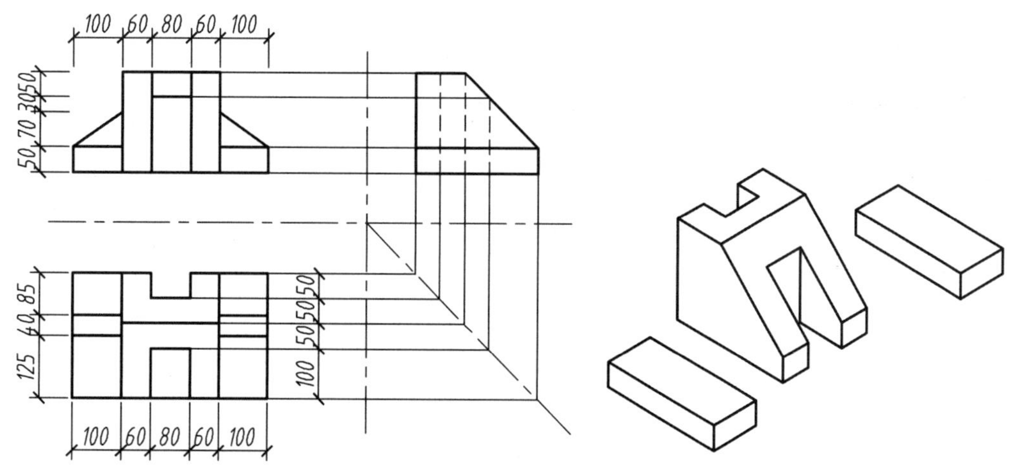

图 26-2-19　补绘剩余线条①

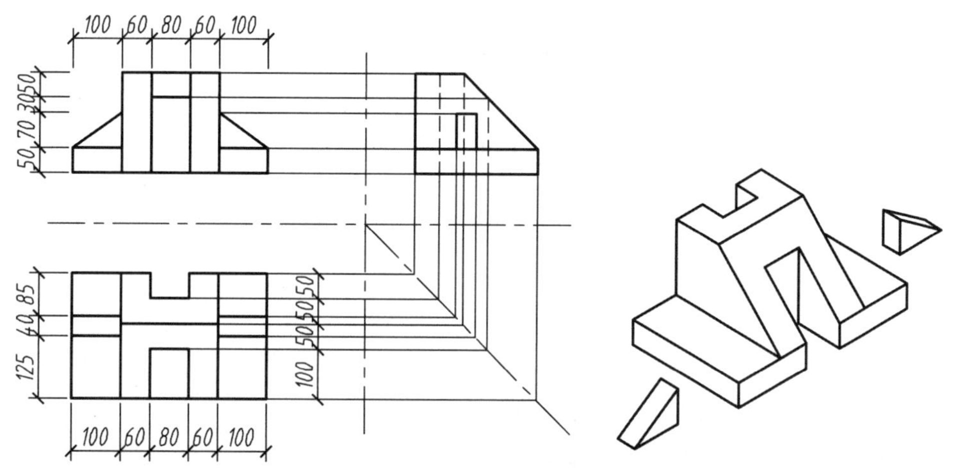

图 26-2-20　补绘剩余线条②

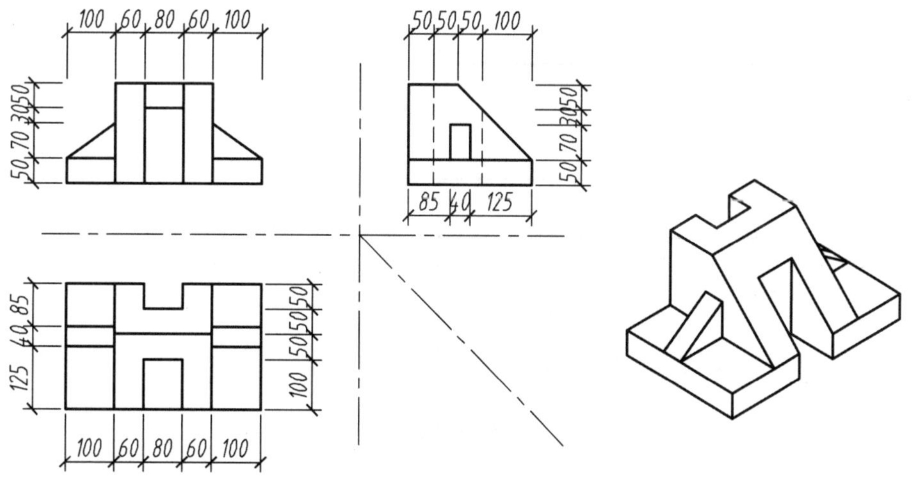

图 26-2-21　完成图形

【实训拓展】

根据已知的视图，补绘第三视图（含尺寸标注）。

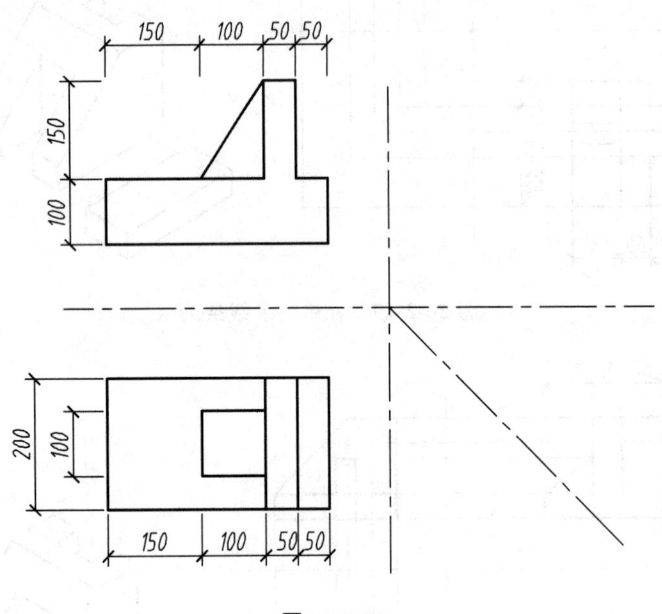

图 26-2-22

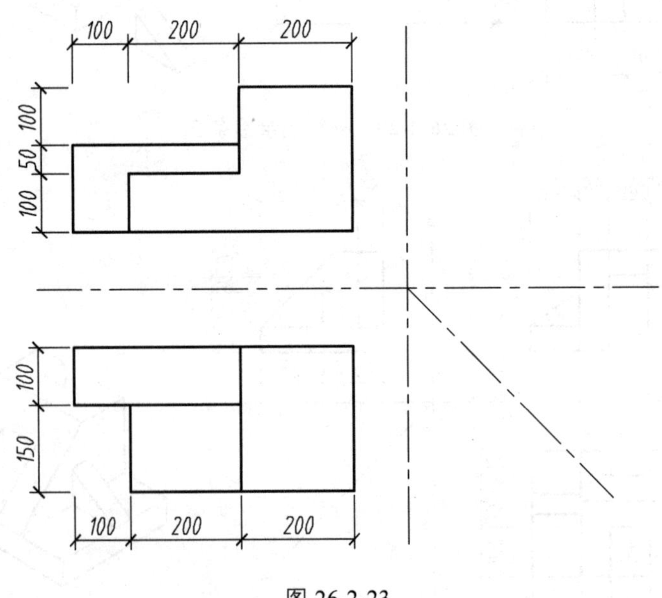

图 26-2-23

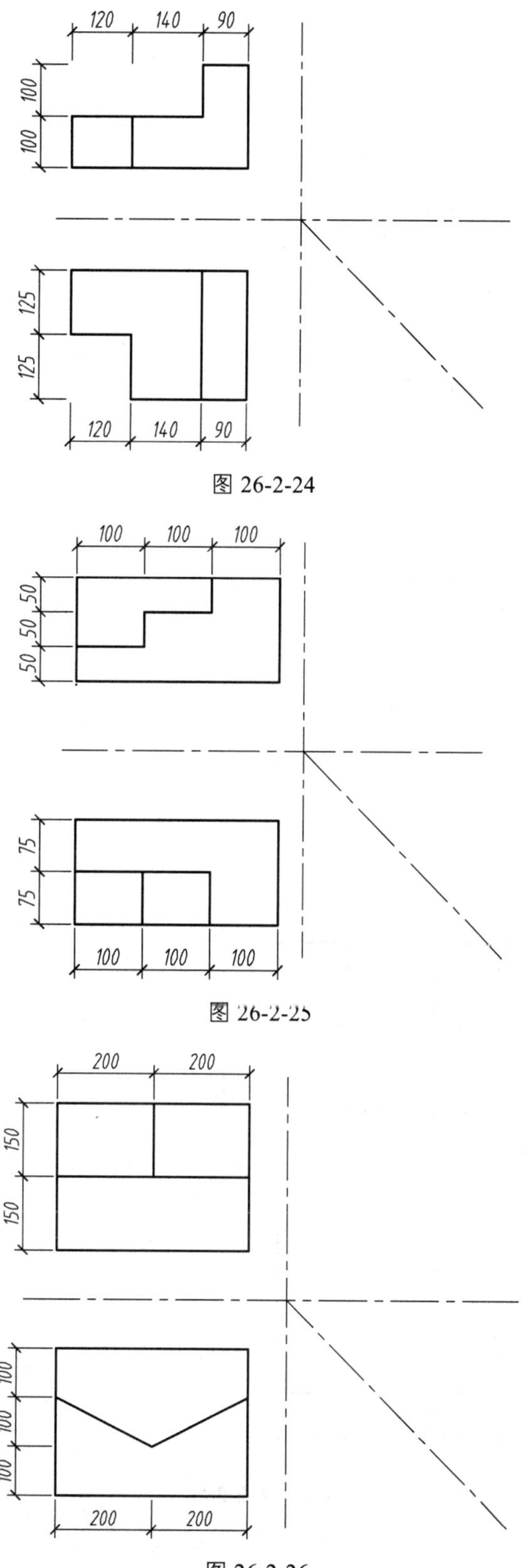

图 26-2-24

图 26-2-25

图 26-2-26

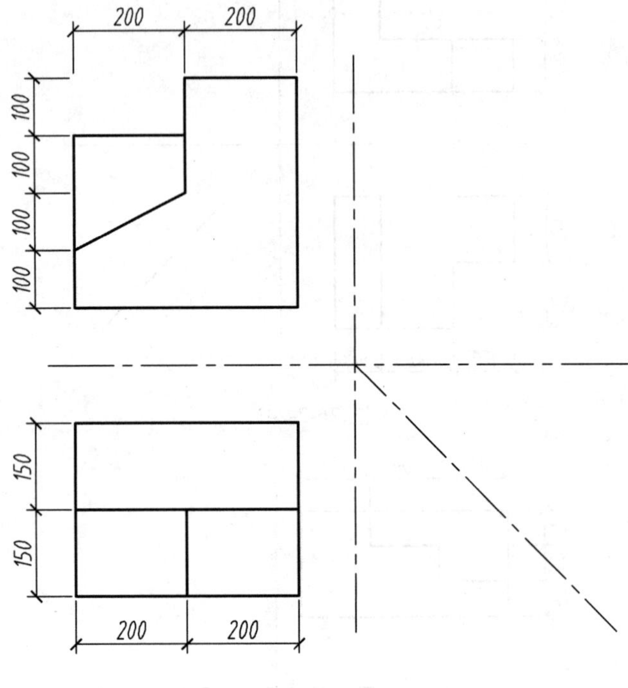

图 26-2-27

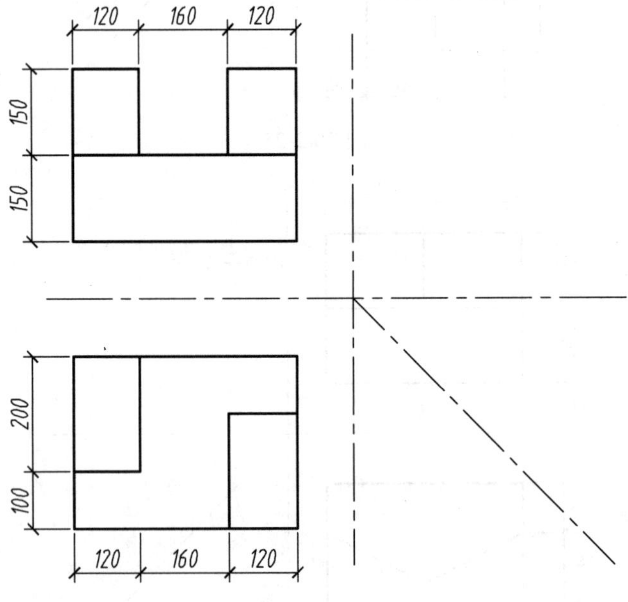

图 26-2-28

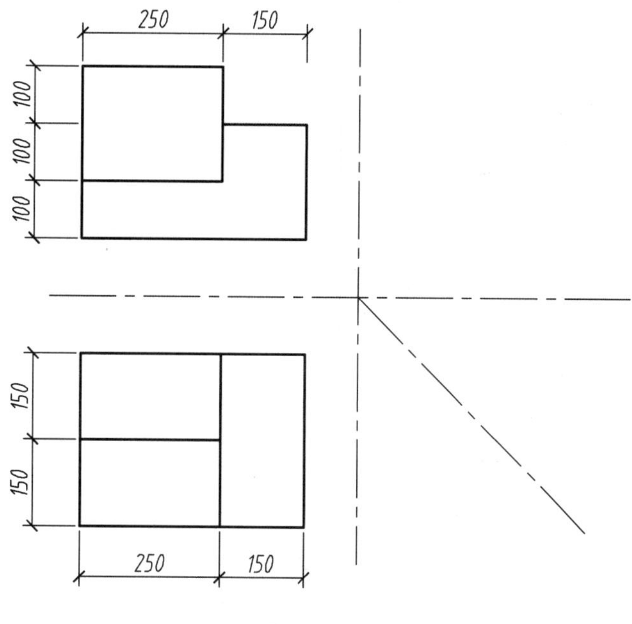

图 26-2-29

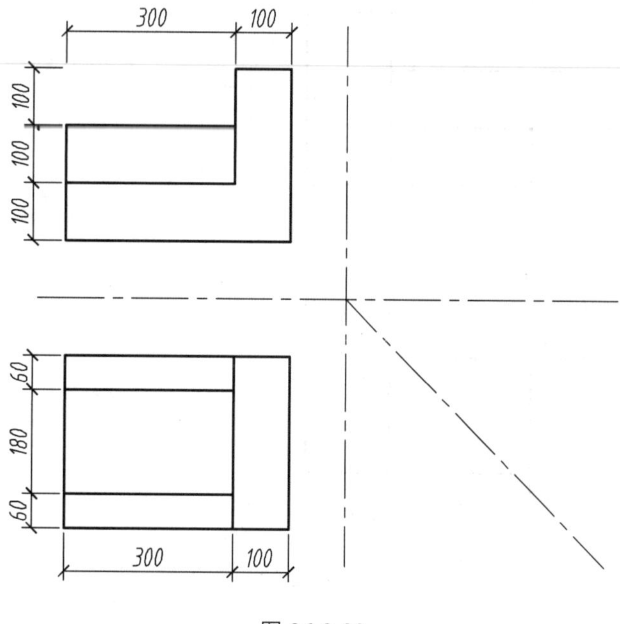

图 26-2-30

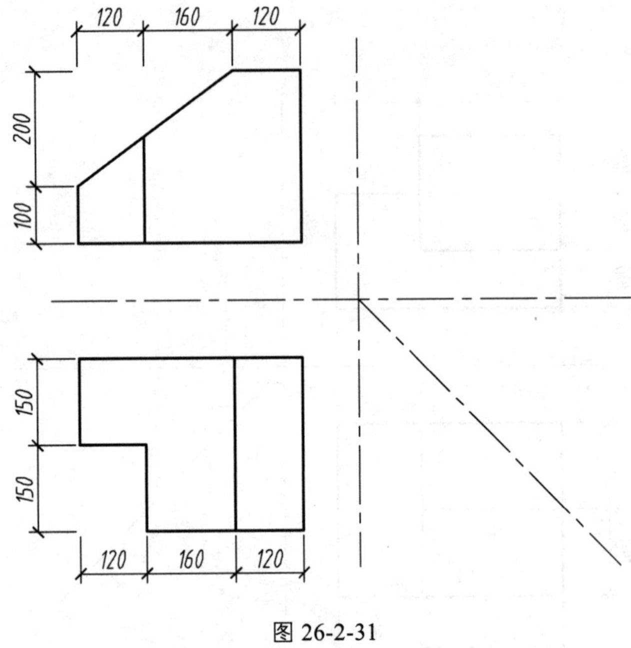

图 26-2-31

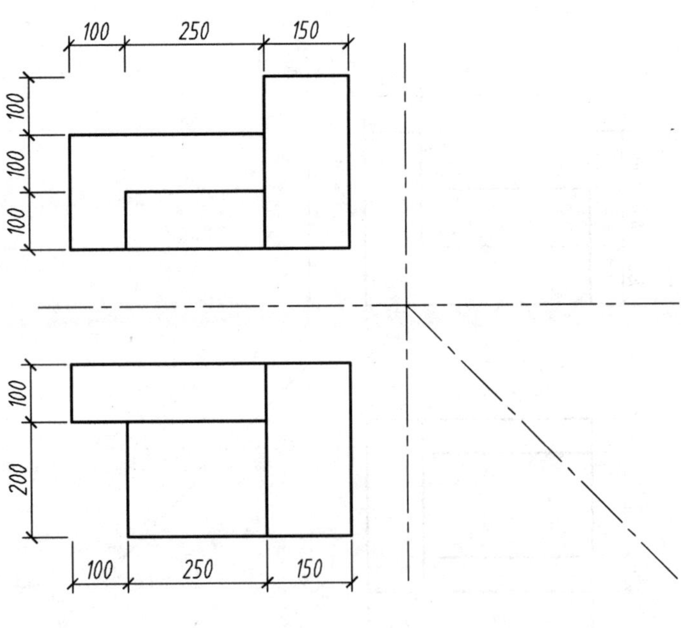

图 26-2-32

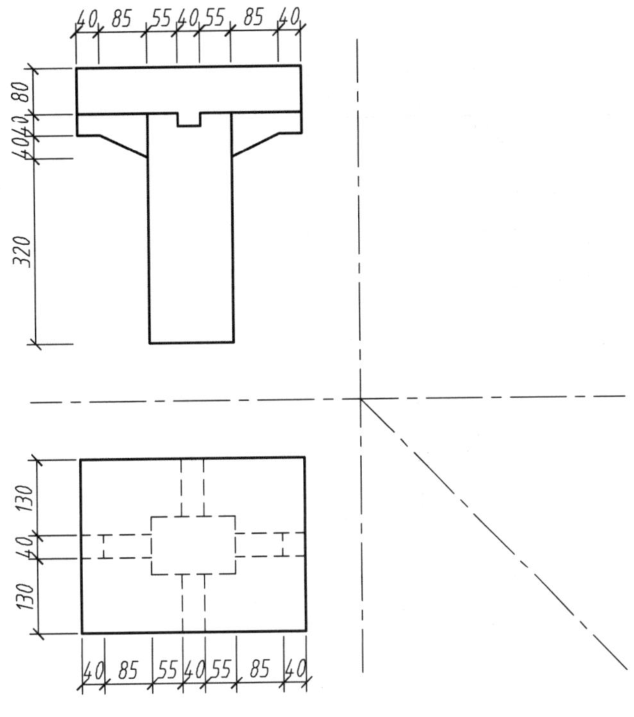

图 26-2-33

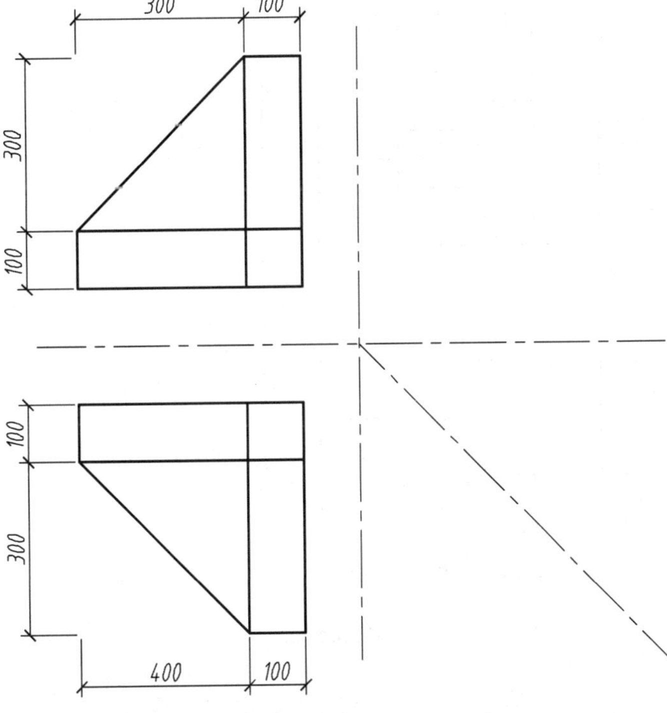

图 26-2-34

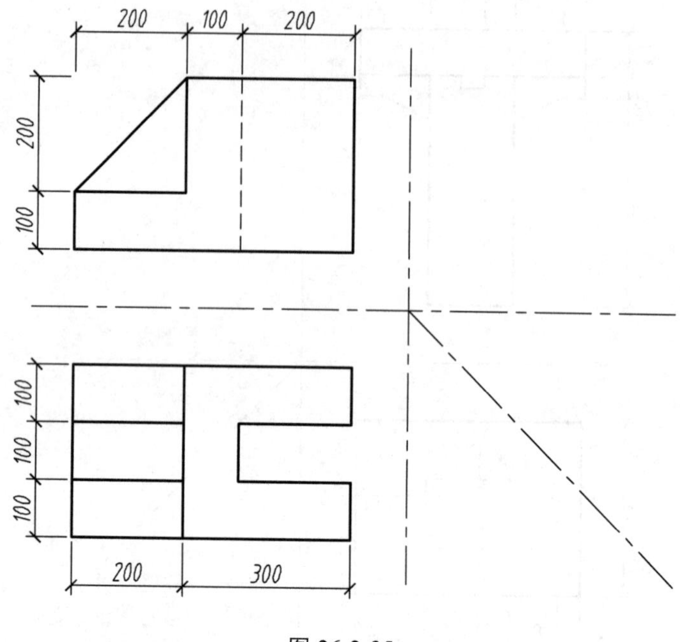

图 26-2-35

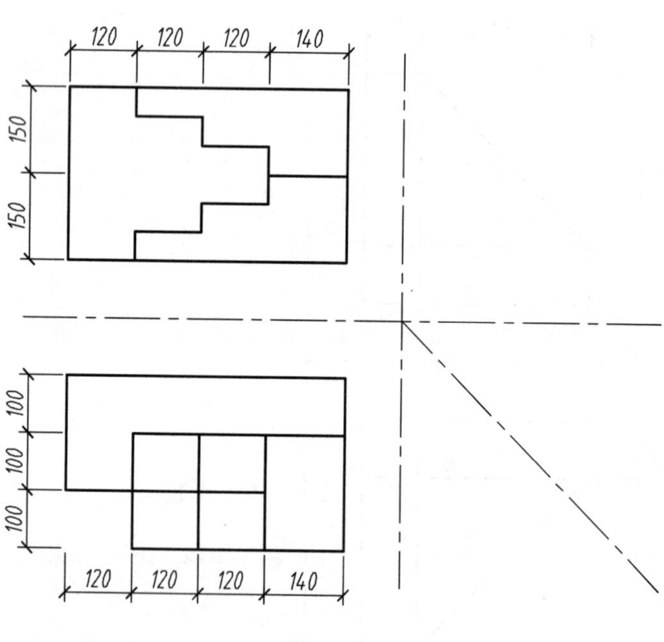

图 26-2-36

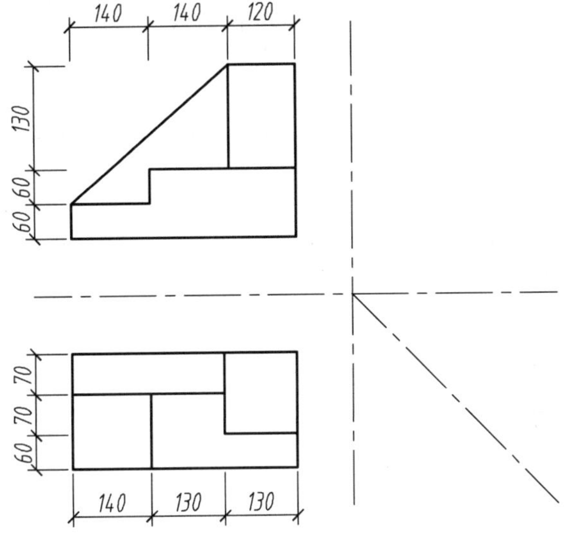

图 26-2-37

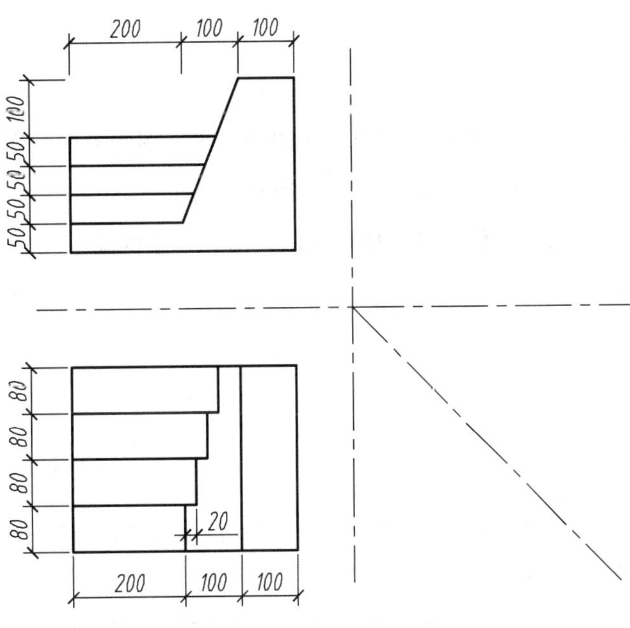

图 26-2-38

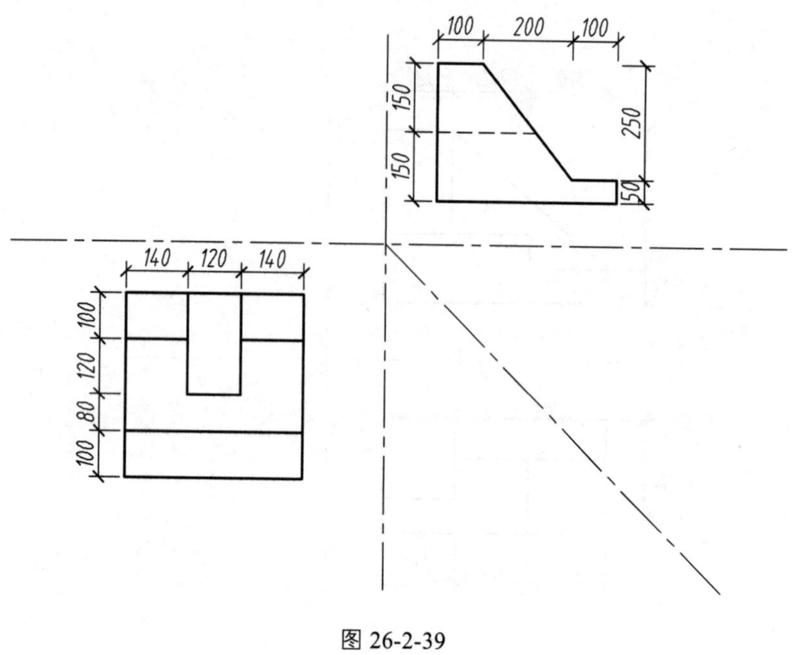

图 26-2-39

任务三 建筑施工图绘制训练

【实训目的】

1. 了解建筑平面图、建筑立面图、建筑剖面图和建筑详图的形成、作用和图示内容。

2. 掌握建筑施工图的绘制方法，并能正确绘制建筑施工图。

3. 通过实训，掌握 CAD 软件的基本操作方法，培养学生的动手能力、绘图能力，以及分析问题和解决问题的能力。

【实训内容】

一、建筑施工图中的图线

（1）在建筑施工图中，为了表示不同的构件，达到图形的主次分明的目的，必须采用不同线型和不同宽度的图线。

（2）图线分为实线、虚线、点划线、折断线、波浪线等。建筑专业、室内设计专业制图常采用的图线见表 26-3-1。

表 26-3-1　建筑施工中的图线

名称		线型	线宽	一般用途
实线	特粗	——	1.4b	建筑剖面、立面中的地坪线，大比例断面图中的剖切线
	粗	——	b	平、剖面图中被剖切的主要建筑构造（包括构配件）的轮廓线； 建筑立面图的外轮廓线； 构配件详图中的构配件轮廓线
	中	——	0.5b	平、剖面图中被剖切的次要建筑构造（包括构配件）的轮廓线； 建筑平、立、剖面图中建筑构配件的轮廓线； 构造详图中被剖切的主要部分的轮廓线； 植物外轮廓线
	细	——	0.25b	图中应小于中实线的图形线、尺寸线、尺寸界限、图例线、索引符号、标高符号
虚线	中	- - - -	0.5b	建筑构造及建筑构配件不可见的轮廓线
	细	- - - -	0.25b	图例线，应小于中虚线的不可见轮廓线
点划线	粗	—·—	b	起重机（吊车）轨道线
	细	—·—	0.25b	中心线、对称线、定位轴线
折断线		—∧∨—	0.25b	不需画全的断开界限
波浪线		∿∿∿	0.25b	不需画全的断开界限；构造层次的断开界限

注：b——基本线宽。

二、常用符号的作用与要求

1. 定位轴线

（1）定位轴线应用细单点画线绘制。

（2）定位轴线应编号，轴线编号写在圆圈内。在平面图上水平方向的编号采用阿拉伯数字，从左向右依次编写。垂直方向的编号，用大写英文字母自下而上顺次编写。英文字母中的 I、O、Z 三个字母不得作为轴线编号，以免与数字 1、0、2 混淆。

（3）轴线编号的圆圈用细实线绘制，直径一般为 8 mm，详图上为 10 mm，如图 26-3-1（a）所示。

（4）对于附加轴线的编号可用分数表示，分母表示前一轴线的编号，分子表示附加轴线的编号，用阿拉伯数字依序编写，如图 26-3-1（b）、（c）所示。

完整的定位轴线示意图如图 26-3-1（d）所示。

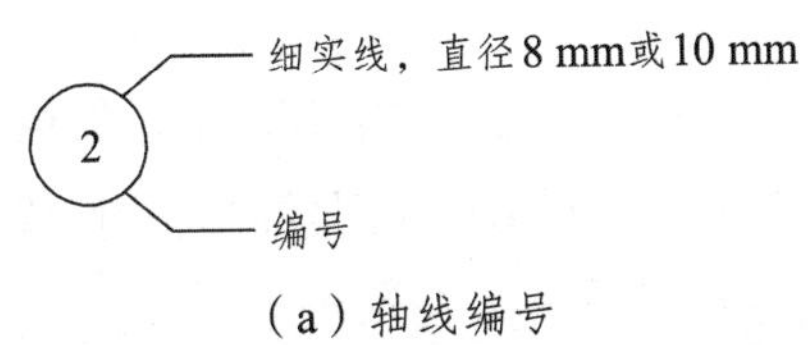

（a）轴线编号

（b）C 轴线之后附加的第 1 条轴线　　（c）3 轴线之后附加的第 2 条轴线

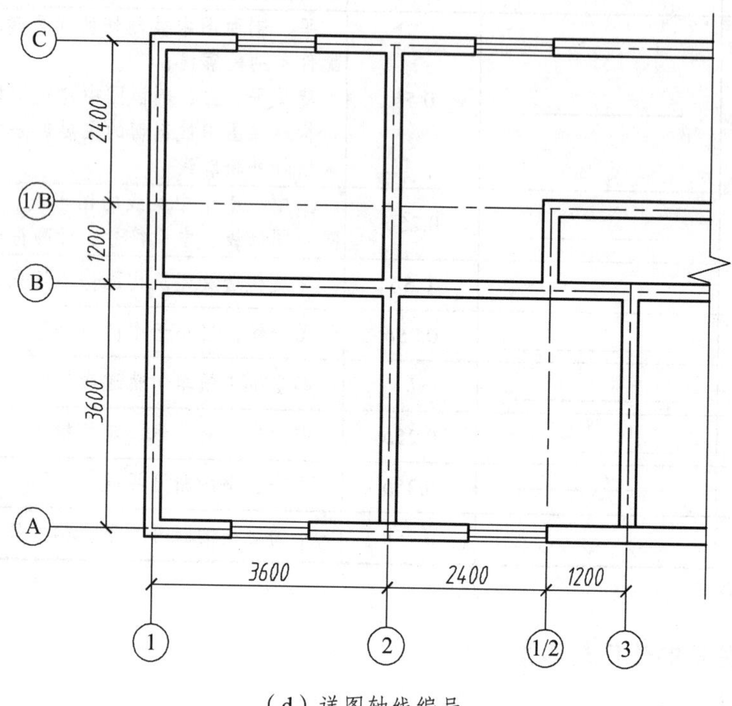

（d）详图轴线编号

图 26-3-1　定位轴线

2. 标高符号

（1）标高符号用等腰三角形表示，按图 26-3-2（a）所示形式用细实线绘制。标高符号的具体画法应符合图 26-3-2（b）的规定。

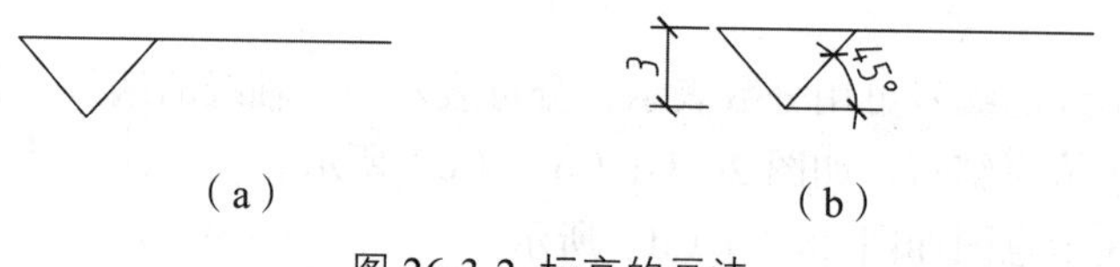

（a）　（b）

图 26-3-2　标高的画法

（2）标高符号的尖端应指向被标注位置。尖端宜向下，但也可向上。标高数字应注写在标高符号的上侧或下侧，如图 26-3-3（a）所示；在图样的同一位置需表示几个不同标高时，标高数字可按图 26-3-3（b）的形式注写。

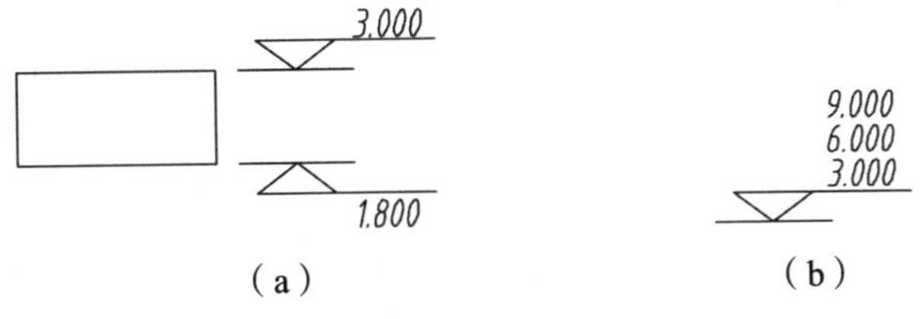

图 26-3-3　标高的标注位置

（3）总平面图室外地坪标高符号，宜用涂黑的三角形表示；零点标高应注写成 ± 0.000，正标高不注写“+”，负标高应注写“-”，例如 3.600，-0.450，具体画法如图 26-3-4 所示。

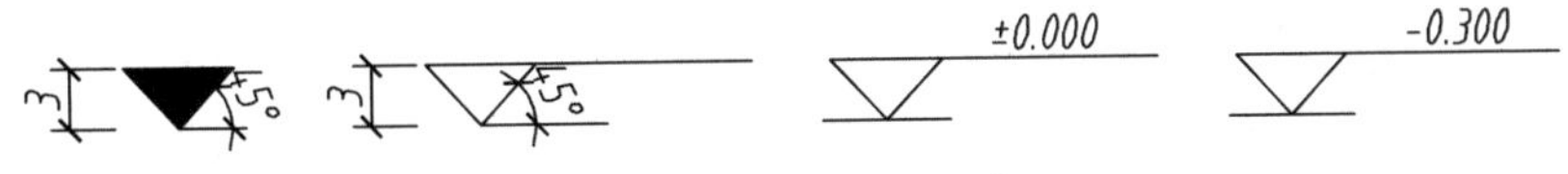

图 26-3-4　标高的标注位置

3. 尺寸标注

（1）尺寸界限、尺寸线、起止符号。

① 图样上的尺寸，应包括尺寸界限、尺寸线、起止符号和尺寸数字，如图 26-3-5 所示。

② 尺寸界限用细实线绘制，应与被注长度垂直。其一端应离开图样轮廓线不小于 2 mm，另一端宜超出尺寸线 2 ~ 3 mm。图样轮廓线可用作尺寸界限。如图 26-3-6 所示。

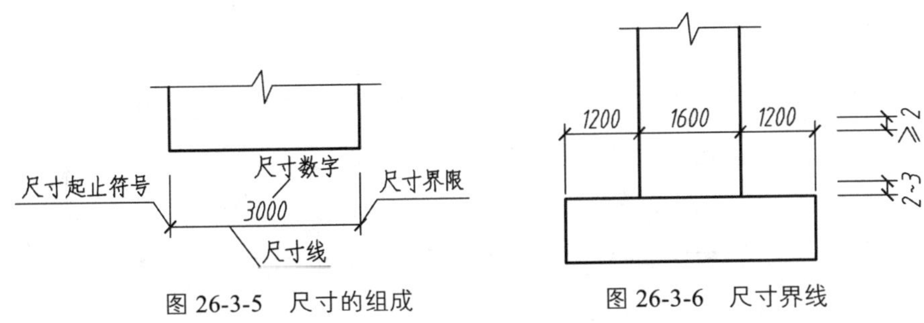

图 26-3-5　尺寸的组成　　图 26-3-6　尺寸界线

③ 尺寸线用细实线绘制，应与被注长度平行。图样本身的任何图线不得作为尺寸线用。

④ 尺寸起止符号用中粗斜短线绘制，其倾斜方向应与尺寸界限成顺时针 45°角，长度宜为 2 ~ 3 mm。半径、直径、角度、弧长的尺寸起止符号宜用箭头表示。

（2）尺寸数字。

① 图样上的尺寸，应以尺寸数字为准，不得从图上直接量取。

② 图样上的尺寸单位，除标高及总平面以 m 为单位外，其他必须以 mm 为单位。

③ 尺寸数字应依据其方向注写在靠近尺寸线上方的中部，如果没有足够的注写位置，最外边的尺寸数字可注写在尺寸线外侧，中间相邻的尺寸数字可上下错开注写。如图 26-3-7 所示。

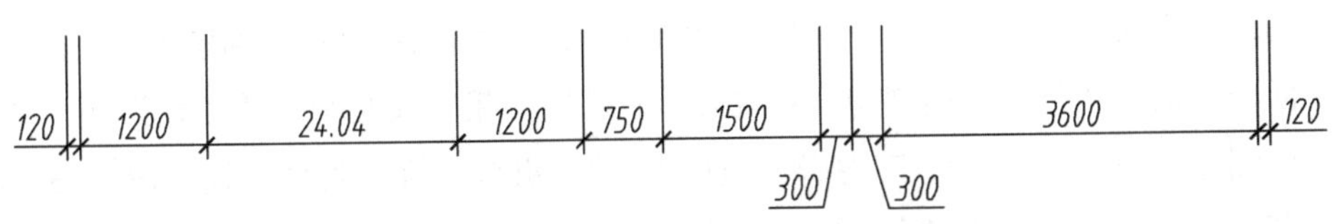

图 26-3-7　尺寸数字的注写位置

（3）尺寸的排列与布置。

① 尺寸宜标注在图样轮廓线以外，不宜与图线、文字及符号等相交。

② 互相平行的尺寸线，应从被注写的图样轮廓线由近向远整理排列，较小尺寸应离轮廓线较近，较大尺寸离轮廓线较远。图样轮廓线以外的尺寸界限，距图样最外轮廓线的距离不宜小于 10 mm。平行排列的尺寸线间距，宜为 7 ~ 10 mm，并保持一致。如图 26-3-8 所示。

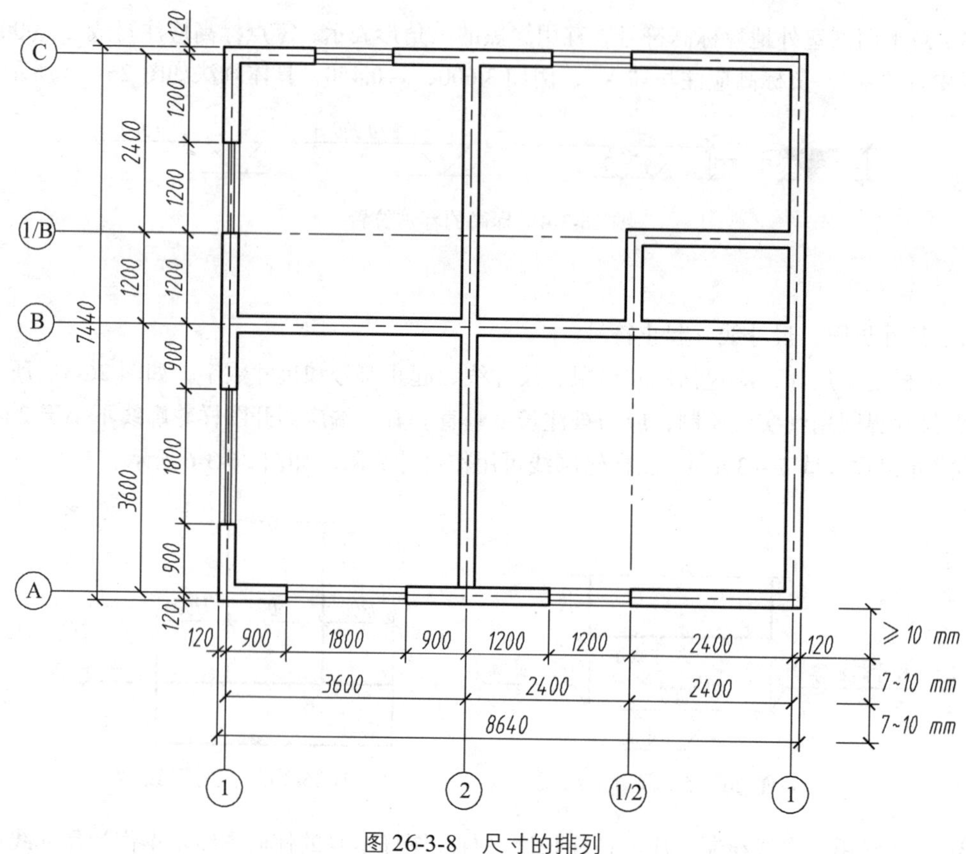

图 26-3-8　尺寸的排列

4. 剖切符号

（1）剖切符号由剖切位置线与剖视方向线组成，均应以粗实线绘制。剖切位置线长度宜为 6 ~ 10 mm；剖切方向线应垂直于剖切位置线，长度应短于剖切位置线，宜为 4 ~ 6 mm，如图 26-3-9 所示。绘制时，剖切符号不应与其他图线接触。

（2）剖切符号的编号宜采用阿拉伯数字，按剖切顺序由左至右、由上至下连续编排，并应注写在剖视方向线的端部。可以在剖切位置线处注明剖面图所在的图纸编号。

（3）建筑物剖面图的剖切符号应注在 ± 0.000 标高的平面图或首层平面图上。

（4）断面图的剖切符号只用剖切位置线表示，并应以粗实线绘制，长度宜为 6 ~ 10 mm。剖切符号的编号宜采用阿拉伯数字，按顺序连续编排，并注写在剖切位置线一侧；编号所在一侧应为该断面的剖视方向，如图 26-3-10 所示。

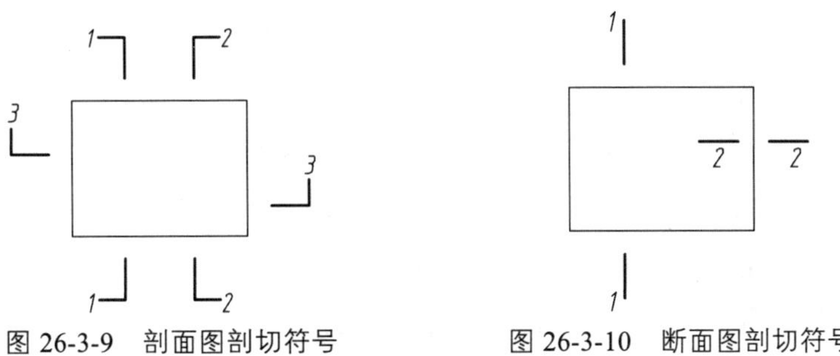

图 26-3-9　剖面图剖切符号　　　　图 26-3-10　断面图剖切符号

5. 索引符号

图样中的某一局部或构件，如需另见详图，应以索引符号索引。索引符号是由直径 8 ~ 10 mm 的圆和水平直线组成，圆与水平直线应以细直线绘制，索引符号应按下列规定编写，如图 26-3-11（a）所示。

（1）索引出的详图，如与被索引的详图在同一张图纸内，应在索引符号上半圆中用阿拉伯数字注明该详图的编号，并在下半圆中间画一段水平细实线。如图 26-3-11（b）所示。

（2）索引出的详图，如与被索引的详图不在同一张图纸内，应在索引符号的上半圆中用阿拉伯数字注明该详图的编号，在索引符号的下半圆中用阿拉伯数字注明该详图所在图纸的编号，如图 26-3-11（c）所示。

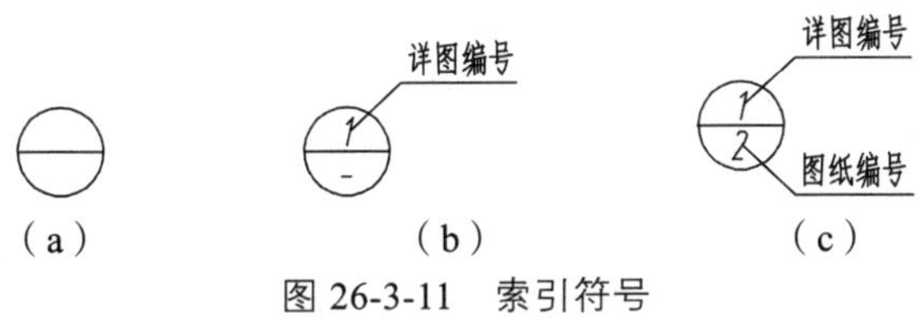

图 26-3-11　索引符号

6. 引出线

（1）引出线应以细实线绘制，宜采用水平方向的直线，与水平方向成 30°、45°、60°、90° 夹角的直线，或经上述角度再折为水平线。文字说明宜注写在水平线的上方或水平线端部，如图 26-3-12（a）（b）。索引详图的引出线，应与水平直径相连接，如图 26-3-13（c）。

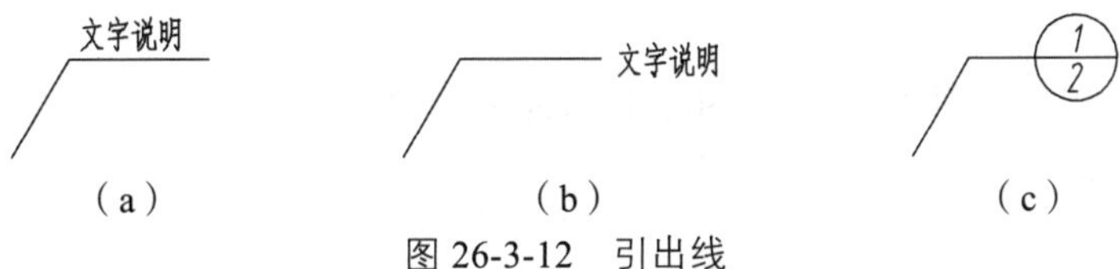

图 26-3-12　引出线

（2）同时引出的几个相同部分的引出线，宜互相平行，如图 26-3-13。

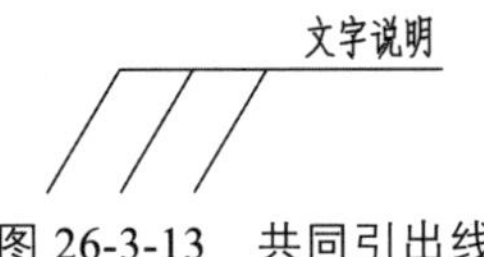

图 26-3-13　共同引出线

7. 指北针

指北针的图线（图 26-3-14）应符合的规定：其圆的直径宜为 24 mm，用细实线绘制；指北针尾部的宽度宜为 3 mm；指北针头部应注“北”或“N”字样。指北针应绘制在建筑物 ± 0.000 标高的平面上，并应放在明显的位置，所指方向应与总图一致。

三、实训具体步骤

（1）选择适当的比例。

（2）一般按照平面图—立面图—剖面图—详图的顺序来进行绘制。

图 26-3-14　指北针

四、实训注意事项

（1）完整的抄绘建筑施工图中的所有图示内容。

（2）在绘制建筑施工图时，注意线型、线宽的选择。

（3）立面图和剖面图中的地坪线要画成线宽为 1.4*b* 的加粗实线。

（4）投影方向可见的建筑外轮廓线和墙面线脚、外墙面做法及必要的尺寸与标高等，在立面图中都应该表达出来。

五、学生实训报告要求

（1）必须在规定的时间内提交报告资料。

（2）报告资料：习题练习及实训报告。

（3）实训报告写自己的心得体会以及意见或建议，不得少于 200 字，书写要工整。

六、案例分析

（一）建筑平面图绘制训练

1. 建筑平面图主要内容

（1）建筑物及其组成房间名称、尺寸、定位轴线和墙壁厚等。

（2）走廊、楼梯位置及尺寸。

（3）门窗位置、尺寸和编号。门的代号是 M，窗的代号是 C。在代号后面写上编号，同一编号表示同一类型门窗，如 M1、C1。

（4）台阶、阳台、雨篷、散水的位置及细部尺寸。

（5）室内地面的高度。

（6）首层平面图上应画出剖面图的剖切位置线，以便与剖面图对照查阅。

2. 建筑平面图的绘图比例

建筑平面图常用的绘图比例为 1∶50、1∶100、1∶200。

3. 建筑平面图主要绘制内容

（1）绘制轴网。

（2）轴号标注。

（3）绘制、编辑墙体。

（4）绘制门窗。

（5）绘制楼梯。

（6）绘制台阶、散水。

（7）标注符号（包括尺寸、索引符号、详图符号、断面符号）。

4. 建筑平面图绘制案例分析

完成如图 26-3-15 所示某建筑首层平面图。

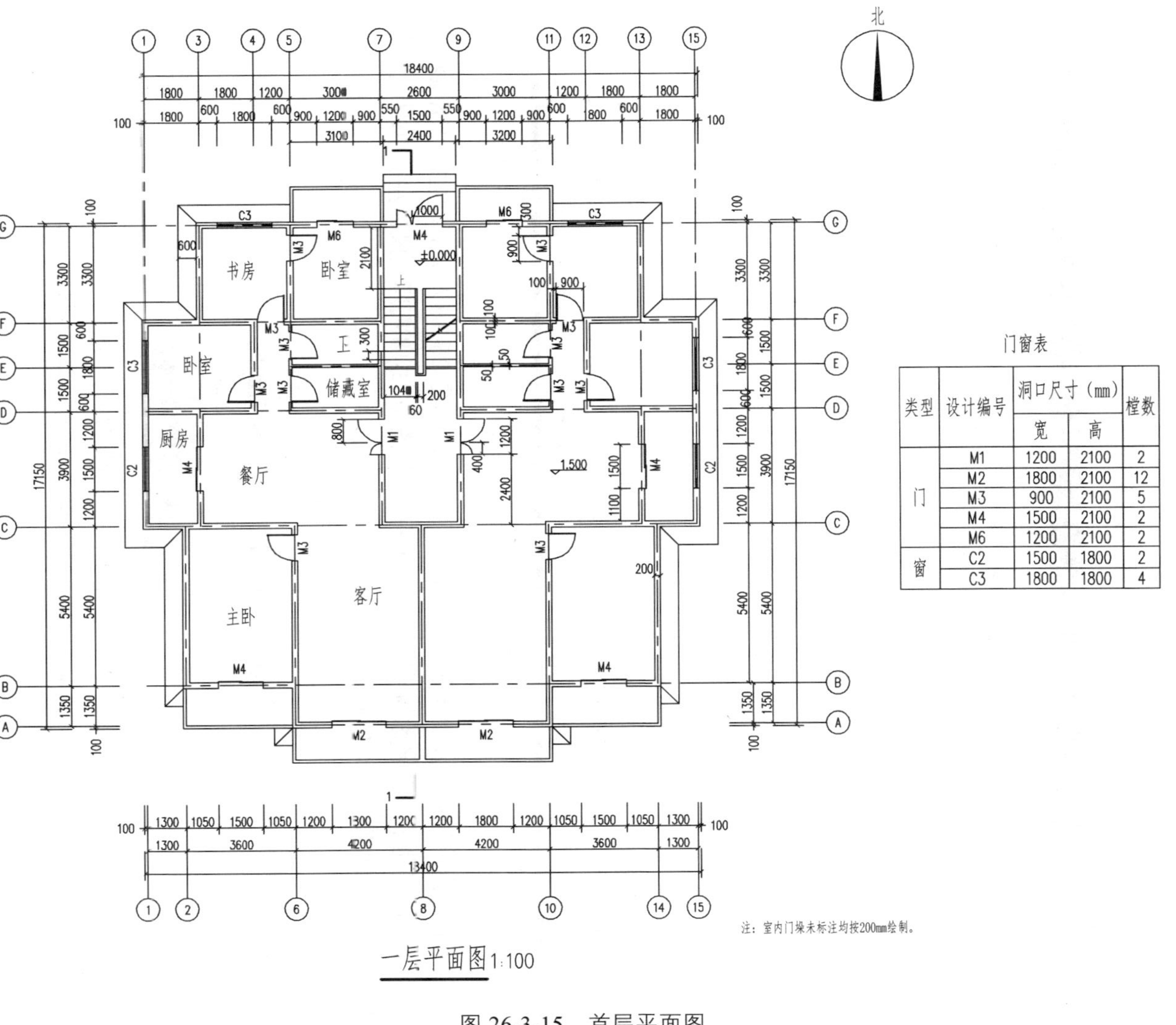

门窗表

类型	设计编号	洞口尺寸（mm）		樘数
		宽	高	
门	M1	1200	2100	2
	M2	1800	2100	12
	M3	900	2100	5
	M4	1500	2100	2
	M6	1200	2100	2
窗	C2	1500	1800	2
	C3	1800	1800	4

注：室内门垛未标注均按200mm绘制。

一层平面图 1:100

图 26-3-15　首层平面图

解析：

绘制步骤：

（一）参数设置

1. 设置图层

（1）打开图层管理器。快捷键“LA”或者用鼠标左键单击“格式”—“图层”，如图 26-3-16。

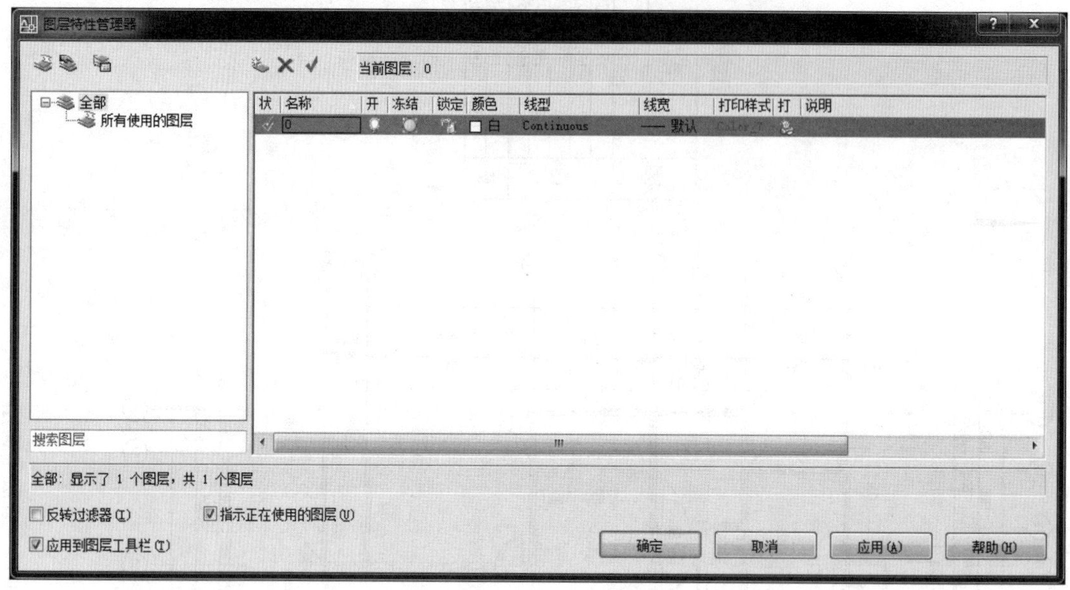

图 26-3-16　图层特性管理器

（2）新建图层。鼠标左键单击“新建图层”按钮，如图 26-3-17 所示，这时“图层特性管理器”对话框新建了一个名称为“图层 1”的图层，如图 26-3-18 所示，鼠标左键单击“图层 1”可以更改名称，如图 26-3-19 所示。

图 26-3-17　新建图层

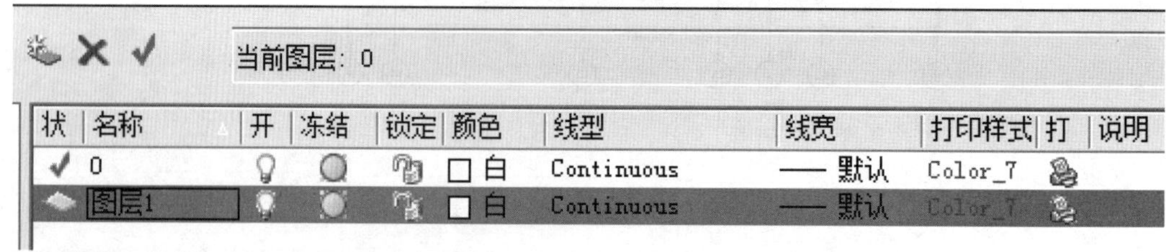

图 26-3-18　新建图层 1

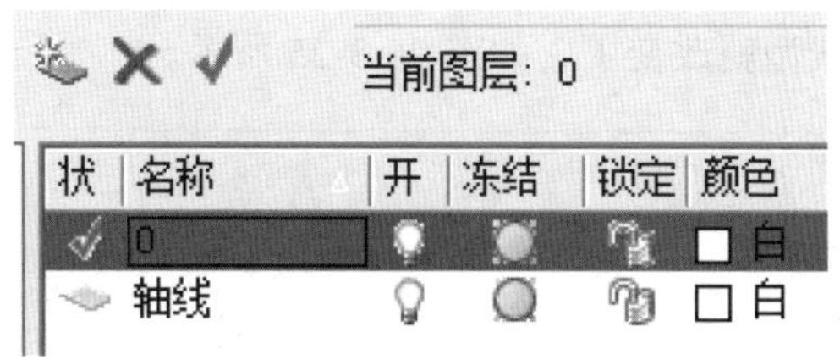

图 26-3-19　更改图层 1 的名称

（3）更改颜色。鼠标左键单击颜色项里“白”，弹出“选择颜色”对话框，如图 26-3-20 所示。这时鼠标左键点击所需要的颜色，单击“确定”按钮，这样可以更改颜色，如图 26-3-21 所示。

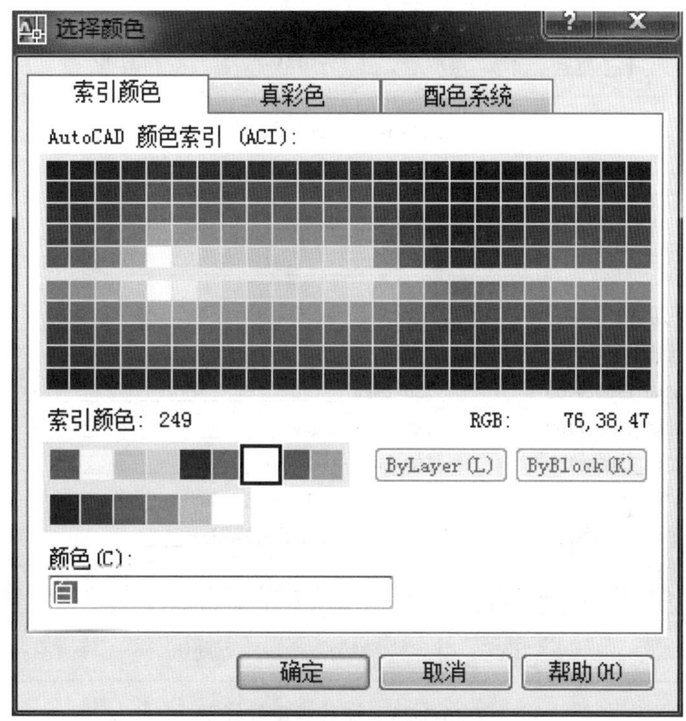

图 26-3-20　选择颜色

图 26-3-21　更改颜色

（4）更改线型。鼠标左键单击线型项里“Continuous”，弹出“选择线型”对话框，如图 26-3-22 所示，对话框里目前只有一种线型，单击“加载”按钮，弹出“加载或重载线型”对话框，如图 26-3-23 所示，鼠标左键选择所需要的线型，单击“确定”按钮，“选择线型”对话框里就会多一种线型，如图 26-3-24 所示，鼠标左键选择新加载的线型，单击“确定”按钮，在图层特性管理器里新建的图层的线型就改变了，如图 26-3-25 所示。

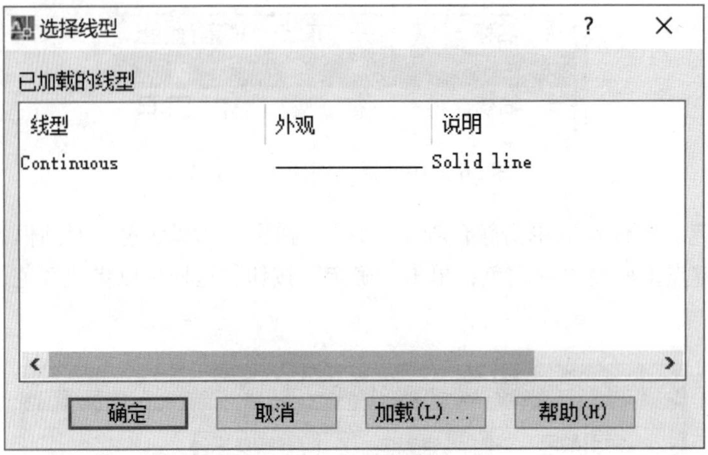

图 26-3-22　选择线型

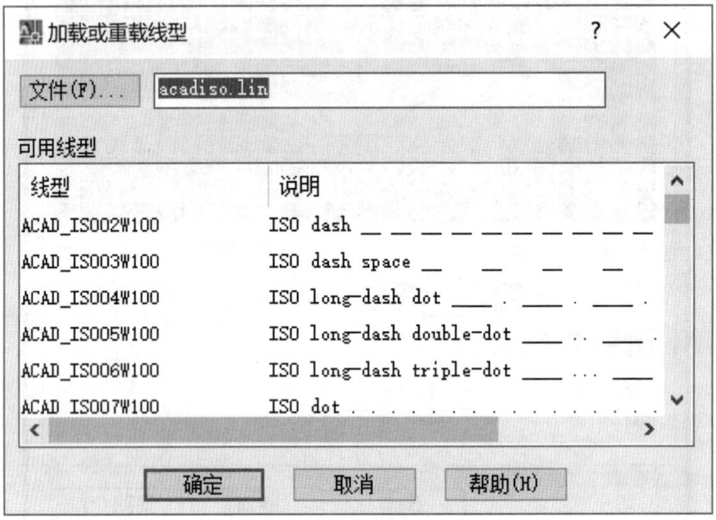

图 26-3-23　加载或重载线型

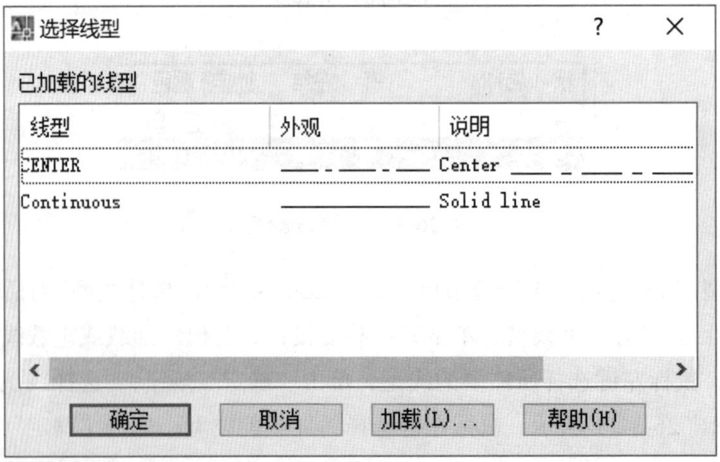

图 26-3-24　已加载线型

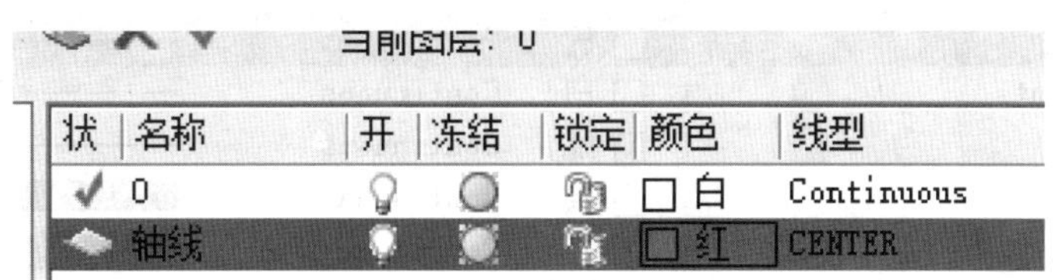

当前图层：0
状
名称
开
冻结
锁定
颜色
线型
0
白
Continuous
轴线
红
CENTER

图 26-3-25　更换线型

（5）更改线宽。鼠标左键单击线宽项里“默认”，弹出“线宽”对话框，如图 26-3-26 所示，鼠标左键选择所需要的线宽，单击“确定”按钮，图层特性管理器里新建的图层的线宽就改变了，如图 26-3-27 所示。

线宽
?
线宽：
默认
0.00 毫米
0.05 毫米
0.09 毫米
0.13 毫米
0.15 毫米
0.18 毫米
0.20 毫米
0.25 毫米
0.30 毫米
旧的：　默认
新的：　默认
确定
取消
帮助(H)

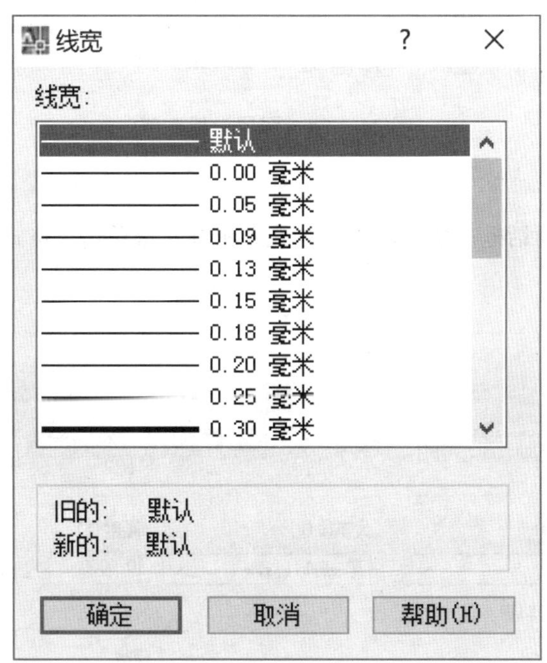

图 26-3-26　线宽

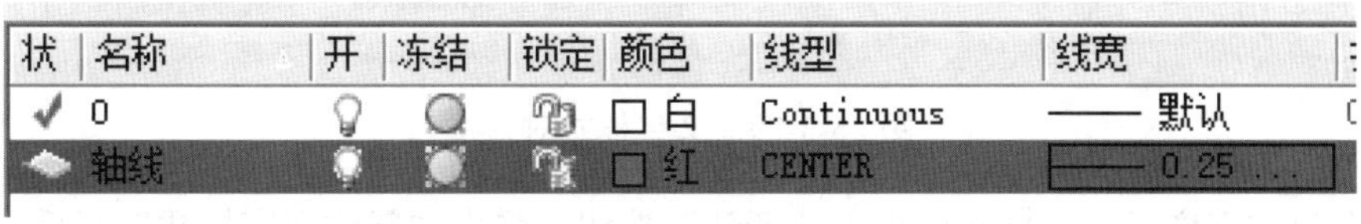

状
名称
开
冻结
锁定
颜色
线型
线宽
0
白
Continuous
默认
轴线
红
CENTER
0.25 ...

图 26-3-27　更改线宽

（6）同理设置其他图层，设置完的图层如图 26-3-28 所示，设置完毕鼠标左键单击线“图层特性管理器”对话框里的“确定”按钮。

状	名称	开	冻结	锁定	颜色	线型	线宽
	0				白	Continuous	默认
	Defpoints				白	Continuous	默认
	标注				绿	Continuous	0.25 毫米
	粗线				黄	Continuous	1.00 毫米
	地平线				白	Continuous	1.40 毫米
	楼梯				洋红	Continuous	0.25 毫米
	门窗				青	Continuous	0.25 毫米
	墙线				白	Continuous	1.00 毫米
	散水				黄	Continuous	0.25 毫米
	文字				绿	Continuous	0.25 毫米
	细线				青	Continuous	0.25 毫米
	虚线				青	DASHED	0.25 毫米
	阳台				洋红	Continuous	0.25 毫米
	中粗线				洋红	Continuous	0.50 毫米
	轴线				红	CENTER	0.25 毫米

图 26-3-28　图层设置完成

2. 设置文字样式

（1）打开文字样式对话框。快捷键“ST”或者鼠标左键单击“格式”——“文字样式”，如图 26-3-29 所示。

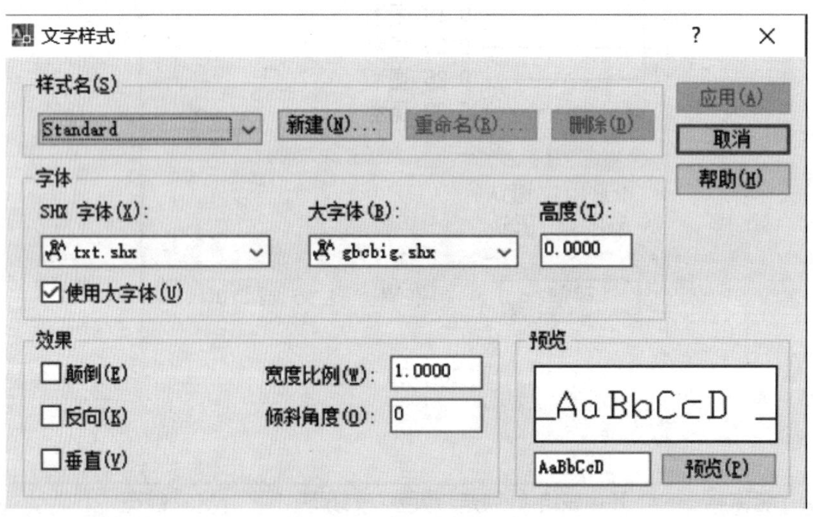

图 26-3-29　文字样式对话框

（2）新建文字样式。鼠标左键单击“新建”按钮，弹出“新建文字样式”对话框，输入文字样式名称，单击“确定”按钮，如图 26-3-30 所示。一般情况下，设置两种文字样式，一种汉字，字体“仿宋”，宽度比例 0.7，如图 26-3-31 所示；另一种非汉字，字体“simplex”，宽度比例 0.7，如图 26-3-32 和图 26-3-33 所示。

新建文字样式
样式名: hz
确定
取消

图 26-3-30　新建 hz 样式

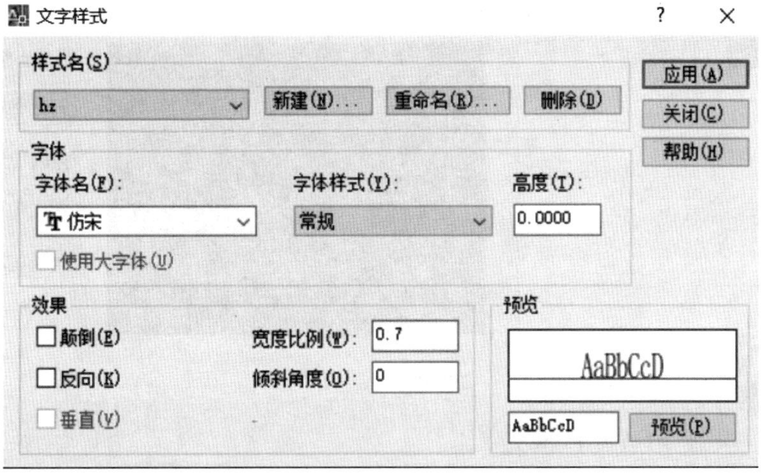

文字样式
样式名(S)
hz
新建(N)... 重命名(R)... 删除(D)
应用(A) 关闭(C) 帮助(H)
字体
字体名(F): 仿宋
字体样式(Y): 常规
高度(T): 0.0000
使用大字体(U)
效果
颠倒(E)
反向(K)
垂直(V)
宽度比例(W): 0.7
倾斜角度(O): 0
预览
AaBbCcD
预览(P)

图 26-3-31　更改 hz 样式字体

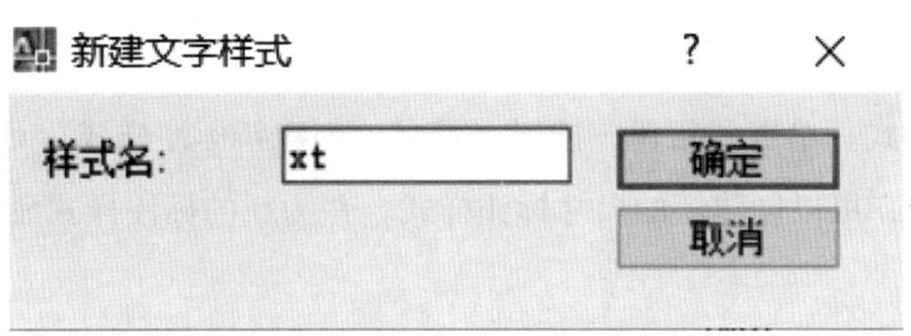

图 26-3-32　新建 xt 样式

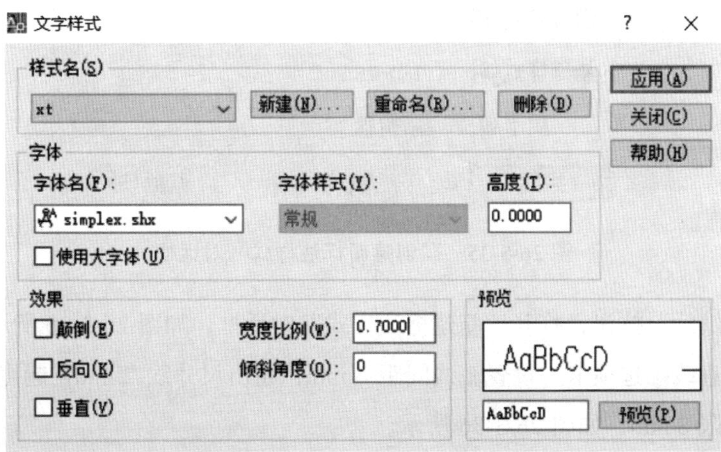

图 26-3-33　更改 xt 样式字体

3. 设置标注样式

（1）打开标注样式管理器。快捷键“D”或者鼠标左键单击“标注”，在下拉菜单中选择“标注样式”，弹出如图 26-3-34 所示“标注样式管理器”。

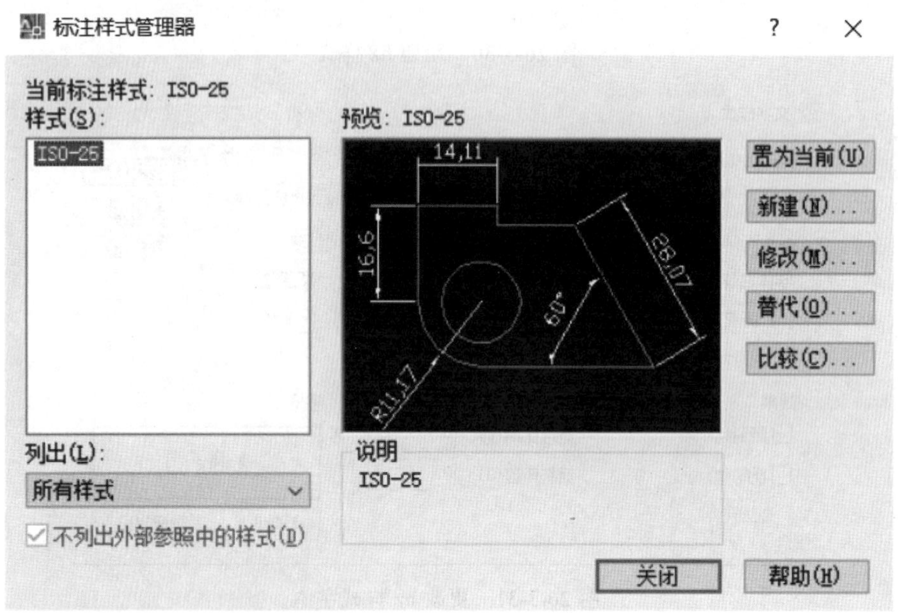

图 26-3-34　“标注样式管理器”对话框

（2）新建标注样式。单击“新建”按钮，弹出“创建新标注样式”对话框，如图 26-3-35 所示。在该对话框中，可以创建新的尺寸标注样式，并为新的标注样式命名。

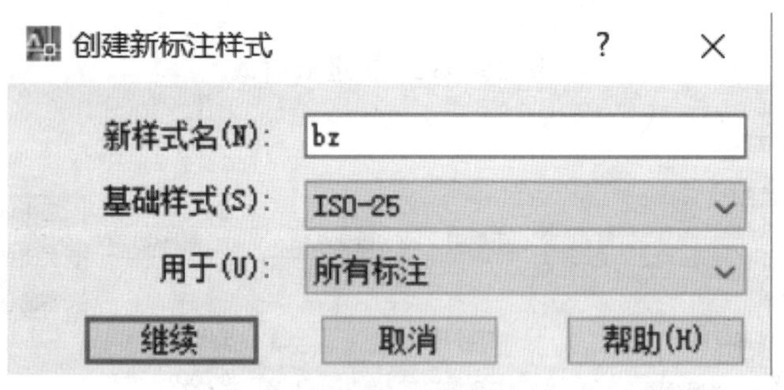

图 26-3-35　“创建新标注样式”对话框

（3）单击“继续”按钮，打开“新建标注样式”对话框，如图 26-3-36 所示。

（4）选择“直线”选项卡，设置基线间距 8 mm，超出尺寸线 2 mm，起点偏移量 2 mm，固定长度尺寸界限 8 mm，如图 26-3-36 所示。

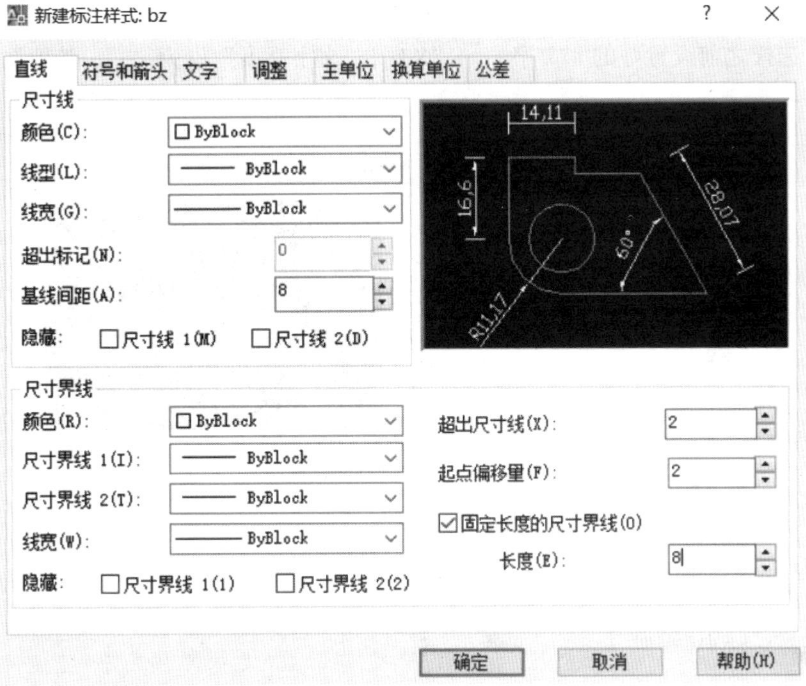

图 26-3-36 “直线”选项卡

（5）选择“符号和箭头”选项卡，设置箭头的样式，设置箭头“第一项（T）”“第二项（D）”为“建筑标记”，“箭头大小”为 1.5，如图 26-3-37 所示。

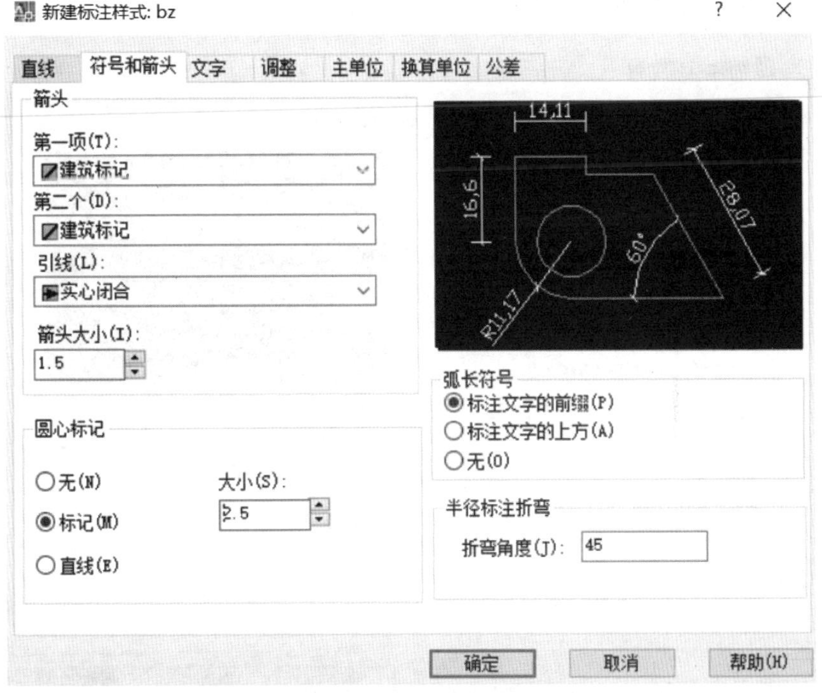

图 26-3-37 “符号和箭头”选项卡

（6）选择“文字”选项卡，设置标注文字的样式、位置、对齐方式等。如图 26-3-38 所示。“文字样式”选择之前设置好的非文字——“XT”，“文字高度”设为“3”，其他选择默认设置。

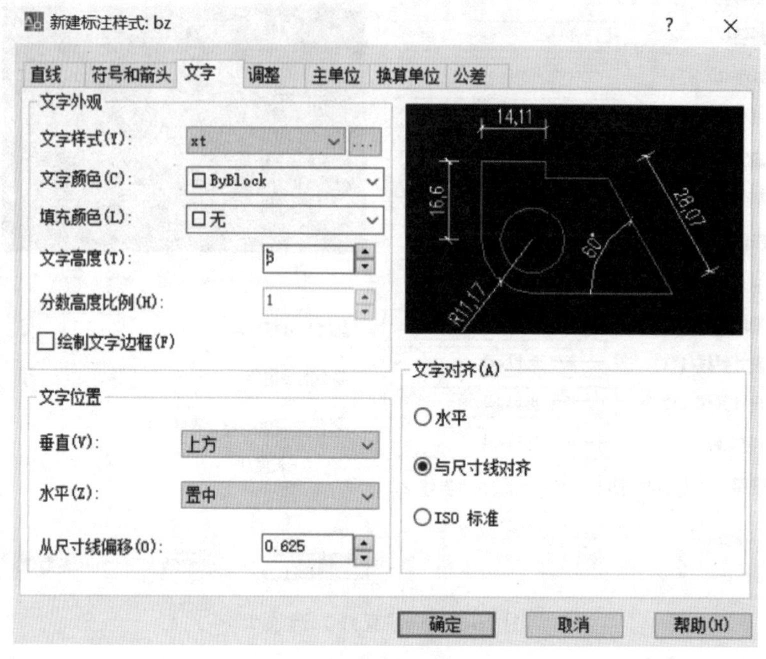

图 26-3-38 “文字”选项卡

（7）选择“调整”选项卡，调整尺寸文字、尺寸线、箭头等的位置及其他一些特征。在整个选项卡中根据图纸比例设置全局比例为“100”，如图 26-3-39 所示。

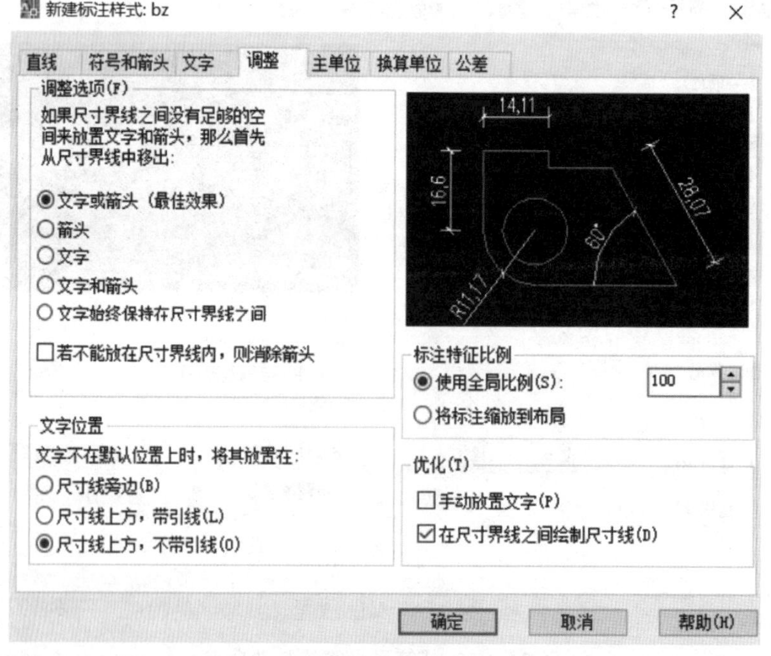

图 26-3-39 “调整”选项卡

（8）选择“主单位”选项卡，设置单位的格式、精度及标注文字的前缀和后缀等。设置“精度”为“0”，如图 26-3-40 所示。

图 26-3-40 “主单位”选项卡

（9）单击“确定”，完成标注样式设置。

（二）绘制轴网

（1）将当前图层设为“轴线”层，打开正交模式（键盘按 F8 键）。

（2）在绘图区先绘制①轴线。

输入“L”，按回车键，命令行提示“指定第一点:”即在绘图区域任意指定一点，命令行提示“指定第二点:”，将鼠标往上移动，输入尺寸“17150”。

（3）从左往右，用偏移命令“O”依次生成纵向轴线。

输入“O”，按回车键，命令行提示“指定偏移距离或[通过（T）/删除（E）/图层（L）]<通过>:”，输入“1300”，按回车键，用鼠标左键点选①轴线，再点击①轴线右边任意一点即可生成②轴线。重复以上命令，完成纵向轴线的绘制。

（4）在绘图区域左侧先用直线命令绘制Ⓐ轴线，然后根据轴线尺寸，用偏移命令从下往上完成横向轴线的绘制，得到如图 26-3-41 所示轴网。

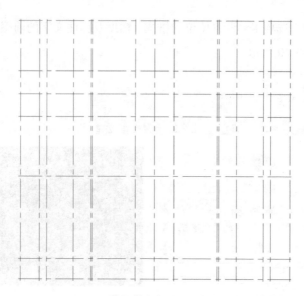

图 26-3-41　绘制一层平面图轴网

（三）编辑、绘制墙体

1. 设置多线样式

（1）输入命令“MLSTYLE”，弹出“多线样式”窗口，如图 26-3-42 所示。

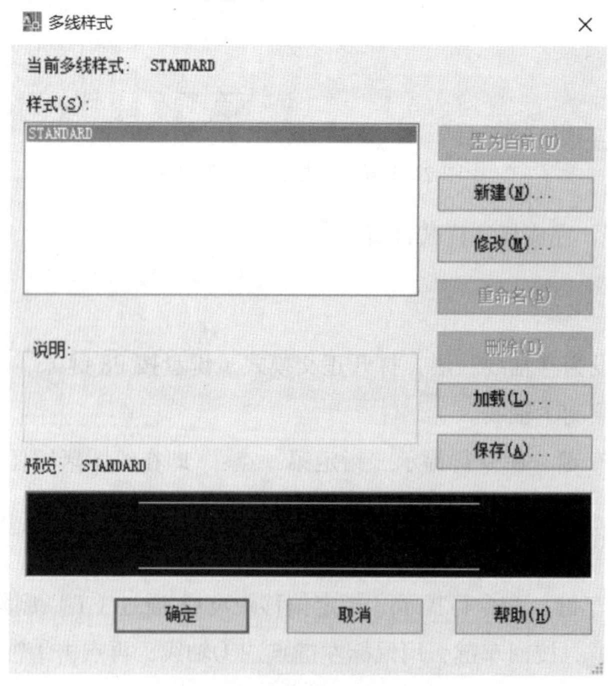

图 26-3-42　“多线样式”对话框

（2）单击“新建”按钮，弹出“创建新的多线样式”窗口，输入样式名为“200 墙体”，如图 26-3-43 所示。

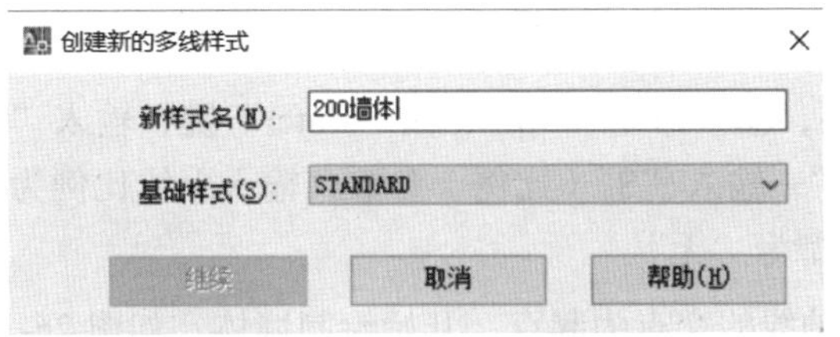

图 26-3-43 命名新建多线样式

（3）单击“继续”按钮，弹出“新建多线样式”窗口，在“封口”选项中勾选直线的“起点”和“端点”，在“图元”选项中设置两个图元，偏移量设置为“100”和“－100”，颜色和线型保持默认，如图 26-3-44 所示。

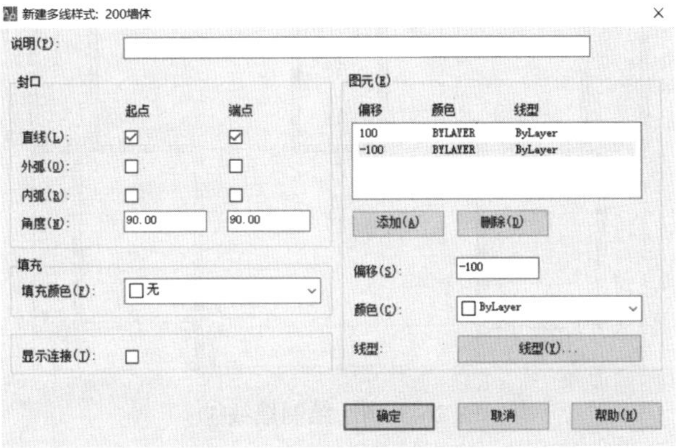

图 26-3-44 设置图元

（4）单击“确定”按钮，这样绘制墙体的多线样式“200 墙体”就设置好了，如图 26-3-45 所示。

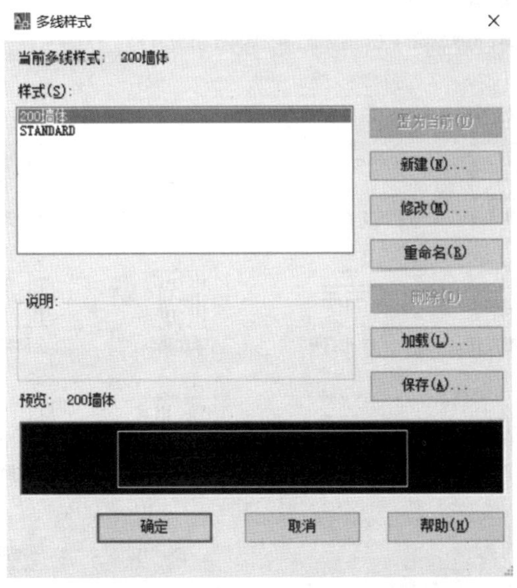

图 26-3-45 “200 墙体”样式创建完成

2. 绘制墙线

（1）切换到墙线图层，输入命令“ML”，按“Enter”键，输入“ST”（样式）参数，输入多线样式名为“200 墙体”；输入“S”（比例）参数，输入多线比例为“1”；输入“J”（对正）参数，输入“Z”对正类型为“无”

（2）以①轴线和Ⓒ轴线的交点为起点，开始绘制墙体，如图 26-3-46 所示。

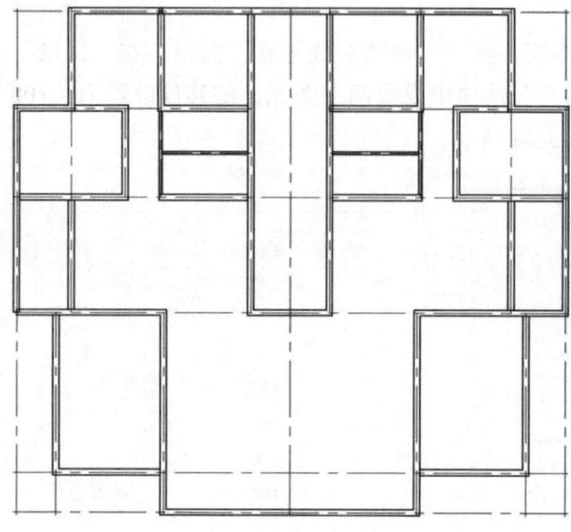

图 26-3-46 绘制墙线①

3. 编辑墙线

（1）双击所绘制的墙线，弹出“多线编辑工具”窗口，选择“T 形打开”工具，如图 26-3-47 所示。

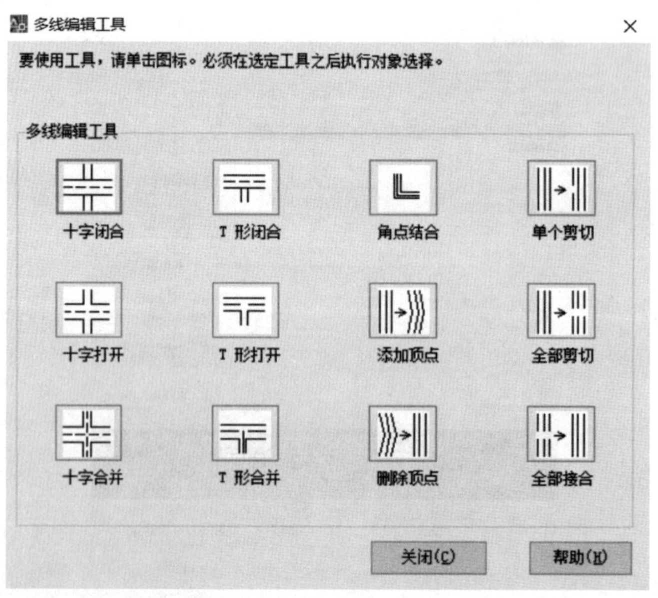

图 26-3-47 “多线编辑工具”窗口

（2）点击如图 26-3-46 所示呈 T 形的两条墙线，在点击的时候要注意先后顺序，应先点击 T 形中的竖线，再点击 T 形中的横线。编辑完成后，效果如图 26-3-48 所示。在编辑墙线的时候，如果用多线编辑工具无法达到编辑目的，可以先把墙线进行分解，然后用修剪工具进行修剪编辑。

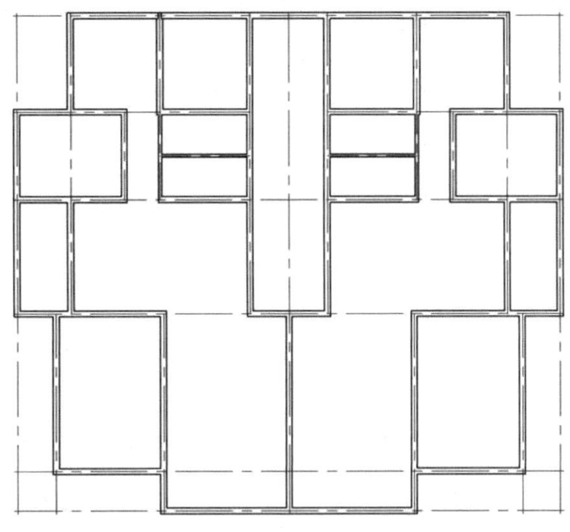

图 26-3-48 绘制墙线②

（四）绘制门窗

1. 开门窗洞口

（1）根据一层平面图所标注的尺寸，确定门窗相对于轴线的位置，对轴线进行偏移，画出辅助线，得到门窗的位置。例如：选中②轴线，输入偏移命令“O”，输入偏移距离“1050”，用鼠标点击右边绘图区域。然后，选中偏移所得的辅助线，向右偏移出 C_1 的长度“1500”，如图 26-3-49 所示。

（2）修剪墙线，留出洞口。利用修剪命令“TR”，按两次回车键（表示全部选择绘图区域），点选偏移所得两条辅助线中间部分的墙线，如图 26-3-50 所示。

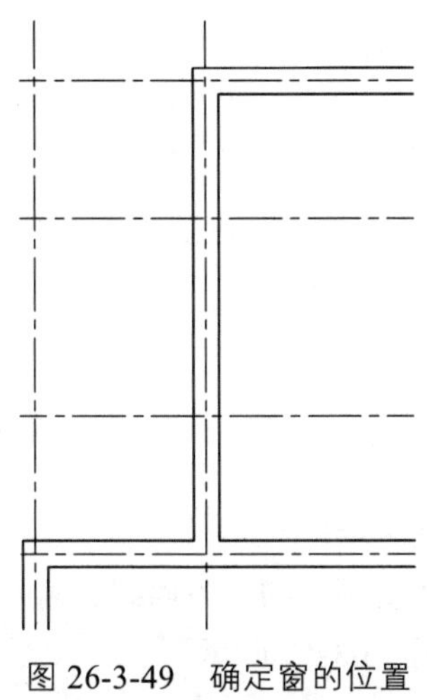

图 26-3-49 确定窗的位置

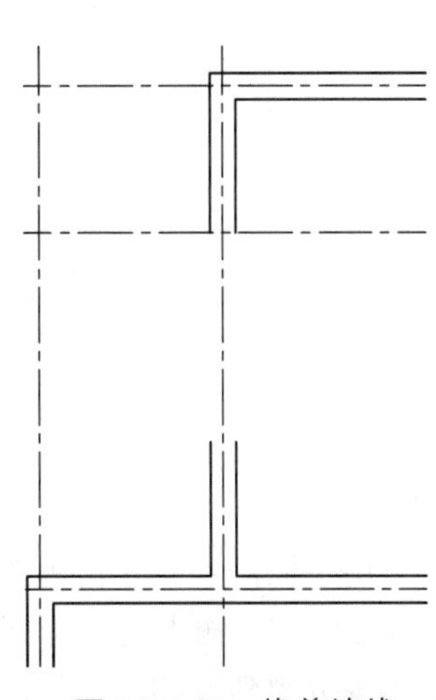

图 26-3-50 修剪墙线

（3）删除偏移后的两条辅助线，切换到墙体图层，画两条直线封住墙线缺口，一个窗洞口就绘制完成了，如图 26-3-51 所示。

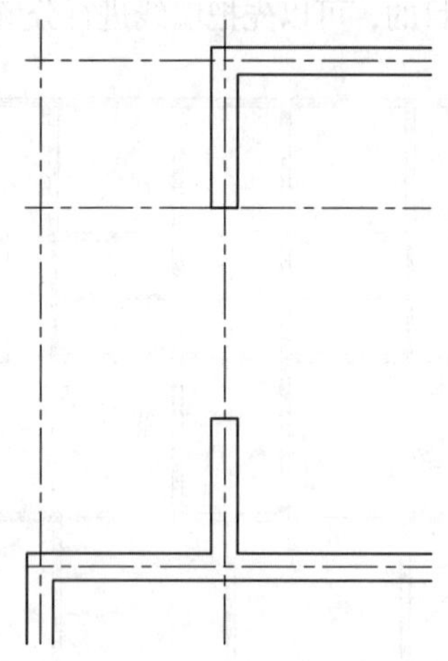

图 26-3-51　单个窗洞绘制完成

（4）用同样的方法绘制出其余的门窗洞口，全部窗洞完成效果如图 26-3-52 所示。

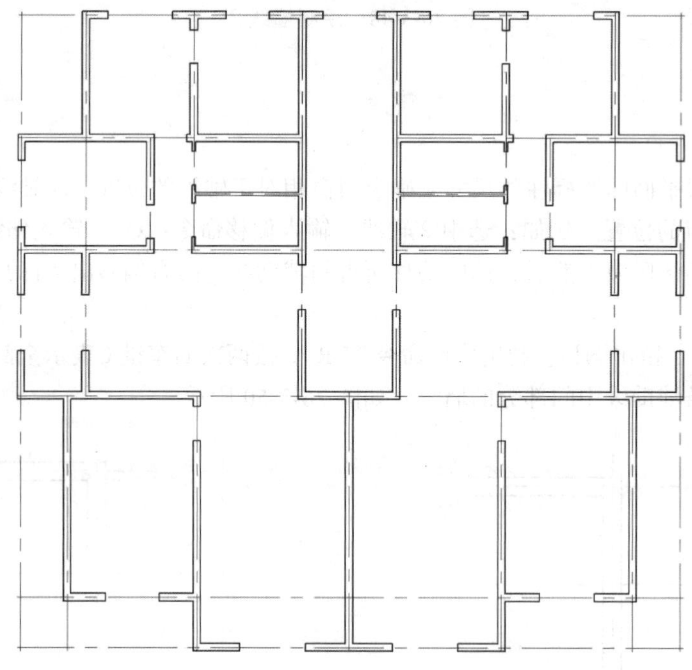

图 26-3-52　全部门窗洞口完成效果图

2. 绘制窗

（1）分析一层平面图可知，窗由四条平行等距直线来表示。

（2）切换到窗图层，输入定数等分命令“DIV”，选择窗洞口的一条墙线，输入等分的线段数目“3”，根据等分得到的四个点作四条水平直线，如图 26-3-53 所示。

图 26-3-53　窗的绘制

（3）用同样的方法绘制其余的窗户。

3. 绘制门

（1）分析一层平面图可知，门用两条 90°的直线和一条 45°的圆弧来表示。

（2）切换到门图层，输入直线“L”，在 *B* 轴与 *C* 轴之间门的位置画一条长度为 900 mm 的水平直线，将 *AB* 直线向下偏移 40 mm 表示门的厚度；再以 *A* 点为圆心，*AB* 直线为半径，画一个圆；最后用修剪命令“TR”将多余的圆弧剪切掉。如图 26-3-54 所示。

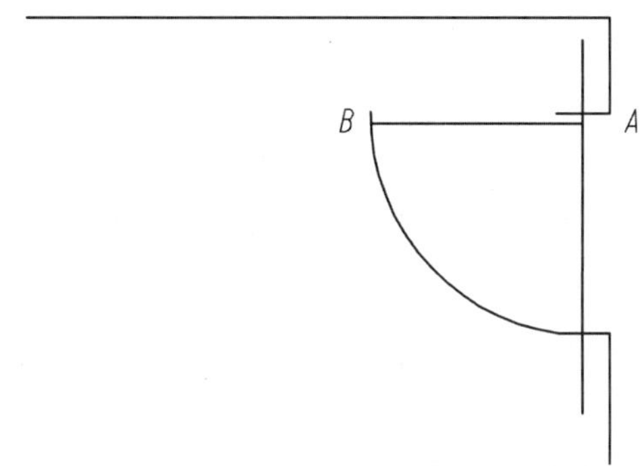

图 26-3-54　门的绘制

（3）用同样的方法绘制其余的门，全部门窗完成效果如图 26-3-55 所示。

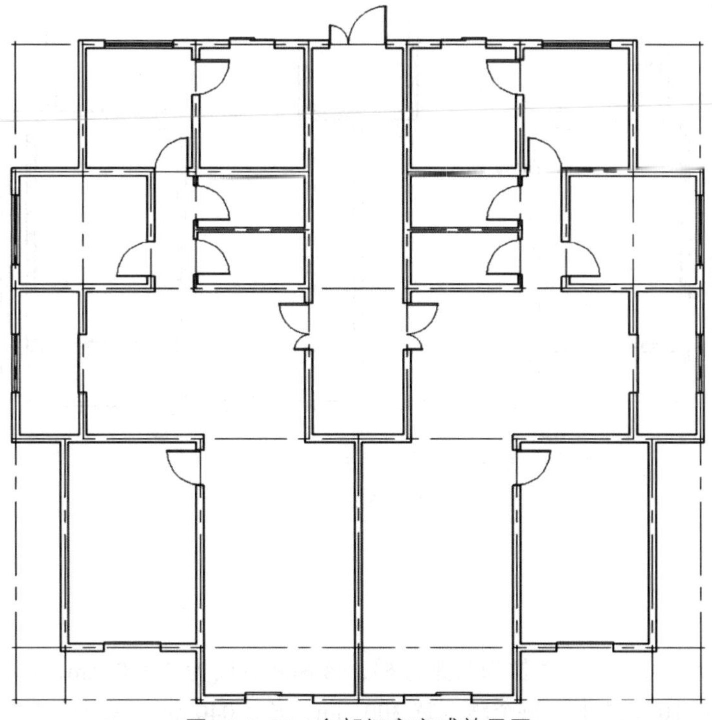

图 26-3-55　全部门窗完成效果图

（五）绘制台阶、散水

1. 识读台阶、散水

识读一层平面图可知，台阶踏步长度为 2 400 mm，宽度为 1 600 mm，散水宽度为 600 mm，位于建筑左、右、上、下四个面。

2. 绘制台阶

切换到台阶图层，根据图示尺寸，用直线命令“L”从左到右进行绘制。

3. 绘制散水

切换到散水图层，根据图示尺寸，用直线命令“L”沿台阶和左、上、右、下四面墙体外侧进行绘制，最终效果如图 26-3-56 所示。

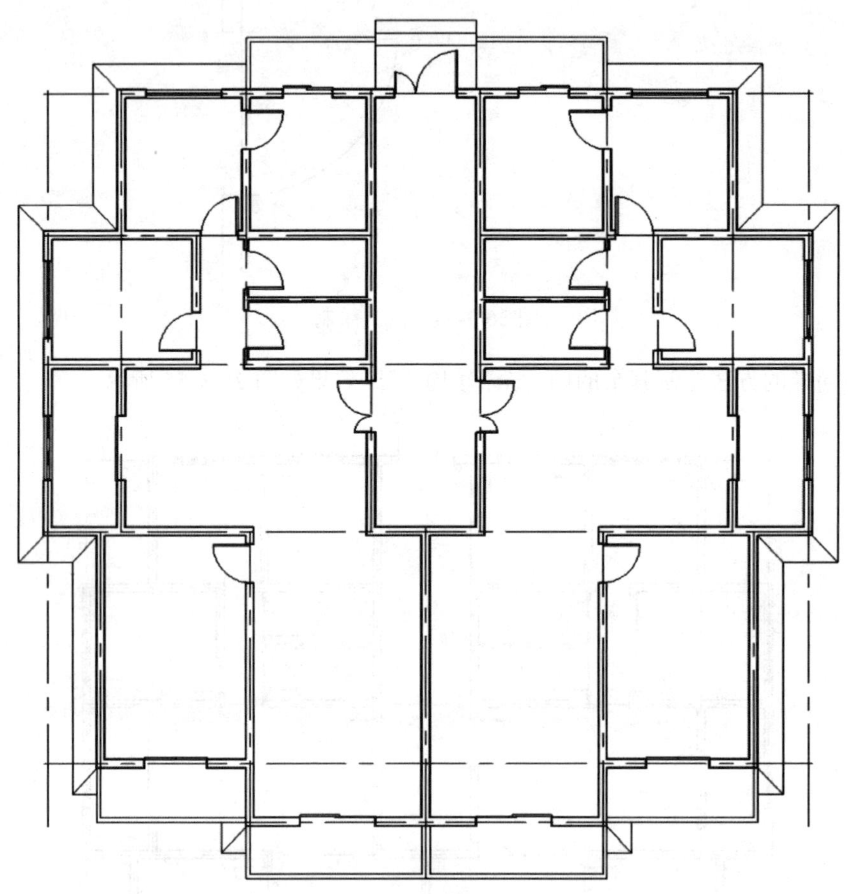

图 26-3-56　绘制台阶、散水

（六）绘制楼梯

1. 识读楼梯

识读一层平面图可知，该楼梯为双跑楼梯，楼梯间宽度为 2 400 mm，梯井宽 200 mm，扶手宽 60 mm，单侧 10 个踏步，每个踏步宽 300 mm，长 1 040 mm。

2. 绘制踏步

将Ⓖ轴线往下偏移 2 200 mm，切换到楼梯图层，得到第一根踏步线，并修剪出超出楼梯间的其他部分，其余踏步线用偏移命令“O”完成，如图 26-3-57 所示。

3. 楼梯扶手

用直线命令“L”画出踏步的中线，再用偏移命令“O”将踏步的中线向左、右分别偏移 100 mm，得到楼梯井的位置，并以楼梯井边线分别向左、右偏移 60 mm 作出楼梯扶手的厚度，最后进行修剪，如图 26-3-58 所示。

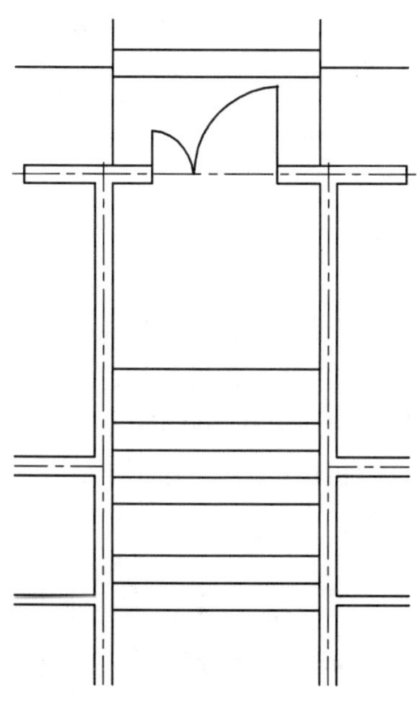

图 26-3-57　楼梯踏步轮廓线

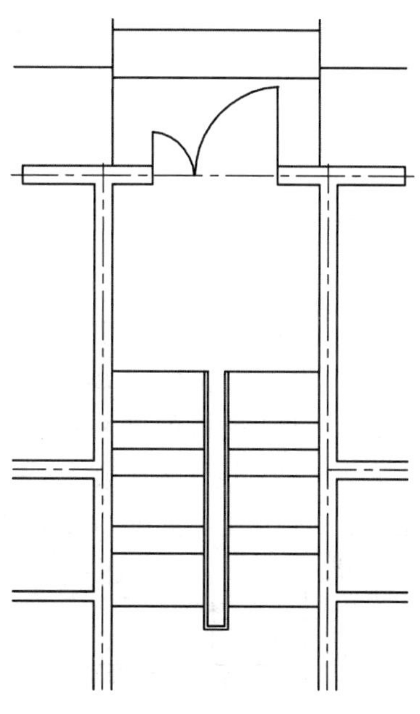

图 26-3-58　楼梯扶手和梯井轮廓

4. 绘制方向指示箭头

切换到标注图层，输入多段线命令“PL”，以左侧第 1 条踏步线的中点往下 200 mm 的位置为起点，第 7 条踏步线的中点为第 2 点，输入参数“W”，起点宽度为 60，终点宽度为 0，往下画长 300 mm 的一条直线，按回车键结束。然后在箭头的起点位置输入文字“上”，如图 26-3-59 所示。

5. 绘制折断线

折断线用直线命令“L”绘制，倾斜角度为 30°～60°，绘制完成后如图 26-3-60 所示。

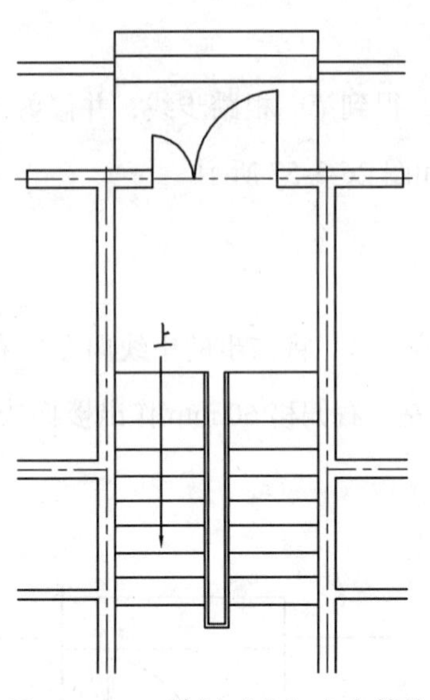

图 26-3-59　绘制“上”方向箭头

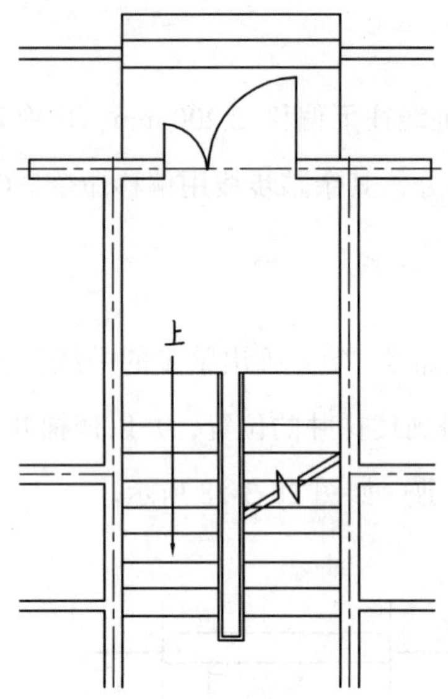

图 26-3-60　绘制剖断符号

（七）标　注

1. 尺寸标注

（1）设置当前图层为“标注”图层。根据制图要求，细部尺寸离建筑物外轮廓的距离不小于 1 000 mm，尺寸线之间的距离为 700 ~ 1 000 mm。可先作辅助线，再进行标注。沿建筑外轮廓作一个矩形并将其往外偏移 1 000 mm，再将所得到的矩形往外偏移 800 mm（重复 4 次）。

因此第一道尺寸线标注在第 3 个矩形上，第二道尺寸线标注在第 4 个矩形上，第三道尺寸线标注在第 5 个矩形上，如图 26-3-61 所示。

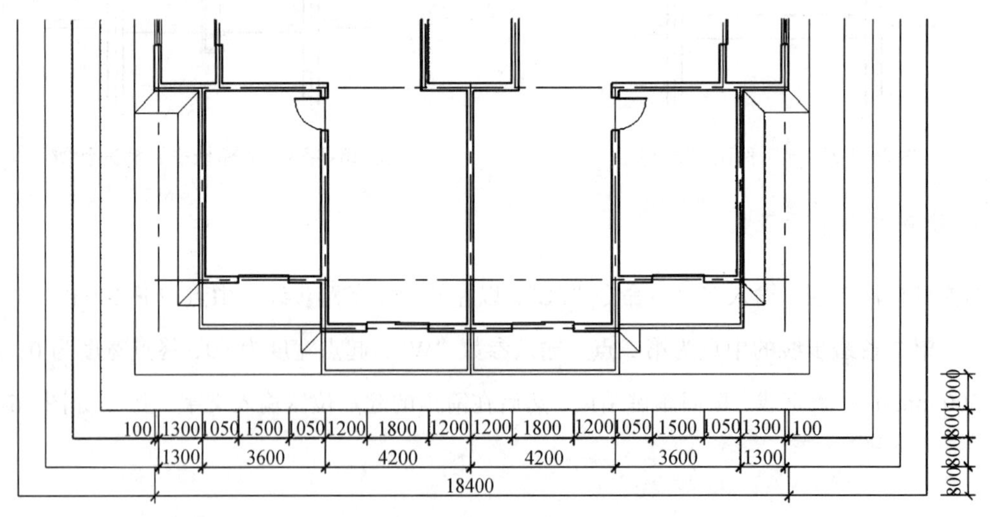

图 26-3-61　偏移辅助线并标注尺寸

（2）第一道尺寸线（细部）标注：首先用线性标注命令“DLI”，分别指定第一点和第二点且向下拖动到第 3 个矩形辅助线处；其次用连续标注命令“DCO”来完成第一道辅助线的标注。

（3）第二道尺寸线（轴线）标注和第三道尺寸线（外包尺寸）标注同第一道尺寸线（细部）标注。

（4）重复以上操作，标注左、右、上侧的尺寸，完成效果如图 26-3-62 所示。

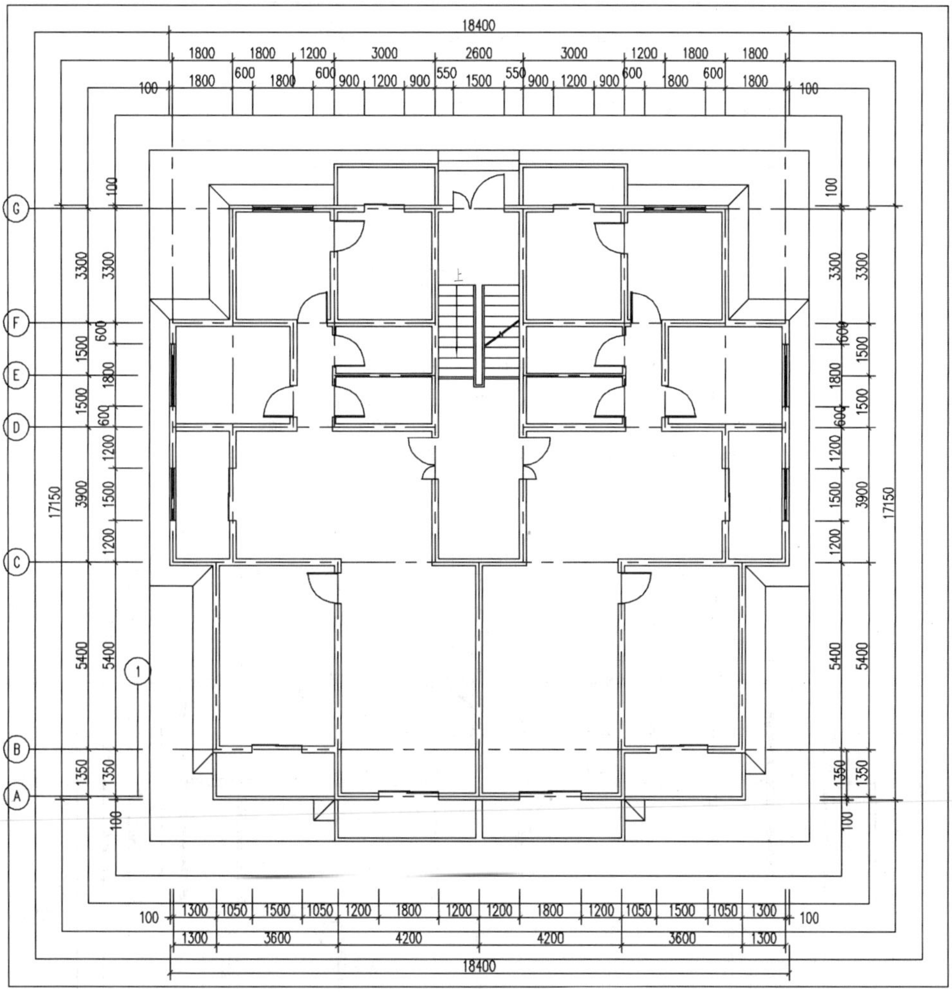

图 26-3-62　标注尺寸

（5）延长①号轴线到最外侧矩形，交点即为轴号的上象限点，绘制直径为 800 mm 的圆，然后用多行文字命令“T”写轴号“1”，字高 400 mm。如图 26-3-63 所示。

（6）同侧其他轴号可先将轴线延长至最外侧矩形上，然后用带基点复制命令“CO”选中①轴号依次进行复制，最后双击轴号中的数字进行修改，完成效果如图 26-3-64 所示。

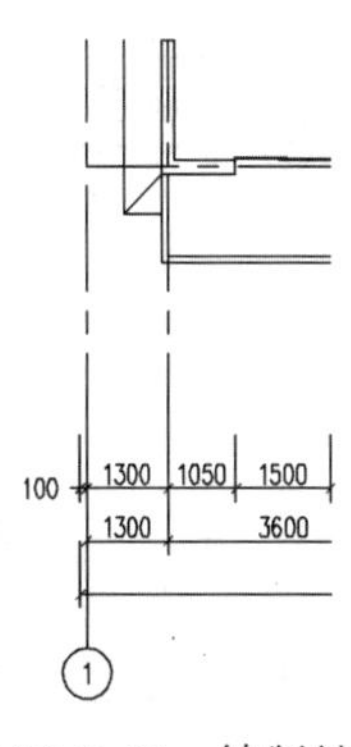

图 26-3-63　绘制轴号

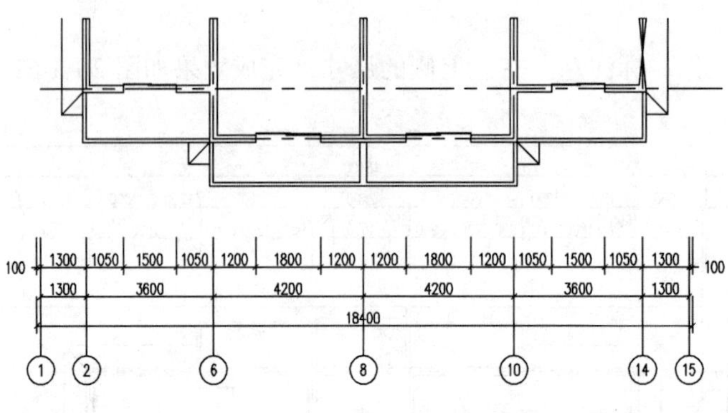

图 26-3-64　轴号标注

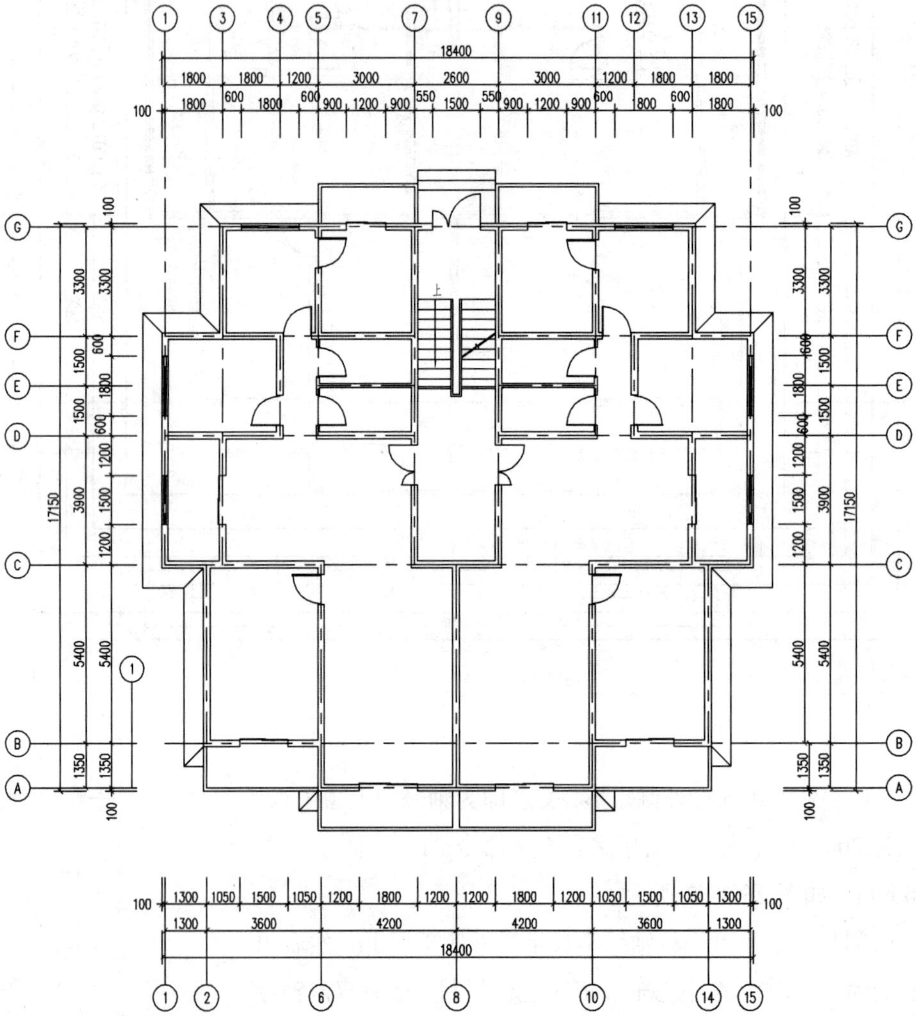

图 26-3-65　完成平面图轴号标注

（7）重复以上操作，标注左、右、上侧的轴号，完成效果如图 26-3-65 所示。

（8）完成平面图中其他细部尺寸的标注，完成效果如图 26-3-66 所示。

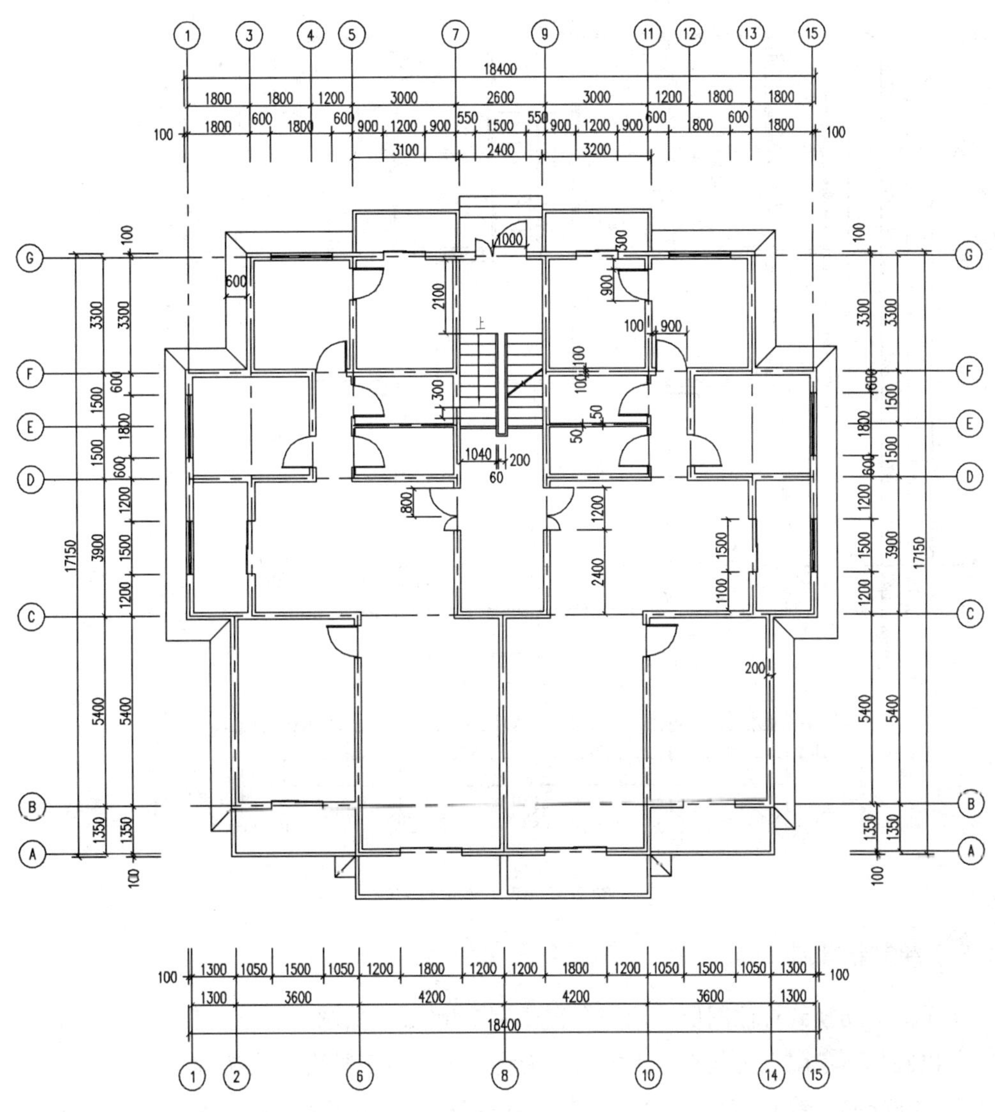

图 26-3-66　完成平面图标注尺寸

2. 文字标注

（1）汉字：运用多行文字命令“T”或者单行文字命令“DT”书写相关汉字，房间名称的字体高度宜为 500 mm，如“卧室”。

（2）非汉字：运用多行文字命令“T”或者单行文字命令“DT”书写相关非汉字，门窗标注的字体高度宜为 300 mm，如“M1”，完成后效果如图 26-3-67 所示。

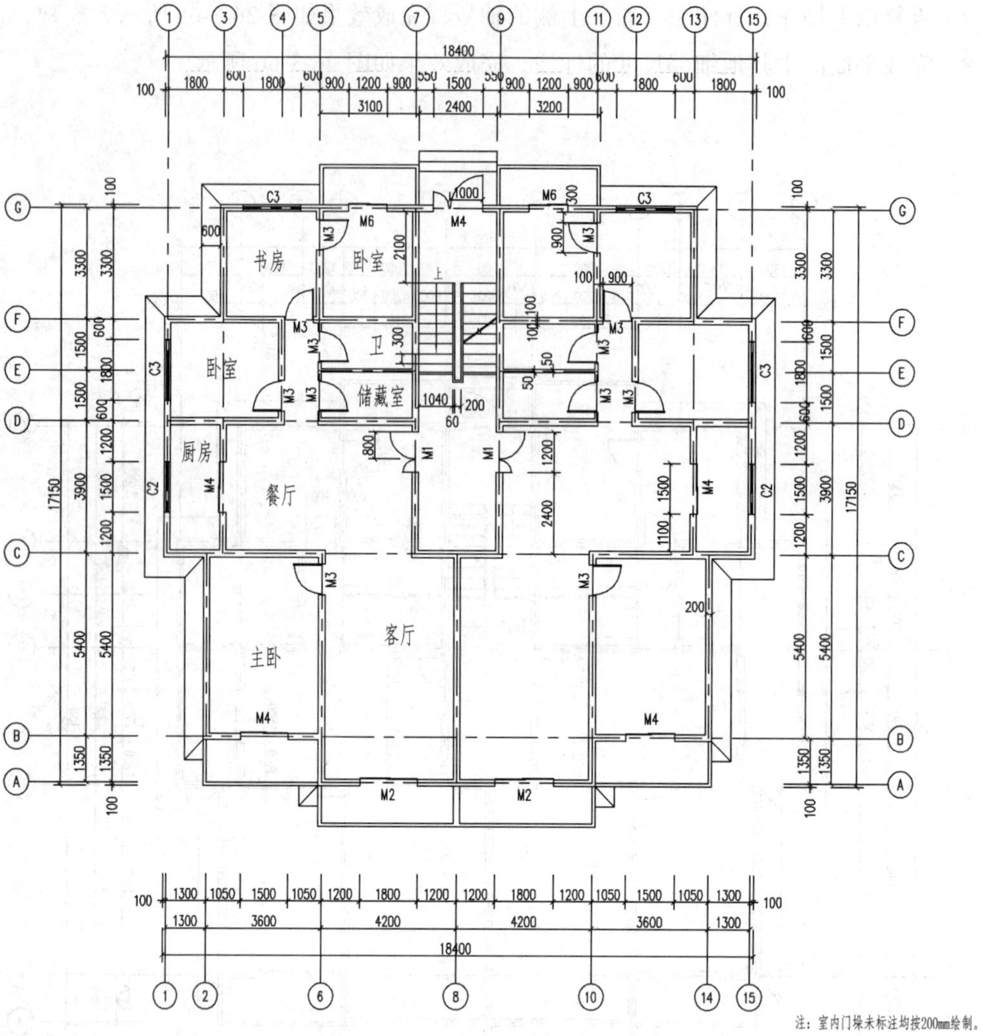

注：室内门垛未标注均按200mm绘制。

图 26-3-67　文字标注

（八）绘制指北针

（1）画圆。切换到标注图层，画一个直径为 2 400 mm 的圆。

（2）以圆的下象限点为起点、上象限点为终点画一条多段线，设置起点宽度为 300 mm，终点宽度为 0，最终效果如图 26-3-68 所示（字高 500 mm）。

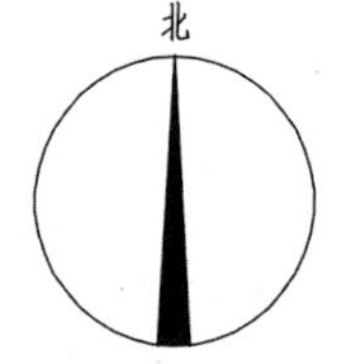

图 26-3-68　指北针

（九）绘制剖切符号

（1）运用多线命令绘制剖切位置线和剖切方向线，剖切位置线长度为 600 ~ 1000 mm 的粗实线，剖切方向线的长度为 400 ~ 600 mm 的粗实线，剖切位置线和剖切方向线垂直相交。

（2）在剖切方向线旁边加注编号，运用多行文字或单行文字命令标注字高为 500 mm 的剖面编号，如图 26-3-69 所示。

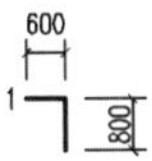

图 26-3-69　剖切符号

一层平面图1:100

图 26-3-70　绘制图名

（十）绘制标高符号

（1）运用直线命令“L”绘制标高符号，标高符号的画法应符号相应的要求，如图 26-3-71 所示。

（2）运用多行文字命令“T”书写标高的标注，标注字体高度宜为 300 mm。如图 26-3-72 所示。

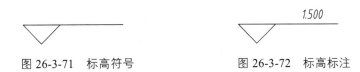

图 26-3-71　标高符号　　图 26-3-72　标高标注

（十一）绘制图名及比例

（1）运用多行文字命令“T”书写相关文字，图名字体高度宜为 700 mm，比例字体高度为 500 mm。

（2）运用多线命令绘制一定长度的粗实线放置在文字的适当位置，如图 26-3-73 所示。

七、建筑立面图绘制训练

1. 建筑立面图主要内容

（1）建筑物及其组成尺寸、定位轴线和标高等。

（2）门窗、阳台、台阶、雨篷的位置及细部尺寸。

（3）楼层层高、屋面的高度。

（4）建筑物的外部装饰及材料标注。

2. 建筑立面图的绘图比例

建筑立面图常用的绘图比例为 1∶50、1∶100、1∶200。

3. 建筑立面图主要绘制内容

（1）绘制外部主要轮廓线。

（2）绘制门窗。

（3）绘制阳台。

（4）绘制台阶。

（5）绘制屋顶。

（6）填充图案。

（7）标注符号（包括尺寸、索引符号、详图符号、断面符号）。

（8）轴号标注。

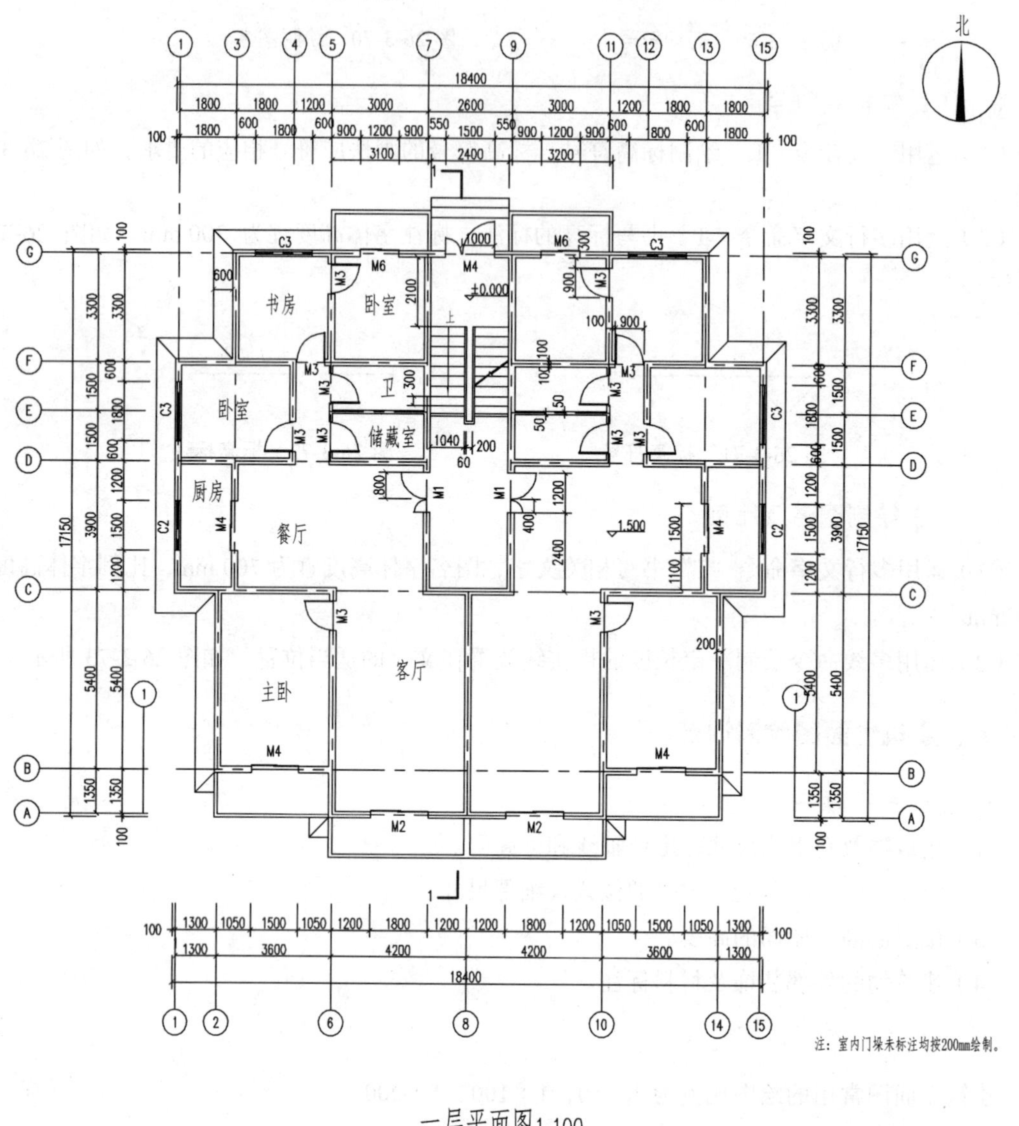

一层平面图1:100

图 26-3-73

4. 案例分析

完成如图 26-3-74 所示某建筑立面图。

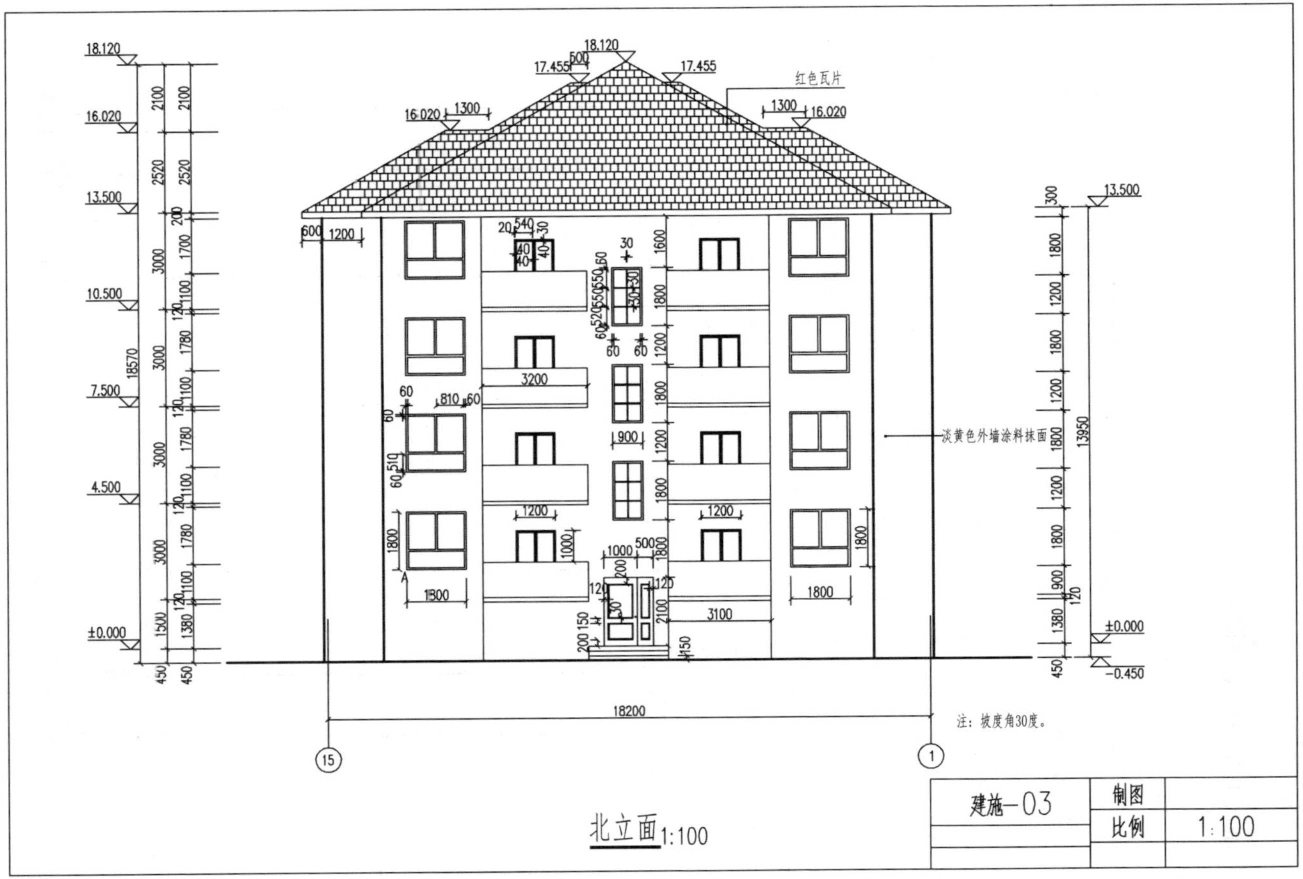

红色瓦片

淡黄色外墙涂料抹面

注：坡度角30度。

北立面1:100

建施–03	制图	
	比例	1:100

图 26-3-74　建筑立面图

解析：

绘制步骤：

（一）参数设置

参考建筑平面图的参数设置。

（二）绘制主要轮廓线

（1）图 26-3-74 中所示为建筑的“北立面”，轴号从⑮轴到①轴，绘图的顺序也要从⑮轴开始。

（2）切换到地平线图层，打开正交模式（键盘按 F8 键），在绘图区先绘制一条水平的地平线。

（3）切换到粗线图层，在绘图区先绘制⑮轴最外边缘的外墙轮廓线。输入“L”，按回车或空格键，命令行提示“指定第一点：”即在“地平线”左边找一点作为直线的第一个点，命令行提示“指定第二点：”，将鼠标往上移动，输入尺寸“13950”。

（4）从左往右，用偏移命令“O”依次生成纵向外边缘的外墙轮廓线及装饰线。输入“O”，按回车或空格键，命令行提示“指定偏移距离或[通过（T）/删除（E）/图层（L）]<通过>：”，输入“1800”，按回车或空格键，用鼠标左键点选刚绘制的最外边缘轮廓线，再点击其右边任意一点即可生成⑬轴线外墙轮廓线，重复以上命令，完成纵向外墙轮廓线和装饰线的绘制，将⑪轴及⑮轴的装饰线的图层属性改为中粗线，得到如图 26-3-75 所示。

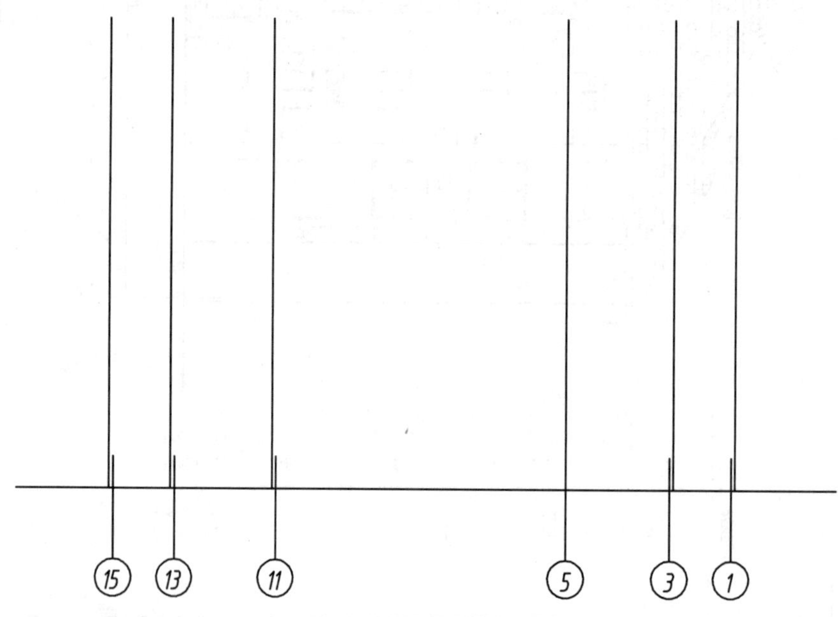

图 26-3-75　外墙轮廓线

（三）绘制门窗、阳台等

（1）切换到细线图层，根据平面图和立面图可知，⑫轴与⑬轴之间的窗户 C3 和⑬轴外墙轮廓线的距离是 700 mm，与地平线的距离是 2 400 mm，窗的具体绘制尺寸在里面涂上也有标识。

输入“L”，按回车或空格键，命令行提示“指定第一点：”即在“地平线”与⑬轴线外墙轮廓线的交点作为第一个点，命令行提示“指定第二点：”，将鼠标往右移动，输入尺寸“700”，再将鼠标往上移动，输入尺寸“2850”，这个点则为窗 C3 左下角的点 A，得到如图 26-3-76 所示。

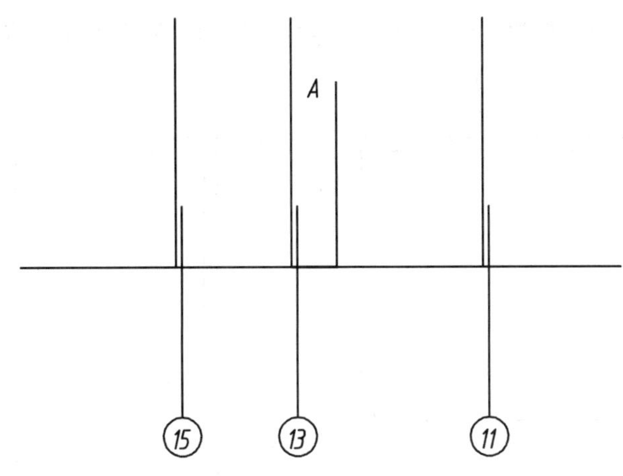

图 26-3-76　确定窗角点 A

（2）根据窗 C3 的左下角点 A，绘制窗 C3。

输入“REC”，按回车或空格键，命令行提示“指定第一个角点：”，鼠标左键点击 A 点，命令行提示“指定另一个角点或[面积（A）/尺寸（D）/旋转（R）]：”，输入“D”，按回车或空格键，命令行提示“指定矩形的长度”，输入“1800”，按回车或空格键，命令行提示“指定矩形的宽度”，输入“1800”，按回车或空格键，命令行提示“指定另一个角点或 [面积（A）/尺寸（D）/旋转（R）]：”，这时选择 A 点右上方向就可以得到窗 C3 的最外轮廓。

输入“O”，按回车或空格键，命令行提示“指定偏移距离或[通过（T）/删除（E）/图层（L）]<通过>：”，输入“60”，按回车或空格键，用鼠标左键点选窗 C3 的最外轮廓线，再点击其中间任意一点，这样就可以得到窗 C3 的第二道轮廓线，如图 26-3-77 所示。

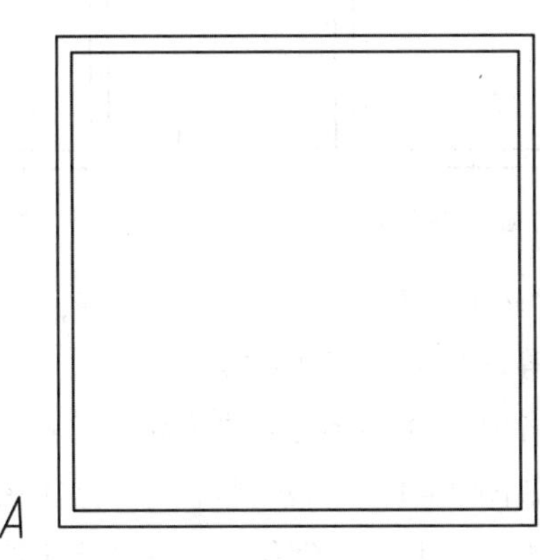

图 26-3-77　窗外轮廓

输入“X”，按回车或空格键，命令行提示“选择对象：”，鼠标左键点击内部的矩形，按回车或空格键，将矩形的多段线分解为单独的线段。

输入“O”，按回车或空格键，命令行提示“指定偏移距离或 [通过（T）/删除（E）/图层（L）] <通过>:”，输入“510”，按回车或空格键，用鼠标左键点分解后的下部线段，再点击线段上部任意一点，如图 26-3-78 所示，重复命令，将偏移距离改为“810”，用鼠标左键点分解后的右边线段，再点击线段左边任意一点，如图 26-3-79 所示，重复命令，将偏移距离改为“60”，将中间的线段分别向上和向左偏移“60”；如图 26-3-80 所示，用修剪命令将多余线段修剪即可得到窗 C3，如图 26-3-81 所示。

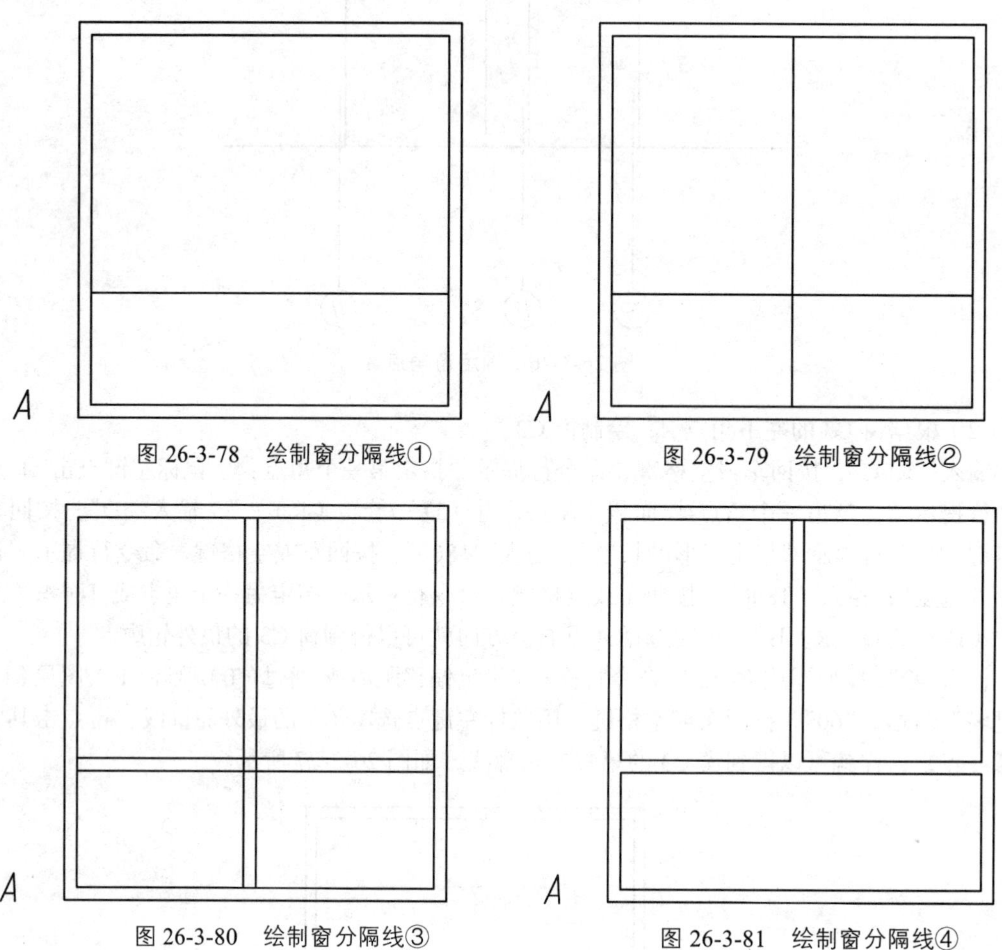

图 26-3-78 绘制窗分隔线①

图 26-3-79 绘制窗分隔线②

图 26-3-80 绘制窗分隔线③

图 26-3-81 绘制窗分隔线④

（3）根据窗 C3 的绘制方法绘制首层其他门窗、阳台等，如图 26-3-82 所示。

（4）将首层的门窗、阳台等进行复制到 2 ~ 4 层。

输入“CO”，按回车或空格键，命令行提示“选择对象：”，鼠标选择窗、阳台、阳台门，这时被选择的对象会显示虚线如图 26-3-83 所示，按回车或空格键，命令行提示“指定基点或 [位移（D）] <位移>:”，鼠标左键点击 *A* 点，命令行提示“指定第二个点或 <使用第一个点作为位移>:”，打开正交模式（键盘按 F8 键），鼠标向上移动，因为层高为 3 000 mm，因此输入“3000”，按回车或空格键，再输入“6000”，按回车或空格键，再输入“9000”，按回车或空格键，结束命令后得到图 26-3-84。

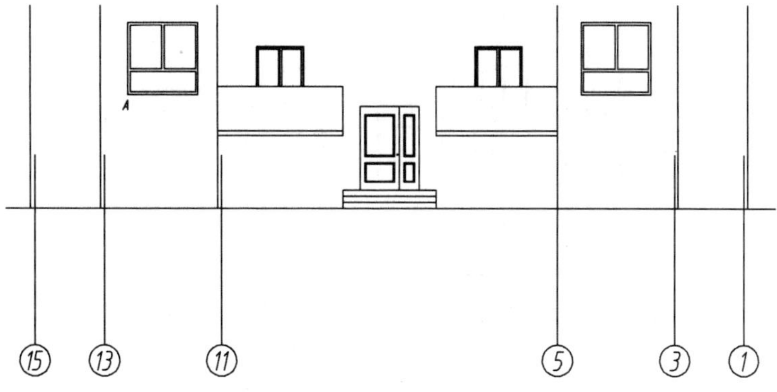

图 26-3-82　绘制门窗及阳台

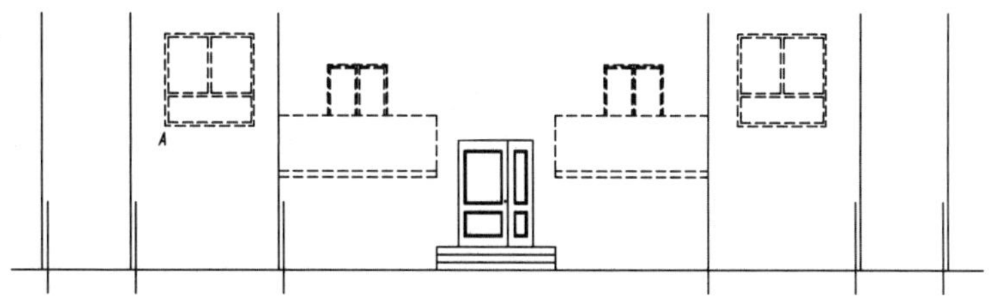

图 26-3-83　选择门窗及阳台

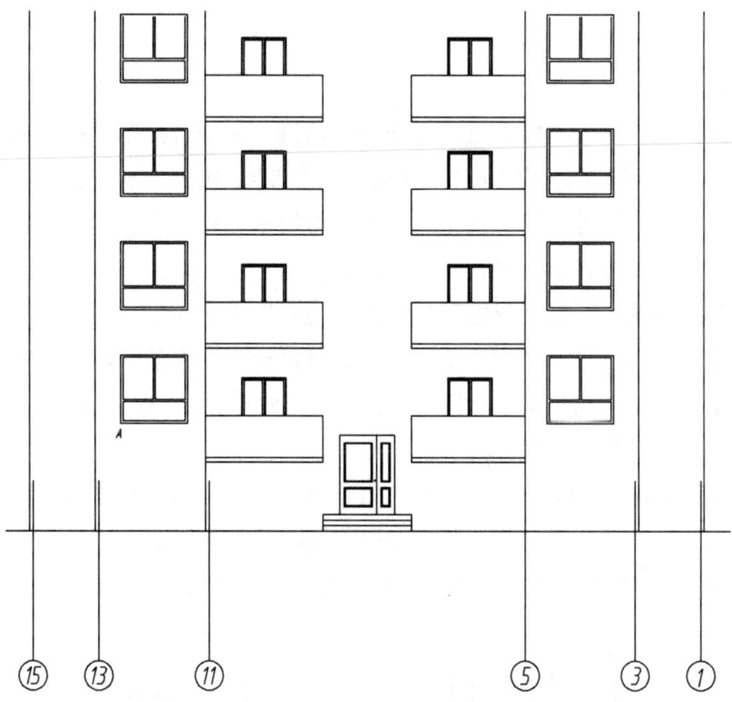

图 26-3-84　复制门窗及阳台

（5）绘制 2 层楼梯间的窗，并复制到 3～4 层，如图 26-3-85 所示。

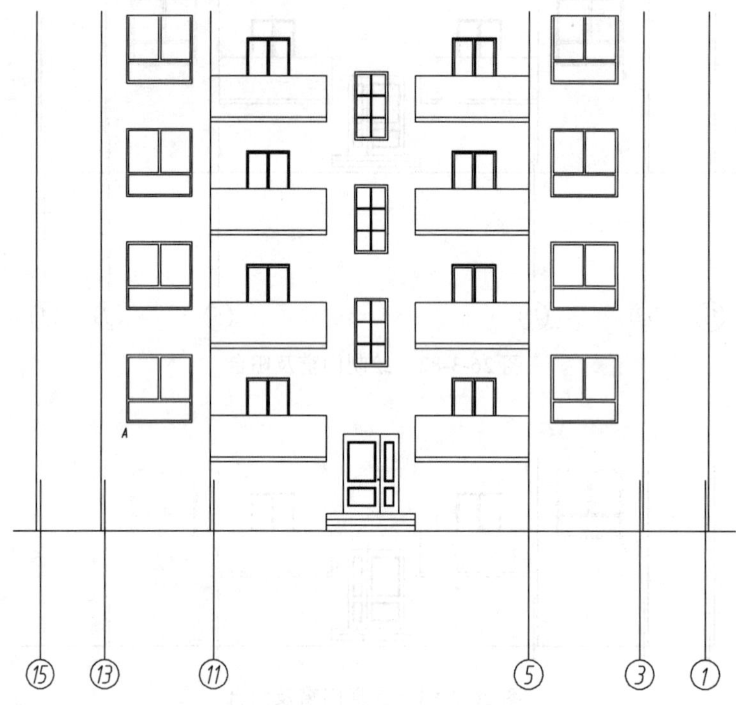

图 26-3-85　绘制完成立面图门窗

（四）绘制屋顶

1. 绘制屋檐

切换到中粗线图层，输入“L”，按回车或者空格键，命令行提示“指定第一点:”，打开正交模式（键盘按 F8 键），即在绘图区域点击⑮轴外墙轮廓线顶点，命令行提示“指定下一点:”，将鼠标往右移动，点击①轴外墙轮廓线顶点，命令行提示“指定下一点:”，将鼠标往右移动，输入尺寸“600”，按回车或者空格键，命令行提示“指定下一点:”，将鼠标往下移动，输入尺寸“200”，按回车或者空格键，命令行提示“指定下一点:”，将鼠标往左移动，输入尺寸“19600”，按回车或者空格键，命令行提示“指定下一点:”，将鼠标往上移动，输入尺寸“200”，按回车或者空格键，命令行提示“指定下一点或 [闭合（C）/放弃（U）]:”，输入“C”，按回车或者空格键，将绘制的矩形里的多余线段修剪。

输入“O”，按回车或空格键，命令行提示“指定偏移距离或[通过（T）/删除（E）/图层（L）]<通过>:”，输入“1800”，按回车或空格键，用鼠标左键点矩形左边竖向线段，再点击线段右部任意一点，用鼠标左键点矩形右边竖向线段，最后点击线段左部任意一点，如图 26-3-86 所示。

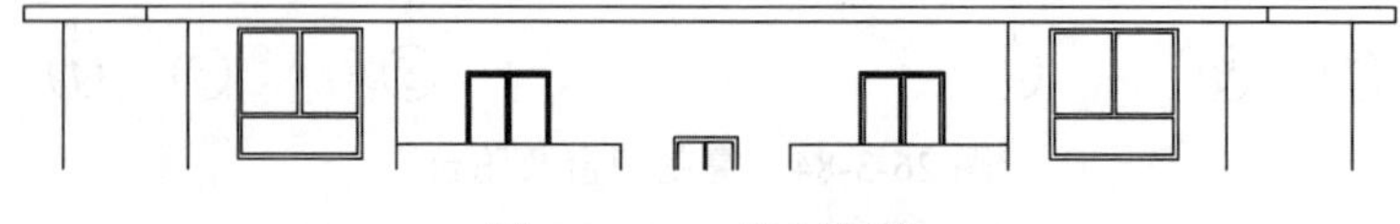

图 26-3-86　绘制屋檐

2. 绘制坡屋顶

输入“L”，按回车或者空格键，命令行提示“指定第一点：”即在绘图区域点击屋檐的中点，命令行提示“指定下一点：”，将鼠标往上移动，输入尺寸“4620”，命令行提示“指定下一点：”，直接点击屋檐边缘点，如图 26-3-87 所示。

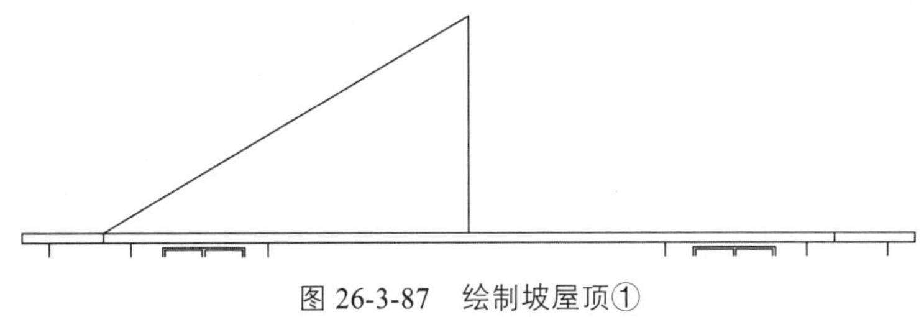

图 26-3-87　绘制坡屋顶①

作一条经过坡屋顶顶点的水平直线，之后用偏移命令向下绘制一条偏移距离为 665 mm 的水平直线，在直线与斜线的交点处绘制一条尺寸为 500 mm 的直线段，如图 26-3-88 所示。

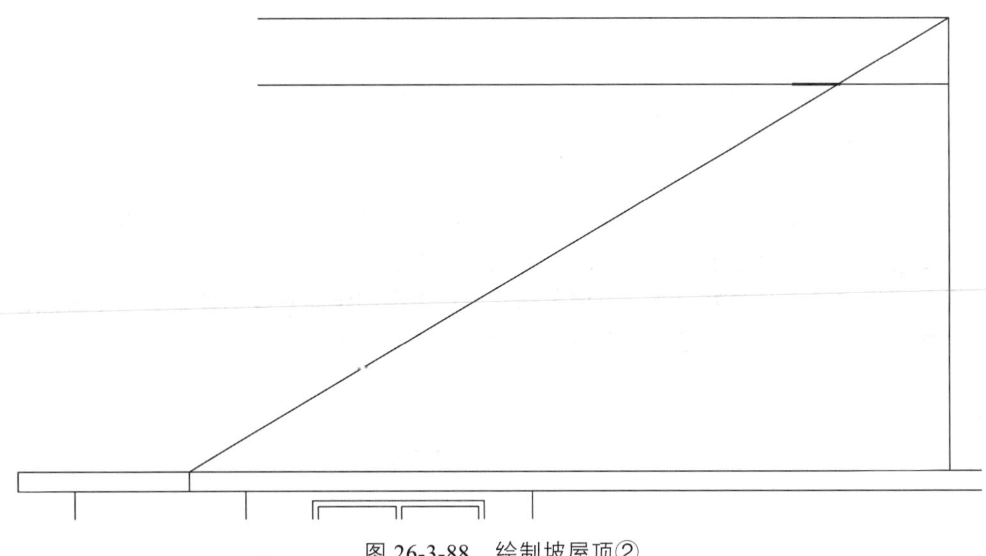

图 26-3-88　绘制坡屋顶②

输入“O”，按回车或空格键，命令行提示“指定偏移距离或[通过（T）/删除（E）/图层（L）] <通过>：”，输入“T”，按回车或空格键，命令行提示“选择要偏移的对象，或 [退出（E）/放弃（U）] <退出>：”，用鼠标左键点坡屋顶的斜线段，命令行提示“指定通过点或 [退出（E）/多个（M）/放弃（U）] <退出>：”，用鼠标左键点长度为 500 mm 的线段的另一个端点，如图 26-3-89 所示，修剪多余线段。以此类推绘制完成坡屋顶另一条斜线，如图 26-3-90 所示。

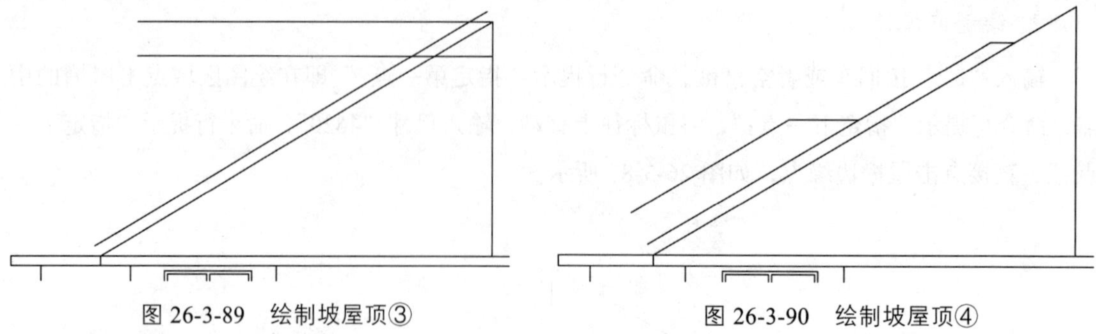

图 26-3-89　绘制坡屋顶③　　图 26-3-90　绘制坡屋顶④

输入“EX”，按回车或空格键两次，命令行提示“选择要延伸的对象，或按住 Shift 键选择要修剪的对象，或[栏选（F）/窗交（C）/投影（P）/边（E）/放弃（U）]:”，用鼠标左键点击偏斜线，使其线段落在屋檐上，如图 26-3-91 所示。

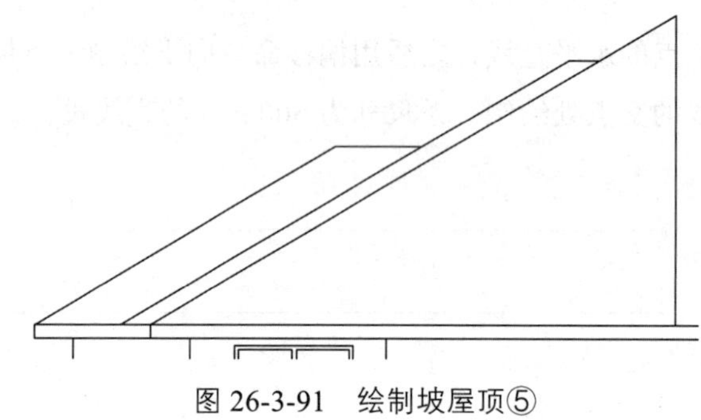

图 26-3-91　绘制坡屋顶⑤

输入“MI”，按回车或空格键，命令行提示“选择对象:”，用鼠标选择左边的坡屋顶全部线段，命令行提示“指定镜像线的第一点:”，用鼠标左键点击中间竖向直线的任意一个端点，命令行提示“指定镜像线的第二点:”，用鼠标左键点击中间竖向直线的任意另一个端点，命令行提示“选择对象:”，直接按回车或者空格，把中线删除，如图 26-3-92 所示。

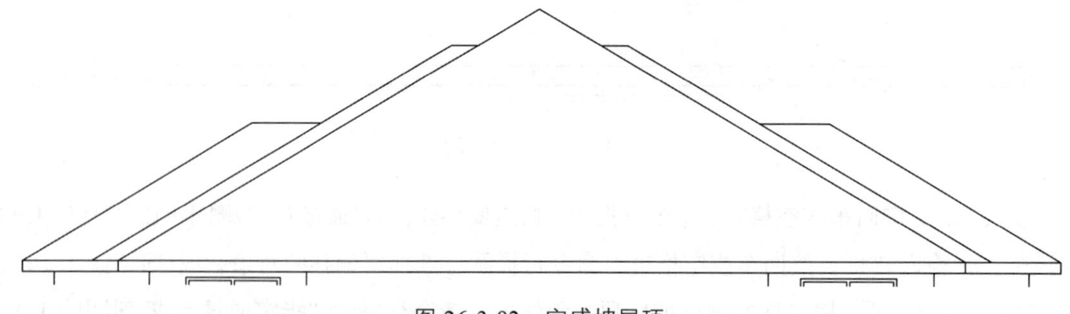

图 26-3-92　完成坡屋顶

输入“H”，按回车或空格键，弹出“图案填充和渐变色”对话框，将对话框中的“图案”改为“AR-B88”；输入适合的比例，现将比例改为 1.2，鼠标左键点击“添加：拾取点”，这时“图案填充和渐变色”对话框暂时隐藏，鼠标左键点击坡屋顶的所有内部点，按回车或者空格；“图案填充和渐变色”对话框再次弹出，单击“确定”按钮，得到如图 26-3-93 所示。

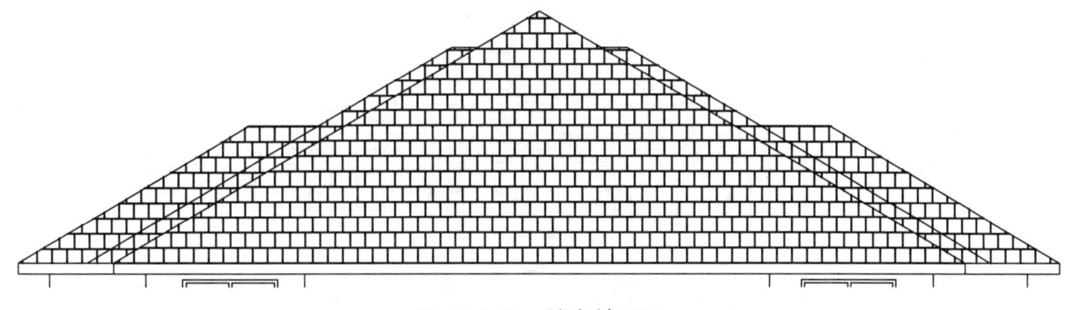

图 26-3-93　填充坡屋顶

（五）标　注

1. 尺寸标注

（1）设置当前图层为“标注”图层。根据制图要求，细部尺寸离建筑物外轮廓的距离不小于 1 000 mm，尺寸线之间的距离为 700 ~ 1 000 mm。可先做辅助线，再进行标注。具体方法可见建筑平面图。

（2）依次完成第一道尺寸线（细部）标注、第二道尺寸线（层高）标注、第三道尺寸线（外包尺寸）标注、轴号标注，完成效果如图 26-3-94 所示。

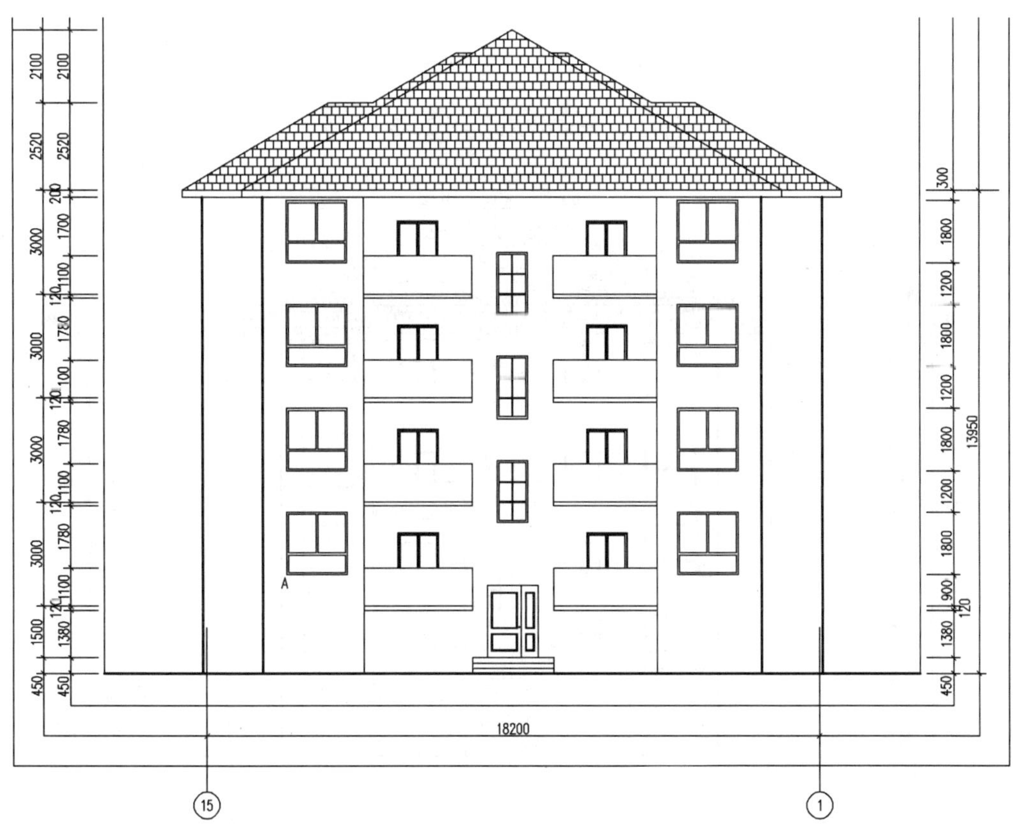

图 26-3-94　立面图外部标注尺寸

（3）完成立面图图中其他细部尺寸的标注，完成效果如图 26-3-95 所示。

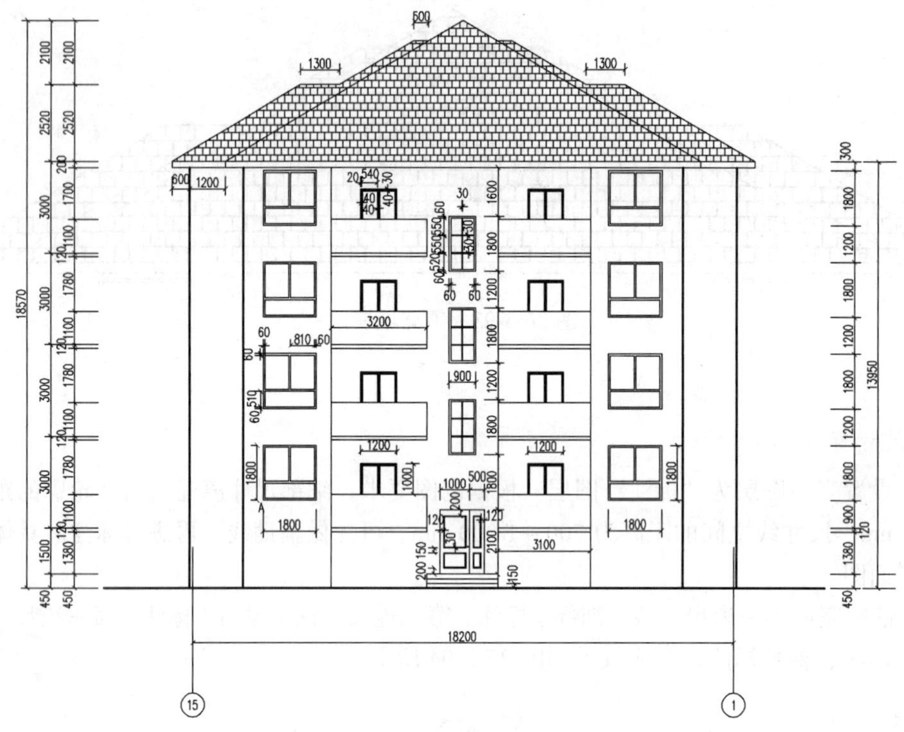

图 26-3-95　立面图细部标注尺寸

（4）完成立面图图中标高的标注，完成效果如图 26-3-96 所示。

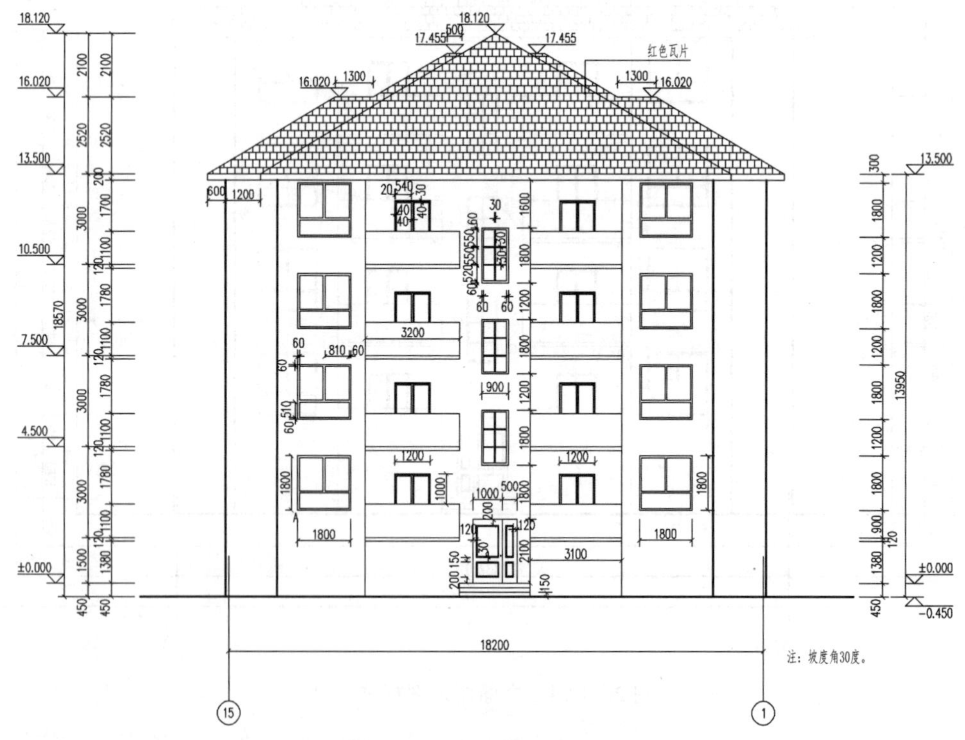

图 26-3-96　立面图完整标注尺寸

2. 文字标注

（1）引出标注。

输入“DO”，按回车或空格键，命令行提示“指定圆环的内径”，输入内径为“0”，命令行提示“指定圆环的外径”，输入外径为“100 mm”，命令行提示“指定圆环的中心点或<退出>:”，鼠标左键点击立面图相对应的位置。

输入“L”，按回车或空格键，命令行提示“指定第一点:”，鼠标左键点击圆环的中心，命令行提示“指定下一点:”，移动鼠标，拉合适的距离，再次点击左键。

运用文字命令书写相关汉字，字体高度宜为 300 mm，完成效果如图 26-3-97 所示。

图 26-3-97　引线标注

（2）图名及比例标注：运用多行文字命令“T”书写相关文字，图名字体高度宜为 700 mm，比例字体高度为 500 mm，完成后效果如图 26-3-98 所示。

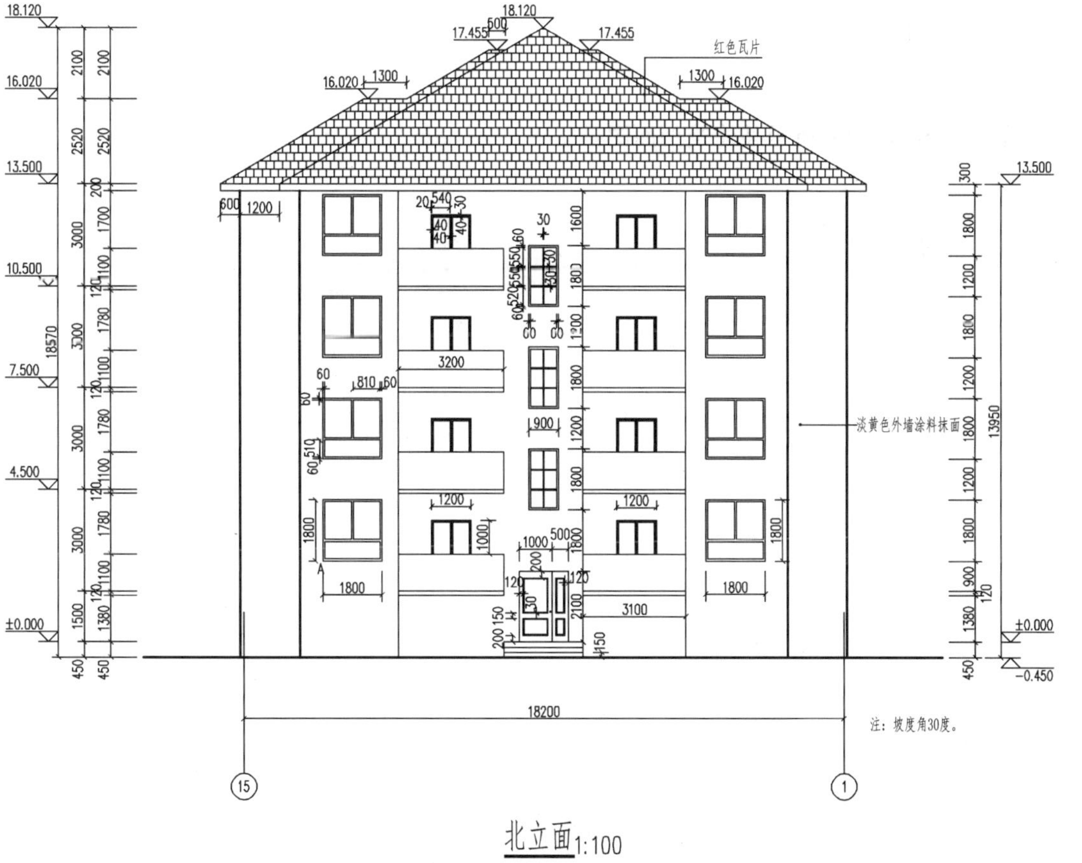

红色瓦片

淡黄色外墙涂料抹面

注：坡度角30度。

北立面 1:100

图 26-3-98　文字标注

八、建筑剖面图绘制

1. 建筑剖面图主要内容

（1）建筑物及其组成尺寸、定位轴线和标高等。

（2）被剖切的墙、门窗、阳台、台阶、楼梯的位置及细部尺寸。

（3）未剖到的墙、门窗、阳台、台阶、楼梯的位置及细部尺寸。

（4）楼层层高、屋面的高度。

2. 建筑立面图的绘图比例

建筑剖面图常用的绘图比例为 1∶50、1∶100、1∶200。

3. 建筑立面图主要绘制内容

（1）绘制墙体。

（2）绘制楼板。

（3）绘制门窗及阳台。

（4）绘制楼梯及台阶。

（5）绘制屋顶。

（6）填充图案。

（7）标注符号。

（8）轴号标注。

4. 案例分析

完成如图 26-3-99 所示某建筑剖面图。

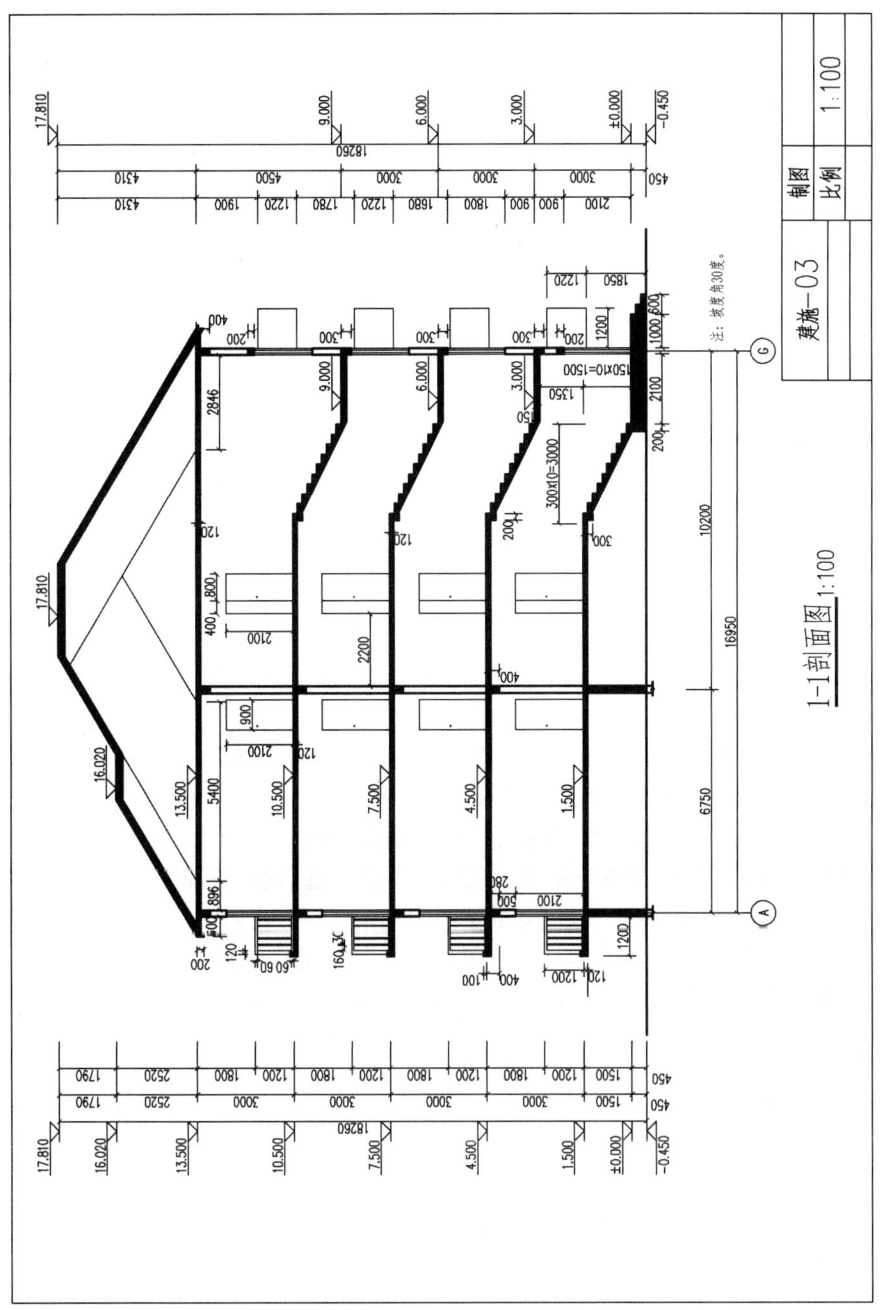

图 26-3-99　1—1 剖面图

解析：

绘制步骤：

（一）参数设置

在建筑平面图中已设置。

（二）绘制主要墙体

（1）图中所示为建筑的“1—1 剖面图”，轴号从Ⓐ轴到Ⓖ轴，绘图的顺序可以从Ⓐ轴开始。

（2）切换到地平线图层，打开正交模式（键盘按 F8 键），在绘图区先绘制一条水平的地平线。

（3）切换到细线图层，在绘图区先绘制Ⓐ轴、Ⓒ轴、Ⓖ轴的轴线，完成后效果如图 26-3-100 所示。

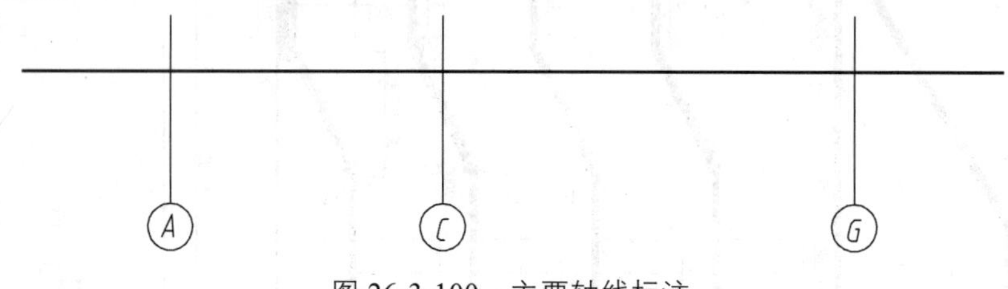

图 26-3-100　主要轴线标注

（4）切换到粗线图层，分别通过Ⓐ轴、Ⓒ轴及Ⓖ轴绘制墙体，暂时绘制二层楼板以下的墙体。

输入“L”，按回车或空格键，命令行提示“指定第一点：”即以“地平线”与Ⓐ轴交点作为直线的第一个点，命令行提示“指定第二点：”，将鼠标往上移动，输入尺寸“4830”。

输入“O”，按回车或空格键，命令行提示“指定偏移距离或[通过（T）/删除（E）/图层（L）]<通过>：”，输入“100”，按回车或空格键，用鼠标左键点选通过Ⓐ轴绘制的直线，再点击其左边任意一点，再用鼠标左键点选通过Ⓐ轴绘制的直线，再点击其右边任意一点，将Ⓐ轴上的直线删除，即可生成Ⓐ轴线上的墙体，重复以上命令，完成Ⓒ轴及Ⓖ轴上的墙体，并且将Ⓐ轴和Ⓒ轴地平线下画 200 mm 长度，添加折断线，得到图 26-3-101。

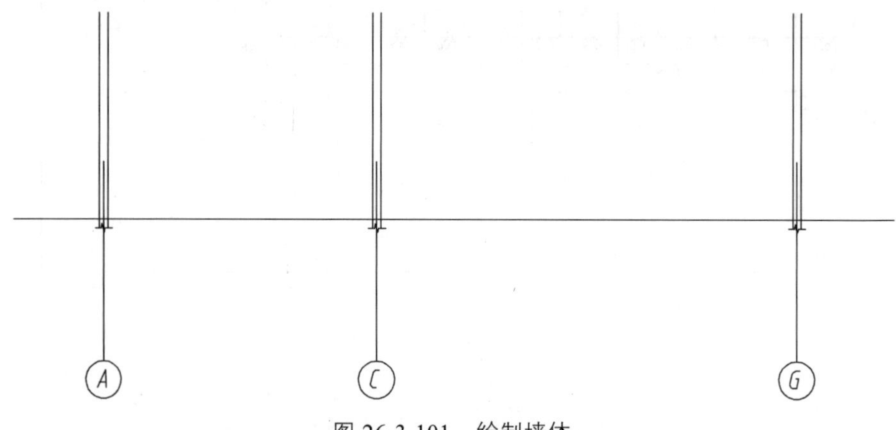

图 26-3-101　绘制墙体

（三）绘制台阶

输入“L”，按回车或空格键，命令行提示“指定第一点：”以Ⓖ轴外墙与地平线交点作为直线的第一个点；命令行提示“指定下一点：”，将鼠标往上移动，输入尺寸“450”，按回车或空格键；命令行提示“指定下一点：”，将鼠标往右移动，输入尺寸“1200”，按回车或空格键；命令行提示“指定下一点：”，将鼠标往下移动，输入尺寸“150”，按回车或空格键；命令行提示“指定下一点：”，将鼠标往右移动，输入尺寸“300”，按回车或空格键；命令行提示“指定下一点：”，将鼠标往下移动，输入尺寸“150”，按回车或空格键；命令行提示“指定下一点：”，将鼠标往右移动，输入尺寸“300”，按回车或空格键；命令行提示“指定下一点：”，将鼠标往下移动，输入尺寸“150”，按回车或空格键；结束直线命令后将多余的墙线修剪，得到图26-3-102。

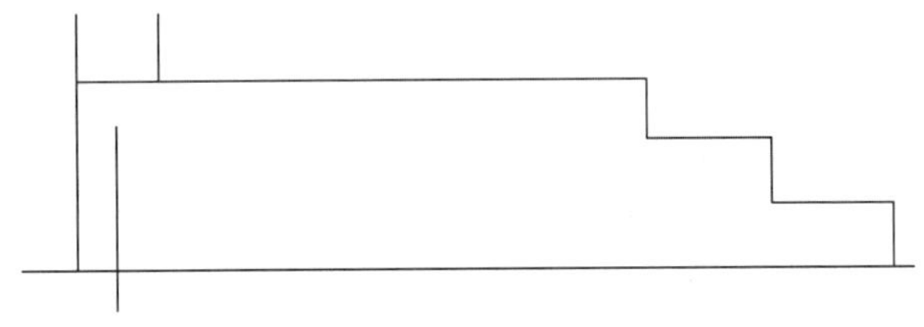

图 26-3-102　绘制台阶

（四）绘制楼梯及阳台板

1. 绘制楼梯踏步板面

（1）输入“L”，按回车或空格键，命令行提示“指定第一点：”根据“对象追踪”从台阶平台引一条直线与Ⓖ轴内墙交点作为直线的第一个点，命令行提示“指定下一点：”，将鼠标往左移动，输入尺寸“2100”，按回车或空格键；命令行提示“指定下一点：”，将鼠标往上移动，输入尺寸“150”，按回车或空格键；命令行提示“指定下一点：”，将鼠标往左移动，输入尺寸“300”，按回车或空格键，得到楼梯的第一级踏步，得到图 26-3-103。

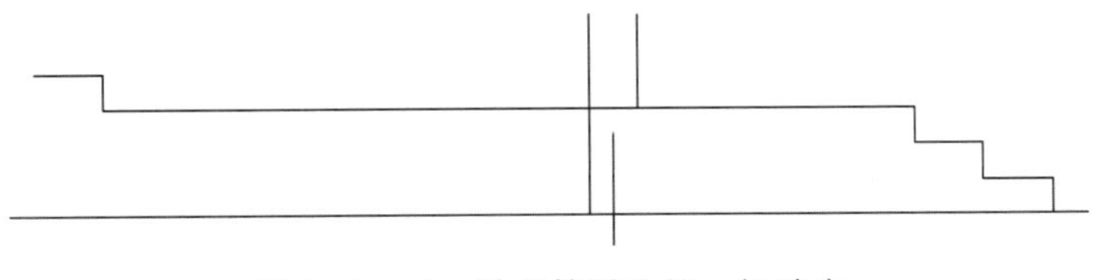

图 26-3-103　绘制楼梯的第一级踏步

（2）输入“CO”，按回车或空格键，命令行提示“选择对象：”鼠标左键选择踏步的宽度线段和高度线段，按回车或空格键，命令行提示“指定基点或 [位移（D）] <位移>：”，鼠标左键点击踏步与平台的交点，命令行提示“指定第二个点或 <使用第一个点作为位移>：”，鼠标左键选择踏步的宽度左端点。重复以上步骤，得到楼梯的全部踏步板面，得到图 26-3-104。

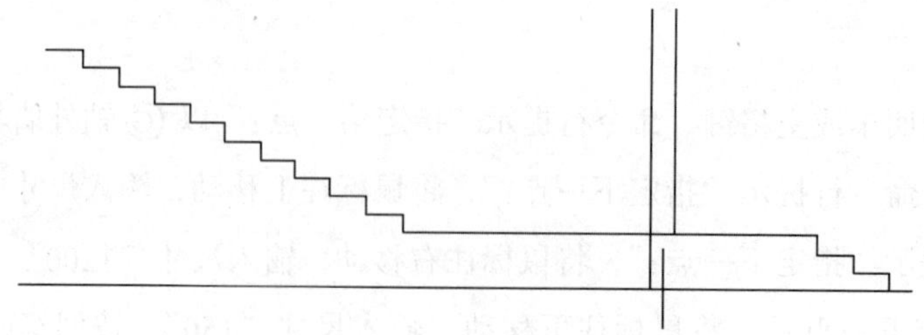

图 26-3-104　绘制踏步板面

2. 绘制楼梯梯梁

（1）输入“L”，按回车或空格键，命令行提示“指定第一点:”从台阶最高级踏步高为第一个点，命令行提示“指定下一点:”，将鼠标往下移动，输入尺寸“150”，按回车或空格键；命令行提示“指定下一点:”，将鼠标往左移动，输入尺寸“200”，按回车或空格键；命令行提示“指定下一点:”，将鼠标往上移动，输入尺寸“180”，按回车或空格键，结束直线命令后，得到图 26-3-105。

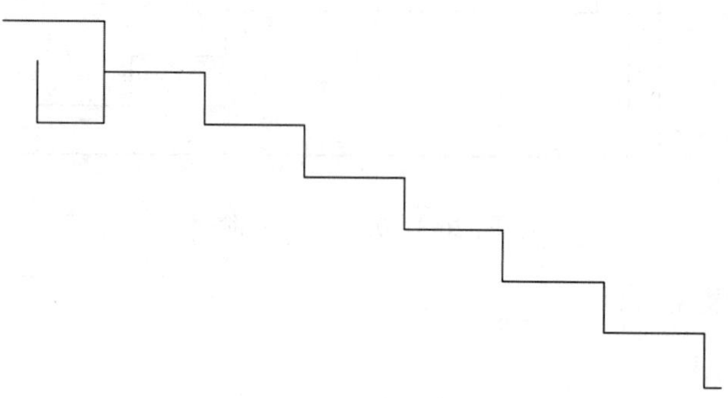

图 26-3-105　绘制高级梯梁

（2）输入“L”，按回车或空格键，命令行提示“指定第一点:”从台阶最低级踏步为第一个点，命令行提示“指定下一点:”，将鼠标往下移动，鼠标左键点击与地平线交点，命令行提示“指定下一点:”，鼠标往左移动，输入尺寸“200”，按回车或空格键，命令行提示“指定下一点:”，将鼠标往上移动，输入尺寸“450”，按回车或空格键，得到图 26-3-106。

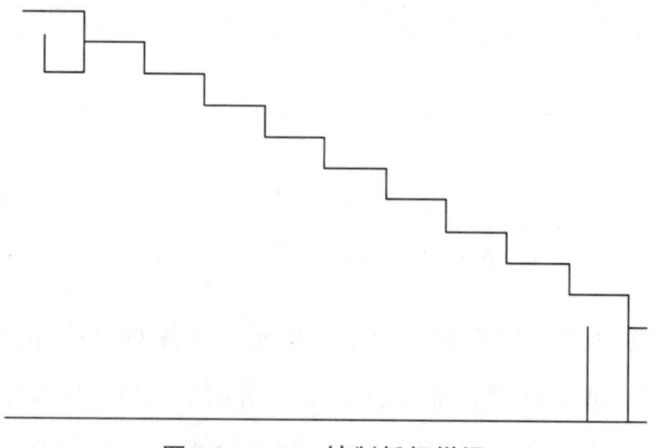

图 26-3-106　绘制低级梯梁

3. 绘制楼梯梯板

（1）输入“L”，按回车或空格键，命令行提示“指定第一点:”从台阶最高级踏步为第一个点，命令行提示“指定下一点:”，鼠标移动到台阶最低级踏步左键点击，得到图 26-3-107。

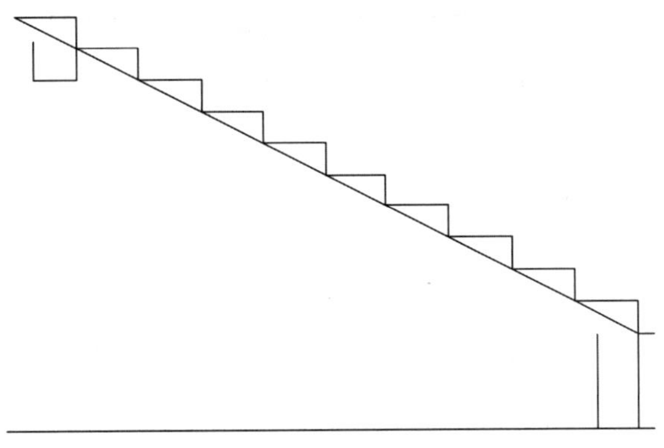

图 26-3-107　绘制梯板

（2）输入“O”，按回车或空格键，命令行提示“指定偏移距离或[通过（T）/删除（E）/图层（L）]<通过>:”，输入“100”，按回车或空格键，用鼠标左键点选刚绘制的斜线，再点击其下边任意一点，结束命令后将之前的斜线删除，并把多余的线段修剪即可得到楼梯的梯板，得到图 26-3-108。

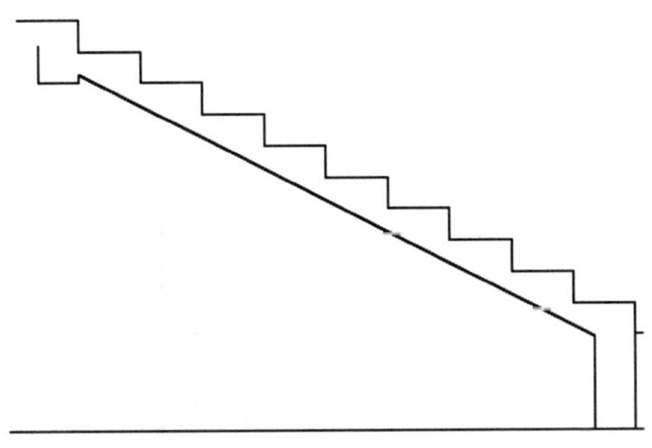

图 26-3-108　绘制完整梯板

4. 绘制楼板及阳台板

输入“L”，按回车或空格键，命令行提示“指定第一点:”鼠标左键点击楼梯最高级踏面上左边的点；命令行提示“指定下一点:”，鼠标往左移动点击与Ⓐ轴外墙的交点；命令行提示“指定下一点:”，鼠标继续往左移动，输入尺寸“1080”，按回车或空格键；命令行提示“指定下一点:”，鼠标往上移动，输入尺寸“100”，按回车或空格键；命令行提示“指定下一点:”，鼠标往左移动，输入尺寸“120”，按回车或空格键；命令行提示“指定下一点:”，鼠标往下移动，输入尺寸“220”，按回车或空格键；命令行提示“指定下一点:”，鼠标往右移动到高级踏步梯梁的交点并左键点击，得到楼梯楼板及阳台板，得到图 26-3-109。

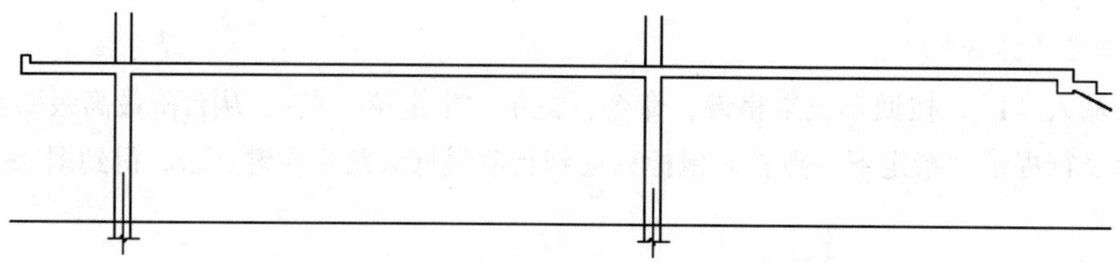

图 26-3-109　绘制楼板及阳台板

（五）绘制门窗及阳台

1. 绘制被剖切的门

（1）输入“L”，按回车或空格键，命令行提示“指定第一点：”以 Ⓖ 轴外墙与台阶的交点作为直线的第一个点；命令行提示“指定下一点：”，将鼠标往上移动，输入尺寸“2100”，按回车或空格键；命令行提示“指定下一点：”，将鼠标往左移动，点击与 Ⓖ 轴内墙的交点，结束命令后将尺寸为 2 100 mm 的直线段删除，得到图 26-3-110。

（2）输入“O”，按回车或空格键，命令行提示“指定偏移距离或[通过（T）/删除（E）/图层（L）]<通过>：”，输入“200”，按回车或空格键，用鼠标左键点选刚绘制的门梁直线，再点击其上边任意一点，重复偏移命令，偏移距离分别是“400”“300”，得到图 26-3-111。

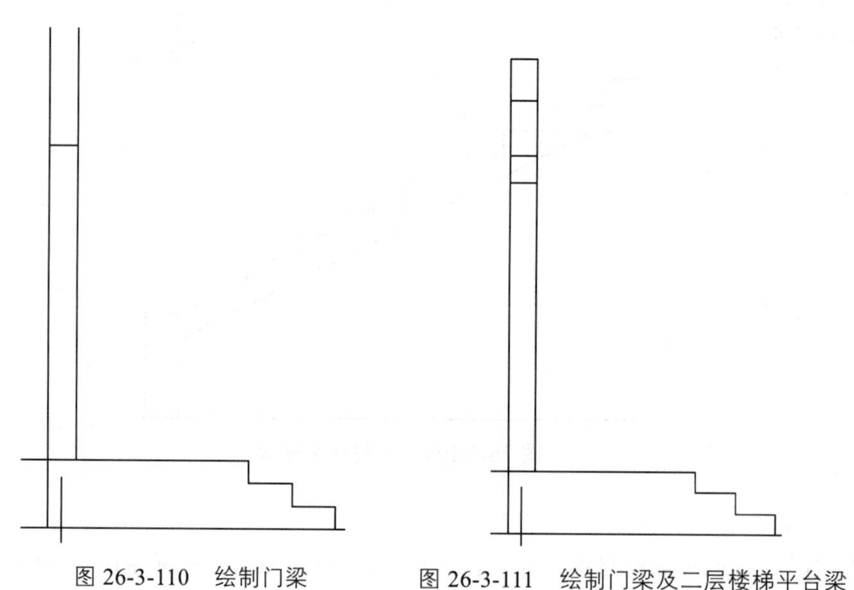

图 26-3-110　绘制门梁　　　　图 26-3-111　绘制门梁及二层楼梯平台梁

（3）把门位置的墙线删除，将图层切换为细线图层，输入“L”，按回车或空格键，命令行提示“指定第一点：”以 Ⓖ 轴外墙与台阶的交点作为直线的第一个点；命令行提示“指定下一点：”，将鼠标往上移动点击门梁的交点。

（4）输入定数等分命令“DIV”，选择窗洞口的一条墙线，输入等分的线段数目“3”，根据等分得到的四个点作四条垂直直线，得到如图 26-3-112 所示。

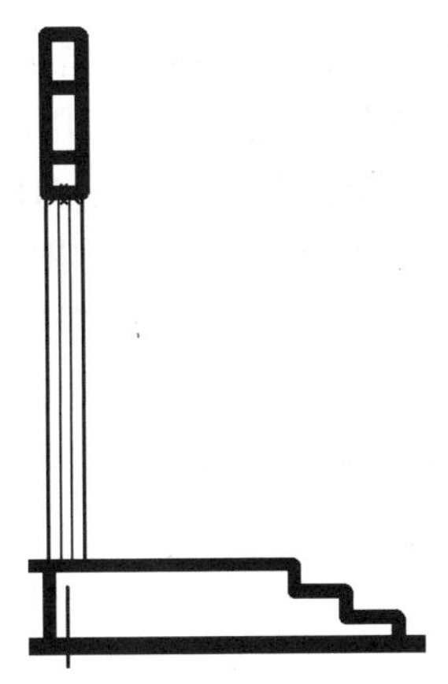

图 26-3-112　绘制被剖切门

（5）用同样的方法绘制其余被剖切的门。

2. 绘制未剖切门

（1）切换到细线图层，根据平面图和立面图可知，Ⓐ轴与 Ⓒ轴之间的门，与 Ⓒ轴墙体的距离为 200 mm，从门窗表可知这个门的大小为 900 mm × 2 100 mm。

（2）输入“L”，按回车或空格键，命令行提示“指定第一点:”即以“地平线”与 Ⓒ轴线外墙轮廓线的交点作为第一个点；命令行提示“指定下一点:”，将鼠标往左移动，输入尺寸“200”，命令行提示“指定下一点:”，将鼠标向上移动，输入尺寸“2 100”；命令行提示“指定下一点:”，将鼠标往左移动，输入尺寸“900”；命令行提示“指定下一点:”，将鼠标往下移动，输入尺寸“2 100”，并在门的相应位置绘制半径为 30 mm 的圆作为门的把手，得到图 26-3-113。

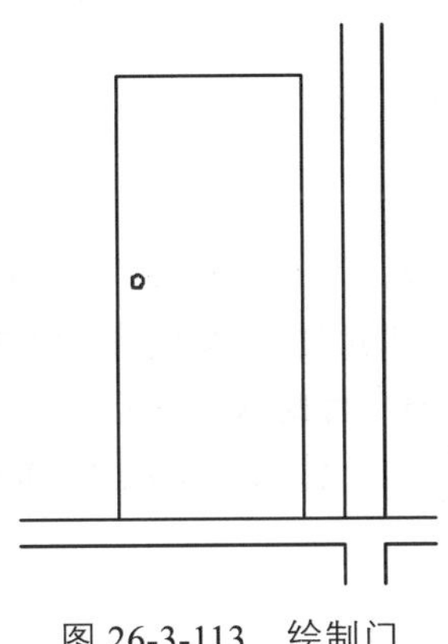

图 26-3-113　绘制门

（3）用同样的方法绘制其余的门及阳台。

3. 绘制阳台栏杆

（1）输入“L”，按回车或空格键，命令行提示“指定第一点:”以阳台防水台中点作为第一个点；命令行提示“指定下一点:”，将鼠标往上移动，输入尺寸“1 100”；命令行提示“指定下一点:”，将鼠标向右移动，连接阳台门。

（2）输入“O”，按回车或空格键，命令行提示“指定偏移距离或[通过（T）/删除（E）/图层（L）]<通过>:”，输入“120”，按回车或空格键，用鼠标左键点选阳台栏杆垂直线段，再点击其右边任意一点，重复偏移命令，偏移距离分别是“160”“30”，再将阳台栏杆的水平线段分别偏移“60”“1 080”，把多余的线段修剪完成，得到图 26-3-114。

（3）输入“CO”，按回车或空格键，命令行提示“选择对象：”鼠标左键选择栏杆宽度为 30 的两条线，按回车或空格键；命令行提示“指定基点或 [位移（D）] <位移>:”，鼠标左键点击 *A* 点；命令行提示“指定第二个点或 <使用第一个点作为位移>:”，鼠标左键点击 *B* 点，重复以上步骤，得到图 26-3-115。

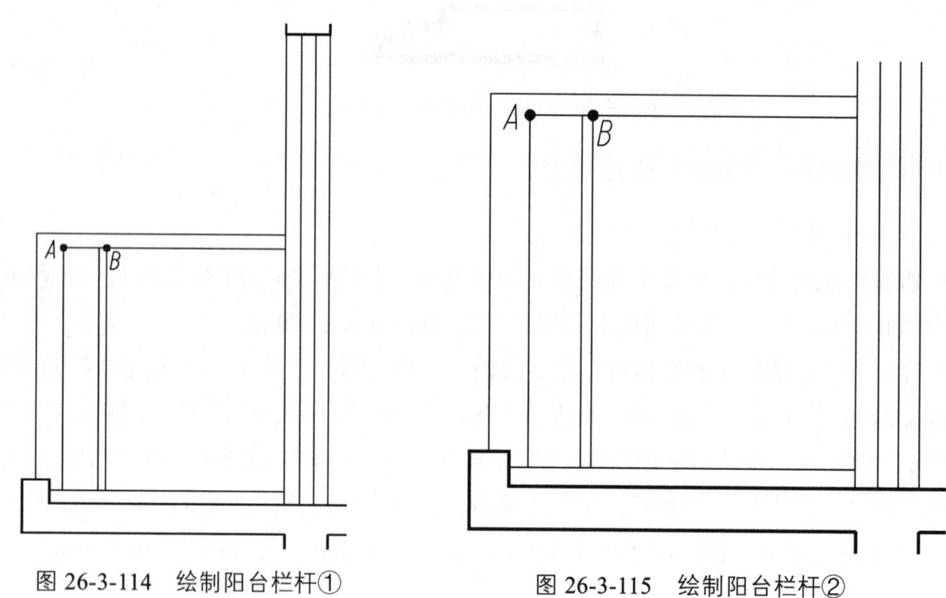

图 26-3-114　绘制阳台栏杆①　　　　图 26-3-115　绘制阳台栏杆②

（六）绘制 2～4 层剖面图

1. 绘制 2 层剖面图

（1）输入“CO”，按回车或空格键，命令行提示“选择对象：”鼠标左键选择阳台、阳台门、楼板、门等，按回车或空格键，命令行提示“指定基点或 [位移（D）] <位移>:”，得到图 26-3-116。鼠标左键点击阳台栏杆的一个交点，命令行提示“指定第二个点或<使用第一个点作为位移>:”，打开正交模式（键盘按 F8 键），鼠标向上移动，输入“3 000”，得到图 26-3-117。

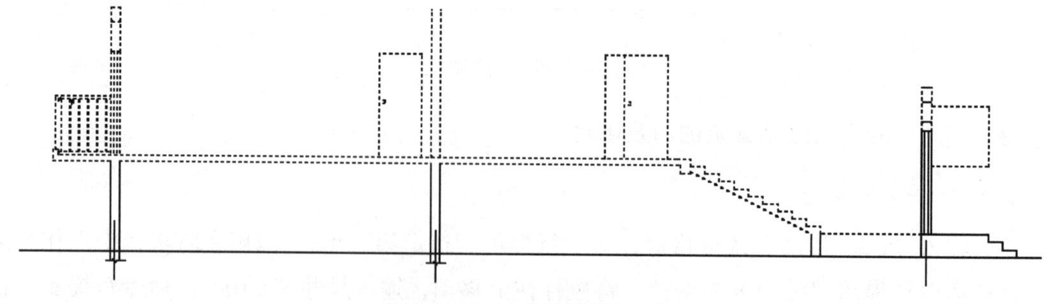

图 26-3-116　选择复制对象

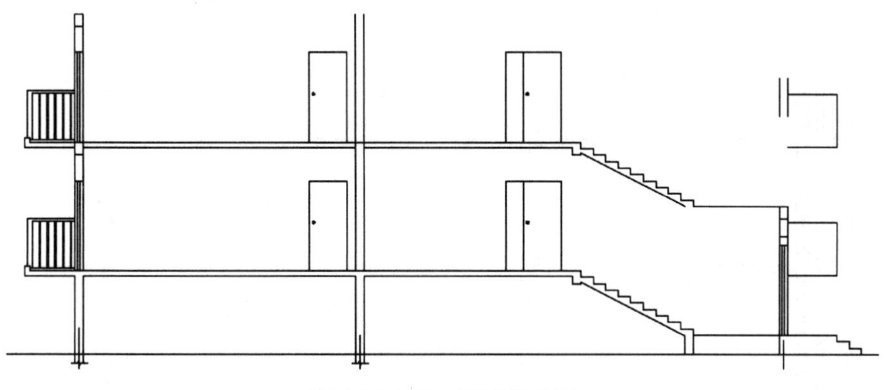

图 26-3-117　复制完成后

（2）把二层Ⓖ轴上的墙和窗、楼梯的平台（注：楼梯平台板厚为 150 mm）及一些小细节补齐全，得到图 26-3-118。

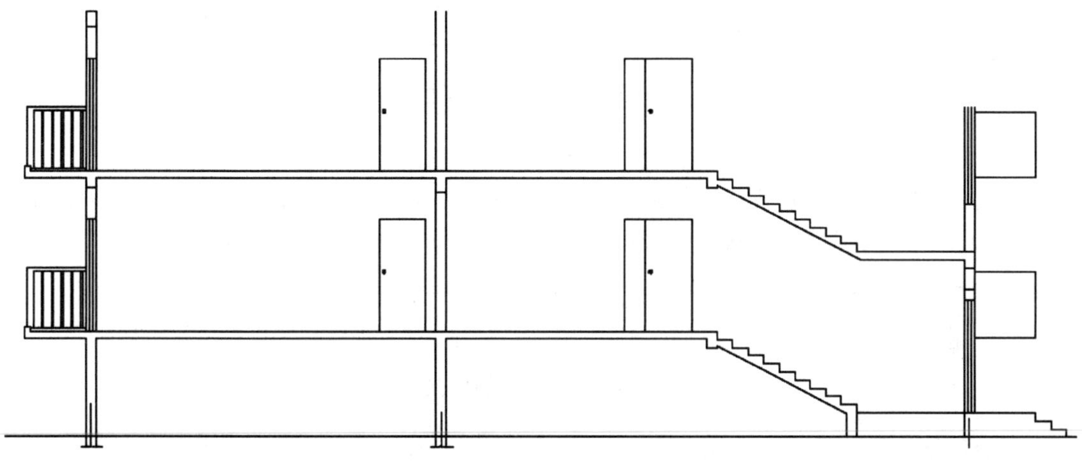

图 26-3-118　首层及二层剖面图

2. 绘制 3-4 层剖面图

用复制命令，将 2 层复制到 3～4 层，并且把Ⓖ轴的阳台调整位置，梁和墙补齐全，得到图 26-3-119。

（七）绘制屋顶

1. 绘制屋面板及屋檐

（1）切换到粗线图层，输入“L”，按回车或者空格键，命令行提示“指定第一点:”，打开正交模式（键盘按 F8 键），在绘图区域点击 4 层顶面线段左端点，命令行提示“指定下一点:”，将鼠标往左移动，输入尺寸“600”，按回车或者空格键，同理绘制右边的延长线。

（2）输入“O”，按回车或空格键，命令行提示“指定偏移距离或[通过（T）/删除（E）/图层（L）]<通过>:”，输入“120”，按回车或空格键，用鼠标左键点 4 层顶面线段，再点击线段上部任意一点，结束偏移命令后，把两条水平线的两端封口，并且修剪多余线段。

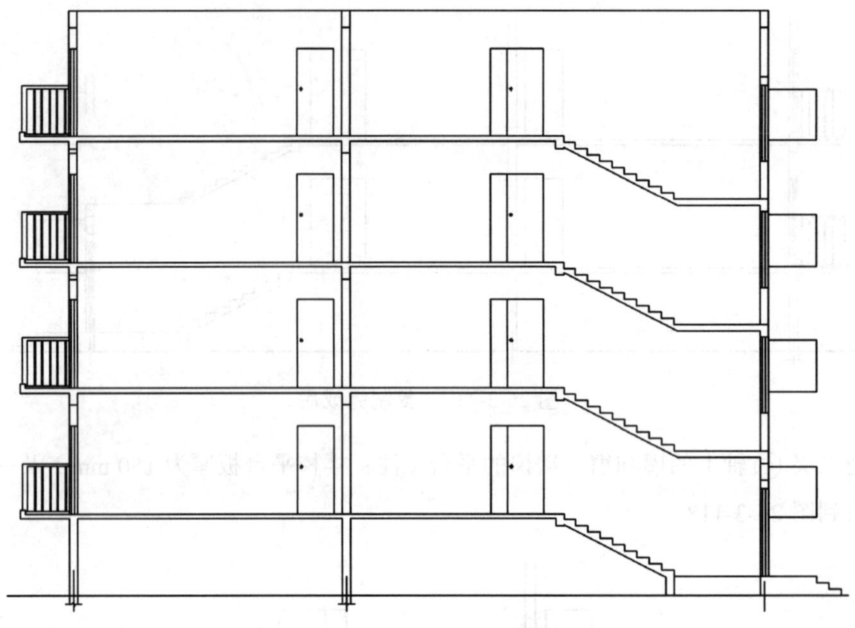

图 26-3-119　1～4 层剖面图

（3）输入“L”，按回车或者空格键，命令行提示“指定第一点:”，打开正交模式（键盘按 F8 键），在绘图区域点击屋面板左端点，命令行提示“指定下一点:”，将鼠标往下移动，输入尺寸“200”，按回车或者空格键。同理可绘制右边的屋檐，如图 26-3-120 所示。

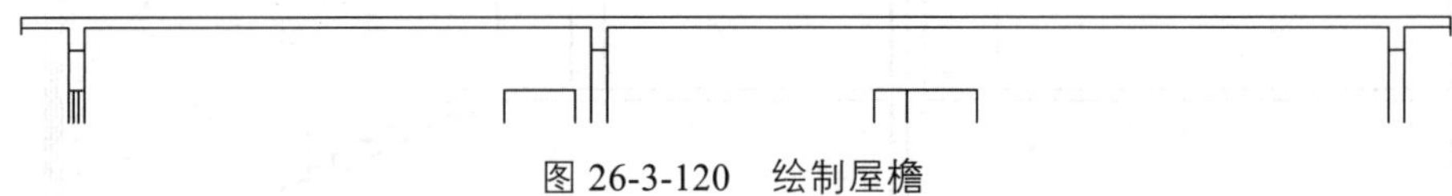

图 26-3-120　绘制屋檐

2. 绘制坡屋顶

（1）输入“L”，按回车或者空格键，命令行提示“指定第一点:”在绘图区域点击屋檐左边的端点，命令行提示“指定下一点:”，鼠标往右移动，输入尺寸“1 696”，得到线段 *AB*；重复直线命令，在绘图区域点击屋檐右边的端点，命令行提示“指定下一点:”，鼠标往左移动，输入尺寸“3 646”，得到线段 *CD*，重复直线命令，鼠标左键点击 *B* 点，命令行提示“指定下一点:”，鼠标往右移动，输入尺寸“5 400”，得到水平线段 *BO*，如图 26-3-121 所示。

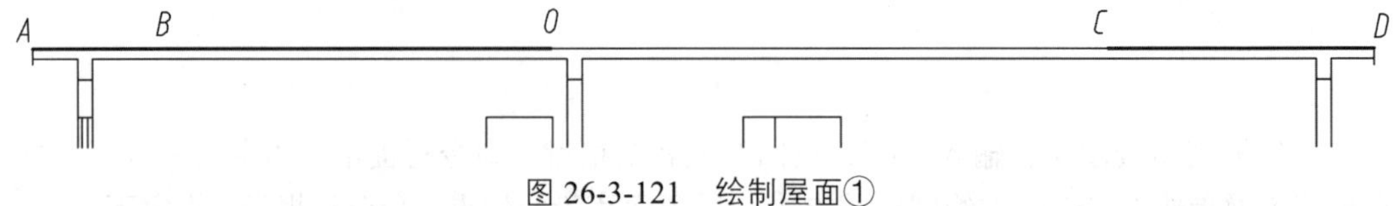

图 26-3-121　绘制屋面①

（2）从图中的备注说明可知坡度角为 30°。

输入“XL”，按回车或者空格键，命令行提示“指定点或 [水平（H）/垂直（V）/角度（A）/二等分（B）/偏移（O）]:”，输入“A”，按回车或者空格键；命令行提示“输入构造线的角度（0）或[参照（R）]:”，输入“30”，按回车或者空格键；命令行提示“指定通过点:”，鼠标左

键分别点击 O 点、A 点、B 点、A 点下方的屋檐端点；重复构造线命令，角度改为“150”，绘制构造线分别经过 C 点、D 点、D 点下方的屋檐端点，将线段 AB、BO、CD 删除，如图 26-3-122 所示。

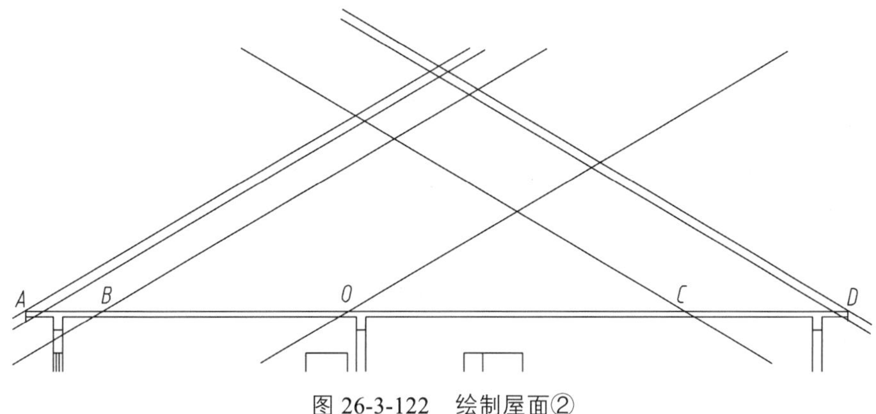

图 26-3-122　绘制屋面②

（3）输入“O”，按回车或空格键，命令行提示“指定偏移距离或[通过（T）/删除（E）/图层（L）]<通过>:”，输入偏移距离“2 520”，按回车或空格键，用鼠标左键点击水平直线 AD，再点击线段上部任意一点；重复偏移命令，将岗绘制的水平直线向上偏移“1 790”；重复偏移命令，将岗绘制的两条水平直线分别向线段的下部偏移 200 mm，将线段 AB 和线段 CD 删除，得到图 26-3-123。

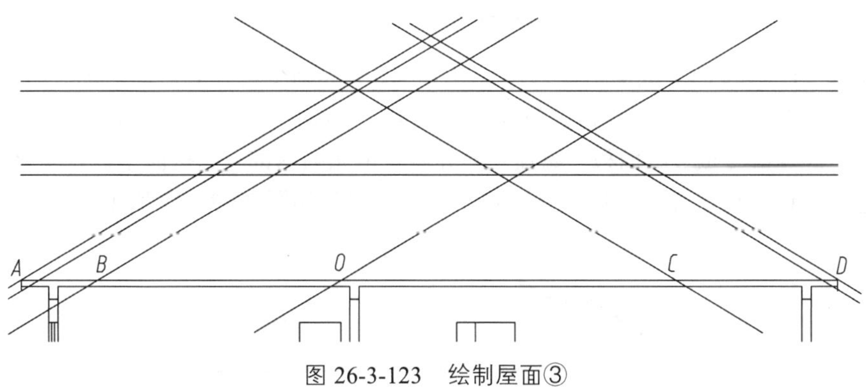

图 26-3-123　绘制屋面③

（4）根据图纸将绘制坡屋顶的直线删除或修剪，得到图 26-3-124。

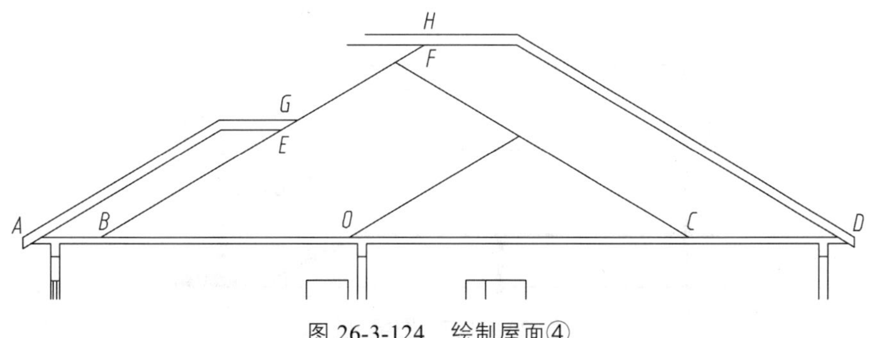

图 26-3-124　绘制屋面④

（5）输入“L”，按回车或者空格键，命令行提示“指定第一点:”，鼠标点击 *E* 点，命令行提示“指定下一点:”，鼠标往上移动，作垂直线段 *EG*；重复直线命令，作垂直线段 *FH*；重复直线命令，连接 *G* 点和 *H* 点，修剪多余线段，所得效果图如图 26-3-125 所示。

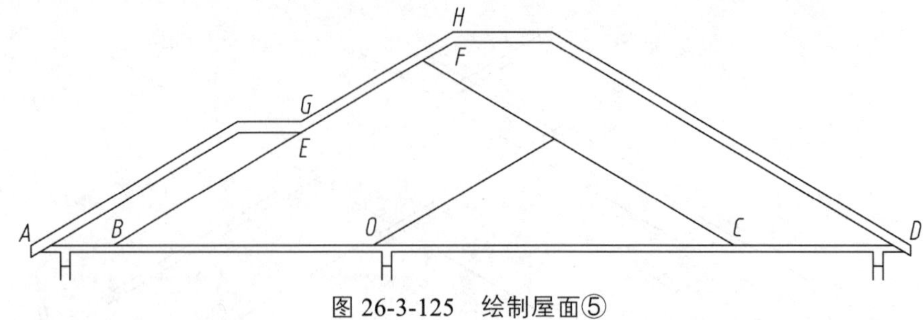

图 26-3-125　绘制屋面⑤

（6）将线段 *BE*、过 *C* 点及过 *O* 点的线段更换到细线图层，所得图 26-3-126。

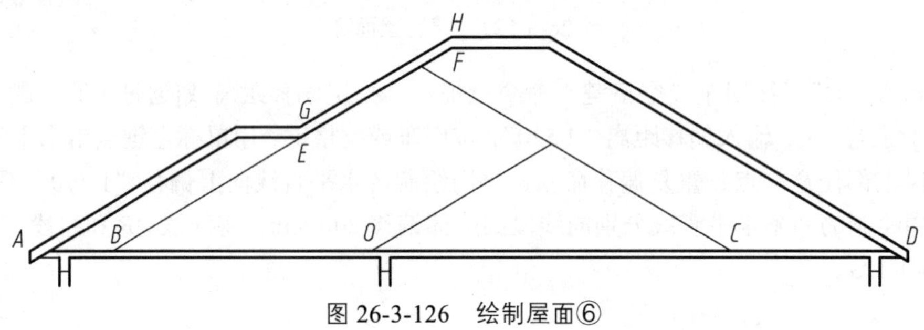

图 26-3-126　绘制屋面⑥

（7）输入“H”，按回车或空格键，弹出“图案填充和渐变色”对话框，将对话框中的“图案”改为“SOLID”；鼠标左键点击“添加：拾取点”，这时“图案填充和渐变色”对话框暂时隐藏，鼠标左键点击楼板、屋面板、屋顶、梁等需要填充的内部点，按回车或者空格；“图案填充和渐变色”对话框再次弹出，单击“确定”按钮，得到如图 26-3-127 所示。

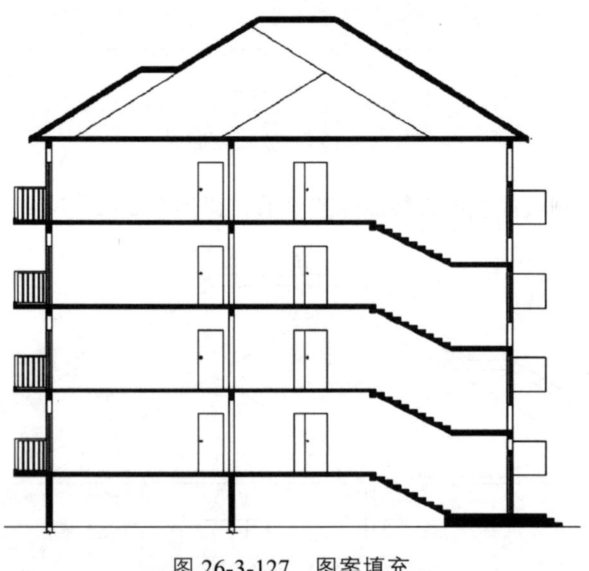

图 26-3-127　图案填充

（八）标　注

1. 尺寸标注

（1）设置当前图层为“标注”图层。根据制图要求，细部尺寸离建筑物外轮廓的距离不小于 1 000 mm，尺寸线之间的距离为 700 ~ 1 000 mm。可先做辅助线，再进行标注。具体方法可见建筑平面图。

（2）依次完成第一道尺寸线（细部）标注；第二道尺寸线（层高）标注；第三道尺寸线（外包尺寸）标注；轴号标注，完成效果如图 26-3-128 所示。

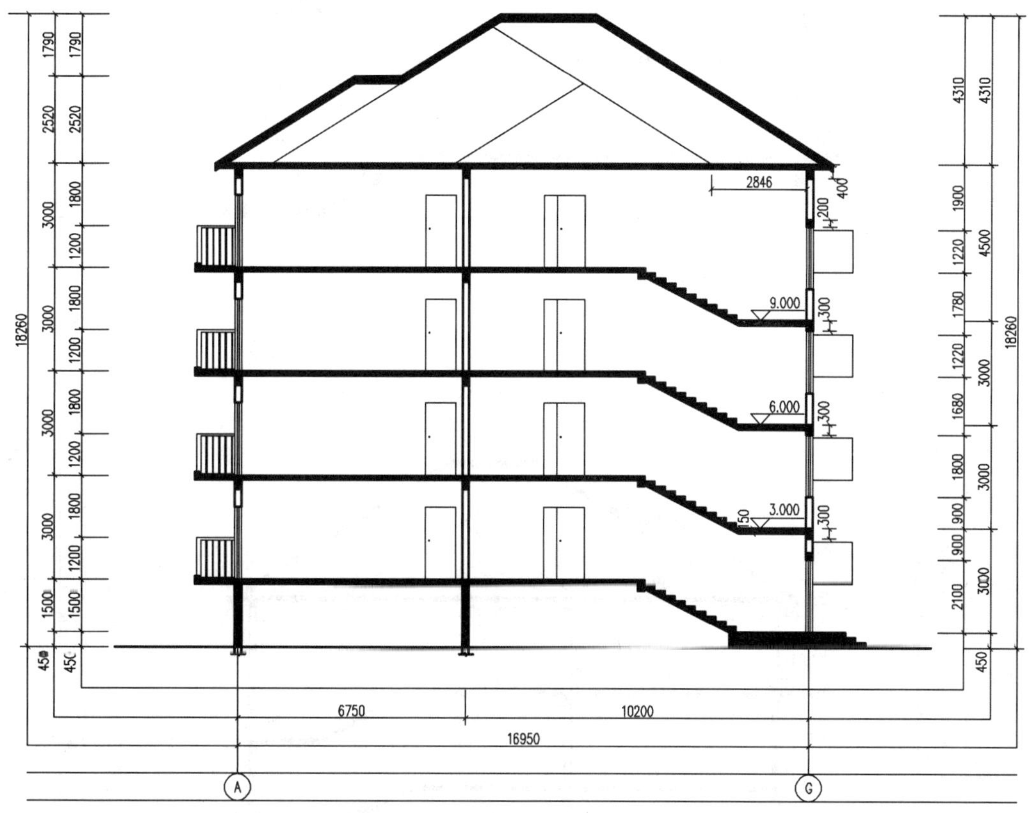

图 26-3-128　剖面图外部标注尺寸

（3）完成剖面图图中其他细部尺寸的标注，完成效果如图 26-3-129 所示。

（4）完成剖面图图中标高的标注，完成效果如图 26-3-130 所示。

2. 文字标注

（1）备注说明标注。

运用多行文字命令“T”书写相关文字，备注说明字体高度宜为 300 mm，完成效果如图 26-3-131 所示。

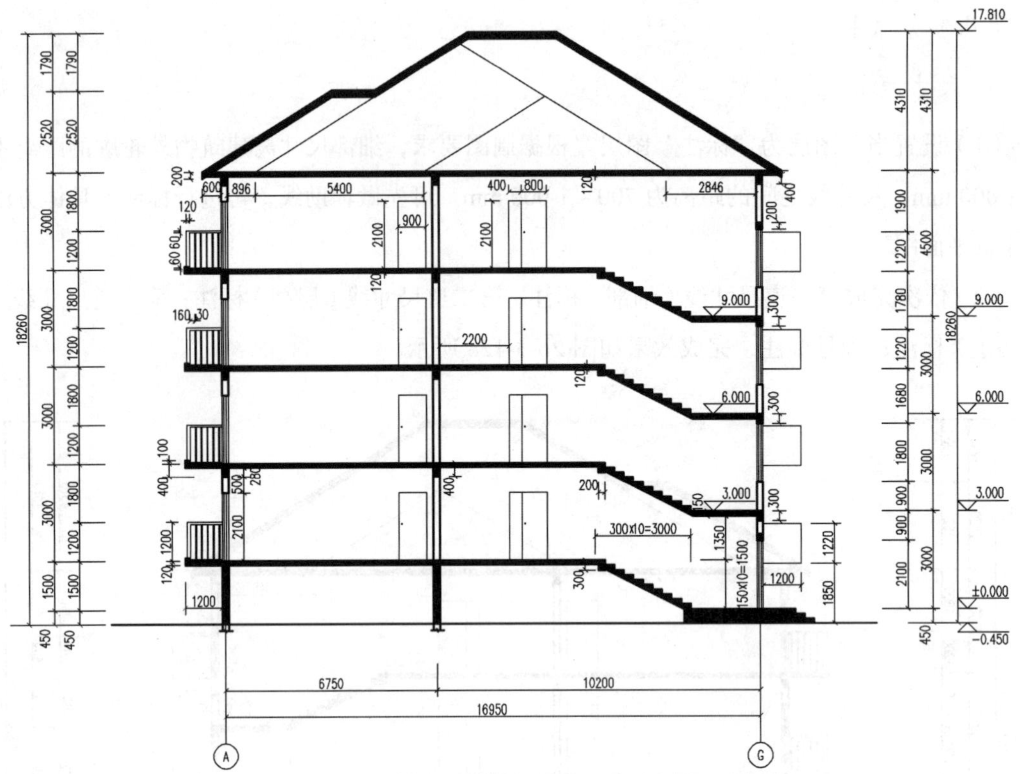

图 26-3-129　剖面图细部标注尺寸

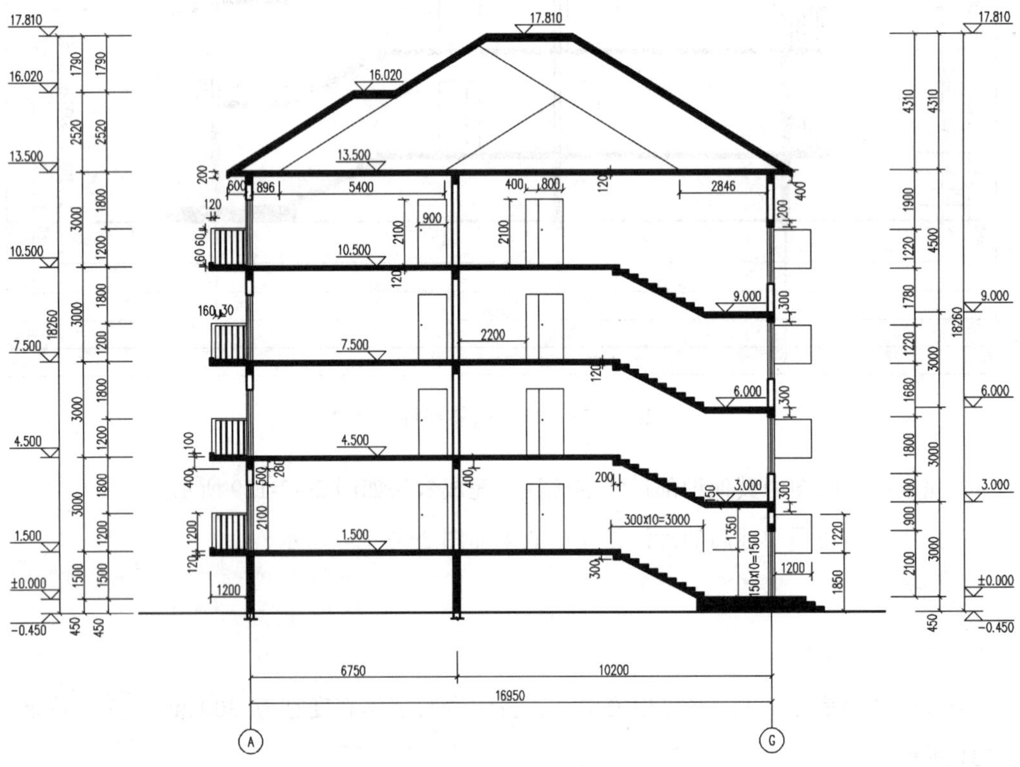

图 26-3-130　剖面图完整标注尺寸

注：坡度角30度。

图 26-3-131　备注说明标注

（2）图名及比例标注：运用多行文字命令“T”书写相关文字，图名字体高度宜为 700 mm，比例字体高度为 500 mm，完成后效果如图 26-3-132 所示。

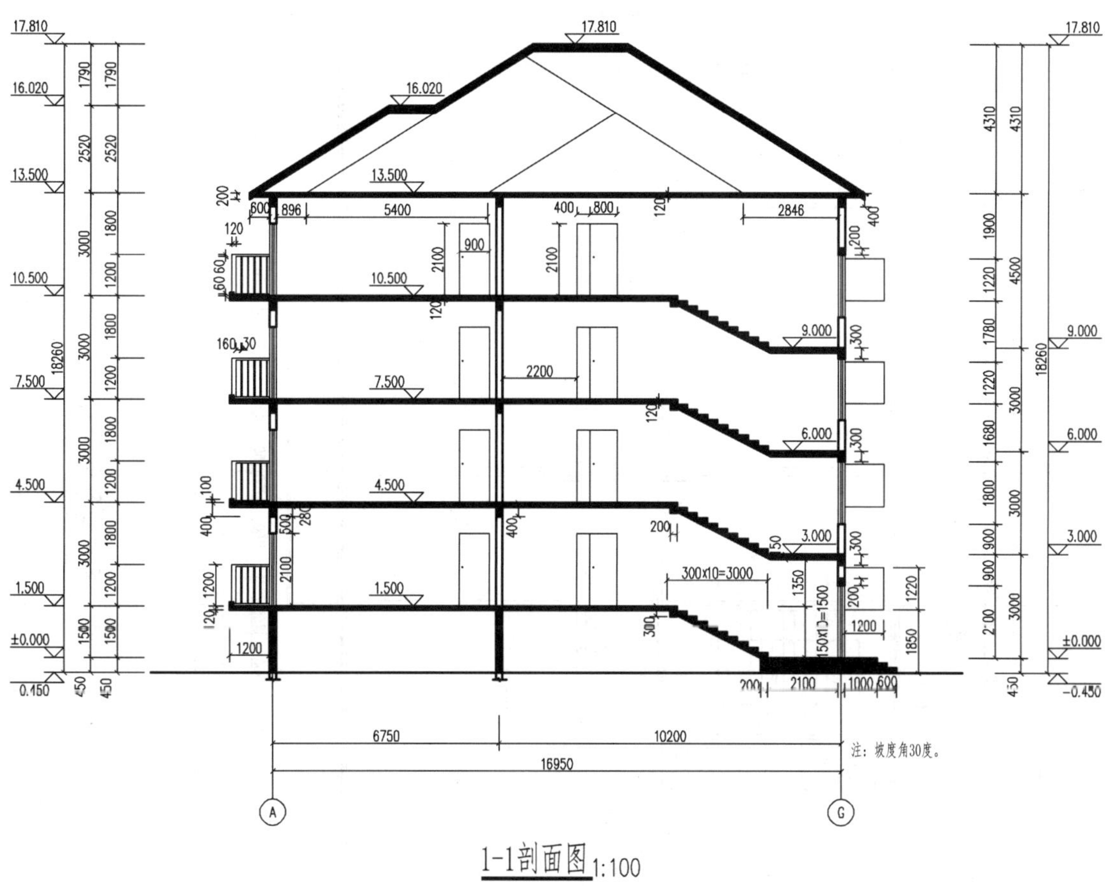

图 26-3-132　文字标注

【实训拓展】

根据所学 CAD 命令绘制图以下平面图、立面图、剖面图（含尺寸标注），如图 26-3-133 ~ 图 26-3-138。

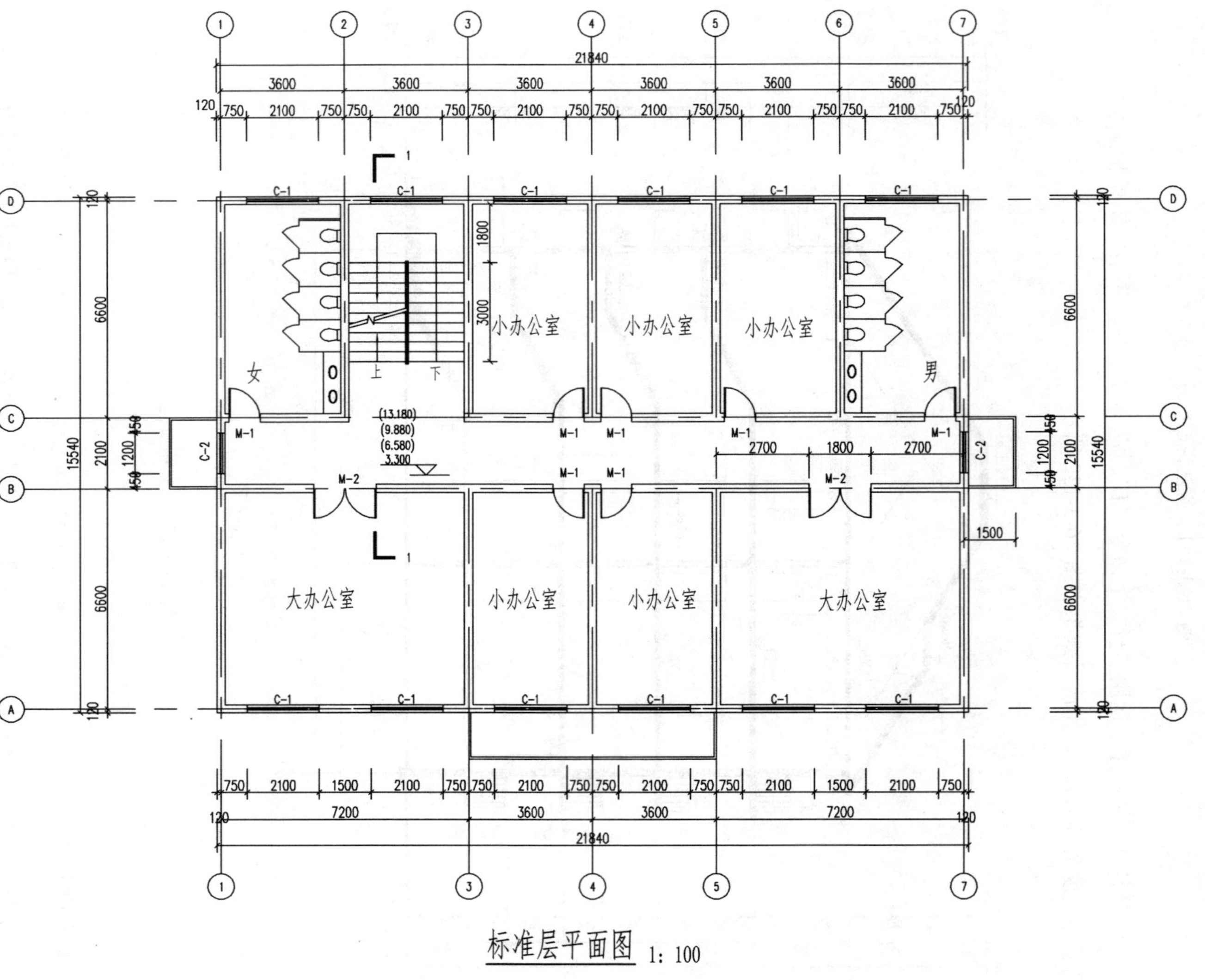

标准层平面图 1: 100

图 26-3-133

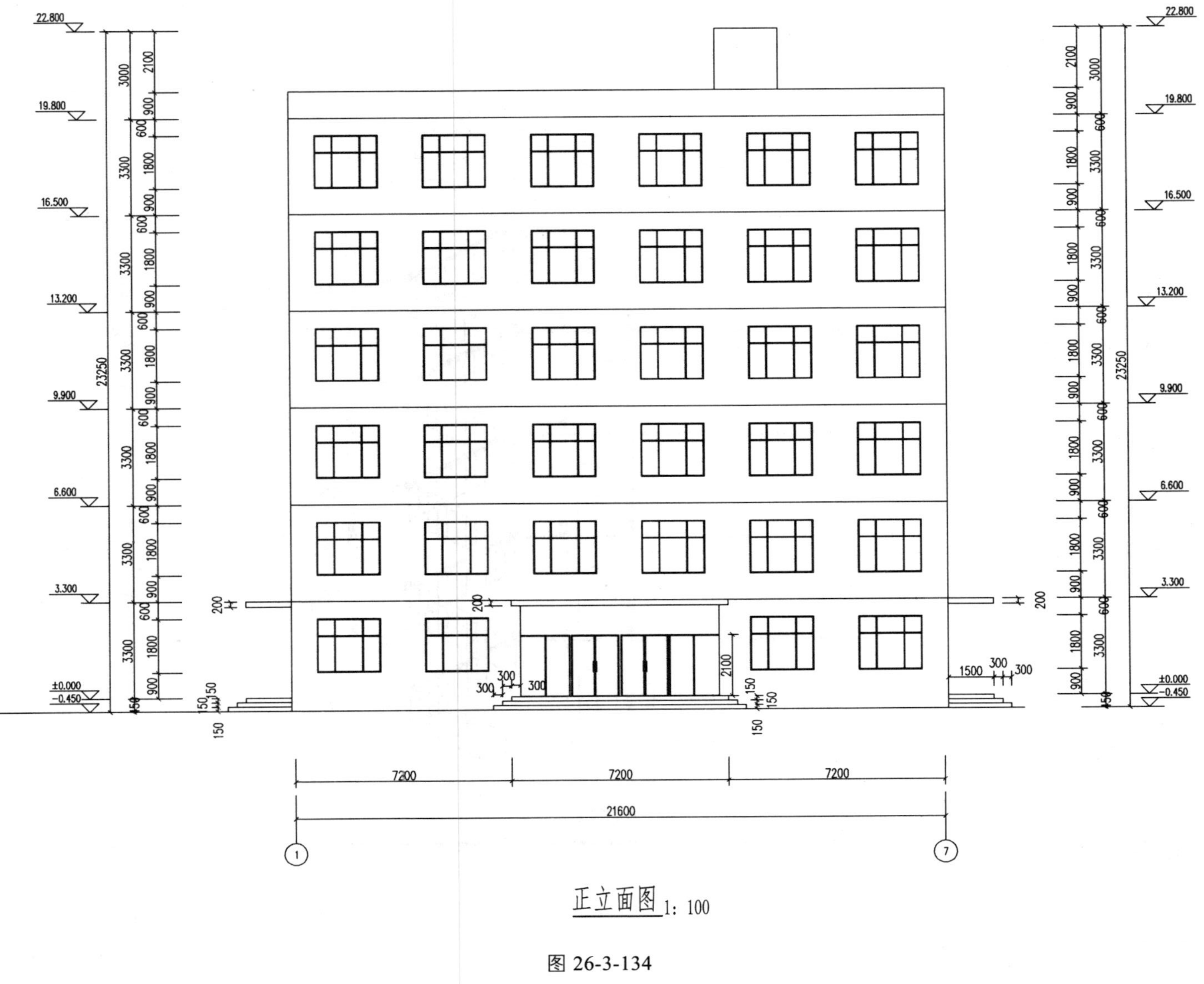

正立面图 1：100

图 26-3-134

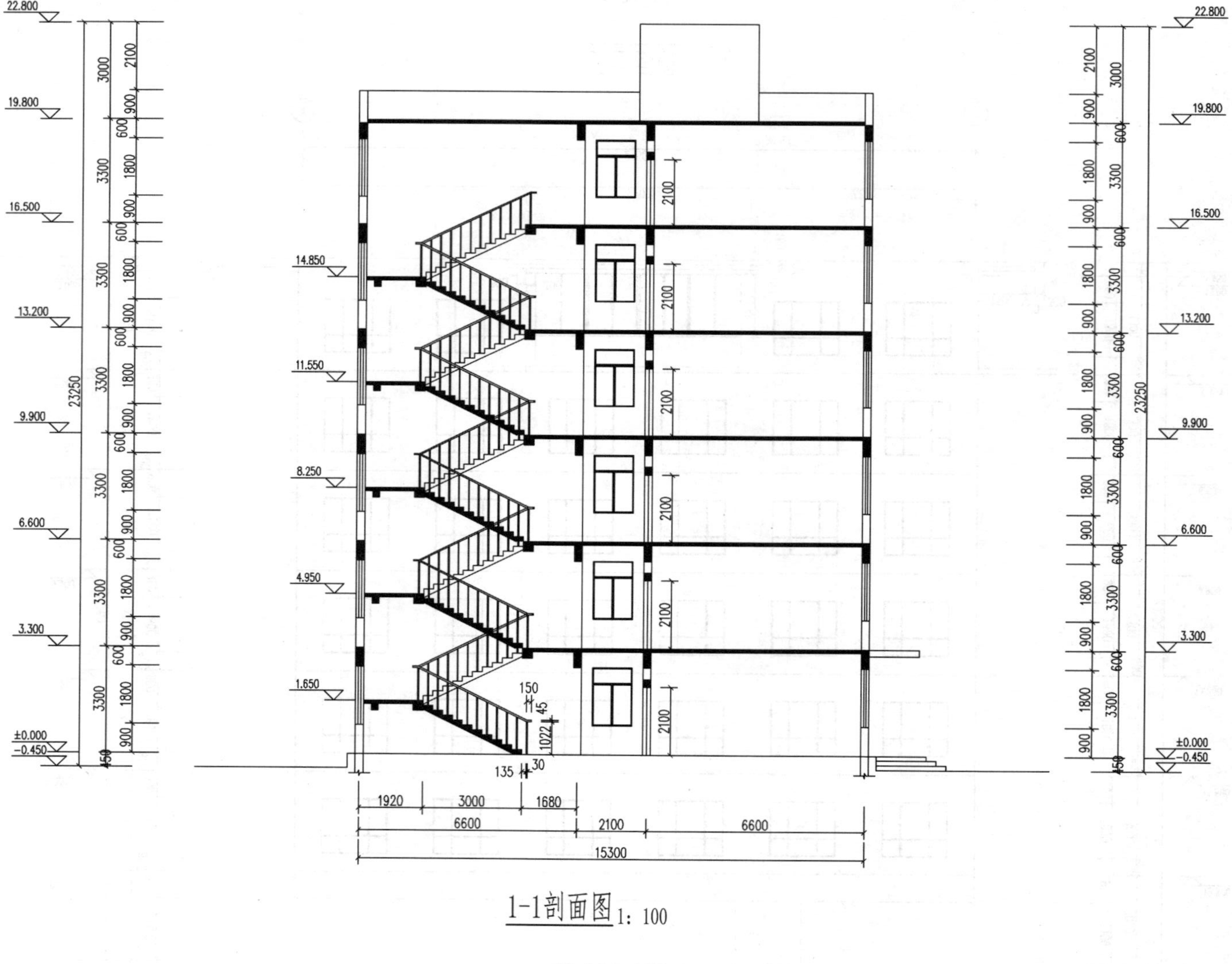

1-1剖面图 1: 100

图 26-3-135

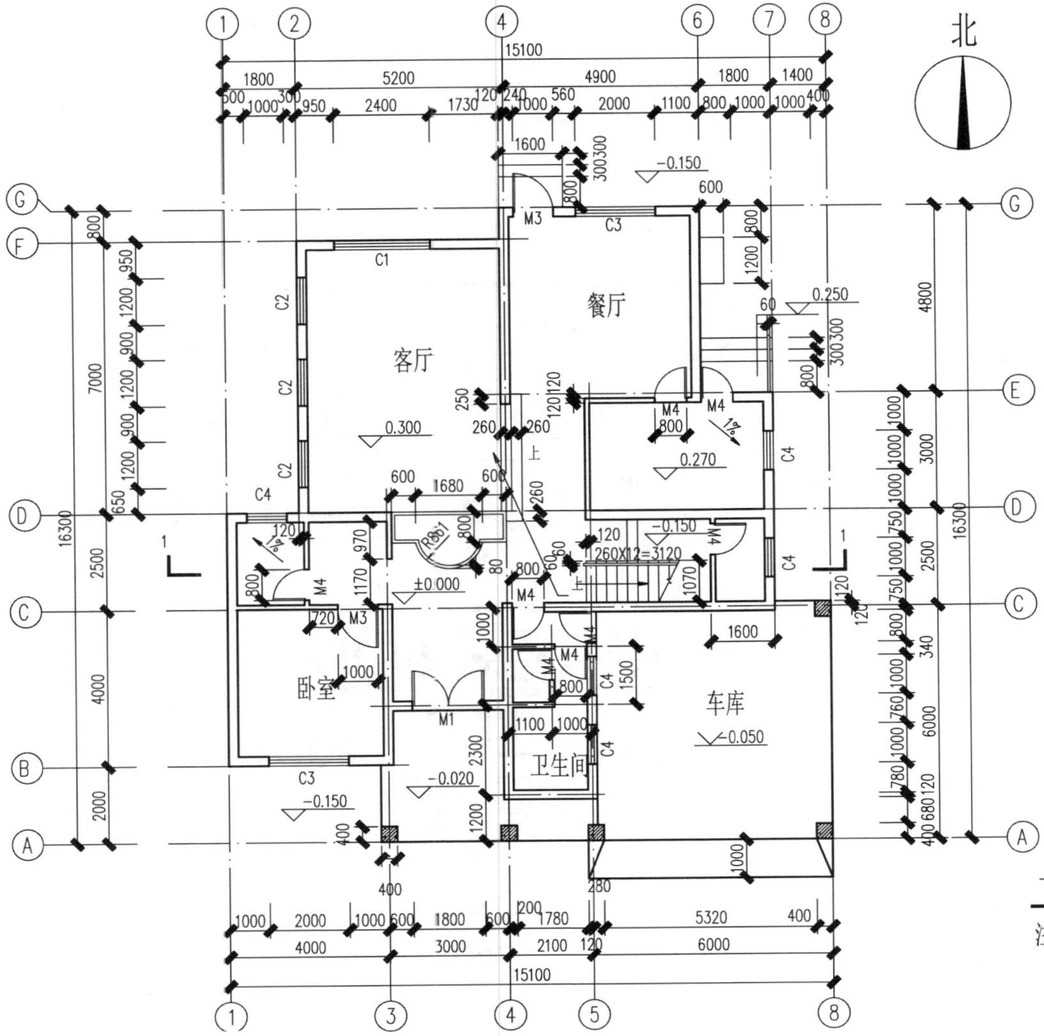

北

一层平面图 1:100

注:1. 厚墙为240mm,薄墙为120mm
2. 墙垛均为120mm

图 26-3-136

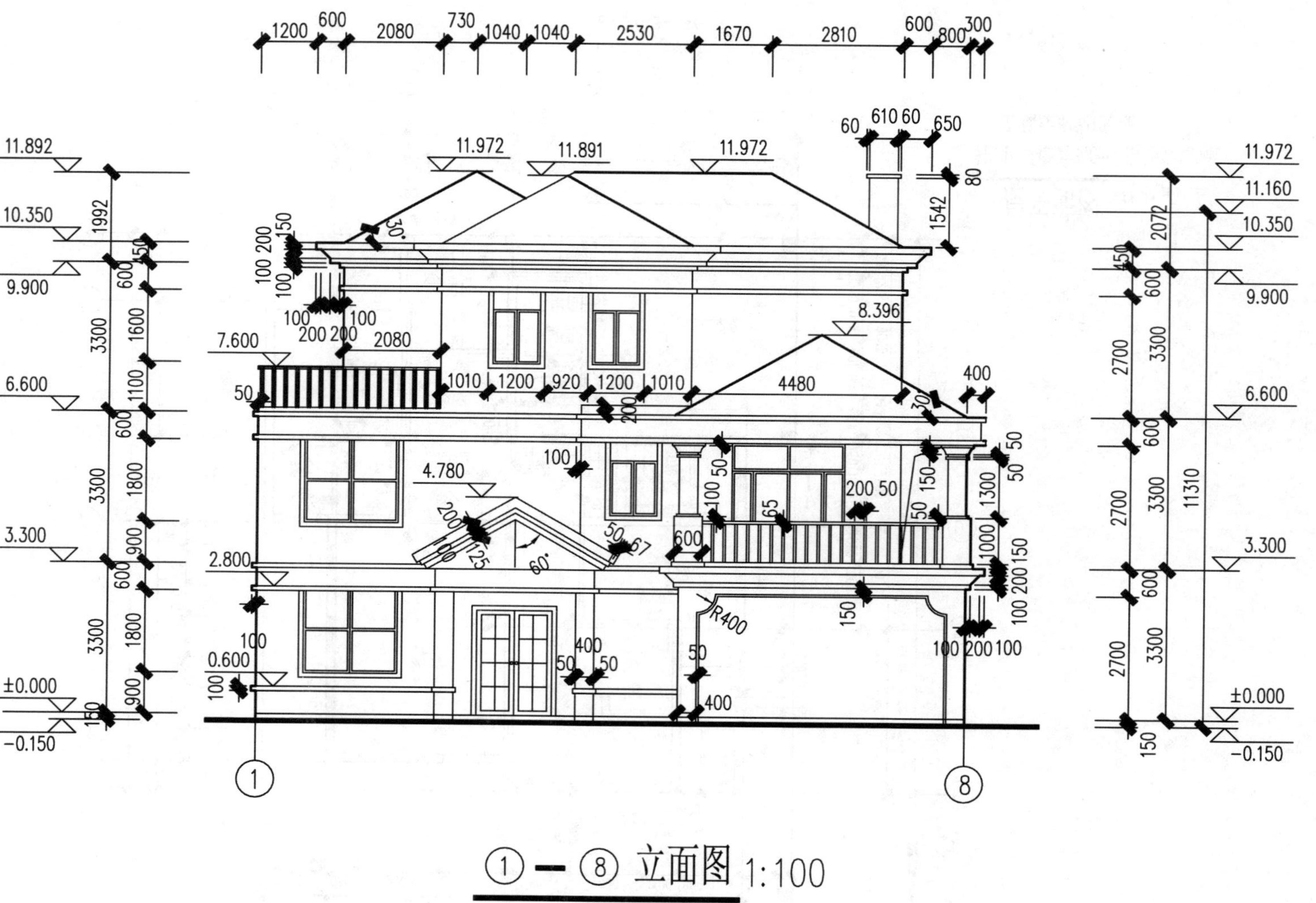

① — ⑧ 立面图 1:100

图 26-3-137

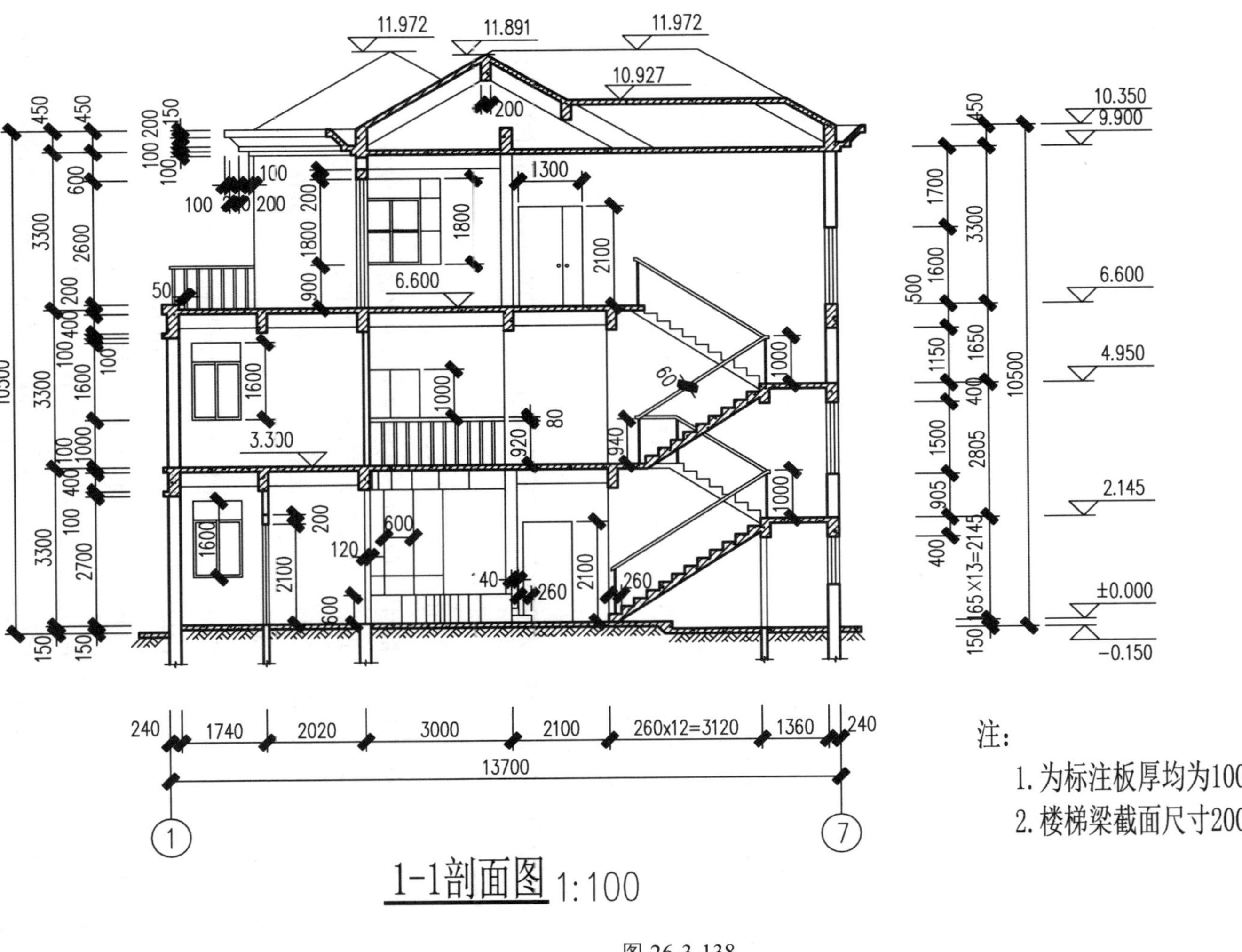

1-1剖面图 1:100

图 26-3-138

注:

1. 为标注板厚均为100mm
2. 楼梯梁截面尺寸200mm×400mm

参考文献

[1] 韩娟. 工程地质实训指导书[M]. 郑州：黄河水利出版社，2013.

[2] 交通部公路科学研究所. 公路工程水泥及水泥混凝土试验规程：JTG E30—2005[S]. 北京：人民交通出版社，2005.

[3] 交通部公路科学研究所. 公路工程集料试验规程：JTG E42—2005[S]. 北京：人民交通出版社，2005.

[4] 交通部公路科学研究院. 公路工程沥青及沥青混合料试验规程：JTG E20—2011[S]. 北京：人民交通出版社，2011.

[5] 交通部公路科学研究院. 公路土工试验规程：JTG E40—2007[S]. 北京：人民交通出版社，2007.

[6] 交通部公路科学研究院. 公路路基路面现场测试规程：JTG E60—2008[S]. 北京：人民交通出版社，2008.

[7] 交通部公路司，中国工程建设标准化协会公路工程委员会. 公路工程技术标准：JTG B01—2003[S]. 北京：人民交通出版社，2004.

[8] 交通部公路科学研究所. 公路土工试验规程：JTJ 051—93[S]. 北京：人民交通出版社，1993.

[9] 中交第二公路勘察设计研究院. 公路路基设计规范：JTG D30—2004[S]. 北京：人民交通出版社，2004.

[10] 钱进. 公路工程现场检测技术[M]. 北京：人民交通出版社，2011.

[11] 费麟. 建筑设计资料集[M]. 2 版. 北京：中国建筑工业出版社，1994.

[12] 郑刚. 基础工程[M]. 北京：中国建材工业出版社，2000.

[13] 沈蒲生. 混凝土结构设计[M]. 3 版. 北京：高等教育出版社，2007.

[14] 张耀春. 钢结构设计[M]. 北京：高等教育出版社，2007.

[15] 姚谨英. 建筑施工技术[M]. 北京：中国建筑工业出版社，2005.

[16] 阎西康. 土木工程施工[M]. 北京：中国建材工业出版社，2000.

[17] 杨维菊. 建筑构造[M]. 北京：中国建筑工业出版社，2005.

[18] 刘建荣. 建筑构造[M]. 北京：中国建筑工业出版社，2005.

[19] 王肇民，宗听聪，宣国梅. 钢结构设计原理[M]. 上海：同济大学出版社，2006.

[20] 梁启勇. 公路工程测量[M]. 北京：人民交通出版社，2018.

[21] 张保成. 工程测量[M]. 北京：人民交通出版社，2002.

[22] 吴关兴. 楼宇智能化系统安装与调试[M]. 北京：中国铁道出版社，2013.

[23] 陈虹. 楼宇自动化技术与应用[M]. 2 版. 北京：机械工业出版社，2012.

[24] 中华人民共和国住房和城乡建设部. 房屋建筑制图统一标准：GB 50001—2010[S]. 北京：中国建筑工业出版社，2011.

[25] 中华人民共和国住房和城乡建设部，中华人民共和国国家质量监督检验检疫总局. 建筑制图统一标准：GB 50104—2010[S]. 北京：中国建筑工业出版社，2011.

[26] 中华人民共和国住房和城乡建设部，中华人民共和国国家质量监督检验检疫总局. 总制图标准：GB/T 50103—2010[S]. 北京：中国建筑工业出版社，2011.

[27] 邱玲，张振华，于淑莉，等. 建筑 CAD 基础教程[M]. 北京：中国建筑工业出版社，2013.

[28] 李桂荣，等. 建筑 CAD[M]. 中国地质大学出版社，2018.

[29] 李磊. 印象手绘室内设计手绘教程[M]. 2 版. 北京：人民邮电出版社，2016.

[30] 刘继海. 画法几何与土木工程制图[M]. 2 版. 武汉：华中科技大学出版社，2008.